Praxishandbuch B2B-Marketing

Uwe Seebacher
Hrsg.

Praxishandbuch B2B-Marketing

Neueste Konzepte, Strategien und Technologien sowie praxiserprobte Vorgehensmodelle – mit 11 Fallstudien

Springer Gabler

Hrsg.
Uwe Seebacher
Graz, Österreich

ISBN 978-3-658-31650-1 ISBN 978-3-658-31651-8 (eBook)
https://doi.org/10.1007/978-3-658-31651-8

Die Deutsche Nationalbibliothek verzeichnet diese Publikation in der Deutschen Nationalbibliografie; detaillierte bibliografische Daten sind im Internet über http://dnb.d-nb.de abrufbar.

Springer Gabler

Springer Gabler ist ein Imprint der eingetragenen Gesellschaft Springer Fachmedien Wiesbaden GmbH und ist ein Teil von Springer Nature.
Die Anschrift der Gesellschaft ist: Abraham-Lincoln-Str. 46, 65189 Wiesbaden, Germany

Geleitwort

Die Zeit des B2B-Marketings ist gekommen

B2B-Marketing, als Disziplin und Branche, ist erwachsen geworden. So viele Jahre lang wurde es als der „arme Verwandte" des B2C abgetan – weniger interessant, weniger wichtig, weniger professionell und einfach weniger gut. Aber heute, im Jahr 2020, hat es diese negativen Assoziationen abgelegt und ist zu einer einzigartigen, dynamischen, lebendigen und aufregenden Disziplin geworden. Diese Lebendigkeit und Dynamik bedeuten, dass wir alle härter arbeiten müssen, um über die neuesten Entwicklungen informiert zu bleiben und darüber, wie der Best Practice aussieht – das ist der einzige Nachteil!

Der Reifeprozess der Branche ist zu einem nicht geringen Teil auf die Fähigkeiten, das Engagement und die Professionalität der in ihr tätigen Experten zurückzuführen. Menschen wie Dr. Uwe Seebacher und die anderen Autoren haben durch die Realisierung dieses in seiner Art und Weise bisher im B2B Bereich einzigartigen Kompendiums alles daran gesetzt diesen so wichtigen Reifeprozess voranzutreiben. Ich fühle mich geschmeichelt, dass ich die Gelegenheit habe, meine eigene kleine Rolle zu spielen.

Diese Autoren haben ihre Zeit, Energie und Intelligenz investiert, um das B2B-Marketing besser und effektiver zu machen – und dieses Buch ist nur das jüngste Beispiel ihrer Bemühungen, den Beruf, den sie lieben, voranzubringen. Diese Bereitschaft, Erfahrungen zu teilen und Weisheit weiterzugeben, ist wirklich das Markenzeichen eines großen Praktikers. Die Weisheit und die Erfahrungen, die in diesem Buch zusammengefasst sind, werden zweifellos ein wichtiger Impuls sein, um der gegenwärtigen Generation von B2B Marketing Managern zu helfen, ihre tägliche Arbeit nachhaltig zu verbessern, und um die aufstrebende Generation zu ermutigen, neue Höhen zu erreichen.

Dieses Buch wird vor dem Hintergrund einer globalen Pandemie geschrieben und veröffentlicht, die eine beispiellose Umwälzung für B2B-Unternehmen jeder Größe und aller Branchen mit sich bringt. Es wird uns alle dazu herausfordern, uns bestmöglich darin zurechtzufinden. Aber ich kann Ihnen zwei Dinge mit Sicherheit sagen: Erstens, dass das

Lernen von Branchenkoryphäen wie den Autoren dieses Buches der beste Weg ist, um sich für das zu rüsten, was vor uns liegt. Und zweitens, dass B2B gestärkt, besser und effektiver als je zuvor aus dieser Krise hervorgehen wird.

Joel Harrison
Mitbegründer und Chefredakteur
B2B-Marketing

Geleitwort

Das Marketing von industriellen Gütern und Dienstleistungen hat sich 2020 für immer verändert – nicht nur wegen der Corona-Virus-Pandemie und deren Folgen, sondern auch wegen des gesellschaftlichen und technologischen Wandels. Das neue Marketing muss sich darauf einstellen.

Deswegen ist diese **Praxishandbuch B2B-Marketing** von großer Bedeutung für die gegenwärtige Generation von Managern und allen, die in Zukunft im industriellen Umfeld arbeiten wollen. Dieses Werk stellt Grundlagen, Konzepte und Technologieanwendungen auf eine neuartige Weise dar so dass es leicht verständlich und einprägsam wird. An Fallstudien werden Herausforderungen und Veränderungen illustriert und Lösungsansätze aufgezeigt. Grundlagen und Theorien zum B2B-Marketing werden einer kritischen Betrachtung unterzogen und deren Begrifflichkeiten hinterfragt.

In der heutigen Welt, in der das Vertrauen der Menschen in vielen Teilen der Welt zurückgegangen ist und in der unmenschliches und kriminelles Verhalten vieles verschlimmert und unzählige verärgert hat, gibt es die Notwendigkeit und eine sehr große Hoffnung das Unternehmen mit Hilfe der neuesten theoretischen Konzepte sich neu ausrichten und an den menschlichen Bedürfnissen orientieren. Das gilt auch für B2B-Unternehmen, die Maschinen, Anlagen und Lösungen herstellen, die Produkte für den Endkunden produzieren. Das ist keine neue Einsicht, aber nach 2020 ist die B2B2C-Betrachtung Teil jedes B2B-Unternehmens geworden. Die Digitalisierung oder wie hier im Buch beschrieben, die Netflix-Economy, ist nicht mehr zu negieren. Denken in Ökosystemen und Reifegradmodell werden integrale Teile des B2B-Marketings.

Auch der Kapitalismus insgesamt wird herausgefordert. Deswegen müssen Marketing-Konzepte und -Modelle aus Theorie und Praxis angepasst werden. In diesem Band teilen Experten ihre Erkenntnisse, die helfen können, die großen Probleme, die das Marketing und den Kapitalismus, wie etwa anhaltende Armut, die Abschaffung von Arbeitsplätzen angesichts der Automatisierung, hohe Schuldenlasten, der unverhältnismäßige Einfluss der Reichen auf die öffentliche Ordnung, ungeheure Umweltkosten, ausufernde Wirtschaftszyklen abzumildern oder zu beseitigen. Manger dürfen sich nicht nur als funktionale Aufgabenlöser verstehen, sondern müssen in der Lage sein, ihr Handeln in einen Gesamtkontext zu stellen.

Denn wir Entscheider wissen, wir können den Lauf der Dinge ändern. Dieses Buch hat Ideen zur Verbesserung der Situation identifiziert und Konzepte vorgestellt die, wie etwa strategisches kundenorientiertes Marketing, ein käuferzentrierter Content-Ansatz, Social Selling oder Corporate Influencing, die positive Veränderungen für die Menschen ermöglichen könnten. Sie müssen aber gewollt und bewusst herbeigeführt werden.

Das besondere Verdienst des Herausgebers ist es, eine große Zahl von B2B-Experten versammelt zu haben, die ihr Wissen praxisnah weitergeben. Allen gemeinsam gelingt es auf bislang einzigartige Weise, die neuen Begriffe, Ansätze und Konzepte, im B2B-Marketing sowie die aktuellen Möglichkeiten der MarTech-Tools umfassend darzustellen. Mit Fallstudien und Showcases werden ausgewählte Beispiele vorgestellt: Von der B2B-Marketing-Reise eines KMUs bis zum 356-Tage-Turnaround. Vom Marketing-Pfadfinder bis zu herausragenden Erfolgsgeschichten geht die Reise des Praxishandbuch B2B-Marketing. So kann ein zukunftsfähiges B2B-Marketing gelingen.

Dieser innovative Sammelband, der neue B2B-Marketingkonzepte, Expertenwissen, Unternehmens-erfahrungen und aktuelle Daten kombiniert, verdeutlicht auch die Notwendigkeit, die kritischen Dilemmata der Gegenwart zu verstehen und in die Marketing-Praxis mit einzubauen. Es schlägt Lösungen für ein effizienteres B2B-Marketing und die Hinwendung zu einem gesünderen, nachhaltigeren Wirtschaften vor, das für alle funktioniert.

Mit diesem neuen Praxishandbuch B2B-Marketing – Grundlagen, Konzepte, Technologien und Fallstudien, bieten Uwe Seebacher (MBA, PhD) und seine Mit-Autoren ein Kompendium für Marketing-Spezialisten und Nachwuchsmanager. Die Autoren zeigen Wege für eine neue Denkweise im Marketing auf und geben dem Leser Instrumente und Beispiele für Marketingentscheidungen in die Hand, um ein zielorientiertes Handeln und eine bessere Welt zu ermöglichen.

Vieles wird sich in Zukunft ändern müssen, aber mit den hier vorgestellten Denk- und Handlungsweisen kann eine effiziente und humane Wirtschaft möglich werden. So kann das Marketing wieder respektiert und geschätzt werden, aber es muss zunächst durch angewandte Kenntnisse und Fähigkeiten erworben werden. Das Marketing kann wieder einen wichtigen Beitrag zur Innovation leisten, indem es die Frage nach dem „Warum“, also der Bedeutung für den Menschen, beantwortet, bevor es um das „Wie“ im Engineering geht. Das Marketing darf nicht mehr von „wertloser“ Kommunikation geprägt sein. Ich hoffe sehr, dass dies möglich sein wird, auch mit Hilfe aller Leser.

Stuttgart, den 04.08.2020 Waldemar Pförtsch

Prof. Dr. Waldemar A. Pförtsch ist Professor Emeritus für International Business an der Universität Pforzheim und Dozent für B2B-Marketing und B2B Brand Management an der Mannheim Business School, Tongji School of Economics and Management (SEM) Shanghai, TUM School of Management an der Technischen Universität München und bei ITM Worldwide Foundation, Lidköping, Schweden.

Er ist auch Unternehmensberater und Coach mit Erfahrungen in Nordamerika, Asien und Europa; hatte bei der UBM / Mercer Consulting Gruppe gearbeitet, und war Partner bei Arthur Andersen Operational Consulting und LEK Consulting.

Als Autor hat Waldemar Pförtsch mehr als 30 Bücher (u. a. gemeinsam mit Prof. Dr. Philip Kotler) sowie zahlreiche Artikel zum Thema International Business, International-B2B-Marketing & Branding und der Digitalisierung veröffentlicht. Seine Bücher sind in mehr als 20 Sprachen erschienen.

VORWORT des Herausgebers

Ebenso rasch wie die Corona-Krise Europa überraschte, ist dieses Buch entstanden. Es war Ende März 2020, als viele Unternehmer auf Grund der Shut-downs die Mitarbeiter zur Kurzarbeit anmelden oder auch in die Arbeitslosigkeit entlassen mussten. In dieser turbulenten Zeit begannen viele Organisationen anstelle von Veranstaltungen auf virtuelle Konferenzen, Online-Veranstaltungen und -Vorträge umzustellen. Auch ich war mehrfach eingeladen, um Erfahrungen im *Industriegüter-Marketing* mit vielen Kollegen und interessierten Zuhörern verschiedener Unternehmen auszutauschen.

In der Folge wurde ich umgehend von einem internationalen Verlagshaus angesprochen, zum Thema *Industriegüter-Marketing* eine Publikation zu veröffentlichen. Schon seit Jahren war ich der Meinung gewesen, dass es in diesem Bereich neben den Buch-Klassikern von renommierten Experten und Professoren wie Backhausen und Meffert (um nur zwei zu nennen) keine Literatur gibt, die aktuell, umfassend und den neuen Begriffen, Ansätzen und Konzepten, Möglichkeiten und MarTech IT-Tools gerecht wird.

Daher verfasste ich einen LinkedIn Post, um die Idee eines Leitfadens für B2B Marketing in Buchform meinem nationalen und internationalen Netzwerk, speziell den Business-to-Business (B2B) Marketers bekannt zu machen. Innerhalb kürzester Zeit wurde mein Aufruf viele tausende Male angesehen, geliked und geteilt. Ich erhielt viel Zuspruch und Bestätigung für die zunehmende Dringlichkeit der Realisierung eines solchen Buches und auch Zusagen, sich mit themenspezifischen Beiträgen gerne an dieser Publikation zu beteiligen.

Unter dem Eindruck der enormen Solidarität, die in vielen Ländern im Zusammenhang mit der globalen Entwicklung (Corona Pandemie) entstand und überall spürbar wurde, war die Konkretisierung dieses Buchprojektes nur noch eine Frage der Zeit. Die Idee dieser Veröffentlichung war, nicht nur Erfahrung und Wissen zu teilen, sondern die Gemeinschaft der Marketing Manager und Kollegen symbiotisch und virtuell, vor allem aber nachhaltig einander näher zu bringen, um miteinander zu wachsen und für zukünftige Projekte aufgeschlossen zu werden. Transformation im Umkehrschluss wäre auch die Idee, ein berühmtes Zitat verkehrt herum zu betrachten: Jedem Ende wohnt ein Anfang inne (oder sogar ein gewisser Zauber).

Dieses Buch ist in einer wahrhaft dramatischen Situation entstanden, die die gesamte Welt erfasst hat. Auch wenn eine solche Krise wahrhaft dramatische Ausmaße annimmt, kann und darf sie nicht vergeblich gewesen sein. Ihre Auswirkungen lassen sich an den vielen unterschiedlichen Initiativen und Aktionen der Solidarität und des gegenseitigen Beistehens ermessen. Großzügige Hilfen und kleinsträumige Unterstützungen sind der Beweis dafür, dass sich die Menschen in der Not wieder aufeinander besinnen und rücksichtsvoll miteinander umgehen.

Ein Buch ist nur ein Buch. Es kann als solches keinesfalls die tausenden Verstorbenen und das damit verbundene Leid vergessen machen, aber es kann dadurch, dass es im Bewusstsein dieser Tragik entstanden ist, als Mahnmal an diese schwierigen Monate im Frühjahr und Sommer 2020 erinnern. Dieses Buch ist erst dadurch Realität geworden, dass viele Einzelne das große Gesamte erkannt und gesehen haben. Der Beitrag jedes Einzelnen und die Bündelung vieler Erfahrungen und des Wissens, das im *Industriegüter Marketing* vorhanden ist, kann nachhaltig etwas bewegen und zukünftig durch das Anwenden und Umsetzen dieser neuesten Ansätze und Erkenntnisse aus dem Buch viele Arbeitsplätze, Standorte und deren Unternehmen im globalen Wettbewerb sichern.

Aus diesem Grunde ist es mir ein Anliegen, allen Beteiligten dafür zu danken, dass dieses Projekt binnen kurzem realisiert werden konnte. Überzeugt von der Notwendigkeit, genau zum richtigen Zeitpunkt mit diesem Buch etwas für unsere geplagte Gesellschaft anbieten zu können, geht mein Dank an die vielen Autoren und Experten, die sich in den Dienst der Sache gestellt haben. Vor allem meinem geliebten Vater Prof. Bruno Seebacher möchte ich einmal mehr von ganzem Herzen danken, da er mir stets zur Seite steht, wenn ich wieder einmal seinen Rat und seine Unterstützung brauche.

Gedanken der aufrichtigen Anteilnahme sind den vielen tausenden Trauernden und Opfern gewidmet. Diese Gedanken mögen uns immer wieder an jene Tage im April und Mai 2020 erinnern.

Der Herausgeber
Uwe Seebacher

Danksagung des Herausgebes

LinkedIn

Ein besonderer Dank des Herausgebers gilt LinkedIn –

das weltweit größte berufliche Netzwerk und

B2B Marketing Plattform.

LinkedIn bringt Mitglieder aus aller Welt zusammen – von Studenten und Berufseinsteigern bis hin zu Fach- und Führungskräften, C-Level Executives sowie einflussreichen Thought Leadern. Und bietet B2B-Marketingverantwortlichen so die einzigartige Möglichkeit, ihre Zielgruppe auf einer einzigen Plattform gezielt anzusprechen. Das ist in erster Linie dem übersichtlichen und klar nutzerorientierten Umfeld von LinkedIn zu verdanken, in dem die Mitglieder ihre langfristigen beruflichen

Ziele und Interessen verfolgen können.

LinkedIn Nutzer wissen das zu schätzen: Sie sehen die Zeit, die sie auf

LinkedIn verbringen als eine Investition in ihre berufliche Zukunft – und nicht lediglich als Zeitvertreib. Daher sind sie nicht nur bereit, mehr Zeit auf der Plattform zu verbringen, sie bringen sich auch überdurchschnittlich stark auf LinkedIn ein: Sie liken, posten, kommentieren und tauschen sich mit anderen Mitgliedern über private Nachrichten aus. Dieses ausgesprochen hohe Nutzerengagement ermöglicht es Marketers, relevante Themen und Bedürfnisse ihrer Zielgruppen zu identifizieren, besser zu verstehen und sie so mit maßgeschneiderten Inhalten zu überzeugen.

Danksagung des Herausgebes

Adobe

Adobe verändert die Welt durch digitale Experiences.

Marketo Engage ist die führende Engagement-Plattform, die Marketingverantwortliche dabei unterstützt, langfristige Beziehungen zu ihren Kunden aufzubauen und den Unternehmensumsatz zu steigern. Konsequent als Innovationstreiber der Industrie anerkannt, ist die Marketo Plattform dank ihrer Skalierbarkeit, Zuverlässigkeit und Offenheit die verlässliche Plattform tausender CMOs.

Für weitere Informationen zur Marketo Engagement Plattform, dem LaunchPoint® Partner-Ökosystem und der Marketing Nation® – einem Netzwerk, das den Austausch unter Marketers fördert – besuchen Sie marketo.de oder adobe.de.

Marketo Engage

Inhaltsverzeichnis

Über die Autoren

Andy Bacon ist geschäftsführender Partner von Bridge Associates, einer strategischen Marketingberatung. Das Team, das sich auf sein breites Netzwerk von sehr erfahrenen Marketingexperten aus allen Disziplinen und zahlreichen Branchen stützt, berät häufig sowohl Leiter von Agenturen als auch CMOs von Unternehmenskunden in strategischen Fragen. Zuvor war er 25 Jahre lang Gründungsgeschäftsführer einer in London ansässigen B2B-Marketingagentur, die mit globalen IT-Marken in ganz EMEA arbeitete. Als eine der ersten britischen B2B-Agenturen, die ABM anbot, unterstützte Andy als erstes Projekt ein EMEA-weites ABM-Programm, das die Auszeichnung „The Sirius Decisions EMEA Programme the Year" gewann.

Als leitender ABM-Berater für B2B-Marketing in London ist Andy ein häufiger Redner auf der Konferenz und liefert ihr ABM-Beratungsprogramm an Unternehmenskunden in den Bereichen IT, Professional Services sowie Bank- und Finanzwesen. Er lebt in Surrey in der Nähe von SW London.

Jonathan Barrett, Vice President, Digital Services, Publitek: Mit 20 Jahren Erfahrung im B2B-Bereich ist Jon ein CIM-qualifizierter strategischer Marketer mit ausgeprägten digitalen Kenntnissen. Seine Expertise umfasst digitale Strategie, SEO, PPC, Social Media, Marketing-Automatisierung und Datenanalyse.

Alex Cairns hat mehr als 20 Jahre im industriellen B2B-Marketing verbracht. In der Vergangenheit leitete er internationale B2B-Marketing-Budgets in sechsstelliger Höhe für die Blue-Chip-Unternehmen Michelin, Ingersoll Rand und Knauf Insulation. Seine ersten Schritte im Agenturbereich machte er als Mitbegründer einer Generalisten-Agentur, bevor er vor kurzem die integrierte B2B-Agentur Move Marketing Ltd. im Jahr 2017 gründete. Mit Büros in Manchester und Cambridge, Großbritannien, arbeitet Move auf globaler Basis und hat eine Reihe von B2B-Kunden, die bis nach Kanada, Deutschland und China reichen. Alex und sein Team wenden nun industrielle Marketingexpertise an, um KMU-Hersteller, wissenschaftsbasierte, Technologie- und B2B-Dienstleistungsunternehmen sowie Produktabteilungen größerer multinationaler Konzerne in die Lage zu versetzen, den maximalen Wert aus ihrem Marketingbudget zu ziehen, ihr Gewicht zu übertreffen und auf gleicher Augenhöhe mit größeren Konkurrenten zu spielen. Er hat diesen strategiebasierten Ansatz, der auf Marketing-Audit- und Planungsprozessen basiert, die im Laufe der Jahre für mehr als 200 B2B-Unternehmen durchgeführt wurden, in ein achtstufiges Strategiemodell für Industrie- und B2B-Vermarkter destilliert. Es ist ein Ansatz, der eindeutig funktioniert – im Jahr 2019 gewannen Alex und Move mehrere prestigeträchtige Auszeichnungen und erzielten mit ihrer Arbeit für ihre Kunden eine große globale Wirkung.

Sönke Caro Seit 2004, noch während seines Studiums zum Dipl.-Ing. oec., ist Sönke Caro in der Unternehmenszentrale des Intralogistikanbieters STILL in Hamburg tätig und verantwortet den Bereich Kundendirektkommunikation. Er ist europaweit verantwortlich für die Bereiche Direct Communications, Sales Incentives und Customer Satisfaction Surveys. Neben der Standardisierung und der Optimierung von Pro-zessen hat Herr Caro im Unternehmen Erfolgsbetrachtungen von Marketingmaßnahmen etabliert und verfügt über langjährige Erfahrung in der Entwicklung und Implementierung von Marketingtools zur effizienten Vertriebsunterstützung.

Alexandra Ender ist Customer Centricity Manager bei der Hilti Deutschland AG, einem weltweit führenden Anbieter von technologieführenden Produkten, Systemen und Dienstleistungen für die weltweite Bauindustrie. Alexandra treibt den Wandel in den Marketingteams in Mitteleuropa voran, um von einem Produkt-/Technologiefokus zu einer kundenorientierten Kultur überzugehen. Sie verfügt über mehr als 10 Jahre Erfahrung in Marketing und Business Development, unter anderem beim Aufbau des digitalen Geschäfts für Hilti in Westeuropa und des Aufbaus einer E-Commerce-Marke für Mars Incorporated in Europa.

Dr. Beatrice Ermer, promovierte Diplomkauffrau mit deutsch-französischem Abschluss, verantwortet das internationale B2B Marketing in der Vertriebssparte der innogy SE. Schwerpunkt ihrer Tätigkeit ist strategisches Marketing sowie die Vermarktung innovativer Energielösungen und den Einsatz von Social Selling im Unternehmen zu unterstützen. Sie ist seit 7 Jahren in unterschiedlichen Funktionen in der Energiewirtschaft tätig, meist mit Marketing- und Vertriebsschwerpunkt sowie einem internationalen Fokus. Dr. Ermer ist auch Dozentin für verschiedene Marketingvertiefungen in Bachelor- und Masterprogrammen an Hochschulen z. B. in Wismar und Leipzig. Sie hat zu Live Communication, Markenmanagement und internationalem Marketing publiziert.

Fabienne Halb arbeitet seit 2018 für einen internationalen Technologiekonzern im Bereich Global Marketing und Kommunikation eines Geschäftsbereichs und ist für das Customer Relationship Management verantwortlich. Im Rahmen ihrer Masterarbeit zum Thema B2B Customer Experience beschäftigte sie sich mit Touchpoint-Management mit Schwerpunkt Touchpoint-Analyse und entwickelte in diesem Zusammenhang ein Touchpoint-Evaluierungstool speziell für industrielle B2B-Unternehmen. Neben ihrer

Tätigkeit im B2B-Bereich verfügt die Absolventin des Studiengangs International Marketing & Sales Management an der Fachhochschule CAMPUS 02 in Graz, Österreich, auch über internationale Marketingqualifikationen im B2C-Umfeld und kann auf Erfahrungen im Online- und Social Media Marketing beim internationalen Modeunternehmen Marc O'Polo sowie auf Projekte im Luxusgüterbereich für Buben & Zörweg oder für die Wirtschaftskammer Österreich zurückblicken.

Klara Gölles erwarb einen Bachelor-Abschluss in Medien- und Kommunikationswissenschaften an der Alpen-Adria-Universität in Klagenfurt, Österreich. Während dieser drei Jahre verbrachte sie ein halbes Jahr mit einem Auslandsstudium an der Universität Halmstad, Schweden. Nach ihrem Bachelor-Abschluss setzte sie ihr Studium der Kommunikations- und Informationswissenschaften mit der Spezialisierung auf Wirtschaftskommunikation und digitale Medien an der Universität Tilburg, Niederlande, fort. Klara schloss ihr Studium 2014 mit einem Master-Abschluss ab. Nach ihrem Universitätsabschluss arbeitete sie drei Jahre im Ausland, wo sie mit Marketing in Berührung kam und seither in diesem Bereich tätig ist. Derzeit ist sie in einer globalen Marketingabteilung eines internationalen Technologieunternehmens in Österreich tätig. Dabei entwickelte sie Expertise und spezialisierte sich auf globales Eventmanagement, regionales Marketing und Channel Management.

Jenny Gruner ist Director Digital Marketing bei Hapag-Lloyd, der fünftgrößten Reederei der Welt mit Hauptsitz in Hamburg. Die Enkelin eines Kapitäns ist verantwortlich für die Digitalisierung von Hapag-Lloyd, indem sie das Online-Marketing von Grund auf neu aufgebaut hat. Eine ihrer Hauptaufgaben ist die Schaffung eines globalen, skalierbaren Marketingmodells für digitale Produkte in 144 Ländern. Nach dem Studium der Biologie und Betriebswirtschaft verdiente sich Jenny Gruner ihre digitalen Sporen in der Performance-Marketing-Agentur Eprofessional und baute erfolgreich das Online-Marketing beim Hidden Champion Pfannenberg, einem Industrieunternehmen für Thermomanagement, auf. Danach wechselte sie in die Logistikbranche, indem sie bei der Hermes-Gruppe begann. Jenny Gruner ist eine gefragte Expertin in der Fachpresse und auf Fachveranstaltungen.

Mark Herten, Geschäftsführer, Publitek Deutschland: Mark Herten verfügt über umfangreiche Erfahrungen im Bereich der technischen PR und des B2B-Marketings mit internationaler Ausrichtung und Schwerpunkt in den Bereichen Industrietechnik, Elektronik und Automobil. In seiner Rolle als Leiter des Deutschlandgeschäfts von Publitek hilft er globalen Technologieunternehmen beim Zugang zum deutschen Markt oder deutschen Global Playern und Hidden Champions bei der Globalisierung ihres Marketings.

Nils Horstmann ist einer der Gründer und geschäftsführenden Gesellschafter von evi-om, einer auf digitales Marketing spezialisierten Unternehmensberatung mit Sitz in

Deutschland, der Schweiz und China/Hongkong und operativen Schwerpunkten in Bereichen wie Lead Management und Performance Marketing.

Als leidenschaftlicher „Onliner“ mit über 20 Jahren Erfahrung erlebte der gelernte Bankkaufmann zu Beginn des neuen Jahrtausends die „Blase des Internets“, bevor er 2004 bei der „pure-online“-Tochter von Lycos, united-domains, für das Online-Marketing verantwortlich wurde. Als Head of Online Marketing Strategy arbeitete der Diplom-Kaufmann drei Jahre lang an der strategischen Steuerung und Führung der Scout24-Gruppe, bis er sich 2010 mit eviom selbstständig machte.

Im Jahr 2018 gründete er eviom Ltd. in China und unterstützt seitdem mit seinem deutsch-chinesischen Team Unternehmen bei der Lokalisierung internationaler Vertriebs- und Marketingaktivitäten in China, indem er kulturelle und technische Brücken zwischen den verschiedenen Kulturen schlägt.

Kirsten Juliet Ives, Director Consulting & Industrial Branding bei Moodley Brand Identity, wurde in England geboren. Sie erhielt einen Bachelor-Abschluss in Marketing und Deutsch von der University of Lancaster, Großbritannien. Sie kam 2008 zu Moodley, wo sie für die Markenberatung, einschließlich Markenforschung & Consumer Insights, Markenstrategieentwicklung und -implementierung verantwortlich ist. Ihr Spezialgebiet ist industrielle Markenführung. Zuvor war sie Marketingleiterin bei dem großen Automobilkonzern AVL List GmbH.

Lutz Klaus ist Gründer und Inhaber von Marketing ROI Experts. Er unterstützt B2B-Unternehmen bei der Optimierung von Marketing und Vertrieb durch Automatisierung und datengetriebene Ansätze. Bevor er 2016 seine Beratungsagentur gründete, war er 28 Jahre im B2B-Marketing und Vertrieb tätig, davon die letzten 20 Jahre in der IT-Branche bei Unternehmen wie Avaya, Nortel und Juniper Networks. Lutz ist ein zertifizierter Datenstrategiedesigner. Im Jahr 2018 erschien sein Buch „Datengetriebenes Marketing und der Erfolgsfaktor Mensch“ im Springer Gabler Verlag.

Jens Kleine, Dipl.-Kfm., ist derzeit als Digital Sales Lead im Internationalen B2B Marketing in der Vertriebssparte der innogy SE tätig. Schwerpunkte seiner Tätigkeit sind die Vermarktung innovativer Energielösungen unter Anwendung von agilen Arbeitsmethoden zu unterstützen und digitale Marketingstrategien für B2B Zielgruppen zu entwickeln, die Account-Based-Marketingansätze und die Sozialen Medien als Verkaufskanal berücksichtigen. Eines seiner größeren Projekte in diesem Kontext ist die Einführung einer ganzheitlichen Social Selling Strategie für das B2B-Geschäft bei innogy und E.ON. Herr Kleine verfügt über umfassendes Knowhow mit digitalem Marketing, das er in über 10 Jahren seiner Berufstätigkeit bei internationalen Medien- und Digitalagenturen u. a. der Group M und bei Publicis erworben hat.

Mike Kleinemaß, diplomierter internationaler Betriebswirt und BA (Hons), ist im Geschäftsbereich Plant Technologies des diversifizierten Industriekonzerns thyssenkrupp mit

Sitz in Essen weltweit verantwortlich für digitales Marketing und Kommunikation. Mike Kleinemaß verfügt über mehr als 13 Jahre umfassendes Know-how in den Bereichen Marketingkommunikation, Business Development, Vertrieb, Produktmanagement und Digital Business aus der Software-, Medien- und Maschinenbauindustrie. Er hat auch mit Startups in der Event- und Modebranche gearbeitet. Er ist regelmäßiger Referent auf B2B-Marketing-Kongressen zu Themen des digitalen Marketings und wurde für den beschriebenen Fall mit dem thyssenkrupp COM Award 2019 ausgezeichnet.

Łukasz Kosuniak ist CEO und Leiter der Beratung bei Grow Consulting – einem Unternehmen, das sich auf B2B-Marketing, Marketing-Automatisierung und Channel-Marketing spezialisiert hat. Unterstützt B2B-Firmen und ihre Partner (Sodexo, Dell, Microsoft, VMware, Cisco, T-Mobile, Orange u. a.) bei der Steigerung ihrer Umsätze durch die Implementierung digitaler Marketingtools und -methoden. Zuvor war er Leiter des B2B-Marketings bei Samsung Electronics, bevor er verschiedene Positionen im Bereich Marketing und Kanalentwicklung bei Microsoft bekleidete. Er verfügt über mehr als 15 Jahre Erfahrung im Aufbau von Marketing- und Lead-Generierungsstrategien im B2B-Markt. Leiter des B2B-Marketing-Automatisierungseinsatzes bei Samsung Polen (als erste Niederlassung in Europa). Gewinner des internationalen Effie-Preises. Mitarbeiter für Fachmedien (Harvard Business Review), Autor des Buches „ABC des B2B-Marketings" und mehrerer Online-Kurse, darunter „Social Selling Master", „B2B Marketing Strategy". Berater für Digital- und B2B-Marketing, Trainer, Blogger-Keynote-Speaker, akademischer Dozent.

Connor Moseler, Ende der 90er-Jahre geboren, ist einer der Digital Natives. Als Student im ersten Jahr des neuen dualen Studiengangs „Business Administration/Digital Business Management" verbindet er Betriebswirtschaft mit digitalen Themen. Seine praktischen Erfahrungen vertieft er bei einem der bekanntesten Automobilhersteller der Welt. Das Spektrum reicht dabei von der detaillierten digitalen Anlagenplanung bis hin zur Optimierung der Kundenansprache eines OEM. Zusätzlich zu seinem Studium gründete er ein auf Social Media Consulting spezialisiertes Unternehmen.

„Just for fun" veröffentlichte er bereits 2015 eine Seite auf dem Social-Media-Kanal „Instagram", der seither jede Woche ein Millionenpublikum unterhält.

Olaf Mörk, Dipl. Betriebswirt (FH), ist seit über 25 Jahren als Director Marketing, Interim Manager und Berater im internationalen B2B-Marketing zu Hause. Im Mittelpunkt des digitalen Wandels steht für ihn die Marke und das Unternehmen, das gestärkt daraus hervorgehen muss. Die Marke dient ihm dabei als stabiler Anker, der im stürmischen digitalen Meer für Orientierung sorgt. Bereits 1995 spezialisierte er sich auf die Digitalisierung für Industrie, Handel, Hersteller, IT und Dienstleistung. Damals brachte er z. B. die Sparkasse als zweite deutsche Direktbank auf den Markt, entwickelte die ersten Online-Konfiguratoren und digitalisierte später ganze Geschäftsfelder. Ziel ist es, innovative und neue bezahlbare Lösungen für den Erfolg von morgen zu schaffen. Als Autor zahlreicher

Marketing-Publikationen und Keynote-Speaker auf führenden Marketing-Kongressen wie CMCX, DMEXCO, Lead Management Summit und einer engen Kooperation mit marconomy berichtet er regelmäßig über Content-Strategien und digitales Marketing. Zuletzt initiierte er die Marke „Mörketing". Dabei stehen Marketinglösungen und Impulse für das Unternehmen und seine Marke im Mittelpunkt.

Alexander Mrohs verfügt über mehr als 10 Jahre Erfahrung in Vertrieb und Marketing in der Technologiebranche, zuletzt als Director Marketing der börsennotierten EQS Group AG. Heute berät er mittelständische Unternehmen und Start-ups in den Bereichen Content-Marketing, Lead-Generierung und Marketing-Automatisierung. Er ist außerdem Gründer des B2B Marketing Clubs.

Vera Müllner ist derzeit als globale Marketingmanagerin für Kommunikation, Inhalt und Markenmanagement für eine globale Abteilung eines internationalen Industriekonzerns tätig. Sie hat einen Master-Abschluss in Anglistik und Amerikanistik sowie in Medienwissenschaften mit Schwerpunkt Journalismus, PR und Marketing von der Karl-Franzens-Universität in Graz, Österreich. Beginnend mit Praktika in PR und Marketing bei der international tätigen und preisgekrönten Agentur Moodley stieg sie in die Berufswelt ein mit dem Ziel, frischen Wind in das B2B-Marketing ihres Arbeitgebers zu bringen. Dabei begann sie mit dem Aufbau eines professionellen Content Managements und ergänzte später das langfristige Projekt der Weiterentwicklung und Führung der Marke des Geschäftsbereichs.

Miroslav Negovan Miro ist ein dynamischer Marketing-Allrounder mit 5+ Jahren progressiver Erfahrung in der B2B-Branche. Er hat einen Bachelor-Abschluss in International Business Administration mit einer Spezialisierung auf internationale Geschäftsbeziehungen und Marketing & Verkauf. Schon früh in seiner Karriere entwickelte er ein Interesse an neuen Marketingkanälen und an der Nutzung neuer Marketingtrends. Diese Begabung für Innovation wurde während seiner jahrelangen Tätigkeit im Marketingsektor eines internationalen Öl- und Gasunternehmens mit Sitz in Europa weiter verfeinert. Er hatte Positionen in den Bereichen Content-Marketing, digitales Marketing und Marketing-Automatisierung inne und ist derzeit als Senior Marketing Manager tätig.

Markus Niehaus, Dipl. Betriebswirt (FH) mit den Schwerpunkten Management und Marketing, verantwortet bei innogy SE als Head of B2B Product Development S+ die Entwicklung von softwarebasierten und datengetriebenen Produkten und Services. Als kommerzieller Stratege entwickelt und skaliert Herr Niehaus seit mehr als 13 Jahren erfolgreich Geschäftsmodelle und Omni-Channel Vertriebsstrategien für verschiedene internationale Unternehmen in der Energie- und Telekommunikationsbranche. Im Jahr 2019 wurde er mit seinem Team von innogy mit dem Retail Excellence Award für kundenzentrierte Produktentwicklung ausgezeichnet.

Oliver Nolte Dienstleister aus Leidenschaft seit über 30 Jahren. Oliver Nolte ist Geschäftsführer der lead on GmbH mit Sitz in Potsdam. Gemeinsam mit einem Team von rund 70 hoch motivierten Kommunikations-Experten unterstützt er namhafte Unternehmen mit professionellem Dialogmarketing im B2B-Sektor, in über 20 Ländern mit native Speakern. Mit seinem Konzept und dem Firmencredo „Erfolgreicher kommunizieren & mehr verkaufen!", hat er neue Maßstäbe in der telefonischen Leadgenerierung sowie im direkten Dialog mit Kunden gesetzt. Die Bandbreite der angebotenen Lead Services reicht mittlerweile von der vertriebsunterstützenden Leadgenerierung, über Kundenzufriedenheitsbefragungen, Kommunikationstrainings bis hin zu maßgeschneiderten Software Lösungen.

Stefan Prath studierte Europäische Ethnologie und Kulturanthropologie an der Universität Graz. Neben dem Studium hatte er erste Jobs in der Medienbranche für verschiedene Zeitschriften. Nach seinem Bachelor-Abschluss absolvierte er ein Praktikum in Marketing und Öffentlichkeitsarbeit bei einem international tätigen Unternehmen der Tourismus- und Freizeitbranche. Nach dem Praktikum arbeitete er in diesem Unternehmen etwa drei Jahre lang als PR-Manager. Darüber hinaus wurde er Leiter der Kommunikation eines weltweit operierenden Sportverbandes. Nach rund drei Jahren und einer sehr erfolgreichen Zeit war es Zeit für ein neues Kapitel. Seit 2018 arbeitet er im B2B-Marketing bei einem führenden Unternehmen im Bereich 3D-Druck.

Boris Ringwald ist bei der lead on GmbH in Potsdam für Vertrieb und Marketing zuständig. Die Dialogmarketing-Experten von lead on unterstützen europaweit Unternehmen mit erklärungsbedürftigen Produkten und Dienstleistungen aus Industrie, Maschinenbau, Logistik und IT im Leadmanagement und in der Neukundengewinnung. Boris Ringwald ist seit über 20 Jahren im B2B-Bereich als Spezialist für Neukundengewinnung und Leadmanagement auf Agentur- und Kundenseite tätig. Während seiner Agenturzeit war er in leitender Position als Berater für verschiedene Dialogmarketing- und Werbeagenturen tätig, bevor er auf die Kundenseite wechselte. Praktische Erfahrungen sammelte er während seiner zehnjährigen Tätigkeit in der IT-Branche und 13 Jahren in Industrie und Logistik.

Mariana Romero-Palma Mit einem professionellen Hintergrund in Branding und Marketing sowie einem Master in Internationalem Management der weltweit führenden IE Business School konzentriert sich Mariana Romero Palma in erster Linie auf die Leitung von Projekten und Arbeitsumgebungen, die datengesteuert und multidisziplinär sind. Nachdem sie mehr als 15 Jahre lang häufig an der Schnittstelle zwischen Marketingmanagement und Technologie gearbeitet hat, befasst sie sich in jüngerer Zeit mit Marketingoperationen innerhalb des industriellen Fertigungssektors.

Stefan Schulz Stefan Schulz hat einen BBA in Marketing und ist EMEA Marketing Communications Manager bei Brady, einem internationalen Hersteller von Kennzeichnungs- und Arbeitssicherheits-Lösungen. Er ist mit seinem Team verantwortlich für die Kommunikations-Strategie, -Planung und -Umsetzung in den EMEA-Regionen – online & offline. Seit über 15 Jahren ist Lead-Generierung und Lead-Management im B2B-Umfeld, auch in Kooperation mit Vertriebspartnern, eines seiner Hauptthemen. Marketing Automation & Digitalisierung spielt hierbei in den letzten Jahren eine immer zentralere Rolle und die Einführung sowie Weiterentwicklung aller Marketing Automation Aspekte entlang der Customer Journey wurde eine Leidenschaft.

Dr. Uwe Seebacher, promovierter Volks- und Betriebswirt, leitet die globalen Aktivitäten in den Bereichen Marketing, Kommunikation, Strategie und Predictive Intelligence für eine globale Abteilung eines internationalen Industriekonzerns mit Sitz in Graz, Österreich. Er verfügt über mehr als 25 Jahre Erfahrung in der Fertigungs-, Energie- und Dienstleistungsindustrie und kann auf eine internationale Erfolgsbilanz in den Bereichen strategisches und operatives Marketing und Kommunikation sowie Geschäfts- und Organisationsentwicklung verweisen. 20 Jahre Erfahrung als Unternehmer in einem Verlags- und Methodenberatungsunternehmen bereicherten seine C-Level-Erfahrung. Er ist Dozent an vielen anerkannten Business Schools und Universitäten und hat Artikel in vielen führenden Managementpublikationen und vielen Büchern wie „Template-driven Consulting" (Springer New York), „Strategic Workforce Management" (Harvard Business Manager) und „Cyber Commerce Reframing" (Springer Heidelberg) oder „The Handbook for Leadership Development" (USP Publishing) verfasst. Für seine innovativen Marketingkonzepte und -initiativen, u. a. mit der Allianz, der Europäischen Union, der Wirtschaftskammer Österreich, Bayer Leverkusen und BASF, erhielt er verschiedene Auszeichnungen, wie den Diskobolos Innovation Award der Europäischen Wirtschaftskammer und den Exportpreis 2016 der Wirtschaftskammer Österreich. Ansprechpartner: https://www.linkedin.com/in/uweseebacher/

Lukas Strohmeier schloss sein Studium der Betriebswirtschaftslehre mit Schwerpunkt Internationales Management an der Universität Graz, Österreich, mit einem BSc ab. Darüber hinaus absolvierte er an derselben Universität einen Master in Global Studies, in dem er sich auf internationale Beziehungen und Umwelttechnologien spezialisierte. Seine Ausbildung schloss er mit einem MSc in Biotechnologie, Bioverarbeitung und Betriebswirtschaft an der Universität Warwick, England, ab.

Während eines Praktikums bei der Austrian Trade Commission in New York City kam Lukas erstmals mit dem Thema Marktforschung in Berührung. Diese Fähigkeiten hat er während seiner mehr als vierjährigen Tätigkeit bei einem internationalen Industriekonzern, einem multinationalen Anlagenbauunternehmen mit Sitz in Graz, vertieft. Dort bekleidete er Positionen im Bereich Marketing und Strategie und ist derzeit als Senior Manager Strategy and Analytics tätig.

Susanne Trautmann ist eine strategisch denkende Enthusiastin und Kommunikationsexpertin mit einer Leidenschaft für die Entwicklung komplexer und schwer fassbarer Produkte und Technologien. Nach Abschluss ihres Masterstudiums in Medien und Kunst begann sie 2007 ihre Karriere in der Automobil- und Metallverarbeitungsindustrie.

Als B2B-Vermarkterin hat sich Susanne auf die Entwicklung von Marken- und digitalen Kommunikationsstrategien auf der Grundlage von Inbound-Marketing und strategischem Storytelling spezialisiert. Sie hat es sich zur Aufgabe gemacht, gefühlvolle Marken aufzubauen, zu denen sich Menschen hingezogen fühlen, indem sie fesselnde Geschichten entwirft und einzigartige Wertversprechen entdeckt. Es fasziniert sie, das Durcheinander der verfügbaren Informationen zu durchforsten und Trends und Muster oder ein Kernkonzept zu finden, das zu einem echten Verständnis führt. Angetrieben von ihrem kreativen Geist gedeiht sie in Ideenfindungsphasen und immer dann, wenn es Raum für visuelles Denken, Mind-Mapping oder das Zeichnen kontextueller Modelle gibt.

Heute entwickelt Susanne Marken- und Kommunikationsstrategien in der schnelllebigen 3D-Druckumgebung und weiß, dass Geschwindigkeit entscheidend ist, um Ideen auf dem Markt zu testen. Deshalb hat sie die Marketing Canvas entwickelt, einen visuellen Rahmen, mit dem B2B-Vermarkter effektive Go-to-Market-Strategien für Produkte mit hohem Erklärungsaufwand erstellen können. Susanne teilt gerne ihr Fachwissen und begrüßt Gelegenheiten zum Gedanken- und Ideenaustausch mit anderen gleichgesinnten Denkern. Wenden Sie sich an sie, wenn Sie einen Partner für ein Brainstorming oder einen Leitfaden für den Einsatz des Marketing Canvas benötigen.

Markus Weinländer ist Leiter des Produktmanagements in einem Geschäftsbereich der Siemens AG, Digital Industries, nachdem er verschiedene Positionen in Entwicklung und Marketing bekleidet hatte. Darüber hinaus lehrt er „International Sales“ im Masterstudiengang „Sales & Marketing“ an der Hochschule Wismar. Herr Weinländer ist Associate Engineer in Computer Science und hat einen Master of Science in Wirtschaftswissenschaften. Als einflussreicher Autor schreibt er auf LinkedIn über die digitale Transformation und das industrielle Internet der Dinge (IIoT): https://www.linkedin.com/in/markus-weinlaender/

Sabrina Weiß, Bachelor of Arts Business Administration, arbeitet bei innogy SE als Referentin im Bereich B2B Solution Development Smart+ an der Entwicklung von softwarebasierten und datengetriebenen Produkten und Services. Frau Weiß arbeitet seit 15 Jahren in der Energiebranche und hat ihren Fokus auf die agile und kundenfokussierte Entwicklung sowie Optimierung von digitalen Produkten gelegt. Sie ist Spezialistin für die Vermarktung digitaler Produkte sowie für die Einbindung von Kundeninteressen in die Neu- und Weiterentwicklung dieser.

Stephan Wenger ist ein B2B-Marketingexperte, der seit zehn Jahren in der Branche tätig ist. Er studierte Internationales Marketing & Vertriebsmanagement an der Fachhochschule FH CAMPUS 02 in Graz. Derzeit arbeitet er als Global Marketing Manager für AVL List, ein weltweit führendes Unternehmen in der Automobilbranche. Vor seiner jetzigen Tätigkeit war Stephan Wenger als Marketingleiter bei Anton Paar, dem Weltmarktführer für die Entwicklung von Analyseinstrumenten, tätig. Sein praktisches Wissen aus zehnjähriger Arbeit in B2B-Marekting-Positionen, gibt er häufig auf B2B-Marketing-Veranstaltungen weiter. Darüber hinaus lehrt Stephan Wenger als Gastdozent an seiner Alma Mater, FH CAMPUS 02 und verbindet praktisches und theoretisches Know-how.

Abbildungsverzeichnis

Tabellenverzeichnis

Teil I

Einführung

Next Generation B2B Marketing

Uwe Seebacher

Inhaltsverzeichnis

Zusammenfassung

In diesem Kapitel sollen die Hintergründe beleuchtet werden, die dazu führen, dass sich Industriegüter Marketing in den letzten Jahren begonnen hat massiv zu verändern. Es wird das große Ganze betrachtet, das dazu führt, dass sich gesamte Wirtschaftsbereiche verändern beziehungsweise verändern müssen. In diesem Zusammenhang sind die Digitalisierung und die Globalisierung nur zwei von vielen verschiedenen Faktoren. Warum ist Deutschland als ehemals drittgrößte Volkswirtschaft der Welt nicht mehr der treibende Wirtschaftsmotor, der es einmal war. Oder warum ist das früher überall präsente „Made in Germany" Symbol einer wankenden Automobil- und Schwerindustrie? Vor dem Hintergrund dieses sich abzeichnenden Paradigmenwechsels befasst sich dieses Kapitel mit dem B2B Marketing der nächsten Generation. Einem B2B Mar-

U. Seebacher (✉)
Graz, Österreich
E-Mail: http://www.uweseebacher.org

U. Seebacher (Hrsg.), *Praxishandbuch B2B-Marketing*,
https://doi.org/10.1007/978-3-658-31651-8_1

keting, dessen Ziel es sein muss, proaktiv westliche Industrieunternehmen nachhaltig erfolgreich in globalen Märkten zu positionieren, die geprägt sind von neuen, aufstrebenden Wirtschaftsmächten und deren agilen Unternehmen mit immer innovativeren Produkten. Westliche Ingenieure und deren konventionelle Denk- und Handlungsweisen alleine werden für das Überleben der Unternehmen nicht mehr ausreichen. Es bedarf der Konvergenz der verschiedenen Kompetenzbereiche auf Augenhöhe in den Unternehmen, um kundenzentriert Innovationen gezielt in den relevanten Märkten mittels modernem B2B Marketing nachhaltig erfolgreich zu platzieren.

1 Einleitung

Als ich im Spätherbst des Jahres 2003 mit den Arbeiten zu meinem Buch „Template-driven Consulting", ebenfalls im Springer Verlag erschienen, begann, befand sich die Weltwirtschaft vermeintlich in einer schwierigen Zeit. Ich beschrieb die damalige Situation so (Seebacher 2003):

> „Throughout the past 40 years, we have never had a world-economic situation like we have right now; all three major economies are exhausted and following a path of shrinking growth rather than trying to focus the hausse direction. Now, what is so specific about the current situation?
>
> Recall economically turbulent situations of our modern times and think about the three large economies: Europe, Asia and the USA. At least one of these three large markets was always strong and thus served as the engine to pull the others' development along in a positive sense. Therefore, the power of the one strong economy could help the two others to realize the shift from a recession or weak market situation towards a growing and more stable one. This causality was and still is labeled as the so-called band-wagon effect."

Damals hätte niemand angenommen, wie sich die Weltwirtschaft verändern beziehungsweise weiter entwickeln würde. Heute stehen wir vor einer gänzlich geänderten Ausgangssituation. Nicht nur geopolitisch, sondern auch wirtschaftspolitisch haben die beiden ersten Jahrzehnte des neuen Jahrtausends ihre Spuren hinterlassen und ein völlig neues Bild gezeichnet. Und genau jenes Bild ist es, das ein Umdenken innerhalb der Industrieunternehmen in Bezug auf die jeweiligen Funktionen im Sinne von Abteilungen mehr denn je erforderlich macht. Denn ein sich völlig änderndes makroökonomisches Gefüge als weltwirtschaftliches Umfeld verlangt auch nach völlig neuen Spielregeln. Das bedingt auch, dass das klassische Ingenieurswesen, das nach den beiden Weltkriegen zum Erstarken der Weltwirtschaft geführt hat, graduell eine neue Position einnehmen wird müssen. In Zukunft werden Ingenieure nicht mehr im Alleingang neue Produkte und Innovationen definieren und spezifizieren, sondern es werden die Kunden sein, mit denen und derem maßgeblichen Input die Cash Cows der Zukunft eines Unternehmens konzipiert und realisiert werden.

2 Von Populisten und Realisten

Die neue geopolitische Welt ist geprägt von Populisten und machtbesessenen Politikern. Russland fühlt sich bemüßigt, sich Teile der Ukraine einzuverleiben. Auf der anderen Seite der Welt ist man bestrebt eine Mauer zwischen zwei Staaten aufzubauen, um Migrationsströme stoppen zu können. Das weckt ohne Zweifel Erinnerungen an den so wichtigen und erfreulichen Niedergang der Berliner Mauer. Ganz nebenbei – so dramatisch die aktuelle COVID-19 Krise auch ist – entlarvt sie gnadenlos die Populisten in den jeweiligen Ländern.

In anderen Ländern beschließen Parlamente, deren Staatsoberhäuptern, wie in früheren Zeiten, uneingeschränkte Macht wegen der COVID-19 Pandemie einzuräumen. In Europa diskutiert man, ob man gemeinsame Schulden aufnehmen soll in Form von Euro-Bonds, um von der aktuellen Pandemie stark geschwächten Staaten wie Italien oder Spanien helfen zu können. Dadurch soll nach dem mehr oder weniger geglückten Brexit ein „Italexit" verhindert werden. Diese gemeinsamen Schulden sollen dazu beitragen, den europäischen Binnenmarkt mit seinen eng miteinander verschränkten Absatzmärkten rasch wieder erstarken zu lassen. In Anbetracht der wegen der COVID-19 wieder eingeführten Grenzkontrollen stellt sich allerdings die Frage, in welche Richtung sich die europäische Union als Staatenverbund entwickeln wird. Wird es diesen zollfreien Warenverkehr im europäischen Binnenmarkt überhaupt noch weiterhin geben? Oder werden sich die wieder aktivierten Grenzkontrollen nachhaltig auch auf den Warenverkehr innerhalb der EU auswirken?

Immer wieder hört man von Wirtschaftsökonomen und Zukunftsforschern von einer neuen, völlig anderen Gesellschaft bzw. Weltordnung nach Corona. Idealisten gehen davon aus oder hoffen, dass sich das wegen der Corona Krise und der damit verbundenen Reisebeschränkungen geänderte Reiseverhalten auch nach der Aufhebung der Beschränkungen in einem großflächigen Umdenkprozess manifestieren wird. Sie glauben sogar, dass Corona unser generelles Umweltproblem und die Erderwärmung lösen würde. Es entsteht der Eindruck, dass wir uns in einer Welt von Träumern und Populisten wiederfinden. Die wenigen Realisten äußern sich aktuell sehr kritisch darüber, ob das Konstrukt der europäischen Union diese Zerreißprobe bestehen wird. Sie proklamieren, dass die EU als Staatengemeinschaft durch das heterogene Vorgehen im Rahmen der Corona Krise eigentlich die Daseinsberechtigung verloren beziehungsweise die an sie gestellten Erwartungen keinesfalls erfüllt hat. Ursula von der Leyen konnte diese erste Bewährungsprobe in den Augen jener Politikberater nicht bestehen.

Dieses neue geopolitische Szenario hat dramatische Auswirkungen auf zukünftiges wirtschaftliches Handeln. Wenn Staaten aufgrund der nicht mehr vorhandenen, eigenen Wettbewerbsfähigkeit auf massiv umweltschädigende, veraltete Technologien oder aber auch Strafzölle auf importierte Waren aus bestimmten Ländern setzen, dann stellt sich die Frage nach den Ursachen dafür und der Sinnhaftigkeit. Ohne Zweifel darf ein Land versuchen, den eigenen Wirtschaftsstandort zu sichern und zu stärken. Allerdings müssen solche Strategien auch immer einer Prüfung aus internationalen wirtschaftspolitischen

Gesichtspunkten Stand halten. Aber die sich in der globalen geopolitischen Landschaft breitmachenden, zweifelhaften Tugenden wirken sich auch auf das wirtschaftliche Geschehen aus.

3 Vorwärts in die Vergangenheit

Es steht außer Frage: eine Medaille hat immer zwei Seiten. Die Globalisierung und Digitalisierung haben gezeigt, dass sie für die Weltwirtschaft enorme Vorteile bringen. Angebot und Nachfrage werden auf globaler Ebene transparent. Liefer- aber auch Wertschöpfungsketten können weltweit geplant, kontrolliert und im Sinne eines ökonomischen Ressourceneinsatzes optimiert werden. Durch virtuelle Marktplätze können Unternehmen Produkte immer auch in Bezug auf einen verkürzten, optimierten Lieferweg bestellen und so CO2-Ausstoß und Transportkosten minimieren. Das alles kann ökonomische Gesichtspunkte und auch Corporate Social Responsibility (CSR)[1] Aspekte gleichermaßen verknüpfen. Wenn allerdings Präsidenten jegliches CSR-Gedankengut beginnen außer Acht zu lassen, nur um die sinkende Wettbewerbsfähigkeit des eigenen Landes zu kompensieren, dann werden die möglichen Vorteile und Potentiale einer durch Digitalisierung und Globalisierung optimierten Weltwirtschaft zunichte gemacht. Das eigentliche Fatale an solchen Verhaltensweisen von Politikern ist, dass dies langfristig auf Kosten der eigenen Bevölkerung und sogar der eigenen Wähler geschieht, was eigentlich einem Vertrauensmissbrauch am eigenen Land gleich kommt.

Ein weiteres Phänomen der aktuellen wirtschaftspolitischen Entwicklung sind das Wiederaufleben und Einheben von Strafzöllen für Importprodukte mit dem Vorwand, den eigenen Wirtschaftsstandort und die heimischen Arbeitsplätze nachhaltig zu sichern. Wiederum geschieht dies langfristig auf Kosten der eigenen Bevölkerung, nur dass sich diese dessen nicht bewusst ist. Denn auf lange Sicht gesehen werden alte und überholte Industrien und schwächelnde Wirtschaftssektoren und deren Unternehmen künstlich am Leben erhalten, mit dem Effekt, dass die Entwicklung neuer Technologien mangels Handlungsdrucks auf der Strecke bleibt. Das Ergebnis sind Wirtschaftsräume, die schrittweise immer mehr den Anschluss an aufstrebende und innovative Märkte, Unternehmen und Volkswirtschaften verlieren. Das Handelsrecht verwendet für ein solches Vorgehen den Begriff beziehungsweise den Tatbestand einer vorsätzlichen Insolvenzverschleppung. Die Rechnung bezahlen die nachfolgenden Generationen beziehungsweise die Steuerzahler.

Es kann daher nur das Ziel von Regierungen sein, alles daranzusetzen, dass sich die Wirtschaftspolitik nicht vorwärts in die Vergangenheit bewegt. Unser globales Wirtschaftssystem und alles, was damit verbunden ist, ist zu wertvoll, um es mit antiquierten Methoden wie unter anderem der Wiedereinführung von Strafzöllen oder der Reaktivierung von völlig überholten, Ressourcen verschwendenden Produktionsmethoden aushebeln zu wollen.

[1] https://de.wikipedia.org/wiki/Corporate_Social_Responsibility. Zugegriffen am 18. April 2020.

4 Globaler Wahnsinn – na und?

Es stellt sich die berechtigte Frage, was das zuvor Beschriebene mit Industriegüter Marketing des 21. Jahrhunderts zu tun hat. Der klassische B2B Marketing Manager tritt nach dem erfolgreichen Abschluss des Marketing Studiums beziehungsweise der Marketing Ausbildung in ein Industrieunternehmen ein. Dort lernt und erfährt er oder sie vom ersten Tag an, worin die Funktion einer Marketing Abteilung begründet liegt, nämlich dem Produzieren von Broschüren und dem Betreuen von relevanten Industriemessen. Zumeist hatte man dann das Privileg bis zur eigenen Rente in diesem Unternehmen eine brillante Marketing Karriere zu durchlaufen. In den meisten Fällen hat der ambitionierte Berufseinsteiger zudem das zweifelhafte Vergnügen, sein gesamtes Wissen von einem älteren Marketing Manager mit derselben Historie – nämlich Abschluss, Einstieg und Rente – zu erlernen. Zusammen gefasst bedeutet es, der Einäugige trainiert den Nichtsehenden. Sehr rasch erkennt der ambitionierte Berufseinsteiger, dass das Marketing die verlängerte Werkbank im Unternehmen ist und eigentlich nichts zu sagen hat, denn die Herren in grau sind die wahren Helden, die Ingenieure. Darüber hinaus kostet Marketing ohnedies nur Geld und schafft keinen Mehrwert. Das bestätigt auch eine Aussage eines von mir sehr geschätzten Marketing Kollegens aus Deutschland, der mir Folgendes geschrieben hatte:

> „Im Rahmen der Kurzarbeit wurde in unserem Geschäftsbereich Kurzarbeit angesetzt. Wir erhielten eine eMail an das gesamte Führungsteam, in der stand, dass Forschung und Entwicklung um 50 %, Produkt Management um 40 %, die Berechnung um 30 %, der Vertrieb um 50 % und Marketing um 90 % (!) die Arbeit für die nächsten drei Monate zu reduzieren haben. Das bedeutet das gesamte Marketing wird pro Woche nur mehr 4 Stunden arbeiten ….“

Es bedarf keiner weiteren Ausführungen, um zwischen den Zeilen die im Unternehmen vorhandene Einschätzung bzw. Wertschätzung der Marketingabteilung näher zu erörtern. Wichtig ist zu erwähnen, dass der verantwortliche Bereichsmanager einen technischen und keinen kaufmännischen Hintergrund hatte. An dieser Stelle sei angemerkt, dass der betreffende Marketier alles andere als einen schlechten Job machte. Es verwundert daher nicht, dass, wenn man Ingenieuren zuhört, sie im Vergleich zu Experten anderer Fachrichtung alles besser wissen und können; ihre Produkte sind immer perfekt und verkaufen sich von selbst. Warum man daher Marketing eigentlich braucht, wissen sie nicht. Dieses Bild zeichnen Fachexperten mit technologischem Ausbildungshintergrund, die im Idealfall – wenn überhaupt – einmal in der gesamten Ausbildung von Kunden, Märkten und Vertrieb gehört hatten.

Der Wahnsinn herrscht somit nicht nur global, sondern auch in den Unternehmen selbst, wo partielle Selbstüberschätzung dazu führt, dass die erforderliche Selbstreflexion und Selbstkritik stringent ausgeblendet werden. Lobend zu erwähnen sind die aktuell nachkommenden, jungen und top ausgebildeten Ingenieure, die bereits von den erweiterten, angepassten Ausbildungsmodellen profitieren. Diese beinhalten neben umfassenden technischen Lehrinhalten auch Module im Bereich Kundenorientierung, Marktanalysen und

Vertrieb. Diesbezüglich ist interessant festzustellen, wie sich die interne, abteilungsübergreifende Zusammenarbeit sofort signifikant zum Positiven verändert und sich durch den Schulterschluss von marktorientierten und produktorientierten Einheiten völlig neue Projekte und Innovationspotentiale ergeben.

Keinesfalls soll hier die These aufgestellt werden, dass B2B Marketing der heilbringende Retter für die aktuelle Misere ist. Aber B2B Marketing kann und muss einen wesentlichen Beitrag zur nachhaltigen Sicherung und Stärkung der Industrieunternehmen, für und in denen sie tätig sind, leisten. Die technologischen Entwicklungen in diesem Bereich machen dies möglich. Es muss daher die Aufgabe der verantwortlichen Marketing Manager in der Industrie sein, die eigene Marketingabteilung und ihre Teams darauf vorzubereiten, aber auch das Wissen um diese neuen Möglichkeiten im Rahmen der internen Kommunikation in den Unternehmen zu verbreiten. Vor diesem Hintergrund ergeben sich für „Next Generation" B2B Marketing folgende wesentlichen Kompetenzfelder, auf die nachfolgend näher eingegangen wird:

- Methoden- und Prozesskompetenz
- Datenkompetenz
- IT-Kompetenz

5 Methoden- und Prozesskompetenz

Der russische Wissenschaftler Nikolai Dmitrijewitsch Kondratieff (1892–1938) ist der Begründer der Theorie der langen Wellen. Im Rahmen seiner Forschungsarbeiten zur Konjunktur in den Jahren 1919 und 1921 fand er heraus, dass es außer kurzen, bis zu drei Jahre langen und mittleren, bis zu elf Jahre dauernden Zyklen, auch längere Zeitphasen – sogenannte Konjunkturwellen – mit einer Dauer von 45 bis 60 Jahren gibt. Im Rahmen seiner Funktion als Direktor des Moskauer Instituts für Konjunkturforschung publizierte Kondratieff im Jahre 1926 seine Erkenntnisse im deutschsprachigen „Archiv für Sozialwissenschaft und Sozialpolitik" und verwies darauf, dass die wirtschaftliche Entwicklung der westlichen Industrieländer seit Ende des 18. Jahrhunderts durch drei große Auf- und Abschwungswellen bestimmt waren. Joseph Schumpeter hat als erster die zentrale Bedeutung von Basisinnovationen für einen Kondratieffzyklen in seinem Werk „Konjunkturzyklen" (Vandenhoeck und Ruprecht 2008) herausgestellt. Schumpeter war es auch, der den Begriff „Kondratieffzyklus" prägte und so den Namen mit dem Phänomen der langen Wellen verknüpfte.

Kondratieff erkannte im Rahmen seiner Arbeiten, dass durch die zunehmende Automatisierung und Technologisierung der Wirtschaft, der Mensch zum schwächsten Glied in der Kette werden würde. Er sagte voraus, dass die große Herausforderung im 21. Jahrhundert darin bestünde,

1. die ganzheitliche Gesundheit des Menschen zu sichern und
2. die Menschen mit der entsprechenden Methoden- und Strukturkompetenz auszustatten,

um die Potentiale der Automatisierung und Technologisierung überhaupt erst vollständig realisieren zu können. Die seit einigen Jahren stark steigende Zahl an mentalen Erkrankungen der Menschen sind eindeutiger Beleg für Kondratieffs Hypothese. Ein gesamter Wirtschaftsbereich für das betriebliche Gesundheitsmanagement hat sich in den letzten Jahren unter dem Begriff „Corporate Mental Wellness" (Güpner et al. 2010) entwickelt. Die Kosten für Volkswirtschaften für die Behandlung von mentalen Erkrankungen haben bereits hohe zweistellige Prozentwerte der gesamten Gesundheitskosten erreicht. Signifikant größer ist der wirtschaftliche Schaden, der durch mangelnde Methoden- und Prozesskompetenz in den Unternehmen verursacht wird.

Prozesskompetenz als Grundvoraussetzung
Wie entsteht dieser Schaden? Mangelnde Methoden- und Strukturkompetenz äußert sich in Form von ineffizienten Prozessen, Doppelgleisigkeiten, Schnittstellenproblemen, unzureichender Nutzung von Informationssystemen bis hin zur Nichterreichung von definierten Zielen in der vorgegebenen Zeit und innerhalb der definierten Budgets. Ein Paradebeispiel ist zum Beispiel die nicht zeitgerechte Einführung eines Produktes, weil der verantwortliche Projektmanager in der Abteilung Forschung und Entwicklung das Projekt nicht sauber abgewickelt hat. Ein anderes häufiges Problem ist die mangelnde Abstimmung zwischen Produktion und Projektmanagement, aus der signifikante Überschreitungen einer definierten Lieferzeit resultieren können. In Bezug auf das B2B Marketing äußert sich mangelnde Struktur- und Methodenkompetenz im Fehlen von detaillierten Prozessbeschreibungen der Marketing- und Kommunikationsaktivitäten bis hin zum Fehlen von immer aktuellen Job Descriptions, klaren Zielsetzungen, und klaren Performance Indikatoren der umgesetzten Maßnahmen.

Das Fehlen von solchen, grundlegenden strukturellen Bestandteilen einer Marketing Organisation führt dazu, dass eine solche Abteilung immer im sogenannten „fire fighting" Modus agieren wird. Immer in Defensivhaltung werden die von allen verschiedenen Abteilungen viel zu spät übergebenen und beauftragten Aktivitäten versucht, bestmöglich und nicht zu spät abzuliefern. Marketing ist somit immer der Getriebene und der Spielball der anderen Abteilungen. Mit der erforderlichen Struktur- und Methodenkompetenz können die sprichwörtlichen Hausaufgaben, wie oben beschrieben, dokumentiert und allen zugänglich transparent gemacht werden. Sollte nun jemand einen Arbeitsauftrag nicht entsprechend der vorgegebenen Prozesse und Zeitvorgaben einbringen, so kann sich die Marketingabteilung darauf berufen, und so schrittweise Herr der eigenen Zeit und der eigenen Planungen werden.

Hausaufgaben zuerst
Wenn diese strukturellen Grundlagen nicht geschaffen werden, wird eine Marketingabteilung im Innenverhältnis nie über die erforderliche stringente und kongruente Struktur verfügen, um nach außen gegenüber den internen Kundengruppen entsprechend souverän agieren und argumentieren zu können. Einmal mehr sei an dieser Stelle festgestellt: Veränderung beginnt immer bei sich selbst und somit in der Marketingabteilung. Mit der er-

forderlichen Strukturkompetenz kann nämlich auch ein klares Organigramm der eigenen Marketing Abteilung im engeren Sinn aber auch im weiteren Sinne im Zusammenspiel in Bezug auf die Schnittstellen mit anderen organisatorischen Einheiten erstellt werden. Das wirkt sich wiederum positiv auf die teamübergreifende und abteilungsübergreifende Prozesseffizienz aus, da Schnittstellen klar definiert werden.

Alles muss sich rechnen
In den Bereich der Methodenkompetenz fällt auch ein weiterer wichtiger Aspekt, nämlich jener, alle Sachverhalte im Sinne von Wirtschaftlichkeitsbetrachtungen darzustellen und zu analysieren. Dies betrifft jede kleine Kampagne bis hin zu Investitionen in ein neues MarTech Tool.[2] Next Generation B2B Marketing verabschiedet sich vom plumpen Abholen und Abfragen von neuen Ressourcen und Budgets, sondern beginnt im Kleinen zu zeigen, wie etwas funktionieren kann. Damit schafft es sich selbst eine argumentative Basis, um im Rahmen des Einwerbens von zusätzlichen Mitteln und Ressourcen den Proof-of-Concept unterbreiten und den großen, darauf aufbauenden Business Case gleich mitzuliefern. Next Generation B2B Marketing löst sich vom Schattendasein des Marketings und erhebt für sich den Anspruch, dem Gegenüber immer einen Schritt voraus zu sein. Wie man das machen kann? Die Antwort ist ganz einfach: seien Sie empathisch. Versetzen Sie sich in die Lage Ihres Gegenübers. Stellen Sie sich vor, Sie säßen ihrem CEO gegenüber. Welche Frage würde er Ihnen stellen? Die Antwort ist in 90 Prozent der Fälle immer die gleiche: was kostet es mich und was bringt es uns?

Ihr Ziel muss es sein, in jeder erdenklichen Situation immer zu glänzen und sich keine Blöße zu geben. Das bedeutet, dass Sie immer den entscheidenden Schritt voraus denken müssen. Überlegen Sie sich, welche Frage könnte im Meeting kommen? Versuchen Sie, die Schwachpunkte in Ihrem Konzept zu finden. Erkennen Sie Inkonsistenzen und Strukturschwächen. Beginnen Sie in Strukturen zu denken. Strukturen können vielfältig sein, wie zum Beispiel:

- Management Modelle (BCG-Matrix, SWOT-Analyse, …)
- Geschäftsprozesse (Buyer Journey, Einkauf, Produktion, …)
- Templates bzw. Vorlagen (Fragebogen, Checkliste für ein Event, …)

Strukturen liefern vor diesem Hintergrund für Sie bereits durch andere vorqualifizierte Bezugsrahmen, mit deren Hilfe Sie eine relevante Information evaluieren können. Es ist nicht das Ziel, das Rad immer neu zu erfinden, sondern das bereits vorhandene für sich zu nutzen. Nicht umsonst besagen zwei Sprichworte „Wer liest hat Vorteile im Leben!“ und „Wer schreibt, der bleibt!“ Versuchen Sie für alles, was sie tun, belegbare und begründbare Zahlen und Werte zu finden.

[2] https://merlinone.com/what-is-martech/. Zugegriffen am 17. April 2020.

6 Datenkompetenz

Ein zweiter wesentlicher Bereich für erfolgreiches B2B Marketing des 21. Jahrhunderts ist der Umgang und das Wissen um Daten und Informationen aller Art. In der klassischen Management Lehre ist dies seit Jahren fester Bestandteil der gängigen Lehre und Praxis. Lediglich die beiden Bereiche Human Ressource Management und Marketing haben jahrelang sehr erfolgreich das Thema Performance Management and Measurement negiert. Erst in den letzten Jahren des 20. Jahrhunderts wurden die ersten spezifischen Kennzahlen für den Bereich des Personalmanagements eingeführt. Seit diesem Zeitpunkt hatte sich auch im Marketing ein Umdenkprozess in Richtung transparentem Messen und Evaluieren von Marketing Return-on-Investments (MRoI) im Zusammenhang mit dem Marketing Ressource Management (MRM) (Seebacher und Güpner 2011) Ansatz vollzogen.

Das Feld der Datenkompetenz hat sich aber in den letzten Jahren rasant weiterentwickelt. Ermöglicht durch immer komplexere Business Intelligence (BI) Lösungen, können heute immer größere Datenmengen einfacher und rascher verarbeitet, interpretiert und ausgewertet werden. Marketing Manager in der Industrie haben nur zwei Möglichkeiten: entweder sie beginnen sich zeitnah mit dem Thema des Daten Managements im Sinne von Business und Predictive Analytics[3] auseinander zu setzen oder aber sie werden sich langfristig auf der Verliererstraße wiederfinden. Der Spruch „Wissen ist Macht" ist nicht neu, hat aber vor dem Hintergrund der aktuellen Entwicklungen eine enorme Renaissance erfahren. Next Generation B2B Marketing muss imstande sein, alles über Märkte, Kunden, Projekte und Produkte 24/7 und immer aktuell zu wissen. Die inhaltliche Hoheit von allen Daten und Informationen, wie unter anderem auch im Bereich des Customer Relationship Managements (CRM), muss kompromisslos im Marketing angesiedelt sein.

In vielen Unternehmen liegt die Hoheit über das CRM System im Vertrieb oder sogar in der IT Abteilung. In Ermangelung der erforderlichen Strukturkompetenz wird den meisten Marketing Managern nicht klar, worin das Problem liegt. Denn, wenn man die zuvor beschriebene Situation strukturanalytisch betrachtet, so kommt man zwangsläufig zu dem Schluss, dass die reine IT-Hoheit im Sinne des systemtechnischen Begriffes in der betrieblichen IT-Abteilung sehr wohl angesiedelt sein muss, nicht aber die inhaltliche Verantwortung. Diese kann logischerweise ausschließlich im Marketing angesiedelt sein, das seinerseits wiederum definieren muss, welche Daten in welcher Form wo und wie oft erhoben, eingegeben, analysiert und im Rahmen der weiteren Wertschöpfungskette des Marketings zum Einsatz kommen. Natürlich kann das alles nur in enger Abstimmung und gemeinsam mit dem Vertrieb geschehen. Denn nur der Vertrieb hat die Kompetenz in Bezug auf Kunden, Aussagen im Umgang und zum Kommunizierten mit den Kunden zu treffen. Abstimmung mit dem Vertrieb ist unerlässlich!

---

[3] https://www.marconomy.de/marketing-der-zukunft-kennen-sie-schon-predictive-intelligence-a-920935/. Zugegriffen am 17. April 2020.

7 IT-Kompetenz

Das mag für viele Leser nun hart klingen, aber es ist die Realität. B2B Marketing des 21. Jahrhunderts ist mehr und mehr getrieben durch modernste Informationstechnologie. Als Mitglieder der Next Generation B2B Marketing Manager Community müssen Sie im Stande sein, in Bezug auf neueste MarTech Tools kompetente Aussage treffen zu können. Das bedeutet keinesfalls, dass Sie zu einem Programmierer werden müssen. Aber Sie müssen im Stande sein, mithilfe der erforderlichen Methodenkompetenz, einen sauberen Auswahlprozess für eine neu anzuschaffenden Marketing Lösung zu managen. Sie müssen darüber hinaus im Stande sein, sich mit Kollegen aus anderen Abteilungen und vor allem auch der IT, über Schnittstellen und Datenfelder zu unterhalten, um sicherzustellen, dass Sie immer die korrekten Daten im notwendigen Format verfügbar haben. Sie sind der Business Owner und vertreten das Geschäft. Die IT-Abteilung ist der interne Dienstleister für die Zur-Verfügung-Stellung der entsprechenden Systeme und Schnittstellen. Als Marketing Manager müssen Sie im Stande sein, die erforderlichen Abstimmungen und Diskussionen aus inhaltlicher Sicht mit Bezug auf system-technische Aspekte mit ihren Kollegen zu führen.

Der Bereich der IT-Kompetenz bedeutet auch, dass Sie aus strategischer Sicht ein Konzept zum MarTech Blueprint der Organisation entwickeln müssen. Welche Anwendungen, Systeme und Tools sollen in Zukunft und auf lange Sicht im Unternehmen im Bereich des Marketings zum Einsatz kommen und durch welche Schnittstellen verbunden sein? Nur dadurch können Sie auf Basis der bestehenden Systemlandschaft im eigenen Unternehmen auf lange Sicht die erforderliche, moderne MarTech Infrastruktur etablieren, die erforderlich ist, um den Ansprüchen eines modernen B2B Marketings gerecht zu werden. Wenn das Themenfeld der Marketing IT im Sinne des MarTech Stack nicht zeitnah von der Marketingabteilung proaktiv bearbeitet wird, so wird sich Marketing bald in einer Beifahrerrolle wiederfinden. Das bedeutet, andere werden für Marketing entsprechende Entscheidungen treffen. In Bezug auf den allseits präsenten Wahnsinn in den Unternehmen in Bezug auf die Wertschätzung von Marketing, ist davon auszugehen, dass sicherlich nur in den seltensten Fällen die richtigen Entscheidungen getroffen werden dürften.

8 Fazit

Veränderung beginnt immer bei sich selbst. Immer wieder hört man die Frage nach der Größe einer Marketingabteilung hinsichtlich der Anzahl der Mitarbeiter. Immer wieder kommt der Einwand, dass in kleinen, mittelständischen Unternehmen zu wenig Ressourcen im Marketing vorhanden wären, um all diese Dinge umzusetzen. Immer wieder kommt der Einwand, alles ist zu teuer und es gäbe ohnedies kein Budget. Offen gestanden sind das die falschen Einwände von jemandem, der die Ideologie und Philosophie dieses Buches verstanden hat.

Um Next Generation B2B Marketing in einem Unternehmen erfolgreich umzusetzen, braucht es nicht allzu viel – außer einen Marketing Manager, der stringent beginnt, die eigenen Hausaufgaben umzusetzen. Egal, wie viel Mitarbeiter im Marketing tätig sind, geht es immer darum, von innen heraus strukturiert in kleinen Schritten voran zu schreiten. Diese Vorgehensweise ermöglicht es, das eigene Tun und Handeln in Form von konkreten und messbaren Ergebnissen darzustellen und zu dokumentieren. Das schafft in weiterer Folge Transparenz und Vertrauen. Auf dieser Basis und mit dem entsprechenden, daraus resultierenden Vertrauensvorschuss können neue Ideen und Projekte auf den Weg gebracht werden. Entscheidend dabei ist, sich immer darüber im Klaren zu sein, im Kleinen zu zeigen, was möglich ist, und erst danach weitere Ressourcen oder aber finanzielle Mittel beim Vorgesetzten zu beantragen. Denken Sie dabei immer an Ihre Kinder und was Sie ihnen sagen, wenn sie etwas von Ihnen möchten: „Die Pflicht kommt vor der Kür!" oder „Zuerst müssen die Hausaufgaben erledigt sein!"

Das gesamte Buch ist entlang des Reifegradmodels für Industriegüter Marketing aufgesetzt. Das bedeutet, dass die jeweils in den drei Hauptteilen dieses Buches dargestellten Ansätze, Konzepte und Modelle so gereiht sind, dass die Basiskonzepte eher am Kapitelanfang und jene mit höherer Komplexität und entsprechenden Vorkenntnissen umzusetzenden Themen weiter hinten in den einzelnen Abschnitten platziert sind. Die Abschnitte dieses Buches sind somit im Sinne eines Wegbegleiters und Ratgebers entlang ihrer ganz persönlichen B2B Marketing Journey strukturiert. Gute Reise!

Literatur

Güpner, A., Seebacher, U. G., & Hillert, A. (2010). *Corporate Mental Wellness*. München: USP Publishing.

Schumpeter, J. A. (2008). *Konjunkturzyklen*. Göttingen: Vandenhoeck & Ruprecht.

Seebacher, U. G. (2003). *Template-driven consulting – How to slash more than half of your consulting costs*. New York: Springer.

Seebacher, U. G., & Güpner, A. (2011). *Marketing Resource Management*. München: USP Publishing.

Uwe Seebacher ist promovierter Volks- und Betriebswirt. Er ist Executive Advisor und verfügt über mehr als 25 Jahre Top-Management-Erfahrung als Berater, Manager als auch Unternehmer. Er ist Dozent an vielen renommierten Business Schools und Universitäten und hat Artikel und Fachbücher in vielen führenden Managementpublikationen verfasst, wie unter anderem z. B. „Predictive Intelligence" (Springer), „Strategic Workforce Management" (Harvard Business Manager) und „Cyber Commerce Reframing" (Harvard Business Manager) oder „Template-based Management" (Springer). Für seine Arbeiten erhielt er zahlreiche internationale Auszeichnungen.

Die Netflix-Economy kommt – Die Frage lautet nicht ob, sondern wann!

Mike Kleinemaß und Uwe Seebacher

Inhaltsverzeichnis

M. Kleinemaß
thyssenkrupp Industrial Solutions AG, Essen, Deutschland
E-Mail: mike.kleinemass@thyssenkrupp.com

U. Seebacher (✉)
Graz, Österreich
E-Mail: http://www.uweseebacher.org

U. Seebacher (Hrsg.), *Praxishandbuch B2B-Marketing*,
https://doi.org/10.1007/978-3-658-31651-8_2

Zusammenfassung

Dieses Kapitel beschäftigt sich mit dem großen Ganzen, im Rahmen dessen auch die enorme Veränderungsdynamik des B2B Marketings betrachtet werden muss. Es stellt sich nicht die Frage, ob Amazon eines Tages auch Industrieprodukte mittels 3D-Technologie verkauft, fertigt und sofort versendet, sondern wann. Denn die Notwendigkeit des Umdenkens im Bereich des B2B Marketings geschieht nicht zum Selbstzweck. Die Netflix-Industrie zieht immer größere Bahnen. Es ist das immer transparentere, virtuelle und sich beschleunigende Umfeld, das den B2B Bereich als nächstes treffen wird. Unternehmen und deren Entscheider – und vor allem jene, die nachhaltig erfolgreich sein möchten – müssen sich dieser Veränderung stellen, um nachhaltig zu überleben. Denn, wenn sie es nicht schaffen, das enorme Potenzial von modernem B2B Marketing zu heben, werden sie in Bezug auf den Wettbewerb das Nachsehen haben. Aber der Wettbewerb von heute spielt nur eine untergeordnete Rolle, denn die wahren Wettbewerber der Zukunft sind die Amazons und Alibabas dieser Welt. Dieses Kapitel soll die Ursachen für diesen Veränderungsdruck aufzeigen und dadurch Bewusstsein schaffen, dass nicht nur der gesamte Ausbildungsbereich in der Disziplin Marketing, sondern auch das gesamte Top-Management der Industrie-Unternehmen umdenken muss.

1 Veränderung ist die einzige Konstante

… auch und gerade für Industrieunternehmen. Betrachtet man die enorme und in den vergangenen Jahren sich immer rasanter vollziehende Digitalisierung, so ist dies nur aktuell die letzte Etappe einer Reihe von Veränderungsprozessen und Paradigmenwechsel. Mit Industrie 1.0 war die erste Massenproduktion durch Maschinen um 1800 gemeint. Webstühle als erste „Maschinen" nutzten menschliche Kraft als Antrieb. Die mechanische Teilautomatisierung war zu dieser Zeit ein enormer Fortschritt, der sowohl eine Erleichterung aber eben auch eine beachtliche Erhöhung der Effizienz darstellte. Im weiteren Verlauf der Industrie 1.0 wurden mechanische Produktionsanlagen errichtet und Wasser- und Dampfkraft ersetzten bald die menschliche Arbeit im Sinne der Antriebskraft. Die ersten Erfolge dieser frühen Industrialisierung waren unter anderem die ersten Eisenbahnen, der Kohleabbau, die Schwerindustrie, die Dampfschifffahrt, aber auch der Verkehr und der Textildruck. Aber neben dem Einsatz von Maschinen und den Anfängen der Serienfertigung wurden schon im 19. Jahrhundert die ersten Grundlagen für die später folgenden, weiteren industriellen Revolutionen gelegt. So wird die britische Mathematikerin Ada Lovelace[1]

[1] https://de.wikipedia.org/wiki/Ada_Lovelace. Zugegriffen am 17. April 2020

wegen ihres erstellten Programms für die Analytical Engine[2] von Charles Babbage als erste Programmiererin bezeichnet. Sie schuf somit essentielle Grundlagenarbeit für die Industrie 3.0. Der mechanische Computer wurde zwar leider nie fertiggestellt, aber dennoch nahm Ada Lovelace wesentliche Aspekte späterer Programmiersprachen wie zum Beispiel in Bezug auf Unterprogramme oder Verzweigungen vorweg.

Die zweite industrielle Revolution im Sinne der Industrie 2.0 begann mit der Einführung beziehungsweise Umstellung von Dampfenergie auf Elektrizität als Antriebskraft für Maschinen gegen Ende des 19. Jahrhunderts. Auch diese signifikante Veränderung wurde nicht durch die Industrie selbst initiiert, sondern durch innovative Geister aus anderen Bereichen der Wissenschaft. Die Industrie machte sich die Erkenntnisse anderer Wissensdisziplinen lediglich zunutze, um den Ertrag weiter zu optimieren. Dies änderte sich im weiteren Verlauf dieser Epoche. Denn mit den ersten Automobilen wollten die Ingenieure die Arbeit in den Produktionshallen stetig weiter automatisieren. Erstmals war die Industrie selbst der Treiber von Innovation mit dem einzigen Ziel, dass die Fabrikhallen in Rekordzeit durch die Nutzung von Fließband und Motoren mehr und mehr produzieren konnten.

2 Die Industrie als Nutznießer

Allerdings – aus heutiger Sicht betrachtet – wurden die damals großen und nachhaltigen Innovationen abermals nicht durch die Industrie und die Ingenieure realisiert, sondern einmal mehr durch Experten anderer Fachrichtungen. So wurde die Büroarbeit und die Verwaltung durch neuartige Kommunikationsmöglichkeiten, wie Telefonate und Telegramme, enorm vereinfacht und beschleunigt. Den Grundstein dafür legte aber keinesfalls ein Industrieingenieur, sondern der Buchsetzer Henry Mills im Jahre 1714 mit einer Art Schreibmaschine, wofür ihm auch ein Patent erteilt wurde. Die erste wirkliche Schreibmaschine wurde auch aus einer Not heraus erfunden und gebaut. Im Jahr 1808 kreierte nämlich der Italiener Pelligrino Turri[3] für die erblindete Gräfin Carolina Fantoni da Fivizzone eine solche Apparatur, um ihr das Schreiben zu ermöglichen.

Weitere Fortschritte in dieser Phase wurden in der Automatisierung der Produktion und Verarbeitung von Automobilen, Kleidung, Rohstoffen und Lebensmitteln realisiert. Auch die Globalisierung hielt Einzug und erstmals konnte über Kontinente hinweg transportiert werden. Warum wurden all diese Entwicklungen, die diese Innovationen ermöglichten, nicht von Ingenieuren aus der Industrie, sondern von anderen Fachbereichen entwickelt? Nachdem in der ersten Revolution die Art und Weise der Produktion verändert wurde, lag der Fokus der zweiten industriellen Revolution auf der Vereinfachung und Optimierung

[2] https://en.wikipedia.org/wiki/Analytical_Engine. Zugegriffen am 17. April 2020

[3] https://en.wikipedia.org/wiki/Pellegrino_Turri. Zugegriffen am 17. April 2020

der Verfügbarkeit von für die Industrie relevanten Rohstoffen. Wie immer war die Industrie der Nutznießer dieser Innovationen aus anderen Bereichen.

Die dritte industrielle Revolution und deren Entwicklungen war im Wesentlichen auf die Vordenker Charles Babbage und Ada Lovelace des 18. Jahrhunderts zurückzuführen. Konrad Ernst Otto Zuse, ein deutscher Bauingenieur, entwickelte 1941 mit dem Z3 den ersten funktionsfähigen Computer der Welt, der programmgesteuert, frei programmierbar und vollautomatisch war. Das Nachfolgemodell Z4 kann als der erste kommerzielle Computer bezeichnet werden, dem noch weitere folgten. Eine rasante Entwicklung mit immer kürzeren Entwicklungszyklen begann. Auch in der dritten industriellen Revolution fanden die wahren Innovationen nicht in den Industrieunternehmen selbst statt, sondern diese entstanden in anderen Bereichen der Forschung und Wissenschaft – außerhalb der Industrie. Die Manager und Verantwortlichen der Industrie mussten von den Möglichkeiten dieser neuen Technologien erst überzeugt werden. In den 1970er-Jahren setzte die Hauptphase der dritten industriellen Revolution ein und die durchgängige Automatisierung hielt in den Fabriken Einzug.

Ermöglicht wurde dies durch die enormen Fortschritte in der Elektronik und der Informationstechnologie (IT). Personal-Computer für Büro und Haushalt fanden eine immer größere Verbreitung. Der Commodore 20[4] und Commodore 64[5] waren einige der meistverkauften Modelle. Computer, Software und in weiterer Folge die Digitalisierung entwickelten sich immer schneller weiter und ebneten dadurch den Weg für die vierte industrielle Revolution, gekennzeichnet durch völlige Transparenz, Vergleichbarkeit, globale Verfügbarkeit und Virtualisierung des gesamten unternehmerischen Handelns. Die Game Changer waren nicht nur Faktoren wie neu verfügbare Technologien, sondern vor allem eine Community von immer jüngeren Experten der neuen Wissensdisziplinen. Sie begannen die Industrie vor sich her zu treiben.

3 Weg vom Blech – hin zu Services und Software

Internet of Things (IoT), Internet of People (IoP), Equipment as a Service (EaaS), Software as a Service (SaaS) … Aktuell werden all diese Begriffe unter dem Schlagwort Industrie 4.0 zusammengefasst. Allerdings attestiert der kürzlich durch den Verband der Deutschen Maschinen- und Anlagenbauer (VDMA) durchgeführte Online-Kompetenzcheck enorme Defizite bei I4.0. Die Umfrage unter 1700 Teilnehmern zeigte, dass das Wissen rund um Industrie 4.0 bei Studierenden, Beschäftigten und Unternehmen in Deutschland oftmals nicht ausreicht, um den digitalen Wandel mitgestalten zu können.[6]

[4] https://en.wikipedia.org/wiki/Commodore_VIC-20. Zugegriffen am 17. April 2020

[5] https://en.wikipedia.org/wiki/Commodore_64. Zugegriffen am 17. April 2020

[6] https://www.vdma.org/documents/14969637/46993756/Onlinekompetenzcheck_1581497893938.pdf/bb8bb533-b070-6aa0-8f40-44e865927630. Zugegriffen am 26. April 2020.

Die Gefahr ist also groß, auch als Industrieschwergewicht und Innovationsmotor von der Digitalisierung überholt zu werden.

Die Reihe an neuen Schlagworten könnte man beliebig lange erweitern. Eines wird aber klar: im gesamten B2B Bereich verändert sich der Fokus weg vom Produkt, das bisher immer der zentrale Bestandteil des Geschäftslebens war, hin zu den peripheren Faktoren. Es geht nicht mehr nur um prozentuelle Einsparungen beziehungsweise deren Ausmaß beim Erwerb eines Produktes, sondern vielmehr auch um die Frage, muss ich ein Produkt noch kaufen oder kann ich es denn nicht sogar nur mieten? Gerade in Zeiten von COVID-19, in denen aktuelle Nachrichten eine zu erwartende Rezession mit zwischen drei und sieben Prozent oder mehr globalem Wirtschaftsrückgang in den Raum stellen, werden solche Fragen nach Produkten als eine Dienstleistung beziehungsweise zum Beispiel eine Pumpe nach dem gebuchten Wasservolumen zu bezahlen, immer lauter und auch nachvollziehbarer. Wir befinden uns mitten in der vierten industriellen Revolution – eventuell sogar am Ende. Im Fokus steht die totale Digitalisierung früherer analoger Techniken und die Integration cyber-physischer Systeme. Das, was Toyota in den 90er-Jahren mit der eSynchronisation der Angebots- und Nachfragekette durch digitale Netzwerke im Automobilbereich (Olbermann and Seebacher 2003) bereits realisierte, hält heute in den Unternehmen Einzug. Die Unternehmen müssen dadurch nicht mehr auf Lager produzieren, denn die Herstellung vieler Produkte erfolgt auf Nachfrage oder nach tatsächlichem Bedarf. Just-in-Time (JIT)-Strategien (Masing 1999) konnten dank der stetigen Weiterentwicklung in der Informationsverarbeitung und -Technik umgesetzt werden.

Industrie 4.0 wird als Bezeichnung für die moderne Technologie und Produktion im Zeitalter der digitalen Revolution verwendet. Die Treiber für diese Entwicklungen sind die Disziplinen der Automatisierung und der Informationstechnologie. Sensorik spielt ebenso eine entscheidende Rolle, da die Möglichkeiten dieser Steuerungselemente immer breiter werden. Smart Sensors (Mukhopadhyay und Mason 2013) machen ein mehrdimensionales Messen von verschiedenen Prozessparametern erstmals möglich. In Verbindung mit der zunehmenden Bandbreite von Internetverbindungen wird ein 24/7 Überwachen und Monitoren von gesamten Industrieprozessen aber auch Industrieanlagen erstmals technisch sicher und stabil möglich. Damit umfasst die vierte industrielle Revolution nicht nur die industrielle Entwicklung weiterer Technologien, sondern auch geänderte Produktions- und Arbeitswelten im globalen Zeitalter.

4 Die Industrie läuft hinterher

Auffallend ist, dass die Industrie selbst immer mehr diesen Entwicklungen hinterherläuft. War die Industrie früher der Motor von Innovationen, so werden andere Fachbereiche und Disziplinen immer mehr zu den treibenden Kräften und beginnen die Industrieunternehmen quasi vor sich her zu treiben. Die Beharrlichkeit der Industrie dürfte unter anderem auch auf eine überalterte Führungsriege in den Top-Etagen der bisherigen industriellen Vorreiter und Konglomerate zurückzuführen sein (Rifkin 2019). Anders wäre eine solche

Entwicklung nicht zu erklären. Die neuen, integrierten Technologien ermöglichen es, eine immer größere Bandbreite an Modellen und Produktausführungen ebenso schnell wie hochwertig zu produzieren, aber auch auf Entwicklungen des Marktes zeitnah zu reagieren. Bereits heute fertigen digitale Fabriken bei Bedarf bezahlbare Einzelstücke ohne Einbußen mittels hochwertigen 3D-Druckanlagen und -fertigungen um ein Vielfaches rascher als die Erfinder dieser Maschinen mit ihren trägen Produktionen.

Man kann sagen, alles ist mittlerweile möglich. Der einzige sich limitierende Faktor ist die Industrie selbst, wenn man als pars pro toto die aktuellen Angebote in Bezug auf IoT etwas näher betrachtet. So findet man zaghafte Versuche, etwas, was de facto noch nicht marktreif ist, mit knackigen Werbebotschaften im Markt zu platzieren. Eigentlich wollen die Unternehmen dies gar nicht, weil sie wissen, dass sie nichts wissen und nichts zu bieten haben, sind aber durch die Dynamik im Markt und die Nachfragen der Kunden gezwungen, zu agieren und zu kommunizieren. Wenn man sich in den Abteilungen der Unternehmen ein wenig umsieht, so wird klar, warum dies so ist. Automatisierungs- und Elektrotechniker der alten Garde, die gelernt hatten, Maschinen und Anlagen mit Elektronik und Sensorik auszustatten, sollen nun jene „Innovatoren" sein, die das Internet der Dinge an die Maschine bringen sollen. Sie sollen einfache Sensoren plötzlich „smart" machen, obwohl ihnen jegliches Grundverständnis von IT, Digitalisierung und damit einhergehend neuen Denk- und Geschäftsmodellen fehlt. Diese Rechnung kann nicht aufgehen.

Das führt dazu, dass sich sogar Staatsoberhäupter wie unter anderem die deutsche Bundeskanzlerin Angela Merkel im Jahre 2019 mit einem Aufruf an die Öffentlichkeit wandte, dass man Industrie 4.0 nicht verschlafen darf. Der aktuelle, bereits zitierte Kompetenzcheck des führenden, deutschen Industrieverbands VDMA bestätigt die Sorge von Angela Merkel auch noch ein Jahr später.[7] Das Phänomen, das uns somit im B2B Marketing treibt, ist jenes einer konservativen Branche, die seit Generationen mit großen und schweren Maschinen gewohnt ist zu arbeiten und Geschäft zu generieren, der aber im übertragenen Sinn durch diese „produktbezogene Schwere" die notwendige Agilität und Leichtigkeit fehlt, sich von innen heraus entsprechend neu aufzustellen. Diese Eigenschaften sind aber erforderlich, um mit der neuen Kontingenz-Situation erfolgreich umgehen zu können. Die Virtualisierung der Märkte, einhergehend mit der zunehmenden Transparenz, der Vergleichbarkeit aber auch der Austauschbarkeit von Gütern, Leistungen und Produkten, erfordert ein Umdenken in Bezug auf das gesamte betriebswirtschaftlich-industrielle Handeln.

Dieser dramatische Veränderungsprozess kann mit jenem der Deregulierung der Energiemärkte in Europa Anfang des 21. Jahrhunderts verglichen werden. Damals ging es darum, einen nahezu staatlich geschützten Bereich der Wirtschaft aufzubrechen, um diesen in ein nach ökonomischen Gesichtspunkten ertragsbringendes System zu überführen. Der Vorteil in dieser Situation war, dass es gesetzliche Vorgaben für diese Veränderung gege-

---

[7] https://www.vdma.org/documents/14969637/46993756/Onlinekompetenzcheck_1581497893938.pdf/bb8bb533-b070-6aa0-8f40-44e865927630. Zugegriffen am 26. April 2020.

ben hatte, wonach Unternehmen und deren Führungskräfte handeln mussten. Das hatte zur Folge, dass auch das gesamte Personalwesen diesen einschneidenden kulturellen Veränderungsprozess gemeinsam mit den Betriebsräten unterstützte. Der Auftrag lautete, altgediente Mitarbeiter, die in einer öffentlich-rechtlichen Struktur jahrelang gearbeitet hatten, nunmehr auf eine leistungsorientierte, privatwirtschaftlich ausgerichtet Energiewirtschaft vorzubereiten.

Der heutige Paradigmenwechsel im B2B Bereich ist allerdings nicht gesetzlich initiiert, weshalb auch der Druck von außen auf die Industrieunternehmen seitens der Legislative fehlt. Das führt dazu, dass in den Unternehmen die erforderlichen Maßnahmen nicht entsprechend stringent und vehement umgesetzt werden. So werden altgediente und hoch erfahrene Maschinen- oder Metallbauingenieure plötzlich zu Verantwortlichen für smarte Sensoren oder aber auch IoT Anwendungen – das kann nicht funktionieren, denn es fehlt der Blick fürs Ganze, aber auch das erforderliche Hintergrundwissen, über das junge, nachkommende Kollegen bereits verfügen. Dann wird der nächste fatale Fehler gemacht: Junge ambitionierte und talentierte Mitarbeiter werden eingestellt und in die Unternehmen geholt, und den zuvor erwähnten altgedienten Metallbauingenieuren unterstellt. Das wäre so, wie wenn man einen jungen Fußballstar wie David Alaba von Bayern München in eine Mannschaft der „Über 50" Liga versetzt. Alaba würde die perfekten Ideen für das Spiel und im Spiel die perfekten Vorlagen für seine Mitspieler liefern, aber das Konzept würde nicht aufgehen. Denn das junge Talent würde an einem überholten Spielsystem der vergangenen Generation scheitern, und mit einer nicht adäquaten Mannschaft nicht siegreich sein können. Nach kurzer Zeit würde Alaba wieder das Weite und sich selbst ein siegreicheres Umfeld suchen.

5 Das Management ist die Herausforderung

Im übertragenen Sinn bedeutet dies, so wie auch bei Start-Ups die Führungsspitze immer jünger wird, dass auch die Team- und Abteilungsleiter bei großen Unternehmen einem Verjüngungsprozess unterzogen werden müssen, um langfristig wettbewerbsfähig zu bleiben. Diese jüngeren Führungskräfte bringen nämlich nicht nur das aktuelle erforderliche Wissen mit, sondern auch das Verständnis in Bezug auf das sich ändernde Marktumfeld und die sich daraus ergebenden Bedürfnisse und Erwartungen der Kunden. Kunden von heute erwarten sich von Lieferanten, dass sie „gehört werden". Kunden von heute sind offen für gemeinsames Entwickeln von neuen Produkten oder Produktanpassungen. Das bedeutet, dass jene Unternehmen, die durch einen aktiven Dialog mit potentiellen Kunden Innovationen gemeinsam konzipieren und realisieren, Vertrauen zu diesen potentiellen Kunden aufbauen und somit nachhaltig entscheidende Wettbewerbsvorteile haben werden.

Der klassische Maschinenbauer hat es nie gelernt, gemeinsam mit Kunden Innovationsmanagement zu gestalten. Im Gegenteil war Innovationsmanagement ein streng gehütetes Geheimnis von Unternehmen, um sich dadurch entscheidende Wettbewerbsvorteile zu sichern. Einer der ersten, der für eine Öffnung des Innovationsmanagements plädiert hatte, war der führende Unternehmensstratege und Innovationsforscher Hans-Gerd Servatius (1988). Servatius war auch ein Vordenker in Bezug auf die Multidisziplinarität von Teams.

Amy C. Edmondson (Edmondson und Mason 2012) von der Harvard Business School geht sogar einen Schritt weiter und konstatiert, dass das klassische Team tot sei, denn gemeinsam mit den Kunden werden immer situative Teams zusammengestellt, um über einen kurzen Zeitraum ein gestelltes Problem gemeinsam zu lösen. Der Vorteil dieser „teams on the fly" bestehe darin, dass die klassischen Phasen der Teambildung nach Tuckmann[8] nicht durchlaufen werden müssten. Zudem bestünde die Möglichkeit die jeweils optimale Multidisziplinarität von Teams in Bezug auf die gestellte Problemlösung sicherzustellen.

Alle diese Veränderungen betreffen somit die elementarsten Einheiten und somit die Grundfeste jeglicher Organisation. Das Schlagwort des mündigen Kunden, der 24/7 alles auf Google finden kann, führt dazu, dass Industrieunternehmen den Paradigmenwechsel von Verkäufermärkten hin zu Käufermärkten endlich vollziehen müssen. Dies klingt absurd, entspricht aber der Realität, wenn man mit Vertretern vieler Unternehmen darüber spricht, womit sich Unternehmen aktuell befassen – nämlich vorrangig mit internen, strukturellen Problemstellungen. Das, was von B2B Marketing Managern eingefordert wird, eine stringente Kundenzentrierung entlang der gesamten, unternehmerischen Wertschöpfungskette, ist ein strategisches Ziel, aber aktuell nicht realisierbare Praxis. Die Gründe dafür sind vielfältig, und wir führen an dieser Stelle nur jene auf, die für den Großteil der Unternehmen zutreffen:

- In den meisten Unternehmen findet kein regelmäßiger, strukturierter und zielgerichteter Austausch zwischen Vertrieb, Produktmanagement, Forschung und Entwicklung, Innovationsmanagement und Marketing statt.
- Gängige unternehmerische Praxis im Bereich Forschung und Entwicklung ist, dass Budgets am Anfang des Jahres definiert werden und im nachfolgenden Jahr bei Nichterreichung der Ziele, einfach neue Budgets für die Fortsetzung der Arbeiten zur Verfügung gestellt werden. Darüber hinaus werden für viele Forschungsvorhaben keine Wirtschaftlichkeitsbetrachtungen mittels Business Intelligence oder Predictive Intelligence[9] (Seebacher 2021) erstellt. Das bedeutet, dass ohne jegliche Reflexion in Bezug auf konkrete Marktvolumina und Absatzmöglichkeiten der Großteil der Forschung und Entwicklung auf Basis des Gutdünkens interner Technikabteilungen – meistens ohne Marktbezug – stattfindet. John Wanamaker (1838–1922) brachte das damals schon auf den Punkt, indem er sagte, 50 Prozent des Geldes seien beim Fenster hinausgeworfen, aber die Frage ist nur, welche 50 %.[10]

[8] https://de.wikipedia.org/wiki/Teambildung#Phasenmodell_nach_Tuckman. Zugegriffen am 22. April 2020.

[9] https://www.marconomy.de/vertriebsoptimierung-in-365-tagen-ein-praxisbeispiel-a-904712/. Zugegriffen am 26. April 2020.

[10] https://en.wikipedia.org/wiki/John_Wanamaker. Zugegriffen am 26. April 2020.

- In den meisten Unternehmen findet Forschung und Entwicklung heute abseits des Marktes statt, eher sogar noch weiter entfernt vom Kunden, deren Ideen oder Bedürfnissen.
- Wenn man sich in Unternehmen nach Produkt Management erkundigt, so fehlen häufig nicht nur klare Zielsetzungen, Job Descriptions oder Wirtschaftlichkeitsbetrachtungen, sondern auch die erforderlichen, einem modernen Produkt Management Ansatz zugrundeliegenden multidisziplinären Kompetenzen.
- Vielfach sind auch aus aufbau-organisatorischer Sicht die Organisationen falsch aufgesetzt, was zur Folge hat, dass die Abstimmungen, die Prozesse und auch das Financial Reporting nicht funktioniert.

Diese Liste könnte man endlos erweitern. Unbedeutend, wie ausführlich man diese Liste gestaltet, kann man stringent folgende Erkenntnis daraus gewinnen:

- Das Management stellt keine saubere und stringente Organisationsstruktur sicher in Bezug auf das Zusammenspiel von Vertrieb, Produktmanagement, Forschung und Entwicklung, Innovationsmanagement und Marketing.
- Technische Fachexperten sind keine Projektmanager mit ausreichend Methoden- und Strukturkompetenz in den Bereichen Finanzen, Controlling, Projektmanagement, Kommunikation und Interaktion, um Innovationsmanagement oder Produktenwicklung projektmäßig nach strikten ökonomischen Gesichtspunkten abzuwickeln.
- Das teilweise trügerische Selbstverständnis vieler Ingenieure und Techniker in Bezug auf das sich dramatisch ändernde Umfeld lässt sie auch weiterhin glauben und davon überzeugt sein, dass sich Produkte auch in Zukunft von selbst verkaufen werden und dass die Kunden auch weiterhin stets das wollen müssen, woran Forschung und Entwicklung gerade arbeiten.

Warum haben moderne Krankenanstalten und deren Betriebsgesellschaften vor Jahren begonnen die Verantwortung für die Krankenhäuser aufzuteilen, auf einen ärztlichen Leiter und einen medizinischen Leiter? Hintergrund für diese Entscheidung war einfach die Tatsache, dass das medizinische Fachpersonal im Rahmen der Ausbildung nicht mit den erforderlichen Kompetenzen in den Bereichen Personalmanagement, IT- und Prozessmanagement, Marketing und Kommunikation bis hin zum Bereich Finanzen und Rechnungswesen ausgestattet wird. Diese Kompetenzen sind jedoch entscheidend im Rahmen der Privatisierung von Pflegeheimen und Krankenhäusern, um nachhaltig erfolgreich aber auch vor allem verantwortungsvoll mit teilweise öffentlichen Geldern wirtschaften zu können.

Die Einführung von kaufmännischen Leitern stellte auch für diese Betriebe einen nicht einfach zu bewältigenden Paradigmenwechsel dar. Heute findet sich die gesamte Industrie und damit verbunden auch das gesamte B2B Marketing in einer ähnlichen Situation. Allerdings muss sich zur erfolgreichen Bewältigung dieses Veränderungsprozesses dieses Bewusstsein auch in den Management Etagen der betreffenden Unternehmen etablieren.

Wenn allerdings ein ehemaliger Entwicklungsvorstand mit technischem Hintergrund plötzlich in die Rolle eines CEO abberufen wird, so wird sich nur in den seltensten Fällen dieser Wandel vollziehen. Das wird nur passieren, wenn nämlich der ehemalige Forschungsvorstand aufgrund seiner eigenen persönlichen Wahrnehmung und Verpflichtung sich auch mit anderen Themenbereichen, die es zu beherrschen gilt, um ein Unternehmen erfolgreich in die Zukunft zu führen, beschäftigt hat und entsprechende Kompetenzen in diesen Bereichen aufweist. Im Bereich der Automobilindustrie gibt es dafür brillante Beispiele solch erfolgreicher Top Manager.

Ähnlich verhält es sich, wenn ein ehemaliger Finanzvorstand (CFO) auf den Chefposten eines CEO gesetzt wird. Dann wird das Programm lauten, weiter zu sparen, zu optimieren, und das Beste und Letzte aus den Kunden, Märkten und Produkten für das Unternehmen heraus zu holen. Ausnahmen bestätigen natürlich, wie in allen Lebensbereichen, die Regel. Im Großen und Ganzen wird sich aber das zuvor Dargestellte so lange in der Industrie wiederholen, bis das Unternehmen entweder vom Markt verschwindet, wie zum Beispiel Nokia[11] oder Kodak,[12] das Unternehmen von einem anderen Unternehmen übernommen wird, oder aber eine weitsichtige Führungskraft mit den erforderlichen Kompetenzen im Bereich Leadership, Management, Methodik und Strukturen das Ruder übernimmt.

Unternehmen müssen ihr gesamtes Handeln hin zum Kunden umorientieren. Das bedeutet auch, dass sich Organisationen diesem geänderten Fokus des Handelns anpassen müssen. Konkret bedeutet dies, dass über neue Organisationsstrukturen in Bezug auf Marketing und Kommunikation, Verkauf und Vertrieb, Produktmanagement, Innovationsmanagement, und Forschung und Entwicklung nachgedacht werden muss. Der Prozess und somit das Wie diese Abteilungen zusammenarbeiten, muss sich nachhaltig ändern. Die Abteilung Forschung und Entwicklung darf, kann und wird nicht mehr der Treiber sein, sondern muss in Zukunft ein Dienstleister für Produktmanagement sein, das in enger Abstimmung mit Marketing und Vertrieb das relevante Programm und Budget für Forschung und Entwicklung prüfen und allokieren wird. Techniker und Ingenieure sind Fachexperten und keine Manager. Darum haben auch bereits viele Unternehmen die Unterscheidung in Expertenkarrieren und Managementkarrieren durch Human Resources etabliert und in deren Management Development Programme integriert (Seebacher und Wiegel 2003).

Veränderung beginnt immer bei sich selbst. Die Unterscheidung zwischen Manager und Führungskraft besteht darin, dass ein Manager das Feuer „unter“ den Mitarbeitern zündet und die Führungskraft das Feuer „in“ den Mitarbeitern nährt. Eine erfolgreiche Führungskraft muss als Beispiel in Phasen der Veränderung vorangehen. Erfolgreiche B2B Marketing Manager müssen innovative Wegbereiter sein, denn sie kennen den Markt und sind sich des Bedarfs zur Veränderung bewusst. Wesentlicher Erfolgsfaktor in den

[11] https://medium.com/multiplier-magazine/why-did-nokia-fail-81110d981787. Zugegriffen am 17. April 2020

[12] https://medium.com/@brand_minds/why-did-kodak-fail-and-what-can-you-learn-from-its-failure-70b92793493c. Zugegriffen am 17. April 2020.

Unternehmen wird sein, dass zwischen Marketing Managern und Fachexperten auf Augenhöhe gearbeitet und kommuniziert wird, und dass in den Organisationen die entsprechenden Strukturen in Bezug auf die sich ändernden Anforderungen evaluiert und angepasst werden.

6 Organisation müssen neu gedacht werden

Die angelsächsische Corporate Communications versteht sich als eine Reihe von Aktivitäten, die mit dem Management und der Orchestrierung der gesamten internen und externen Kommunikation zu tun haben und darauf abzielen, bei Stakeholdern, von denen das Unternehmen abhängt, eine vorteilhafte Positionierung zu entwickeln und sicherzustellen.[13] Der im deutschen Sprachraum genutzte Begriff Unternehmenskommunikation umfasst allgemein die gesamte Organisationskommunikation von Unternehmen. Der in der Praxis unscharfe Begriff wird oftmals als Synonym für unternehmensbezogene Public Relations (PR)-Arbeit verwendet. Er schließt jedoch genau wie Corporate Communications auch die Interne Kommunikation sowie die Marktkommunikation mit ein.[14]

In B2B Unternehmen gilt es, im Rahmen der Arbeit von Corporate Communications die Diversität der vielen verschiedenen Stakeholder aus Politik, Investor Relations, Gesellschaft, Markt sowie nationalen und internationalen Gegebenheiten zu berücksichtigen. Früher war die Regel, dass man sich hier um alle Kommunikationsaufgaben kümmert, die nicht „Marketing“ sind oder die mit dem Methodenwissen in der Marketingabteilung nicht gelöst werden können.[15] Bis heute ist vor diesem Hintergrund das Marketing überwiegend innerhalb der Corporate Communications Abteilung angesiedelt. Um das Chaos komplett zu machen, wird die Corporate Communications Tätigkeit mancherorts aber auch schlicht als „PR“ bezeichnet und findet sich dann wiederum im klassischen Marketing Mix nach McCarthy's 4 P's[16] in der Marketingabteilung wieder.

Die vornehmliche „Unterordnung“ des Marketings in der Corporate Communications oder gar das gänzliche Fehlen von „Corporate Marketing“ in B2B Unternehmen beruht darauf, dass bis in die 90er-Jahre die Kommunikationsmittel eines Unternehmens relativ überschaubar waren und Marketing ohnedies als nicht notwendig erachtet wurde. Während in den 60er-Jahren B2C-Unternehmen in Deutschland erkannten, dass es sinnvoll ist, sich schon vor der Produktentwicklung zu überlegen, für wen etwas entwickelt werden soll und ob diese Personengruppen das Produkt auch wirklich benötigen würden, sollte der Umdenkprozess in Bezug auf die Notwendigkeit eines solchen, strukturierten Prozesses bei den ohnehin zumeist komplexen und erklärungsbedürftigen Produkten in B2B Unter-

[13] https://en.wikipedia.org/wiki/Corporate_communication. Zugegriffen am 20. April 2020.

[14] https://de.wikipedia.org/wiki/Unternehmenskommunikation. Zugegriffen am 20. April 2020.

[15] https://www.zielbar.de/magazin/marketing-kommunikation-zukunft-15989/. Zugegriffen am 20. April 2020

[16] https://en.wikipedia.org/wiki/E._Jerome_McCarthy. Zugegriffen am 21. April 2020

nehmen noch sehr viel länger dauern. Anhand vieler aktueller Beispiele wird klar, dass sich diese Denkweise bis heute noch immer nicht stringent etabliert hat. Für B2B Unternehmen war früher die persönliche Kommunikation mit Pressevertretern entscheidend, denn die wichtigste Zielgruppe waren die Journalisten, weil man anders kaum in der Lage war, direkt mit mehreren Menschen zu sprechen. Clarissa Haller, Head of Corporate Communications bei Siemens, bringt es wie folgt auf den Punkt:

> „Vor dreißig Jahren war es so, dass die wichtigsten Kompetenzen eines Kommunikationsmitarbeiters waren, dass er schreiben konnte und dass er trinkfest war … Weil man viel Zeit mit Kontaktmanagement und Wining & Dining verbracht hat."[17]

Die Verkaufsgespräche mit Kunden waren früher ebenfalls ein reines „People Business" der Techniker und Ingenieure, jedoch nicht Sache der Corporate Communications Abteilung. Begleitet wurden die persönlichen Gespräche durch vertriebsunterstützende Printmaterialien wie Anzeigen, Broschüren, Flyer oder später auch Mailings. Diese enthielten in der Regel sehr wissenschaftlich-technokratische Abhandlungen ohne marktorientierten Feinschliff im Sinne des Inside-Out-Gedankenguts.[18] Diese Silotrennung zwischen Vertrieb und Kommunikation führte dazu, dass Vertriebsabteilungen noch heute über umfangreiche Budgets für den Printbereich verfügen, von denen manche Marketingabteilungen nur träumen können. Einige unserer Kollegen berichten sogar davon, dass teilweise Veranstaltungen wie Kundentage, Fachvorträge oder Messen getrennt und ohne Abstimmung zwischen Marketing und Vertrieb geplant und umgesetzt wurden und werden.

Die B2B Kommunikation charakterisiert sich durch einen strengen Pragmatismus in Bezug auf die wirtschafts- und technikorientierte Kommunikation. Da im Investitionsgüterbereich immer sehr rational agiert wurde, gaben die Experten aus den Fachbereichen die Themen und die Tonalität vor. Man bewegte sich fast ausschließlich in einem spezifischen, themenorientierten Rahmen und einem engen, geschlossenen und überschaubaren Kreis an Spielern. Das führte dazu, dass sich selbst weltmarktführende B2B Unternehmen in Bezug auf deren Bekanntheit als Marken für Branchenfremde fast gänzlich „unter dem Radar" bewegen und sich somit hinsichtlich der eigenen Sichtbarkeit und Wettbewerbsfähigkeit unnötig schaden.[19]

Mit der Globalisierung und der Digitalisierung unseres Alltags sind zwei entscheidende Faktoren hinzugekommen, die das bisherige Corporate Communications Modell an seine Grenzen bringen. Zunehmende Transparenz, neue Technologien, wachsende Konkurrenz und veränderte Kundenansprüche lassen die Grenzen zwischen B2B und B2C immer weiter verschwimmen und bedingen eine veränderte Kommunikation mit den relevanten und verschiedenen Zielgruppen. Zielgruppen müssen in Bezug auf deren Bedürfnisse im Sinne

---

[17] https://www.gpra.de/podcast/corporate-communications-bei-siemens-gemeinsame-verantwortung-und-vertrauen/. Zugegriffen am 20. April 2020

[18] https://www.business2community.com/marketing/inside-marketing-reframes-marketing-theory-know-01064611. Zugegriffen am 21. April 2020

[19] https://www.themarketingblender.com/inconsistent-branding-sabotages-business-growth/. Zugegriffen am 17. April 2020.

eines B2B Marketing völlig transparent sein, um auf diese Weise deren User Experience zu optimieren. Corporate Communications im klassischen Sinn bearbeitet *eine* Zielgruppe, die Investoren. Dass aber alleine diese Zielgruppe viele verschiedene Segmentierungen im Sinne von Buyer Personas hat, wird stringent vernachlässigt. Diese Zielgruppe kauft zwar keine Produkte, aber sie „kaufen" und „konsumieren" die bereit gestellten Unternehmensinformationen. Ziel müsste es daher sein, den Bereich der Unternehmenskommunikation mit den Erkenntnissen und Technologien aus dem B2B Marketing zu optimieren. Denn, wenn die Unternehmenskommunikation die User Experience in Bezug auf die Bedürfnisse und Vorlieben der Zielgruppe optimiert, so wird dadurch jedenfalls auch die Wahrnehmung der gesamten Kommunikation davon profitieren. Corporate Communications könnte auch von den Erkenntnissen aus dem Bereich des Influencer Marketings profitieren. Unternehmen, die daher heute im Bereich der Corporate Communications jegliche Erkenntnisse des modernen B2B Marketings in Bezug auf Buyer Persona, Buyer Journey, Influencer Marketing bis hin zu Touchpoint und User Experience negieren, verschenken ein enormes Potential – sicher auch in Bezug auf deren Aktienkurs. Jeder Finanzinvestor oder Journalist ist auch eine private Person und hat völlig unterschiedliche Nutzergewohnheiten, die eine moderne B2B Corporate Communications kennen und für sich nutzen kann. Wenn dies mit Maß und Ziel geschieht, kann sich dies jedenfalls nur positive auf Corporate Communications auswirken. Kennt ihre Corporate Communications die Touchpoints der Finanzjournalisten? Wurde jemals eine UX-Abfrage in dieser Zielgruppe gemacht? Welche Touchpoints performen gut und welche nicht, und warum? Wie sieht die Buyer Persona der Corporate Communications Zielgruppe aus – oder kann es sein, dass es sogar verschiedene geben sollte? Auf welchen Social Media Kanälen bewegen sich die Mitglieder dieser Community nach Dienstschluss? Wenn man Unternehmenskommunikation zeitgemäß denkt, so gibt es Vieles zu tun und Vieles zu modernisieren und optimieren. Next Generation B2B Marketing kann ein wertvoller Wegbereiter dafür sein.

7 Die Digitalisierung als Treiber und Game Changer

Das Internet und die sozialen Medien haben bereits ganze Märkte verändert. Dazu zählt die gesamte Informations- und Kommunikationswelt. Zu Beginn der 90er-Jahre war die Anzahl der Mediengattungen (TV, Radio, Print) und deren Verbreitungsgebiete in analogen Zeiten noch klar eingegrenzt oder abgesteckt. Mit dem Internet veränderte sich das schlagartig und Informationen waren hyperlokal oder global auf Knopfdruck verfügbar. Mit dem Einzug des Internets in den Alltag der Kunden stiegen auch deren Ansprüche. Der Wettbewerb nahm stärker zu und der Kunde war plötzlich über alles informiert. Während sich der B2C Sektor rasant entwickelte und, vor allem im Kontext des eCommerce, bunt und aufregend darstellte, entwickelte sich das B2B Segment auch hier lange Zeit konträr dazu – nämlich fast gar nicht.

Die langen Verkaufs- und Entscheidungsprozesse im Investitionsgüterbereich, der Glaube an die technologische Marktführerschaft und der immer noch überwiegend überschaubare Kreis an Spielern, täuschten über den immer stärker werdenden Veränderungsdruck hinweg. Währenddessen wurde im B2C Bereich eine Branche nach der anderen von neuen, digitalen Spielern innoviert oder gar disruptiert. Die GAFAM-Konzerne (Google-Amazon-Facebook-Apple-Microsoft) schufen immer bessere digitale Nutzererlebnisse und Einkaufserfahrungen auf Basis von Analytics und lernenden Algorithmen während B2B Unternehmen ihre Kunden noch mit analogen Prozessen, umständlichen Eingabemasken und veralteten Systemen quälten. Die veränderte Mediennutzung im Alltag und der zunehmende Einzug von „Millenials“ in B2B Unternehmen sorgten schließlich in den 2010er-Jahren auch in der B2B Kommunikation für eine zunehmende Digitalisierung. Die wohl beeindruckendsten Fakten (Snyder und Hilal 2015) sind,

- dass zwischen 2012 und 2014 der Anstieg der Millenials im Bereich der B2B Einkäufer um rund 70 % auf mehr als die Hälfte aller Einkäufer anstieg,
- dass 77 % der B2B Einkäufer nur mehr sehr eingeschränkt auf direkte Interaktionen mit Vertriebsmitarbeitern setzen, sondern
- der Beschaffungsprozess in mehr als 80 % der Fälle über die Webseite des Anbieters, zu 77 % über Google und zu fast 50 % mittels Rezensionen geschieht.

Vor diesem Hintergrund ist es auch nicht verwunderlich, dass laut einer Forrester Studie in den USA bis 2025 rund eine Million B2B Verkäufer – also mehr als ein Fünftel – bereits ihre Jobs verlieren. Wenn daher Unternehmen im B2B Marketing als zukünftigem Umsatzbringer nicht entsprechend aufgestellt sind, hat das prekäre Folgen für deren Überleben, wie man bereits an den Konsolidierungs- aber auch Umstrukturierungsaktivitäten der B2B Unternehmen weltweit erkennen kann.

Die Presse als wichtigster Multiplikator und Journalisten als wichtigste Zielgruppe haben an Bedeutung verloren. Journalisten sind nach wie vor wichtig, weil sie Kontext herstellen. Durch Soziale Medien wurde aber eine völlig neue Reichweite und ein völlig neuer Zugang zu Stakeholdern geschaffen. Google macht in den USA mehr Werbeumsatz als alle Tageszeitungen zusammen. Erwachsene US-Bürger verbringen knapp sechs Stunden täglich online, in Asien und im alten Europa sieht es ähnlich aus. Wir kommunizieren über WeChat, twittern, whatsappen und mailen, posten Fotos bei Instagram, schreiben Beiträge auf LinkedIn und schauen Videos auf Youtube, jederzeit und überall.

8 Corporate Communications neu erfinden

Group Communications Abteilungen müssen in deren Definition und Wirkungsbereich vor dem Hintergrund des geänderten Umfelds im B2B Bereich völlig neu überdacht und neu definiert werden. Wenn dies nicht geschieht, so hat dies vielfältige, nachteilige Auswirkungen für die Unternehmen. Denn der Großteil der Corporate Communications

Abteilungen sind über die Jahre zu unnötig großen und kostenintensiven Bereichen geworden. Die Schuld liegt nicht an den Bereichen selbst, sondern vielmehr darin, dass situativ versucht wurde, sich auf das zuvor beschriebene, sich ändernde Umfeld einzustellen, ohne eigentlich einen präzisen Plan zu haben. Alles wurde notgedungen in die Corporate Communications Abteilungen abgeladen. Vor diesem Hintergrund wurden neue Ressourcen und Mittel freigegeben, die dann zumeist ohne Vorliegen einer klaren Organisationsstrategie in Bezug auf Corporate Communications aufgebaut und verwendet wurden. Dieser Umstand hat dann oftmals die Führungskräfte der Unternehmenskommunikation in die Bredouille gebracht, einen Job erledigen zu müssen, für den sie nicht ausgebildet wurden. Dieser Umstand ist in der Definition[20] manifestiert:

> „Corporate communication is a set of activities involved in managing and orchestrating all internal and external communications aimed at creating favourable point of view among stakeholders on which the company depends. It is the messages issued by a corporate organization, body, or institute to its audiences, such as employees, media, channel partners and the general public …
>
> Corporate communication helps organizations explain their mission, combine its many visions and values into a cohesive message to stakeholders. The concept of corporate communication could be seen as an integrative communication structure linking stakeholders to the organisation."

Public Relations und Corporate Communications Experten kommen tendenziell aus publizistischen und finanziellen Ausbildungs- und Fachrichtungen, um mit diesem Wissen in Übereinstimmung mit obenstehender Definition die entsprechenden Tätigkeiten bestmöglich durchzuführen. Es geht im Kern um das Erstellen, Korrigieren und Veröffentlichen von Presseaussendungen, von Statements zur finanziellen Entwicklung des Unternehmens, der Kommunikation in Krisenzeiten bis hin zur Erstellung der Geschäftsberichte. Stellt man die Definition von Marketing[21] jener von Corporate Communications gegenüber, so ergibt sich folgendes Bild:

> „Marketing is the study and management of exchange relationships. It is the business process of identifying, anticipating and satisfying customers' needs and wants. Because marketing is used to attract customers, it is one of the primary components of business management and commerce. Marketers can direct product to other businesses (B2B marketing) or directly to consumers (B2C marketing).
>
> Regardless of who is being marketed to, several factors, including the perspective the marketers will use. These market orientations determine how marketers will approach the planning stage of marketing. This leads into the marketing mix, which outlines the specifics of the product and how it will be sold. This can in turn be affected by the environment surrounding the product, the results of marketing research and market research, and the characteristics of the product's target market.

---

[20] https://en.wikipedia.org/wiki/Corporate_communication. Zugegriffen am 21. April 2020

[21] https://en.wikipedia.org/wiki/Marketing. Zugegriffen am 21. April 2020.

Once these factors are determined, marketers must then decide what methods will be used to market the product. This decision is based on the factors analyzed in the planning stage as well as where the product is in the product life cycle."

Marketing umfasst daher ein um ein Vielfaches größeres Tätigkeitsfeld im Vergleich zu Corporate Communications und stellt nicht auf eine nachhaltige positive Positionierung des Unternehmens bei den Stakeholdern ab, sondern auf den Kunden und sein Kaufverhalten. Hinzu kommt, dass digitales Marketing zusätzlichen anderen Mechanismen im Vergleich zur traditionellen Marketingkommunikation unterliegt, was wiederum auch eine angepasste Unternehmensorganisation bedingt (Meffert et al. 2017, S. 176 f.).

9 Marketing und Sales Automation machen alles möglich

Das Marketing des 21. Jahrhunderts kann automatisiert und somit wesentlich effizienter, große Teile der vormals im Vertrieb angesiedelten Buyer Journey bearbeiten und abdecken. Während in den 90er-Jahren der Weg eines B2B Einkäufers von der Recherchephase bis zur Kontaktaufnahme mit dem Vertrieb relativ kurz war, so stellt sich das im Jahr 2020 völlig anders dar (Hoar et al. 2015):

- 50 % des Einkaufsprozesses sind bereits über die Bühne gegangen, bevor überhaupt ein Vertriebsmitarbeiter des betreffenden Unternehmens involviert ist.
- 74 % der B2B Einkäufer ziehen einen Onlineshop bzw. den Kauf von einer Webseite eines Anbieters dem klassischen Kauf mittels Vertriebsmitarbeitern vor.
- 90 % der B2B Entscheidungsträger ignorieren „Cold Calls" völlig.

Es sind bestechend klare Fakten, und viele Veränderungen in Bezug auf die Erweiterung des B2B Marketing Tätigkeitsfeldes sind nicht von den B2B Marketeers selbst getrieben worden, sondern von Vordenkern, die genau in der Symbiose von Verkauf und Marketing bereits vor Jahren die entscheidenden strategischen Potentiale erkannt haben. Das ist sicher auch mit ein Grund dafür, dass viele Marketing Manager im Industriegüterbereich enorme Probleme haben, sich diesen neuen Aufgaben und Möglichkeiten adäquat zu stellen. Denn sie entstammen ausbildungstechnisch noch jener Zeit, als Marketing im engeren Sinn gelehrt wurde und auch gängige Praxis war, die Wirtschaft noch anderen Kaufmechanismen folgte, und Marketing und Sales Automation (Hannig 2021) noch in ferner Zukunft lagen. In der Konvergenz vieler verschiedener Faktoren in verschiedensten Bereichen wie unter anderem

- den sich immer schneller entwickelnden technischen Möglichkeiten,
- der sich ändernden sozio-demografischen Strukturen in den Unternehmen,
- der sich völlig verändernden Nutzung von Medien,
- den strukturellen Veränderungen der Nachfrage- und Einkaufsprozesse,

- der signifikant günstigeren und auch effizienteren Kundenansprache über digitale Kanäle
- und auch dem immer stärkeren Verschwimmen von beruflicher und privater Kommunikation und Interaktion

ergeben sich enorme Herausforderungen für alle Beteiligten. Die Situation erinnert ein wenig an das Aufkommen der ersten eCommerce Lösungen und Unternehmen wie zum Beispiel jenes B2B Online-Marktplatzes des Unternehmens CommerceOne im Jahre 1994.[22] Es herrschte Goldgräberstimmung. Man war der Meinung, alles werde nur mehr online, interaktiv und höchst effektiv abgewickelt werden können. Allerdings fand das nicht im Vertrieb oder im Marketing statt, sondern diese neuen Möglichkeiten stellten alle auf den Einkauf von Unternehmen ab. Damals scheiterten viele der Möglichkeiten an der informationstechnischen Überwindung von Schnittstellen, den fehlenden Übertragungskapazitäten und auch dem Verständnis der Einkäufer. Damals ging es darum, den Einkauf zu optimieren. Die Prämisse war, dass der Gewinn im Einkauf läge.

Heute geht es darum, mit modernem B2B Marketing den Verkauf zu unterstützen. Durch den Einsatz von MarTech Lösungen sollen repetitive Tätigkeiten automatisiert abgewickelt werden. Dies kann nur in ständigem Bezug zu vorhandenen Kundendaten und -informationen erfolgen. Auf diese Weise kann sichergestellt werden, dass dem potentiellen Kunden jeweils nur die relevanten Informationen über den individuellen, präferierten Kanal ausgespielt werden. All das, was an Wissen somit früher, oftmals nicht greifbar, in den Köpfen der großen Heerscharen an Verkäufern vorhanden war, kann nun durch Marketing Engineering automatisiert, evaluiert, nachvollziehbar und messbar verknüpft und verwendet werden. Einmal definierte Kampagnen werden im Hintergrund zielgerichtet kontinuierlich ausgespielt und parallel dazu optimiert, und die entsprechenden Leads purzeln wie aus Geisterhand aus dem Marketing in das Unternehmen. Im weiteren Verlauf dieses Buches kann anhand der verschiedenen Fallstudien nachgelesen werden, wie all das von den verschiedenen Unternehmen unterschiedlichster Größen bereits erfolgreich umgesetzt wird und welche Konzepte dafür jeweils herangezogen werden.

10 Marketing Engineering als neue Disziplin

Next Generation B2B Marketing stellt alles Bisherige auf den Kopf. Setzt man es richtig und stringent um, wird der gesamte Vertrieb effizienter, weil der gesamte Prozess der Buyer Journey optimiert wird. Wenn Vertrieb und Marketing in enger Abstimmung agieren, kann nachhaltig für das Unternehmen, egal welcher Größe, durch die gezielte und effektive Kundenansprache nicht nur der Auftragseingang signifikant erhöht werden, sondern auch der Return-on-Sales (RoS) nachhaltig optimiert werden. Modernes B2B Marketing wird schrittweise dazu führen, dass Unternehmen alles entlang der Buyer Journey

[22] https://en.wikipedia.org/wiki/Commerce_One. Zugegriffen am 20. April 2020.

messen können. Somit wird das viel bemühte Zitat von John Wanamaker „Ich weiß, die Hälfte meiner Werbung ist hinausgeworfenes Geld. Ich weiß nur nicht, welche Hälfte." endlich nicht mehr zutreffen, was nur im Sinne des CEOs sein kann und darf. Dazu bedarf es allerdings des Muts, die erforderlichen massiven Veränderungen dafür innerhalb der Organisationen zu initiieren und auch mit Nachdruck zu realisieren. Dieser erforderliche Paradigmenwechsel in Bezug auf die formelle und informelle Positionierung des B2B Marketing wird anhand der aktuellen Einbindung und Positionierung der Marketing- und Kommunikationsabteilungen in den meisten Industrieunternehmen und deren struktureller Integration mit anderen Bereichen wie Forschung und Entwicklung, Innovationsmanagement, Produkt Management oder dem Vertrieb deutlich.

Mit diesem Wandel auf unternehmensstruktureller Ebene muss aber auch ein marketinginterner Veränderungsprozess einhergehen. Das bedeutet, dass konventionelle Berufsbilder im Marketing ebenfalls einer Veränderung unterzogen werden müssen. Auch hier wird es seitens der Industrie notwendig sein, diesen Veränderungsprozess voran zu treiben, denn aktuelle Studiengänge und Lehrpläne stellen leider noch auf die konventionellen Berufsbilder im Bereich des Marketings ab. So finden sich in aktuellen Bildungsangeboten noch immer vorwiegend generische Ausbildungen zu Marketing, Internationales Marketing und Vertrieb oder International Studies aber keine Ausbildungen für die neuen Themenfelder wie unter anderem

- Campaign Management,
- Content Marketing,
- MarTech Management,
- Data Management oder Data Science,
- Business Intelligence oder Business Analytics, oder
- Performance Marketing.

Auf Basis der Arbeiten zu dieser Publikation wissen wir, dass in den B2B Marketing Benchmark Unternehmen bereits solche Positionen eingeführt und entsprechend dokumentiert sind. Einmal mehr wird darauf hingewiesen, dass diese sich aktuell stellende Herausforderung für den Industriebereich nur durch alle eingebundenen Interessensgruppen gemeinsam umgesetzt werden kann. Abstimmung und Kommunikation sind dafür die entscheidenden Erfolgsfaktoren, um einen validen, strukturierten Organisationsplan entwerfen und diesen dann in weiterer Folge stringent umsetzen zu können. Das Top Management muss im Sinne des „Walk the Talk" die initialen Maßnahmen authentisch und souverän setzen, denn es geht langfristig um die Wettbewerbsfähigkeit und den Fortbestand der eigenen Organisation und deren Tradition.

11 Traditional Engineering – alt oder wertvoll?

Sechs Jahre nach dem Christoph Columbus Amerika entdeckte, wurde 1498 im schottischen Aberdeen eines der ältesten, heute noch tätigen Transportunternehmen der Welt gegründet: The Shore Porters Society.[23] Wenn man mehr als fünf Jahrhunderte später auf die moderne und nutzerfreundliche Webseite des Unternehmens schaut, fällt folgendes Statement ins Auge:

> „We are proud of our roots as one of the world's oldest transport company, but we also invest in our future, co-ordinating our fully-trained staff, vehicles and materials to deliver peace of mind and a quality experience to our customers."[24]

Es wird deutlich, dass man zwar stolz auf die lange Historie ist, aber genauso darauf verweist, dass man kontinuierlich in die Zukunft investiert, um den Kunden das bestmögliche Erlebnis zu bieten.

Unter Tradition wird in der Regel die Überlieferung der Gesamtheit des Wissens, der Fähigkeiten sowie der Sitten und Gebräuche einer Kultur oder einer Gruppe verstanden. Der Begriff wird allerdings auch gerne unterschiedlich ausgelegt und besonders für Sportvereine kontrovers diskutiert: Der 1948 gegründete 1. FC Köln gilt unter deutschen Fußballfans unbestritten als Traditionsverein, während der 1904 gegründete Verein Bayer 04 Leverkusen als „Plastikklub" gilt, weil ein Großkonzern seit der Gründung dahintersteht. Als der erfolgreiche österreichische Unternehmer und Mehrheitseigentümer von Red Bull, Dietrich Mateschitz, mit Red Bull Salzburg einen alten traditionsreichen österreichischen Fußballverein übernahm, spotteten zu Beginn noch einige, „dass Geld keine Tore schießen würde!" Sie wurden Lügen gestraft, denn der zwar traditionsreiche, aber erfolgstechnisch bis zu Mateschitz's Einstieg dahinsiechende, Salzburger Fußballklub erstürmte bald die Tabellenspitze und begann sich auch im internationalen Umfeld nicht schlecht zu schlagen. Warum? Weil Traditionelles aufgebrochen und geändert wurde. Erfolg bedarf auch immer des Muts, Entscheidungen zu treffen. So gibt es einige ehemalige Top Manager, die als „Nicht-Entscheider" ruhmlos ihre Stühle räumen mussten.

Tradition hat etwas Verklärtes. Wir können uns darauf berufen, können nostalgisch werden und in Erinnerungen schwelgen. Gerade in Zeiten, in denen sich die Welt immer schneller dreht und komplizierter wird, ist dies ein wichtiger Aspekt. Früher war alles besser, ist ein altbekannter Satz von Menschen, die Veränderungen durchleben und diese noch nicht als die neue Normalität akzeptieren.

Gemäß der Definition von Hans Blumenberg[25] besteht Tradition nicht aus Relikten, also dem aus der Geschichte übrig Gebliebenen, sondern aus „Testaten und Legaten". Tradition ist in dieser Hinsicht das kulturelle Erbe im Sinne des „Legats", das in Arbeits- und Kommunikationsprozessen von einer Generation zur nächsten weitergegeben wird.

[23] https://en.wikipedia.org/wiki/Shore_Porters_Society. Zugegriffen am 20. April 2020.

[24] https://www.shoreporters.com/about-us/. Zugegriffen am 20. April 2020.

[25] https://de.wikipedia.org/wiki/Hans_Blumenberg. Zugegriffen am 20. April 2020.

Wissenschaftliches Wissen und handwerkliches Können gehören ebenso dazu, wie Rituale, künstlerische Gestaltungsauffassungen, moralische Regeln und Spielregeln.[26]

The Shore Porters Society ist trotz seiner langen Tradition noch bei weitem nicht das älteste Unternehmen der Welt, dass seine Arbeits- und Kommunikationsprozesse über Generationen vererbt hat. Wenn man im Internet nach den ältesten Unternehmen der Welt recherchiert, dann stößt man auf zahlreiche Diskussionen, wann ein Unternehmen überhaupt als Unternehmen gilt und ob es aufgrund veränderter Gesellschafterstrukturen noch als eigenständig gilt.

An der Spitze der weltweit ältesten Unternehmen der Welt fand sich lange Zeit das japanische Bauunternehmen Kongō Gumi.[27] Es wurde im Jahr 578 gegründet, um den buddhistischen Tempel Shitennō-ji in Ōsaka bauen zu lassen. Mit 1428 Jahren war es das Unternehmen mit der weltweit längsten kontinuierlichen Betriebsgeschichte. Leider bedeutet Alter nicht immer Weisheit. Kurz vor dem Zweiten Weltkrieg, als Rüstung wichtiger waren als Tempel, hatte das Unternehmen erstmalig Existenzprobleme. Gerettet wurde es durch einen Sturm, der im bekannten Shitennō-ji Tempel eine fünfstöckige Pagode zerstörte, die von Kongō Gumi wiederaufgebaut wurde. Das Aus für das Unternehmen kam schließlich im Jahr 2006 als sich das Management übermäßig verschuldete, befeuert durch Investitionen, die während der Immobilienblase der 1980er-Jahre getätigt wurden. Mit der Übernahme durch die Takamatsu Construction Group[28] wurde Kongō Gumi aufgelöst und die Geschäftstätigkeiten in eine hundertprozentige Tochter von Takamatsu gleichen Namens überführt.

Ein kürzlich ernannter Manager schrieb die Langlebigkeit der Firma zum Teil ihrer Flexibilität bei der Übertragung von Verantwortung in der Familie zu:

> „Statt immer den ältesten Sohn zu wählen, ging die Führung an denjenigen, der für die Aufgabe am besten geeignet war. Manchmal war es nicht einmal ein Sohn – sie nutzten die in Japan übliche Praxis, Schwiegersöhne zu adoptieren, um den Familiennamen aufrechtzuerhalten, und der 38. Geschäftsführer war tatsächlich eine Frau."[29]

Gemäß einem 2008 von der Bank of Korea veröffentlichten Bericht, der 41 Länder untersuchte, gab es 5586 Unternehmen, die älter als 200 Jahre waren. Davon befinden sich mit Abstand am meisten in Japan, nämlich 3146 (56 Prozent) aber nur 837 (15 Prozent) in Deutschland. Auf die Niederlande entfallen hingegen beachtliche 222 – also 4 Prozent der Unternehmen –, was beeindruckend vor dem Hintergrund ist, dass Deutschland ungefähr 8,5 Mal größer ist als das mit 41.500 Quadratkilometer kleine Holland. Ebenso in Bezug auf die Größe die „rote Laterne" hat die Grande Nation Frankreich mit nur 196 Unternehmen – also nur 3 Prozent. Von den Unternehmen mit einer mehr als 100-jährigen Geschichte beschäftigen die meisten (89 %) weniger als 300 Mitarbeiter. Eine landesweite japanische Umfrage zählte zum 30. September 2009 mehr als 21.000 Unternehmen, die

[26] https://de.wikipedia.org/wiki/Tradition Zugegriffen am 20. April 2020.

[27] https://en.wikipedia.org/wiki/Kong%C5%8D_Gumi. Zugegriffen am 20. April 2020.

[28] https://www.takamatsu-cg.co.jp/eng/. Zugegriffen am 20. April 2020.

[29] https://www.tofugu.com/japan/oldest-businesses-in-japan/. Zugegriffen am 20. April 2020.

älter als 100 Jahre sind.[30]Auch Beispiele der jüngeren Zeit wie Kodak oder Nokia zeigen, dass die aus der Tradition über Generationen gewachsene Erfahrung keinen Wettbewerbsvorteil per se darstellt, wenn das kulturelle Erbe nicht auch mit Agilität, Flexibilität, Innovationsbereitschaft, Mut und fluidem Denken einher geht.

12 Für Erfahrung gibt es keine Abkürzung

Vor dem Hintergrund der enormen geo- als auch soziopolitischen Veränderungen, mit dem sich die gesamte Industrie und alle ihre Unternehmen aktuell konfrontiert sehen, wird sich einmal mehr die Spreu vom Weizen trennen. Jene Marktteilnehmer werden überleben, die über die erforderlichen Change Manager verfügen, denen es gelingt, mit der richtigen Mischung aus Tradition und Transformation die Organisationen neu auszurichten. Als zur Jahrtausendwende die Internetblase geplatzt war, mussten viele New Economy[31] Unternehmen neu ausgerichtet werden. Cyber Commerce Reframing (CCR) von Seebacher (2002) läutete damals das Ende des Business Process Reengineerings (BPR)[32] von Michael Hammer vom MIT und James Champy ein, da der klassische Managementansatz von BPR den geänderten Anforderung der New Economy und deren agilen Unternehmen aus organisationstheoretischer und -struktureller Sicht nicht mehr gerecht wurde. Neue Zeiten brauchen neue Lösungen und wer nicht mit der Zeit geht, geht mit der Zeit – oder wird gegangen.

Unbestritten ist, dass es für Erfahrung keine Abkürzung gibt. Gerade in der Industrie und im Infrastrukturbereich, beispielsweise in der Abwicklung von globalen Anlagenbauprojekten mit Engineering, Beschaffung, Konstruktion und Management, ist Erfahrung ein wichtigeres Kriterium, um die erforderliche Qualität „in Time und Budget" zu erzielen. Jedoch ist es auch für Unternehmen im Segment des Großanlagenbaus unerlässlich, kontinuierlich in die Mitarbeiter und die Firma zu investieren, um den Erwartungen der Kunden und Stakeholder zu entsprechen. Wer es verabsäumt, sich ständig und stetig zu hinterfragen und sich immer neu zu erfinden, wird sich nicht weiterentwickeln. Organisationsentwicklung ist wie Lernen, und Lernen ist wie Schwimmen gegen den Strom, denn wenn man damit aufhört, treibt man unweigerlich ab. Viele Top Manager vergessen dabei, dass sich auch die Aufbau- und Ablaufstrukturen der Organisationen an sich ändernde Umwelten anpassen müssen, um erfolgreich bleiben zu können. Nicht selten ist ein oft veraltetes Top Management mit der entsprechenden Stoik in Bezug auf traditionelle Strukturen ein enormer Hemmfaktor für notwendige Veränderungen. Erst kürzlich titelte daher das renommierte Gallup Institut in seinem Artikel von Adam Hickman und Ryan Pendell mit „Das Ende der alten Manager!" (2018).[33]

[30] https://en.wikipedia.org/wiki/List_of_oldest_companies. Zugegriffen am 20. April 2020.

[31] https://en.wikipedia.org/wiki/New_economy. Zugegriffen am 26. April 2020.

[32] https://en.wikipedia.org/wiki/Business_process_re-engineering. Zugegriffen am 21. April 2020.

[33] https://www.gallup.com/workplace/235811/end-traditional-manager.aspx. Zugegriffen am 21. April 2020.

Was Flexibilität bedeutet, zeigt uns die COVID-19 Krise. Innerhalb weniger Wochen werden Produktionsprozesse umgestellt oder müssen umgestellt werden. Automobilhersteller wie Tesla, GM, Ford oder VW sollen Beatmungsgeräte bauen. Textilunternehmen wie Trigema oder Zara produzieren Atemschutzmasken und beschäftigungslose McDonalds Mitarbeiter helfen in Aldi-Filialen aus, um den Ansturm der Hamsterkäufe zu bewältigen.

Der deutsche Journalist und Medienunternehmer, Gabor Steingart, gab Anfang 2020 der 240 Jahre alten „NZZ – Neue Zürcher Zeitung", ein bemerkenswertes Interview. Vom Medienwandel und der digitalen Disruption geprägt, hatte der ehemalige Herausgeber und vorsitzende Geschäftsführer des Handelsblatts ein Jahr zuvor sein Journalismus Start-Up „Media Pioneer"[34] gegründet. Seine Mission lautet wie folgt: Ein unabhängiges, journalistisches Geschäftsmodell ohne Werbeerlöse zu etablieren, bewegen sich doch die Erlöse aus Anzeigen und Vertrieb in der klassischen Verlagsbranche, bei steigendem Einflussbegehren der Werbetreibenden, im stetigen Sinkflug nach unten. Steingart bezog eine klare Meinung zum Thema Tradition:

> „Aus der Tradition ergibt sich heute gar nichts. Manchmal ist sie auch nur ein Problem und Erfahrungsschatz, ein anderes Wort für Sondermüll … Der vermeintliche Erfahrungsschatz macht viele blind für das Notwendige, nicht nur in Bezug auf Medien … Das große Erbe belastet unsere Branche. Alles ist so schwer und so nostalgisch. Die flinken Neueinsteiger aus den USA haben sich freigemacht von all den Dingen wie Papier, Logistikketten, Haptik. Wir müssen uns erst davon locker machen." [35]

Diese Sätze wiegen schwer, doch bringen sie die Wahrheit auf den Punkt. Traditionsreiche B2B Unternehmen, insbesondere Konzerne, haben ebenfalls komplexe Matrixorganisationen, schwere IT-Systeme und nostalgische Unternehmenskulturen aufgebaut.

Tradition kann auch bedeuten, seit 30 Jahren eine Messe zu besuchen, die zwar nachweislich nicht das Auftragsvolumen ankurbelt, aber der Vertriebsmannschaft eine lieb gewonnene Gelegenheit bietet, aus dem Alltag auszubrechen und eine Woche lang Party zu machen. In guten Zeiten mag das kein Problem darstellen, denn Mitarbeiter Incentivierung ist wichtig, doch in Zeiten steigenden Wettbewerbsdrucks müssen sechs- und mehrstellige Budgets effizient eingesetzt werden. Im krassen Gegensatz dazu steht die Kultur der in wachsenden Märkten agierenden B2B Digitalunternehmen, wie beispielsweise das B2B Netzwerk LinkedIn. Dort geht man zwar auch gemeinsam mit dem Mutterkonzern Microsoft auf Messen, veranstaltet aber für die VIP-Kunden sogenannte „Client Connect" Events und belohnt dann die Vertriebsmannschaft, die ihre Umsatzziele erreicht hat, mit einem Team-Event in Übersee.

---

[34] https://mediapioneer.com/. Zugegriffen am 21. April 2020.

[35] https://www.nzz.ch/schweiz/240-jahre-jubilaeum/gabor-steingart-das-versagen-und-die-zukunft-des-journalismus-ld.1533157. Zugegriffen am 20. April 2020.

13 Von Weltmarktführern und Komfortzonen

Erfolg macht träge und langsam. Erfolg gepaart mit Tradition macht noch langsamer. Eines der schillerndsten Beispiele aus der aktuellen Managementpraxis in Bezug auf diesen Umstand ist der Fall Microsoft. Microsoft CEO Satya Nadella beschreibt in seinem 2017 erschienenen Buch „Hit Refresh: Wie Microsoft sich neu erfunden hat und die Zukunft verändert" seinen Weg und seine Zeit nach seiner Amtsübernahme. Er beschreibt das Unternehmen als in die Jahre gekommen und als vom Erfolg träge und gesättigt. Als er CEO wurde war der Gründergeist, der Microsoft damals so geprägt hatte, völlig verloren gegangen. Nadella musste die alten Strukturen aufbrechen, um wieder den Wunsch nach Innovation und Erfolg wecken zu können. Microsoft wurde im Jahre 1975 in Albuquerque, New Mexico gegründet. Nadella hatte also in einem Unternehmen, das noch nicht einmal 40 Jahr seit seiner Gründung hinter sich hatte, mit manifestierten und tradierten Mechanismen zu kämpfen und dass obwohl Microsoft keineswegs in einer konservativen Branche angesiedelt war und ist. Dieser Umstand legt die Schlussfolgerung nahe, dass Unternehmen mit einer viel längeren Historie wesentlich schwerwiegendere Herausforderungen mit manifestierten und tradierten Strukturen haben müssten. Peter M. Senge (2006) befasst sich in diesem Zusammenhang mit Konzepten im Umgang mit dem Aufbrechen solcher starren Strukturen, um darauf aufbauend in Organisationen eine Kompetenz zur kontinuierlichen Weiterentwicklung zu etablieren. Es wird unterschieden zwischen organisationalem Lernen als Ausgangspunkt und der lernenden Organisation als Zielzustand. Carola Hennemann (1997) definiert dazu folgende Kriterien, um von organisationalem Lernen zu einer lernenden Organisation zu gelangen:

- Aufbau und Erhalt kollektiven Könnens durch Lern- und Übungsfelder (Primäre Praxis)
- Kritische Hinterfragung von Kernkompetenzen bzw. organisationalen Routinen durch spezifische Dialogformen (Theoretische Praxis)
- Unterstützung der theoriegeleiteten Praxis durch umfassende Schulung der Mitarbeiter und anwendungsgerechte Formulierung des Wissens
- Bereitstellung ausgewählter Instrumente zur Bewältigung der Übergänge zwischen den Praxen
- Ausbildung der integrativen Kompetenz durch reflektierte Erfahrungen im Umgang mit den drei Handlungspraxen

Für die aktuelle Situation ist gerade der zweite Punkt der oben genannten Aufzählung interessant. Obwohl diese Erkenntnisse aus dem Jahre 1997 stammen, sind sie in ihrer Relevanz bezogen auf die aktuellen Herausforderungen in der Industrie wichtiger denn je. Die externen Veränderungen erfordern nämlich, dass in den Unternehmen die Kernkompetenzen in Bezug auf deren Bedeutung und deren zukünftige strategische Relevanz genau hinterfragt werden müssen. Fragen, die sich das Management stellen muss, sind unter anderem:

- Welchen Stellenwert werden in Zukunft die Bereiche Forschung und Entwicklung, Innovationsmanagement oder Produkt Management haben? Kennen diese Abteilungen die Anforderungen der Kunden und der Märkte – oder wer besitzt diese Informationen?
- Wie entscheidend wird in Zukunft noch der Vertrieb mittels Vertriebsmitarbeitern sein? Wird in Zukunft der Vertrieb für Standard Produkte nur mehr online und digital erfolgen? Könnte ein Call und Service Center mit entsprechenden neuen, integrierten technologischen Möglichkeiten wie virtuellen ChatBot Anfrage Agents, Marketing Automation-Plattformen, Configure-Price-Quote (CPQ)-Lösungen bis hin zu Dynamic Pricing Systemen die gesamte Abwicklung nicht wesentlich besser, kostengünstiger und schneller sicherstellen?
- Wie müssen sich die innerbetrieblichen Strukturen und Wirkungszusammenhänge verändern, um sicher zu stellen, dass die Entwicklungsingenieure in Zukunft die richtigen Dinge entwickeln? Wer steuert wen? Ist das Produkt Management in der Führung oder das Team von Forschung und Entwicklung? Wie ist das Innovationsmanagement eingebunden? Wie werden die Informationen von alten Aufträgen, von Kunden und Mitbewerbern, Ausschreibungen und Projekten bestmöglich, effektiv und valide verarbeitet?

14 Daniel Düsentrieb ist nicht Steve Jobs

Es sind viele Fragen, deren man sich als Top Manager im aktuellen Umfeld stellen muss, um keine der sich zahlreich bietenden Chancen ungenutzt zu lassen. Andernfalls besteht die Gefahr, dass sich das Zitat von John Wanamaker und den berühmten 50 Prozent nicht mehr auf Marketing beziehen wird, sondern von scharf kalkulierenden CFOs auf die Kosten für die Entwicklungsingenieure in den Bereichen Forschung und Entwicklung, Innovations- oder aber Technologiemanagement, denn allzu oft, wird einfach unendlich lange ohne Konsequenzen oder aber auch am Markt vorbei entwickelt.

Ein beeindruckendes, aktuelles Beispiel ist das Unternehmen Sipgate, das sich in den letzten zehn Jahren von einem sprichwörtlichen Dinosaurier hin zu einem schlanken und agilen Unternehmen verändert hat:

> „Es drückt das Bekenntnis zur kontinuierlichen Verbesserung aus: anzuerkennen, dass man überall besser werden kann, die Dinge anzufassen und dann nicht lockerzulassen. Wenn man das ständig macht, vergrößert man den Abstand zum Wettbewerb.“[36]

Daniel Düsentrieb ist nicht Steve Jobs, und Erfindung ist nicht gleich Innovation. Unternehmen behaupten oft, „Innovationsführer“ zu sein und begründen dies mit einer großen Anzahl von angemeldeten Patenten. Patente sind aber nicht mehr als Beweise dafür,

[36] https://www.unternehmeredition.de/unternehmerwelt/entscheider-im-gespraech-sipgate/. Zugegriffen am 21. April 2020.

dass man sich etwas als Erster ausgedacht und dies durch ein juristisches Verfahren dokumentieren ließ. Die Nützlichkeit dieser Erfindungen ist allerdings noch nicht bewiesen, so dass „Erfindungen" nicht immer gleichbedeutend mit „Innovationen" sind. Es gibt viele Patente, die keinen Nutzen haben oder keine Produkte oder Industrien nachhaltig beeinflusst haben. Patente ohne einen „Nutzen" stellen keine Innovationen dar.

> „Invention creates an ability but innovation takes that ability and allows it to scale and create some kind of a market impact."[37]

Nicht alle Erfinder sind tatsächlich Innovatoren. Warum ist das eher selten der Fall? Weil die für Erfindung und Innovation erforderlichen Prioritäten und Fähigkeiten recht unterschiedlich sind. Erfinder sind an bahnbrechender Forschung interessiert. Sie sind von diesen Durchbrüchen begeistert und neigen dazu, die eigene Forschung nicht auf die alltägliche Anwendbarkeit und die Marktentwicklungspotenziale zu fokussieren.

Hat Steve Jobs mit dem iPhone eine großartige Erfindung realisiert? Aus technischer Sicht gibt es bei den ersten iPhones keine wirklich bahnbrechenden Erfindungen. War das iPhone eine große Innovation? Definitiv. Das iPhone schuf ein völlig neues Ökosystem für Medieninhalte, Telekommunikation, Lizenzierung, Anwendungsentwicklung und vereinte alles unter einem Dach.[38] Das Entscheidende ist das stringente Bestreben nach Veränderung aber nicht zum Selbstzweck der Veränderung, sondern um alles kontinuierlich zu hinterfragen und dadurch das erforderliche Lernen der Organisation zu ermöglichen. Amy C. Edmondson (2018) definiert dafür ein entsprechendes Umfeld im Sinne der „angstfreien Organisation", die es seitens des Managements gilt zu etablieren:

> „Cheating and covering up are natural by-products of a top-down culture that does not accept „no" or „it can't be done" for an answer. But combining this culture with a belief that a brilliant strategy formulated in the past will hold indefinitely into the future becomes a certain recipe for failure."[39]

Eine solche angstfreie Organisationskultur ist naturgemäß ein ambitiöses Ziel, muss aber die Vision für den Industriebereich sein, um sich auf lange Sicht gegen die Amazons und Googles der Welt behaupten zu können. Wer hätte gedacht, dass man eines Tages an Tankstellen alles für den täglichen Gebrauch kaufen wird können? Was wäre die heutige Telekom Landschaft ohne die Discounter mit ihren Prepaid-Karten? Wer hätte gedacht, eine millionenschwere Heidelberger Druckmaschine für einen vergleichsweise lächerlich anmutenden monatlichen Betrag mieten zu können?

---

[37] https://www.forbes.com/sites/jacobmorgan/2015/09/10/whats-the-difference-between-invention-and-innovation. Zugegriffen am 23. April 2020.

[38] https://www.wired.com/insights/2015/01/innovation-vs-invention/. Zugegriffen am 23. April 2020.

[39] https://www.goodreads.com/author/quotes/165743.Amy_C_Edmondson. Zugegriffen am 21. April 2020.

Woher wissen heutige Top Manager oder besser worin nährt sich deren Sicherheit zu glauben, dass Amazon nicht eines Tages Hochdruckpumpen, Filter oder Separatoren anbieten oder sogar produzieren kann und wird? Immerhin steigt der Anteil an Büchern, die nach deren Bestellung sofort von Amazon vor Ort gedruckt werden Tag für Tag. Die Verlagshäuser profitieren, denn sie müssen diese Bücher nicht mehr kostenintensiv auf Lager produzieren. Sie sparen sich somit Zeit und Geld. Der Kunde bekommt das gewünschte Buch wesentlich rascher, der Verlag spart Geld und Amazon verdient mit. Was hindert Amazon daran, in naher Zukunft bestellte Filterplatten, Industriepumpen oder Ersatzteile nach deren Bestellung sofort mittels 3D-Drucker vor Ort anzufertigen und direkt an den Kunden zu senden? Die Drucktechnologie entwickelt sich rasant weiter und wird bald im Stande sein, auch große Produkte mit schwer zu verarbeitenden Materialien zu fertigen.

15 Wer gestaltet die Transformation?

Wenn man sich in der Weltwirtschaft aktuell umsieht, dann scheinen die CEOs der Industrieunternehmen nicht die Treiber, sondern eher die Getriebenen der Veränderung zu sein. Die Amazons und Alibabas der Welt erobern sich immer mehr Bereiche der Wirtschaft und der Wertschöpfungsketten, und nutzen ihr Wissen um Kunden und deren Bedürfnisse kompromisslos dafür aus. Der Kunde steht im Zentrum des Handelns – noch ist es zum Glück der B2C Kunde. Ein sehr erfolgreiches, aktuelles Beispiel aus Deutschland ist das Unternehmen Schüttflix,[40] das 2018 gegründet wurde. Seitdem hat das Unternehmen über 100.000 Tonnen Material ausgeliefert und mittlerweile mehr als 900 Partnerunternehmen. Die Idee ist simpel: Mussten Kunden früher wochenlang auf bestelltes Schüttgut warten, so liefert Schüttflix in Teilen Deutschlands bereits innerhalb weniger Stunden direkt an den Kunden – und das auch noch günstiger als der Mitbewerb. Die Erfolgsfaktoren des Unternehmens lauten: visionsgetrieben, kundenzentriert, agil und vertrauensvoll. Das Unternehmen ist nur eines von vielen Beispielen für eine neue Art von Geschäftsmodellen im B2C Bereich.

Wenn man aber die Entwicklungen der vergangenen Jahre betrachtet, so kommen die Einschläge in Bezug auf B2B unter dem Schlagwort „Netflix-Industrie“[41] immer näher. Industriegüter werden nicht mehr gekauft, sondern als Service im Abo bestellt. Dieses neue Geschäftsmodell bietet für alle Beteiligten enorme Vorteile:

- Das kaufende Unternehmen – also der Kunde – kann seinen Kapitalbedarf minimieren, da die Maschinen nicht erworben, sondern lediglich gemietet werden. Dadurch können Produktionskapazitäten schneller erweitert und Wachstum schneller realisiert werden.

[40] https://www.schuettflix.de/. Zugegriffen am 26. April 2020.

[41] Manager Magazin, Juli 2019.

- Das produzierende Unternehmen kann – ähnlich dem Modell der Telekomunternehmen – durch den Verkauf der Maschinen im Abonnement-Modell mit monatlichen Zahlungen das eigene Geschäft nachhaltig besser und stabil planen, und entwickeln.
- Hinzu kommt, dass auf Basis des Abonnement-Modells und mittels des Internet of Things (IoT) der Hersteller der Maschinen 24/7 auf diese im Bedarfs- bzw. Notfall zugreifen und somit größeren Schaden für alle abwenden kann.
- Darüber hinaus können durch das Sammeln von Produktionsdaten verschiedener Maschinen des gleichen Typs wertvolle Informationen in Bezug Mustererkennung zu Störungen und deren Auftretenswahrscheinlichkeit ebenso wie für durchzuführende Services gesammelt werden.
- Neben dieser Risikominimierung kann aber auch laufend für den Kunden die Maschine in Bezug auf Effizienz und Effektivität evaluiert, analysiert und optimiert werden, was sich wiederum auf das Betriebsergebnis des Kunden positiv auswirkt.

Solche Modelle bieten für alle Beteiligten attraktive Vorteile, denn sie eröffnen neue Märkte und zusätzliche Ertragspotentiale. Allerdings, wie so oft, hat es den Anschein, dass die Industrieunternehmen zu schwerfällig sind. Dabei sind die Hersteller der Maschinen die einzigen, die in Bezug auf die Maschinen und deren Lebens- und Servicezyklen das erforderliche Wissen hätten, um die entsprechenden Berechnungsmodelle aufzusetzen und diese den Abo-Modellen zu hinterlegen. Erforderlich wäre der kompromisslose Wunsch nach Veränderung. Dazu ist es erforderlich, das Thema mit entsprechenden Proof Points durch Business Profis aufzubereiten und zu entwickeln. Was aber passiert in den Unternehmen? Manager mit technischem Hintergrund werden damit beauftragt, die dafür erforderlichen Machbarkeitsstudien zu erstellen, ohne aber über das erforderliche Basiswissen in Bezug auf Geschäftsmodelle und das Erstellen von Wirtschaftlichkeitsbetrachtungen zu verfügen. Wenn aber die Basisarbeit nicht kompetent geleistet wird, dann kann ein Top Management in Verantwortung gegenüber den Stakeholdern keine Mittel für einen Piloten freigeben. Doch der Markt entwickelt sich weiter und die Netflix-Industrie wird Mittel und Wege finden, um auch dieses milliardenschwere B2B Segment zu erobern.

16 Die Frage lautet nicht ob, sondern wann!

Es wird nicht mehr lange dauern und Amazon wird in den B2B Bereich einsteigen. Industrielle Produkte, wie kleine Haushaltswasserpumpen, die nahe am B2C Kunden abgesetzt werden, werden nicht mehr nur über Amazon zu beziehen sein, sondern werden auch von Amazon in speziellen Logistikzentren bei Bedarf direkt im 3D-Verfahren produziert und versandt. Sobald die 3D-Drucktechnologie entsprechend weiterentwickelt ist, wird Amazon beginnen Ersatzteile für B2B Maschinen und Anlagen zu verkaufen, diese „on demand" zu fertigen und direkt zu versenden. Schritt für Schritt werden die Bauteile immer größer und schlussendlich wird Amazon auch komplexere Maschinen in seinem B2B

Portal anbieten. Amazon wird sich dazu die besten Ingenieure aus der Industrie holen und in den Entwicklungs- und Innovationszentren völlig neue Generationen von industriellen Maschinen und Produkten entwickeln und fertigen. Diese werden aufgrund von Skaleneffektiven nicht nur kostengünstiger sein, sondern wegen der vorhandenen integrierten Prozesse entlang der gesamten Wertschöpfungskette von der Bestellung bis hin zur Auslieferung binnen kurzer Zeit weltweit beim Kunden verfügbar sein.

Die Industrie von morgen sieht anders aus. Sie wird es mit einer völlig neuen Art von Wettbewerbern zu tun haben, so wie klassische Medienunternehmen wie Walt Disney oder Warner Bros. von den Netflix dieser Welt im Medienbereich mit milliardenschweren TV-Serien bereits nahezu ins Abseits gestellt wurden. Die Industrie liegt – zumindest im westlichen Teil der Welt – noch im Dornröschenschlaf. Sie ist mit sich selbst beschäftigt, detailverliebt und wähnt sich momentan in schwierigen Zeiten wegen der aktuell prognostizierten COVID-19 bedingten Rezension. Nüchtern betrachtet ist diese Rezension erst die Vorhut für einen Tsunami, der die gesamte konservative Industrie in den kommenden Dekaden überrollen wird, wenn sich das gesamte Mindset der Entscheider nicht signifikant ändert.

17 Den Mutigen gehört die Zukunft

Der Tsunami wird kommen und er wird die Industrieunternehmen der Welt überraschen und treffen. Nichts wird so sein, wie es war bzw. heute noch ist. B2B Marketing kann diesen Tsunami nicht verhindern, aber es kann und muss anscheinend Vordenker und Vorreiter sein, um eine konservative und manchmal nicht minder überheblich wirkende Branche wach zu rütteln. Die Blickrichtung muss sich dramatisch ändern, weg von internen Baustellen hin zu dem, was im Rest der Wirtschaft passiert. Denn es sind jene Dinge, die in naher Zukunft unweigerlich auch auf alle anderen Bereiche der Wirtschaft überschwappen werden. Unzählige Beispiele aus der Geschichte belegen dies dramatisch. Heutige Staatschefs und Top Manager diskutieren über Industrie 4.0 und wie man sich erfolgreich dieser Herausforderung stellen kann. Gleichzeitig attestieren Experten, dass Industrien und Volkswirtschaften die Digitalisierung bereits verschlafen haben. Es mangelt an Mut und Weitsicht, denn eine Maschine wird laut Lehrbuch erst dann auf den Markt gebracht, wenn sie perfekt und todsicher ist. Aber damit ist man bald sicher tot. Den Mutigen gehört die Welt und ihnen gehört die Industrie 5.0 – die Netflix-Industrie!

Literatur

Edmondson, A. C. (2018). *The fearless organization: Creating psychological safety in the workplace for learning, innovation, and growth.* New York: Wiley.

Edmondson, A. C., & Mason, A. T. (2012). *How organizations learn, innovate, and compete in the knowledge economy.* New York: Wiley.

Hannig, U. (2021). *Marketing und Sales Automation: Grundlagen – Umsetzung – Anwendungen.* Heidelberg: Springer.

Hennemann, C. (1997). *Organisationales Lernen und die lernende Organisation: Entwicklung eines praxisbezogenen Gestaltungsvorschlages aus ressourcenorientierter Sicht.* München/Mering: Rainer Hampp Verlag.

Hoar A., Johnson, C., Freeman Evans, P., Wu, S., Naparstek, L., Milender, J., Wizdo, L., VanBoskirk, S., McQuivey, J. L., & O'Neill, P. (2015). Death of A B2B Salesman. https://www.forrester.com/report/Death+Of+A+B2B+Salesman/-/E-RES122288#. Zugegriffen am 21.04.2020.

Masing, W. (1999). Integrierte Methodenanwendung in der Entwicklung. In W. Masing (Hrsg.), *Handbuch Qualitätsmanagement* (S. 434). München/Wien: Hansen.

Meffert, J., et al. (2017). *Eins oder Null: Wie Sie Ihr Unternehmen mit Digital@Scale in die digitale Zukunft führen.* Berlin: Econ.

Mukhopadhyay, S. C., & Mason, A. (Hrsg.). (2013). *Recent research on smart sensors for real-time water quality monitoring.* Heidelberg: Springer.

Müller, E. (2019). Digitalisierung – Die Netflix-Industrie. *Manager Magazin, Juli*, 94–97.

Olbermann, T., Seebacher, U. G. (2003). eSynchronisation der Angebots- und Nachfragekette durch digitale Netzwerke im Automobilbereich. *Information, Management & Consulting, 18*, 116 ff.

Rifkin, J. (2019): *The New Green Deal – Why the Fossil Fuel Civilization Will Collapse by 2028, and the Bold Economic Plan to Save Life on Earth.* New York: St. Martin's Press.

Seebacher, U. (2002). *Cyber commerce reframing – The end of business process rengineering.* Heidelberg: Springer.

Seebacher, U. G., & Wiegel, B. (2003). *Führungskräfte-Entwicklung – Krisenstrategien für Unternehmen, Manager und High Potentials.* München: USP Publishing.

Seebacher, U. (2021). Predictive Intelligence für Manager: Der einfache Weg zur datengetriebenen Unternehmensführung – mit Self-Assessment, Vorgehensmodell und Fallstudien. Heidelberg: Springer.

Senge, P. (2006). The Fifth Discipline: The Art & Practice of The Learning Organization. Gütersloh: Doubleday/Bertelsmann.

Servatius, H. G. (1988). *New Venture Management. Erfolgreiche Lösung von Innovationsproblemen für Technologie-Unternehmen* (1. Aufl.). Wiesbaden: Gabler.

Snyder, K., & Hilal, P. (2015). The changing face of B2B marketing. https://www.thinkwithgoogle.com/consumer-insights/the-changing-face-b2b-marketing/. Zugegriffen am 21.04.2020.

Mike Kleinemaß, diplomierter internationaler Betriebswirt und BA (Hons), ist im Geschäftsbereich Plant Technologies des diversifizierten Industriekonzerns thyssenkrupp mit Sitz in Essen weltweit verantwortlich für digitales Marketing und Kommunikation. Mike Kleinemaß verfügt über mehr als 13 Jahre umfassendes Know-how in den Bereichen Marketingkommunikation, Business Development, Vertrieb, Produktmanagement und Digital Business aus der Software-, Medien- und Maschinenbauindustrie. Er hat auch mit Startups in der Event- und Modebranche gearbeitet. Er ist regelmäßiger Referent auf B2B-Marketing-Kongressen zu Themen des digitalen Marketings und wurde für den beschriebenen Fall mit dem thyssenkrupp COM Award 2019 ausgezeichnet.

Uwe Seebacher ist promovierter Volks- und Betriebswirt. Er ist Executive Advisor und verfügt über mehr als 25 Jahre Top-Management-Erfahrung als Berater, Manager als auch Unternehmer. Er ist Dozent an vielen renommierten Business Schools und Universitäten und hat Artikel und Fachbücher in vielen führenden Managementpublikationen verfasst, wie unter anderem z. B. „Predictive Intelligence" (Springer), „Strategic Workforce Management" (Harvard Business Manager) und „Cyber Commerce Reframing" (Harvard Business Manager) oder „Template-based Management" (Springer). Für seine Arbeiten erhielt er zahlreiche internationale Auszeichnungen.

Das B2B Marketing Öko-System – Eine Reise durch die bunte Welt der B2B Begriffe

Uwe Seebacher

Inhaltsverzeichnis

Zusammenfassung

Wenn man sich heute mit dem Begriff des Industriegüter Marketings befasst, so muss man sich der Tatsache bewusst sein, wie rasant sich diese Disziplin entwickelt. Anhand der stark steigenden Anzahl an Ansätzen, Konzepten und informationstechnologischen Lösungen, aber vor allem von den damit einhergehenden neuen Definitionen und Begriffen wird diese Entwicklung untermauert. Daher soll sich dieses Kapitel im Einleitungsteil dieses Buches mit dem aktuellen Ökosystem des Business-to-Business (B2B) Marketing beschäftigen. Ziel ist es, für das gesamte Werk ein kongruentes und konsistentes B2B Marketing Vokabular zu definieren und inhaltlich zu belegen. So soll sichergestellt werden, dass es zu keinen abweichenden begrifflichen Belegungen und somit zu Missverständnissen kommen kann.

Wichtig dabei zu erwähnen ist, dass dieser Begriffsüberblick nur den Anspruch erhebt, den aktuellen Wissens- und Entwicklungsstand abzubilden. Denn wie oben bereits erwähnt, ist die Wissensdisziplin des Industriegüter Marketings aktuell einem dem eines Paradigmenwechsels ähnlichen Veränderungsprozess ausgesetzt. Darüber hinaus erheben wir keinesfalls den Anspruch auf Vollständigkeit, denn es werden für eigent-

U. Seebacher (✉)
Graz, Österreich
E-Mail: http://www.uweseebacher.org

U. Seebacher (Hrsg.), *Praxishandbuch B2B-Marketing*,
https://doi.org/10.1007/978-3-658-31651-8_3

lich gleiche Begriffe in der Industrie teilweise unterschiedliche, voneinander abweichende Bezeichnungen verwendet. Für das B2B Ökosystem im Rahmen dieser Publikation werden wir auf die wesentlichen, allgemein gültigen und anerkannten Begriffe und Termini eingehen und auch uns auf diese beschränken.

1 Zu viele Namen und Begriffe

Der Bereich des Marketings unterliegt ebenso wie der Bereich des Personalmanagements dem großen Irrtum und Trugschluss, dass sich jeder bemüßigt und auch ausreichend kompetent fühlt, die Komplexität und Daseinsberechtigung dieser Wissensdisziplinen geflissentlich zu unterschätzen oder sogar zu negieren. Schon Claudio A. Saavedra hat es im Einleitungskapitel zu seinem Buch „The Marketing Challenge for Industrial Companies" (Springer 2016) treffend auf den Punkt gebracht:

> „Not surprisingly, confusing customer behavior with customer purchasing behavior has discredited marketing, so that now many people see it as a social science purely dedicated to creating manipulative and cunning advertising. In the Garden of Eden, Eve could well have fallen victim to a snake that studied marketing."

Für den Bereich des Endkundenmarketings – im Sinne von Business-to-Consumer (B2C) Marketing – hat sich diese Situation in den späten Jahren des 20. Jahrhunderts zum Positiven geändert. Unzählige erfolgreiche Marketing- und Werbekampagnen können als nachhaltige Zeitzeugen dieses Aufschwungs ins Treffen geführt werden, beispielsweise jene von Apple oder auch Coca-Cola. Allerdings konnte das B2B Marketing nicht von dieser Entwicklung partizipieren oder profitieren, denn bis heute sind Ingenieure, technische Experten und Entwickler in den Industrieunternehmen der Meinung, dass deren Produkte so brillant seien und sich daher ohnehin von selbst als „Selbstläufer" verkaufen.

Die Zeiten haben sich aber dramatisch geändert. Die Zeiten, in denen jenes gerade beschriebene Gedankengut entstand, waren geprägt von wahren Verkäufern und den „guten alten Zeiten" noch ohne Internet, virtuellen Einkaufsplattformen und Showrooms, digitalen Meetings und Webchats. Damals gab es noch keine Transparenz in Bezug auf Preise und Konditionen, sondern der persönliche Kontakt und vor allem das Vertrauen in den jeweiligen Verkäufer beziehungsweise in das jeweilige Lieferunternehmen waren maßgeblich. Jared R. Fabac bringt es bereits im Jahr 2013 in seinem Buch „How technology changes everything for the industrial marketer" (iUniverse LLC 2013) auf den Punkt:

> „Many marketing, SEO, and social media books offer steps, solutions, strategies, and secrets – whatever the „expert" authors call them – but most marketing books *fail for our industry* because they *fail to take our industry into account*."

Und ich muss gestehen, dass es mir ebenso erging, als ich im Juni 2017 als „Global Director Marketing and Communications" bei einem Industrieunternehmen angeheuert worden war. Ich war in der Einarbeitungsphase geneigt, Erkenntnisse aus der damals aktuellen Marketing Literatur und sich daraus ableitende innovative Themen und Trends direkt für meinen neuen Kunden zu übernehmen. Es wurde mir damals jedoch klar, dass alles, was ich gelesen und mir erarbeitet hatte, aus und für den Bereich des B2C Marketings gewesen war. Erst als ich begann aktiv nach B2B Marketing Literatur zu suchen, wurde mir klar, dass es – zumindest im deutschsprachigen Raum – nichts Vergleichbares und Weniges nur annähernd so innovativ Fortschrittliches für den B2B Marketing Bereich gab. Schrittweise erarbeitete ich mir Zutritt zur Szene der B2B Marketing Manager. Aus heutiger Sicht waren es Einzelkämpfer und vereinzelte, institutionell-getriebene Keimzellen, die versuchten, den Bereich des Industriegüter Marketings nach vorne zu bringen.

Stereotypisch betrachtet waren die Einzelkämpfer Marketing Manager, die aufgrund deren Basiskenntnissen und deren Erfahrungen im Stande waren, sich in einem vorrangig technisch getriebenen Umfeld zu behaupten. De facto waren sie Change Manager, deren tägliche Arbeit nicht nur darin bestand, ihren Job zu machen, sondern und vor allem viel mehr noch diese sie umgebenden Realwelten im Sinne der Organisationen Tag für Tag weiter zu entwickeln und voranzutreiben. Dies wurde nur möglich, weil diese Einzelkämpfer es irgendwie geschafft hatten, in den Unternehmen vom Getriebenen zum Treibenden zu werden. Sie hatten sich mit Authentizität, Eloquenz, Intuition, Kompetenz und Strategie in den Unternehmen eine Position aufgebaut, in der sie stets nach neuen Ansätzen, Konzepten und Technologien suchend, ergebnisorientiert im Sinne des Unternehmens handelten. Dadurch konnten sie in den Unternehmen den Blickwinkel zunehmend auf die Marketingabteilung verändern, und im Detail zumindest zum Positiven hin entwickeln.

2 Marketing Resource Management (MRM)

Dem Marketing Manager gelang es offensichtlich, durch transparente und greifbare Ergebnisse erstmals den auch für Technologie verantwortlichen Ingenieuren glaubhaft den vorerst unverständlichen Mehrwert von Marketing und Kommunikationsaktivitäten zu vermitteln. Dass dies für die Entwicklung von B2B Marketing entscheidend sein würde, war nicht neu, sondern wurde bereits im Jahr 2011 von Seebacher und Guepner in ihrem Buch „Marketing Resource Management" (USP Publishing 2011) attestiert:

> „Beispielsweise geht aus dem Marketing Efficiency Survey 2009 hervor, dass 94 % der Marketing Manager die größte Herausforderung in der Verbesserung der Informationsbasis im Bereich des Marketings sehen. 90 % der Marketiers erachten die Entwicklung von Marketing Kennzahlensystemen als entscheidend, um auch in Zukunft Mehrwert für ihre Unternehmen schaffen zu können. Auffallend ist auch, dass 88 % der führenden Marketing Experten in den Unternehmen Potenzial zur Verbesserung der Marketing Organisation und zugleich damit für

die Etablierung einer dringend notwendigen Prozessorientierung in den Abteilungen sehen. Marketing Resource Management (MRM) bringt für Sie als Marketer nicht nur in der Ergebnisdimension wesentliche Vorteile, sondern unter dem Motto „der Weg ist das Ziel“ beeinflusst es auch ganz entscheidend ihre zukünftige Arbeit und den damit verbundenen Erfolg.“

Entwicklungstechnisch kann somit Marketing Resource Management von Seebacher und Guepner als Zwischenstufe von klassischem und konventionellem Industriegüter Marketing nach Backhaus und Voith (Springer 2015) hin zu einem State-of-the Art B2B Marketing des 21. Jahrhunderts eingestuft werden. Erstmals war im Rahmen des Marketing Resource Managements der Fokus auf die Erreichung einer Messbarkeit von Marketing und Kommunikation gelegt. Die Vergleichbarkeit einer Printanzeige und einer Messeveranstaltung sollten über eine Index-basierte Leistungsergebnismessung möglich gemacht werden. Im Rahmen des MRM-Ansatzes von Seebacher und Guepner wurde auch erstmals der Begriff „Marketing Intelligence“ in der Bedeutung, wie wir sie heute kennen, eingeführt und definiert. Ebenso wurden das erste Mal Schlagworte wie „Marketing Prozess Optimierung (MPO)“ oder „Marketing Operations Management (MOM)“ umfassend erklärt und als wesentliche Bestandteile eines zukunftsfähigen B2B Marketings identifiziert.

Bevor wir nun in die neue Begriffswelt des B2B Marketing einsteigen, soll noch das große Ganze, das Marketing momentan als Wissensdisziplin treibt, mit den Worten eines der großen Marketing Vordenker Philip Kotler aus seinem Buch „Marketing 4.0 – Moving from Traditional to Digital“ (Kotler 2017) beschrieben werden:

> „In „Marketing 3.0“ we talked about the major shift from product-driven marketing (1.0) to customer-centric marketing (2.0), and ultimately to human-centric marketing (3.0). … Thus, we introduce „Marketing 4.0“ as the natural outgrowth of Marketing 3.0. … The role of marketers is to guide customers throughout their journey from awareness and ultimately to advocacy.“

Für den Bereich des B2C Marketings ist diese Veränderung zum größten Teil schon auf den Weg gebracht. Im Gegensatz dazu steht das klassische Industriegüter Marketing gerade vor der Herausforderung, die neuen technologischen und digitalen Möglichkeiten und deren Einsatz zu erlernen und zu verstehen, um damit die internen technischgetriebenen Stakeholder von Marketing 1.0 in Richtung Marketing 4.0 mitzunehmen. Dies wird nur möglich sein, wenn seitens der Marketing Manager proaktiv der Prozess der Wissensvermittlung und der Transparenz in Bezug auf Marketing-Maßnahmen und deren direkte Ergebnisse für Umsatz und Profit in Richtung der Fachexperten aus den technologischen Wissensdisziplinen vorangetrieben wird. Dies wiederum kann und wird nur mit Hilfe einer allgemein gültigen, kongruenten B2B Marketing Begriffswelt möglich sein, die es erlaubt, kontinuierlich mit den internen Kunden und Zielgruppen über marketingrelevante Gedanken, Ideen, Konzepte und Strategien sprechen zu können.

3 B2B Marketing von A bis Z

Im Folgenden werden nun in alphabetischer Reihenfolge die aktuell wichtigsten und allgemein gültigsten Begriffe im Bereich des Industriegüter Marketings angeführt, beschrieben und für die weitere Verwendung in diesem Buch interpretiert.

A/B-Test

Der A/B-Test wird auch als Split Test bezeichnet. Der Begriff entstammt ursprünglich nicht aus dem B2B Bereich, sondern ist generell eine Testmethode zur Bewertung zweier Varianten eines Systems, bei der die Originalversion gegen eine leicht veränderte Version getestet wird. Mit dem A/B-Test können auch Preise, Designs und Werbemaßnahmen verglichen werden. Ein Beispiel für einen A/B Test ist zum Beispiel einen Social Media Post einmal mit einem generischen Industriefoto (Variante A) und parallel dazu einmal mit einem Bild eines lächelnden Ingenieurs auf einer Anlage (Variante B) auszuspielen. Vorweg kann gesagt werden, Variante B wird in diesem Fall jedenfalls gewinnen. Allerdings kann dieser Test auch erweitert werden, nämlich um das Testen von zwei verschiedenen Textversionen. So kann im zweiten Schritt die erfolgreichere Variante B als Basis herangezogen werden und dann als neue Variante A ein Corporate Claim und als Variante B ein Statement des betreffenden Mitarbeiters unter das Bild gestellt werden. Wiederum können die Ergebnisse bzw. die Conversion miteinander verglichen werden. A/B Testing ist ein Lernprozess, ebenso wie dies für den gesamten Bereich des B2B Marketings und aller damit verbundenen Maßnahmen zutrifft.

Account-based Marketing (ABM)

Gartner definiert Account-Based Marketing, kurz ABM, als „koordiniertes Programm zur Ansprache einer ausgewählten Gruppe potenzieller Kunden über gleichzeitige In- und Outbound-Kanäle entlang jeder Phase des Kaufprozesses“. Es werden bestimmte Kunden – sogenannte „Accounts“ – definiert und durch zielgerichtete, personalisierte Kampagnen bearbeitet. Idealerweise soll dies durch die enge Zusammenarbeit von Marketing und Vertrieb passieren. Andere Definitionen lehnen sich wiederum eher an der strategischen Dimension des Marketings an, indem sie ABM als „Go-to-Market-Strategie bezeichnen, die personalisierte Marketing- und Vertriebsmaßnahmen koordiniert, um Zielkunden zu gewinnen und um Bestandskunden umsatztechnisch weiterzuentwickeln.“ Entscheidend und gemein ist allen Definitionen jedenfalls, das ABM ein proaktives aus dem Unternehmen und durch das Unternehmen heraus initiiertes Vorgehen in Richtung zuvor definierter Kunden beschreibt. Im Gegensatz dazu ist das klassische Inbound Marketing zu betrachten, auf das in späteren Abschnitten des Buches entsprechend eingegangen wird.

Brand Management

Brand Management – deutsch: Markenführung – umfasst komplexe Methoden und Prozesse, die die Brand Experience – also die Erfahrung im Sinne der Wahrnehmung einer

Marke – gestalten und dauerhaft beeinflussen sollen. Das Brand Management zielt darauf ab, Unternehmen als eine Marke nachhaltig in einem Markt zu positionieren und langfristig als attraktive Marke aufzustellen.

Business-to-Business (B2B) Marketing

Im Kontext dieses Buches bezeichnen wir B2B Marketing als jenes Marketing, das zwischen Marktteilnehmern stattfindet, die aufgrund deren originärer betriebswirtschaftlicher Funktion in einem definierten Markt Lieferanten bzw. Zulieferer und Abnehmer von Rohstoffen und Halbfabrikaten und somit keine Endkunden beziehungsweise Endverbraucher sind. Dies bedeutet, dass das Einkaufsverhalten ein tendenziell institutionell getriebenes ist und nicht rein individuell getriebener Motivation folgt. In diesem Zusammenhang findet sich immer öfter auch der Verweis auf die Eliminierung des klassischen Begriffs des B2B Marketings, da sich die Bereiche des B2C und B2B Marketings immer stärker annähern. Hintergrund dieser Hypothese sind aktuelle Studien, die belegen, dass sich das Käuferverhalten im Industriebereich jenem des Endkundenbereiches immer stärker angleicht.

Begründet wird diese Entwicklung mit der zunehmend digitalen Informationsbeschaffung einhergehend mit der rasant zunehmenden Transparenz und Vergleichbarkeit von Angeboten. Unter anderem belegen immer mehr Studien, dass der Großteil von potentiellen Käufern bereits vor dem ersten Kontakt mit einem potentiellen Lieferanten mit diesem über einen der vielen Informationskanäle beziehungsweise -Plattformen in Kontakt gewesen ist. Dies bedeutet wiederum für erfolgreiches und nachhaltiges B2B Marketing, dass man durch entsprechende Konzepte und Strategien an all diesen Kontaktpunkten in der entsprechenden und jeweils adäquaten Art und Weise präsent sein muss.

In der aktuellen Literatur findet man viele weitere Abkürzungen wie zum Beispiel:

- Human-to-Human (H2H) (Kotler et ak. 2021)
- People-to-People (P2P)
- Business-to-Anonymous (B2A)
- Business-to-All (B2A)
- End-to-End (E2E)
- All-to-All (A2A)

An dieser Stelle soll auf diese punktuell zum Einsatz kommenden Begriffe nicht näher eingegangen werden. Entscheidend ist, dass sich ein zukunftsgerichtetes B2B Marketing sowohl aufbau- als auch ablauf-organisatorisch der Tatsache bewusst ist, dass sich die Industrie und alles, was damit verbunden und einhergehend ist, mit einer sich verändernden Käuferlandschaft auseinandersetzen muss. In diesem Zusammenhang seien sowohl soziodemografische Aspekte wie eine sich dramatisch verjüngende B2B Einkäufer Community, aber auch situativ- und produktbedingte Aspekte genannt. Diese sind wiederum auf immer weiter optimierte Lieferantenketten und -prozesse, aber auch eine immer größere Transparenz in Bezug auf Materialien und deren Beschaffenheit, Lieferzeiten, ebenso wie Preis- und Zahlungskonditionen zurückzuführen. Ungeachtet des jeweils verwendeten Begriffes, geht es im Geschäftsleben natürlich immer um Menschen und Beziehungen.

Kotler et al. (2021) widmen sich vor diesem Hintergrund explizit den Herausforderungen in einer zunehmenden digitalisierten und automatisierten Welt, denen sich jegliches Marketing stellen muss, um Automatisierung und Digitalisierung stringent als Befähiger erkennen und einsetzen zu können. Denn es sind nicht nur die vielen, neuen technologischen Möglichkeiten, die es notwendig gemacht haben, die Art und Weise, wie über Marketing gedacht wird, zu überdenken. Es geht auch darum, zu erkennen, dass und vor allem auch wie sich Kunden und Vermarkter als menschliche Entscheidungsträger verändern. Das Bewusstsein für diese intra- aber auch inter-individuelle Dynamik im Zusammenspiel von Kunden und Lieferanten ist neben dem richtigen Managementansatz und hochdynamischen Umsetzungsprozessen der entscheidende Aspekt zur Schaffung innovativer und sinnvoller Wertversprechen für alle Beteiligten.

Buyer Journey

Die Buyer Journey oder auch Customer Journey genannt, ist ein Prozess – eine symbolische Reise –, die jeder Kunde vor und bis hin zur Kaufentscheidung durchläuft. Ziel ist es, dass diese Reise möglichst rasch und effektiv im Sinne einer zeitnahen Kaufentscheidung verläuft. Das bedeutet, dass Unternehmen mittels eines modernen B2B Marketings bestmöglich diese Buyer Journey ex ante definieren, evaluieren und somit kennen sollten. Die Buyer Journey umfasst drei Phasen:

1. Bewusstseinsphase
2. Überlegungsphase
3. Entscheidungsphase

Die Buyer Journey verläuft entlang von vielen verschiedenen Kontaktpunkten – sogenannten Touch Points. Je optimaler diese Kontaktpunkte auf den potentiellen Kunden und dessen Bedürfnisse ausgerichtet sind, umso höher ist die sogenannte Buyer (BX), Customer (CX) oder User Experience (UX) – nämlich die Wahrnehmung und Empfindung des Kunden, die sich wiederum positiv auf eine mögliche Kaufentscheidung auswirken wird. Anhand einer (Buyer) Persona können diese Erwartungen und Bedürfnisse in Bezug auf einen potentiellen, idealen Käufer bzw. eine Kundengruppe definiert und ermittelt werden.

Buyer Persona

Der Begriff beschreibt einen typischen Vertreter einer potentiellen Kunden- bzw. Zielgruppe. Mit Hilfe von gesammelten Daten wird eine fiktive Person erstellt, die den potenziellen Käufer detailliert beschreiben soll. Roland Burkholz (Hannig, Springer 2017) stellt fest, dass Buyer Persona mehr sind als Kundenprofile und verweist auf Zambito (B2B Blog 2013) und dessen informativste Definition:

> „Buyer personas are research-based archetypal (modeled) representations of who buyers are, what they are trying to accomplish, what goals drive their behavior, how they think, how they buy, and why they make buying decisions.“

Campaign Management (CamM)

Dieser Begriff umfasst das Konzipieren, Planen, Terminieren, Ausspielen aber auch Monitoring von Kampagnen. Wir verstehen Kampagnen in diesem Zusammenhang als ein Bündel von definierten, unterschiedlichen Marketing- und Kommunikationsmaßnahmen. Kampagnen bestehen somit aus Aktionen, Reaktionen und damit verbundene und zum Einsatz kommende inhaltliche Elemente unterschiedlicher Ausprägungen wie zum Beispiel eines Social Media Posts – mit oder ohne Bild, statisch oder dynamisch, einem One Pager, einem White Paper, einer Fallstudie bis hin zu einem umfassenden Fachartikel oder aber einem längeren Video.

Campaign Management im Unterschied zu Content Management spielt sich somit auf einer höheren, aggregierteren bzw. in der Marketing Wertschöpfungskette nachgelagerten Ebene ab und hat das Ziel, in der Kombination von unterschiedlichen Content Elementen die jeweils optimalste Wirkung im Sinne des optimalen Marketing Return-on-Invests (MROI) (Seebacher und Guepner 2011) zu realisieren.

Content Management (ConM)

Content Management (ConM) als Begriff wird im Rahmen dieser Publikation als das Konzipieren, Entwickeln und Verwalten von Inhalten jeglicher Art und Weise bezeichnet. Oftmals wird im Zusammenhang von relevanten, fachdienlichen Publikationen auch der Begriff des „Asset Managements" (AM) verwendet, der für Personen, deren Ausbildungshintergrund im Finanzbereich liegt, irreführend sein dürfte. Die Verwendung des Begriffs AM im Rahmen des B2B Marketings ist darauf zurückzuführen, dass ein einmal erstellter Inhalt als Wert erachtet werden kann und darf, denn diese Werte sind in weiterer Folge die essenziellen Bestandteile jeder weiteren Maßnahme im Sinne von Marketing-Aktionen oder -Kampagnen. Vor diesem Hintergrund lässt sich die Nutzung dieses sinntragenden Begriffs „assets" ableiten.

Content Marketing (CoMk)

Im Gegensatz zu Content Management und dem Management bzw. dem Verwalten von inhaltlichen Elementen befasst sich das Content Marketing mit dem jeweils optimalen, zielgerichteten Verwenden im Sinne des „Ausspielens", Platzierens und dem Einsatz von inhaltlichen Elementen. Begriffstechnisch leitet sich der Terminus vom Marketing des Inhalts, im Sinne der Vermarktung des Inhalts, ab. Der Content Marketer ist somit jene Person, die das Repertoire des Omni-Channel Marketing perfekt beherrscht und in enger Abstimmung mit dem Performance Marketer laufend die Key Performance Indicator (KPI) der verschiedenen Content Marketing Aktivitäten evaluiert, diese interpretiert und Optimierungsmaßnahmen definiert.

Content Marketing ist eine Marketing Methode, die sich nicht um Werbebotschaften dreht, sondern um für den Informationsempfänger nutzstiftenden Inhalt. Content Marketer, die nützlichen Content entlang der Buyer Journey zur Verfügung stellen, werden erfolgreicher das eigene Unternehmen positionieren können, dadurch Vertrauen aufbauen und so Kunden nachhaltig gewinnen. Die Buyer Journey findet heute vorwiegend auf digitalen Plattformen statt. Unternehmen können mit Content Marketing potentielle Kunden auf dieser Journey erreichen, mit ihnen in Kontakt treten und Interessierte so zu Kunden werden lassen. Natürlich können Unternehmen auch auf digitalen Plattformen Werbung nutzen. Der Vorteil von Content Marketing ist aber, dass mit nützlichem Content besseres Branding realisiert und nachhaltig durch Buyer-Centric Content Vertrauen aufgebaut werden kann.

Der Content Marketer muss somit stets das gesamte Portfolio an verfügbaren inhaltlichen Elementen kennen. Er oder sie muss situativ den Campaign Manager beraten und in Bezug auf die Erstellung von Kampagnen und Maßnahmen unterstützen, egal ob es sich um Outbound – also nach außen – oder Inbound Maßnahmen handelt.

Conversion Rate (CR)
Die Konvertierungsrate bezeichnet das Verhältnis der Umwandlung von Kontakten auf eine höhere Stufe in der Buyer bzw. Customer Journey. Die Conversion Rate ist ein KPI aus dem Online Marketing. In diesem Bereich zeigt sie das Verhältnis der Besucher einer Website zu Conversions in einem Prozentwert. Die Conversion muss nicht zwingend ein Kauf oder eine Transaktion sein. Jedes zuvor definierte und erreichte Ziel kann als Conversion betrachtet werden. Die Conversion Rate kann zum Beispiel auch das Verhältnis von Webseiten-Besuchen zu daraus resultierenden Interaktionen wie Downloads oder Newsletteranmeldungen darstellen und messen. Die CR kann aber auch darstellen, wie viele Lead zu einem sogenannten Marketing Qualified Lead (MQL) konvertierten bzw. wie viele der MQL zu Sales Qualify Leads (SQL) wurden. Die CR lässt sich somit für jeden Schritt entlang der Buyer bzw. Customer Journey verwenden, um die Performance im Sinne der Umwandlung und Weiterentwicklung eines potentiellen Kunden durch den Sales Funnel hin zu einem Käufer zu messen.

Conversion Rate Optimierung (CRO)
Für die Conversion-Rate-Optimierung ist das Messen von Kunden im Verhältnis zu den erfolgten Conversions eine der wichtigsten Kennzahlen. Die CRO ist meist Teil der Suchmaschinenoptimierung. Sie kann die Leadgenerierung, die Umsatz- sowie die Absatzzahlen verbessern. Allgemein wird unter Marketingfachleuten von einer durchschnittlichen CR von 1 % im E-Commerce ausgegangen, wobei dies B2C und B2B beinhaltet. Somit wird im Durchschnitt jeder 100ste Besucher eines eCommerce Shops zum Kunden. Die Höhe der Conversion Rate hängt von vielen verschiedenen Faktoren ab und gerade für den B2B Bereich liegen diese Werte oft signifikant unter jenen des B2C Bereiches.

Customer Experience (CX)
Die Customer Experience beschreibt die Erfahrung und Wahrnehmung eines Kunden im Umgang mit den verschiedenen Marketing- und Kommunikationskanälen eines Unternehmens an den verschiedenen Kundenkontaktpunkten – sogenannten Touch Points. Die Buyer Experience (BX) meint grundsätzlich dasselbe, stellt aber auf einen früheren Zeitpunkt der Buyer Journey, nämlich jene Phasen vor einer Kaufentscheidung ab. Die User Experience (UX) unterscheidet nicht zwischen den Phasen der Buyer Journey und bezeichnet das Individuum an den verschiedenen Kontakten einfach als Nutzer, auch User genannt.

Customer Life Cycle (CLC)
Dieser Begriff existiert im Gegensatz zu vielen anderen B2B Marketing Begriffen schon länger. Seit den ersten Einführungen von Customer Relationship Management (CRM) Konzepten und Ansätzen beschreibt der Begriff, der übersetzt so viel bedeutet wie Kundenlebenszyklus, die einzelnen Schritte, die ein Kunde durchläuft, bis er einen Kauf tätigt

und am Ende einem Produkt oder einer Dienstleistung loyal gegenübersteht bzw. das Produkt durch ein anderes austauscht oder aber eliminiert. Somit kann aus heutiger Sicht dieser Begriff mit jenem der Buyer Journey gleichgesetzt werden. Wichtig dabei ist, dass gerade das Potential im Bereich des After Sales und des Services als essentieller Bestandteil des CLC erachtet und im Fokus bleiben muss, denn ähnlich wie im Automobilbereich sind gerade diese Teile der Wertschöpfungskette margen-technisch für die meisten Industrieunternehmen höchst attraktiv und teilweise sogar überlebenswichtig.

Customer Relationship Management (CRM)

Dieser Begriff gehört mit zu den ältesten im Bereich des Marketings, weshalb er an dieser Stelle nicht näher definitionstechnisch bearbeitet wird. Aber an dieser Stelle explizit angemerkt bzw. darauf hingewiesen werden soll, ist die Tatsache, dass die Vermischung bzw. die saubere Abgrenzung der beiden systemischen Ebenen IT und Daten bzw. Inhalten in Bezug auf den Begriff CRM sehr häufig zu großen Problemen und Diskussionen in Unternehmen führt. Die systemische Hoheit über das CRM-System als Teil der IT-Infrastruktur einer Organisation kann nur bei der unternehmenseigenen IT Abteilung liegen. Die inhaltliche Hoheit muss hingegen kompromisslos im Bereich des Marketings angesiedelt sein. Das Marketing hat in diesem Zusammenhang die Bedarfe der verschiedenen internen Kunden in der Organisation zu bündeln und durch die IT umsetzen zu lassen. Weder Einheiten, die sich mit digitalen Geschäftsprozessen befassen noch der Vertrieb können die inhaltliche Hoheit über CRM haben. Jene B2B Marketiers, die sich dieser Tatsache bewusst sind und diese Strategie auch stringent verfolgen, haben den Grundstein für modernes B2B Marketing gelegt. In Bezug auf den Themenbereich CRM wird noch genauer im Kapitel zu MarTech 8000 eingegangen.

Date-driven Marketing (DDM)

Das datengetriebene Marketing definiert eine Denk- und Handlungsweise, alle Aktivitäten, Kampagnen und Maßnahmen anhand von Fakten und Zahlen messbar und somit greifbar zu machen. DDM ist kein Projekt, sondern vielmehr ein Prozess, der nachhaltig etabliert und umgesetzt werden muss. DDM ist ein wesentliches Element eines nachhaltig erfolgreichen B2B Marketings, denn ein solches erfordert stringente und transparente Messbarkeit aller Tätigkeiten. Denn nur dadurch kann auch ein entsprechendes Kostenbewusstsein entstehen, was wiederum die Basis für ein marketinginternes ständiges Evaluieren und Optimieren ist. Letzten Endes wird damit die Basis geschaffen, eines Tages für jede einzelne Kampagne, jede einzelne Messe oder jedes Kundenevent aber auch für jedes Content Asset den exakten MRoI bzw. den daraus generierten Umsatz zu definieren. DDM ist somit die Basis für Performance Marketing, denn nur mithilfe von exakten und 24/7 verfügbaren Zahlen wird B2B Marketing messbar, optimierbar und transparent. Was man nicht misst, kann man auch nicht managen.

Demand Generation

Demand Generation – steht für Bedarfsgenerierung – ist ein im Bereich des B2B Marketings immer wichtiger werdender, integrierter und messbarer Prozess, der ein gesteigertes, sowie langfristiges Interesse erzeugt und sich schließlich in einem Umsatzplus manifestierten muss. Demand Generation darf nicht mit Lead Generation verwechselt werden, da

Demand Generation umfassender und generisch breiter ausgerichtet ist, wohingegen Lead Generation ganz konkret auf direkt Anfragen – also Leads – abstellt. Ablauftechnisch und strukturell ist daher Demand Generation im Kontext des CLC bzw. der Buyer Journey als vorgelagert in Bezug auf das Aktivitätsfeld der Lead Generation zu erachten.

Evergreen Content

Evergreen Content bezeichnet Inhalte, die sich – warum auch immer – über einen längeren Zeitraum als wahre „Goldgruben" in Bezug auf deren Attraktivität bewiesen haben. Anhand von Data-driven Marketing bzw. Performance Marketing werden für alle zum Einsatz kommenden inhaltlichen Elemente deren KPIs, wie zum Beispiel Clickraten oder andere Interaktionen getracked und evaluiert. Evergreen Content lässt sich anhand von signifikant höheren Performance-Werten erkennen. Für Campaign Manager sind solche Content Evergreens wesentliche Bestandteile, um nicht perfekt laufende Kampagnen zu optimieren bzw. aber auch, um die Community aktiv zu halten.

Gated Content

Gated Content bezeichnet Inhalte, die hinter „verschlossenen Türen" zu finden sind. Diese verschlossenen Türen im übertragenen Sinn stehen für Inhalte, zu deren Download oder Öffnung der Nutzer gewisse Daten und Informationen Preis geben muss. Gerade im B2B Marketing können auf diese Weise wertvolle Informationen zum Interessenten bzw. Kunden gewonnen werden. Wichtig dabei ist, weniger ist mehr, aber das dafür in Etappen und Schritt für Schritt. Wenn zu viele Informationen auf einmal eingegeben werden müssen, so springen viele potentielle Kunden von vornherein gleich ab. Hier spielt das Lead Nurturing eine entscheidende Rolle, um die Leads behutsam durch ein ständiges Geben und Nehmen von Informationen bei der Stange zu halten.

Growth Hacking

Dieser Begriff wurde von der Start-up Szene im B2C Bereich geprägt. Growth Hacking bezeichnet Maßnahmen und Strategien, um klassische Wachstumspfade zu durchbrechen. In der klassischen Marketingliteratur wird dafür der Begriff des Guerilla Marketings (Levinson und Levinson 2011) verwendet, der darauf abstellt, mit wenigen Mitteln durch Trittbrettmaßnahmen konventionelle Werbeformen zu umgehen und dabei gleichzeitig eine wesentliche stärkere Werbewirkung zu realisieren. Ein weit verbreitetes Beispiel ist die Möglichkeit, sich für viele Web-Services einfach per Login auf einer Social Media Plattform wie LinkedIn oder Facebook zu registrieren. Das virtuelle Trittbrettfahren, mit dem man vergleichsweise rasch und äußerst kostengünstig die Nutzerbasis vergrößern kann, beherrschen Start-ups hervorragend, weil sie wegen begrenzter Ressourcen versuchen müssen, die eigenen Produkte selbst zu Marketingzwecken einzusetzen.

Inbound Marketing

Dieser Begriff des „eingehenden" Marketings umschreibt alle Maßnahmen, die darauf ausgerichtet sind, ohne zuvor vorhandene Kenntnis zu potentiellen Kunden und deren Kontaktdaten, diese offline und online mit den situativ richtig aufbereiteten und ausgestalteten Inhalten zu erreichen. Dadurch sollen neue Kontakte generiert werden, die wiederum ihrerseits dann auf das Unternehmen zugehen, um Broschüren, Informationen, Produktspezifikationen und im besten Fall auch direkt Angebote anzufordern. Das Gegenteil von Inbound Marketing ist das klassische Outbound Marketing.

Influencer Journey
Ebenso wie für Kunden im Sinne der Buyer Journey werden im Rahmen des modernen B2B Marketings eigene Journeys für bestimmte Influencer und Gruppen von Influencern definiert. Diese Influencer Journeys sind jedoch nicht darauf ausgerichtet, die identifizierten Influencer möglichst rasch durch die Journey zu bewegen, wie dies bei der Buyer Journey der Fall ist, sondern diese Multiplikatoren laufend aber nicht zu intensiv mit für sie jeweils relevanten Inhalten zu versorgen. Entscheidend dabei ist, mit der entsprechenden Sensitivität vorzugehen und den Interaktionsgrad auf maximal alle zwei bis drei Wochen zu setzen. Wenn nämlich öfter und intensiver mittels Marketing Automation mit den Influencern kommuniziert und interagiert wird, würde die Gefahr bestehen, dass die Influencer merken, dass sie als solche von einem Unternehmen identifiziert wurden. Die Influencer Journey muss von ihrer Ausgestaltung her auf einen längeren Zeitraum ausgerichtet sein. Die KPIs für eine Influencer Journey können mittels eines eigenen Influencer Dashboards evaluiert werden. KPIs können zum Beispiel das Wachstum des Netzwerks eines Influencers oder aber auch die Anzahl und Veränderungsrate ihrer oder seiner Comments, Likes und Shares sein.

Influencer Marketing
Der Begriff des Influencer Marketing leitet sich vom Verb „to influence“ ab, auch Multiplikatoren-Marketing genannt. Es ist die Disziplin des Online-Marketings und entstand aus dem klassischen B2C Marketing, im Rahmen dessen Unternehmen gezielt Meinungsmacher – sogenannte Influencer – und damit Personen mit Ansehen, Einfluss und Reichweite in ihre Markenkommunikation einbinden. Corporate Influencing[1] bezeichnet das Marketing mittels Multiplikatoren auf Basis des Konzeptes des Influencer Marketings dann, wenn dahinter eine unternehmensweite Strategie definiert ist und das Einflussnehmen sozusagen institutionalisiert betrieben wird.

Influencer im klassischen B2C Bereich sind Personen, die durch ihre Reichweite für die Verbreitung von Informationen in ihren Netzwerken sogenannte Multiplikatoren sind. Zum anderen sind Influencer Personen, die einen großen Einfluss auf die Meinung und die Konsumgewohnheiten der Mitglieder ihres Netzwerks haben. Das ist gerade im Bereich des B2B Marketings entscheidend. So finden sich B2B Influencer häufig in Führungspositionen von Interessensvereinigungen, Verbänden aber auch in politischen Ämtern, wie zum Beispiel als Präsident der afrikanischen Zuckervereinigung oder einer internationalen Wasservereinigung. Dies bedeutet aber nicht, dass im Umkehrschluss jede hochrangige und in der Öffentlichkeit stehende Person auch zugleich ein Influencer sein muss. Gute Influencer Marketiers bauen sich langfristig ein Netzwerk an speziell ausgesuchten Meinungsbildnern und Multiplikatoren auf, weshalb es auch nicht zielführend ist, dieses Thema an externe Agenturen zu vergeben.

[1] https://b2bmarketing.works/blog/whitepaper/b2b-influencer-marketing/. Zugegriffen am 13. Mai 2020.

Das ist auch ein wichtiger Aspekt in Bezug auf diesen Begriff, da nämlich Influencer Marketing keine kurzfristig ausgerichtete Maßnahme ist, sondern ein strategischer und nachhaltiger Ansatz, weshalb Influencer Marketing daher kurzfristig keinesfalls signifikant zur Umsatzgenerierung und somit messbaren Ergebnissen beitragen kann. Influencer Marketing kann und wird nur erfolgreich sein, wenn es subtil und sensitiv umgesetzt wird. Sobald ein Influencer nämlich merkt, dass er als solches von einem Unternehmen definiert wurde, wandelt er sich von einem Influencer zu einem Markenbotschafter, was wiederum bedeutet, dass er oder sie nicht mehr als markenneutral wahrgenommen wird. Das bedeutet wiederum, dass alles, was an Inhalten kommuniziert wird, auch immer vor dieser nicht mehr bestehenden Neutralität wahrgenommen werden wird.

Der in den 40er-Jahren durch das amerikanische Consulting Unternehmen „Roper Starch Worldwide“[2] erfundene Begriff „Influentials“ ist inzwischen durch Influencer ersetzt worden, bezieht sich definitionstechnisch jedoch noch immer auf die Gesamtheit von für einen Markt, eine Industrie oder ein Segment relevante Schlüsselpersonen.

Lead Management (LM)

Lead Management bezeichnet alle Aktivitäten und Maßnahmen zur Bearbeitung, Steuerung und Verwaltung von Leads. Der Begriff leitet sich von englisch „to lead“ im Sinne von „führen“ ab und bezieht sich auf Maßnahmen, die ein Unternehmen ergreift, um aus potenziellen Käufern oder Interessenten tatsächliche Käufer oder Besteller zu machen. Wenn aus einem Interessenten ein Kunde wird, dann wurde dieser Lead in einen Kunden konvertiert, woraus sich wiederum die Konversion und Konvertierungsrate ableiten lässt. Die „Conversion Rate“ ist im B2B Marketing mittlerweile ein wichtiger Leistungsindikator in Bezug auf den MRoI.

Lead Nurturing

Aufbauend auf dem vorher genannten Begriff stellt „Lead Nurturing“ auf das „Nähren“ von Leads, also potentiellen Käufern ab. Im Gegensatz zu Lead Management, bei dem es um das Steuern und Verwalten der Leads durch den Prozess der Buyer Journey geht, stellt Lead Nurturing auf alle Aktivitäten in inhaltlicher Sicht ab, um einen potentiellen Lead möglichst rasch und effektiv entlang der Buyer Journey hin zur Kaufentscheidung zu bewegen. Lead Nurturing hat vor diesem Hintergrund maßgeblichen Einfluss auf die Zeitspanne als auch die zu investierenden Kosten während des Durchlaufens der Buyer Journey. Betrachtet Lead Management mehr den organisatorischen Prozess – nämlich das „Wie“, stellt Lead Nurturing auf die qualitative und inhaltliche Dimension des Prozesses ab, also das „Was“ und „Womit“.

Marketing Automation

Der Begriff Marketing Automation *im weitesten Sinn* beschreibt einen organisationalen Veränderungsprozess, im Rahmen dessen sich wiederholende Tätigkeiten IT-gestützt auto-

[2] http://www.starchresearch.com/roper.html. Zugegriffen am 13. Mai 2020.

matisiert werden, um so kosten- und zeiteffizienter zu arbeiten. Marketing Automation im weitesten Sinn ist somit eine Philosophie und Denkweise im Sinne einer strategischen Ausrichtung des Marketings. Das Ziel besteht darin, alles automatisch ablaufen zu lassen, was technisch sinnvoll und möglich ist. Marketing Automation im weitesten Sinn wird durch die MarTech Landkarte (Abb. 1) dargestellt. Marketing Automation *im engeren Sinn* bezieht sich auf das Erstellen von Nutzerprofilen. Diese werden basierend auf dem Nutzerverhalten der Leads und Kunden mit Informationen entwickelt und erweitert, um automatisierte Maßnahmen und Kampagnen für individuelle Kommunikation einzurichten. Lösungen im Bereich der Marketing Automation im engeren Sinn kombinieren Funktionalitäten aus CRM-Systemen, Web-Analyse, E-Mail-Marketing, Social-Media-Werbung sowie Retargeting. Marketing Automation *im engsten Sinn* bezieht sich nur auf den automatisierten Prozess des Lead Nurturings beginnend mit der Lead Generierung und dem Lead Scanning, also dem digitalen Erfassen von neuen Kontakten zum Beispiel bei Kundentagen oder Veranstaltungen.

Vor dem Hintergrund dieser drei begrifflichen Ebenen ist es entscheidend, sich über das daraus resultierende Konfliktpotenzial bewusst zu sein. Vielfach herrscht mangels Wissens nämlich in den Organisationen kein eigentliches Verständnis dazu vor, auf Basis dessen Abstimmungen und Gespräche missverständlich geführt und auch Entscheidungen nicht sauber getroffen werden können. Aufgabe des Marketings muss es diesbezüglich sein, Aufklärungsarbeit zu leisten, um hier eine gemeinsame, abgestimmte definitorische Ausgangsbasis zu etablieren.

Marketing Orchestration

Scott Vaughan[3] war einer der ersten, der diesen Begriff geprägt hat. Hintergrund dafür waren folgende Thesen: Aufgrund der Tatsache, dass mehr und mehr Unternehmen Marketing Automation einführen und nutzen, wird vieles standardisiert, was sich negativ auf die Differenzierung auswirkt. Die standardisierte Vorgehensweise beinhaltet das Erstellen oder Auswählen eines Content Assets, damit Kunden oder Leads in ein Formular vordefinierte Informationen eintragen, darauf aufbauend eine automatische E-Mail als Antwort versendet wird, und der MQL dann mit einem Scoring an den Vertrieb weitergeleitet werden kann. Anbieterseitig hat eine massive Absorption der kleinen flexiblen Anbieter zu einer Konsolidierung geführt, was sich wiederum negativ auf die Innovationskraft und Weiterentwicklung der entsprechenden Lösungen auswirkt. Zudem hat der enorme Anstieg an Inselprodukten im Sinne von nicht zusammenhängenden Systemen und Lösungen dazu geführt, dass heute ein enormer Aufwand betrieben werden muss, um Marketing Automation über die gesamte Buyer Journey nachhaltig etablieren zu können. Vaughan fordert mehr Intelligenz und Konnektivität:

> „Marketing Automation" (MA) was the technology and capability that inspired a generation of B2B marketers to shift from brand marketers to revenue marketers. It's been a big leap forward for the profession previously known for creating logos, themed T-shirts, and fancy events. And, it built careers for many of us who won accolades for using tech + tools to replace woefully manual, outdated efforts and show Marketing's contribution to the business.

[3] https://www.linkedin.com/pulse/b2b-marketing-shifts-from-automation-orchestration-scott-vaughan/. Zugegriffen am 13. Mai 2020.

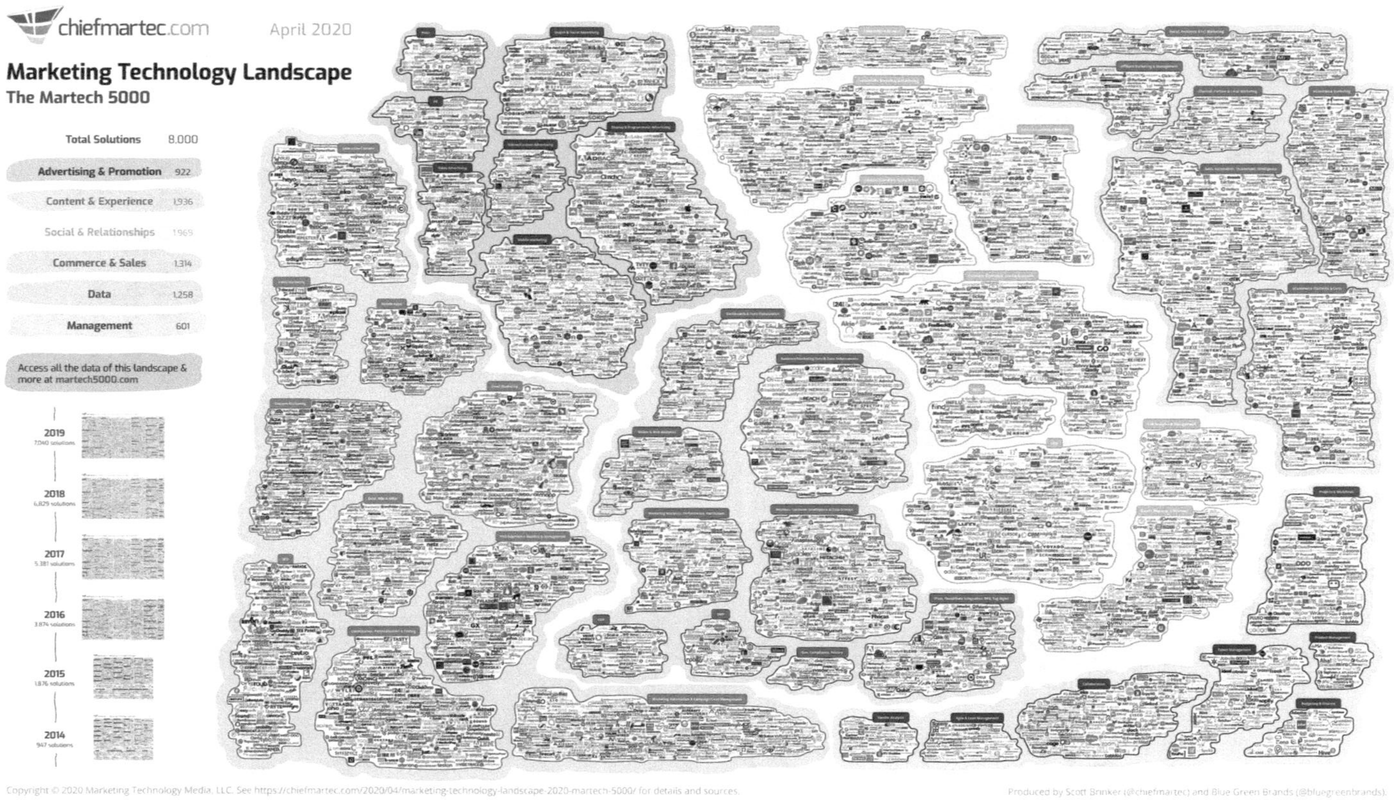

Abb. 1 MarTech Stack Landschaft. (Quelle: chiefmarketer.com 2020) (https://cdn.chiefmartec.com/wp-content/uploads/2020/04/martech-landscape-2020-martech5000-slide.jpg. Zugegriffen am 13. Mai 2020)

Marketing Orchestrierung bezeichnet die Planung oder Koordinierung aller relevanten Aspekte und Elemente einer Kontingenzsituation, um eine gewünschte Wirkung zu erzielen. Das bedeutet, dass Marketing Orchestrierung nunmehr den bisher fehlenden abteilungsübergreifenden Ansatz eines kompromisslos auf den Kunden ausgerichteten Interaktionsprozesses institutionalisiert. Marketing Orchestrierung zielt auf die Optimierung innerhalb von Kanälen und über Kanäle und Programme hinweg ab, um ein programmatisches, leistungsbasiertes, prädiktives Always-on-Marketing unter Einbindung von künstlicher Intelligenz und maschinellem Lernen zu realisieren. Der Begriff ist noch relativ jung und es muss sich erst herausstellen, ob Marketing Orchestrierung eine wirkliche Weiterentwicklung oder aber bloß ein weiteres Produkt von erfinderischen B2B MarTech Stack Anbietern ist, um neue IT-Lösungen im Markt zu platzieren.

Marketing Qualified Lead (MQL)
Ein Marketing Qualified Lead ist ein potentieller Kunde, der gewisse, seitens des Marketings definierte Kriterien erfüllt. Diese Kriterien können zwischen Marketingabteilungen und somit zwischen Unternehmen variieren. Wichtig dabei ist, dass solche Kriterien im Sinne von Ausprägungen nicht alleine von Marketing, sondern gemeinsam von Marketing und Vertrieb definiert werden. Dieses gemeinsame Vorgehen ist entscheidend für die Akzeptanz aller weiteren Maßnahmen. Standardmäßig kann man folgende Kriterien für einen MQL als Basis definieren:

- eMail Adresse
- Vorname und Nachname
- Unternehmen
- Funktion
- Arbeitsort

Durch ein erfolgreiches Lead Management und Lead Nurturing kann ein potentieller Kunde sehr rasch zu einem so genannten Sales Qualified Lead (SQL) konvertiert werden.

MarTech Stack
Dieser Begriff bezeichnet den gesamten Bereich der marketing-orientierten IT. „MarTech" ist die Verbindung der Begriffen Marketing und Technologie. Das Kapitel „MarTech 8000" widmet sich diesem wichtigen, komplexen Themenfeld. Denn MarTech ist heute unumgänglich im Bereich des Marketings und jeder, der mit digitalem Marketing zu tun hat, hat mit MarTech zu tun. Es liegt in der Natur der Sache, dass digitales Marketing technologiebasiert ist. Das Wort „MarTech" bezieht sich insbesondere auf wichtige Projekte, Maßnahmen und Werkzeuge, die marketingorientierte Technologie nutzen, um Marketingziele zu erreichen. Das Pendant zu MarTech im Marketing ist SalesTech[4] im Bereich

[4] http://unified.vu/2018/06/11/the-ever-growing-sales-technology-landscape-sales-tech-stack-2018/. Zugegriffen am 13. Mai 2020.

des Vertriebs. Die sich daraus ableitende Herausforderung besteht darin, dass beide IT-Welten um Kunden buhlen, immer neue Lösungen und Produkte entstehen, und die daraus resultierende, rasant wachsende inhaltliche Überlappung von Produkten und Lösungen die Situation unüberschaubar macht. Neben dieser IT-orientierten Schnittstellenproblematik resultieren daraus große inhaltliche Unklarheiten und Konfliktpotenziale in Bezug auf die jeweiligen Hoheitsgebiete und Einflussbereiche zwischen Vertrieb und Marketing. Ein daher immer lauter werdendes Credo lautet: Marketing und Vertrieb müssen wesentlich enger und intensiver zusammenarbeiten, um das enorme Potential der Vertriebs- und Marketingautomatisierung nachhaltig realisieren zu können. Eine Übersicht über die MarTech- und SalesTech-Landschaften zeigen die folgenden Abbildungen (vgl. Abb. 1 und 2).

Micro Content
Der Begriff stellt auf sogenannte Micro Moments ab. Micro Moments und die kurze Aufmerksamkeitsspanne des Menschen sind durch den *Information Overflow* zu entscheidenden, verhaltenspsychologischen Elementen für das B2B Marketing geworden. Die große Herausforderung von heute im B2B Marketing besteht darin, aus der großen Masse herauszustechen, um die Aufmerksamkeit und das Interesse unserer Zielgruppe zu gewinnen.

Das KISS-Prinzip wird für das B2B Marketing von immer größerer Bedeutung. „Keep it short and simple" ist die perfekte Strategie, um am Beginn der Buyer Journey Content Assets perfekt in Bezug auf deren Länge und Volumen zu gestalten. Immer öfters sind Inhalte zu umfangreich, um sie etwa beim Durchscrollen des News-Feeds gleich vollständig zu konsumieren. Nutzer nehmen sich nicht die Zeit und lesen die Inhalte nur quer, ohne die wesentliche Kernaussage zu erkennen. Die Folge ist, dass sich der Lead in Bezug auf unsere definierte Buyer oder Influencer Journey nicht weiterentwickelt. Sogenannter Micro Content optimiert die Chance, den Leads oder Usern auf einen Blick den Mehrwert unseres Inhalts zu vermitteln und sie dadurch zu einer Aktion im Sinne einer Conversion zu bewegen.

Native Advertising (NA)
Native Advertising ist vom Konzept her auf die klassischen Advertorials (Siegler 2017) zurück zu führen. NA ist eine Form von Werbung, die durch Storytelling Inhalte so aufbereitet, dass diese nur schwer von redaktionellen Artikeln zu unterscheiden sind und daher Aufmerksamkeit im *Micro Moment* unter dem Deckmantel von redaktionellem Content auf sich zieht.

Owned Media
Owned Media bezeichnen Kanäle, die ein Unternehmen „besitzt" und über die es vollinhaltlich verfügen kann. Dieser Bereich gehört zu den am schnellsten wachsenden Bereichen des B2B Marketings. Immer mehr Unternehmen setzen darauf, ihre Inhalte über die eigenen, verschiedenen Kanäle auszuspielen. Owned Media beinhalten alle Arten von Offline und Online Kanälen. Owned Media sind zu unterscheiden von *Paid Media* und *Earned*

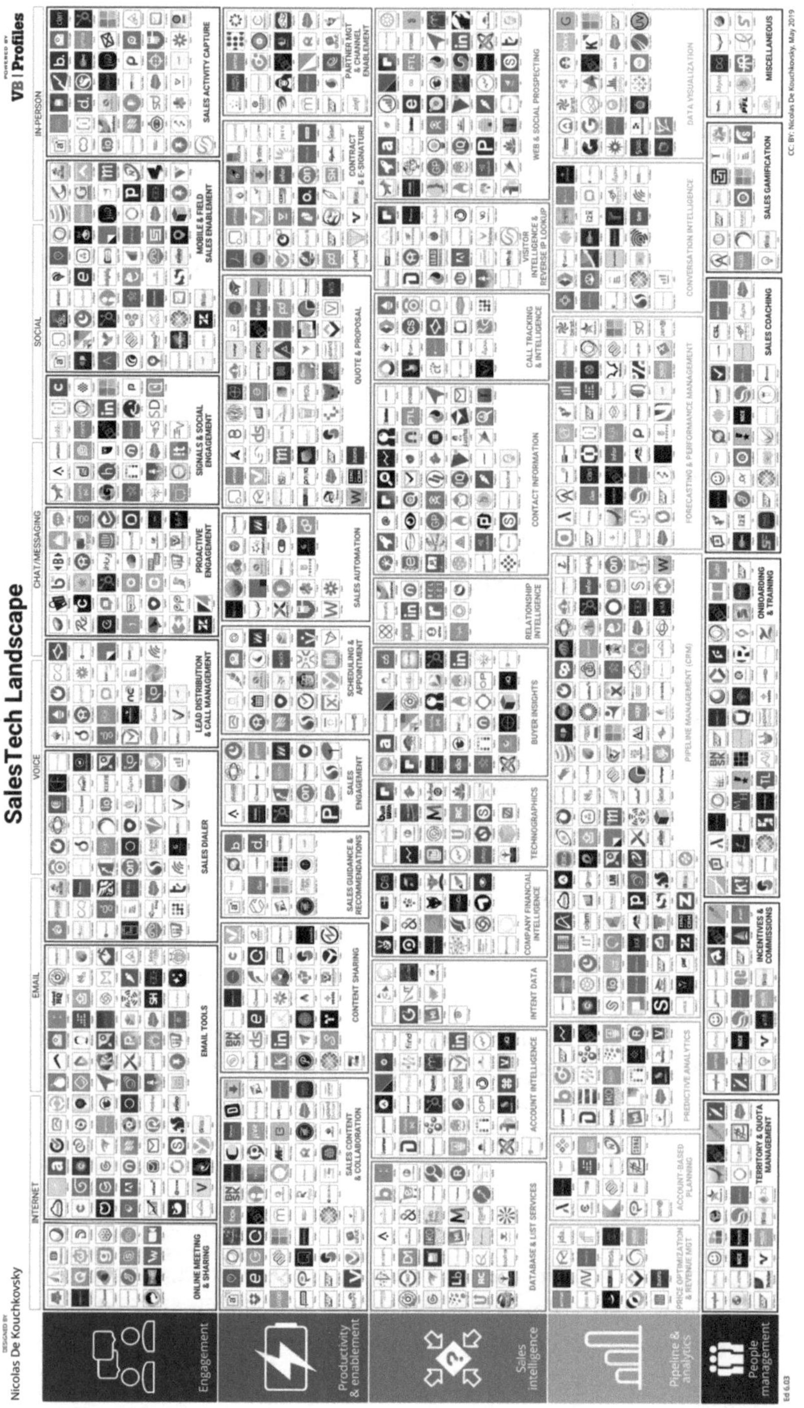

Abb. 2 SalesTech Stack Landschaft 2019 (https://www.saleshacker.com/salestech-landscape-2019/. Zugegriffen am 13. Mai 2020)

Media. Paid Media bezeichnet bezahlte Werbung und Earned Media stellt auf die Unterstützung der User beim Marketing ab, wenn zum Beispiel Inhalte geteilt werden oder Videoclips viral werden. Earned Media bedeutet, dass die Nutzer des Inhaltes und deren Aktionen und Interaktionen eine wesentliche Rolle spielen.

Outbound Marketing

Outbound Marketing wird oft auch als das traditionelle Marketing bezeichnet. Es handelt sich hier um die klassische und konventionelle Art des Marketings, im Rahmen dessen Werbebotschaften über verschiedene Kanäle nach dem Prinzip einer Gießkanne breitflächig verbreitet und gestreut werden, um potentielle Kunden zu erreichen. Der Unterschied zwischen Inbound und Outbound liegt in der Kommunikationsrichtung. Im Rahmen des Inbound Marketings ruft der Kunde „in" die Firma das Support Center hinein an. Hingegen beim Outbound Marketing kontaktiert das Support Center den Kunden proaktiv, um eine Aktion bzw. ein neues Produkt zu platzieren, was dazu führt, dass Outbound Marketing meist einen negativen Ruf hat, da oft versucht wird, dem Kunden ein Produkt einzureden und zu verkaufen.

Performance Marketing

In Bezug auf das Performance-Marketing muss man hinsichtlich der Definition unterscheiden:

- Performance Marketing *im engsten Sinn* bezeichnet den Einsatz von Onlinemarketinginstrumenten mit dem Ziel, eine messbare Reaktion oder Transaktion mit dem Nutzer zu erzielen; es entspricht damit dem Direktmarketing in interaktiven Medien
- Performance Marketing *im engeren Sinn* beschreibt das Bestreben des Marketings, alle Aktivitäten und Maßnahmen des B2B Marketings transparent, objektiv und reliabel zu messen. Dazu wird auf ein sich laufend erweiterndes Bündel an KPIs zurückgegriffen. Performance Marketing i.e.S. ist somit ein Continuous Improvement Process (CIP) in Anlehnung an die Arbeiten von Masing zum Thema „Qualitätsmanagement" (1999, S. 356).
- Performance Marketing *im weitesten Sinn* ist eine organisations-strategische Ausrichtung des gesamten B2B Marketings eines Unternehmens, nicht nur die originären Marketingmaßnahmen, sondern auch alle damit direkt und indirekt verbundenen Handlungen messbar zu machen und laufend zu monitoren. Durch die enormen Entwicklungen und technologischen Möglichkeiten im Bereich der Business Intelligence bis hin zur Predictive Intelligence (Seebacher 2021) und den in diesem Bereich angebotenen Software-Tools kann umfassend, interaktiv und 24/7 der MRoI des gesamten Spektrums an Maßnahmen nicht nur gemessen, sondern auch vergleichend ausgewertet werden. Für diese umfassende Messbarkeit ist der Ansatz der Indexierung und die sich daraus ableitende, möglich werdende Index-basierte Messung aller Maßnahmen auf Basis von Prozentwerten (Seebacher und Guepner 2011) anzuwenden.

Der Bereich des Performance Marketing (PM) wird langfristig eine immer wichtiger werdende Rolle einnehmen. PM wird, wenn es richtig eingesetzt wird, auch nachhaltig zur Re-Positionierung von Marketing im Bereich des B2B Marketings beitragen. Durch PM kann der Mehrwert von Marketing in finanzieller Hinsicht transparent und messbar, und somit auch greifbar, gemacht werden. Das wird entscheidend sein, um die längst notwendigen Investitionen in moderne Marketing Infrastrukturen realisieren zu können. Erfolgreiche Marketing Manager müssen den Anspruch haben, alles dafür zu tun, messbar zu werden. Für alle Abteilungen müssen die gleichen Spielregeln gelten. Und so muss auch Marketing alles Mögliche dazu tun, um die eigenen Aktivitäten über Leistungsindikatoren messbar zu machen. Diese Bündel an Leistungsindikatoren müssen wiederum in konkrete Werte pro Zeiteinheit umgelegt werden, die es dann gilt, im Sinne der Zielerreichung auch einzuhalten. Beispiele für solche Leistungsindikatoren bzw. KPIs können sein:

- Budgetunterschreitung in Prozent
- Generiertes Umsatzvolumen durch Marketing
- Anzahl an generierten Inbound Leads
- Steigerungsrate an Inbound Leads pro Jahr
- Anzahl generierter Leads pro Veranstaltung
- Kosten in Euro pro Lead pro Messe
- Anzahl MQL pro Jahr
- Anzahl SQL pro Jahr
- Zeitdauer in Tagen für Umwandlung von MQL in SQL

Performance Management ist ein Entwicklungs- und Lernprozess. Nicht nur für Marketing, sondern genauso für den Vertrieb, aber auch die gesamten Organisationen. Wir stehen heute vor einem Paradigmenwechsel, in dem kein Stein auf dem anderen bleiben wird, wie im Kapitel von Kleinemass und Seebacher beschrieben und dargestellt wird. In diesem Zusammenhang darf man die Rolle des Performance Marketings nicht unterschätzen. Dieser Bereich kann ein wichtiger Treiber für die so wichtigen Veränderungen sein. Performance Marketing kann aber auch endlich der erlösende Faktor für Marketing Manager sein, mithilfe dessen es für Nicht-Marketing-Experten verständlich und nachvollziehbar wird, wie wichtig und wertvoll Marketing und Kommunikation für den Unternehmenserfolg in der Industrie sein kann und wird – nämlich dann, wenn mithilfe von Performance Marketing der durch Marketing generierte zusätzliche Umsatz eindeutig dokumentiert wird. Dann wird aus dem Kostentreiber Marketing plötzlich der maßgebliche Umsatztreiber eines erfolgreichen Industriebetriebs, egal welcher Größe.

Sales Channel Marketing (SCM)
Was ist ein Sales Channel? Ein Sales Channel definiert einen Verkaufskanal. Verkaufskanäle können interne und externe Vertriebsmitarbeiter ebenso wie ein Online Shop sein. Sales Channel Marketing leitet sich aus dem Bereich des *Sales Channel Managements* ab und definiert Maßnahmen, die speziell auf die Aktivierung, die Unterstützung, aber auch das Evaluieren der Performance des jeweiligen Sales Channels abstellen. Ein Sales Chan-

nel kann als Gesamtheit in Bezug auf die Performance gemessen werden, aber auch als disaggregiertes Konstrukt. Dies soll an einem Beispiel festgemacht werden:

Ein Sales Channel sind zum Beispiel die Agenten und Distributoren eines Unternehmens. Je nach Strategie können verschiedenen Agenten in einem Land oder einer Region zum Einsatz kommen. Das bedeutet, dass der Verkaufskanal der Agenten in dessen Gesamtheit in Bezug auf den jährlich generierten Umsatz gemessen werden kann. Auf einer disaggregierten Ebene können aber auch alle Agenten in einem Land oder einer spezifischen Region in Bezug auf den generierten Umsatz evaluiert werden. Andererseits können aber auch, wenn ein industriespezifischer Ansatz dem Agentennetzwerk zu Grunde gelegt ist, alle Agenten pro Industrie in Bezug auf deren generierten Umsatz evaluiert werden.

Sales Channel Marketing definiert daher alle Maßnahmen, die dazu führen sollen, das gesamte Potenzial der verschiedenen, in einem Unternehmen genutzten Vertriebskanäle aktivieren, nutzen und messen zu können. Erfolgreiches Sales Channel Marketing in letzter Konsequenz generiert Leads für die Mitglieder der jeweiligen Vertriebskanäle. Konkret bedeutet dies, dass für Agenten Kundenanfragen generiert und an diese weitergeleitet werden. Das bedeutet, dass eine entsprechende Vertrauensbasis zwischen externen Vertriebseinheiten und dem Unternehmen entwickelt werden oder vorhanden sein muss. Andererseits führt aber das Generieren von Leads für Agenten dazu, dass sich Unternehmen klar zu deren Agenten bekennen, denn aktives Sales Channel Marketing erfordert Ressourcen und kostet natürlich auch Geld.

Aus organisatorischer Sicht bedeutet Sales Channel Marketing auch eine Veränderung, da bisher das Management der und die Kommunikation mit den verschiedenen Vertriebskanälen immer dem Vertrieb und im Speziellen den jeweils verantwortlichen Sales Managern vorbehalten war.

Sales Qualified Lead (SQL)

Ein Sales Qualified Lead bezeichnet einen potentiellen Kunden, der „das Produkt will!" Ein SQL erfüllt die durch den Vertrieb zuvor definierten Kriterien, wie zum Beispiel als Mindestanforderung:

- Definierter Bedarf zu kaufen
- Definierter Budgetverantwortlicher
- Budgetrahmen
- Zeithorizont

Diese Auflistung kann als eine Basisanforderung erachtet werden, die natürlich wiederum in enger Abstimmung zwischen Vertrieb und Marketing situativ angepasst oder erweitert werden soll und kann. Ein SQL ist jedenfalls bereits in Bezug auf die Buyer Journey weiter vorangeschritten im Prozess der Geschäftsanbahnung, nämlich zwischen Überlegungsphase und Entscheidungsphase.

Social Selling

Social Selling bezeichnet den Vertrieb und Verkauf über Social Media, also Plattformen wie LinkedIn, WeChat, Twitter, Facebook, YouTube, etc. Social Selling kommt, wie so vieles, aus dem B2C Bereich, weshalb eine Nutzung auch für den B2B Bereich evaluiert werden muss. Dass Social Selling auch im B2B Bereich gut funktioniert, zeigen die vielen Beispiele aus China, wo bereits große Maschinen und viele andere B2B Produkte über die Plattform WeChat verkauft werden. Nicht zu verwechseln ist Social Selling mit *Social Media Marketing*. Modernes B2B Marketing sollte die beiden Bereiche synergetisch einsetzen und nutzen.

Story Telling

Story Telling bezeichnet das Einbinden von Inhalten in eine Geschichte. Kernaussagen zu Produkten oder Dienstleistungen werden in interessante Fallstudien mit zum Beispiel Kunden eingearbeitet, sodass klassisches „Soft Selling" (Vaas 1998) gemacht werden kann. Im Rahmen des Story Telling werden somit durch den Einsatz von Geschichten Informationen vermittelt. Story Telling stammt ursprünglich aus den Bereichen des Wissensmanagements, der Kinder- und Erwachsenenbildung, dem Journalismus und der Psychotherapie. Seit den 1980er-Jahren wird dieses Konzept verstärkt auch im Bereich des Vertriebs, sowie in Marketing, PR und Werbung verwendet. Einer der letzten Trends in diesem Kontext ist die Weiterentwicklung des Story Tellings hin zu *Story Doing*. Porsche hat kürzlich im Rahmen der Munich Marketing Week im November 2020 seinen Show Case mit dem Titel „Road to Le Mans" zu diesem Konzept präsentiert. Bei *Story Doing* geht es darum, eine Geschichte nicht zu erzählen, sondern entstehen zu lassen. Dies geschieht, indem ein Markenbotschafter oder ein wie auch immer selektierter Proponent eine Geschichte erlebt unter Nutzung oder Anwendung eines Produktes. Dadurch werden die Narrative der Reality-Soap Bewegung mit jenen der *Product Placements* vereint. Ganz neu ist das Konzept des Story Doings im Kontext dieser Strukturanalyse auch wiederum nicht, da Red Bull seit Jahren sehr erfolgreich auf das *Schreiben* von Geschichten durch das hautnahe Begleiten von Extremsportlern als Teil der Vermarktung setzt.

Touchpoint Management

Touchpoints bezeichnen Kontaktpunkte mit potentiellen und bestehenden Kunden. An Touchpoints interagieren Kunden mit einem Unternehmen. Der Bezugsrahmen dafür ist wiederum die Buyer Journey, entlang derer sich die vielen verschiedenen Kontaktpunkte finden. Das Management dieser Touchpoints beinhaltet das gesamte Spektrum an erforderlichen Maßnahmen, von der Identifikation, der Selektion, der inhaltlichen und technischen Bespielung derselben, aber auch das Auswerten der Performance der verschiedenen Kontaktpunkte. Aus dieser Auswertung bzw. den daraus generierten Daten ergibt sich die Customer oder User Experience (CX oder UX).

User Experience

Der Begriff der Customer oder User Experience bezeichnet die Nutzererfahrung im Sinne des Erlebnisses oder der Wahrnehmung des Nutzers. Häufig wird auch der Begriff des Anwender- oder Kundenerlebnis' verwendet. Der Begriff umschreibt alle Aspekte der Eindrücke eines Kunden bei der Interaktion mit einem Unternehmen, dessen Kontaktpunkte und damit verbunden auch die Dienstleistungen, Produkte und Services.

4 Fazit

In diesem Kapitel haben wir den Versuch unternommen, für dieses Buch eine gemeinsame Basis an Begriffen und den damit verbundenen Definitionen zu schaffen. Wir haben versucht, dass B2B Marketing Öko-System anhand dieser Begriffe überblicksmäßig zu beschreiben. In den vielen folgenden Kapiteln werden die einzelnen Begriffe und damit verbundenen Themen von den verschiedenen Experten tiefergehend beschrieben und diskutiert. Mit diesem B2B Marketing Öko-System erheben wir keinesfalls den Anspruch auf Vollständigkeit. Gerade vor dem Hintergrund der enormen Dynamik in dieser Wissensdisziplin entstehen fast täglich neue Fachbegriffe und damit verbundene neue Definitionen. Im Rahmen dieser Zusammenstellung haben wir uns auf die wesentlichsten und gängigsten Begriffe fokussiert, um diese in einen Zusammenhang zu bringen.

Literatur

Backhausen, K., & Voith, M. (2015). *Handbuch Business-to-Business-Marketing – Grundlagen, Geschäftsmodelle, Instrumente des Industriegütermarketing*. Heidelberg: Springer.

Burgholz, R. (2017). Entwicklung einer Buyer Persona. In U. Hannig (Hrsg.), *Marketing und Sales Automation – Grundlagen-Tools-Umsetzung. Alles, was Sie wissen müssen* (S. 49–58). Wiesbaden: Springer.

Fabac, J. R. (2013). *The industrial (marketing) revolution – How technology changes everything for the industrial marketer*. Bloomington: iUniverse LLC.

Kotler, P. (2017). *Marketing 4.0 – Moving from traditional to digital*. Hoboken: Wiley.

Kotler, P., Pfoertsch, W., & Sponholz, U. (2021). *H2H marketing – The genesis of Human-to-Human marketing*. Heidelberg: Springer.

Levinson, J. C., & Levinson, J. (2011). *The best of guerrilla marketing – Guerrilla marketing remix*. New York: McGraw-Hill.

Masing, W. (1999). Integrierte Methodenanwendung in der Entwicklung. In W. Masing (Hrsg.), *Handbuch Qualitätsmanagement* (S. 356). München/Wien: Hansen.

Saavedra, C. A. (2016). *The marketing challenge for industrial companies*. Heidelberg: Springer.

Seebacher, U. G., & Guepner, A. (2011). *Marketing resource management*. München: USP Publishing.

Seebacher, U. (2021). *Predictive Intelligence für Manager Der einfache Weg zur datengetriebenen Unternehmensführung – mit Self-Assessment, Vorgehensmodell und Fallstudien*. Heidelberg: Springer.

Siegler, F. (2017). *That's native: Schleichwerbung oder nicht? Native-Advertising, Advertorials, Product-Placements ...*. Hamburg: Tradition.

Vaas, J. (1998). *Soft selling in a hard world: Plain talk on the art of persuasion*. Saint Augustine: Vaas Publishing.

Zambito, T. (2013). What is a buyer persona? Why the original definition still matters to B2B, Blog Beitrag. http://tonyzambito.com/buyer%2D%2Dpersona-original-definition-matters/. Zugegriffen am 16.04.2020.

Uwe Seebacher ist promovierter Volks- und Betriebswirt. Er ist Executive Advisor und verfügt über mehr als 25 Jahre Top-Management-Erfahrung als Berater, Manager als auch Unternehmer. Er ist Dozent an vielen renommierten Business Schools und Universitäten und hat Artikel und Fachbücher in vielen führenden Managementpublikationen verfasst, wie unter anderem z. B. „Predictive Intelligence" (Springer), „Strategic Workforce Management" (Harvard Business Manager) und „Cyber Commerce Reframing" (Harvard Business Manager) oder „Template-based Management" (Springer). Für seine Arbeiten erhielt er zahlreiche internationale Auszeichnungen.

Das B2B Marketing Reifegrad Modell – Wie Ihr Weg zu Predictive Profit Marketing aussieht

Uwe Seebacher

Inhaltsverzeichnis

Zusammenfassung

Industriegüter Marketing ist wie jede andere organisatorische Funktion in Unternehmen einem stetigen Wandel ausgesetzt. In der gesamten Industrie finden sich daher Marketing Abteilungen unterschiedlichster Ausprägungen und Entwicklungsstufen. Damit die in dieser Publikation beschriebenen Ansätze, Instrumente, Konzepte und

U. Seebacher (✉)
Graz, Österreich
E-Mail: http://www.uweseebacher.org

U. Seebacher (Hrsg.), *Praxishandbuch B2B-Marketing*,
https://doi.org/10.1007/978-3-658-31651-8_4

Modelle bestmöglich in der Marketing-Praxis umgesetzt werden können, ist es entscheidend, einen kongruenten Bezugsrahmen in Form des B2B Marketing Reifegrad Modells heranzuziehen. Dieses Modell erlaubt es B2B Marketing Managern den jeweiligen Reifegrad der eigenen Marketingabteilung zu evaluieren und auf dieser Basis die adäquaten Maßnahmen in diesem Buch zu identifizieren. Mithilfe dieser Vorgehensweise soll vermieden werden, dass zu komplexe und nicht dem Reifegrad entsprechende Aktivitäten und Projekte in den Abteilungen umgesetzt werden oder aber MarTech Tools angeschafft werden, die erst zu einem späteren Zeitpunkt bzw. beim Erreichen eines höheren Marketing Reifegrads eine sinnvolle Investition darstellen würden. Das Ziel ist es, B2B Marketing Manager vor Fehlern und einem nicht durchdachten, nicht stringenten und vor allem nicht erfolgversprechenden Vorgehen zu bewahren, um dadurch nachhaltig eine entsprechende Positionierung des B2B Marketings in den Industrieunternehmen zu erreichen.

Erfolg ist kein Geheimnis, sondern das Ergebnis vieler kleiner Schritte. Für jeden von uns definiert sich Erfolg unterschiedlich. Gerade die jüngeren Generationen erachten die Selbstverwirklichung als einen wichtigen Aspekt für ein erfolgreiches und gesundes Leben. War es um die Jahrtausendwende im Rahmen der New Ecomony noch das kompromisslose Erfolgsstreben, das sich in den vielen tausenden Internet Start-ups manifestierte und viele 20–30 jährige Millionäre hervorbrachte, so stehen heute die Zeichen der Zeit auf ein Umdenken in Richtung Entschleunigung und Mental Wellness (Seebacher und Auer 2003). Die einstigen Statussymbole wie zum Beispiel ein schicker Firmenwagen mit Stern oder ein cooles Firmenhandy sind Überbleibsel vergangener Jahre.

Die Gesellschaft entwickelt sich weiter. Werte verändern sich. Das gesamte Sein ist einer inhärenten Dynamik ausgesetzt. Diese Dynamik ist Teil des Umfelds und der jeweils aktuellen Situation. In der Organisationsforschung wird dafür der Begriff der Kontingenz verwendet. Die Kontingenztheorie kann man in drei grundlegende Ausrichtungen unterteilen:

- Kontingenztheorie *im weiteren Sinn* mit Bezug auf die Evolution
- Kontingenztheorie *im engeren Sinn* in Bezug auf das Management
- Kontingenztheorie *im engsten Sinn* mit Fokus auf die Führungslehre

Allen Strömungen gemein ist die These, dass jegliche Entwicklung immer in einem Bezug zu einem relevanten Ordnungsrahmen steht. Im Umkehrschluss bedeutet dies, dass sich keine Entwicklung völlig autonom und losgelöst von einem zu definierenden Umfeld vollzieht. Die Kontingenztheorie der Evolution ist eine makroevolutionäre Theorie. Sie unterstellt, das Leben auf der Erde sei überwiegend von Zufällen im Sinne von *kontingenten Ereignissen* abhängig. Die evolutionäre Kontingenztheorie beschäftigt sich mit den langfristigen erdgeschichtlichen Formen der Entstehung des Lebens und ist auf den

New Yorker Paläontologen und Evolutionsbiologen Stephen Jay Gould[1] zurückzuführen. Die Kernaussage seiner Arbeiten besagt, dass sich jegliche, biologische Entwicklungen bei Tieren immer reaktionär auf ein sich änderndes Umfeld vollziehen. Die Dynamik der Kontingenzsituation führte somit dazu, dass sich die Evolutionsbiologie immer neue Dinge einfallen lassen musste, um die Tiere überlebensfähig zu halten.

1 Der situative Ansatz

Die Kontingenztheorie *im engeren Sinn* wird als Teil der Organisationsforschung unter dem Begriff des situativen Ansatzes geführt. Die Bezeichnung situativer Ansatz wurde durch die Astonians der vierten Generation, Alfred Kieser und Herbert Kubicek geprägt (Pugh 1988). Zwei Grundthesen (Schulte-Zurhausen 2005) kennzeichnen die Beiträge des situativen Ansatzes:

- Unterschiedliche Organisationsstrukturen und unterschiedliche Verhaltensweisen der Organisationsmitglieder begründen sich in abweichenden Situationen, in der sich die Unternehmen befinden.
- Organisationsstrukturen und Verhaltensweisen variieren je nach Situation in Bezug auf deren Effizienz.

Der situative Ansatz definiert also, dass es keine stereotype, ideale Form für Organisationen gibt. Er wurde von britischen und amerikanischen Sozialwissenschaftlern in den 1960er-Jahren entwickelt. Die im Deutschen verwendete Bezeichnung Kontingenztheorie leitet sich von der englischsprachigen Bezeichnung *Contingency Theory* ab (Senge 2011). Im Fokus ihrer Untersuchungen standen die Zusammenhänge zwischen spezifischen Variablen der jeweiligen situativen Umwelt und der Organisationsstruktur und ihrer Effizienz. Jede Situation erfordert verschiedene Organisationsformen. Ziel ist die Formulierung von Gestaltungsmöglichkeiten und -empfehlungen in Bezug auf die jeweils ideale Ausgestaltung einer Organisation. Diese wiederum wird durch Aufbau- und Ablaufstrukturen beschrieben, wobei

- Aufbaustrukturen in der gängigen Managementpraxis durch Organigramme dargestellt werden und
- Ablaufstrukturen in der modernen Organisationsforschung anhand von Prozessen und Wertschöpfungsketten abgebildet werden.

Diese beiden zuvor genannten Strukturdimensionen sind als jene Kernelemente zu betrachten, wenn von einer stringenten, nachhaltigen Organisationsentwicklung (Staehle

[1] https://en.wikipedia.org/wiki/Stephen_Jay_Gould. Zugegriffen am 22. April 2020.

1994) gesprochen wird. Vor diesem Hintergrund versucht der situative Ansatz unterschiedliche Organisationsformen in Bezug auf deren Wirkungsweise im Zusammenhang mit ihrem Umfeld zu begründen. Die Auswahl jener Strukturvariante, die der Situation des Unternehmens am besten entspricht, spielt hier eine entscheidende Rolle. Die Aufgabe der Organisationsforschung in diesem Zusammenhang ist es zudem, die als relevant anzusehenden Situationsvariablen festzulegen und die richtigen Schlussfolgerungen für die organisatorische Gestaltung zu ziehen. Staehle beschreibt das Thema folgendermaßen:

> „Organisationen verändern sich permanent. Sind diese Wandlungsprozesse nicht intendiert, zufällig und bleiben Sie weitgehend unbemerkt, spricht man von ungeplantem Wandel. Geplanter Wandel setzt dagegen eine bewusste Entscheidung des Systems voraus, seine Arbeitsweise zu verändern beziehungsweise beinhaltet die Entscheidung, einen Veränderungsprozess einzuleiten. Die Managementaufgaben in einem solchen Veränderungsprozess sind allerdings äußerst komplex und mit einem linearen Planungsverständnis kaum adäquat zu beschreiben; vielmehr kommt es darauf an, dass das Managementsystem auch die grundsätzlich beschränkte Planbarkeit des sozialen Systems Organisation mit bedenkt."[2]

Im Rahmen der Organisationsentwicklung wird zwischen *Wandel erster Ordnung* und *Wandel zweiter Ordnung* unterschieden. Wandel erster Ordnung beschreibt Veränderungsprozesse mit lediglich inkrementaler Modifikation. Es wird nur die Arbeitsweise einer Organisation ohne Veränderung des existierenden Bezugsrahmens modifiziert. Dies ist der Fall, wenn eine Organisation zum Beispiel rein quantitativ wächst. Das anzuwendende Konzept der Organisationsveränderung heißt Organizational Development. Wandel erster Ordnung definiert sich wie folgt:

- Beschränkt auf einzelne Dimensionen oder Aspekte
- Beschränkt auf einzelne Ebenen
- Wandel quantitativer Art
- Inhaltlicher Wandel
- Kontinuität
- Keine Richtungsänderung
- Inkrementale Veränderung
- Logisch und rational
- Ohne Paradigmenwechsel

Von einem *Wandel zweiter Ordnung* spricht man, wenn sich eine einschneidende, paradigmatische Änderung der Arbeitsweise einer Organisation insgesamt vollzieht. In diesem Fall ist die Änderung des Bezugsrahmens davon ebenso betroffen und die Veränderungen sind qualitativer Natur. Wandel zweiter Ordnung bezieht sich nicht auf Wachstum, sondern auf Entwicklung. Im Rahmen der Veränderung nach zweiter Ordnung erfolgt eine Veränderung im Sinne einer Weiterentwicklung einer Organisation in einen höheren Reifegrad.

---

[2] Staehle (1994), S. 849.

Die Organisationsforschung stellt diesbezüglich nicht nur auf die Ebene der Organisation als gesamtheitliches Konstrukt ab, sondern auch auf die Ebene des Individuums, der Gruppe aber auch der Gesellschaft. Im Überblick lässt sich Wandel zweiter Ordnung wie folgt beschreiben:

- Multidimensionale Veränderung
- Veränderung betrifft alle Ebenen
- Wandel qualitativer Art
- Wandel im Kontext
- Diskontinuität
- Etablierung in eine neue Richtung
- Revolutionäre Veränderungen
- Vermeintlich irrational durch Wahrnehmung anderer Rationalität
- Mit Paradigmenwechsel

Argyris und Schön (1978) unterscheiden für Wandel zweiter Ordnung folgende Arten von organisationalem Lernen:

- Lernen durch Fehlerkorrektur ohne Veränderung des Bezugsrahmens (single-loop learning)
- Reifegrad-technische Höherentwicklung des Lernens durch Modifikation beziehungsweise Auswechseln des Bezugsrahmens (double-loop learning)
- Meta-Lernen im Sinne des Erlernens, wie Lernen optimiert werden kann (deutero-learning) (Bateson 1972)

Analysiert man die gegenwärtige geo- als auch soziopolitische Situation auf Basis der zuvor dargestellten Modelle und Thesen, so kommt man zu der Schlussfolgerung, dass wir uns aktuell in einer paradigmatischen Veränderungsphase befinden. Ungeachtet welchem Modell bzw. welcher Theorie man folgt, ergibt sich immer ein kongruentes Bild. So sieht Bell (1973) eine nachindustrielle Gesellschaft und Toffler (1980) eine dritte Veränderungswelle der Gesellschaft hin zu einer ihm zum damaligen Zeitpunkt noch nicht fassbaren Dimension der Virtualität, die damals noch nicht existent war. Naisbitt (1982) lag bereits damals mit den zehn Megatrends richtig und Vester (1984) prognostizierte im Neuland des Denkens ein kybernetisches Zeitalter, im Rahmen dessen wir mittlerweile die Kybernetik rasant in die Artificial Intelligence (AI)[3] migrieren. Aus heutiger Sicht eine faszinierende Retrospektive, die zur Validierung der angeführten Hypothesen aus dem vergangenen 20. Jahrhundert führt. Es scheint, als hätte man damals bereits alles gewusst und den nahenden Paradigmenwechsel einer postmodernen Industriegesellschaft bereits vorausgesehen.

Der Begriff Paradigmenwechsel mag generisch erscheinen. Treffender kann auch bis zu einem gewissen Grad als Auslöser des Wandels die momentane Sinnkrise der Gesellschaft

[3] https://en.wikipedia.org/wiki/Artificial_intelligence. Zugegriffen am 22. April 2020.

ins Treffen geführt werden. Themen wie Klimawandel, CO2-Ausstoß, COVID-19, Flüchtlingswellen, Brexit, Verschwörungstheorien und Anklagen gegen die WHO von US-Bundesstaaten werfen viele Fragen auf und lassen Vieles unbeantwortet. Krisen waren seit je her gute Veränderungsmanager. Widersprüche zwischen beobachteten empirischen Ereignissen und Erklärungsangeboten aus tradierten Wissensbeständen und Bezugsrahmen waren schon immer ein solides Fundament für Reflexion.

Die Kunst besteht nun darin, obwohl die Industrie mitten in diesem Paradigmenwechsel steckt, durch eine analytische Betrachtung aus der Metaperspektive, die richtigen Modelle zu identifizieren, um auf deren Basis ein zukunftsweisendes Reifegrad Modell für B2B Marketing ableiten und definieren zu können. Ein solches Modell soll nicht nur Bezugsrahmen, sondern vielmehr Wegbereiter und Wegbegleiter sein, um B2B Marketing Manager und deren Teams die Möglichkeit zu geben, sich auf die geänderten Anforderungen bestmöglich einzustellen und dafür die erforderlichen Maßnahmen zu initiieren und umzusetzen.

2 Organisationsetymologie des Wandels

Die Etymologie der Organisation ist eine neue Disziplin im Bereich der Forschung zur Organisationsentwicklung. Ähnlich wie im Bereich der Sprachetymologie definiert die Organisationsetymologie historische Entwicklungsetappen von Organisationen, um deren Entstehung zu erklären. Dazu werden Entwicklungen

- gleicher Fachabteilungen (Organisationsetymologie *im engsten Sinn*) in den Unternehmen
- gleicher Fachabteilungen (Organisationsetymologie *im engeren Sinn*) in anderen Unternehmen und auch anderen Wirtschaftsbereichen und
- anderer Fachabteilungen (Organisationsetymologie *im weitesten Sinn*) aller Organisationsformen

untersucht und analysiert. Durch diese Analyse der Entwicklungsschritte im Zeitverlauf lassen sich wesentliche Erkenntnisse hinsichtlich organisationalen Lernens und dessen Auswirkungen auf den Reifungsprozess einer Organisationseinheit ableiten. Verschiedene Fragen werden untersucht, wie zum Beispiel:

- Welche waren die wesentlichen Impulse, die dazu führten, dass sich eine Abteilung in eine höhere Ebene eines Reifegrad Modells entwickelte?
- Wodurch wurden verschiedene Lernfortschritte initiiert?
- Waren die Lernfortschritte intrinsische oder von extern initiiert?
- Welche sind die verschiedenen Merkmale, die einzelne Reifegrade der Organisationsetymologie voneinander unterscheiden?

- Welches sind die themen- beziehungsweise fachspezifischen Charakteristika eines organisationsetymologischen Reifegrad Modells?

Bei dieser organisationsetymologischen Untersuchung sind die Strukturvariablen der Organisationsentwicklung im engeren Sinn (Aufbau- und Ablaufstrukturen) um weitere Merkmale der Inhalts- bzw. Fachdimension der betreffenden, zu untersuchenden Organisationseinheit zu ergänzen. Hier liegt auch der entscheidende Unterschied zwischen klassischer Organisationsentwicklung und Organisationsetymologie. Zweitere ermöglicht nämlich die Einbeziehung von fachspezifischen und situativen Entwicklungen, um dadurch den aktuellen Forschungs- und Entwicklungsstand von relevanten Fachgebieten berücksichtigen zu können. Organisationsentwicklung im klassischen Kontext stellt auf die sich ändernde Kontingenzsituation nicht ab. Das führt zu einer nur zweidimensionalen Betrachtung – nämlich der organisationalen Strukturen im engsten Sinn, der Aufbau- und der Ablaufstruktur.

Um dem Anspruch der Organisationsetymologie somit gerecht zu werden, muss das betreffende Themengebiet – im konkreten Fall der Bereich des B2B Marketings – programmatisch evaluiert werden. Die organisationsetymologische Untersuchung im weitesten Sinn umfasste dabei die Analyse von Marketingstrukturen aller Wirtschaftsbereiche mit besonderem Schwerpunkt auf den B2C Bereich als Benchmark und Best Practice. Dies ist wiederum zurückzuführen auf die Erkenntnisse der vorangegangenen organisationsetymologischen Arbeiten im Marketingbereich, die verdeutlichten, in welcher Ausprägung und mit welcher Verzögerung Erkenntnisse und Modelle aus dem B2C den B2B Bereich beeinflussen würden.

Im Rahmen dieser Arbeiten wurde auch das enorme West-Ost-Gefälle zwischen dem angloamerikanischen und dem europäischen Wirtschaftsraum hinsichtlich des Entwicklungsstandes im Bereich des B2B Marketings deutlich. Analysen im Zeitraum 2017 bis 2019 haben gezeigt, dass Unternehmen in der EU – bis auf einige wenige Ausnahmen – rund sieben bis zehn Jahre Aufholbedarf in Bezug auf ihre industriellen Mitbewerber im Bereich des Industriegüter Marketings haben. Diesem Themengebiet wird sich ein eigenes Kapitel dieser Publikation widmen.

3 Das Fünfstufige Reifegrad Modell zu B2B Marketing

Im Rahmen der Organisationsetymologie geht es neben der aktuellen Grundlagenforschung auch um die Evaluierung der gängigen Praxis im Sinne von Ansätzen, Konzepten, Modellen bis hin zu Instrumenten, Produkten und Systemen relevanter Anbieter. Mit diesen Erkenntnissen können die Strukturen im engeren Sinn mit jenen im weiteren Sinn (Kontextstrukturen) in einen kongruenten Bezugsrahmen – das B2B Marketing Reifegrad Modell – konsolidiert werden. Daraus ergeben sich folgende fünf Entwicklungsstufen des B2B Marketing Reifegrad Modells, das eine B2B Marketing Organisationseinheit beschreibt bzw. durchläuft (vgl. Abb. 1):

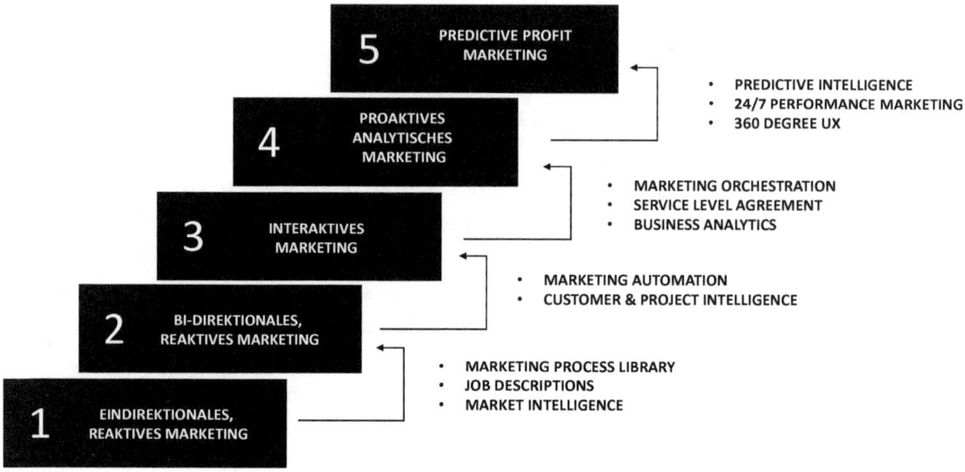

Abb. 1 B2B Reifegrad-Modell nach Seebacher 2020

- Stufe 1: Eindirektionales, reaktives Marketing (ERM)
- Stufe 2: Bidirektionales, reaktives Marketing (BRM)
- Stufe 3: Interaktives Marketing (IAM)
- Stufe 4: Proaktives Analytics Marketing (PAM)
- Stufe 5: Predictive Profit Marketing (PPM)

Im Folgenden werden diese fünf Phasen beschrieben und in Bezug auf deren Wesensmerkmale untersucht. Anhand dieser verhaltenstechnischen Ausprägungen soll eine einfache Zuordnung der jeweils betrachteten Marketingeinheit ermöglicht werden. Außerdem wird auf die phasenspezifischen Herausforderungen eingegangen, die es im Bestreben des Erreichens der nächsten Entwicklungsstufe zu bewältigen gilt.

3.1 Eindirektionales, reaktives Marketing (ERM)

Eindirektionales und reaktives Marketing kann als das stereotype Industriegüter Marketing definiert werden. Den Ursprung dieses Typs findet man in den Jahren als sich Drucktechnologien modernisierten und Desktop-Publishing Lösungen im Markt etablierten. Bis zu diesem Zeitpunkt waren Corporate Communications oder Public Relations Abteilungen damit beauftragt, Produktinformationen in Form von Verkaufsprospekten technokratisch darzustellen. Auch heute finden sich in überraschend großer Anzahl noch entsprechende Relikte dieser Zeit. Für die neue Generation der Millenials in der Gruppe der B2B Einkäufer wenig attraktiv und unverständlich, enthalten diese Produktkataloge jedes technische Detail eines Produktes von A bis Z. Der noch immer von technischem Fachpersonal vehement geforderte Einsatz solcher Unterlagen im Verkaufsprozess negiert jegliches

Wissen des modernen B2B Marketings in Bezug auf das sich entlang der Buyer Journey verändernde Informationsbedürfnis eines potentiellen Käufers.

Allerdings ist die Positionierung von Marketingabteilungen, die sich noch in der ersten Entwicklungsstufe des B2B Reifegrad Modells befinden nur unzureichend entwickelt. Marketing wird daher als Werkbank des Vertriebs betrachtet. Vor diesem Hintergrund ist es auch nicht überraschend, dass es seitens des Marketings nicht erwartet wird, innovative, State-of-the-Art Erkenntnisse der Marketingforschung in den betreffenden Abteilungen zu platzieren. Es wäre an dieser Stelle falsch, Ursachenforschung zu betreiben oder Schuldige dafür zu suchen. Denn aus Sicht der Organisationsetymologie entstanden die ersten Marketingabteilungen in Phasen der Hochkonjunktur, und Marketing „leistete" man sich als Zeichen, dass es einem Unternehmen gut geht.

Die damaligen Aufgaben bestanden darin, erstmals Veranstaltungen in-house zu organisieren und damit einhergehend dafür Sorge zu tragen, dass alle verkaufsunterstützenden Unterlagen und Materialien jeweils auf dem aktuellen Stand in mehr oder weniger ansprechenden Designs verfügbar sein würden. Das Ziel bestand darin, den Vertrieb in Bezug auf administrative Aufgaben zu entlasten. Aus diesem Auftrag leitete sich dann auch die entsprechende Einordnung aus struktureller Sicht innerhalb der Organisation als eine Administrationsabteilung ab, ähnlich des Back Offices oder der Verkaufsassistenz. Dies belegen auch Stellenanzeigen aus dieser Zeit, sofern diese noch verfügbar sind. Potentielle Kandidaten mussten damals entweder eine kaufmännische Lehre absolviert haben oder aber einen Abschluss in Publizistik, Grafik oder Marketing. Vorerfahrungen waren nach dem Studienabschluss nicht erforderlich. Es wurden Berufseinsteiger gesucht, wenn nicht sogar Marketingpositionen überhaupt intern mit Personen aus dem administrativen Umfeld besetzt wurden. Generell hatten die Entscheidungsträger wenig bis gar keine Erfahrung im Umgang mit diesem für die Industrie neuen Tätigkeitsbereich. Das war auch der Grund, warum die gesamte Entwicklung der Marketingabteilungen stets von der jeweiligen Führungskraft abhängig war. Brachte der jeweils Verantwortliche, dem diese neue Position zugeordnet worden war, eine gewisse Markt- oder Kundenorientierung oder aber auch ein Gefühl für Design und Innovation mit, konnte man davon ausgehen, dass sich die neu geschaffenen Marketingabteilungen in einem solchen Ökosystemen positiv entwickeln würden.

Diese Entwicklungen sind kongruent mit den Erkenntnissen der zuvor beschriebenen Kontingenztheorie im engsten Sinn mit Fokus auf die Führungslehre. Entscheidender Faktor für die Entwicklung von Marketing in den Industrieunternehmen war die jeweilige Führungskraft und auch die organisatorische Einbindung der Abteilung. Berichtete das Marketing an den Finanzvorstand oder aber den CEO? Ein direktes Berichten an den CFO führte zwangsläufig zu einem sehr kostenbewussten und sparsamen Marketing. Vor dem Hintergrund der finanziellen Ziele des CFO wurden diese naturgemäß auch auf den ihm zugeordneten Marketingbereich umgelegt. War hingegen das Marketing an den CEO angehängt, so waren es sicherlich auch strategischere Aspekte, die in das gesamte Marketing einfließen konnten. Zudem stellte auch das Machtgefüge der handelnden Personen auf Vorstandsebene einen nicht zu unterschätzenden Faktor in Bezug auf die Entwicklung des

Marketings dar. Ein starker, langgedienter CFO konnte entsprechende Mittel und Ressourcen leichter freigeben im Vergleich zu einem jungen oder einem erst kürzlich in den Vorstand geholten Finanzmanager. Ein CEO hatte ohnedies kraft seines Amtes einen größeren Handlungsspielraum, um Investitionsentscheidungen zu treffen.

Letzten Endes war es dann aber auch die Person des Marketingverantwortlichen, die maßgeblich dafür verantwortlich war, wie sich die Abteilung entwickeln würde. Wie in allen Lebensbereichen hing es auch in diesem Fall davon ab, was daraus gemacht wurde. Ein Marketing Manager, der stringent und kompetent agierte, konnte sich im Laufe der Zeit eine entsprechende Position in der Organisation sichern. Je nachdem, ob er oder sie reaktiv oder proaktiv war, ob es das Ziel war, die Karriereleiter hinauf zu klettern oder aber einen sicheren Job risikominimierend zu sichern, entwickelte sich auch das Marketing im Unternehmen weiter oder nicht.

Eindirektionales Marketing

Eindirektionales Marketing bedeutet, dass Marketing auf Zuruf reagiert. Eindirektional als Begriff bezieht sich in diesem Zusammenhang auf die Richtung der jeweiligen Kommunikation. Marketing ist Empfänger von Information und gilt als reiner Abwickler. Die verschiedenen Abteilungen in den Organisationen wenden sich an Marketing nur, wenn es eine konkrete Aufgabe zu erfüllen gibt. Neben der inhaltlichen Aufgabenstellung sind die organisatorischen und qualitativen Aspekte ebenso Bestandteil der eindirektionalen Kommunikation. So werden die inhaltlichen Details für Broschüren oder aber die genauen Abgabetermine für die Ablieferung der in Auftrag gegebenen Produktbroschüre oder der Verkaufspräsentation durch den internen Auftraggeber an Marketing übermittelt. Marketing wird informiert und hat zu reagieren. Es wird nicht erwartet, dass Marketing seinerseits Vorschläge zur Verbesserung einbringt.

Die organisatorische Philosophie hinter diesem Modell ist die Ansicht, dass sich von Forschung und Entwicklung über Produktmanagement bis hin zum Vertrieb das gesamte Wissen widerfindet und somit Marketing als interne Werkbank lediglich den Auftrag hat, zu- und abzuarbeiten. Die Budgets für Marketing werden seitens der anderen Abteilungen vorgegeben, weil dort auch das Geld verdient wird.

Reaktives Marketing

Auf Basis des Umstands, dass Marketing in der ersten Entwicklungsstufe eindirektional verläuft, ist die logische Konsequenz daraus, dass Marketing auch nur reaktiv tätig sein kann. Da Marketing lediglich ausführend interpretiert wird, ist es nicht Aufgabe des Marketings, Konzepte, Kampagnen oder Strategien für einen bestimmten Zeitraum zu definieren. Dies zwingt B2B Marketing in eine funktional rein passive Rolle. In weiterer Folge wird daraus ein gefährlicher Cocktail und Teufelskreis für die Marketingabteilung.

Die Arbeiten von Nefiodow (Nefiodow und Nefiodow 2017) zu den Kondratieff-Zyklen haben gezeigt, dass die Defizite in Bezug auf Methoden- und Strukturkompetenzen alle Teile von Organisationen betreffen. Dies bedeutet, dass zum Beispiel auch Bereiche wie Produktmanagement oder Vertrieb im Innenverhältnis strukturell nicht stringent agieren.

Operativ hat dies zur Folge, dass Anfragen und Aufträge an das Marketing unvollständig, unstrukturiert und in den meisten Fällen sehr spät oder sogar zu spät weitergegeben werden. In den meisten Fällen liegt dieser unorganisiert anmutenden Vorgehensweise selbstverständlich keine böse Absicht zugrunde, aber es ist das Wesen des Vertriebs, intuitiv und situativ vorzugehen. Erfolgreicher Vertrieb muss flexibel und agil sein, um sich stets an sich ändernde Bedingungen anpassen zu können bzw. auf Kundenwünsche einzugehen. Kritisch wird es nur dann, wenn mit anderen Abteilungen effizient und effektiv zusammengearbeitet werden muss, da sich zwangsläufig daraus Schnittstellen ergeben. Unklare Aufgaben oder unvollständige Informationen an diesen Schnittstellen ziehen Fehler, Ineffizienzen und Redundanzen nach sich.

Neben diesen kurzfristigen organisatorischen Problemen führt nämlich eine solche Situation dazu, dass Marketing immer mehr im übertragenen Sinn in „Rückenlage" gerät. Man ist nur mehr Beifahrer und immer mehr der Getriebene. Unklare Aufgaben mit zu kurzfristigen Abgabeterminen, die von immer mehr Stellen aus der Organisation an Marketing herangetragen werden, lassen Marketing langfristig in einen ständigen Überlebenskampf-Modus kommen. Ein sehr geschätzter Kollege aus Frankreich beschreibt die Situation so:

> „Wir machen nur mehr Fire Fighting. Wir versuchen nur mehr alle Bälle in der Luft zu halten. Das ist sehr frustrierend, weil es den Anschein für unsere Kollegen hat, dass wir unsere Aufgaben und Dinge nicht im Griff haben. Aber das Problem besteht darin, dass wir zu kurzfristig, unklare Aufträge bekommen aber bei Nachfragen zur Klärung keine Antworten bekommen. Dann herrscht Funkstille, weil anscheinend sich die Umstände wieder geändert haben – aber plötzlich aus dem Nichts wird dann morgen etwas Fertiges benötigt!"

Aus systemischer Sicht ist dies ein Teufelskreis, aus dem Marketing sich nicht befreien kann, wenn das System nicht grundlegend geändert wird. Die Fehlbarkeit und die unzureichende Organisation der anderen Abteilungen wird auf Marketing extrapoliert, sozusagen ausgelagert und outgesourced. Aus heutiger Sicht könnte man diesem Prinzip den Namen „Trump-Prinzip" geben, das darauf beruht, die eigene Inkompetenz durch das Denunzieren anderer zu vertuschen. In dem argumentativ, gerne auch mit Fake News, die Blickrichtung des Umfelds von der eigenen Fehlbarkeit auf einen beliebig gewählten anderen Fokus umgelenkt wird, kann von eigenen Problemen und Unzulänglichkeiten ideal abgelenkt werden. Innerbetrieblich unklare, unpräzise und zu spät in Auftrag gegebene Aufgaben sind de facto ein solcher Perspektivenwechsel, da letztlich das Problem latent wird, wenn Marketing nicht innerhalb der vorgegebenen Zeit oder aber unsaubere Ergebnisse abliefert.

Der Weg aus der Falle

Es stellt sich die Frage, wie Marketing sich aus dieser „Catch 22 Situation" befreien kann. Das würde ja bedeuten, einerseits die innerbetrieblichen Ineffizienzen lösen und andererseits darauf aufbauend sich in Richtung der zweiten Entwicklungsstufe des B2B Marketings entwickeln zu können. Wie meistens im Leben ist die Lösung mehr als einfach. Marketing muss beginnen die eigenen Hausaufgaben sauber zu strukturieren und zu

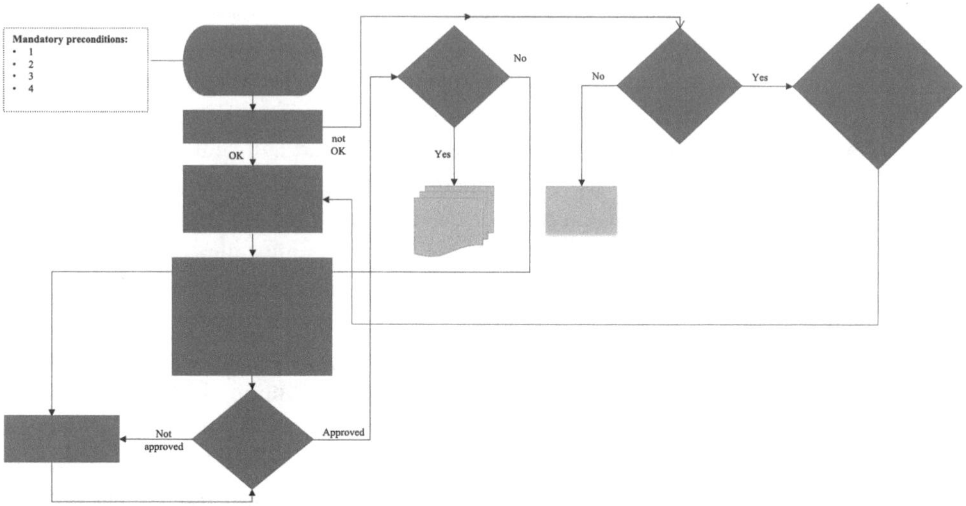

Abb. 2 Beispielseite aus einer Marketing Prozess Bibliothek nach Seebacher

dokumentieren. Das bedeutet, dass alle Aktivitäten des Marketings in einer Prozessdokumentation niedergeschrieben werden müssen. Empfehlenswert für die Darstellungsweise sind sogenannte Flow-Charts,[4] da diese auch im Bereich des Ingenieurswesens zum Einsatz kommen. Das bedeutet, dass solche Flow Charts zu den Marketingprozessen sehr rasch und einfach auch den Ingenieurskollegen vermittelt werden können. Die Erstellung einer solchen Marketing Prozess Bibliothek (vgl. Abb. 2) hat viele Vorteile:

- Im Rahmen der Erstellung einer *Marketing Process Library* (MPL) befassen sich das Marketing und alle Mitarbeiter des Teams sehr detailliert mit den eigenen Prozessen. Das Wissen über alle im Team laufenden Aktivitäten aber auch und vor allem das strukturierte Denken in Prozessen wird trainiert und vertieft. Das ist die Basis für Methoden- und Strukturkompetenz, wie dies von Seebacher im Kontext von Template-based Management (TBM) definiert wird (2020). Eine erste Version einer solchen MPL hat im Durchschnitt zwischen 50 und 80 Seiten. Gängige Praxis hat gezeigt, dass sich als Format für eine solche MPL MS PowerPoint sehr gut eignet.
- Diese Prozessbeschreibungen müssen zu dem auch exakte Zeitvorgaben und Zeitdauern in Bezug auf die Einbringung von Arbeitsaufträgen, deren Bearbeitung und deren Ablieferung beinhalten. Diese Informationen sind entscheidend, um den internen Kunden Transparenz zu geben in Bezug auf einzuhaltende Einreich- und Vorlauffristen. Diese Informationen vermeiden, dass ambitionierte Kollegen Arbeitsaufträge an das Marketing zu kurzfristig und zu spät in Bezug auf die definierten Vorlaufzeiten einreichen. Sollte dies dennoch passieren, so kann Marketing auf die kommunizierte *Marketing Process Library* Bezug nehmen und entsprechende, nicht konforme Arbeitsauf-

[4] https://en.wikipedia.org/wiki/Flowchart. Zugegriffen am 23. April 2020.

träge in Evidenz nehmen mit dem Verweis, man versuche den Auftrag einzuschieben, um diesen dennoch zeitgerecht abliefern zu können – aber ohne Garantie. Hier ist entscheidend, dass der oder die Marketingverantwortliche, sollte dies erforderlich sein, die entsprechende Führungsautorität einsetzt, um die Position des eigenen Teams zu stärken und zu schützen. Eine Führungskraft, die diese Funktion nicht wahrnimmt, wird nicht im Stande sein mangels eigener Führungskompetenz, das eigene Team auf die nächste Entwicklungsstufe des Reifegradmodells zu führen.
- Die Erstellung der MPL schafft zudem enorme Transparenz. Sehr oft passiert es, dass im Team durch das Vergleichen von Aktivitäten Unklarheiten und Redundanzen identifiziert werden. Auf diese Weise werden die verschiedenen Positionen, Rollen und Tätigkeiten analysiert und in Bezug auf die Kollegen bzw. anderen Tätigkeitsfelder innerhalb des Teams definiert. Dadurch werden Prozesse optimiert und saubere Schnittstellen definiert.
- Die vorangegangenen Aktivitäten bilden in weiterer Folge auch eine gute Ausgangsbasis für das Optimieren und Anpassen der vorhandenen Job Descriptions, sofern welche vorhanden sind. Wenn nicht, ist es ein wesentlicher nächster Schritt, ein Set an Job Descriptions für alle Positionen des Marketing Teams zu verfassen. Die Systemik für das Erstellen dieser Jobbeschreibungen soll dem Prinzip der Zielpyramide folgen, bei der von oben nach unten die Abteilungsziele des Marketingverantwortlichen auf die operativen und darunter liegenden Ebenen konsistent und kongruent aufgeteilt werden. Daraus entsteht ein konsistentes System an Ziele, das wiederum in Bezug auf zu erreichende Jahresziele anhand von klaren KPIs messbar gemacht werden kann.

Struktur führt zu Souveränität

Hat man diese Schritte absolviert, kann man davon ausgehen, dass der Marketingverantwortliche selbst aber auch das gesamte Team die eigene Abteilung sehr genau kennen. Im Umkehrschluss bedeutet dies, dass durch diese innere Klarheit hinsichtlich Aufgaben, Rollen und Verantwortlichkeiten im Außenverhältnis im Umgang mit internen Kunden wesentlich stringenter und klarer aufgetreten werden kann. Dies führt zu einer zunehmenden Souveränität im Umgang mit unklaren oder zu spät beauftragten Aktivitäten durch interne Kunden, sofern der Marketingverantwortliche die Abteilung nach außen zum Schutz der eigenen Mitarbeiter bereit ist auch entsprechend zu vertreten. Eine solche Führungskraft ist unumgänglich, um sich mit der Marketingabteilung in Richtung der zweiten Stufe des Marketing Reifegrad Modells zu entwickeln. In Bezug auf den Zeithorizont für diesen Schritt bedarf es wieder der Analyse des Reifegrads der gesamten Organisation. Auf Basis des situativen Ansatzes kann man von zwei verschiedenen Szenarien ausgehen:

- Szenario 1 definiert ein frühes Stadium des Reifegrades in Bezug auf organisationale Strukturen: Solche Organisationen erkennt man daran, dass Organigramme zwar vorhanden aber inkonsistent und nicht zu Ende gedacht sind, Job Descriptions nur vereinzelt und nicht flächendeckend verwendet werden, und Kompetenz- und Anforderungsprofile fast gar nicht in den Organisationen vor zu finden sind.

- Szenario 2 definiert einen bereits hoch entwickelten Bezugsrahmen von Organisationsstrukturen und definiert Organisationen, die Organigramme, Prozesse aber auch Job Descriptions und Jahreszielvereinbarungen ebenso wie Kompetenzmodelle für Soll- und Ist-Anforderungen für Positionen im Unternehmen flächendeckend etabliert und auch aktiv in Verwendung haben. Die aktive Verwendung kann daran fest gemacht werden, dass solche Strukturdokumente laufend evaluiert, weiterentwickelt und verwendet werden.

Auf Basis der aktuellen Organisationsforschung findet sich das Gros der Industrieunternehmen im Szenario 1 wieder. Interessant ist allerdings, dass in beiden Szenarien jedenfalls die Etablierung der zuvor dargestellten Basisstrukturen im Bereich der Marketingabteilung sehr rasch eine Entwicklung auf die nächste Stufe des Marketing Reifegrad Modells mit sich bringen beziehungsweise ermöglichen wird. Der Grund liegt darin, dass in Unternehmen mit einem gering ausgeprägten strukturellen Bezugsrahmen die plötzlich sehr klare, transparente und entwickelte Organisationsstruktur im Bereich des Marketings einen, aus strategischer Sicht, enormen Vorteil darstellt. Denn anhand der klaren Marketingstrukturen wird deutlich, dass die Abteilungen der internen Kunden des Marketings entsprechende Strukturschwächen aufweisen, eben im Sinne von unpräzisen und kurzfristigen Anfragen. Für das Marketing ist es daher ein Leichtes, die eigene Position souverän zu vertreten und aufzuzeigen, wer der oder die Verursacher von Komplikationen ist bzw. sind. Der Treiber für die Entwicklung hin auf die nächste Entwicklungsstufe von Marketing ist somit das resultierende Strukturgefälle, das sich zwischen Marketing und den anderen internen Bereichen beziehungsweise Abteilungen einer Organisation entwickelt. Anhand der internationalen Benchmarks aus dem angloamerikanischen Bereich und den an einer Hand abzuzählenden Benchmarks in der EU, wird diese Entwicklungstheorie konsensual bestätigt.

Strukturen sind die Basis

Auf den ersten Blick anders wird die Situation im Umfeld von Unternehmen antizipiert, die in Bezug auf deren Organisationsstrukturen sehr weit entwickelt sind. Forscher unterstellen, dass die Entwicklung von marketing-relevanten Strukturen in einem hoch entwickelten strukturellen Umfeld nicht zu den gewünschten Veränderungen in Bezug auf die Erreichung der nächsten Stufe des Marketing Reifegrad Modells führt. Die Theorien stützen sich darauf, dass bereits hoch entwickelte Strukturen weniger durchlässig für sich neu entwickelnde Bezugsrahmen sind. Das bedeutet, dass vor dem Hintergrund der umfassend vorhandenen Strukturkompetenz in solchen Unternehmen die neuen Marketing Strukturen sehr genau hinterfragt und evaluiert würden. Der plötzlich hinzukommende neue Bezugsrahmen der Marketingstrukturen wird als Konkurrenz und als Bedrohung der etablierten und tradierten Strukturen wahrgenommen.

Die Praxis verhält sich diesbezüglich unterschiedlich. Im Umfeld der Unternehmen mit bereits ausgeprägter Struktur- und Methodenkompetenz führen neue, transparente Strukturen von Marketingabteilungen in den meisten Fällen zu positiver Wahrnehmung und dadurch zu einer optimierten Positionierung in den entsprechenden Organisationen. Mithilfe der Kontingenztheorie lässt sich dies mit der zunehmenden Konvergenz der organisationsinhärenten strukturellen Reifegrade erklären. Im übertragenen Sinn beginnen somit in der Organisation alle eine gemeinsame Sprache zu sprechen, was sich wiederum gesamtheitlich positiv auswirkt.

Zusammenfassend kann man feststellen, dass drei wesentliche Elemente notwendig sind, um den Entwicklungsschritt hin in Richtung Phase 2 des Marketing Reifegrad Modells zu ermöglichen.

- Marketing Process Library (MPL)
- Job Descriptions
- Jahreszielvereinbarungen und Mitarbeiterentwicklungsdialoge

Diese Dokumente sollten Teil des täglichen operativen Betriebs von Marketingabteilungen werden. Diese Dokumente müssen der stete Bezugs- und Ordnungsrahmen von B2B Marketingabteilungen sein. Die Inhalte müssen in die gesamte Organisation kommuniziert und allgemein einsehbar transparent hinterlegt sein. Neben diesen wichtigen inhaltlichen Elementen wird es letztlich der oder die Marketingverantwortliche sein, die über Stillstand und Verbleib auf Stufe 1 des B2B Marketing Reifegrad Modells entscheiden wird. Die internen Kunden werden natürlich alles daransetzen, durch die neuen Spielregeln nicht aus der eigenen Komfortzone gebracht zu werden. Mehrfach wird der Versuch unternommen werden, in alter Manier die neuen Strukturen zu durchbrechen und zu negieren. Hier muss die Marketing Führungskraft dagegenhalten und souverän den eigenen Standpunkt und die neuen Strukturen vertreten.

3.2 Bidirektionales, reaktives Marketing (BRM)

Ohne Zweifel ist die Entwicklung vom ersten Reifegrad hin zum zweiten die größte Herausforderung. Denn für alle Beteiligten bedeutet dies einen Paradigmenwechsel. Darüber hinaus steht natürlich vor dem Lohn eine Menge Arbeit, die entsprechenden Dokumente neben der täglichen Arbeit sauber und konsistent zu erstellen und dann in die Organisation zu kommunizieren. Ist dies aber einmal vollbracht, werden sich viele positiven Dinge bei weiterhin stringentem und kongruentem Vorgehen seitens des B2B Marketings automatisch ergeben.

Das Leben wird leichter
Durch die nunmehr etablierten Strukturen wird die wahrgenommene „Rückenlage" und das „fire fighting" abnehmen. Denn immer weniger unzureichend ausformulierte oder zu spät eingereichte Aufträge werden das Marketing erreichen. Organisationspsychologisch lässt sich das durch das Lernen der Organisation erklären. Diese originäre Form des Lern-

prozesses in Organisationen basiert darauf, dass Fehler als solche erkannt werden. Indem nun das Marketing auf Basis der eigenen Strukturen den internen Kunden verdeutlicht, dass die Anfragen unpräzise und unpünktlich gestellt sind, werden diese Fehler den anderen Abteilungen klar und deutlich vor Augen geführt. Niemand lässt sich gerne eigene Fehler vor Augen führen. Dieser Umstand begründet sich in der Psychologie des Individuums. Das führt aber dennoch dazu, dass interne Kunden dazu erzogen werden, Aufträge an das Marketing immer präzise und zeitgerecht zu formulieren.

Das Marketing kann diesen Lernprozess von sich aus unterstützen. Mit Bezug auf die Kenntnisse der Methodenberatung (Seebacher 2005) und des Template-based Managements (Seebacher 2020) kann das Marketing im Rahmen der zweiten Entwicklungsstufen die definierten Prozesse mit so genannten Vorlagen erweitern. Diese Vorlagen strukturieren einzelne Arbeitsschritte für Anwender vor, so dass diese durch das Befüllen der Vorlagen schrittweise die erforderlichen Informationen dokumentieren können. Das Nutzen von Vorlagen bietet für alle Beteiligten enorme Vorteile. Dadurch, dass Marketing exakt definiert, welche Art von Information in welcher Art und Weise für gewisse Aktivitäten, wie zum Beispiel Kampagnen oder Branding Maßnahmen, benötigt werden, können die internen Kunden – auch ohne Markenexperten zu sein – von sich aus sehr einfach die relevanten Informationen in ausreichender Detailtiefe zur Verfügung stellen. Diese Vorgehensweise minimiert Schleifen und stellt einen effizienten Prozess sicher. Der Einsatz von Vorlagen hilft den internen Kunden enorm und trägt dadurch positiv zur Positionierung von Marketing als proaktivem und empathischem Dienstleister im Unternehmen bei. Oberste Prämisse muss sein, dass alle mit Marketing interagierenden Abteilungen für die Erfüllung deren Kernkompetenz das maximal Mögliche an verfügbarer Zeit einsetzen können müssen. Ineffiziente Prozesse in Bezug auf die Vorbereitung von vertriebsunterstützenden Marketingmaßnahmen wären diesbezüglich mehr als kontraproduktiv und müssen dringend vermieden und eliminiert werden.

Durch die Erweiterung der Strukturdokumentation um Vorlagen werden auch die Zeiten für Abstimmungsgespräche und Sitzungen signifikant weniger. Im Umkehrschluss bedeutet dies, dass wiederum mehr Zeit für das operative Arbeiten zur Verfügung steht. Für alle Beteiligten kann auf diese Weise die Prozesseffizienz signifikant erhöht werden. Für Marketing bedeutet das, dass die initial wahrgenommene „Rückenlage“ sich schrittweise in ein – im übertragenen Sinn gesprochen – aufrechtes, überlegtes und bedachtes Abarbeiten der definierten Aktivitäten wandelt. Das gesamte Team des Marketings wird erstmalig das Gefühl haben, nicht völlig überfordert und zu 200 % ausgelastet zu sein. Immer wieder hört man von geschätzten Marketingkollegen, dass das eigene Marketing Team viel zu klein sei für die ständige Zahl an zu erledigenden Aktivitäten.

Durch die Anwendung von gut strukturierten und einfachen Vorlagen (Templates) für die Vorstrukturierung bei der Sammlung der benötigten Informationen wird auch die Zeit für Koordination, Diskussionen und Sitzungen erheblich verkürzt. Im Umkehrschluss bedeutet dies, dass mehr Zeit für die operative Arbeit zur Verfügung steht. Für alle Beteiligten kann dadurch die Prozesseffizienz erheblich gesteigert werden. Für das Marketing bedeutet dies, dass aus der anfänglich wahrgenommenen „Rückenlage“ allmählich eine –

metaphorisch gesprochen – „aufrechte“ Position mit überlegter und durchdachter Ausführung der definierten Aktivitäten entsteht. Zum ersten Mal wird das gesamte Marketingteam das Gefühl haben, nicht völlig überfordert zu sein und zu 200 % ausgelastet zu sein. Vorlagen können für alles Mögliche verwendet werden, wie einige spezifischere Beispiele wie die Vorbereitung von Veranstaltungen (vgl. Abb. 3), das Persona Mapping (vgl. Abb. 4) oder die vorlagenbasierte Marketingautomatisierung von Kampagnen (vgl. Abb. 5) unten zeigen.

Abb. 3 Template „Eventanfrage“

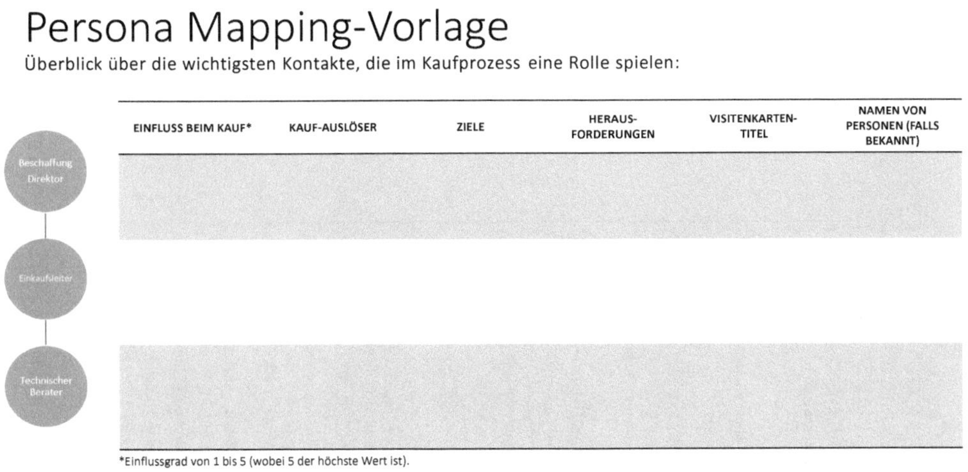

Abb. 4 Template „Persona Mapping“

MARKETING AUTOMATION - CAMPAIGN TEMPLATE									
FILLED OUT BY SALES		FILLED OUT BY MARKETING							
Requested by:		**Marketo Campaign Manager:**							
Date of request:		**Potential launch date:**							
Goal:		**Potential budget:**							
		WBS Number:							
KPIs (Key Performance Indicators):		**Campaign timeframe:**							
Market(s):		**Program name:**							
Industry:		**Existing program template:**							
Targeted segment:		**Channels:**	Email	Website	Landing Page	LinkedIn	Webinar	Trade show	Media Partner
Total of active business contacts (if appl.):		Selection							
Customer(s) since (if appl.):		Quantity of marketing assets							
Value of opportunities:		Languages							
Value of won opportunities:		Description							
Applicable CRM System:									
Sales Manager:		**Available marketing resources:**	Email	Website	Landing Page	LinkedIn	Webinar	Trade show	Media Partner
Personas:	**Persona A** **Persona B** **Persona C**	Selection							
Job role		Quantity of marketing assets							
Influence in purchase		Languages							
Purchase triggers		Description							
Relevant purchase phase									
Business card titles		**KPIs:**							
Products or Service:									
Selling points:									
References or additional info:									
Information requested from target audience:									
Sales Accepted Lead:		**Marketing Qualified Lead:**							
Divisions involved:									
Counterpart from Divisions (if applicable):									

Abb. 5 Template „Marketing Automation Kampagne"

Selbstmitleid ist fatal
Oftmals wird dieser Umstand als Entschuldigung für die mangelnde Erfahrung oder Kompetenz der jeweiligen Marketing Führungskraft ins Treffen geführt. Im Kontext dieser Publikation und des gesamten Denkansatzes von modernem B2B Marketing ist diese Taktik ganz klar abzulehnen und zu negieren. Es kommt nämlich der Schuldzuweisung an das Top Management gleich, dass zu wenige Mittel und Ressourcen für das Marketing zur Verfügung gestellt werden. Aus Sicht des Top Managements ist dies aber mehr als nachvollziehbar, denn einer nach außen hin völlig überforderten und nicht stringent organisierten Marketingabteilung würde niemand weitere Ressourcen und Mittel einräumen. Denn mit der Aussage, dass man zu wenige Ressourcen hätte, stimmt Marketing in den allgemeinen Tenor der gesamten Organisation nach dem nicht begründeten und in den meisten Fällen betriebswirtschaftlich nicht einmal belegbaren, gestiegenem Ressourcenbedarf mit ein und disqualifiziert sich somit selbst.

Um dies zu vermeiden, muss Marketing die eigenen Hausaufgaben erledigen. Auf diese Weise ist es möglich, dem Top Management zu beweisen, dass man sich neu ausrichtet und alles daransetzt, kostenoptimiert, nachhaltig zum Unternehmenserfolg beizutragen. All das braucht Zeit. Aber steter Tropfen höhlt den Stein. Allmählich wird sich in der Organisation das Bild in Bezug auf Marketing verändern. Marketing wird als offene, positive und dynamische Gruppe von ausgewiesenen Profis wahrgenommen. Immer öfter wird Marketing zu Sitzungen aber auch Projekten eingeladen, um mit am Tisch zu sitzen und gegebenenfalls die Expertise entsprechend einbringen zu können.

Aus Sicht der Psychologie in Bezug auf das Marketing Team ist es für die verantwortliche Marketing Führungskraft entscheidend, die stringente Positionierung des gesamten Marketings als interner Dienstleister kontinuierlich zu kommunizieren. Aber um diese Funktion professionell wahrnehmen zu können, ist es erforderlich, dass die gesamte Organisation im Sinne der internen Kunden des Marketings, sich an die definierten und mit den verschiedenen Abteilungen abgestimmten Prozesse und damit verbundenen Vorlagen aber auch Zeitfristen und -vorgaben hält. Wenn alle Abteilungen einer Organisation ihre Hausaufgaben sauber abwickeln, erst dann kann eine Organisation in ihrer Gesamtheit beginnen effizient und erfolgreich zu funktionieren. Die Organisation ist nur so erfolgreich wie das schwächste Glied in der organisationalen Wertschöpfungskette.

3.3 Bidirektionales Marketing

War im Rahmen des ersten Reifegrads das Marketing lediglich der Informationsempfänger, verändert sich die Position in dieser Phase in eine Kommunikation in beide Richtungen – hin zu Marketing aber auch von Marketing in die Organisation. Dies geschieht mit den bereits zuvor beschriebenen Vorlagen, die zum Ziel haben, die über verschiedene Abteilungen hinweg laufenden Prozesse durch vordefinierte inhaltliche Vorgaben in deren Abwicklung zu erleichtern. Ein Beispiel für eine solche Vorlage ist zum Beispiel eine in Microsoft PowerPoint erstellte Vorlage zur Vorbereitung einer Veranstaltung (siehe Abb. 3).

Die einfach strukturierte Folie würde auf der linken Seite die relevanten Kriterien der Veranstaltungen abbilden und rechts daneben entsprechende Antwortfelder für den jeweiligen Verkaufsdirektor vorsehen. Somit wird der regionale Verkaufsdirektor schrittweise durch den Prozess der Beantwortung und somit der Zur-Verfügung-Stellung der Informationen geführt. Ähnlich einer Checkliste werden seitens des Marketings alle erforderlichen Informationen abgefragt, und ein Gespräch oder eine Sitzung kann vermieden werden. Der Vertriebsmitarbeiter kann je nach Dringlichkeit und Verfügbarkeit alleine die Vorlage befüllen und an Marketing weiterleiten. Alleine durch diese einfache Maßnahme kann pro Veranstaltung eine Zeitersparnis von zwischen zwei und drei Stunden realisiert werden. Als anderes Beispiel für die Nutzung einer solchen Vorlage ist die Nutzung von Vorlagen im Rahmen der Vorbereitung von spezifischen Lead Generation Kampagnen zu erwähnen. Die Vertriebsmitarbeiter können hierzu auf entsprechende Vorlagen des Marketings zurückgreifen und in kurzer Zeit die wesentlichen Kriterien einer zu startenden Kampagne definieren. Das Marketing evaluiert diese Informationen, und prüft und optimiert diese auf Basis der vorhandenen Werte und Erfahrungen aus anderen, ähnlich gelagerten Kampagnen. Innerhalb kurzer Zeit können auf diese Weise Lead Generation Kampagnen konzipiert und für die Ausspielung vorbereitet werden. In diesem Fall liegt die zeitliche Einsparung pro Kampagne – nur auf den Prozess der Konzeption bezogen – bei jeweils zwischen beachtlichen sechs bis acht Stunden oder mehr.

Durch die in der Organisation gestiegene Wahrnehmung und Kompetenz des Marketings entwickelt sich schrittweise ein kontinuierlicher Austausch im Sinne eines Dialogs. Das B2B Marketing verändert sich von der reinen Werkbank hin zu einem im Unternehmen geschätzten Sparringspartner. Marketing wird im Unternehmen gehört. Die Expertise von Marketing wird von Kollegen aus anderen Fachbereichen in die Überlegungen miteinbezogen und erstmals als valides Feedback von Marketing angenommen. In dieser Phase ist es für das Marketing Team entscheidend, zu zuhören, zu verstehen, und dem Gegenüber immer zu vermitteln, dass man seitens Marketings nur so gut unterstützen kann, wie man mit ausreichenden und konsistenten, zeitgerechten Anfragen und Informationen der anderen Abteilungen versorgt wird. Wenn Anfragen immer zu kurzfristig gestellt werden, ist es und wird es für Marketing nicht möglich sein, gut ausgearbeitete Konzepte und Inhalte bereitstellen zu können. Im Rahmen der Verantwortung gegenüber dem gesamten Unternehmen ist es daher Aufgabe und Verpflichtung aller Beteiligten dazu beizutragen, dass jeder die ihm gestellten Aufgaben bestmöglich erledigen kann. Dies ist nur möglich, wenn jede Abteilung die eigenen Hausaufgaben sauber erledigt.

Der große Unterschied der zweiten Entwicklungsstufe in Bezug auf die dritte Entwicklungsstufe ist jedoch, dass Marketing immer noch reagiert. Das bedeutet, es findet kein kontinuierlicher Austausch statt. Interaktion und Kommunikation erfolgen immer anlassbezogen im Rahmen der Ausführung von an das Marketing übertragenen Aufträgen. Im Rahmen dieser Durchführung wird Feedback seitens Marketings in Bezug auf ausführungs- oder umsetzungstechnische Verbesserungsvorschläge zugelassen und auch evaluiert. Im Bedarfsfall werden diese Vorschläge angenommen und im Rahmen der weiteren Umsetzung berücksichtigt. Wenn es Marketing gelingt, alle Tätigkeiten in Bezug auf die quantitative, aber auch qualitative Dimension zu dokumentieren und somit aufzeigen zu können, dass immer pünktlich und innerhalb des Budgets abgeliefert wird, dann wird sich dies zusätzlich positiv auf die Entwicklung in Richtung der dritten Stufe des Marketing Reifegrad Modells auswirken.

Außerdem wird mehrfach gutes Feedback an interne Kunden dazu führen, dass Marketing bereits immer früher im Rahmen der verschiedenen Aktivitäten und Prozesse eingebunden werden wird. Hintergrund ist einfach, dass man Marketing als Mehrwert stiftende Einheit wahrzunehmen und vor allem auch zu akzeptieren beginnt. Der Schritt in Richtung der nächsten Entwicklungsstufe beginnt somit im operativen Bereich. Dann nämlich, wenn in der täglichen Arbeit mehr und mehr Kollegen aus anderen Abteilungen im Marketing um die Teilnahme bei Planungs- und Konzeptionsgesprächen anfragen. Wenn sich diese Anfragen häufen, dann ist das B2B Marketing auf dem richtigen Weg.

Business Intelligence und Analytics

Im Rahmen dieser Phase sollten auch spätestens die ersten Schritte in Richtung professionellem Datenmanagement als Teil einer daten-getriebenen Unternehmensführung (Seebacher 2021) auch für den Bereich des B2B Marketings erfolgen. Die relevanten Schlagworte bzw. Themen sind:

- Marktdaten
- Kundendaten
- Wettbewerbsdaten
- Wirtschaftsdaten
- Projektdaten

Langfristig erfolgreiches B2B Marketing muss auch das Themenfeld der Daten per se aber auch deren Management besetzen und beherrschen. Moderne Marketiers müssen den Anspruch haben, anhand immer aktueller und valider Daten aus den verschiedenen relevanten Quellen Auskunft auf jegliche Fragestellung der unternehmerischen Planung geben zu können. Wenn es um wirtschaftliche Entwicklungen oder Marktpotenziale geht, so ist die gängige Praxis, dass entweder sehr teure externe Studien und Analysen in Auftrag gegeben werden oder aber viele Wochen vergehen, bis die entsprechenden Informationen und Auswertungen zur Verfügung gestellt werden können. Im zweiten Fall dauert alles zu lange und im ersten Fall entsprechen die gelieferten Ergebnisse in den meisten Fällen nicht den Erwartungen der Auftraggeber. Erfahrungen und Studien zeigen immer wieder, dass heutige industrielle Wertschöpfungsketten zu divers und komplex sind, um durch branchenneutrale oder -fremde Analysten und Beratungsunternehmen in kurzer Zeit analytisch durchdrungen und entsprechend reliabel umgesetzt zu werden.

Daher muss es das Ziel sein, diese Kompetenz langfristig für das Unternehmen im Marketing aufzubauen. Wie das ohne große Investitionen möglich ist, schildert der entsprechende Beitrag dieser Publikation zum Thema „Central Data Intelligence“ von Lukas Strohmeier. Am Anfang steht das Identifizieren der relevanten industriespezifischen Datenbanken. Mithilfe dieser Daten können marktbezogene Daten laufend evaluiert und bei internen Anfragen rasch ausgespielt werden. Entscheidend für den langfristigem Erfolg ist die richtige Datenstruktur in Form einer N-2-N-Verknüpfung von Land, Industrie und Applikation. Mittels dieser Datenstruktur können in weiterer Folge zusätzliche Datenbanken mit Bezug auf ökonomische Daten, Wettbewerbsdaten aber auch Projektdaten in den so entstehenden multidimensionalen Datenwürfel eingebunden werden. Dieses Datenkonstrukt wird als Market Intelligence Cube (MIC) bezeichnet. Ein solcher MIC ist der Schlüssel, um von Business Intelligence (BI) und Business Analytics (BA), dem Auswerten und Verarbeiten von Daten aus der Vergangenheit, hin zu Predictive Intelligence (PI) und Predictive Analytics (PA) zu gelangen. PI und PA nutzen Daten aus der Vergangenheit und werten deren Veränderung dynamisch aus. Dies geschieht aus mathematischer Sicht über die zweite mathematische Ableitung, die Zuwächse und Abnahmen der Werte abbildet. Diese, durch Regression gewonnenen Daten und deren Veränderungen werden in weiterer Folge in die Zukunft extrapoliert. Vereinfacht ausgedrückt, werden auf Basis der Daten aus der Vergangenheit entsprechende Trendlinien für einen definierenden Zeitpunkt in der Zukunft erstellt. In Kombination der verschiedenen Datendimensionen, wie unter anderem ökonomische Entwicklungen, Marktentwicklungen aber eben auch landesspezifische Daten in Bezug auf deren Importe oder Exporte, politische Indikatoren in Bezug auf Stabilität oder Destabilisierung, dem *Ease-of-Doing-Business-Index*, können Aussagen über zukünftige Entwicklungen für Länder, Regionen aber auch Industrien und deren Teilbereiche getroffen werden. Daraus ergibt sich eine vorausschauende Darstellung von Entwicklungen, auf deren Basis unternehmensstrategische Entscheidungen getroffen werden können.

Mit dieser Kompetenz im Bereich der PI und PA wird Marketing auf lange Sicht in Vorbereitungen von Managemententscheidungen, unbedeutend ob kurzfristig oder langfristig, eingebunden sein müssen. B2B Marketing wird somit über die entsprechende Kompetenz verfügen, um Entscheidungen durch relevante Daten in Form von Szenarien abbilden zu können und dadurch Wegbereiter und Unterstützer für valide, risikominimierende strategische Entscheidung für den Geschäftsbereich oder das gesamte Unternehmen zu sein.

Der erste Erfolgsfaktor auf dieser Stufe des Marketing Reifegrad Modells ist das stringente Arbeiten nach den definierten Strukturen. Die Marketing Führungskraft muss das eigene Team dahingehend unterstützen, bei Versuchen der Unterwanderung dieser Strukturen durch Kollegen aus anderen Abteilungen souverän diese Strukturen aber auch das Team zu verteidigen. Ein weiteres wichtiges Element in dieser Phase sind so genannte Vorlagen zur Vorstrukturierung von inhaltlichen Elementen und Informationen. Diese Vorlagen erleichtern den internen Kunden die Bereitstellung der erforderlichen Informationen und helfen zudem signifikant die Arbeitsprozesse schlank und effizient zu gestalten. In dieses Themengebiet fällt auch die Entwicklung der Kompetenz im Bereich der Business Intelligence. Dieser Prozess läuft nebenher und die Geschwindigkeit wird naturgemäß vom generellen Arbeitsaufwand abhängen. Je rascher man aus der Position der „Rückenlage“ in Richtung der „aufrechten“ Bewegung gelangt, umso rascher wird mehr Zeit für die Entwicklung der BI zur Verfügung stehen.

Der zweite Erfolgsfaktor ist das Etablieren eines Monitoring-Systems. Im Rahmen dieser Phase muss Marketing beginnen, erforderliche Strukturen zu etablieren, die ein umfassendes Monitoring der eigenen Performance ermöglichen. Dieses Monitoring muss belegen, dass Marketing sowohl in Bezug auf die Zeit aber auch in Bezug auf das Budget zu 100 % performt. Top Performer unter den Marketing Managern befähigen ihre Teams kontinuierlich das definierte Budget um 10 bis 20 % zu unterschreiten. Auch im Marketing liegt der Einkauf im Gewinn. Der dritte Erfolgsfaktor ist „Accessibility". Anfragen jeglicher Art müssen durch das gesamte Team innerhalb kürzester Zeit beantwortet werden. Das Marketing Team muss allen anderen Abteilungen immer einen Schritt voraus sein. Marketing muss Allzeit bereit sein. Einladungen und Anfragen zu Sitzungen müssen in dieser Phase stringent angenommen werden, um Präsenz in der Organisation als Dienstleister zu zeigen.

3.4 Interaktives Marketing (IAM)

In den meisten Fällen wird sich der Schritt auf die dritte Ebene des Reifegrad Modells unbewusst vollziehen. Generell ist das Durchlaufen des Marketing Reifegrad Modells ohnehin ein natürlicher und inkrementaler Prozess, denn organisationales Lernen und das Lernen einer Organisation sind natürliche, evolutionäre Prozess. Wichtig für die Mitarbeiter des B2B Marketings in diesem Zusammenhang ist es, sich laufend die Entwicklungen kritisch vor Augen zu führen. Es geht darum, aus der Helikopterperspektive die eigene Position im Sinne der Positionierung des Marketings und deren Veränderung über die Zeit als Teil der Organisation zu evaluieren. Fragen, die gestellt werden, müssen lauten:

- Entwickeln sich die Dinge richtig und nimmt die Wertschätzung des Marketings zu?
- Wie werden das Feedback und die Expertise des Marketings aufgenommen?
- Wird Marketing immer früher in Aktivitäten und Prozesse eingebunden?
- Ist Marketing in regelmäßigen Management Meetings vertreten?
- Wie ist der interpersonelle Umgang mit dem oder der Marketing Verantwortlichen?
- Wie oft treffen sich der Marketingleiter und dessen Vorgesetzter?
- Hat Marketing in allen Management Meetings einen Slot, um über aktuelle Entwicklungen und Themen zu berichten?
- Hat sich die Anzahl der unpräzisen und zu kurzfristigen Anfragen minimiert oder sogar völlig eliminiert?
- Wie ist der generelle Umgang mit den Marketing Mitarbeitern – respektvoll oder abschätzig?
- Was und wie wird über die Marketingabteilung in informellen Gesprächen gesprochen?

Diese Fragen können in internen Marketing Team Meetings immer wieder besprochen werden. Generell ist ein gutes und kollegiales Klima innerhalb des Marketing Teams ein entscheidender Erfolgsfaktor. Ein interaktives Marketing im Sinne der dritten Stufe des Marketing Reifegrad Modells ist geprägt von einer mittlerweile als natürlich empfundenen Einbindung des Marketings in immer mehr operativen Bereiche des Unternehmens. Marketing hat sich die Position eines wichtigen Begleiters, den man von Beginn an in Aktivitäten miteinbezieht, um von der Expertise zu profitieren, erarbeitet. Interaktives Marketing bedeutet aber auch, dass seitens Marketings laufend neue Impulse gesetzt werden mit dem Ziel, das Potential von modernem B2B Marketing Schritt für Schritt für das Unternehmen nutzbar zu machen. Diesbezüglich besteht die Kunst darin, sich des Paradigmenwechsels im Sinne der enormen Veränderungen für die Organisation bewusst zu sein. Es hilft Ihnen nicht, wenn sie am Ende des Tages alleine den Gipfel des Himalajas erreicht haben und Ihre Kollegen in den anderen Abteilungen auf der Strecke geblieben sind. Abstimmung, Information und Kommunikation sind jene drei Säulen, auf denen Sie Ihren langfristigen Siegeszug von erfolgreichem B2B Marketing aufbauen müssen.

Industriegüter Marketing ist momentan einem enorm rasant sich vollziehenden Veränderungsprozess unterzogen. Diese Dynamik stellt selbst für ausgewiesene B2B Markenexperten teilweise eine enorme Herausforderung dar. Laufend entwickeln sich neue Begriffe, neue Produkte und neue Systeme. Entscheidend in diesem Zusammenhang ist das Bewusstsein, dass die Kollegen mit technischem Hintergrund generell aufgrund deren Ausbildung nur wenige Kenntnisse in Bezug auf Marketing haben. Das bedeutet wiederum, das B2B Marketing langfristig das gesamte Potenzial in und für Unternehmen nur ausschöpfen wird können, wenn die Techniker und Ingenieure in den Abteilungen Forschung und Entwicklung, Produktmanagement oder aber auch technischer Verkauf und Vertrieb in Bezug auf B2B Marketing informiert und trainiert werden. Unwissenheit verunsichert und daher ist es erforderlich, im Rahmen dieser Phase des Reifegrad Modells alles daran zu setzen, intensiv in die Organisation zu kommunizieren und mit dieser zu interagieren.

Nutzen Sie jede Gelegenheit, um sich mit den Kollegen aus den technischen Fachbereichen auszutauschen. Nutzen Sie das bereichsspezifische Intranet, um eine Datenbank in Bezug auf B2B Marketing zu etablieren, auf die die gesamte Organisation Zugriff hat. Stellen Sie dort regelmäßig aktuelle interessante Artikel ein, die Ihren Kollegen die Möglichkeit geben, das eigene Wissen in Bezug auf das Potenzial von B2B Marketing zu erweitern. Transparenz schafft Vertrauen. Vertrauen ist erforderlich, damit Ihre internen Kunden überzeugt sind, dass Marketing letztlich als oberste Prämisse des eigenen Handelns stringent den unternehmerischen Erfolg im Fokus hat. Sich das Vertrauen der anderen Abteilungen zu erarbeiten bedeutet in diesem Zusammenhang auch, folgende Kernbotschaft immer zu kommunizieren: Marketing ist sich der Verantwortung und Verpflichtung bewusst, das durch den Vertrieb hart erarbeitete Geld verantwortungsvoll und stets kostenoptimiert im Sinne des unternehmerischen Erfolgs einzusetzen. Diese und ähnliche Aussagen immer wieder zu kommunizieren und zu positionieren ist entscheidend für die weitere Entwicklung.

Marketing Automation

Spätestens im Rahmen dieser Phase muss es gelingen, Marketing Automation einzuführen. Hilfreich sind die verschiedenen Artikel in dieser Publikation, die unterschiedliche Aspekte dieses Themengebiets von der Vorbereitung, der Auswahl bis hin zur Implementierung einer entsprechenden Lösung umfassend beschreiben. Je nachdem, wie rasch die initialen Arbeiten der Stufe 1 des Marketing Reifegrad Modells Wirkung zeigen, könnte es auch sein, dass Sie bereits in Phase 1 über freie Ressourcen verfügen, um mit den vorbereitenden Aktivitäten für Marketing Automation „unter dem Radar" beginnen zu können.

Empfehlenswert ist jedenfalls der Beginn der aktiven Nutzung von relevanten Social Media Kanälen, um in Zusammenarbeit mit den relevanten Vertriebskollegen und Produktmanagern, Begriffe wie Fokus Kampagne, Buyer Persona, bis hin zu Demand Generation, Lead Nurturing, Marketing Qualified Lead oder Story Telling langsam im Unternehmen einzuführen. Erkenntnisse der organisationsetymologischen Arbeiten der Jahre 2017 bis 2019 haben gezeigt, dass einige Unternehmen während der umfassenden Auswahlphase von Marketing Automation Lösungen sehr aktiv Kampagnen in B2B Social-Media-Kanälen genutzt haben, als Wegbereiter für die darauf aufbauende integrative Nutzung solcher Social-Media-Kanäle als Teil von Marketing Automation Kampagnen. Neben der Wissensvermittlung und dem Entwickeln des Bewusstseins in Bezug auf die neuen B2B Begrifflichkeiten lieferten dann die Kampagnen nach kurzer Zeit bereits beeindruckende Ergebnisse. Das hatte wiederum zur Folge, dass weitere Vertriebskollegen ähnliche Kampagnen in deren Regionen starteten, ebenso erfolgreich.

Durch diese einfachen und äußerst kosteneffizienten Maßnahmen konnte der Vertrieb in kurzer Zeit von der Sinnhaftigkeit des modernen B2B Marketings und somit auch von Marketing Automation überzeugt werden. Solche Quick Wins gilt es während der gesamten Reise durch die verschiedenen Stufen des Reifegrad Modells immer wieder zu suchen und zu realisieren. Das Geheimnis liegt darin, im Kleinen zu zeigen wie etwas funktionieren kann, und darauf aufbauend das pilotierte Modell großflächig auszurollen. Ein wesentlicher Bestandteil dieser erfolgreichen Social Media Kampagnen waren auch die zum Einsatz kommenden Vorlagen, die es dem Vertrieb einfach und rasch ermöglicht hatten, die entsprechenden Informationen in Bezug auf die Kampagnen bereitzustellen. Dem Vertrieb wurde klar, dass Marketing längst keine Bürde mehr war, sondern im Gegenteil ein Befähiger mit dem ständigen Bestreben, den Kollegen aus dem Vertrieb das Leben durch entsprechendes, wohl durchdachtes Zuarbeiten zu erleichtern.

Change Management

Die Reise durch das Marketing Reifegrad Modell stellt für alle Beteiligten einen Veränderungsprozess dar. Dessen muss sich das gesamte Marketing Team und vor allem der oder die Marketingverantwortliche immer bewusst sein, denn im Rahmen dieses Prozesses gelten auch die Erkenntnisse und Erfahrungen aus den entsprechenden Konzepten des

Change Managements.[5] Das Grundprinzip des Change Managements unterteilt die Mitarbeiter einer sich in Veränderung befindlichen Organisation in drei Gruppen:

- 20 % sind offen für Veränderung (*Changer*)
- 60 % sind neutral gegenüber Veränderung (*Waiter*)
- 20 % sind prinzipiell gegen Veränderung (*Blocker*)

Im übertragenen Sinn bedeutet das, dass 20 % der Mitarbeiter innerhalb einer Unternehmung einer Veränderung positiv und offen gegenüberstehen. Sie sind offen und interessiert. Sie sind jene Personen, die es gilt anzusprechen, um neue Dinge einzuführen oder aber tradierte Prozesse zu erneuern. Zu dieser Gruppe von Personen gehörten auch die ersten Vertriebsmitarbeiter, die so genannte Fokus Kampagnen in deren Vertriebsregionen umgesetzt hatten. In Bezug auf Marketing bedeutet das, dass es entscheidend ist, die Kollegen in den anderen Fachabteilungen in Bezug auf die zuvor dargestellte Unterteilung bestmöglich ein zu ordnen. Ein idealer Kandidat für Pilotmaßnahmen ist ein Kollege, der zu den 20 % gehört, die Veränderungen grundsätzlich positiv gegenüberstehen, der aber auch innerhalb seiner Kollegen ein entsprechendes Standing hat, entweder aufgrund seiner Dienstzugehörigkeit oder aber aufgrund seiner Kompetenz oder seiner Erfolge.

Wenn man mit solchen Kollegen erfolgreich Pilotversuche realisiert, dann werden diese Kollegen zu Botschaftern der Veränderung, denn sie tragen die Information zum erfolgreichen Marketing Pilotversuch in die Organisation. Man könnte diese Kollegen auch als Influencer bezeichnen, da sie ab sofort als unternehmensinterne Multiplikatoren agieren. Im weiteren Verlauf spielt diese Gruppe an Kollegen eine entscheidende Rolle, denn sie werden maßgeblich dazu beitragen, dass der große Teil (60 %) der Personen, die einer Veränderung neutral gegenüber stehenden Mitarbeiter, in Bezug auf B2B Marketing positiv beeinflusst werden. Das Ziel ist es, dass zu den 20 % die 60 % an neutralen Personen möglichst raschen hin zu kommen, um dann gemeinsam den Weg in Richtung modernes B2B Marketing mit substantiellem Einfluss auf die Umsatzgenerierung gehen zu können.

Vor diesem Hintergrund gilt aber auch, um die 20 % der Verweigerer einen großen Bogen zu machen, denn jegliche Überzeugungsarbeit im Sinne von Versuchen diese für die Veränderung zu begeistern, werden scheitern. Mit dieser Personengruppe verhält es sich ähnlich wie mit Impfgegnern und Verschwörungstheoretikern. Auch wenn anerkannte Experten mit entsprechend nachweisbaren Fakten argumentieren und die Argumente der Impfgegner entkräften, so ziehen strikte Impfgegner immer neue, offensichtliche Fake News und Verschwörungstheorien aus dem Hut, um auf ihrer Meinung zu beharren.

Um nicht unnötig Energie und Kraft zu verschwenden, ist es daher erforderlich, sich sehr genau zu überlegen, mit wem im Unternehmen beziehungsweise in der Organisation welcher Pilot oder welches Projekt gestartet werden soll. Das erleichtert nicht nur das Marketing Leben ungemein, sondern erhöht auch die Veränderungsgeschwindigkeit nachhaltig. „The Human Resource Challenge" (Seebacher 2002, S. 153 ff.) beschreibt sehr

[5] https://en.wikipedia.org/wiki/Change_management. Zugegriffen am 24. April 2020.

genau die zugrundeliegenden Mechanismen von Veränderungsmanagement in Bezug auf den Menschen und bietet ein Modell für das proaktive People und Competence Management als Teil von Change Management (Seebacher 2002, S. 101 ff.).

Die Phase des interaktiven Marketings stellt auf die schrittweise Erweiterung des Einflussbereiches von B2B Marketing ab. Entscheidend ist das konsistente und souveräne Auftreten des gesamten Marketing Teams. Laufendes Reflektieren der Situation in Bezug auf die Änderung der Wahrnehmung von Marketing durch die Organisation ist ein wichtiger Bestandteil der Manöverkritik. Ein weiterer wichtiger Erfolgsfaktor im Durchlaufen dieser Phase aber auch vor allem in Bezug auf die Erreichung der nächsten Stufe des Reifegrad Modells ist die fokussierte Weiterentwicklung des Bereiches Business Intelligence hinzu Predictive Intelligence. Diesbezüglich muss sich die Anzahl der Anfragen aus der Organisation vermehren. Die Bearbeitungszeit der Anfragen innerhalb des Marketing Teams muss sich kontinuierlich verkürzen. Besonders erfolgreiche B2B Marketing Teams haben es auf dieser Stufe des Reifegrad Modells geschafft, ein interaktives, global verfügbares 24/7 Business Intelligence Dashboard über das Unternehmensintranet aufzusetzen.

3.5 Proaktive Analytics Marketing (PAM)

Mit jeder weiteren Stufe des Reifegrad Modells, die man erklimmt, wird die gesamte Arbeit immer spannender. Das operative Abarbeiten beansprucht immer weniger Zeit. Das gesamte Marketing Team kann sich mehr und mehr der konzeptionellen, vorwärtsorientierten Marketingarbeit widmen. Plötzlich geht es um das Erstellen von Wirtschaftlichkeitsbetrachtungen für neue Produkte oder neue Regionen, oder aber um die Konzeption zur kurzfristigen Optimierung des Net Working Capitals (NWC).[6] Die gesamte Marketingarbeit bekommt ein viel stärker gestalterisches Element. Der Bezug zum Geschäft wird immer enger, was wiederum im Rahmen des Performance Marketings die Möglichkeit bietet, laufend und transparent die Ergebnisse der Marketingarbeit in umsatzorientierten Messgrößen zu dokumentieren.

Durch den erweiterten Einflussbereich und die zunehmende Einbindung in immer mehr unterschiedliche Aktivitäten erweitert sich auch das Datenvolumen in Bezug auf interne Parameter, wie zum Beispiel die Erfolgsquote von Fokus Kampagnen, Produkt Management Kampagnen, oder aber auch vertriebsunterstützenden Demand Generation Kampagnen.

[6] https://www.accountingtools.com/articles/what-is-net-working-capital.html. Zugegriffen am 24. April 2020.

Proaktives Marketing

Mit dem wachsenden Pool an Daten und Erfahrungswerten entwickelt sich im Marketing auch mehr und mehr das Verständnis in Bezug auf Dinge, die besser funktionieren und jene, die optimiert werden sollten. Wenn sich Business Intelligence innerhalb des B2B Marketing Teams so etabliert, wie dies im Sinne des Reifegrad Modells vorgesehen ist, wird in kurzer Zeit Marketing, wie keine andere Abteilung innerhalb der Organisation – auch eine Organizational Intelligence (OI)[7] entwickeln. Somit erweitert sich der Bereich der Business Intelligence von initialen Markt-, Wirtschafts- und geopolitischen Daten hinzu Wettbewerbs-, Projekt- und Kundeninformationen – auch in Bezug auf deren Verhalten auf den verschiedenen Kanälen anhand deren Digital Bread Crumps[8] aber auch deren Kaufverhalten – bis hin zu den unternehmenseigenen Daten in Bezug auf all die zuvor genannten externen Daten.

Es entsteht ein 360° Blick zu den Daten aber daraus abgeleitet auch zu entsprechenden Wirkungszusammenhängen, die wiederum analytisch für neue, durchzuführende Aktivitäten herangezogen werden können. Somit wird ein Optimieren ex ante von neuen Kampagnen oder Vertriebsmaßnahmen ermöglicht, wodurch sich Zeiträume, bis Ergebnisse realisiert werden können, aber auch Kosten für einzelne Maßnahmen wesentlich optimieren lassen. All das führt zur ständigen Optimierung des MRoI bzw. des Return-on-Sales (RoS).[9] Ermöglicht wird dies durch das vorausschauende und planerische Optimieren von Maßnahmen durch das Marketing, welches mit steigender Datenmenge und zunehmenden Datenqualität immer genauere Vorhersagen treffen kann. Einhergehend damit muss sich selbstverständlich auch die konzeptionelle und strategische Kompetenz im B2B Marketing entwickeln. Ideal wäre es, einen Mitarbeiter mit Vorerfahrungen aus dem Umfeld der Unternehmensberatung ins Team zu holen. In der Management Beratung wird diese konzeptionelle und strategische Kompetenz innerhalb kürzester Zeit erlernt, welche die Basis bildet, um mit entsprechenden Daten unternehmensstrategische Entscheidungen aufzubereiten. In diesem Zusammenhang einzusetzende Instrumente und Modelle sind zum Beispiel die BCG Matrix,[10] SWOT-Analysen,[11] Szenarioanalysen,[12] Business Plan und Investitionsrechnungsverfahren[13] bis hin zu Projekt Planung und Management Konzepten. Marketing muss im Rahmen dieser Phase den Schritt hin zu umfassendem Geschäftsverständnis realisieren.

Marketing muss ein interner Berater für die verschiedenen internen Kunden werden und sich durch Analytik- und Methodenkompetenz auszeichnen. Es kann und darf nicht

---

[7] https://en.wikipedia.org/wiki/Organizational_intelligence. Zugegriffen am 24. April 2020.

[8] https://www.socialmediatoday.com/content/digital-breadcrumbs-and-new-media-intelligence. Zugegriffen am 24. April 2020.

[9] https://www.investopedia.com/terms/r/ros.asp. Zugegriffen am 24. April 2020.

[10] https://de.wikipedia.org/wiki/BCG-Matrix. Zugegriffen am 24. April 2020.

[11] https://en.wikipedia.org/wiki/SWOT_analysis. Zugegriffen am 24. April 2020.

[12] https://en.wikipedia.org/wiki/Scenario_planning. Zugegriffen am 24. April 2020.

[13] https://de.wikipedia.org/wiki/Investitionsrechnung. Zugegriffen am 24. April 2020.

die Aufgabe der Techniker und Ingenieure sein, unternehmensstrategische Entscheidungen auf- und vorzubereiten. Ein proaktives analytisches Marketing muss mithilfe der entsprechenden Daten Positionspapiere entwickeln, die unternehmenspolitische und -strategische Fragestellungen valide analysieren, diese in Form von zahlenbasierten Analysen darstellen, anhand verschiedener Szenarien ausarbeiten und auf diese Weise mögliche Entscheidungen, zu realisierende Erträge aber auch erforderliche Investments und damit verbundene Risiken auf einer entsprechenden Zeitachse abbilden. In dieser Art und Weise aufbereitete Dokumente bilden die Basis, um im Führungsteam unter Einbeziehung aller Abteilungen und Fachbereiche eine anstehende Entscheidung auf Basis valider Vorarbeiten zu diskutieren und zu evaluieren. Spätestens an diesem Punkt muss einmal mehr die konsistente und methodisch saubere Arbeitsweise von B2B Marketing transparent werden.

Multidimensionale Analytik kann nur B2B Marketing
Es mag sein, dass zuvor beschriebene Aktivitäten vor dem Hintergrund der klassischen Interpretation von Industriegüter Marketing als nicht eben dort anzusiedeln erachtet werden. Das ist Teil des Paradigmenwechsels. Denn gerade vor dem Hintergrund des sich rasant ändernden Umfelds im B2B Marketing, kann in Zukunft nur mehr alleine die Marketingabteilung datentechnisch über den 360° Blick verfügen. Durch die Konvergenz der internen und externen Daten können unternehmenspolitische und auch unternehmensstrategische Fragestellungen durch die Marketingabteilung methodisch sauber aufbereitet werden. Früher leisteten sich Unternehmen eigene Abteilungen oder Stabstellen wie Corporate Development[14] oder Unternehmensstrategie. Diese Abteilungen waren beauftragt, Marktstudien, Marktanalysen und umfassende Recherchen durchzuführen und diese als Vorstandsvorlagen aufzubereiten. Dies war zum damaligen Zeitpunkt notwendig, da die daten- als auch informationstechnischen Möglichkeiten nicht vorhanden waren, große Daten unter dem Schlagwort Big Data[15] oder Business Intelligence automatisch, dynamisch und interaktiv zu sammeln, multidimensional auszuwerten und darauf aufbauend auch zu extrapolieren. Das alles ist heute ohne große Investitionen mit einem entsprechenden Konzept zu Predictive Intelligence (Seebacher 2021) möglich. Allerdings kann das enorme Potenzial der gesammelten Daten nur realisiert werden, wenn eben die verschiedenen Dimensionen in einem Datenmodell vereint werden. Jene Abteilung, die über die wichtigsten Daten, mit und bei denen alles beginnt, inhaltlich die Hoheit hat – nämlich über das CRM – ist Marketing.

Was also liegt näher, darauf aufbauend die verbleibenden anderen Dimensionen von Markt bis hin zu Produkt, aber auch Projekt und Wettbewerb auch darüber zu sammeln, zu verarbeiten, und sinnstiftend für unternehmerisches Planen auch einzusetzen. Im weiteren Verlauf dieser Publikation wird in verschiedenen Artikeln darauf eingegangen, welche Kosteneinsparungs- aber auch Optimierungspotenziale in Bezug auf eine integrative Bereichs- beziehungsweise Unternehmensplanung auf diese Weise realisiert werden können.

---

[14] https://en.wikipedia.org/wiki/Corporate_development. Zugegriffen am 24. April 2020.

[15] https://en.wikipedia.org/wiki/Big_data. Zugegriffen am 24. April 2020.

Die vierte Stufe des Marketing Reifegrad Modells ist geprägt von stringentem Fortsetzen der in den vorangegangenen Phasen initiierten Aktivitäten. Dabei muss seitens des Marketings jede Anfrage und jede Aktivität als eine Möglichkeit des Lernens im Sinne des Arbeitens und des Erweiterns des eigenen Wissenshorizonts erachtet werden. Die Komplexität der Anfragen und der Arbeitsaufträge wird zunehmen. Hier gilt es, einen klaren Kopf zu bewahren und immer an die Anfänge zu denken: Methode und Struktur. Das bedeutet, dass im Rahmen der Arbeitsvorbereitung entscheidend ist, ein grundlegendes Analyse-, Denk-, oder Handlungskonstrukt oder -Modell zu identifizieren, um auf dieser Basis die gestellte Aufgabe zu lösen. Wesentlich ist, dass die Ausgangsbasis valide ist. Das ist auch die Grundlage jedes wissenschaftlichen Arbeitens. Ähnlich wie im Bereich der Architektur muss die Statik als Basis eines Gebäudes solide sein. Das muss auch die oberste Prämisse für B2B Marketing sein, dass Arbeitsergebnisse stets sowohl inhaltlich als auch gestalterisch immer auf höchstem Niveau abgeliefert werden.

3.6 Predictive Profit Marketing (PPM)

Das Erreichen des letzten Reifegrads des Marketing Reifegrad Modells wird ein Triumphzug, denn sie werden gemeinsam mit Ihrem Marketing Team belegbar an der Generierung von Umsatz beitragen. Die Aktivitäten im Bereich des Performance Marketing ermöglichen es, dass sie exakt definieren können, wer, wo, wie und wann welchen Kunden an Land gezogen hat. Sie werden exakt bestimmen können, wie rasch der Kunde durch die Buyer Journey gereist ist und wann wie viel Umsatz mit diesem Lead im Rahmen des Kundenlebenszyklus generiert wurde. Sie werden exakt bestimmen können, wie viel Geld seitens des Unternehmens investiert werden musste, um diesen Umsatz entsprechend generieren zu können. Alles ist transparent. Marketing generiert Umsatz. Marketing unterstützt, den Vertrieb zielgerichtet zu steuern. Gemeinsam mit Produkt Management ist Marketing im Stande neue Absatzpotenziale in Bezug auf neue Produkte oder Produktdiversifikation exakt in Bezug auf Zeit und Volumen zu prognostizieren. In Abstimmung mit Innovationsmanagement kann Marketing disruptive Technologien oder auch neue Geschäftsmodelle analysieren und daraus Handlungsempfehlungen für den relevanten Geschäftsbereich oder aber das gesamte Unternehmen ableiten.

Marketing ist im Stande die Zukunft anhand von Szenarien darzustellen. Keine Abteilung wird die von Marketing bereitgestellten Informationen in Bezug auf deren Objektivität, Reliabilität und Validität mehr infrage stellen. Marketing ist als wichtiger Bestandteil einer nachhaltigen Unternehmensentwicklung etabliert, denn es funktioniert nach sauber dokumentierten Strukturen, ist somit transparent und messbar, und kann auf eine immer länger werdende Historie von erfolgreichem Handeln mit operativ messbaren Ergebnissen in Bezug auf Ertrag und Umsatz verweisen.

B2B Marketing hat aber auch die gesamte Organisation verändert. Über das Selbstverständnis als interner Dienstleister hat Marketing entlang der eigenen Marketing Journey bestehende Kompetenzen ausgebaut und neue erworben. In vielen kleinen Schritten wurden neue Dinge getestet und im Erfolgsfall in Abstimmung mit den anderen Abteilungen weiterentwickelt und perfektioniert. Auf diese Weise hat sich ein völlig neues Verständnis hinsichtlich der Möglichkeiten und der Wertschätzung des Industriegüter Marketings etabliert. Ein solches ist es, nunmehr kein Kostenverursacher oder die Werkbank einer Organisation für bunte Kataloge und teure Events zu sein, sondern ein aktiver Leistungsträger, der nachweislich immer größere Teile des generierten Umsatzes beisteuert, entwickelt und realisiert.

Entgegen all dieser positiven Entwicklungen ist das B2B Marketing immer in Bezug auf sich selbst auf dem Boden geblieben mit dem ständigen Bestreben, jegliches Optimierungspotenzial im Sinne des gemeinschaftlichen Ertrags zu identifizieren und auch zu realisieren. Nach dem Motto, es sitzen alle im selben Boot, entzieht sich das Marketing nicht der Verantwortung nach Umsatzgenerierung und Kostenoptimierung. Dadurch können externe Dienstleister viel exakter und gezielter durch das B2B Marketing selektiert, engagiert und evaluiert werden. Ein großer Bestandteil der Wertschöpfung wird durch den neuen organisationalen Ansatz und die neuen Kompetenzen im Bereich des Marketings in den Unternehmen selbst generiert werden. In weiterer Folge für dies zu einer enormen Umkehrrentabilität.

Predictive Profit Marketing ist geprägt von vielen, spannenden Aufgaben. Das Entwickeln von kurzfristigen Konzepten zur Optimierung des Nettoumlaufvermögens gehört ebenso dazu, wie das Erstellen von Business Plänen in Bezug auf einen geplanten Markteintritt. Darüber hinaus werden aber auch laufende Managementthemen wie der jährlich stattfindende strategische Dialog oder die Jahreszielplanung bis hin zum gesamten Vertriebsmanagement und -monitoring aus dem Marketing heraus realisiert werden. Denn einzig und allein Marketing hat die Kompetenz die vielen verschiedenen Dimensionen und Quellen von Daten zu aggregieren, zu evaluieren und zu validieren, um darauf aufbauend seriöse unternehmensstrategische Entscheidungen auf- und vorbereiten zu können.

Gratulation, wir haben es geschafft! Weiter machen ….

4 Wo steht B2B Marketing heute?

Das Marketing Reifegrad Modell nach Seebacher wurde als Basis herangezogen für ein B2B Marketing Readiness Self Assessment (MRA) Instrument. Dieses 24/7 interaktive Instrument[16] ermöglicht es B2B Marketing Managern innerhalb von nur wenigen Minuten

[16] https://www.iqsn.de/cgi-bin/CISrd.fcg?CON=c1d23a41-e107-4a39-88df-8757a41cda5b. Zugegriffen am 26. May 2020.

durch die Beantwortung von rund 30 Fragen, sofort einen Status zum Reifegrad der eigenen bzw. der jeweils evaluierten Marketing Organisation zu erhalten. Laufend werden diese Daten anonymisiert gesammelt und liefern dadurch einen immer aktuellen Industrie Benchmark. Das Modell definiert vier Quadranten bzw. Bereiche, anhand deren B2B Marketing Organisationen evaluiert und bewertet werden. Anhand dieser vier Bereiche wird nun im Folgenden der aktuelle Status des B2B Marketings dargestellt.

Anhand der Spinnengrafik (vgl. Abb. 6) kann man links oben erkennen, dass aktuell (Status Mai 2020)[17] das B2B Marketing in Industrieunternehmen mit 33,58 % nur knapp

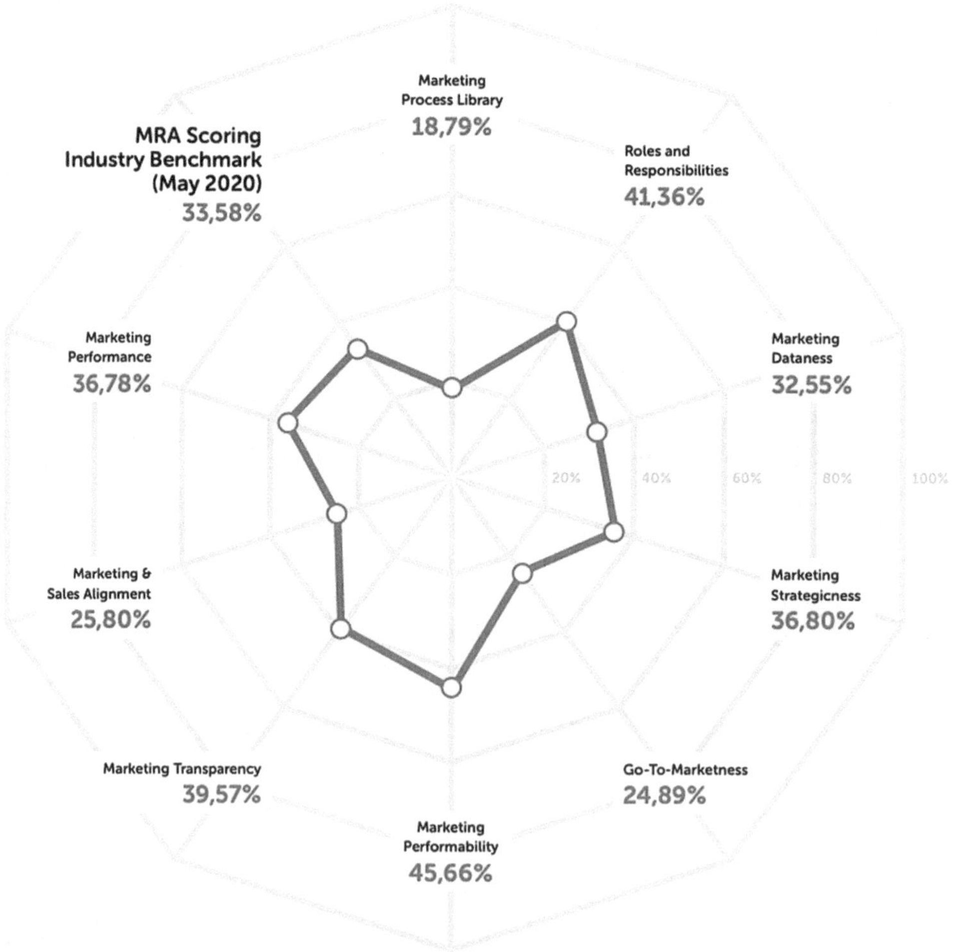

Abb. 6 B2B Marketing Industry Reifegrad Status Mai 2020 (marconomy/Seebacher 2020)

[17] Studiendesign und -auswertung Uwe Seebacher und Durchführung durch Marconomy, Würzburg.

ein Drittel der Anforderungen an ein modernes B2B Marketing erfüllt. In Bezug auf das B2B Marketing Reifegrad Modell nach Seebacher bedeutet dies im Umkehrschluss, dass sich das B2B Marketing aktuell zwischen Reifegrad 1 und 2 befindet – also am unteren Ende des Wachstumspfades, den es zu durchlaufen gilt, um das aktuell Mögliche und somit Optimalste im Bereich des Industriegüter Marketings für die Unternehmen realisieren zu können. Dies bestätigt die allseits präsente Unzufriedenheit vieler B2B Marketeers einerseits aber erklärt auch das vielerorts zweifelhafte Standing des Marketings in Industrieunternehmen.

4.1 Marketing Struktur

Der Index zur generellen Struktur von B2B Marketing Organisationen macht deutlich, ob die wesentlichen Grundlagen für eine erfolgreiche Entwicklung im Marketing vorhanden sind. Ein geringer Wert lässt darauf schließen, dass essentielle Strukturelemente wie Prozesse, Jobbeschreibungen oder aber auch Zielvereinbarungen entweder gar nicht oder aber nur unzureichend vorhanden sind. Der Index beleuchtet unter anderem auch die *Marketing Process Library* (MPL), d. h. die umfassende, stringente und durchgängige Dokumentation der Marketing-Prozessschritte, und prüft, ob und wie klar „Rollen und Verantwortlichkeiten" definiert sind. Der Marketing Struktur Index evaluiert zudem, ob diese Strukturelemente in die Organisation außerhalb des Marketings kommuniziert werden, ob diese bekannt sind und ob diese auch regelmäßig aktualisiert und evaluiert werden.

Nur rund 19 % aller B2B Marketeers können heute bereits auf eine entsprechend umfassende und laufend aktualisierte Marketing Process Library als marketingtechnisches Rückgrat zurückgreifen. In Bezug auf das Strukturmerkmal der „Roles and Responsibilities" sieht es ein wenig besser aus, da der Industriewert bei 41,36 % liegt. Dieser Wert evaluiert, ob Job Descriptions vorhanden sind, wie oft diese aktualisiert werden, ob diese auch außerhalb der Marketing Organisation bekannt sind und ob darauf aufbauend auch regelmäßige Mitarbeiter- und Feedbackgespräche stattfinden und Zielvereinbarungen für alle Mitarbeiter abgestimmt und überprüft werden.

Die Marketing Struktur ist die unumgängliche Basis für die Realisierung eines modernen und adäquaten B2B Marketings. Ohne diese wesentliche Struktur kann und wird es nachhaltig nicht möglich sein, sich in Bezug auf das Marketing Reifegrad Modell als Marketing Organisation weiter zu entwickeln.

4.2 Marketing Relevanz

Der Marketing Relevanz Index (MRI) bewertet die Bedeutung einer B2B Marketing Organisation in Bezug auf deren Tätigkeitsfelder innerhalb eines Unternehmens. Klassische B2B Marketing Abteilungen erstellen Broschüren, betreuen externe Agenturen und setzen Veranstaltungen um. Modernes B2B Marketing muss aber in Bezug auf dessen Einflussbereich drei wesentliche Aspekte für sich erschließen. Dies sind Daten (Dataness), Strategie im Sinne von Anwendungen, Kunden, Märkten, Produkten und Regionen (Strategicness) und dem Wie die Inhalte und Produkte in die Märkte kommuniziert und vermarktet (Go-to-Marketness) werden. Dieser Index spiegelt somit die Reichweite und Relevanz einer B2B Marketing Organisation innerhalb eines Unternehmens oder eines Bereiches wider. Je höher der MRI ausfällt, umso strategischer gestaltet sich die Arbeit des Marketings und desto wahrscheinlicher ist es, den Weg in Richtung der nächsten Reifegrade des Marketing Reifegrad Modells zu meistern.

Am schlechtesten schneidet B2B Marketing mit rund 25 % im Bereich der Umsetzung – dem Go-To-Market (GTM) – ab. Das bedeutet, Industriegüter Marketing Manager haben de facto nur eingeschränkte Kenntnis in Bezug auf deren eigentliche Kernkompetenz qua Definition von Marketing per se, nämlich dem Wie das Unternehmen und dessen Produkte in die jeweiligen Märkte vermarktet werden muss und soll. Nur um 7 Prozentpunkte besser schneidet B2B Marketing aktuell im Bereich der „Dataness" ab. Aktuell haben rund 50 % der B2B Marketing Manager keine Verantwortung über Market und Business Intelligence (MI/BI) und ein Drittel der Marketiers weiß nicht einmal in welcher Abteilung dieses so wichtige Thema angesiedelt ist. Per se wäre das nicht schlimm, da man daran proaktiv arbeiten kann, aber der Umstand, dass 75 % der Industriegüter Marketing Manager angeben, mindestens einmal pro Monat von jemanden aus der Organisation zum Thema MI/BI bzw. zu Daten angefragt zu werden, macht die Situation gefährlich und riskant. In 28 % ist MI/BI im Vertrieb angesiedelt und bei zwei Drittel weder im Vertrieb noch im Marketing. Allerdings geben 50 % der B2B Marketeers an für den Bereich Strategie verantwortlich zu sein. Rund zwei Drittel (34 %) der Marketeers werden einmal monatlich, 19,8 % einmal pro Woche und 12,6 % sogar mehrmals pro Woche zu strategischen Themen angefragt – und dass ohne die Hoheit über MI/BI zu haben. Das birgt eine enorme Gefahr, da seitens Marketings mit fremden Informationen gearbeitet wird und man sich blind auf deren Validität verlassen muss. Viele B2B Marketeers werden hier zum Spielball, indem Sie MI/BI Daten für unternehmensrelevante strategische Analysen und Auswertungen verwenden und dabei in der Hälfte aller Fälle nicht in der Lage sind einzuschätzen, wer und wie diese Informationen aufbereitet, überprüft und bereitstellt.

Ähnlich verhält es sich im Bereich Business Development (BD), das bei zwei Drittel der Unternehmen nicht im Marketing liegt und bei 60 % auch nicht im Verkauf selbst, sondern in einer anderen Abteilung. Ähnlich wie im Bereich MI/BI werden die 42 % der Marketing Manager mindestens einmal pro Monat, 14,5 % einmal pro Woche und ebenso viele auch mehrmals pro Woche in Bezug auf BD angefragt – und dass obwohl sie weder für die Daten (MI/BI), die Strategie noch für BD verantwortlich sind.

Positiv fällt auf, dass B2B Marketing zu den richtigen Themenbereichen angefragt wird bzw. der Versuch unternommen wird, Marketing einzubinden. Dies war vor Jahre noch nicht der Fall. Das Problem bzw. die Gefahr besteht darin, dass weder die Verantwortung für die dafür erforderlichen Systeme und Prozesse oder zumindest die inhaltliche Hoheit darüber in den Marketing Organisationen verankert ist. Pessimisten könnten die aktuelle Sachlage dahingehend interpretieren, dass Marketing einfach mit Arbeiten zugeschüttet wird, die keine andere Abteilung durchführen kann oder möchte. Marketing kann in diesem Fall nur der Verlierer sein, wenn nicht proaktiv der Einflussbereich des Marketings dahingehend berichtigt und sinnvollerweise erweitert wird.

4.3 Marketing Performance

Der Marketing Performance Index (MPI) bewertet das B2B Marketing hinsichtlich ihrer Leistung, ihrer Transparenz und ihres Fokus' auf den Vertrieb und Verkauf. Der Parameter „Marketing-Performabilität" definiert sich über klare Abteilungsziele und daran geknüpfte individuelle Ziele aber auch Leistungsindikatoren. Der Parameter „Marketing-Transparenz" gibt Aufschluss, wie nachvollziehbar und transparent Marketing für die gesamte Organisation ist. Der Parameter „Marketing- und Vertriebsausrichtung" konzentriert sich auf die Zusammenarbeit zwischen Vertrieb und Marketing. Eine enge und vertrauensvolle Zusammenarbeit von Vertrieb und Marketing bedeutet auch, seitens Marketings spezifische Anforderungen an den Vertrieb zu definieren und durchzusetzen. Ein gutes Beispiel hierfür sind *Service Level Agreements* (SLA) zwischen Marketing und Vertrieb, oder aber das explizite Messen und Auswerten konkreter Ergebnisse im Bereich der Generierung von durch Marketing und Vertrieb qualifizierten Leads sowie daraus entstandener Umsätze und Auftragseingänge.

Nicht einmal ein Fünftel – nur 17 % – der B2B Marketiers haben oder nutzen klar definierte Key Performance Indikatoren (KPI). Somit können 80 % der Marketers die eigene Performance im Sinne der Zielerfüllung nicht belegen. Vor diesem Hintergrund überrascht daher die Tatsache, dass 36,78 % der B2B Marketiers der Meinung sind, dass sie und ihre Abteilung anerkannte Leistungsträger sind. Woran wird denn das festgemacht? Und wie soll oder kann Marketing nachhaltig zum Unternehmenserfolg beitragen ohne konkrete Ziele in Übereinstimmung mit den Unternehmenszielen? Oder wird Marketing noch immer eine so geringe Bedeutung beigemessen, dass sich die verantwortlichen Top Manager nicht einmal die Zeit nehmen, um Ziele für Marketing zu definieren?

23,7 % der B2B Marketers geben an, die definierten Ziele auch zu erreichen. 10 % aller Marketers haben zwar Ziele, wissen aber nicht, ob sie diese auch erreichen! 54 % der Marketing Abteilungen im B2B Bereich befinden sich noch immer im Schlaraffenland und haben bis heute noch keine KPIs hinsichtlich Auftragseingang oder Vertrieb. Nur rund ein Drittel hat bereits umsatzorientierte Vorgaben. Ein Zehntl (11,4 %) wissen auch das nicht. Das bedeutet, dass seitens Marketings auch proaktiv an der eigenen Messbarkeit gearbeitet werden muss. Wenn keine klaren Vorgaben kommen, dann muss Marketing hier selbst aktiv werden. Auf Basis der Job Descriptions und der darauf aufbauenden Jahresziele für das gesamte Marketing Team können auch proaktiv Ziele für die Abteilung definiert und diese dem verantwortlichen Top Manager als Entwurf mit der Bitte um Prüfung und Bestätigung vorgelegt werden. Wenn dies nicht gemacht wird, ist und bleibt man immer der Spielball der anderen, weil man nicht belegen kann, die definierten Ziele auch erreicht zu haben.

4.4 Marketing-Positionierung

Der vierte Quadrant macht deutlich, wie gut das Marketing mit dem Top-Management verbunden ist. Die Einbindung in Aktivitäten des Top Managements und die Sichtbarkeit auf dieser Ebene sind entscheidende Aspekte in Bezug auf die nachhaltige Positionierung innerhalb der eigenen Organisation. Marketing muss als kompetenter Partner für das gesamte Unternehmen im Bereich des Top-Managements positioniert werden und letztlich Veränderungen von dort aus proaktiv durch entscheidende Impulse initiieren und mitgestalten.

B2B Marketers scheinen diesbzgl. auch in einer guten Position zu sein, denn 60 % der B2B Marketers sind regelmäßig in Management Meetings vertreten. Das bedeutet, dass der entsprechende Zugang zum Top Management an sich gegeben wäre aber nicht genutzt wird, da nicht einmal die Hälfte der Marketing Manager (44 %) in den Management Meetings regelmäßig über deren Projekte und Arbeiten berichten. „Tu Gutes und sprich darüber!" besagt ein altes Sprichwort. Das klappt allerding nur, wenn Marketing mehr macht, als Broschüren und Messen. Der Ball liegt bei den B2B Marketers, die sich aus der eigenen Situation befreien könnten. Das Umfeld dazu war niemals besser als es jetzt ist. Wer diese Chance nicht nutzt im B2B, der hat sie auch nicht verdient.

5 Ein paar bleiben auf der Strecke ...

Ziel muss es sein, immer stärker an den erzielten und realisierten Umsatzzahlen messbar gemacht zu werden. Im Umkehrschluss bedeutet dies auch, dass der eine oder andere Marketing Manager auf der Strecke bleiben wird, nämlich dann, wenn er oder sie kein Leistungsträger im Sinne eines echten Performers ist. Ja, die Netflix-Industrie und das damit verbundene Next Generation B2B Marketing des 21. Jahrhunderts werden auch Opfer fordern. Betroffen werden jene sein, die im Bereich des Top Managements den notwendigen, für Unternehmen überlebenswichtigen Veränderungsdruck nicht erkennen werden und im Bereich des Marketings jene Experten, die weiterhin glauben, dass Marketing bunte Broschüren produziert, kostspielige Events konzipiert und externe Agenturen finanziert.

Literatur

Argyris, C., & Schön, D. (1978). *Organizational learning: A theory of action perspective*. Reading: Addison-Wesley.

Bateson, G. (1972). *Steps to an ecology of mind*. Northwale: Aronson Inc.

Bell, D. (1973). *The coming of post-industrial society*. New York: Perseus Book Group.

Naisbitt, J. (1982). *Megatrends – Ten new directions transforming our lives*. New York: Warner Books.

Nefiodow, L., & Nefiodow, S. (2017). *The sixth Kondratieff: A new long wave in the global economy*. New York: CreateSpace Independent Publishing Platform.
Pugh, D. (1988). The Aston research programme. In Alan Bryman: Doing research in organizations (S. 124 ff.). London: Routledge.
Schulte-Zurhausen, M. (2005). *Organisation*. München: Vahlen.
Seebacher, B., & Auer, G. (2003). *Mental Wellness – Das Geheimnis der Sieger*. München: USP Publishing.
Seebacher, U. G. (2002). *Cyber commerce reframing – The end of business process reengineering*. Heidelberg: Springer.
Seebacher, U. G. (2003). *Template-driven consulting – How to slash more than half of your consulting costs*. New York: Springer.
Seebacher, U. G. (2005). *Methodenberatung – Der Ansatz von Kunden für Kunden*. München: USP Publishing.
Seebacher, U. G. (2020). Template-based Management - Ein Leitfaden für eine effiziente und wirkungsvolle berufliche Praxis. Graz: AQPS Inc.
Seebacher, U. (2021). Predictive Intelligence. Der einfache Weg zur datengetriebenen Unternehmensführung – mit Self-Assessment, Vorgehensmodell und Fallstudien. Heidelberg: Springer.
Senge, K. (2011). *Das Neue am Neo-Institutionalismus. Der Neo-Institutionalismus im Kontext der Organisationswissenschaft*. Wiesbaden: VS Verlag für Sozialwissenschaften.
Staehle, W. H. (1994). *Management*. München: Vahlen.
Toffler, A. (1980). *The third wave*. New York: Bantam Books.
Vester, F. (1984). *Neuland des Denkens*. Stuttgart: Deutsche Verlagsanstalt.

Uwe Seebacher ist promovierter Volks- und Betriebswirt. Er ist Executive Advisor und verfügt über mehr als 25 Jahre Top-Management-Erfahrung als Berater, Manager als auch Unternehmer. Er ist Dozent an vielen renommierten Business Schools und Universitäten und hat Artikel und Fachbücher in vielen führenden Managementpublikationen verfasst, wie unter anderem z. B. „Predictive Intelligence" (Springer), „Strategic Workforce Management" (Harvard Business Manager) und „Cyber Commerce Reframing" (Harvard Business Manager) oder „Template-based Management" (Springer). Für seine Arbeiten erhielt er zahlreiche internationale Auszeichnungen.

Der B2B MarTech 8000 – Wie Sie im Jurassic Parc der Marketing Lösungen überleben

Uwe Seebacher

Inhaltsverzeichnis

U. Seebacher (✉)
Graz, Österreich
E-Mail: http://www.uweseebacher.org

U. Seebacher (Hrsg.), *Praxishandbuch B2B-Marketing*,
https://doi.org/10.1007/978-3-658-31651-8_5

Zusammenfassung

Im Zeitraum von 2011 bis 2020 ist die Zahl an verfügbaren Produkten und Lösungen im Umfeld der Vertriebs- und Marketingautomatisierung von 150 auf über 8000 explodiert. Dieses Kapitel liefert ein Vorgehensmodell, um sich kosten- und risikominimierend nachhaltig einen Weg durch diesen Jurassic Parc an bunten, vermeintlichen Alleskönnern zu bahnen und nicht im Sumpf an perfekt aufbereiteten Fallstudien unterzugehen.

Informationstechnologie (IT) ist aus der Industrie nicht mehr weg zu denken. IT ist mittlerweile ein wesentlicher Treiber des ökonomischen Handelns. Seitdem ERP-Systeme in das betriebliche Leben Einzug gehalten haben, wurden schrittweise immer mehr Funktionen von Organisationen durch IT abgebildet. In den letzten Jahren des alten Jahrtausends wurden auch die letzten beiden Inseln der Glückseligen – die Funktionen Marketing und Human Resource Management – von der IT eingeholt, indem SAP und andere Anbieter deren Systeme um Personalmanagementmodule und Desktop-Publishing und Content Management Tools erweiterten. Alles, was man selbst nicht im eigenen Unternehmen programmieren konnte, wurde kurzerhand zugekauft.

1 Die Anfänge von MarTech

Damit man das millionenschwere Geschäft verstehen kann, muss man sich die Ursprünge des heutigen MarTech[1] näher ansehen. Es ist unbestritten, dass auch die Funktion des Marketings Technologie braucht. Um im Zeitalter von eCommerce, Social Media und People-2-People Business (P2P) – auch im Industriegüterbereich – die Kunden zu erreichen, müssen B2B Marketers sich immer neue kreative Aktivitäten, Kampagnen und Strategien einfallen lassen. All das soll eine digitale Präsenz schaffen, die Kunden anzieht. Menschen verändern sich im Laufe der Zeit und so auch deren Gewohnheiten. Hinzu kommt eine sich exponentiell entwickelte Anzahl an verfügbaren Kommunikations- und Informationskanälen. Vor diesem Hintergrund hat sich in den letzten Jahren ein eigenes Ökosystem im Bereich der Marketing Technologie – kurz MarTech – entwickelt. Die Anfänge der MarTech finden sich aber nicht im Bereich des Marketings, sondern im Bereich des Vertriebs. Dies belegt unter anderem die Tatsache, dass eines der heute führenden Systeme im Bereich der Marketing Automation „Marketo“[2] ursprünglich von ehemaligen SalesForce[3] Managern gegründet worden war. SalesForce bezeichnet sich bis heute als

[1] https://merlinone.com/what-is-martech/. Zugegriffen am 28.04.2020.

[2] https://www.marketo.com/. Zugegriffen am 28.04.2020.

[3] https://www.salesforce.com/de/?ir=1. Zugegriffen am 28.04.2020.

CRM-Plattform. CRM-Systeme waren nicht immer robuste, eigenständige Softwarelösungen, auf die sich so viele Unternehmen verlassen haben. CRM-Systeme entstanden aus dem Vertrieb heraus, um Kundendaten zentral und immer aktuell warten und halten zu können.

Aus der Not entstand eine Tugend mit dem Ziel, das nicht greifbare Wissen der Vertriebsleute eines Unternehmens in einer zentralen Datenbank konsistent zu verwalten. Ohne eine solche Datenbank würde der Abgang eines Vertriebsmitarbeiters den Verlust der gesamten Kundenhistorie bedeuten. Genau das war ja oftmals ein wichtiger Grund, warum gute Vertriebsleute abgeworben wurden, denn man ging davon aus, dass sie viele Kunden zum neuen Unternehmen mitnehmen würden. Dies war ganz einfach, denn das gesamte Wissen war im Kopf des Mitarbeiters und eventuell vielleicht noch in einer seiner Excel Tabellen. Um dieser enormen Gefahr aus dem Weg zu gehen, wurden die Vertriebsmitarbeiter angehalten, jegliche Kommunikation mit den Kunden in diese Kunden-Beziehungsdatenbank einzugeben. Das war der Ursprung der heutigen CRM-Lösungen und somit der heutigen MarTech Welt.

In den letzten vierzig Jahren haben sich aus den ersten CRM-Lösungen eine Vielzahl anderer Geschäftsprogramme entwickelt. Die CRM-Branche hat sich seitdem grundlegend verändert.

2 Das Datenbankmarketing

Robert und Kate Kestnbaum[4] waren die Masterminds des Datenbankmarketings. Sie begannen jegliche Informationen in Bezug auf Kunden zu sammeln und zu analysieren. Mithilfe statistischer Algorithmen und Modelle wurden diese Daten evaluiert, um aufbauend auf diesen Erkenntnissen die Kommunikation mit anderen potenziellen Kunden anzupassen. Daraus entstand der Begriff des Direktmarketings.[5] Heute kann man zwei Arten von Datenbanken unterscheiden: Kundendatenbanken und Business Datenbanken. Kundendatenbanken fanden sich ursprünglich eher im Bereich der Konsumgüterindustrie, dem B2C Bereich, weil es um den Verkauf an Endkunden ging. Business Datenbanken begannen sich komplexer zu entwickeln, um größere Datenmengen in Bezug auf die Kundeninteraktion verwalten und evaluieren zu können. Kestnbaum war auch der Begründer des Customer Lifetime Value (CLV),[6] also der Betrachtung des ökonomischen Wertes eines Kunden über dessen gesamten Lebenszyklus hinweg als Kunde für ein Unternehmen. Seine Arbeiten prägten maßgeblich auch den Bereich des strategischen Marketings.[7]

[4] https://en.wikipedia.org/wiki/Database_marketing. Zugegriffen am 28.04.2020.

[5] https://en.wikipedia.org/wiki/Direct_marketing. Zugegriffen am 28.08.2020.

[6] https://en.wikipedia.org/wiki/Customer_lifetime_value. Zugegriffen am 28.04.2020.

[7] Strategisches Marketing wird hier als Prozess zum Planen, Entwickeln und Implementieren von Maßnahmen, um einen Wettbewerbsvorteil in einer definierten Nische zu erzielen, definiert.

Kestnbaum entwickelte in den 1980er-Jahren mit Robert Shaw (Shaw 1988) verschiedene Online Marketing Datenbanken. Unter anderem realisierten die beiden Experten Datenbanken für Unternehmen wie British Telecom mit 20 Million Kunden, für British Airways mit 10 Millionen und Barclays mit 13 Millionen Kundendaten. Für diese Zeit waren solche Dimensionen einzigartig. Shaw erweiterte den Datenbankansatz von Kestnbaum um Aspekte wie die Automatisierung von Telefonakquise, Optimierung der Kundenkontakt-Strategie, Kampagnenmanagement und -koordination, bis hin zu Marketing Resource Management (MRM) und Marketing Analytics. Er war somit der Begründer des heutigen Begriffs des MarTech Stack. Alle Entwicklungen gehen auf die Arbeiten von Shaw zurück. Seine Designs wurden großflächig kopiert und in neue Anwendungen, Systeme und Tools im Bereich von CRM- und MRM-Lösungen bis in die 1990er-Jahre und später integriert (Shaw 1988). Die damalige Definition von Datenbank Marketing lautete:

> „Database Marketing is an interactive approach to marketing, which uses the individually addressable marketing media and channels (such as E mail, telephone and the sales force): to extend help to a company's target audience; to stimulate their demand; and to stay close to them by recording and keeping an electronic database memory of the customer, prospect and all commercial contacts, to help improve all future contacts and to ensure more realistic of all marketing."

Ein weiterer wichtiger Schritt vollzog sich im Jahr 1986. Unter dem Namen ACT![8] wurde eine CRM-Software im Markt eingeführt, die Kundenkontaktdaten in einer einzigen Datenbank multidimensional speichern konnte, aber vielen verschiedenen Nutzern erstmals den gleichzeitigen Zugang und die Nutzung der Datenbank ermöglichte. Eine weitere Besonderheit bestand darin, dass ACT! sehr einfach mit Microsoft Word, Excel, Outlook, Google Contacts, Gmail und vielen anderen gängigen Anwendungen verknüpft werden konnte. Bei all diesen Systemen waren Aspekte wie Bedienerfreundlichkeit oder mobile Nutzung noch lange keine Themen. Die Herausforderung bestand darin, Daten sammeln und auswerten zu können.

3 PCs und Server als Wegbereiter

Im Laufe der späten 80er- und 90er-Jahre hielten Personal Computer (PC)[9] Einzug in die Geschäftswelt. Und das Aufkommen der Server/Client-Architektur ermöglichte ein explosives Wachstum in der Softwareentwicklung generell. Anfang der 90er-Jahre vollzog sich auch der erste große Schritt in Richtung CRM-Software, wie man sie heute kennt. Frühe Innovatoren wie Brock Control Systems[10] halfen, die Entwicklung der Kontaktverwal-

[8] https://en.wikipedia.org/wiki/Act!_CRM. Zugegriffen am 28.04.2020.

[9] https://en.wikipedia.org/wiki/Personal_computer. Zugegriffen am 28.04.2020.

[10] https://www.brocksolutions.com. Zugegriffen am 28.04.2020.

tungssoftware in Richtung Vertriebsautomatisierung[11] voranzutreiben. Vertriebsautomatisierung machte sich viele verschiedene Funktionen des Datenbankmarketings zunutze, automatisierte diese und kombinierte sie mit der Funktionalität des Kontaktmanagements. In der Konvergenz dieser Funktionalitäten entstand ein völlig neues Spektrum an Analysemöglichkeiten. Dies lieferte Unternehmen viele neue Erkenntnisse in Bezug auf deren Kunden. Vertriebsautomatisierung beinhaltete zudem auch Geschäftsaufgaben wie Bestandskontrolle und Vertriebsaufgaben wie die Verfolgung der Kundeninteraktion. Alles wurde plötzlich transparent und nachvollziehbar. Der Verkäufer wurde gläsern und messbar. Diese Phase stellte für den Vertrieb einen Paradigmenwechsel dar, weil es zu einer Verlagerung der Macht weg von den Vertriebsprofis hin zu den Unternehmen und deren Management kam.

4 Tom Siebel greift an

1993 verließ Tom Siebel den amerikanischen Softwaregiganten Oracle, um Siebel Systems zu gründen. Während seiner Zeit bei Oracle versuchte Siebel erfolglos, CEO Larry Ellison[12] zu überreden, die interne Vertriebsanwendung als eigenständiges Produkt zu verpacken und zu verkaufen. Da aber Ellison von der Idee nicht überzeugt war, entschied sich Siebel alleine unter seinem Namen das innovative Produkt auf den Markt zu bringen. Siebel Systems wurde schnell zum führenden Anbieter im Bereich der Vertriebsautomatisierung. Bis 1995 hatten sich Lösungen im Bereich der Vertriebsautomatisierung und des Kontaktmanagements so entwickelt, dass sie moderner CRM-Software sehr ähnlich wurden. Diese aufstrebenden Produkte hatten jedoch noch keinen richtigen Namen. Eine Reihe von Begriffen wie Enterprise Customer Management (ECM) und Customer Information System (CIS) schwirrten im Markt umher. Ende 1995 setzte sich der Begriff CRM durch. Einige führen dies auf das Technologieforschungsunternehmen Gartner[13] zurück, während Tom Siebel ebenfalls als möglicher Namensgeber erachtet wird. Jedenfalls hatte ab sofort die Branche einen Namen, wurde aber kurz darauf von großen Veränderungen heimgesucht.

ERP-Anbieter wie Oracle und Baan traten in den CRM-Markt ein, in der Hoffnung, mit ihrer Größe und ihren bestehenden Kundenkontakten auch dieses neue Feld der Software erschließen und somit dominieren zu können. Im Gegensatz zu anderen Softwareunternehmen, die auf CRM umstellten, trat SAP in den Markt ein, um ausschließlich von neuen Anwendungen zu profitieren. Der Wettbewerb veranlasste die Anbieter, eine größere Palette von Diensten zu entwickeln. Vor diesem Hintergrund entstanden mit immer rasante-

[11] Sales Force Automation. https://en.wikipedia.org/wiki/Sales_force_management_system. Zugegriffen 28.04.2020.

[12] https://en.wikipedia.org/wiki/Larry_Ellison. Zugegriffen am 28.04.2020.

[13] https://en.wikipedia.org/wiki/Gartner. Zugegriffen am 28.04.2020.

rer Geschwindigkeit neue Marketing-, Vertriebs- und Serviceanwendungen, um die die CRM-Systeme erweitert wurden.

Um die Jahrtausendwende begann dann alles „e" zu werden. eCommerce, eProcurement, eBilling und viele andere „e"s beherrschten den Sprachgebrauch. Dieser Trend machte auch vor CRM nicht Halt und neben vielen bemerkenswerten Akquisitionen begannen aufstrebende eCRM-Anbieter[14] den Wettbewerb zu befeuern. Mithilfe der neuen Möglichkeiten von Intranet, Extranet und Internet boten eCRM-Anbieter plötzlich ein völlig neues Modell der Zusammenarbeit von mehreren Nutzern innerhalb eines Unternehmens an. Außerdem begannen die ersten Anbieter dem Trend der Mobilisierung von Daten und Anwendungen Rechnung zu tragen. Mit der Einführung von Siebel Handheld machten CRM-Systeme auch den Schritt in Richtung Mobilfunkmarkt.

Nach „eCRM" und „mobileCRM" begann Ende der 90er-Jahre „Software-as-a-Service"[15] das Geschäftsmodell der Anbieter zu verändern. Dadurch wurden die Lösungen auch für kleinere Unternehmen leistbar. Von diesem Trend profitierte auch Salesforce als die präferierte Lösung für den Mittelstand. Lange Zeit wurde Salesforce von den großen Playern nicht ernst genommen, womit sich aber der Gründer Mark Benioff[16] nicht zufrieden gab. Sein Ziel war es, den Markt von Vertriebsautomatisierung zu erobern, was ihm in weiterer Folge ja dann auch gelang. Im Laufe der Jahre stieg Salesforce schließlich zu Rivalen der CRM-Branche wie Siebel Systems auf.

5 Die Dotcom-Blase fordert Opfer

Das Platzen der New Economy[17] machte auch vor der Softwareindustrie nicht Halt und so wurde auch die CRM-Branche hart getroffen. Die gesamte Branche verlor viele Unternehmen und viele Kunden. Viele Global Player wie Oracle meldeten Lizenzverluste von mehr als 25 Prozent. Im Umfeld des Cyber Commerce Reframing (Seebacher 2002) fanden Dotcom-Technologien keine Abnehmer mehr und davon waren auch die Anbieter von eCRM Lösungen betroffen. In den ersten Jahren des 21. Jahrhunderts präsentierte Paul Greenberg in seinem Buch „CRM mit Lichtgeschwindigkeit" (Greenberg 2003) erstmals das Konzept eines umfassenden, ganzheitlichen CRM-Systems, das alle Geschäftsbeziehungen multidimensional abbilden und verwalten solle. Das Buch verursachte einen wahren CRM Hype. Drei Jahre nach dem Erscheinen des Buches von Greenberg – nach nur 15 Jahren seit der Gründung seines Unternehmens – verkaufte Tom Siebel sein CRM-Unternehmen um fast 6 Milliarden Dollar an seinen ehemaligen Boss und Oracle CEO Larry Ellison.[18]

[14] https://en.wikipedia.org/wiki/ECRM. Zugegriffen am 28.04.2020.

[15] https://en.wikipedia.org/wiki/Software_as_a_service. Zugegriffen am 28.04.2020.

[16] https://de.wikipedia.org/wiki/Marc_Benioff. Zugegriffen am 28.04.2020.

[17] https://en.wikipedia.org/wiki/New_economy. Zugegriffen am 28.04.2020.

[18] https://en.wikipedia.org/wiki/Larry_Ellison. Zugegriffen am 28.04.2020.

Der ganzheitliche CRM-Ansatz etablierte sich langsam in der gesamten Branche und wurde zum alles entscheidenden und gestaltenden Faktor. Die Systeme konnten immer einfacher verwendet werden, auch ohne IT-Vorkenntnisse. Mitte des Jahrzehnts wurde zudem die Interoperabilität mit Legacy Systemen[19] immer wichtiger und der Softwaregigant Microsoft stieg mit Dynamics CRM in den CRM-Markt ein. Im Jahr 2007 initiierte Salesforce die nächste Revolution im Bereich der CRM-Lösungen und startete Cloud-basiertes CRM. Hintergrund war die Kritik der Kunden, dass konventionelle Systeme nicht anpassbar und somit unflexibel wären. Unter dem Namen „Force.com" startete Salesforce eine Software-Entwickler- und Betriebsplattform, mit der Entwickler Anwendungen selbst entwickeln und betreiben konnten, ohne dabei auf die Infrastruktur von Salesforce verzichten zu müssen. Viele verschiedene Werkzeuge wie unter anderen die Java-ähnliche Programmiersprache Apex, verschiedene Entwicklertools wie zum Beispiel VisualForce für die Entwicklung eines GUIs und Methoden wie etwa Benutzerverwaltung, Datenmanagement, Workflows und Reporting waren integriert.

Neben dieser Öffnung der Anbieter hin zu neuen Formen der Anpassung und Weiterentwicklung bestehender Lösungen im Sinne der Open Source[20] Philosophie hat sich aber auch die Entwicklung der Medienlandschaft im Bereich der CRM Lösungen niedergeschlagen. So sprechen heute viele Experten vom sogenannten Social CRM.[21] Social CRM bezeichnet die Nutzung der sozialen Netzwerke wie Facebook, Twitter oder XING, um definierte Marketing- aber auch Unternehmensstrategien hinsichtlich des Kundenbeziehungsmanagements in Bezug auf die Nutzer dieser Netzwerke zu optimieren. Damit einhergehend ist auch die Nutzung von Business Intelligence und Predictive Analytics, wie dies im weiteren Verlauf dieser Publikation ausführlich dargestellt wird. Paul Greenberg fasst die Aufgabe des Social CRM wie folgt zusammen: „Social CRM is a philosophy and a business strategy, supported by a technology platform, business rules, workflow, processes and social characteristics, designed to engage the customer in a collaborative conversation in order to provide mutually beneficial value in a trusted and transparent business environment. It's the company's response to the customer's ownership of the conversation."[22]

Das bedeutet, dass CRM sich immer mehr in Richtung 360 Grad Kundenperspektive hinentwickelt, um kundenspezifische Daten nicht nur „outbound" sondern auch „inbound" tracken und dokumentieren zu können. In diesem Umfeld startete der größte Kabelnetzbetreiber Comcast seine ComcastCares Initiative,[23] die sich weg von Transaktion hin zu In-

[19] https://en.wikipedia.org/wiki/Legacy_system. Zugegriffen am 28.04.2020.

[20] https://en.wikipedia.org/wiki/Open_source. Zugegriffen am 28.04.2020.

[21] Social CRM nutzt Social Media-Dienste, -Techniken und -Technologien, um Unternehmen die Möglichkeit zu geben, mit ihren Kunden in Kontakt zu treten.

[22] https://the56group.typepad.com/pgreenblog/2009/07/time-to-put-a-stake-in-the-ground-on-social-crm.html. Zugegriffen am 28.04.2020.

[23] https://corporate.comcast.com/caresday. Zugegriffen am 28.04.2020.

teraktion mit den Kunden und der Community ausrichtete. Die meisten großen Unternehmen folgten schnell dem Beispiel von Comcast und festigten den Platz des sozialen CRM. Der Trend geht auch weiterhin klar in Richtung mobilem und SaaS basiertem CRM. Was bedeutet dies nun aber für den heutigen und zukünftigen MarTech Stack?

6 Die MarTech Blase wächst

MarTech setzt sich zusammen aus „Marketing" und „Technology" und ist der Überbegriff für das Ökosystem der gesamten Marketing-spezifischen Technologien. Seit 2011 hat sich dieses Ökosystem von rund 150 Produkten auf über 8000 im Jahr 2020 (siehe Abb. 1) entwickelt. Anhand dieser quantitativen Zunahme wird deutlich, welchem enormen Veränderungsprozess dieser Bereich ausgesetzt ist. Wenn man sich die aktuelle Struktur dieser MarTech Landschaft auf Basis der soeben veröffentlichten Marketing Technology Landscape[24] näher ansieht, dann sind die verschiedenen Produkte in sechs Kategorien unterteilt:

- Advertising und Promotion (922 Produkte)
- Content und Experience (1936 Produkte)
- Social und Relationships (1969 Produkte)
- Commerce und Sales (1314 Produkte)
- Data (1258 Produkte)
- Management (601 Produkte)

Der Bereich „Daten" ist mit 25,5 Prozent Zuwachs an verfügbaren Produkten seit 2019 am stärksten gewachsen. Dies dürfte mit dem Aufkommen des Themas Big Data aber auch den Business Intelligence Plattformen einhergehen. Durch die Automatisierung im Bereich des Vertriebs und des Marketings stehen immer größere Mengen an relevanten Daten zur Verfügung. Aber nicht nur die Quantität, sondern mehr noch die Qualität der verfügbaren Daten ändert sich. Mit neuen Systemen können Informationen über das Verhalten und die Präferenzen der Kunden rund um die Uhr und über alle relevanten Kanäle überwacht und verfolgt werden. Mit dieser nächsten Generation kann B2B-Marketing eine 360-Grad-Perspektive auf die Käufer erhalten. Dadurch können die Marketingexperten genau wissen, welche Art von Inhalt, in welchem Format, zu welcher Zeit und über welchen Kanal und welches Tool die beste Konvertierung erzielen wird. Und all das kann zudem jederzeit interaktiv in Bezug auf Region, Zielgruppe, Käuferpersönlichkeit und jede Art von anderen beschreibenden Parametern angepasst werden. Diese Daten und Informationen müssen möglichst zeitnah ausgewertet und sofort in neue Maßnahmen in Bezug auf deren Ausspielung einfließen. Die Herausforderung besteht nunmehr darin, Aus

[24] https://chiefmartec.com/2020/04/marketing-technology-landscape-2020-martech-5000/. Zugegriffen am 28.04.2020.

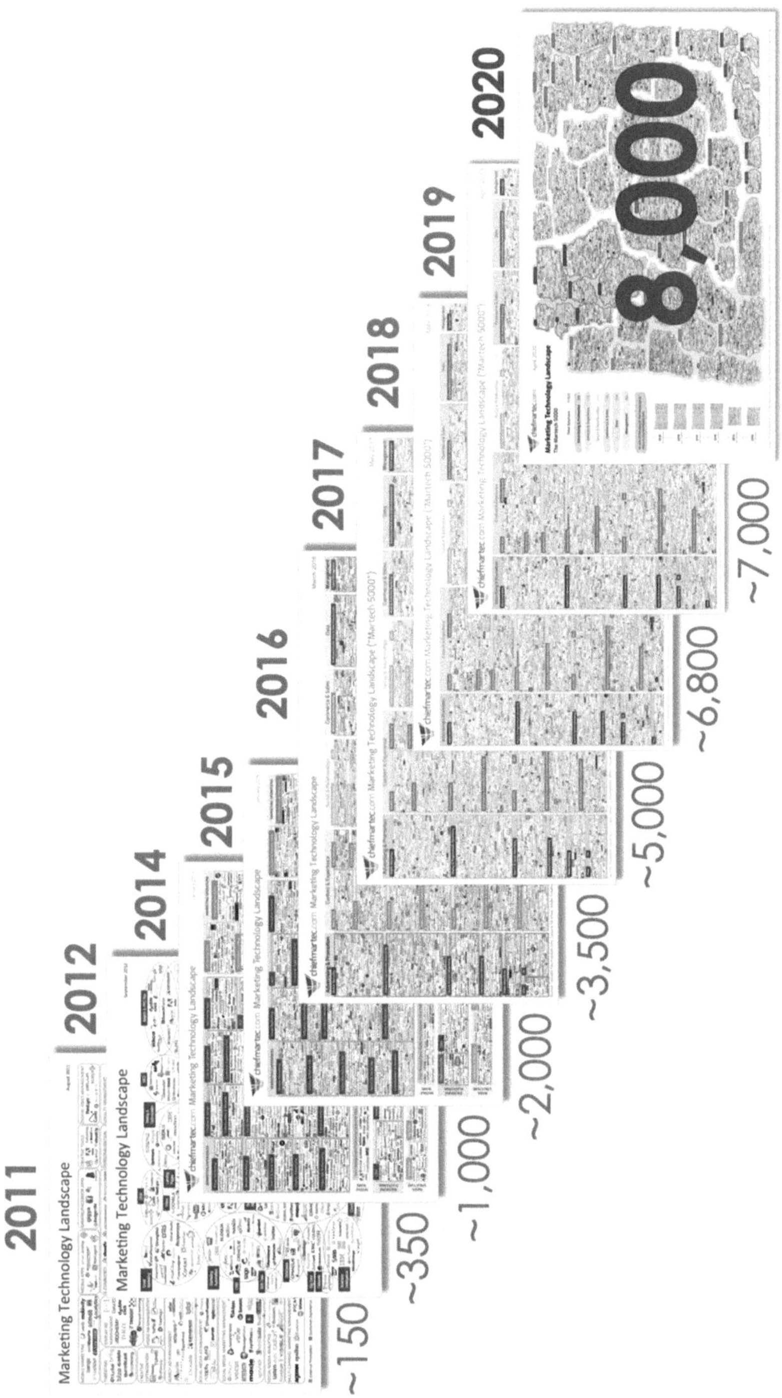

Abb. 1 MarTech Entwicklung 2011–2020. (Quelle: https://cdn.chiefmartec.com/wp-content/uploads/2020/04/martech-landscape-2011-2020.jpg)

immer größeren Mengen an Daten wertvolle Informationen zu generieren. Interessant in Bezug auf die Entwicklung ist der Bereich „Management“. War dieses Themengebiet in den vergangenen Jahren in Bezug auf das Wachstum eher im hinteren Bereich des Rankings angesiedelt, so liegt es im Vergleich zum Jahr 2019 mit 15,2 Prozent auf dem zweiten Platz in Bezug auf das Wachstum. Hintergrund dafür ist, dass das gesamte Umfeld im Industriegüter Marketing sowohl intern in den Organisationen als auch extern in Bezug auf die rasant steigende Zahl an verfügbaren Kanälen ein immer komplexeres Netzwerk darstellt. Entscheidend ist daher, Prozesse und Abläufe stringent dokumentieren und managen zu können. Umso wichtiger ist daher die Marketing Process Library (MPL), wie diese im Marketing Reifegrad Modell definiert ist, als Fundament für die nachhaltige Entwicklung eines performanten B2B Marketings. Die aktuelle Übersicht aller gelisteten Anbieter kann unter https://martech5000.com/ downgeloaded werden. Drei Begriffe sind eng mit dem Thema MarTech Stack verbunden. Es handelt sich hierbei um wesentliche strategische Aspekte in Bezug auf die Skalierung einer MarTech Infrastruktur einer Organisation und sich daraus ableitend einer Vielzahl von Variationen der Anbieterstrategien:

- Suite beschreibt Lösungen im Sinne von „alles in einer Box“ von einem Anbieter
- Plattform bezeichnet ein „Marketing-Rückgrat“, das es erlaubt Produkte vieler Unternehmen zu verbinden und zusammen zu nutzen
- Portfolio umschreibt ein MarTech Stack als flexible Sammlung lose gekoppelter Produkte von verschiedenen Anbietern, die von einem Unternehmen unterstützt werden

Wie immer im Leben gibt es keine Vorteile ohne einen Nachteil. Stellt die MarTech Suite das so perfekt anmutende „One Stop Shopping“ für den B2B Marketer dar, so muss man sich auch der Nachteile bewusst sein. Wenn die Suite nicht über speziell geforderte Funktionalitäten verfügt oder sich diese nicht entsprechend implementieren oder einbinden lässt, sind einem dadurch die Hände gebunden. Denn innerhalb eines Suite Strategie sind in einem solchen Fall erforderliche „Work Arounds“ fast nicht realisierbar.

6.1 Die Suite für KMUs

So reizvoll es ist, alles in einer Box zu haben, muss man sich auch vor dem Hintergrund der enormen Dynamik des Marketing-Ökosystems mit einer Suite Strategie dann oftmals in Geduld üben. Wenn nämlich zum Beispiel neue LinkedIn- oder WeChat-APIs oder ein neuer Kanal wie TikTok entstehen, dann kann es eine Weile dauern, bis der Anbieter des Suite-Produktes die Aktualisierungen bzw. Integrationen bereitstellen kann. Mit einer Suite setzt man alles auf eine Karte, ähnlich wie im Bereich der ERP-Systeme. Schnell findet man sich daher in einem „Lock-in“ Syndrom (Shapiro und Varian 1999) wieder und der Wechsel zu einem anderen Anbieter wird teuer und zeitintensiv sein.

Die größte Herausforderung für MarTech Suites ist die eigene Dynamik des MarTech Sektors. Ein Anbieter solcher Lösungen muss in allen Bereichen der Wertschöpfungskette des modernen B2B Marketings auf dem Laufenden sein. Eine Suite läuft Gefahr, die eierlegende Wollmichsau zu werden. Immer neue Funktionalitäten müssen angehängt werden, um die Bedürfnisse und Wünsche aller Kunden stets erfüllen zu können. Dadurch wird die Suite immer umfassender und komplexer und die Entropie wirkt gegen das System selbst auch letzten Endes gegen den B2B Marketer. Eine Suite Lösung ist aus strategischer Sicht dann empfehlenswert, wenn folgende zwei wesentlichen Aspekte erfüllt sind:

- Bedarf an wesentlichen Kernfunktionen einer modernen B2B Marketing Wertschöpfungskette mit einer adäquaten Stabilität
- Vorhandensein einer relativ homogenen und bekannten Zielgruppe

Das bedeutet, dass für kleine und mittelständische Unternehmen ohne umfassende MarTech Kompetenz die Suite Strategie sehr sinnvoll sein kann. HubSpot,[25] ein Unternehmen mit Agenturhintergrund, kann als Beispiel für eine solche Suite genannt werden. Hubspot ist in Bezug auf die Systemstruktur und -architektur tendenziell für kleine und mittelständische Unternehmen ausgelegt. Ein großes Manko für multinationale Konzerne stellt zudem der Bereich des Account-based Marketing (ABM) dar, das bei diesem Anbieter nicht entsprechend eingebettet und abgedeckt ist. Ein weiterer solider Anbieter einer MarTech Suite ist Infusionsoft[26] von Keap. Wenn große Unternehmen an eine Suite Lösung denken, dann kommen eigentlich nur die Global Player Adobe und Aprimo[27] für die Enterprise-Klasse in Frage. Adobe hatte sich im Jahr 2019 für rund 4,75 Milliarden Dollar mit der Akquisition von Marketo[28] in den Suite Enterprise Markt fulminant eingekauft und kann somit seitdem globale Konzerne und Organisationen perfekt bedienen.[29]

Für globale Unternehmen sind die Risiken und Vorteile einer Suite allerdings schwieriger abzuschätzen und es stellt sich die Frage, ob eine Suite zu den eigenen Prozessen, zur eigenen Struktur und der Organisation langfristig passt. Denn auch für den Bereich der MarTech Infrastruktur gilt das Paradigma der IT generell, dass alles, was passend gemacht werden muss, viel Zeit und Geld kostet. Wieviele Milliarden wurden seinerzeit verschlungen, um im Rahmen von SAP Implementierungen die sogenannten Industry Prints mit den Kunden durchzugehen in Bezug auf erforderliches Customizing. Die Strategie muss sein, möglichst jene MarTech Lösungen zu finden, die den eigenen Prozessen und Strukturen am ähnlichsten sind und dann nicht die Software an die eigenen Strukturen anzupassen, sondern umgekehrt. Das spart Geld, Nerven und Zeit.

[25] https://www.hubspot.com/. Zugegriffen am 05.05.2020.

[26] https://keap.com/infusionsoft. Zugegriffen am 05.05.2020.

[27] https://www.aprimo.com/. Zugegriffen am 05.05.2020

[28] https://www.marketo.com/. Zugegriffen am 05.05.2020.

[29] https://t3n.de/news/fuer-4-75-milliarden-dollar-uebernimmt-adobe-die-marketing-plattform-marketo-1112334/. Zugegriffen am 05.05.2020.

6.2 Die Plattform für die B2B Profis

Salesforce.com ist einer der Dinosaurier im Markt und kann als der Inbegriff einer Plattform bezeichnet werden, deren Erfolg darauf beruht, seit jeher für Produkte von anderen Anbietern im Sinne einer „Open Source“ Philosophie offen gewesen zu sein. Im Umkehrschluss war es für Drittanbieter sehr einfach, sich in die Salesforce-Umgebung einzufügen und Daten zu teilen. Organisationen können zudem jene Plug-Ins auswählen, die am besten den spezifischen Anforderungen entsprechen – oder eben eigene programmieren, wenn etwas Anderes gefordert ist.

Im Gegensatz zu einer informationstechnisch „geschlossenen“ Suite ist eine Plattform systemtechnisch offen. Das bedeutet, dass das Austauschen oder Optimieren von Funktionen mit anderen Produkten und Lösungen anderer Anbieter oder benutzerdefinierter Komponenten sehr leicht möglich ist. Eine Plattform kann auf den ersten Blick mit einer Suite sehr leicht verwechselt werden, da auch die Plattform eine große Auswahl an sofort einsatzbereiten Funktionen beinhaltet. Stark im Kommen ist die Plattform Marketo. In den vergangenen Jahren haben sich gerade im anglo-amerikanischen Bereich immer mehr Großkonzerne für das nunmehrige Adobe-Produkt entschieden. Einer der USPs ist sicherlich das Account-based Marketing (ABM) Feature und die gute Integrierbarkeit. Eine solche Plattform muss einen Hauptzweck als grundlegender Dienst oder Stammdaten-Repository erfüllen, den andere Dienste, Komponenten und Softwarelösungen nutzen können. Eine Plattform versucht somit nicht, alles selbst in sich zu vereinen und damit zu komplex zu werden, sondern eine Grundlage zu bieten, auf der viele andere spezialisierte Produkte aufbauen bzw. über diese verknüpft werden können.

Wenn man sich als B2B Marketer mit dem Gedanken trägt in Richtung einer Plattformstrategie zu gehen, dann müssen folgende Aspekte betrachtet werden:

- Wie gut erfüllt die Kernfunktion der jeweiligen Plattform die definierten Spezifikationen? Salesforce.com ist eine stabile Plattform – aber das bedeutet nicht, dass sie auch als Basis im Sinne eines CRMs für Ihr Unternehmen geeignet ist?
- Wie groß ist das Ökosystem des Anbieters in Bezug auf Partner und Entwickler? Ist es stabil und wächst es? Wie groß sind die Auswahlmöglichkeiten hinsichtlich Erweiterungen und Ergänzungen?
- Wie einfach ist es, mit den APIs des jeweiligen Anbieters zu arbeiten, um auf die Daten zuzugreifen und eigene spezifische Verbesserungen zu programmieren? Wie stabil sind diese APIs?

Anbieter wie Eloqua[30] (jetzt Oracle Marketing Cloud), Marketo (jetzt Adobe Marketing Cloud), Neolane[31] oder Pardot[32] (jetzt Salesforce) dokumentieren und ergänzen Kunden-

---

[30] https://www.oracle.com/marketingcloud/products/marketing-automation/. Zugegriffen am 05.05.2020.

[31] http://www.neolane.com/. Zugegriffen am 05.05.2020.

[32] https://www.pardot.com/. Zugegriffen am 05.05.2020.

profile und Interaktionen mit Kunden als Marketing Automation Lösungen im Vergleich zu herkömmlichen CRM Systemen wesentlich besser. Als Plattformen bieten diese auf die gesamten Daten einfachere und stabilere Zugänge auch im Umfeld von größeren und komplexeren IT-Ökosystemen großer, globaler Unternehmen. Durch das Systemsetting und die globale Präsenz können diese Anbieter auch in Bezug auf globale und lokale Anforderungen perfekt unterstützen. Langfristig bietet die Plattform Strategie für global tätige B2B Unternehmen sicherlich die erfolgversprechendste und risikominimierendste Variante mit stabiler Basisstruktur und ausreichend Flexibilität hinsichtlich Ergänzungen und Erweiterungen. Dies bestätigt auch die Tatsache, dass Hubspot alles unternimmt, um das Suite Image ablegen und jenes eines Plattform Anbieters im Markt etablieren zu können. Dabei kommt eine sehr attraktive Go-to-Market-Strategie zur Anwendung, und Hubspot verschenkt jetzt eine CRM-Plattform kostenlos.

Für B2B Marketer bedeutet eine Plattform Strategie mehr Arbeit und Aufwand. Andere, zusätzliche Produkte müssen prozess- und informationstechnisch angeschlossen und eigene Erweiterungen konzipiert und realisiert werden. Mit der Zeit entsteht eine eigene Lösung, die auf die eigene Organisation zugeschnitten ist. Auf Entwicklungen und Innovationen kann rasch und flexibel reagiert werden. Das bedeutet aber auch, dass wenn eine solche Plattform als Kernstück eines B2B MarTech Stack gekauft wird, dies als eine solide Ausgangsbasis für eine nachhaltige Lösung und B2B Marketingstrategie erachtet werden muss. Ebenso wie beim Wechsel von einer Suite Lösung zu einer anderen, ist auch der Wechsel auf eine andere Plattform zeit- und kostenintensiv.

6.3 Die Portfoliostrategie als das Dschungelbuch der ungeahnten Möglichkeiten

Die dritte MarTech Strategie bietet Flexibilität pur. Allerdings bedeutet dies aber auch, sich der lauernden Gefahren stets bewusst zu sein. Anbieter dieser Kategorie bieten eine Reihe verschiedener MarTech Produkte an. Das Portfolio unterliegt dabei weder inhaltlich noch informationstechnisch bestimmten Vorgaben. Angeboten wird, was sich verkauft. Egal, ob Social Media oder Mobile Marketing, werden die Anbieter für alles eine App haben. Diese „Offenheit“ bedingt, dass es keine festdefinierte Anbindung bzw. Integration zwischen den verschiedenen Produkten im Portfolio gibt. Portfoliostrategie meint Gemischtwarenladen. Alles passt zusammen, kann Daten austauschen, kann aber auch alleine existieren. Diese Flexibilität bezieht sich nicht nur auf Produkte der jeweiligen Portfolios, sondern gilt auch für Komponenten von anderen, externen Drittanbietern. Im Bedarfsfall können gesamte Portfolios ausgetauscht werden, womit dieser Ansatz eine sehr flexibel, formbare Technologiestrategie darstellt. Eine Portfoliostrategie bietet viele weitere Vorteile:

- Völlige Flexibilität hinsichtlich neuer Entwicklungen und Innovationen, da diese neuen Produkte unabhängig erworben oder entwickelt werden
- Heterogenität innerhalb der Portfolios erlaubt Cherry Picking der jeweils besten Lösungen eines Themenbereiches oder einer Funktionalität
- Anbieter entwickeln immer mit Bezug zum Markt, den Anforderungen und somit der relevanten Kontingenzsituation, weshalb sich die Produkte stets unabhängig schnell oder langsam entwickeln können

Große Agenturen sowie große IT-Beratungsunternehmen wie Accenture, Deloitte, IBM oder Sapient sind in diesem Bereich aktiv. Die Portfolios sollen als Unterstützer für Beratungsdienstleistungen dienen und das Spektrum an möglichen Umsatzquellen erweitern. Software-as-a-Service (SaaS) bietet ja den enormen Vorteil, dass langfristig planbare Umsatzströme entstehen, wohingegen Beratungs- und Dienstleistungsaufträge enormen Schwankungen unterliegen können. Für B2B Marketers kann die externe Unterstützung die Implementierung und das gesamte Set-Up eines MarTech Stacks erheblich beschleunigen und vereinfachen. Wichtig ist in diesem Zusammenhang sich im Klaren darüber zu sein, für welche Leistungen ein externer Berater eingekauft werden sollen. Geht es vorrangig um konzeptionelle Unterstützung oder aber hauptsächlich um Unterstützung im Bereich der IT hinsichtlich Schnittstellen, Adaptierungen oder Programmierungen bzw. Integration in eine unternehmensinterne Systemumgebung?

Oftmals fehlt B2B Marketing Managern die Erfahrung und Kompetenz im Lesen von Beratungsangeboten. Dieses Wissen ist jedoch entscheidend, um von Beginn an die Spreu vom Weizen trennen zu können. Das bedeutet wiederum, nicht unnötig Zeit mit inkompetenten Anbietern zu vergeuden und sich stattdessen intensiv mit den wahren Kompetenzträgern kritisch auseinander zu setzen. Mit der ausreichenden Expertise können Sie im Durchschnitt jedes Beratungsangebot im Umfang von zwischen 20 und 30 Seiten innerhalb von 5 Minuten querlesen, analysieren und sofort Bescheid wissen.

Lassen Sie sich nicht abspeisen. Hinterfragen Sie alles genau. Es gibt keine dummen Fragen. Wenn sich jemand nicht die Zeit nimmt, um geduldig Ihre Fragen zu beantworten und sich mit Ihnen auseinander zu setzen, dann ist er auch nicht der richtige Berater im Sinne eines Wegbegleiters für Sie. Es geht einmal mehr um Methoden- und Strukturkompetenz (Seebacher 20). Wenn Sie nicht die erforderliche Erfahrung im Umgang mit Beratern und externen Anbietern haben, dann ziehen Sie sich einen Kollegen mit entsprechendem Hintergrund in der Beratungsindustrie zur Seite. Er oder sie wird Ihnen helfen, die Beratungsangebote effektiv zu analysieren.

Oder aber wenden Sie sich an Ihre Einkaufsabteilung. Sie wird Ihnen ebenso kompetent zur Seite stehen, wenn es sich um den Zukauf von Dienstleistungen oder aber auch von IT-Produkten handelt. Gerade bei MarTech Produkten gilt es, die Kostentreiber hinter den Pricing Strategien der Anbieter zu durchschauen, um nicht in eine Kostenfalle zu tappen.

Wenn Sie als B2B Marketer überlegen, den Weg in Richtung einer Portfoliostrategie einzuschlagen, dann sollten Sie Folgendes berücksichtigen:

- Wird oder kann sich der Anbieter in Ihren MarTech Stack integrieren?
- Wie ist die Nutzerfreundlichkeit des Anbieters bzw. seiner Produkte? Ist Ihr B2B Marketing Team in der Lage, die Technologie rasch alleine zu nutzen, um die eigenen Marketinginitiativen ohne Support durch den externen Anbieter zu managen?
- Was passiert, wenn Sie nicht mehr mit dem Dienstleister zusammenarbeiten? Können Sie auch weiterhin die Produkte nutzen oder sind Sie dann zu einem Wechsel gezwungen?
- Wie sieht es mit der nachhaltigen Wartung und dem Service aus?
- Haben Sie jederzeit Zugang zu Ihren Daten? Können Sie rasch und einfach diese extrahieren und lokal speichern? Was passiert im Worst Case der Insolvenz des Anbieters oder wenn Sie zu einem anderen Anbieter wechseln möchten?

Die enorme Flexibilität dieser Strategie kostet auf der anderen Seite Geld und Zeit. Vor allem aber ist es als B2B Marketing Manager erforderlich, sich aktiv mit dem gesamten MarTech Stack ständig auseinander zu setzen. Diese Strategie kann im übertragenen Sinn mit dem Bau eines Hauses verglichen werden, im Rahmen dessen Sie als B2B Marketing Manager selbst den Plan für das Haus zeichnen, mit Unterstützung durch einen Experten die Statik berechnen, und dann jedes einzelne Gewerk selbst ausschreiben, den Anbieter auswählen und diesen dann managen und kontrollieren. Im Vergleich dazu, bietet Ihnen der Plattform Anbieter den Masterplan für einen Haustyp Ihrer Wahl und liefert Ihnen das gesamte Bauwerk mehr oder weniger belagsfertig. Ihre Aufgabe besteht dann darin, das Haus mit Leben zu erfüllen und es zu komplettieren. Ähnlich wie auch im wahren Leben kommt es bei dieser Strategie darauf an, dass Sie bei der Wahl des Haustyps den geltenden Bebauungsplan in Form der IT-Strategie berücksichtigen, damit sich das Haus dann perfekt in die Umgebung einfügen kann und wird. Die Plattformstrategie eignet sich tendenziell für größere Häuser und Villen oder aber auch Mehrparteienhäuser, wohingegen sich das Modell Suite eher für kleinere Einheiten perfekt eignet. Mehr oder weniger völliger Beifahrer sind Sie beim Modell „Fertigteilhaus", das komplett vorgefertigt geliefert wird und Sie dann das Haus nur mehr beziehen müssen bzw. dürfen. Große Veränderungen sind nicht möglich aber dafür steht das kleine, feine Haus sauber und solide vor Ihnen in vollem Glanz – und das bereits nach relativ kurzer Zeit. Mit dem Suite Modell kaufen Sie das Rund-um-Sorglos-Paket von der Stange.

7 Wo bleiben CRM und MA im Jurassic Parc?

Es stellt sich die Frage, wo bleiben CRM und Marketing Automation, denn im Jurassic Parc der MarTech 8000 finden sich diese Begriffe per se nicht. Als B2B Marketing Manager stellt sich die Frage, welche Lösungen brauche ich wirklich? Welche Produkte passen überhaupt zu der im eigenen Unternehmen vorhandenen IT-Infrastruktur und zur unternehmenseigenen IT-Strategie? Ist MarTech überhaupt mein Themengebiet oder sollte sich nicht die IT darum kümmern? Im Folgenden werden wir vor dem Hintergrund der geschichtlichen Entwicklung, die verschiedene Begriffe in einen Gesamtzusammenhang bringen und eine strukturelle „MarTech Journey" darstellen, um sich im Jurassic Park des B2B Marketings auch als nicht IT-affiner Marketing Manager zurecht zu finden.

Marketing Automation (MA) ist jene Technologie, die das Marketing über Kanäle hinweg optimiert und wiederkehrende Aufgaben automatisiert. Es geht um Automatisierung und Optimierung von repetitiven Abläufen. CRM als Technologie dokumentiert und verwaltet die Interaktionen zwischen Unternehmen und Interessenten als auch Kunden. Gemeinsam und sich ergänzend bilden Marketing Automation und CRM die Basis des MarTech-Stacks, also der modernen technologischen Basis für B2B Marketing. Während MA B2B Marketing Managern hilft, über alle Kanäle möglichst effektiv und effizient eine definierte Zielgruppe zu erreichen, ermöglicht CRM dem Vertrieb, Beziehungen im Sinne von Interaktion und Kommunikation zu bestehenden, aber auch neuen Kunden zu dokumentieren, zu managen und zu pflegen. Bisher wurden die CRM-Systeme vorwiegend vom Vertrieb genutzt, um das Gesamtbild der Kunden zu verstehen und Geschäfte effektiver abzuschließen. Dieser Umstand sorgte in den vergangenen Jahren in Unternehmen sehr oft für Konflikte und Diskussionen, da sowohl die IT, der Vertrieb, aber auch das Marketing die Hoheit über das CRM für sich beanspruchten. Die geschichtliche Einführung hat gezeigt, dass CRM zwar im Vertrieb entstanden ist, aber über die Jahre immer neue weitere Funktionalitäten entwickelt wurden, die in den Bereich des B2B Marketings fallen. In den nächsten Jahren werden sich CRM Lösungen von einem typischen Instrument zum Eintragen und Verwalten von Daten und Informationen zu einem System entwickeln, die in Bezug auf Nutzerfreundlichkeit mehr an soziale Netzwerke erinnern. Morgan Norman, CMO von Copper, kommentiert die Entwicklung von CRM in einem Interview mit MTA wie folgt:

> „Some CRM improvements will include recommending next actions, native integration with modern work tools …, and conservational-based behavior which will change marketing automation. The next evolution of CRM will get simpler, will focus exactly on what the user needs to manage relationships, and will take minutes to implement instead of years. As CRM platforms keep evolving, they'll become more personalized and more able to cater to the needs of teams and organizations of all types and sizes."[33]

[33] https://www.martechadvisor.com/articles/marketing-automation-2/marketing-automation-crm-relationship-evolution/. Zugegriffen am 28.04.2020.

Das bedeutet, CRM Systeme werden sich auch weiterhin als wesentlicher und integraler Bestandteil von MarTech Umgebungen in Organisationen etablieren, die von IT-Abteilungen systemtechnisch betreut werden, in die der technische Vertrieb mobil und interaktiv Informations- und Kommunikationsdaten eingibt, und die das B2B Marketing nutzt, um Daten zu analysieren, auszuwerten und weiterzuverwenden, bezogen auf laufende Optimierung von Aktivitäten und Kampagnen.

7.1 Der Verkauf profitiert von Marketing Automation

In Bezug auf die MA-Lösung muss allerdings das Rollenverständnis adaptiert werden. Denn es kann und soll nicht Aufgabe des Vertriebs sein, Kampagnen in der MA-Lösung aufzusetzen, diese zu kontrollieren und diese zu optimieren. Im Gegenteil muss der technische Vertrieb gemeinsam mit B2B Marketing Maßnahmen konzipieren, die dann vom Marketing operativ in die jeweilige Marketing Automation Lösung eingegeben und über diese ausgespielt werden. Der Vertrieb soll mit dem CRM-System arbeiten, aber nach Möglichkeit mit dem Marketing Automation System keine operativen Berührungspunkte haben. Vor diesem Hintergrund muss B2B Marketing sicherstellen, dass die unternehmensinterne MarTech bestmöglich integriert und strukturiert ist. Die Funktion der IT-Abteilung in diesem Zusammenhang besteht darin, die Businessanforderungen seitens B2B Marketing entsprechend umzusetzen. Die inhaltliche Hoheit in Bezug auf die MA liegt somit im Bereich des B2B Marketing, die technische Hoheit bei der IT.

Mithilfe der MA sollen Verkäufer Lead-Nurturing-Programme durchführen, und Cross-Selling- und Upselling-Möglichkeiten identifizieren. Die Konzeption erfolgt in enger Kooperation von Marketing und Vertrieb. Das operative Umsetzen mit Hilfe der MA-Lösung hingegen erfolgt durch das B2B Marketing, damit sich der Vertrieb auf das Verkaufen konzentrieren kann. Wenn die Leads auf Basis des zu definierenden Service Level Agreements (SLA) zwischen B2B Marketing und Vertrieb in weiterer Folge den Status eines Marketing Qualified Leads (MQL) erreicht haben, wird dieser von Marketing an den Vertrieb übergeben, der dann die Leads schließen und eine Vertriebspipeline aufbauen muss. Wie das im Hintergrund technisch abläuft, wird und kann unternehmensspezifisch unterschiedlich geregelt sein und hängt von der Integration der jeweils im Einsatz befindlichen MarTech Systeme ab. Um eine bestmögliche systemtechnische Struktur im Sinne eines MarTech Blueprints zu etablieren, wird im weiteren Verlauf dieses Kapitels eine entsprechende Vorgehensweise dargestellt. Mike Dickerson, CEO von ClickDimensions, erklärt, wie MA-Lösungen den Vertrieb unterstützen können:[34]

[34] https://www.martechadvisor.com/articles/marketing-automation-2/marketing-automation-crm-relationship-evolution/. Zugegriffen: 28. April 2020.

„Marketing automation can support sales with web intelligence, allowing sales teams to understand prospect behavior and what interests them most. Armed with better prospect intelligence, the sales team can begin nurturing potential relationships quicker, more effectively serve potential customers the information they want and attract more customers for the organization.“

Das gesamte Potential von CRM und MA kann aber nur durch die Entwicklung und Etablierung einer Business Intelligence realisiert werden. Denn durch eine moderne MarTech Infrastruktur werden im Laufe der Zeit enorme Mengen an wertvollen Daten gesammelt. Es kommt darauf an, diese Daten automatisiert auszuwerten, um auf dieser Basis zukünftige Verkaufspotenziale bestmöglich hinsichtlich Anwendung, Produkt, Region aber auch Zeit antizipieren und identifizieren zu können. In Bezug auf MarTech verhält es sich leider genauso wie mit Rechtsanwälten und Steuerberatern. MarTech wird auf lange Sicht nur so erfolgreich sein, wie man diese mit Intelligenz entsprechend aufsetzt, füttert und pflegt. Wenn man seinem Steuerberater nicht selbst die entsprechenden Anregungen und Tipps gibt, wird die entsprechende Steuerrückerstattung spärlich ausfallen.

7.2 MarTech Anbieter sind die Besten

Wenn nicht sie, wer dann! MarTech Anbieter wissen genau, wie sie sich perfekt vermarkten können, denn es ist ihr Geschäft. Es ist wohl die größte Herausforderung für B2B Marketing Manager, sich im bunten Jurassic Park der nunmehr 8000 Produkte und Lösungen im Bereich des MarTech Stack zurecht zu finden. Eines gleich vorweg: viele Lösungen sind brillant aufbereitet und vermarktet, werden aber nie den entsprechenden Mehrwert für Industrieunternehmen liefern können bzw. so schnell gegangen sein, wie sie gekommen sind. Entscheidend ist daher, in kurzer Zeit mit Struktur und Methode die wirklich guten und passenden Produkte im immer dichteren Dschungel der ständig steigenden Zahl an verfügbaren Lösungen und Produkten erkennen zu können. Umso wichtiger ist es, als B2B Marketing Manager von Beginn an sich der Rolle von MarTech als Befähiger bewusst zu sein und einen Plan für den Aufbau des MarTech Stack zu haben.

Das Kundenerlebnis wird immer wichtiger, da die Anzahl an Formaten, Kommunikationskanälen und auch Medien immer weiterwächst. Das Ziel muss daher sein, aus der Masse heraus zu stechen. Dies gelingt nur mit guten Geschichten, smarter kundenspezifischer Aufbereitung von Inhalten und einem perfekten Kundenerlebnis. Da dem Kundenerlebnis immer größere Priorität eingeräumt werden muss, kann MarTech eine entscheidende Rolle spielen, indem wichtige Kundendaten abteilungsübergreifend bereitgestellt werden. B2B Marketer können Kundendaten verwenden, um zielgerichtete Informationen zu senden und diese in der jeweils richtigen Form zur richtigen Zeit über den jeweils vom Kunden präferierten Kanal auszuspielen. B2B Marketer können aber auch durch Algorithmen und Regressionsanalysen mittels Business Intelligence Kaufmuster von Kunden verfolgen und dadurch mittels Predictive Analytics zukünftige Bedarfe von Kunden und deren Kaufverhalten antizipieren. Mit diesen Informationen können dann sehr gezielte, situationsspezifische Demand Generation oder aber auch Lead Nurturing Kampagnen konzipiert und über MA ausgespielt werden.

7.3 Kein Anbieter kann Customer Intelligence

Jegliche Intelligence kann und muss intern in den Unternehmen aufgebaut werden. Weder ein System noch eine externe Agentur kann ihnen dabei nachhaltig helfen. In allen Belangen der Intelligence muss das B2B Marketing das sprichwörtliche Mastermind sein. Kurz gesagt, B2B Marketing kann mit Hilfe eines richtig aufgesetzten und gewachsenen MarTech Stack schrittweise neben Market Intelligence auch eine Customer Intelligence entwickeln, die wiederum die Basis für eine 360 Grad Customer Experience (CX) ist. Aus vormals einzelnen, nicht verbundenen Insellösungen mit redundanten Daten wird ein Datenpool mit enormem Potential für kurz-, mittel- bis hin zu langfristiger Umsatzgenerierung und -optimierung, wie einige Fallstudien im dritten Teil dieser Publikation anschaulich darstellen.

Sherri Kolomayz, Senior Product Marketing Manager bei Infor, beschreibt sehr anschaulich, welches Potential alleine die unternehmensweite Nutzung eines CRM haben kann in Bezug auf Customer Centricity:

> „When utilized across organizational silos, a seamless CRM system can create richer and more relevant customer experiences. An integrated CRM solution gives virtually any employee the information needed to address a customer's need at the point of origin, rather than bouncing the customer from person to person across the company – resulting in disconnected customer experience.“[35]

Eine solche unternehmensweite Nutzung einer gemeinsamen CRM-Lösung ist ein Management Thema, kein IT-Thema. Viele global tätige Industrieunternehmen haben es heute als Ergebnis von vielen Unternehmenszukäufen der vergangenen Jahre mit vielen verschiedenen CMR-Systemen zu tun. Das führt unweigerlich zu Dubletten im Sinne von Mehrfachnennungen eines einzelnen Kunden in den verschiedenen Systemen. Für einen B2B Marketing Manager stellt dies mehr oder weniger das schlimmste Szenario dar. Bevor überhaupt an die Konzeption und Etablierung einer modernen MarTech Infrastruktur gedacht werden kann, muss im Schulterschluss mit der IT des Unternehmens eine Strategie für die Vereinheitlichung der im Einsatz befindlichen CRM-Systeme definiert und auf den Weg gebracht werden. Erst dann wird es möglich und sinnvoll, Aktivitäten zur Datenbereinigung zu initiieren und darauf aufbauend weitere Elemente einer modernen B2B MarTech Struktur zu evaluieren, einzubinden bzw. an das CRM oder die CRM-Umgebung zu koppeln.

---

[35] https://www.martechadvisor.com/articles/marketing-automation-2/marketing-automation-crm-relationship-evolution/. Zugegriffen am 28.04.2020.

Eine Variante für die Zusammenführung mehrerer Systeme stellt das Konzept der Integrationsplattform als Service (iPaaS)[36] dar. Mittels iPaaS können Unternehmen verschiedene Cloud-basierte und lokale Anwendungen integrieren, um einen zusammenhängenden MarTech Stack aufzubauen. iPaaS ist allerdings wiederum nur ein technisches Konstrukt, das bei Fehlen eines inhaltlich soliden und durchdachten Konzeptes auch nicht erfolgreich sein wird. Die Rolle von IT und damit einhergehenden technischen Konzepten hat sich im Laufe der letzten 50 Jahre signifikant geändert. War die IT zu Beginn der Automatisierung noch der Treiber der Entwicklungen, sehen sich heute die CIOs und deren Abteilungen als Schnittstelle zwischen IT und Business. Neben der Definition und Umsetzung der IT Strategie besteht die Hauptaufgabe auf operativer Ebene in der Übersetzung und Umsetzung der Anforderungen aus den operativen Bereichen. Dies bedeutet, dass die Mitarbeiter der IT mehr denn je als Schnittstellen Manager zwischen Business und Technologie agieren müssen. Selbstverständlich geschieht dies alles innerhalb der durch den CIO und seinen IT-Bereich definierten IT-Strategie des Unternehmens.

8 Die MarTech Journey

Vor diesem Hintergrund wird im Folgenden ein in der Praxis erprobter Prozess beschrieben, der Ihnen als B2B Marketing Manager helfen soll, Ihren Weg durch den MarTech Dschungel zu finden. Die verschiedenen Phasen bzw. Schritte können natürlich in einander fließen, sollten aber als generischer Leitfaden hinsichtlich eines stringenten Vorgehens unterstützen. Erwarten Sie sich keine Wunder, denn einmal mehr ist der Erfolg eine Reise aus vielen kleinen Etappen auf Ihrer ganz persönlichen MarTech Journey.

8.1 Schritt 1: Das CRM-System

Es ist wie in der Architektur und in der Wissenschaft. Wenn Sie kein solides Fundament haben, wird Ihnen Ihr Gebäude oder Ihre Hypothese um die Ohren fliegen. Einmal mehr geht es darum, die Hausaufgaben zu machen. Sie müssen sich einen Überblick verschaffen über die relevante IT-Infrastruktur in Ihrem Bereich beziehungsweise in Ihrem Unternehmen. Folgende Fragen sollten Sie entweder alleine, mit Recherche oder gemeinsam mit jemandem seitens der IT diskutieren und besprechen:

- Gibt es eine CRM-Lösung?
- Wann wurde das CRM-System angeschafft oder ist es eine selbst programmierte Lösung?
- Wenn ja, wird diese umfassend vom Vertrieb genutzt oder nicht?
- Wenn nicht, warum?
- Wie ist die Datenqualität im CRM?

[36] https://en.wikipedia.org/wiki/Cloud-based_integration. Zugegriffen am 28.04.2020.

- Ist das CRM im gesamten Unternehmen verfügbar und hat der gesamte Vertrieb darauf Zugriff?
- Wer aus dem Marketing hat Zugriff auf das CRM-System?
- Ist das CRM-System auch mobil verfügbar?
- Gibt es eine eigenen CRM-Strategie und wie sieht diese aus?
- Wie steht das Management zum CRM-System?
- Wer seitens des Management hat Zugriff auf das System und wie oft wird es genutzt?
- Werden die Daten aus dem CRM durch das Management für das Reporting verwendet?

Wenn Sie diese Fragen beantworten können, haben Sie den Ausgangspunkt Ihrer MarTech Journey definiert. Anhand der zuvor gestellten Fragen und den entsprechenden Antworten können Sie bereits wichtige Erkenntnisse ableiten. Sie wissen, wie hoch die Akzeptanz des CRM-Systems im Unternehmen bzw. im Vertrieb ist, ob das Management das CRM als „Single Point of Truth" nutzt und wie lange noch an diesem System festgehalten werden wird. Und Sie sollten auch im Bilde sein, in welche Richtung sich das CRM entwickeln wird. Wenn nämlich das System erst kürzlich angeschafft wurde, so besteht noch Hoffnung, dass Sie mit Marketing in Bezug auf die Datenqualität und Nutzung des Systems zeitnah relevante Maßnahmen in die richtige Richtung setzen werden können. Sollte das System, wie in vielen Fällen, bereits seit vielen Jahren etabliert aber erfolglos im Unternehmen mehr als Alibi genutzt werden, ist es entscheidend zu erkennen, woran das liegen kann. Folgende Hauptursachen können dafür ausschlaggebend sein:

- Kein Commitment des Top Managements
- Schlecht aufgesetztes System in Bezug auf Dateneingabe, automatische Befüllung von Feldern oder aber keine mobile Verfügbarkeit
- Kein Mehrwert für das Management und/oder den Vertrieb im Sinne eines aussagekräftigen Reportings oder aber als Rolling Forecast

Dies sind die Hauptursachen, die dazu führen, dass ein CRM-System nicht erfolgreich von Organisationen genutzt wird. Entscheidend wird sein, zu erkennen, was wirklich dahintersteckt. Egal, was auch immer ins Treffen geführt wird, Sie werden bei genauerem Nachfragen immer auf einen der drei Punkte oder vielleicht eine Mischung daraus als Hauptursachen kommen.

> Sie definieren keine IT-Strategie. Als B2B Marketing Manager ist es Ihre Aufgabe mit den im Unternehmen zur Verfügung gestellten IT Tools bestmöglich umzugehen. Wenn das CRM-System nicht den definierten Nutzen erbringt, dann ist es Ihre Aufgabe durch saubere Analyse die Gründe dafür zu identifizieren. Als B2B Marketer ist das CRM der Schlüssel zum Erfolg, um eine stringente Customer Centricity im Sinne einer 360 Grad Kundensicht zu entwickeln. Dafür müssen Sie mit den relevanten internen Stakeholder gemeinsam Maßnahmen definieren, um das bestehende CRM-System in Bezug auf die Nutzung zu optimieren.

Seitens des Vertriebs wird es immer Gründe geben, warum das momentan im Einsatz befindliche CRM-System nicht funktioniert. Der Vertrieb hat nämlich kein Interesse an einem funktionierenden CRM-System, denn es schafft Transparenz und zeigt, wer im Vertrieb seine Hausaufgaben macht und wer nicht. Zusätzlich bedeutet das CRM-System für die Vertriebsmitarbeiter eine nicht unwesentliche Mehrarbeit, um die gesamte Kundeninteraktion, aber auch Kommunikation entsprechend im System zu hinterlegen. Und das Schlimmste daran ist, dass wenn der Vertrieb diese Arbeit sauber erledigt, diese Arbeit die Basis dafür sein könnte, dass bei Nicht-Erreichen der Ziele sehr klar werden würde warum. Die Folge daraus ist, dass bei einer nur mangelhaften Nutzung des CRM-Systems der Vertrieb weniger transparent und damit auch weniger messbar ist.

Als Konsequenz bedeutet dies, dass ein CRM nur erfolgreich genutzt wird, wenn seitens des Top Managements das CRM als Single Point of Truth definiert und für das Reporting nur jene Information herangezogen werden, die auch im CRM hinterlegt sind. Fazit: Alles, was nicht im CRM-System hinterlegt ist, gilt und existiert für das Management auch nicht.

Wenn Sie aber im Rahmen Ihrer Recherche in den verschiedenen Gesprächen mit Ihren Vertriebskollegen zum Schluss kommen, dass das CRM nicht sauber aufgesetzt ist, dann müssen Sie der Sache auf den Grund gehen. Vielfach wird ein IT-System angeschafft, aber im Rahmen der Implementierung wird das System nicht customized oder aber zu Ende gedacht. Das führt dazu, dass Datenfelder manuell mit Text befüllt werden müssen, obwohl eine automatische Befüllung aus einem ERP-System möglich wäre und somit dem Vertrieb wertvolle Zeit ersparen würde. Ebenso könnten zum Beispiel Dateneingaben durch sich logisch ergebende Dropdown-Listen wesentlich vereinfacht und optimiert werden. Wenn Sie also zu dem Schluss kommen, dass sich der Vertrieb berechtigterweise gegen eine so unnötig manuelle Dateneingabe verwehrt, können Sie im Rahmen eines CRM Relaunchs zum Beispiel diese Optimierungen bzw. Automatisierungen gemeinsam mit dem Vertrieb auf den Weg bringen. Wie immer im Leben, besteht alles aus einem Geben und einem Nehmen. Seitens des Marketings ist gefordert, dass der Vertrieb Daten und Informationen im CRM sauber hinterlegt. Damit man aber vom Vertrieb dieses Zugeständnis bekommt, muss Marketing den Vertrieb auf seine Seite bekommen. Indem Marketing für den Vertrieb Partei ergreift und das CRM Relaunch-Projekt auf den Weg bringt, wird der Vertrieb zum Verbündeten. Auch wenn diese Maßnahmen zu Beginn der MarTech Journey zeitintensiv und aufreibend sind, so investieren Sie langfristig in die richtigen Werte, nämlich:

- Glaubwürdigkeit im Sinne des besten Umgangs mit den Unternehmensressourcen, da Sie alles daransetzen, das Beste aus dem bestehenden CRM-System zu holen;
- Vertrauensbildung in Bezug auf das Management im Sinne des verantwortungsvollen Umgangs mit Unternehmensressourcen;
- Annäherung an und Abstimmung mit dem so wichtigen Vertrieb, den Sie im weiteren Verlauf Ihrer B2B MarTech Journey aber auch der Erreichung der höheren Stufen des Marketing Reifegrad Modells jedenfalls auf Ihrer Seite brauchen werden.

Im Rahmen des CRM Relaunches sollten Sie sich aktiv entweder selbst oder aber mittels eines Mitarbeiters einbringen. Das Projekt muss erfolgreich durchgeführt werden. Wichtig ist, dass Sie nicht über definitorische Fallen stolpern. Das CRM-System liegt systemtechnisch bei der IT, aber inhaltlich muss das CRM-System im B2B Marketing angesiedelt sein. Um nachhaltig B2B Marketing erfolgreich umsetzen zu können, darf das CRM-System nicht in der Hoheit des Vertriebs liegen. Wie zuvor dargestellt, ist die Hidden Agenda des Vertriebs verständlicherweise in den meisten Fällen in Unternehmen darauf ausgerichtet, das Level an Transparenz aber auch der administrativen Zusatzaufgaben möglichst gering zu halten.

8.2 Schritt 2: Die IT-Strategie als Bezugsrahmen

Wenn Sie das CRM inhaltlich „erobert" haben, haben Sie bereits eine große Hürde erfolgreich geschafft. Im nächsten Schritt geht es darum, die definierte Strategie des Unternehmens in Bezug auf die Informationstechnologie zu verstehen. Die IT Strategie ist der für Sie entscheidende, unumstößliche Bezugsrahmen jeglichen weiteren Handels in Bezug auf Ihre MarTech Journey. Eine IT Strategie ist in den meisten Fällen im Intranet oder aber auch mittels einer verfügbaren Dokumentation verfügbar. Ziel muss es sein, unter dem Radar alles in Bezug auf den informationstechnischen Bezugsrahmen und das, was für Sie relevant ist, herauszufinden.

> Machen Sie keinen Rundumschlag, um sich über die IT Strategie zu informieren. Als B2B Marketing ist es nicht Ihre Aufgabe, sich um die IT Strategie zu kümmern. In all Ihrem Tun als B2B Marketer ist es immer entscheidend, sich der eigenen Position und Positionierung im Unternehmen bewusst zu sein. Das bedeutet nicht, dass Sie immer klein beigeben müssen. Aber im Rahmen Ihrer Recherche zur IT Strategie sollten Sie nicht unnötig für Widerstände und Friktionen sorgen.

Es geht in diesem Zusammenhang eher darum, das große Ganze zu verstehen. Einen ersten Hinweis über die IT Strategie des Unternehmens liefert ein bereits etabliertes Enterprise Resource Planning System.[37] ERP-Systeme sind komplexe Anwendungen oder ein Bündel miteinander kommunizierender Anwendungssoftware- bzw. IT-Systeme, die zur Unterstützung der Ressourcenplanung einer Organisation eingesetzt werden. Komplexe ERP-Systeme sind in Module unterteilt, die je nach Bedarf kombiniert werden können. Vor diesem Hintergrund stellen solche Systeme heute das unumstößliche Gerüst des unternehmerischen Handelns dar. Alles, was in die Systeme hineinfließt, aber auch von ihnen in andere Systeme weitergeleitet wird, muss strengstens geprüft und validiert werden.

[37] https://en.wikipedia.org/wiki/Enterprise_resource_planning. Zugegriffen am 28.04.2020.

Schnittstellen zu ERP-Systemen und deren Programmierung ist vergleichbar mit Operationen am offenen Herzen eines Unternehmens. Vor diesem Hintergrund ist auch ein solches ERP-System eines Unternehmens eine strategische Richtungsentscheidung in Bezug auf sich darauf aufbauende Systemumgebungen. Das bedeutet, dass eine Entscheidung für zum Beispiel SAP, Microsoft, Oracle oder ABAS auch immer gleichzeitig eine Weichenstellung in Bezug auf andere unternehmensstrategisch nachgelagerte IT darstellt. Dies bedingt die Kompatibilität der verschiedenen Systeme in Bezug auf die Art und Weise, wie und mit welchen Programmiersprachen diese erstellt sind. Für Sie als B2B Marketing Manager ist somit ein einmal etabliertes ERP-System der entsprechende Bezugsrahmen, in Bezug auf die Validierung von neu anzuschaffenden MarTech Produkten.

In Bezug auf ERP-Systeme unterliegen Unternehmen dem von Shapiro und Varian definierten Phänomen des Lock-In-Syndroms (1999). Die beiden Autoren erkannten bereits damals, dass es für Unternehmen fast unmöglich ist, von einem Anbieter zu einem anderen beziehungsweise dessen ERP-System zu wechseln. Zudem wäre ein solcher Wechsel mit enormen Kosten verbunden, was es daher fast unmöglich macht, eine einmal getroffene Entscheidung für ein spezifisches ERP-System wieder rückgängig zu machen, beziehungsweise ein solches durch ein neues abzulösen. Diese ERP-Systeme haben durch ihre strategische Position für Unternehmen die gesamte IT-Branche dahingehend geprägt, dass sich um diese Systeme entsprechende kompatible Öko-Systeme entwickelt haben. Das bedeutet wiederum für den B2B MarTech-Stack, dass die aktuell 8000 Produkte grundsätzlich verschiedenen, dieser Ökosysteme zu zuordnen sind, in Bezug auf deren Kompatibilität – auch wenn diese Cloud-basiert arbeiten.

Das ist ein weiterer gefährlicher Stolperstein für die B2B Marketers, denn jeder Anbieter gibt vor, für jede erdenkliche Lösung relevante Application Programming Interfaces (API),[38] also Programmierschnittstellen, zu haben. Das klingt gut, bedeutet aber in den meisten Fällen nichts. Customizing im Sinne von Anpassung einer Software oder einer Schnittstelle kostet immer viel Geld und viel Zeit, auch wenn Ihnen das nie jemand sagen würde.

Vor diesem Hintergrund ist es entscheidend, gleich von Beginn an den potentiellen Anbieter nach Referenzen in Bezug auf unterschiedliche ERP-Ökosysteme zu fragen. Vergessen Sie dabei nicht, explizit nach Referenzen aus dem Industriebereich im Sinne von Business-to-Business zu fragen. Es kann Ihnen passieren, dass B2C Referenzen als B2B Referenzen verkauft werden, und dass der eine oder andere Verkaufsmanager eines Anbieters sich noch immer nicht des signifikanten Unterschiedes bewusst ist. Das mag jetzt komisch klingen, ist aber nichts Ungewöhnliches. Folgende Stereotype können Sie als Standards dazu verwenden, um von Beginn an die richtigen Fragen zu platzieren:

[38] https://en.wikipedia.org/wiki/Application_programming_interface. Zugegriffen am 28.04.2020.

- Können Sie mir entsprechende Referenzen aus dem B2B Bereich benennen?
- Senden Sie mir bitte Referenzprojekte von Kunden, die mit unserem ERP-System arbeiten und Ihre Lösung entsprechend eingebunden haben?
- Wie tief ist die Integration mit dem ERP-System?
- Senden Sie mir Referenzen, die mit unserem CRM-System arbeiten?
- Für eine tiefergehende Analyse bräuchte ich generische Blueprints von Referenzkunden, wie Ihr Produkt dort mit Schnittstellen zu welchen Systemen eingebunden ist.
- Für welche ERP- und welche CRM-Systeme haben Sie ihrerseits bereits Standardschnittstellen?

Mit diesen Fragen können Sie von vornherein den potentiellen Anbietern in Bezug auf deren tatsächlich realisierte Referenzprojekte auf den Zahn fühlen. Natürlich können Sie auch mit einem Kollegen aus dem IT-Bereich solche Gespräche gemeinsam führen. Allerdings hat natürlich auch die IT genug andere Dinge zu tun, was dazu führt, dass Sie gezwungen sind, sich ein gewisses Maß an IT-bezogenem Wissen anzueignen und dadurch auch alleine solche Gespräche zu führen bzw. solche Calls gleich von vornherein kompetent zu führen.

In Bezug auf eine frühe Vorauswahl von Anbietern hinsichtlich der Kompatibilität mit dem unternehmenseigenen IT-Ökosystemen kann immer auch ein Blick auf deren Homepage hilfreich sein, im Speziellen auf die Referenzen. Als B2B Marketer werden Sie anhand der dort angeführten Kundenlogos sehr rasch erkennen, ob es sich um einen Anbieter handelt, der vorwiegend B2C oder B2B Unternehmen betreut. Anhand der Informationen werden Sie auch sehr rasch erkennen, ob ein Anbieter hauptsächlich im Bereich von kleinen und mittelständischen Unternehmen oder aber im Bereich der internationalen Konzerne aktiv ist. Auch diesbezüglich sollten Sie sicherstellen, dass Sie sich in dem Kundenspektrum des potentiellen Anbieters in Bezug auf die eigene Unternehmensgröße wiederfinden. Hintergrund ist, dass ein Anbieter für den Mittelstand generell über andere System-Stabilität beziehungsweise auch -Sicherheiten verfügt, im Vergleich zu einem Anbieter, der sich bereits im industriellen Umfeld etabliert hat. Entscheidend ist hier wiederum der Umstand, dass sich große Unternehmen mit den entsprechenden Vorgaben in Bezug auf Sicherheit und Stabilität niemals für einen Anbieter entschieden hätten, der die Konzernvergaben nicht erfüllen konnte.

In Bezug auf Ihre MarTech Journey wollen Sie unter allen Umständen kein Versuchskaninchen sein, denn das kann Ihnen Ihren Job kosten und Marketing um Lichtjahre zurückwerfen. Im Gegenteil müssen Sie mit höchsten Standards eine potentielle Kaufentscheidung strukturiert aufbereiten und vorbereiten. Wenn Sie von der IT-Abteilung das Feedback bekommen, dass IT selten so sauber aufgesetzte Wirtschaftlichkeitsbetrachtungen und Funktionalitätsvergleiche bekommen hat wie von Marketing, dann haben Sie Ihren Job richtig gemacht.

8.3 Schritt 3: Marketing Automation als Herzstück

Auf Basis der Erkenntnisse der vorangegangenen Schritte sollte es nun im nächsten Schritt möglich sein, sich an das zukünftige Herzstück Ihres B2B Marketings heran zu wagen. Wie im Abschnitt „CRM und Marketing Automation" beschrieben, ist das Duo aus CRM und Marketing Automation die Basis für modernes B2B Marketing. Das CRM bildet dabei die initiale Datenbasis und MA den Befähiger, um Prozesse automatisieren und replizieren zu können. Im Umkehrschluss bedeutet dies, dass die Triade ERP, CRM und MA vorhanden sein und funktionieren muss. Wer in dieser Phase bereits seine Hausaufgaben nicht sauber macht, wird dafür teuer bezahlen. Zusammenfassend muss man daher auf folgende Faktoren achten:

- Kompatibilität mit ERP-System
- B2B Erfahrung der Anbieter
- Kongruenz der Referenzen der Anbieter in Bezug auf die eigene Unternehmensgröße

Mit diesen Faktoren werden Sie auf jeden Fall im Stande sein, eine erste richtungsweisende Vorauswahl treffen zu können. Wichtig und nicht zu unterschätzen ist aber auch das Bauchgefühlt, das sich im Rahmen der Arbeiten der Entscheidungsvorbereitungen entwickelt in Bezug auf die Qualität des Anbieters. Qualität in diesem Zusammenhang bezieht sich auf die Schnelligkeit von Antworten, die Güte der zur Verfügung gestellten Inhalte, aber und vor allem auch das Selbstverständnis des jeweiligen Vertriebsmitarbeiters. Dieses Selbstverständnis kann in den meisten Fällen auf das gesamte Unternehmen des Verkäufers umgelegt werden. Sie sollten in diesem Zusammenhang darauf achten, ob sich der jeweilige Vertriebsmitarbeiter eher als Wegbegleiter und Unterstützer verhält oder aber als knallharter umsatzorientierter Verkäufer. Ein Wegbegleiter gibt keine Geschwindigkeit vor und räumt die erforderliche Zeit ein, um sich in die Materie einzuarbeiten und die entsprechende Kompetenz zu entwickeln. Er akzeptiert, dass ein Marketing Manager über die entsprechende Kompetenz verfügen muss, um eine verantwortungsvolle Entscheidung vorbereiten zu können. Er wird zur Seite stehen, um Fragen zu beantworten, Bedenken zu besprechen und erbetene Unterlagen zur Verfügung zu stellen. Während der Zeit des gemeinsamen Arbeitens werden Sie intuitiv das Gefühl bekommen, gut aufgehoben zu sein. Ein Unterstützer wird alles daransetzen, sich Ihr Vertrauen zu arbeiten, indem er einfach mit Rat und Tat zur Seite steht.

Ein knallharter Verkäufer hat keine Zeit. Er oder sie hat ein Umsatzziel im Auge. Es geht nicht darum, Sie zu unterstützen und Sie in den Stand zu versetzen, eine fundierte Entscheidung zu treffen. Das Selbstverständnis dieses Verkäufertyps ist, sein Produkt passt zu jedem Unternehmen. Er wird daher versuchen, stets das Zepter in der Hand zu halten und die Schrittgeschwindigkeit vorzugeben. Tendenziell ungeduldiges Agieren soll dem Verkäufer helfen, in kurzer Zeit möglichst viel Umsatz zu machen. Mit einer gewissen Empathie werden B2B Marketing Manager ohnehin ein Unwohlsein gegenüber solchen Verkäufern entwickeln.

Es ist unbestritten, dass weibliche Managerinnen erfolgreicher sind als deren männliche Kollegen. Unzählige Studien führen das auf den Umstand zurück, dass sich Frauen erstens selbst nicht so wichtig nehmen und zweitens vor allem auch auf ihre Intuition und das Bauchgefühl hören. Neben der sauberen Aufbereitung der Faktenlage, wie dies zuvor beschrieben wurde, sollten Sie nie auf Ihre Intuition vergessen, wenn es darum geht, gute und nachhaltige Entscheidungen zu treffen. Ein Sprichwort sagt: „Ein Bauer schläft drei Nächte, bevor er eine Kuh verkauft!" Nehmen Sie sich Zeit und nutzen Sie Ihre Intuition, um eine Kaufentscheidung für eine Marketing Automation Lösung vorzubereiten. Die Anschaffung einer MA-Lösung ist kein Quick Shot, denn es ist eine Beziehung auf lange Zeit mit einem Anbieter bzw. mit seinem Produkt. Gemeinsam mit dem ERP- und dem CRM-System ist die MA-Lösung das Rückgrat Ihres zukünftigen B2B Marketings.

Wie Sie operativ und im Detail die Kaufentscheidung für eine MA-Lösung vorbereiten, können Sie im entsprechenden Artikel im weiteren Verlauf dieser Publikation auf Basis einer Fallstudie aus dem Maschinen- und Anlagenbau nachlesen. Wichtig ist, gemeinsam mit den internen Stakeholdern diese Entscheidung vorzubereiten. Allerdings müssen Sie sich auch immer der Tatsache bewusst sein, dass es ein Tool des Marketings ist, und nicht des Vertriebs oder der IT. Empfehlenswert ist daher, dass Sie sich im Marketing mit Ihrem Team zuvor ein breites Bild machen, im Sinne einer Long List, und diese schrittweise durch einen sauber strukturierten und nachvollziehbaren Prozess hin zu einer Short List verkleinern. Diese Liste sollte nicht mehr als drei bis fünf Anbieter beinhalten.

Auf Basis dieser Liste sollten Sie dann die IT einbinden, um den weiteren Auswahlprozess gemeinsam mit der IT-Abteilung durchlaufen zu können. In Bezug auf den zuvor genannten strukturierten und nachvollziehbaren Prozess soll an dieser Stelle auf das Marketing Reifegrad Modell in dieser Publikation verwiesen werden und im speziellen auf den Punkt der Methoden- und Strukturkompetenz. Der Einsatz von entsprechenden Vorlagen im Rahmen der Anbieterauswahl und der vergleichenden Darstellung der Funktionalitäten aber auch der unterschiedlichen Pricing Modelle kann wesentlich zu einer sauberen Dokumentation und einem validen Prozess beitragen (Seebacher 20).

8.4 Schritt 4: Mit Vollgas in den Dschungel

Wenn Schritt drei im Sinne der Anschaffung einer im MA-Lösung im Laufen ist, so sollte die Zeit genutzt werden, um die entsprechenden Vorbereitungen für die Nutzung derselben durchzuführen. Diese Vorbereitungen umfassen neben informationstechnischen Aspekten vor allem den Wissenstransfer zu anderen Abteilungen in der Organisation wie zum Beispiel Produktmanagement, Innovationsmanagement aber auch und vor allem natürlich dem Vertrieb.

Wie bereits mehrfach an verschiedenen Stellen in dieser Publikation erwähnt, befinden wir uns in einer Phase des Paradigmenwechsels. Veränderung bedeutet Angst und Unsicherheit. Versetzen Sie sich in die Lage eines altgedienten Vertriebsmitarbeiters, dem Sie nun erklären, dass Sie in Zukunft seine Leads und Kunden automatisiert durch eine Softwarelösung bearbeiten werden. Ohne das erforderliche Grundlagenwissen wird der Vertriebsmitarbeiter nicht im Stande sein zu verstehen, was das bedeutet. In den meisten Fällen wird er daher diesem neuen Ansatz misstrauisch gegenüberstehen und wieder das alte Bild des Marketings herauskramen, dass diese neue Softwarelösung ohnedies nur Geld kostet und wie Marketing generell, nichts bringen wird. Modernes B2B Marketing, MarTech Stack und alle damit einhergehenden neuen Begriffe stellen für Nicht-Marketeters eine Black Box dar.

Es ist Ihre Aufgabe, den Wissenstransfer in die Organisation zu initiieren und sicherzustellen. Im Rahmen der internen Kommunikation müssen Sie die internen Kunden in die Lage versetzen, modernes B2B Marketing und die damit verbundenen enormen Potenziale verstehen zu lernen. Nur wenn der Vertrieb erkennt, welche enormen Vorteile modernes B2B Marketing für ihn hat, wird er Willens sein, sich aktiv damit auseinander zu setzen beziehungsweise den Weg gemeinsam mit Marketing zu gehen.

> Modernes, Next Generation B2B Marketing wird nur erfolgreich sein, wenn Marketing und Vertrieb an einem Strang ziehen. Die Aufgabe des Marketings ist es, die gesamte Organisation in die Lage zu versetzen, Marketing Automation und alle damit verbundenen Begriffe und Themen verstehen zu lernen. Entscheidend dafür ist, die vielen Vorteile für den jeweiligen internen Stakeholder darzulegen, um über diese sprichwörtliche Karotte die Aufmerksamkeit und die Unterstützung der jeweiligen Abteilung sicherzustellen. Marketing kann sich somit als der Heilsbringer positionieren, der dem Vertrieb und dem gesamten Back Office das Leben durch innovatives, IT-gestütztes Marketing viel leichter macht.

Schaffen Sie Transparenz und kommunizieren Sie regelmäßig offen über die neuen Möglichkeiten und die Entwicklungen im Marketing. Nehmen Sie sich Zeit, um mit Ihrem internen Kunden über innovatives Marketing und die vielen Vorteile zu sprechen. Geben Sie Ihren internen Kunden das Gefühl gehört zu werden. Gehen Sie auf Kritik oder aber auch Verbesserungen ein, und lassen Sie ein kritisches Hinterfragen Ihrer Maßnahmen, Ihrer Ideen und Ihrer Vorschläge zu. Seien Sie sich Ihrer Position als interner Dienstleister immer bewusst. Stellen Sie aber eindeutig klar, dass Sie nur eine perfekte Dienstleistung erbringen können, wenn Sie die entsprechenden Instrumente einsetzen können, wie eben Marketing Automation.

Vor diesem Hintergrund können Sie nun mit der schrittweisen Digitalisierung der gesamten Marketingwertschöpfungskette beginnen. In Bezug auf eine risikominimierende und mehrwertmaximierende Vorgehensweise sollten Sie zwei Schlagworte nie außer Acht lassen:

- schrittweise
- wertschöpfungsorientiert

Sie können mit Ihrem Marketing Team in einem Tag nicht die gesamte Welt retten und so auch nicht das gesamte Marketing auf einmal automatisieren. Einerseits ist dies neben dem täglichen Geschäft ressourcen-technisch nicht möglich und andererseits ist die Entwicklung eines modernen B2B Marketings ein gewaltiger Lernprozess. Im entsprechenden Eingangsabschnitt dieses Buches sind wir bereits auf den enormen Veränderungsprozess und den damit einhergehenden erforderlichen Entwicklungsprozess von Organisationen in Bezug auf deren Fähigkeit zu lernen eingegangen. Das Gebot der Stunde lautet, das eigene Team und die gesamte Organisation nicht zu überfordern, da Sie sonst am Ende des Tages alleine auf dem bezwungenen Gipfel stehen werden.

Somit sollten Sie in kleinen, aber sauberen und präzisen Schritten stetig in Richtung eines modernen innovativen B2B Marketings gehen. Sie sollten sich nicht zu viele Themen gleichzeitig vornehmen, sondern mit Stringenz einem einmal gewählten Vorgehensmodell folgen. Dieses Vorgehensmodell sollte nach der Wertschöpfungskette ausgerichtet sein. Das bedeutet, dass Sie dort beginnen sollten, wo Sie am schnellsten für den Vertrieb Mehrwert generieren können. Analysieren Sie die Customer Journey und identifizieren Sie, wo aktuell der Schuh am meisten drückt und somit auch mit einer möglichen Automatisierung Quick Wins für den Vertrieb realisiert werden könnten.

Ein Paradebeispiel ist das automatisierte Scannen und digitale Weiterverarbeiten von Leads bei Messen und Veranstaltungen. Wenn bei großen Messen hunderte von neuen Kontakten systemtechnisch erfasst werden müssen, dann bedeutet dies für den gesamten Vertrieb einen enormen manuellen und zeitintensiven Aufwand. Wenn Sie nunmehr mittels einer Lead Scanning App zum Beispiel die gesamte Erfassung aller Leads während der Veranstaltung automatisieren, darauf aufbauend dann eine automatisierte Lead Nurturing Kampagne bis hin zur Generierung von Marketing Qualified Leads (MQL) realisieren, dann haben Sie in kurzer Zeit enormen Mehrwert für den gesamten Vertrieb realisiert. Die Anschaffung einer solchen Lead Scanning App ist per se keine strategische Entscheidung und kann nach überschaubarer Zeit überdacht werden. Auch sind mit einer solchen Anschaffung keine exorbitanten Kosten verbunden. Das bedeutet, dass auch für Sie als Manager das Risiko überschaubar ist. Wichtig ist in diesem Zusammenhang nur, dass Sie die entsprechenden Schnittstellen zeitnah definieren und in den Griff bekommen. Ansonsten können Sie mit einer solchen Initiative nur gewinnen und somit enormes

Vertrauen für alle weiteren Maßnahmen im Zusammenhang mit Ihrer MarTech Journey gewinnen.

Das wertschöpfungskettenbasierte Vorgehen definiert sich als Vorgehensmodell auf Basis der Entwicklung eines Leads durch die gesamte Customer Journey bis hin zur Auftragserstellung und dem After Sales und Service. Der Ansatz muss sein, nacheinander jeden einzelnen Abschnitt dieser Customer Journey zu automatisieren beziehungsweise zu digitalisieren. Diese Vorgehensweise stellt sicher, dass in Bezug auf die Ressourcen die Aktivitäten neben dem täglichen Arbeitsaufwand bewältigbar sind, die Organisation schrittweise in die neue Generation hineinwächst und schrittweise die einzelnen Komponenten zu einem gesamten, in sich schlüssigen und integrierten MarTech Stack zusammenwachsen.

Diese Vorgehensweise bietet zudem den enormen Vorteil für Sie als Marketing Experte, dass Sie kontinuierlich Ihr Wissen in Bezug auf die rasant wachsende MarTech Landschaft erweitern, welches Produkt zu Ihnen passt und welches nicht. Sie werden überrascht sein, in welch kurzer Zeit Sie mit Ihren geschätzten Kollegen aus dem IT-Bereich substantielle Gespräche in Bezug auf mögliche neue Lösungen führen werden können. Ein weiterer wichtiger Vorteil einer solchen Vorgehensweise besteht darin, dass Sie immer mehr Quick Wins und greifbare Ergebnisse im Sinne von Mehrwerten für Ihre internen Kunden realisieren und transparent dokumentieren werden können. Dies wird wiederum im Umkehrschluss dazu führen, dass das Vertrauen in das gesamte Marketing weiter zunehmen wird, woraus sich automatisch ein immer größerer Handlungsspielraum ergeben wird. Dieser Handlungsspielraum könnte in weiterer Folge dazu genutzt werden, um auch die Integration der verschiedenen MarTech Komponenten mittels einer Integrationsplattform zu evaluieren. Rico Andrade, Vice President of Marketing von Celigo, erklärt, wie die Marketingautomatisierung dadurch auf verschiedene Tools ausgedehnt werden kann:

> „iPaaS is like a system of pipes that allows information to flow within an organization, and for companies to succeed in 2019, the concept of marketing automation cannot be limited to stand-alone applications such as Marketo and Hubspot. Growing organizations need to take a more holistic approach for automating that data across many applications. To do that effectively and efficiently, marketing leaders should adopt integration strategies that center around the iPaaS tech stack to make their businesses more agile and competitive.“[39]

Die Integration über eine solche Plattform ist sicherlich eine valide Möglichkeit die unternehmenseigene MarTech Infrastruktur langfristig stabil auszurichten. Wenn man Vergleichszeiträume von anderen Industrieunternehmen in Bezug auf deren Entwicklung entlang der MarTech Journey betrachtet, so kann man im Durchschnitt für die ersten beiden

[39] https://www.martechadvisor.com/articles/marketing-automation-2/marketing-automation-crm-relationship-evolution/. Zugegriffen am 28.04.2020.

Phasen zwischen ein und drei Jahren definieren. Je nachdem, ob in diesem Zeitraum bereits mit den Vorbereitungen für Phase 3 begonnen wurde, soll man wiederum drei bis fünf Jahre einplanen. Das bedeutet wie überall „Gut Ding, braucht Weile!"

9 Das S-Kurven Modell

Anhand des zuvor dargestellten Entwicklungsprozesses kann ohne Zweifel erkannt werden, dass der Weg für die B2B Marketer hin zu Industrial Marketing Excellence ein langer und komplexer ist. Dabei geht der organisationale Reifungsprozess stringent mit jenem der MarTech Entwicklung einer Marketingabteilung einher. Der international anerkannte IT Industrie Veteran Peter O'Neill[40] hat – ähnlich dem Marketing Reifegrad Modell[41] – auf Basis seiner Erfahrung die IT-Entwicklung einer Organisation in Bezug auf deren MarTech Stack dargestellt. Daraus ergibt sich nach O'Neill ein fünfstufiger Prozess, entlang dem sich die verschiedenen Systeme und Lösungen in einer S-förmigen Kurve aneinanderreihen (siehe Abb. 2). Diese fünf Phasen sind kongruent mit dem Marketing Reifegrad Modell, das diesem Buch in Bezug auf den gesamten Aufbau der Abschnitte zugrunde liegt. Anhand der Darstellung von O'Neill ist eine Einschätzung des eigenen MarTech Reifegrades sehr einfach möglich und direkt übertragbar auch auf das organisationale Reifegrad Modell. Mit Hilfe dieser beiden Modelle sollte es jedenfalls möglich sein, sich stets in Bezug auf relevante sinnvolle MarTech Überlegungen aber auch organisatorische Maßnahmen orientieren zu können, um so die eigene B2B Marketing Journey zu Marketing Excellence erfolgreich und effektiv gestalten zu können.

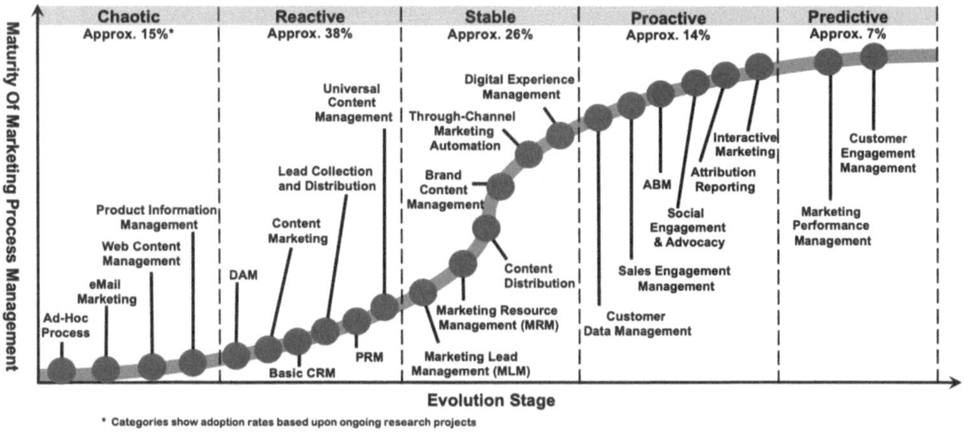

Abb. 2 S-Modell des Reifegrads zum MarTech nach O'Neill. (Quelle: direkt vom Entwickler/Autor)

[40] http://marchnata.eu/. Zugegriffen am 11.05.2020.

[41] Siehe hierzu das Kapitel zum B2B Marketing Reifegradmodell in diesem Abschnitt.

10 Es führt kein Weg daran vorbei!

Modernes B2B Marketing muss sich mehr und mehr mit IT auseinandersetzen, um das Potenzial von vorhandenen Produkten und Lösungen im Markt für die eigene Unternehmen nutzen zu können. B2B Marketing Manager, die sich dieser Tatsache nicht bewusst sind, beziehungsweise diese Entwicklung nicht mitgehen werden, werden auf der Strecke bleiben. Denn sie werden es langfristig nicht schaffen, im Ensemble des automatisierten und optimierten B2B Marketings aus der Masse hervor zu stechen. Es wird ihnen nicht gelingen, viral dort zu sein, wo sie sein müssen, damit potentielle Kunden auf ihre Produkte beziehungsweise das Unternehmen aufmerksam werden. Das wird in weiterer Folge dazu führen, dass die Kosten pro Lead immer mehr zunehmen, der Return-on-Sales sinkt und man vom Markt abgehängt werden wird.

Nüchtern betrachtet, führt kein Weg an diesem Paradigmenwechsel vorbei. Die Situation ist nicht neu. Waren es vor fast 40 Jahren noch die ERP-Systeme, die zu Widerstand in den Unternehmen geführt hatten, da der Mitarbeiter vollkommen transparent werden würde, so waren es zwei Jahrzehnte danach die CRM-Systeme, die eine ähnliche Reaktion hervorriefen. Heute sind es die Befürchtungen, dass das Internet der Dinge und die Digitalisierung viele Tausende von Jobs kosten würden. In Bezug auf Marketing Automation ist jedoch die Situation viel dramatischer, da in vielen Unternehmen dieses Thema des MarTech Stack noch nicht einmal auf der Agenda steht, maximal eventuell auf jener der B2B Marketing Manager, die aber im Top Management nicht ausreichend präsent sind, um dort gehört zu werden.

Das Dilemma besteht nun darin, dass es Aufgabe des Marketings ist, in Bezug auf die Verantwortung gegenüber den Unternehmen, das Top Management über die Entwicklungen und die sich daraus ergebenden, enormen Potenziale hinsichtlich nicht nur Kostenoptimierung, sondern auch Umsatzerweiterung und -optimierung, zu informieren. Aufgrund der Historie des Industriegüter Marketings findet die verantwortliche Führungskraft in den meisten Fällen allerdings nicht das Gehör im Top Management, um diese Aufgabe auch wahrnehmen zu können. Vor diesem Hintergrund wird der Ausweg aus dieser Situation die Strategie der kleinen Schritte sein. In Anwendung des zuvor beschriebenen, Vier-Stufen-Ansatzes muss Marketing mit kleinen Schritten sofort greifbare Ergebnisse finanzieller Art, aber auch im Sinne von Arbeitserleichterung und Zeitersparnis für den Vertrieb liefern, und darauf aufbauend weitere Maßnahmen in Richtung Entwicklung eines modernen B2B MarTech Stacks realisieren zu können.

Marketing Automation und CRM sind die alles entscheidende Basis des B2B MarTech Stack, dessen Potential sich in Zukunft in immer größeren, durch Marketing generierten und realisierten Umsatzanteilen widerspiegeln wird. B2B Marketing muss mittels Marketing Engineering zu einem digitalen, performanten und transparenten Umsatzgaranten werden, was nur mit Hilfe eines präzise funktionierenden MarTech Stacks möglich ist. Um diese alles entscheidende B2B Marketing IT-Infrastruktur sauber aufsetzen zu können, muss Marketing diesen Prozess maßgeblich treiben und darf keinesfalls Beifahrer von IT oder dem Vertrieb sein. Das bedeutet, dass B2B Marketing immer mehr IT-getrieben wird, weshalb sich B2B Marketing Manager Produktkompetenz in Bezug auf MarTech Lösungen und Schnittstellenkompetenz in Bezug auf generelle Informationstechnologie so rasch wie möglich aneignen müssen. Für B2B Marketing Manager bedeutet dies, dass sich ihr Berufsbild völlig ändern wird, und dass sie auch in ihren Marketing Teams auf neue Kompetenzen und eine neue Generation von B2B Marketing Mitarbeitern setzen müssen. Willkommen im MarTech Jurassic Parc der bunten und schillernden Marketing Lösungen.

Literatur

Greenberg, P. (2003). *CRM at the speed of light – Social CRM 2.0 strategies, tools, and techniques for engaging your customers*. New York: McGraw Hill.

Seebacher, U. G. (2002). *Cyber commerce reframing – The end of business process reengineering*. New York: Springer.

Seebacher, U. G. (2003). *Template-driven consulting – How to slash more than half of your consulting costs*. Heidelberg: Springer.

Shapiro, C., & Varian, H. R. (1999). *Information rules: A strategic guide to the network economy*. Harvard: Harvard Business Review.

Shaw, R. (1988). *Database marketing*. Farnham: Gower Publishing.

Uwe Seebacher ist promovierter Volks- und Betriebswirt.Er ist Executive Advisor und verfügt über mehr als 25 Jahre Top-Management-Erfahrung als Berater, Manager als auch Unternehmer. Er ist Dozent an vielen renommierten Business Schools und Universitäten und hat Artikel und Fachbücher in vielen führenden Managementpublikationen verfasst, wie unter anderem z. B. „Predictive Intelligence" (Springer), „Strategic Workforce Management" (Harvard Business Manager) und „Cyber Commerce Reframing" (Harvard Business Manager) oder „Template-based Management" (Springer). Für seine Arbeiten erhielt er zahlreiche internationale Auszeichnungen.

Teil II

Praktische Konzepte und Methoden

B2B-Marketing-Strategie – Die Nadel im Heuhaufen finden

Alex Cairns

Inhaltsverzeichnis

Zusammenfassung

Das Zeitalter der Passivität im B2B-Marketing neigt sich dem Ende zu. Mit der Explosion der Marketingtechnologie (MarTech), der Demokratisierung des Verlagswesens, des Vertriebs und der Entwicklung immer besserer Wettbewerbsansätze gab es nie eine bessere Zeit, um die strategische Bedeutung des industriellen, technologischen und dienstleistungsbasierten B2B-Marketings zu erkennen und sie als Erfolgsfaktor einzusetzen.

A. Cairns (✉)
Movemarketing Ltd, Manchester, UK
E-Mail: alex@movemarketing.co.uk

U. Seebacher (Hrsg.), *Praxishandbuch B2B-Marketing*,
https://doi.org/10.1007/978-3-658-31651-8_6

Bei gutem B2B-Marketing geht es in der Praxis oft ebenso sehr um einen wissenschaftlichen und strategischen Ansatz wie um Kreativität. Marketing für hochspezifische Kunden in Nischensegmenten bedeutet, sich in einem Heuhaufen zu bewegen. Aber diese Metapher kann auch auf die Auswahl von Kanälen oder MarTech-Tools, das Durchforsten von Inhalten oder die Auswertung von Datenfluten angewendet werden. Sie bezieht sich letztlich auf viele verschiedene Facetten des modernen B2B-Marketings. Strategie hilft dabei, den Wert des Marketings für ein Unternehmen zu quantifizieren.

Jeder, der ein B2B-Marketing-Team, ein Budget oder eine Kampagne leitet, sieht sich unweigerlich regelmäßig mit diesen Herausforderungen im Bereich der Planung konfrontiert. Großartige Ideen sind immer noch das Hauptziel, aber diese Ideen können letztlich nicht ohne die Grundlage einer strategischen Plattform gedeihen. Im Laufe von 20 Jahren habe ich ein achtstufiges Modell entwickelt, um den Erfolg von B2B-Marketingplanung und Strategieumsetzung sicherzustellen, die von internen Blue-Chip-Strategien bis hin zu preisgekrönten Kampagnen für die Kunden meiner Agentur reichen. Die bei der Erstellung dieses Strategiemodells verwendeten Methoden wurden im Laufe von mehr als 200 Marketing-Audit- und Planungsprozessen für mittelständische Unternehmen, Industrieunternehmen, B2B-Dienstleistungs-/Technologie- und wissenschaftsbasierte Unternehmen mit einem Jahresumsatz von in der Regel zwischen 10 und 30 Millionen Euro rigoros getestet, angewendet, angepasst und verbessert.

1 Der Rahmen für die strategische Marketingplanung

Im B2B-Bereich kaufen die Menschen nicht zum Vergnügen, sondern vielmehr, um Probleme zu lösen, was bedeutet, dass ein völlig anderer Ansatz erforderlich ist als bei Konsumgütern und Dienstleistungen. Eine kürzlich durchgeführte Studie des Marktforschungsunternehmens Gartner ergab, dass trotz der Verbreitung des digitalen Zugangs 77 % der B2B-Käufer immer noch das Gefühl haben, dass ein Kauf zeitaufwändig und sogar mühsam ist.[1] Der Wert eines Produkts kann viel höher sein, der typische Verkaufszyklus ist viel länger (in bestimmten Fällen bis zu 18+ Monate) und es gibt mehr Entscheidungsträger, die einen komplexeren Kaufprozess durchlaufen, der mehr Informationen und Schritte erfordert, um eine endgültige Kaufentscheidung zu treffen. Folglich erfordert die B2B-Planung einen kompromisslosen Ansatz in Bezug auf Fokus, Daten, Analyse und, am kritischsten von allen, Strategie.

Die größte Herausforderung im B2B-Bereich besteht darin, komplette Unternehmen mit möglicherweise Dutzenden von Interessenvertretern zu beeinflussen und nicht nur eine einzelne Person. Diese Beziehungen müssen in der Regel über einen langen Kaufzyklus hinweg gepflegt werden, wobei stets eine subtile Sichtbarkeit gewahrt werden muss. Der moderne B2B-Käufer führt seine eigenen, häufig online stattfindenden, Recher-

[1] https://cmo.adobe.com/articles/2018/11/3-ways-to-fix-your-b2b-content-marketing-strategy-gartner.html#gs.7q9n80. Zugegriffen am 06.05.2020.

chen völlig autonom und ohne Kontakt mit den möglichen Lieferanten durch. Im Durchschnitt führen B2B-Käufer heute 12 Online-Recherchen durch, bevor sie mit der Website eines Anbieters interagieren, und sie haben bereits 57 % des Kaufprozesses durchlaufen, bevor sie mit einem Vertriebsmitarbeiter sprechen möchten.[2] Selbst in der Industrie und im verarbeitenden Gewerbe werden 67 % der Käufe durch digitale Kanäle beeinflusst.[3]

Zu den wichtigsten Branchen, in denen diese Unternehmen tätig waren, gehören hochtechnische B2B-Unternehmen, wie z. B. Schwermaschinenbau, Fertigung, Bauprodukte, Medizinprodukte, Öl und Gas, Wissenschaft, Luft- und Raumfahrt, B2B-Technologien und B2B-Dienstleistungen. Der Umsatz dieser Unternehmen lag in der Regel – in über 80 % aller Fälle – in einer Größenordnung zwischen 10 und 30 Millionen Euro.

Es herrschen ideale Rahmenbedingungen, wenn Sie mit einem kleinen Marketingteam von ein bis vier Personen innerhalb dieser Umsatzklasse oder innerhalb einer Produkt- oder Dienstleistungsabteilung eines größeren Unternehmens mit Schwerpunkt auf B2B-Märkten tätig sind. Sie bilden den Ausgangspunkt und das Fundament, von dem aus Sie in der Folge individuelle Kampagnenpläne für eine bestimmte Produktgruppe, geografische Region oder Geschäftseinheit entwickelt können. Um eine sportliche Analogie zu verwenden, stellen Sie sich die Gesamtstrategie als den allgemeinen Spielstil, die Philosophie und die Herangehensweise der Mannschaft vor, während die individuellen Kampagnen die feineren Taktiken sind, die von Spiel zu Spiel entsprechend der jeweiligen Gegner und dem Spielverlauf in der Saison eingesetzt werden. Das Modell konzentriert sich auf die Bereitstellung eines Rahmens und einer Anleitung für eine eingehende Analyse eines Unternehmens, gefolgt von Instrumenten, die dabei helfen, die besten Methoden zu ermitteln, mit denen Sie Ihre Marketingstrategie und -taktik vorantreiben können (vgl. Abb. 1).

Obwohl einige Elemente bestehen bleiben, geht dieses Modell über die klassische Marketingtheorie hinaus und bietet eine praktischere und brauchbarere Struktur, mit der Sie Ihren B2B-Marketingplan definieren, bewerten und umsetzen können. Die meisten Marketingmethoden wurden nie im Hinblick auf B2B definiert oder entwickelt und als solche sind sie in der kritischen Implementierungsphase unzureichend, da sie nie angemessen auf die spezifischen Komplexitäten und Herausforderungen des typischen B2B-Marktplatzes abgestimmt waren. Dieses Modell zielt darauf ab, eine agile Plattform bereitzustellen, auf der B2B-Herausforderungen bewertet und sowohl digitale als auch klassische Marketingmethoden, -techniken und -werkzeuge harmonisiert werden können. Das Ergebnis dieses Prozesses sollte ein 20- bis 60-seitiges Dokument sein. Je prägnanter, desto besser, da es zu einem späteren Zeitpunkt leichter referenzierbar sein wird.

Es wird Unternehmen geben, die unterschiedliche Produktpaletten auf B2B- und B2C-Marktplätzen verkaufen oder die das gleiche Produkt auf beiden Marktplätzen ver-

---

[2] https://www.thinkwithgoogle.com/consumer-insights/the-changing-face-b2b-marketing/. Zugegriffen am 06.05.2020.

[3] https://www.thinkwithgoogle.com/advertising-channels/b2b-buyers-online-and-offline/. Zugegriffen am 06.05.2020.

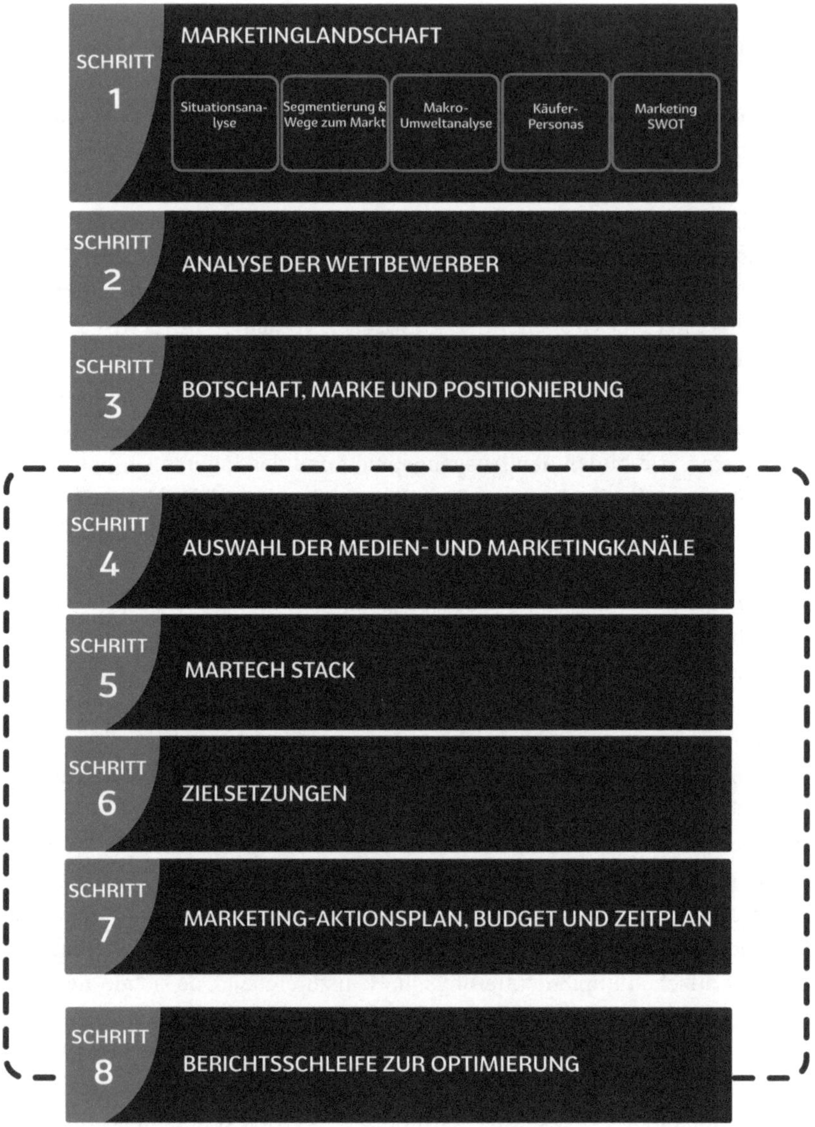

Abb. 1 B2B-Marketing-Strategie-Modell

kaufen. An dem Punkt, an dem sich die Grenzen zwischen B2B und B2C überschneiden, wird es noch wichtiger, sorgfältig definierte Strategien für jedes Segment zu entwickeln. Die Segmentierung und die Entwicklung von Buyer Personas werden bei diesem Prozess helfen und werden in Schritt 1 näher untersucht.

B2B-Marketer verstehen, dass eine Strategie erforderlich ist, aber laut Hubspot-Untersuchungen nennen 63 % von ihnen die „Generierung von Traffic und Leads" als die wichtigste Marketing-Herausforderung ihres Unternehmens, während „der Nachweis des

ROI unserer Marketing-Aktivitäten“ die zweithäufigste Herausforderung ist.[4] Wenn Sie die acht Schritte dieses B2B-Marketingstrategiemodells durchlaufen, können Sie sicherstellen, dass Sie die richtige Art von Traffic und Leads für Ihr B2B-Unternehmen generieren und dass Sie über eine Methodik zur Umwandlung dieser Leads in Verkaufsabschlüsse verfügen.

2 Schritt 1: Template zur Ist-Analyse des Angebotsprofils

Es ist von entscheidender Bedeutung, dass zu Beginn eines jeden strategischen Marketingplans die Ausgangslage und der Kontext festgelegt werden, in dem die Strategie entwickelt wurde. Ohne den Kontext wäre es für jemanden, der nicht in den Prozess involviert ist, wie zum Beispiel ein neuer Marketing-Mitarbeiter, unmöglich das Dokument zu einem späteren Zeitpunkt aufzugreifen und sinnvoll zu bearbeiten. Dies ist auch in größeren Organisationen mit Matrixstruktur wichtig. In gewisser Weise ist es sogar noch wichtiger, da die Beziehungen zwischen Produktlinien, Abteilungen und geografisch aufgeteilten Geschäftseinheiten noch komplexer sind.

Der Kontext kann auf der Grundlage der Beantwortung einer Reihe von Fragen zum internen Marketing-Audit schnell zusammengestellt werden und sollte, je nach Industriesektor und Spezifika, einige oder alle der folgenden Punkte beinhalten:

- Alter/Vorgeschichte des Unternehmens einschließlich aller M&A-Aktivitäten?
- Hergestellte Produkte und/oder erbrachte Dienstleistungen?
- Marktsektoren und Anwendungen für die Produkte oder Dienstleistungen?
- Reifegrad dieser Marktsektoren?
- Verkaufszahlen und Aufteilung auf die Geschäftsbereiche, Umsatz und Rentabilität?
- Wie setzen sich die internen Verkaufs- und Produktsupportteams zusammen?
- Übersicht Wiederverkäufer/Distributionsnetzwerk?
- Überblick über die jüngsten Marketingaktivitäten in den letzten ein bis zwei Jahren?

Da dieser Abschnitt für den Kontext der obersten Ebene bestimmt ist, wird an dieser Stelle nicht ausführlich auf jeden einzelnen Punkt eingegangen. Es sollte eine knappe Zusammenfassung von nicht mehr als zwei Seiten sein. Alles, was einen kritischen Einfluss auf die Marketingarbeit hat, kann in späteren Phasen des Strategieprozesses eingehender untersucht werden. Wichtig ist, dass ein konsistentes und stringentes Template als Vorlage einmal definiert und dokumentiert wird, wie dies Seebacher (2021)[5] in seinem Template-based Management (TBM) Managementansatz beschreibt und darstellt.

---

[4] https://www.hubspot.com/state-of-marketing. Zugegriffen am 06.05.2020.

[5] Seebacher, U. G.: „Template-based Management – A Guide for an Efficient and Impactful Professional Practice“, Springer 2021.

Segmentierung und Wege zum Markt

Im B2B-Bereich werden Marketingsegmente typischerweise durch Berufsbezeichnungen in ähnlichen Branchen definiert, und die Treiber im Sinne von Motivatoren definieren sich um die Unternehmensziele. Viele B2B-Märkte haben es mit zwei Kerngruppen zu tun, wenn es um die Wege zum Markt geht: Wiederverkäufer und Endanwender. Eine Reihe von Sektoren, z. B. Bauprodukte, interagieren auch mit zwei zusätzlichen Gruppen: Implementierer bzw. Systemintegratoren und Beeinflusser. Unternehmen, die Dienstleistungen verkaufen, können manchmal eine komplexere Struktur von Verkaufskanälen haben, sollten aber dennoch in der Lage sein, sich innerhalb von maximal vier bis sechs Schlüsselgruppen einzuordnen. Die Kategorien sollten bei der Definition dieser Wege zur Vermarktung immer so breit wie möglich gehalten werden, da dies in späteren Phasen des Planungsprozesses die Entwicklung von Top-Level-Botschaften für jede Gruppe ermöglicht.

Eine effektive Segmentierung steigert die Wirksamkeit Ihrer Marketingstrategie in mehrfacher Hinsicht:

- Ein Nischenfokus kann als Grundlage für die Wettbewerbsdifferenzierung genutzt werden;
- Produkte können an die spezifischen Bedürfnisse jedes Segments angepasst oder für diese entwickelt werden;
- Marketingbotschaften können so zugeschnitten werden, dass sie auf dieses Segment abgestimmt sind;
- genauere Datenlisten können zusammengestellt werden.

Segmente sollten aussagekräftig, unterscheidbar, groß und identifizierbar sein, um bei der Definition eines zielgerichteten Ansatzes zu helfen. Das Durchlaufen des Segmentierungsprozesses ist eine Voraussetzung, um sich in eine Position zu bringen, von der aus Sie sich auf wichtige Ziele konzentrieren können. Verwenden Sie die folgende Liste als schnelle Checkliste für den Vergleich verschiedener Segmente:

- Wer könnte ein potenzieller Käufer für Ihre Produkte sein?
- Warum kaufen sie Produkte oder Dienstleistungen wie Ihre?
- Welche Art von Problemen oder Aufgaben wollen sie lösen?
- Wettbewerbsniveau
- Ausdehnung des Marktes
- Segmentwachstum oder -rückgang
- Bisherige Erfahrungen Ihres Unternehmens innerhalb des Segments
- Preisangaben
- Anteil Ihrer Angebotspalette, die anwendbar wäre

Vor einigen Jahren führte ich einen strategischen Planungsprozess unter Verwendung dieses Ansatzes für einen der führenden britischen Anbieter von Catering-Ausrüstung durch, ein B2B-Unternehmen, das an Großküchen in einer Reihe von Sektoren wie Restaurants, Freizeit, Pflegeeinrichtungen und Hotels verkauft. Das Unternehmen, das damals einen Umsatz von etwa 15 Millionen Euro erzielte, war gut etabliert, wollte sich jedoch von seinen technischen Wurzeln lösen und mehr Gewinn für seine Beratung, sein Fachwissen und sein Angebot an Zusatzdienstleistungen, einschließlich einer proprietären Datenbank mit über 30.000 Objekten, erzielen.

Der Verkaufszyklus war mit einem durchschnittlichen Zeitraum von 12 bis 18 Monaten für den Übergang von der Konstruktion zur Installation und einem regelmäßigen Aktualisierungsszyklus relativ lange. Nachdem wir uns durch die Feinheiten der Segmentierungsanalyse durchgearbeitet hatten, stellten wir fest, dass der schnell wachsende Casual-Dining-Sektor den schnellsten Weg zum Erfolg darstellte, da diese Gruppe am stärksten von der Flexibilität des operativen Geschäfts abhängig war. Dieses Problem wurde direkt durch den integrierten Fokus des Unternehmens auf Design, Betriebszeit und Vermögensverwaltung gelöst, und so wurden Marketingpositionierung, Inhalt und Budget für einen Zeitraum von neun Monaten vollständig auf dieses eine Schlüsselsegment ausgerichtet, was zu einer Steigerung des Jahresumsatzes des Unternehmens im Bereich Freizeitgastronomie um 82 % führte.

„Wege zum Markt“ ist in diesem Stadium des Planungsprozesses eine nützlichere Beschreibung als „Vertriebskanäle“, da viele Produktgruppen möglicherweise nicht physisch „verkauft“ werden, aber dennoch einen entscheidenden Einfluss auf die Spezifikation eines bestimmten Produkts oder einer Produktreihe haben (vgl. Abb. 2). Nach der Definition von Zielgruppen sollten in der nächsten Analysephase die wichtigsten Berufsbezeichnungen wie z. B. „Technik“, „Einkauf“, „Führungskraft“ und spezifische Berufsbezeichnungen für jede dieser Gruppierungen wie z. B. „Produktionsingenieur“, „Einkaufsleiter“ oder „Unternehmensleiter“ aufgenommen werden. Sobald die Zielgruppen und die wichtigsten Berufsbezeichnungen definiert sind, sollten die Markttreiber und Erwartungen für jeden vertikalen Kanal zusammengefasst werden. Dies ist eine entscheidende Phase im Prozess, da sie in der Umsetzungsphase eine zentrale Rolle bei der Beratung und Lenkung zielgerichteter Inhalte spielen wird.

Im Jahr 2015 habe ich das Strategiemodell zur Neupositionierung der industriellen Marketingaktivitäten eines weltweit führenden Herstellers von Spezialbauprodukten für eine breite Palette von Anwendungen im Freizeitbau und in der Fertigung verwendet. Das Unternehmen verfügte über vier völlig unterschiedliche Produktpaletten, die sich alle an unterschiedliche Gruppen und Anwendungen richteten: Produkte zur Schwingungsisolierung für Bauingenieure und Stahlbauunternehmen, Produkte zur thermischen Isolierung für Architekten und Umweltberater, Maschinenhalterungen für Hersteller und industrielle Händler, und Produkte zur akustischen Isolierung, die sich vorwiegend an Bauherren und Bauunternehmer richteten. Infolgedessen haben wir das Angebot durch vier getrennte Wege zu Marktdiagrammen strukturiert, wobei wir alle Überschneidungen für potenzielle Cross-Selling-Botschaften und Werbung hervorhoben, die später im Planungsprozess aufgegriffen werden konnten.

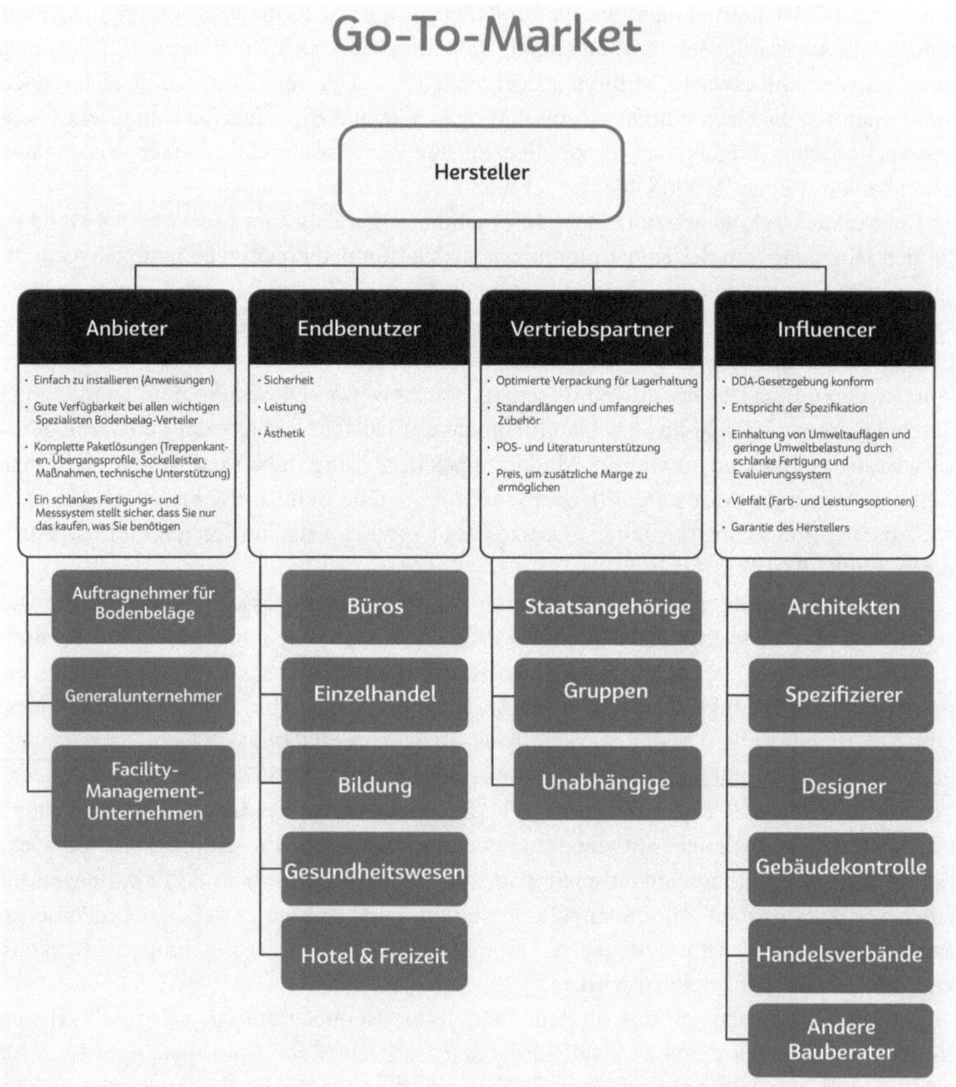

Abb. 2 Beispiel Wege zum Markt

Buyer Personas erstellen

Eine Buyer Persona ist de facto eine Darstellung Ihres idealen Kunden. Sie basiert auf einer Kombination aus Marktforschung und aktuellen Daten über Ihre bestehenden Kunden. Durch die Durchführung einer umfassenden Analyse der Trends, Verhaltensweisen, Ähnlichkeiten und Muster Ihrer Zielgruppe können Sie eine Marketingstrategie erstellen, die auf deren wichtigsten Zielen und Herausforderungen aufbaut. Buyer Personas sind für B2B-Marketer von unschätzbarem Wert, da sie die Erstellung von zielgerichteten

Marketingkampagnen und -inhalten ermöglichen, die den Zielgruppen zeigen, dass Sie ihre Bedürfnisse und Probleme genau verstehen, und sie dazu ermutigen, sich weiter mit Ihrem Unternehmen zu beschäftigen.

Obwohl Buyer Personas mit Hilfe von firmeneigenem Wissen konstruiert werden können, besteht die effektivste Erstellungsmethode darin, ein Marktsegment, sowie einige Kunden aus diesem Segment auszuwählen und dann diese zu befragen, um eine Reihe von Datenpunkten zu erstellen. Im Folgenden finden Sie eine Liste von Schlüsselfragen, die bei jeder Umfrage gestellt werden sollten:

- Was veranlasst Sie dazu, Produkte oder Dienstleistungen wie die Unseren zu kaufen?
- Was sind Ihre aktuellen Herausforderungen?
- Welche sind die Probleme, die unser Produkt oder unsere Dienstleistung für Sie löst?
- Was könnte passieren, wenn diese Probleme nicht gelöst würden?
- Wo haben Sie von uns gehört?
- Was schätzen Sie an unserem Produkt oder unserer Dienstleistung am meisten?
- Sind Sie mit allem zufrieden (Qualität, Service, Unterstützung, Ergebnisse usw.) oder gibt es etwas, das verbessert werden könnte?
- Welche Funktionen würden Sie gerne in unserem Produkt oder unserer Dienstleistung sehen?
- Würden Sie unser Unternehmen weiterempfehlen?
- Auf welche Branchen-Blogs, Websites oder Experten greifen Sie für den Wissensaufbau zu?
- Wer sind die wichtigsten Stakeholder in Ihrem Unternehmen?

Untersuchung von Makro-Umgebungsdetails für maßgeschneiderte B2B-Sektoren

„Makro-Umgebung" ist der Marketingbegriff für all jene externen Faktoren, die sich auf die Entscheidungsfindung, Leistung und Strategien einer Organisation auswirken und die von der Organisation selbst nicht direkt beeinflusst oder kontrolliert werden können. Dies steht im Gegensatz zu den Mikro-Umweltfaktoren, die stärker vom Unternehmen selbst beeinflusst werden. Dies sind die sechs Überschriften auf der Außenseite des Diagramms in Abb. 3 (vgl. Abb. 3), die manchmal auch als PESTEL-Analyse bezeichnet wird:

Der wichtigste Imperativ in Bezug auf die Analyse des makroökonomischen Umfelds ist, dass man die Weichen richtig stellen muss. Denken Sie daran, dass es keine Abkürzungen gibt, wenn es um eine gute B2B-Marketingstrategie geht. Wie können Sie möglicherweise eine Marketing- oder Markenbekanntheitskampagne für einen bestimmten Sektor planen, wenn Sie nicht wissen, welche Parameter in diesem eng definierten Sektor gelten? Warum sollten Sie wissentlich das Geld des Unternehmens in eine Kampagne stecken, die Sie nicht durch gründliche Untersuchungen quantifiziert und validiert haben?

Verlassen Sie sich daher bei der Recherche nicht nur auf die obersten Suchergebnisse in Google. Gehen Sie stattdessen mehr ins Detail, indem Sie die folgenden Techniken anwenden:

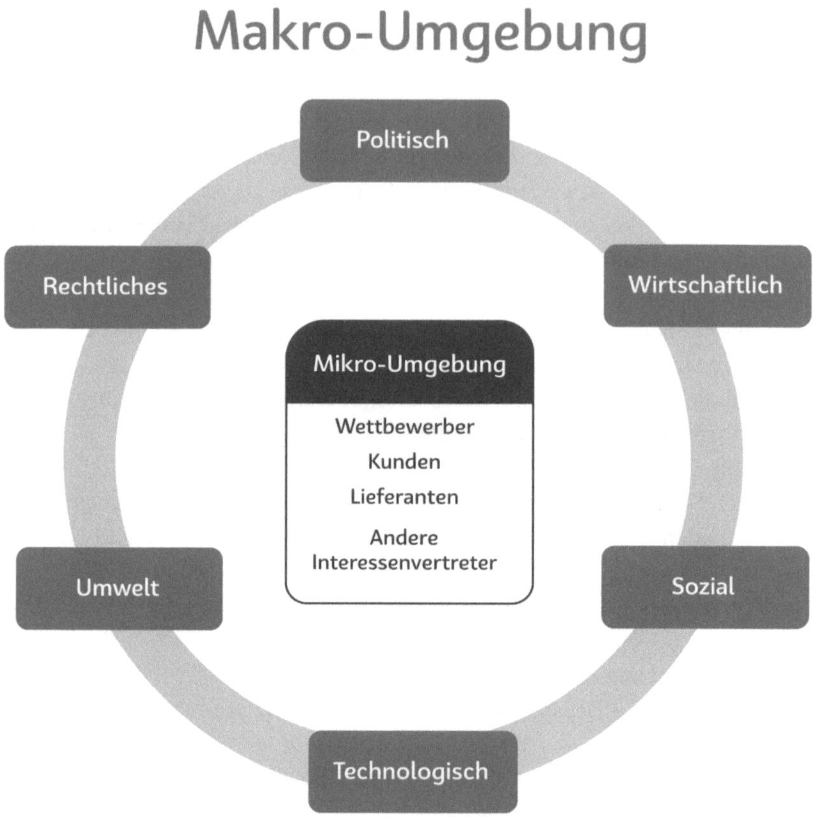

Abb. 3 Makro Umwelt

- Sehen Sie sich insbesondere die Nachrichtenergebnisse an
- Schlagen Sie Marktstatistiken in den Berichten der Branchenverbände nach
- Überprüfen Sie Zusammenfassungen von Marktberichten, um einige grundlegende Marktstatistiken auf höchster Ebene zu erstellen
- Denken Sie über verschiedene Perspektiven nach, wo das Produkt auf dem breiteren Markt angesiedelt ist, z. B. für einen Hersteller kommerzieller Computermonitore sollte der relevante Suchbegriff „IT-Hardware“ oder „IT-Marktsektor“-Trends und nicht nur „Computermonitore“ sein
- Durchsuchen Sie den Inhalt digitaler Fachpublikationen und Feature-Listen, um einen Überblick über die wichtigsten Themen und Trends zu erhalten
- Schauen Sie sich Messeinhalte, definierte Ausstellungszonen und Seminarthemen an, um ein Gefühl für die wichtigsten Schwerpunkte der Branche zu bekommen
- Befragen Sie eigene Kollegen und Mitarbeiter in verschiedenen Abteilungen

Nehmen Sie eine Feinabstimmung und Filterung all dieser Analysen vor und verwenden Sie dann die wichtigsten zusammenfassenden Informationen, um einen Kontext zu dem zu schaffen, was Sie zu erreichen versuchen. Dies ist die Landschaft, in der sich Ihr Unternehmen bewegt. Wenn Sie sich die Zeit nehmen, diese Landschaft zu verstehen und zu bewerten, werden Sie in eine weitaus bessere Position versetzt, von der aus Sie Ihre endgültige Strategie verfeinern und starten können.

Bereits 2016 führte ich ein Marketing-Audit für einen der weltweit führenden Hersteller von Ventilen und Anschlüsse für die Tankcontainer-, Straßentankwagen- und Eisenbahnindustrie durch. Das Unternehmen, das zu diesem Zeitpunkt bereits einen Umsatz von rund 85 Millionen Euro erzielte, war in seinem Marketingansatz sehr reaktiv – eventuell auch dem Umstand geschuldet, dass das Marketingteam aus nur zwei Mitarbeitern bestand – und hatte seine Marktposition weitgehend durch Erbverträge und Mundpropaganda erreicht. Obwohl es im Segmentierungsprozess klar definierte Zielgruppen gab, die von Originalausrüstungsherstellern, kurz OEMs, über Endgeräte und Dienstanbieter bis hin zu Endbenutzern reichten, gab es keine Differenzierung in den Botschaften für diese Gruppen. Außerdem war das Unternehmen in hohem Maße von seinem Kernmarkt für Tankcontainer abhängig und hatte es versäumt, wichtige Chancen in verschiedenen Segmenten der allgemeinen Industrie, von der Lebensmittelproduktion bis hin zu Pharmazeutika, zu nutzen. Makro-Umweltanalysen halfen bei der Definition der Größe und der wichtigsten Triebkräfte dieser Märkte, und dies mündete später im Planungsprozess in Überlegungen zur Positionierung, zum Thought Leadership und zum Inhalt ein.

Marketing-SWOT-Analyse

Die SWOT-Analyse (Stärken, Schwächen, Chancen und Gefahren) ist ein einfaches, aber nützliches Instrument, das Marketers zur besseren Bewertung des Geschäftsumfelds einsetzen. SWOT-Ergebnisse helfen Unternehmen, den Markt effektiv zu durchdringen und Chancen schnell zu nutzen. Das Marketing, insbesondere im B2B-Kontext, wird allzu oft als jene Abteilung übersehen, die alle Facetten des Geschäfts abdeckt. Im Zusammenhang mit der Durchführung Ihres B2B-Marketings wird es bei der SWOT-Analyse unweigerlich zu einer gewissen Überschneidung mit anderen Abteilungen kommen. Stellen Sie daher sicher, dass die Auswirkungen des Marketings im Mittelpunkt jeder Analyse stehen (vgl. Abb. 4).

Halten Sie die Marketing-SWOT-Analyse einfach, indem Sie sich auf die Arbeit stützen, die bereits durch den strategischen Planungsprozess geleistet wurde. Die in der früheren Phase dieses Modells durchgeführte Analyse der Situation bzw. des Unternehmensprofils sollte in Verbindung mit der Analyse der Segmentierung und der Buyer Persona die Grundlage für die Stärken- und Schwächenfelder bilden. Wichtige Beobachtungen des Makroumfelds sollten ebenfalls in diese Marketing-SWOT-Analyse einfließen, denn sie bilden die Grundlage für die Felder Chancen und Risiken. Die Schlüsselbeobachtungen aus der Konkurrenzanalyse in der nächsten Phase sollten ebenfalls als Teil des Chancen- und Risiken-Kapitels analysiert werden.

Innerhalb des B2B-Bereichs gibt es einige gemeinsame Elemente, nach denen Sie in diesen vier Bereichen suchen sollten. Aus der Perspektive der Stärken und Schwächen sind Finanzen, Marketing, Management und Produktion die sich wiederholenden Kategorien.

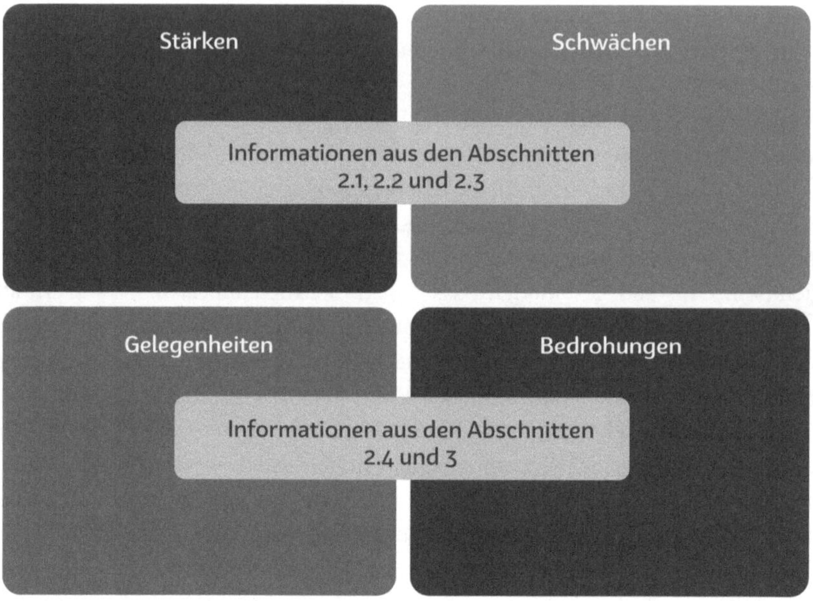

Abb. 4 SWOT-Vorlage

Chancen und Bedrohungen konzentrieren sich typischerweise auf die politischen, wirtschaftlichen, sozialen, technologischen, ökologischen und rechtlichen Veränderungen, die sich im Markt vollziehen, sowie auf die Aktivitäten der Wettbewerber im Hinblick auf M&A (Fusionen und Übernahmen) oder neue Marktteilnehmer bzw. Produktentwicklungen.

3 Schritt 2: Charakteristika zur Taktik-Analyse der Wettbewerber

In seinem bahnbrechenden Buch „Die Kunst des Krieges" sagte Sun Tzu dies:

> „Wenn man den Feind kennt und sich selbst kennt, braucht man das Ergebnis von hundert Schlachten nicht zu fürchten. Kennst du dich selbst, aber nicht den Feind, wirst du für jeden errungenen Sieg auch eine Niederlage erleiden. Wenn du weder den Feind noch dich selbst kennst, wirst du in jeder Schlacht unterliegen".

Das Verständnis der Marketingpositionierung, -strategie und -taktik der Wettbewerber ist eine absolut unerlässliche Waffe im Arsenal der B2B-Marketer. In der heutigen Zeit wird das meiste davon im Internet offengelegt und kann so auf unzählige verschiedene Arten analysiert, verglichen und ausgewertet werden. Die MarTech-Tools ermöglichen digitale Vergleiche auf detaillierter Ebene, z. B. in Bezug auf die Erwähnung von Marken, die Leistung organischer Websites und soziales Engagement, mit deren Hilfe Sie Ihre eigene Website, die digitale PR (Öffentlichkeitsarbeit), reichhaltige Inhalte und soziale Ansätze verbessern können.

Auf der obersten Ebene gibt es einige Grundlagen, die beim Vergleich von B2B-Marketingansätzen der Wettbewerber analysiert werden sollten. Die ersten beiden dieser Aspekte drehen sich um die qualitative Analyse, bei der Sie ein Urteil und eine Interpretation darüber abgeben müssen, wie sich diese positionieren. Der dritte Aspekt analysiert ihren Mix an Marketingkanälen. Der vierte und letzte Bereich verwendet MarTech-Tools, um sie mit Ihrer eigenen Leistung zu vergleichen:

a) Der erste Schlüsselbereich umfasst die Marke und Positionierung. Unwissenheit ist ein Segen, und auch wenn Sie persönlich nicht mit jeder Aussage einverstanden sind, die Sie finden, denken Sie daran, dass Ihr potenzieller Kunde keinen Grund hat das, was er auf der Website Ihres Konkurrenten sieht, in Frage zu stellen.
   a. Welches sind die Schlüsselaspekte des Wertversprechens eines Konkurrenten, die auf seiner Website auftauchen? Sie müssen nicht einmal zu weit suchen, um diese zu finden, da sie normalerweise auf der „Über uns"-Seite der Website oder auf den ersten Seiten einer PDF-Unternehmensbroschüre zu finden sind.
   b. Gehen Sie einen Schritt weiter, denn auf den Unterseiten der Website finden Sie weitere Einzelheiten.
   c. Überprüfen Sie die elektronische Literatur Ihrer Wettbewerber.
   d. Schauen Sie sich Messaging auf Messefotos und soziale Beiträge an.
   e. Wofür stehen Ihre Wettbewerber darüber hinaus?
   f. Welche konsistenten Botschaften stehen außerdem im Vordergrund?
   g. Wie versuchen Ihre Wettbewerber, auf dem Markt wahrgenommen zu werden?
b) Der zweite Schlüsselbereich umfasst Größe und Segmentierung, um den Kontext zu schaffen.
   a. Ist der Wettbewerber ein kleinerer Bereich eines größeren Unternehmens mit viel mehr Produktlinien?
   b. Wie segmentieren Ihre Wettbewerber den Markt?
   c. Welche Marktanteile besitzen sie?
   d. Was sind ihre Stärken und Schwächen in Bezug auf Produktneuheiten, F&E, Innovation, usw.?
c) Der dritte Schlüsselbereich betrifft das Niveau ihrer Marketingtechniken und die Häufigkeit der Updates. Sammeln Sie die Informationen und vergleichen Sie diese mit anderen wichtigen Konkurrenten. Auf diese Weise erhalten Sie einen Maßstab, mit dem Sie Schwächen in Ihrem eigenen Marketing erkennen können.
   a. Hauptmerkmale oder Bereiche ihrer Website
   b. Herunterladen von Unternehmens- und technischen Broschüren
   c. Seminare oder Webinare
   d. Reichhaltige Inhalte wie Blog-Einträge
   e. Technische Datenblätter und Dokumentationen
   f. Glaubwürdigkeitsbildung durch Fallstudien oder Medienarbeit und PR-Aktivitäten
   g. Soziale Kanäle
   h. Erklärende Videos und Webinhalte
   i. Regelmäßigkeit der Nachrichteninhalte

j. Links zum Abonnieren von E-Newslettern
k. Liste der Kanäle „wo Sie von uns gehört haben" auf ihrem Kontaktformular
l. Livechat-Funktionalität
m. Login oder maßgeschneiderte Funktionalität für Wiederverkäufer oder Kunden
n. Liste der Messen, auf denen sie ausstellen

d) Wie stehen sie Ihrem Unternehmen auf digitaler Basis gegenüber? Der Zustrom von MarTech-Tools in den letzten Jahren hat den Detaillierungsgrad verändert, mit dem Sie jetzt die digitale Präsenz und Leistung Ihrer Konkurrenten vergleichen können:
a. Domain-Berechtigung der Website
b. Geschätzter Traffic auf der Website
c. Backlinks zur Website
d. Website Keywords
e. Größere SEO-Leistung der Website
f. Digitale Markennamen können teilweise zum Benchmarking von PR-Bemühungen verwendet werden
g. Channel-Engagement-Raten werden einen Maßstab für die soziale Leistung liefern

Wettbewerber können oft den Weg weisen und einen „Leuchtturm" für die Marketingkanäle, Botschaften und Taktiken bieten, die bei der Entwicklung der eigenen Strategie berücksichtigt werden sollten. Vor einigen Jahren arbeitete ich den strategischen Planungsprozess mit einem Hersteller von Bodenbelägen für den weltweiten Freizeit- und Gastgewerbesektor durch, der seinen Exportanteil am Umsatz steigern wollte. Während der Recherchephase zu den Konkurrenten vertieften wir die umfangreichen Marketingtechniken, die von insgesamt zehn Konkurrenten eingesetzt wurden, und konzentrierten uns dabei ausführlicher auf zwei bestimmte Konkurrenten.

Die Komplexität der internationalen Inhalte war beträchtlich. Es gab spezielle Micro-Websites für viele verschiedene Länder mit in viele verschiedene Sprachen übersetzte PDF-Download-Inhalte für alle Produktreihen, diese wiederum durch lokale Fallstudien und regelmäßig aktualisierte Inhalte ergänzt wurden. Allerdings bedeutet „anspruchsvoll" nicht zwangsläufig auch teuer. Gerade, wenn es um Digitale Kanäle und MarTech-gestützte Maßnahmen handelt, können die Kosten massiv gesenkt werden und wir waren in der Lage, kosteneffektive Wege zur raschen Implementierung einer internationalen digitalen Basis zu finden, die wettbewerbsfähig war.

4 Schritt 3: Kernelemente für Botschaft, Marke und Positionierung

Die Marke muss im Mittelpunkt Ihrer B2B-Marketingstrategie stehen. Dies ist nicht nur ein Bereich, der für separate, groß angelegte Re-Branding-Projekte reserviert werden sollte, sondern vielmehr eine grundlegende und zentrale Überlegung, die im Rahmen aller strategischen Entwicklungsprozesse ständig neu bewertet werden sollte. Das Wertversprechen stellt die zentrale Säule der fünf Schlüsselelemente dar, die die Kinetik oder die lebendigen bzw. energetischen Werte einer Marke ausmachen:

- Markenkern: Die bestimmende Idee, eine Kurzform, die erklärt, was die Marke ausmacht.
- Zweck der Marke: Warum ist das, was Ihre Marke tut, nützlich und warum ist sie wertvoll?
- Markenwertversprechen: Der Wert und Nutzen, den die Marke Ihren Kunden bringt.
- Markenpersönlichkeit: Wie man mit Ihrer Marke umgeht und wie sie sich präsentiert.
- Grundsätze der Marke: Was das Unternehmen wertschätzt und was die Kultur antreibt.

Es gibt drei Kernelemente, die zum Benchmarking und zur Verfeinerung des Wertversprechens Ihres Unternehmens als Teil des strategischen Planungsmodells verwendet werden sollten:

1. Ihre eigenen Unternehmensstärken und USPs: Ordnen Sie diese nach Wichtigkeit!
2. Die Stärken und Alleinstellungsmerkmale Ihrer Wettbewerber: Vergleichen Sie die wichtigsten Produkt- und Dienstleistungsmerkmale!
3. Die allgemeine Markterwartung: Sammeln Sie Markt- und Kundeninformationen!

Das Ergebnis der Analyse dieser drei Bereiche ist die klare Identifizierung der Schlüsselvariablen, die das Produkt- und Dienstleistungsangebot eines Unternehmens als „besser" oder „anders" als das eines anderen Unternehmens auf dem Markt kennzeichnen, sowie der Standard, den Ihre Marke anstreben sollte. Der gleiche Prozess kann auch für spezifischere Märkte oder Produktgruppen wiederholt werden.

Die Informationen für die ersten beiden dieser Kategorien wurden bereits in früheren Abschnitten dieses Modells zusammengetragen. Im Hinblick auf den Leistungsvergleich mit Konkurrenten sollten Sie auch die Schlüsselbereiche in einer Vergleichstabelle auflisten. Die dritte lässt sich am einfachsten durch eine einfache digitale Umfrage ermitteln. Im B2B-Bereich gibt es typischerweise drei Hauptinteressengruppen, wenn es um die Markenbewertung geht:

- interne Mitarbeiter,
- Wiederverkäufer und
- Endbenutzer.

Ich bin immer wieder erstaunt, wie wenige Industrie- und B2B-Unternehmen die Vorteile weit verbreiteter, kostenloser und einfach zu bedienender Software nutzen und sich gewöhnlich auf die Ausrede stützen, dass ihre Wiederverkäufer oder Endbenutzer entweder „nicht die Zeit haben werden, zu antworten" oder „uns nichts sagen werden, was wir nicht bereits wissen". Die durchschnittliche Zeit zum Ausfüllen einer Umfrage mit 10 Fragen aus einer Kombination von offenen und geschlossenen Fragen beträgt normalerweise nur zweieinhalb Minuten! (Abb. 5)

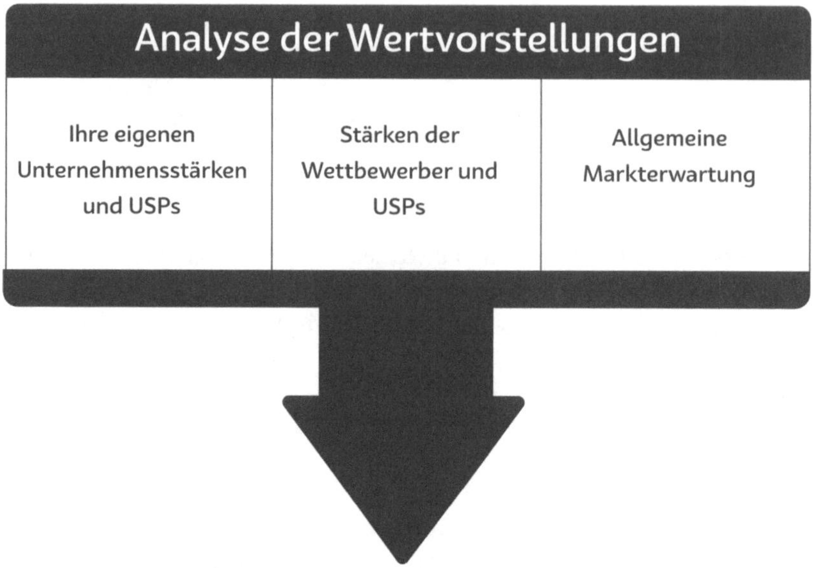

Abb. 5 Analyse der Wertvorstellungen

Als Fußnote zu diesem Entwicklungsprozess des Wertversprechens möchte ich ergänzen: Wenn Sie Schwierigkeiten haben, das Wertversprechen Ihres Unternehmens aufzubauen und zu definieren, gibt es auch eine Reihe von Tools, die Ihnen bei diesem Prozess helfen können, wie z. B. Susanne Trautmanns „Marketing Canvas",[6] Strategyzers „Value Proposition Canvas"[7] oder Futurecurves „Value Proposition Builder", um nur einige zu nennen.[8]

Andere Positionierungsüberlegungen

Sobald Ihr Wertversprechen klar definiert ist, besteht der nächste wichtige Schritt darin, die zugrunde liegenden Schlüsselbotschaften festzulegen, und zwar sowohl aus der Perspektive verschiedener Nuancen oder Akzente des Kernversprechens für definierte Zielgruppen oder Untermarken als auch im Hinblick auf den Aufbau einer längerfristigen wertorientierten Thought-Leadership-Position. Das letztgenannte Ziel ist eine absolut zentrale Herausforderung für jeden modernen B2B-Vermarkter im Sinne des „Wie" ein Mehrwert für ein Produkt, das viele ähnliche Eigenschaften und Merkmale wie andere verfügbare Produkte hat, aber zu einem höheren Preis angeboten wird, vermittelt und kommuniziert werden kann? Die Bewältigung dieser Hürde bestimmt nicht nur den Erfolgsgrad der Umsetzung Ihres Marketingplans, sondern ermöglicht es Ihnen auch, sich enger mit dem Vertriebsteam abzustimmen und es in die Lage zu versetzen, seine Ziele zu erreichen.

---

[6] http://marketing-canvas.de/. Zugegriffen am 06.05.2020.

[7] https://www.strategyzer.com/canvas/value-proposition-canvas. Zugegriffen am 06.05.2020.

[8] https://www.futurecurve.com/value-proposition-builder. Zugegriffen am 06.05.2020.

Thought Leadership ist seit einiger Zeit ein aufstrebendes Thema im B2B-Marketing. Zu Beginn der 2010er-Jahre erklärten 56 % der Führungskräfte im B2B-Marketing in einer Studie der Economics Intelligence Unit die „Positionierung unseres Unternehmens als Vordenker" zu ihrem obersten Ziel.[9] Die Bedeutung von Thought Leadership auf dem B2B-Markt richtet sich in erster Linie auf den zunehmenden Informationswunsch der B2B-Käufer, die Vervielfachung der unternehmenseigenen (und nicht fremden, externen) digitalen Kanäle, mit denen relevante Inhalte geteilt werden können, und das gestiegene Interesse der B2B-Käufer an der Frage, „wie" die Lösung eines Unternehmens ihre Probleme löst, im Gegensatz zur traditionellen Anforderung, das grundlegende „Was" zu kennen, das sie tun, um es zu überwinden.

Viele B2B-Marketer eilen zu schnell zur Wahl der Medien, bevor sie die Botschaft verstanden haben. Die Bestandteile Ihres MarTech-Stacks und die genauen Kanäle, für die Sie sich entscheiden, sind alle nutzlos, wenn der Inhalt und die Tiefe Ihrer Botschaft nicht von einem angemessenen Niveau sind, um Ihrem Zielkunden Wissen zu vermitteln. Daher sollten die wichtigsten Vorbereitungsphasen für die Entwicklung von Inhaltsplänen für Kampagnen entsprechend in diesen Positionierungsschritt integriert werden.

Verwenden Sie ein Inhaltsentwicklungsmodell wie das „Hero/Hub/HELP"-Modell,[10] um Ihr jährliches Programm zur Vermarktung von Inhalten zu definieren und zu planen. Dieses dreistufige Modell, das ursprünglich von Google eingeführt wurde, wird von Marketingfachleuten zunehmend als leistungsstarke Methode zur Segmentierung jeglicher Art von Marketinginhalten und als Grundlage einer abgerundeten und effektiven digitalen Marketingstrategie angesehen. Es hilft Unternehmen beim Aufbau loyaler Online-Communities durch eine konsistente und regelmäßige Ausgabe unterschiedlicher Inhalte über verschiedene Kanäle hinweg.

Das Modell Hero/Hub/HELP ist eine Möglichkeit, diese Inhalte so zu segmentieren, dass sie mit den richtigen Zielen vor Augen erstellt und somit über die richtigen Kanäle verbreitet werden. Die Ziele richten sich danach, wo, wann, wie und an wen Sie Ihre Inhalte verbreiten, sowie nach der Position im Marketing-Funnel des Zielpublikums. Hero-Inhalte stehen an der Spitze des Marketing-Funnels und zeichnen sich durch groß angelegte Anstrengungen zur Steigerung des allgemeinen Markenbewusstseins aus. Hub-Inhalte konzentrieren sich auf „Push"-Inhalte, die als Informationsquelle für Ihre bestehenden Kunden und Interessenten konzipiert sind und stark von Ihren Netzwerken oder Anhängern und Abonnenten abhängen. Help-Inhalte sind „Pull"-Inhalte, die für Ihre Kernzielgruppe entwickelt wurden und darauf ausgerichtet sind, durch die Beantwortung von Fragen und die Bereitstellung von schnell verfügbaren Informationsquellen das Engagement des Publikums zu erhöhen. Mit den Help-Inhalten können Sie sogar beliebte Suchmaschinenfragen verwenden, um Themen zu bilden, die sich auf die Unterstützung Ihrer SEO-Bemühungen (Suchmaschinenoptimierung) konzentrieren.

---

[9] https://blog.marketo.com/2010/06/b2b-thought-leadership.html. Zugegriffen am 06.05.2020.

[10] https://www.thinkwithgoogle.com/marketing-resources/youtube/schedule-your-content/. Zugegriffen am 06.05.2020.

Im Jahr 2010 arbeitete ich mit einem mittelständischen Hersteller von Spezialbauprodukten für die Bereiche Bildung, Gesundheit, Büro und Freizeit zusammen. Das Unternehmen beschäftigte etwa 80 Mitarbeiter, hatte eine Marketingabteilung mit zwei Mitarbeitern und einen Umsatz von etwa rund 10 Millionen Euro sowie ein großes Wiederverkäufernetz. Der Umsatz war im vorangegangenen Fünfjahreszeitraum weitgehend unverändert geblieben, und sie strebten für den nächsten Dreijahreszeitraum eine schrittweise Veränderung von 10 % pro Jahr an. Im Rahmen des strategischen Rahmenprozesses wurden viele Bereiche identifiziert, in denen der bisher recht reaktive Marketing-Ansatz verbessert werden konnte, aber der überraschendste war auf die Entwicklung modularer CPD-Inhalte – Continuing Professional Development, ein britischer Schulungsrahmen für Architekten und Spezifikationsfachleute im Bausektor – für wichtige Spezifikationsgruppen ausgerichtet. Das Unternehmen hatte traditionell all seine Bemühungen darauf ausgerichtet, Wiederverkäufer mit Marketingmaterial und Beschilderung zu unterstützen, aber eine detaillierte Analyse zeigte drei Wettbewerber auf, die die CPD-Positionierung hervorragend nutzten, sowie die Tatsache, dass Architekten, Spezifizierer und Designer den Kaufprozess maßgeblich beeinflussten.

Das Strategiemodell stellte fest, dass das Unternehmen durch die Ausrichtung des Marketingbudgets auf Thought-Leadership Inhalte und die Fokussierung auf diese Gruppen in der Lage sein würde, mehr Verkäufe über den Kanal zurückzuholen, indem es seinen Anteil an der Marktspezifikation erhöht. Entsprechend der Maxime, dass „andere Ausgaben oft wirksamer sein können als höhere Ausgaben", unterstützte diese subtile Änderung der Strategie ein durchschnittliches jährliches Umsatzwachstum von 18 % in jedem der nachfolgenden drei Jahre, wobei die jährlichen, neu zugewiesenen, Marketingausgaben nur um 5 % stiegen.

5 Schritt 4: Auswahlkriterien für Medien- und Marketingkanäle

Als ich vor zwanzig Jahren meine Marketing-Karriere in der Flugzeugreifenbranche begann, war die Palette der verfügbaren Kanäle nur ein Bruchteil dessen, was sie heute ist. Messen waren eine treibende Kraft, gedruckte Fachpublikationen stellten den wichtigsten Kommunikationskanal dar, und die digitale Landschaft steckte noch in den Kinderschuhen, wobei zu diesem Zeitpunkt nicht mehr als einfache Websites entwickelt worden waren, selbst für industrielle Supermarken wie Michelin. Infolgedessen war der Aufbau einer Kommunikations- oder Produkteinführungskampagne in Bezug auf die verfügbaren Techniken und Instrumente recht restriktiv.

Obwohl dies auf der einen Seite negativ war, steht außer Frage, dass es kreatives, unkonventionelles Denken gefördert hat. Bei einer Gelegenheit, als ich 2005 bei Ingersoll Rand ein Marketingteam des Geschäftsbereichs EMEA (Europa, Naher Osten und Afrika) leitete, besuchte ich mit dem Rest meines Teams den US-Hauptsitz für eine Händlerkonferenz mit Live-Demos einer brandneuen Innovation bei ölfreien Luftkompressoren. Bei dem fraglichen Produkt handelte es sich im Wesentlichen um einen riesigen, beigen Kasten von der Größe eines Gartenhäuschens mit Tausenden von komplizierten Einzelteilen darin. Mit einem mehr als sechsstelligen Marktwert war es eine äußerst profitable Produktlinie für das Unternehmen. In den USA konnte das Verkaufsteam problemlos alle seine landesweiten Vertriebspartner an einen zentralen Ort einladen, um die Technologie in Aktion zu präsentieren. In Europa wäre das nicht ganz so einfach zu bewerkstelligen gewesen.

Als wir von der Konferenz zurückkehrten, entwickelten wir das Konzept, das Produkt in einem 40-Fuß-Container unterzubringen, an den alle zugehörigen Peripheriegeräte angeschlossen waren. Dann schlossen wir es an einige Bildschirme an, mit denen wir Druckschwankungen im System darstellten und Leckluftszenarien nachahmten, um das Potenzial für Energieeinsparungen aufzuzeigen. Über einen Zeitraum von 12 Monaten fuhren wir diese Simulationseinheit mit einem Tieflader-LKW in alle Teile Europas, um Vorführungen bei lokalen Händlern, Direktverkäufern und potenziellen Kunden durchzuführen. Wir sagten etwa die Hälfte der Ausstellungsaktivitäten in diesem Jahr ab, um die Produktion und Logistik zu bezahlen, die für diese gezielte Lösung erforderlich waren. Das Ergebnis war, dass wir das Umsatzziel für das Jahr 1 um mehr als 300 % übertreffen konnten.

Im Jahr 2020 erleben wir eine enorme Ausdehnung der verfügbaren Marketingkanäle. Wir befinden uns jetzt in einer Ära der Sättigung der Marketingkanäle; jeder, der das berühmte „Martech 8000"-Marketingtechnologie-Landschaftsdiagramm[11] gesehen hat, kann dies bestätigen. B2B-Marken, die sich immer noch nur auf die veralteten Techniken der späten 2000er-Jahre verlassen und meinen, dass ein paar Ausstellungen pro Jahr plus mehrere Fachpresseanzeigen in regelmäßigen Abständen und die Aktualisierung von Broschüren in unregelmäßigen Abständen ausreichen werden, bleiben in dieser neuen Ära unweigerlich auf der Strecke.

Im Hinblick auf ein Gesamtverständnis der neuen verfügbaren Kanäle ist es wichtig, die wichtigsten Kategorientypen nicht zu verwechseln, insbesondere wenn es um die populärsten modernen Ansätze geht. Obwohl das Content-Marketing und insbesondere das Inbound-Marketing viele Gemeinsamkeiten aufweisen, gibt es einige wesentliche Unterschiede. Content-Marketing konzentriert sich auf die Erstellung und Verbreitung von Inhalten über mehrere Kanäle – zum Beispiel das Verfassen eines Leitfadens, seine Weitergabe in sozialen Medien und die Sicherstellung, dass dieser von denjenigen gelesen und auch weitergegeben wird, für die er relevant ist.

Beim Inbound-Marketing hingegen liegt der Schwerpunkt auf den Methoden – z. B. eine Website und die darauf befindlichen Inhalte so attraktiv zu gestalten, dass der Besucher zu irgendeiner Art von Aktion gezwungen wird, sei es durch einen Kauf, das Ausfüllen eines Formulars oder einfach durch ein nachfolgendes soziales Medium. Das Content-Marketing konzentriert sich auf den Aufbau von Beziehungen durch den Inhalt. Es ist Teil des Inbound-Marketings, das als Oberbegriff alle Aktivitäten und Methoden umfasst, die eingesetzt werden, um einen Kunden zum Handeln zu inspirieren. Im Gegensatz dazu stellt das digitale Marketing die wichtigsten Plattformen oder Marketingkanäle dar, die zur Kommunikation genutzt werden (Abb. 6).

---

[11] https://chiefmartec.com/2020/04/marketing-technology-landscape-2020-martech-5000/. Zugegriffen am 13.05.2020.

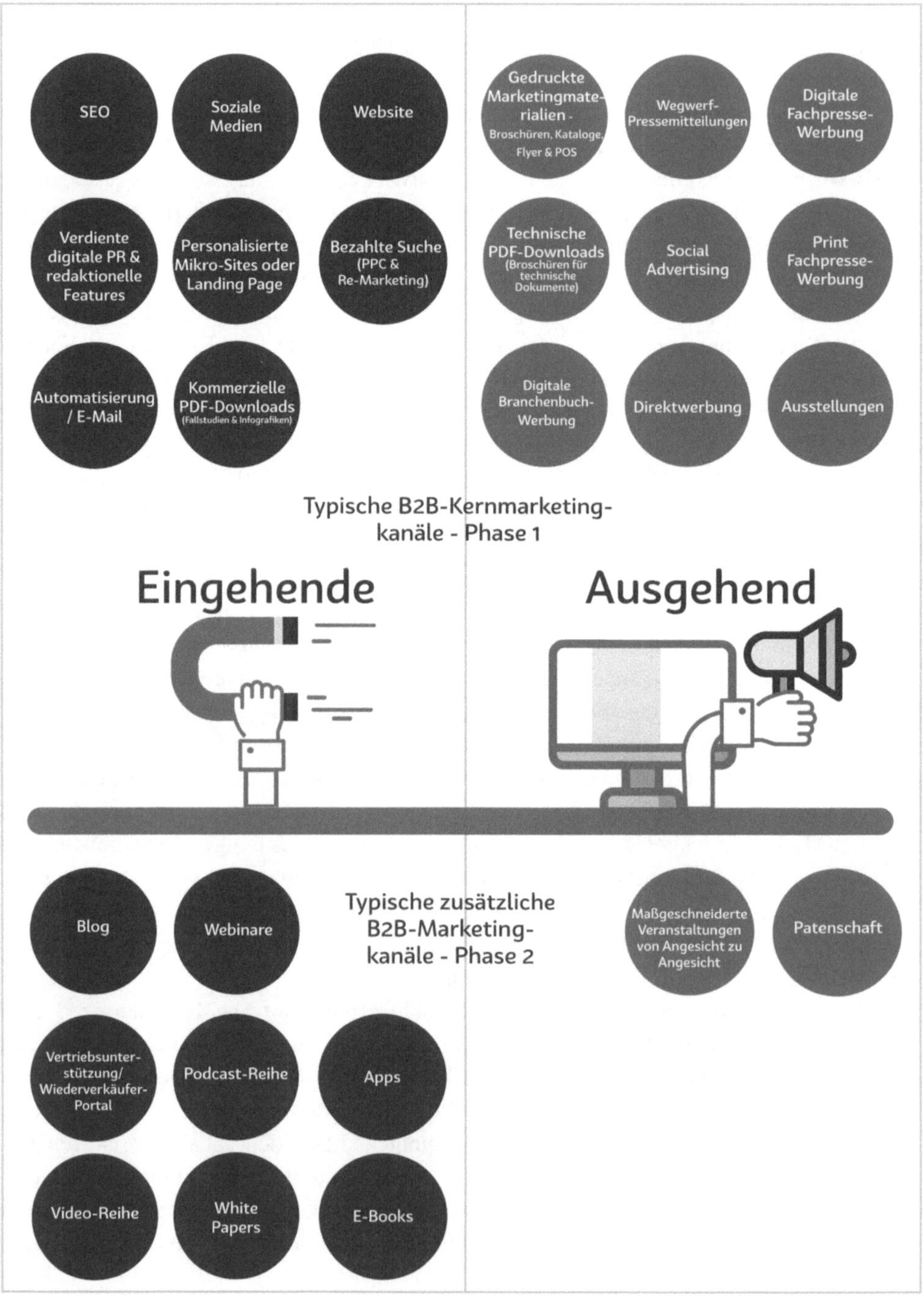

Abb. 6 B2B-Medienkanal-Auswahl

Bei der Bewertung der zur Verfügung stehenden Marketingkanäle sollten immer die wesentlichen Treiber bzw. Motivationsgründe eines B2B-Käufers im Mittelpunkt eines jeden Plans stehen. Sie werden grundlegend bestimmt durch:

- den Lebenszykluswert oder ROI des Produkts und wie das Unternehmen davon profitieren wird;
- technische Merkmale und greifbare Vorteile;
- den Wunsch, sich weiterzubilden;
- detaillierte technische Inhalte;
- zahlreiche Entscheidungsträger im Kaufprozess;
- längerer Kaufzyklus und längere Vertragslaufzeit.

All diese Aspekte eignen sich eher für einen Lead-Nurturing- und Drip-Feed-Ansatz, der durch ein sorgfältig orchestriertes Multikanal-Konzept den Interessenten anspricht und dann die Botschaft verstärkt.

Während der Zeit bei Knauf Insulation in den späten 2000er-Jahren begann das Spektrum der Kanäle zu wachsen, und es gab ein gesundes und flexibles Jahresbudget (über 1 Million Pfund), mit dem experimentiert werden konnte. Als Team probierten wir eine Reihe verschiedener Ansätze aus, von hochmodernen interaktiven Funktionen auf unseren Messeständen bis hin zum Testen neuer digitaler Ansätze, die sich zu entwickeln begannen. Der erfolgreichste Teil des Marketings, den wir produzierten, war jedoch auf Thought-Leadership und effektive Umsetzung von etwas Ähnlichem, wie dem im vorherigen Schritt skizzierten „HERO/Hub/Help"-Ansatz, ausgerichtet, wenn auch einige Jahre bevor diese Methode im Jahr 2014 an Bedeutung gewann. Über einen Zeitraum von sechs Monaten hatten wir einen detaillierten Vergleichsleitfaden zu jedem verfügbaren Dämmstoff erstellt, der sowohl die Materiallösungen von Knauf als auch die der Wettbewerber abdeckte und den wir dann sowohl in digitaler als auch in gedruckter Form verbreiteten. Der Inhalt wurde für redaktionelle Beiträge und Pressemitteilungen sowie für Videos, Infografiken und soziale Beiträge in kleinere Teile zerlegt. Als Beweis unserer Vordenkerrolle hat es unsere Konkurrenten überrascht und uns einen enormen Vorteil auf dem hart umkämpften Dämmstoffmarkt verschafft.

Einen modernen B2B-Kanalmix aufbauen

Ein Blick auf den Zustand der aktuellen Marketinglandschaft gibt einen Hinweis auf das Ausmaß der Herausforderung, wenn es um die Auswahl der richtigen Mischung von Marketingkanälen geht. Im Januar 2020 gab es 1,74 Milliarden Websites auf der Welt – das ist ein harter Wettbewerb um Aufmerksamkeit und ein Anstieg um 700 % seit 2010. Wir haben also in den letzten 10 Jahren einen langen Weg zurückgelegt.[12] Die globale Content-Marketing-Branche hat sich allein in den letzten 5 Jahren auf mehr als 300 Milliarden

[12] https://www.websitehostingrating.com/internet-statistics-facts/. Zugegriffen am 13.05.2020.

Euro verdoppelt.[13] Wie sieht das in Echtzeit aus? Jeden Tag werden über 4,4 Millionen Blog-Beiträge online veröffentlicht, zusammen mit über 700 Millionen Tweets, 4 Millionen Stunden Video-Inhalten[14] und es gibt auch 5 Milliarden weltweite Internet-Suchanfragen pro Tag.[15] Noch bevor Sie zu den segmentierten und personaorientierten Targeting-Ansätzen des B2B-Marktplatzes kommen, sind das eine Menge Nadeln in einem mächtigen Heuhaufen!

Auch die Reise des B2B-Käufers hat sich in den letzten Jahren völlig verändert:

- Es sind mehr Menschen an der B2B-Kaufentscheidung beteiligt;
- der moderne B2B-Käufer recherchiert selbst und in der Regel online;
- die meisten B2B-Käufer, die den Marketing-Funnel durchlaufen, springen zwischen den Phasen der Kundenreise (Awareness, Consideration, Decision und Experience) hin und her.

Von Gartner im März 2020 durchgeführte Untersuchungen legen nahe, dass B2B-Marketingverantwortliche nun den höchsten Anteil (11,6 %) ihres Gesamtbudgets für die Unternehmenswebsite aufwenden und insgesamt 73 % des Budgets in digitale Aktivitäten investieren.[16]

Es gibt mehr als hundert kategorisierte Channel-Marketing-Typen, d. h. allgemeine Gruppierungen wie „Social Media" statt einzelner Kanäle wie „LinkedIn". Dies stellt eine komplexe Herausforderung für B2B-Vermarkter dar, wenn es darum geht, den Mix der zu verwendenden Kanaltypen zu definieren. In diesem Zusammenhang sollten einige Schlüsselbereiche angesprochen werden:

- Was ist das Kostenprofil im Sinne der Eintrittsbarriere für einen bestimmten Kanal? „Sehr hoch/hoch/mittel/niedrig/sehr niedrig"
- Prüfen Sie die relative Leistung der derzeit genutzten Kanäle und ordnen Sie sie nach „sehr hoch/hoch/mittel/niedrig/sehr niedrig" ein; es gibt zahlreiche kostenlose MarTech-Tools, die Ihnen zu Benchmark-Statistiken für einen bestimmten Industriesektor verhelfen können.
- Wie stellt sich die Rangfolge dar in Bezug auf welcher Anteil der Wettbewerber einen bestimmten Kanal bereits nutzt.
- Beurteilen Sie, ob es neue Kanäle gibt, die von Konkurrenten genutzt werden und die dem Mix einen Mehrwert verleihen können, indem sie die wichtigsten Buyer Personas effektiv ansprechen.

[13] https://www.technavio.com/. Zugegriffen am 13.05.2020.

[14] https://blog.microfocus.com/how-much-data-is-created-on-the-internet-each-day/. Zugegriffen am 13.05.2020.

[15] https://seotribunal.com/blog/google-stats-and-facts/. Zugegriffen am 13.05.2020.

[16] https://blogs.gartner.com/anna-maria-virzi/2020/03/25/give-b2b-website-love/?_ga=2.170346214.73262108.1590654217-1589085449.1589981298. Zugegriffen am 13.05.2020.

- Bewerten Sie potenzielle Kanäle von 1 bis 10 für Marktanpassung und potenzielle Renditen.
- Wird der Kanal hauptsächlich für Drip-Feed, einmaliges Material oder für beides verwendet? Überlegen Sie auch, wie dies mit dem in Schritt 3 des Modells definierten Ansatz zusammenpasst.
- Gewichten Sie jede zuvor benannte Kategorie und wählen Sie eine neue Mischung von Kanälen

Bei der Auswahl des optimalen Mix an Kanälen ist es auch sinnvoll, den Mix auf die verschiedenen Etappen der Buyer Journey eines modernen B2B-Käufers abzustimmen, die im Großen und Ganzen wie folgt aussieht:

- Awareness Phase
- Consideration Phase
- Decision Phase
- Experience Phase

In der modernen B2B-Journey hat das Forschungs- und Beratungsunternehmen Gartner eine erweiterte Version dieses Prozesses vorgeschlagen, bei der die Kunden in einer Reihe von Schleifen um, zurück und durch die verschiedenen Phasen geführt werden:

- Problemidentifikation
- Lösungsexploration
- Anforderungsaufbau
- Lieferantenauswahl
- Validierung
- Konsenserstellung.[17]

Unter Verwendung beider Strukturen besteht unsere grundlegende Herausforderung als B2B-Vermarkter daher darin, Inhalte zu entwickeln, zu verfeinern und zu platzieren, die auf jeden der verschiedenen Schritte entsprechend reagieren.

6 Schritt 5: Der richtige MarTech-Stack

In den letzten Jahren waren wir Zeuge der Verbreitung einer neuen Generation von Instrumenten zur Produktion, Bereitstellung und Bewertung des Engagements und Erfolgsniveaus von Marketinginhalten. Auf seiner grundlegendsten Ebene ist ein Marketing Technology (MarTech) Stack eine Sammlung technologiebasierter Tools, die von Marketingfachleuten verwendet werden, um sie bei der effektiven Automatisierung, Umsetzung und

[17] https://www.gartner.com/en/sales/insights/b2b-buying-journey. Zugegriffen am 13.05.2020.

Messung verschiedener Multi-Channel-Marketingaktivitäten über den gesamten Kundenlebenszyklus hinweg zu unterstützen. Die Kombination der Tools kann je nach Art und Größe des Unternehmens, dem Budget und den strategischen Zielen und Prioritäten des Unternehmens variieren. Auf ihrer fortgeschrittensten Stufe kann sie eine wichtige Quelle für einen Wettbewerbsvorteil im Marketing sein.

Das Internet hat in den letzten Jahren das Spielfeld für Industrie- und B2B-KMUs geebnet, und die Medienlandschaft verändert sich dadurch deutlich. In der Gegenwart ist der Zugang zum Publikum an Plattformen abgetreten worden. Das alte Werteversprechen der Verleger und Vermarkter für Werbende und deren Marken – das im Wesentlichen der Zugang zum Publikum war – beginnt sich nun mit dem Aufkommen sozialer Plattformen mit einer massiven Nutzerbasis aufzulösen, ganz zu schweigen von einer Reihe populärer digitaler Verleger, die sich über das Internet und Tausende von MarTech-Stack-Plattformen ausbreiten. Diese aufstrebenden Kräfte haben begonnen, die Kontrolle der Altverlage über das Publikum zu schwächen. Trotzdem lohnt es sich, daran zu erinnern, dass das Internet und MarTech als Ganzes letztlich immer noch nur Werkzeuge sind, denn sie sind nicht die Lösung für alles.

> Ein Werkzeug ist keine Strategie. Es gibt keine Patentlösungen. Betrachten Sie MarTech eher als eine Möglichkeit, eine Strategie umzusetzen. Das Internetzeitalter und die damit einhergehende Informations- und Datenflut hat die Bedeutung einer guten strategischen Planung sogar noch erhöht. Eine klar definierte Strategie ist heute der beste Weg, den Lärm der Tausenden von verschiedenen Kanal- und Plattformoptionen und Datenpunkten zu durchdringen und den optimalen Kanalmix zu finden. Unabhängig davon, welche Werkzeuge Sie für Ihren MarTech-Stack wählen, denken Sie also daran, dass die von Ihnen gewählte Technologie auch in Ihre Strategie eingebunden werden muss und nicht umgekehrt.

Die neuesten Ergebnisse der Gartner Marketing Technology Survey zeigen, dass Marketing-Führungskräfte nach eigenen Angaben nur 58 % des Potenzials ihres MarTech-Stacks ausschöpfen. Und dass, obwohl sie jetzt 26 % ihres Marketingbudgets für MarTech ausgeben.[18] Der durchschnittliche Marketing-Stack besteht aus bis zu 17 oder mehr Tools.[19] Die meisten modernen Marketingexperten sind jedoch mehr damit beschäftigt, Integrationen zu finden, um vorhandene Datenpunkte miteinander zu vergleichen, als mehr zum Stack hinzuzufügen. Die Werkzeuge sind vorhanden, aber die Herausforderung, wie man am besten einen geeigneten B2B-MarTech-Stack für das eigene Unternehmen aufbaut, ist zu einer der kritischsten in der modernen strategischen Planungsgleichung geworden.

Vorgehensweise für einen optimalen B2B-Martech-Stack

Seebacher hat bereits in seinen Ausführungen in Bezug auf das Thema MarTech Stack auf die Marketing Technology Landscape-Grafik (MarTech 8000) verwiesen, die von Scott Brinker von chiefmartec.com auf jährlicher Basis erstellt wird. Dieses Diagramm ist für

[18] https://www.gartner.com/en/newsroom/press-releases/2019-11-18-gartner-says-marketers-utilize-only-58%2D%2Dof-their-mart. Zugegriffen am 13.05.2020.

[19] https://www.signal.co/resources/optimize-marketing-technology-stack/. Zugegriffen am 13.05.2020.

einen B2C-Marketer ziemlich einschüchternd, ganz zu schweigen von einem B2B-Marketer! Aber indem man den gesamten Marketing-Stack in Stücke zerlegt, ist es möglich, zu einem überschaubareren Prozess für den Aufbau Ihres eigenen B2B-Marketing-Tech-Stacks zu gelangen. Vor diesem Hintergrund sollten Sie sich folgender drei Aspekte bewusst sein:

- Es gibt sechs Kerngruppen (Werbung & Promotion, Inhalt & Erfahrung, Soziales & Beziehungen, Handel & Verkauf, Daten und Management), die in neunundvierzig Unterkategorien unterteilt sind – viele davon werden überhaupt nicht benötigt, also verfeinern Sie die Liste auf die Bereiche, von denen Sie sicher sind, das sie anwendbar sind
- Scheuen Sie sich nicht vor einem Trial-and-Error-Prozess für Ihren sich entwickelnden Technologie-Stack. Wenn Sie einmal eine Suite von, sagen wir, zehn oder fünfzehn Werkzeugen definiert haben, gehen Sie nicht einfach davon aus, dass das Projekt abgeschlossen ist und gehen Sie zu etwas anderem über. Überprüfen, bewerten und testen Sie die Tools (für die meisten Tools gibt es kostenlose Testversionen oder Demos). Tauschen Sie Tools aus und setzen Sie neue Tools ein, um Ihre Tool-Suite zum agilsten, intelligentesten, vernetztesten und effizientesten Technologie-Stack zu verfeinern
- Überlegen Sie, wie Ihr Technologiestack so ausgerichtet und angepasst werden kann, dass Ihren Interessenten und Kunden besser personalisierte Inhalte zur Verfügung stehen.

Kürzlich habe ich den strategischen Planungsprozess für die europäische Abteilung eines großen globalen Herstellers von IT-Ausrüstung für Spezialanwendungen wie Gesundheitswesen, Wirtschaftsunternehmen, Operationssäle und Industrie übernommen. Die Markenevaluierung war der Hauptantrieb für das Projekt, da das Unternehmen mit renommierten Marken konkurrierte, und eine der wichtigsten Schlussfolgerungen war, dass wir durch den intelligenten Einsatz von MarTech viel bessere Ergebnisse in Bezug auf die Markenkonsistenz und die künftige Stärkung der Marke erzielen könnten. Beispielsweise hatte die Marke eine Reihe von unzusammenhängenden und gemischten Botschaften in den Markt gesendet, was zum Teil darauf zurückzuführen war, dass Verkäufer und Händler ihre eigenen Marketing-Präsentationen und Support-Pakete zusammenstellten. Am Front-End halfen wir bei der Implementierung eines Verkaufsförderungs-Tools, das seither als Markenplattform zur Kontrolle der Markenpräsenz fungiert, und gleichzeitig installierten wir am Back-End ein definiertes Set von Überwachungs-Tools, um die digitale Erwähnung der Marke, das soziale Engagement und die SEO-Leistung zu verfolgen.

Laut dem Bericht „State of Marketing Technology 2018" glaubten 69 % der Befragten, dass „der perfekte Marketing-Stack noch nicht existiert".[20] Dies ist nicht überraschend, da es den „perfekten Stack" niemals geben wird. Mit einem erweiterten Angebot von mehr

[20] https://chiefmartec.com/2020/04/marketing-technology-landscape-2020-martech-5000/. Zugegriffen am 13.05.2020.

als 8000 Tools gibt es keinen Einheitsgrößenansatz, wenn es um B2B-MarTech geht. Jedes Unternehmen muss eine Lösung konstruieren, die den spezifischen Bedürfnissen seines Unternehmens entspricht.

Es ist am besten, die Definition Ihres MarTech-Stacks zu Beginn so einfach wie möglich zu halten, egal ob es sich um einen ersten Blick darauf oder um die Bewertung einer bestehenden Ausgangsbasis handelt. Als solches habe ich einen „Lean MarTech"-Rahmen für B2B-KMUs entwickelt, der sich auf nur drei Kernbereiche konzentriert, nämlich Content-Produktion & Zusammenarbeit, Vertrieb und Analytik. Das untenstehende Diagramm zeigt ein Beispiel dafür, wie eine begrenzte Auswahl von Tools in jeder Kategorie aussehen würde. Mit Ausnahme von Hubspot, Seismic und Vuelio – diese bieten jeweils größere Abonnements von mehr als 500,- Euro pro Monat an – stellt dies einen ziemlich umfassenden MarTech-Stack für ein zukunftsorientiertes KMU-B2B-Unternehmen in der Umsatzklasse von 10 bis 30 Millionen Euro dar. Dieses besondere Beispiel umfasst eine ausgewogene Mischung von 21 Tools, von denen vier über dem Branchendurchschnitt liegen. Ein typischer MarTech-Stack nimmt eine CRM-Lösung oder Automatisierungsplattform (in diesem Beispiel Hubspot) als Basiskomponente und setzt dann eine Reihe von Komponentenwerkzeugen innerhalb der folgenden breiteren Kategorien darauf auf (Abb. 7):

Anstatt sich jedoch allzu sehr mit spezifischen Markenwerkzeugen zu beschäftigen, ist es besser, sich mit einigen direkteren Fragen in Bezug auf Ihr MarTech-Stack-Framework zu beschäftigen:

Beispiel B2B-MarTech-Stack

Inhaltsproduktion & Zusammenarbeit (Attract)	Verteilung (Engage)	Analytik (Analysieren & Optimieren)
Adobe	Hubspot	Google Analytics
Wordpress	Seismic	SEMRush
Canva	Google Ads	Sprout Social
Contently	LinkedIn	Vuelio
Asana	Twitter	Ghostery
Slack	Neverbounce	Surveymonkey
Zoom	LiveChat	Hotjar

Abb. 7 Beispiel B2B-MarTech-Stack

- Wie sieht der aktuelle MarTech-Stack meines Unternehmens aus?
- Sind diese Technologien nach innen oder nach außen gerichtet?
- Was versuche ich in Bezug auf die Produktion von Inhalten zu erreichen?
- Welche Zusammenarbeit wird erforderlich sein, um diese Anforderungen zu erfüllen?
- Wie werde ich diese Inhalte an die Hauptzielgruppen verbreiten?
- Wie kann ich inhaltliches Engagement und Wirkung messen?
- Wo liegen die Prioritäten in Bezug auf die Weiterentwicklung des Stacks?
- Kann ich Daten zwischen den verschiedenen Tools verbinden, integrieren und austauschen?
- Stimmt der neu definierte Tech-Stack mit der Strategie überein und erfüllt er die Marketingziele?

Der strategische Planungsprozess für einen anderen Kunden von mir, der im Schwermaschinenbausektor tätig ist, erforderte eine langfristige Vision und ein Dashboard für eine Reihe von Aktivitäten mit Drip-Feed Inhalten. Wir stellten eine Reihe von MarTech-Überwachungstools für digitale PR, soziale Kommunikation, automatisierte E-Mail, organischen Web-Traffic und bezahlte Suche zusammen, um wichtige Benchmarks zu verfolgen und Bereiche für taktische Verbesserungen zu identifizieren. Im Wesentlichen trug dies dazu bei, die Strategie und Taktik an gemessenen und quantifizierbaren Benchmarks und der letztendlichen Wirksamkeit auszurichten.

7 Schritt 6: Smarte B2B-Zielsetzungen definieren und erreichen

Intelligente Ziele müssen mit kommerziellen Benchmarks und den Umsatz- und Rentabilitätszielen des Unternehmens in Einklang gebracht werden. Ein moderner B2B-Marketer muss eine Reihe verschiedener Hüte tragen, wenn es darum geht, Ziele zu setzen, wobei unscharfe Grenze zwischen Verkaufs- und Marketingzielen oft als gemeinsame Trennlinie fungieren. Auf anekdotischer Ebene gibt es, nachdem ich im Laufe der Jahre mit Marketingexperten in vielen Hunderten von B2B-Organisationen gesprochen habe, ein paar häufig zitierte Ziele im täglichen Gebrauch, die sich um die fortwährende Anforderung drehen, den Web-Traffic, die Vertriebsleads, das Markenbewusstsein und die Umwandlung von Leads in Kunden zu steigern.

Auf der obersten Ebene fallen B2B-Marketing-Ziele unter drei grundlegende Kategorien auf der primären Ebene mit einer damit verbundenen breiteren Liste von sekundären Zielen. Diese Checkliste (Abb. 8) bietet einen nützlichen Referenzrahmen, da Sie ständig sicherstellen sollten, dass alle detaillierten Ziele einem dieser zehn Zwecke dienen:

Die Festlegung klarer Ziele ist von entscheidender Bedeutung, wenn es darum geht, den Erfolg Ihrer Strategie zu bewerten und sicherzustellen, dass alle taktischen Anpassungen, die im Laufe der Zeit vorgenommen werden, validiert werden. Die Verwendung der SMART-Zielmethode, die von George Doran in den 1980er-Jahren entwickelt wurde (Do-

Abb. 8 Ziele des B2B-Marketings auf höchster Ebene

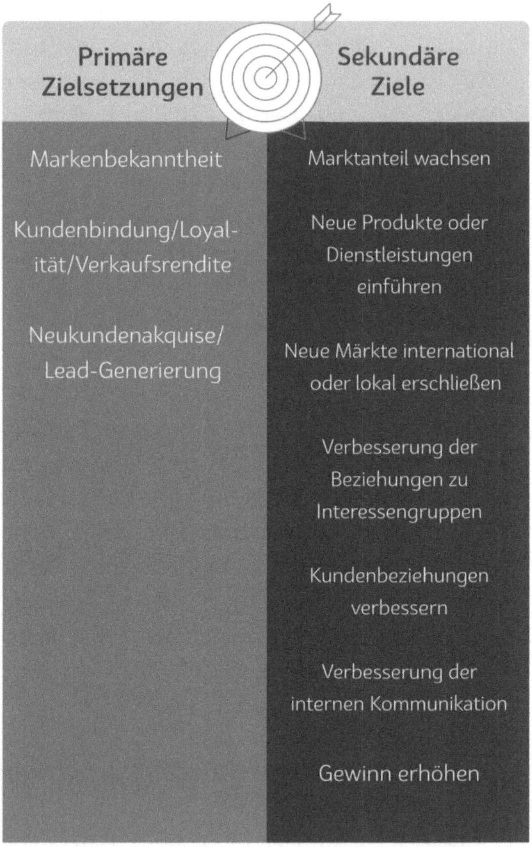

ran, G.T. 1981. Management Review), bietet eine solide Grundlage, auf der Sie Ihre B2B-Marketingziele aufbauen können. SMART ist das Akronym, das die fünf Schlüsselkriterien bei der Festlegung von Zielen abdeckt. Es steht für:

- Konkret (Specific): Was genau soll erreicht werden? (z. B. wachsender Website-Verkehr)
- Messbar (Measurable): Wie wird das Ziel gemessen werden? (z. B. Website-Besucher)
- Realistisch (Achievable): Ist das Ziel, ein Ziel oder eine prozentuale Steigerung zu erreichen?
- Relevant: Was wird die Veränderung oder das Ergebnis sein? (z. B. +20 %)
- Zeitgebunden (Time-bound): Bis zu welchem Termin muss das Ziel erreicht werden? (z. B. 12 Monate von jetzt an)

Für jedes SMART-Ziel gibt es eine Reihe von Schlüsselbereichen, die berücksichtigt werden müssen:

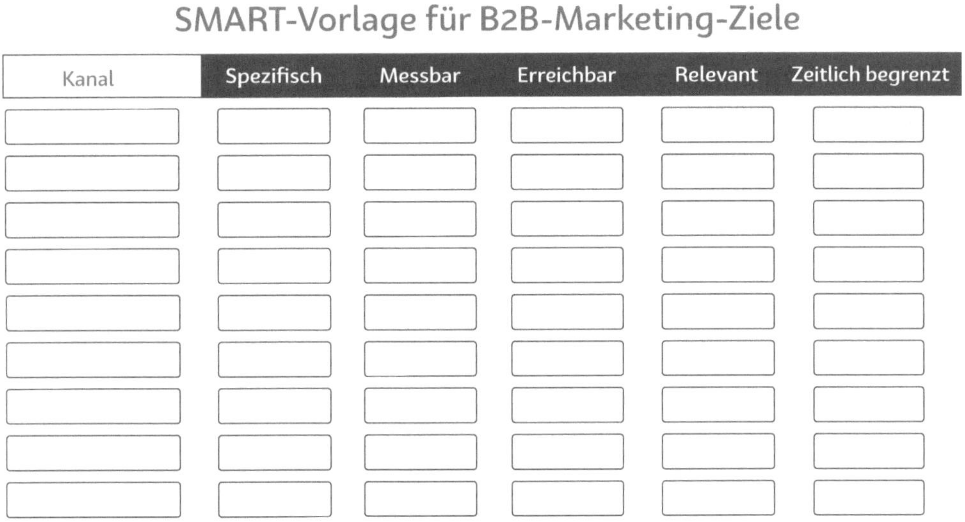

Abb. 9 Beispiel SMART B2B-Marketing-Ziele

- Was ist die treibende Kraft hinter dem, was Sie erreichen wollen, und warum muss ein bestimmtes Problem gelöst werden?
- Wie löst die Endvision dieses Problem und wie sieht der Erfolg aus?
- Welche Schritte müssen unternommen werden, damit dieses ehrgeizige Ziel erreicht werden kann?
- Welche Branchen-Benchmarks gibt es für die einzelnen Kanäle?
- Was ist die aktuelle Leistung des Unternehmens über dieselben Kanäle?
- Welche Taktiken sind in diesem strategischen Rahmen identifiziert worden, die in Zukunft angewendet werden sollen?
- Welches ist das gewünschte Leistungsniveau über jeden Kanal und ist es im Kontext von Branchen-Benchmarks erreichbar? (Abb. 9)

Marketing- und Verkaufsziele sollten aufeinander abgestimmt werden, d. h. geben Sie an, welche Verkaufswirkung Sie von bestimmten Marketingzielen wie der Steigerung des Website-Traffics, der Automatisierung von Konversionen und des sozialen Engagements erwarten. Vor einigen Jahren begann ich mit einem gut etablierten, vierzig Jahre alten, mittelständischen Händler von Laborgeräten zu arbeiten, der hinsichtlich des Umsatzwachstums etwas ins Stocken geraten war und seine digitale Präsenz verbessern und eine größere Glaubwürdigkeit seiner Marke erreichen wollte. Nachdem wir das strategische Modell durchgearbeitet hatten, stellten wir ein klareres Wertversprechen auf und definierten auch, dass ihnen eine Markenaktualisierung es ermöglichen würde, sich auf dem Markt sichtbarer zu positionieren. Auch auf ihrer Website fehlten Funktionalität und Benutzererfahrung, und so wurde im Anschluss an den Planungsprozess eine vollständige Überarbeitung ihrer E-Commerce-Website vorgenommen. Neben einer Reihe von sechs Kernmarketingzielen verpflichteten wir uns auch, eine Steigerung der Gesamtverkäufe um 18 % und der E-Commerce-Verkäufe um 35 % zu unterstützen. Innerhalb der ersten sechs Monate nach der Einführung der neuen Marke und der neuen Website stieg der Gesamtumsatz bereits um 50 % und der E-Commerce-Umsatz um 100 %. Der Händler führte dies ausschließlich auf die Umsetzung der Strategie zurück, die im Laufe dieses Rahmenprozesses festgelegt wurde.

Eine der wichtigsten Überlegungen bei der Ausarbeitung Ihrer Ziele sollte eine klare Trennung zwischen „Benchmark-Eitelkeitszielen" und quantifizierbaren ROI-Kennzahlen sein. Möglicherweise ist es nicht möglich, den ROI jeder einzelnen Kanalaktivität zuzuordnen, und daher ist es kein Problem, eine sekundäre Liste der üblicherweise als Eitelkeitsziele bezeichneten Ziele aufzunehmen. Aber die primären Ziele sollten sich auf Engagement, Konversion und ROI beziehen. Vor diesem Hintergrund sollten die folgenden fünf Fragen sorgfältig als Barometer für die laufende B2B-Marketingleistung betrachtet werden:

- Wie hoch waren die Einnahmen oder der Auftragswert aus Marketingquellen?
- Wie viel Prozent der neuen Kunden wurden durch Marketinginitiativen gewonnen?
- Wie viele Leads wurden für jedes Pfund, das für Marketing ausgegeben wurde, generiert?
- Wie viel kostet es Sie, einen Kunden zu akquirieren?
- Welcher Prozentsatz der akquirierten Kunden ist auf Ihre Marketingaktivität zurückzuführen?

Generische B2B-Marketing-Zielbeispiele wären zum Beispiel die Steigerung des Umsatzes oder des Markenbewusstseins, die Erhöhung des Marktanteils, die Einführung neuer Produkte oder die Erschließung neuer Märkte. Generische Kanalziele wären zum Beispiel die Erhöhung des organischen Web-Traffics, die Erhöhung des Anteils der Web-Leads, die zu Kunden konvertieren, die Erhöhung des Engagements auf sozialen Kanälen oder die Erhöhung der Anzahl der digitalen Markenerwähnungen. Spezifische B2B-Ziele wären hingegen eine Steigerung des Website-Traffic um 35 % in einem Jahr oder eine 200 %ige Steigerung der digitalen Markennennungen in sechs Monaten.

Im Jahr 2019 übernahm ich den strategischen Planungsprozess für einen mittelständischen Anbieter von Vermögensverwaltungssoftware für die Investmentbranche. Ihr primärer Produktschwerpunkt war ein verbraucherorientiertes Produkt, wobei jedoch der Großteil des Gewinns des Unternehmens aus dem sekundären B2B-Produkt kam. Die Analyse brachte einige wichtige Blue-Chip-Konkurrenzprodukte hervor, die den Großteil des Marktanteils ausmachten. In diesem Fall wurde eine kurze, zielgruppen-spezifisch spitze, dreimonatige Mehrkanal-Kampagne entwickelt, die speziell darauf ausgerichtet war, Interessenten im Anschluss an eine Produkt-Demonstration für kostenlose Tests zu gewinnen. Wir wussten, dass 80 % der Demonstrationen in kostenlose Tests und 80 % der Demonstrationen in Kunden umgewandelt wurden. Auf der Grundlage eines Datensatzes von 1000 Einheiten zielten wir auf eine Quote von 20 % aktivem Engagement ab, die in 128 neue

Kunden umgewandelt werden sollte. Sobald ein Kunde überzeugt wurde, stiegen die Chancen, dass dieser dann andere Vermögensverwalter desselben Unternehmens dazu veranlasste, die Software auszuprobieren, massiv an. Das Unternehmen erreichte 163 neue Kunden über den Dreimonatszeitraum.

8 Schritt 7: Marketingplan, Budget und Zeitplan definieren

So viele Vermarkter, insbesondere im B2B-Bereich, haben einfach kein Mitspracherecht in Bezug auf ihr Marketingbudget. In der Regel warten sie einfach ab, um zu hören, wie viel Marketingbudget ihnen zugeteilt wird, und versuchen dann, es bestmöglich einzusetzen. Ich kann mich nicht mehr daran erinnern, wie oft im Laufe der Jahre Nicht-Marketing-Führungskräfte (einschließlich CEOs) in mittelständischen Produktions-, Wissenschafts- und Industriekundenunternehmen mich zu Beginn eines Planungsprozesses direkt gefragt haben, wieviel das Unternehmen für Marketing ausgeben sollte, bevor überhaupt ein Audit stattgefunden hat oder ein einziges Datenelement analysiert wurde. Wenn Sie sich intern in diesem Gespräch befinden, sollten Sie sich nicht auf eine Antwort festlegen, bevor Sie den strategischen Planungsprozess durchlaufen haben. Auf diese Weise vermeiden Sie unrealistische Erwartungen oder die Schaffung eines wenig hilfreichen künstlichen Ziels.

Als ich Anfang der 2000er-Jahre in meiner ersten Funktion mit Michelin-Reifen arbeitete, waren die Budgets für eine so starke Industriemarke eigentlich relativ bescheiden. Das liegt an den Feinheiten einer Marke, die sowohl das B2C- als auch das B2B-Spektrum abdeckt. Das Unternehmen war in neun Kernproduktlinien unterteilt und ich leitete das Marketing für die höchste Technologie aber auch die kleinste in Bezug auf den Umsatz dieser Division, eine vollständig auf B2B fokussierte Geschäftseinheit für Flugzeugreifen. Diese spezielle Produktlinie stand an der Spitze der Reifenforschung, -entwicklung und -innovation mit einem noch höheren F&E-Aufwand als für Formel-1-Motorsport-Rennreifen.

Das Unternehmen hatte sich außerdem bewusst dafür entschieden, sich im Premiumsegment bzw. am oberen Ende der Preisskala zu positionieren. Außerhalb des Luftfahrtsektors ist es eine wenig bekannte Tatsache, dass Flugzeugreifen runderneuert werden, weshalb das Verkaufs- und Preismodell im Wesentlichen darin besteht, „Pools" von Reifen zu leasen, die auf eine geschätzte Anzahl von Landungen pro Lauffläche und eine geschätzte Anzahl von Malen, die die jeweilige Lauffläche runderneuert werden kann, ausgerichtet sind. Es gab ein zweiköpfiges Marketingteam, und das Budget für diese Abteilung belief sich auf etwa 200.000 Euro, von denen 60 % schnell durch die Ausstellungsfläche und das Fulfillment aufgezehrt wurden.

Als ich bei Knauf Insulation in meiner letzten Rolle auf Kundenseite tätig war, hatten wir ein Marketingteam von 12 Mitarbeitern und ein Jahresbudget von einem hohen siebenstelligen Betrag. Und dass, obwohl die gesamte, breitere Knauf-Unternehmensgruppe einen Umsatz von weniger als 10 % des Umsatzes von Michelin hat. Marketingbudgets sind sehr relativ und hängen von den spezifischen Absatz- und Rentabilitätsherausforderungen des jeweiligen Zielmarktes in Kombination mit zyklischen und makroökonomischen Umwelteinflüssen auf demselben Markt ab.

Machen wir einen Sprung 15 Jahre vorwärts zu einem meiner KMU-Kunden im Wissenschaftssektor: Die Werbung in Fachzeitschriften machte mehr als 40 % des gesamten Gesamtbudgets aus, und doch war dies im Grunde genommen ein Bereich, zu dem außer den Auflagenstatistiken keine Statistiken verfügbar waren. Einer der Schlüsselbereiche, mit denen wir uns während des Planungsprozesses befassten, war die Ermittlung einer effizienteren und nachvollziehbareren Möglichkeit, dieses Geld für alternative digitale Kanäle auszugeben.

Es gibt einen Grund dafür, dass dieser Schritt nach der Definition von Medien, MarTech-Stack und Zielen erfolgt. Das Budget kann nur nach den Besonderheiten dessen, was Sie zu erreichen versuchen, und den Bestandteilen dessen, wie Sie diese Ziele zu erreichen versuchen, definiert werden. Denken Sie auch daran, dass jede B2B-Organisation bereits über die angeborenen Fähigkeiten verfügt, ihre eigenen Leads bis zum Ursprung zurückzuverfolgen. Dies kann entweder mit Hilfe von MarTech-Tools oder auf eine eher manuelle Weise durch Einbeziehung Ihres Vertriebsteams erfolgen, aber in jedem Fall ist es wichtig, ein Gefühl dafür zu bekommen, was in der Vergangenheit funktioniert hat.

Die Kosten pro Lead (CPL) waren in der Vergangenheit eine Möglichkeit, sich der Budgetfrage zu nähern. Dies kann zwar hilfreich sein, die Durchschnittskosten pro Kanal zu ermitteln, es kann aber auch eine sehr ungenaue Methode sein, da sie die Besonderheiten des Gesamtansatzes nicht berücksichtigt. So kann z. B. die Vermarktung von Inhalten tendenziell als ein kostenintensiver Ansatz erachtet werden, aber die Hauptinvestition für Dinge wie Whitepaper und Fallstudien ist in Wirklichkeit Zeit und technischer Aufwand. Soziale Medien hingegen können als ein kostengünstiger Ansatz betrachtet werden, müssen aber insbesondere im B2B-Bereich in der Regel durch bezahlte soziale Werbung unterstützt werden, um die Botschaft in einer subtileren Weise weiter und breiter auf neue Perspektiven auszurichten.

Der prozentuale Anteil am Umsatz oder Gewinn ist ein weiterer traditioneller Ansatz zur Budgetierung von B2B-Marketing. Die Durchschnittswerte variieren jedoch stark je nach Subsektor und berücksichtigen weder die Marketinglandschaft noch makroökonomische Umweltfaktoren. In Wirklichkeit wird sich die Antwort auf diese Frage jedoch oft mehr um eine Reihe pragmatischer Faktoren drehen, einschließlich der Zielgruppe, der Produktmargen und den jeweils optimalen Kanälen.

Aus meiner Erfahrung in der Arbeit mit mehr als 200 KMU-B2B-Unternehmen in einer Vielzahl von Industriemärkten, die von der Luft- und Raumfahrt über Medizinprodukte bis hin zu Wissenschaft, allgemeiner Fertigung und Schwerindustrie reichen, lassen sich im KMU-Bereich typische Budgets im Allgemeinen in fünf große Kategorien unterteilen, die sich wie folgt charakterisieren lassen:

- Gruppe 1: 0–25.000 Euro pro Jahr
  Merkmale: sehr geringer Grad an Marketingreife, geringe Anzahl an Kanälen, maximal 1-Jahres-Vision

- Gruppe 2: 25.000–75.000 Euro pro Jahr
  Merkmale: geringer Reifegrad des Marketings, 1- bis 2-Jahres-Vision
- Gruppe 3: 75.000–250.000 Euro pro Jahr
  Merkmale: mittlerer Grad der Marktreife, Vision für das nächste Jahr
- Gruppe 4: 250.000–1.000.000 Euro pro Jahr
  Merkmale: fortgeschrittener Grad der Marketingreife, mindestens 5-Jahres-Vision
- Gruppe 5: 1.000.000+ Euro pro Jahr
  Merkmale: weit fortgeschrittener Grad der Marketingreife, vollständige Palette an Kanälen, 5–10-Jahres-Vision

Ein höheres Budget ist nicht automatisch gleichbedeutend mit mehr Kanälen. Oftmals sind es die Komplexität, die Tiefe der Recherche oder die Visualisierung technischer Inhalte, die ein höheres Ausgabenniveau erfordern. Letztlich ist das Engagement das Ziel, und das kann manchmal durch ein oder zwei Kanäle ebenso effektiv erreicht werden wie durch drei oder vier. In der überwiegenden Mehrheit der Fälle ist jedoch der beste Weg, B2B-Marketingbudgets als KMU zu optimieren, einen Multi-Kanal-Ansatz zu implementieren, der den besten MROI aus dem investierten Betrag generiert, der in das Marketing investiert wurde.

Die „Marketingregel 7" ist eine von der Filmindustrie in den 1930er-Jahren entwickelte Marketingmaxime, die auch heute noch gültig ist. Studiobosse entdeckten, dass ein gewisses Maß an Werbung und Promotion erforderlich war, um jemanden zu motivieren, einen ihrer Filme zu sehen.[21] Die 7er-Regel besagt, dass es durchschnittlich sieben Interaktionen mit Ihrer Marke braucht, bevor ein Kauf stattfindet. Vor diesem Hintergrund müssen Sie sicherstellen, dass Sie über einen Mix von Kanälen verfügen, der Ihre Kampagne dem Zielpublikum angemessen präsentieren kann.

Ein einseitiges Beispiel für einen Aktionsplan zeigt, wie dies schnell und effektiv in Form von Querverweisen auf Kosten, Kanäle und Zeiträume in einem Kerndiagramm auf Basis eines vorgefertigen Templates visualisiert werden kann (Abb. 10).

Typischerweise ist es im modernen B2B-Zeitalter nicht ungewöhnlich, dass vorausschauende Unternehmen selbst auf den Ebenen 1 und 2 mindestens fünf bis zehn verschiedene Einzelkanäle nutzen und sicherstellen, dass rückverfolgbare digitale Kanäle mindestens 75 % der Gesamtausgaben ausmachen.[22] Durch die Gewährleistung von sieben Interaktionen und einem stetigen Fluss von Drip-Feed lassen sich Thought-Leadership-Inhalte über mehrere Quartale hinweg auf einen Zeitraum von mindestens 12 Monaten ausdehnen. Spezifische Kampagnen können einen viel engeren Zeitrahmen haben,[23] aber ein 1- bis 3-Jahres-Zyklus ist der optimale Zeitrahmen für die Umsetzung einer typischen B2B-Marketingstrategie für KMU.

[21] https://www.digitaldealer.com/latest-news/rule-7-social-media-crushes-old-school-marketing/. Zugegriffen am 13.05.2020.

[22] Denken Sie daran, dass es allein innerhalb dieser Kategorie viele verschiedene Kanaltypen gibt.

[23] Monate statt Quartale oder Jahre.

Muster - Entwurf eines 12-monatigen Marketing-Aktionsplans (Oktober 2020 - September 2021)

				2020			2021			2021			2021		
Aufgabe	Kosten	Kategorie	Primäre Metrik	Oktober	November	Dezember	Januar	Februar	März	April	Mai	Juni	Juli	August	September
Markenentwicklung und Forschung															
Markenrichtlinien	££££	Markenbekanntheit	Ergebnisse der Umfrage												
Externe Umfragen bei Endbenutzern	££££	Markenbekanntheit	Ergebnisse der Umfrage												
Inhalt															
Personalisierte Mikro-Sites für Schlüsselsektoren	££££	Kundengewinnung	Web-Analytik												
SEO-Verbesserungen (einschließlich Backlinks) zur Haupt-Website	0	Markenbekanntheit	Web-Analytik												
SEO-Verbesserungen bei Microsites	0	Markenbekanntheit	Web-Analytik												
Whitepaper-Umfrage von Thought Leadership angetrieben/beauftragt	££££	Markenbekanntheit	Web-Analytik												
Blog	0	Kundengewinnung	Web-Analytik												
Entwicklung von Web-Erklärern für Schlüsselsektoren	0	Kundengewinnung	Online-Ansichten												
Voiceovers für Web-Erklärer	££££	Kundengewinnung	Online-Ansichten												
Entwicklung reichhaltiger Inhalte - Infografiken	0	Markenbekanntheit	Online-Ansichten												
Soziale Inhalte - Schaffung	0	Markenbekanntheit	Sozialanalytik												
Reichhaltige soziale Inhalte - grafische/visuelle Kreation - Sting-Animation & Video-Teaser-Sequenzen, Illustration	0	Markenbekanntheit	Sozialanalytik												
Soziale Inhalte - Verbreitung	0	Markenbekanntheit	Sozialanalytik												
Automatisierter Entwurf und Aufbau von Kampagnen	0	Vertriebsertrag	E-Mail-Analyse												
Automatisierte Verteilung von Kampagnen	££££	Vertriebsertrag	E-Mail-Analyse												
Einrichtung und Pflege einer Datenbank mit maßgeschneiderten Fachpublikationen	0	Markenbekanntheit	Monitoring-Berichte												
Copywriting, Korrekturlesen, Verteilung, Nachverfolgung und Schlüsselveröffentlichungen im Anschluss an eine regelmäßige Reihe vo	0	Markenbekanntheit	Monitoring-Berichte												
Fallstudie/Fähigkeitsschwerpunkte Kopie, Design und Produktion	0	Markenbekanntheit	Online-Ansichten												
Übersetzung	££££	Markenbekanntheit	Web-Analytik												
Digitale Werbung															
Soziales Werbebudget	££££	Markenbekanntheit	Sozialanalytik												
Verwaltung sozialer Werbekampagnen	0	Markenbekanntheit	Sozialanalytik												
PPC-Anzeigen-Budget	££££	Kundengewinnung	Web-Analytik												
PPC-Werbekampagnen-Management	0	Kundengewinnung	Web-Analytik												
Budget für Re-Marketing-Anzeigen	££££	Kundengewinnung	Web-Analytik												
Verwaltung von Re-Marketing-Anzeigenkampagnen	0	Kundengewinnung	Web-Analytik												
Digital-Tech-Stack zur Unterstützung der Umsetzung von Marken-Audit-Empfehlungen															
Maßgeschneiderte Tech-Stack-Abonnements für Analysen	££££	Markenbekanntheit	Web-Analytik												
Strategie, Positionierung, taktische Kontoführung und Berichterstattung															
Laufende strategische Entwicklung der Schlüsselbotschaften der Kampagne	0	Markenbekanntheit	Vierteljährlicher Rückblick												
Tech-Stack-Analyse, Verwaltung und Anpassungen	0	Markenbekanntheit	Vierteljährlicher Rückblick												
Medienbeobachtung - vierteljährliche Berichte, in denen Fortschritte, Einblicke und Aktionen aus allen Kanälen definiert werden x 2	0	Markenbekanntheit	Monitoring-Berichte												
Ausstellungen & Shows															
Ausstellungsstandfläche	££££	Kundengewinnung	Strichcode-Scans												
Entwurf und Bau von Messeständen	££££	Kundengewinnung	Strichcode-Scans												
Messestand-Logistik	££££	Kundengewinnung	Strichcode-Scans												
Gesamt	££££														

Abb. 10 Beispiel-Aktionsplan

Im Jahr 2017 trat CVE, ein Hersteller von schweren Maschinen für den Tiefbau und die Industrie, an mich heran. Das Unternehmen hatte eine bahnbrechende Technologie mit einem Wert von mehr als einer Million Euro pro Einheit und einem hochkomplexen Verkaufszyklus von mehr als zwei Jahren entwickelt. Ihre Ziele? Die ultimative Nadel im Heuhaufen – Schweißingenieure, Einkaufsleiter und technische Manager bei einer Reihe von Druckbehälterherstellern, Kern- und Tiefbauorganisationen auf der ganzen Welt. Nachdem wir uns durch den strategischen Rahmenprozess gearbeitet hatten, stellten wir fest, dass ein zweigleisiger Ansatz mit einer intensiven sechsmonatigen Multi-Channel-Marketingkampagne erforderlich war, die durch eine breitere Drip-Feed-Marketingkampagne unterstützt werden sollte. Die Kampagne lieferte Anfang 2018 60 Leads über einen Zeitraum von sechs Monaten, was für ein so hochwertiges und komplexes Gerät ein großer Erfolg war. Fast ebenso wichtig war, dass die Kampagne doppelt so viele Leads für die anderen bestehenden Produktlinien des Unternehmens generierte, indem sie das Bewusstsein für die technischen Fähigkeiten von CVE schärfte.

Ein weiterer meiner Kunden war ein mittelständischer Akteur auf dem globalen Markt für Reinluftlösungen für Operationssäle, aseptische Schutzräume und Sicherheitslabore im Gesundheitswesen, in der Forschung und in der Produktion. Sie traten 2013 an mich heran, um eine vollständige Prüfung und Bewertung ihrer Marketingaktivitäten durchzuführen. Der Umsatz des Unternehmens hatte in den letzten Jahren stagniert. Das Unternehmen setzte über 8 Millionen Euro pro Jahr um und hatte dennoch nie mehr als 25.000 Euro pro Jahr für Marketing ausgegeben, geschweige denn eine Marketingabteilung installiert.

Nachdem wir den strategischen Rahmen durchgespielt hatten, kamen wir zu einigen wichtigen Schlussfolgerungen bezüglich des Budgets und der Zeitvorgaben. Die alles entscheidende Erkenntnis bestand darin, dass eine erweiterte Sichtweise von zwei bis drei Jahren erforderlich sein würde, um ihre Ziele zu erreichen. Das anfängliche Budget müsste im ersten Jahr auf rund 50.000,- Euro erhöht werden, da es eine unzureichende Content-Bibliothek gab. Zudem war eine breitere Palette von Kanälen erforderlich, um die verschiedenen Stellenbezeichnungen und Funktionen zu beeinflussen, die im Spezifikationsprozess ein Mitspracherecht hatten.

9 Schritt 8: Berichtsvorlage zur Optimierung

Daten und Berichterstattung über den Fortschritt von Kampagnen und Marketing bleiben eine ständige Herausforderung für alle Unternehmen. Eines der berühmtesten Zitate im Marketing, wie bereits auch im Artikel von Seebacher und Kleinemaß zu Beginn dieser Publikation erwähnt, wird dem amerikanischen Geschäftsmann John Wanamaker aus dem neunzehnten Jahrhundert zugeschrieben, der sagte:

> „Die Hälfte des Geldes, das ich für Werbung ausgebe, ist verschwendet; das Problem ist, dass ich nicht weiß, welche Hälfte".[24]

Auch wenn diese Prämisse durch die neue digitale und MarTech-Ära in Frage gestellt werden mag, enthält sie auch heute noch mehr als nur ein Körnchen Wahrheit. Tatsächlich machen es die knapper werdenden Budgets und mehr Nischenzielgruppen im B2B-Bereich noch schwieriger als im B2C-Bereich, die Antwort auf diese Frage zu kennen. Daher müssen die Berichtsvorlagen flexibel genug sein, um alle Kanaltypen verfolgen zu können und gleichzeitig Hinweise für laufende taktische Anpassungen zu liefern. Eine solche Vorlage hilft, den Kreis des strategischen Modells zu schließen.

Die Überwachung des relativen Erfolgs Ihres Marketingplans ist für den modernen B2B-Marketer noch wichtiger als für seine Kollegen im B2C-Bereich. Es ist wichtig, dass Sie eine Vorlage haben, die sowohl leicht zu aktualisieren als auch agil und umfassend genug ist, um jeden Kanal innerhalb Ihres Marketing-Mix abzudecken. In der modernen Ära stehen B2B-Marketer sowohl innerhalb industrieller als auch dienstleistungsorientierter Marken zunehmend unter dem Druck, den Führungskräften auf Vorstandsebene über den Gesamtfortschritt und die Effektivität des Marketings zu berichten. Mit einer Vorlage, auf die Sie sich in Bezug auf quantifizierbare Daten stützen können, sind Sie in einer guten Position, um einen solchen Bericht souverän zu erstellen.

Es gibt sogar ein Bündel von MarTech-Tools, die dabei helfen können, große Teile dieses Prozesses zu automatisieren. Die Interpretation dieser Daten ist jedoch der knifflige Teil, vor allem im B2B-Bereich, wo, da die Volumina zwangsläufig geringer sind, selbst die geringsten Schwankungen im Traffic und Engagement manchmal auf eine breitere Verhaltensänderung hindeuten können.

Vor diesem Hintergrund habe ich mit meinem Team bei Move Marketing Ltd. in den letzten Jahren einen Drei-Phasen-Ansatz entwickelt. Phase 1 umreißt das Dashboard zur Zielverfolgung. Phase 2 verwendet MarTech, um alle Kanaldaten zu sammeln. Phase 3 stützt sich auf Analyse und Interpretation, um die Erkenntnisse aus diesen Daten zu gewinnen und sie in konkrete taktische Anpassungen oder Empfehlungen umzusetzen. Die Berichtsvorlage kann bei Bedarf erweitert oder reduziert werden, um mehr oder weniger Kanäle einzubeziehen, und wird im Folgenden zusammengefasst (Abb. 11).

Konzentrieren Sie sich auf ein bis zwei Folien von Datendiagrammen und dann auf eine Folie der zusammenfassenden Analyse für jeden der Kanäle. Dieser Ansatz kann modifiziert werden, wenn ein bestimmter Kanal einen unverhältnismäßig hohen Anteil des Budgets hat, aber in den meisten Fällen gewährleistet dies eine ausgewogene und prägnante Analyse aller Kanäle. Die Folie der zusammenfassenden Analyse sollte in drei Spalten aufgeteilt werden, die (a) eine definierte spezifische Statistik, (b) deren Interpretation, was dies für Ihr Unternehmen bedeutet, und (c) die Reaktion darauf umfassen. Vermeiden Sie die Versuchung, mehrere Interpretationsfolien aufzuschreiben oder mehrere Folien im Wert von Diagrammen zu jedem Kanal beizufügen. Das ist eine Informationsflut und trägt

[24] https://en.wikipedia.org/wiki/John_Wanamaker. Zugegriffen am 13.05.2020.

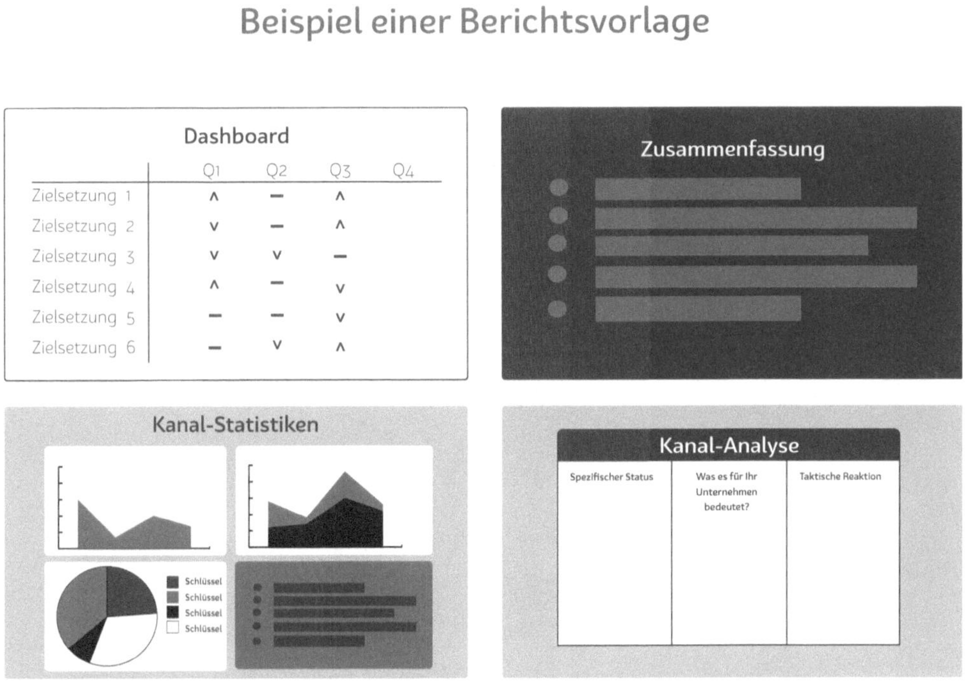

Abb. 11 Beispiel einer Berichtsvorlage

nicht dazu bei, die Kohärenz Ihrer Kommunikation mit den Führungskräften im Top Management über die Leistung der Marketingfunktion zu fördern.

Was die Häufigkeit betrifft, so ist es besser, vierteljährlich statt wöchentlich oder monatlich zu berichten. Dies hängt grundsätzlich mit dem geringeren Traffic-Aufkommen und dem geringeren Engagement zusammen, die für B2B-Märkte typisch sind. Zudem ist es viel schwieriger, Schwankungen und Trends in den Daten über kurze Zeiträume zu erkennen, wohingegen ein vierteljährlicher Vergleich ein genaueres Bild liefert, aus dem man Interpretationen vornehmen und fundierte taktische Entscheidungen treffen kann.

Im Jahr 2017 wandte ich den strategischen Planungsrahmen auf einen unserer Kunden an, der Forschungsmaterialien auf dem Wissenschafts- und Industriemarkt verkaufte und im Umsatzbereich von 10 bis 30 Millionen Euro tätig war. Das Unternehmen hatte im Laufe der Jahre mit sechsstelligen Budgets ziemlich beständig und in hohem Maße in Marketing investiert, sah aber keine Rendite aus seinen Bemühungen in Bezug auf Umsatz- und Margenwachstum. Nachdem wir den Prozess durchgearbeitet hatten, haben wir eine Reihe von Bereichen ermittelt, in denen es möglich war, einen besseren Nutzen aus den Marketingausgaben auf gleichem oder reduziertem Niveau zu ziehen. Eine strengere Berichtsvorlage war dabei von zentraler Bedeutung, da das Unternehmen in der Vergangenheit noch nicht einmal Daten über seine Vertriebskanalaktivitäten verfolgt oder bewertet hatte. In den letzten Jahren haben wir diese Datenpunkte über etwa 20 einzelne Kanäle

Abb. 12 Zusammenfassung der Schritte & Tools

auf vierteljährlicher Basis forensisch verfolgt, wobei wir das oben gezeigte Vorlagenmodell verwendet haben. Dies hat eine Reihe laufender taktischer Anpassungen und Verfeinerungen ermöglicht, die dazu geführt haben, dass der Umsatz des Unternehmens um durchschnittlich 21 % pro Jahr und seine Marge um durchschnittlich 32 % pro Jahr gestiegen ist.

Warum ein Strategiemodell hilft
Die Anwendung dieses Strategiemodells auf Ihr spezifisches B2B-Unternehmensumfeld ermöglicht es Ihnen, Ihre Marketing-Herausforderungen selbstbewusster und kohärenter anzugehen. Die Struktur und Reihenfolge der acht Schritte sollte immer gleichbleiben. Verwenden Sie das folgende Template als Ihre schnelle Referenz-Roadmap mit allen acht, in diesem Artikel beschriebenen Schritten zur Erstellung einer relevanten, umsetzbaren und messbaren B2B-Marketingstrategie (Abb. 12):

In der modernen Ära, in der sowohl der Besitz von Vertriebskanälen als auch umfangreiche Daten in die Hände der B2B-Marken selbst übergegangen sind, verfügen Sie nun über die Werkzeuge, Daten und das Potenzial, um die Geschicke Ihres Unternehmens maßgeblich mitzugestalten. Nutzen Sie das Strategiemodell, um diesen Ansatz zu untermauern, indem Sie Struktur, Anleitung und Unterstützung auf Ihrem Weg zur Erreichung dieses Ziels bieten.

Literatur

Doran, G. T. (1981). There's a S.M.A.R.T. way to write management's goals and objectives. *Management Review, 70*(11), 35–36.

Seebacher, U. G. (2021). *Template-based management – A guide for an efficient and impactful professional practice*. Berlin: Springer.

Tzu, S. (2014). *Die Kunst des Krieges*. Auckland: Arkturus.

Weiterführende Links

http://marketing-canvas.de/. Zugegriffen am 06.05.2020.

https://blog.marketo.com/2010/06/b2b-thought-leadership.html. Zugegriffen am 06.05.2020.

https://blog.microfocus.com/how-much-data-is-created-on-the-internet-each-day/. Zugegriffen am 13.05.2020.

https://blogs.gartner.com/anna-maria-virzi/2020/03/25/give-b2b-website-love/?_ga=2.170346214.73262108.1590654217-1589085449.1589981298. Zugegriffen am 13.05.2020.

https://chiefmartec.com/2020/04/marketing-technology-landscape-2020-martech-5000/. Zugegriffen am 13.05.2020.

https://chiefmartec.com/2020/04/marketing-technology-landscape-2020-martech-5000/. Zugegriffen am 13.05.2020.

https://cmo.adobe.com/articles/2018/11/3-ways-to-fix-your-b2b-content-marketing-strategy-gartner.html#gs.7q9n80. Zugegriffen am 06.05.2020.

https://en.wikipedia.org/wiki/John_Wanamaker. Zugegriffen am 13.05.2020.

https://seotribunal.com/blog/google-stats-and-facts/. Zugegriffen am 13.05.2020.

https://www.digitaldealer.com/latest-news/rule-7-social-media-crushes-old-school-marketing/. Zugegriffen am 13.05.2020.

https://www.futurecurve.com/value-proposition-builder. Zugegriffen am 06.05.2020.

https://www.gartner.com/en/newsroom/press-releases/2019-11-18-gartner-says-marketers-utilize-only-58%2D%2Dof-their-mart. Zugegriffen am 13.05.2020.

https://www.gartner.com/en/sales/insights/b2b-buying-journey. Zugegriffen am 13.05.2020.

https://www.hubspot.com/state-of-marketing. Zugegriffen am 06.05.2020.

https://www.signal.co/resources/optimize-marketing-technology-stack/. Zugegriffen am 13.05.2020.
https://www.strategyzer.com/canvas/value-proposition-canvas. Zugänglich am 06.05.2020.
https://www.technavio.com/. Zugegriffen am 13.05.2020.
https://www.thinkwithgoogle.com/advertising-channels/b2b-buyers-online-and-offline/. Zugegriffen am 06.05.2020.
https://www.thinkwithgoogle.com/consumer-insights/the-changing-face-b2b-marketing/. Zugegriffen am 06.05.2020.
https://www.thinkwithgoogle.com/marketing-resources/youtube/schedule-your-content/. Zugegriffen am 06.05.2020.
https://www.walkersands.com/resources/state-of-martech-2018/. Zugegriffen am 13.05.2020.
https://www.websitehostingrating.com/internet-statistics-facts/. Zugegriffen am 13.05.2020.

Alex Cairns hat mehr als 20 Jahre im industriellen B2B-Marketing verbracht. In der Vergangenheit verantwortete er internationale B2B-Marketing-Budgets in sechsstelliger Höhe für die Blue-Chip-Unternehmen Michelin, Ingersoll Rand und Knauf Insulation. Seine ersten Schritte im Agenturbereich machte er als Mitbegründer einer Generalisten-Agentur, bevor er die integrierte B2B-Agentur Move Marketing Ltd. im Jahr 2017 gründete. Mit Büros in Manchester und Cambridge, Großbritannien, arbeitet Move auf globaler Basis und hat eine Reihe von B2B-Kunden, die bis nach Kanada, Deutschland und China reichen. Alex und sein Team wenden industrielle Marketingexpertise an, um mittelständische Technologie- und Dienstleistungsunternehmen sowie Produktabteilungen größerer multinationaler Konzerne in die Lage zu versetzen, den maximalen Wert aus ihrem Marketingbudget zu ziehen, ihre Visibilität zu erhöhen und auf gleicher Augenhöhe mit größeren Konkurrenten zu agieren. Er hat diesen strategiebasierten Ansatz, der auf Marketing-Audit- und Planungsprozessen basiert, die im Laufe der Jahre für mehr als 200 B2B-Unternehmen durchgeführt wurden, in ein achtstufiges Strategiemodell für Industrie- und B2B-Vermarkter gebracht. Es ist ein Ansatz, der nachweislich funktioniert – im Jahr 2019 gewannen Alex und Move mehrere prestigeträchtige Auszeichnungen und erzielten mit ihrer Arbeit für ihre Kunden eine große globale Wirkung.

Das Marketing-Canvas – Ein Template für erfolgreiche Go-to-Market-Strategien

Susanne Trautmann

Inhaltsverzeichnis

S. Trautmann (✉)
Bad Langensalza, Deutschland
E-Mail: susanne@marketing-canvas.de

U. Seebacher (Hrsg.), *Praxishandbuch B2B-Marketing*,
https://doi.org/10.1007/978-3-658-31651-8_7

Zusammenfassung

Alle Marketing-Fachkräfte im B2B, vom Berufseinsteiger bis hin zum langjährigen Experten, treibt dasselbe Ziel an: Sie wollen mit überzeugenden Botschaften die Produkte, Dienstleistungen und Technologien ihrer Unternehmen erfolgreich vermarkten. Das Marketing Canvas ist eine visuelle Denkmethode auf Basis des Business Model Canvas, mit der Sie schnell und umfassend den konkreten Nutzen komplexer Produkte herausarbeiten können, um die entsprechende Zielgruppe damit präzise zu adressieren. Ausgangspunkt ist ein gemeinsamer Marketing Canvas Workshop mit Experten aus Ihrem Unternehmen, bei dem Sie das Wissen Ihres Teams systematisch auf nur einer Seite zusammenzufassen. Die insgesamt neun Canvas-Felder lernen Sie in diesem Beitrag Stück für Stück kennen. Zu jedem Feld gehört ein Fragenkatalog, der Sie dabei unterstützt relevante Schlüsselinformationen herauszufiltern, sodass Sie sich auch unbekannte Sachverhalte mühelos erschließen können. Dadurch gelingt es Ihnen übergeordnete Zusammenhänge und Wissenslücken frühzeitig zu erkennen, bessere Ideen zu entwickeln und verborgene Potenziale Ihrer Produkte und Services aufzudecken. Im letzten Teil dieses Beitrags stellen Sie Ihr neu gewonnenes Wissen auf die Probe und denken sich in ein echtes Marketing Canvas hinein. Praxisnah erfahren Sie hier wie diese Methode zu maximaler Klarheit führt, sodass man leicht, aus einer 360 Grad Perspektive heraus, einen schlüssigen, ergebnisorientierten Kommunikationsplan ableiten kann.

1 B2B Marketing ist kompliziert

Innovation ist im B2B der Motor für den kommerziellen Erfolg. Die Digitalisierung und die Möglichkeiten, die sich durch die exponentielle Evolution der Technologien ergeben, verändern nicht nur die Märkte, sondern auch unsere Zukunft. Alle B2B Unternehmen stehen heute unter einem hohen *„Innovationsdruck“* und entwickeln in immer kürzeren Intervallen neue Produkte. Die zunehmende Komplexität der Technologie- und Produktportfolios dieser Unternehmen wiederum stellt die Marketer vor große Herausforderungen. Sie drohen in der internen Informationsflut zu ertrinken und den Überblick und schließlich auch die Zielgruppe aus den Augen zu verlieren. Die Gefahr zu scheitern wächst, denn ohne die Fähigkeit, das Big Picture zu erkennen und die ideale Go-to-Market-Strategie zu entwickeln, rückt der erfolgreiche Markteintritt in weite Ferne und ist so unrealistisch wie ein 6er im Lotto.

Eine aktuelle Content Marketing Trendstudie, welche die großen Herausforderungen von B2B Marketing-Verantwortlichen untersucht, verdeutlicht die angespannte Situation: Der konstante **Termindruck** belastet die B2B Marketer am stärksten, 58 Prozent der Befragten wünschen sich **mehr Zeit** für die Umsetzung ihrer Projekte. Etwa 52 Prozent der Teilnehmer fühlen sich durch zu **knapp bemessenes Marketing Budget** eingeschränkt und 44 Prozent fordern **mehr Kontinuität**, transparentere Strukturen und nachvollziehbare Prozesse, um effektiver arbeiten zu können.[1]

[1] https://de.statista.com/page/content-marketing-trendstudie-2020-de. Zugegriffen am 14.05.2020.

Im hoch-volatilen B2B Umfeld, das geprägt ist durch immer kürzer werdende Innovationszyklen, fragmentierte Märkte und anspruchsvolle Produkte, kämpfen die Marketingspezialisten also mit einer Reihe an Faktoren, die den Grad der Komplexität noch weiter erhöhen. Sie suchen nach Orientierung und wirksamen Methoden, um ihren Berufsalltag in der VUKA-Welt zu meistern.

1.1 Warum die herrkömmliche Informationsbeschaffung nicht mehr funktioniert

Kommt Ihnen das folgende Szenario bekannt vor? Ihr Unternehmen möchte ein neues Produkt in den Markt einführen und Sie haben den Auftrag erhalten eine Kommunikationsstrategie zu entwickeln. Während Sie sich Stück für Stück in das Projekt einarbeiten, sammeln Sie Informationen:

- Sie sprechen mit Ihren Kollegen und externen Experten.
- Sie untersuchen interne Dokumente und Präsentationen.
- Sie recherchieren online, lesen Fachbücher und hören Podcasts.

Dabei stoßen Sie auf diverse Dokumente, Infografiken, Diagramme und Fakten. Die Quellen speichern Sie zum Teil digital auf Ihrem Rechner oder dem Smartphone, manches drucken Sie auch aus, um es später unterwegs zu lesen und fügen dann weitere schriftliche Notizen hinzu. Je mehr Informationen Sie sammeln, desto unübersichtlicher erscheint Ihnen der Sachverhalt. Irgendwann verlieren Sie den Überblick und können keine klaren Gedanken mehr fassen.

Was ist schiefgelaufen? Sie haben einen wichtigen Schritt vergessen und Ihr neu gewonnenes Wissen nicht übersichtlich geordnet. Während der Recherche haben Sie die Daten nicht sauber nach Themenbereichen geclustert und die zahlreichen Beziehungen zwischen den Informationen übersehen.

1.2 Das Big Picture verstehen

Schlüsselbotschaften zu identifizieren und eine differenzierte Positionierung der Marke umzusetzen, erfordert nicht nur unser tiefes Verständnis von der Technologie, den Produkten und Dienstleistungen, die vermarktet werden, sondern auch die Anwendung effizienter Werkzeuge, die uns dabei helfen, entscheidende Botschaften herauszufiltern. Mit der Canvas-Methode hätten Sie nicht so leicht die Orientierung verloren. Mit diesem Werkzeug können Sie wesentliche Informationen, die zu einem bestimmten Sachverhalt gehören, visualisieren und übersichtlich strukturieren.

Der Begriff „Canvas" (engl. = Leinwand) unterstreicht den kreativen Charakter dieses Arbeitsprozesses. Er steht für die Fläche, die hier wahlweise ein leeres Blatt Papier, ein Plakat oder Whiteboard sein kann, das entsprechend der individuellen Anforderungen des Projekts in Felder unterteilt wird. Die Teilbereiche stehen für verschiedene Aspekte, durch

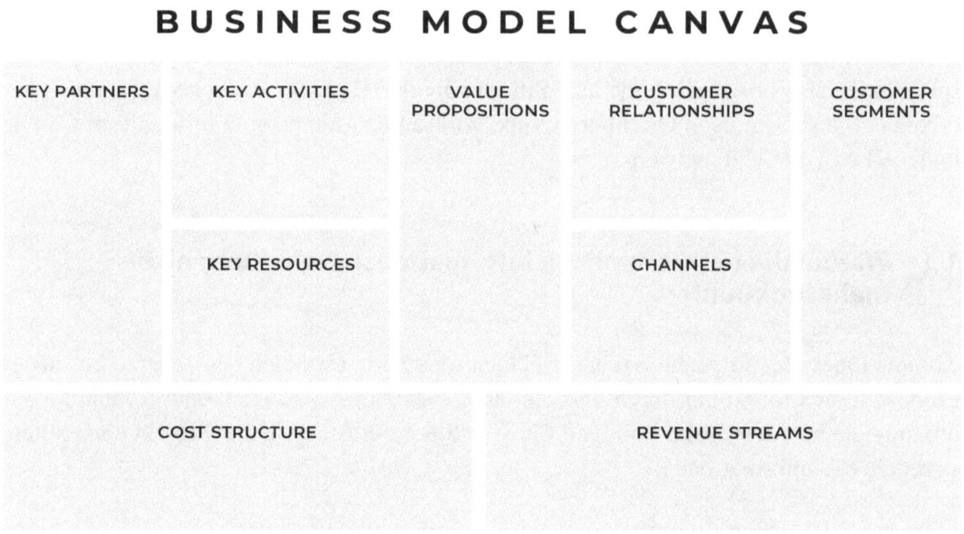

Abb. 1 Das Business Model Canvas von Alexander Osterwalder

die alle Informationen gefiltert werden. Da der Platz in diesem baukastenartigen System begrenzt ist, müssen die Fakten notgedrungen vereinfacht und zusammengefasst werden. Das Durchdenken und gleichzeitige Visualisieren der Daten fördert Klarheit und ermöglicht Aha-Erlebnisse, da Abhängigkeiten und Zusammenhänge jetzt leicht erkennbar sind. Die Felder können zusätzliche Eigenschaften besitzen, wie Reihenfolge, Größe oder Farbigkeit, und so beim Ausfüllen weitere Orientierung geben.

Erfunden wurde diese kreative Methode von Alexander Osterwalder der das **Business Model Canvas** (BMC) erstmals in seinem Buch „Business Model Canvas Generation" veröffentlichte (Osterwalder und Pigneur 2010). Das BMC ist eine spannende Methode, mit dem man testen kann, ob eine Geschäftsidee unternehmerisch sinnvoll ist. Herkömmliche Businesspläne sind umfangreiche, mühsam zu lesende Dokumente. Das BMC ermöglicht es die Schlüsselfaktoren des Geschäftsmodels übersichtlich darzustellen und verständlich zu kommunizieren (vgl. Abb. 1).

Auf insgesamt neun Feldern werden alle essenziellen Informationen des Businessplans zusammengefasst: Im Zentrum steht das Leistungsversprechen, auf der rechten Seite befinden sich die Elemente, die Werte erzeugen, auf der linken Seite die Werkzeuge, die für die Umsetzung benötigt werden:

Vor allem bei Start-ups ist diese Methode sehr beliebt, sie nutzen es, um:

- **Kurskorrekturen an ihrer Geschäftsidee vorzunehmen**, weil sie die wesentlichen Stellhebel jetzt genau im Blick haben und Schwachstellen leichter erkennen.
- **Ein tragfähiges Grundgerüst für den finalen Businessplan zu entwickeln.** Denn wie bei einem Kochrezept benötigt man für ein gelungenes Business Model Canvas ausgewählte Zutaten, die in einer bestimmten Reihenfolge zum Einsatz kommen. Wäh-

rend die Felder nacheinander bearbeitet werden, erkennt man leichter, ob relevante Faktoren oder mögliche Schwachstellen übersehen wurden.
- **Den Businessplan transparent und nachvollziehbar zusammenzufassen.** Nicht nur das Team gewinnt so ein einheitliches Verständnis, auch Außenstehende können die Geschäftsidee besser nachvollziehen.

1.3 Effektives Wissensmanagement mit Canvas-Methoden

Mittlerweile existieren zahlreiche Canvas Modelle für unterschiedliche Fachgebiete, denn diese visuelle Denkmethode lässt sich leicht auf alle erdenklichen Problemfelder anwenden.

Das **Value Proposition Canvas** (VPC) von Peter J. Thomson analysiert die Zielgruppe und das Produkt, um so die Grundlage für ein optimales Werteversprechen zu ermöglichen (vgl. Abb. 2).[2]

Das **Change Canvas** von Frank Bertagnolli, Susanne Bohn und Frank Waible (vgl. Abb. 3) visualisiert Erfolgsfaktoren in Veränderungsprozessen in Unternehmen, um diese besser regeln und steuern zu können (Bertagnolli et al. 2018).

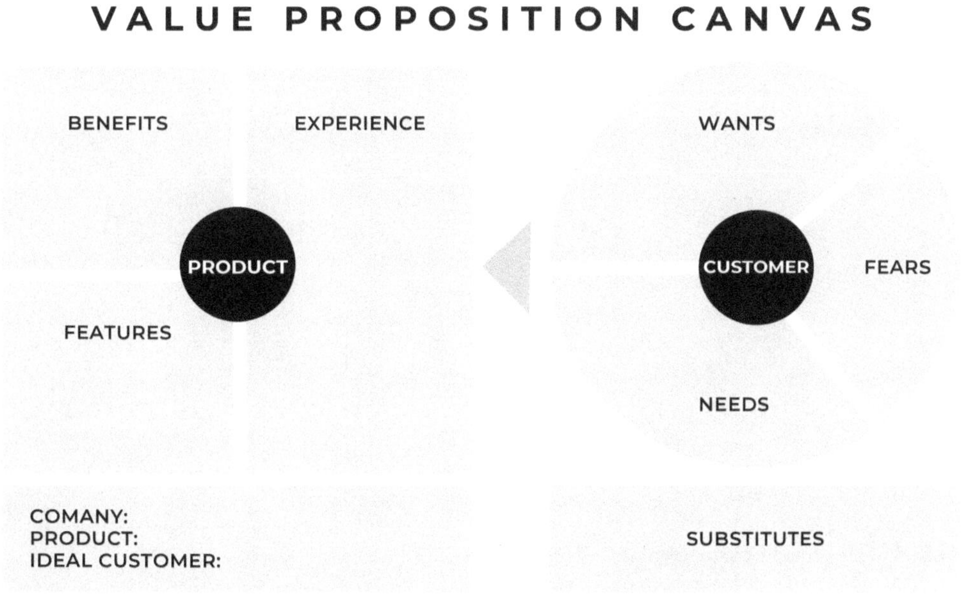

Abb. 2 Das Value Proposition Canvas von Peter J. Thomson

[2] https://www.peterjthomson.com/2013/11/value-proposition-canvas/. Zugegriffen am 28.04.2020.

[3] https://uxtogo.wordpress.com/2012/05/25/the-project-canvas-defining-your-project-visually/. Zugegriffen am 28.04. 2020.

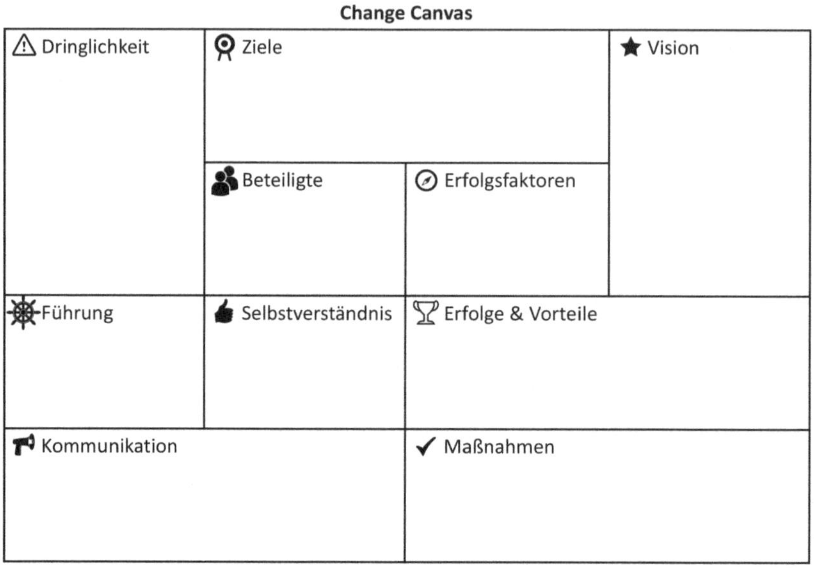

Abb. 3 Das Change Canvas von Frank Bertagnolli, Susanne Bohn und Frank Waible

Abb. 4 Das Proect Canvas von James Kalbach

Das **Project Canvas** von James Kalbach ist ein visuelles Projektmanagement Instrument. Es umfasst alle Bausteine für die erfolgreiche Umsetzung eines Projekts und unterstützt die Teilnehmer dabei ein gemeinsames Verständnis zu erlangen (vgl. Abb. 4).[3]

Die Arbeit mit diesen oder anderen Canvas Modellen kostet wenig Überwindung, weil sie unserer Art zu denken entgegenkommen. Zum einen werden Canvas Modelle grundsätzlich im Querformat angelegt, denn dies entspricht dem klassischen Sichtfeld des menschlichen Auges, zum anderen beherrscht unser Gehirn assoziative Denkprozesse am besten. Unsere Gedanken verlaufen nicht in einer starren Linie, sondern springen hin und her und verknüpfen auf unvorhersehbare Weise neue Fakten mit bekannten Eindrücken zu neuen Gedankenverbindungen.

Informationen werden üblicherweise in linearer Form vermittelt – egal ob wir Zeitung lesen, eine Unterhaltung führen oder uns ein Video ansehen, wir können die Inhalte nur Stück für Stück erschließen und nicht auf einmal ganzheitlich wahrnehmen. Lineare Informationen langweilen unser Gehirn, sie sind monoton und somit schwerer zu verarbeiten. Wenn wir z. B. einen Vortrag halten, müssen wir zunächst unser radiales Denken in eine lineare Form bringen und unsere Gedanken in Worte fassen, die der Empfänger im Publikum wiederum aufnimmt, radial verarbeitet und im schlechtesten Fall in lineare Notizen umwandelt (Grüning 2013, p. 61–63).

Gehirngerechte Gedankenstrukturen, wie Canvas-Modelle oder auch Mindmaps, überbrücken diesen mentalen Umweg und helfen uns, das Wissen entsprechend unserer radialen Denkmuster darzustellen. Denn hier werden alle linearen Informationen maximal zusammengefasst und kategorisiert. Dabei wird unser Gehirn zum Querdenken animiert, erkennt neue Zusammenhänge und entwickelt eigenständige Ideen. Im Anschluss ergibt sich so für uns ein glasklares Bild vom Sachverhalt, das wir einfach verinnerlichen können und das selbst für Außenstehende schnell begreifbar ist.

2 Das Marketing Canvas von Susanne Trautmann

Genau wie das BMC von Alexander Osterwalder gliedert sich auch das Marketing Canvas in neun Themenbereiche, während hier aber die Produktidee und nicht die Geschäftsidee zusammengefasst wird. Die Betonung liegt vor allem auf **„zusammenfassen“**, denn als Marketingspezialisten sind wir im B2B auf den Input der Experten angewiesen, mit denen wir zusammenarbeiten. Nicht alle Marketer sind zugleich auch Ingenieure. Weil wir über das spezifische Fachwissen in der erforderlichen Tiefe oft selbst nicht verfügen, sind wir auf den Zugang zu den entscheidenden Informationen, die für unsere Arbeit wichtig sind, angewiesen.

Die Realität sieht leider häufig so aus: Wir erhalten zu viele Hinweise, denn jeder Experte nimmt eine eigene Perspektive ein. Diese selektive Wahrnehmung führt dazu, dass der Vertrieb andere inhaltliche Schwerpunkte setzt, als die Kollegen aus F&E oder Produktion. Marketer stehen dann zwischen den Stühlen, wollen alle Informationen berücksichtigen und überfordern und verwirren somit die Zielgruppe mit verwässerten Botschaften. Das Marketing Canvas befördert die Marketingexperten in die Rolle der Impulsgeber, denn der begleitende Fragenkatalog unterstützt sie dabei, die Informationsfülle zu beherrschen und die relevanten Fakten selber zu erkennen (vgl. Abb. 5).

Die Felder eins bis drei untersuchen die Zielgruppe, die Felder vier bis sieben alle relevanten Aspekte des Produkts. Die unteren Felder acht und neun dienen der strategischen Planung und ermöglichen die erfolgreiche Umsetzung der Go-to-Market Strategie.

Wenn alle Canvas-Felder ausgefüllt wurden, können Sie mit einem Blick erfassen, ob die Lösung wirklich zur Herausforderung der Zielgruppe passt. Nachdem wir uns intensiv in den ersten drei Feldern mit unseren Wunschkunden befassen, verstehen wir im Anschluss auch besser wie unsere Zielgruppe tickt und bekommen ein gutes Gefühl für mögliche Vorbehalte

Abb. 5 Das B2B Marketing Canvas von Susanne Trautmann

und Bedenken, die wir jetzt gezielt adressieren können. Dabei gilt: Je mehr logische Zusammenhänge es zwischen den Feldern gibt, desto wahrscheinlicher ist ein Product-Market-Fit.

Ein Workshop mit Produkt- und Vertriebsexperten aus Ihrem Unternehmen ist ein idealer Startpunkt, um das Marketing Canvas mit den richtigen Inhalten zu füllen. Bei neuen Projekten treten Vertrieb, Marketing und Engineering normalerweise nicht sofort in einen engen Dialog und hinterfragen gemeinschaftlich das Problem, das gelöst werden soll. Dabei lässt sich mit dem kollektiven Wissen eine gemeinsame Lösung leichter erarbeiten. Das Marketing Canvas ist eine Wissensdatenbank für das gesamte Team und gibt allen relevanten Informationen rund um Ihr Projekt ein „zu Hause".

2.1 Die Herausforderung: Warum das Problem und nicht das Produkt der Ausgangspunkt Ihrer Content-Marketing-Strategie sein

Ein Problem taucht selten aus dem Nichts auf. So gut wie jedes Problem ist ein Teilproblem eines noch größeren Problems. Unsere Herausforderung besteht darin, alle Faktoren, die das Problem beeinflussen, zu erkennen und in einen sinnvollen Zusammenhang zu stellen. Denn je besser wir die tieferen Ursachen und ihre Wechselwirkung mit dem Problem verstehen, desto leichter werden wir potenzielle Kunden auf unsere Lösung aufmerksam machen.

Wie können Unternehmen, die neue Produkte, Dienstleistungen oder Technologien auf den Markt bringen, ihre Erfolgschancen erhöhen? Das Scheitern ist nicht unrealistisch:

55 Prozent der rund 2000 Startups, die vom Deutschen Startup Monitor 2019 untersucht wurden, bewerteten die Kundengewinnung als ihre größte Herausforderung.[4]

Die US-amerikanische Market-Intelligence Plattform CB Insights erforschte die Ursachen, die für das Scheitern der Startups verantwortlich sind und bekräftigte diese Zahl. Die Hauptursache für den Misserfolg war bei 42 Prozent, der von CB Insights untersuchten Startups, ein fehlender Bedarf im Markt.[5] **Produktideen sind zum Scheitern verurteilt, wenn sie am Markt vorbei entwickelt werden.** Unternehmen können ihre Erfolgschancen aber drastisch erhöhen, wenn sie ein echtes Problem für ihre Kunden lösen und ihnen helfen, Herausforderungen zu meistern, die sie alleine nicht bewältigen können.

Ob Sie mit ihrem Produkt oder Ihrer Dienstleistung ein **echtes Problem** für Ihre Zielgruppe lösen, können Sie leicht nachvollziehen. Prüfen Sie, ob das Problem über die folgenden drei Eigenschaften verfügt:

1. **Das Problem ist für Ihre Zielgruppe relevant.** Ihre Zielgruppe steht vor einer akuten Herausforderung, die einen großen Schmerz verursacht. Im Optimalfall ist das Problem relevant für die Unternehmensziele Ihrer Zielgruppe.
2. **Das Problem hat großes Potenzial.** Dabei gilt: Je größer der Schmerz ist, den das Problem verursacht, desto wertvoller wird die Lösung erscheinen. Im Optimalfall hat das Problem ein 10-faches Verbesserungs-Potenzial.
3. **Das Problem zu lösen ist Ihnen persönlich wichtig.** Ihnen ist klar, dass das Problem so schnell nicht von alleine verschwinden wird. Im Optimalfall wird es von Ihnen zum ersten Mal gelöst.

   Im B2B Umfeld neigen wir eher dazu, lösungsorientiert und produktbezogen zu denken. Unsere Begeisterung für das Produkt macht es uns nicht immer einfach, die Perspektive unserer Kunden einzunehmen. Aber es geht nicht um das Produkt, sondern um die Wünsche und Ziele unserer Kunden und darum wie wir sicherstellen, dass sie diese auch erreichen. Um ihre Denkweise besser zu verstehen, müssen wir problemorientierter denken.

Folgende Fragen helfen Ihnen, die Herausforderung Ihrer Zielgruppe zu erkennen

- Vor welcher konkreten Herausforderung steht Ihr Wunschkunde?
- Handelt es sich bei der Herausforderung eher um ein Problem oder ein Bedürfnis?
- Warum tritt das Problem/Bedürfnis auf?
- Was sind die Ursachen für das Problem/Bedürfnis?
- Welche Faktoren beeinflussen das Problem/Bedürfnis?
- Gibt es mehrere Probleme/Bedürfnisse? Falls ja, welche sind die Top drei? (Mehrere Probleme sind ein erstes Indiz dafür, dass Ihre Zielgruppe aus mehreren Personas besteht.)

---

[4] https://deutscherstartupmonitor.de/fileadmin/dsm/dsm-19/files/Deutscher_Start-Monitor_2019.pdf. Zugegriffen am 29.04.2020.

[5] https://www.cbinsights.com/research/startup-failure-reasons-top/. Zugegriffen am 29.04.2020.

2.2 Die Konsquenz: Wie Sie Kaufentscheidungen mit Emotionen beeinflussen und neue Kunden gewinnen

Wir kommen erst ins Handeln, wenn der Schmerz groß genug ist. Entscheidungsprozesse werden deshalb auch im B2B nicht durch Logik, sondern vor allem durch Emotionen gesteuert. Um die Aufmerksamkeit Ihrer Wunschkunden zu gewinnen, müssen Sie ehrlich über die Painpoints sprechen und den Finger in die Wunde legen.

Wir verzichten nicht gerne auf Dinge, die wir unterbewusst bereits als gegeben wahrnehmen. Oft erkennen wir ihren wahren Wert leider erst dann, wenn die Gefahr besteht, diese besagten Dinge für immer zu verlieren. Ab diesem Zeitpunkt werden sie plötzlich extrem wertvoll für uns. Je höher ihr Wert für uns persönlich ist, umso intensiver wird uns ihr Verlust schmerzen.

Verluste nehmen wir sehr deutlich war – sie wiegen emotional etwa doppelt so stark wie vergleichbare Gewinne. **Die Angst etwas zu verlieren, motiviert Menschen deshalb mehr als der Gedanke, etwas von gleichem Wert zu gewinnen.** Es handelt sich hier um einen Denkfehler, der als **Verlustaversion** bezeichnet wird.[6]

Sobald wir die Verlustaversion bewusst in unsere Kommunikationsstrategie integrieren, können wir unsere Kunden emotional triggern und dadurch ihre unterbewussten Entscheidungsprozesse navigieren. Wenn wir andere Menschen dazu bewegen möchten eine bestimmte Handlung vorzunehmen, argumentieren wir daher nicht mit dem möglichen Gewinn, sondern mit der Vermeidung des größtmöglichen Verlusts.

Um Ihre Wunschkunden mit Hilfe der Verlustaversion ins Handeln zu bringen, müssen Sie im zweiten Feld des Marketing Canvas ihre emotionalen Trigger auf Basis des individuellen Worst-Case Szenarios identifizieren.

Folgende Fragen helfen Ihnen das Worst-Case Szenario Ihrer Zielgruppe zu verstehen

- Was wird im schlimmsten Fall passieren, wenn Ihre Wunschkunden das Problem ignorieren und nicht nach einer Lösung suchen?
- Mit welchen Verlusten müssen sie dann rechnen?
- Was wird es Ihre Wunschkunden kosten (finanziell und emotional), wenn sie so weitermachen wie bisher?
- Welche Nachteile werden Ihre Wunschkunden dadurch erleiden?
- Welche Gefühle wird das bei Ihren Wunschkunden auslösen?

[6] https://www.forschung-und-wissen.de/nachrichten/psychologie/verlustaversion-warum-empfindet-man-verluste-staerker-als-gewinne-13373689. Zugegriffen am 25.04.2020.

Furcht, Angst, Zweifel und Unsicherheit – die Bandbreite unangenehmer Empfindungen ist riesig. Sobald Sie das Worst-Case Szenario Ihrer Zielgruppe identifiziert haben, können die entsprechenden Emotionen eindeutig zugeordnet werden. Konfrontieren Sie Ihre Wunschkunden nun gezielt mit dem, was auf dem Spiel steht – der Konsequenz – und beschleunigen Sie so deren Entscheidungen.

Argumentativ können Sie die Verlustaversion als Trigger in verschiedenen Phasen der Customer Journey einsetzen, z. B. hier:

- Es kann vorkommen, dass Ihre Zielgruppe noch kein Problem-Bewusstsein besitzt. Die Verlustaversion unterstützt Sie dabei, Ihre Wunschkunden auf das Problem aufmerksam zu machen, sodass sie in der **Bewusstseinsphase**, gezielt mit der Lösungssuche starten.
- In der **Überlegungsphase** erläutern Sie die konkreten Unterschiede Ihrer Lösung im direkten Vergleich zu den Lösungen Ihrer Wettbewerber. Wenn Sie beschreiben, wie es Ihrer Zielgruppe gelingen wird, dank Ihrer Lösung, die negativen Konsequenzen zu vermeiden, beschleunigen Sie ebenfalls den Entscheidungsprozess mit der Verlustaversion.

2.3 Der Wunschkunde: Grenzen Sie Ihre Zielgruppe ein

In einem durchschnittlichen B2B Kaufentscheidungsprozess können heute bis zu zehn Entscheidungsträger aus verschiedenen Bereichen des Unternehmens beteiligt sein. Gemeinsam legt diese Gruppe zwischen 60 bis 90 Prozent der Buyers-Journey zurück, bis sie mit einem Vertriebsmitarbeiter in Kontakt kommt. In diesem Zeitraum recherchiert sie vor allem online, und bildet sich eine Meinung, in dem sie Ihre Lösung mit der Ihrer Wettbewerber vergleicht. Jeder der Entscheidungsträger konsumiert bis zu fünf verschiedene Content-Elemente.[7]

Mit Höhe der Investitionssumme steigt bei komplexen Produkten der Informationsbedarf. Die Kaufentscheidung wird erst getroffen, wenn alle Fragen geklärt sind. Fragen Sie sich also: Welche Informationen und Daten benötigen diese Entscheidungsträger, um eine Entscheidung zu Ihren Gunsten zu treffen? Welche Art von Content ist am besten dazu geeignet die Kaufentscheidung positiv zu beeinflussen?

[7] https://www.gartner.com/en/sales-service/insights/b2b-buying-journey. Zugegriffen am 25.04.2020.

Produkte scheitern, wenn sie am Markt vorbei entwickelt werden. Um Ihre Zielgruppe optimal anzusprechen, sollten Sie den Markt, in dem Sie Ihre Lösung positionieren wollen, deshalb großzügig eingrenzen. Kundenzentriertes Denken, also die Fähigkeit, die Perspektive Ihrer Wunschkunden einzunehmen, ist die Voraussetzung dazu. Die Felder „Die Herausforderung“ und „Die Konsequenz“ haben Ihnen einen Einblick der Gefühlswelt Ihrer Wunschkunden vermittelt. Diese Erkenntnisse dienen Ihnen jetzt als Basis für eine strukturierte Analyse und Segmentation Ihrer Zielgruppe.

Alle Informationen, die Sie über Ihren potenziellen Wunschkunden besitzen, sind bis zu dem Zeitpunkt, an dem Sie ihre Lösung erstmals am Markt testen, natürlich nur Annahmen. Die Bedürfnisse und Interessen der Zielgruppe werden in der Produktentwicklung zwar berücksichtigt, das tatsächliche Verhalten Ihrer Wunschkunden können Sie jedoch erst erforschen, wenn diese mit Ihrer Lösung interagieren.

Eine fiktive Beschreibung des idealen Kunden

Um erste Erfahrungswerte zu sammeln erstellen Sie eine Checkliste, mit Bedingungen die Unternehmen vermutlich erfüllen, die von Ihrer Lösung profitieren werden. Diese Kriterien funktionieren wie ein Trichter, bei dem eine große heterogene Masse möglicher Zielkunden immer weiter eingegrenzt wird, bis eine oder mehrere Hauptzielgruppen erkennbar sind. Je mehr Filterfaktoren Sie identifizieren können, desto präziser gelingt die Segmentation.

Diese Bedingungen eignen sich als Filter für die Checkliste

- **Geografische Lage:** Möchten Sie mit Ihrer Lösung regionale, nationale oder internationale Kunden ansprechen? Wie groß ist der Radius, in dem Sie aktiv werden wollen?
- **Branchenzugehörigkeit:** Möchten Sie eher mit Unternehmen aus Industrie, Handwerk, Handel oder Dienstleistungsgewerbe zusammenarbeiten? Gibt es mehrere Branchen, die Sie für relevant erachten?
- **Unternehmensphase:** Sind Ihre Wunschkunden eher Startups oder etablierte Traditionsunternehmen mit einer Unternehmensgeschichte, die viele Jahre zurückreicht?
- **Mitarbeiterzahl:** Wie viele Mitarbeiter beschäftigt Ihr Wunschkunde? Ab welcher Mitarbeiterzahl sind Unternehmen zu groß oder zu klein, um zu Ihren Wunschkunden zu zählen?
- **Ausgangssituation:** Welche Situation verbindet Ihre Wunschkunden? Gelingt es Ihnen, mehrere Merkmale zu identifizieren?
- **Ziele:** Welche Ziele verbinden Ihre Wunschkunden?

- **Ansprechpartner:** Wer glauben Sie könnten die Schlüsselpersonen auf Kundenseite sein? Welche soziodemografischen Merkmale (Geschlecht, Alter, Bildung, berufliche Situation etc.) beschreiben diese Personen? Die Identifikation geeigneter Ansprechpartner ist Ausgangspunkt für die Personas, die im weiteren Projektverlauf definiert werden.
- **Zusatzbedingungen:** Versuchen Sie drei bis fünf weitere Filterfaktoren auf Basis der Felder „Die Herausforderung" und „Die Konsequenz" zu identifizieren.

Sobald Sie die ersten Kommunikationsmaßnahmen umgesetzt haben, werden Sie aufgrund des positiven oder negativen Feedbacks mehr und mehr Gefühl für Ihre Zielgruppe gewinnen und lernen den Markt genauer kennen. Sammeln Sie alle Erkenntnisse im Marketing Canvas und überprüfen Sie kontinuierlich, ob Ihre Annahmen sich bewahrheitet haben oder ob Sie die Checkliste nachjustieren müssen. Dadurch entwickelt sie sich für Marketing und Vertrieb zu einem nützlichen Hilfsmittel, mit der die Qualität und Priorität neuer Leads präziser bewertet werden kann.

Häufig gibt es mehrere Zielgruppen für ein Produkt. Haben Sie mehrere Probleme identifiziert, die durch Ihr Produkt gelöst werden können, liegt ein erstes Indiz dafür vor. Die Filterkategorie „Ansprechpartner" auf der Checkliste, kann dazu beitragen diese Vermutung zu bestätigen, falls Sie mehrere mögliche Kontaktpersonen ausmachen konnten. Konzentrieren Sie sich in diesem Fall erst auf die Zielgruppe, die Sie bereits am besten kennen und erstellen Sie ein ideales Nutzerprofil bzw. eine Buyer Persona auf Basis Ihrer Erfahrungen mit dem Hauptansprechpartner.

Vertiefen Sie Ihr Wissen anhand folgender Fragen

- Wer hat aktuell den größten Schmerz, den Sie mit Ihrem Produkt, Ihrer Technologie oder Ihrem Service stillen wollen?
- Was hindert Ihre Wunschkunden im Moment daran erfolgreich zu sein?
- Sind Ihre Wunschkunden sich ihres Problems überhaupt bewusst?
- Wofür benötigen sie eine Lösung?
- Welche Ziele möchten sie damit erreichen?
- Welche Erwartungen haben sie an die Lösung?

Die Entscheidungsprozesse Ihrer Wunschkunden sind eng mit ihrem Kommunikationsverhalten verbunden. Welche Gewohnheiten können Sie aufgrund Ihrer Erfahrungen mit der Zielgruppe und dem Ansprechpartner auf Kundenseite identifizieren?

Nutzen Sie die folgenden Fragen

- Welche Kanäle nutzen Ihre Wunschkunden? Aus welchen Touchpoints bestehen ihre Customer Journeys?
- Gibt es einen typischen Entscheidungsprozess? Wie genau sieht der Entscheidungsprozess aus und wer ist involviert? Wer ist Initiator, wer beeinflusst und wer trifft schließlich die Kaufentscheidungen? Welche Entscheidungsträger müssen wir während des Verkaufsprozesses überzeugen?
- Welche Kriterien werden von den Entscheidungsträgern berücksichtigt, um vorhandenen Lösungen miteinander zu vergleichen?
- Welche Informationen und Daten benötigen Ihre Wunschkunden, um eine Entscheidung zu Ihren Gunsten treffen zu können? Welche Content-Formen eignen sich am besten, um Kaufentscheidung positiv zu beeinflussen?
- Wer genießt extern das Vertrauen Ihrer Wunschkunden? Wem hören sie zu? Wer hat die Macht ihre Meinung zu beeinflussen? Wenn Sie diese „Influencer" identifizieren können und sie in Ihre Kommunikationsstrategie einbinden, können Sie von Anfang an mit einem Vertrauensvorsprung arbeiten.

Nach und nach können Sie weitere Buyer Personas anlegen. Für jede Buyer Persona benötigen Sie jedoch ein separates Marketing Canvas, da sich auch die anderen Felder inhaltlich verändern werden.

Erst wenn die Buyer Personas klar umrissen sind, können Sie Ihre Botschaften wirksam steuern und sie zur rechten Zeit über die richtigen Kanäle aussenden. Hören Sie nie damit auf das Verhalten Ihrer Wunschkunden zu beobachten. Ergänzen Sie das Marketing Canvas kontinuierlich mit neuen Erkenntnissen und Annahmen, um dadurch Ihre Argumentation und Kommunikationsstrategie immer weiter zu optimieren.

2.4 Die Lösung: Ein Masterplan für glückliche Kunden

„Wenn du es nicht einfach erklären kannst, hast du es nicht gut genug verstanden." Würde man dieses Zitat von Albert Einstein gemäß des Marketing Canvas-Prinzips neu formulieren, müsste es folgendermaßen lauten: **„Wenn du deine Lösung nicht einfach erklären kannst, hast du deinen Kunden nicht gut genug verstanden."**

Im vierten Feld des Marketing Canvas beschreiben Sie nun Ihre Lösung bzw. Ihren Lösungsprozess. Dabei gilt: Je einfacher und empfängerorientierter Sie vorgehen, desto höher ist die Wahrscheinlichkeit, dass Sie Interesse bei Ihren Kunden wecken werden. Im Marketing Canvas befindet sich das Feld „Die Lösung" unmittelbar neben dem Feld „Die Konsequenz", beide Felder bilden eine direkte Linie mit dem Feld „Das Problem". Diese

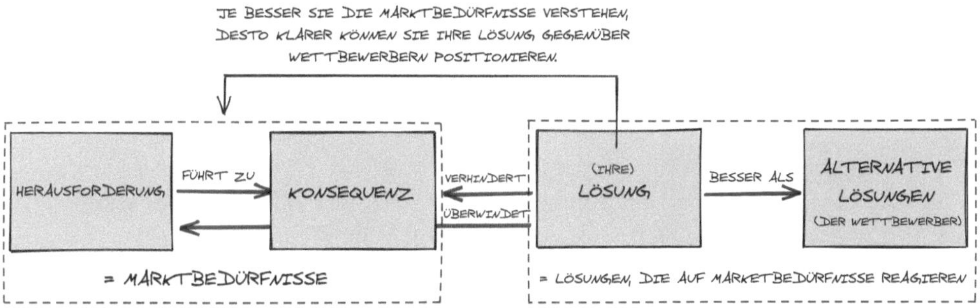

Abb. 6 Diese Felder im Marketing Canvas stehen in einer direkten Beziehung zueinander

Anordnung ist kein Zufall und soll Ihnen helfen zu erkennen, dass alle drei Felder in einer engen Beziehung zueinanderstehen (vgl. Abb. 6).

Sie haben nun die Herausforderung Ihrer Zielgruppe erkannt und auch die drohenden Konsequenzen, sollte das Problem weiter ignoriert werden. Mit diesen beiden Feldern im Blick erklären Sie jetzt, wie Sie das Problem lösen und Ihre Zielgruppe dadurch vor den negativen Konsequenzen bewahren werden. Egal ob es sich bei Ihrer Lösung um einen Service, ein Produkt, eine Technologie oder eine Kombination dieser Elemente handelt: **Ihre Lösung ist gleichzeitig auch immer ein Prozess, den Sie gemeinsam mit Ihrem Wunschkunden durchlaufen.**

Identifizieren Sie jetzt die einzelnen Prozess-Schritte, die Ihre Kunden dabei Stück für Stück gehen müssen und erklären Sie ihnen, welche Informationen und Aktivitäten auf beiden Seiten notwendig sind, um das angestrebte Ergebnis zu erreichen. Ihre Wunschkunden sollen genau nachvollziehen können, wie Sie miteinander arbeiten werden. Versuchen Sie passende Formulierungen zu finden, die Ihrer Zielgruppe zu verstehen geben, dass jeder Schritt mühelos machbar und zugleich auch unbedingt notwendig ist. Überflüssige Schritte existieren nicht in Ihrem Prozess. Im Idealfall gelingt es Ihnen dadurch schon sehr früh, sämtliche Bedenken abzubauen, weil Ihre Wunschkunden den Weg, der vor ihnen liegt, als klar, realistisch und erstrebenswert bewerten.

Achtung: Verlieren Sie sich im Marketing Canvas bei der Beschreibung des Prozesses nicht in Details, erläutern Sie ausschließlich die Prozess-Schritte, die für Ihre Zielgruppe relevant sind. Der Wissenstransfer wird nur dann gelingen, wenn sie wesentliche Aspekte jeder Etappe in leicht verständliche, kurze Kernbotschaften umformulieren. Denn unsere Aufmerksamkeitsspanne sinkt kontinuierlich, während die Anzahl an Werbebotschaften, die wir täglich konsumieren steigt. Experten gehen von 10.000 bis 13.000 Werbebotschaften aus, die uns täglich erreichen.[8] Ihnen bleiben also nur wenige Sekunden, um Ihre Zielgruppe zu überzeugen, dass sie kein Risiko eingehen werden, wenn sie Ihrer Lösung

[8] https://www.wiwo.de/unternehmen/dienstleister/werbesprech-nie-war-die-botschaft-so-wertlos-wie-heute/23163046.html. Zugegriffen am 14.05.2020.

eine Chance geben. Wenn Sie diese wertvollen Sekunden mit überflüssiger Information verschwenden, wandert Ihre Zielgruppe mit ihren Gedanken schnell an einen anderen Ort.

Formulieren Sie Ihren Lösungsprozess:

- Wie viele Schritte sind notwendig, um zu erläutern, wie Ihre Lösung funktioniert?
- Welcher einzigartige Nutzen steckt in jedem Schritt?
- Gibt es Partner, mit denen Sie eng zusammenarbeiten? Jetzt ist der Zeitpunkt gekommen, diese ins Spiel zu bringen. Welchen Mehrwert steuern die Partner in welchen Prozess-Schritten bei?
- Was ist der Kernaspekt Ihres Produktes oder Services, mit dem Sie maximale Resonanz erzeugen können? Beschreiben Sie so genau wie möglich, wie Ihre Wunschkunde von Ihrer Lösung profitieren werden und formulieren Sie daraus die **Überschrift** Ihres Lösungsprozesses.

Prüfen Sie Ihren Lösungsprozess anschließend auf Herz und Nieren:

- Sind alle Begriffe, die Sie verwendet haben, eindeutig nachvollziehbar? Sie können Fachbegriffe benutzen, aber nur wenn Sie wirklich sicher sind, dass Ihre Zielgruppe alle Fachbegriffe korrekt verstehen wird.
- Beantwortet der Lösungsprozess die wichtigsten Fragen Ihrer Wunschkunden?
- Haben Sie bei der Prozessbeschreibung die Kundensicht eingenommen? Oder sind noch Informationen enthalten, die nichts mit den Bedürfnissen Ihrer Zielgruppe zu tun hat?
- Was können Sie und Ihr Team unternehmen, um die Erwartungen Ihrer Wunschkunden perspektivisch noch zu übertreffen?

2.5 Welche alternativen Lösungen sind verfügbar, um das Problem zu beseitigen?

Ein Problem ist immer vor der Lösung da. Das bedeutet, dass Ihre Wunschkunden bereits eine erfolgreiche Strategie entwickelt haben, um ihre Herausforderung zu bewältigen bzw. auf eine verfügbare Lösung Ihrer Wettbewerber zurückgreifen. Das müssen Sie jedoch nicht akzeptieren.

Nachdem wir unsere Zielgruppe genau analysiert haben und eine Lösungsstrategie formuliert haben, nehmen wir jetzt alle alternativen Lösungen genauer unter die Lupe, die unsere Wunschkunden heute schon nutzen, um ihr Problem zu lösen. Dazu gehören selbst entwickelte Workarounds und Lösungen, die Ihre Wettbewerber anbieten.

In diesem Feld geht es nicht darum, Ihre Lösung mit den vorhanden alternativen Lösungen zu vergleichen, sondern zu erkennen, worin sich Ihre Lösung von den anderen unterscheidet. Versuchen Sie genau zu verstehen, welche typischen Erfahrungen Ihre Wunschkunden bislang mit den alternativen Lösungen gesammelt haben.

Identifizieren Sie dazu die Erfolgs- und Frustfaktoren, die darüber entscheiden, ob die alternativen Lösungen aus Kundensicht als attraktiv oder irrelevant eingestuft werden

- Welche relevanten Wettbewerbslösungen können Sie innerhalb des Aktivitätsradius lokalisieren, die Sie in Feld drei „Der Wunschkunde" definiert haben?
- Welche alternativen Lösungen sind die wichtigsten und einflussreichsten?
- Welche alternative Lösung ist insgesamt am weitesten verbreitet?
- Was mögen Ihre Wunschkunden nicht an den Lösungen, die sie aktuell verwenden? Was würden sie ändern, wenn sie es könnten?
- Was können Sie mit Ihrer Lösung für Ihre Zielgruppe leisten, dass Ihre Wettbewerber nicht erreichen können?

Wenn Sie die Kriterien kennen, die über Kundenzufriedenheit und äußere Wahrnehmung entscheiden, gelingt Ihnen auch die optimale Positionierung Ihrer Lösung. Im Rahmen Ihrer Kommunikationsstrategie können Sie dann objektiv Ihre Lösung mit den alternativen Lösungen vergleichen und Argumente einsetzen, mit denen Ihre Wunschkunden direkt verstehen, wie Ihre Lösung ihnen dadurch hilft ein besseres Ergebnis zu erzielen.

2.6 Das Versprechen: Aktivieren Sie die Vorstellungskraft Ihrer Wunschkunden mit Ihrer Version einer besseren Zukunft

Es gibt zahlreiche mentale Barrieren in den Köpfen Ihrer Zielgruppe, die das Kaufinteresse beeinträchtigen können. Klassische Befürchtungen wie: „Ist der Wechsel zu dieser neuen Lösung zu aufwendig und überhaupt die Mühe wert?" oder „Ist die Lösung auch wirklich kompatibel zu unseren internen Prozessen?" können selbst motivierte Kunden ausbremsen. Ihre Aufgabe ist es deshalb, die Motivation Ihrer Wunschkunden beharrlich zu stärken und Begeisterung zu entfachen.

Während Sie in dem Feld „Die Konsequenz" die Szenarien erörtert haben, die eintreten können, wenn Ihre Wunschkunden Ihr Problem ignorieren, entwickeln Sie in dem Feld „Das Versprechen" den Gegenentwurf dazu. Erneut richten Sie dazu Ihren Blick in die Zukunft, diesmal beschreiben Sie jedoch konkret, wie sich das Leben Ihrer Zielgruppe verändert wird, sobald diese beginnt mit Ihrer Lösung zu arbeiten. Lassen Sie lebhafte Bilder von der Zukunft vor dem geistigen Auge Ihrer Wunschkunden entstehen und beschreiben Sie die erstaunlichen Dinge, die eintreten werden, wenn sie Ihr Schicksal nicht länger dem Zufall überlassen. Je realistischer und glaubwürdiger Sie das Zukunftsszenario beschreiben, desto mehr Antriebskraft werden Ihre Wunschkunden daraus entwickeln und darauf vertrauen, dass es Ihnen gelingt, das Versprochene auch in die Tat umzusetzen.

Erarbeiten Sie insgesamt mindestens drei und maximal fünf Versprechen. Wenn wir zu viele Argumente verwenden, steigt die Gefahr, dass wir Produktmerkmale hervorheben, die unseren Wunschkunden gar nicht interessieren. Mit jedem Versprechen wollen Sie Ihre Zielgruppe emotional berühren und Staunen oder Begeisterung erzeugen. Achten Sie außerdem auch darauf keine Werteversprechen Ihrer Wettbewerber zu wiederholen.

Formulieren sie kraftvolle und überzeugende Argumente, die Ihre Wunschkunden motivieren werden, Ihre Lösung zu testen

Mehrwert: Beschreiben Sie so genau wie möglich, wie Ihre Wunschkunden von Ihrer Lösung profitieren werden. Beschränken Sie sich hier ganz bewusst auf die Punkte, von denen Sie wissen, dass sie Begeisterungen bei Ihren Kunden hervorrufen werden.

- Was wollen und brauchen Ihre Wunschkunden?
- Welcher attraktive Mehrwert erwartet Ihre Wunschkunden, wenn Sie sich für Ihre Lösung entscheiden?

Der Mehrwert muss den Bedürfnissen des Kunden entsprechen und steht in direktem Zusammenhang zum Feld „Der Wunschkunde“. Er baut aber auch direkt auf den Erkenntnissen aus dem Feld „Alternative Lösungen“ auf, denn wir müssen hier auch Bezug auf die Merkmale nehmen, die unser Produkt von denen unserer Wettbewerber unterscheidet. Je besser wir unsere Kunden und ihre Bedürfnisse kennen, desto attraktiver können wir den Mehrwert definieren.

- Warum werden Ihre Wunschkunden dank Ihrer Lösung glücklicher und zufriedener sein?
- Können Sie mit überzeugenden Daten nachweisen, dass Ihre Lösung funktioniert und bereits anderen Kunden zum Erfolg verholfen hat? Sind die Informationen korrekt und nachprüfbar? Verwenden Sie keine Fakten, die sie nicht beweisen können, sonst riskieren Sie Ihre Glaubwürdigkeit.

Emotion: Ziehen Sie eine direkte Verbindung zu den Verlusten, die dank Ihrer Lösung vermieden werden können.

- Wie werden sich Ihre Wunschkunden fühlen, wenn sie dank Ihrer Lösung das Problem beseitigt haben?
- Welche emotionalen Benefits sind mit Ihrer Lösung verknüpft?

Vision: Aktivieren Sie die Vorstellungskraft Ihrer Wunschkunden und zeigen Sie auf, was in Zukunft alles machbar wäre, an das Ihre Zielgruppe bislang noch nicht gedacht hat.

- Welche weiteren positiven Effekte und realistischen Chancen und Möglichkeiten sind denkbar, wenn Ihre Wunschkunden mit Ihrer Lösung arbeiten?

2.7 Der unfaire Vorteil: Überzeugende Alleinstellungsmerkmale ermöglichen eine glaubhafte Expertenpositionierung

Ein großer Teil der Customer Journey findet heute online statt. Persönliche Kontaktpunkte nehmen ab, genau wie unsere Aufmerksamkeitsspanne, die von unzähligen Werbebotschaften täglich strapaziert wird. Wir haben eine Art Werbeblindheit entwickelt und der beste Preis ist kein Argument mehr, dass uns ins Handeln bringt. Aus diesem Grund sind starke Marken so wertvoll: Sie durchbrechen die Werbeblindheit, wecken Emotionen und stellen den Wettbewerb in den Schatten.

Wären Ihre Wunschkunden selber in der Lage ihr Problem zu lösen, würden sie dies, ohne zu zögern auch machen. Doch weil ihnen die Erfahrungen oder Fähigkeiten fehlen, begeben sie sich auf die Suche nach einer Lösung. Über Ihre Lösung ist Ihre Zielgruppe nun bereits informiert und versteht auch wie einfach sie funktioniert und warum sie besser ist als vorhandene Alternativen. Noch unklar ist für sie jedoch, warum Sie der richtige Partner sind. Ein Partner, dem man vertrauen kann, weil er den Weg kennt, der zum Erfolg führt. Ihr unfairer Vorteil ist das fehlende Puzzlestück in dieser Argumentationskette, denn Ihre individuelle Erfahrung und Expertise sind einzigartig und können von Ihren Konkurrenten **nicht** kopiert werden. Fehlt der unfaire Vorteil, sind alle Marketing- und Kommunikationsmaßnahmen nahezu unwirksam, denn ohne eine solide Differenzierung Ihrer Marke wird es Ihrer Zielgruppe schwerfallen, Ihre Botschaften von denen der Wettbewerber zu unterscheiden.

Die folgenden Fragen werden Ihnen dabei helfen Ihren unfairen Vorteil zu identifizieren

- Warum können Sie ihren Wunschkunden noch besser helfen als Ihre Wettbewerber? Wie unterscheiden Sie sich von Ihrem Hauptwettbewerber?
- Was ist das Besondere an Ihrer persönlichen Geschichte? Für welche Werte stehen Sie ein? Was ist Ihnen wichtig?
- Woher kommt Ihre Erfahrung und wie genau setzen Sie sie ein? Können Sie Ihren Wunschkunden dadurch einen Extra-Mehrwert oder einen exklusiven Vorteil verschaffen?

- Warum sind Sie ein Experte in Ihrem Bereich? Aus welchen einzigartigen Talenten besteht Ihr Team?
- Wie sieht Ihr Netzwerk aus? Können Sie besondere Synergie-Effekte mit Ihren Partnern erzeugen?

Starke Marken besitzen einzigartige Positionierungsattribute, die nicht von Wettbewerbern beansprucht werden können, weil diese sie nicht genauso glaubwürdig kommunizieren könnten. Sobald Sie klar auf den Punkt bringen können, wer Sie sind, wie Sie bestimmte Fähigkeiten erworben haben und auf welcher Mission Sie sich befinden, werden Ihre Kunden Sie als ihren Problemlöser wahrnehmen. Ihr unfairer Vorteil haucht eine echte Seele in Ihre Marke.

2.8 Der Status quo: Die Inventur und Risikoanalyse vor Projektbeginn

„Gib mir sechs Stunden einen Baum zu fällen und ich werde die ersten vier mit dem Schärfen der Axt verbringen." Abraham Lincoln

Bei einem Produkt-Launch betreten wir immer Neuland. Wir können nicht erfolgreich sein, wenn uns die notwendigen Ressourcen nicht zur Verfügung stehen oder sich uns unerwartet Probleme in den Weg stellen, die wir nicht bewältigen können. Mit einer umfassenden Situationsanalyse vor dem Projektbeginn können wir uns einen Überblick verschaffen und für eine stabile Ausgangssituation sorgen.

In den Feldern eins bis sieben haben Sie alle wesentlichen Informationen zusammengetragen, die Sie für die Erstellung einer wirksamen Kommunikationsstrategie benötigen. Bevor der Startschuss zur Umsetzung fällt, befassen wir uns jetzt mit der konkreten Projektplanung. Verschaffen Sie sich nun einen umfassenden Überblick über Ihre Situation, um frühzeitig mögliche Baustellen zu erkennen. Daraus können Sie ableiten, wie Ihre Toolbox ausgestattet sein sollte, damit Sie erfolgreich sein können. Dazu sind drei Schritte notwendig:

1. **Um Ihre Lage genau einschätzen zu können, erfassen Sie alle Mittel und Ressourcen, die Ihnen zur Verfügung stehen.**
   - Wie sieht Ihre Ausgangssituation aus?
   - Welche Kompetenzen haben Sie bereits gesammelt? (Wissen, Fähigkeiten, Zertifikate etc.)
   - Über welche Ressourcen bzw. welche Assets verfügen Sie, die Ihnen bei der Erstellung von Content nützlich sein werden?

2. **Anschließend sammeln Sie alle möglichen Schwierigkeiten, mit denen Sie im weiteren Projektverlauf rechnen müssen.**
   - Welche Probleme müssen Sie einkalkulieren?
   - Welche Entscheidungen müssen Sie noch treffen?
   - Welche Hürden können Sie identifizieren?
   - Welche technischen oder wirtschaftlichen Trends beeinflussen Ihre Wunschkunden oder Ihre Wettbewerber?
   - Welche gesetzlichen Bestimmungen könnten Ihre Lösung in der Zukunft beeinträchtigen?
   - Gibt es andere unsichere Faktoren, die in der Zukunft eine Rolle spielen könnten?
3. **Minimieren Sie nun die potenziellen Risiken, in dem Sie gezielt die kritischsten Lücken füllen, die Sie identifiziert haben.**
   - Was fehlt noch auf dem Weg zum Ziel?
   - Welche zusätzlichen Ressourcen sind nötig?
   - Welche Aufgaben müssen erledigt werden, bevor ein weiterer Schritt möglich ist?

2.9 Das Ziel: Wie definiert man ein messbares Ziel, auf das alle im Team begeistert hinarbeiten?

Nichts geht über gut formulierte Ziele. Gute Ziele besitzen die Kraft, ein Team auf eine gemeinsame Reise zu schicken. Sie geben eine ganz konkrete Richtung vor und schärfen das kollektive Bewusstsein für den Weg, der vor dem Team liegt. Ohne eindeutig formuliertes Ziel driftet jedes Team orientierungslos im Blindflug. Es läuft dann Gefahr, vom Weg abzukommen oder kein zufriedenstellendes Ergebnis zu erreichen. Denn auch der Erfolg ist nur wirklich messbar und steuerbar, wenn das Ziel feststeht und wir das Projekt mit aussagekräftigen KPIs überwachen können, bis es abgeschlossen ist.

Haben Sie schon mal an einem schlecht organisierten, undisziplinierten Meeting teilgenommen und sich über verschwendete Zeit geärgert, weil die Besprechung aus dem Ruder gelaufen ist? Weil die Teilnehmer nicht vorbereitet waren, sich in ausschweifenden Diskussionen verloren haben und vom eigentlichen Thema abgekommen sind? Oder kennen Sie auch diese Art von Meetings, in denen zwar intensiv geredet wird, aber keiner der Teilnehmer das Besprochene visualisiert oder protokolliert? Am Ende des Meetings gehen alle auseinander und wissen insgeheim: Ab jetzt wird nichts Produktives mehr geschehen, dass Thema ist gerade offiziell im Sande verlaufen, denn konkrete nächste Schritte gibt es nicht.

Nicht nur in unserer Meeting-Kultur, sondern in allen Lebensbereichen und natürlich vor allem in der Projektplanung, machen wir die größten Fortschritte dann, wenn wir genau wissen, wo wir eigentlich hinwollen. Eine konkrete Ziel-Planung ist wie ein Navigationsgerät, das uns sicher durch unbekanntes Terrain manövriert und dafür sorgt, dass wir nicht vom Kurs abkommen. Die Aussicht auf Erfolg und die Qualität des definierten Ziels stehen in einem direkten Zusammenhang. Denn nur wenn allen Teammitgliedern klar ist, was erreicht werden soll, kann auch die Umsetzung mit einer sinnvollen Struktur geplant und kontrolliert werden.

Wenn Menschen aus verschiedenen Bereichen eines Unternehmens zusammenarbeiten, birgt dies einige Risiken: Missverständnisse können entstehen, weil unterschiedliche Erwartungshaltungen, Erfahrungshorizonte und Wissenslevel aufeinandertreffen. Missverständnisse können zur Verschwendung von wertvoller Zeit führen, weil Aufgaben parallel durchgeführt werden. Wird jedes Teammitglied in die Zielformulierung eingebunden, sind Fehlinterpretationen jedoch ausgeschlossen. Alle arbeiten dann gemeinsam am Umsetzungsplan, wissen welchen Beitrag jeder einzelne zur Erreichung des Ziels leisten muss und übernehmen Verantwortung für ihren Beitrag. **Ein optimal formuliertes Ziel wird im besten Fall auch dazu beitragen Silodenken aufzubrechen und die Grundlage für interdisziplinäre Zusammenarbeit zu schaffen.**

Das letzte Feld im Marketing Canvas markiert den Übergang von der Planungs- in die Umsetzung-Phase. Formulieren Sie dieses Ziel so, dass es den konkreten Zustand definiert, den Sie nach Abschluss des Projektes gemeinsam mit ihrem Team erreichen möchten. Beschreiben Sie, warum dieses Ergebnis erstrebenswert ist und konkretisieren Sie anschließend die Vorgehensweise, mit der Sie das Ziel verwirklichen möchten.

Fragen zum Ergebnis:

- Was möchten Sie am Ende des Projektes erreicht haben bzw. was soll dann entstanden sein? Formulieren Sie das Ergebnis so klar, einfach und bildlich wie möglich und terminieren Sie auch den zeitlichen Horizont zur Erreichung des Ziels.
- Warum möchten Sie dieses Ergebnis erreichen? Ein starkes Warum ist ein Motivator, der Ihnen auch bei Rückschlägen die Kraft geben wird, weiterzumachen.

Fragen zum Vorgehen:

- Wie werden Sie das Ergebnis in die Tat umsetzen? Welche konkreten Meilensteile, und Teilziele sind notwendig, um das Ziel zu erreichen?
- Welche Prioritäten müssen Sie setzen? In welcher Reihenfolge sollten die Maßnahmen erledigt werden? Beginnen Sie immer mit den Schritten, die den größten Fortschritt versprechen.
- Was wollen Sie bis wann erreicht haben? Wie viel Zeit benötigen sie voraussichtlich für jeden Meilenstein? Planen Sie Zeiträume für Unvorhersehbares ein und bleiben Sie flexibel.
- Wer muss am Projekt beteiligt sein? Welche Aufgabe und Verantwortung muss jeder Einzelne übernehmen?
- Was ist gut gelaufen und was ist verbesserungsfähig? Mit welchen Kennzahlen können Sie messen, ob Sie die einzelnen Meilensteine bzw. das Ziel erreicht haben.

Projekte verlaufen selten nach Plan und sobald Sie mit der Umsetzung beginnen, werden Sie vermutlich häufig Kurskorrekturen vornehmen müssen. Da eine langfristige Projektplanung wenig Flexibilität und Raum für Unvorhersehbares zulässt, empfiehlt es sich den konkreten Planungshorizont auf einen überschaubaren Zeitraum zu begrenzen.

Ihre konkret ausformulierten Ziele werden Ihnen in unklaren Situationen Orientierung geben. Denn immer dann, wenn Entscheidungen getroffen werden, müssen sich im Grunde nur diese beiden Fragen stellen. Ihr Ziel wird Ihnen die Antwort liefern:

- Komme ich mit dieser Entscheidung meinem Ziel näher?
- Beeinflusst diese Entscheidung mein Ziel negativ?

3 Der Marketing Canvas Prozess in der Praxis

Sie besitzen nun das theoretische Grundwissen, um anhand des Marketing Canvas passgenaue Strategien für die Vermarktung von anspruchsvollen Produkten, Dienstleistungen und Technologien zu entwickeln. Sie verfügen über die Fragen, mit denen Sie den konkreten Produktnutzen erkennen, komplexe Zusammenhänge für Ihre Zielgruppe vereinfachen und wirksam kommunizieren. Doch wie sieht ein Marketing Canvas in einem finalen Zustand aus? Welche Erkenntnisse lassen daraus ableiten?

Der Marketing Canvas Prozess umfasst mehr Schritte als nur das Ausfüllen des Templates. Damit dieses Denkwerkzeug Sie zukünftig bei Ihren Herausforderungen unterstützen kann, müssen Sie auch in der Lage sein einen Marketing-Canvas-Workshop zu planen, durchzuführen und nachzubereiten. Wie das genau funktioniert und mit welchen Schwierigkeiten Sie rechnen müssen, erfahren Sie im folgenden Abschnitt.

3.1 Die Vorbereitung, Durchführung und Nachbereitung eines Marketing Canvas Workshops

Vorbereitung

Wer sind die Experten in Ihrem Unternehmen, die über das breiteste Fachwissen rund um Ihr Kernthema (ein Produkt, ein Service oder eine Technologie, die sie erfolgreich vermarkten wollen) verfügen? Wer kennt die Zielgruppe und hat bereits wertvolle Praxiserfahrungen gesammelt? Überlegen Sie sorgfältig, wer beim Marketing Canvas Workshop dabei sein sollte, und laden Sie vorrangig Personen ein, die ebenfalls aktiv an Ihrem Projekt beteiligt sind und einen wertvollen Beitrag leisten können. Mitarbeiter aus Abteilungen mit direktem Kundenkontakt, wie Vertrieb, Engineering, oder Kundenservice sind ideale Gesprächspartner, genau wie die Kollegen aus der Forschung und Entwicklung.

Durchführung

Wie Sie den Workshop durchführen, bleibt Ihren persönlichen Präferenzen überlassen. Ein Face-to-Face Meeting, egal ob es als Präsenzmeeting oder Web-Konferenz stattfindet, ist in jedem Fall eine ideale Grundlage. Eine reine Telefonkonferenz wird nicht zum gewünschten Ergebnis führen, da alle Teilnehmer das Marketing Canvas während des Workshops ständig sehen sollten.

Nachdem Sie die Einladung versendet haben, können Sie – je nach Meeting-Art – eine Powerpoint-Folie mit dem Marketing Canvas vorbereiten, die Sie wahlweise mit einem Beamer an eine Wand projizieren oder über Ihren Bildschirm online mit der Gruppe teilen.

Während des Marketing Canvas Workshops haben Sie als Moderator der Veranstaltung drei Hauptaufgaben:

- Sie steuern das Gespräch Ihrer Kollegen und stellen nacheinander die Fragen zu jedem der Themenfelder. Halten Sie die Diskussion in Gang und haken Sie gezielt nach, wenn Sie eine Aussage nicht nachvollziehen können. Der Marketing Canvas Workshop soll vor allem Ihnen helfen, relevante Schlüsselinformationen zu erkennen, deshalb müssen Sie jedem Verständnisproblem sofort auf den Grund gehen.
- Vermutlich haben Ihre Kollegen während des Workshops zum ersten Mal die Gelegenheit, die Thematik in dieser Runde zu diskutieren und lernen es aus einer neuen Perspektive kennen. Es besteht die Gefahr, dass Ihre Kollegen vom Thema abschweifen. Greifen Sie ein, sobald Ihre Fragen nicht mehr im Mittelpunkt der Diskussion stehen.
- Während des Gesprächs füllen Sie alle Felder des Marketing Canvas mit Informationen und fassen das Gehörte stichpunktartig zusammen. Vor dem Wechsel zu einem neuen Feld sollten Sie die Aufzeichnungen gemeinsam mit Ihrem Team wiederholen.

Nachbereitung

- Unmittelbar nach dem Workshop versenden Sie das Marketing Canvas in editierbarer Form an alle Teilnehmer und bitten um ein Feedback: Wurden alle Informationen richtig erfasst? Gibt es neue Erkenntnisse oder fehlt noch ein wichtiger Fakt? Sammeln Sie weiter alle verfügbaren Daten im Marketing Canvas, bis alle Teilnehmer mit dem Zwischenstand einverstanden sind.
- In einer zweiten Iterationsschleife vereinfachen Sie den Text in jedem der Felder so weit wie möglich. Entfernen Sie überflüssige Wörter, fassen Sie wesentliche Informationen zusammen und priorisieren Sie die Fakten, sodass die wichtigsten Daten zuerst erscheinen.
- Prüfen Sie erneut die inhaltliche Qualität der Fakten mit Ihrem Team, nehmen Sie, wenn nötig weitere Aktualisierungen vor.

3.2 Stolpersteine und Best Practice Empfehlungen aus meiner eigenen Erfahrung

Optimale Personenzahl für den Marketing Canvas Workshop

Sehr gute persönliche Erfahrungen habe ich mit Workshops gemacht, an denen drei bis fünf Personen, inklusive mir selbst, teilgenommen haben. Ich empfehle Ihnen mindestens zwei und maximal sieben Experten zu dem Workshop einzuladen. Als Gedankenstütze können Sie an die Two-Pizza-Rule von Jeff Bezos denken:

> If you can't feed a team with two pizzas, the size of the team is too large.[9] Jeff Bezos

Der Amazon-Gründer hat beobachtet, dass die Produktivität von Teams mit zunehmender Gruppengröße sinkt. Die magische Grenze für eine Personenzahl, die sich in der Praxis bewährt hat, liegt bei 7 Personen.

Widerstand vermeiden
Wenn Sie das Marketing Canvas zum ersten Mal einsetzen, sollten Sie das Tool und seine Funktionsweise in Ihrer Einladung unbedingt kurz vorstellen. Manche Kollegen werden skeptisch reagieren, denn nicht alle Menschen begegnen Veränderungen positiv. Stellen Sie den Marketing Canvas Workshop in Ihrer Einladung als das vor, was es auch ist – ein Experiment. Erläutern Sie Ihre Motivation für den Test des Tools und warum alle Kollegen, die die Einladung erhalten haben, einen wertvollen Beitrag zu dem Experiment leisten können.

Dauer des Marketing Canvas Workshops
Die Komplexität des Themas und die Anzahl der Teammitglieder entscheiden über die Länge des Workshops. Begrenzen Sie die Dauer des Termins auf 60 bis 90 Minuten, um Teammitglieder mit der Einladung nicht unnötig zu erschrecken. Es ist einfacher, einen Folgetermin zu vereinbaren, wenn der Workshop nach der angesetzten Zeitspanne beendet werden muss und enthusiastische Diskussionen nur widerwillig unterbrochen werden. In Abhängigkeit der Gruppengröße sollten Sie insgesamt zwischen ein und drei Workshop-Terminen einplanen. Wenn Ihr Team einverstanden ist, können Sie direkt einen Tagesworkshop veranstalten.

Flipchart, Whiteboard und Equipment
Für den Marketing Canvas Workshop bevorzuge ich ein digitales Template gegenüber einem Statischen, da ich relevante Informationen aus der Diskussion schneller erfassen kann. Im Gesprächsverlauf werden die Daten oft weiter editiert oder in eine neue Reihenfolge gebracht. Handschriftlich zu arbeiten, wird Sie einschränken. Da das Marketing Canvas sich immer weiterentwickeln wird, können Sie mit einer digitalen Version die Iterationsschleifen besser im Blick behalten.

Leere Felder im Marketing Canvas
Falls Ihr Team eine Frage nicht sofort beantworten kann, legen Sie die Frage beiseite und gehen Sie weiter zum nächsten Feld. Grundsätzlich muss nicht jede Fragestellung beantwortet werden. In einem passenden Moment, im späteren Gesprächsverlauf, können Sie die Frage mit einer anderen Formulierung erneut stellen. Sollte Ihr Team noch immer

[9] https://neilpatel.com/blog/lessons-from-jeff-bezos/. Zugegriffen am 14.05.2020.

keine Antwort haben, sind Sie auf eine relevante Wissenslücke gestoßen. Frühzeitig erkannt sind Wissenslücken kein Problem, wenn Sie im nächsten Schritt aktiv mit Ihrem Team daran arbeiten, diese zu füllen.

Iterationsschleifen
Der Marketing Canvas Prozess ist nicht abgeschlossen, solange Ihr Projekt aktiv ist. Betrachten Sie das Werkzeug als Ihre persönliche Wissensdatenbank – einen Ort, an dem alle Schlüsselinformationen nach Themenbereich abgelegt werden. Nutzen Sie das Canvas, um den Projektverlauf zu dokumentieren, und ergänzen Sie alle neuen Erkenntnisse und Erfahrungen. Vergeben Sie eine neue Versionsnummer, wann immer Sie Änderungen vornehmen.

3.3 Anwendung des Marketing Canvas anhand eines konkreten Praxisbeispiels

Mit dem Marketing Canvas können Sie komplexe, neue Sachverhalte schnell erschließen. Das vorstrukturierte Template, in dem nur Schlüsselbegriffe und wesentliche Leitgedanken erfasst werden, macht die konsequente, systematische Zusammenfassung aller verfügbaren Informationen möglich. All diese Fakten sollten Sie in einem separaten Dokument zu einem Fließtext ausformulieren, damit keine Gedankengänge verloren gehen. In diesem Exposé sind auch weiterführende Hintergrundinformationen, Ideen und Anmerkungen aller Art gut aufgehoben, denn es ist das Gegenstück zum Marketing Canvas. Würde man das Marketing Canvas mit einem Kino-Trailer vergleichen, wäre das Exposé der eigentliche Film. Mit dem Marketing Canvas erarbeiten Sie die relevanten Botschaften, die Ihre Marke positionieren, während das Exposé Ihnen als wertvoller Fundus bei der Erstellung aller Content Formate dient.

Die folgende Abbildung (vgl. Abb. 7) zeigt das Marketing Canvas der Firma „WS-Informatik". Das IT-Systemhaus aus Wolfhagen in Nordhessen möchte innerhalb der nächsten 12 Monate seinen Kundenstamm verdoppeln und arbeitet mit dem Marketing Canvas, um dieses Ziel zu verwirklichen. Im Anschluss folgt das ausformulierte Exposé, das sich aus dem Marketing Canvas ergibt.

Die Herausforderung und die Konsequenz
Viele kleine und mittelständische Unternehmen leiden unter den Folgen unübersichtlicher IT-Landschaften, die über die Jahre gewachsen sind. Der professionelle Aufbau einer eigenen IT-Infrastruktur erfordert nicht nur Fachexpertise, sondern auch einen hohen Zeitaufwand und regelmäßige fachliche Weiterbildungen. Die Mehrheit der KMUs verfügt nicht über die personellen Ressourcen, um konstant reibungslose IT-Abläufe zu gewährleisten. Gleichzeitig mangelt es ihnen aber auch an Risikobewusstsein. Die KMUs teilen sich in zwei Lager auf:

- Unternehmen, die einen internen IT-Spezialisten einstellen möchten, intern oder extern aber keinen geeigneten Kandidaten finden.
- Unternehmen, die die Suche nach einem passenden externen IT-Partner angehen wollen, das Vorhaben aber immer wieder aufschieben.

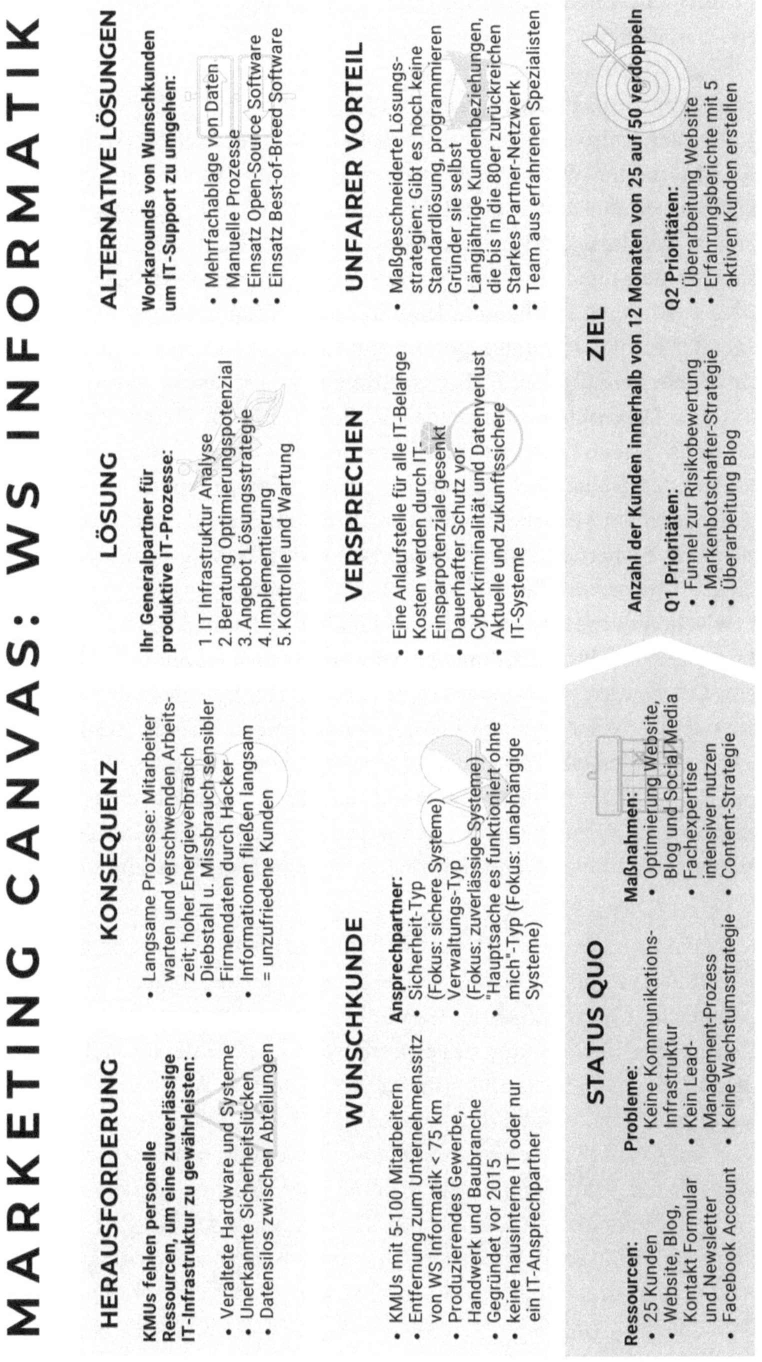

Abb. 7 Das finale Marketing Canvas von WS Informatik

Unternehmen, die über keine zuverlässige technische Infrastruktur verfügen, kämpfen mit zahlreichen Problemen und den sich daraus ergebenden Konsequenzen

- **Veraltete und langsame IT-Infrastruktur:** Veraltete Server-Hardware und schlecht konfigurierte Systeme drosseln die Leistungsfähigkeit der Netzwerke und damit die Effizienz der Mitarbeiter. Wertvolle Arbeitszeit wird wartend vor dem PC verschwendet. Das führt zu verlangsamten Geschäftsprozessen und zur steigenden Mitarbeiterunzufriedenheit. Veraltete Server-Hardware wird zum Kostenfaktor, wenn sie den wachsenden Anforderungen der Unternehmen gerecht werden muss. Der hohe Energieverbrauch, der z. B. durch ineffiziente Kühlung und Lüftung verursacht wird, belastet das IT-Budget der Firmen mit unnötigen Stromkosten.
- **Unerkannte Sicherheitslücken:** Cyberangriffe durch Hacker, die in Firmennetzwerke eindringen, stellen Datenschutz und Datensicherheit vor große Herausforderungen. Der Diebstahl und Missbrauch hoch sensibler Firmendaten, wie Betriebsgeheimnissen oder vertraulicher Kundendaten, führt nicht nur zu finanziellen Einbußen, sondern gleichermaßen zum irreparablen Vertrauensverlust auf Kundenseite. Aber auch die Mitarbeiter selber können zum Sicherheitsrisiko werden, wenn sie Phishing-Mails öffnen oder unbemerkt Schadsoftware installieren.
- **Datensilos zwischen den Abteilungen:** Mangelhaftes Datenmanagement führt zur mühsamen Datensuche. Viele Fachabteilungen haben eine eigene Ordnung für die Ablage von Kundendaten. Oft werden diese nicht zentral, sondern in unterschiedlichen Systemen, Datenbanken oder im Worst-Case nur lokal auf dem eigenen Rechner gespeichert. Wenn Mitarbeiter krank werden oder das Unternehmen verlassen, gehen wichtige Daten verloren. Die Zeit, die betroffene Unternehmen mit der Suche nach notwendigen Daten verbringen, senkt ihre Effizienz und Rentabilität. Letzten Endes leiden aber vor allem die Kundenbeziehungen darunter, wenn Informationen nicht zeitnah bereitgestellt werden.

Da die beiden Felder „Die Herausforderung“ und „Die Konsequenz“ unmittelbar miteinander verbunden sind, sollten sie immer gemeinsam betrachtet werden. Kleine und mittelständische Unternehmen fehlen die personellen Ressourcen, um eine zuverlässige, technische Infrastruktur zu gewährleisten. Dies ist die Grundursache der Herausforderung, die in mehrere Teilprobleme mündet: Eine veraltete und langsame IT-Infrastruktur, unerkannte Sicherheitslücken und Datensilos zwischen den Abteilungen führen zu jeweils gravierenden und unterschiedlich schmerzhaften Konsequenzen. Im nächsten Schritt empfiehlt sich eine intensive Recherche nach statistischen Daten und geeigneten Studien, die z. B. belegen, wie viel Zeit kleine und mittlere Unternehmen tatsächlich mit der Datensuche verschwenden oder wie häufig sie Opfer von Cyberkriminalität werden. Echte Fakten betonen die Dringlichkeit und aktivieren das Problembewusstsein der Zielgruppe, die Konsequenzen erscheinen jetzt weit weniger abstrakt.

Der Wunschkunde

WS Informatik möchte eine konkrete Zielgruppe adressieren und hat eine Checkliste mit allen Eigenschaften angelegt, die auf diese Wunschkunden zutreffen. Die Kriterien unterstützen WS Informatik nicht nur bei der Konzeption neuer Inhalte, sondern auch beim Erstkontakt mit einem potenziellen Kunden. Wenn ein Unternehmen mehrere der folgenden Bedingungen erfüllt, lohnt es sich, mehr Energie in die Akquise zu investieren:

Mitarbeiterzahl: KMUs mit fünf bis 100 Mitarbeitern

Geografische Lage: Entfernung zum Unternehmenssitz von WS Informatik < 75 km

Branchenzugehörigkeit: Produzierendes Gewerbe, Handwerk und Baubranche

Unternehmensphase: Etablierte Unternehmen, gegründet vor 2015

Ausgangssituation: Keine eigene hausinterne IT-Abteilung oder nur ein Ansprechpartner, der sich um alles kümmert

Ansprechpartner: WS Informatik hat drei interessante Kontaktpersonen identifiziert, die eine Schlüsselrolle im Entscheidungsprozess einnehmen könnten. Die Ansprechpartner sind Geschäftsinhaber kleiner Unternehmen oder interne IT-Verantwortliche bei mittleren Unternehmen. Alle Annahmen sollten im nächsten Schritt mit geeigneten Content-Formaten getestet werden, um auf Basis des Feedbacks detaillierte Buyer Personas zu entwickeln.

Der Sicherheits-Typ: Für ihn steht die IT-Sicherheit an erster Stelle, denn firmeninterne Daten dürfen unter keinen Umständen in die falschen Hände geraten. Dieser Typ ist über die Risiken informiert, die durch Cyberkriminalität entstehen können. Er besitzt aber weder die Zeit noch das Fachwissen, um Sicherheitslücken zu erkennen und selber zu schließen.

Der Verwaltungs-Typ: Er möchte, dass alle Abläufe im Unternehmen reibungslos funktionieren. Planungssicherheit hat für ihn die höchste Priorität. Der Verwaltungs-Typ ist technisch versiert und fühlt sich für die IT-Belange verantwortlich. Er hat eine konkrete Vorstellung davon, wie hoch das zeitliche und finanzielle Einsparpotenzial sein kann, dass eine zuverlässige Infrastruktur ermöglicht. Dies ist auch die Ursache für seine Frustration, denn ihm ist bewusst, dass er ohne Hilfe von außen keine reibungslosen Abläufe realisieren kann.

Der „Hauptsache es läuft ohne mich"-Typ: Dieser Typ ist Inhaber eines KMUs und möchte sich auf sein Kerngeschäft konzentrieren und mit dem Thema IT so wenig Berührungspunkte wie nötig haben. Er verfügt selber nicht über das notwendige IT-Praxiswissen und wünscht sich eine langfristige IT-Betreuung. Ultimativ möchte dieser Typ so viele Aufgaben wie möglich abgeben, um mehr Zeit für Familie und Hobbys zu haben.

Zusatzbedingungen:

- Sind Microsoft Anwender
- Arbeiten mit vielen manuellen Prozessen und haben einen rückständigen Digitalisierungsgrad

- Nehmen die IT-Sicherheit nicht ernst (haben z. B. in der Vergangenheit schon Daten verloren oder sind Opfer eines Hacker-Angriffs geworden)
- Haben die Vorteile von Cloud-Diensten noch nicht erkannt
- Nehmen noch keine externe IT-Dienstleistung in Anspruch

Die Lösung

WS-Informatik berät beim Aufbau einer sicheren und effizienten IT-Infrastruktur, die nahtlos in die bestehende Prozesslandschaft zu Kunden, Lieferanten und Dienstleistern eingebunden ist. Das Unternehmen hat einen maßgeschneiderten Lösungsvorschlag entwickelt und möchte seine Dienste als Generalpartner anbieten, der die IT-Prozesse seiner Klienten ganzheitlich analysiert, individuell optimiert und dauerhaft betreut. Die Kunden können so das maximale Potenzial aus ihrer IT-Infrastruktur schöpfen, effizienter und produktiver sein und sich wieder auf das Kerngeschäft konzentrieren.

Die Lösung ist in diesem konkreten Fall eine Dienstleistung, in der WS Informatik als **„Ihr Generalpartner für produktive IT-Prozesse“** auftritt. Der Lösungsprozess besteht aus fünf Schritten, die den Wunschkunden erklären, wie sie mit WS Informatik all ihre akuten Probleme beseitigen können.

- **1. IT-Infrastrukturanalyse:** Als Erstes möchten wir Sie kennenlernen und Ihre Arbeitsabläufe verstehen. Dazu analysieren wir umfassend den Istzustand Ihrer IT-Infrastruktur. Hierzu führen wir eine Bestandsaufnahme Ihrer Hard- und Software durch und überprüfen, wie alles miteinander verbunden ist. Sämtliche Ressourcen wie Systeme, Prozesse und Sicherheitsmaßnahmen sind Bestandteil dieses „Gesundheits-Checks“.
- **2. Beratung zu Optimierungspotenzial:** Auf Basis der Stärken und Schwächen Ihrer IT-Infrastruktur identifizieren wir ihr individuelles Optimierungspotenzial. Dabei berücksichtigen wir Ihre persönlichen Vorstellungen und Wünsche genauso wie die spezifischen technischen Voraussetzungen und Ihr geplantes Budget.
  - Wir spüren Kosteneinsparpotenziale auf.
  - Wir identifizieren alle kritischen Schwachstellen in ihrem Sicherheitskonzept.
  - Wir decken Ihre Datensilos auf und finden unnötige Software-Duplikate oder fehlende Schnittstellen zwischen Ihren Systemen.
- **3. Angebot Lösungsstrategie:** Wir erarbeiten ein konkretes Angebot über Hardware-, Software- und Sicherheitslösungen, die Ihr Unternehmen benötigt. In unseren Handlungsempfehlungen zeigen wir Ihnen, wie Sie deutlich Kosten einsparen können, produktiver werden und Sicherheitslücken schließen. Sie entscheiden darüber, welche Elemente unseres Lösungsvorschlags umgesetzt werden. Aus folgenden Bausteinen bauen sich unsere Kompetenzbereiche auf:

  - Hardware, Software und Cloud-Lösungen aus einer Hand
  - Managed Service Leistungen, bei der wir dauerhaft die Verantwortung für die Sicherheit und Aktualität Ihrer Systeme oder Teilbereiche übernehmen, maßgeschneidert und flexibel angepasst an Ihre aktuellen Herausforderungen.
- **4. Implementierung:** Wir realisieren die Lösungsstrategie, erneuern Ihre Systeme und optimieren Ihre Schnittstellen zu Kunden und Lieferanten. Gemeinsam setzen wir neue Standards für eine sichere, zuverlässige und ressourcenschonende IT-Landschaft, die Ihr Unternehmen zukunftsfähig machen. Während des gesamten Projekts werden Sie von einem Hauptansprechpartner betreut, der den größten Teil der Arbeit auch selbst umsetzt. Lediglich Teilaufgaben, werden an die Spezialisten in unserem Team abgegeben. Wenn Sie „Managed Services" dazu gebucht haben, bleibt der Projektverantwortliche auf Ihren Wunsch auch weiterhin Ihr Hauptansprechpartner.
- **5. Kontrolle und Wartung:** Wir übernehmen jetzt die Verantwortung für Ihre IT und stellen sicher, dass die überarbeitete Infrastruktur reibungsfrei funktioniert, kontrollieren und warten alle Prozesse und Systeme. Bei Notfällen sind wir schnell vor Ort, um Störungen zu beheben, und Ausfallzeiten auf ein Minimum zu reduzieren.

Die alternative Lösung

Bei der Beschreibung des Wunschkunden hat WS Informatik einen klaren Fokus auf Unternehmen gesetzt, die über keine hausinterne IT-Abteilung bzw. nur über einen internen IT-Ansprechpartner verfügen. Da diese Wunschkunden noch nicht mit einem externen IT-Dienstleister arbeiten, spielen Wettbewerber aus der eigenen Branche für WS Informatik keine Rolle. Die alternativen Lösungen, die ihren Weg ins Marketing Canvas gefunden haben, sind deshalb ausschließlich Workarounds, die Wunschkunden anwenden, um ihr Problem selbst zu lösen.

Die folgenden alternativen Lösungen sind bei der Zielgruppe am weitesten verbreitet. **Auffällig ist, dass jeder Workaround Nachteile mit sich bringt, die von der Zielgruppe aber nicht als solche wahrgenommen werden und nur Teile des Problems lösen:**

- **Mehrfachablage von Daten:** Werden in Unternehmen keine eindeutigen Regeln für das Dokumentenmanagement festgelegt, entwickeln Mitarbeiter individuelle Ordnerstrukturen und Ablage-Gewohnheiten, um ihre Daten schneller zu finden. An mehreren Speicherorten wächst dann die Anzahl unterschiedlicher Versionen einer Datei, die parallel existieren. Datensilos entstehen und die Nutzer verlieren die Übersicht.
- **Manuelle Prozesse**: Sind Prozesse nicht ausreichend automatisiert, muss der Mensch eingreifen und Informationen per Hand übertragen. Die Fehleranfälligkeit ist hoch, weil diese Art von monotonen Routineaufgaben wenig Aufmerksamkeit erfordert.
- **Einsatz von Open Source Software (OSS):** Um Kosten für Lizenzgebühren zu sparen, greifen viele KMUs zu Open Source Anwendungen. Ein langfristiger Support kann bei OSS nicht gewährleistet werden, weil die Weiterentwicklung und

Fehlerbehebung von der Community lebt, die sie aktiv betreibt. Direkte Ansprechpartner bei technischen Fragen sucht man vergebens, Hilfe findet man nach mühevoller Recherche im Internet. OSS ist außerdem anfälliger für Sicherheitslücken, die sich durch Programmierfehler einschleichen können.

- **Einsatz von Spezialsoftware:** Die sog. Best-of-Breed-Lösungen sind Anwendungen, die mit Blick auf einen bestimmten Unternehmensbereich oder Prozess hin optimiert wurden und einen großen Funktionsumfang bieten. Oft diktieren Mitarbeiter einzelner Unternehmensbereiche, welche Software zum Einsatz kommt, ohne zu prüfen wie diese in die schon vorhandenen Prozesse eingebunden werden kann. Eine Finanzsoftware für die Buchhaltung, ein CRM für den Vertrieb, ein Gehaltsabrechnungsprogramm für die Personalabteilung: Individuelle Software-Lösungen, die nicht miteinander verknüpft sind, erfordern mehrfache mühselige Datenpflege und begünstigen ebenfalls die Entstehung von Datensilos.

Das Versprechen

Das Leistungsversprechen von WS Informatik beschreibt genau, wie die Wunschkunden von dem 360 Grad IT-Support profitieren werden. Um maximale Überzeugungsarbeit zu leisten, sollten die Argumente mit Daten gestützt werden, die die Expertise von WS Informatik beweisen.

- **Eine Anlaufstelle für alle IT-Belange:** Überlassen Sie uns Ihre IT-Probleme, denn wir wollen Ihnen helfen! Für jedes Fachgebiet haben wir den passenden Spezialisten in unserem Team. Wir haben Ihre IT Prozesse rund um die Uhr für Sie im Auge und sind erreichbar, wann immer Sie uns brauchen – ob per Fernwartung oder live vor Ort. Bei abgeschlossenem Wartungsvertrag garantieren wir eine Reaktionszeit von maximal xx Stunden.
- **IT-Einsparpotenziale senken Ihre Kosten:** Wir optimieren das Kosten-Nutzen-Verhältnis ihrer gesamten IT-Landschaft. Mit Bedacht prüfen und aktualisieren wir Hard- und Software genau dort, wo es sinnvoll ist und konsolidieren Ihre Dienstleister. In der Vergangenheit konnten wir die Produktivität unserer Kunden so durchschnittlichen um xx Prozent erhöhen.
- **Dauerhafter Schutz vor Cyberkriminalität und Datenverlust:** Nachdem wir alle potenziellen Sicherheitslücken identifiziert haben, sorgen wir dafür, dass sie für immer geschlossen bleiben. Seit unserer Firmengründung im Jahr 2006 haben wir keinen kritischen Sicherheitsvorfall bei einem unserer Kunden registriert.
- **Aktuelle IT-Systeme sichern Ihre Zukunft**: Wir bringen Ihre IT auf den neuesten Stand und übernehmen für Sie alle anfallenden Updates, Wartungsarbeiten und Dokumentationen. Wir kümmern uns um Ihre IT, Sie sich um Ihr Kerngeschäft, damit Ihr Unternehmen wettbewerbsfähig bleibt.

Der unfaire Vorteil

Der Firmenname „WS Informatik" setzt sich zusammen aus den Gründer-Initialen: Werner und Steinhardt, die das Unternehmen 2006 gegründet haben. Stephan Werner, ein promovierter Physiker, ist es gewohnt sich immer wieder neuen Problemen zu stellen. Starke analytische Fähigkeiten helfen ihm dabei Sachverhalte aus verschiedenen Perspektiven betrachten zu können. Seine erste Software entwickelte er mit 17 Jahren, seit 1987 ist er im IT-Bereich beruflich aktiv.

Jan Steinhardt ist Fachinformatiker und seine Spezialgebiete sind Softwareentwicklung, Computernetzwerke und Datenbanken. Dank seines breiten Fachwissens, das er kontinuierlich erweitert, ist er in der Lage auch in sehr komplexen Problemsituationen Lösungsstrategien zu entwickeln.

Jede Lösungsstrategie von WS Informatik ist maßgeschneidert auf die einzigartigen Bedürfnisse ihrer Kunden. Das Unternehmen investiert so viel Zeit wie nötig, um seinen Kunden eine Lösung an die Hand zu geben, die zu 100 Prozent passt und zukunftssicher ist. Wenn es keine Standardlösung für ein Kundenproblem gibt, programmieren die Gründer sie selbst. Diese „Extra-Meile" gehen sie gerne, denn Probleme, die auf den ersten Blick unlösbar erscheinen, begeistern beide am meisten. Werner und Steinhardt streben nach Kontinuität in Form von langfristigen und vertrauensvollen Kundenbeziehungen. Die ältesten Kunden werden durch die Gründer bereits seit Ende der 80er-Jahre betreut.

Die beiden Gründer sind davon überzeugt, dass man sich mit Problemen auseinandersetzen muss, anstatt den kürzeren und einfacheren Weg zu gehen. Mit dieser Grundhaltung prägen sie die Unternehmenskultur von WS Informatik, denn sie erwarten von Ihrem Team, dass sich alle an der Lösungsfindung beteiligen. Das 10-köpfige Team von WS Informatik besteht aus Spezialisten mit Expertise in: Telefonie-Lösungen, Exchange, Back-up & Storage, Datenabfragen & Datenauswertungen und Hardware-Lösungen.

Seit 2006 ist WS Informatik offizieller Swyx-Partner, einem führenden Anbieter von VoIP Telefonanlagen auf dem deutschen Markt. Dank ihrer Expertise in der Automation und Programmierung können Probleme oder Aufgaben auf netzwerktechnischer Ebene schnell lösen. Damit sind sie anderen Systemhäusern und den klassischen Telefonanlagen Anbietern weit voraus.

WS Informatik ist Mitglied in einem Verbund von Systemhäusern. Aus diesem Netzwerk lassen sich viele Synergieeffekte für ihre Kunden erzeugen. Denn wenn es etwas gibt, was das Unternehmen selbst nicht leisten kann, befindet sich jemand mit der passenden Expertise im Netzwerk.

Der Status quo

Vor der Umsetzung der Kommunikationsmaßnahmen wurde eine Situationsanalyse bei WS Informatik durchgeführt. Dabei wurde ersichtlich, dass die Kommunikations-Infrastruktur und das Leadmanagement kritische Schwachstellen aufweisen. Hinzu kommt, dass das Unternehmen über umfangreiches Praxiswissen und jahrzehntelange Erfahrungen verfügt, seine Expertise aber nicht aktiv zur Kundengewinnung nutzt.

Drei Erfolgsfaktoren können langfristig zu mehr Wachstum führen: Eine ganzheitliche Überarbeitung vorhandener bzw. die Ergänzung fehlender Touchpoints, die Kultivierung der Fachexpertise, um vertrauensvolle Beziehungen zu neuen Kunden aufzubauen und eine angemessene Content-Strategie für alle Vertriebskanäle.

- **Mittel und Ressourcen, die zur Verfügung stehen:**
  - 25 Kunden
  - Firmenwebsite mit Blog und Kontaktformular
  - Newsletter mit 250 Abonnenten, einer Öffnungsrate von 40 Prozent und einer Click-Through-Rate von 8 Prozent
  - Firmeneigener Facebook-Account
- **Potenzielle Probleme:**
  - Alle existierenden Kundenbeziehungen sind aus persönlichen Bekanntschaften oder Empfehlungen entstanden. Eine nachhaltige Wachstumsstrategie in Verbindung mit geeigneten Vertriebs- und Marketingmaßnahmen ist nicht vorhanden. Durch das Kontaktformular oder über Partnernetzwerke werden nur sehr selten Leads generiert.
  - Die Bilder auf der Website sind veraltet und ihre Navigation ist unübersichtlich. Der Blog ist auf der Website nicht als solcher zu erkennen, man findet ihn unter „Aktuelles" in der Menüleiste. Empfehlungen und Zitate aktueller Kunden werden nicht eingesetzt.
  - Eine Anmeldung für den Newsletter findet sich weder auf der Website, noch im Blog-Bereich.
  - Neben dem Facebook-Kanal verwendet WS Informatik keine weiteren Social-Media-Kanäle.
  - Es steht kein Content (Broschüren, Whitepaper, E-Books, Factsheets etc.) als Grundlage für eine ganzheitliche Content-Strategie zur Verfügung.
- **Notwendige Maßnahmen:**
  Optimierung von Website, Blog und Social-Media-Kanälen:
  - Definition von Grundfunktionen und Zielen der Website, damit Besucher die gewünschten Aktionen ausführen und z. B. das Kontaktformular intensiver nutzen
  - Keyword-Recherche, um Keywords mit Relevanz zu identifizieren, die helfen, organischen Traffic zu steigern
  - Landingpage überarbeiten und auf Blog und prominente Blogbeiträge und den Newsletter verweisen
  - UX Experten zur Verbesserung der Usability engagieren
  - Blog optimieren: Kontaktaufnahme, Newsletter-Anmeldung, Kommentar- und Teilen-Funktion ermöglichen
  - Prüfen, welche Social-Media-Kanäle (LinkedIn oder XING) intensiver von Zielgruppe genutzt werden (über Online-Recherche bei aktuellem Kundenstamm)
- **Fachexpertise nutzen:**
  - Stephan Werner und Jan Steinhardt als Markenbotschafter gewinnen und als Experten auf dem Markt positionieren

- Kunden als Markenbotschafter gewinnen, um Testimonials und Erfahrungsberichte über Vertriebskanäle zu verbreiten
- Risikoanalyse (WS Informatik prüft kostenfrei mögliche Risiken in der IT-Infrastruktur potenzieller Kunden) als Hilfsmittel zur Leadgenerierung entwickeln

- **Content-Strategie:**
  - Themen- und Keyword-Recherche auf Basis der ermittelten Probleme, Konsequenzen und Workarounds durchführen
  - Erstellung der Inhalte (E-Mail Newsletter, Blogbeiträge, Social Media Posts etc.) und des Redaktionsplans, um Veröffentlichung der Inhalte über alle Kanäle hinweg zu planen
  - Arbeit mit professionellem Fotografen, um neues Bildmaterial für alle Content-Formate (vor allem Website) zu gewinnen

Das Ziel

WS Informatik verfolgt das ultimative Ziel die Anzahl seiner Kunden innerhalb von 12 Monaten von 25 auf 50 zu verdoppeln. Alle Neukunden sollen „Managed Service" Leistungen beziehen, sodass WS Informatik die Verantwortung für die laufende Überwachung und Instandhaltung ausgewählter IT-Systeme und Prozesse übernimmt. Langfristig profitiert das Unternehmen so von der monatlichen Abrechnung kontinuierlicher Dienstleistungen.

Für alle wichtigen Erfolgsfaktoren (siehe „Status Quo") wurden individuelle Meilensteine erarbeitet, Prioritäten bestimmt und Kennzahlen definiert, die messbar machen, ob ein Ziel erreicht wurde. Um maximale Flexibilität zu behalten, wurden die Meilensteine nur für einen begrenzten Zeitraum von sechs Monaten ausformuliert. Kurskorrekturen werden während des Projekts durchgeführt.

- **Meilensteine Q1**
  - **Priorität:** Implementierung einer Funnel-Lösung zur Risikobewertung, z. B. in Form einer kostenlosen Analyse, die durch WS Informatik live vor Ort durchgeführt wird. Zu diesem Zweck wird eine Landingpage erstellt, die im Rahmen eines zu definierenden Budgets crossmedial beworben wird. (Ziel: xx neue Leads und xx neue Newsletter-Abonnenten pro Monat)
  - **Priorität:** Ein neues Social Media Profil für Jan Steinhardt und Stephan Werner auf LinkedIn oder Xing erstellen und Facebook Profil von WS Informatik überarbeiten (Ziel: Auf jedem der drei Accounts alle xx Tage neuen Content veröffentlichen, um pro Monat xx neue Follower zu gewinnen)
  - **Priorität:** Überarbeitung des Blogbereichs auf der Website (Ziel: xx neue Leads und xx neue Newsletter-Abonnenten pro Monat)
  - Einen Redaktionsplan für drei Monate erstellen und relevante Inhalte über alle Kanäle hinweg veröffentlichen (Ziel: xx neue Leads und xx neue Newsletter-Abonnenten pro Monat)

  - Ein Prämienprogramm für den aktuellen Kundenstamm implementieren, um Anreize zu schaffen, WS Informatik weiterzuempfehlen (Ziel: xx neue Leads und pro Monat)
  - In Zusammenarbeit mit fünf aktiven Kunden Erfahrungsberichte erstellen (Ziel: xx neue Leads und xx neue Newsletter-Abonnenten pro Monat)
- **Meilensteine Q2:**
  - **Priorität:** Überarbeitung der Website (Ziele, Navigation, Inhalte, und UX etc.) (Ziel: xx neue Leads pro Monat)
  - **Priorität:** In Zusammenarbeit mit fünf aktiven Kunden Erfahrungsberichte erstellen (Ziel: xx neue Leads und xx neue Newsletter-Abonnenten pro Monat)
  - Die Click-Through-Rate des Newsletters verdoppeln (Ziel: CTR von xx Prozent nach xx Monaten)
  - Einen Redaktionsplan für drei Monate erstellen und relevante Inhalte über alle Kanäle hinweg veröffentlichen (Ziel: xx neue Leads und xx neue Newsletter-Abonnenten pro Monat)

4 Zusammenfassung

„Wenn ich eine Stunde habe, um ein Problem zu lösen, dann beschäftige ich mich 55 Minuten mit dem Problem und 5 Minuten mit der Lösung.“ Albert Einstein

Im B2B Marketing entscheidet Geschwindigkeit über den Erfolg bei neuen Projekten. Je schneller und umfassender wir den konkreten Nutzen eines Produktes, Services oder technischen Verfahrens etc. für die Zielgruppe verstehen, umso besser können wir selber die technischen Zusammenhänge kommunizieren. Geschwindigkeit wird dann zum Wettbewerbsvorteil, wenn es uns gelingt Content Marketing Strategien zu entwickeln, mit denen wir zügig testen können, ob unsere Idee ein Echo im Markt erzeugt. Es erscheint paradox, doch vor allem dann, wenn wir unter Termindruck stehen, sollten wir uns ausreichend Zeit einräumen, unsere Situation vollständig zu analysieren. In seinem Zitat bringt Einstein auf den Punkt, worauf es wirklich ankommt: Hat man ein Problem gedanklich ganzheitlich durchdrungen, liegt die Lösung auf der Hand. Überspringen wir diesen Schritt, erkennen wir nicht mehr, was wirklich wichtig ist. Dann entwickeln wir Botschaften, denen es nicht gelingt, den Markt zu durchdringen, weil sie sich nicht von denen unserer Wettbewerber unterscheiden.

Jede zusätzliche Stunde, die Sie gemeinsam mit Ihrem Team an dem Marketing Canvas arbeiten, wird Sie einer ganzheitlichen Kommunikationsstrategie ein Stück näherbringen. Wenn Sie also in Zukunft vor einer neuen Herausforderung stehen und noch nicht wissen, wie sie starten sollen, dann nutzen Sie die Gelegenheit, das Marketing Canvas zu testen. Denn je komplexer Ihr Projekt ist, umso mehr Orientierung wir dieses Denkwerkzeug Ihnen bieten und Sie bei Ihren nächsten Schritten beraten.

Literatur

Bertagnolli, F., et al. (2018). *Change Canvas. Strukturierter visueller Ansatz für Change Management in einem agile Umfeld*. Wiesbaden: Springer Gabler.

Grüning, C. (2013). *Garantiert erfolgreich lernen. Wie Sie Ihre Lese- und Lernfähigkeit steigern*. München: mvg Verlag.

Osterwalder, A., & Pigneur, Y. (2010). *Business model generation*. Hoboken: Wiley.

Susanne Trautmann ist Expertin für strategische Markenführung und visuelle Kommunikation mit einer großen Leidenschaft für komplexe Produkte und Technologien. Susanne besitzt einen Magister Artium (M.A.) in Medienwissenschaften und Kunstgeschichte und hat 2007 ihre Karriere in der Automobilzulieferindustrie begonnen.

Als B2B Marketer hat sie sich insbesondere auf die Entwicklung von Marken- und Kommunikationsstrategien auf Basis von Inbound-Marketing und strategischem Storytelling spezialisiert. Susanne verfolgt das Ziel, authentische und emphatische Marken zu erschaffen, zu denen Menschen sich hingezogen fühlen. Das gelingt am besten mit einer Kombination aus unverwechselbaren Werteversprechen und lebendige Erfolgsgeschichten, die die Marke erfahrbar machen und ihr Selbstbild vermitteln. Susanne verbindet in ihrer Arbeit kreatives und analytisches Denken. Sich intensiv mit einem Sachverhalt zu beschäftigen, vorhandene Informationen zu prüfen, um Muster und Kernideen zu entdecken, die zu mehr Verständnis beitragen, ist aus Ihrer Sicht kein Luxus, sondern eine Notwendigkeit.

Heute untersucht Susanne die Erfolgsfaktoren für Marken und Kommunikation im dynamischen 3D-Druck Bereich. Weil Schnelligkeit hier der Schlüssel ist, um neue Ideen auf dem Markt zu testen, hat Susanne das Marketing Canvas entwickelt. Mit diesem Template können B2B-Marketer wirksame Go-to-Market Strategien für Produkte und Technologien mit hohem Erklärungsbedarf erstellen. Susanne teilt ihr Fachwissen gerne und schätzt den Gedanken- und Ideenaustausch mit Gleichgesinnten. Nehmen Sie Kontakt auf, wenn Sie Unterstützung bei der Implementierung des Marketing Canvas in Ihrem Unternehmen benötigen.

Branding oder kein Branding – Eine Einführung in das B2B-Branding

Kirsten Juliet Ives und Vera Müllner

Inhaltsverzeichnis

Zusammenfassung

Lead-Generierung, Marketing-Automatisierung, Performance-Marketing oder Content-KI sind nur einige der jüngsten Entwicklungen, die das Gesicht des B2B-Marketings neu geprägt haben. Vielleicht sogar so weit, dass konventionelle Elemente wie Branding obsolet geworden sind? Branding war schon immer ein heikles Thema im

K. J. Ives
Brand Consulting, moodley brand identity GmbH, Graz, Österreich
E-Mail: kirsten.ives@moodley.at

V. Müllner (✉)
Graz, Österreich
E-Mail: vera.muellner@gmx.net

U. Seebacher (Hrsg.), *Praxishandbuch B2B-Marketing*,
https://doi.org/10.1007/978-3-658-31651-8_8

B2B-Umfeld. Ursprünglich aus der B2C-Welt stammend, hat die Bedeutung von Marken für B2B-Unternehmen nie denselben Status erreicht. Sobald ein Logo und einige damit verbundene Richtlinien erstellt wurden, gilt die Aufgabe des Branding in der Regel als erledigt. Es zeigt deutlich, dass selbst die heutigen B2B-Unternehmen immer noch dazu neigen, die weitreichende Macht, die erfolgreiche Marken auf das Unternehmen ausüben können, zu unterschätzen.

Der Zweck dieses Artikels ist es daher, die Frage der Markenbildung zu überdenken, um ihre Bedeutung im modernen B2B-Marketing durch eine allgemeine Einführung in die B2B-Markenbildung neu zu begründen. Nach einer theoretischen Prüfung kann Folgendes gesagt werden: Smartes Branding gewährleistet eine substanzielle und konsistente Positionierung von Unternehmen gegenüber ihren Kunden. Indem Vertrauen geschaffen und Organisationen als Branchenexperten und Vordenker etabliert werden, kann Branding zu einer fruchtbaren Basis für eine starke und loyale Partnerschaft zwischen Kunden und Unternehmen werden. Darüber hinaus fungiert das Branding als rote Linie für alle Aktivitäten von Marketing und Vertrieb bis hin zur Personalabteilung. Es spart Zeit und Geld, indem es Trends setzt und den Fokus auf das Geschäft und die Kunden legt.

1 Einführung

1972 legten Richard Branson und sein Team mit Virgin Records den Grundstein für die heutige Virgin Group. Mit einem eher einfachen Ansatz bauten sie das Unternehmen um ihre persönlichen Werte herum auf. Seiner Meinung nach sind die Gründe für den letztendlichen Erfolg des Unternehmens vielfältig, aber er sieht in dieser anfänglichen Aktion des Aufbaus einer Markenreputation die Grundlage für den Fortbestand sowie das Wachstum von Virgin Records in den vergangenen fast 50 Jahren.[1]

Seit Anfang der 1970er-Jahre hat sich das Marketing sowohl im B2C- als auch im B2B-Bereich – die Virgin Group umfasst Unternehmen aus beiden Bereichen – natürlich verändert, insbesondere im B2B-Umfeld. Mit neuen Marketingbereichen wie Content-Marketing, Marketing-Automatisierung, Performance-Marketing, Lead-Entwicklung oder -Generierung beeinflusst das Marketing heute noch stärker die B2B-Kundenreise. In dieser Hinsicht werden Content-Marketing und inhaltsbasierte Marketingprogramme als Schlüssel zur Generierung von Leads und schließlich zum Verkauf des Produkts angesehen (vgl. Gagnon 2014).

Gibt es vor diesem Hintergrund des modernen B2B-Marketings, das in erster Linie von Inhalten und inhaltsbasierten Aktivitäten dominiert wird, überhaupt noch Platz und Bedarf für Branding?

[1] https://www.virgin.com/richard-branson/my-top-10-quotes-branding. Zugegriffen am 05.05.2020.

Um dieser Frage auf den Grund zu gehen, versucht der vorliegende Artikel die Bedeutung und Präsenz von Branding im modernen B2B-Marketing neu zu begründen. Beginnend mit einer näheren Betrachtung des Begriffs „Marke“ und seiner Geschichte wird im ersten Kapitel seine Bedeutung in einem B2B-Umfeld untersucht. Im Anschluss an diesen einleitenden Teil folgt eine 360°-Grad-Illustration des Branding von der Markenentwicklung bis zur Markenstrategie und -führung. Ergänzend dazu schließt der Artikel mit den Auswirkungen und Vorteilen von B2B-Branding sowie allgemeinen Ergebnissen und Anmerkungen.

2 Markenbildung im B2B-Marketing

Branding damals und heute – Was ist eine Marke?

Heutzutage ist das Wort „Marke“ zu einem ziemlich allgegenwärtigen Begriff geworden, der alles von einem Logo oder einem Namen bis hin zu Produkten, Dienstleistungen oder Unternehmen bedeuten kann, die in irgendeiner Weise hervorstechen. Zunehmend versuchen Städte und Regionen auf der ganzen Welt, sich in Destinationsmarken zu verwandeln. Länder sind nicht mehr einfach nur Länder, sondern Nationsmarken. Die Olympischen Spiele, die britische Königin und sogar der Papst werden oft als Marken bezeichnet. Doch allein etwas in der Welt zu tun, ihm einen Namen und ein Logo zu geben und es zu kommunizieren, qualifiziert etwas nicht unbedingt als Marke. Wann kann man etwas also als eine Marke bezeichnen?

Während das Brandzeichen im alten Ägypten Verwendung fand, um Vieh als Eigentum zu kennzeichnen, lässt sich die Verwendung eines Zeichens zur Kennzeichnung der Marke von nicht generischen Waren bereits bis ins 18. Jahrhundert zurückverfolgen (vgl. Wheeler 1946). Mit der Entwicklung der Massenmedien im 20. Jahrhundert wurde die Markenkennzeichnung zur Identifizierung der Marke eines Produkts zu einem Mainstream-Verfahren. Dies trug zunächst zur Erkennbarkeit bei. Als ähnliche Angebote auf den Markt kamen, sahen sich die Verbraucher mit einer zunehmenden Auswahl konfrontiert. Für Anbieter, die sich an die Öffentlichkeit wenden wollten, reichte eine Differenzierung allein über den Preis oder die Produktqualität nicht mehr aus. Die Vermarkter erkannten, dass Produkte neben ihrem funktionalen Nennwert auch einen emotionalen Wert bieten konnten, z. B. in Form von Prestige, Spaß, Beruhigung oder als Symbol für Aufstiegsmöglichkeiten. Tatsächlich wurde in vielen Konsumgütersektoren der emotionale und symbolische Wert wichtiger als die funktionalen Argumente für den Kauf. Die Menschen kauften zuerst die emotionale Idee, dann das, was sie für sie bedeutete, und zu guter Letzt erst das Produkt.

Vor diesem Hintergrund begannen die Unternehmen, Werbung zu nutzen, um Geschichten rund um ihre Produkte zu erzählen. Die Idee war, dass die Geschichten eine Verbindung zu den Menschen herstellen würden, auch wenn die Produkte das nicht taten. Infolge dieses Ansatzes begannen die Produkte in den Köpfen der Konsumenten für mehr zu stehen als das, wofür sie funktional verwendet wurden. Und hier können wir anfangen, über Marken im modernen Sinne zu sprechen.

Heute im Jahr 2020 bedeutet die Transparenz, die die Verbraucher durch das Internet, die sozialen Medien und den globalen Journalismus haben, dass es für Marken nicht mehr ausreicht, mutige emotionale Behauptungen darüber aufzustellen, wie gut sie sind. Sie müssen jetzt den Worten Taten folgen lassen. Die Verbraucher haben neue Möglichkeiten, nicht nur Produkte zu bewerten, sondern auch die Art und Weise, wie sie hergestellt werden, sowie die Ethik und die Praktiken der dahinterstehenden Unternehmen. Heute treffen die Kunden weitaus sachkundigere Entscheidungen. Jede Marke, die den Anspruch erhebt, „die freundlichste …“ oder „die reinste …“ zu sein, muss ihr Versprechen einhalten, und alle Übertretungen werden zur Sprache gebracht, für gewöhnlich auf peinlich virale Weise.

Marken sind im Zeitalter von Bedeutung, Authentizität und sozialem Gewissen angekommen. Sie haben sich von Kommunikatoren von funktionalem und emotionalem Wert zu Versuchen entwickelt, eine wichtige Rolle im Leben der Menschen zu spielen, indem sie ihren Zielen, Wünschen und Lebenskonzepten einen Sinn geben. In zunehmendem Maße nehmen Marken soziale Ursachen auf und sind dabei für die Gesellschaft hilfreich, zumindest vordergründig. Im Sinne von Maslows Hierarchie der Bedürfnisse (vgl. Maslow 1943), die sämtliche der menschlichen Bedürfnisse in eine Hierarchie von den grundlegendsten bis zu den anspruchsvollsten einordnet, zielen Marken zunehmend auf die Spitze, indem sie den Menschen helfen, persönliche Ziele zu erreichen und einen sozialen Einfluss zu haben.

Nun könnten Marketers im B2B-Bereich durch die Entwicklung der Markenbildung im B2C-Bereich durchaus verwirrt sein, denn im B2B-Bereich ging es schon immer darum, den Worten Taten folgen zu lassen. Die Realität ihrer Produkte und Dienstleistungen musste immer mit ihren Versprechen übereinstimmen. Zu viel emotionaler Wirbel um technische Produkte kann künstlich und unnötig erscheinen, was neben den Kosten mit ein Grund dafür ist, dass dieser Ansatz nie in Gang gekommen ist. Die Raffinesse, die das Branding heute erreicht hat, ist jedoch eine andere Sache. Es ist höchste Zeit für skeptische B2B-Vermarkter, ihre Einstellung zum Branding zu überdenken. Marken als Vehikel, um für Kunden aussagekräftig zu sein, hochkomplexe Themen zu vereinfachen, eine Richtung vor zu geben und die Messlatte in Bezug auf Geschäftspraktiken höher zu legen, sind in industriellen Märkten von hoher Relevanz, insbesondere im Zeitalter des Klimawandels, der digitalen Umwälzung und der Informationsflut.

In einer Welt der Auswahl und des Überflusses sind Marken solche Einheiten – Unternehmen, Produkte, Persönlichkeiten, Orte usw. – die es schaffen, im Laufe der Zeit in den Köpfen einer bedeutenden Anzahl von Menschen für etwas Unverwechselbares, Anderes und emotional Relevantes zu stehen. Marken unterscheiden sich von anderen Akteuren in ihrem Bereich, indem sie ihre Aktivitäten und ihre Kommunikation darauf konzentrieren, warum das, was sie tun, für die Menschen sinnvoll ist, und nicht auf das rein Funktionale, so innovativ und brillant es auch sein mag. Marken funktionieren durch einen einheitlichen Ton, eine einheitliche Botschaft und einen einheitlichen Stil und vor allem durch eine einheitliche Haltung nicht nur gegenüber ihren Märkten und Kunden, sondern auch gegenüber der Welt um sie herum, einschließlich der Mitarbeiter des Unternehmens.

2.1 Warum ist Branding in B2B-Märkten relevant?

B2B ist nicht nur B2B

Im Allgemeinen sprechen wir von B2B-Märkten, wenn der Käufer Waren oder Dienstleistungen nicht für seinen eigenen privaten Nutzen kauft, sondern um zur Erreichung der Ziele der Organisation, an der er beteiligt ist, beizutragen. Das klingt einfach, obwohl es in Wirklichkeit viele verschiedene Arten von Beziehungen, Transaktionen und Produkten gibt, die unter diese Definition fallen. Hier sollen nur einige Beispiele angeführt werden:

- Konsumgüter, die von Wiederverkäufern erworben werden, die dann als Verkaufskanal in einem lokalen Markt fungieren.
- Im Produktionsprozess verwendete Roh- oder Grundstoffe.
- Komponenten und Subsysteme, die gekauft werden, um in komplexere Systeme entlang der Lieferkette integriert zu werden (die gebräuchlichste Definition).
- Ausrüstung oder Technologien, die erworben wurden, um einen Prozess zu ermöglichen, wie zum Beispiel Werkzeugmaschinen oder Testgeräte.
- Beratung und viele andere Dienstleistungen für Unternehmen.

Die typische Annahme im B2B-Marketing war bisher, dass es sich nicht um einen privaten Kauf handelt. Somit wäre es kein emotionaler Kauf, der für die emotionale Art der Kommunikation empfänglich ist, wie sie im Konsumgütermarketing vorherrscht. Tatsächlich zielen in vielen Branchen Compliance-Vorschriften, Ausschreibungspflicht und die Machtsteigerung von Einkaufsabteilungen darauf ab, die menschliche Anfälligkeit für emotionale Entscheidungen zu verringern, indem der Schwerpunkt auf vergleichbare Kriterien wie Ausstattung, Lieferzeiten und Preis gelegt wird.

Doch wie Ihnen jeder gute Verkäufer bestätigen wird, entscheiden B2B-Kunden fast immer emotional. Das liegt daran, dass wir das Produkt nie einfach nur kaufen. Wir kaufen immer etwas mehr. Wir kaufen zum Beispiel den Ruf des verkaufenden Unternehmens, dessen langfristige finanzielle Stabilität, dessen Fähigkeit zur Problemlösung, dessen Einfluss in der Branche, die Chemie, die wir mit ihm haben, dessen Vorhersehbarkeit sowie dessen Fähigkeit zu überraschen. Die Art und Weise, wie sie über die Zukunft denken und für die Zukunft planen sowie über Design und Ästhetik. Starke B2B-Marken verstehen die Macht dieser sogenannten „Soft-Faktoren“ und wissen, wie sie diese in eine kohärente Markenstory kanalisieren können, die mit den emotionalen Bedürfnissen der Kunden resoniert und gleichzeitig eine Quelle des Stolzes und der Motivation für die Mitarbeiter ist.

An diesem Punkt hilft es, die Disziplin der Markenbildung in den Kontext von Marketing und Verkauf zu stellen. Branding kann als Rahmen für andere Disziplinen oder tatsächlich für jede andere Aktivität innerhalb einer Organisation verstanden werden.

Branding definiert die Haltung, von der aus sie stattfinden, den angeborenen Stil, in dem sie ausgeführt werden, die Werte, die sie repräsentieren – mit dem Ziel, ein einzigartiges und wiedererkennbares Gesamtpaket zu schaffen. Markenbildung hat eine langfristige Perspektive, einen großen Einflussbereich und zielt darauf ab, Vertrauen, Sympathie und intuitive Präferenzen aufzubauen sowie Erwartungen zu setzen – für Produkte, Lösungen und Dienstleistungen und für die Organisation als Ganzes.

2.2 Drei gute Gründe für B2B-Branding

Das Ziel von B2B-Branding ist es, einem Unternehmen zu helfen, sich in seinem Markt hervorzuheben, indem es unterstützt wird, für etwas zu stehen, das für seine Kunden, Mitarbeiter und andere Interessengruppen wichtig und/oder ansprechend ist und das die Organisation authentisch repräsentieren kann. Im Folgenden drei Gründe, warum das wichtig ist:

#1 Unternehmen befinden sich in einem Kampf um die Aufmerksamkeit ihrer Kunden

Die Zahl der Werbebotschaften und Inhalte, die wir täglich erhalten, wächst zusammen mit allen anderen Informationen aus unzähligen sozialen Medien und digitalen Kanälen exponentiell an und ist weit mehr, als wir bewusst verarbeiten können. B2B-Käufer, Nutzer und Entscheidungsträger befinden sich in der gleichen Situation. Es lohnt sich also, daran zu denken: Bevor Sie um ihre Aufträge konkurrieren, müssen Sie um ihre Aufmerksamkeit konkurrieren.

Wenn eine Organisation versucht, die Aufmerksamkeit einer Person zu gewinnen, steht sie nicht nur im Wettbewerb mit ihren Mitbewerbern, sondern auch mit allem anderen, was im Leben dieser Person vor sich geht. Es ist unerlässlich, eine überzeugende Botschaft zu haben, die klar und schnell zu verdauen und einprägsam ist und eine Antwort auf die Frage „Warum sollte mich das interessieren?". Dies gilt umso mehr auf den Märkten, auf denen es eine hohe Trägheit der Käufer gibt. Eine klar gestaltete und gut umgesetzte Marke, die relevante Kundenbedürfnisse auf eine neue Art und Weise erschließt, wird einem Unternehmen helfen, wahrgenommen zu werden.

#2 Vertrauen aufbauen, Verwundbarkeit reduzieren

Branding braucht Zeit. Wahrnehmungen werden nicht über Nacht aufgebaut. Sie brauchen Zeit und sorgfältig kuratierte, konsistente Schritte, um sich zu formen. Das Schaffen, Pflegen und Kommunizieren einer Marke muss lange vor dem Verkaufsprozess beginnen und lange danach weitergehen. Aber es ist eine Investition in die Vertrauensbildung. Wenn die Menschen die Marke wahrnehmen, sich mit dem Standpunkt eines Unternehmens zu identifizieren beginnen und seine Ideen und die Art und Weise, wie es Dinge tut, mögen, beginnen sie, eine Beziehung zur Marke auf einer breiteren Basis aufzubauen, die nicht von einem einzelnen Verkäufer oder einem einzelnen Projekt abhängt. Ein starkes authentisches

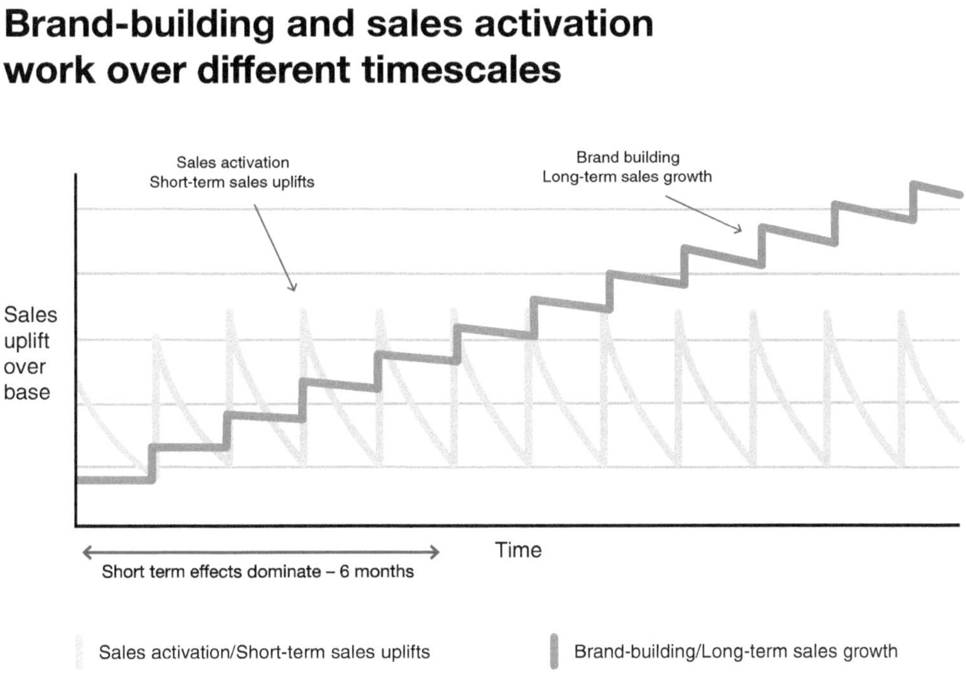

Abb. 1 Was ist eine Marke?

Image macht ein Unternehmen robuster, wenn unerwartete Probleme auftauchen, und weniger anfällig, wenn wichtige Mitarbeiter das Unternehmen verlassen (vgl. Abb. 1).

#3 Große Marken sind Magneten für Talente

Eine Marke, die Coolness und Attitüde an den Tag legt und einen Sinn für relevante Ziele vermittelt, wird neben undifferenzierten Gegenspielern gut aufgestellt sein, um den Wettstreit um die Talente zu gewinnen. Das liegt daran, dass die Arbeit, die Menschen verrichten und wo sie diese vollbringen, Ausdruck ihrer Identität ist. Sie tragen dazu bei, zu definieren, wer wir in der Welt sind.

Viele große B2B-Unternehmen sind Hidden Champions: absolute Weltklasse in ihrer Nische und ansonsten unbekannt. Dies ist jedoch ein Problem, wenn es um die Rekrutierung geht, denn niemand weiß, wie großartig sie sind. Hochtechnologie an sich ist keine überzeugende Geschichte. Eine gute Marke versteht es, die größere Geschichte zu erzählen, „warum" sie tut, was sie tut, und nicht nur „was".[2]

Wir alle wollen etwas Nützliches tun, auf das wir stolz sein können. Wenn Unternehmen ihre Rolle als eine Verlängerung des Lebens ihrer Mitarbeiter verstehen, können sie beginnen, Wege zu finden, um ihnen mehr Sinn zu geben. Wie der Soziologe Herbert

---

[2] https://www.ted.com/talks/simon_sinek_how_great_leaders_inspire_action/transcript. Zugegriffen am 18. Mai 2020.

Blumer (1969) formulierte, leben wir in einer Welt des „symbolischen Interaktionismus", in der wir allem eine subjektive Bedeutung geben, abhängig von unseren sozialen Interaktionen und laufenden Erfahrungen. B2B-Marken können diesen menschlichen Prozess der Bedeutungsschaffung zu ihrem Vorteil nutzen, indem sie ihr Unternehmen in den Köpfen ihrer Kunden und Stakeholder klar positionieren und kontinuierlich danach streben, stets die interessanteste Marke im Raum zu sein.

3 Von der Entwicklung zum Management – 360° Grad B2B-Branding

3.1 Marken-Entwicklung

Die Grundlagen

Kommt ein B2B-Unternehmen zu dem Schluss, dass die Entwicklung und Etablierung einer Marke tatsächlich eine sinnvolle und vorteilhafte Maßnahme für das Geschäft ist, lässt sich diese umfassende Aufgabe grob in fünf Prozessschritte unterteilen (vgl. Kotler und Pfoertsch 2006):

1. Die Planungsphase betrifft die Vorarbeiten, die notwendig sind, um mit dem internen Markenentwicklungsprojekt zu beginnen, wie z. B. die Information an und Einbeziehung des gesamten Unternehmens oder die Definition relevanter Prozesse.
2. In der Analysephase werden das Unternehmen, die Konkurrenz und die Kunden untersucht, um die Markenwerte in Übereinstimmung mit der Unternehmensmission und der Markenpersönlichkeit zu bestimmen.
3. Basierend auf den Ergebnissen der beiden vorherigen wird die Markenstrategie zum grundlegenden Plan für die taktische Nutzung und Etablierung der Marke.
4. In Übereinstimmung mit der Markenstrategie ist die Phase des Markenaufbaus allen Aktivitäten zur Einführung und kontinuierlichen Etablierung der Marke gewidmet.
5. Die Audit-Phase umfasst das Monitoring und Management der Marke zur Bestimmung ihrer Stärken und Schwächen für weitere Verbesserungen und Entwicklungen.

B2B-Branding gilt jedoch nach Abschluss der Prüfungsphase nicht als erledigt. Während Schritt drei, die Markenstrategie, gelegentlich überprüft und gegebenenfalls angepasst werden kann, bleibt der Aufbau und die Verwaltung einer Marke eine kontinuierliche Aufgabe. Die Federführung für dieses Projekt liegt sicherlich innerhalb der Marketingabteilung, aber die ursprüngliche Durchführung des Markenentwicklungsprozesses sollte nicht auf eine einzelne oder bestimmte Abteilung beschränkt bleiben. Im Gegenteil, sie betrifft die gesamte Organisation. Bereits in der Planungsphase sind Mitarbeiter und Führungskräfte über die Gründe für diesen Schritt zu informieren und müssen ermutigt werden, bei der Schaffung und späteren Ausführung der Marke selbst mitzuhelfen, indem sie Ideen einreichen oder an entsprechenden Workshops oder Aktivitäten teilnehmen. Dies erleichtert nicht nur den Entwicklungsprozess, sondern stellt auch die Akzeptanz im gesamten Unternehmen und die Einbeziehung aller Kundenkontaktpunkte sicher.[3]

Um die Marke auf einer Kundenreise kontinuierlich erkennbar zu machen, ist eine große Teilnehmeranzahl im Entwicklungsprozess der Marke der richtige Ansatz. Fokus und Ausgewogenheit sind jedoch entscheidend. Die Einbindung von Mitarbeitern aus verschiedenen Abteilungen, Bereichen oder Geschäftseinheiten in den Markenbildungsprozess ist sicherlich von Vorteil. Zusätzlich zu diesen internen Ressourcen können auch externe Helfer wie langjährige Kunden, neue Kunden, Partner oder Lieferanten nützlich sein, um die notwendigen Informationen zu sammeln, Lücken zu füllen oder eine andere und frische Perspektive auf das Unternehmen als Ganzes zu erhalten. Um eine kritische und objektive Gruppe zusammenzustellen, könnten folgende Faktoren für die Auswahl der internen Mitarbeiter eine Rolle spielen: Dauer der Anstellung, frühere Beschäftigung bei einem Konkurrenten, Alter, kultureller und beruflicher Hintergrund, Abteilung, operative Region und Branche. Für Partner, Lieferanten und Kunden können folgende Kategorien berücksichtigt werden, um eine ausgewogene Mischung zu schaffen: Region, operative Branche/Markt, Dauer der Partnerschaft/Kundschaft des Unternehmens, Auftragshistorie, kultureller und beruflicher Hintergrund und Kontakt zum Wettbewerb.

Der Status Quo auf der Branding-Leiter

Ist die entsprechende Vorbereitung abgeschlossen, beginnt die eigentliche Entwicklung einer Marke mit einer Analyse des Status quo. Diese sollte Fragestellungen einschließen, die feststellen, was das Unternehmen repräsentiert, was sein wichtigster Wert ist und welche Aussage oder Schachzug in schwierigen Diskussionen oder Verhandlungen mit Kunden zu einem erfolgreichen Ausgang führt.[4]

Anschließend ist es sinnvoll, zu überprüfen, ob diese ermittelten Werte während der gesamten Kundenreise vorhanden und erkennbar sind, z. B. vom ersten Kontakt mit einem Vertriebsmitarbeiter bis hin zu den in der externen oder internen Kommunikation verwendeten Formulierungen. In den meisten Fällen stellen Unternehmen fest, dass ihre Werte sowohl intern als auch extern in der einen oder anderen Form vertreten sind. Auf diese Weise haben sie bereits die Sprosse der Markenentflechtung auf der Branding-Leiter überschritten und befinden sich auf der Sprosse der Wiedererkennung (vgl. Abb. 2).[5]

Um die Sprosse der Positionierung zu erreichen, ist es wichtig, den Ursprung des Unternehmens zu erforschen. Vielleicht gibt es einen Gründungsmythos oder einen bestimmten Grund, warum das Unternehmen gegründet wurde. Die Identifikation dieser ursprünglichen Quelle hilft, die notwendige Kontinuität oder DNA der Marke, wie sie oft genannt

[3] https://www.b2bmarketing.net/en-gb/resources/how/how-develop-powerful-b2b-brand. Zugegriffen am 05.05.2020.

[4] https://www.b2binternational.com/publications/b2b-branding/. Zugegriffen am 05.05.2020.

[5] https://www.b2binternational.com/publications/b2b-branding/. Zugegriffen am 05.05.2020.

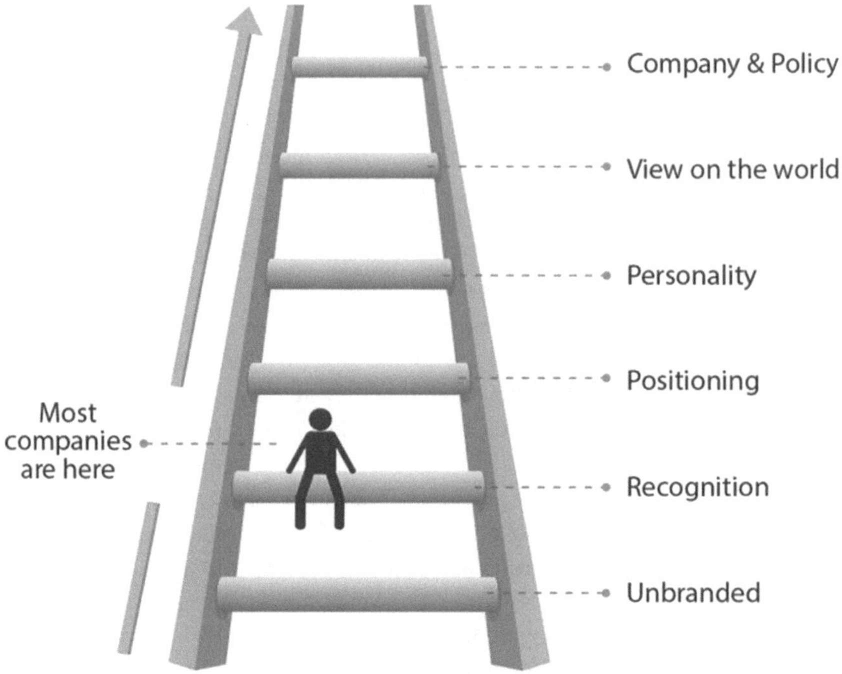

Abb. 2 B2B-Branding-Leiter

wird, zu identifizieren und zu bilden, was wiederum entscheidend für den Aufbau einer authentischen Marke ist.[6]

Einnehmen einer Position

Ausgehend von dieser Untersuchung der Vergangenheit betrachten die folgenden Analysen die Gegenwart und die Zukunft des Unternehmens. Die Ergebnisse bilden die Grundlage für eine genauere Unternehmenspositionierung. Dieser Platz wird von drei Hauptfaktoren bestimmt: der Konkurrenz, den Kunden und den Differenzierungsmerkmalen. [7,8]

Bei der Untersuchung der Konkurrenz fungiert das Unternehmen selbst als Vergleichswert. Zunächst wird eine SWOT-Analyse durchgeführt, um die Fragen zu klären, was das Unternehmen heute ist, wo es in absehbarer Zukunft stehen möchte und was getan werden muss, um diese gewünschte zukünftige Position zu erreichen. Daran schließt sich eine Situationsanalyse an. Sie umfasst einen Überblick über die Konkurrenz, die Untersuchung der sich verändernden Geschäftslandschaft, das Bewusstsein der Kunden sowie allge-

[6] https://www.b2bmarketing.net/en-gb/resources/how/how-develop-powerful-b2b-brand. Zugegriffen am 05.05.2020.

[7] https://www.b2bmarketing.net/en-gb/resources/how/how-develop-powerful-b2b-brand. Zugegriffen am 05.05.2020.

[8] https://blog.marketo.com/2017/09/10-pillars-successful-branding.html. Zugegriffen am 05.05.2020.

meine Makrotrends, die sich auf das Unternehmen auswirken können. Die gründliche Untersuchung der relevanten Wettbewerber zielt darauf ab, die Anziehungskraft von deren Marke sowie ihre Stärken und Schwächen aufzudecken und zu verstehen. Als Ergebnis dieser Untersuchung könnte eine Organisation in der Lage sein, bestimmte Möglichkeiten zu finden, sich von der konkurrierenden Masse abzuheben.[9,10]

Bevor der Faktor der Differenzierung ins Spiel kommt, sollte die ebenso wichtige Rolle der Kunden bei der Positionierung eines Unternehmens nicht übersehen werden. Die Erstellung detaillierter Profile der durchschnittlichen Kunden, einschließlich ihrer Vorlieben, Abneigungen, ihres Verhaltens und ihrer Probleme, gibt einem Unternehmen einen wertvollen Anhaltspunkt, wie man sie ansprechen kann.[11] In dieser Hinsicht ist es aufschlussreich, spezifische Interviews mit einer sorgfältig ausgewählten Gruppe von Kunden zu führen, die eine ausgewogene Mischung aus langfristigen und ziemlich neuen Kunden umfasst.

Für jede Analyse der Kunden ist es notwendig, sie als die tatsächlichen Menschen wahrzunehmen, die sie sind. Es hat sich bereits gezeigt, dass die Kunden im B2B- und B2C-Bereich ähnlich sind. Eine Einteilung nach unterschiedlichen Graden von Engagement und Emotionen dieser beiden Typen ist daher obsolet geworden. Tatsächlich neigen B2B-Käufer dazu, ein noch größeres emotionales Engagement zu zeigen als B2C-Käufer, da sie im Begriff sind, eine höhere Investition zu tätigen und somit eine größere Verantwortung tragen, da ein Fehler wahrscheinlich in einer Katastrophe enden kann.[12,13]

In Bezug auf das Branding bedeutet dies, die Marke auch mit Emotionen aufzuladen, da Rationalität allein nicht ausreicht.[14] Dabei ist es wichtig, auf den Unternehmenszweck zu achten, da er die sinnvollen Gründe für das Fortbestehen des Unternehmens verdeutlicht. So ist zu beachten, welche Leistungen das Unternehmen genau anbietet und erbringt und inwiefern diese für seine Kunden tatsächlich hilfreich sind. Darüber hinaus ist es notwendig, zu versuchen, die Emotionen zu identifizieren, die bei den Kunden ausgelöst werden, wenn die Dienstleistungen die versprochene Hilfe liefern.[15]

> „Das Anzapfen des Einflusses, den [es] auf ihr Leben haben kann (und sei es auch nur für einen flüchtigen Moment), und Ihr Markenzweck wird nicht davon bestimmt, wie viel Gewinn Ihr Unternehmen machen kann, sondern wie viele Menschen es beeinflussen kann.“[16]

[9] https://www.b2bmarketing.net/en-gb/resources/how/how-develop-powerful-b2b-brand. Zugegriffen am 05.05.2020.

[10] https://blog.marketo.com/2017/09/10-pillars-successful-branding.html. Zugegriffen am 05.05.2020.

[11] https://blog.marketo.com/2017/09/10-pillars-successful-branding.html. Zugegriffen am 05.05.2020.

[12] https://www.marketingweek.com/b2b-brands-invest-brand-marketing/. Zugegriffen am 05.05.2020.

[13] https://blog.marketo.com/2007/03/b2b_branding_wh.html. Zugegriffen am 05.05.2020.

[14] https://blog.marketo.com/2007/03/b2b_branding_wh.html. Zugegriffen am 05.05.2020.

[15] https://blog.marketo.com/2017/09/10-pillars-successful-branding.html. Zugegriffen am 05.05.2020.

[16] https://blog.marketo.com/2017/09/10-pillars-successful-branding.html. Zugegriffen am 05.05.2020.

Um diesen wichtigen Schritt zu verdeutlichen, nehmen wir als Beispiel die Produktion und den Verkauf von Pumpen. Für ein solches Unternehmen geht es lediglich darum, diese nach den Normen und Anforderungen des Kunden oder Projekts herzustellen und termingerecht zu liefern. Aus der Sicht des Kunden kann es sich jedoch um mehr als nur um eine hydraulische Maschine handeln, die Wasser oder eine andere Flüssigkeit fördert. Mit dem Kauf dieser Pumpe können die Kunden z. B. eine weitere Wasserknappheit oder Überschwemmung vermeiden und dadurch möglicherweise Emotionen wie Zufriedenheit oder Unbeschwertheit empfinden, wenn sie diese Probleme erfolgreich gemeistert haben.

Schließlich bildet die Differenzierung neben dem Wettbewerb und den Kunden den dritten Eckpfeiler der Positionierung eines Unternehmens. Sie gibt den Grund oder die Gründe an, warum die Kunden sich an ein Unternehmen erinnern und dessen Produkte kaufen. Mit anderen Worten, die Differenzierung ist etwas, das die Kunden anspricht und das Unternehmen von seiner Konkurrenz unterscheidet.[17] Dieses Differenzierungsmerkmal muss ein gewisses Interesse oder eine gewisse Anziehungskraft erzeugen, um die Menschen davon zu überzeugen, zurückzukehren, wenn sie Nachschub oder die Dienstleistungen und Produkte erneut benötigen. Deshalb muss ein Unternehmen seine Nische oder sein Spezialgebiet bestimmen. Dies kann z. B. eine neue Dienstleistung oder die Erweiterung einer bestehenden sein.[18] Einmal identifiziert, wird diese Differenzierung nicht nur zur Grundlage des Markenversprechens oder der Kernbotschaft des Unternehmens, sondern auch zu einem Teil aller Arten von Kommunikation. Sie besteht aus maximal zwei Sätzen und ist präzise genug, um in Erinnerung zu bleiben und lang genug, um die einzigartige Position des Unternehmens zu vermitteln.[19,20]

Mission, Vision und Werte

Ergänzend zum Markenversprechen sind zwei weitere wichtige Aussagen für eine B2B-Marke erforderlich: die Vision und die Mission. Obwohl manchmal verwechselt, sind diese beiden Elemente der Markenbildung recht unterschiedlich. Die Vision drückt eine zukünftige Leistung des Unternehmens aus, während die Mission den Zweck des Unternehmens in Kombination mit der Vision kommuniziert. Um eine Vision zu identifizieren und zu definieren, muss das Unternehmen seine langfristige Planung überprüfen, um Fragen zu beantworten wie z. B.: Wo ist das zukünftige Geschäft, gibt es irgendwelche Expansionspläne, wo wird das Unternehmen in zehn Jahren stehen und wie wird die Marke dann aussehen? Ähnlich wie SMART-Ziele sollte die Vision realistisch, aber gleich-

[17] https://blog.marketo.com/2017/09/10-pillars-successful-branding.html. Zugegriffen am 05.05.2020.

[18] https://www.forbes.com/sites/forbesagencycouncil/2018/03/29/when-it-comes-to-b2b-branding-different-beats-better/#3ac3d05719c2. Zugegriffen am 05.05.2020.

[19] https://www.forbes.com/sites/forbesagencycouncil/2018/03/29/when-it-comes-to-b2b-branding-different-beats-better/#3ac3d05719c2. Zugegriffen am 05.05.2020.

[20] https://blog.marketo.com/2017/09/10-pillars-successful-branding.html. Zugegriffen am 05.05.2020.

zeitig motivierend sein. Microsoft zum Beispiel definierte seine Vision einmal als „Ein Computer auf jedem Schreibtisch in jedem Haushalt".[21]

Ausgehend von der Vision und dem Zweck des Unternehmens wird die Mission definiert. Sie spiegelt das Engagement wider, Einfluss auf das Leben der Kunden zu nehmen, und das Markenversprechen zu erfüllen. Ähnlich wie die Vision vermittelt auch die Mission ein Erfolgserlebnis, allerdings mehr im Sinne der Unternehmenskultur. Sie verschafft den Mitarbeitern das Gefühl, dass ihre Arbeit nicht nur einen Zweck hat, sondern tatsächlich einen Unterschied machen kann. Starbucks-Mitarbeiter beispielsweise arbeiten mit der Mission, „den menschlichen Geist zu inspirieren und zu nähren – eine Person, eine Tasse und eine Nachbarschaft nach der anderen".[22]

In Übereinstimmung mit dem Zweck, der Vision und der Mission sind die Werte ein weiterer interner Aspekt einer Marke. Obwohl sie die Leitlinien sind, die die Art und Weise definieren, wie das Geschäft ausgeführt wird, werden sie weder genannt noch direkt an die Kunden kommuniziert. Für sie müssen die Markenwerte eines Unternehmens jedoch im Verhalten der Mitarbeiter erkennbar sein. Um dies zu erreichen, ist die wiederholte, interne Kommunikation dieser Werte der Schlüssel, um sicherzustellen, dass jeder Mitarbeiter sie versteht und lebt.[23]

Die Persönlichkeit der Marke

Ein entscheidender Schritt im Entwicklungsprozess und eine Quintessenz jeder Marke ist ihre Persönlichkeit. Sie verleiht der Marke menschliche Charakterzüge, indem sie ihre Sprache, ihr Verhalten und ihre Resonanz bei den Kunden veranschaulicht. Aufgrund dieser abstrakten Person, die den einzigartigen Unterschied eines Unternehmens darstellt, werden die Kunden angezogen und kehren in der Regel immer wieder zurück.[24]

Eine Marke und ihre Persönlichkeit kann man mit siamesischen Zwillingen vergleichen. Sie sind unzertrennlich. Wie im vorigen Kapitel erwähnt, hat jedes B2B-Unternehmen in der Regel bereits eine Marke.[25] Der Unterschied besteht darin, ob sie die Kontrolle darüber übernehmen, indem sie sie professionell entwickeln und definieren oder nicht. Ebenso verhält es sich mit der Markenpersönlichkeit. Sobald es eine Art Marke gibt, wird sie von einer spezifischen Persönlichkeit begleitet. Daher sollte eine Organisation nicht nur ihre Marke identifizieren, sondern auch ihre Persönlichkeit, um ihren Einfluss zu kontrollieren. Andernfalls wird es jemand anders tun, und dies ist kein wünschenswerter Zustand.[26]

---

[21] https://blog.marketo.com/2017/09/10-pillars-successful-branding.html. Zugegriffen am 05.05.2020.

[22] https://blog.marketo.com/2017/09/10-pillars-successful-branding.html. Zugegriffen am 05.05.2020.

[23] https://blog.marketo.com/2017/09/10-pillars-successful-branding.html. Zugegriffen am 05.05.2020.

[24] https://www.b2bmarketing.net/en-gb/resources/blog/importance-brand-personality-b2b-and-how-find-yours. Zugegriffen am 05.05.2020.

[25] https://www.b2binternational.com/publications/b2b-branding/. Zugegriffen am 05.05.2020.

[26] https://www.b2bmarketing.net/en-gb/resources/blog/importance-brand-personality-b2b-and-how-find-yours. Zugegriffen am 05.05.2020.

Eine Markenpersönlichkeit steht jedoch nicht nur in einer bloßen Abstimmung zur Marke selbst, sondern ist gleichermaßen eine Repräsentation der Kunden hinsichtlich ihrer Präferenzen, ihrer gewünschten Erfahrungen und der Zielmärkte des Unternehmens. Die Markenpersönlichkeit des Energy-Drinks Red Bull zum Beispiel löscht nicht den Durst eines Sportlers, obwohl sie aus der Getränkeindustrie stammt. Im Gegenteil, um ein überwiegend junges Publikum voller Energie und auf der Suche nach dem nächsten Abenteuer anzusprechen, spiegelt die Markenpersönlichkeit diesen Reiz im Sponsoring und im Engagement von Red Bull in verschiedenen Sportarten und Extremsportarten wider.[27]

Es gibt eine breite Palette von Methoden, um eine solche Markenpersönlichkeit zu identifizieren und zu definieren. Die folgenden sind daher nur eine Auswahl der gebräuchlicheren Techniken. Die erste, die klassische Methode, ist die Darstellung des aktuellen Zustands eines Unternehmens als Person. Mit anderen Worten, die Organisation wird mit einem menschlichen Profil ausgestattet, das Alter, Geschlecht, Beziehungsstatus und Hobbys umfasst. Die letzte Kategorie kann sogar auf die eher persönlichen Aspekte ausgedehnt werden, indem man die Lieblingsbücher, Filme, Urlaubsziele oder sogar das Auto, das er oder sie fährt, definiert. Es gibt keine Grenzen. Die Ergebnisse dieser Übungen müssen natürlich bewertet und mit jeder Art von Beschlüssen oder Plänen, die das Unternehmen für die absehbare Zukunft gefasst hat, in Einklang gebracht werden.[28]

Die zweite Methode ist ebenso einfach in Struktur und Ausführung. Auf einem Blatt Papier sind zahlreiche Aussagen mit einem Leerzeichen aufgeführt. Diese könnten zum Beispiel Vergleiche sein wie „meine Firma erinnert mich an …", „unsere Firma ist wie …", „wenn unsere Firma ein Tier wäre, wäre sie …" oder „wenn unsere Firma ein anderes Tier wäre, wäre sie …". Es können auch Aussagen auf dem Papier sein, die auf Wunschdenken ausgerichtet sind, wie „wenn unser Unternehmen nur mehr wäre …" oder „wenn unser Unternehmen nur weniger wäre …". Mit Hilfe von Metaphern und Gleichnissen, sowohl qualitativer als auch quantitativer Art, kann ein Unternehmen nicht nur seine Persönlichkeit erkennen, sondern die gegebenen Antworten können gleichzeitig ein internes Feedback über seine Leistungen bei den Dienstleistungen, die Unterschiede bei den Produkten oder die Differenzierung von der Konkurrenz enthalten. Dies wiederum kann hilfreiche Einblicke in die Richtung geben, die das Unternehmen eingeschlagen hat und seine Vitalität in der Zukunft.[29]

Im Gegensatz zu diesen kreativeren Ansätzen stützt sich die dritte Methode auf zwei Techniken, um die Art des Konsumenten und des Unternehmens zu identifizieren: verbraucherpsychografische Typen oder Kundenarchetypen. Die Erste stützt sich auf die sieben verbraucherpsychographischen Typen, die sich weltweit bestätigt haben. Bei diesen Typen handelt es sich um den Entdecker, den Aspiranten, den Nachfolger, den Reformer,

---

[27] https://blog.marketo.com/2017/09/10-pillars-successful-branding.html. Zugegriffen am 05.05.2020.

[28] https://www.b2bmarketing.net/en-gb/resources/blog/importance-brand-personality-b2b-and-how-find-yours. Zugegriffen am 05.05.2020.

[29] https://www.b2bmarketing.net/en-gb/resources/blog/importance-brand-personality-b2b-and-how-find-yours. Zugegriffen am 05.05.2020.

den Mainstreamer, den Kämpfer und den Resignierten. Ein Unternehmen kann sich selbst und seine Kunden mit diesem Spektrum vergleichen und auf der Grundlage von Zielen, Motivationen und Werten die am besten geeigneten Typen bestimmen.[30,31]

Im Gegensatz dazu verwendet die Zweite Kundenarchetypen. Basierend auf dem Buch *The Hero and the Outlaw* von Carol S. Pearson gibt es 12 Grundprofile, die eine Marke und ihre Kunden annehmen können. Diese sind: der Magier, der Weise, der Unschuldige, der Gesetzlose, der Narr, der Liebhaber, der Entdecker, der Herrscher, der Betreuer, der Held, der normale Kerl/Mädchen und der Schöpfer. Ähnlich wie die verbraucherpsychografischen Typen hat jeder von ihnen eine Reihe von einzigartigen Persönlichkeitsmerkmalen, Zielen, Motivationen und Werten. Auf den ersten Blick neigt die Mehrheit der Unternehmen dazu, sich selbst als den gewöhnlichen Mann/die gewöhnliche Frau zu kategorisieren. Nach einer gründlichen Analyse kann sich jedoch nur noch ein sehr kleiner Prozentsatz tatsächlich mit diesem Profil identifizieren.[32] Zudem ist es nicht ungewöhnlich oder falsch, wenn ein Unternehmen sich selbst oder seine Kunden mit mehr als einem Archetypen in Verbindung bringt.

Bei der vierten Methode handelt es sich um eine Bildübung, bei der vier bis fünf bildlastige Zeitschriften, beispielsweise aus den Bereichen Lifestyle, Automobil oder Reisen, benötigt werden. Es wird eine Gruppe von Mitarbeitern aufgefordert mit diesen Illustrierten, Collagen zu erstellen, die den gegenwärtigen und zukünftigen Zustand des Unternehmens darstellen. Es wichtig, dass bei dieser Übung genau dieselben Ausgaben der ausgewählten Magazine verwendet werden. Ähnlich aussehende oder sogar exakt gleiche Collagen weisen auf eine bestimmte Persönlichkeit des Unternehmens hin.[33]

Eine Kombination verschiedener dieser Techniken kann letztlich nicht nur helfen, eine präzise Markenpersönlichkeit zu identifizieren und zu definieren, sondern auch Hinweise auf den kreativen Aspekt der Markenbildung in Bezug auf Optik, Ton und Stimme geben. Nur ein bestehendes Logo allein reicht nicht aus, um weder eine Marke noch ein Unternehmen darzustellen. Die sogenannte Markenidentität umfasst eine Sammlung von geeigneten Bildern und Visuals, um das relevante Erscheinungsbild der gesamten Marke zu schaffen. Die Grundelemente sind das primäre Logo, ein sekundäres Logo und relevante Variationen dieser beiden, eine Farbpalette, Typografie und Richtlinien für Bilder sowie eine Auswahl von Grafiken. Alle diese Elemente sollten in schriftlicher Form einen vollständigen Marken-Styleguide bilden. In dieser Hinsicht sind flexible Richtlinien für die interne und externe Kommunikation zu definieren, um den richtigen Ton und die richtige

[30] https://www.b2bmarketing.net/en-gb/resources/blog/importance-brand-personality-b2b-and-how-find-yours. Zugegriffen am 05.05.2020.

[31] https://issuu.com/youngandrubicam/docs/4cs. Zugegriffen am 05.05.2020.

[32] https://customerthink.com/the-12-brand-archetypes-which-one-are-you/. Zugegriffen am 05.05.2020.

[33] https://www.b2bmarketing.net/en-gb/resources/blog/importance-brand-personality-b2b-and-how-find-yours. Zugegriffen am 05.05.2020.

Stimme der Marke festzulegen, damit sie authentisch und auf ihre Persönlichkeit abgestimmt ist.[34,35]

3.2 Die Markenstrategie

Nach der Entwicklung der Marke und ihrer Persönlichkeit müssen all die erarbeiteten Erkenntnisse in einen Arbeitsrahmen – eine B2B-Markenstrategie – gebracht werden.

> „Kurz gesagt, die B2B-Markenstrategie ist also ein langfristiger Plan, der umreißt, wer Sie als Unternehmen sind, wofür Ihre Marke auf dem Markt steht, was Sie tun, wem Sie dienen, wohin Sie in Zukunft gehen werden und – was am wichtigsten ist – wie Sie dorthin gelangen werden.[36]

Mit anderen Worten: Die Markenstrategie umfasst das Ergebnis der Planungs- und Analysephase. Ausgehend von diesen Werten ist sie jedoch keine bloße Zusammenfassung der oben genannten Prozessschritte. Sie ist vielmehr ein zugrunde liegender Plan für die Etablierung und Führung der Marke (vgl. Kotler und Pfoertsch 2006).

Beginnend mit einer Definition des Geschäftsmodells dokumentiert sie „das Wertversprechen, die Kanäle, Kundensegmente, Kundenbeziehungen, Schlüsselaktivitäten, Schlüsselpartnerschaften und Einnahmequellen".[37] Dabei erfordert eine Markenstrategie eine tiefere Analyse des Zielkundenbereichs, um das langfristige Gewinnpotenzial zu ermitteln. In diesem Zusammenhang ist es wichtig, sich nicht starr auf traditionell definierende Merkmale wie z. B. Alter, Geschlecht, Einkommen, ethnische Zugehörigkeit, sozialer Hintergrund und Bildungshintergrund dieser Gruppe oder sogar Gruppen zu konzentrieren. Um dem langfristigen Aspekt Rechnung zu tragen, müssen bei der Entwicklung einer Markenstrategie mögliche und relevante Verschiebungen in diesen Kategorien und den Zielgruppen im Allgemeinen berücksichtigt werden.[38]

Die Gründe für diese Verschiebungen können vielfältig sein. Es kann sich um einen kurzlebigen, aber einflussreichen Trend handeln oder um einen Wandel mit einer bedeutsameren und länger anhaltenden Auswirkung wie etwa eine Pandemie. Unabhängig von der Art des Wandels und dessen Ursache müssen diese erkannt, angenommen und nicht ignoriert werden. Darüber hinaus müssen Trends und Transformationen nach ihrer Relevanz kategorisiert werden. Wenn diese als entscheidend betrachtet werden, erfordern sie in der Folge eine spezifische Aktion. Dabei muss ermittelt werden, welche Art von Auswir-

---

[34] https://blog.marketo.com/2017/09/10-pillars-successful-branding.html. Zugegriffen am 05.05.2020.

[35] https://www.b2bmarketing.net/en-gb/resources/how/how-develop-powerful-b2b-brand. Zugegriffen am 05.05.2020.

[36] https://www.industrialmarketer.com/what-b2b-brand-strategy/. Zugegriffen am 05.05.2020.

[37] https://www.industrialmarketer.com/what-b2b-brand-strategy/. Zugegriffen am 05.05.2020.

[38] https://www.mckinsey.com/business-functions/marketing-and-sales/our-insights/better-branding. Zugegriffen am 05.05.2020.

kungen sie auf das Kundensegment und seine Rentabilität haben können.[39] Daraus wird ein strategischer Plan abgeleitet, der aus einem 10-Jahres-Ziel, einem 3-Jahres-Bild und einem 1-Jahres-Plan besteht. Er enthält auch den „Zielmarkt, drei Unikate, ein bewährtes Verfahren und eine Branchengarantie."[40] In diesem strategischen Gesamtansatz rundet eine Analyse der relevanten Kundenkontaktpunkte das Bild ab.[41]

3.3 Ganzheitliches Branding

Auf der Markenstrategie basiert ein Marketing- und Kommunikationsplan für die Phase des Markenaufbaus. Er umfasst alle Arten von Aktivitäten, die der Einführung und dem Roll-out der Marke gewidmet sind, um die wesentlichen Assoziationen in den Köpfen der Kunden zu implementieren. Um den Überblick über alle relevanten Aktivitäten zu behalten, ist ein ganzheitlicher Branding-Ansatz unter Verwendung des Branding-Dreiecks von Vorteil. Es kategorisiert Aktionen und Aufgaben nach externem, internem und interaktivem Marketing (vgl. Kotler und Pfoertsch 2006) (Abb. 3).

Das externe Marketing bezieht sich auf alle Aktivitäten, bei denen das Unternehmen mit Produkten, Dienstleistungen und anderen Angeboten an die bestehenden und potenziellen Kunden herantritt (vgl. Kotler und Pfoertsch 2006). Hier bedarf es einer sorgfältigen Recherche, um sinnvolle Möglichkeiten zur Einführung und Präsentation der Marke des Unternehmens zu finden.

> „Um wahrgenommen zu werden, muss eine Marke aktiv nach Expositionsmöglichkeiten suchen. Ohne auf dem Radar Ihres Publikums zu bleiben, haben Sie keine Chance, Ihre Marke in dessen Köpfen zu zementieren – der Schlüssel dazu ist also, so oft wie möglich und aus den richtigen Gründen wahrgenommen zu werden."[42]

Um diese Aussage[43] weiterzuführen, haben markenbezogene Kampagnen und Aktivitäten Priorität, insbesondere in der Phase der Markteinführung. Dabei kann eine Analyse und ein Vergleich mit bereits gut etablierten Marken aus dem Wettbewerbs- oder einem anderen B2B-Bereich eine Quelle der Inspiration sein.

Neben der Einordnung möglicher Erkenntnisse aus der Erforschung anderer Marken in einen neuen Kontext ist die richtige Mischung der Medienkanäle von grundlegender Be-

[39] https://www.mckinsey.com/business-functions/marketing-and-sales/our-insights/better-branding. Zugegriffen am 05.05.2020.

[40] https://www.industrialmarketer.com/what-b2b-brand-strategy/. Zugegriffen am 05.05.2020.

[41] https://www.mckinsey.com/business-functions/marketing-and-sales/our-insights/better-branding. Zugegriffen am 05.05.2020.

[42] https://www.b2bmarketing.net/en-gb/resources/how/how-approach-brand-strategy. Zugegriffen am 05.05.2020.

[43] https://www.brandingstrategyinsider.com/the-why-and-how-of-building-b2b-brands/#.XrLCIhMzau5. Zugegriffen am 05.05.2020.

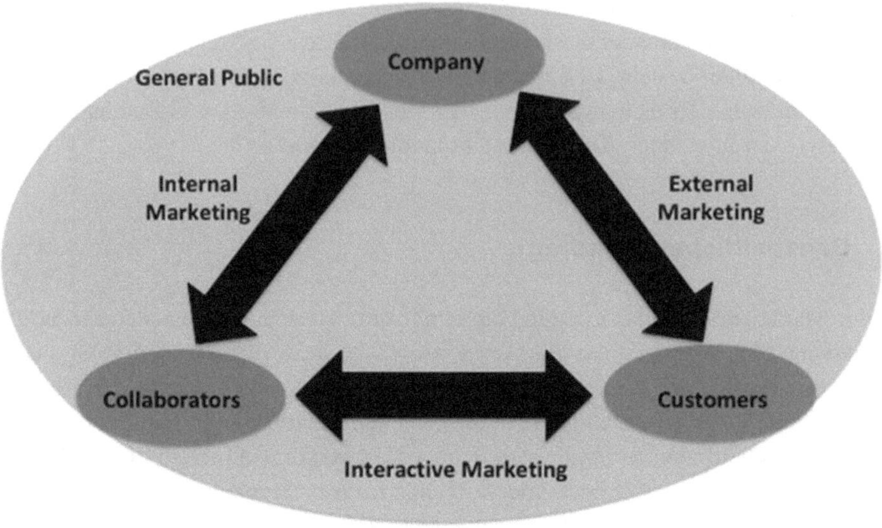

Abb. 3 Branding Dreieck

deutung. Social Media, insbesondere LinkedIn, ist zu einem Standardkommunikationskanal im B2B-Marketing und damit für die Markenbildung geworden. Ein professionelles Social-Media-Profil eines B2B-Unternehmens widmet sich der Produktion und dem Austausch von nützlichen Inhalten, die mit der definierten Markenpersönlichkeit aufgeladen sind. Dabei sind regelmäßige, aber qualitative Beiträge entscheidend, um eine Plattform für die Auseinandersetzung mit dem Publikum zu schaffen.[44,45]

„Indem Sie regelmäßig Kommentare zu Nachrichten, Trends und ergänzenden Geschäften abgeben, steigern Sie Ihre Glaubwürdigkeit und erhöhen gleichzeitig Ihre Sichtbarkeit".[46] Obwohl diese Aussage im Hinblick auf den Einsatz von Social Media gemacht wurde, ist sie dennoch auch für die Positionierung von Branding-Kampagnen in traditionellen Medien anwendbar. Die sogenannten erworbenen Medien wie Branchenmagazine und die klassische Öffentlichkeitsarbeit bleiben ein fester Bestandteil eines klar definierten Medienplans für die Markenbildung.[47] Gleiches gilt für andere Offline-Kommunikationskanäle, wobei Veranstaltungen wie Beteiligungen und Ausstellungen auf Messen oder

[44] https://www.b2bmarketing.net/en-gb/resources/how/how-approach-brand-strategy. Zugegriffen am 05.05.2020.

[45] https://www.brandingstrategyinsider.com/the-why-and-how-of-building-b2b-brands/#.XrLCIhMzau5. Zugegriffen am 05.05.2020.

[46] https://www.brandingstrategyinsider.com/the-why-and-how-of-building-b2b-brands/#.XrLCIhMzau5. Zugegriffen am 05.05.2020.

[47] https://www.brandingstrategyinsider.com/the-why-and-how-of-building-b2b-brands/#.XrLCIhMzau5. Zugegriffen am 05.05.2020.

Kundentagen Paradebeispiele für die Einführung und Fortführung des Brandings in Form von Broschüren, Bannern und ganzen Ständen sind.

Die oben erwähnten Berührungspunkte mit Kunden sind nur eine kleine Auswahl. In allen von ihnen ist der Inhalt König. „Die ausgeklügeltsten Marketingkampagnen sind diejenigen, die wirklich ein Gefühl für das Markenethos vermitteln und aggressives Verkaufsspiel nicht über eine persönliche Note stellen".[48] Mit anderen Worten: Kunden bevorzugen in der Regel Unternehmen, mit denen sie eine Beziehung aufbauen können. Hier kommt die Markenpersönlichkeit ins Spiel. Networking-Möglichkeiten zum Beispiel sind ideal, um die Marke mit Vitalität und Authentizität zu exponieren. Die Vermittlung der Markenpersönlichkeit statt eines Vorabverkaufsversuchs schafft eher eine solide Basis für eine gute Beziehung zu einem bestehenden oder potenziellen Kunden.[49]

Neben Authentizität und Vitalität ist Vertrauen ein weiterer Hauptfaktor, der den Kaufprozess positiv beeinflusst. Es gibt zwei übliche Wege, dieses Vertrauen bei den Kunden zu erzeugen. Erstens, indem man sich andere gute Marken zunutze macht, zum Beispiel Kooperationspartner oder Lieferanten. Durch die Zusammenarbeit mit ihnen kann ihr positiver Markenruf auf die eigene Marke abfärben. Zweitens, die Wahrnehmung als vertrauenswürdiger Branchenexperte zu verfolgen. Blogs sind ein Kommunikationskanal, um eine Marke als Autorität in einer Reihe von Fragen zu präsentieren, während Webinare das Engagement unterstützen. Dieser Ansatz ebnet letztlich den Weg zum sogenannten Thought Leadership, einer Vordenkerposition. Dieser Status, der in der Regel von allen Unternehmen in ihrer operativen Branche angestrebt wird, kann bei der Schaffung des notwendigen Vertrauens von Nutzen sein. Dabei ist die Vermittlung einer positiven Erfolgsbilanz oder Kundenerfahrung immer effektiver als eine direkte und unverblümte Verkaufspräsentation. Darüber hinaus wird das Erkennen, Ansprechen und Lösen eines Tabus, Rätsels oder gut etablierten Problems, das für den Markt relevant ist, und die Kommunikation dieser Aktion über die relevanten Berührungspunkte hinweg nicht nur dem Unternehmen Respekt und Vertrauen bei seinen Kunden einbringen, sondern auch dazu beitragen, dass sich die Marke des Unternehmens in der Gemeinschaft leichter einprägt.[50,51]

Marketing- und Kommunikationspläne für die Markenbildung sind jedoch erst mit einer Richtlinie für die Krisenkommunikation vollständig. Im Prozess der Etablierung sowie der Pflege einer Marke können Fehler passieren. Ein Unternehmen sollte mutig genug sein, diese einzugestehen und sich zu entschuldigen, um den Schaden zu verringern.

---

[48] https://www.b2bmarketing.net/en-gb/resources/how/how-approach-brand-strategy. Zugegriffen am 05.05.2020.

[49] https://www.b2bmarketing.net/en-gb/resources/how/how-approach-brand-strategy. Zugegriffen am 05.05.2020.

[50] https://www.b2bmarketing.net/en-gb/resources/how/how-approach-brand-strategy. Zugegriffen am 05.05.2020.

[51] https://www.b2bmarketing.net/en-gb/resources/how/how-manage-your-brand-reputation. Zugegriffen am 05.05.2020.

Ebenso ist bei Missverständnissen oder falschen Äußerungen über die Marke eine klärende Aussage besser als schiere Unwissenheit. Gerade in Zeiten von Social Media sind schnelle Reaktionen auf kritische Postings unerlässlich. In dieser Hinsicht lohnt es sich, proaktiv zu untersuchen, ob es unangenehme Geschichten über die Vergangenheit der Organisation oder anderes Material gibt, das in schlechte Nachrichten umgewandelt werden kann. Werden solche Potenziale erkannt, können im Voraus wasserdichte Aussagen vorbereitet werden, um den Schaden zu verhindern oder zu begrenzen. Auch hier sind Ignoranz und Erklärungen nach dem Motto „kein Kommentar" nicht ratsam, da diese Handlungen tendenziell als „uns ist das egal" interpretiert werden.[52]

Im Gegensatz zum externen Marketing des Branding-Dreiecks enthält das interne einen Plan, der alle Aktivitäten zur Aufklärung aller Mitarbeiter über die Marke und das Markenversprechen zusammenfasst (vgl. Kotler und Pfoertsch 2006). Dieser Aspekt der Markenbildungsphase erfordert in erster Linie, dass die Personal- und Marketingabteilungen Schulungs- und andere Materialien entwickeln, um sicherzustellen, dass jeder Mitarbeiter nicht nur die Marke vollständig versteht, sondern auch das Markenversprechen in seiner täglichen Arbeit lebt.[53]

Dieser Aktionsplan sollte jedoch nicht nur auf die interne Unternehmenskultur, daher den täglichen Umgang der Mitarbeiter untereinander, sondern auch auf den Umgang mit den Kunden abzielen. Eine Ergänzung des Branding-Dreiecks ist nämlich das interaktive Marketing. Es stellt eine Schnittstelle zwischen den externen und internen Aktivitäten dar und umfasst alle Arten von Interaktionen zwischen den Mitarbeitern und den Kunden oder Partnern des Unternehmens (vgl. Kotler und Pfoertsch 2006). Da alle Mitarbeitenden als Markenbotschafter fungieren, müssen die Marketing- und Personalabteilung Maßnahmen für verschiedene Markenkontaktpunkte und -pläne festlegen, um die Mitarbeiter so zu schulen, dass sie die Mission, die Vision und die Markenwerte leben und die Marke wie gewünscht zu jedem Außenstehenden tragen, sei dies ein Kunde oder ein potenzieller zukünftiger Mitarbeiter.[54]

Zusammenfassend lässt sich sagen, dass im Erarbeitungsprozess eines ganzheitlichen Branding-Ansatzes und seiner Einführung, sowie Vorbereitung klare Anweisungen in Form von Plänen alles sind, um sicherzustellen, dass alle Beteiligten aktiv oder passiv die Marke verstehen und vermitteln.[55] Dabei werden zwei Schlüsselfaktoren oft übersehen: Budget und Ressourcen für die Umsetzung. Lindsay-Smith[56] stellt fest, dass ein Mangel

[52] https://www.b2bmarketing.net/en-gb/resources/how/how-manage-your-brand-reputation. Zugegriffen am 05.05.2020.

[53] https://www.b2bmarketing.net/en-gb/resources/how/how-develop-powerful-b2b-brand. Zugegriffen am 05.05.2020.

[54] https://www.b2bmarketing.net/en-gb/resources/how/how-develop-powerful-b2b-brand. Zugegriffen am 05.05.2020.

[55] https://www.b2bmarketing.net/en-gb/resources/how/how-manage-your-brand-reputation. Zugegriffen am 05.05.2020.

[56] https://www.b2bmarketing.net/en-gb/resources/how/how-develop-powerful-b2b-brand. Zugegriffen am 05.05.2020.

an Budget für die Durchführung des Brandings selbst sowie an Engagement und Schulungsaktivitäten für die Mitarbeiter der Hauptpunkt ist, warum Branding-Programme letztendlich scheitern.

3.4 Markenführung

Das Management einer Marke und ihres Rufs ist wahrscheinlich genauso anspruchsvoll wie die Entwicklung und Positionierung einer Marke selbst. Sie ist jedoch eines der wichtigsten Güter in der Geschäftswelt. Jede Aktivität oder Handlung, die nicht im Einklang mit der Marke steht, kann zu Schäden führen. Daher ist die Ausrichtung auf die Markenstrategie sowie die Konsistenz über alle Kundenkontaktpunkte hinweg von äußerster Wichtigkeit.[57]

Im Zuge der Entwicklung einer Marke nimmt in der Regel die Anzahl der Inhaltselemente wie Grafiken, Bilder, Audio- oder Videodateien, Dokumente und sogar Stilrichtlinien kontinuierlich zu. Bei der Verfolgung und Ausführung der Strategie- und Marketingpläne für die Markenbildung kann es immer schwieriger werden, den Überblick über alle Materialien zu behalten, die für verschiedene Markenkampagnen und -aktivitäten entwickelt und erstellt wurden. Ein Brand Asset Management System kann nicht nur dazu beitragen, den Verlust und den kostspieligen Ersatz von Inhalten und Materialien von Markenkampagnen zu vermeiden, sondern auch das Risiko von Fehlern im Branding verhindern. Es handelt sich um eine online zugängliche Gebrauchsanweisung, die die Richtlinien für die Verwendung einer Marke enthält. Zusätzlich zur Gebrauchsanweisung von einzelnen inhaltlichen Komponenten der Marke kann sie die Variationen eines Logos, Grafiken, Bilder und anderes Marken- und Kommunikationsmaterial wie Pressemitteilungen in verschiedenen Sprachen zum Herunterladen oder Nachschlagen enthalten. Diese Systeme tragen somit dazu bei, die Konsistenz des Markenauftritts zu gewährleisten, seine Integrität zu schützen und die Gesamtleistung und Produktivität der Marketingabteilung zu verbessern.[58]

Markenmanagement ist jedoch mehr als die bloße Verwaltung von Markenbestandteilen. Ihr wichtigster Teil ist die Überwachung der Marke im Hinblick auf ihre Stärken und Schwächen. Für diese Audit-Phase gibt es verschiedene Möglichkeiten, eine Marke auf ihre Weiterentwicklungs- und Verbesserungspotenziale hin zu überprüfen (vgl. Kotler und Pfoertsch 2006). Ähnlich wie bei jeder anderen Art von Projekten sollte eine Marke in der Strategiephase mit Zielen und entsprechenden KPIs ausgestattet werden. Daher gibt es quantitative und qualitative Indikatoren, um ihren Erfolg zu messen.[59]

---

[57] https://blog.marketo.com/2017/09/10-pillars-successful-branding.html. Zugegriffen am 05.05.2020.

[58] https://www.b2bmarketing.net/en-gb/resources/features/technology-brand-management-keeping-appearances. Zugegriffen am 05.05.2020.

[59] https://www.b2bmarketing.net/en-gb/resources/how/how-manage-your-brand. Zugegriffen am 05.05.2020.

Eine bedeutendere Rolle wird gewöhnlich den quantitativen Indikatoren zugeschrieben, da sie auf reinen Fakten und Zahlen beruhen. Daher wird der Erfolg der Marke an der Menge der Erfolge in der Markenstrategie gemessen. Diese können z. B. eine Erhöhung der Margen sein, indem der Preis für ein bestimmtes Produkt auf ein für die Kunden noch akzeptables Niveau angehoben wird. Die relevanten Ergebnisse des Audits werden in entsprechenden Statistiken und Dashboards visualisiert. Dabei ist es wichtig, immer auch die Konkurrenz im Blick zu haben. Selbst wenn die Markenziele erreicht werden, könnte eine Überprüfung der Leistung der Konkurrenz andere oder sogar bessere Wege aufzeigen, um die nächsten Ziele zu erreichen oder sogar zu übertreffen.[60]

Ergänzend zu den quantitativen Messungen ist auch die qualitative Überwachung wesentlich, aber schwieriger. Sie stützt sich ausschließlich auf das Markenerlebnis, die Assoziation und die Präferenz und konzentriert sich somit auf den Kunden. Um Informationen darüber zu sammeln, wie die Kunden die Interaktionen mit dem Unternehmen erleben, was sie mit der Marke assoziieren und was die Gründe für die Wahl einer anderen Marke sind, ist eine Umfrage unumgänglich.[61] Daher kann ein Unternehmen entweder eine umfassende Kundenbefragung durchführen, die das Thema Marke ebenfalls in einem speziellen Abschnitt behandelt, oder entsprechende Feedback-Fragen an relevanten Berührungspunkten entlang der Kundenreise einbeziehen, z. B. wenn das Produkt oder die Dienstleistung geliefert wurde.

Eine weitere Möglichkeit, die Leistung einer Marke in Bezug auf ihre Qualität zu bewerten, ist die Online-Überprüfung ihres Rufs. Kommentare über die Produkte, Dienstleistungen oder die Leistung eines Unternehmens, ob positiv oder negativ, sind nicht nur online leicht erkennbar, sondern verbleiben in der Regel auch über viele Jahre hinweg in diesem Raum. Ein einfaches und effizientes Werkzeug, um diese Anmerkungen für die Markenführung zu nutzen, ist Google Alerts. Sobald eine Reihe von relevanten Schlüsselwörtern zur Beschreibung der Marke, des Unternehmens, seiner Produkte oder Dienstleistungen eingegeben wurde, wird jedes Mal ein Alarm ausgegeben, wenn Inhalte, die diese beschreiben, online veröffentlicht werden.[62]

Unabhängig davon, welche Variation oder Kombination der Instrumente zur Prüfung der Leistung einer Marke eingesetzt wird, ist ihre Überwachung von wesentlicher Bedeutung. Ob diese Aufgabe intern mit eigenen Ressourcen durchgeführt oder an eine Agentur übergeben wird, hängt von der zur Verfügung stehenden Zeit und dem Budget ab. Nichtsdestotrotz erfordert sie ein spezifisches Budget für die Markenführung.[63]

---

[60] https://www.b2bmarketing.net/en-gb/resources/how/how-manage-your-brand. Zugegriffen am 05.05.2020.

[61] https://www.b2bmarketing.net/en-gb/resources/how/how-manage-your-brand. Zugegriffen am 05.05.2020.

[62] https://www.b2bmarketing.net/en-gb/resources/how/how-manage-your-brand. Zugegriffen am 05.05.2020.

[63] https://www.b2bmarketing.net/en-gb/resources/how/how-manage-your-brand. Zugegriffen am 05.05.2020.

4 Die Früchte der Marke ernten – Auswirkungen und Vorteile von B2B-Branding

Obwohl es im Marketing wesentlich ist, „das richtige Produkt am richtigen Ort zum richtigen Preis“ zu haben,[64] kann eine gut eingeführte Marke dieses Vorgehen positiv beeinflussen. Wenn in verbraucher- oder marktbezogenen Umfragen gefragt wird, warum die Teilnehmer ein bestimmtes Produkt einem anderen vorziehen und kaufen, antworten sie in der Regel mit harten Fakten wie Verfügbarkeit, Garantie, Leistung, Preis und dergleichen. Dies sind bewusste Gründe, aber es gibt auch unbewusste Gründe wie Trägheit und Bequemlichkeit, die die Loyalität der Verbraucher an eine bestimmte Marke binden können. Ein anderer ist in der Tat sogar in dem gegebenen Garantiefaktor nachweisbar: Vertrauen.[65]

Während eine Garantie ein harter Fakt ist, ist Vertrauen eine Emotion. Hier macht sich der Einfluss des Brandings bemerkbar. Dieser Einfluss auf die Entscheidungsfindung im Kaufprozess wurde sogar von McKinsey eingehend untersucht. Im Jahr 2013 veröffentlichte die Unternehmensberatung die Ergebnisse einer Umfrage, die zeigte, dass im Jahr 2012 Unternehmen mit starken Marken die Unternehmen mit schwachen Marken um zwanzig Prozent übertrafen. Dies entspricht einer Steigerung von sieben Prozent im Vergleich zum Vorjahr 2011. Im Verlauf der Umfrage wurde[66] zudem festgestellt, dass sich die Kunden vermehrt für Produkte einer starken Marke entscheiden, da „sie ihr Leben leichter machen, vor allem durch die Aggregation von Informationen und die Reduzierung von Risiken“.[67] Darüber hinaus tendieren B2B-Kunden dazu, Unternehmen eher aufgrund ihrer spezialisierten Fachkenntnisse und ihrer wahrgenommenen Ehrlichkeit auszuwählen als aufgrund ihrer sozialen Verantwortung als Unternehmen, ihrer globalen Reichweite oder ihrer Nachhaltigkeit.[68] Mit anderen Worten, die Positionierung einer Marke durch die Präsentation des Unternehmens als authentischer Branchenexperte, wie sie üblicherweise im Rahmen des Markenentwicklungsprozesses vorgeschlagen wird, kann in der Tat die Kunden zu einer positiven Kaufentscheidung beeinflussen.[69,70]

Wenn Kunden ein Unternehmen bedingt durch sein Branding als authentischen Branchenexperten und damit als vertrauenswürdig wahrnehmen, reduziert dies gleichzeitig den

[64] https://www.b2binternational.com/publications/b2b-branding/. Zugegriffen am 05.05.2020.

[65] https://www.b2binternational.com/publications/b2b-branding/. Zugegriffen am 05.05.2020.

[66] https://www.mckinsey.com/business-functions/marketing-and-sales/our-insights/b2b-business-branding. Zugegriffen am 05.05.2020.

[67] https://www.mckinsey.com/business-functions/marketing-and-sales/our-insights/b2b-business-branding. Zugegriffen am 05.05.2020.

[68] https://www.mckinsey.com/business-functions/marketing-and-sales/our-insights/b2b-business-branding. Zugegriffen am 05.05.2020.

[69] https://www.b2bmarketing.net/en-gb/resources/how/how-approach-brand-strategy. Zugegriffen am 05.05.2020.

[70] https://www.b2bmarketing.net/en-gb/resources/how/how-manage-your-brand-reputation. Zugegriffen am 05.05.2020.

Stress und die Angst, denen B2B-Käufer normalerweise ausgesetzt sind, da ihre Kaufentscheidung mit einer größeren Verantwortung verbunden ist. Eine Beziehung zwischen einem Unternehmen und seinen Kunden, die auf dieser Vertrauensbasis aufbaut, kann sich sogar zu einer echten Partnerschaft entwickeln, bei der die Kunden nicht nur dann in Kontakt treten, wenn sie etwas kaufen wollen, sondern auch dann, wenn sie Hilfe bei der Lösung eines produkt- oder branchenbezogenen Problems benötigen.[71]

Die Auswirkungen und Vorteile der Markenbildung sind jedoch nicht nur auf der Kunden- und Geschäftsseite, sondern auch innerhalb des Unternehmens spürbar. Eine gründlich geplante und ausgeführte Markenstrategie kann zur entscheidenden Grundlage jeder Aktivität und Aktion werden, von den Marketing- und Vertriebsabteilungen bis hin zur Finanz- und Personalabteilung.[72] Cleveres Branding hilft nicht nur, Zeit bei verschiedenen internen Diskussionen und Entscheidungsprozessen über verschiedene Abteilungen hinweg zu sparen, sondern stellt auch sicher, dass die Aufgaben und Projekte mit dem wesentlichen Fokus auf den Kunden durchgeführt werden.[73] In der Produktentwicklung kann die Marke z. B. bei der Festlegung der nächsten Funktionen oder Alleinstellungsmerkmale eines einzelnen Produkts oder einer Serie unterstützend wirken. In ähnlicher Weise kann die Marke bei der allgemeinen Planung der Geschäftsstrategie richtungsweisend sein. In der Personalabteilung kann eine starke und attraktive Marke eine entscheidende Rolle spielen. Einerseits kann sie den Rekrutierungsprozess erleichtern, da Personalressourcen wie Kunden durch eine authentische und vertrauenswürdige Marke angezogen werden. Andererseits stellt die Marke sicher, dass zukünftige Mitarbeiter mit der internen Unternehmenskultur kompatibel sind.[74,75]

Zusammenfassend lässt sich sagen, dass eine B2B-Marke eine universelle Wirkung auf ein Unternehmen haben kann, die sowohl seine internen als auch externen Aktivitäten und Geschäfte beeinflusst. Fleming fasst diesen Effekt ähnlich zusammen:

> „Wie stark Ihre Marke den Unterschied ausmachen kann zwischen dem Aushandeln von Preissenkungen und dem Einnehmen von Preisaufschlägen und zwischen dem bloßen Festhalten am Kernvolumen und dem Finden der nächsten Gelegenheit. Diese gestärkten Marken werden den zusätzlichen Vorteil haben, dass sie einen immateriellen Wert bieten, der einen Schritt weiter geht als Preis und Funktion".[76]

---

[71] https://www.prophet.com/2018/06/b2b-branding-why-you-need-it-more-than-ever/. Zugegriffen am 05.05.2020.

[72] https://www.industrialmarketer.com/what-b2b-brand-strategy/. Zugegriffen am 05.05.2020.

[73] https://www.prophet.com/2018/06/b2b-branding-why-you-need-it-more-than-ever/. Zugegriffen am 05.05.2020.

[74] https://www.prophet.com/2018/06/b2b-branding-why-you-need-it-more-than-ever/. Zugegriffen am 05.05.2020.

[75] https://www.b2bmarketing.net/en-gb/resources/blog/branding-we-dont-need-no-stinking-branding. Zugegriffen am 05.05.2020.

[76] https://www.prophet.com/2018/06/b2b-branding-why-you-need-it-more-than-ever/. Zugegriffen am 05.05.2020.

5 Schlussfolgerung

Die erkennbare Ähnlichkeit des Titels des Artikels in der englischen Originalfassung, „to brand or not to brand“, mit Shakespeares berühmtem Eröffnungssatz „to be or not to be“ eines Monologes des Helden des Dramas, Prinz Hamlet, ist kein Zufall. Im Gegensatz zu Hamlet ist die Antwort in diesem Fall kurz und auf den Punkt gebracht: zu „branden“.

Aufgrund neuer Marketingfelder wie Leadgenerierung, Marketingautomatisierung oder Performance-Marketing und dem damit verbundenen Aufstieg des Content-Marketings wurde die Aufgabe der Markenbildung und Markenführung eher als obsolet angesehen. Es scheint, als sei sie durch diese inhaltsgetriebenen Aktivitäten irgendwie ersetzt und in den Hintergrund gedrängt worden (vgl. Gagnon 2014). Ein genauerer Blick auf ihre Bedeutung, Rolle und ihren Nutzen für B2B-Märkte zeigt jedoch das Gegenteil. Tatsächlich ist im modernen B2B-Marketing der Bedarf an Markenbildung und Markenmanagement vielleicht größer denn je, um all die kürzlich entstandenen neuen Bereiche im Marketing aufeinander abzustimmen.

Eine professionell vorbereitete und ausgeführte Marke fungiert als rote Linie nicht nur für alle Marketingaktivitäten, sondern auch für verschiedene andere Abteilungen wie Vertrieb, HR, F&E oder Produktentwicklung.[77] In einer schnelllebigen und sich ständig weiterentwickelnden Geschäftswelt kann eine Marke zum unverzichtbaren festen Fels in der Brandung oder Bezugspunkt werden. Sie gibt den Ton an und lenkt damit alle internen und externen Aktivitäten eines Unternehmens. Das spart nicht nur Zeit und Geld, sondern schafft auch Klarheit und sorgt letztlich für kontinuierliche Konsistenz.

Diese Konsistenz ist entscheidend. Es liegt in der Natur des Menschen und damit des Kunden, Stabilität zu schätzen und Veränderungen abzulehnen. Zusätzlich zur Konsistenz können Vertrauen, Authentizität und die Etablierung als Branchenexperte und Vordenker durch eine intelligente und engagierte Markenführung eine Organisation dabei unterstützen, loyale und langfristige Partnerschaften mit ihren Kunden aufzubauen, was die Menschen in ihrem B2B-Kaufprozess maßgeblich und besonders beeinflusst.

Literatur

Blumer, H. (1969). *Symbolic interactionism. Perspective and method.* Englewood Cliffs: Prentice-Hall.

Gagnon, E. (2014). Goodbye, B2B brand marketing: Developing content-based marketing programs for the post-marketing era. *International Management Review, 10*(2), 68–71.

Kotler, P., & Pfoertsch, W. (2006). *B2B brand management.* Berlin: Springer.

Maslow, A. H. (1943). A theory of human motivation. *Psychological Review, 50*(4), 370–396.

Wheeler, H. (1946). *The miracle of man.* London: Odhams.

[77] https://www.industrialmarketer.com/what-b2b-brand-strategy/. Zugegriffen am 05.05.2020.

Kirsten Juliet Ives, Director Consulting & Industrial Branding bei Moodley Brand Identity, wurde in England geboren. Sie hat einen Bachelor-Abschluss in Marketing und Deutsch von der University of Lancaster, Großbritannien. Sie kam 2008 zu Moodley, wo sie für die Markenberatung, einschließlich Markenforschung & Consumer Insights, Markenstrategieentwicklung und -implementierung verantwortlich ist. Ihr Spezialgebiet ist industrielle Markenführung. Zuvor war sie Marketingleiterin bei dem großen Automobilkonzern AVL List GmbH.

Vera Müllner ist derzeit als globale Marketingmanagerin für Kommunikation, Inhalt und Markenmanagement für eine globale Abteilung eines internationalen Industriekonzerns tätig. Sie hat einen Master-Abschluss in Anglistik und Amerikanistik sowie in Medienwissenschaften mit Schwerpunkt Journalismus, PR und Marketing von der Karl-Franzens-Universität in Graz, Österreich. Beginnend mit Praktika in PR und Marketing bei der international tätigen und preisgekrönten Agentur Moodley stieg sie in die Berufswelt ein mit dem Ziel, frischen Wind in das B2B-Marketing ihres Arbeitgebers zu bringen. Dabei begann sie mit dem Aufbau eines professionellen Content Managements und ergänzte später das langfristige Projekt der Weiterentwicklung und Führung der Marke des Geschäftsbereichs.

Marketing Automation als Framework für die konsequente Entwicklung der Marketing-Prozesse und Kundenansprache

Alexander Mrohs

Inhaltsverzeichnis

Zusammenfassung

Marketing Automation spielt die zentrale Rolle in Inbound-Strategien. Dabei verändert Marketing Automation nicht nur die Kundeninteraktion entlang des gesamten Kunden-

A. Mrohs (✉)
Osnabrück, Deutschland
E-Mail: mail@alexander-mrohs.de

U. Seebacher (Hrsg.), *Praxishandbuch B2B-Marketing*,
https://doi.org/10.1007/978-3-658-31651-8_9

lebenszyklus, sondern auch die Zusammenarbeit in der Organisation. Dieser Artikel zeigt, wie Marketing und Vertrieb durch Marketing Automation gestärkt werden und erklärt, weshalb Marketing Automation ein Modell zur nachhaltigen Organisationsentwicklung und daher ein Managementthema ist.

1 Warum Marketing Automation disruptiv ist

1.1 B2B-Kundenbeziehungen im Wandel

Nicht selten liegt der größte Wert von B2B-Unternehmen im persönlichen Netzwerk von Vertriebsmitarbeitern und Geschäftsführern, die in ihren Branchen über umfangreiche Kontakte verfügen. In diesen Unternehmen spielt der Vertrieb traditionell die führende Rolle bei der „Go-to-Market"-Strategie.[1] Insbesondere in Nischenmärkten und bei Investitionsgütern überwiegt daher ein Outbound-Ansatz.[2] Marketing nimmt in diesen Unternehmen mehr eine kommunikative denn vertriebsunterstützende Rolle ein.

Allerdings ist ein einsetzender Wandel zu erkennen: Immer mehr B2B-Unternehmen wenden Inbound-Strategien[3] an, wenn es um Marketing und Vertrieb geht.[4] Ein Grund hierfür sind der härtere Wettbewerb und bisher unbekannte Zielgruppen, zum Beispiel aufgrund von Diversifikation oder Expansion. In solchen Fällen sind Zielgruppen nicht mehr so leicht zu identifizieren und persönliche Netzwerke nicht vorhanden. Ein weiterer Grund ist ein geändertes Einkaufsverhalten, auch aufgrund neuer, jüngerer Ansprechpartner auf Kundenseite.[5] Für viele dieser neuen Ansprechpartner spielt der persönliche Kontakt eine geringere Rolle und die Kommunikation wird ins Digitale verlegt: von der Recherche über die Präsentation bis zur Angebotserstellung und Bestellung. Der Wandel zu Inbound erfolgt nicht abrupt, sondern schrittweise. So hat HubSpot bereits 2017 ermittelt, dass 71 % der weltweit befragten Unternehmen (B2B und B2C) Inbound-Strategie priorisieren (An 2017). Externe Einflüsse, wie die weltweite Corona-Krise in 2020, beschleunigen solche Entwicklungen zusätzlich.[6]

Bedingt durch diese Entwicklung rückt Marketing in eine strategisch wichtigere Rolle und übernimmt zunehmend Umsatzverantwortung. So gaben in einer Studie von Sagefrog

[1] https://en.wikipedia.org/wiki/Go_to_market. Zugegriffen am 18.05.2020.

[2] https://blog.thecenterforsalesstrategy.com/the-difference-between-inbound-and-outbound-sales-strategies. Zugegriffen am 18.052020.

[3] https://en.wikipedia.org/wiki/Inbound_marketing. Zugegriffen am 18.05.2020.

[4] https://blog.hubspot.com/marketing/us-european-inbound-marketing. Zugegriffen am18.05.2020.

[5] https://www.adobe.com/content/dam/acom/uk/aboutadobe/newsroom/pdfs/150519EpicCustomerExperiences.pdf. Zugegriffen am 18.05.2020.

[6] https://www.internetworld.de/online-marketing/corona-krise/post-corona-werbebranche-aendern-2524465.html. Zugegriffen am 18.05.2020.

(2019) 67 % der befragen B2B-Marketing-Verantwortlichen die Generierung von Leads als ihr primäres Ziel an. Das hat auch Einfluss auf die Art und Weise wie Kundeninteraktionen gestaltet werden. Während in der Vergangenheit oft der Vertrieb bewusst die einzige Stimme zum Kunden war, nutzen heute Unternehmen verschiedenste Kanäle, um Kontaktpunkte zu den Zielgruppen zu schaffen. In diesem Multi-Channel-Marketing eine Interaktion sicherzustellen, die individuell auf Kundenbedürfnisse eingeht und konsistent ist, ist eine Herausforderung, insbesondere vor der stetigen Anforderung der Effizienzsteigerung.

Marketing Automation spielt in diesem Zusammenhang eine zentrale Rolle. Bei Marketing Automation handelt es sich um ein Konzept, in dem Marketingaktivitäten individualisiert geplant, automatisiert gesteuert und analysiert werden, um Wachstum zu schaffen (Cheshire 2020). Die Reaktionen auf diese Maßnahmen werden analysiert, was wiederum den Grad der Individualisierung erhöht und den weiteren Verlauf der Marketingaktivitäten beeinflusst (vgl. Abb. 1). Dabei agiert Marketing Automation stark datengestützt und erstellt mit Hilfe von Software umfangreiche Marketingprofile der Zielkunden. Diese Profile stellen die Basis der Marketing Automation dar.

Immer mehr B2B-Unternehmen setzen bereits Marketing Automation ein oder planen dies. Markets and Markets (2019) erwartet eine durchschnittliche jährliche Zunahme im Markt der Marketing-Automation-Software von 14 % bis 2024. Dabei zeigt sich der Vorsprung der Nordamerikaner, die heute den größten Marktanteil ausmachen. Europa und vor allem Asien holen allerdings mit höheren Wachstumsraten auf. Eine Studie in der DACH-Region ergab, dass 42 % der befragten B2B-Unternehmen in den nächsten 24 Monaten die Einführung von Marketing Automation planen (Hannig et al. 2019).

Dieser Artikel betrachtet den Einfluss der Marketing-Automation auf B2B-Unternehmen aus zwei Perspektiven:

- Einfluss auf die Kundeninteraktion entlang des Kundenlebenszyklus
- Einfluss auf die Organisation

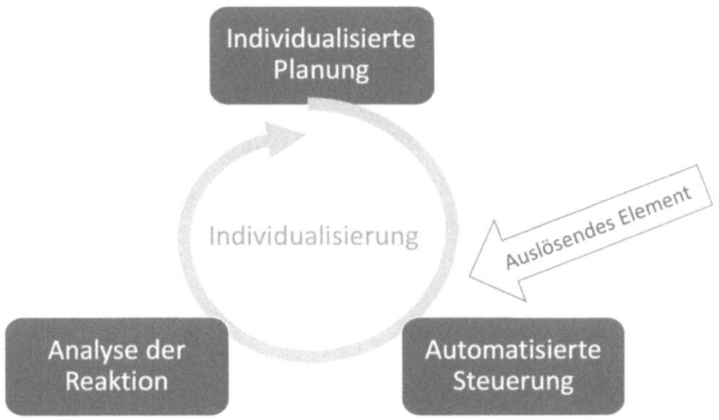

Abb. 1 Konzept der Marketing Automation

In diesem Verständnis ist Marketing Automation mehr als ein Marketing-Konzept oder eine Software. Marketing Automation ist ein organisatorisches Rahmenwerk und elementarer Teil der Go-To-Market-Strategie. Daher wird auch der Begriff des Marketing Automation Frameworks verwendet. Auf die technische Umsetzung geht dieser Artikel nur am Rande ein. Dann ist von der Marketing-Automation-Software die Rede.

1.2 Die neue Art Kampagnen zu planen

Das Marketing Automation Framework sieht vor, Marketingaktivitäten im Rahmen von Kampagnen individualisiert zu gestalten, aber dennoch automatisiert zu steuern. Damit bricht es mit dem klassischen Marketingansatz, bei der sich Kampagnen für die gesamte Zielgruppe (oder einzelne Segmente) aus den gleichen Aktivitäten zusammensetzen und zum gleichen Zeitpunkt mit gleichem Inhalt ausgespielt werden. Marketing Automation hingegen verläuft nicht linear und auch nicht synchron, sondern spielt individualisierte Aktivitäten zum jeweils richtigen Zeitpunkt an einzelne Kontakte aus (Mass Customization).[7] Kampagnen verlaufen also für jeden Kunden unterschiedlich.

Der Verlauf der Kampagnen und die Auswahl der jeweiligen Aktivitäten sowie deren zeitliche Steuerung sind dabei abhängig von vielfältigen Einflussfaktoren. Dazu gehören sowohl Eigenschaften des Unternehmens wie zum Beispiel die Unternehmensgröße, Branche oder Standort, als auch Eigenschaften des Kunden, wie dessen Seniorität. Auch die bisherige Interaktion mit dem Kunden, historisches Bestellverhalten und die Reaktion auf vorangegangene Marketing- und Vertriebsmaßnahmen werden analysiert und interpretiert. Aus all diesen Faktoren entstehen letztlich Marketingprofile auf Kontaktebene. Diese Marketingprofile bilden später die Basis für den individualisierten Kampagnenverlauf, welcher über Wenn-Dann-Funktionen[8] abgebildet wird. Daher liegt in den Profilen der größte Wert der Marketing Automation (vgl. Abb. 2).

Typische Marketingaktivitäten, die durch Marketing Automation gesteuert werden, sind:

- E-Mail-Kampagnen
- Einladungen zu Veranstaltungen und Webinaren
- Terminvereinbarungen
- Verbreitung von Inhalten wie White Papers, Fallstudien oder Blog-Artikeln
- Nachfass-E-Mails zu vorherigen Aktivitäten
- Individuelle Sonderangebote und Rabattaktionen

[7] https://en.wikipedia.org/wiki/Mass_customization. Zugegriffen am 18.05.2020.

[8] https://www.dummies.com/software/crm-software/basics-of-if-then-statements-for-advanced-segmentation-in-marketing-automation/. Zugegriffen am 18.05.2020.

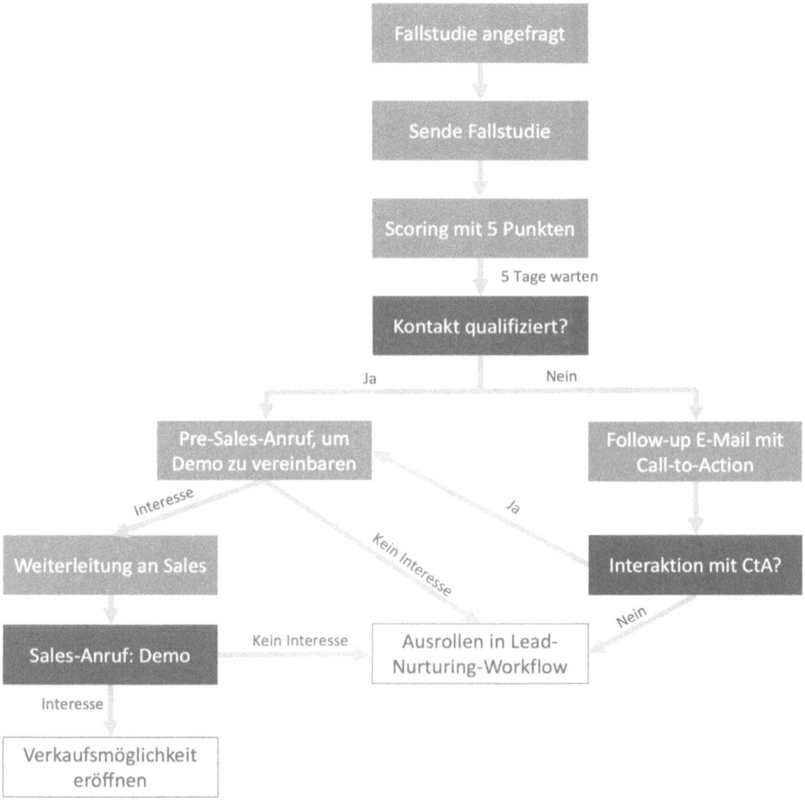

Abb. 2 Beispielhafter Kampagnenverlauf mit Wenn-Dann-Funktionen

2 Wie Marketing Automation die Kundeninteraktion entlang des Kundenlebenszyklus verändert

Die meisten B2B-Unternehmen setzen Marketing Automation nur in der Neukundengewinnung ein. So sind laut einer Studie von Three Deep (2016) die Generierung (68 %) und Entwicklung (60 %) von Verkaufschancen die obersten Ziele der Marketing Automation. Nur 31 % der Studienteilnehmer nutzen Marketing Automation in der Kundenbetreuung. Wie die nächsten Kapitel allerdings zeigen werden, kann das Marketing Automation Framework grundsätzlich entlang des gesamten Kundenlebenszyklus eingesetzt werden (vgl. Abb. 3).

2.1 Mehr Leads in der Kundengewinnung

Seinen größten Mehrwert hat Marketing Automation in der Phase der Kundengewinnung. Denn hier ist die Anzahl an Kontakten noch am höchsten, die Datenqualität mangels

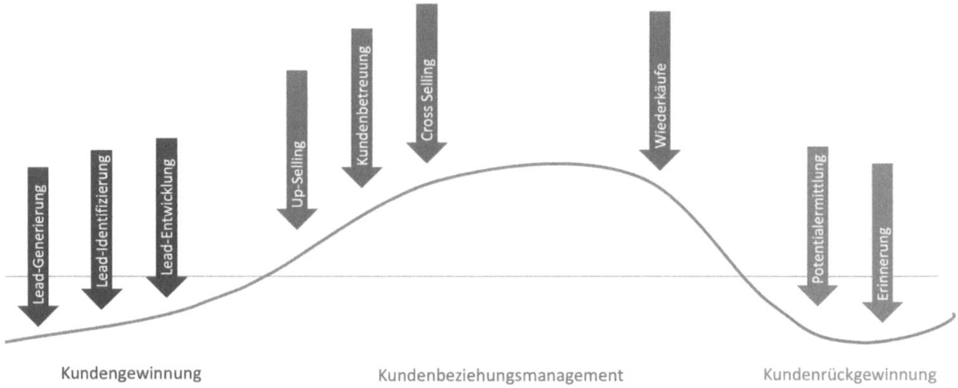

Abb. 3 Marketing Automation entlang des Kundenlebenszyklus

Historie noch niedrig und die Markenbekanntheit gering. Entsprechend ist in dieser Phase eine regelmäßige Interaktion notwendig, um Aufmerksamkeit zu erzeugen und Potenzialkunden mit hoher Kaufwahrscheinlichkeit in der Masse zu identifizieren.

Dass in der Phase der Kundengewinnung eine effiziente Steuerung notwendig ist, wird auch am klassischen Marketing Funnel[9] deutlich. Dessen Ausstoß ist im Wesentlichen abhängig von der Anzahl der Kontakte, die in den Funnel gelangen, sowie den Konvertierungsraten in den einzelnen Phasen. Marketing Automation ermöglicht beides: die effiziente Verwaltung einer großen Menge an Erstkontakten sowie höhere Konvertierungsraten dank individualisierter Kommunikation. So kann am Ende eine größere Zahl an Potenzialkunden schneller durch den Funnel gebracht werden (vgl. Abb. 4).

Wenn neue Kontakte in den Funnel gelangen, beispielsweise über die Website, Social Media oder durch Performance Marketing,[10] sind diese größtenteils anonym. Es ist der erste Schritt der Marketing Automation und eminent wichtig, Interessenten frühzeitig zu identifizieren und zu de-anonymisieren. Zur De-Anonymisierung müssen Maßnahmen eingesetzt werden, durch welche sich der Erstkontakt zu erkennen gibt. Dazu eignen sich Elemente, bei denen Daten abgefragt werden können, beispielsweise White-Paper-Downloads, Newsletter-Anmeldungen, Webinare und Events, oder klassische Kontaktformulare. Durch seine Analyse- und Trackingfunktionen ist die Marketing-Automation-Software in der Lage, diese Maßnahmen miteinander zu verbinden und Profile zu erstellen. Selbst wenn der Potenzialkunde noch keine Daten eingibt und anonym bleibt, können teilweise auch Schattenprofile erstellt werden.

Zeigt ein Kontakt eine erste Reaktion, die auf ein grundlegendes Produktinteresse schließen lässt, so wird er zum „Marketing Qualified Lead (MQL)". Der Kontakt gilt damit als für weitere Marketingaktivitäten bereit, um im Kaufprozess voranzuschreiten. Typischerweise bieten Unternehmen zu diesem Zeitpunkt tiefergehende Inhalte und Pro-

[9] https://en.wikipedia.org/wiki/Purchase_funnel. Zugegriffen am 18.05.2020.

[10] https://en.wikipedia.org/wiki/Performance-based_advertising. Zugegriffen am 18.05.2020.

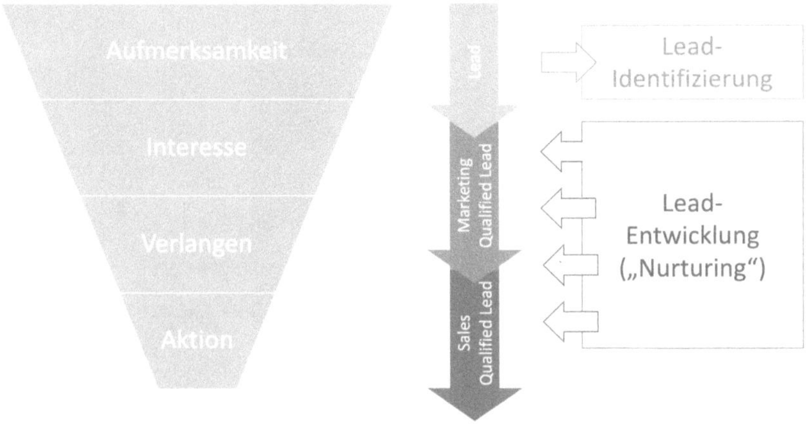

Abb. 4 Einfluss der Marketing Automation auf den Marketing Funnel

duktinformationen an, um das Interesse zu vergrößern und eine echte Nachfrage (Desire) zu erzeugen. Man spricht dabei auch von „Lead Nurturing".[11]

Die Marketingprofile werden mit jeder Aktivität umfangreicher und es lassen sich noch bessere Annahmen zur Kaufwahrscheinlichkeit treffen. An einem gewissen Punkt wird diese als so hoch bewertet, dass eine konkrete Verkaufsmöglichkeit angenommen wird. Der Kontakt gilt dann als „Sales Qualified Lead (SQL)". Da in den meisten B2B-Geschäftsmodellen die Angebotserstellung persönlich erfolgt, steigt an diesem Punkt ein Vertriebsmitarbeiter in den Prozess ein. Die besondere Herausforderung besteht dabei darin, den perfekten Zeitpunkt für den Übergang vom MQL zum SQL zu ermitteln, um einerseits knappe Vertriebsressourcen bestmöglich einzusetzen, andererseits aber keine Verkaufsmöglichkeiten zu verpassen.

In der Praxis empfiehlt es sich ein Scoring[12] einzusetzen, um Kundenattraktivität und Kaufwahrscheinlichkeit zu bewerten. Dabei werden zunächst alle Reaktionen auf Marketingaktivitäten mit einer Punktzahl bewertet. Ergänzend können aber auch Eigenschaften des Kunden, wie Unternehmensgröße, Seniorität oder Branchenzugehörigkeit bewertet werden, wenn ein Einfluss auf die Kaufwahrscheinlichkeit angenommen werden kann (vgl. Abb. 5). Anhand des Scores können dann die Kundenattraktivität und Kaufwahrscheinlichkeit abgebildet werden und definiert werden, an welchem Punkt der direkte Vertrieb in die Kundeninteraktion einsteigt.

2.2 Potenziale im Bestandskundenmanagement erkennen

Typischerweise obliegt das Bestandskundenmanagement (CRM) im B2B dem Vertrieb. Es wäre jedoch fahrlässig, die Möglichkeiten der Marketing Automation hier nicht zu nutzen.

[11] https://en.wikipedia.org/wiki/Lead_generation#Lead_Nurturing. Zugegriffen am 18.05.2020.

[12] https://en.wikipedia.org/wiki/Lead_scoring. Zugegriffen am 18.05.2020.

Ursprüngliche Quelle		Eigenschaften	
Organische Suche	+5	Ansässig im Kernmarkt	+5
Direkter Besuch	+3	Unternehmen >50 Mitarbeiter	+5
Interaktion		Ist auf C-Level	+10
White-Paper-Download	+3	Ist auf Senior-Level	+3
Fallstudien-Download	+5	Ist auf Junior-Level	-10
Webinar-Registrierung	+5	Ist ein Wettbewerber	*
Kontaktformular ausgefüllt	+10	Freemailer-Adresse verwendet	-20
Demo-Anfrage	+20		
Produktseite mehr als 2 mal besucht	+10		
Karrierebereich mehr als 2 mal besucht	-20		

Skalierung
Scoring > 5 = MQL
Scoring > 20 = SQL

*Unqualifiziert

Abb. 5 Beispielhaftes Scoring eines Software-Anbieters

Daher ist es um so verwunderlicher, dass nur 31 % der Unternehmen in der Studie von Three Deep (2016) angeben, Marketing Automation in der Kundenbetreuung einzusetzen.

Das Marketing Automation Framework hat im CRM allerdings eine andere Funktion. Während Marketing Automation in der Kundengewinnung wie beschrieben die führende Rolle einnimmt, agiert sie im Bestandskundenmanagement dann mehr unterstützend. Aber auch im Bestandskundenmanagement gilt: je größer die Zahl der Kunden ist, umso schneller kommt eine persönliche Kundenbetreuung an Kapazitätsgrenzen. Daher ergänzt Marketing Automation die Bestandskundenbetreuung in den Phasen, in denen eine persönliche Kommunikation nicht effizient ist. In Geschäftsmodellen mit niedrigem Umsatzniveau pro Kunde kann Marketing Automation die persönliche Betreuung teils komplett ersetzen.

Die hohe Individualisierung von Marketingaktivitäten bei gleichzeitig effizienter Steuerung ist auch im CRM der größte Vorteil der Marketing Automation. So können beispielsweise statt des klassischen Newsletters, der zum gleichen Zeitraum mit gleichem Inhalt an alle Kunden versendet wird, nun E-Mails mit individualisierten Inhalten verschickt werden – automatisiert zum jeweils optimalen Zeitpunkt in der Kundenbeziehung. Die Profilbildung ist auch hier die Grundlage aller Aktivitäten. Die Informationen aus den Marketingprofilen sind zudem eine wichtige Informationsquelle für Vertriebsmitarbeiter, um Interessen, Potenziale, aber auch Probleme im Kundenverhältnis zu identifizieren.

Neben der eigentlichen Kundenbetreuung kann Marketing Automation auch das Kaufverhalten von Bestandskunden aktiv beeinflussen. Hier bestehen primär drei Einsatzmöglichkeiten:

- Up-Selling
  Basierend auf dem Kundenprofil können Up-Selling-Potenziale ermittelt und mittels individualisierter Marketingmaßnahmen eingeleitet werden. Diese haben dann einen direkten Bezug zum Erstkauf und stellen beispielsweise Produktergänzungen oder Weiterentwicklungen vor. Die Reaktion auf die Maßnahmen gibt Aufschluss über die Up-Selling-Wahrscheinlichkeit, sodass ein entsprechender Prozess – über den Vertrieb oder komplett automatisiert – gestartet werden kann.
- Cross-Selling
  Auch die Wahrscheinlichkeit von Verkaufsmöglichkeiten in anderen Bereichen kann durch automatisierte Marketingmaßnahmen abgefragt oder sogar erhöht werden. Content Marketing eignet sich sehr gut, um ein Interesse in anderen Bereichen abzuschätzen. Die Reaktion auf den Inhalt zeigt, ob überhaupt eine Grundlage für Cross-Selling-Potenziale vorliegt.
- Wiederkäufe
  In Geschäftsmodellen, die von hohen Wiederkaufraten abhängig sind (wie beispielsweise der Handel), hilft die Automatisierung diese Wiederkäufe effizient einzuleiten. Dazu werden der Bedarf anhand des bisherigen Einkaufsverhaltens abgeleitet und typische Wiederkaufszeitpunkte ermittelt. Diese Zeitpunkte können marketingseitig eingeleitet werden, sodass Kunden frühzeitig zum Wiederkauf animiert werden. Im besten Fall kann so eine Verkürzung von Wiederkaufszyklen erreicht werden. Gerade in Geschäftsmodellen mit wiederkehrenden Produkten und Leistungen bei gleichzeitig niedrigen Auftragswerten ist eine komplett automatisierte Steuerung ratsam, um Deckungsbeiträge zu erhöhen.

2.3 Letzte Chance im Rückgewinnungsmanagement

Mit dem Ende der Kundenbeziehung beginnt die Kundenrückgewinnung. Ehemalige Kunden sollten dabei allerdings nicht einfach wie Neukunden behandelt werden. Schließlich ist eine Kundenhistorie mit umfangreichen Daten vorhanden. Diese Daten müssen in den Bemühungen zur Rückgewinnung berücksichtigt und eingesetzt werden. Marketing Automation kann in dieser Phase helfen, Rückgewinnungspotentiale zu erkennen und Vertriebsressourcen entsprechend steuern.

Typische von der Automation gesteuerte Marketingmaßnahmen in dieser Phase sind:

- Newsletter oder Produkt-Updates, um im Gedächtnis des Kunden zu bleiben.
- Einladungen zu Veranstaltungen, um einen persönlichen Kontakt (wieder) aufzunehmen.
- Aktionen und Rabatte, um Kaufanreize zu setzen.

Diese Maßnahmen sind in der Praxis oftmals der letzte Versuch, den Kunden zurück zu gewinnen. Die Reaktion darauf zeigt, ob eine Möglichkeit zur Rückgewinnung besteht und in welche Kunden noch Ressourcen investiert werden sollten. Doch wenn nach einer gewissen Zeit überhaupt keine Reaktion zu erkennen ist, so ist die Rückgewinnungswahrscheinlichkeit so gering, dass sich weitere Investitionen in den Kunden seitens Marketing und Vertrieb nicht mehr lohnen.

3 Wie Marketing Automation die Organisation verändert

Wie gesehen bestimmt Marketing Automation die Art und Weise, wie Kundeninteraktionen entlang des gesamten Kundenlebenszyklus gestaltet werden. Dabei definiert das Marketing Automation Framework neu, wie Marketing und Vertrieb zusammenarbeiten. Auch andere Fachabteilungen sind – teils indirekt – involviert. Das hat immensen Einfluss auf die Organisation als Ganzes.

3.1 Marketing Automation als Managementthema

Diese Erkenntnis hat zur Folge, dass Marketing Automation nicht als reines Marketing-Thema und schon gar nicht als IT-Projekt verstanden werden darf. Marketing Automation definiert als organisatorischer Rahmen die „Go-to-Market"-Strategie und ist damit Teil des Geschäftsmodells und Managementthema. Daher kann die Entscheidung für den Einsatz von Marketing Automation auch nur „top-down" in der Geschäftsführung fallen (vgl. Abb. 6).

Allerdings ist Marketing Automation nicht für jedes B2B-Unternehmen bedingungslos geeignet. Hierbei spielen zahlreiche Aspekte eine Rolle. Zu den Wichtigsten zählen:

- Größe der Zielgruppe:
  Je größer und heterogener Zielgruppen sind, um so mehr spielt Marketing Automation seine Stärken hinsichtlich der Effizienz aus. Hingegen ist bei sehr kleinen Zielgruppen eine Automatisierung meist weder inhaltlich notwendig noch aufgrund der hohen Implementierungsaufwände effizient.
- Einfluss auf die Marke:
  Trotz aller technischer Unterstützung ist der Individualisierungsgrad der Marketing Automation begrenzt und erreicht nicht das Level der persönlichen Kundenkommunikation. Insbesondere vor dem Hintergrund der Markenstrategie muss dieser Aspekt berücksichtigt werden. Als Beispiele seien hier hoch vertrauliche Dienstleistungen genannt, bei denen die persönliche und diskrete Kommunikation Teil des Markenkerns ist.
- Skalierbarkeit:
  Marketing Automation erzeugt seinen Mehrwert vor allem durch Skaleneffekte. Dazu ist eine gewisse Skalierbarkeit von Leistungen und in der Folge auch von Marketingmaßnahmen notwendig. Vor allem Produkte und Dienstleistungen mit niedrigen Deckungsbeiträgen lassen sich so besser vermarkten. Bei Investitionsgütern mit sehr ho-

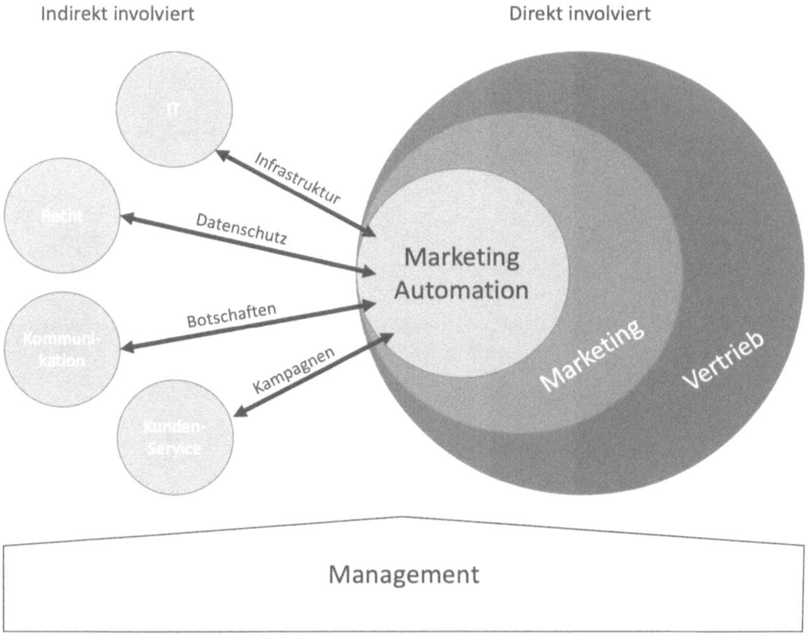

Abb. 6 In Marketing Automation direkt und indirekt involvierte Fachbereiche

hen Deckungsbeiträgen ist eine Automatisierung dagegen sowohl inhaltlich als auch finanziell weniger stark notwendig.

- Finanzielle und personelle Ressourcen:
  Auch wenn Marketing Automation als Konzept für ein effizienteres Vorgehen steht, ist es zunächst mit finanziellen Aufwendungen verbunden. Vordergründig spielen dabei vor allem Lizenzkosten für die unterstützende Software eine Rolle. In der Praxis aber sind es erfahrungsgemäß vor allem dann personelle Personalkosten, die mit dem Marketing Automation Management verbunden sind und noch höher zu Buche schlagen. Eine Amortisationszeit von mehreren Monaten bis einigen Jahren sollte daher eingeplant werden.

3.2 Professionalisierung des Marketings

Marketing Automation verändert die Arbeit im Marketing auf zweierlei Art:

- Strategisch: Marketing Automation als konzeptioneller Rahmen für die Kundeninteraktion.
- Operativ: Marketing Automation als technisches Tool zur Steuerung und Messung von Marketingmaßnahmen.

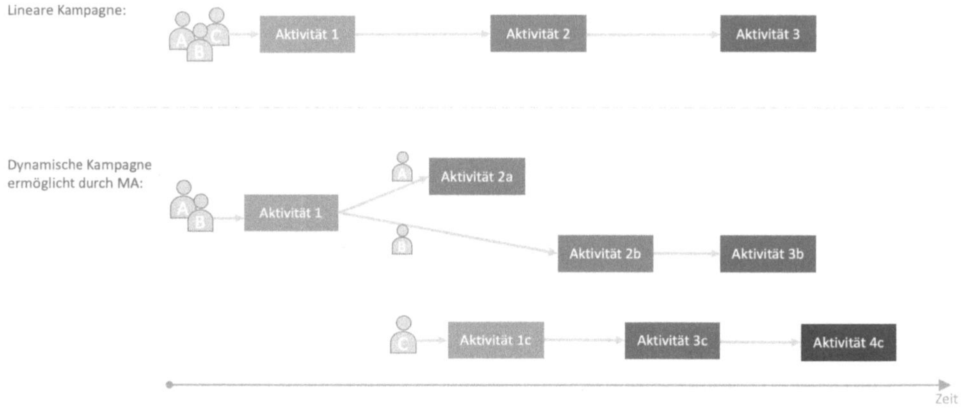

Abb. 7 Linearer vs. dynamischer Kampagnenverlauf

Aus strategischer Sicht erfordert die Marketing Automation ein Umdenken in der Marketingplanung. Wurden in der Vergangenheit Kampagnen mit fixen und synchronen Startpunkten geplant, richten sich diese nun an der individuellen „Customer Journey"[13] aus. Zudem erlaubt die Marketing Automation deutlich mehr Flexibilität und Individualität bei der Planung der Marketingaktivitäten innerhalb einer Kampagne. War der Ablauf von Kampagnen in der Vergangenheit für einzelne Zielgruppensegmente jeweils linear und größtenteils statisch, so verlaufen diese nun individuell und dynamisch in Abhängigkeit von vorangegangenen Interaktionen (vgl. Abb. 7). Der geänderte Planungshorizont und der höhere Grad an Flexibilität bedeuten für Marketingabteilungen allerdings auch eine deutlich umfangreichere und mitunter komplexere Planung.

Versteht man Marketing Automation als Framework wird allerdings auch deutlich, dass sie nur im Einklang mit anderen Marketing-Disziplinen funktioniert. So basiert der Erfolg von Marketing Automation vor allem auf einer klaren Markenkommunikation und gutem Content Marketing. Damit betrifft Marketing Automation die gesamte Fachabteilung. Daher ist es wichtig, dass das Konzept der Marketing Automation und dessen Einfluss auf die Marketingplanung von allen Mitarbeitern verstanden wird.

Operativ stellt die Marketing-Automation-Software das wichtigste Tool aller Marketinginstrumente dar. Nach Möglichkeit werden alle Marketingaktivitäten in der Software erfasst und den Kontakten zugeordnet. Je mehr Daten erfasst werden, um so genauer wird die Profilbildung und um so individueller können später die richtigen Aktivitäten zum richtigen Zeitpunkt ausgespielt werden.

Große Softwareanbieter versuchen, möglichst viele Funktionalitäten bereits in der Marketing-Automation-Software abzubilden und die Bedienung so einfach wie möglich zu halten. Dennoch erfordert es technisches Verständnis, um die vielfältigen Wechselwirkungen zu erfassen und abzubilden – egal ob innerhalb der Software oder durch entspre-

[13] https://en.wikipedia.org/wiki/Customer_journey. Zugegriffen am18.05.2020.

chende Schnittstellen. Zur Steuerung der Software sollten erfahrene Spezialisten eingestellt werden. Der personelle Aufwand zur Steuerung der Software ist dabei abhängig vom Umfang der Umsetzung, kann aber schnell Vollzeitstellen rechtfertigen. Darüber erfordert auch die hohe Individualisierung von Inhalten Mehraufwand. Denn Inhalte wie E-Mails, Anzeigen, Informationsmaterialen oder Grafiken müssen nun in verschiedenen Versionen produziert und vorbereitet werden.

3.3 Fokussierung auf Kerntätigkeiten im Vertrieb

Für den Vertrieb ist die Marketing Automation eine steuernde Kraft. Denn Marketing Automation definiert den Zeitpunkt, an dem der Vertrieb in der Kundeninteraktion aktiv wird. Dieser Zeitpunkt soll so optimiert werden, dass dem Kunden zur richtigen Zeit das richtige Angebot unterbreitet wird (vgl. Abb. 8). In der Praxis bedeutet das in den meisten Fällen eine zeitliche Verlagerung der Vertriebsaktivitäten auf spätere Phasen im Verkaufsprozess. Vor allem vorbereitende Prozesse wie Recherche, Bedarfsermittlung und -weckung, Kundenbewertung, sowie eine erste Vorqualifizierung werden automatisiert von der Marketing Automation abgebildet. Statt lange, unqualifizierte Listen abzuarbeiten, fokussiert sich die Vertriebsarbeit nun darauf, vorqualifizierte Kontakte mit einer erhöhten Kaufwahrscheinlichkeit zu kontaktieren, Angebote zu erstellen und Verkaufsabschlüsse zu erzielen. Im Ergebnis erhöhte sich Abschlussquote und die Effizienz der Vertriebsarbeit steigt. So hat Strategic IC (2017) ermittelt, dass durch ein gezieltes Lead Management Verkäufe um 50 % erhöht werden konnten und gleichzeitig der Vertriebsaufwand um 33 % reduziert wurde.

Marketing Automation hat für den Vertrieb aber auch unterstützende Funktion und bringt einige Vorteile für die praktische Vertriebstätigkeit:

- Es stehen bereits umfangreiche Daten zum Kunden zur Verfügung. Der Rechercheaufwand wird für den Vertriebsmitarbeiter minimiert.
- Anhand der Marketingprofile kann erkannt werden, inwieweit der Kunde mit der Marke und dem Produkt vertraut ist. Daran kann der Aufwand, Vertrauen aufzubauen, angepasst werden.
- Anhand der Reaktionen auf bisherige Aktivitäten können Interessen erkannt werden, sodass der Vertriebsmitarbeiter entsprechend Prioritäten setzen kann. Die Abschlusswahrscheinlichkeit steigt somit weiter.

Aber nicht nur die Marketing Information beliefert den Vertrieb mit wertvollen Daten. Auch andersherum ist die Marketing Automation abhängig vom Feedback der Vertriebsmitarbeiter und kann dieses in die Profilbildung aufnehmen. Insbesondere die Ermittlung des perfekten Zeitpunkts zur Übergabe an den Vertrieb, sowie die Qualität der qualifizierten Kontakte müssen stetig hinterfragt und optimiert werden.

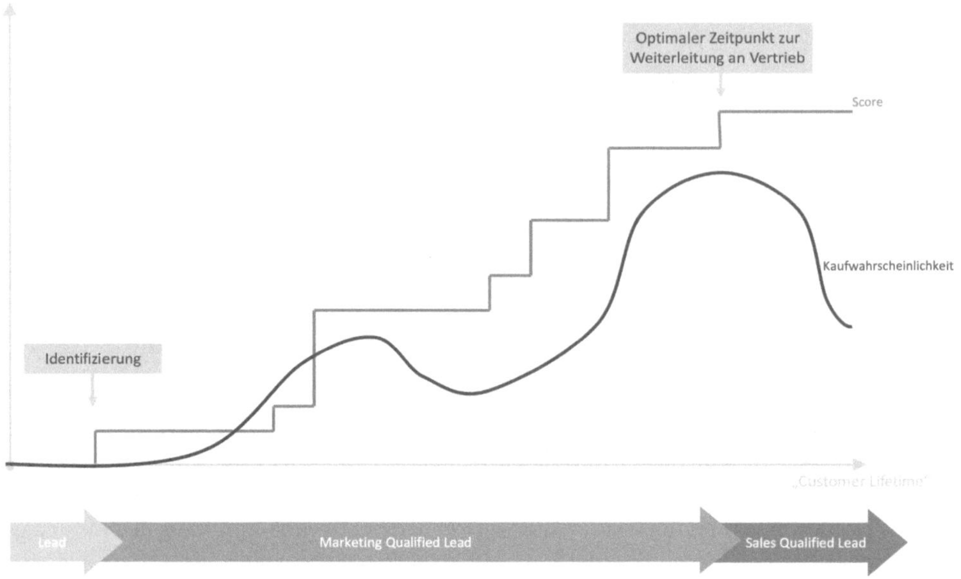

Abb. 8 Optimaler Zeitpunkt zum Übergang vom MQL zum SQL

3.4 Besseres Zusammenspiel von Marketing und Vertrieb

Damit wird deutlich, dass Marketing Automation ein ständiges Zusammenspiel zwischen Marketing und Vertrieb erfordert. Diese Kommunikation ist dabei auf zwei Ebenen notwendig:

- Technische Kommunikation zwischen Marketing-Automation-Software und CRM-Software
- Wissensaustausch zwischen den Fachabteilungen

Systemseitig ist es wichtig, dass die Marketing-Automation-Software und die CRM-Software über eine technische Schnittstelle verfügen. Schließlich werden in beiden Systemen relevante Daten zum Kunden erfasst. Diese Daten müssen synchron gehalten werden. Das erhöht die Datenqualität, was wiederum genauere Rückschlüsse ermöglicht und eine hohe Konsistenz in der Marketing- und Vertriebsarbeit schafft.

Noch wichtiger als die systemische Kommunikation ist aber der inhaltliche Austausch zwischen den Fachabteilungen. Dazu sind eine inhaltliche Übereinkunft, Transparenz über die getroffenen Maßnahmen, sowie ein gegenseitiges Vertrauen notwendig. Dies erfordert organisatorische Aufmerksamkeit, insbesondere auf Führungsebene. Schließlich wird Marketing und Vertrieb oftmals nachgesagt, ein schwieriges Verhältnis zueinander zu haben.[14] Doch der Erfolg von Marketing Automation ist stark vom Zusammenspiel der

[14] https://hbr.org/2013/11/why-sales-and-marketing-dont-get-along. Zugegriffen am 18.05.2020.

beiden Abteilungen abhängig. So sehen laut einer Studie 34 % der befragten Unternehmen in der Zusammenarbeit von Marketing und Vertrieb eine der größten Herausforderung von Marketing Automation (Nutley und Greogiradis 2019).

In der Praxis haben sich folgende Maßnahmen für eine erfolgreiche Zusammenarbeit beim Thema Marketing Automation bewiesen:

- Gemeinsame Entscheidung für Marketing Automation
- Gemeinsame Konzeption von Buyer's Journey und Kundenlebenszyklus
- Einigkeit bei Zielkennzahlen, etwa der Anzahl an SQLs
- Erarbeiten eines Scorings zur Messbarkeit von Kaufwahrscheinlichkeiten
- Regelmäßiges Feedback zur Qualität von Leads
- Transparenz über Marketingprofile und Kontakthistorien
- Gemeinsames Feiern von Erfolgen

An dieser Stelle müssen sich Unternehmen auch von der Idee des „Contact Ownerships" verabschieden, bei der Fachbereiche oder sogar einzelne Mitarbeiter die alleinige Verantwortung für einzelne Kunden haben und oft mit einer Entscheidungs- und Deutungshoheit gleichsetzen. Im Gegensatz dazu liegt der große Mehrwert der Marketing Automation darin, dass Marketing und Vertrieb Kunden gemeinsam bearbeiten und sich „die Bälle hin und her spielen". So gibt es im Kundenlebenszyklus immer wieder Phasen, in denen der Direktvertrieb die beste Variante ist und Phasen, in denen eine mehr marketing-gesteuerte Kundenbearbeitung besser ist. Daraus entsteht letztlich gemeinsame Kundenverantwortung.

3.5 Die Über- oder Unterschätzung der Technologie

Das Konzept der Marketing Automation ist nur möglich, da moderne Technologie die ausführliche Analyse der Marketingaktivitäten ermöglicht. Nur so können individuelle Marketingprofile als Grundlage der Marketing Automation erstellt werden. Marketing Automation funktioniert daher nur software-gestützt. Damit ist Marketing Automation auch ein aus technologischer Sicht zu betrachtendes Thema. Marketing Automation ist aber kein reines IT-Thema und sollte auch in keinem Fall von der IT-Fachabteilung initiiert und koordiniert werden. Die technische Umsetzung darf erst sekundär betrachtet werden, denn das konzeptionelle Vorgehen ist wichtiger.

Dennoch ist es ratsam, die IT-Abteilung frühzeitig zu involvieren, spätestens bei der Auswahl von Softwarelösungen. Schließlich gilt es in der Folge die Marketing-Automation-Software gut in die bestehende IT-Landschaft zu integrieren. Auch wenn insbesondere die großen Software-Lösungen bereits viele Bereiche abbilden, wird es immer Anpassungen aufgrund individueller Gegebenheiten geben. Als zentrale Herausforderung stellt sich dabei vor allem das Herstellen von Schnittstellen zu anderen Systemen dar, um die Marketing-Automation-Software mit weiteren Daten zur Kundenbeziehung zu versorgen. So

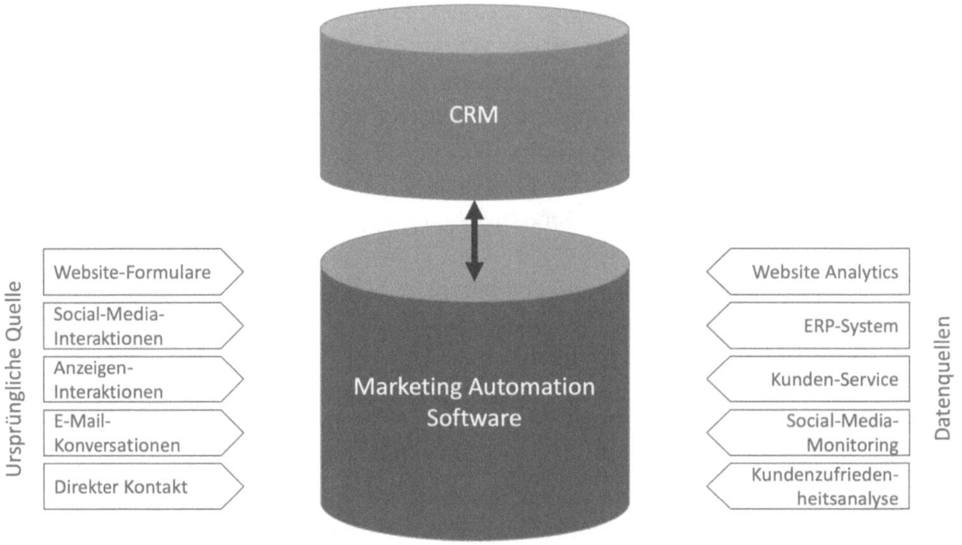

Abb. 9 Typische Schnittstellen der Marketing-Automation-Software

ist beispielsweise die Anbindung an bestehende CRM-Systeme eminent wichtig, um die konsistente Kommunikation zwischen Marketing und Vertrieb zu gewährleisten. Aber auch Schnittstellen zu anderen Systemen, wie der ERP-Software, können notwendig sein.

Dabei sollten allerdings nur relevante Daten ausgetauscht werden, denn jede Schnittstelle erzeugt Aufwand in der Implementierung und laufenden Wartung. So sind für die Marketing Automation nur Informationen, die auch tatsächliche Rückschlüsse auf das Kundenverhalten erlauben, von Nutzen (vgl. Abb. 9).

4 Fazit: Wie Marketing Automation zum Erfolg wird

Der Artikel hat gezeigt, wie stark das Marketing Automation Framework Kundeninteraktionen im B2B beeinflusst. Dabei bringt Marketing Automation ein systematischeres Vorgehen in Marketingabteilungen, ähnlich wie es der Einsatz von CRM im Vertrieb tut. Dieses Vorgehen zwingt Marketing-Teams zudem dazu, alle Aktivitäten konsequent am Kundenlebenszyklus und vor allem der Buyer's Journey auszurichten. Persönliche Erfahrungen in Beratungsprojekten haben gezeigt, dass dies bei der Einführung von Marketing Automation mitunter erstmals in solch einer Tiefe geschieht. Das Marketing Automation Framework trägt damit zu einer Professionalisierung und Systematisierung des B2B Marketings bei.

Die Erkenntnis, dass eine hohe Individualisierung die Effektivität von Kundeninteraktionen erhöht ist natürlich nichts Neues. Bislang oblag diese Aufgabe im B2B aber größtenteils dem Vertrieb, welcher persönliche Beziehungen zu den einzelnen Kunden aufbaute. Dass dieser Ansatz sehr aufwändig und stark abhängig von einzelnen Persönlichkeiten ist, ist ebenfalls bekannt. Marketing Automation ermöglicht nun eine flächendeckende und dadurch effizientere Individualisierung in der Kundenansprache, bei gleichzeitig deutlich geringer Abhängigkeit vom Netzwerk einzelner Mitarbeiter. Damit trägt das Marketing Automation Framework zu besseren Kundenbeziehungen bei.

An dieser Stelle muss allerdings betont werden, dass es einen Unterschied zwischen individualisierter und individueller Kundeninteraktion gibt. An einem gewissen Punkt kommt Marketing Automation hinsichtlich der Individualisierung an Grenzen. Dann muss die persönliche Kundenbetreuung durch den Direktvertrieb übernehmen und ihre Stärken ausspielen. Im Zusammenspiel mit Marketing Automation profitiert der Vertrieb aber von besser vorbereiteten Kontakten und wird somit ebenfalls effizienter. Das zeigen auch Fallbeispiele aus persönlichen Beratungsprojekten: so kann von einem schnell wachsenden Start-up berichtet werden, welches durch den Einsatz von Marketing Automation Verkaufszyklen um rund 50 % verkürzen konnte. Ein bereits etablierter Mittelständler hingegen erhöhte durch Marketing Automation die Anzahl an Leads um mehr als 150 %.

Marketing Automation muss darüber hinaus auch aus organisatorischer Sicht betrachtet werden. Denn wie eingangs erklärt wurde, beeinflusst Marketing Automation Geschäftsmodelle, indem es zentrales Element beim Marktzugang ist. Das hat zur Folge, dass Marketing Automation ganze organisatorische Prozesse verändert. Um erfolgreich zu sein, darf Marketing Automation zudem nicht durch Abteilungsgrenzen beschränkt werden und geht weit über das Marketing hinaus. Schon gar nicht darf Marketing Automation rein aus einer technologischen Sicht betrachtet werden. Marketing Automation ist ein Framework und somit Managementthema.

Hinsichtlich des organisatorischen Einflusses sticht der Einfluss auf die Zusammenarbeit von Marketing und Vertrieb hervor. Einer Studie im DACH-Raum zufolge sehen 80 % der befragten Unternehmen die Zusammenarbeit der Fachabteilungen Marketing und Vertrieb durch Marketing Automation als verbessert an (Hannig et al. 2019). Dies deckt sich auch mit persönlichen Erfahrungen: Zentrale Erfolgsfaktoren einer besseren Zusammenarbeit waren dabei die gemeinsame Ausarbeitung der Buyer's Journey, sowie die Einführung eines transparenten Scorings. Beides trug zu einer sachlichen Diskussion bei. Statt Kompetenzgerangel um die „Hoheit über die Kundenbeziehung“ wird nun leidenschaftlich über Scoring-Methoden oder den idealen Zeitpunkt der Übergabe von Sales Qualified Leads diskutiert. Auch die gegenseitige Wertschätzung unter den Abteilungen stieg an und die Kommunikation nahm zu.

Zusammenfassend betrachtet sollten B2B-Unternehmen für eine erfolgreiche Umsetzung des Marketing Automation Frameworks die folgenden Empfehlungen berücksichtigen:

- Marketing Automation sollte top-down eingeführt werden und bedarf einer nachhaltigen Verbindlichkeit auf Geschäftsführungsebene. Nur wenn der Einfluss auf die gesamte Organisation verstanden und gelebt wird, führt Marketing Automation zum Erfolg.

- Alle betroffenen Fachbereiche sollten frühzeitig involviert werden. Marketing Automation lebt von ständiger Kommunikation und Transparenz.
- Der organisatorische Aufwand für Marketing Automation muss realistisch eingeschätzt werden. Insbesondere bedarf es Fachpersonal zur Konzeption und Steuerung der Marketing Automation.
- Marketing Automation sollte schrittweise („lean") eingeführt werden, um schnell von erstem Feedback zu lernen. Andernfalls droht eine Komplexität, welche das gesamte Projekt bedroht. Komplexität und Umfang können kann dann schrittweise erhöht werden.

Trotz all der Herausforderungen ist das Marketing Automation Framework für B2B-Unternehmen eine echte Chance. Vor allem die Aussicht auf eine höhere Effizienz in der Kundengewinnung und -bearbeitung, bessere Zusammenarbeit zwischen Marketing und Vertrieb und eine Professionalisierung des Marketings sprechen für die Einführung von Marketing Automation. In einigen Branchen ist sogar zu erwarten, dass Marketing Automation zum „Must-Have" wird.

Literatur

An, M. (2017). State of inbound 2017. https://cdn2.hubspot.net/hubfs/53/00-OFFERS-HIDDEN/HubSpot-State-of-Inbound-2017-DACH.pdf. Zugegriffen am 18.05.2020.

Cheshire, C. (2020). *Marketing automation unleashed: The strategic path for B2B growth*. Charlestone: Advantage Media Group.

Hannig, U., Heinzelbecker, K., & Foell, T. (2019). *Digital safety first, marketing automation in DACH 2019*. Ludwigshafen: Institut für Sales und Marketing Automation.

Markets and Markets. (2019). Marketing automation market. https://www.marketsandmarkets.com/Market-Reports/marketing-automation-software-market-155627928.html. Zugegriffen am 18.05.2020.

Nutley, M., & Greogiradis, L. (2019). *The state of marketing automation 2019*. London Research. https://www.londonresearch.com/partner/act-onsoftware/state-of-marketing-automation-2019-410. Zugegriffen am 18.05.2020.

Sagefrog. (2019). 2019 B2B marketing mix report. https://www.sagefrog.com/wp-content/uploads/2019/03/Marketing_Mix_2019_Report-Final.pdf. Zugegriffen am 18.05.2020.

Three Deep. (2016). Marketing automation trends for success. https://www.threedeepmarketing.com/media/1598/three-deep-marketing-automation-trends-for-success-final.pdf. Zugegriffen am 18.05.2020.

Alexander Mrohs verfügt über mehr als 10 Jahre Erfahrung in Vertrieb und Marketing in der Technologiebranche, zuletzt als Director Marketing der börsennotierten EQS Group AG. Heute berät er mittelständische Unternehmen und Start-ups in den Bereichen Marketing Automation und Lead Management. Er ist außerdem Gründer des B2B Marketing Clubs.

Marketing Automation – So sieht das perfekte Prozessmodell zur Implementierung aus

Lutz Klaus

Inhaltsverzeichnis

L. Klaus (✉)
Marketing ROI Experts, Berlin, Deutschland
E-Mail: lklaus@marketing-roi.eu

U. Seebacher (Hrsg.), *Praxishandbuch B2B-Marketing*,
https://doi.org/10.1007/978-3-658-31651-8_10

Zusammenfassung

Wenn die Entscheidung für Investitionen in Marketing Automation gefallen ist, sollten die notwendigen Rahmenbedingungen für deren optimale Nutzung geschaffen werden. Die Einführung hat abteilungsübergreifende Auswirkungen und nur durch koordiniertes Handeln kann das maximale Potenzial ausgeschöpft werden. Dabei geht es nicht nur um Software, sondern um die strategische Neuausrichtung des Unternehmens. Der vorliegende Beitrag gibt einen Überblick über flankierende Maßnahmen, die unabhängig vom gewählten Technologieanbieter umgesetzt werden sollten. Er beschreibt die zentrale Rolle, die Use Cases spielen, wie die Organisation aussehen sollte und wie sie die Akzeptanz bei allen Beteiligten sicherstellen. Ziel ist es, alle Beteiligten bestmöglich vorzubereiten, einschließlich einer Beschreibung der relevanten Prozesse, so dass alle Voraussetzungen für den erfolgreichen Betrieb der Technologie gegeben sind. Abhängig von der Größe des Unternehmens und den bereits verfügbaren Informationen können die sechs Schritte idealerweise in sechs Monaten umgesetzt werden. Wenn der Betrieb bereits läuft, kann das Prozessmodell zur Optimierung genutzt werden.

Die rein technische Umsetzung einschließlich der Integration mit dem CRM-System und der Website wird nicht abgedeckt. Dies erfordert eine enge Zusammenarbeit mit Experten des ausgewählten Anbieters oder technischen Implementierungspartners. Am Ende werden häufige Fehler in der Praxis aufgezeigt und wie sie vermieden werden können.

1 Einführung

1.1 Adaptionsrate steigern: Der Erfolgsfaktor Mensch

Bei der Einführung von Marketing Automation können aus Unternehmenssicht verschiedene Ziele im Vordergrund stehen:

- Umsatzsteigerung und Generierung eines messbaren Wertbeitrags von Marketing durch mehr Leads,
- Optimierung der Customer Experience durch Personalisierung,
- Produktivitätssteigerung durch Automatisierung vormals manueller Aufgaben,
- Schaffung einer modernen Arbeitsatmosphäre zur Steigerung der Attraktivität aus Mitarbeitersicht und
- Umsetzung von Data-Driven Marketing als Vorreiter eines Data-Driven Business.

Unabhängig von den Zielen darf Marketing Automation nicht nur als neue Software gesehen werden. Sie ist vielmehr ein grundlegender Ansatz, um den geänderten Anforderungen in der Digitalisierung nachzukommen und das Kerngeschäft zu schützen. Eine Investition wird erfolgreich sein, wenn alle betroffenen Abteilungen die neue Lösung akzeptieren und bei der Umsetzung zusammenarbeiten. Viele Technologieprojekte scheitern an der fehlenden Adoption der Mitarbeiter. Deswegen ist es so wichtig, alle Beteiligten von Anfang an mitzunehmen und konkrete Anwendungsbeispiele auf Basis aktueller Prioritäten zu identifizieren. Menschen nehmen Veränderungen einfacher an, wenn sie daran beteiligt sind und wenn sie ihnen bei der Erreichung ihrer eigenen Ziele helfen.

Frühzeitige Einbindung steigert die Integration, baut interne (Daten-)Silos ab und führt zu besseren Ergebnissen. In Abschn. 2.1 befindet sich eine Übersicht, welche Abteilungen idealtypisch in den einzelnen Phasen eingebunden werden sollen. Vor dem Start empfiehlt es sich daher, alle Beteiligten umfassend zu informieren, die Vorteile darzulegen, offene Fragen zu beantworten und gegebenenfalls bestehende Bedenken auszuräumen. Insbesondere im Marketing selbst sollte allen Mitarbeitern die Chance klar sein, die jedoch wie bei jeder Investition auch mit einer gestiegenen Verantwortung für wirtschaftliche Ergebnisse einher geht.

1.2 Das Prozessmodell im Überblick

Aufgrund der Einzigartigkeit jedes Unternehmens sollte die gewählte Lösung für Marketing Automation auf die individuellen Bedürfnisse angepasst werden. Bereits bei der Auswahl des Software-Anbieters ist darauf zu achten, dass wesentliche Anforderungen systemseitig abgebildet werden können und die Möglichkeit besteht, auch in Zukunft bedarfsgerecht zu adaptieren. Um einen reibungslosen Start sicherzustellen, sollte zudem der Prozess zur Vorbereitung von Mitarbeitern und Abstimmung relevanter Prozesse so

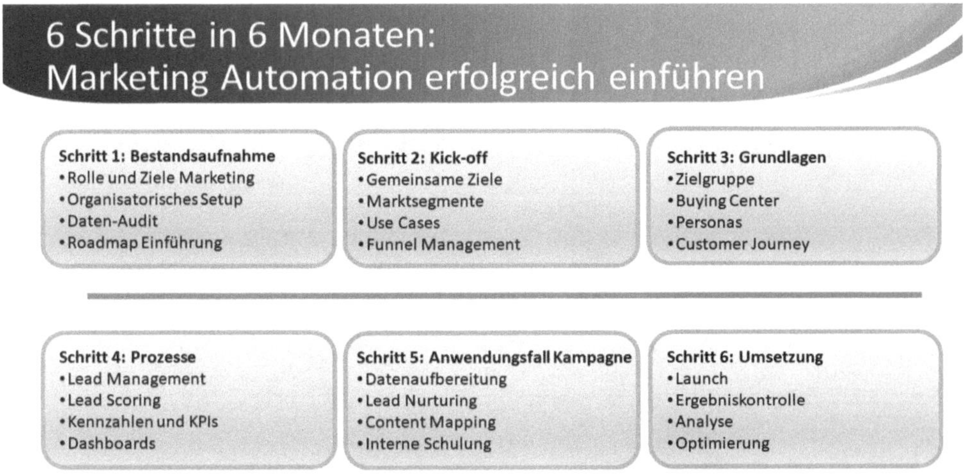

Abb. 1 Übersicht des Prozessmodells zur Implementierung von Marketing Automation

früh wie möglich beginnen. Dies gilt unabhängig vom Anbieter und parallel zur technischen Inbetriebnahme. Ziel ist es, alle notwendigen Entscheidungen getroffen zu haben und optimal auf die zügige Umsetzung vorbereitet zu sein. Hierbei hilft das nachfolgende Prozessmodell, das Unternehmen schrittweise bei der Implementierung unterstützt (vgl. Abb. 1).

Nachfolgend wird jeder der sechs Schritte beschrieben. Die einzelnen Phasen müssen nicht zwingend nacheinander abgearbeitet werden, sollten jedoch alle Beachtung finden. Wenn bestimmte Elemente wie beispielsweise Zielgruppen-Definitionen oder Personas bereits vorhanden sind beschleunigt das den Prozess. Ansonsten bietet sich die Gelegenheit, diese gemeinsam zu entwickeln oder zu überprüfen. Erfolgreiche Marketing Automation als System basiert auf einer reibungslosen, abteilungsübergreifenden Zusammenarbeit. Die rechtzeitige Bearbeitung aller relevanten Arbeitspakete trägt maßgeblich zu einer erfolgreichen Implementierung bei.

2 6 Schritte zur erfolgreichen Einführung von Marketing Automation

2.1 Bestandsaufnahme

Eine der Hauptaufgaben von Marketing Automation ist die systematische sowie skalierbare Anbahnung von Neugeschäft. Hier entfaltet sich der größte inkrementelle Mehrwert. Zusammen mit dem CRM bildet sie die Go-To-Market Maschine der Zukunft, die den Vertrieb mit qualifizierten Leads versorgt oder sogar direkt zum Umsatz über E-Commerce beiträgt. Zudem kann Marketing Automation im After Sales unterstützen, Cross- sowie Up-Selling fördern und bei der Kundenrückgewinnung eingesetzt werden.

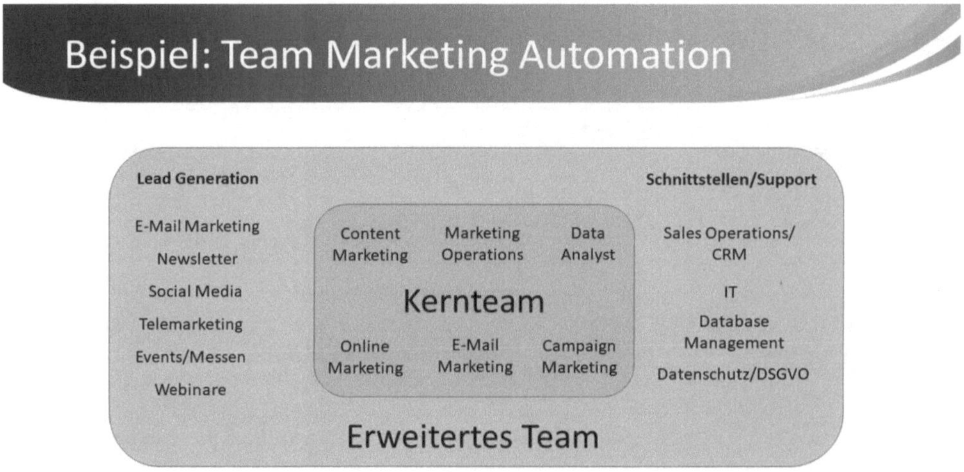

Abb. 2 Wichtige Rollen bei der Umsetzung von Marketing Automation

An der Stelle kommt die **Rolle von Marketing** zum Tragen, die vertriebsnah sein sollte. Bei einem Marketing-Fokus auf Branding oder Kommunikation und PR ist der Nutzen von Marketing Automation eingeschränkt. Demgegenüber profitieren Unternehmen mit einem Fokus auf Demand Generation und im Idealfall genau definierter Ziele in Bezug auf die Opportunity Pipeline oder sogar einem angestrebten Marketinganteil am Gesamtumsatz. Letzteres ist Grundlage dieses Beitrags.

Aus der Rolle resultiert die **Organisation**, die zur Erreichung der gesteckten Ziele notwendig ist. Die nachfolgende Übersicht zeigt, welche Stellen im Marketing besetzt werden sollten, um Marketing Automation erfolgreich zu betreiben (vgl. Abb. 2). Es handelt sich um ein idealtypisches Set-Up. Rollen und Titel können je nach Unternehmen anders heißen und Aufgaben gerade am Anfang auch in Personalunion von weniger Personen oder von externen Experten wahrgenommen werden. Der Data Analyst muss nicht in der ersten Phase dabei sein, da es am Anfang wenig zu analysieren gibt.

Eine erfolgreiche Implementierung setzt voraus, dass alle betroffenen Funktionen eingebunden werden. Breite Kommunikation ist hier Pflicht. Beim Setup des Projektteams ist diesem Umstand Rechnung zu tragen. Zumindest Marketing und Vertrieb sollten von Beginn an vertreten sein. Marketing verantwortet in der Regel den Implementierungsprozess. Marketing Operations ist abteilungsintern prädestiniert für die Übernahme der Projektverantwortung, da diese Funktion über eine genaue Kenntnis relevanter interner Prozesse sowie Ansprechpartner verfügt. Abb. 3 zeigt auf, welche Abteilung in welcher Phase eingebunden werden sollte (vgl. Abb. 3).

Orientierung für die Auswahl der Beteiligten bietet auch das aktuelle Marketing-Mix. Wo wird aktuell bereits investiert? Was sind die erfolgreichsten Maßnahmen? Marketing Automation als Software ist so gut wie ihre Anwender. Als Use Case sollte eine zentrale Funktion gewählt werden, wobei sich E-Mail Marketing, Kampagnen, Messen, oder auch Inbound anbieten.

Beteiligte einbinden, Adoption steigern

Abteilung / Phase	Vertrieb	Kundendienst	IT	Datenschutz	CRM	Geschäftsleitung
Daten-Audit	+	+	+	++	++	
Roadmap Einführung	++	+	++	++	++	+
Gemeinsame Ziele	++	++	+	+	++	++
Marktsegmente	++	+			+	+
Use Cases	++	+			+	+
Funnel Management	++	+			+	+
Zielgruppe	++	+		+	++	
Buying Center	++	+			++	
Personas	++	++			++	+
Customer Journey	++	+			+	+
Lead Management	++	+	+		+	+
Lead Scoring	++				+	
Kennzahlen und KPIs	++	+			+	++
Dashboards	++	+	+		++	+
Datenaufbereitung	+			+	+	
Lead Nurturing	++	+		+	++	+
Content Mapping	++	+				
Interne Schulung	++	+	+	+	++	++
Launch	++	+	+	+	+	+
Ergebniskontrolle	++	+			+	+
Analyse	+	+			+	
Optimierung	++	+			+	

Abb. 3 Einbindung relevanter Abteilungen im Implementierungsprozess

Marketing Automation ist Data-Driven Marketing. Das fängt bei den Kundendaten an, die ins System eingespeist werden. Ein **Daten-Audit** zeigt auf, wie es um Quantität und Qualität der vorhandenen Daten bestellt ist. Gute Daten sorgen für hochwertigere Leads und eine bessere Kundenzufriedenheit, während schlechte Beschwerden und Kündigungen nach sich ziehen. Hier gilt es zunächst einmal alle Datenquellen zu identifizieren. Wo werden aktuell Kundendaten gespeichert und verarbeitet? Neben der Marketing-Datenbank gehören dazu in der Regel CRM und ERP, aber auch Kundendienst-Datenbanken und gegebenenfalls weitere Quellen. Wie komplett sind die Daten? Wo müssen sie angereichert und standardisiert werden, bevor sie genutzt werden können? Über welche Kanäle werden sie gesammelt? Sind die DSGVO-Vorschriften erfüllt? Auch nach der Implementierung von Marketing Automation besteht die Notwendigkeit, regelmäßige Audits durchzuführen. Deswegen empfiehlt es sich, diese Verantwortung permanent im Team festzulegen.

Am Ende des ersten Schrittes steht die **Finalisierung der Roadmap zur Einführung**. Hier wird der Maßnahmen- und Zeitplan für die nächsten Monate beschlossen einschließlich der benötigten Teilnehmer (siehe Empfehlung in Abb. 3). Anhand des in Abschn. 1.2 vorgestellten Prozessmodells sollte geprüft werden, welche Informationen bereits vorliegen und ob sie noch gültig sind oder aktualisiert werden sollten. Die Umsetzung erfolgt in einem Mix aus Workshops und Workouts im kleineren Kreis. Ein klares Projekt-Management verbunden mit regelmäßigen Treffen und Updates auch an die Geschäftsleitung ist erforderlich. Neben der Prüfung der Verfügbarkeit interner Kollegen und externer Experten sollte auf ausreichende Zeitpuffer für die Bearbeitung geachtet werden, wenn der Fortschritt von der Erledigung eines früheren Arbeitspaketes abhängt. Sobald der Plan steht können die ersten Termine fixiert werden und die Vorbereitungen beginnen.

2.2 Kick-Off

Beim Kick-Off kommen alle Beteiligte zusammen, um die optimalen Rahmenbedingungen für die Implementierung zu schaffen. Dieser Prozessschritt dient der Abstimmung zu den folgenden vier Punkten:

Erstens sollten Marketing und Vertrieb zu Anfang gemeinsame **Ziele** festlegen. Hier geht es im ersten Schritt darum, wo genau Marketingunterstützung benötigt wird. Welche Vertriebsregion erreicht die Ziele besser oder nur mit Marketing? Wo wird ein neues Produkt eingeführt? Wer benötigt Leads? Gerade am Anfang sollte Marketing Automation bedarfsgerecht dort eingesetzt werden, wo es den größten Nutzen stiftet und der Vertrieb die Notwendigkeit erkennt. Im Mittelpunkt stehen an der Stelle nicht strategische, sondern operative Ziele. In der Praxis hat sich beispielsweise die enge Zusammenarbeit mit dem Vertriebsinnendienst (Inside Sales) bewährt, sofern er eigene Kunden betreut und Umsatzverantwortung hat. Hier besteht in der Regel großes Interesse an einem kontinuierlichen Zufluss neuer Leads, um die eigenen Ziele zu erreichen. Das gemeinsame Ziel sollte in einem Opportunity Pipeline Wert (der potenzielle Umsatz der Marketingleads nach Bearbeitung durch den Vertrieb im CRM-System) oder in konkreten Umsatzzahlen ausgedrückt werden, mit anderen Worten in vertriebsrelevanten Kennzahlen. Eine klare Aussage zum Mehrwert wird in der Regel bei Neukunden erreicht. Dies können Unternehmen sein, die bisher nicht gekauft haben oder langjährige Kunden (sogenannte Dorming Accounts), deren letzte Transaktion länger her ist.

Im zweiten Schritt wird das **Marktsegment** ausgewählt. Hier geht es darum, genau festzulegen wo man gemeinsam aktiv wird. Das kann ein Land sein, eine bestimmte Kundengruppe oder sogar einzelne Kunden im Rahmen von Account Based Marketing. Das Segment sollte ausreichend groß sein, die Erfolgschancen gut und das Ziel relevant für alle Beteiligten, zudem erreichbar im vereinbarten Zeitrahmen zur Unterstützung operativer Ergebnisse. Bei der Auswahl sollte auch die Eignung dieses Segmentes als mögliche Blaupause für andere berücksichtigt werden.

Im Anschluss wird der **Use Case** definiert: Über welche zentrale Maßnahme sollen die Ziele erreicht werden? Ist es eine Messe, ein virtuelles Event oder eine Kampagne? Wird es eine rein marketinggetriebene Aktion vor der Lead-Übergabe oder besteht schon vorher die Notwendigkeit einer integrierten Vorgehensweise (siehe auch die Ausführungen zu einer integrierten Kontaktstrategie in Abschn. 2.4)?

All diese Maßnahmen dienen dazu, einen gesunden Funnel aufzubauen und die Erreichung der Umsatzziele sicherzustellen. Um die gemeinsame Verantwortung klarzustellen empfiehlt sich daher viertens die Abdeckung des Themas **Funnel Management** und welche Möglichkeiten von Marketing- und Vertriebsseite bestehen, um ihn zu optimieren. Beim Funnel Management geht es um

- Volumen: Haben wir genügend Leads und Opportunities zur Erreichung unserer Umsatzziele?
- Qualität: Qualifizieren wir Leads effektiv vom Erstkontakt bis zum Abschluss?
- Geschwindigkeit: Werden Leads und Opportunities schnell genug bearbeitet?
- Balance: Ist unser Funnel in den einzelnen Phasen ausgeglichen?

Mit gezielten Maßnahmen auf beiden Seiten können mehr Neukunden angesprochen, die Leadbearbeitung beschleunigt und die Vertriebsproduktivität erhöht werden. Das gemeinsame Verständnis, der Austausch und die Entwicklung gemeinsamer Ideen fördert die Integration und die Akzeptanz im Vorfeld des operativen Einsatzes. Dazu gehört auch bei allen Beteiligten das Bewusstsein für die Relevanz von messen generell und korrekten Daten im Besonderen zu schaffen.

2.3 Grundlagen

Um die Effektivität zu steigern sollte eine klare Zielgruppen-Definition vorgenommen und anhand vorhandener Daten evaluiert werden. Auch hier empfiehlt sich die Abstimmung insbesondere mit dem Vertrieb, um bestehende Annahmen zu überprüfen und Profile zu schärfen. Auf dem Weg zur Zielgruppe von 1 mit vollständig individualisierten Angeboten empfehlen sich die folgenden Schritte:

1. Klassische Zielgruppendefinition
2. Buying Center identifizieren
3. Personas festlegen
4. Customer Journeys entwickeln

Die klassische **Zielgruppen-Definition** erfolgt nach demografischen, sozioökonomischen und psychografischen Merkmalen. Aufgrund der ausgiebigen Abhandlung dieses Themenbereichs an anderer Stelle wird in diesem Beitrag auf eine Vertiefung verzichtet.

Das **Buying Center** beinhaltet alle Personen, die an der Kaufentscheidung beim Kunden beteiligt sind. Studien belegen, dass im B2B-Umfeld durchschnittlich mehr als fünf Personen mitentscheiden (vgl. The Challenger Customer, 2015). Dies kann am Beispiel einer IT-Investition der CEO, der CIO, der IT Direktor, ein Netzwerk-Manager und der Einkäufer sein. Es gibt insofern nicht den einen Entscheider, sondern eine Vielzahl. Wichtig ist es zu verstehen, wer sie sind, was sie bewegt, wo sie sich informieren und wo im Kaufprozess sie ihren Einfluss gelten machen.

Genau diese Informationen werden bei den **Personas** zusammengetragen. Personas (lat. Maske) sind Nutzermodelle, die Personen einer Zielgruppe in ihren Merkmalen charakterisieren. Sie können im Marketing aufgrund ihrer umfangreichen Beschreibung helfen, sich in die Lage der potenziellen Nutzer zu versetzen und diese Perspektive während des gesamten Designprozesses von Kampagnen und Kontaktstrategien leicht zu vertreten. Sie werden mit einem Namen, einem Gesicht, einer Funktion, einem Werdegang und einem Privatleben versehen. Personas verfügen über Ziele und Verhaltensweisen, haben Vorlieben und Erwartungen. (vgl. onlinemarketing-praxis.de). Die Entwicklung einer Persona kann auf Basis des in Abb. 4 gezeigten Formats erfolgen (vgl. Abb. 4).

In der Umsetzung sollten Unternehmen mit wichtigen, idealtypischen Kunden starten und die Felder befüllen. Von zentraler Bedeutung ist der komplette Perspektivwechsel hin zur Sichtweise des Kunden. Je detaillierter die Informationen, desto besser können nachgelagerte Abteilungen wie das Content Marketing aber auch Agenturen damit arbeiten. Das Informationsverhalten dient zur Steuerung der Kanäle, typische Aussagen können für Botschaften genutzt werden und Kaufauslöser als Keywords für Search Engine Marketing.

Die wichtigsten Quellen für Persona-Informationen sind Interviews mit Mitarbeitern im Vertrieb sowie Service, Kundeninterviews und historische Daten aus CRM, ERP sowie Social Media. Im Ergebnis werden quantitative Daten und qualitative Aussagen zu einem bestmöglichen Bild zusammengefügt. Die Validierung über Daten ist wichtig, um persön-

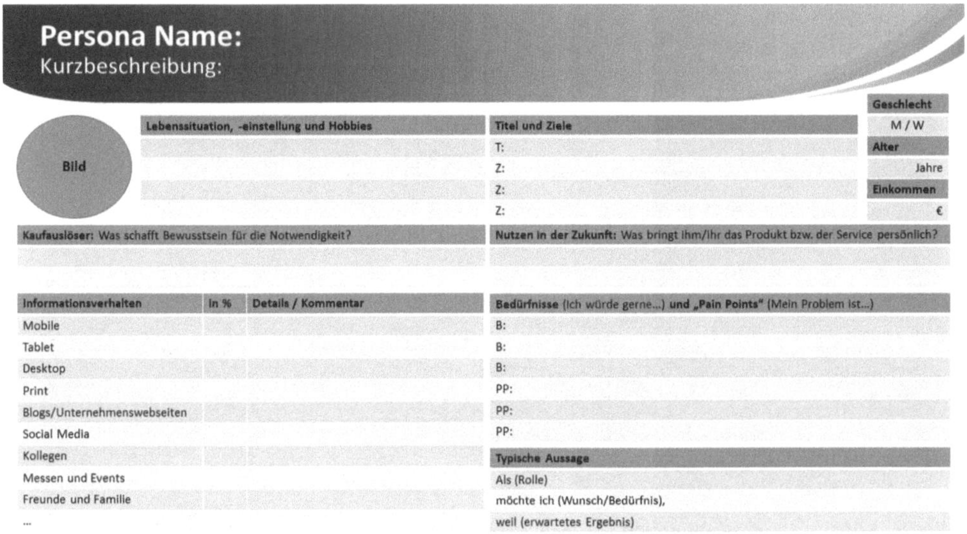

Persona Name:
Kurzbeschreibung:

Bild

Lebenssituation, -einstellung und Hobbies	Titel und Ziele	Geschlecht
	T:	M / W
	Z:	Alter
	Z:	Jahre
	Z:	Einkommen
		€

Kaufauslöser: Was schafft Bewusstsein für die Notwendigkeit?	Nutzen in der Zukunft: Was bringt ihm/ihr das Produkt bzw. der Service persönlich?

Informationsverhalten	In %	Details / Kommentar	Bedürfnisse (Ich würde gerne…) und „Pain Points" (Mein Problem ist…)
Mobile			B:
Tablet			B:
Desktop			B:
Print			PP:
Blogs/Unternehmenswebseiten			PP:
Social Media			PP:
Kollegen			**Typische Aussage**
Messen und Events			Als (Rolle)
Freunde und Familie			möchte ich (Wunsch/Bedürfnis),
…			weil (erwartetes Ergebnis)

Abb. 4 Vorlage zur Persona-Entwicklung

liche Einschätzungen durch objektive Informationen zu ergänzen. Sie sollte nicht nur einmal erfolgen, sondern regelmäßig in festgelegten Abständen, um mögliche Änderungen im Kundenverhalten Rechnung zu tragen. In der Marketing Automation können Personas einprogrammiert werden zur zielgerichteten Ausspielung von Content.

Die Auswahl der Inhalte hängt dabei ab, auf welcher Etappe der **Customer Journey** sich die jeweilige Persona befindet. Auch die Customer Journey wird zunächst einmal im Team entwickelt und dann über Daten validiert und verfeinert. Laut Analysten legen B2B-Kunden bis 70 % des Entscheidungsprozesses anonym zurück bevor sie mit einem Hersteller sprechen. Ziel ist es, die Reise des Kunden vom ersten Problem-Bewusstsein bis zum Kauf und darüber hinaus zu verstehen und so früh wie möglich zu begleiten.

Bei der Entwicklung der Customer Journey geht es darum herauszufinden, welche Fragen und Herausforderungen die Persona auf dem Entscheidungsprozess für Ihr Produkt oder Ihre Dienstleistung hat. Indem Sie ihn aktiv durch gezielte Informationen unterstützen stellen Sie sich als kompetenten Ansprechpartner dar und helfen ihm bei der Lösung seines Problems. Die folgenden Fragen können dabei helfen:

- Wie lange dauert der Prozess üblicherweise?
- Was war der Auslöser für den Kauf?
- Welche Kanäle hat er wann genutzt?
- Nach welchen Begriffen (Key Words) hat er wann gesucht?
- Welche Formate hat er wo präferiert?
- Welche Herausforderungen hatte er im Entscheidungsprozess?

Customer Journey
Geschäftsbereich: Persona: Datum:

PHASEN	Entdecken	Untersuchen	Auswählen	Entscheiden	Implementieren	Nutzen
Dauer (geschätzt)						
Ziele (Was will er erreichen?)						
Aktionen (Was tut er?)						
Kanäle (Wo interagiert er?)						
Content (Was benötigt er?)						
Denken (Was geht in seinem Kopf vor?)						
Fühlen (Wie geht es ihm emotional?)						

Abb. 5 Vorlage zur Erstellung von Customer Journeys

Abb. 5 liefert ein Format für die Erstellung von Customer Journeys für jede Persona (vgl. Abb. 5).

> An der Stelle noch ein Hinweis aus der Praxis: Aufgrund der Komplexität von Entscheidungsprozessen und Vielzahl an potenziellen Touchpoints ist es unrealistisch, Customer Journeys für alle Personas komplett nachzubilden. Es geht hier, wie auch an vielen anderen Stellen, nicht um Perfektion, sondern um bestmögliches Verstehen und Nachbilden sowie im Anschluss um Optimierung auf Basis vorhandener Daten. Um sich in einer Zeit kurzer Aufmerksamkeitsspannen, zunehmender Digitalisierung und steigendem Wettbewerb durchzusetzen, müssen Unternehmen alles tun, um den Kunden noch zu erreichen und optimal zu bedienen.

2.4 Prozesse und Steuerung

Von zentraler Bedeutung für eine erfolgreiche Implementierung von Marketing Automation mit Fokus Demand Generation ist ein funktionierender **Lead Management Prozess**. Ohne ihn sind B2B Unternehmen nur schwer in der Lage, skalierbar Neugeschäft zu generieren. Abb. 6 stellt einen solchen Prozess beispielhaft dar (vgl. Abb. 6).

Er beantwortet aus Unternehmenssicht drei zentrale Fragen:

1. Wie akquirieren wir Kunden?
2. Wie konvertieren wir sie?
3. Wie schließen wir ab?

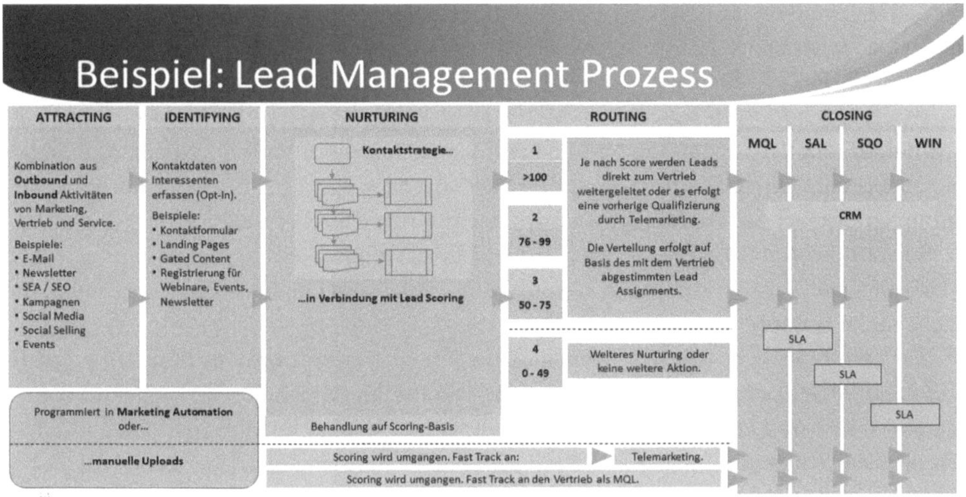

Abb. 6 Beispiel für einen Lead Management Prozess

Am Anfang des Prozesses (Attracting) stehen sämtliche Maßnahmen, die Unternehmen zur Ansprache von Kunden umsetzen, sowohl durch Outbound- als auch Inbound-Maßnahmen. Erfolgreiche Unternehmen denken dabei nicht nur an Marketing, sondern auch an den Vertrieb sowie den Kundenservice und integrieren relevante Aktivitäten sowie Touchpoints in den Prozess. Alle Abteilungen mit Kundenkontakt können zur Generierung von Leads beitragen. Als Beispiele seien E-Mail Marketing, Kampagnen, Social Media/ Selling, Messen sowie Kundenbesuche genannt.

Im nächsten Schritt geht es um die Identifikation. Das Thema wird oftmals unterschätzt, was bei vielen Unternehmen durch die vergleichbar sehr hohe Anzahl an Besuchern auf der Webseite verdeutlicht wird, die oftmals nur in ganz geringem Umfang in Leads konvertiert. Hier gilt es durch attraktive Angebote den Interessenten zu bewegen, seine Kontaktdaten in Kontaktformularen, auf Landing Pages oder auf Registrierungsseiten zu hinterlegen. Je besser hier die Konvertierungsrate ist desto höher die anschließende Erfolgschance. Um Interessenten nicht durch umfangreiche Formulare abzuschrecken bieten manche Software-Lösungen das sogenannte „Progressive Profiling" an, bei dem am Anfang nur wenige Informationen wie beispielweise Name, Vorname und E-Mail Adresse abgefragt wird und dann bei jeder erneuten Anmeldung weitere Daten wie die Telefon-Nummer oder die Adresse.

Je nach erwarteter Qualität der Kontakte können diese entweder in einen Nurturing-Prozess in der Marketing Automation eingekippt werden oder per Fast Track ans Telemarketing oder sogar direkt an den Vertrieb geroutet werden.

Im Fall des Nurturings wird innerhalb der Marketing Automation eine Kontaktstrategie definiert, die der potenziellen Kunde je nach Interesse und Aktivität durchläuft. Konkret erhält er in bestimmten Abständen Informationen zugespielt, die seinen Entscheidungsprozess positiv beeinflussen sollen. Dazu gehören White Paper, Einladungen zu Webinaren bis hin zu Expertengesprächen in kleiner Runde. Jedes Engagement, jeder Klick, jeder Download wird in der Marketing Automation gemessen und kann im **Lead Scoring** mit einer Punktzahl versehen werden, die bei Überschreiten eines Schwellenwerts die Kaufbereitschaft des Kunden signalisiert. Mit anderen Worten: Die digitale Körpersprache teilt uns mit, dass er bereit ist für eine Kontaktaufnahme durch den Vertrieb. Neben Aktivitäten bieten leistungsfähige Software-Lösungen auch die Möglichkeit, Punkte für Personas, bestimmten Content oder unternehmensspezifische Kriterien zu vergeben.

Sowohl die Kontaktstrategie als auch das Lead Scoring sollte gemeinsam zwischen Marketing und Vertrieb vereinbart werden. Hier geht es um Qualitätsmanagement und die Sicherstellung der Vertriebsproduktivität.

Der Status des qualifizierten Kontaktes im System wird oftmals als *Marketing Qualified Lead (MQL)* bezeichnet. Nach Annahme und Prüfung durch den Vertrieb wird daraus ein *Sales Accepted Lead (SAL)*, es sei denn der Vertrieb lehnt ihn aufgrund fehlender Daten oder aus anderen Gründen ab. Wenn sich nach der Kontaktaufnahme ein Projekt herausstellt, das mit einem erwarteten Umsatzvolumen versehen werden kann, wird daraus eine *Sales Qualified Opportunity (SQO)*. Im letzten Schritt geht es um den Abschluss, was wiederum als *Win* dargestellt wird. Zu diesem Zeitpunkt hat der Kunde unterzeichnet und der Auftrag ist erteilt. Zwischen Vertrieb und Marketing werden Zeiten definiert, in denen die Leads bearbeitet werden müssen, sogenannte *Service Level Agreements (SLAs)*. Ein Beispiel wäre zwei Tage zwischen MQL und SAL und zehn Tage zwischen SAL und SQO. Dies stellt die zeitige Kontaktaufnahme mit potenziellen Kunden sicher und vermeidet, das Leads kalt werden.

Die vorgestellten Begrifflichkeiten stellen wie erwähnt nur eine Möglichkeit dar. In der Praxis sind Prozesse oftmals vielschichtiger und Unternehmen mögen andere Begriffe verwenden. Beides tut dem grundlegenden Prozess keinen Abbruch. Unternehmen sollten die Anzahl der Phasen begrenzen, da eine Vereinfachung dazu beiträgt, die Akzeptanz zu fördern.

Zur Messung der Ergebnisse werden im Anschluss relevante Kennzahlen definiert. Die wichtigsten unter ihnen werden als Key Performance Indikatoren, kurz **KPIs**, bezeichnet. Alle Beteiligten sollten den Unterschied zwischen den folgenden Begriffen kennen:

- *Daten* sind die Grundlage von Kennzahlen, sozusagen Rohmaterial, das zur weiteren Verarbeitung zur Verfügung steht. Beispiele: Kundendaten in Bezug auf Land, Branche, Unternehmensgröße.
- *Indikatoren* zeigen bestimmte Trends, die für die Geschäftsentwicklung relevant sind. Sie sind eher Hilfsgröße und Anhaltspunkt. Beispiele: Autoabsatz und Reifenverkauf, Besucher auf der Webseite.
- *Performance Indikatoren* sind operative Kennzahlen, anhand derer man den Fortschritt hinsichtlich wichtiger Zielsetzungen oder kritischer Erfolgsfaktoren innerhalb einer Organisation ermitteln kann. Sie sind eher abteilungsintern zur Erfolgsmessung und Steuerung des Teams als Zielvorgaben geeignet. Beispiele: Klicks, Likes, Newsletter-Abos.

- *Key Performance Indikatoren (KPIs)* sind Management-Kennzahlen, anhand derer man den Fortschritt hinsichtlich wichtiger Zielsetzungen oder kritischer Erfolgsfaktoren innerhalb einer Organisation ermitteln kann. Sie sind die wichtigsten Kennzahlen zur Messung von Erfolg, Leistung oder Auslastung. Es sollte möglichst wenige für einen Bereich geben. Beispiele: Umsatz, Opportunity Pipeline und Leads.

Wie bei den Dashboards später ist es auch hier wichtig, sich mit den Fachbereichen, Teams und Kollegen zusammenzusetzen, um zu verstehen, was wirklich relevant ist. Für Social Media gibt es andere Kennzahlen als bei Messen oder SEA. In vielen Unternehmen gibt es keinen Mangel an Kennzahlen, sondern an einem integrierten System, das Wirkungszusammenhänge und Auswirkungen auf die wirtschaftlichen Ergebnisse darstellt. Entsprechend sollten bei der Entwicklung von Kennzahlen alle Beteiligten eingebunden und speziell KPIs im Team abgestimmt und verabschiedet werden. Dies insbesondere vor dem Hintergrund, dass sich Kennzahlen ändern können je nachdem, ob sich ein Unternehmen in der Wachstumsphase befindet, auf Profitabilität setzt oder Kundenloyalität als Priorität hat.

Die Darstellung der Ergebnisse erfolgt im **Dashboard**. Es zeigt die aktuelle Leistung gegenüber den gesetzten Zielen und definierten KPIs. Mit Bezug auf Demand Generation werden beispielsweise die Anzahl an Leads, der Wert generierter Projekte (Opportunity Pipeline), der erzielte Umsatz aus diesen Projekten und die Konvertierungsraten zwischen den genannten Kennzahlen gezeigt. Darüber hinaus sind Aussagen zu Leistungen einzelner Aktivitäten („Mit welcher Maßnahme generieren wir welchen Beitrag?"), Kanäle („Wo erreichen wir am besten unsere Kunden?") und ROI („Arbeiten wir profitabel?") hilfreich. Je nach Bedarf kann auch die Performance nach Branchen, Kundengruppen, Content oder weitere Kennzahlen dargestellt werden. Dashboards können entweder in der Software für Marketing Automation dargestellt werden, im CRM-System (auf das sich der Vertrieb konzentriert), oder bei besonders hohen Ansprüchen in Planungs-, Visualisierungs- sowie Business-Intelligence Tools.

Wirkungsvolle Dashboards dienen nicht nur zu Reportingzwecken, sondern zur operativen Steuerung. Es geht darum, jederzeit den aktuellen Status zu erhalten sowie Erkenntnisse, um bei Bedarf handeln zu können. Insofern gibt es in der Praxis nicht nur ein Dashboard, sondern verschiedene, je nach Funktion und Aufgabe im Team. Während das Marketing-Management (und der Vertrieb) eher an Leads, Opportunity Pipeline und Umsatz interessiert sind, benötigen Kampagnen-Manager und Data-Analysts operative Daten, die nach Möglichkeit in Echtzeit zur Verfügung stehen. Um die Adoption sicherzustellen gilt es, die konkreten Bedürfnisse festzustellen und Dashboards so zu programmieren, dass sie den optimalen Mehrwert für Nutzer bieten. Ein weiterer Vorteil von Marketing Automation ist, dass alle auf dieselben Daten schauen, die zentral im System vorgehalten werden.

2.5 Anwendungsfall: Kampagne

Die Auswahl erster Anwendungsfälle hat maßgebliche Auswirkungen auf den Erfolg der Umsetzung. Zu empfehlen sind Maßnahmen, die bereits integraler Bestandteil des Marketing-Mixes sind. Mit anderen Worten sollte neben der neuen Technologie im ersten Schritt nicht auch noch neue Ansätze eingeführt werden. Erste Erfolge schaffen interne Akzeptanz und Motivation, den Weg weiterzugehen. Marketingverantwortliche sind gut beraten, sich selbst ein optimales Umfeld zu schaffen. Ein klassischer Ansatz für Marketing Automation sind Kampagnen als integrierte Produkt-, Vertriebs- und Marketing-Initiativen zur Erreichung definierter Umsatz- oder Geschäftsziele.

Vorbereitung

Nachdem die Ziele definiert worden sind und die Zielgruppe unter Nutzung der definierten Personas sowie des Buying Centers festgelegt wurde, müssen die **Kundendaten** aufbereitet werden. Eine klare Zielgruppendefinition mit kompletten Daten stellt das Fundament für eine erfolgreiche Kampagne. Hierbei hilft die Beantwortung der folgenden Fragen:

- Sollen wir innerhalb der Zielgruppe noch differenzieren in Bezug auf die inhaltliche und zeitliche Ansprache?
- Welche Persona ist in welcher Phase des Kaufprozesses relevant und wen sollen wir vorrangig adressieren?
- Stimmen die Ansprechpartner noch?
- Sind die postalischen Adressdaten korrekt für eventuelle Mailings?
- Welche Ebene im Unternehmen erreichen wir wirklich (Beispiel: C-Level versus C-Level minus 1)?
- Sind die Namen standardisiert, um die richtige Anrede und Personalisierung sicherzustellen?
- Welche Kontakte sollen wir ins System importieren, um die Kampagne vor dem Launch zu testen?

Im Anschluss wird das **Lead Nurturing** erarbeitet. Es beschreibt die Wegstrecke, die in der Marketing Automation für identifizierte Kontakte programmiert wird. Ziel ist es, sie über relevante Inhalte, die im richtigen Format zum optimalen Zeitpunkt ausgespielt werden, so zu kultivieren, dass sie an den Vertrieb zur weiteren Bearbeitung bis hin zum Abschluss übergeben werden können. Zu Anfang kann das über E-Mails umgesetzt werden, die auf interessante Videos, Webinare oder White Paper hinweisen. Beim Nurturing plant Marketing die Reihenfolge, den zeitlichen Ablauf sowie die Anzahl an E-Mails, um Interessenten die richtigen Inhalte zur richtigen Zeit zuzuspielen. Eine Vorgehensweise besteht darin, am Anfang („Top of Funnel") generische Informationen zum betreffenden Thema bereitzustellen und dann im Laufe des Prozesses („Middle of Funnel") immer spezifischer das eigene Angebot zu positionieren bis zur Abschlussphase („Bottom of Funnel"). Ein anderer Ansatz ist die sogenannte „Value Ladder", bei der am Anfang kostenlose Inhalte propagiert werden und dann im Laufe der Zeit kostenpflichtige mit steigendem Wert. Das können am Anfang unentgeltliche Erstberatungen sein oder Demo-Versionen mit der Umsetzung konkreter Tests beim Kunden als nächsten Schritt. Die Gestaltung erfolgt auf Basis von Daten und Erfahrungswerten, was genau Interessenten in den einzelnen Phasen erwarten und was konkret eine Konvertierung in die jeweils nächste Phase fördert.

Unternehmen senden häufig mehrere unterschiedliche E-Mails im Abstand einiger Tage, um den Kunden zu einer bestimmten Aktion zu bewegen. Ein Standard-Merkmal von Marketing Automation ist, dass Kunden nicht zwangsläufig alle diese Mails erhalten, sondern, wenn sie beispielsweise bereits bei der ersten Mail die gewünschte Aktion durchführen, direkt in die nächste Stufe des Nurturing-Prozesses gelangen. Auf diese Weise wird Spam vermieden und der Interessent kann den Prozess bei dringendem Interesse auch sehr schnell selbst durchlaufen.

Tipp
Auch beim Nurturing sollte auf die Integration des Vertriebs geachtet werden. Nachfassaktionen bei hochwertigen Direct Mailings, Einladungen zu Events oder Executive Dinnern sind nur einige Beispiele. Der Vertrieb ist oftmals dankbar für Gründe zum Anrufen und kann bei den Gelegenheiten im optimalen Fall den Kaufprozess beschleunigen.

Integraler Bestandteil des Lead Nurturing ist das **Content Mapping**. Hier geht es darum genau festzulegen, welche Inhalte in welchem Format (Text, Bild, Video etc.) übermittelt werden. Auch wenn in der Praxis häufig aus Kosten- oder Zeitgründen auf bestehende Materialien zurückgegriffen wird, empfiehlt es sich, sorgfältig zu prüfen, ob sich der vorhandene Content wirklich eignet oder in die Neuentwicklung investiert werden sollte. Eine Entscheidung für Marketing Automation bedingt fortlaufende Investitionen in Content Marketing. Zur Entwicklung des richtigen Contents müssen zunächst die Bedürfnisse der Kunden in den einzelnen Phasen des Kaufentscheidungsprozesses definiert werden. Hierbei dienen die entwickelten Personas und Customer Journeys pro Persona als Orientierung. Um die Akzeptanz von Marketing Automation stärker im Vertrieb zu verankern empfiehlt sich eine gemeinsame Erarbeitung. Nach Verabschiedung müssen alle Assets in die Marketing Automation hochgeladen werden zur anschließenden Verwendung bei der Programmierung des Nurturing Flows.

Interne Schulung

Sobald alle genannten Punkte abgearbeitet sind und die Kampagne steht, sollte eine **interne Schulung** für alle relevanten Abteilungen durchgeführt werden. Idealerweise informieren Vertriebs- und Marketingleitung gemeinsam über die folgenden Punkte:

- Strategische Ziele von Marketing Automation und operative Ziele der bevorstehenden Kampagne
- Zielgruppe und Personas
- Kontaktstrategie und Content Mapping
- Source Code der Maßnahme in der Marketing Automation und CRM zum Tracking
- Notwendige Aktionen beim Vertrieb zur Bearbeitung der Leads einschließlich der vereinbarten Service Level Agreements zwischen den einzelnen Phasen. Hilfreich ist das Durchspielen des Prozesses auf realer Basis im System anhand eines Testkunden.
- Zusammenfassende Lead Management Cheat Sheets
- Glossar der wichtigsten Begriffe (Zum Beispiel „Was ist ein Lead?")
- Dashboards von Marketing und Vertrieb
- Übersicht des Lead Management Prozesses mit Ansprechpartnern

Je spezifischer die Anleitungen sind, umso größer ist die Wahrscheinlichkeit für erfolgreiche Abschlüsse. Die Schulung sollte aufgezeichnet und an zentraler Stelle im Intranet zur Verfügung gestellt werden, um auch im Nachgang zum Beispiel neue Mitarbeiter informieren zu können.

2.6 Umsetzung

Nach Ablauf der notwendigen Testläufe steht der **Launch der Kampagne** an. Um im Bedarfsfall kurzfristig reagieren zu können sollten relevante Entscheidungsträger sowie verantwortliche Mitarbeiter beim Start verfügbar sein – im Unternehmen, beim Software-Anbieter und bei beteiligten externen Dienstleistern.

Gerade bei großen Mengen an E-Mails werden diese in der Regel nicht alle auf einmal, sondern in sogenannten Batches versandt. Gründe hierfür sind die Leistungsfähigkeit der Software sowie eventuell der Server, über die die Mails versandt werden. Auch hier sollten Testempfänger in die Datenbanken aufgenommen werden, um eventuelle Fehler zügig zu erkennen und zu beheben.

Monitoring

Nach dem Start rückt die **Ergebniskontrolle** in den Mittelpunkt. Gerade in den ersten Tagen sollte eine laufende Überwachung der Resultate erfolgen. Da jede Lösung für Marketing Automation andere Reporting-Möglichkeiten bietet ist es empfehlenswert, sich bereits frühzeitig mit den vorhandenen Möglichkeiten auseinanderzusetzen und bei Bedarf durch eigene zu ergänzen. Dazu gehört auch die Sicherstellung eines sauberen Trackings in der Marketing Automation und bei verwendeten externen Analytics Tools. Die folgenden Kennzahlen helfen beim gewählten Anwendungsfall Kampagne mit E-Mails als Frühindikatoren:

- Open Rate (Anzahl der geöffneten E-Mails)
- Click Through Rate (Prozentsatz der Empfänger, welche die E-Mail geöffnet und auf einen der enthaltenen Links geklickt haben)
- Bounce Rate (Prozentsatz der E-Mails, die nicht zugestellt werden können)
- Unsubscribe Rate (Anzahl der Empfänger, die sich nach Erhalt abgemeldet haben)
- Landing Page Traffic (Entwicklung der Besucherzahlen auf der wichtigsten Webseite)
- Exit Rate (Prozentsatz der Besucher, welche die Webseite ohne Aktion wieder verlassen)
- Anzahl Unique Visitors (Anzahl der Besucher einer Webseite ohne wiederholte Besuche)
- Double-Opt-In-Rate bzw. Subscription-Rate (Anzahl der Besucher, die dem Opt-In zugestimmt haben)

Zudem sollte qualitatives Feedback vom Vertrieb und Kundendienst eingesammelt werden, um ein komplettes Bild der Kampagnen Performance zu erhalten.

Auswertung

Nach dem Vorliegen erster Daten geht es darum, durch die gezielte **Analyse** festzustellen, ob die gewünschten Ergebnisse eintreten und wie sie bei Bedarf verbessert werden können. Hier wartet das größte Optimierungspotenzial. Ausgangspunkt sind die erzielten Ergebnisse gegenüber den definierten Zielen. Die folgenden Fragen helfen:

- Erreichen wir unsere Zielgruppe effektiv oder müssen wir unsere Datenbankqualität steigern?
- Entsprechen die Konvertierungsraten unseren Erwartungen?
- Stimmt die Qualität des Contents auf unseren Webseiten gemessen an Downloads?
- Gibt es erste Muster von Interessenten, die den gesamten Prozess zügig durchlaufen?
- Welche Informationen liefern Flow-Analysen aus Analytics Tools in Bezug auf das Verhalten von Besuchern auf unserer Webseite?
- Verlieren wir Besucher durch lange Ladezeiten für unsere Webseite?
- Sehen wir Unterschiede in Bezug auf Devices (Desktop/Tablet/Mobile), die Nachbesserungen notwendig machen?

  Auf Basis der Erkenntnisse erfolgt die laufende **Optimierung**. Dies kann durch die folgenden Maßnahmen von statten gehen:

- A/B Tests in Bezug auf Texte, Bilder, Videos oder Assets
- Multivariate Tests
- Usability Tests auf den Webseiten
- Kundenbefragungen
- Stärkere Personalisierung
- Entwicklung von Kennzahlentreiberbäumen

Um die Erkenntnisse bei nachfolgenden Maßnahmen nutzen zu können empfiehlt sich eine saubere Dokumentation der Ergebnisse.

3 Häufige Fehler und Strategien zur Vermeidung

Der beschriebene Prozess macht deutlich, dass die erfolgreiche Implementierung von Marketing Automation das Ergebnis aus der Umsetzung einer Vielzahl an Maßnahmen ist. Unabhängig vom Durchlaufen der Schritte treten in der Praxis immer wieder Herausforderungen auf, die bei einer sorgfältigen Vorbereitung vermieden werden können. Die nachfolgenden Punkte beschreiben fünf häufige Fehler und bieten gleichzeitig Lösungsansätze, um sie zu vermeiden.

- **Fehlende Unterstützung des Managements**
  Die Einführung von Marketing Automation ist eine strategische Initiative, um das Unternehmen erfolgreich in die zunehmen d digitale, datengetriebene Zukunft zu führen. Sie hat unternehmensweite Auswirkungen und bedarf einer engen Zusammenarbeit über mehrere Abteilungen. Marketing und Vertrieb müssen integriert und gleichzeitig der notwendige IT-Support sichergestellt werden. Eine klare Kommunikation des Managements verbunden mit nachhaltiger Unterstützung über den gesamten Implementierungsprozess steigert die Erfolgswahrscheinlichkeit.
- **Unterschätzung des Faktors Zeit**
  Von der ersten Entscheidung, Marketing Automation einzuführen, bis zu relevanten Beiträgen zur Opportunity Pipeline und Umsätzen vergehen oftmals ein bis zwei Jahre. Alle Entscheidungsträger sollten sich über die diesen Umstand bewusst sein und die Erwartungen bei den Beteiligten entsprechend setzen. Empfehlenswert ist es, mit kleinen Projekten wie einer ersten Kampagne anzufangen, um zu gewährleisten, dass alle wichtigen Prozesse funktionieren und dann zu skalieren.
- **Mitarbeiter nicht genügend einbeziehen**
  Ob im Marketing oder in anderen Abteilungen: Die Mitarbeiter sollten von Anfang an verstehen, warum die neue Technologie eingesetzt wird und was sie für ihre tägliche Arbeit bedeutet. Die anfängliche Nutzung bei bereits bestehenden Marketing-Aktivitäten und die anschließende schrittweise Einbindung weiterer Maßnahmen und Kanäle sichert Akzeptanz und Adoption. Der entscheidende Faktor ist der Mensch, der Technologie und Daten nutzt und Prozesse mit Leben füllt (vgl. Klaus (2018): Data-Driven Marketing und der Erfolgsfaktor Mensch)
- **Mangelnde Ressourcen und Know-how**
  Die Einführung von Marketing Automation erfordert ausreichende Ressourcen. Unternehmen sind gut beraten im Vorfeld die Verfügbarkeit ausreichend qualifizierter Mitarbeiter sicherzustellen und bei Bedarf neben der Investition in Software auch Budget für flankierenden Support bereitzustellen. Die Einbindung externer Experten mit Er-

fahrung kann interne Teams entlasten, zur Vermeidung von Fehlern beitragen und den Einführungsprozess beschleunigen.

- **Schwierigkeiten bei der Erstellung von hochwertigem Content**
  Qualitative Inhalte im richtigen Format tragen maßgeblich dazu bei, Interessenten anzusprechen und durch Nurturing gemeinsam mit dem Vertrieb in Kunden zu verwandeln. Die Entwicklung von Content sollte auf Basis der definierten Personas und Customer Journeys erfolgen verbunden mit laufender Messung zur Erhebung von Daten und Feststellung, was wirklich erfolgreich ist.

4 Wohin geht die Reise von Marketing Automation als Digitalisierungstreiber

Aus Sicht des Autors bietet die Einführung von Marketing Automation die große Chance für Marketing, zukünftig eine strategischere Rolle zu spielen, maßgeblich zum wirtschaftlichen Erfolg beizutragen und die Digitalisierung voranzutreiben. Dieser Beitrag soll eine solide Grundlage für die Implementierung vermitteln. Während er stark auf Demand Generation eingeht, das oftmals bei der Einführung im Mittelpunkt steht, bietet Marketing Automation nach erfolgreicher Implementierung viele andere Möglichkeiten entlang des Lebenszyklus (siehe auch den Beitrag „Marketing Automation als organisatorisches Framework" in diesem Handbuch). Hier geht es darum, Kunden in den unterschiedlichsten Phasen optimal zu betreuen.

Die Einführung von Marketing Automation sollte nicht als Abschluss gesehen werden, sondern als wichtiger Schritt auf dem Weg zum digitalisierten, datengetriebenen Unternehmen. Die Verwendung des Begriffes „Automation" darf zudem nicht darüber hinwegtäuschen, dass viele Prozesse noch manuell angestoßen und umgesetzt werden müssen. An der Stelle sollen zwei Beispiel für Weiterentwicklungen genannt werden: Die Umsetzung prädiktiver und präskriptiver Analytik steht bei vielen Anbietern noch am Anfang, ist jedoch der nächste logische Schritt. Konkret bietet sich die Umsetzung eines Predictive Lead Scoring, automatisiert und dynamisch auf Basis realer Daten an. Desgleichen Smart Content, mit dem individuell Inhalte im Rahmen einer personalisierten Ansprache ausgespielt werden. Qualitäts-Management bedeutet, Dinge von Anfang an richtig aufzusetzen und sie dann kontinuierlich weiter zu entwickeln.

Literatur

Brent, A., Matthew, D., Pat, S., & Nick, T. (2015). *The challenger customer*. London: Penguin Publishing Group.

Klaus, L. (2018). *Data-Driven Marketing und der Erfolgsfaktor Mensch*. Wiesbaden: Gabler.

Lutz Klaus ist Gründer und Inhaber von Marketing ROI Experts. Er unterstützt B2B-Unternehmen bei der Optimierung von Marketing und Vertrieb durch Automatisierung und datengetriebene Ansätze. Bevor er 2016 seine Beratungsagentur gründete war er 28 Jahre im B2B-Marketing und Vertrieb tätig, davon die letzten 20 Jahre in der IT-Branche bei Unternehmen wie Avaya, Nortel und Juniper Networks. LutKz laus ist zertifizierter Datenstrategiedesigner. Im Jahr 2018 erschien sein Buch „Data-Driven Marketing und der Erfolgsfaktor Mensch“ im Springer Gabler Verlag.

Erfolgreiches Lead Management – Nothing's Gonna Stop us Now

Stephan Wenger

Inhaltsverzeichnis

S. Wenger (✉)
AVL List GmbH, Graz, Austria
E-Mail: info@stephanwenger.com

U. Seebacher (Hrsg.), *Praxishandbuch B2B-Marketing*,
https://doi.org/10.1007/978-3-658-31651-8_11

Zusammenfassung

Dieses Kapitel umreißt die Bedeutung von Lead Management und seine Stellung innerhalb der Organisation. Es ist wichtig zu erkennen, dass das bekannte AIDA-Modell nach wie vor einen Rahmen für die Customer Journey eines potenziellen Kunden bis hin zum Verkauf bietet. Der Autor gibt einen Überblick über das Trichterkonzept einschließlich aller Schritte und ihrer Definitionen sowie Einzelheiten darüber, wie diese mit Marketing und Verkauf zusammenhängen. Darüber hinaus beschreibt das Kapitel die Besonderheiten von B2B Märkten im Zusammenhang mit dem Trichterkonzept. Die Übergänge zwischen den einzelnen Schritten im Trichter markieren wichtige Meilensteine der Customer Journey und zeigen die kritischsten KPIs auf. Erfolgreiches Lead Management ist nur möglich, wenn die Ziele des Lead- und Marketing-Trichters von Vertriebszielen abgeleitet werden. Eine Organisation ist zum Scheitern verurteilt, wenn die Ziele dieser wichtigen Abteilungen nicht aufeinander abgestimmt sind. Alle Aspekte des Lead Managements und die Beziehung zwischen Marketing und Vertrieb sind im Lead Management Reifegradmodell Modell (Englisch: Lead Management Maturity Model (LMM)) zusammengefasst. Dieses zum ersten Mal veröffentlichte LMM-Modell bietet einen Rahmen für die Bewertung und Entwicklung von Unternehmensorganisationen. Dieses Schema ermöglicht es einer Organisation, den Idealzustand von Marketing, Lead-Management und Vertrieb zu bewerten und danach zu handeln.

1 Der Aufbau der Marketing- und Vertriebsorganisation

Am 30. Januar 1987 erschien die Single „Nothing's Gonna Stop us Now“ der Band „Starship“, die innerhalb von 3 Monaten die Nr. 1 in den Billboard Hot 100 erreichte.[1] Wie dieser Evergreen Hit ist auch die Trennung von Marketing- und Vertriebsabteilungen in B2B Unternehmen Jahrzehnte alt. Ebenso alt ist das Paradoxon, dass Vertrieb und Marketing nicht gut miteinander auskommen, obwohl sie so eng miteinander verbunden sind.

Die typische Struktur großer B2B Unternehmen zeichnet sich durch eine klare organisatorische Hierarchie für ihre Kernfunktionen wie Forschung & Entwicklung, Produktmanagement, Fertigung, Controlling, Einkauf, Personalwesen, Vertrieb und Marketing aus. Allzu oft sind die Zuständigkeiten der Abteilungen jedoch nicht klar geregelt. In Hinblick auf die Verkaufs- und Marketingabteilung, passiert dieser Fehler bereits dann, wenn das Unternehmen klein ist und es verabsäumt, eine Gruppe von Marketingmitarbeitern aufzubauen. Die Marketingideen kommen oft vom Eigentümer des Unternehmens, den Produktmanagern, dem Verkaufsteam oder einer externen Agentur. Im Laufe der Zeit, wenn das Unternehmen wächst, werden oft erst spät Marketingabteilungen gegründet. Mit

[1] https://en.wikipedia.org/wiki/Nothing%27s_Gonna_Stop_Us_Now. Zugegriffen am 31.05.2020.

dem Resultat, dass dennoch ein Teil der Marketingaufgaben häufig dort bleibt, wo sie waren. Die verkaufsorientierten Aktionen inkl. der Lead Generierung bleiben typischerweise beim Verkauf.

> „Allzu oft stellen Unternehmen fest, dass sie eine Marketingfunktion innerhalb des Vertriebs und eine Vertriebsfunktion innerhalb des Marketings haben." (Kotler et al. 2006)

Gängige Vorurteile sind, dass Marketing die kreative und kommunikative Abteilung ist, die nur Geld ausgibt und nichts über echte Kunden weiß. Der Verkauf hingegen ist draußen im Feld mit direktem Kundenkontakt, verkauft und verdient Geld. In der Regel vertragen sich Marketing und Vertrieb, obwohl sie so tief miteinander verbunden sind, nicht immer. Wenn die Verkaufsziele nicht erreicht werden, wirft das Marketing dem Vertrieb vor, eine brillante Marketingkampagne nicht zu nutzen. Das Verkaufsteam hingegen erklärt, dass die Marktbedürfnisse vom Marketing nicht verstanden wurden und die Kampagne sich an die falsche Zielgruppe richtete. Darüber hinaus verbraucht das Marketing zu viel Budget und nimmt dem Verkaufsteam ihren verdienten Anteil am Budget weg (Kotler et al. 2006).

Angesichts der notwendigen Kundenzentriertheit[2] und einer beschleunigten Digitalisierung der Kommunikation aufgrund der COVID-19-Pandemie[3] erscheint dieser interne Kampf kindischer und antiquierter denn je. In einer Umfrage, die im März 2020 mit über 450 B2B Marketers durchgeführt wurde, gaben über 2/3 der Befragten an, dass sie Live Events im Jahr 2020 durch Online Events ersetzen werden.[4] Dies ist nur ein Beispiel dafür, wie die Aufgaben von Marketing und Vertrieb zusammenhängen und wie wichtig eine enge Zusammenarbeit zwischen beiden Abteilungen ist.

Kotler, Rackham & Krishnaswamy führten vier Arten von Beziehungen zwischen Marketing und Vertrieb ein (Kotler et al. 2006). Sie sind:

- *Undefiniert*: Die Beziehung zwischen den beiden Abteilungen ist undefiniert und hat sich unabhängig voneinander entwickelt. Jede Gruppe verfolgt ihre eigenen Ziele, und sie handeln ohne Wissen über die Tätigkeit der anderen Disziplin.
- *Definiert*: In einer definierten Beziehung folgen Marketing und Vertrieb definierten Regeln, um Unstimmigkeiten zu vermeiden. Es sind Grenzen und Verantwortlichkeiten klar definiert. Die beiden Abteilungen beginnen, die gleiche Sprache und ein gemeinsames Verständnis der für beide wichtigen Aufgaben zu verwenden. Wie zum Beispiel ein Lead definiert wird. Ein typischer Bereich der Zusammenarbeit sind Live Veranstaltungen und die Lead Generierung auf Messen.

---

[2] https://go.forrester.com/blogs/b2b-marketing-should-organize-around-the-customer-in-2020/. Zugegriffen am 31.05.2020.

[3] https://www.emarketer.com/content/podcast-how-b2bs-can-continue-selling-in-a-covid-19-world. Zugegriffen am 31.05.2020.

[4] https://www.b2bmarketingzone.com/taurus/media/b2b-marketing/whitepapers/How%20COVID-19%20is%20Impacting%20B2B%20Marketing%20FINAL.pdf. Zugegriffen am 31.05.2020.

- *Abgestimmt*: Wenn Marketing und Vertrieb aufeinander abgestimmt sind, gibt es klare Verantwortlichkeiten und Regeln, aber bleiben flexibel und bauen auf dem gegenseitigen Verständnis der Kompetenzen, Prozesse und Aufgaben des anderen auf. Diese sind zur Erfüllung eines gemeinsamen Ziels erforderlich. Dies zeigt sich, wenn Marketing bei wichtigen Kunden mit dem Vertrieb zusammenarbeiten. Dies ist der erste Schritt zum Account Based Marketing (ABM).
- *Integriert*: In einem vollständig integrierten Umfeld verschwimmen die Grenzen zwischen den beiden Disziplinen. Prozesse, Sprache und hierarchische Struktur werden gemeinsam genutzt, um voll und ganz einem gemeinsamen Ziel zu arbeiten. Die eine Abteilung kann ohne die Andere nicht existieren. Marketing und Vertrieb sind nicht mehr strikt voneinander getrennt, sondern profitieren von den Kernkompetenzen des jeweils anderen.

Lead Management spielt eine wichtige Rolle bei der Entwicklung der Beziehung zwischen Marketing und Vertrieb. Die Abhängigkeit zwischen dem Reifegrad des Lead Managements und dem Beziehungsstatus zwischen Marketing und Vertrieb wird später in diesem Kapitel weiter erörtert, indem das zum ersten Mal veröffentlichte, vom Autor erstellte, Lead-Management-Reifegrad-Modell (MLL-Modell) vorgestellt wird.

Marketing misst keine verkaufsrelevanten KPIs

Onlinemarketing, Big Data, Analytics, datengetriebenes Marketing, 360°-Customer View – das alles sind Marketing Schlagworte des 21. Jahrhunderts. Die Notwendigkeit, Maßnahmen zu messen, ist zweifellos ein entscheidender Schritt in der Marketing- und Vertriebsstrategie eines jeden Unternehmens. Das sagt uns zumindest die Marketing-Bibel von Kotler und Bliemel (2006, S. 155). Abgeleitet aus der obigen Erörterung des Konflikts zwischen Marketing und Vertrieb fehlt in B2B Marketing Organisationen ein umfassendes KPI-Set, welches dem Management und der Vorstandsetage regelmäßig berichtet wird. Aber warum ist dies der Fall, wenn z. B. Hubspot „The ultimate List of Marketing Statistics for 2020", basierend auf 3400 befragten Marketers, veröffentlicht hat? Diese Liste umfasst mehr als 70 Datenpunkte.[5] Folglich gibt es mit Sicherheit genug zu messen. Marketers haben oft Schwierigkeiten, KPIs zu messen und damit ihre Handlungen zu begründen.[6] Und wenn B2B Marketing gemessen wird, ist das KPI-Set voll von Vanity Metrics,[7] ohne, oder mit geringem Verkaufsbezug. Zum Beispiel gibt der Suchbegriff „Conversion Rate" 450 Millionen Google Suchergebnisse zurück. Der Longtail-Suchbegriff „Ad Im-

[5] https://www.hubspot.com/marketing-statistics. Zugegriffen am 31.05.2020.

[6] https://www.forbes.com/sites/kaviguppta/2014/11/17/why-marketers-struggle-to-understand-analytics/#1d22390714c7. Zugegriffen am 31.05.2020.

[7] Als Vanity Metrics werden Datenpunkte bezeichnet, die typischerweise keine Aussagen über unternehmenskritische Zustände zulassen. Details über gute und schlechte Vanity Metrics sind hier nachzulesen: https://contentmarketinginstitute.com/2020/02/vanity-metrics-marketing-goals/. Zugegriffen am 31.Mai 2020.

pression im Online-Marketing" liefert 168 Millionen Suchergebnisse. Diese Google Suchergebnisse unterstreichen, dass viele Menschen nach Vanity Metrics suchen. Dies ist nicht überraschend und wird durch die Standardeinstellungen der großen B2B Plattformen wie LinkedIn noch verstärkt. Der LinkedIn Kampagnenmanager,[8] zeigt, direkt nach den Kosten, „Impressionen" als zweiten KPI und „durchschnittliche Klickrate" als Dritte. Dieser Fokus auf Vanity Metrics verstärkt den Mangel an echten, verkaufs- und outputorientierten B2B Marketing Kennzahlen.

Modernes Marketing und die digitale Transformation

Der inflationär verwendete Begriff „Digitale Transformation" wurde in den letzten Jahren zu einem Schlagwort. Tatsache ist, dass Marketing zu einer digitalen Disziplin geworden ist. Zum einen ist die Marketing-Tool-Landschaft (bezeichnet als MarTech)[9] im Jahr 2020 auf insgesamt 8000 Martech Lösungen angewachsen, ausgehend von nur 150 Lösungen im Jahr 2011.[10] Zum anderen erlebt unsere Wirtschaft einen Wandel. Der Hauptgrund dafür ist, dass die Generation Z,[11] geboren zwischen 1990 und 2010, zunehmen in das Management und in die Vorstandsetagen vordringen. Diese Generation ist mit digitalen Technologien, dem Internet und sozialen Netzwerken aufgewachsen und deren Nutzung ist für diese Generation eine Selbstverständlichkeit. Diese Verhaltensänderung wirkt sich auf alle Aspekte des Marketings aus, einschließlich der Schaffung und Nutzung von Inhalten, des Kanal- und Medienmixes und des Einsatzes digitaler Werkzeuge für alle Aufgaben. In einer Umfrage[12] lauteten die häufigsten Antworten auf die Frage, welche Taktiken zur Verbesserung der Qualität der Lead-Generierung am wirksamsten sind: Social Media Marketing (59 %), E-Mail-Marketing (40 %), Website-Personalisierung (38 %), Content-/Video-Marketing (34 %) und Marketing-Technologie/CRM (33 %).[13] Ein weitere Fakt unterstreicht diese sich schnell verändernde Marketingwelt, von der auch das B2B Marketing nicht ausgenommen ist. Die Ausgaben für digitale Werbung im Jahr 2022 werden 54 % der gesamten weltweiten Ausgaben für Werbung ausmachen. Im Jahr 2017 waren es nur 40 %.[14] Die jüngste Veränderung bei den Budgetausgaben wird durch die COVID-19-Pandemie verursacht. B2B Marketers verlagern das Budget von Live Events auf digitale Kanäle. Laut einer von Statista durchgeführten Umfrage wurde festgestellt, dass 40 % der Marketers ihr Budget in Webinare und digitale Veranstaltungen verlagern. 33 % verwenden das freiwerdende Budget in Suchmaschinenwerbung und 27 % in bezahlte Social Me-

[8] https://www.linkedin.com/help/linkedin/answer/61001. Zugegriffen am 31.05.2020.

[9] Siehe das Kapitel über MarTech von Seebacher am Anfang dieser Publikation.

[10] https://chiefmartec.com/2020/04/marketing-technology-landscape-2020-martech-5000/. Zugegriffen am 31.05.2020.

[11] https://en.wikipedia.org/wiki/Generation_Z. Zugegriffen am 31.05.2020.

[12] Strategies, Tactics and Trends for Lead Generation Quality, Ascend2, 2019.

[13] https://blog.hootsuite.com/how-to-generate-leads-on-social-media/. Zugegriffen am 31.05.2020.

[14] https://www.emarketer.com/content/emarketer-total-media-ad-spending-worldwide-will-rise-7-4-in-2018. Zugegriffen am 31.05.2020.

dia Aktivitäten.[15] Diese Fakten unterstreichen, dass die Digitalisierung im B2B Marketing bereits stattfindet.

Die beschriebenen drei Aspekte, (a) der Aufbau einer Vertriebs- und Marketingorganisation, (b) die fehlende Messung vertriebsrelevanter KPIs im Marketing und (c) modernes Marketing und digitale Transformation, bilden einen Rahmen und beeinflussen erfolgreiches Lead Management. Die Aufgabe von B2B Marketeers ist es, diese Aspekte zu verstehen und umzusetzen, um einen funktionierenden Lead Management Prozess zu etablieren. Daher seien Sie versichert – „Nothing's Gonna Stop us Now".

2 Trichterkonzept

2.1 Eine Einführung in das Trichterkonzept

Das Konzept des Verkaufs- und Marketingtrichters ist ein Grundprinzip der Marketingtheorie. Elias St. Elmo Lewis stellte ein Modell vor, das den Weg eines potenziellen Kunden von der ersten Interaktion mit einer Marke oder einem Produkt bis zum endgültigen Kauf zeigt. Sein Modell ist auch als AIDA-Modell bekannt, ein Akronym für vier Stufen: Aufmerksamkeit (Awareness), Interesse (Interest), Verlangen (Desire), Handlung (Action), veröffentlicht 1925 von E. K. Strong (1925, S. 349). Seitdem haben sich die Grundlagen nicht geändert, unser Geschäftsumfeld jedoch sehr wohl. Das Marketing hat sich zu einer digital getriebenen, facettenreichen Disziplin entwickelt. Der Vertrieb ist globalisierter denn je. Beide Disziplinen erfordern definierte Prozesse, die durch Software unterstützt werden, um die Menge der Kundendaten (Big Data) in unserem modernen Geschäftsumfeld zu bewältigen und sinnvoll nutzen zu können. Beispielsweise hatte Salesforce, der weltweit größte Anbieter von Customer-Relationship-Management-Systemen, im Jahr 2019 einen Umsatz von 13,3 Milliarden US-Dollar.[16] Das, was Salesforce als „Customer 360" bezeichnet,[17] ist der heutige Stand der Technik, um potenzielle Kunden der Zielgruppe in Kunden umzuwandeln. Das Trichterkonzept behält seine Gültigkeit und bildet das Rückgrat für ein erfolgreiches 360°Kundenbeziehungsmanagement. Von einem unbekannten, potenziellen Kunden, hin zu einem gewonnenen Kunden.

Ein genauerer Blick auf das AIDA-Modell ist notwendig, um das Trichterkonzept in diesem Kapitel weiterzuentwickeln. Die vier Stufen des AIDA-Modells sind:

- *Aufmerksamkeit (Awareness)*: Die Awareness Phase zielt darauf ab, die Aufmerksamkeit der Zielgruppe zu gewinnen. Dies geschieht durch Marketingkommunikation, die

[15] https://www.statista.com/statistics/1119067/b2b-marketers-live-event-budget-reallocation-covid10-usa/. Zugegriffen am 31.05.2020.

[16] https://s23.q4cdn.com/574569502/files/doc_financials/2019/Salesforce-FY-2019-Annual-Report.pdf. Zugegriffen am 31.05.2020.

[17] https://www.salesforce.com/eu/products/what-is-salesforce/. Zugegriffen am 31.05.2020.

sowohl offline- als auch online Kanäle nutzt. Im B2B Marketing ist es immer noch üblich, Veranstaltungen zu besuchen, in Zeitschriften zu publizieren und Print Mailings zur Erhöhung der Aufmerksamkeit einzusetzen. Der bereits diskutierte Push der Digitalisierung wird die Awareness Maßnahmen weiter auf online Kanäle verlagern. Letztlich geht es darum, die Bekanntheit in den Köpfen der Zielgruppe zu steigern.

- *Interesse (Interest)*: Der potenzielle Kunde bekundet Interesse an dem Produkt oder der Dienstleistung. Die Informationen zum Produkt oder der Dienstleistung zielen darauf ab das Marken- oder Werbeversprechen einzuhalten. Der Kunde erfährt, wie das Unternehmen, das Produkt oder die Dienstleistung sein Bedürfnis erfüllt. In diesem Schritt geht die einseitige Kommunikation in eine bidirektionale Kommunikation über. Der potenzielle Kunde reagiert auf die Bemühungen der Awareness Phase und wird zum Interessenten.
- *Verlangen (Desire)*: Nachdem das Interesse an dem Produkt geweckt ist, besteht die nächste Aufgabe darin, den Interessenten davon zu überzeugen, dass er da Produkt oder die Dienstleistung haben möchte, indem man das Verlangen danach weckt. Alleinstellungsmerkmale und das Customer Value Konzept[18] bieten einen Rahmen, wie ein Interessent langfristig überzeugt werden kann. Das Verlangen ist daher eng mit der Wahrnehmung verbunden, dass das Produkt oder die Dienstleistung einen Mehrwert bietet. Die Marke unterstützt emotionale Aspekte um Verlangen zu wecken.
- *Handlung (Action)*: In der Schlussphase des AIDA-Models soll der Interessent zur Handlung bewegt werden. In der Regel handelt es sich dabei um den Kauf des Produkts oder die Inanspruchnahme der Dienstleistung. Diese Handlung wird ausgelöst, wenn der Kundenwert hoch genug ist, um die Erwartung des Interessenten zu erfüllen. Das Verhältnis zwischen Interessenten in der Awareness Phase und jenen Interessenten, die eine Handlung setzen, nennt man die Konversionsrate des Trichterkonzepts.

Das AIDA-Modell bietet eine wichtige Grundlage für alle weiteren Details des Trichterkonzepts und für die erfolgreiche Umsetzung einer Lead Management Strategie. Aufbauend auf dem Konzept von Lewis werden daher in der folgenden Abbildung die 4 Stufen mit den Aufgaben der Marketing- und Vertriebsabteilung abgebildet. Sie skizziert die bereits erwähnte undefinierte Schnittmenge der beiden Abteilungen innerhalb des Trichters (vgl. Abb. 1).

Ein genauerer Blick auf das Modell zeigt, dass die erste Phase klar dem Marketing zugeordnet werden kann. Der Aufbau einer Marke und die Steigerung des Bekanntheitsgrades eines Unternehmens, eines Produkts oder eine Dienstleistung ist per Definition eine Marketingaufgabe. Dasselbe gilt für die „Interesse" Phase, in der die Kernaufgabe des Marketings darin besteht, das anfängliche, durch die Awareness Phase ausgelöste Interesse aufrechtzuerhalten und zu steigern. Die Zuständigkeiten von Vertrieb und Marke-

[18] Das Kundenwertkonzept beschreibt, was ein Produkt oder eine Dienstleistung für den Kunden wert ist. Der Kundenwert (Customer Value) entspricht dem Nutzen abzüglich der Kosten, die notwendig sind, um diesen Nutzen zu erhalten.

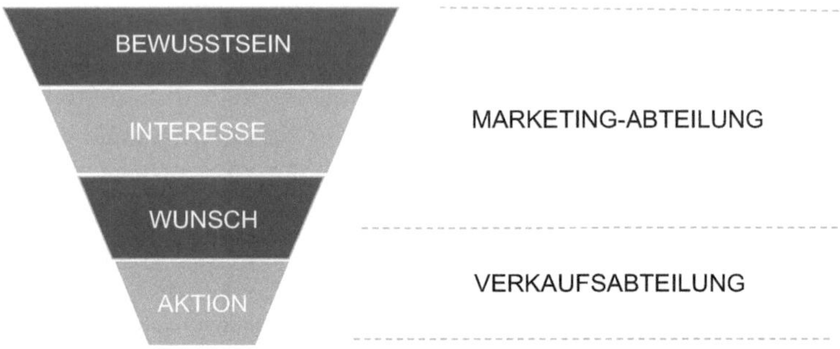

Abb. 1 AIDA-Modell kombiniert mit der Marketing- und Vertriebsabteilung (Eigene Abbildung)

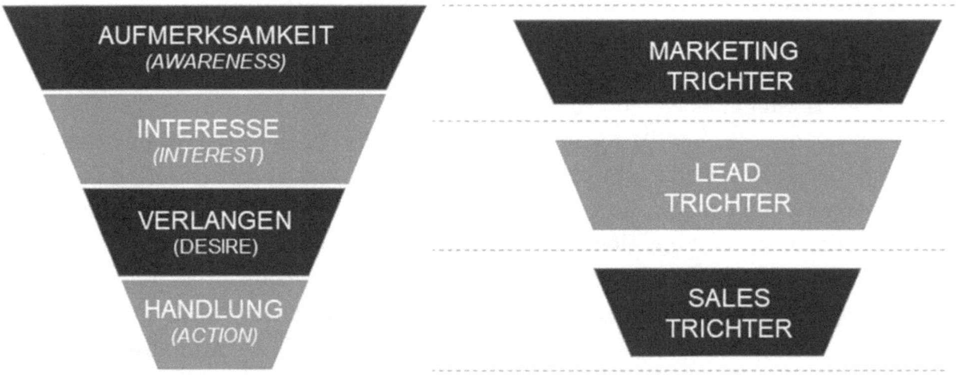

Abb. 2 AIDA-Modell in Kombination mit dem Marketing-Lead-Sales-Trichterkonzept (Eigene Abbildung)

ting in der „Verlangen" Phase sind jedoch verschwommen, da nötige Maßnahmen durch beide Abteilungen gesetzt werden können. Die Phase des Verlangens wird durch das bereits erklärte Konzept der Beziehung zwischen Marketing und Vertrieb beeinflusst. Je reifer die Beziehung ist, desto weniger verschwommen ist der Verantwortungsbereich und desto klarer sind die Aufgaben von Marketing und Vertrieb in der Desire Phase. Die letzte Phase, das Setzen einer Handlung, ist letztlich die Aufgabe des Verkaufs und daher klar zuordenbar. Jedoch, angesichts der zunehmenden Digitalisierung und der Natur von online Kanälen, kann die Action Phase aber auch teilweise beim Marketing liegen. Dies gilt insbesondere für den Onlinevertrieb, da eCommerce Kanäle untrennbar mit der Website des Unternehmens verbunden sind für die wiederum das Marketing verantwortlich ist.

Diesen Ausführungen folgend, erklärt das AIDA-Modell keine eindeutige Definition der Zuständigkeiten, noch liefert es Details über die Customer Journey entlang des Trichters. Es skizziert lediglich die grundlegenden Phasen einer Customer Journey und bietet einen Rahmen für das folgende, prozessorientierte Trichterkonzept (vgl. Abb. 2).

Das fehlende Bindeglied zwischen Marketing und Vertrieb ist Lead Management. Die mitunter verschwommenen Zuständigkeiten der Desire Phase erfordern eine definierte

Abteilung sowie definierte Prozessschritte, namentlich das Lead Management. Die Einführung einer dritten Zuständigkeit sowie Abteilung spiegelt auch die diskutierte wachsende Komplexität in unserem B2B Geschäftsumfeld wider. Diese Perspektive bildet die Grundlage für das weitere Trichterkonzept, welches in diesem Kapitel entwickelt wird.

Es gibt einige deutliche Unterschiede zwischen B2B und B2C. In Hinblick auf das Trichterkonzept ist es daher notwendig, B2B Spezifika zu berücksichtigen. Die wichtigsten Aspekte, wie sich B2B von B2C unterscheidet, sind:[19]

- *Komplexität von Produkten und Dienstleistungen*: B2B-Produkte und -Dienstleistungen sind komplexer als im B2C Bereich und haben einen höheren Erklärungsaufwand. Die Funktionsprinzipien sind für den Kunden ebenso wichtig wie das Bedürfnis, welches das Produkt oder die Dienstleistung erfüllt. Die Vorkaufsphase, insbesondere die Interessen- und Verlangenphase, ist durch einen intensiven Wissensaustausch zwischen Unternehmen und dem potenziellen Kunden gekennzeichnet.
- *Höhere Investitionen*: B2B Käufe sind typischerweise hohe Investitionen. Hohe Preise erfordern einen definierten Preisvergleichsprozess und Klärung von Themen wie Zahlungs- und Lieferbedingungen. B2B Entscheidungen werden typischerweise durch ein gedeckeltes Budget bestimmt, welches nicht überschritten werden darf. Darüber hinaus sind Investitionen oft mit Freigabeprozessen und Managementverantwortung, auf Basis der Investitionshöhe, verbunden.
- *Das Buying Center ist an Kaufentscheidungen beteiligt*: B2B Kaufentscheidungen werden von einer Gruppe von Personen getroffen. Abhängig von der Unternehmensgröße, dem jeweiligen Einkauf sowie den Prozessen des Unternehmens wird ein Buying Center gebildet. Das Prinzip des Buying Center Konzept ist es, die Kaufentscheidung auf der Grundlage definierter Kriterien zu objektivieren. Dennoch werden B2B Kaufentscheidungen auch auf Beziehungen zwischen Kunde und Vertrieb sowie dem Projektteam aufgebaut. Allerdings sind Kaufentscheidungen nicht rein rational, sondern nur tendenziell objektiver als im B2C.
- *Längere Durchlaufzeit des Vertriebsprozesses*: Aufgrund der bisherigen Aspekte ist die Durchlaufzeit des Vertriebsprozess länger. B2B Produkte und Dienstleistungen sind oft Teil eines größeren Projekts und erfordern mehrere Abstimmungstermine, um den Umfang und Details zu definieren. Laut CSO Insights[20] geht aus einer 2018 durchgeführten Studie mit 886 Vertriebsleitern hervor, dass die Mehrzahl der Kaufprozesse bestehender Kunden 1-3 Monate dauern. Bei neuen Kunden kann der Prozess bis zu 4-6 Monate dauern.[21]

---

[19] https://blog.hubspot.com/agency/differences-b2c-b2b-marketing. Zugegriffen am 31.05.2020.

[20] Die Forschung von CSO Insights konzentriert sich auf die Komplexität von B2B Verkäufen. https://www.csoinsights.com/. Zugegriffen am 31.05.2020.

[21] https://www.marketingcharts.com/customer-centric/lead-generation-and-management-107203. Zugegriffen am 31.05.2020.

- *Werbung ist weniger emotional*: Aufgrund der Komplexität der Produkte und Dienstleistungen sowie der objektivierten Kaufentscheidung ist die Werbung weniger emotional. Der Inhalt ist deskriptiv, faktenbasiert, spezifikationsorientiert und informativ. Informativer Inhalt wird auch als „Educational Content“ bezeichnet. Dadurch ist die Promotion im Vergleich zu B2C weniger emotional, bietet aber einen höheren informativen Mehrwert für den Kunden. Eine auf Fakten basierende Differenzierung ist für die Unternehmen einfacher. Entscheidend ist jedoch, dass sich die Promotion letztlich auch an den Menschen richtet, was bedeutet, dass vor allem auch Emotionen ausgelöst werden können.

Mit diesem Überblick können die verschiedenen Schritte eines potenziellen Kunden im Trichter im Detail erklärt werden.

2.2 Die verschiedenen Schritte von einem potenziellen Kunden zu einem gewonnenen Kunden

Dieses Kapitel beschreibt vier Phasen der Customer Journey sowie die drei prozessorientierte Schritte mit den Schwerpunkten Vertrieb, Marketing und Lead Management. Ein genauerer Blick auf die Details innerhalb der Rahmenvorgaben des Trichterkonzepts offenbart mehrere Schritte. Die folgende Abbildung gibt einen Überblick über diese Schritte (vgl. Abb. 3).

Die folgenden Definitionen erläutern jeden Schritt, umreißen die Schnittstellen zwischen den Schritten und füllen somit das Rahmen des Trichterkonzepts. Der Schwerpunkt liegt auf den 3 Schritten des Lead Management Trichters und deren Schnittstellen zu Marketing und Vertrieb.

- *Potenzieller Kunde*: Ein potenzieller Kunde ist Teil der definierten Zielgruppe. Ein gängiges Konzept besteht darin, Buyer Personas[22] zu verwenden, um jedes Mitglied der Zielgruppe zu beschreiben. Im B2B Bereich is es üblich aufgrund des Buying Centers jedes Mitglied dieser Gruppe als Buyer Personas zu beschreiben. Zu diesem Zeitpunkt

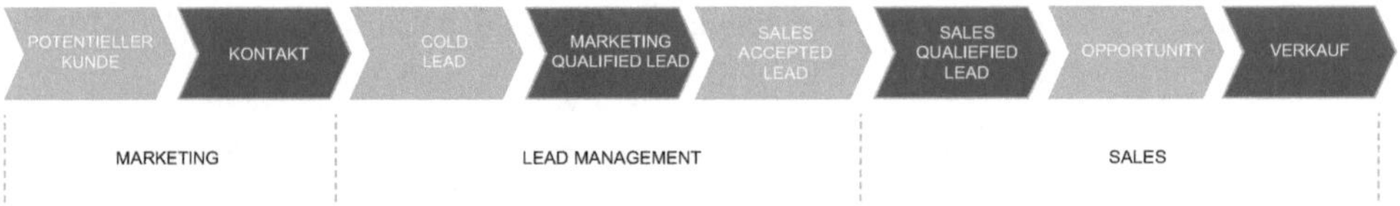

Abb. 3 Schritte eines potenziellen Kunden innerhalb des Trichters (Eigene Abbildung)

[22] Eine Buyer Persona ist eine fiktive, verallgemeinerte Darstellung Ihrer Zielgruppe und repräsentiert den idealen Kunden.

sind noch keine persönlichen Daten des potenziellen Kunden verfügbar, und daher dem Unternehmen unbekannt.

- *Kontakt*: Sobald sich der potenzielle Kunde mit dem Unternehmen in Verbindung setzt und seine Kontaktdaten hinterlässt, verwandelt er sich in einen Kontakt. In diesem Schritt verfügt das Unternehmen über grundlegende persönliche Daten des Kontakts. Je nach Grad der Marketingautomatisierung und des CRMs kann dieser „Unique Identifier[23]" auch nur die E-Mail-Adresse sein. Ein Kontakt drückt jedoch nicht zwingend ein explizites Interesse an einem Produkt oder einer Dienstleistung. Solange er dies nicht tut, ist er daher immer noch Teil des Marketing Trichters. Seine Beweggründe und Bedürfnisse sind noch unklar. Daher ist das Unternehmen nicht in der Lage, den Kunden auf einer konkreten Ebene direkt anzusprechen. Folglich zielt das Marketing darauf ab, den Kontakt durch die definierte Customer Journey weiter voranzutreiben und mehr Informationen über seine Bedürfnisse zu sammeln.

Achtung: CRM-Systeme könnten den Begriff „Kontakt" unterschiedlich verwenden. Es gibt verschiedene Definitionen des Status „Kontakt" für denselben Schritt in z. B. Salesforce im Vergleich zu SAP CRM.

- *Cold Lead*: Ein Lead, auch als Cold Lead bezeichnet, ist ein Kontakt mit minimalen Kontaktinformationen, der Interesse an dem Produkt oder der Dienstleistung bekundet hat. Die Kriterien für die Umwandlung von Kontakt zu Lead hängen stark von der Prozessdefinition ab, da der Kontakt in dieser Phase typischerweise in ein CRM System übertragen wird. Die Umwandlung von einem Kontakt in einen Lead ist auch die Schnittstelle zwischen Marketing und Lead Management und wird idealerweise durch objektive und messbare Kriterien beschrieben. Diese sind Beispielsweise:
  - Persönliche Daten des Kontakts/des Leads
  - Anzahl der Berührungspunkte des Kontaktes/des Leads
  - Auslösesignale wie Bitte zur Kontaktaufnahme

Der Lead Status markiert auch das Ende der Awareness Phase, da der nun neu geschaffene Lead Interesse an dem Produkt oder der Dienstleistung zeigt. Ziel des Leadmanagements ist es, den Lead zu pflegen und das Interesse aufrechtzuerhalten. Lead Nurturing[24] bezieht sich auf die Aufgabe, einen Lead zu einem Marketing qualifizierten Lead (MQL) zu entwickeln. Daher ist der Anfangsstatus eines Leads ein Cold Lead. Dieser erfüllt alle grundlegenden Anforderungen an den Lead Status, hat aber eine geringe Wahrscheinlichkeit den nächsten Trichter Schritt zu erreichen und schließlich zum Kunden zu werden.

[23] Ein „Unique Identifier" ist ein eindeutiges Kriterium, welches das Unternehmen verwendet, um alle Benutzeraktivitäten abzugleichen. Dieser Identifikator spielt eine wichtige Rolle bei der Leadpflege.

[24] Im nächsten Teil dieses Kapitels finden Sie Einzelheiten zur Lead Nurturing.

Kernaufgabe des Lead Managements ist es, einen kalten Lead zu einem Hot Lead zu entwickeln. Ein Hot Lead wird auch als Marketing qualifizierter Lead bezeichnet.

- *Marketing qualifizierter Lead (MQL)*: Dieser Status wird auch als „qualifizierter Kontakt" bezeichnet. Ein MQL ist definiert als der Übergangsstatus vom Lead Management zum Vertrieb. Ein Lead wird auf der Grundlage definierter Kriterien in einen MQL umgewandelt. Diese Kriterien haben einen Interaktions- und Verhaltensschwerpunkt[25] und sind grundsätzlich die gleichen Kriterien als für die Erstellung eines Leads. Jeder Kontaktpunkt entlang der Customer Journey hat einen Wert – sowohl für den Kunden als auch für das Unternehmen. Aus der Perspektive des Lead Managements erhält der Lead für jede Interaktion mit dem Unternehmen, online und offline, eine Punktzahl. Je höher die Punktzahl ist, desto wärmer ist der Lead. Dieses Konzept wird als Lead Scoring bezeichnet.[26] Sobald ein Lead einen definierten Wert erreicht, wird er in einen Marketing qualifizierten Lead (MQL) umgewandelt. Ein Marketing qualifizierter Lead ist der wichtigste Status für die Marketing und Lead Management Abteilung. Er ist das Ergebnis, das die beiden Abteilungen gemeinsam erzielen. Dieser Status markiert den Übergang in den Sales Trichter.
- *Vom Verkauf akzeptierter Lead (SAL)*:[27] Der Status SAL ist ein kritischer Moment auf dem Weg des Kunden von einem potenziellen Kunden zu einem realisierten Verkauf. Er markiert die Schnittstelle zwischen Marketing/Lead Management und dem Verkauf. Mit Hinblick auf die bereits besprochenen Beziehungsstati der Abteilungen ist es von entscheidender Bedeutung, eine gemeinsame Definition eines SAL zu haben.[28] Das Lead Management erhebt den Anspruch, diese definierten Kriterien zu erfüllen, indem es den MQL an den Vertrieb weiterleitet. Im Gegenzug prüft der Vertrieb die Erfüllung der Kriterien. Wenn der Vertrieb bestätigt, dass die gemeinsam definierten Kriterien erfüllt sind, wird der MQL in einen SAL umgewandelt. Fragen, auf welche die Kriterienprüfung Antworten gibt, sind zum Beispiel:[29]
  - Ist der MQL der Entscheidungsträger?
  - Möchte der MQL das Produkt tatsächlich erwerben beziehungsweise die Dienstleistung konsumieren?
  - Löst das Produkt oder die Dienstleistung das Problem des MQL?
  - Passt der MQL zur Verkaufsstrategie?

[25] Im Englischen wird von Engagement und Behavioral gesprochen.

[26] Siehe nächster Teil dieses Kapitels für Einzelheiten zum Lead Scoring.

[27] Sales Accepted Lead.

[28] https://www.marconomy.de/sales-accepted-leads-das-meisterstueck-im-b2b-leadmanagement-a-817909/. Zugegriffen am 31.05.2020.

[29] https://blog.marketo.com/2018/07/is-your-lead-sales-qualified-how-to-tell.html. Zugegriffen am 31.05.2020.

Dieser Status markiert den Beginn des Verkaufstrichters und ist eine Kern Kennzahl (KPI)[30] für den Output des Lead Management Trichters. Die Konversionsrate des Lead Trichters ist das fehlende Bindeglied zwischen Marketing und Vertrieb. Sie macht alle vertriebsunterstützenden Bemühungen messbar. Die Berechnung für diese Lead Funnel Conversion Rate (LFCR) lautet:

$$Lead\ Funnel\ Conversion\ Rate(\mathrm{LFCR}) = \frac{Vom\ Verkauf\ akzeptierter\ Lead(SAL)}{Cold\ Lead(CL)}$$

Der Status SAL wird auch durch die Wahrscheinlichkeit beschrieben, dass der Interessent mit einem Vertriebsmitarbeiter spricht.

> SQLs sind am Weg zum Käufer weiter fortgeschritten und kaufbereit. Sie passen perfekt in das ideale Kundenprofil und die Wahrscheinlichkeit, dass sie mit einem Vertriebsmitarbeiter sprechen ist hoch.[31]

- *Vom Vertrieb qualifizierter Lead (SQL)*:[32] In dieser Phase wird der Lead vom Vertrieb akzeptiert und erfüllt somit die festgelegten Kriterien. Der Lead wird dem Vertriebsmitarbeiter übergeben, mit dem Ziel, eine Verkaufsmöglichkeit (Opportunity) zu schaffen. Der vom Verkauf akzeptierte Lead wird in weitere Folge tiefergehenden, vertriebsprozessbezogenen Prüfungen unterzogen. Der Vertrieb setzt sich mit dem SAL in Kontakt und bespricht Schlüsselaspekte des Verkaufsfalls. Diese Aspekte werden oft als BANT bezeichnet, ein Akronym, das für Budget (Budget), Autorität (Authority), Bedarf (Need) und Zeit (Time) steht. Zunächst klärt der Vertriebsbeauftragte, ob der SAL über das Budget für den Kauf verfügt. Dies kann nur durch den Vertrieb erfolgen, da die Preise für B2B Projekte oft nur bei der Vertriebsabteilung liegen. Darüber hinaus findet der Vertriebsmitarbeiter heraus, ob der SAL die Befugnis für den Einkauf hat. Dies ist eine enge Verbindung zum Buying Center im B2B. Bedarf und Zeit bestimmen, wie schnell der Vertriebsmitarbeiter handelt, und ist ein wichtiger Aspekt für die Ressourcenplanung. Wenn alle Kriterien erfüllt sind, wird der SAL in einen SQL verwandelt, welcher weiter aktiv vom Vertriebsteam bearbeitet wird. Dieser Schritt markiert den typischen Beginn des Vertriebstrichters.
- *Verkaufschance (Opportunity)*: In der frühen Phase des Verkaufstrichters stimmt sich der Vertriebsmitarbeiter mit dem Kunden ab, mit dem Ziel, den Umfang des Projekts und die Anforderungen des Kunden zu verstehen und eine spezifische Lösung anzubieten. Das Ziel dieses Prozesses ist es, eine Verkaufschance zu schaffen. Eine Opportunity ist der oft salopp verwendete Begriff „Verkaufsfall". Wie bei der Pflege eines Cold Leads wird eine Opportunity vom Vertrieb mit dem Ziel bearbeitet, das Geschäft

[30] Key Performance Indicator.

[31] https://blog.marketo.com/2018/07/is-your-lead-sales-qualified-how-to-tell.html. Zugegriffen am 31.05.2020.

[32] Sales Qualified Lead.

abzuschließen. Während ein Lead mit Punkten bewertet wird, wird im Falle der Opportunity die Wahrscheinlichkeit des positiven Abschlusses bewertet.

- *Verkauf*: Das Geschäft abzuschließen ist natürlich das Ziel des Verkaufsteams und stellt den letzten Schritt des Marketing-Lead-Sales-Trichters dar. Dieser Status wird auch als „gewonnene Verkaufschance" bezeichnet. Die Sales Funnel Conversation Rate (SFCR) ist eine wichtige KPI für das gesamte Unternehmen und wird wie folgt berechnet:

$$Sales\,Funnel\,Conversion\,Rate\left(\mathrm{SFCR}\right) = \frac{Verkauf}{Vom\,Vertrieb\,akzeptierter\,Lead\left(SAL\right)}$$

Der Überblick über die verschiedenen Schritte im Marketing-Lead-Sales-Trichters zeigt die Wichtigkeit der KPIs und deren Bedeutung für die Strategie der besprochenen Abteilungen auf. Die beiden definierten Conversion Rates, LFCR und SFCR, liefern wichtige Kennzahlen für das Management. Nicht nur für die Sales Abteilung, sondern auch für die Definition von Zielen der Lead Management und Marketing Abteilung. Jahrespläne enthalten immer verkaufsorientierte Kennzahlen wie Umsatz und Anzahl der Verkäufe. Wenn man die genannten Conversion Rates kennt, führt das Sales Ziel zum SAL Ziel, das folglich zum Cold Lead Ziel führt. Die nachstehende Tabelle zeigt diese Abhängigkeiten auf (vgl. Tab. 1):

Dieser strategische Ansatz bietet einen umfassenden Rahmen für die Ausrichtung von Marketing, Lead Management und Vertrieb. Der Fokus für beide Abteilungen liegt auf einer Kern KPI, welche sich logisch aus dem Vertriebsziel und damit dem Unternehmenserfolg ableitet. Diese Kernziele für die jeweilige Abteilung sind:

- Sales: Verkauf/Umsatz
- Lead Management: Vom Verkauf akzeptierte Leads (SAL)
- Marketing: Cold Leads

Die folgende Abbildung kombiniert die verschiedenen Aspekte des Trichterkonzepts, einschließlich der genannten Kern KPIs und fasst die bereitgestellten Informationen zusammen (vgl. Abb. 4).

Tab 1 Abhängigkeit von Conversion Rate und Zielen (Eigene Tabelle)

	Conversion Rate	Ziel
Verkaufsziel		1000#
SFCR	1:5	
SAL Ziel		5000#
LFCR	1:10	
Cold Lead Ziel		50.000#

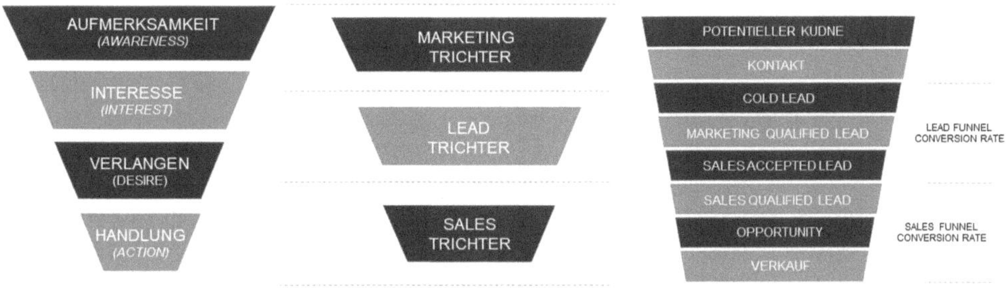

Abb. 4 Überblick über das Trichterkonzept (Eigene Abbildung)

3 Erfolgreiches Lead Management

Das Trichterkonzept zeigt bereits kritische Aspekte für ein erfolgreiches Lead Management auf. Der Erfolg muss aus drei verschiedenen Perspektiven gemessen werden. Erstens, die absolute Menge der Leads beschreibt, wie effektiv der Lead Trichter ist. Zweitens, die Conversion Rate im Lead Trichter beschreibt, wie effektiv die Leads gepflegt werden. Je höher die Conversion Rate ist, desto mehr Cold Leads werden in vom Vertrieb akzeptierte Leads umgewandelt. Eine hohe Conversion Rate kann jedoch auch auf eine hohe Qualität der eingehenden Cold Leads hinweisen, uns stellt damit auch ein Qualitätsmerkmal für den Marketing Trichter dar. Die dritte Perspektive nehmen die Ressourcen ein, die pro Lead aufgewendeten werden. Dieser Wert wird oft als Kosten pro Lead beschrieben und ist eine zentrale Management KPI für den Lead Trichter. Erfolgreiches Lead Management ist insofern wichtig, da sich die Art und Weise, wie Kunden im Kaufprozess agieren, geändert hat. Anstatt Kunden mit Outbound Marketing Maßnahmen anzusprechen, muss sich das Unternehmen darauf konzentrieren, über Inbound Marketing gefunden zu werden und letztendlich Leads zu generieren.[33]

3.1 Definition von Lead Management

Die Definition von Lead Management in der Literatur variiert. Dies ist nicht überraschend. Wie beschrieben, liegt die Verantwortung für das Lead Management entweder beim Marketing oder beim Vertrieb oder ist überhaupt nicht definiert. Daher variieren die Sichtweisen je nach Schwerpunkt zwischen einer marketingzentrierten und einer vertriebszentrierten Definition. Die weiteste, und somit generische Definition lautet: Lead Management umfasst alle Prozesse und Maßnahmen zur Gewinnung potenzieller Kunden und deren Umwandlung in Kunden.[34] Diese Definition umfasst jedoch auch Marketing- und Ver-

[33] https://www.marketo.com/lead-generation. Zugegriffen am 31.05.2020.

[34] https://www.marconomy.de/was-ist-lead-management-definition-strategien-und-prozesse-im-b2b-marketing-a-765524/. Zugegriffen am 31.05.2020.

triebsaufgaben. In Bezug auf den bereits definierten Lead Management Trichter lautet die genauere Definition des Lead Managements daher wie folgt:

Lead Management ist die Methodik, der Prozess sowie die Software zur Generierung, Pflege und Qualifizierung von Leads mit Hilfe von Vertriebs- und Marketingstrategien.

Diese Definition fokussiert auf den Lead Trichter und verknüpft die nötigen Methoden, Prozesse und Software sowohl mit dem Marketing- als auch mit dem Verkaufstrichter. Auf diese Weise beschreibt die gemachte Definition die drei Kernfunktionen des Leadmanagements. Diese Kernfunktionen sind (Stevens 2012, S. 3–4):

- *Lead Generierung*: Die Lead Generierung umfasst alle Maßnahmen zur Schaffung von Cold Leads und markiert die die Schnittstelle zwischen Marketing und Lead Management.
- *Lead Pflege*:[35] Die Pflege von Leads, oder Lead Nurturing, ist die zentrale Aufgabe des Lead Managements und wird definiert als die Methodik und die Prozesse zur Umwandlung eines Cold Leads in einen marketingqualifizierten Lead. Die Lead Pflege wird durch Software unterstützt und nutzt in der Regel Marketing Automatisierung.
- *Lead Qualifizierung*: Die Lead Qualifizierung markiert das Ende des Lead Trichters und umfasst den Übergang von einem marketingqualifizierten Lead zu einem vom Verkauf akzeptierten Lead. Dieser Schritt ist auch die Schnittstelle zwischen Lead Management und Vertrieb. Die Qualifizierung objektiviert den Lead und bewertet den Lead Management Output.

3.2 Lead Generierung

Abgeleitet vom Marketing-Lead-Sales-Trichter ist die Lead Generierung definiert als der Prozess der Umwandlung potenzieller, aber weitgehend unbekannter Kunden in Jemanden, der Interesse an dem Unternehmen, dem Produkt oder der Dienstleistung bekundet hat.[36] Die Lead Generierung markiert die Schnittstelle zwischen dem Marketing Trichter und dem Verkaufstrichter und ist daher das messbare Ziel der Marketingabteilung. Dazu wird der Lead Generierungsprozess mit den folgenden Schritten beschrieben:

1. *Erster Kontaktpunkt mit dem Unternehmen*: Im ersten Schritt nutzt der Kontakt, eine rudimentäre bekannte Person aus der Zielgruppe, einen der Kommunikationskanäle, online oder offline, um Interesse zu bekunden. Online sind diese Kanäle beispielsweise

[35] Im Englischen wird von Lead Nurturing gesprochen.

[36] https://blog.hubspot.com/marketing/beginner-inbound-lead-generation-guide-ht. Zugegriffen am 31.05.2020.

die Unternehmenswebsite, eine Kampagnenseite, ein Social Media Posting, ein Newsletter oder ein Live Chat. Die Leadgenerierung offline findet typischerweise bei Veranstaltungen statt.

2. *Interaktion mit dem Inhalt*: Der Kontakt setzt sich online mit Inhalten auseinander oder beginnt offline ein Gespräch. Online drückt sich diese Interaktion in Klickraten, Nutzungsdauer, Interaktionsraten wie beispielsweise die Öffnungsraten von Newslettern aus. Offline konsumiert der Besucher des Messestandes, Inhalte in Form von Videos oder der Betrachtung eines Exponats.
3. *Call-to-Action (CTA)*: Durch das Klicken eines CTAs, drückt der Kontakt Interesse an dem angebotenen Produkt oder der Dienstleistung aus oder, offline, vertieft er das persönliche Gespräch am Messestand. Diese Interaktion ist ein klarer Hinweis, dass der Kontakt mehr über das Produkt oder die Dienstleistung erfahren möchte. Er betrachtet das Angebot als eine Möglichkeit sein Problem zu lösen beziehungsweise sein Bedürfnis zu befriedigen.
4. *Teilen weiterer Kontaktdaten*: Im finalen Schritt ist die Kontaktperson bereit, weitere persönliche Informationen mitzuteilen. Online geschieht dies häufig über Kontaktformulare. Diese werden ausgefüllt, um Inhalte hinter eine Registrierungsbarriere zu bekommen. Entsprechend der Definition eines Leads hängt die Menge und Qualität der Daten, die der Kunde eingeben muss, vom Lead Management Prozesses ab. Offline füllt der potenzielle Kunde ein Kontaktformular aus und hinterlässt seine Visitenkarte in physischer oder digitaler Form.

Das Ergebnis dieser vier Schritte ist ein neuer Lead, der anhand definierter Kriterien sowohl von der Marketing- als auch von der Lead Management Abteilung definiert wird. Dieser Lead hat den Status eines Cold Leads und nach dem nachfolgend beschriebenen Bewertungsmodell die niedrigste mögliche Punktzahl. Die effektivsten Möglichkeiten, die Qualität der Lead Generierung zu verbessern, sind Social Media Marketing, E-Mail Marketing und Website Personalisierung.[37]

Achtung: Abhängig von der Art des CTA (Schritt #3) und der Einrichtung von Kontaktformularen (Schritt #4) kann es sich bei dem neu geschaffenen Lead, auch ohne Lead Pflege, direkt um einen marketingqualifizierten Lead handeln.

Die Anzahl der Cold Leads ist auch die zentrale KPI für die Marketingabteilung innerhalb des Trichterkonzepts. Das Verhältnis der erzeugten Cold Leads zu den aufgewendeten Ressourcen wird als Cost-per-Lead bezeichnet.[38] Diese Effizienzkennzahl wird häufig zur Argumentation von Marketingausgaben herangezogen und ist darüber hinaus eine moderne Methode zur Definition des Marketingbudgets. Anstelle des häufig verwendeten Marketingbudget auf Basis Umsatzanteil, definiert das moderne Marketing Management

[37] https://blog.hootsuite.com/how-to-generate-leads-on-social-media/. Zugegriffen: 31.05.2020.

[38] Weitere Einzelheiten zu Cost-per-lead finden Sie hier: https://en.ryte.com/wiki/Cost_Per_Lead. Zugegriffen am 31.05.2020.

eine Obergrenze für die Kosten pro Lead. Auf diese Weise hat jeder ausgegebene Marketing Euro einen positiven Return on Investment.

3.3 Lead Pflege und Lead Scoring

Die Lead Pflege, unterstützt durch den Prozess des Lead Scoring, ist die Kernmaßnahme des Lead Managements und hat einen enormen Einfluss darauf, wie effektiv (Lead Trichter Konversionsrate) und wie effizient (Kosten pro MQL) der Lead Trichter ist. Lead Nurturing, auch Lead Kultivierung oder Lead Entwicklung genannt, führt den Prozess, der mit der Lead Generierung begonnen hat, weiter (Stevens 2012, S. 157). Lead Nurturing, in Anlehnung an das AIDA-Modell, verwandelt Interesse in Verlangen und reichert den Lead Schritt für Schritt mit Informationen an. Lead Scoring unterstützt, misst und objektiviert diesen Prozess.

> Die Lead Bewertung oder Lead Scoring ist eine Methode zur Einstufung und Priorisierung von Leads auf der Grundlage ihres Werts, so dass sich Vertrieb und Marketing auf die Leads mit dem größten Potenzial konzentrieren können, anstatt sie alle gleichermaßen zu bearbeiten.[39]

Das Lead Scoring berücksichtigt zwei Dimensionen: die explizite und die implizite Bewertung (Lewis 2013, S. 56). Das explizite Scoring berücksichtigt, wie eng das Profil eines Leads mit der definierten Buyer Personas übereinstimmt, und umfasst demografische Daten sowie persönliche Informationen wie Jobtitel, Unternehmen, Jobhierarchie oder Branche. Das explizite Scoring zeigt, wie relevant ein Lead für das Unternehmen ist und wie gut er zur Zielgruppe passt. Das implizite Scoring basiert darauf, wie oft und über welche Kanäle der Lead mit dem Unternehmen in Kontakt tritt. Dies wird anhand von Leistungsindikatoren gemessen, darunter Online Kennzahlen wie die Reaktion auf Newsletter, Websitebesuche, Downloads oder das Engagement in sozialen Medien. Der Lead Score definiert außerdem, wie weit der Lead im Lead Trichter vorangeschritten ist. Die folgende Abbildung veranschaulicht diese Methodik (vgl. Abb. 5).

Um den Lead Score zu erhöhen, ist es notwendig, ihn durch gezielte Marketingaktivitäten zu pflegen. Ein üblicher Ansatz sind eigene Lead Pflege Kampagnen, die auf bereits bekannte Kontakte abzielen. Der Vorteil gegenüber Lead Generierungskampagnen ist, dass der Adressat dem Marketingteam bereits bekannt ist. Selbst wenn nur die Mindestanforderung für einen Cold Lead, die E-Mail-Adresse, bekannt ist, kann das Marketing Team den Lead personalisiert ansprechen. Abhängig vom Lead Score bespielt das Marketing den Lead mit unterschiedlichem Inhalt. Dies ist besonders wichtig, wenn man die Grundlagen des AIDA-Modells berücksichtigt. Um das Interesse zu wecken und aufrechtzuerhalten, sind andere Inhalte erforderlich als in der Desire Phase. Im B2B Marketing ist

[39] State of Marketing, 6. Aufl., (2020), Salesforce.

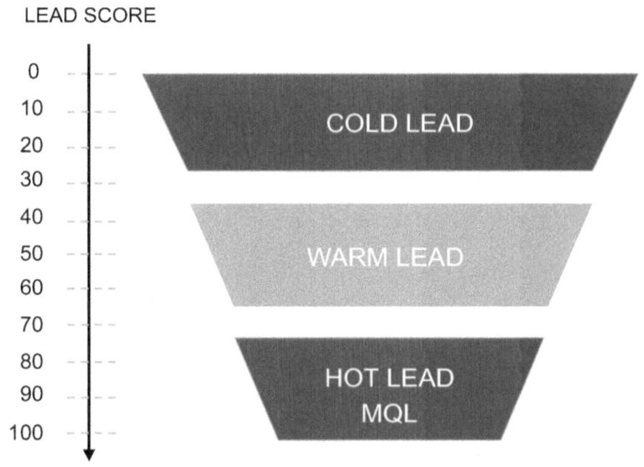

Abb. 5 Lead Score Methodik

der bereits erwähnte Educational Content aufgrund der Natur der komplexen Produkte und Dienstleistungen mit hohem Erklärungsaufwand eine übliche Content Art. Educational Content bildet und informieren per Definition die Zielgruppe und positionieren das Unternehmen als Knowhow Träger. Folglich ist der Content Pool größer als im B2C und bietet viele unterschiedliche Touchpoints mit dem der Zielgruppe in Kontakt zu treten. Jeder Touchpoint wird gemessen und bewertet. Und mit jedem Touchpoint erhält der Lead mehr Informationen vom Unternehmen, welche sein Interesse aufrechterhält. Durch die Kommunikation der Alleinstellungsmerkmale, unterstützt durch Branding, entsteht bei der Zielgruppe das Verlangen nach dem Produkt. An diesem Punkt ist er bereit, alle persönliche Daten preiszugeben, um eine MQL zu werden. Eine andere Möglichkeit, ein MQL zu werden, besteht darin, an mehrere Berührungspunkte mit dem Unternehmen zu interagieren und somit aufgrund der Häufigkeit der Interkation ein MQL zu werden. Für beide Optionen muss definierte sein welche Datensatz an persönlichen Informationen zu einem MQL führt.

Das Grundprinzip von Lead Nurturing ist ein Handel. Der Lead tauscht seine persönlichen Daten gegen Mehrwert stiftende Informationen des Unternehmens. Mit anderen Worten, er bezahlt für Informationen mit seinen persönlichen Daten. Dieser Handel ist auch die Grundlage für das Prinzip der Lead Pflege um ihn Schritt für Schritt mit Daten anzureichern. Um immer wieder mit dem Unternehmen in Kontakt zu treten benötigt der Lead einen Grund dies zu tun. Der Grund ist dann gegeben, wenn er mit dem ersten Handel zufrieden war. Wenn der Interessent wertsteigernde Informationen als Gegenleistung für seine persönliche Daten erhält, wird er dies wahrscheinlich wieder tun. Dieses Konzept ist mit Aspekten des Content Marketing angereichert werden. Je höher die Punktzahl eines Leads ist, desto wertvollere Informationen benötigt er. Im B2B Bereich handelt es sich bei diesen Informationen häufig um Educational Content wie Webinare, Whitepaper, Anwendungsberichte oder Erfolgsgeschichten von Kunden.[40] Educational Content[41] sind weniger werblich und zielen darauf ab, den Kunden aufzuklären und zu informieren. Diese Art von Inhalten schafft einen Mehrwert für den Kunden und löst den nächsten Handel aus. Folglich sind Kundendaten die Währung, die der Lead für den Erhalt qualitativer und hochwertiger Inhalte bezahlt. Die folgende Abbildung veranschaulicht dieses Handelsprinzip der Lead Pflege (vgl. Abb. 6).

3.4 Lead Qualifizierung

Der Umfang der Lead Qualifizierung umfasst drei Schritte des Lead Management Trichterprozesses. Diese sind marketingqualifizierte Leads (MQL), druch den Vertrieb akzeptierte Leads (SAL) und vom Vertrieb qualifizierte Leads (SQL). Dem bisher besprochenen Konzept folgend, markiert die Lead Qualifizierung den Übergang eines Leads vom Lead Trichter zum Sales Trichter. Die Lead Qualifizierung verbindet somit das Lead Management und den Vertrieb. Wie bereits ausführlich beschrieben, müssen die Kriterien für einen MQL in enger Zusammenarbeit zwischen Marketing, Lead Management und Vertriebsabteilung definiert werden, um eine gemeinsame Grundlage dafür zu finden, was einen qualifizierten Lead ausmacht (Stevens 2012, S. 145). Der Qualifizierungsprozess selbst erfolgt häufig über die Marketingautomatisierung oder das CRM System. Sobald ein Lead einen definierten Wert erreicht hat (normalerweise 80 % der Skala), ändert das System den

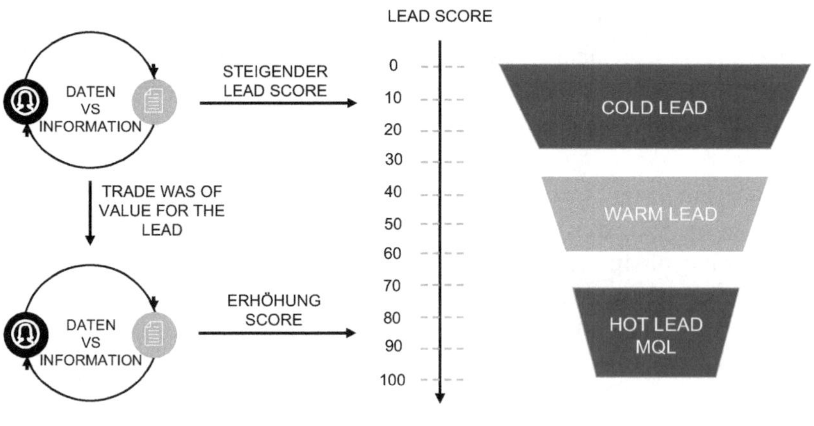

Abb. 6 Das Handelsprinzip im Lead Nurturing (Eigene Abbildung)

[40] https://blog.hubspot.com/customers/lead-nurturing-with-hubspot-craft-a-killer-b2b-campaign-workflows-part-2. Zugegriffen am 31.05.2020.

[41] 17 Beispiele zu Educational Content. https://contentmarketinginstitute.com/2013/05/education-powerful-content-marketing-strategy-examples/. Zugegriffen am 31.05.2020.

Status auf MQL. Der nächste Schritt besteht darin, zu definieren, wem der MQL zugeordnet wird. Es gibt mehrere Optionen, aber die häufigsten Optionen sind: nach Gebiet, nach Fähigkeiten oder nach Account (Stevens 2012, S. 153) Nach Gebiet bedeutet, dass das CRM System den Lead über eindeutige Kriterien oder Kriterienkombinationen zuordnet. Zum Beispiel wird der MQL für die Produktkategorie X im Gebiert mit der Postleitzahl 8010, dem Vertriebsmitarbeiter John Doe zugewiesen. Nach Fähigkeit bedeutet, dass der Lead auf Grund seiner Anforderung einen speziellen Vertriebsmitarbeiter oder ein dediziertes Vertriebsteam benötigt. Leads für einen bestimmten Kunden basieren in der Regel auf dem Prinzip von Key-Accounts.[42] Eine weitere Möglichkeit besteht darin, dass MQLs einem Backoffice Vertriebsteam zugeordnet werden. Dies ist üblich, wenn es keine objektiven, auf Kundendaten basierenden Kriterien gibt, anhand derer die Zuordnung vorgenommen werden kann.

In allen genannten Fällen besteht der nächste Schritt der Lead Qualifizierung darin, dass der Vertrieb prüft, ob der MQL die definierten Kriterien erfüllt. Mit der Akzeptanz des MQL durch den Vertrieb endet der Lead Trichter, und der Sales Trichter beginnt. Der MQL konvertiert somit in einen SAL. Dies ist der einzige Schritt des gesamten Trichterkonzepts, bei dem sich der Kundenstatus an sich nicht ändert. Der MQL ist weder als Person betroffen noch direkt daran beteiligt, ein SAL zu werden. Anders verhält es sich bei der Bewertung, ob der SAL für weitere Vertriebsaktivitäten qualifiziert ist. An diesem Punkt wendet sich der Vertrieb an den Kunden, um seine Anfrage zu beantworten und seinen Bedarf im Detail zu klären. Das Ende dieses Prozesses markiert den letzten Schritt in der Lead Qualifizierung. Bei erfolgreicher Überprüfung wird der SAL zu einer SQL und der der Lead ist mitten im Sales Funnel angelangt.

Die Qualifizierung eines Leads ist folglich eine kritische Aufgabe, da sie bestimmt, wie viele Leads es in den Sales Funnel schaffen. Der kritische Aspekt ist, dass ein Lead, sobald er den Verkaufstrichter erreicht hat, Vertriebsressourcen bindet (Stevens 2012, S. 139). Mit anderen Worten: Die Gesamtkosten des Vertriebs werden von der Menge und Qualität der Leads beeinflusst, die vom Lead Management bereitgestellt werden. Es gibt dabei zwei entscheidende Aspekte zu berücksichtigen:

- Der Vertrieb muss dem Lead Management vertrauen
  Ohne gegenseitiges Vertrauen und Abstimmung ist der Qualifizierungsprozess zum Scheitern verurteilt. Der Vertrieb hat die Macht, einen MQL abzulehnen und beeinflusst damit den Zielwert der Lead Management Abteilung. Unklare oder undefinierte Qualifikationskriterien verhindern, dass die Organisation lernt, was einen qualifizierten Lead ausmacht. Diese Feedback Schleife zwischen Vertrieb und Lead Management ist essentiell. Daher sind offene Gespräche zwischen den Abteilungen und gegenseitiges Vertrauen unerlässlich.

[42] https://de.wikipedia.org/wiki/Key-Account-Management. Zugegriffen am 31.05.2020.

- Der Vertrieb darf vom Lead Management nicht mit Spam blockiert werden
  Es besteht die Gefahr, dass das Marketing darauf abzielt, so viele MQLs wie möglich zu erstellen, ohne auf Qualität der Leads zu achten sowie die angesprochene Feedbackschleif zu ignorieren. In diesem Fall blockiert der Output des Lead Trichters den Verkaufstrichter. In diesem Fall ist das Vertriebsteam dann damit beschäftigt die qualitativ hochwertigen Leads aus der Masse zu filtern um sie zu konvertieren.[43] Die wesentliche KPI dafür ist das Verhältnis von MQLs und SALs. Dieses Qualitätsverhältnis sollte nahe bei 1 liegen. Je höher das Verhältnis ist, desto näher entwickelt das Lead Management einen Lead an die Erwartungen des Vertriebs. Je niedriger das Verhältnis ist, desto mehr Spam erzeugt das Lead Management.

Je nach Reifegrad der Organisation betrachtet der Vertrieb die Lead Generierung nach wie vor als eine seiner Kernaufgaben. Das Füllen des eigenen Verkaufstrichters benötigt jedoch wichtige Ressourcen, die eigentlich für den Verkaufsprozess selbst aufgewendet werden könnten. Dies ist vergleichbar mit dem ältesten Prinzip der Ökonomie: Höherer Wohlstand durch Arbeitsteilung. Zudem verschiebt die zunehmend digitale Kommunikation und digitalen Wertschöpfungsketten die Kunden Berührungspunkte vom Vertrieb zum Marketing. Daher sind gemeinsame Anstrengungen unerlässlich, um eine Organisation zu schaffen, die Arbeitsteilung, aber dennoch eine enge Zusammenarbeit ermöglicht. Das folgende Modell ist ein Rahmenwerk, wie eine solche Organisation entwickelt werden kann.

4 Das Lead-Management-Reifegradmodell (LMM-Modell)

4.1 Zweck des LMM-Modells

Über die gesamte Customer Journey hinweg, einschließlich des Marketing Trichters, des Lead Trichters, ist Marketing eine Teamleistung und beeinflusst auch den Vertriebstrichter stark. Dem „State of Marketing“ Bericht von Salesforce zufolge, ist das Marketing in nur 32 % aller Fälle hauptverantwortlich für die Lead Generierung zuständig, aber 65 % der Umfrageteilnehmer geben an, dass sie zum Prozess beitragen oder ihn mitbestimmen.[44] Dies unterstreicht die Notwendigkeit einer engen Zusammenarbeit der drei genannten Abteilungen sowie eines integrierten Ansatzes. Das LMM-Modell bietet einen Rahmen dafür, wie eine Organisation in Abhängigkeit vom Status ihrer Marketing-, Lead Management- und Vertriebsabteilungen, entwickelt werden kann. Es kombiniert zwei Kernperspektiven: den Status der Beziehung zwischen Marketing und Vertrieb und die Reife des Lead Managements im Unternehmen. Wie erläutert, ist es entscheidend, den Lead Management Trichter vollständig zu nutzen und das gemeinsame Ziel einer integrierten Marketing- und

[43] https://blog.hubspot.com/marketing/poor-lead-quality-signs. Zugegriffen am 31.05.2020.

[44] State of Marketing, 6. Aufl., (2020), Salesforce.

Vertriebsabteilung zu fördern. Diese ideale Situation ist in den meisten B2B Unternehmen natürlich nicht der Status quo. Marketing Manager können das Modell nutzen, um sich mit ihren Vertriebskollegen abzustimmen und die Organisation gemeinsam weiterzuentwickeln. Somit bietet das LMM-Modell eine Orientierungshilfe für Organisationen in Abhängigkeit von ihrem Reifegrad in den Bereichen Marketing, Lead Management und Vertrieb und definiert Meilensteine auf dem Weg zu einem angestrebten Idealzustand.

Die Kreuzung der 4 Ausprägungen der x- und y-Achse schafft 4 Meilensteine auf dem Weg zu dem genannten, idealen Zustand von Marketing, Lead Management und Vertrieb, je nach Reifegrad des Lead Managements und der Beziehung zwischen Marketing und Vertrieb (vgl. Abb. 7).

4.2 Beschreibung des LMM-Modells

Die x-Achse beschreibt die Beziehung zwischen Marketing und Vertrieb (Kotler et al. 2006) und ist in diesem Kapitel bereits umfassend beschrieben. Die y-Achse beschreibt vier Reifegrade des Lead Managements. Diese Stufen sind:

- *Kein Lead-Management*: Die Organisation verwaltet weder aktiv die Leads noch gibt es eine Lead Management Abteilung. Neue Verkaufschancen (Opportunities) werden vom Vertriebsteam ohne vorherigen Lead Status bearbeitet.

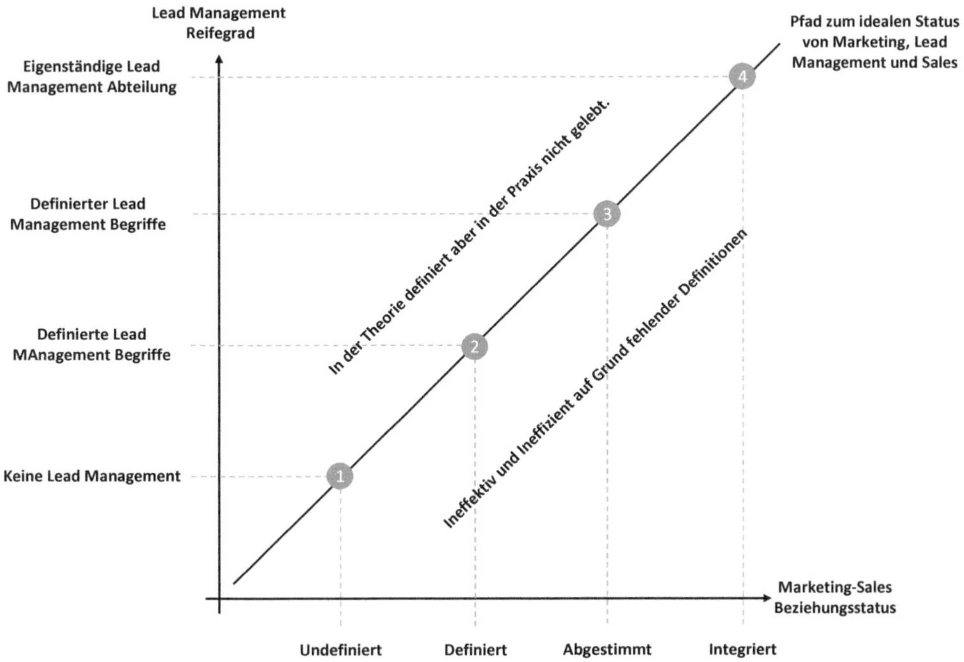

Abb. 7 Lead Management Reifegradmodell (LMM-Modell) (Eigene Abbildung)

- *Definierte Lead Management Begriffe*: Die Organisation verwendet Definitionen für die wichtigste Terminologie des Lead Managements und verfügt über ein grundlegendes Verständnis der entsprechenden Prozesse. Die Lead Management Maßnahmen und Prozesse sind noch nicht vollständig entwickelt und werden daher nicht systematisch durchgeführt. Ebenfalls fehlt daher eine Software zur Unterstützung des Prozesses.
- *Definierter Lead Management Prozess*: Die Organisation hat einen definierten Lead Management Prozess mit den definierten Lead Stati und Verantwortlichkeiten. Der Prozess wird entweder von der Marketing- oder der Vertriebsabteilung aktiv gemanagt und weiterentwickelt, da es noch keine eigene Lead Management Abteilung gibt. Lead Management Software unterstützt die effiziente Verwaltung des Lead Management Prozesses und hält Kundendaten vor.
- *Eigenständige Lead Management Abteilung*: Das Unternehmen verfügt über eine eigene Lead Management Abteilung, welche für die Generierung, Pflege, Bewertung und Qualifizierung von Leads zuständig ist. Die Abteilung ist über klar definierte Schnittstellen eng mit Marketing und Vertrieb verzahnt. Die Zuständigkeiten sind klar, und es gibt ein gemeinsames Verständnis von Terminologien, Prozessen und Zielen. Eine Lead Management Software ist tief in das CRM System integriert und wird von allen Abteilungen gemeinsam genutzt.

4.3 Die vier Kreuzungspunkte im LMM-Modell

Die 45°-Linie zwischen x- und y-Achse beschreibt den idealen Pfad des Lead Managements unter Berücksichtigung der Vertriebs- und Marketingbeziehung. Diese Linie wird auch als der angestrebte Entwicklungsstand des Leadmanagements im Zeitablauf definiert. Die vier Kreuzungspunkte beschreiben Meilensteine im Entwicklungsprozess:

1) *Undefinierte Beziehung – Kein Lead Management*: Dies ist der erste Schritt, bei dem sowohl die Marketing-Verkaufs-Beziehung als auch das Lead Management nicht definiert sind. Diese Phase ist typischerweise durch einen Mangel an Prozessen, gegenseitigem Verständnis und strategischem Ansatz gekennzeichnet. Sie markiert jedoch auch den Ausgangspunkt für die Entwicklung der Organisation und erfordert daher Verständnis und Engagement innerhalb der Organisation. Es ist wichtig, ein eigenes Projektteam zu definieren, welches die Entwicklung der Organisation auf dem Weg zum Idealzustand von Marketing, Lead Management und Vertrieb leitet.
2) *Definierte Beziehung – Definierte Lead Management Begriffe*: Der zweite Meilenstein ist durch eine Basisdefinition innerhalb der Abteilungen und Themen gekennzeichnet. Die involvierten Personen beginnen, die gleiche Sprache zu sprechen und haben ein gemeinsames Verständnis über die Anforderungen zur Verwendung von Methoden und Maßnahmen entlang der definierten Customer Journey. Es gibt jedoch noch keine gemeinsam gesetzten Aktionen und der Lead Management Prozess selbst ist noch nicht definiert. In diesem Schritt ist es notwendig, die IT Abteilung einzubeziehen, um

die Abstimmung über eine geeignete Softwarelösung zur Unterstützung des Lead Management Prozesses zu beginnen.

3) *Abgestimmte Beziehung – Definierter Lead Management Prozess*: Eine abgestimmte Beziehung zwischen Marketing und Vertrieb mit einem definierten und implementierten Lead Management Prozess beschreibt den dritten Meilenstein. Dieser Zustand der Organisation ist gekennzeichnet durch klare Verantwortlichkeiten und Regeln, wie ein potenzieller Kunde zu einem abgeschlossenen Verkauf entwickelt werden kann. Marketing- und Vertriebsmitarbeiter arbeiten bei der Betreuung von Kunden eng zusammen und übernehmen die Verantwortung für das Lead Management. Der Erfolg der verschiedenen Schritte wird anhand von KPIs gemessen und dem Management berichtet. Die Ziele von Marketing und Vertrieb werden aufeinander abgestimmt, und der Lead Management Prozess bietet einen Rahmen, um diese Ziele zu erreichen. Darüber hinaus wird eine Softwarelösung grundsätzlich implementiert, aber noch nicht umfassend und abteilungsübergreifend genutzt. Aufgrund der fehlenden Abteilung für Lead Management liegt die gesamte Arbeit bei Vertrieb und Marketing. So könnten sowohl die Vertriebs- als auch die Marketingressourcen blockiert sein, um die Organisation in den Idealzustand zu entwickeln.
4) *Integrierte Beziehung – Eigenständige Lead Management Abteilung*: Die Organisation mit dem höchsten Reifegrad verfügt über eine eigene Lead Management Abteilung, die die Verantwortung für den Lead Trichter übernimmt. Diese Abteilung unterstützt die bereits voll integrierten Marketing- und Vertriebsabteilungen. Da eine integrierte Beziehung zwischen Marketing und Vertrieb auch verschwommene Grenzen bedeutet, wird die Rolle der Lead Management Abteilung besonders wichtig, um eine klare operative Schnittstelle zwischen den beiden Abteilungen aufrechtzuerhalten. Dieser letzte Meilenstein erfordert in der Regel die Nutzung von ausgereifter Software, um die Prozesse effizient auszusteuern, Daten zu messen sowie diese zu pflegen als auch KPIs für das Management bereitzustellen. Aus der Ressourcenperspektive erfordert dieser Idealzustand auch den größten Ressourceneinsatz. Aufgrund der hohen Effizienz und Effektivität einer solchen Organisation ist aber auch die Investitionsrendite am höchsten. Das LMM-Modell berücksichtigt auch diesen Aspekt mit den Bereichen unterhalb und oberhalb des Pfades zum Idealzustand.

4.4 Über und unter dem Pfad des LMM-Modells

Der Bereich unterhalb und oberhalb des Pfads zum Idealzustand weist auf Unzulänglichkeiten von Organisationen hin und gibt Hinweise zu deren Überwindung.

- *Über dem Pfad – Auf dem Papier definiert, aber in der Praxis nicht gelebt*: Die fehlende praktische Umsetzung ist bei den Organisationszuständen oberhalb des Pfades ausgeprägt. Das Lead Management ist weiter entwickelt als die Beziehung zwischen Marketing und Vertrieb. Das heißt, es gibt Definitionen und Prozesse, ohne die Fähigkeit der

Organisation, diese in der täglichen Arbeit zu nutzen. Der kritischste Zustand ist, wenn eine eigene Lead Management Abteilung eingerichtet wird, aber Vertrieb und Marketing sich im definierten, oder noch schlimmer, im undefinierten Zustand befinden. Solche Organisationen sind gekennzeichnet durch umfangreiche Definitionen und hohe Kosten für Lead Management Ressourcen mit mittelmäßigem Erfolg. Diese Zustände werden höchstwahrscheinlich zu der Schlussfolgerung führen, dass Lead Management nicht erforderlich ist, was den langfristigen Erfolg des Unterfangens behindert wird.

- *Unterhalb des Pfades – Ineffizient und ineffektiv aufgrund fehlender Definition*: Zustände unterhalb des Pfades weisen darauf hin, dass die Vertriebs- und Marketingbeziehung weiter fortgeschritten ist als die Reife des Lead Managements. Solche Organisationszustände sind ineffizient, weil die gemeinsamen Bemühungen von Marketing und Vertrieb nicht durch einen Lead Management Prozess oder eine Lead Management Abteilung unterstützt werden. Außerdem ist Ineffektivität wahrscheinlich, da die beiden Abteilungen nicht durch eine gemeinsame Sprache, definierte KPIs und Software in Bezug auf Leads zurückgreifen können. Mit anderen Worten, sie wissen, dass sie bei Leads zusammenarbeiten müssen, verfügen aber nicht über die Werkzeuge, um dies richtig zu tun. Sehr oft wird Software benötigt, um den Sprung von unterhalb des Pfades wieder auf den richtigen Weg zu bringen, weil die Ressourcen von Vertrieb und Marketing nicht verfügbar sind, um dies manuell zu tun.

Mit diesem LMM-Modell in der Hand können Unternehmen strategische Entscheidungen in allen drei Bereichen des Marketings, des Lead-Managements und des Vertriebs treffen.

5 Zusammenfassung

Die Einführung des Lead-Management-Reifegrad-Modells ist die logische Schlussfolgerung dieses Kapitels und bietet ein Rahmenkonzept zur Entwicklung eines erfolgreichen Lead Managements. Es ist wichtig zu erkennen, dass das gut etablierte AIDA-Modell nach wie vor einen Rahmen für die moderne Reise eines potenziellen Kunden zu einem umgesetzten Verkauf bietet. Die diskutierten Besonderheiten des B2B Marketings sowie das sich verändernde Geschäftsumfeld beschleunigen die Notwendigkeit, die Kluft zwischen Marketing und Vertrieb zu überwinden. Dieses Defizit in vielen B2B Unternehmen muss von den Marketingverantwortlichen behoben werden. Die strukturierte Beurteilung der Unternehmensorganisation, die Bewertung von Prozessen und ein tiefes Verständnis der Trichter bilden die Grundlage für den langfristigen Erfolg. Dieses Kapitel zeigt auch die Komplexität des Trichterkonzepts und die vielen Schnittstellen zwischen diesen Schritten auf. Die zunehmende Datenmenge ist sicherlich ein Grund für die Einführung einer Lead Management Software. Die Integration in CRM ist ein wichtiger Aspekt, um Marketing, Lead Management und Vertrieb eng miteinander zu verknüpfen. Erfolgreiches Leadmanagement ist nur möglich, wenn die Ziele für das Lead Management aus den Vertriebszielen abgeleitet werden. Darüber hinaus dienen diese Ziele folglich auch als Grundlage für Marketingziele. Eine Organisation ist zum Scheitern verurteilt, wenn die Ziele dieser wichtigen Abteilungen nicht aufeinander abgestimmt sind. Für das B2B Marketing ist es entscheidend, sich mit den genannten Aspekten auseinanderzusetzen, um wettbewerbsfähig und für den Wandel bereit zu bleiben. Nur dann ist gewiss „Nothing's Gonna Stop us Now".

Literatur

Kotler, P., & Bliemel, F. (2006). *Marketing Management*. Munich: Pearson Studium.

Kotler, P., Rackham, N., & Krishnaswamy, S. (2006). Ending the war between sales and marketing. *Harvard Business Review, 84*(7-8), 68–78.

Lewis, D. (2013). *Manufacturing demand. The principles of successful lead management*. Danville: New Year Publishing, LLC.

State of Marketing. (2020). 6 Aufl. Salesforce.

Stevens, R. P. (2012). *Maximizing lead management*. London: Pearson Education., Inc.

Strong, E. K. (1925). *The psychology of selling and advertising*. New York: McGraw-Hill book Co.

Stephan Wenger ist ein B2B-Marketingexperte, der seit zehn Jahren in der Branche tätig ist. Er studierte Internationales Marketing & Vertriebsmanagement an der Fachhochschule FH CAMPUS 02 in Graz. Derzeit arbeitet er als Global Marketing Manager für AVL List, ein weltweit tätiges Unternehmen in der Automobilbranche. Vor seiner jetzigen Tätigkeit war Stephan Wenger als Marketingleiter bei Anton Paar, dem Weltmarktführer für die Entwicklung von Analyseinstrumenten, tätig. Sein praktisches Wissen aus gibt er häufig auf B2B-Marketing-Veranstaltungen weiter. Darüber hinaus lehrt Stephan Wenger als Gastdozent an seiner Alma Mater, FH CAMPUS 02 und verbindet somit praktisches und theoretisches Know-how.

Digitale Leaderfassung auf Messen – Wie Sie den Turbo für automatisiertes Marketing zünden

Boris Ringwald

Inhaltsverzeichnis

Zusammenfassung

Die Leaderfassung auf Messen und im Außendienst durch den Vertrieb stellen in vielen B2B Unternehmen nach wie vor eine Herausforderung dar. Durch die Verwendung von Smartphones und Tablets im Vertrieb, setzen immer mehr Unternehmen auf eine digitale Leaderfassungslösung. In diesem Kapitel wird erläutert welche Vorteile sich durch die Digitalisierung und Automatisierung des Leaderfassungsprozesses ergeben und welche Kosteneinsparungen mit einer entsprechenden Lösung realisiert werden können.

B. Ringwald (✉)
Leiter Vertrieb & Marketing, lead on GmbH, Potsdam, Deutschland
E-Mail: boris.ringwald@leadon.de

U. Seebacher (Hrsg.), *Praxishandbuch B2B-Marketing*,
https://doi.org/10.1007/978-3-658-31651-8_12

Die Digitalisierung von Prozessen im Marketing und Vertrieb (Biesel und Hame 2018) ist in den letzten Jahren zum Kernthema eines B2B-Marketers geworden. In vielen Industrieunternehmen wurde früher, und wird leider teilweise auch noch heute, das Marketing ausschließlich als Kostenfaktor gesehen. Mit kreativen Kampagnen, tollen Powerpoints und Messeauftritten durfte das Marketing dem Vertrieb zuarbeiten und eine Messbarkeit des Erfolges der Marketingaktivitäten war kaum gegeben. Diese Zeiten haben sich in den letzten 20 Jahren radikal gewandelt und gehören heute der Vergangenheit an. Technologiethemen gehören zur neuen Normalität des Marketings und der kreative Anteil reduziert sich auf einen Bruchteil vergangener Zeiten. Die Installation eines funktionierenden Lead-Management-Prozesses und die Gewinnung von Leads zählen heutzutage zu den zentralen Kernaufgaben der Marketingorganisation. Das Marketing trägt somit maßgeblich und auch messbar zum Unternehmenserfolg bei.

Aber nicht nur die Rolle des Marketing hat sich drastisch weiterentwickelt, auch der Vertrieb für Industriegüter[1] durfte eine starke Veränderung erleben. Der Vertriebsmitarbeiter trifft erstmalig zu einem späteren Zeitpunkt im Kaufprozess auf einen bestens informierten Kunden. An diesem Punkt der Customer Journey hatte der Kunde bereits an einen oder mehreren Touchpoints des Unternehmens Kontakt, ohne das der Vertriebsmitarbeiter dies mitbekommen hat. Dadurch haben sich die Anforderungen an das Jobprofil eines Vertriebsmitarbeiters verändert. Er agiert immer mehr in der Rolle eines Lösungsanbieters, statt in der eines Produktverkäufers. Um diese Beratungsleistung möglichst professionell bieten zu können, finden digitale Vertriebstools bei Kundenbesuchen und in Gesprächen auf Messen immer mehr Verwendung.

1 Leaderfassung als Teil des Lead-Management-Prozesses

Im Lead-Management-Prozess[2] eines B2B-Unternehmen sind alle Maßnahmen festgelegt, die zur strategischen Gewinnung von Interessenten und der Umwandlung dieser Kontakte zu Kunden umgesetzt werden (Stevens 2012). Dieser Prozess stellt auch die beteiligten Abteilungen des Unternehmens und deren Zuständigkeiten dar. In den meisten B2B-Unternehmen ist dies eine Aufteilung zwischen Vertrieb und Marketing. Zum Lead-Management-Prozess können neben internen Abteilungen, auch externe Vertriebspartner zählen, die eng in diese Prozesse eingebunden sind und somit zur optimalen Bearbeitung von Kundenanfragen und Interessenten beitragen. Neben den Zuständigkeiten sind auch die Touchpoints des Unternehmens mit seinen Kunden und Interessenten aufgeführt. Sprich alle Punkte, an denen das Unternehmen Berührungspunkte mit seinen Kunden hat und ein Dialog oder eine Interaktion stattfinden kann.

[1] https://www.kearney.com/strategy-and-top-line-transformation/the-future-of-b2b-sales. Zugegriffen am 30.05.2020.

[2] https://en.wikipedia.org/wiki/Lead_management. Zugegriffen am 29.05.2020.

Im Marketingmix von B2B-Unternehmen nehmen Fachmessen eine besondere Rolle ein (Zanger 2018), wie die Ergebnisse der AUMA Messe-Trends-Erhebung 2019[3] aufzeigen: In der Rangliste „Instrumente im Marketing-Mix und ihre Wichtigkeit" liegen Messebeteiligungen mit 83 % auf Platz zwei, gleich hinter der eigenen Firmen-Webseite (90 %). B2B-Unternehmen investierten 46 % des zur Verfügung stehenden Marketingbudgets in die Beteiligung an Fachmessen. Der Lead-Management-Prozess sollte deshalb neben den Online-Kanälen auch Fachmessen im Fokus haben. An den Touchpoints Fachmessen und Events gilt es Kontakte und die gewonnenen Informationen zu erfassen, bearbeiten und danach an die richtige Stelle in der eigenen Organisation zur weiteren Bearbeitung zu verteilen. Die digitale Leaderfassung ist aus diesem Grund als Teil des Lead-Management-Prozesses zu sehen.

Bisherige Leaderfassung auf Messen

Die Kundenkommunikation von B2B-Unternehmen ist seit vielen Jahren eher klassisch geprägt. So setzt man auf die eigene Vertriebsorganisation oder Vertriebspartner, um an neue Leads zu gelangen und bestehende Kunden weiterzuentwickeln. Auch die seit Jahren totgesagten Fachmedien mit ihrer fachlichen Berichterstattung und Anzeigenwerbung haben noch einen hohen Stellenwert und genießen hohe Glaubwürdigkeit bei den Entscheidern. Gerade Fachmedien sind seit Jahren besonders stark von der Digitalisierung betroffen und erfinden sich mit Angeboten wie zum Beispiel Fachportalen, Seminarangebote und Branchenevents neu. Direktmarketingmaßnahmen wie Mailings oder die Kaltakquise per Telefon sind weitere Kommunikationskanäle die aktiv genutzt werden.

Durch das veränderte Kaufverhalten der Entscheider dient die Webseite eines B2B-Unternehmens mittlerweile als erste Quelle für die Recherche und Informationsbeschaffung. Durch Themen wie Inbound Marketing[4], Social Selling und weitere neue Entwicklungen wird dieser Effekt weiterhin anhalten und die Firmenwebseite das unangefochtene Instrument Nummer eins in der Kundenkommunikation bleiben.

Für das Erreichen von Unternehmenszielen sind Fachmessen und Events vor und nach der Corona-Pandemie eines der wichtigsten Instrumente eines B2B-Unternehmen. Auch wenn der Nutzen und die Sinnhaftigkeit von Messen aufgrund ihrer hohen Kosten schon seit Jahren in der Diskussion stehen, sind sie bei den meisten B2B-Unternehmen gesetzt. Der Industriegüter-Bereich mit seinen erklärungsbedürftigen Produkten und Dienstleistungen lebt von der Haptik und dem Kundenerlebnis auf der Messe. Sie sind somit der ideale Ort, um mit potentiellen Kunden ins Gespräch zu kommen und Leads für die Vertriebsorganisation zu generieren.

Das klassische Produkt zur Erfassung von Kundenkontakten auf Messen stellt dabei der Messebericht auf Papier dar. Üblicherweise handelt es sich dabei um einen DIN A4 Bogen, der einseitig oder zweiseitig auszufüllen ist. Der Prozess ist bei der Erfassung von

[3] https://www.auma.de/de/medien_/publikationen_/Documents/auma-messetrend-2019/auma-messetrend-2019.pdf. Zugegriffen am 25.05.2020.

[4] https://www.hubspot.com/inbound-marketing. Zugegriffen am 30.05.2020.

Messekontakten sehr einfach und kostengünstig umzusetzen. In der weiteren Bearbeitung und bis die Daten in digitaler Form zur Verfügung stehen, ist der Prozess meist manuell und beinhaltet Medienbrüche. Aufgrund dessen ist der Einsatz eines Messeberichts auf Papier in der Gesamtbetrachtung sehr zeit- und kostenintensiv.

Durch die flächendeckende Verbreitung von Microsoft Outlook und ähnlichen Lösungen kam ein weiteres klassisches Tool zum Einsatz. Es handelt sich dabei um den Visitenkartenscanner.[5] Mit dieser Technologie können die erhaltenen Visitenkarten digitalisiert und per CSV-Datei in die Kontaktdatenbank importiert werden. Die Bearbeitung und das Anreichern der Kontaktdaten mit den Gesprächsnotizen ist hierbei jedoch wieder ein manueller Prozess und entsprechend zeitaufwendig.

Da die bisher beschriebenen Methoden keine zufriedenstellenden Ergebnisse liefern, suchen manche Unternehmen nach Alternativen. Oftmals verfügen diese Unternehmen über eine gewisse IT-Kompetenz und entwickeln selber oder durch externe Anbieter Eigenlösungen passend zu den Anforderungen des Unternehmens. Eigenlösungen bedeuten in der Erstellung einen finanziellen Aufwand und haben den Nachteil das die Kenntnisse über die genaue Funktionsweise bei einzelnen Mitarbeitern oder einem externen Dienstleister liegen. Hierdurch ergibt sich eine gewisse Abhängigkeit, die im Laufe der Zeit zu einem Problem werden kann.

Durch die Verbreitung von Smartphones gibt es auch sogenannte Visitenkarten-Scan-Apps. Die Bandbreite reicht von kostenlosen Versionen bis hin zu Lösungen mit monatlichen Nutzungsgebühren. Man kann diese Lösungen durchaus als Vorläufer der modernen digitalen Leaderfassungslösungen sehen. Bei diesen Lösungen gibt es auch die Möglichkeit die Kontaktdaten über einen QR-Code einzuscannen. Der Einsatz von QR-Code auf Visitenkarten war vor einigen Jahren sehr populär, jedoch findet er immer weniger Anwendung. Einige Messeveranstalter arbeiten heute noch mit dieser Technologie und stellen den Ausstellern entsprechende Systeme zur Erfassung von Messekontakten zur Verfügung (vgl. Abb. 1). Auch hier besteht der Aufwand in der Nachbereitung des Messekontaktes, da die Gesprächsinhalte meist manuell einzupflegen sind.

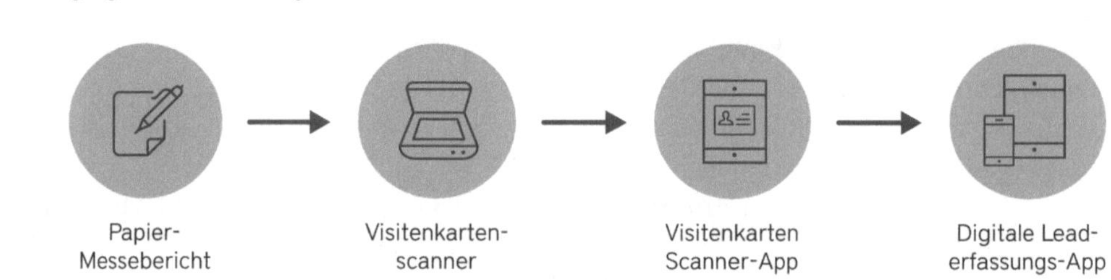

Abb. 1 Werdegang der Leaderfassungstools

[5] https://en.wikipedia.org/wiki/Card_reader. Zugegriffen am 28.05.2020.

2 Digitale Leaderfassung

Die Entwicklung der digitalen Leaderfassung ist maßgeblich vom Siegeszug des Smartphones und des Tablets, sowie der technologischen Weiterentwicklung und Steigerung der Leistungsfähigkeit der Datennetze geprägt. Erste Smartphones gab es bereits Ende der Neunzigerjahre, den Durchbruch schafften Sie jedoch erst 2007 mit der Markteinführung des Apple iPhones. Vom Durchbruch des Smartphones im Consumer-Bereich dauerte es dann noch einige Jahre bis sie in der Geschäftswelt flächendeckend zum Einsatz kamen. Eine ähnliche Entwicklung gab es ab 2010 mit der Markteinführung des iPads, dem ersten massentauglichen Tablet. Es schloss die Lücke zwischen Smartphone und Laptop und schaffte eine neue Gerätekategorie. Durch die Vorteile wie zum Beispiel Handlichkeit, kein lästiges Hochfahren und einfache Bedienbarkeit fanden Tablets relativ schnell in der Geschäftswelt Verwendung.

Heutzutage gehört ein Smartphone zur Basisausstattung eines Vertriebsmitarbeiters und ermöglicht eine höhere Produktivität und Effizienz. Der Mitarbeiter ist durch die Verwendung von digitalen Tools mobiler und hat dabei Zugriff auf die Unternehmensressourcen, wie zum Beispiel ein CRM oder ERP-System (Binckebanck und Elste 2016).

2.1 Neue Möglichkeiten durch Digitalisierung

Im Vergleich zur herkömmlichen Leaderfassung mit einem Messebericht aus Papier, können digitale Lösungen eine bessere Kommunikation mit dem Kunden ermöglichen. Auch können mehr wertvolle Informationen über den Kunden erfragt und dokumentiert werden. Da bei der Erstellung eines digitalen Messeberichtes keine Begrenzung auf das übliche Papierformat besteht, können die Messeberichte ausgeweitet werden, ohne dass sie als zu groß empfunden werden. Ebenso besteht die Möglichkeit mehrere Ebenen umzusetzen, so dass man beispielsweise die Produktpalette ausführlicher darstellen kann. Auf diese Weise gewinnt man mehr Informationen über den Kunden.

Manch digitale Lösungen verfügen auch über Funktionen die über die Standardfunktionalitäten wie zum Beispiel OCR-Erkennung[6] oder Visitenkarte fotografieren hinausgehen. Werden im Verkaufsgespräch die Anforderungen des Kunden skizziert, können diese Skizzen direkt auf einem Tablet erfolgen und stehen sofort digital zur Verfügung.

Lösungen mit einer entsprechenden Benutzeroberfläche eignen sich auch für Kundengespräche die Seite an Seite passieren und durch das gemeinsame Ausfüllen des Messeberichts erhält man mehr detaillierte Informationen über den Kunden.

[6] https://en.wikipedia.org/wiki/Optical_character_recognition. Zugegriffen am 29.05.2020.

2.2 Software-Automatisierung

Bei der Software-Automatisierung geht es darum, gleichbleibende strukturierte Prozesse in gleichbleibender Qualität umzusetzen. Um Automation umsetzen zu können, ist es zwingend erforderlich, dass die einzelnen IT-Komponenten uneingeschränkt miteinander kommunizieren können (vgl. Abb. 2). Die Software kann dabei Prozessschritte komplett selbständig erledigen oder dem Benutzer zuarbeiten. Durch die Automatisierung von administrativen Prozessen können Verwaltungskosten gesenkt werden, indem man Personal und Zeit einspart, sowie Fehler minimiert. Ein weiterer Vorteil besteht darin, dass sie deutlich an Geschwindigkeit gewinnen und schneller auf die Anforderungen von Kunden in gleichbleibender Qualität reagieren können.

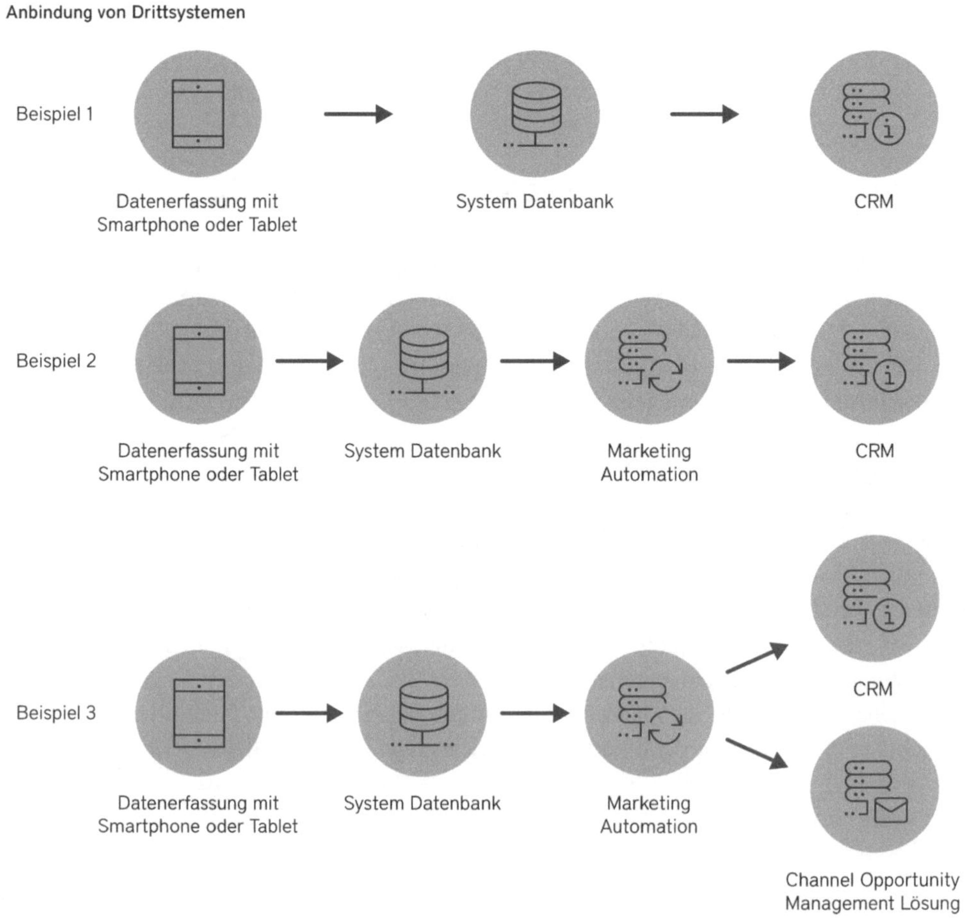

Abb. 2 Anbindung von Drittsystemen

Eine Lösung zur Leaderfassung kann natürlich eigenständig zum Einsatz kommen und dabei bereits eine Vielzahl von Vorteilen ausspielen. So stehen beispielsweise Messekontakte digital zur Verfügung und können einfach per Excel oder PDF zur weiteren Bearbeitung an die zuständigen Mitarbeiter oder Vertriebspartner versendet werden. Viele Unternehmen nutzen im ersten Schritt diese Vorteile, bevor sie an die Anbindung an Drittsysteme und automatisierte Prozesse denken. Um Verwaltungskosten zu senken und Prozesse zu beschleunigen führt der Weg nur über Software-Automatisierung. Im Falle der digitalen Leaderfassung gilt es also den Leaderfassungs- und Leadbearbeitungsprozess mit einer passenden Softwarestruktur abzubilden.

Bei der Anbindung von Drittsystemen ist das Customer-Relationship-Management (CRM) die häufigste Anwendung. Fast alle Leaderfassungslösungen verfügen über offene oder standardisierte Schnittstellen, um den Datentransfer mit dem CRM zu realisieren. Der Datentransfer passiert dabei in beide Richtungen. In der Praxis zeigt sich, dass bei den meisten B2B-Unternehmen fast 60 Prozent der Messebesucher bereits als Kontakt im CRM vorhanden sind. Vorhandene Kundenkontakte können via Datentransfer in der Leaderfassungslösung zur Verfügung gestellt werden. Die erfassten Messeleads können entweder direkt ins CRM oder über ein Backend importiert werden.

Viele B2B-Unternehmen haben in den letzten Jahren verstärkt auf Inbound Marketing zur Leadgenerierung über das Internet gesetzt und hierfür eine Marketing Automations-Lösung eingeführt (Hannig 2017). Wenn eine solche Lösung im Einsatz ist, macht es Sinn, diese an den Leaderfassungsprozess anzubinden. Hierfür sprechen vorwiegend drei Gründe, das Lead-Nurturing[7], Lead Scoring und die E-Mailing-Funktion.

Das Lead-Nurturing umfasst dabei alle Schritte im Rahmen eines Lead Management Prozesses, um einem Interessenten zur richtigen Zeit mit den für ihn relevanten Informationen anzusprechen. Sinn und Zweck des Lead Nurturings ist es, die mithilfe von Inbound Marketing gewonnenen Leads mit automatisierten Marketingmaßnahmen weiterzuentwickeln, bis diese bereit sind, mit dem Vertrieb Kontakt aufzunehmen. Bezogen auf eine digitale Leaderfassungslösung stellt es für den Vertriebsmitarbeiter einen Mehrwert dar, wenn er über bereits erfasste Informationen eines Messebesuchers Kenntnis hat und die Kommunikation entsprechend anpassen kann.

Das Lead Scoring kombiniert das Kundenprofil mit seinen Reaktionen auf Marketingaktivitäten. Für jede Reaktion und Aktion erhält der Kunde eine vorher definierte Punktzahl. Anhand des Scorings eines Kunden können dann Rückschlüsse auf den Reifegrad des Leads gezogen werden. Ein Gespräch auf dem Messestand wäre eine Aktivität, die mit Scoring-Punkten bewertet werden würde.

Da Lösungen zur Marketing Automation über eine E-Mailing-Funktion verfügen, können zum Beispiel automatisierte Dankschreiben per E-Mail und der Informationsversand hierüber abgewickelt werden. Auf die Reaktion dieser Aussendungen würden dann wieder entsprechend Scoring-Punkte vergeben.

[7] https://www.marketo.com/lead-nurturing/. Zugegriffen am 30.05.2020.

Wenn Sie eine professionelle E-Mailing-Software im Einsatz haben, können Sie diese für den Versand von Dankesschreiben und den Informationsversand an den Messebesucher verwenden.

Nicht jedes national oder international tätige B2B-Unternehmen hat ausschließlich eine eigene Vertriebsorganisation. Wenn Sie mit Vertriebspartnern zusammenarbeiten und diese in Ihren Leadmanagementprozess eingebunden sind, dann lohnt es sich über eine Channel Opportunity Management[8] Lösung nachzudenken. In ihr werden alle Leads, die sie Vertriebspartnern zu Verfügung stellen, beziehungsweise zur Bearbeitung weiterreichen, verwaltet. Wertvolle Leads gehen somit nicht mehr verloren und Sie haben volle Transparenz über den Bearbeitungsstatus. Wenn Sie eine solche Lösung im Einsatz haben, kann die Leaderfassungslösung angebunden werden. Dies erleichtert die Verteilung von Leads an ihre Vertriebspartner.

Bei der Automatisierung[9] kann es zwei Umsetzungsstufen geben, die Halb- und Vollautomatisierung. Bei der Halbautomatisierung werden nur Teile des Prozesses automatisch umgesetzt. Die Software unterstützt den Anwender bei bestimmten Aufgaben und dieser kann Prozesse starten. Der Vorteil liegt darin, dass man einen einfachen Prozess konzipieren kann. Man kann diesen Prozess auch erst nach der Einführung einer Leaderfassungslösung im zweiten oder dritten Schritt andenken.

Bei der Vollautomatisierung des Leaderfassungsprozesses ergibt sich bereits bei der Planung der Leaderfassungslösung ein höherer Zeitaufwand. Um einen vollautomatisierten Prozess realisieren zu können, ergibt sich bereits bei der Leaderfassung auf der Messe ein höherer Aufwand beim Ausfüllen des Messeberichts. Die benötigte Strukturierung und Vervollständigung der Daten müssen bereits an diesem Punkt erfolgen, damit der Prozess überhaupt gestartet werden kann. In der Praxis bedeutet dies einen höheren Pflegeaufwand für den Vertriebsmitarbeiter auf der Messe. Um ein anschauliches Beispiel zu nennen: Wenn der Kunde nach dem Messebesuch automatisch eine Dankes-E-Mail erhalten soll, dann müssen bei der Erfassung der Kundendaten die E-Mailadresse, der Nachname und die Anrede als Pflichtfeld korrekt ausgefüllt werden. Die Verantwortung für die Richtigkeit der Daten liegt dabei beim jeweiligen Vertriebsmitarbeiter.

2.3 Weitere Vorteile der digitalen Leaderfassung

Neben den bereits beschriebenen Vorteilen gibt es noch weitere Argumente, die für eine digitale Leaderfassungslösung sprechen. Sie sollten bei der Debatte über die Einführung eines Tools nicht vergessen werden.

Ein Diskussionspunkt auf einer Messe, ist sehr oft das Thema Lesbarkeit der Messeberichte. Mit dem Einsatz einer digitalen Lösung haben Sie dieses Problem gelöst und

[8] https://www.der-maschinenbau.de/allgemein/channel-opportunity-management/. Zugegriffen am 29.05.2020.

[9] https://en.wikipedia.org/wiki/IT_process_automation. Zugegriffen am 30.05.2020.

unleserliche Handschriften, sowie kreative Abkürzungen, die nur der Verfasser des Messeberichts kennt, beschäftigen Ihre Organisation nicht unnötig. Sie ersparen sich unnötiges Nachfragen bei den Kollegen. Auch das Thema Vollständigkeit der Daten und Gesprächsnotizen kann besser gesteuert werden. Bei einer digitalen Lösung besteht die Möglichkeit über Pflichtfelder das Informationslevel des Messeberichts deutlich zu erhöhen. In der Praxis ist dies jedoch immer ein Spagat zwischen Datenqualität und Usability (Dhillon 2016). Denn jedes Pflichtfeld in einem Messebericht bedeutet auch zeitlichen Aufwand für den Anwender des Tools.

Die Sicherheit der Daten ist ein weiterer Vorteil, der für eine digitale Lösung spricht. Die meisten Tools funktionieren on- und offline und übertragen freigegebene Messeberichte sobald eine funktionierende Internetverbindung hergestellt ist, an ein Backend-System oder sogar direkt ins CRM. Die wertvollen Messeberichte und Daten, die für den Erfolg einer Messe ausschlaggebend sind, können somit nicht verloren gehen. Natürlich gibt es auch an dieser Stelle nicht hundertprozentige Sicherheit. Bei der Verwendung von Smartphones und Tablets besteht die Möglichkeit das diese beschädigt werden oder verloren gehen und damit auch die Daten, die vorab nicht übermittelt wurden. Dies stellt jedoch nur einen begrenzten Schaden dar, im Vergleich zu dem Fall das ein Ordner mit Papiermesseberichten verloren geht oder abhandenkommt.

Nicht unterschätzen sollten Sie die positive Wahrnehmung Ihres Unternehmens und Ihrer Marke, wenn Sie auf einer Messe, einem Event oder einem Kundenbesuch mit digitalen Tools arbeiten. Kunden, Interessenten und Mitbewerber nehmen Sie ganz anders wahr und sprechen Ihnen digitale Kompetenz zu. Wenn Sie heutzutage auf eine B2B-Fachmesse gehen, sehen Sie an vielen Messeständen auf großen Displays und Lettern Begriffe wie Digitalisierung, Industrie 4.0 (Popkova et al. 2019) und Automatisierung. Es gibt mit der Fachmesse AUTOMATICA sogar eine eigene Themenveranstaltung für Automatisierung. Welchen Eindruck macht es dann auf den Besucher, wenn Sie auf demselben Messestand die Vertriebsmitarbeiter mit einem Klemmbrett und einem Papiermessebericht sehen? Manche B2B-Marketers sind sogar der festen Überzeugung das die Marke der eingesetzten Smartphones und Tablets die Wahrnehmung des Kunden positiv oder negativ beeinflusst.

Einige Leaderfassungslösungen sind sehr flexibel aufgebaut und können individuell an die Bedürfnisse des Unternehmens angepasst werden. So können diese Lösungen Schritt für Schritt um weitere Funktionalitäten ergänzt werden und zusätzliche Prozesse auf der Messe oder für die Kundenberatung digitalisiert werden. Ein beeindruckendes Beispiel aus der Praxis ist hier die Anbindung einer Cateringfunktion, womit der Vertriebsmitarbeiter auf der Messe direkt im Kundengespräch Getränke und Speisen selbständig bestellen kann. Das Gespräch wird nicht durch Servicepersonal unterbrochen und der Kunde nimmt die technische Expertise des Unternehmens wahr. Zudem kann der Vertriebsmitarbeiter die Zeit des Kundengesprächs steuern, indem er die Größe der Essensportion oder der Getränke bestimmt. Kostbare Messezeit wird somit besser ausgenutzt, um möglichst viele Kundenkontakte zu generieren.

2.4 Datenqualität

Bei allen Anbindungen von Drittsystemen sollte man sich vorab überlegen, wie und an welcher Stelle eine Qualitätskontrolle der erfassten Daten stattfinden soll. Gerade bei einer Messe sind nicht nur hochwertige Kundenkontakte am Messestand, sondern auch potentielle Lieferanten und Dienstleister, Besuchergruppen von Schulen, Vertreter von Verbänden und der traditionelle „Kugelschreiber-Sammler". Das heißt, nicht jeder Kontakt, der auf einer Messe im hektischen Betrieb erfasst wird, ist für die weitere Bearbeitung zwingend notwendig und sinnvoll. Deshalb macht eine Datenbereinigung, möglichst an Anfang der Prozesskette, durchaus Sinn.

2.5 Toolauswahl und Technologien

Es gibt mittlerweile unzählige Anbieter von Leaderfassungslösungen für die unterschiedlichen Anwendungen und Anforderungen. Bei der Recherche steht der B2B-Marketer vor der Herausforderung, aus den unzähligen Angeboten die passende Lösung herauszufiltern.

Hierbei gibt es zwei Ansätze, die Vor- und Nachteile haben. Wenn Sie noch keine Idee haben, wie eine Lösung für Ihr Unternehmen aussehen kann und welche Möglichkeiten sich durch die Digitalisierung ergeben, dann ist eine Internetrecherche oder der Austausch mit anderen Unternehmen, die bereits eine Lösung in ihren Arbeitsalltag integriert haben, durchaus sinnvoll. Der Vorteil besteht darin, dass Sie möglicherweise auf Ideen kommen, die Ihnen alleine nicht oder erst später eingefallen wären. Der Nachteil besteht darin, dass Sie Gefahr laufen, sich zu früh auf eine Lösung festzulegen und dann Ihre Prozesse um die Lösung bauen, statt eine Lösung für Ihre individuellen Anforderungen zu finden.

Sie erhöhen Ihre Chancen auf die ideale Lösung, in dem Sie erst Ihre Anforderungen definieren und dann nach einer passenden Lösung suchen. Die Anforderungen können dabei auch grob definiert sein und müssen nicht bis ins letzte Detail ausgearbeitet sein.

In der Evaluierungsphase können Sie sich durch eine Internetrecherche einen Überblick verschaffen. Sie können entweder gezielt nach Anbietern suchen, oder Marktübersichten und Toolvergleiche[10] von Marketing- oder Vertriebsportalen heranziehen. Eine Checkliste, die Ihre Rahmenbedingungen und Grundanforderungen abdeckt, kann Ihnen bei der Strukturierung eine große Hilfe sein. Auch Referenzprojekte der Anbieter können Ihnen einen ersten Eindruck vermitteln, ob der Anbieter für Sie in Betracht kommt.

Bei fast allen Anbieter besteht die Möglichkeit, die Lösung in einer Web-Präsentation unverbindlich kennenzulernen. Sie bekommen dabei auch einen Eindruck von der Kompetenz des Anbieters. Einige Anbieter von standardisierten Lösungen stellen zudem kostenlose Demo-Versionen ihrer Lösung zur Verfügung. Oftmals sogar mit begrenzten Funktionalitäten zu Testzwecken für kleinere Messen oder Events.

---

[10] https://www.marconomy.de/darauf-kommt-es-bei-der-auswahl-von-leaderfassungs-systemen-an-a-905999/. Zugegriffen am 28.05.2020.

So unterschiedlich die Anforderungen an eine Leaderfassungslösung sind, so unterschiedlich sind auch die angebotenen Softwarelösungen. Die einfachste Form einer digitalen Lösung stellen immer noch Visitenkarten-Scanner-Apps dar. Es handelt sich dabei um standardisierte kostengünstige Lösungen, deren Hauptfunktion die Erfassung der Kontaktdaten des Ansprechpartners ist. Mittlerweile können die eingescannten Kontakte direkt ins CRM importiert werden. Die Möglichkeiten automatisierte Prozesse mit einer solchen Lösung umsetzen zu können sind meist nicht gegeben.

Einige der größeren CRM-Anbieter bieten eine Leaderfassungslösung auch in Verbindung mit der mobilen Version Ihrer Software an. Der Vorteil besteht darin, dass sich der Anwender immer in der gewohnten CRM-Umgebung bewegt und die Prozesse direkt aus dem CRM erfolgen können. Der Nachteil besteht eher in der Usability und dem Design dieser Lösungen auf den Smartphones und Tablets.

Unternehmen deren Vertriebsmitarbeiter auf dem Messestand mit Laptops arbeiten möchten, können auf webbasierte Lösungen setzen. Die Voraussetzung für solche Lösungen sind stabile Internetverbindungen auf den Messen, die manchmal leider noch nicht gegeben sind oder teuer gebucht werden müssen. Eine geringe Anzahl von Anbietern verfügen über sogenannte Progressive Web App's,[11] die eine Art Kombination aus einer responsiven Webseite und einer App sind.

Die am verbreiteteste Technologie sind Leaderfassungslösungen in Form einer App auf Basis der Betriebssysteme iOS (Apple) und Android (Google). Die angebotenen Lösungen sind vielfältig. So werden kostenlose Versionen, standardisierte und individuelle Lösungen angeboten.

3 Einführung einer digitalen Leaderfassung als Veränderungsprozess

Die Anschaffung einer digitalen Leaderfassungslösung stellt auch eine Veränderung bisher gewohnter Prozesse und Verantwortlichkeiten in der Unternehmensorganisation dar.[12] In den letzten Jahren rücken Marketing und Vertrieb immer enger zusammen und die Berührungspunkte zwischen beiden Disziplinen werden immer mehr (Hofmaier 2015). Beim Thema Leaderfassung handelt es sich um einen dieser Berührungspunkte und einen Prozess, bei dem die Verantwortlichkeiten innerhalb der Bearbeitungsstufen wechseln. So ist der Vertrieb nach den Kundengesprächen für die Erfassung der Messekontakte verantwortlich, dann wechselt die Bearbeitung der erfassten Kundenkontakte meist in die Verantwortung des Marketing. Hier werden die Daten aufbereitet und erste Aktivitäten, wie z. B. Versand eines Dankschreibens per E-Mail gestartet. Nach der Verteilung der Messeleads innerhalb der Organisation wechselt die Verantwortlichkeit wiederum in den Ver-

[11] https://en.wikipedia.org/wiki/Progressive_web_application. Zugegriffen am 30.05.2020.

[12] https://www.computerwoche.de/a/wie-it-projekte-akzeptanz-finden,3224694. Zugegriffen am 29.05.2020.

trieb. Dort gilt es die zeitnahe Bearbeitung des Messekontaktes durch die eigene Vertriebsorganisation oder Vertriebspartner zu gewährleisten.

Marketing und Vertrieb müssen beim Thema Leaderfassung intensiv zusammenarbeiten und die Übergabepunkte der Verantwortlichkeiten genau zu definieren. In Unternehmen bei denen Marketing und Vertrieb noch eher nebeneinander als miteinander agieren, stellt die Einführung einer digitalen Leaderfassungslösung deshalb einen großen Veränderungsprozess innerhalb der Organisation dar. Somit wird die Einführung eines Tools auch zu einer Veränderung der bisherigen Unternehmenskultur mit allen damit einhergehenden Vorteilen und Risiken.

Um über die Investition zur Anschaffung einer digitalen Leaderfassungslösung entscheiden zu können, sollte eine Kosten-Nutzen-Berechnung erfolgen. Eine Kostenbetrachtung ist leider aufgrund der diversen Preismodelle auf den ersten Blick nicht einfach. Bei der Ermittlung von Einsparungsmöglichkeiten gilt es den bisherigen Prozess transparent zu machen und die Stellen, an denen aufgrund von Medienbrüchen und manuellen Prozessen die Verwaltungskosten entstehen, aufzunehmen.

3.1 Kosten

Die große Anzahl an Lösungsanbietern bringen auch diverse Preismodelle mit sich. Für einige Kostenmodelle ist im Vorfeld wichtig, dass bereits ein klares Bild über die Anzahl der Messen und die Anzahl der User einer Lösung besteht.

Einige Leaderfassungslösungen können nicht gemietet werden, sondern sie werden als Projekt umgesetzt und abgerechnet. Die folgenden Punkte sollten dabei berücksichtigt werden:

- Wie hoch sind die initialen Anschaffungskosten für die Umsetzung der definierten Anforderungen?
- Welche Kosten entstehen für Anpassungen und Erweiterungen der Lösung?
- Gibt es jährliche Wartungskosten und für welche Fälle treten diese auf?
- Gibt es weitere Kosten, zum Beispiel für Lizenzen?

Sehr verbreitet sind Mietmodelle in den unterschiedlichsten Varianten. Manche der Angebote erscheinen auf den ersten Blick günstig, bei näherer Betrachtung summieren sich je nach Anwendungsfall die Kosten zu einer beträchtlichen Summe. Folgende Fragen sind bei der Ermittlung der Kosten hilfreich:

- Gibt es Preismodelle für einzelne Messen, die Tages-, Monats- und Jahresmiete?
- Welche Vertragslaufzeiten gibt es? Wie sind die Kündigungsfristen?
- Wie beeinflusst die Anzahl der Messen die Kosten?
- Beeinflusst die Anzahl der Ländern, in denen die Lösung verwendet wird, die Kosten?
- Beeinflusst die Anzahl der erfassten Messeleads die Kosten?

- Beeinflusst die Anzahl der User die Kosten?
- Beeinflusst die Anzahl der Geräte die Kosten?
- Entstehen Kosten für die Einrichtung oder die Anpassung der Lösung?
- Gibt es Kosten für Zusatzleistungen und -funktionen?
- Gibt es zusätzliche Kosten für Wartung und Service?

Neben den Kosten für die Lösung sollten auch weitere Kosten, die mit der Einführung einer digitalen Leaderfassung entstehen können, berücksichtigt werden:

- Mietkosten für Tablets
- Kosten für Schulungen
- Kosten für Vor-Ort Support auf Messen

3.2 Einsparungspotentiale

Um die Einsparungspotentiale durch die Einführung einer digitalen Leaderfassung exakt zu bestimmen, müssen die Kosten der gesamten bisherigen Prozesskette betrachtet und erfasst werden. Für eine systematische Kostenbetrachtung des Leadmanagementprozess kann es je nach Komplexität des bisherigen Prozess sinnvoll sein, diesen in drei Bereiche zu gliedern: die Leaderfassung auf der Messe, die Aufbereitung der Daten und die Verteilung der Leads.

Bei der Leaderfassung auf der Messe, beispielsweise bei der Verwendung von Messeberichten auf Papier, sollten folgende Kosten berücksichtigt werden:

- Platzbedarf für einen zusätzlichen Arbeitsplatz zur Leaderfassung an der Informationstheke oder in der Standkabine
- zusätzliche Personalressourcen für die Erfassung und Übermittlung der Messeberichte
- Anschaffung eines Visitenkarten-Scanner

Die Aufbereitung der Daten, sprich die Bearbeitung der Leads im Back Office stellen den größten Kostenfaktor dar. Vorhandene Medienbrüche und manuelle Tätigkeiten bis die Leads zur Verteilung an die eigene Organisation oder Vertriebspartner bereitstehen, kosten viel Zeit und Geld. Die manuelle Erfassung der Messekontakte und -berichte in das CRM ist dabei sehr zeitaufwendig. Aber auch einfache Punkte wie der zeitliche Aufwand für Rückfragen aufgrund von unvollständigen Messeberichten und unleserlichen Informationen oder unnötige Arbeitsschritte wie das Ausdrucken und Kopieren von Messeberichten summieren sich zu vielen Arbeitsstunden.

Die Verteilung der Leads stellt bei einem analogen Prozess nur einen sehr geringen organisatorischen Kostenfaktor dar. Für die Erstellung von Reportings und die Erfolgsmessung im Vertrieb können Verwaltungskosten entstehen.

3.3 Kosten-Nutzen-Berechnung

Bei der Frage, ob sich die Investition in eine digitale Leaderfassungslösung rechnet, werden die Kosten und die Einsparpotentiale einfach gegenübergestellt. Sollte der Nutzen einer Lösung aufgrund dieser Berechnung nicht aussagekräftig sein, kann es im Einzelfall hilfreich sein, weitere Aspekte in die Überlegung einfließen zu lassen. So kann eine Lösung vom Vertrieb auch bei normalen Kundenbesuchen eingesetzt und für die Erstellung von Besuchsberichten verwendet werden. In diesem Falle macht es Sinn, den bisherigen Zeitaufwand für diese Tätigkeit mit einzukalkulieren. Eine weitere Optimierungsmöglichkeit könnte unter Umständen dadurch entstehen, indem die Lösung auch Vertriebspartnern zur Verfügung gestellt wird.

4 Zusammenfassung

In Zeiten von Industrie 4.0 und der Digitalisierung von Vertrieb und Marketing führt kein Weg an einer digitalen Leaderfassungslösung vorbei. Herkömmliche Leaderfassungslösungen wirken altmodisch und passen nicht in das Gesamtbild eines modernen Auftrittes eines B2B-Unternehmens. Gerade für Unternehmen, die im Marketing und Vertrieb die ersten Schritte mit Digitalisierung von Prozessen machen, ist eine digitale Leaderfassungs-Lösung gut geeignet. Es wird ein Problem gelöst, welches die Unternehmen seit Jahrzehnten beschäftigt und ist durch begrenzte Prozesse überschaubar. Dabei können durch die Automatisierung von Prozessen gleichzeitig Einsparungspotentiale gehoben und die Kundenkommunikation verbessert werden. Wird ein solches Digitalisierungsprojekt erfolgreich umgesetzt, kann dies für eine höhere Reputation des Marketing in der Organisation sorgen.[13]

Auch wird durch eine digitale Leaderfassung die Zusammenarbeit zwischen Marketing und Vertrieb vertieft, sollte dies nicht bereits der Fall sein. Um einen Lead-Management-Prozess in einem B2B-Unternehmen aufzubauen, müssen beide Disziplinen eng zusammenarbeiten und die Prozesse, sowie die Arbeitsweise des jeweils anderen verstehen. Gerade das Marketing ist hier gefordert mehr auf den Vertrieb zuzugehen. Durch einen Lead-Management-Prozess, zu dem auch eine Leaderfassungslösung gehört, kann das Marketing aufzeigen, welchen Beitrag es für die Umsatzentwicklung des Unternehmens leistet.

Nehmen Sie auch die Chance wahr, mit der Einführung einer digitalen Leaderfassungslösung neue Impulse für den Auftritt Ihres Unternehmens auf Messen und Events zu setzen. Kunden brauchen keine „Hollywood-Show" auf Messeständen, jedoch sollte dem Messebesucher etwas geboten werden, wodurch Ihre Marke positiv in Erinnerung bleibt.

[13] https://www.marketing-boerse.de/fachartikel/details/1848-b2b-digitalisierung-fuehrt-zu-fuehrungsrolle-des-marketings-1/152025. Zugegriffen am 28.05.2020.

Nutzen Sie digitale Tools und neue Technologien, um sich von Ihren Mitbewerbern abzugrenzen und sich als moderner Lösungspartner im Markt zu positionieren.

Literatur

Biesel, H., & Hame, H. (2018). *Vertrieb und Marketing in der digitalen Welt*. Wiesbaden: Springer Gabler.

Binckebanck, L., & Elste, R. (2016). *Digitalisierung im Vertrieb*. Wiesbaden: Springer Gabler.

Dhillon, B. S. (2016). *Computer system reliability: Safety and usability*. London: CRC Press.

Hannig, U. (2017). *Marketing und Sales Automation*. Wiesbaden: Springer Gabler.

Hofmaier, R. (2015). *Marketing, sales and customer management*. Berlin: de Gruyter.

Popkova, E. G., Ragulina, Y. V., & Bogoviz, A. V. (2019). *Industry 4.0: Industrial revolution of the 21st century*. Cham: Springer.

Stevens, R. P. (2012). *Maximizing lead generation*. Wiesbaden: Springer Gabler.

Zanger, C. (2018). *Events und Marke*. Wiesbaden: Springer Gabler.

Boris Ringwald ist bei der lead on GmbH in Potsdam für Vertrieb und Marketing zuständig. Die Dialogmarketing-Experten von lead on unterstützen europaweit Unternehmen mit erklärungsbedürftigen Produkten und Dienstleistungen aus Industrie, Maschinenbau, Verpackung, Logistik und IT im Leadmanagement und in der Neukundengewinnung. Boris Ringwald ist seit über 20 Jahren im B2B-Bereich als Spezialist für Neukundengewinnung und Leadmanagement auf Agentur- und Kundenseite tätig. Während seiner Agenturzeit war er in leitender Position als Berater für verschiedene Dialogmarketing- und Werbeagenturen tätig, bevor er auf die Kundenseite wechselte. Praktische Erfahrungen sammelte er während seiner zehnjährigen Tätigkeit in der IT-Branche und 13 Jahren in Industrie und Logistik.

User Experience und Touchpoint-Management – Ein Touchpoint Performance Management Toolkit

Fabienne Halb und Uwe Seebacher

Inhaltsverzeichnis

F. Halb (✉)
Graz, Österreich
E-Mail: fabienne.halb@gmx.at

U. Seebacher
Graz, Österreich
E-Mail: http://www.uweseebacher.org

U. Seebacher (Hrsg.), *Praxishandbuch B2B-Marketing*,
https://doi.org/10.1007/978-3-658-31651-8_13

Zusammenfassung

Der wachsende Einfluss von Customer Experience-Strategien stellt B2B-Unternehmen in vielen Branchen vor große Herausforderungen. Das traditionelle Erfolgsrezept, zur richtigen Zeit auf den richtigen Märkten zu sein, überlegene Produkte und Dienstleistungen anzubieten oder der kostengünstigste Produzent zu sein, ist keine Garantie mehr, sich einen nachhaltigen Wettbewerbsvorteil zu sichern. Die Schaffung einzigartiger Kundenerlebnisse ist zu einem kritischen Erfolgsfaktor geworden. Aber was erweckt das Kundenerlebnis zum Leben? Touchpoints.

Da Kundenzufriedenheit allein nicht mehr ausreicht, müssen B2B-Marketeters Kunden auf ihrem Weg zum Kauf inspirieren und überraschen und den B2B-Kauf erleichtern, indem sie die wichtigsten Kundenherausforderungen an jedem Berührungspunkt während der gesamten Kundenreise, der Customer Journey, identifizieren. Der Artikel informiert B2B-Vermarkter über die Besonderheiten, Einflussfaktoren und Veränderungen in der B2B-Entscheidungsfindung, die Rolle der Kundenerfahrung und die Bedeutung von Touchpoints beim B2B-Kauf. Darüber hinaus werden Einblicke in die Visualisierung und Messung von Kundenerfahrungen sowie in das Touchpoint-Management entlang der Customer Journey gegeben.

Darauf aufbauend wird ein Touchpoint-Evaluierungstool eingeführt, das B2B-Unternehmen hilft, die für Kunden relevantesten Berührungspunkte hinsichtlich ihrer Auswirkungen auf Kaufentscheidungen zu identifizieren und zu analysieren.

1 Wie Veränderungen im Kaufverhalten die heutigen B2B-Marketingstrategien beeinflussen

Unabhängig von den Unterschieden zwischen den einzelnen Branchen ist das heutige Geschäftsumfeld dynamischer und komplexer denn je und unterliegt einem kontinuierlichen und immer schnelleren Wandel, sei es in Bezug auf technologische Innovationen oder Veränderungen im Kaufverhalten, der dazu führt, dass Unternehmen mit zunehmender Marktunsicherheit konfrontiert sind (Mora Cortez und Johnston 2017, S. 99; Schüller 2015, S. 14–20). Der wachsende Einfluss von Customer-Experience-Strategien stellt B2B-Unternehmen aus vielen Branchen vor große Herausforderungen, die von der traditionellen Erfolgsformel, einfach in den richtigen Märkten zu sein, überlegene technische Produkte und Dienstleistungen anzubieten oder der kostengünstigste Produzent zu sein, abkommen müssen, um sich einen nachhaltigen Wettbewerbsvorteil zu sichern. Da die Kundenerfahrung oder „Nutzererfahrung", wie wir es in diesem Artikel bevorzugen, als ein wesentlicher Erfolgsfaktor angesehen wird, um letztendlich als Lieferant im B2B-Entscheidungsprozess ausgewählt zu werden, stellen branchenführende Unternehmen als Antwort auf den sich verschärfenden globalen Wettbewerb zunehmend die Kundenorientierung und die einzigartige Nutzererfahrung in den Mittelpunkt ihrer Strategien (Maechler et al. 2017).

Während die Kundenerfahrung die Wahrnehmung der Interaktion mit verschiedenen Marketing- und Kommunikationskanälen, den so genannten Touchpoints von Anbietern oder aktiven Geschäftspartnern, beschreibt, umfasst die Käufererfahrung dasselbe Prinzip, erstreckt sich aber auf eine frühere Phase des Kaufprozesses, nämlich die Phasen vor den Kaufentscheidungen. Die Nutzererfahrung unterscheidet nicht zwischen den verschiedenen Phasen der Reise des Käufers und beschreibt das interagierende Individuum einfach als „Nutzer", ob Kunde oder Nicht-Kunde.

Kundenzufriedenheit allein reicht heute nicht mehr aus, da sie nicht unbedingt der Motor des Wachstums ist. Die Kundenzufriedenheit verdoppelt zwar die Wahrscheinlichkeit eines Wiederkaufs, aber die Entscheidung, ein bestimmtes Produkt oder eine bestimmte Dienstleistung erneut zu kaufen, stellt nur den Status quo dar, eine Fortsetzung früherer Entscheidungen. Eine wirkliche Wachstumsentscheidung ist eine Entscheidung, die den Kauf zusätzlicher oder erweiterter Lösungen auslöst, was organisatorische Veränderungen mit sich bringt, die häufig neue Fähigkeiten, andere Prozesse, neue Interessengruppen und eine unerwartete Komplexität erfordern (Bryan 2020). Um sowohl bei potenziellen als auch bei bestehenden Kunden im Gedächtnis zu bleiben, müssen Unternehmen sie begeistern und überraschen. Heutzutage basiert der Wettbewerb auf Nutzererlebnissen. Um solche einzigartigen Erlebnisse zu schaffen, müssen sich Unternehmen der Reise des Käufers oder Kunden bewusst sein, welche sich auf die Phasen bezieht, die (potenzielle) Kunden während ihrer Beziehung zu einer Marke durchlaufen (Morgan 2018). Auf ihrem Weg zum endgültigen Kauf interagieren Nutzer mit Unternehmen über mehrere Touchpoints (Lemon und Verhoef 2016, S. 82). Touchpoints sind die Momente der Wahrheit: An den Touchpoints eines Unternehmens entscheidet sich, ob Kunden kaufen und ob sie loyal sein werden oder nicht (Schüller 2015, S. 13–15). Obwohl die meisten B2B-Unternehmen erkennen, wie wichtig es ist, ein außergewöhnliches Kundenerlebnis zu schaffen, um der Konkurrenz immer einen Schritt voraus zu sein, setzen dies nur wenige in die Tat um (Morgan 2017). Gemäß der Digital Brand Leadership Studie von Esch Brand Consultants erfassen nur 34 % der befragten Unternehmen Käuferreisen ganzheitlich. 24 % berücksichtigen die Customer Journey überhaupt nicht (Esch et al. 2016, S. 16). Unternehmen, die in die Entwicklung zu einem erlebnisorientierten Unternehmen investieren, konnten jedoch ein höheres Umsatzwachstum verzeichnen (Morgan 2017). Die Schlacht wird über die intelligente Kombination von digitaler und nicht-digitaler Transformation ausgetragen werden, um eine nahtlose Nutzererfahrung über die Kanäle hinweg zu gewährleisten, indem die richtige Balance zwischen digitaler und menschlicher Interaktion in den komplexeren Kundenbeziehungen im B2B-Bereich gefunden wird (Maechler et al. 2017).

2 Entscheidungsfindung bei B2B-Käufen

Dem B2B-Käufer wird oft unterstellt, dass er die rationellsten, kostengünstigsten und profitabelsten Entscheidungen auf der Basis von Preis, Ausstattung, Funktionalität und Service trifft, was jedoch nur bedingt zutreffen dürfte (Kotler und Pfoertsch 2006, S. 24 f.). Hinter jeder B2B-Kaufentscheidung steht ein komplexer Prozess, an dem viele verschiedene Personen aus unterschiedlichen Disziplinen und Abteilungen einer Organisation beteiligt sind, mit dem gemeinsamen Ziel, die beste Lösung für die Organisation auszuwählen (Vitale und Giglierano 2002, S. 61).

2.1 Das Buying Center

Im Gegensatz zu den oft standardisierten Konsumgütern werden Industrieprodukte in der Regel als Einzellösungen verkauft, die mit spezifischen Anforderungen, einem hohen Grad an Individualisierung und Anpassung für die Integration in größere Systeme einhergehen. Aufgrund dieser enormen Komplexität industrieller Produkte und Dienstleistungen erfordert der Beschaffungsprozess qualifizierte Experten auf beiden Seiten, Lieferant und Kunde (Kotler und Pfoertsch 2006, S. 21 f.). Kaufentscheidungen werden im Rahmen eines Buying Centers getroffen, das alle Mitglieder der Organisation zusammenführt, die am Kaufprozess einer bestimmten Einkaufssituation beteiligt sind. Verschiedene Mitglieder nehmen innerhalb des Buying Centers unterschiedliche Rollen ein (Initiator, Gatekeeper, Beeinflusser, Entscheider, Käufer, Nutzer) und sind durch ein komplexes Zusammenspiel individueller und organisatorischer Ziele motiviert (Webster und Wind 1972, S. 14). Nachdem er erkannt hat, dass der Erwerb eines Produktes oder einer Dienstleistung ein Problem innerhalb des Unternehmens lösen oder vermeiden kann, setzt der Initiator den Kaufprozess in Gang. Der Gatekeeper steuert den Ein- und Abfluss von Informationen und verschafft dem Vertriebspersonal des Anbieters Zugang zu Schlüsselpersonen im Buying Center auf Käuferseite, während der Einflussnehmer den Auswahlprozess führt, indem er Empfehlungen zu bevorzugten Anbietern oder Angeboten abgibt. Der Entscheider trägt die letztendliche Verantwortung dafür, zu bestimmen, welcher Anbieter ausgewählt wird und welches Produkt oder welche Dienstleistung vom Käufer erworben wird, welcher dann mit dem ausgewählten Anbieter verhandelt und den Kauf formell durchführt, bevor der Nutzer das erworbene Produkt oder die Dienstleistung schließlich einsetzen kann (Anderson et al. 2009, S. 118 f.). Während die Beziehung zwischen den Mitgliedern von der Komplexität der zwischenmenschlichen Interaktionen beeinflusst wird, wird das Buying Center von der Organisation durch Subsysteme von Aufgaben, Struktur, Technologie und Personen beeinflusst. Die gesamte Organisation wird wiederum durch eine Reihe von Umgebungsvariablen beeinflusst, darunter wirtschaftliche, technologische, politische, rechtliche und kulturelle Kräfte. Mehrere Personen können eine Rolle innehaben, oder umgekehrt kann eine Person mehr als eine Rolle tragen. Die Herausforderung für den B2B-Vermarkter besteht darin, die Zusammensetzung des Buying Centers zu analysieren, die Struktur der Rollen und Befugnisse zu verstehen und zu ermitteln, wer innerhalb der Kundenorganisation die Einkaufsverantwortung trägt. Da in den meisten Fällen der Käufer oder Einkaufsagent der letzte Entscheidungsträger ist und daher die Autorität für die Endphasen des Kaufprozesses hat, sollte die Aufmerksamkeit besonders auf die Rolle des Käufers gerichtet werden (Webster und Wind 1972, S. 14–18).

2.2 Einflussfaktoren und Motivation von B2B-Käufern

Es gibt mehrere Aspekte, die die Motivation des industriellen Einkäufers und anderer Mitglieder des Buying Centers ausmachen. Ein besonders entscheidender Faktor, der oft als Hauptfaktor für die Beeinflussung der Kaufentscheidung des Käufers angesehen wird, ist das wahrgenommene Risiko, da die Risikominderung eine der wesentlichen Aufgaben des Käufers ist. In diesem Rahmen ist es wichtig zu erwähnen, dass die Wahrnehmung ein relationaler kognitiver Prozess ist, durch den das Individuum Informationen filtert und interpretiert. Da der Einzelne dazu neigt, die Informationen wahrzunehmen, die ihn am meisten interessieren, ist die Wahrnehmung subjektiv. Das wahrgenommene Risiko umfasst zwei Faktoren: den Grad der Ungewissheit über das Ergebnis der Entscheidung und die Bedeutung der Konsequenzen der getroffenen Entscheidungen. Die Suche nach Informationen trägt dazu bei, den Druck der Unsicherheit zu verringern. Auf der individuellen Ebene kann das wahrgenommene Risiko zwei Dimensionen haben: die subjektive funktionale Dimension der Unsicherheit und die psychologische Dimension der Schwere des Versagens. Das wahrgenommene Risiko umfasst sowohl das Risiko, dem die Käufer selbst ausgesetzt sind, als auch das Risiko, dem das Unternehmen ausgesetzt ist. Die Risiken des Käufers können die von anderen Mitgliedern des Buying Centers geäußerte Kritik, die Unzufriedenheit mit der endgültigen Wahl und mögliche negative Konsequenzen sein. Bei den Risiken des Unternehmens kann es sich um Risiken handeln, die mit der Art der Transaktionen, der Beziehung zwischen Kunde und Lieferant und der Position des Kunden zu der Lieferung zusammenhängen. Je mehr Unsicherheit eine Kaufentscheidung mit sich bringt, desto höher ist das wahrgenommene Risiko, das den Käufer veranlasst, nach möglichst vielen Informationen zu suchen (Malaval 2001, S. 33–38).

Aufgrund der wirtschaftlichen Überlegungen, die B2B-Käufen zugrunde liegen, wird der B2B-Kaufprozess im Allgemeinen so charakterisiert, dass er auf rationalen Kriterien wie Preis, Liefer- und Zahlungsbedingungen, Normkonformität, Produktqualität und Serviceverlässlichkeit, Flexibilität des Lieferanten, Nähe des Händlers oder des Verkaufsbüros des Anbieters, technische Unterstützung oder Sicherheit beruht. Neben den kollektiven Zielen und primär objektiven Faktoren wie wirtschaftliche oder technische Kriterien lassen sich die Käufer auch von subjektiven und nicht-rationalen Faktoren leiten, wie persönliche Motivation (z. B. berufliche Sicherheit, Anerkennung, sozialer Aufstieg oder Gehaltserhöhung), Gefälligkeiten, Emotionen, Marke, Prestige und Ruf des Lieferanten, Dauer der Geschäftsbeziehung, kulturelle Affinitäten, die Rolle des Anbieters bei Investitionen im Land, oder aber auch die Ausbildung des Gegenübers oder bisherige Erfahrung mit dem Anbieter (Malaval 2001, S. 39–43).

Das Kaufverhalten von B2B-Kunden ist in der Tat komplexer. Was Unternehmen jedoch oft nicht erkennen, ist, dass sich B2B-Kunden nicht völlig von B2C-Kunden unterscheiden. Obwohl geschäftliche Einkäufe in der Regel auf gründlicheren Untersuchungen, Diskussionen und einem höheren Budget basieren, werden sie dennoch von Menschen getätigt, die jeden Tag nach Hause gehen und sich zu „normalen“ Konsumenten verwandeln, was bedeutet, dass ihre Erwartungen an B2B-Anbieter stark von ihren B2C-Aktivitäten abhängen (Shaw 2018; Maechler et al. 2016).

Wie eine kürzlich durchgeführte McKinsey-Umfrage unter 1.000 B2B-Entscheidungsträgern zeigte, verlangen auch B2B-Nutzer nach einem besseren Erlebnis: Mangelnde Schnelligkeit von Anbietern in der Interaktion erwies sich als der Schmerzpunkt Nummer 1 auf dem Weg zum Kauf (Maechler et al. 2017). Darüber hinaus nimmt die heutige Menge und Geschwindigkeit der Informationen sowie die Vielfalt der Auswahlalternativen rapide zu, was dazu führt, dass B2B-Entscheidungsträger von der Informationsflut und den Wahlmöglichkeiten, mit denen sie konfrontiert sind, überfordert sind und daher damit zu kämpfen haben große, wichtige Kaufentscheidungen zu treffen. Um diese Kunden zu gewinnen, müssen die Anbieter Strategien und Instrumente entwickeln, die den Kauf erleichtern und den Entscheidungsträgern in jeder Phase des Kaufprozesses helfen (Toman et al. 2017, S. 120).

Das Ziel der Kauferleichterung führt zum Stichwort „Buyer Enablement", wie Gartner die Maßnahmen zur Vereinfachung des Kaufprozesses durch Bereitstellung von Informationen, vorausschauende Beratung und praktische Unterstützung nennt, welche den Abschluss kritischer, für den Kauf notwendiger Aktivitäten erleichtern, oder kurz gesagt, die Unterstützung der Käufer beim Kauf. Gartner gibt an, dass in einer Umfrage unter mehr als 250 B2B-Kunden 77 % ihre letzte Kauferfahrung als sehr komplex oder schwierig eingestuft haben. Laut Gartners Studie ist die genannte Komplexität bei der Kaufentscheidung weitgehend auf die Fülle an qualitativ hochwertigen Informationen zurückzuführen, die den B2B-Käufern zur Verfügung stehen. Darüber hinaus müssen sich die Käufer mit einer großen Anzahl von Quellen auseinandersetzen, da die typische Käufergruppe sechs bis zehn Interessengruppen umfasst, von denen jede vier bis fünf Informationsquellen konsultiert hat (Gartner 2019a). Da Menschen als Individuen Aufgaben, die sie als schwierig, unbekannt, riskant oder störend empfinden, im Allgemeinen meiden, kann die Komplexität die Motivation eines Käufers zur Veränderung zunichtemachen (Bryan 2020). Darüber hinaus zeigte die Umfrage von Gartner, dass 95 % der Käufergruppen Entscheidungen mindestens einmal überdenken müssen, wenn neue Informationen auftauchen (Gartner 2019a). Das Vertrauen der Kunden in Informationen sowie ihre eigene Entscheidungsfähigkeit hat die stärkste Auswirkung auf den Abschluss eines qualitativ hochwertigen Geschäfts ohne Gefühle des Bedauerns. Eine Gartner-Analyse von 1100 B2B-Kunden zu der Frage, was die Fortführung oder den Ausbau von Kundenbeziehungen mit einem bestehenden Anbieter antreibt, ergab, dass das Vertrauen der Kunden in ihre eigene Entscheidungsfähigkeit die 2,6-fache Wahrscheinlichkeit eines hochwertigen Kundenzuwachses ergibt. Kunden fühlen sich selbstsicher in ihren Entscheidungen, wenn sie sich in der Lage sehen, notwendige Veränderungen vorauszusehen, die richtigen Fragen zu bestimmen, die zu berücksichtigen sind, zu erkennen, welche Informationen am relevantesten sind, und konsistente Muster in den während der Kaufreise berücksichtigten Informationen zu erkennen, um letztendlich die richtige Wahl treffen zu können (Bryan 2020). Die Umfrage von Gartner zeigt sehr gut, wie wichtig die Vereinfachung der Käuferreise durch die Bereitstellung der richtigen Informationen zur richtigen Zeit am richtigen Ort ist, um den Käufern zu helfen, Hindernisse zu antizipieren und sie während ihres gesamten Entscheidungsprozesses zu überwinden. Gartners Fazit fasst sehr gut zusammen: „Anbieter, die den Einkauf erleichtern, gewinnen groß" (Gartner 2019a).

In diesem Zusammenhang muss erwähnt werden, dass in der heutigen Welt, die mit Informationen überladen ist, die kontinuierliche Produktion von Inhalten durch B2B Vermarkter, die eine Vereinfachung des Einkaufs durch Information anstreben, wohlüberlegt sein muss. Laut Gartner geben sich Käufer mit 153 % höherer Wahrscheinlichkeit mit einer Vorgehensweise zufrieden, die simpler und weniger verändernd ist als ursprünglich geplant, wenn sie eine Überflutung an qualitativ hochwertigen Informationen erleben, Informationen, die widersprüchlich sind und es ihnen schwer machen, informierte Kaufentscheidungen zu treffen. Brent Adamson brachte dies sehr gut auf den Punkt (Gartner 2019b):

> „Die Kunden erreichen einen Punkt der Informationssättigung, an dem jede neue Idee den aus den Informationen abgeleiteten Wert reduziert und eine fundierte Entscheidungsfindung in ‚beste Vermutungen' oder ‚Bauchgefühl'-Entscheidungen verwandelt."

Zusammenfassend lässt sich sagen, dass B2B-Käufe ein komplexer Prozess sind, der von einer Reihe von Variablen beeinflusst wird. Da das wahrgenommene Risiko das Käuferverhalten beeinflusst, muss die Reduzierung des Risikos bei der Gestaltung von Touchpoints berücksichtigt werden. Entscheidungskriterien beinhalten Faktoren rationaler Natur und Faktoren emotionaler Natur, die beide bei der Entwicklung des Touchpoint-Mix eines Unternehmens berücksichtigt werden müssen. Da jedes Buying-Center-Mitglied seinen eigenen Bewertungskriterien folgt, müssen bei der Gestaltung und dem Mix der Touchpoints Unterschiede identifiziert und respektiert werden, um den Bedürfnissen und Erwartungen jedes Einzelnen gerecht zu werden, die sich je nach Hintergrund ebenfalls unterscheiden können.

Welche Erkenntnisse können daraus für die Gestaltung von Touchpoints gezogen werden? Qualität vor Quantität. Optimieren vor Produzieren. Gezielte Information statt Ausnutzung der Aufmerksamkeit der Käufer. Dies führt letztlich zu der Frage, wie man den richtigen Inhalt zum richtigen Zeitpunkt und am richtigen Ort bereitstellen kann, um die Idee der Käuferbefähigung, des Buyer Enablements, mit Leben zu erfüllen, ohne die Nutzer mit zu vielen Informationen zu überfordern. Die Antwort ist die Analyse der Nutzererfahrung. Die Identifizierung und Bewertung jedes Berührungspunktes, auf den die Zielkäufer während ihrer Käuferreise stoßen, ist entscheidend, um in jeder Phase des Entscheidungsprozesses Marketingbotschaften und -informationen optimieren und auf die Bedürfnisse der Käufer zuschneiden zu können.

3 B2B User Experience

In den zunehmend globalen Märkten von heute sehen sich Konsumenten mit einer größeren Anzahl an komplexeren Wahlmöglichkeiten in mehr Kanälen als je zuvor konfrontiert (Meyer und Schwager 2007, S. 118). Da beobachtet wird, dass B2B-Kunden selektiver, anspruchsvoller und offener werden, was die Art und Weise betrifft, wie sie von potenziellen Anbietern angesprochen werden wollen, darf die Bedeutung der Kenntnis des Käufers und der Anpassung der Erlebnisgestaltung an seine Präferenzen nicht unterschätzt werden (Hall 2017, S. 107; Tirico 2018, S. 13). Die Schaffung einzigartiger Kundenerlebnisse ist indessen zu einem führenden Managementziel geworden (Accenture 2015). Nach einer Umfrage von Bain & Company unter 362 Firmen glaubten 80 % der Unternehmen, ihren Kunden eine „überlegene Erfahrung" zu bieten, als die Kunden jedoch befragt wurden, lieferten nur 8 % der Unternehmen tatsächlich eine solche, was zeigt, dass es eine massive Lücke zwischen der Selbstwahrnehmung von Unternehmen und der Kundenwahrnehmung gibt (Allen et al. 2005, S. 1).

In der Literatur findet sich eine Reihe unterschiedlicher Definitionen und verschiedener Begriffe für Kundenerfahrungen. Zusammengefasst beschreibt die Kundenerfahrung die Wahrnehmung und Reaktion von Kunden, die direkt oder indirekt mit den verschiedenen Marketing- und Kommunikationskanälen, Produkten, Dienstleistungen und allen anderen Kontaktpunkten, den sogenannten Touchpoints, von Lieferanten oder aktiven Geschäftspartnern interagieren. Das Käufererlebnis erstreckt sich auf ein früheres Stadium im Kaufprozess, nämlich auf die Phasen vor den Kaufentscheidungen, also auch auf Nicht-Kunden. Der Begriff Nutzererfahrung unterscheidet nicht zwischen den verschiedenen Phasen der Customer Journey, sondern bezieht sich auf Kunden als auch Nicht-Kunden, und beschreibt daher das interagierende Individuum als „Nutzer". User-Experience-Management beschreibt daher den Prozess des strategischen Managements der gesamten Erlebnisse und Erfahrungen eines Nutzers mit jedem beliebigen Berührungspunkt eines Unternehmens, von der ersten Interessensäußerung bis hin zum Kauf, bis hin zum Kauf und darüber hinaus, mit dem Ziel, einzigartige Erlebnisse zu schaffen, die den Nutzer davon überzeugen, das besagte Unternehmen anderen potenziellen Anbietern oder Geschäftspartnern vorzuziehen, und den Nutzer als Kunden zu gewinnen, um schließlich Loyalität aufzubauen, die zu einer profitablen langfristigen Kundenbeziehung führt.

3.1 Die Rolle der User Experience im B2B-Bereich

Einerseits kann eine ausgezeichnete Nutzererfahrung zu einer Reihe von finanziellen Möglichkeiten führen, wie Wachstumschancen, Marketing- und Kostenvorteilen. Auf der anderen Seite kann auch durch Untätigkeit Schaden angerichtet werden. Besonders im B2B-Umfeld, in dem jeder Kunde Tausende oder Millionen Euro an Umsatz einbringen kann, können die Kosten für die Gewinnung eines neuen Kunden zehn- bis zwanzigmal so hoch sein wie die Kosten für die Bearbeitung eines Problems eines aktuellen Kunden. Die positive Mundpropaganda oder Word of Mouth (WOM) (und auch „Word of Mouse" im Web), als Folge der einzigartigen Nutzererfahrung, ist die kostengünstigste Quelle für neue Kunden, da überzeugte Nutzer und Kunden das Produkt des Unternehmens praktisch kostenlos verkaufen. Eine negative Nutzererfahrung kann jedoch zwei- bis viermal so viel negative WOM wie positive Erfahrungen verursachen. Da außerdem die Preissensibilität zunimmt, wenn Probleme auftreten, kann eine fehlerfreie Nutzererfahrung zu höheren Margen führen, was wiederum in höheren Gewinnen resultiert. Eine bessere Kommunikation gleich zu Beginn der Reise eines Nutzers sowie eine proaktive Nutzeraufklärung und ein effektiver Prozess zur Identifizierung vermeidbarer Probleme könnten 30 % der Servicekontakte verhindern. Und schließlich können durch die Verbesserung der Nutzererfahrung auch Kosten für rechtliche und behördliche Belange sowie Öffentlichkeitsarbeit, welche durch ungelöste Beschwerden entstehen können, um mindestens 10 % gesenkt werden. Wie die vorangegangenen Zahlen zeigen, können Investitionen in Service und die Schaffung nahtloser und einzigartiger Nutzererfahrung erhebliche Auswirkungen auf die Rentabilität eines Unternehmens haben (Goodman 2014, S. 24–26).

Darüber hinaus trägt eine gute Nutzererfahrung dazu bei, Vertrauen aufzubauen (Lemon und Verhoef 2016, S. 73). Auf den ersten Blick scheinen die Erwartungen der Nutzer eher einfach zu sein. Interessierte Nutzer wollen unangenehme Überraschungen vermeiden, erwarten einen einfachen Servicezugang und wollen sehen, dass sich ein Unternehmen tatsächlich kümmert. Im Grunde erwarten sie einfach, was versprochen wird. Die Erfüllung und vor allem das Übertreffen dieser Erwartungen kann jedoch komplexer sein, als es vielleicht den Anschein hat. Kurz gesagt, die Erwartungen der Nutzer sind einfacher zu verstehen und schwieriger zu erfüllen, als die meisten Führungskräfte glauben (Goodman 2014, S. 12 f.).

Obwohl viele Unternehmen ihr Geschäftsmodell bereits auf User Experience ausgerichtet haben, zeigt die Pegasystems 2020 Global Customer Experience Study, welche unter 5000 Customer Experience Praktikern in 12 Ländern in sieben verschiedenen Branchen durchgeführt wurde, dass Unternehmen bei der Schaffung einer außergewöhnlichen Nutzererfahrung immer noch zurückbleiben. Dabei wurden vier Schwachpunkte aufgedeckt:

- Customer Experience Initiativen werden von der Führungsebene nicht unterstützt, tatsächlich haben 64 % der Umfrageteilnehmer immer noch keinen Fürsprecher auf C-Level.
- Die Wahrscheinlichkeit, dass IT in Customer Experience Aktivitäten im Lead ist, ist doppelt so hoch wie bei anderen Funktionen, auch wenn Business- und Kanalverantwortliche eine wichtige Rolle hinsichtlich der Schaffung von Nutzererlebnissen spielen. Dieses Problem tritt dann auf, wenn Business- und Kanalverantwortliche nicht in den Plan der IT einbezogen werden und die Abstimmung fehlt. IT-Unterstützung ist bei solchen Initiativen von großer Bedeutung, jedoch sollten Geschäftsentscheidungen nach wie vor bei den jeweiligen Fachabteilungen liegen.
- Organisationen investieren nicht in die relevantesten Kanäle. 68 % gaben an, dass Kunden und nicht Unternehmen vorgeben, welche Kanäle genutzt werden. Organisationen investieren jedoch weiterhin in traditionelle Kanäle wie E-Mail und Display-Anzeigen statt in die von Nutzern bevorzugten Kanäle.
- Die Verbesserung der Analytik ist nicht prioritär genug, obwohl die Weiterentwicklung der Analytik nach der eingesetzten Technologie und den internen Prozessen eine der

drei wichtigsten Customer Experience Prioritäten der befragten Unternehmen ist. Viele der Techniken, die Unternehmen derzeit im Rahmen ihrer Analysepraxis einsetzen, sind veraltet und ineffektiv, um wertvolle Daten zu gewinnen, die ihnen helfen sollen mit dem Wettbewerb mitzuhalten oder sich von ähnlichen Konkurrenten abzuheben. Customer Journey Mapping ist die beliebteste Technik, jedoch führt die bloße Erstellung von Customer Journey Maps Nutzer nur durch vorgegebene Pfade und geskriptete Szenarien, kann sich aber nicht anpassen, wenn Nutzer die Richtung ändern (Pegasystems 2020, S. 3–16).

Customer Journey Maps helfen zwar bei der Identifizierung und Visualisierung von Touchpoints, sie reichen jedoch nicht aus, um die Informationen zu liefern, die eine detaillierte Analyse auf Ebene der einzelnen Berührungspunkte liefern kann, und wenn sie sogar ausschließlich auf interner Basis erstellt werden, ohne Kunden oder Nutzer einzubeziehen, ist ihr Informationswert auf die Selbstwahrnehmung des Unternehmens beschränkt. Aus diesem Grund sollte der Schwerpunkt auf einer eingehenden Analyse jedes einzelnen Touchpoints aus der Nutzerperspektive liegen, die aussagekräftige Erkenntnisse und Daten zum Nutzerverhalten und -erlebnis an jedem Kontaktpunkt generiert. Auf der Grundlage dieser Erkenntnisse können Touchpoints nutzergerecht optimiert werden. Später können die identifizierten Touchpoints inklusive einer Zusammenfassung der wichtigsten Erkenntnisse noch in einer Customer Journey Map visualisiert werden, um einen Überblick zu erhalten.

3.2 Beeinflusser und Treiber der B2B User Experience

Durch den Vergleich von Kundeninteraktionen und Touchpoints in verschiedenen B2B-Branchen haben Maechler et al. sechs Customer Experience Journeys definiert, die das Kundenerlebnis im B2B-Bereich bestimmen, die in Abb. 1 unten dargestellt sind (vgl. Abb. 1).

Da Unternehmen im B2B-Kontext in Bezug auf greifbare Faktoren wie Produktqualität, Produktsortiment, Lieferung und Preis ohnehin einwandfrei performen müssen, um als Anbieter in Frage zu kommen, sind es die „Soft Factors“ in den Wertversprechen, die für außergewöhnliche Nutzererlebnisse sorgen. Solche Faktoren können reaktionsfähige Vertriebsmitarbeiter, eine einfache Geschäftsabwicklung, die Unterstützung der Kunden bei der Erreichung ihrer Ziele, Vertrauen oder ein allgemeines Verständnis für die Geschäfte und Prozesse des Kunden sein. Derartige Soft Factors erfordern nicht unbedingt massive Investitionen, jedoch ist Kreativität gefragt, um den Wettbewerb hinter sich zu lassen. Entscheidungsträger neigen dazu, den Einfluss rationaler Komponenten auf ihre Kaufentscheidungen überzubewerten. Tatsächlich wiegen Emotionen und Soft Factors wie die Marke des Anbieters oder die Sympathie für einen Vertriebsansprechpartner in der Regel schwerer als rationale Faktoren, wenn es um die Wahl des Lieferanten geht. Bei dem Versuch, eine überlegene Nutzererfahrung zu vermitteln, müssen beide Gehirnhälften stimu-

Sechs Customer Journeys, die im B2B-Umfeld wirklich von Relevanz sind

In den folgenden sechs Journeys, die das B2B-Kundenerlebnis charakterisieren, haben wir festgestellt, dass die Erfüllung der Kundenbedürfnisse messbare Geschäftsvorteile bietet.

1. **„Ich identifiziere Lösungen, die ich brauche."**
   In dieser Journey übersetzt der Kunde einen latenten Bedarf an einem Produkt oder einer Dienstleistung durch technische Verkaufsgespräche oder Recherchen in einen expliziten Bedarf. Es ist umfangreicher technischer Support erforderlich, um eine Lösung bewerten zu können.
2. **„Ich wähle einen Anbieter aus und tätige den ersten Kauf."**
   Der Kunde vergleicht verschiedene Anbieter und deren Angebote, wobei Preis, Gesamtbetriebskosten, Leistungswert und Soft Factors abgewogen werden.
   Es ist erforderlich mehrere Stakeholder von einer Wahl zu überzeugen.
3. **„Ich entwickle oder passe die Lösung gemeinsam mit meinem ausgewählten Anbieter an."**
   Der Käufer arbeitet mit dem Lieferanten zusammen, um das Produkt oder die Dienstleistung an die Bedürfnisse des Käufers anzupassen. Die Intensität des Prozesses reicht von der Auswahl vorkonfigurierter Optionen bis hin zu mehrjährigen gemeinsamen Forschungs- und Entwicklungsprojekten. Das Hauptbedürfnis des Käufers besteht darin, den Return on Investment zu optimieren.
4. **„Ich setze mich mit unerwarteten Ereignissen auseinander."**
   Diese Käuferreise tritt auf, wenn der Käufer auf Probleme stößt, wie z.B. Betriebsstörungen und -ausfälle, versäumte Lieferungen, versäumte Zahlungen und andere Angelegenheiten, die enge Beziehungen zu Lieferanten aufbauen oder auflösen können. Der Käufer hat die Aufgabe Störungen im täglichen Geschäft zu minimieren bzw. zu verhindern.
5. **„Ich nehme die Lösung in Betrieb und nehme Serviceleistungen in Anspruch."**
   Da der Kunde die Lösung nun in Verwendung hat und regelmäßige (geplante) Wartungsarbeiten durchzuführen hat, sollte diese Käuferreise sich auf die einfache Bedienung und Leistungsoptimierung fokussieren. Der Kunde kann in dieser Phase auch auf andere innovative Angebote stoßen, wie z.B. Stundensätze im Pricing. Das Hauptbedürfnis des Kunden besteht nun darin, die Effizienz zu maximieren.
6. **„Ich bestelle nach."**
   Diese finale Käuferreise dreht sich rund um die Nachbestellung eines bekannten Produkts oder einer bekannten Dienstleistung. Nun ist eine effiziente Transaktion erforderlich, verbunden mit dem Vertrauen, ein gutes Angebot vom Anbieter zu erhalten.

Abb. 1 Sechs Customer Experience Journeys im B2B-Bereich (Maechler et al. 2017)

liert werden. Während die linke Gehirnhälfte, die gemeinhin als der rationalere Teil angesehen wird, auf anschauliche Weise angesprochen werden sollte, indem Produktpalette, Spezifikationen und Serviceangebote auf logische Weise dargestellt werden, sollte die rechte Seite durch das Wecken von Emotionen aktiviert werden. Auf beiden Seiten müssen sowohl die betrieblichen als auch die individuellen Bedürfnisse berücksichtigt werden (Hague und Hague 2018, S. 71–75). Ein weiterer wichtiger Treiber der Nutzerzufriedenheit sind die Mitarbeiter, die motiviert, kompetent und innovativ in ihrem Denken sein müssen, um ein positives Kundenerlebnis schaffen zu können (Schmitt 2003, S. 17).

Bei der Untersuchung der Nutzererfahrung von mehr als 500 B2B-Marken hat B2B International die folgenden sechs Säulen der B2B Customer Experience Excellence identifiziert: Engagement, Erfüllung, Nahtlosigkeit, Reaktionsfähigkeit, Proaktivität und Entwicklung, wie in Tab. 1 näher erläutert (Cupman 2016).

Die Kunden- bzw. Nutzererfahrung wird durch jede Tätigkeit der Organisation beeinflusst, auch durch Tätigkeiten, die den Nutzer nicht direkt betreffen, wie z. B. das Personalwesen (HR), da HR durch Entscheidungen über Investitionen in Mitarbeiter einen erheblichen Einfluss auf die Nutzererfahrung hat (Goodman 2014, S. 34).

Darüber hinaus spielt die Erfahrung in der Vergangenheit in jeder Phase der Nutzererfahrung eine wichtige Rolle, da sie die aktuelle Erfahrung des Nutzers durch die Erwartungsbildung beeinflussen kann. Aus der Makroperspektive kann auch das dynamische äußere Umfeld des Nutzers, wie z. B. politische oder wirtschaftliche Ereignisse, einen erheblichen Einfluss auf die Nutzererfahrung haben. Letztlich haben auch Handlungen der Mitbewerber Einfluss auf die Nutzererfahrung (Lemon und Verhoef 2016, S. 76–79).

Tab. 1 Die sechs Säulen der B2B Customer Experience Excellence (Cupman 2016)

	Säulen der Customer Experience Exzellenz	Anforderungen an den B2B Anbieter	Proportion B2B Anbieter mit guter Performance
1	Engagement *Es wirklich wollen*	Den Kunden zufriedenstellen und ihn wertschätzen	48 %
2	Erfüllung *Versprechen einhalten*	Die Kundenbedürfnisse verstehen und darauf eingehen	38 %
3	Nahtlosigkeit *Reibungslos kommunizieren*	Dem Kunden das Leben leichter machen	40 %
4	Reaktionsfähigkeit *Unverzüglich handeln*	Zeitnahes Feedback, pünktliche Belieferung und zügige Problembehebung	39 %
5	Proaktivität *Proaktiv handeln*	Kundenbedürfnisse und -wünsche voraussehen und Probleme lösen, bevor sie den Kunden belasten	25 %
6	Entwicklung *Stetig weiterentwickeln*	Beständig daran arbeiten, die Customer Experience zu verbessern	27 %

4 Visualisierung von B2B Customer Experience

Um B2B-Entscheidungsträgern den Kauf zu erleichtern, müssen Unternehmen den Kaufentscheidungsprozess des Nutzers verstehen und die wichtigsten Herausforderungen in jeder Phase identifizieren, damit sie ihre Marketing- und Vertriebskräfte mit den richtigen Tools ausstatten können, um die Nutzer bei der Bewältigung dieser Herausforderungen zu unterstützen. Um Kaufhindernisse beseitigen zu können, muss der Fortschritt des Nutzers verfolgt werden, und der potenzielle Anbieter muss genau wissen, in welcher Phase sich der Nutzer auf dem Weg zum Kauf befindet, damit Marketing- und Vertriebsmitarbeiter bei Bedarf eingreifen können (Toman et al. 2017, S. 122).

4.1 Die Customer Journey

Die Kunden(kauf)reise bildet den Prozess ab, der das Kundenerlebnis aufbaut, während ein Kunde alle Stufen und Berührungspunkte bis hin zum Kauf durchläuft (Lemon und Verhoef 2016, S. 71). Der Begriff „Customer Journey“ stammt aus dem E-Commerce und beschreibt die Art und Weise, wie der Nutzer durch das Web surft, über Ansichten und Klicks bis zur endgültigen „Ja“-Entscheidung. Bei diesem Ansatz wird jedoch häufig nicht berücksichtigt, dass ein potenzieller Kunde zwischen virtueller und realer Welt wechselt und dabei Online- und Offline-Touchpoints kombiniert. Allerdings wird im B2B-Bereich heutzutage fast die gesamte Vorrecherche online durchgeführt. Wenn die Entscheidung des Kunden auf der Grundlage einer Empfehlung getroffen wird, ist der Anbieter bis zur Kaufentscheidung noch nicht einmal in den Entscheidungsprozess involviert.

Das Kundenerlebnis während der Nutzung, das letztlich zu Wiederkäufen und Empfehlungen führen kann, findet in diesem Fall erst dann statt, wenn die Kaufentscheidung bereits gefallen ist (Schüller 2016, S. 169–178). Google bezeichnet diesen Moment der Recherche eines Produktes oder einer Dienstleistung (online) und der Entscheidungsfindung vor dem Kauf im Kaufprozess als „Zero Moment of Truth", kurz „ZMOT" (Google 2011). Auf ihrer Informationsreise folgen Kunden ihrem eigenen Weg und nicht der vom Anbieter geplanten Abfolge von Kanälen, die isoliert und unkoordiniert oder sogar konkurrierend sein können. Unternehmen müssen sich aber bewusstwerden, dass jeder Berührungspunkt nicht nur in Kopf und Herz des Kunden, sondern oft auch im Web seine Spuren hinterlässt und all diese Eindrücke schließlich ein subjektives Gesamtbild über den Anbieter aus Sicht des Kunden ergeben (Schüller 2016, S. 169).

Das Ziel einer Customer Journey Analyse ist es, das Verhalten der Kunden in Bezug auf die Interaktion mit mehreren Berührungspunkten aufzudecken, wenn sie sich von der Erwägung und Suche zum Kauf, zum Nachkauf und zur Nutzung, zum zukünftigen Engagement oder zum Wiederkauf bewegen. Bei dem Versuch, diese Reise zu beschreiben, geht es darum, die Optionen und Wahlmöglichkeiten des Kunden für Touchpoints und die möglichen Wege zu verstehen, die der Kunde während der Kaufphasen einschlagen kann (Verhoef et al. 2016, S. 199). Der erste Schritt für Marketingexperten zur Aufdeckung der Kundenreise besteht darin, ein Verständnis sowohl für die Unternehmens- als auch für die Kundenperspektive der Reise zu entwickeln, bevor Schlüsselaspekte in jeder Phase identifiziert werden. Dann müssen die spezifischen Elemente oder Berührungspunkte entlang der Reise sowie spezifische Triggerpunkte, die es den Kunden ermöglichen, ihre Reise fortzusetzen oder abzubrechen, bewertet werden (Lemon und Verhoef 2016, S. 76).

Der Customer Experience Prozess lässt sich in die Phase vor dem Kauf, den Kauf selbst und die Phase nach dem Kauf unterteilen. Dieser Prozess ist iterativ und dynamisch und bezieht frühere Erfahrungen, einschließlich früherer Käufe sowie externer Faktoren, mit ein. In der Vor-Kauf-Phase werden alle Aspekte der Interaktion des Kunden mit dem Unternehmen, der Kategorie und der entsprechenden Umwelt berücksichtigt. Diese Phase umfasst die Schritte der Bedarfserkennung, Recherche und Erwägung. Die Kaufphase umfasst alle Kundenkontakte mit dem Unternehmen und seiner Umwelt während der Kaufsituation selbst, einschließlich Verhaltensweisen wie Auswahl, Bestellung und Bezahlung. Die dritte Phase ist die Phase nach dem Kauf, die alle Kundenkontakte umfasst, die in irgendeiner Weise mit dem Unternehmen und seiner Umwelt in Verbindung stehen, nachdem der eigentliche Kauf getätigt wurde. In dieser Phase umfasst das Verhalten der Kunden die Nutzung, die das Produkt selbst zu einem kritischen Berührungspunkt in dieser Phase macht, das Engagement nach dem Kauf und die Serviceanforderungen (Lemon und Verhoef 2016, S. 76).

Statt der allbekannten Funnel- oder Trichterstruktur stellen sich Court et al. den Entscheidungsprozess als eine fortlaufende zirkuläre Reise mit einer Loyalitätsschleife vor, da in der Phase nach dem Kauf ein Auslöser auftreten kann, der entweder zu Kundenloyalität in Form von Wiederkäufen und weiterem Engagement oder zu einem erneuten Neustart des Prozesses mit dem Wiedereintritt des Kunden in die Vorkaufsphase führt. Die Erfahrungen der Kunden nach dem Kauf beeinflussen ihre Meinung zu jeder weiteren Entscheidung in der Kategorie (Court et al. 2009).

4.2 Relevanz der Customer Journey im B2B-Marketing

Aufgrund der Explosion an Produktauswahlmöglichkeiten und digitaler Kanäle, die mit dem Aufkommen immer anspruchsvollerer, kritischerer und besser informierter Kunden einhergeht, erfasst das klassische Trichterkonzept heute oft nicht mehr alle Berührungspunkte und wichtigsten Kauftreiber im Entscheidungsprozess (Court et al. 2009). Im Gegensatz zum vertriebsorientierten Trichteransatz, der sich ausschließlich auf die Sicht des Anbieters konzentriert und nur die Phasen der Interessentengewinnung, Leadgenerierung, Angebotserstellung und Transaktion betrachtet, berücksichtigt das Kaufmodell des Kaufzyklus auch die Sicht der Kunden. Allerdings beinhaltet auch das Konzept des Kaufzyklus nur die vier Phasen des Bewusstseins, der Bewertung, des Kaufs und der Nutzung. Im Rahmen der Customer Journey betrachtet das Konzept des Touchpoint-Managements den Kaufzyklus immer aus der Nutzerperspektive und bezieht die zunehmend relevanten Empfehlungsphasen vor und nach dem Kauf mit ein. Um den langfristigen Erfolg eines Unternehmens zu gewährleisten, reicht Loyalität nicht aus. Die Nutzer müssen zu Kunden, und Kunden zu Empfehlern gemacht werden, um den weiteren Ausbau des Geschäfts zu sichern (Schüller 2016, S. 163 f.).

Den meisten Vermarktern ist es noch nicht gelungen, ideale Customer Journeys zu gestalten. Dennoch sehen 67 % der Marketingleiter die Schaffung einer zusammenhängenden Kundenreise über alle Berührungspunkte und Kanäle hinweg als einen kritischen Erfolgsfaktor ihrer gesamten Marketingstrategie an. Im Gegensatz zu vor einem Jahrzehnt steht heute der Begriff „Customer Journey“ aufgrund der positiven Vorteile, die mit den Bemühungen um Kundenreisenanalysen verbunden sind, im Vordergrund. Nach Untersuchungen von Salesforce sind 91 % der befragten erfolgreichen Marketingexperten der Meinung, dass sich eine über alle Berührungspunkte und Kanäle hinweg zusammenhängende Kundenreise positiv auf die Kundentreue auswirkt, während weitere 89 % derselben Meinung sind, was die Auswirkungen auf das Umsatzwachstum betrifft (Salesforce Research 2017, S. 12).

Viele B2B-Marketingverantwortliche behaupten, dass sie bereits die Kaufwege der Nutzer abbilden, aber die Abbildung, die sie üblicherweise vornehmen, ist oft unzureichend, da sie sich oft auf den Fokus auf den Prozess und das Angebot des Anbieters beschränken. Konventionelle Customer Journey Maps stellen typischerweise die vier Hauptstadien Bewusstsein, Erwägung, Präferenz und Kauf als einen Trichter dar, der sich auf den Verkauf der Lösung des Anbieters verengt. Tatsächlich wird diese anbieterorientierte Perspektive wahrscheinlich nicht alle Hindernisse aufdecken, auf die Nutzer während ihres Entscheidungsprozesses stoßen und die oft nichts mit dem Anbieter zu tun haben, da sie schon in frühen Stadien des Kaufentscheidungsprozesses auftreten. Aus diesem Grund sollte bei dem Versuch, die Reise der Nutzer abzubilden, das Ziel darin bestehen, anbieteragnostische Customer Journey Maps zu identifizieren, die Probleme und Hürden aufdecken, die Nutzer mit jedem Anbieter haben würden (Toman et al. 2017, S. 122). Darüber hinaus erstellen viele Organisationen eine Journey Map, glauben dann aber, dass die Arbeit damit abgeschlossen ist. Dies ist jedoch der Punkt, an dem die Arbeit beginnen sollte, da der aktuelle Stand der Journey Map als Grundlage für künftige Aktivitäten dienen sollte (Pennington 2016, S. 86). Die Verfolgung von Erfahrungen und Erlebnissen durch Customer Journey Maps ermöglicht es, Übergangsvolatilitäten innerhalb eines breiteren Systems von Interaktionen zu lokalisieren und bildet den Ausgangspunkt für die Suche nach Lösungen zur Behebung dieser Prozessfehler (Kalbach 2017, S. 19).

Da eine Journey Analyse helfen soll, den Weg zum Kauf aus der Nutzerperspektive zu verstehen und zu beschreiben, sind Informationen aus Sicht der Nutzer erforderlich (Lemon und Verhoef 2016, S. 79). Um ein umfassendes Bild von der Kaufreise zu erhalten, kann die Wahrnehmung der Nutzer durch Interviews, Fokusgruppen oder Befragungen erfasst werden (Toman et al. 2017, S. 122). Durch geschicktes Fragen- und Beschwerdemanagement, da Beschwerden später geäußerte Kundenwünsche darstellen, wird schnell aufgedeckt, welche Touchpoints fehlen, welche am relevantesten sind, welche aus Nutzersicht irrelevant sind und welche tatsächliche „Love-“ oder „Pain Points“ für Nutzer sein könnten. Pain Points, oder Schmerzpunkte, müssen schnell identifiziert und behoben oder deaktiviert werden. Love Points hingegen müssen genutzt und aktiv intensiviert werden. Insbesondere Super-Touchpoints, die einen großen Einfluss auf Reputation, Kundenbindung und positive WOM haben, müssen identifiziert werden. Die Deaktivierung irrelevanter Touchpoints kann zu massiven Kosteneinsparungen führen. Deaktivierte Touchpoints sollten jedoch nicht vergessen werden, da sie in Zukunft wieder relevant werden könnten. Schließlich können Interdependenzen und mögliche Synergie- und Kannibalisierungseffekte aufgedeckt und, wenn die Interaktionssequenzen in eine nutzerlogische Abfolge gebracht sind, ihr Zusammenspiel nutzerfreundlich optimiert werden (Schüller 2016, S. 173–174).

Auch wenn sich jede Reise des Nutzers aus den gleichen Hauptstadien zusammensetzt und sich Muster erkennen lassen, unterscheidet sich die Reise jedes Einzelnen in Details. Ziel muss es sein, allen Nutzern über alle Berührungspunkte hinweg während ihrer Reise konsistente und exzellente Erlebnisse zu vermitteln (Schüller 2016, S. 172).

5 Messung von Erlebnissen

„If you cannot measure it you cannot manage it“ – wie das bekannte Businessdogma besagt, kann man etwas nicht managen, wenn es nicht gemessen werden kann. Demzufolge ist die Messung von User Experience eine Voraussetzung, um die Wahrnehmung der Nutzer von ergriffenen Maßnahmen zu analysieren, und sie dann auf dem Weg zum Kauf überzeugen zu können.

5.1 Von Kundenzufriedenheit zu User Experience

Die Fähigkeit, die Reaktionen, insbesondere die Einstellungen und Wahrnehmungen der Nutzer, auf die Angebote eines Unternehmens zu messen und zu überwachen, ist ein wesentlicher Erfolgsfaktor für das Verständnis und das Management von User Experience. Ein solcher Indikator ist die Bewertung der Kundenzufriedenheit, die auf dem Konzept eines Vergleichs der tatsächlich erbrachten Leistung mit den Erwartungen des Kunden beruht und zu einer positiven oder negativen Diskonfirmation führt (Lemon und Verhoef 2016, S. 71). Eine positive Diskonfirmation ist erreicht, wenn das vom Kunden wahrgenommene Ergebnis die Erwartung des Kunden übertrifft, was zu einer erhöhten Zufriedenheit führt. Fällt die gelieferte Leistung unter die Erwartung des Kunden, ist das Ergebnis eine negative Diskonfirmation, die zu Unzufriedenheit führt. Entspricht die erbrachte Leistung der Kundenerwartung, so kommt es zu einer Bestätigung der Erwartung (Konfirmation), d. h. der Kunde ist zufrieden, aber nicht begeistert (Kaiser 2005, S. 48). Viele Unternehmen haben versucht, die Kundenzufriedenheit zu messen, da sie über eine Vielzahl von Daten verfügen. Die Messung der Kundenzufriedenheit erklärt jedoch nicht, wie sie erreicht werden kann, da die Kundenzufriedenheit im Wesentlichen die Akkumulation einer Reihe von Kundenerlebnissen oder das Nettoergebnis der guten Erfahrungen abzüglich der schlechten Erfahrungen ist. Kundenzufriedenheit entsteht, wenn die Lücke zwischen den Erwartungen der Kunden und ihren darauffolgenden Erfahrungen geschlossen wurde. Um Kundenzufriedenheit zu erreichen, muss ein Unternehmen sie in ihre Erlebnisbestandteile zerlegen (Meyer und Schwager 2007, S. 118).

Wenn die Produkte und Dienstleistungen, die die Kunden kaufen, jedoch nur ihren Erwartungen entsprechen, bleiben ihre Erlebnisse zum größten Teil in der neutralen Zone. Zufriedenheit allein ist kein Garant für Kundentreue (Hague und Hague 2018, S. 7–15). Routine-Ereignisse bleiben dem Kunden wahrscheinlich nicht länger im Gedächtnis, da das Gedächtnis der Menschen durch Reize beeinflusst wird. Daher sind es die außergewöhnlichen, herausragenden Momente, an die man sich erinnert (Hague und Hague 2018, S. 67). Zudem stellt die Kundenzufriedenheit nur eine der Komponenten der User Experience dar, wobei der Fokus vor allem auf der kognitiven Bewertung des Erlebnisses liegt (Lemon und Verhoef 2016, S. 73).

5.2 Wie Erlebnisse gemessen werden

Die Erfassung der Nutzererfahrung an Touchpoints zielt darauf ab, ein Verständnis dafür zu entwickeln, wie eine Nutzererfahrung während des gesamten Entscheidungsprozesses bereichert werden kann (Schmitt 2003, S. 68). Bei dem Versuch, die Erkenntnisse zur

Nutzererfahrung für das Unternehmen umsetzbar zu machen, spielt die Messung der Nutzererfahrung eine entscheidende Rolle. Da es keinen universellen Key Performance-Indikator (KPI) für die Nutzererfahrung gibt, müssen verschiedene Metriken kombiniert werden, um die Gesamterfahrung der Nutzer zu messen und zu bewerten. Im Idealfall gibt es definierte Messansätze für jede Phase und jeden Berührungspunkt während des gesamten Kaufprozesses. In der Literatur wird immer noch darüber diskutiert, wie die Gesamtnutzererfahrung gemessen werden kann, da sich dieser Bereich noch in einem frühen Entwicklungsstadium befindet, was möglicherweise auf die Schwierigkeit zurückzuführen ist, einen einzigen Satz von Messgrößen zu entwickeln, der geeignet ist, die Nutzererfahrung branchen- und kanalübergreifend angemessen zu erfassen. Gegenwärtig werden noch viele Messgrößen hinsichtlich der internen und externen Validität evaluiert und überprüft. Aus diesem Grund werden in der Marketingpraxis derzeit verschiedene Metriken für das Nutzer-Feedback, die typischerweise nur Teile der gesamten Nutzererfahrung erfassen, stark genutzt (Lemon und Verhoef 2016, S. 80 f.).

Die Kundenzufriedenheit (Customer Satisfaction CSAT) ist seit Jahren eine der vorherrschenden Kundenfeedback-Metriken, doch trotz starker Beweise dafür, dass die Kundenzufriedenheit eine wichtige Kennzahl innerhalb der Marketingwissenschaft ist, wurden einige neue Metriken vorgeschlagen. Im Jahr 2003 führte Reichheld den Net Promoter® Score (NPS®), ein vereinfachtes Maß der Kundenloyalität auf der Grundlage der Gesamtmenge der Kundenerlebnisse, als neuen KPI ein, dessen Erfolg möglicherweise auf die Unzufriedenheit der Unternehmen mit der CSAT-Metrik zurückzuführen ist (Lemon und Verhoef 2016, S. 81). Während Führungskräfte den NPS® annehmen, stellen Forscher und Loyalitätsexperten immer noch die Überlegenheit, Angemessenheit und Vollständigkeit der Metrik in Frage, z. B. im Hinblick darauf, ob die WOM ein besserer Wachstumsmotor ist als andere Faktoren wie die Gewinnung profitabler Neukunden, die Verringerung von Kundenverlusten oder die Erhöhung des Volumens bestehender Kunden. Darüber hinaus wird in Frage gestellt, ob WOM ein relevantes Ziel für alle Produkte und Dienstleistungen ist, da nicht alle in ihrer Art empfehlungswürdig sind (Zeithaml et al. 2017, S. 483). Nach der Auswertung von CSAT und dem NPS® entwickelten Dixon, Freeman und Toman eine neue Kundenloyalitätsmetrik, den so genannten Customer Effort Score (CES). Die zentrale Frage, die zur Messung des CES gestellt wird, lautet: „Wie viel Aufwand mussten Sie persönlich betreiben, um eine Lösung für Ihr Problem oder Anliegen zu finden?“, der Score wird dann auf einer Skala von eins (sehr geringer Aufwand) bis fünf (sehr hoher Aufwand) bewertet. Laut Dixon, Freeman und Toman zeigt der CES eine starke Vorhersagekraft, da von den Kunden, die von geringem Aufwand berichteten, 94 % die Absicht bekundeten, wiederzukaufen, und 88 % erklärten, sie würden ihre Ausgaben erhöhen. Im Gegenzug gaben nur 1 % der Kunden an, dass sie negative WOM über das Unternehmen verbreiten würden. Umgekehrt erklärten 81 % der Kunden, die viel Mühe aufwenden mussten, um eine Lösung zu finden, dass sie negative WOM verbreiten würden. Der CES ist in der Lage, sowohl positive als auch negative Kundenerlebnisse zu erfassen, und im Gegensatz zum NPS®, der einen allgemeineren Eindruck von einem Unternehmen erfasst, wird behauptet, dass der CES Kundeneindrücke auf Transaktionsebene, zumindest innerhalb der Dienstleistungsumgebung, aufdecken kann (Dixon et al. 2010, S. 6).

Kundenfeedback-Metriken können in vorwärts- und rückwärtsgerichtete Metriken unterteilt werden. Während der NPS® als eine vorausschauende Metrik betrachtet wird, die sich darauf konzentriert, was Kunden in der Zukunft planen, was etwas über die zukünftige Qualität der Kundenbeziehung aussagen kann, ist CSAT ein Beispiel für eine rückwärtsgerichtete Metrik, die sich auf die vergangene und aktuelle Leistung eines Unternehmens gegenüber Kunden konzentriert (De Haan et al. 2015, S. 196). Marketingwissenschaftler stehen diesen Metriken eher skeptisch gegenüber, da sie zwar eine gewisse intuitive Kraft haben könnten, es ihnen aber an einer fundierten theoretischen Entwicklung mangelt, da sich der CES auf einen ganz bestimmten Bereich konzentriert und der NPS® eher an Ad-hoc-Transformationen gerichtet ist (Lemon und Verhoef 2016, S. 81). De Haan, Verhoef und Wiesel zeigen, dass NPS® und CSAT zwar beide geeignete Indikatoren sind und bei der Vorhersage der Unternehmensleistung und des Kundenverhaltens gleich gut abschneiden, aber beide den CES stark übertreffen. Es wird vorgeschlagen, Metriken zu kombinieren, z. B. in Form eines Dashboards mit verschiedenen Dimensionen, um ihre Vorhersageleistung zu verbessern (De Haan et al. 2015, S. 204).

Das Kundenverhalten wird nicht nur durch das Handeln eines einzelnen Unternehmens beeinflusst, sondern durch eine Reihe verschiedener Faktoren wie Wettbewerb oder Kundenheterogenität. Kundenfeedback-Metriken können auch zur Analyse der Wettbewerbsposition eines Unternehmens verwendet werden, wenn man bedenkt, dass Unterschiede in den Kundenfeedback-Metriken zwischen den Unternehmen eher die Kundenbindung beeinflussen als Unterschiede innerhalb des Unternehmens (De Haan et al. 2015, S. 197; Rego et al. 2013, S. 11). Jüngste Forschungsarbeiten haben sich auf den Wert relativer Metriken als potenzielle Prädiktoren des Kundenverhaltens konzentriert und festgestellt, dass relative Zufriedenheitsmetriken besser abschneiden als absolute Zufriedenheitsmetriken, wenn es um den Share of Wallet in einer Kategorie als Ergebnis der Zufriedenheit geht (Keiningham et al. 2015, S. 6–21).

Maechler et al. haben ein B2B-Customer-Experience-Messsystem entwickelt, das in Abb. 2 (vgl. Abb. 2) dargestellt ist und die in jeder Phase der Customer Journey zu erzielenden Kennzahlen definiert (Maechler et al. 2017).

Zusammenfassend lässt sich sagen, dass unter Forschern und Experten noch keine Einigkeit über robuste Ansätze gefunden werden kann, die geeignet sind, alle Aspekte der Nutzererfahrung während des gesamten Kaufprozesses zu messen. Während Feedback-Metriken allein, wie z. B. der CES, die sich auf einen bestimmten Bereich des Kundenerlebnisses konzentrieren, bei der Vorhersage der zukünftigen Leistung nicht sehr aussagekräftig sind, erwiesen sich CSAT und NPS® bei der Vorhersage der Unternehmensperformance und des Kundenverhaltens als gleich gut. Statt einer einzigen Metrik ist die Kombination mehrerer Kundenfeedback-Metriken notwendig, um das zukünftige Nutzerverhalten vorhersagen zu können (Lemon und Verhoef 2016, S. 81 f.).

Zusammenfassend lässt sich sagen, dass die Nutzererfahrung eine wichtige Rolle im B2B-Bereich spielt und einen erheblichen Einfluss auf die Rentabilität von Unternehmen

Abb. 2 Messsystem für Kundenerlebnisse (Maechler et al. 2017)

haben kann. Die Erfüllung und vor allem das Übertreffen von Nutzererwartungen kann jedoch komplexer sein, als es den Anschein hat, da Nutzererlebnisse von jeder Aktivität einer Organisation beeinflusst werden, auch von Aktivitäten, die Nutzer nicht direkt berühren und deren Berührungspunkte schwer aufzudecken sind. Die Nutzerreise stellt den Prozess des Aufbaus von Nutzererlebnissen dar, den Nutzer auf ihrem Weg zum Kauf über alle Phasen und Berührungspunkte hinweg durchlaufen.

Die bloße Abbildung und Visualisierung von Touchpoints in einer Journey Map liefert jedoch keine wertvollen Informationen darüber, welche Aktionen und Maßnahmen im Rahmen des Touchpoint-Managements abzuleiten sind. Um B2B-Entscheidern den Kauf zu erleichtern, müssen Marketingexperten den Kaufprozess der Nutzer verstehen und die wichtigsten Touchpoints und Herausforderungen in jeder Kaufphase identifizieren. Jeder Touchpoint hinterlässt seine Spuren im Kopf und Herzen der Kunden und bildet ein subjektives Gesamtbild über einen Anbieter. Um die Reise des Nutzers aufzudecken, ist ein Verständnis sowohl für die Unternehmens- als auch für die Nutzerperspektive erforderlich. Für die Erstellung von User Journey Maps, die sich nicht nur auf die Bereitstellung von Daten über aktuelle, bereits gewonnene Kunden beschränken, müssen auch Nicht-Kunden in den Analyseprozess einbezogen werden.

All diese Erkenntnisse müssen berücksichtigt werden, um ein nutzerorientiertes Touchpoint-Evaluierungstool entwickeln zu können, mit dessen Hilfe eine tiefergehende Touchpoint-Analyse durchgeführt werden kann als eine Journey Map, die dann später aus den Ergebnissen der Touchpoint-Analyse erstellt werden kann. Eine solche vertiefte

Touchpoint-Analyse identifiziert nicht nur Touchpoints, sondern untersucht auch das Touchpoint-Bewusstsein und die Wahrnehmung der Touchpoint-Qualität durch die Nutzer sowie die Auswirkungen der Touchpoints auf die Entscheidungsfindung. Eine detaillierte Touchpoint-Analyse trägt dazu bei, die Wirksamkeit der Touchpoints zu messen, anstatt in einer Journey Map nur aufzulisten, welchen Touchpoints Nutzer begegnen.

6 Touchpoint-Management

Touchpoints sind die Momente der Wahrheit, ein von Carlzon geprägter Begriff: An den Touchpoints eines Unternehmens entscheidet sich, ob Entscheidungsträger kaufen und ob sie als Kunden loyal sein werden oder nicht (Schüller 2015, S. 13–15; Carlzon 1989, S. 1–6). Touchpoints sind die Interaktionspunkte zwischen (potenziellen) Kunden und Unternehmen (Schüller 2015, S. 15). Sie entstehen überall dort, wo ein (potenzieller) Kunde auf ein Unternehmen und seine Mitarbeiter, Produkte, Dienstleistungen und Marken trifft, vor, während oder nach dem Kauf, im Wechsel zwischen der realen und der virtuellen Welt (Schüller 2016, S. 151).

Das Touchpoint-Management umfasst die Koordination aller Geschäftsaktivitäten in einer Weise, dass dem Nutzer an jedem Interaktionspunkt ein zuverlässiges, vertrauenswürdiges und gleichzeitig begeisterndes Erlebnis geboten wird, ohne die Prozesseffizienz aus den Augen zu verlieren. Mit anderen Worten bedeutet dies, den Nutzer vor Enttäuschungen zu bewahren und Momente der Begeisterung jenseits der neutralen Nulllinie der Zufriedenheit zu schaffen. Die Perspektive des Nutzers muss immer im Mittelpunkt stehen. Indem untersucht wird, was die Nutzer erwarten, welche Leistung auf welche Weise erbracht werden soll und wie sie auf das angebotene Ergebnis reagieren, können bestehende Berührungspunkte optimiert und Investitionen in irrelevante Berührungspunkte verringert oder gestoppt werden. Bei all diesen Geschäftsaktivitäten sollten die Nutzer durch aktive Mitarbeit in die Prozesse des Unternehmens eingebunden werden, um sie zu Vertrauten und Mitgestaltern zu machen, was zusätzliche Eintrittsbarrieren für den Wettbewerb schafft (Schüller 2016, S. 155 f.).

Ein starkes Nutzererlebnis entsteht durch eine nahtlose Erfahrung über Kanäle und Berührungspunkte hinweg, während die Wirkung eines einzelnen Berührungspunktes davon abhängen kann, wann er in der gesamten Customer Journey auftritt (Lemon und Verhoef 2016, S. 83). Um eine umfassende Nutzererfahrung zu schaffen, muss ein Unternehmen alle Berührungspunkte, mit denen die Nutzer auf ihrem Weg zum Kauf konfrontiert werden, kennen und so weit wie möglich kontrollieren. Während des Touchpoint-Management-Prozesses müssen klare Ziele definiert werden, die Gestaltung aller Touchpoints muss mit den Werten der Marke harmonieren, alle Touchpoints müssen fehlerfrei und ohne Irritationen für den Nutzer miteinander verbunden sein, und alle Aktivitäten und Interaktionen mit dem Nutzer müssen mit geeigneten Instrumenten gemessen werden, um die Erreichung der erklärten Ziele überprüfen zu können (Keller 2017, S. 35).

6.1 Ziele des Touchpoint-Managements

Das Hauptziel der Rückverfolgung des Erlebnisses an jedem Kontaktpunkt besteht darin, ein Verständnis dafür zu entwickeln, wie ein Erlebnis für Kunden während ihres gesamten Entscheidungsprozesses bereichert werden kann, angefangen von der Bedarfserkennung, über die Informationssuche und -verarbeitung bis hin zur endgültigen Auswahl und Kaufabwicklung, gefolgt von der Phase nach dem Kauf, in der das Produkt oder die Dienstleistung in Gebrauch ist, bis eine neue Lösung benötigt wird. In jeder Phase dieses Entscheidungsprozesses kommen Kunden mit dem Unternehmen über Berührungspunkte in Kontakt, bei denen aufgedeckt werden muss, welche Informationen und welche Erfahrungen die Kunden an den einzelnen Punkten wünschen (Schmitt 2003, S. 68). Im Allgemeinen konzentriert sich das Touchpoint-Management auf die folgenden Ziele:

- Aufbau von Bekanntheit und Reputation
- Koordination der Kundenbeziehungspflege
- Eindämmung von Kundenschwund und Negativpropaganda
- Vorbeugen und Abschwächen von Reklamationen
- Stärkung von Marke und Preisbereitschaft
- Aufbau einer dauerhaften Kundenloyalität
- Steigerung von Innovationskraft und Wettbewerbsfähigkeit
- Produkt-, Qualität-, Prozess- und Serviceverbesserungen
- Positive Mundpropaganda und Weiterempfehlungen
- Ressourcenoptimierung (Zeit, Manpower, Geldmittel)
- Neukundengewinnung und Wiederkauf
- Erwirtschaften eines höheren ROI (Return on Investment) (Schüller 2016, S. 156)

Im Hinblick auf die Zuweisung des Marketingbudgets müssen die Ressourcen in Kanäle investiert werden, die für Kunden tatsächlich relevant sind, in Kanäle, in denen Kunden Zeit verbringen, Kaufvorbereitungen treffen und die eigentliche Transaktion durchführen, sowie in Kanäle, in denen positive WOM und Empfehlungen intensiviert werden können. Der Fokus muss auf Touchpoints gelegt werden, die die Begeisterung der Kunden für das Produkt oder die Dienstleistung, die Reputation des Unternehmens, die Loyalität der Kunden sowie die Weiterempfehlungsbereitschaft erhöhen, auch „Super-Touchpoints" genannt (Schüller 2016, S. 156).

6.2 Der Touchpoint-Management-Prozess

Das Touchpoint-Management umfasst das gesamte Spektrum von Maßnahmen, die auf die Identifizierung, Auswahl, technische Einrichtung und inhaltliche Gestaltung sowie die Analyse und Bewertung der Leistung der identifizierten Kontaktpunkte entlang einer Customer Journey abzielen. Aus den Auswertungsergebnissen der generierten Daten können

Rückschlüsse auf die resultierende Kunden-, Käufer- oder User Experience gezogen werden.

Um B2B-Entscheidungsträgern den Kauf zu erleichtern, müssen Marketingexperten nicht nur den Verlauf der Customer Journey verstehen, sondern auch die größten Herausforderungen für die Nutzer an jedem Kontaktpunkt auf ihrem Weg zum Kauf kennen. Aus diesem Grund sollte es zu Beginn jeder User Experience-Initiative das Ziel sein, die für Nutzer relevanten Berührungspunkte zu identifizieren und zu bewerten. Darauf aufbauend kann die Verteilung der Marketingressourcen pro Touchpoint optimiert und ihre Effektivität verbessert werden, was letztlich die Zahl der Neukunden langfristig erhöhen und dabei helfen soll die Beziehungen zu langjährigen Kunden gewinnbringend zu pflegen.

Schüller hat den Customer Touchpoint Management Prozess (CTMP®) definiert, der es Unternehmen ermöglichen soll, wie die Nutzer zu denken. Die Weiterentwicklung von einer unternehmensbezogenen Sichtweise hin zur Nutzerperspektive ermöglicht eine Priorisierung der von Nutzer bevorzugten Touchpoints, deren bessere Anbindung und Interaktion sowie eine Optimierung der Effektivität der Touchpoints (Schüller 2016, S. 157). Wie Abb. 3 (vgl. Abb. 3) zeigt, setzt sich der CTMP®-Prozess aus vier Schritten zusammen, die wiederum in jeweils zwei Teilschritte untergliedert sind. Der erste Schritt befasst sich mit der systematischen Erfassung aller nutzerrelevanten Interaktionspunkte im Rahmen der Customer Journey sowie der Dokumentation der jeweiligen Ist-Situation aus Nutzerperspektive. Im zweiten Schritt geht es darum, die gewünschte optimale Zielsituation hinsichtlich der zu berücksichtigenden Touchpoints zu definieren, um eine geeignete Strategie finden zu können. Weiterhin werden an dieser Stelle nutzertypische Personas entwickelt. Der dritte Schritt konzentriert sich auf die operative Umsetzung einschließlich einer detaillierten Planung der notwendigen Maßnahmen, die zu der gewünschten Zielsituation führen sollen. Der vierte Schritt widmet sich der Touchpoint-spezifischen Erfolgs-

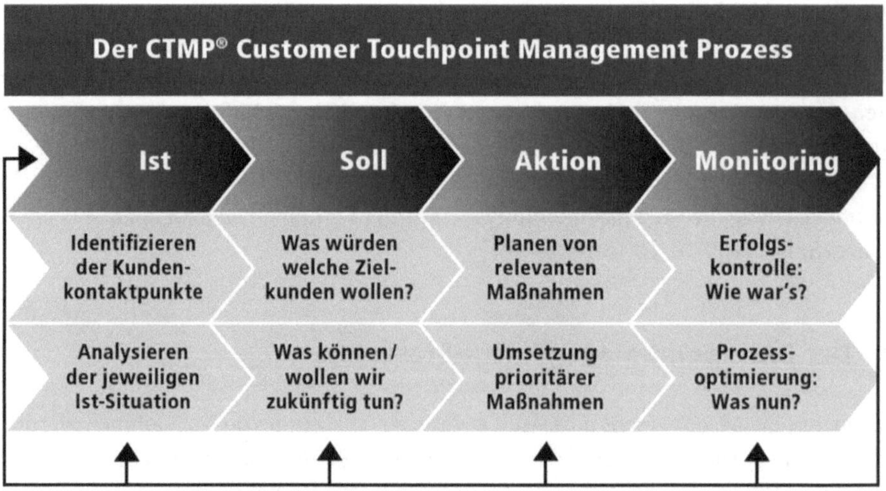

Abb. 3 Die vier Schritte des CTMP® (Schüller 2016, S. 157)

kontrolle der Endergebnisse. Basierend auf den Resultaten können nutzerrelevante Prozesse gegebenenfalls weiter optimiert werden (Schüller 2016, S. 157).

6.3 Touchpoint-Evaluierung

Eine Touchpoint-Analyse kann heute leicht mehrere hundert Berührungspunkte aufdecken, was die Frage aufwirft, auf welche Touchpoints man sich konzentrieren sollte, welche man neu kombinieren kann, welche man vernachlässigen oder weglassen kann und welche noch fehlen (Schüller 2016, S. 184). Aus der Perspektive der Customer Journey sollten die Auswirkungen der Touchpoints, die auf dem Weg zum Kauf (oder einem anderen Verhaltensergebnis) eines Nutzers angetroffen werden, sowie die Auswirkungen zwischen verschiedenen Touchpoints aufgedeckt werden, um die Verteilung des Marketingbudgets auf diese Touchpoints entsprechend der Bedeutung ihres Einflusses auf das Käuferverhalten unter besonderer Berücksichtigung der kritischen Momente der Wahrheit optimieren zu können (Lemon und Verhoef 2016, S. 82).

6.4 Bewertungskriterien

Für die Bewertung von Touchpoints müssen laut Schüller zwei Dimensionen untersucht werden:

- Die *Wichtigkeit* des Touchpoints aus Kundensicht sowie dessen (Wieder-)Kauf- und Empfehlungspotenzial, wodurch sowohl irrelevante als auch Super-Touchpoints ermittelt werden können
- Die *Qualität* dessen, was aus Kundensicht an den einzelnen Touchpoints passiert, wodurch Love Points und Pain Points identifiziert werden können (Schüller 2016, S. 184)

Um die Bedeutung eines Touchpoints aus der Kundenperspektive sowie das (Wieder-)Kauf- und Weiterempfehlungspotenzial zu messen, müssen Kunden befragt werden. Für eine solche Befragung sind für den Anfang 50 bis 100 Personen ausreichend. Die Fragen könnten wie folgt formuliert werden: „Wie wichtig ist Ihnen dieser Punkt auf einer Skala von 0 bis 10?", „Würden Sie an dieser Stelle (wieder) kaufen? Bitte geben Sie die Wahrscheinlichkeit auf einer Skala von 0 bis 10 an" oder „Würden Sie diesen Punkt empfehlen? Bitte geben Sie die Wahrscheinlichkeit auf einer Skala von 0 bis 10 an". Nach jeder Antwort sollten zusätzliche Fragen zu den Motiven und Gründen für die Bewertung gestellt werden. Darüber hinaus können Fragen dazu gestellt werden, was fehlt, oder welche konkreten Ideen und Verbesserungsvorschläge, es zu berücksichtigen gilt, um eine bessere Bewertung zu erreichen. Schließlich können alle Punkte zusammengefasst und alle Berührungspunkte entsprechend ihrer von Kunden bewerteten Leistung in eine Rangfolge gebracht oder in einer Matrix angeordnet werden. Entsprechend der Priorisierung können

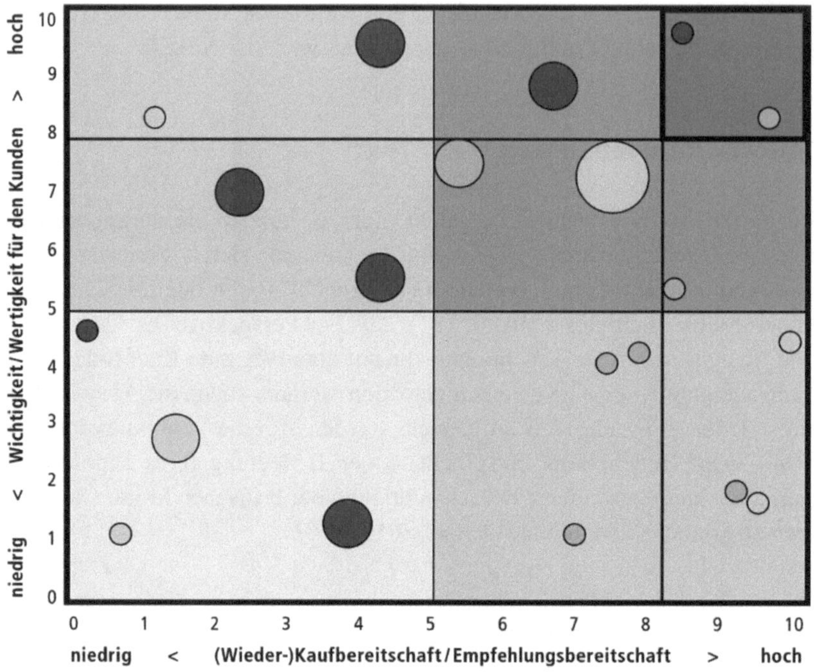

Abb. 4 9-Felder-Matrix der Touchpointbewertung (Schüller 2016, S. 185)

geeignete Maßnahmen zur Erreichung der Zielsituation abgeleitet werden. Abb. 4 (vgl. Abb. 4) zeigt ein Beispiel für ein solches Touchpoint-Ranking, visualisiert in einer Matrixstruktur (Schüller 2016, S. 183–185).

Bei der Bewertung der Qualität von Touchpoints werden in den meisten Diagrammen die Bewertungskriterien „negativ", „neutral" und „positiv" verwendet. Diese vereinfachte Kategorisierung gibt jedoch nicht die gesamte Emotionalität wieder, die Kunden empfinden können, wenn sie ein Produkt sehen oder eine Dienstleistung in Anspruch nehmen. Schüller schlägt vor, die Touchpoints eher nach ihren aus dem Kano-Modell entwickelten Faktoren „Enttäuschung", „Okay" und „Begeisterung" zu analysieren. Fragen, die Kunden vor der Umsetzung einer Maßnahme zu ihren Erfahrungen an jedem Touchpoint gestellt werden könnten, sind z. B. „Was war enttäuschend?", was Hinweise darauf gibt, was das Unternehmen auf keinen Fall tun darf, „Was war okay?", was Auskunft über den Mindeststandard der Null-Zufriedenheitslinie geben, oder „Was würde Sie freuen?", um herauszufinden, was gemacht werden kann, um Kunden zu begeistern. Fragen, die nach der Durchführung einer Marketingaktion gestellt werden, könnten lauten: „War das wow?", um mehr darüber herauszufinden, was Kunden fasziniert, überrascht oder erfreut hat, „War das okay?", um zu prüfen, ob die Aktion den Erwartungen der Kunden entsprach und daher gleichgültig war, und „War das nichts?", um herauszufinden, ob die Erfahrung enttäuschend, frustrierend oder sogar verärgernd war. Zusammenfassend lässt sich sagen, dass die bloße Funktionalität eines Produkts, einer Dienstleistung oder eines Prozesses

Abb. 5 Arbeitsblatt Qualitative Bewertung und Optimierung von Touchpoints (Schüller 2016, S. 188–190)

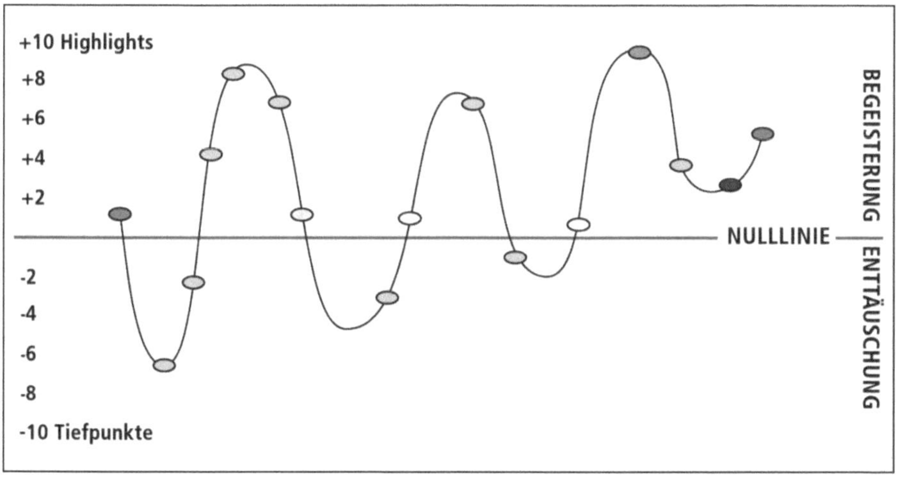

Abb. 6 Touchpoint-Evaluierung entlang der Customer Journey (Schüller 2016, S. 207)

den Erwartungen des Kunden zu entsprechen nur der Nulllinie der Zufriedenheit entspricht, aber nicht zu Begeisterung führt. Abb. 5 (vgl. Abb. 5) zeigt ein Schema, wie die qualitative Bewertung von Touchpoints analysiert und erfasst werden könnte, wobei zwischen sachlicher und emotionaler Ebene unterschieden wird, und wie Ideen zur Kundenbegeisterung generiert werden könnten (Schüller 2016, S. 186–190).

Abb. 6 zeigt, wie die drei Faktoren „Enttäuschung“, „Okay“ und „Begeisterung“ in die Darstellung der Customer Journey integriert werden können (vgl. Abb. 6).

Während enttäuschte Kunden dazu tendieren, ihrer Frustration Ausdruck zu verleihen, indem sie Unternehmen durch die Verbreitung negativer WOM, durch Beschwerden, anspruchsvolle Anforderungen oder Drohungen bestrafen, und begeisterte Kunden ihre Wertschätzung zeigen, indem sie vom Unternehmen erneut kaufen, es weiterempfehlen und sich gegenüber Angeboten der Konkurrenz resistenter zeigen, schweigen Kunden, die „nur" zufrieden sind, oft. Sie äußern sich weder positiv noch negativ, aber sobald sie eine bessere Lösung finden, werden sie wahrscheinlich das Unternehmen verlassen, was die Gefahr einer nur durchschnittlichen Leistung aufzeigt (Schüller 2016, S. 188 f.).

Neben den beiden Dimensionen der Wichtigkeit und der Qualität von Berührungspunkten aus der Kundenperspektive schlägt Ott einen vierstufigen Prozess für die Durchführung eines Touchpoint-Audits vor, beginnend mit der Definition eines geeigneten Klassifizierungssystems für das Clustering von Touchpoints, gefolgt von einer Abschätzung der aktuellen und potenziellen zukünftigen Reichweite der Berührungspunkte und der Bewertung der Auswirkungen jedes Berührungspunktes entlang der Customer Journey nach seinem Potenzial zur Steigerung der Bekanntheit und Stärkung des Markenerlebnisses, seinem Einfluss auf die Wahl der Entscheidungskriterien durch die Kunden und seiner Relevanz als Kaufauslöser. Die abschließende Touchpoint-Planung umfasst auch die Budgetzuweisung. Abb. 7 gibt einen Überblick über den skizzierten Touchpoint-Audit-Prozess (Ott 2017, S. 73–76).

Bevor eine Marketingstrategie erlebnisorientiert ausgerichtet und entsprechende Kommunikationsmaßnahmen angepasst werden können, muss zunächst die aktuelle Touchpoint-Situation aus der Sicht des Nutzers beurteilt werden.

Die Entwicklung eines B2B-Touchpoint-Evaluierungstools ermöglicht eine interaktive und multidimensionale Evaluierung einzelner Kontaktpunkte nicht nur aus interner Sicht, sondern auch aus der Nutzerperspektive und hilft so, kundenorientierte Empfehlungen für das zukünftige Management der identifizierten Kontaktpunkte abzuleiten. Für die Bewertung der Kontaktpunkte ist eine Bewertung von mindestens vier Dimensionen aus Kundensicht notwendig:

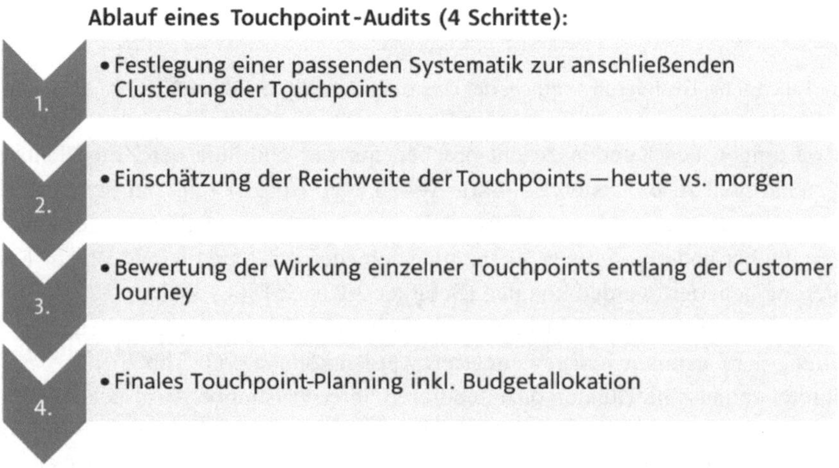

Abb. 7 4-stufiger Touchpoint-Audit-Prozess (Ott 2017, S. 73)

- Touchpoint-Bewusstsein (Reichweite)
- Touchpoint-Relevanz (Wichtigkeit)
- Touchpoint-Qualität und
- Einfluss des Touchpoints auf die Entscheidungsfindung.

7 B2B-Touchpoint-Evaluierungstool

Basierend auf den Ergebnissen, die durch die Durchsicht des aktuellen Stands der Literatur und Forschung erarbeitet wurden, wurde ein Touchpoint-Evaluierungstool, wie in Abb. 8 dargestellt, entwickelt, das sich auf die Charakteristika industrieller B2B-Unternehmen konzentriert, um jeden Touchpoint eines Kaufentscheidungsprozesses aus der Nutzerperspektive zu analysieren. Um einen Einblick in die Sicht der Nutzer auf die identifizierten Touchpoints zu erhalten, müssen die Nutzer in den Evaluierungsprozess einbezogen werden. Für eine solche Umfrage sind für den Anfang 50 bis 100 Personen ausreichend. Die Meinungen der Nutzer können durch verschiedene Methoden und Instrumente wie klassische Papier-und-Bleistift-Fragebögen, aber auch Online-Umfragen, Fokusgrup-

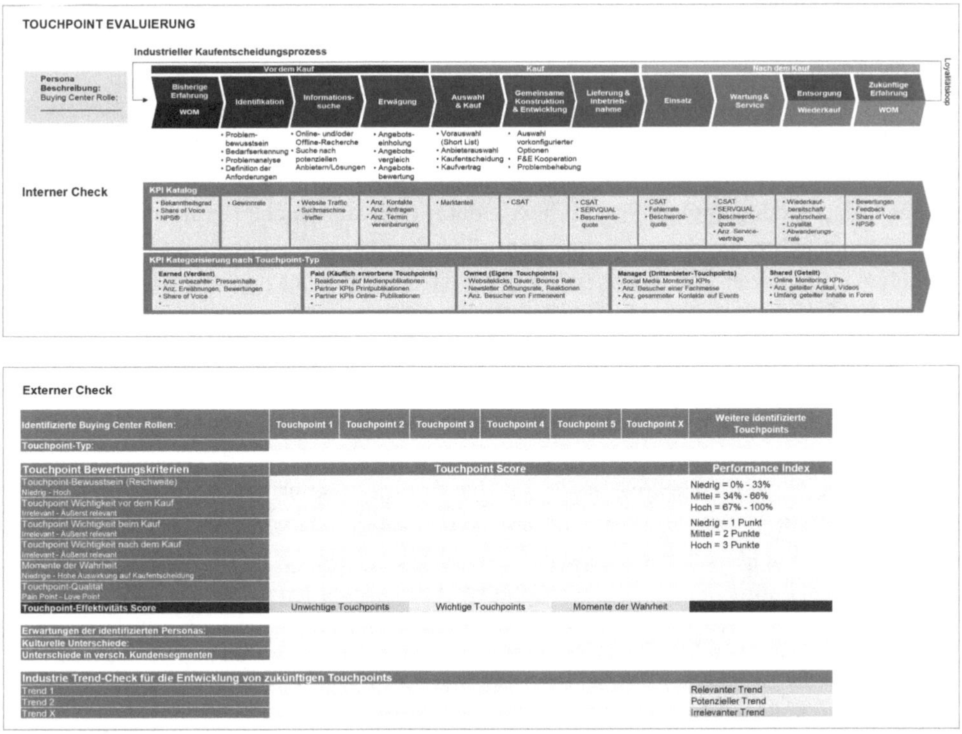

Abb. 8 Industrielles B2B-Touchpoint-Evaluierungsinstrument (eigene Darstellung)

pen oder persönliche Interviews erfasst werden. Das vorgestellte Instrument soll Industrieunternehmen als Grundlage für die Entwicklung ihrer Kundenbefragungsmethoden dienen.

Die durch eine interne Analyse identifizierten Touchpoints sollen im Rahmen der externen Überprüfung im Hinblick auf die vier definierten Schlüsseldimensionen analysiert werden. Zunächst werden die identifizierten Personas in das Persona-Feld in der linken oberen Ecke eingetragen. Anschließend werden alle untersuchten Touchpoints in die jeweiligen Touchpoint-Felder eingetragen. Das Feld „Weitere Touchpoints" lässt Raum für weitere Berührungspunkte, auf die das Unternehmen während der Befragungsphase gestoßen ist.

Die *Bewusstseins*-Dimension eines Touchpoints soll ermitteln, welche Berührungspunkte von den Nutzern wahrgenommen werden und welche Berührungspunkte den Nutzern nicht bekannt sind, und damit einen Einblick in die Reichweite des Berührungspunktes geben und beantworten, ob der Berührungspunkt einen großen Teil der potenziellen und bestehenden Kunden erreicht oder ob der Berührungspunkt eher von einem kleineren Nischenkundensegment wahrgenommen wird.

Die Dimension der *Wichtigkeit* der Touchpoints zielt darauf ab, die Relevanz der jeweiligen Berührungspunkte für die Nutzer zu messen, was dem Unternehmen ermöglicht, kritische Momente der Wahrheit (Super-Touchpoints) während der gesamten Reise einer Persona zu identifizieren.

Die dritte Dimension der *Touchpoint-Qualität* zielt darauf ab, die Leistung der Touchpoints im Hinblick auf die besten und schlechtesten Erfahrungen der Nutzer an jedem Touchpoint zu messen.

Die vierte Dimension der *Auswirkung des Touchpoints auf die Kaufentscheidung* weist auf ultimative Momente der Wahrheit hin, die auch als Super-Touchpoints bezeichnet werden. Gepaart mit der Wichtigkeit der Berührungspunkte lässt der Einfluss auf die endgültige Entscheidungsfindung Rückschlüsse darauf zu, auf welche Berührungspunkte der Schwerpunkt gelegt werden sollte, um gegenüber Konkurrenten bevorzugt zu werden.

Anhand dieser vier Dimensionen können in den einzelnen Phasen des Kaufprozesses so genannte „Love Points" und „Pain Points" identifiziert und entsprechende Marketingmaßnahmen zur Verbesserung der User Experience entlang der gesamten Customer Journey abgeleitet werden.

Tab. 2 zeigt einige Beispiele für Fragen, die zu den jeweiligen Bewertungsdimensionen der Touchpoint-Evaluierung gestellt werden können.

Sobald die Nutzerperspektive auf jeden Berührungspunkt ermittelt wurde, können für jeden Touchpoint je nach Leistung ein, zwei oder drei Punkte vergeben werden. Die Verteilung der Punkte lässt sich aus den erreichten Prozentsätzen in den Umfrageergebnissen ableiten, z. B. könnten Kategorien wie folgt strukturiert werden:

- Alle Touchpoints, die eine Bewertung von weniger als 34 % erreichten, erhalten einen Punkt.
- Touchpoints, die mit mindestens 34 % bis 66 % bewertet werden, bekommen zwei Punkte.

Tab. 2 Dimensionen der Touchpoint-Evaluierung (eigene Darstellung)

Dimension der Touchpointbewertung	Fragen
Touchpoint-Bewusstsein	Welche Informationsquellen würden Sie auf der Suche nach <Technologietyp> verwenden?
	Wie sind Sie auf das Unternehmen <Firmenname> aufmerksam geworden?
	Welche Anlaufstellen von <Firmenname> sind Ihnen bekannt? *(Mehrfachauswahl an Touchpoints)*
Touchpoint-Relevanz	Welche fünf Kontaktpunkte sind für Sie in der jeweiligen Phase Ihres Kaufentscheidungsprozesses hinsichtlich <Technologietyp> die wichtigsten? *(Mehrfachantwort strukturiert nach Vor-Kauf-, Kauf- und Nach-Kauf-Phase)*
	Welche fünf Kontaktpunkte sind generell am wenigsten wichtig für Sie in Ihrem Kaufentscheidungsprozess hinsichtlich <Technologietyp>? *(Mehrfachauswahl an Touchpoints)*
Touchpoint-Qualität	Mit welchen fünf Kontaktpunkten von <Firmenname> haben Sie bisher die besten Erfahrungen gesammelt? *(Mehrfachauswahl an Touchpoints)*
	Was hat Ihre Erfahrung mit diesen Kontaktpunkten so besonders gemacht?
	An welche positiven Momente erinnern Sie sich, als Sie mit <Firmenname> in Kontakt traten?
	Mit welchen fünf Kontaktpunkten von <Firmenname> haben Sie bisher die schlechtesten Erfahrungen gesammelt? *(Mehrfachauswahl an Touchpoints)*
	Was hat Ihre Erfahrung mit diesen Kontaktpunkten unzufriedenstellend gemacht?
	An welche negativen Momente erinnern Sie sich, als Sie mit <Firmenname> in Kontakt traten?
Auswirkung des Touchpoints auf die Kaufentscheidung	Welche fünf Kontaktpunkte überzeugen Sie schließlich von <Firmenname> zu kaufen? *(Mehrfachauswahl an Touchpoints)*
	Warum sind für Sie <gewählte Kontaktpunkte nennen> besonders wichtig?
	Was ist Ihnen in Bezug auf diese Kontaktpunkte wichtig?
	Welche Erwartungen haben Sie an diese für Sie besonders wichtigen Kontaktpunkte?

- Touchpoints, die Werte von 67 % oder mehr erreichten, erhalten drei Punkte für ihre gute Leistung.

Nachdem jedem Berührungspunkt die entsprechenden Punkte zugewiesen wurden, können alle Punkte zu einer endgültigen Bewertung der Touchpoint-Wirksamkeit addiert werden. Basierend auf diesem Endergebnis können alle Touchpoints in einer Matrix oder entlang einer Customer Journey Darstellung, z. B. entlang der vorgeschlagenen industriellen Käuferreise des Instruments, in eine Rangfolge gebracht oder angeordnet werden, die eine Zusammenfassung der Sicht des Nutzers auf die untersuchten Berührungspunkte darstellt.

Darüber hinaus bietet das Instrument Raum, um zwischen verschiedenen Kulturen oder Kundensegmenten festgestellte Unterschiede und die spezifischen Kundenerwartungen pro Kontaktpunkt zu erfassen. Der Abschnitt Trend-Check ermöglicht es, die Relevanz identifizierter Trends in der untersuchten Branche aus der Kundenperspektive zu überprüfen. Dazu müssen geeignete Fragen in den jeweiligen Fragebogen oder Interviewleitfaden integriert werden.

Als letzter Schritt des Evaluierungsprozesses kann das Ergebnis dann mit der internen Sicht des Unternehmens verglichen und Abweichungen identifiziert werden. Was den internen Abgleich anbelangt, so kann keine individuelle KPI-Struktur zur Messung jeder Dimension bereitgestellt werden, da die Kundenreisen von Unternehmen zu Unternehmen unterschiedlich sind und das Auffinden geeigneter KPIs daher von der Art des Berührungspunktes abhängt, mit dem ein Kunde in der jeweiligen Phase konfrontiert ist, sowie von den Daten, auf die ein Unternehmen Zugriff hat. Das Instrument schlägt jedoch eine Reihe von Metriken vor, die zur Messung bestimmter Aspekte eines Touchpoints mit verfügbaren Daten verwendet werden können. Je nach Berührungspunkt muss jedes Unternehmen selbst entscheiden, welche KPIs zur Messung der jeweiligen Dimension geeignet sind. Es wird vorgeschlagen, eine Mischung aus vorwärts- und rückwärtsgerichteten Metriken zu verwenden.

Klassische Indikatoren wie Kundenzufriedenheit, Kundenbindung, Servicequalität oder der Net Promoter Score® können in Kombination verwendet werden, um die entsprechenden Ergebnisse aus den Touchpoint-Umfragen zu überprüfen. Alle Metriken können kombiniert werden, um einen Gesamtindex für die Nutzererfahrung zu definieren, der als neuer KPI dient, um die Leistung des Unternehmens in Bezug auf die Nutzererfahrung kontinuierlich zu überprüfen. Um langfristig eine 360°-Sicht auf die ausgewählten Kontaktpunkte abzubilden, müssen alle Informationen, interne Daten aus dem Unternehmen sowie externe Nutzerdaten in ein Touchpoint- oder User-Experience-Dashboard integriert werden, das Informationen zu den Personas, Erkenntnisse zu den Touchpoints und die visualisierte Kaufreise zusammenführt. Kombiniert mit Customer Relationship Management, einem Marketing-Automatisierungssystem und anderen externen Insight-Instrumenten kann ein nachhaltiges Marketing-Management-Cockpit entwickelt werden.

Die Identifizierung und Analyse der Berührungspunkte ist Teil der Analysephase des Touchpoint-Management-Prozesses. Nach der Spiegelung der Ist-Situation können die Unternehmen zur Ableitung von Zielen voranschreiten und entsprechend der Priorisierung geeignete Maßnahmen zur Optimierung und Verbesserung ihrer aktuellen Touchpoint-Landschaft entwickeln sowie die Allokation der Marketinginvestitionen auf Touchpoint-Ebene an die definierte Zielsituation anpassen. Ressourcen müssen in Touchpoints investiert werden, die für die Nutzer tatsächlich relevant sind. Dies sind die Touchpoints, an denen sich die Nutzer aufhalten, Kaufvorbereitungen treffen und Transaktionen tätigen und an denen Weiterempfehlungen verstärkt werden. Im Fokus stehen Super-Touchpoints, die die Begeisterung der Nutzer für das Produkt oder die Dienstleistung, die Reputation des Unternehmens sowie die Kundenbindung und die Bereitschaft, das Produkt und den Anbieter weiterzuempfehlen, erhöhen (Schüller 2016, S. 156). Das hier vorgestellte User-Experience-Management-Tool leistet im Rahmen eines nachhaltig strategisch ausgerichteten Marketing-Automatisierungsansatzes einen wesentlichen Beitrag zur Optimierung des Marketing Return on Investment sowie der Lead- und Nachfragegenerierung im Sinne der Auftragsgewinnung und Vertriebsoptimierung (vgl. Abb. 8).

7.1 Fazit

Obwohl die heutigen B2B-Entscheidungsträger vielleicht besser informiert sind als je zuvor, werden sie im Prozess der Kaufentscheidung zunehmend von der wachsenden Auswahl an Optionen überwältigt. Um den Kauf zu erleichtern, müssen Unternehmen die Kaufreise der Nutzer verstehen und die wichtigsten Herausforderungen in jeder Kaufphase identifizieren. In diesem Zusammenhang ist die Schaffung einer starken Nutzererfahrung zu einem führenden Managementziel für B2B-Unternehmen geworden.

Die Nutzererfahrung besteht aus individuellen Kontakten zwischen dem Nutzer und dem Unternehmen an bestimmten Punkten, den so genannten Touchpoints, während der gesamten Vorkaufs-, Kauf- und Nachkaufsphase. Diese Berührungspunkte stellen die Momente der Wahrheit in der Nutzerbeziehung dar, da genau an diesen Kontaktpunkten entschieden wird, ob sie kaufen werden oder nicht. Ein starkes Nutzererlebnis wird durch eine nahtlose Erfahrung über Kanäle und Kontaktpunkte hinweg geschaffen. Das Touchpoint-Management umfasst die Koordination aller Geschäftsaktivitäten in einer Weise, dass dem Nutzer an jedem Interaktionspunkt ein herausragendes sowie zuverlässiges und vertrauenswürdiges Erlebnis geboten wird, ohne dabei die Prozesseffizienz aus den Augen zu verlieren.

Die wichtigsten Taktiken, um B2B-Entscheidern den Kauf zu erleichtern, sind die eingehende Analyse aller Berührungspunkte, auf die Nutzer auf ihrem Weg zum Kauf stoßen, die umfassende Abbildung der Käuferreise unter Einbeziehung von Marketing, Vertrieb und Nutzern, die Identifizierung anbieteragnostischer Barrieren und Kaufhindernissen, die aktive Verfolgung des Nutzerfortschritts und die anschließende Optimierung der aus Nutzersicht identifizierten relevanten Berührungspunkte entlang des gesamten Kaufentscheidungsprozesses. Der Touchpoint-Management-Prozess lässt sich in vier Phasen gliedern: die Analyse der Ist-Situation, die Definition von Zielen, die Planung relevanter Maßnahmen und die Erfolgskontrolle für die zukünftige Optimierung der Touchpoints.

Die Analysephase zielt darauf ab, alle Nutzerberührungspunkte aufzuzeichnen und auszuwerten, um wertvolle Erkenntnisse darüber zu gewinnen, wie jeder Berührungspunkt so gestaltet werden kann, dass die Nutzererfahrung bei jeder Interaktion optimiert wird. Heutzutage kann eine Touchpoint-Analyse leicht mehrere hundert Touchpoints aufdecken, was zu der Frage führt, auf welche Touchpoints der Fokus gelegt werden sollte. Bei dem Versuch, Schlüssel-Touchpoints wie Super-Touchpoints, Love Points und Pain Points zu identifizieren, ist es wichtig, nicht nur die Sicht des Unternehmens einzubeziehen, sondern auch herauszufinden, was die Nutzer tatsächlich erwarten. Die beste Methode dafür ist, sie direkt zu fragen. Für die Evaluierung von Touchpoints müssen mindestens vier Dimensionen untersucht werden, die deshalb in ein Touchpoint-Evaluationsinstrument integriert werden sollten: die Wichtigkeit des Touchpoints aus Kundensicht, die Qualität dessen, was an jedem Touchpoint geschieht, die Touchpoint-Reichweite (Bewusstsein) und die Auswirkungen des Touchpoints auf die Entscheidungsfindung hinsichtlich des Kaufs. Indem untersucht wird, was die Nutzer erwarten, welche Leistung auf welche Weise erbracht werden soll und wie sie auf das angebotene Ergebnis reagieren, können bestehende Touchpoints verbessert und Investitionen in irrelevante Berührungspunkte verringert oder gestoppt werden. Bei dem Versuch, Erkenntnisse über die Nutzererfahrung für das Unternehmen umsetzbar zu machen, spielt die Messung der Nutzererfahrung eine entscheidende Rolle. Da sich die Forscher noch nicht auf eine User-Experience-Metrik geeinigt haben, mit der alle Dimensionen der Nutzererfahrung erfasst werden können, müssen verschiedene Methoden und Metriken kombiniert werden, um die Gesamterfahrung der Nutzer während ihrer gesamten Touchpoint-Reise zu messen und zu bewerten.

Literatur

Accenture. (2015) Improving customer experience is top business priority for companies pursuing digital transformation according to Accenture study. https://newsroom.accenture.com/news/improving-customer-experience-is-top-business-priority-for-companies-pursuing-digital-transformation-according-to-accenture-study.htm. Zugegriffen am 28.11.2018

Allen, J., Reichheld, F. F., Hamilton, B., & Markey, R. (2005). Closing the delivery gap. How to achieve true customer-led growth. http://www2.bain.com/bainweb/pdfs/cms/hottopics/closingdeliverygap.pdf. Zugegriffen am 22.12.2018.

Anderson, J. C., Narus, J. A., & Narayandas, D. (2009). *Business market management. Understanding, creating and delivering value* (3. Aufl.). Upper Saddle River: Pearson.

Bryan, J. (2020). What sales should know about modern B2B buyers (03/12/2020). https://www.gartner.com/smarterwithgartner/what-sales-should-know-about-modern-b2b-buyers/. Zugegriffen am 26.04.2020.

Carlzon, J. (1989). *Moments of truth. New strategies for today's customer-driven economy*. New York: Harper Collins.

Court, D., Elzinga, D., Mulder, S., & Vetvik, O. J. (2009). The consumer decision journey. https://www.mckinsey.com/business-functions/marketing-and-sales/our-insights/the-consumer-decision-journey. Zugegriffen am 17.12.2018.

Cupman, J. (2016). The six pillars of B2B customer experience excellence (04/26/2016). http://www.marketingprofs.com/articles/2016/29806/the-six-pillars-of-b2b-customer-experience-excellence. Zugegriffen am 17.12.2018.

De Haan, E., Verhoef, P. C., & Wiesel, T. (2015). The predictive ability of different customer feedback metrics for retention. *International Journal of Research in Marketing, 32*(2), 195–206.

https://www.sciencedirect.com/science/article/abs/pii/S0167811615000324. Zugegriffen am 29.02.2018.

Dixon, M., Freeman, K., & Toman, N. (2010). Stop trying to delight your customers. *Harvard Business Review, 88*(7–8), 1–7. https://hbr.org/2010/07/stop-trying-to-delight-your-customers. Zugegriffen am 01.02.2019.

Esch, F. R., Brendel, D., Klaus, A., Adler, N., & Thunig, C. (2016). Digital Brand Leadership. Markenführung in einer digital veränderten Welt. https://www.esch-brand.com/wp-content/uploads/2018/04/2016-ESCH.-l-Digital-Brand-Leadership-Studie.pdf. Zugegriffen am 16.12.2018.

Gartner. (2019a). Buyer enablement. Simplify your buyer's purchase process and empower sellers to deliver value. https://www.gartner.com/en/sales/insights/buyer-enablement. Zugegriffen am 26.04.2020.

Gartner. (2019b). Gartner reveals new B2B sales approach to win in today's information age. https://www.gartner.com/en/newsroom/press-releases/2019-07-29-gartner-reveals-new-b2b-sales-approach-to-win-in-toda. Zugegriffen am 26.04.2020.

Goodman, J. A. (2014). *Customer experience 3.0. High-profit strategies in the age of techno service*. New York: American Management Association.

Google. (2011). Winning the zero moment of truth B2B. https://www.thinkwithgoogle.com/marketing-resources/micro-moments/winning-the-zero-moment-of-truth-b2b/. Zugegriffen am 22.12.2018.

Hague, N., & Hague, P. (2018). *B2B customer experience. A practical guide to delivering exceptional CX*. New York: Kogan Page.

Hall, S. (2017). *Innovative B2B marketing. New models, processes and theory*. New York: Kogan Page.

Kaiser, M. O. (2005). *Erfolgsfaktor Kundenzufriedenheit. Dimensionen und Messmöglichkeiten* (2. Aufl.). Berlin: Erich Schmidt.

Kalbach, J. (2017). *Mapping experiences. A complete guide to creating value through journeys, blueprints & diagrams*. Sebastopol: O'Reilly Media.

Keiningham, T. L., Cooil, B., Malthouse, E. C., Lariviere, B., Buoye, A., Aksoy, L., & De Keyser, A. (2015). Perceptions are relative. An examination of the relationship between relative satisfaction metrics and share of wallet. *Journal of Service Management, 26*(1), 2–43. https://www.emeraldinsight.com/doi/pdfplus/10.1108/JOSM-12-2013-0345. Zugegriffen am 02.01.2019.

Keller, B. (2017). Die Reise(n) durchs Touchpoint Management. Bestandteile und Fortschritte. In B. Keller & C. S. Ott (Hrsg.), *Touchpoint Management. Entlang der Customer Journey erfolgreich agieren* (S. 29–64). Freiburg: Haufe-Lexware.

Kotler, P., & Pfoertsch, W. (2006). *B2B brand management*. Heidelberg: Springer.

Lemon, K. N., & Verhoef, P. C. (2016). Understanding customer experience throughout the customer journey. *Journal of Marketing, 80*(6), 69–96. https://www.ama.org/publications/JournalOfMarketing/Pages/understanding-customer-experience-customer-journey.aspx. Zugegriffen am 09.06.2018.

Maechler, N., Sahni, S., & Van Oostrum, M. (2016). Improving the business-to-business customer experience. https://www.mckinsey.com/business-functions/marketing-and-sales/our-insights/improving-the-business-to-business-customer-experience. Zugegriffen am 03.07.2018.

Maechler, N., Poenaru, A., Rüdt von Collenberg, T., & Schulze P. (2017). Finding the right digital balance in B2B customer experience. https://www.mckinsey.com/business-functions/marketing-and-sales/our-insights/finding-the-right-digital-balance-in-b2b-customer-experience. Zugegriffen am 11.08.2018.

Malaval, P. (2001). *Strategy and management of industrial brands. Business to business products and services*. New York: Springer Science + Business Media.

Meyer, C., & Schwager, A. (2007). Understanding customer experience. *Harvard Business Review, 85*(2), 116–126. https://web.b.ebscohost.com/ehost/pdfviewer/pdfviewer?vid=5&sid=622a41bf-2aaa-4886-aefa-f1d2ecfeabbd%40pdc-v-sessmgr03. Zugegriffen am 01.12.2018.

Mora Cortez, R., & Johnston, W. J. (2017). The future of B2B marketing theory. A historical and prospective analysis. *Industrial Marketing Management, 66*, 90–102. https://www.sciencedirect.com/science/article/abs/pii/S0019850117300263. Zugegriffen am 31.08.2018.

Morgan, B. (2017). How to build the best B2B customer experience. https://www.forbes.com/sites/blakemorgan/2017/12/18/how-to-build-the-best-b2b-customer-experience/#92c67652a8cf. Zugegriffen am 03.07.2018.

Morgan, B. (2018). Build a compelling B2B customer journey. https://www.forbes.com/sites/blakemorgan/2018/03/24/build-a-compelling-b2b-customer-journey/#51fe716d6a13. Zugegriffen am 03.07.2018.

Ott, C. S. (2017). Erfolgreich verkaufen in einer digitalisierten Welt. Paradigmenwechsel im Touchpoint Management. In B. Keller & C. S. Ott (Hrsg.), *Touchpoint Management. Entlang der Customer Journey erfolgreich agieren* (S. 65–86). Freiburg: Haufe-Lexware.

Pegasystems. (2020). The four false narratives of customer experience. https://www.pega.com/system/files/resources/2020-04/pega-the-four-false-narratives-of-customer-experience-study.pdf. Zugegriffen am 27.04.2020.

Pennington, A. (2016). *The customer experience book. How to design, measure and improve customer experience in your business*. Harlow: Pearson.

Rego, L. L., Morgan, N. A., & Fornell, C. (2013). Reexamining the market share-customer satisfaction relationship. *Journal of Marketing, 77*(5), 1–20. https://web.b.ebscohost.com/ehost/pdfviewer/pdfviewer?vid=1&sid=7ce76c94-51f0-47ac-87f6-e41dff894313%40sessionmgr104. Zugegriffen am 29.12.2018.

Salesforce Research. (2017). Fourth annual state of marketing. Insights and trends from 3500 global marketing leaders. https://www.salesforce.com/form/pdf/2017-state-of-marketing.jsp?nc=7010M000000u6f2&d=7010M000000u6ex. Zugegriffen am 09.11.2018.

Schmitt, B. H. (2003). *Customer experience management. A revolutionary approach to connecting with your customers*. Hoboken: Wiley.

Schüller, A. M. (2015). *Touchpoints. Auf Tuchfühlung mit dem Kunden von heute. Managementstrategien für unsere neue Businesswelt* (6. Aufl.). Offenbach: GABAL.

Schüller, A. M. (2016). *Touch. Point. Sieg. Kommunikation in Zeiten der Digitalen Transformation*. Offenbach: GABAL.

Shaw, A. (2018). B2B businesses need a customer experience overhaul. https://www.forbes.com/sites/forbescommunicationscouncil/2018/03/15/b2b-businesses-need-a-customer-experience-overhaul/#39326f8b2993. Zugegriffen am 03.07.2018.

Tirico, K. (2018). 2018 B2B buyers survey report. Sales representatives play greater role within critical 1–3 month active buyer timeframe. https://www.demandgenreport.com/resources/reports/2018-b2b-buyers-survey-report. Zugegriffen am 27.11.2018.

Toman, N., Adamson, B., & Gomez, C. (2017). The new sales imperative. B2B purchasing has become too complicated. You need to make it easy for your customers to buy. *Harvard Business Review, 3–4/2017*, 119–125. https://hbr.org/2017/03/the-new-sales-imperative. Zugegriffen am 24.09.2019.

Verhoef, P. C., Kooge, E., & Walk, N. (2016). *Creating value with big data analytics. Making smarter marketing decisions*. New York: Routledge.

Vitale, R. P., & Giglierano, J. J. (2002). *Business to business marketing. Analysis and practice in a dynamic environment*. Mason: Thomson Learning.

Webster, F. E., Jr., & Wind, Y. (1972). A general model for understanding organizational buying behavior. *Journal of Marketing, 36*(2), 12–19. http://web.b.ebscohost.com/ehost/pdfviewer/pdfviewer?vid=1&sid=b100b123-8b06-4a8c-999a-8595d8d5aab4%40sessionmgr104. Zugegriffen am 05.12.2018.

Zeithaml, V. A., Bitner, M. J., & Gremler, D. D. (2017). *Services marketing. Integrating customer focus across the firm* (7. Aufl.). New York: McGraw Hill Education.

Fabienne Halb ist für das globale Customer Relationship Management der Marketing- und Kommunikationsabteilung eines Geschäftsbereichs eines internationalen Technologiekonzerns verantwortlich. Im Rahmen ihrer Masterarbeit zum Thema B2B Customer Experience beschäftigte sie sich mit Touchpoint-Management mit Schwerpunkt Touchpoint-Analyse und entwickelte in diesem Zusammenhang ein Touchpoint-Evaluierungstool speziell für industrielle B2B-Unternehmen. Neben ihrer Tätigkeit im B2B-Bereich verfügt die Absolventin des Studiengangs International Marketing & Sales Management an der Fachhochschule CAMPUS 02 in Graz, Österreich, auch über internationale Marketingqualifikationen im B2C-Umfeld und kann auf Erfahrungen im Online- und Social Media Marketing beim internationalen Modeunternehmen Marc O'Polo sowie auf Projekte im Luxusgüterbereich für Buben & Zörweg oder für die Wirtschaftskammer Österreich zurückblicken.

Uwe Seebacher ist promovierter Volks- und Betriebswirt. Er ist Executive Advisor und verfügt über mehr als 25 Jahre Top-Management-Erfahrung als Berater, Manager als auch Unternehmer. Er ist Dozent an vielen renommierten Business Schools und Universitäten und hat Artikel und Fachbücher in vielen führenden Managementpublikationen verfasst, wie unter anderem z. B. „Predictive Intelligence" (Springer), „Strategic Workforce Management" (Harvard Business Manager) und „Cyber Commerce Reframing" (Harvard Business Manager) oder „Template-based Management" (Springer). Für seine Arbeiten erhielt er zahlreiche internationale Auszeichnungen.

Content Marketing Prozess – Wie Sie die Symbiose von Kunst und Wissenschaft meistern

Lukasz Kosuniak

Inhaltsverzeichnis

Zusammenfassung

Viele Vermarkter behandeln die Schaffung von Inhalten als rein künstlerische Arbeit. Inhaltsideen basieren auf ihrer Intuition und die Autoren in einem Team arbeiten nach völlig unterschiedlichen Standards. Versuche, Disziplin durchzusetzen, werden als Angriff auf den kreativen Prozess behandelt. In der Zwischenzeit muss die Vermarktung von Inhalten in den Prozess einbezogen werden, um effektiv zu sein. Die Verwendung eines Prozessrahmens im Content-Marketing-Management bietet Raum für kreative Arbeit, gewährleistet

L. Kosuniak (✉)
Consulting, Grow Consulting Sp. z o.o., Warsaw, Polen
E-Mail: lukasz.kosuniak@growconsulting.eu

U. Seebacher (Hrsg.), *Praxishandbuch B2B-Marketing*,
https://doi.org/10.1007/978-3-658-31651-8_14

aber auch die für die Arbeit der Organisation notwendige Konsistenz und Vorhersehbarkeit. Dieses Kapitel führt Sie durch die von führenden Redaktionsteams entwickelten und ständig verfeinerten Best Practices des professionellen Content Creation Process Management. Der Beitrag liefert nicht nur eine spezifische Beschreibung der verschiedenen Phasen des Content-Management-Prozesses, sondern auch eine spezifische Beschreibung der Aufgaben und Tätigkeiten, die in jeder Phase des Prozesses ausgeführt werden müssen.

1 Kunst oder Wissenschaft?

Der Künstler kann glamourös sein, sein Inhalt soll Bewunderung und Eifersucht wecken. Wir verzeihen ihnen verspätete Konzerte oder Alben. Der Vermarkter muss vor allem effektiv sein. Ihr Inhalt soll nicht Eifersucht, sondern das Interesse der Kunden wecken. Wenn Sie effektiv sein wollen, müssen die Inhalte konsistent und nützlich sein und regelmäßig produziert werden. Und hier kommen Sie ohne Planung und Prozesse nicht sehr weit. Bedeutet das, dass Menschen, die ihre Inhalte nicht planen, immer scheitern? Absolut nicht. Gewöhnlich handelt es sich um Menschen, die einfach gerne Inhalte erstellen und entweder eine entwickelte Fähigkeit oder ein natürliches Talent oder eine Kombination dieser beiden Vorteile haben. Für sie fällt die Erstellung von Inhalten leicht, und die Strategie wird in der sogenannten „Zwischenzeit" entwickelt. Es gibt nur ein Problem – es ist sehr schwierig, von ihnen zu lernen und ihre Aktivitäten zu strukturieren, zu planen und zu managen gemäß dem Marketing Resource Management Ansatz (Seebacher und Güpner 2011).

Markus Sheridan berichtet in seinem Buch „They Ask You Answer", dass Kunden seines Unternehmens,[1] die Hinterhof-Pools herstellen, durchschnittlich 70 Artikel im Blog seines Unternehmens lesen, bevor sie das Kontaktformular ausfüllen. Um über solche Ressourcen zu verfügen, ist es notwendig, die Prozesse der Planung, Produktion, Förderung und Messung der Effizienz der Inhalte zu organisieren und zu harmonisieren. Die Notwendigkeit, die Erstellung von Inhalten zu organisieren, ist in großen Organisationen noch größer, da es in solchen großen organisationalen Konstrukten ohne die Definition von klaren und präzisen Rollen, Aufgaben, Verantwortlichkeiten und Messungen unmöglich ist, effektiv zu arbeiten.

2 Von Journalisten lernen

Wenn Sie Fachmedien wie „The Economist" lesen oder durchblättern, gehen Sie davon aus, dass die neue Ausgabe wöchentlich erscheinen und in jedem Themenbereich eine bestimmte Anzahl von Artikeln enthalten wird. Da für den Herausgeber eines solchen

[1] Sie fragen, Sie antworten: Ein revolutionärer Ansatz für eingehende Verkäufe, Content Marketing und den digitalen Verbraucher von heute, überarbeitete und aktualisierte Wiley; 2. Auflage (6. August 2019).

Mediums die Erstellung von Inhalten das Hauptprodukt ist, gibt es keine Möglichkeit, dass sich die Veröffentlichung um einige Tage verzögert, weil z. B. jemand das Material nicht rechtzeitig zur Verfügung gestellt hat oder es an Ideen für einen interessanten Artikel aus dem Bereich „Wissenschaft und Technologie" fehlt. Es waren professionelle Medienverleger, die die effizientesten Prozesse für die Planung, Produktion, Förderung und Messung der Wirksamkeit der auf dem Markt vorhandenen Inhalte entwickelt haben. Es lohnt sich, einen Blick auf die Arbeitsweise dieser Teams zu werfen und sich ein Beispiel an ihnen zu nehmen.

In Redaktionsteams wird Kreativität in der Phase der Themenentwicklung mit eiserner Disziplin mit jener der Phase der Inhaltserstellung kombiniert. Genau so sollte die Kombination von Kunst und Wissenschaft im Content Marketing aussehen. Paradoxerweise ist es gerade diese Disziplin, die durch die Prozesse eingebracht wird, die es leichter macht, sich auf die Substanz zu konzentrieren und das kreative Potenzial der Inhaltsersteller freizusetzen. Vordefinierte Prozesse mit klaren Templates im Sinne von Vorlagen (Seebacher 2020) bringen Ordnung, Vorhersehbarkeit und Komfort, selbst bei sehr engen Fristen.

Prozesse sind auch eine gemeinsame Sprache für Redaktionsteams, die sich oft aus Personen mit unterschiedlichen Spezialisierungen, Rollen, mit sehr unterschiedlichen Erfahrungen, Ausbildungen, aus vielen Kulturen oder Hintergründen zusammensetzen.

In professionellen Redaktionsteams gibt es neben exzellenten Prozesskenntnissen auch eine genaue Zuordnung von Rollen und Verantwortlichkeiten. Es gibt einen Verleger, der für das Ergebnis einschließlich der Produktion von Inhalten verantwortlich ist. Der Chefredakteur ist für den Inhalt verantwortlich und leitet das Content Entwicklungsteam. Natürlich finden sich in solchen Teams auch Autoren, Grafiker, Redakteure, Forscher und viele andere. Jeder in einem solchen Team kennt seine Rolle und ist sich seines Einflusses auf die Arbeit der Teamkollegen bewusst.

Diese Vorhersagbarkeit und Wiederholbarkeit der Prozesse macht sie mit jeder Veröffentlichung effizienter. Sie nehmen weniger Zeit in Anspruch, es gibt weniger Fehler, wir können sie analysieren und optimieren, was in der Tat die Wirksamkeit der Maßnahmen erhöht. In meinem Berufsleben habe ich an der Arbeit von Verlagsteams teilgenommen, Best Practices gesammelt und mich an das System der Arbeit in Marketingteams angepasst. Dies bildet eine solide Grundlage für einen praktischen Leitfaden zur Verwaltung von Content Marketing Prozessen, den Sie unabhängig von der Größe Ihres Unternehmens auf dessen Aktivitäten anwenden können.

Natürlich können große Organisationen, die ihre Prozesse bereits aufgebaut haben, diesen Leitfaden als Grundlage für die Entwicklung nach ihren eigenen Bedürfnissen verwenden, und kleinere Unternehmen können sich dafür entscheiden, dieses Schema auf einen reduzierten Bereich anzuwenden. Betrachten Sie diesen Leitfaden und diese Vorlage als Ausgangspunkt. Im Laufe der Zeit, wenn Sie von seiner Wirksamkeit überzeugt sind, werden Sie in der Lage sein, Änderungen und Modifikationen vorzunehmen, was ich nachdrücklich empfehle.

Daher finden Sie in diesem Kapitel unter anderem eine Beschreibung der Verantwortlichkeiten des Content Managers, als der Person, die für die Verwaltung des Content Marketing Prozesses verantwortlich ist. Ich werde in diesem Artikel auch eine Zusammenfassung der Aufgaben des Content Marketing Prozesses beispielhaft darstellen, die im Grundgerüst enthalten sind und in dem alle Geschäftsprozesse beschrieben werden:

- Definition der Ressourcen
- Ergebnis der Aufgabe
- Operativer Durchführender
- Interner Kunde für die Aufgabe

Dieses einfache Schema kann auf jede Aufgabe im Content Marketing Prozess angewandt werden und vereinfacht die reibungslose Durchführung jeder Arbeitsphase, von der Planung bis zur Messung und Optimierung der Inhalte.

Bevor wir auf Einzelheiten des Content Marketing Prozessmanagements eingehen, sollten Ihnen folgende Tatsachen bewusst sein und Sie sollten davon überzeugt sein:

- Der Prozess der Inhaltserstellung gewährleistet Ordnung, Vorhersehbarkeit und erleichtert die Zusammenarbeit im Team.
- Professionelle Redaktionsteams von klassischen Medien und Verlagshäusern sind der perfekte Maßstab für das Content Marketing Team.
- Die Verwendung bewährter Verfahren, die von den Verlagsteams übernommen wurden, erhöht die Qualität der Inhalte und gewährleistet deren Konsistenz und Regelmäßigkeit.

3 Der Content Manager – eine Schlüsselrolle im Content Marketing Prozess

3.1 Warum Sie einen Content Manager brauchen?

Können Sie sich einen Leitartikel ohne Chefredakteur und Verleger vorstellen? Es besteht kein Zweifel, dass die Prozesse selbst nichts wert sind, wenn wir nicht festlegen, wer für ihre Umsetzung und die Koordination der Arbeit des Teams verantwortlich ist. Dies ist die Rolle des Content Managers, der den Prozess der Vermarktung der Inhalte leitet. Die Anwesenheit eines Content Managers im Marketingteam ist unerlässlich, wenn es Ihr Ziel ist, dass die Erstellung von Inhalten im Unternehmen ernst genommen wird und greifbare Ergebnisse erzielt werden.

Als eine Person, die sich ausschließlich auf den Prozess der Vermarktung von Inhalten konzentriert, wird der Content Manager den Prozess der Planung, Produktion, Verbreitung und Messung der Effizienz von Inhalten wesentlich effektiver steuern. Ein professioneller Content Manager wird sich auch um jede Phase des Content Marketing Prozesses (CMP) kümmern, wodurch es einfacher wird, seine Effizienz zu beurteilen und diesen Prozess zu optimieren. Der Content Manager, der sich auf diesen, seinen Prozess konzentriert, wird in Zusammenarbeit mit den Content Providern – den Fachexperten, die die Inhalte in Rohform zur Verfügung stellen – viel schneller Erfahrungen sammeln und Effizienz gewinnen.

Der Hauptvorteil der Einstellung eines Content Managers besteht in der Fähigkeit, die Qualität der Inhalte und die Effizienz ihrer Erstellung ständig zu verbessern, da alle Fähigkeiten und Erfahrungen an Ort und Stelle bleiben. In Unternehmen, die gerade erst mit der Vermarktung von Inhalten beginnen, besteht die Versuchung, die Verantwortung des Content Managers auf mehrere Personen zu verteilen, einschließlich des Leiters der Organisation. Aus Erfahrung weiß ich, dass das nicht funktioniert. Jeder Prozess im Unternehmen muss einen Eigentümer haben, im Sinne eines sogenannten *Process Owners.*[2] Content-Marketing ist da keine Ausnahme. Wenn Sie Unternehmen finden wollen, in denen Content-Marketing ernst genommen wird, prüfen Sie, ob sie einen Content-Manager einstellen bzw. schon eingestellt haben. Natürlich kann diese Position verschiedene Namen haben, aber die Hauptziele bleiben die gleichen – die Verwaltung der inhaltsbezogenen Prozesse und die Unterstützung des Unternehmens beim Wissensaustausch.

3.2 Was machen Content Manager?

Entgegen dem Anschein besteht die Aufgabe des Content Managers nicht darin, Inhalte zu erstellen. Natürlich ist er an diesen Aktivitäten beteiligt, aber seine Rolle besteht darin, die Erstellung von Inhalten durch Fachexperten zu unterstützen und zu steuern. Der Umfang der Aufgaben wird je nach inhaltlicher Prozessphase variieren:

In der Phase der **Inhaltsplanung** wird die Rolle des Content Managers darin bestehen, alle Informationen zu sammeln, die für die Entwicklung eines Themas erforderlich sind, die dann im Prozess der Inhaltserstellung diskutiert werden. In dieser Phase werden alle Arten von Recherchen, Customer Decision Journeys, Buyer Personas oder schließlich gesammelte Fragen, die sie von Kunden, Vertriebsmitarbeitern oder Kundendienstmitarbeitern erhalten, nützliche Quellen für zukünftige Phasen sein. Die Rolle des Content Managers wird daher darin bestehen, den thematischen Umfang und die Formate zu definieren, in denen die Inhalte an die Kunden geliefert werden.

Auf der Ebene der **Inhaltsproduktion** wird die Schlüsselrolle des Content Managers in der Einbeziehung von Experten bestehen, die Wissen austauschen und Unterstützung bei der Verarbeitung ihrer Materialien in professionell produzierte Inhalte bieten. Ein effektiver Content Manager verwendet verschiedene Methoden, um es den Experten zu erleichtern, ihr Wissen effizient in Inhalte umzusetzen. Dies können z. B. die Durchführung von Interviews, Unterstützung bei der Vorbereitung von Webinaren, Unterstützung bei der Videoaufzeichnung, Hilfe bei der Erstellung von Artikeln usw. sein. Als Content Manager, in der Regel als eine Person mit wesentlich weniger Produkterfahrung, sollte er oder sie sich bemühen, gute Beziehungen zu Experten aufzubauen und sie bei der Vorbereitung von Inhalten zu unterstützen.

---

[2] https://de.wikipedia.org/wiki/Prozesseigner. Zugegriffen am 02.06.2020.

In der **Veröffentlichungs- und Promotionsphase** arbeitet der Content Manager mit internen oder externen Fachleuten zusammen, deren Aufgabe es ist, die Inhalte angemessen zu platzieren und mit ihnen das richtige Zielpublikum zu erreichen. Er arbeitet also mit Textern, SEO-Spezialisten, Social-Media-Managern, Performance-Spezialisten und sogar Vertriebsmanagern zusammen, denn die Aktivitäten der Vertriebsprofis sind ein sehr effektiver „Kanal" für die Bereitstellung und Förderung von Inhalten.

In der letzten Phase – der **Effizienzmessung –** besteht die Rolle des Content Managers darin, festzustellen, wie sich der Inhalt im Hinblick auf die definierten Performance- aber auch Geschäftsziele verhält und ob Änderungen erforderlich sind. Dies ist natürlich nur möglich, wenn die Kriterien für die Bewertung der Inhalte – die sogenannten KPIs (Key Performance Indicators) – vorher festgelegt wurden. Diese Frage wird nachfolgende noch vertiefend in diesem Kapitel erörtert. Diese Arbeit erfordert die Zusammenarbeit mit Fachleuten oder das Fachwissen über Analysewerkzeuge, z. B. Google Analytics oder Marketing Automation. Solche Tools werden notwendig sein, um die Effektivität des Inhaltsmarketings und dessen Auswirkungen auf die endgültigen Verkaufsergebnisse (ROMI – Return of Marketing Investment) (Seebacher und Güpner 2011 genau zu erfassen.

3.3 Woran Sie einen guten Content Manager erkennen?

Da es sich um eine relativ neue Rolle handelt, insbesondere im B2B-Marketing, gibt es nicht allzu viele Personen, die eine entsprechende fachspezifische Ausbildung in diesem Bereich absolviert haben. Aus der Praxis der Arbeit mit B2B-Kunden und dem Vergleich der Erfahrungen anderer Berater und B2B-Agenturen empfehle ich, nach den folgenden Merkmalen zu suchen:

- Journalistische Erfahrung: Aufgrund der Besonderheit des Marketing-Inhaltsprozesses, der an Verlagsteams in den Medien angelehnt ist, finden sich Menschen mit journalistischer Erfahrung in einem solchen Umfeld am besten zurecht. Journalistische Kompetenzen werden auch im Umgang mit Experten vor Ort sehr nützlich sein und es ihnen erleichtern, ihr Wissen in Inhalte umzusetzen. Aus Erfahrung weiß ich, dass es oft viel effektiver ist, ein Interview mit einem Experten zu führen und es in die richtige Form zu bringen, als zu erwarten, dass der Experte die richtigen Inhalte selbst erstellt. Die Kunst der Durchführung von Interviews, die sich Journalisten aneignen, ist bei der Arbeit mit Fachexperten mit geringen Fähigkeiten zur Erstellung von Inhalten äußerst nützlich.
- Koordination und Projekt Management: Die Rolle des Content Managers besteht darin, auszubilden, Fristen im Auge zu behalten, zu motivieren und die Arbeit zu fördern und zu steuern. Aus diesem Grund sind ausgezeichnete Kommunikationsfähigkeiten und die Fähigkeit, die Arbeit der Inhaltsanbieter zu koordinieren, von großem Nutzen.
- SEO-Kenntnisse: Der Content Manager muss sich mit Algorithmen zur Positionierung in Suchmaschinen auskennen. Dadurch können Sie einzelne Inhalte besser für die Sichtbarkeit vorbereiten, aber auch den gesamten Targeting-Plan für ausgewählte

Schlüsselwortphrasen festlegen. Selbst wenn Sie eine externe SEO-Agentur beauftragen, erleichtert das grundlegende Wissen über diese Themen dem Content Manager eine effektivere Zusammenarbeit und eine bessere Vorbereitung der Inhalte.[3]

- Analytische Fähigkeiten: Ein guter Content Manager muss die Wirksamkeit von Inhalten analysieren und Empfehlungen für andere Teams und das Management erstellen können. Die Rolle des Content Managers wird darin bestehen, die Ergebnisse eines Prozesses zu präsentieren, an dem mehrere oder manchmal Dutzende von Personen beteiligt sind. Eine geschickte Präsentation der Ergebnisse dieser Arbeit und deren Gegenüberstellung mit den definierten Zielen erleichtert die Bewertung der Wirksamkeit des gesamten Prozesses. Daher sollte der Content Manager über die erforderlichen analytischen Fähigkeiten und Kompetenzen verfügen, um die Wertigkeit von Inhalten erkennen und einschätzen zu können. Zudem sollte er oder sie in der Lage sein, die Schlussfolgerungen den Experten vor Ort, den SEO-Agenturen, dem Leiter des Marketingteams und dem Management zu präsentieren.

Ausführlicher und umfassender werden die Kompetenzen des Content Managers von Marcus Sheridan in seinem Buch „They Ask You Answer" beschrieben.[4] Weitere Informationen über spezialisierte Rollen in umfangreichen Content Marketing-Teams finden Sie unter „The 7 Core Roles of a 2020 Content Marketing Team" auf der Content Marketing Institute Website.[5] In größeren Organisationen, in denen das Content Marketing Management eine voll und ganz strategische Rolle spielt, gibt es manchmal die Rolle des Chief Content Officers (CCO), der den gesamten Prozess und die Arbeit der Content Manager koordiniert. Ein Beispiel für diese Positionsbeschreibung finden Sie auf der Website des Content Marketing Institute.[6]

4 Die Säulen des Content Marketing Management Prozesses

Content Marketing beinhaltet eine Reihe von Aktivitäten, die darauf ausgerichtet sind, wertvolle Inhalte zu erstellen und zu liefern, die Leads anziehen und letztendlich die Vertriebseffizienz steigern. Um dieses Ziel zu erreichen, umfasst das Content Marketing Management die folgenden vier Phasen:

---

[3] Zu diesem Thema ist sicherlich auch der Beitrag von Herten und Barrett „Von Keywords zu kontextbezogenen Modellen – Wie Sie Next Level Content-Optimierung erfolgreich umsetzen" relevant.

[4] Sie fragen, Sie antworten: Ein revolutionärer Ansatz für eingehende Verkäufe, Content-Marketing und den digitalen Verbraucher von heute, überarbeitete und aktualisierte Wiley; 2. Auflage (6. August 2019).

[5] https://contentmarketinginstitute.com/2019/06/core-roles-content-team/. Zugegriffen am 16.05.2020.

[6] https://contentmarketinginstitute.com/wp-content/uploads/2011/05/Chief-Content-Officer-Job-Description-Sample.pdf. Zugegriffen am 16.05.2020.

- Planung
- Produktion,
- Werbung
- Messung

Natürlich handelt es sich hierbei um ein vereinfachtes Modell, und während der praktischen Anwendung muss es detailliert und auf die Bedürfnisse jedes Unternehmens zugeschnitten sein. Einige der Aufgaben können abwechselnd oder insgesamt von mehreren Personen ausgeführt werden, so dass manchmal parallele Rollen in den Feldern „Lieferant“ und „Empfänger“ existieren werden. Im Folgenden werden wir nunmehr die einzelnen Phasen des Content-Marketing-Prozesses durchlaufen.

4.1 Phase 1: Planung

In dieser Phase legen wir die Inhaltsstrategie fest und sammeln Informationen, die notwendig sind, um Inhalte zu erstellen, die dem tatsächlichen Informationsbedarf unserer potenziellen Kunden entsprechen. Das Ergebnis dieser Phase ist eine Inhaltsstrategie-Matrix (ISM) – eine einfache Darstellung Ihrer Inhaltsstrategie. Die Inhaltsstrategie definiert auf einer bestimmten Ebene der Allgemeinheit den Empfänger der Nachricht (Buyer Persona), die Nachricht und in welchem Format wir den Inhalt liefern werden. Sie ist auch die Grundlage für den Inhaltskalender, den wir in den weiteren Phasen unseres Content Marketing Prozesses mit den Phasen Produktion, Veröffentlichung, Werbung und Messung verwenden werden.

Die Inhaltsstrategie-Matrix (ISM) wird auch verwendet, um dem Management unsere Inhaltsstrategie zu präsentieren und ihm zu helfen, das Gesamtbild zu verstehen, damit es die zur Durchführung des Prozesses erforderlichen Budgets genehmigen kann. Alles, was in den nächsten Phasen des Prozesses der Vermarktung von Inhalten geschieht, hängt von der Qualität der Arbeit in der Planungsphase ab. Hier sind die Aufgaben, die normalerweise in der Phase der Inhaltsplanung anfallen, entscheidend. Wir wenden konsequent die Struktur des in der Einleitung des Kapitels erwähnten Standardgeschäftsprozesses an (vgl. Abb. 1 und Abb. 2):

Lassen Sie uns die einzelnen Aufgaben durchgehen, um Ihnen ein besseres Verständnis dieser Phase der Vermarktung von Inhalten zu vermitteln.

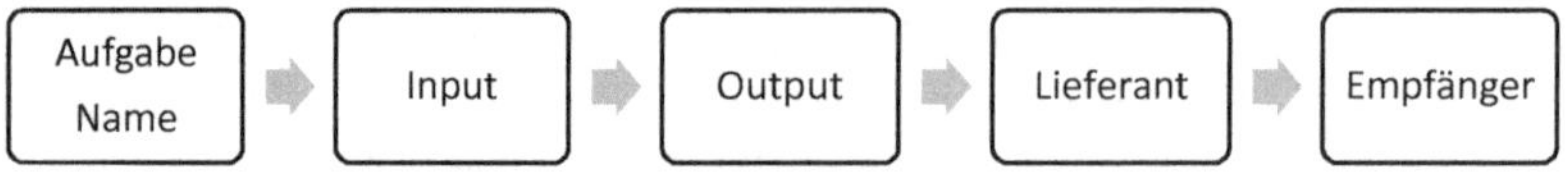

Abb. 1 Standardaufgaben in Geschäftsprozessen

PHASE	TÄTIGKEIT/ AUFGABEN	EINGABE	AUSGANG	ZULIEFERER	EMPFÄNGER
Planung-Inhalt-Strategie-Matrix	Person des Käufers	Bestehende Kunden - Forschungsbasis Forschungsmethodik Interne/externe Forscher	Identifizierte Entscheidungsträger und Beeinflusser	Marketing-Team Externe Agentur	Marketing-Management Verkaufsteam
	Bedarf/Jobs zu erledigen	Kundenforschung, Datenerkenntnisse	Bedürfnisse und Aufgaben definiert	Forschungsteam Marketing-Team Externe Forschung	Marketing-Team
	Kunden-Entscheidungs-Reise	Kundenforschung, Einsichtsdaten, Workshop mit Verkäufern	Kundenentscheidungsstufen definiert Kundenbedürfnisse/Aufgaben auf jede Stufe abgestimmt	Forschungsteam Marketing-Team	Marketing-Team Verkaufsteam
	Hauptbotschaften	Die wichtigsten Bedürfnisse und Aufgaben der Person definiert	Nachricht in jeder definierten Stufe	Inhalts-Manager	Marketing-Manager
	Inhaltliche Ziele	Informationsbedarf des Kunden definiert	Inhaltliche Ziele auf jeder Etappe der Reise definiert	Inhalts-Manager	Marketing-Manager Marketing-Direktor Vorstand
	Inhaltliche KPIs	Inhaltliche Ziele definiert	Schlüssel- und unterstützende KPIs für jede Stufe definiert	Inhalts-Manager Business Intelligence-Spezialist Spezialist für Marketing-Automatisierung	Marketing-Manager Inhalts-Manager
	Inhaltsformate	Inhaltsformate festgelegt	Geschlossene Liste der Inhaltsformate	Inhalts-Manager	Marketing-Manager
	Inhalt Genehmigung der Strategie	Inhaltsstrategie-Matrix, Präsentation der Inhaltsstrategie	Inhaltsstrategie genehmigt, zugeteilte Vermögenswerte, Rollen und Verantwortlichkeiten bestätigt und in Vergütungspläne aufgenommen	Inhalts-Manager Marketing-Manager	Vorstand

Abb. 2 Übersicht zur Aufgabenbeschreibung in der Planungsphase

Identifizierung des Kaufentscheidungsträgers (Person des Käufers)

Normalerweise wird diese Aufgabe in Teilaufgaben unterteilt, da der Prozess der Personenbestimmung recht zeitaufwendig ist und bis zu mehreren Wochen dauern kann. Aus unserer Erfahrung mit der Implementierung solcher Prozesse können wir feststellen, dass es im Durchschnitt etwa 2 bis 3 Monate dauert, den Einkäuferausschuss (Buyer Personas) und seinen Informationsbedarf zu definieren und eine Inhaltsstrategie-Matrix zu erstellen.

Die effektivste Methode zur Durchführung einer solchen Untersuchung wird in dem Buch „Buyer Personas" von Adele Revella beschrieben.[7]

Ich empfehle Ihnen dringend, auch Fragen von Kundenvertretern und Kundendienstmitarbeitern zu sammeln. Diese Fragen bieten eine ausgezeichnete Grundlage für die Bestimmung des Themas, das die Kunden am meisten interessiert. Die Methode wird auch in dem bereits zuvor zitierten Buch von Marcus Sheridan Buch „They Ask You Answer" beschrieben.[8]

Informationsbedarf phasenspezifisch identifizieren

Identifizieren Sie den Bedarf an Kundeninformationen in jeder Phase des Entscheidungsfindungsprozesses. Auf diese Weise können Sie Inhalte produzieren, die für diese Bedürfnisse relevant sind. Definieren Sie die einfachen Aufgaben oder „zu erledigenden Aufgaben" in jeder Phase des Entscheidungsprozesses. Diese Methode ist eine detaillierte Definition der Informationsbedürfnisse. Es stellt sich heraus, dass es unter dem Gesichtspunkt der Nützlichkeit der erstellten Inhalte viel vorteilhafter ist, die Aufgaben zu bestimmen, vor denen der Entscheidungsträger steht. Wir können also Inhalte entwerfen, die darauf abzielen, diese Aufgabe zu unterstützen. Beispielsweise kann eine der Aufgaben eines Mitglieds des Einkaufsausschusses darin bestehen, den Vorstand von der Legitimität der Investition in unser Produkt zu überzeugen. In einer solchen Situation ist es eine gute Idee, ein Dokument vorzubereiten, das die Argumente, Berechnungen und Vorteile, die sich aus dieser Investition ergeben, enthält und das mit Blick auf die spezifischen Bedürfnisse der verschiedenen Entscheidungsträger (CFO, CIO, CEO) entwickelt wird. Durch die Identifizierung der spezifischen Aufgaben, die im Entscheidungsprozess zu erledigen sind, ist der von uns erstellte Inhalt für Ihr Publikum viel effektiver und wird zu einem Werkzeug, das zur Vervollständigung ihrer Arbeit verwendet wird.

Wir haben die von Prof. Clayton Christensen entwickelte und in dem Buch „Competing Against the Luck" beschriebene Methode „Jobs to be Done" adaptiert.[9] Die Methode wurde für die Produktentwicklung entwickelt, erwies sich jedoch auch als nützlich bei der Entwicklung von Inhaltsstrategien, da sie die spezifische Aufgabe bestimmt, auf die sich das Inhaltsteam konzentrieren muss, so dass der Inhalt präziser und umsetzbar ist.

Schlüsselbotschaften phasenspezifisch definieren

Die Definition von Schlüsselinhaltsbotschaften in verschiedenen Stadien des Entscheidungsfindungsprozesses ist ebenso entscheidend. Zweck dieser Aufgabe ist es, die Aspekte für bestimmte Inhaltsteile festzulegen. Da wir bereits die Bedürfnisse, Herausforderungen

---

[7] Buyer Personas: Wie Sie einen Einblick in die Erwartungen Ihrer Kunden gewinnen, Ihre Marketingstrategien ausrichten und mehr Geschäftserfolg erzielen; 1 Ausgabe (9. März 2015).

[8] Sie fragen, Sie antworten: A Revolutionary Approach to Inbound Sales, Content Marketing, and Today's Digital Consumer, Revised & Updated 2nd Edition, Wiley; 2 edition (6. August 2019).

[9] Wettstreit gegen das Glück: Die Geschichte von Innovation und Kundenwahl, Harper Business; 1 Ausgabe (4. Oktober 2016).

oder Aufgaben der Entscheidungsträger in den verschiedenen Phasen des Kaufprozesses kennen, können wir die Botschaft bestimmen, die durch die Inhalte vermittelt werden soll. Zum Beispiel besteht die Hauptaufgabe oder „zu erledigende Aufgabe" normalerweise zu Beginn des Kaufprozesses darin, das grundlegende Wissen über das Forschungsthema zu sammeln. Dies ist normalerweise der Zweck der Materialien, deren Titel mit „Alles Wissenswerte über", „Erste Schritte mit", etc. beginnen.

Bestimmen Sie den Zweck des Inhalts in jeder Phase. Um die Wirksamkeit der Inhalte und die Qualität der Arbeit des Content Marketing Teams effektiv messen zu können, ist es notwendig zu bestimmen, was wir von den Inhalten in jeder Phase erwarten, und festzulegen, wie die Auswirkungen gemessen werden. Zum Beispiel kann es in der Bewusstseins-Phase[10] unser Ziel sein, eine bestimmte Anzahl von Menschen zu ermutigen, eine bestimmte Website auf unserer Domäne zu besuchen.

Wir werden nachfolgend noch auf weitere Einzelheiten eingehen, wie die Wirksamkeit von Inhalten gemessen werden kann, indem wir die vierte Stufe der „Messung" erörtern, aber es lohnt sich, bereits in der Planungsphase die inhaltlichen Ziele und die Art und Weise der Messung festzulegen. Das Wissen, wie der Inhalt gemessen wird, ist entscheidend für die richtige Entwicklung der Hauptbotschaft, des Formats und der Übertragungskanäle. Manchmal teilen wir diese Aufgabe aus praktischen Gründen (z. B. bei einer engen Spezialisierung der Teammitglieder) in zwei Phasen auf – Definition der Ziele des Inhalts und Festlegung der Messmethoden. Für größere Organisationen und umfangreiche Teams ist dies ratsam. Bei kleineren Organisationen empfehlen wir, diese Aufgaben gemeinsam zu behandeln.

Standardisierte Inhaltsformate identifizieren

Bei dieser Aufgabe entscheiden wir, in welchem Format der Inhalt unseren Kunden, d. h. den *Buyer Personas*, zur Verfügung gestellt werden soll. Sehr oft ist das einzige Kriterium, das wir bei der Auswahl der Formate anwenden, unsere Fähigkeit, diese zu erstellen. Natürlich ist dies ein sehr wichtiges, aber nicht das einzige Kriterium. Sagen wir, wir verfügen über einige Fähigkeiten in der Videoproduktion, aber die meisten unserer Zuschauer verbringen nur wenige Stunden pro Tag mit Autofahren. Leider können sie unsere Inhalte beim Autofahren nicht sicher konsumieren. In diesem Fall wird das Audioformat Podcast die bessere Wahl sein. Dies ist das zweite Kriterium, die Präferenzen Ihres Publikums.

Das dritte Kriterium ist die Spezifität und die Merkmale der Plattformen, in die wir unsere Inhalte einbetten werden. Bleiben wir bei unserem Beispiel – wir wissen, dass unser Publikum im Audioformat besser davon profitieren wird und wir somit mit hoher Wahrscheinlichkeit eine höhere Reichweite bzw. Konversion erreichen werden. Dies wird eine Herausforderung für soziale Plattformen sein, die Audioformate unterstützen. In diesem Fall können Sie auf sozialen Medienplattformen eine Vorschau in Form eines Videos (z. B. eine Tafel mit einem Ausschnitt aus einer Audiosendung) direkt auf eine Podcast-Plattform, z. B. Pocket Cast, Anchor.fm, iTunes oder neuerdings auch Spotify, stellen.

[10] Awareness-Phase.

Inhaltsverteilungskanäle definieren
Wenn wir in der Planungsphase bereits festlegen, über welche Kanäle wir mit den Inhalten unser Publikum erreichen werden, wird dies mehrere Vorteile bringen, unter anderem:

- Die Möglichkeit, geeignete Kanäle vorzubereiten, z. B. Social Media Accounts.
- Planen Sie ein Budget für den Kauf von Medien und die erforderlichen Dienstleistungen und Ressourcen ein.
- Konsistenz und Synergien, die sich aus der regelmäßigen Nutzung von Standardkommunikationskanälen ergeben.
- Die Fähigkeit, einen technischen Kanal-Leistungsbericht vorzubereiten, z. B. durch Einbetten von Tracking-Codes oder Konfigurieren von Berichten oder Schnittstellen für externe Kanäle.

Präsentation und Annahme der Inhaltsstrategie durch Management
Dies ist eine Schlüsselaufgabe in der Planungsphase. Der Zweck der Aufgabe besteht darin, eine inhaltliche Strategie vorzustellen und die Zustimmung zu ihrer Umsetzung zu erhalten. In der Praxis bedeutet dies in der Regel, dem Vorstand zusätzliche Informationen zur Verfügung zu stellen, z. B. über Kosten und Ressourcen, die für die Umsetzung dieser Strategie erforderlich sind. Aus der Praxis weiß ich, dass in vielen Unternehmen die Inhaltsstrategie vom Vorstand präsentiert und akzeptiert wird, aber dies nicht mit einer angemessenen Zuweisung von Ressourcen verbunden ist. Damit die Strategie wirksam sein kann, muss sie durch Ressourcen unterstützt werden, die die Organisation für ihre Umsetzung bereitstellt. Es lohnt sich sicherzustellen, dass der Vorstand über die vollständigen Daten verfügt, die für eine solche Entscheidung erforderlich sind, und dass er die Konsequenzen aus finanzieller, organisatorischer und sogar kultureller Sicht der Organisation gut versteht.

Indem die Inhaltsstrategie der Genehmigung durch den Vorstand unterworfen wird, wird auch ihre Umsetzung erleichtert. Viele Vermarkter beklagen sich über den Mangel an adäquater Managementunterstützung bei der Vermarktung von Inhalten. Häufig liegt der Grund dafür darin, dass der Vorstand nicht richtig ausgebildet und sich der Bedeutung dieses Prozesses nicht bewusst ist. Eine gut vorbereitete Inhaltsstrategie, die oft Teil einer umfassenderen Marketingstrategie ist, ist das beste Aufklärungsinstrument für das Management über die Vorteile von modernem Predictive Profit Marketing, wie dies Seebacher in seinem B2B Marketing Reifegrad-Modell beschreibt.

Das Ergebnis der Aufgaben in der Planungsphase wird die inhaltliche Strategiematrix sein. Dabei handelt es sich um ein kurzes, aber wichtiges Dokument, das die Inhaltsstrategie beschreibt. Es sollte nicht zu detailliert sein, da seine Empfänger Personen sein werden, die nicht direkt an taktischen Aktivitäten beteiligt sind. Die Inhaltsmatrix aus der Sicht der Unternehmensleitung soll ein klares Bild des Marketing-Engagements zur Unterstützung des gesamten Verkaufsprozesses und ein tiefes Verständnis des Einkaufsweges der Kunden und ihrer Bedürfnisse in jeder Phase des Prozesses vermitteln. Abb. 3 zeigt ein

PHASE DES KAUF-PROZESSES	BEWUSSTSEIN SCHAFFEN	LÖSUNGEN ERWÄGEN	ANBIETER VERGLEICHEN	VERHANDLUNGEN FÜHREN	ABSCHLUSS
TOUCH-POINTS	• Konferenzen • Soziale Medien • Seite	• Experten-Blogs • Konferenzen • Anbieter-Blogs	• Lieferanten-Materialien • Vergleich • Benutzer-Feedback • Fallstudien	• Interviews mit • Lieferanten	• Kontaktieren Sie Ihren Lieferanten • Onboarding-Materialien • Dokumentation • Ausbildung
ZU ERLEDIGENDE AUFGABEN	• Grundkenntnisse erlangen • Identifizieren von Wissensquellen	• Auswahl von Lösungskategorien, z.B. ob nur CRM oder CRM plus Marketing-Automatisierung • Kollegen von der Marketing-Automatisierung überzeugen	• Wählen Sie eine Auswahlliste aus. • Vorbereitung von Empfehlungen für den Vorstand	• Auswahl des besten Lieferanten • Vorwürfe der Voreingenommenheit vermeiden	• Bereitstellung von Wissen für Benutzer • Benachrichtigung des Verwaltungsrates über die vollständige Nutzung des Systems
INFORMATIONS-BEDARF	• Wo Sie einen konsistenten Leitfaden für moderne CRM-Systeme finden	• Brauche ich ein einfaches CRM, oder brauche ich ein System, das Marketing und Kundenservice noch integriert?	• Welche Kriterien sollte ich beim Vergleich verwenden? • Welche Merkmale sind wichtig und welche kann ich überspringen? • Gibt es objektive Vergleiche?	• Was passt wirklich zu dem Angebot? • Wie halten die Unternehmen ihre Angebote ein? • Ist der niedrige Preis nicht riskant?	• Wie können Händler und Vermarkter ermutigt werden, dieses System täglich zu nutzen?
ZIEL	• Nehmen Sie Kontakt auf und treten Sie als Informationsquelle für den Kunden auf	• Kundenunterstützung bei internen Gesprächen über Marketing-Automatisierung	• Termin für Demonstration	• Margenpflege • Upselling-Implementierung und Schulungsdienste	• Erfolgreiche Produkteinführung • Hoher Grad der Nutzung • Benutzer-Aktivierung • Benutzerzufriedenheit
ZIEL-KPI	• Anzahl der Kontakte aus einem bestimmten Zielpublikum	• Anzahl der Material-Downloads durch Personen in der Zielgruppe	• Zahl der Demonstrationen • Anzahl der positiven Bewertungen nach der Demonstration	• Abschluss der Vereinbarung • Margenniveau • Produkt-Mix	• Produktnutzungsfaktor • Benutzerzufriedenheit • Fortschritte bei der Implementierung • Kundenreferenz
KOMMUNIKATIONS-THEMEN	• Wie bereitet man sich auf den Einsatz von CRM- und Marketing-automatisierung in einem mittelständischen Unternehmen vor?	• CRM plus Marketing-Automatisierung - lohnt sich die Integration?	• Worauf Sie bei der Auswahl der Funktionalität von CRM und Marketing-Automatisierung achten sollten	• Gewinn- und Renditerechner	• Wie man den Umsatz durch Integration von Marketing und Vertrieb steigern kann
FORMATE	• Landingpage – eine umfangreiche Themen-Website	• E-Buch	• Checkliste plus Artikel	• Interaktiver Rechner auf Seite oder Tabellen-kalkulation	• Online-Kurs • Desktop-Schulung • E-Mail-Sequenzen • LinkedIn-Kampagne
WERBE-KANÄLE	• SEO • SEM • Social, LinkedIn-Kampagne • E-Mail an Kunden, Konferenzen	• SEO • SEM • Social, LinkedIn-Kampagne • E-Mail an Kunden, Konferenzen	• Direkte Kommunikation • SEM • SEO • Webinar	• Direkte Kommunikation • E-Mailing	• Interne Kommunikation mit dem Kunden • Schulungsabteilungen

Abb. 3 Inhaltsstrategie-Matrix

Beispiel für eine Inhaltsstrategie-Matrix für ein Produkt für Marketingfachleute (vgl. Abb. 3).[11]

Eine nach diesen Prinzipien erstellte Inhaltsmatrix wird nicht nur für die Planung von Kommunikationsstrategien nützlich sein, sondern auch als Kompass dienen, der die Richtung anzeigt, wenn Sie zur Produktions- und Veröffentlichungsphase bestimmter Inhalte übergehen.

[11] Basierend auf internen Materialien der Firma GROW Consulting Company.

Wie Sie sehen können, werden die nächsten Schritte der Inhaltsvermarktung umso effizienter ablaufen, je besser die entwickelte Inhaltsstrategie definiert, konzipiert und ausformuliert ist. Es lohnt sich auch, daran zu denken, dass der effektive Abschluss dieser Phase der Einholung der Zustimmung des Managements den für diesen Prozess Verantwortlichen ein starkes Mandat im Sinne eines Signals an die Organisation und alle Eingebundenen zum Handeln und ein Instrument zur Beeinflussung der Handlungen anderer gibt, deren Unterstützung für uns bei der Umsetzung der Strategie notwendig ist.

4.2 Phase 2: Produktion von Inhalten

Die Phase der Inhaltserstellung ist eine Zeit, in der Ordnung, Prozesse und Arbeitsdisziplin die besten Ergebnisse liefern. Anhand der guten Muster von Redaktionsteams habe ich die entscheidenden Aufgaben für den Prozess der Inhaltserstellung definiert. Jede dieser Aufgaben sollte in die Produktion der einzelnen Materialien einbezogen werden, d. h. diese Aufgaben werden immer wieder wiederholt.

Kalender zu Inhalten

Um viele Aufgaben und deren zeitgerechte Ausführung zu kontrollieren, verwenden die Redaktionsteams einen Redaktionskalender, der von den Marketingteams manchmal auch als „Inhalt-Kalender" bezeichnet wird. Im Internet finden Sie viele Beispiele für solche Kalender, und ich möchte Sie ermutigen, sich mit verschiedenen Ideen und Vorlagen[12] solcher Werkzeuge vertraut zu machen. Auf der Grundlage unserer Erfahrung in den Projekten zur Erstellung von Inhaltsstrategien und deren Umsetzung in B2B-Unternehmen haben wir eine eigene Version eines solchen Tools entwickelt, die an die in diesem Kapitel vorgestellte Methodik angepasst ist.

Vielleicht finden Sie, dass andere Versionen des Redaktionskalenders Ihren Bedürfnissen besser entsprechen, und das ist in Ordnung. Jeder Inhaltskalender, der die Projektphasen, Aufgaben und Verantwortlichkeiten genau beschreibt, bedeutet einen qualitativen Sprung in der Effizienz und Qualität der Inhaltserstellung. Sehen Sie nachfolgend ein Beispiel für den Inhaltskalender (vgl. Abb. 4).

Die editierbare Kalendervorlage und andere Nachfolgematerialien für dieses Kapitel können aus dem Internet heruntergeladen werden.[13] Für diejenigen, die mit dem Prozess der Inhaltserstellung nicht vertraut sind, kann die unten dargestellte Aufgabenliste für den Content Marketing Prozess sehr aufwendig und lang sein, insbesondere wenn wir sie mit der Menge an Inhalten multiplizieren, die wir zu produzieren beabsichtigen.

---

[12] Ich verweise hierzu auf die Arbeiten von Seebacher im Bereich Template-based Management (2020). Nutzen Sie diesen Managementansatz, um sich schrittweise, aufbauend auf im Internet vorhandenen Vorlagen, eigene Sets an im Unternehmen bekannten und akzeptierten Templates für den Bereich des Content Marketings zu erstellen.

[13] http://growinternational.eu/content_process.

Titel	Format	Inhaltstyp	Kanal	Person	Phase Buyer Journey	Schlüsselwörter
1.Titel des Hauptinhalts	Blog-Beitrag	Hauptartikel	Blog	Marketing-Direktor	Bewusstsein	Marketing-Automatisierung
Promo-Inhalt Titel 1	Video	Werblich	Facebook	Marketing-Direktor	Bewusstsein	Marketing-Automatisierung
Promo-Inhalt Titel 2	Soziale Medien	Werblich	LinkedIn	Marketing-Direktor	Bewusstsein	Marketing-Automatisierung
Promo-Inhalt Titel 3	Soziale Medien	Werblich	Twitter	Marketing-Direktor	Bewusstsein	Marketing-Automatisierung
Titel des Werbeinhalts 4	Soziale Medien	Werblich	Twitter	Marketing-Direktor	Bewusstsein	Marketing-Automatisierung
Titel des Werbeinhalts 5	Soziale Medien	Werblich	LinkedIn	Marketing-Direktor	Bewusstsein	Marketing-Automatisierung
Titel des Werbeinhalts 6	Soziale Medien	Werblich	LinkedIn	Marketing-Direktor	Bewusstsein	Marketing-Automatisierung
2.Titel des Hauptinhalts	Blog-Beitrag	Hauptartikel	Blog	Marketing-Spezialist	Berücksichtigung	Marketing-Automatisierung
Promo-Inhalt Titel 1	Soziale Medien	Werblich	Twitter	Marketing-Spezialist	Berücksichtigung	Marketing-Automatisierung
Promo-Inhalt Titel 2	Soziale Medien	Werblich	LinkedIn	Marketing-Spezialist	Berücksichtigung	Marketing-Automatisierung
3. Titel des Hauptinhalts	E-Book	Hauptartikel	Blog	Marketing-Spezialist	Auswahl des Anbieters	Vermarktung von Inhalten
Promo-Inhalt Titel 1	Soziale Medien	Werblich	Facebook	Marketing-Spezialist	Auswahl des Anbieters	Vermarktung von Inhalten
Promo-Inhalt Titel 2	Soziale Medien	Werblich	LinkedIn	Marketing-Spezialist	Auswahl des Anbieters	Vermarktung von Inhalten
Promo-Inhalt Titel 3	Verkaufs-E-Mail	Werblich	Intern	Marketing-Spezialist	Auswahl des Anbieters	Vermarktung von Inhalten
Titel des Werbeinhalts 4	Kunden-E-Mail	Werblich	Intern	Marketing-Spezialist	Auswahl des Anbieters	Vermarktung von Inhalten

Abb. 4 Beispiel Inhaltskalender

Natürlich kann und sollte jedes Inhaltsteam diese Liste ihren Bedürfnissen entsprechend anpassen. Oftmals wird in kleinen Teams die Rolle des Content Managers und SEO-Spezialisten und sogar des Marketing Managers von derselben Person wahrgenommen, so dass sich das Netzwerk der Aufgaben verändert. Ganz gleich, wie klein oder groß Ihr Content-Team ist, es ist immer eine gute Idee, einen konsistenten Content Marketing Prozess zu haben. Am Anfang mag es kompliziert erscheinen, aber je mehr Sie diese anwenden, desto mehr schätzen Sie die Vorteile eines prozessorientierten Ansatzes.

Wenn Sie also nicht mit einem großen Marketingteam arbeiten, kann die Aufgabenliste kürzer sein, aber sie sollten die in der folgenden Tabelle aufgeführten Schritte enthalten. Die Zuständigkeiten können sich auch ändern, denken Sie also über dieses Set als Arbeitsvorlage nach. Wenn Sie nicht auf umfassende Erfahrungen zurückgreifen können, empfehle ich Ihnen, sie zunächst unverändert anzuwenden. Diese Liste wurde auf der Grundlage von Arbeitserfahrungen mit Dutzenden von B2B-Unternehmen unterschiedlicher Größe erstellt und ermöglicht es Ihnen, die Marketingaktivitäten für Inhalte erheblich und rasch zu verbessern. Wenn Sie mehr Erfahrung im Content Management haben, werden Sie in der Lage sein, Änderungen vorzunehmen und die Vorlage an Ihre Bedürfnisse anzupassen. Wie Sie sehen können, halten wir uns konsequent an einen vereinfachten Rahmen für einen Standard-Geschäftsprozess, der die folgende Beschreibung jeder Aufgabe beinhaltet:

- Name
- Eingabe
- Ausgabe
- Lieferant
- Empfänger

Die Aufgaben sind in einer Reihenfolge angeordnet, die bei unseren Projekten zur Vermarktung von Inhalten gut funktioniert (vgl. Abb. 5). Natürlich können je nach dem von Ihnen gewählten Format zusätzliche Aufgaben hinzukommen. Beispielsweise müssen Sie bei der Videoproduktion ein Szenario entwickeln, und im Falle von interaktiven Materialien, die entsprechenden IT-Aufgaben hinsichtlich Software- oder Website-Entwicklung einplanen. Lassen Sie uns kurz auf die Aufgaben für die *Planungsphase* eingehen, um deren Bedeutung zu erklären und Ihnen bei der praktischen Umsetzung zu helfen.

Inhalt Kurz

Der Zweck dieser Aufgabe besteht darin, die Autoren über die inhaltlichen Ziele und geplanten Formate zu informieren. Die Information zu den Inhalten[14] wird vom Content Manager entwickelt, der auf der Grundlage der Inhaltsstrategie-Matrix einen oder mehrere Autoren vorschlägt und die Kommunikationskanäle und auch das Format bzw. die Formate der Zielinhalte definiert.

[14] Content Briefing.

PHASE	TÄTIGKEIT/AUFGABEN	EINGABE	AUSGANG	ZULIEFERER	EMPFÄNGER
Produktion-Redaktions-Kalender	Inhalt Brief für den Autor	Inhalt Strategie Matrix-Themen Person definiert Autor zugeordnet Definierte Formate Definierte Ziele	Kurze Beschreibung von Inhaltsidee, Zielen, Ton, geplanten Formaten, Zeitrahmen	Inhalts-Manager	Content-Autoren - Fachexperten
	Inhaltlicher Entwurf abgeschlossen	Inhalt Kurz	Inhaltsentwurf mit Schlüsselbotschaften, Länge geschätzt Forschungsthemen definiert	Expert/innen zum Thema	Inhalts-Manager
	Inhaltsforschung	Inhaltliche Kurzdarstellung, inhaltlicher Entwurf,	Inhaltliche These mit Quellen hoher Autorität bestätigt	Inhalt Autor Forschungsteam Inhalts-Manager	Inhalts-Manager
	Content-Delivery-Expertenversion	Inhaltsübersicht, Inhaltsrecherche, Inhaltsentwurf	Erste Version des Inhalts bereit für weitere Überprüfungen und Optimierung	Inhalt Autor	Inhalts-Manager
	Sprachprüfung	Gelieferter Inhalt	Inhalt optimiert, Fehler und Irrtümer korrigiert, Markenstile angewendet	Inhalts-Manager Werbetexter	Inhalts-Manager Marketing-Manager Inhalt Autor
	Expertenprüfung	Inhaltsentwurf an Fachexperten übergeben	Experte liefert Änderungen/Kommentare in standardisiertem Format	Experte für Materie	Inhalts-Manager
	SEO-Optimierung	Schlüsselsätze definiert	Inhalt optimiert Grafiken optimiert Zugewiesene Schlüsselphrasen	SEO-Spezialist	Inhalts-Manager
	Rechtliche Prüfung	Gelieferter Inhalt Definierte Kanäle Person definiert	Kommentare, Empfehlungen, Inhaltliche Änderungen	Juristisches Team	Inhalts-Manager Marketing-Manager Inhalt Autor
	Grafiken	Inhaltlicher Entwurf geliefert Definierte Kanäle Inhaltsformate definiert Person definiert	Inhaltsgrafik/Videopaket für jeden definierten Kanal und jedes definierte Format	Grafik-Designer Externe Agentur	Inhalts-Manager
	Neuformatierung (Inhaltsrecycling)	Originalquelle Neue Formate definiert Artikel Video Webinar - E-Book	Neue Formate erstellt	Marketing-Team Vertriebsteam (Webinare)	Inhalts-Manager
	CTA-Vermittlung	CTA-Ziel CTA-Nachricht	CTA-Vermittlung Platzierung des UTM-Codes in der CTA-Verbindung	Web-Team/Inhaltsteam	Inhalts-Manager
	Platzierung von Inhalten	Alle diese Punkte	Inhalt wird an definierten Zielen veröffentlicht	Inhalts-Manager	Marketing-Team Verkaufsteam Externes Publikum - Käufer-Personen!

Abb. 5 Inhaltsproduktion – Aufgabenbeschreibung

Es ist auch ein Moment, um die Ideen und Kommentare des Autors zur vorgeschlagenen Entwicklung und Erarbeitung des Themas zu diskutieren. Inhaltsautoren sollten so früh wie möglich in den Prozess einbezogen werden. Je mehr sie die inhaltlichen Ziele und die inhaltliche Strategie verstehen, desto höher ist die Qualität der von ihnen gelieferten Inhalte.

Inhalt Entwurf
Die Antwort des Autors auf das Inhalts-Briefing wird der inhaltliche Entwurf[15] sein. Dieser wird Informationen über Hauptpunkte oder Thesen, die in das Material aufgenommen werden sollen, enthalten und darüber informieren, ob es eingehender Recherche bedarf und wie lange die voraussichtliche Lieferzeit ist. Aus Erfahrung weiß ich, dass in kleinen und effizienten Teams die ersten beiden Aufgaben oft während eines kurzen Gesprächs durchgeführt und durch eine kurze Notiz bestätigt werden. Wenn die Ziele der Aufgaben erreicht werden, besteht keine Notwendigkeit, diesen Prozess übermäßig zu formalisieren.

Forschung
Wenn das Material zusätzliche Nachforschungen erfordert, beziehen wir manchmal spezialisierte Abteilungen oder sogar externe Experten in das Projekt mit ein, die zusätzliche Informationen sammeln, die zur Begründung und Überprüfung des Materials erforderlich sind. In vielen Fällen ist das Forschungsstadium sehr kurz und erfordert keine zusätzliche Arbeit. Auch hier müssen wir den gesunden Menschenverstand walten lassen, damit wir einerseits kein Material veröffentlichen, das nicht durch Fakten und Studien abgedeckt ist, und andererseits den Prozess nicht übermäßig komplizieren, wenn die Thematik dies nicht erfordert.

Abgabe der Inhalte – Expertenentwurf
Die nächste Aufgabe besteht darin, Material in der so genannten Expertenversion bereitzustellen, d. h. vollständig inhaltlich und bereit zur Verifizierung und Optimierung. Das Material in dieser Form sollte überprüft oder modifiziert werden durch:

- SEO-Spezialist, der dafür sorgt, dass der Inhalt für Suchmaschinen optimiert wird.
- Texter oder Redakteur, der Sprachfehler korrigiert, das Material lektoriert und gegebenenfalls an den Kommunikationsstandard des Unternehmens anpasst.
- Anwalt, der überprüft, dass das Material kein rechtliches Risiko für das Unternehmen darstellt.
- Andere Personen, die in Übereinstimmung mit den Richtlinien der Firma das Material vor der Veröffentlichung freigeben sollten bzw. müssen.

Expertenprüfung
Es kommt vor, dass die von den oben genannten Personen vorgenommenen Korrekturen die Bedeutung verändern und inhaltliche Fehler verursachen, so dass es ratsam ist, das Material nach der Optimierung durch den Autor zu überprüfen, wodurch eventuelle inhaltliche Abweichungen erkannt und korrigiert werden können.

Grafiken
Ausgehend von der Phase der Lieferung der Rohtexte durch die Fachexperten lohnt es sich, mit der Produktion von Grafik- oder Videoelementen zu beginnen. Auf diese Weise

[15] Content Draft.

beschleunigen wir den Prozess. Natürlich kommt es vor, dass wir nach dem Überarbeitungsprozess auch die Grafiken modifizieren müssen, aber das sind in der Regel kleinere Änderungen in der Textierung, die relativ einfach durchzuführen sind.

Umformatierung – Inhaltsrecycling
Zu einem Zeitpunkt, an dem das Grundformat grundsätzlich fertig ist, kann der Content Manager mit der Arbeit an den anderen Formaten beginnen, in denen der Inhalt produziert oder „recycelt" werden soll. Wenn wir zum Beispiel ein Webinar liefern und aufzeichnen lassen, können wir die Aufzeichnung bearbeiten und in Teile zerlegen oder sie in ein E-Book oder eine Reihe von Blog-Artikeln transkribieren.

Diese Maßnahmen bedeuten die Durchführung zusätzlicher Aufgaben, aber in den meisten Fällen erfordern sie weder die Einbindung des Autors noch eine rechtliche Überprüfung, solange wir natürlich nur das Format und nicht den Inhalt des Materials ändern.

CTA-Vermittlung
Die Entwicklung und Platzierung eines entsprechenden Aufrufs zum Handeln[16] ist aus Sicht der Lead-Generierung eine entscheidende Aufgabe. Jeder veröffentlichte Inhalt sollte den nächsten Schritt vorschlagen, den Ihr Publikum machen soll. Wenn der Besucher Ihrer Seite mit dem Lesen des Blog-Artikels fertig ist, kann es eine gute Idee sein, ein E-Book mit tiefer gehender Themenabdeckung zu präsentieren.

Die richtige Wahl des Aufrufs zum Handeln wird es uns ermöglichen, effektiv durch die nächsten Stufen des Marketing-Trichters zu führen, aber sie wird es den Empfängern von Inhalten auch leichter machen, sich auf geordnete Weise selbst zu bilden. Unter dem Gesichtspunkt der Messung der Wirksamkeit von Inhalten und als Ergebnis der Berechnung des MROI von Content Marketing Aktivitäten ist die Gestaltung und Einbettung des entsprechenden CTA eine Schlüsselaufgabe des Content Managers.

Platzierung von Inhalten
Die letzte Aufgabe in der Phase der Inhaltserstellung ist die Veröffentlichung. Dies ist der sichtbarste Teil des Prozesses, aber ohne die ordnungsgemäße Ausführung der vorhergehenden Aufgaben wäre dies nicht möglich gewesen. Gleichzeitig ist die Veröffentlichung des Materials die erste Stufe der nächsten Phase, der Inhaltsförderung.

4.3 Phase 3: Förderung des Inhalts

Nachdem unser Material veröffentlicht worden ist, beginnt die nächste Phase. Unser Ziel ist es nun, den Inhalt für die jeweilige Zielgruppe sichtbar zu machen. Überraschend oft wird die Phase der Förderung von Inhalten von den Content Marketing Teams als Nebenbeschäftigung behandelt und nicht mit der richtigen Priorität versehen bzw.

[16] Call-to-Action (CTA).

durchgeführt. Ich höre immer wieder die Aussage, dass sich gute Inhalte selbst fördern werden. Das ist offensichtlich nicht wahr, und das Ergebnis dieses Ansatzes ist, dass qualitativ hochwertige Inhalte den Wettbewerb mit oberflächlichen, aber auffälligen und gut beworbenen Materialien verlieren.

Natürlich werden Inhalte, die gut auf die Informationsbedürfnisse unseres Publikums abgestimmt und geschickt für SEO optimiert sind, von Suchmaschinen-Algorithmen erfasst, aber dies ist nicht die einzige Form der Content-Werbung. Es bleiben zusätzliche Kanäle wie Social Media, E-Mailing, Partnerschaften und schließlich die Tätigkeit von Vertriebsprofis, die mit richtig ausgewählten Inhalten ihre Produktivität erheblich steigern können. Die unten dargestellte Liste der Aufgaben wird je nach der von Ihnen gewählten Form der Promotion geändert. Wenn wir uns zum Beispiel dafür entscheiden, mit einem externen Partner zu werben, wird es sicherlich zusätzliche Aufgaben im Zusammenhang mit der Koordination und dem Austausch von Informationen, der Annahme von Materialien usw. geben. Wie bei den vorhergehenden Phasen möchte ich Sie ermutigen, diese Liste (vgl. Abb. 6) als Rahmen oder Ausgangsbasis zu betrachten und sie an Ihre Bedürfnisse anzupassen.

Werbebudget

Die Festlegung eines Budgets für die Förderung von Inhalten scheint vermeintlich ein einfacher Schritt zu sein. Leider stellt sich in den meisten Fällen, die wir analysiert haben, heraus, dass das Budget eher auf der Grundlage der Intuition und Phantasie des Marketing Teams als auf der Grundlage von Daten berechnet wurde. Wenn Sie gerade erst anfangen, sich mit der Organisation der Vermarktung von Inhalten zu befassen, schlage ich vor, eine einfache Regel anzuwenden: 50/50. Teilen Sie das Budget des Content Marketing Teams in zwei Hälften. Die erste Hälfte geht in die Produktion, die zweite in die Werbung.

Wenn Sie bereits Erfahrung haben und über Berichte verfügen, die das optimale Verhältnis zwischen Produktion und Verkaufsförderung aufzeigen, folgen Sie natürlich diesen Daten. Die 50/50-Regel ist ein guter Start für Anfänger. Ich habe festgestellt, dass reifere Teams, die bei der Produktion von Inhalten eine gewisse Effizienz erzielen, einen zunehmenden Teil ihres Budgets für die Werbung einsetzen können. Das liegt daran, dass die Produktion von Inhalten die Wirkung eines Schneeballs hat – je mehr Inhalte wir haben, desto einfacher ist es für uns, mehr Materialien zu erstellen, z. B. durch geschickte Neuformatierung oder Aktualisierung vorhandener Materialien. Das macht die Erstellung von Inhalten billiger und ermöglicht eine größere Investition in die Förderung von Inhalten.

Produktion von Werbeinhalten

Eine gute Praxis in der Phase der Förderung von Inhalten ist es, Werbeinhalte[17] nach dem gleichen Schema zu produzieren, das wir für den Hauptinhalt verwenden. Daher wird im Inhaltskalender, den Sie als Zusatz zu diesem Kapitel finden,[18] jeder Inhalt in der Spalte

[17] Promotional Content.

[18] Download-Link: http://growinternational.eu/content_process.

PHASE	AKTIVITÄTEN	EINGABE	AUSGANG	ZULIEFERER	EMPFÄNGER
Werbung/Platzierung - -Redaktionskalender	Werbekanäle definieren	Inhalt geliefert und die Hauptbotschaft erklärt, um die Werbekanäle richtig auszuwählen	Definieren Sie Orte, an denen die Promotion stattfinden wird - wir empfehlen, die Senderliste konsistent zu halten	Inhalts-Manager	Marketing-Team Spezialist für soziale Medien
	zugewiesenes Budget zugewiesen	Beförderungsplan Schätzung des Budgetbedarfs Abschätzung der Kanal-Effektivität	Budget genehmigt	Inhalts-Manager Leistungsmanager Marketing-Spezialist	Marketing-Manager
	Produktion von Werbeinhalten	Inhalte geliefert und Werbekanäle vereinbart	Werbeinhalte als Entwurf freigegeben	Manager für soziale Medien Inhalts-Manager	Inhalts-Manager Marketing-Team
	Veröffentlichung von Werbeinhalten	Werbeinhalte produziert und genehmigt	Veröffentlichung von Werbeinhalten und Weitergabe an definierte Zielgruppen (Mitarbeiter, Partner)	Content Manager, Social Media Manager, Performance Manager (falls kostenpflichtige Plattformen enthalten sind)	Marketing-Team Verkaufsteam Marketing-Manager Vertriebsleiter
	Bericht zur Umwandlung von Werbeinhalten	Konvertierungsdaten verfügbar Berichtsformat definiert	Umstellungsbericht Einblicke Empfehlungen Schlüsselerfahrungen	Inhalts-Manager Marketing-Analyst Spezialist für Business Intelligence	Inhalts-Manager Marketing-Manager

Abb. 6 Phase der Inhaltsförderung – Aufgabenbeschreibung

„Typ" als **Haupt-** oder **Werbeinhalt** beschrieben. Der Hauptinhalt werden Artikel, E-Books, Webinare usw. sein. Bei den Werbeinhalten handelt es sich um Veröffentlichungen in sozialen Medien, Werbeinhalte, an Kunden versandte E-Mails, Newsletter oder Materialien für Vertriebsprofis, die ihnen helfen, Inhalte effektiver bei Ihren Kunden zu bewerben.

Die Aufnahme beider Arten von Inhalten in den Inhaltskalender hilft Ihnen, den Prozess besser zu verwalten und sicherzustellen, dass unterstützende Inhalte vorhanden sind, wenn es an der Zeit ist, sie zu verwenden. Ich erlebe oft Situationen, in denen Werbeinhalte in letzter Minute erstellt werden, was unnötige Verwirrung und Nervosität verursacht und die Qualität dieser Materialien negativ beeinflusst.

Ein spezifisches Beispiel für die Nichtübereinstimmung von unterstützenden Inhalten mit Basisinhalten ist die Förderung von Inhalten in sozialen Medien. Unter der Annahme, dass wir drei Kanäle (Twitter, Facebook, LinkedIn) haben, lohnt es sich, den Basisinhalt in jedem von ihnen mindestens zweimal zu erwähnen. Das bedeutet, dass Sie 6 unterstützende Publikationen planen und produzieren müssen.[19]

Daher haben wir in der Inhaltskalenderdatei eine bedingte Formatierung eingeführt, die die Farbe des Feldes je nach der Art des von Ihnen gewählten Inhalts ändert. Dadurch zeigt sich auf den ersten Blick, dass im Falle des Hauptmaterials Nr. 1 Werbeinhalte in ausreichender Menge vorhanden sind, während der zweite Hauptinhalt nur von zwei Social-Media-Publikationen beworben wird, was nicht unserem Standard entspricht. Solche einfachen Verbesserungen ermöglichen es Ihnen, potenzielle Probleme in der Promotionsphase von Inhalten schneller zu erfassen und effizient anzugehen.

Bericht zur Konvertierung von Werbeinhalten

Eine wichtige Aufgabe in der Phase der Inhalt-Förderung, die gleichzeitig diese Phase mit der nächsten Phase – eben **der Messung** – verbindet, ist der Konversionsbericht zu den verschiedenen Inhalten. Jede Methode der Förderung sollte einen spezifischen Zweck und eine spezifische Messmethode haben. Zum Beispiel sollte die Methode zur Messung der Wirksamkeit von LinkedIn-Veröffentlichungen nicht auf „Gefallen“, sondern auf „Klicks“ ausgerichtet sein, die die Anzahl der Personen repräsentieren, die von Ihrem Hauptinhalt angezogen werden. Ähnlich verhält es sich beim E-Mailing. Der Indikator für die Öffnungsrate von Nachrichten wird weniger wichtig sein als die Anzahl der Personen, die auf den Link, der zu dem beworbenen Inhalt führt, geklickt haben.[20] Bei der Beurteilung der Wirksamkeit von Werbeinhalten berücksichtigen wir das Konversionselement, d. h. in diesem Fall die Weiterleitung von Werbeinhalten zum Hauptinhalt oder zum beworbenen Inhalt.

Bitte beachten Sie, dass der unterstützende Inhaltskonvertierungsbericht die Leistungsanalyse des Hauptinhalts nicht ersetzt. Diese Phase – **Inhaltsmessung** – wird in den folgenden Abschnitten beschrieben.

4.4 Phase 4: Inhaltsleistung messen

Die letzte Phase eines professionell geführten Marketing-Inhaltsprozesses ist natürlich die Messung seiner Wirksamkeit. Beachten Sie, dass diese Phase bereits in der Phase der Inhaltsplanung begonnen hat, wo in jeder Phase inhaltliche Ziele und KPIs festgelegt werden. Auf dieser Grundlage sind bereits spezifische Module im Inhaltskalender identifiziert, denen spezifische Ziele und Messungen zugewiesen wurden. Je besser die Arbeit der Zuweisung von Inhaltszielen im Planungsstadium durchgeführt wird, desto weniger Pro-

[19] In Bezug auf aktuell und zukünftig relevante Social Media im B2B Bereich möchte ich auf den Artikel von Moseler und Mörk in dieser Publikation verweisen.

[20] Click-thru Rate (CTR).

bleme sehen wir in der Phase der Inhaltsmessung. Häufig gibt es an diesem Punkt Konflikt und manchmal versucht jemand, die Art und Weise der Messung zu ändern, um zufriedenstellende Ergebnisse zu erzielen. Deshalb ist es so wichtig, dass eine Inhaltsmatrix, die den Inhaltsplan und die Geschäftsziele definiert, vom Management akzeptiert wird und während des gesamten Inhaltsmanagementzyklus konsistent bleibt.

In der Phase der **Analyse der Inhaltseffizienz** überprüfen wir, ob das geplante Ziel erreicht wurde, und etwaige Vorschläge für Änderungen der Messmethode können in die Empfehlungen für künftige Verfeinerungen unserer Inhaltsstrategie-Matrix aufgenommen werden.

Dies scheint offensichtlich, ist aber hervorzuheben – häufige Änderungen der Kriterien zur Messung der Wirksamkeit von Inhalten machen es unmöglich, die Wirksamkeit unserer Aktionen im Laufe der Zeit zu erhöhen. Es ist für jeden Geschäftsprozess natürlich, dass sich seine Effektivität mit der Zeit verbessert. Daher ist eine Analyse der Wirksamkeit von Inhalten im Laufe der Zeit sehr wünschenswert, und jede Änderung der Bewertungskriterien während des Messprozesses wird uns Probleme bereiten, wenn wir unsere Bemühungen analysieren wollen. Die folgende Tabelle (Abb. 7) zeigt, wie immer im Schema der Standardaufgabenbeschreibung, die drei Arten von Aufgaben, die in der Phase der **Inhaltsmessung** angewendet werden sollten. Die Hauptaufgaben in dieser Phase sind:

1. Bewertung der inhaltlichen Zielerreichung
2. MROI-Berechnung zum Inhalt
3. Inhaltsänderungen und Optimierungsempfehlungen

Der heilige Gral der Vermarkter ist die Fähigkeit, den Marketing Return on Investment auf der Ebene einzelner Inhalte – z. B. eines Artikels oder eines Webinars – zu berechnen. Dazu müssen Sie das entsprechend konfigurierte Marketing Automation System verwenden. Das Thema Marketingautomatisierung wird in diesem Buch behandelt,[21] daher empfehle ich Ihnen dringend, die anderen Kapitel zu lesen und herauszufinden, wie Sie mit diesen Werkzeugen den Marketing Return on Investment von Marketinginhalten genau berechnen können. Wenn der Inhalt im Marketing-Automatisierungssystem gut beschrieben und gemessen wird, wird jede Interaktion durch das MA-System automatisch dokumentiert und erfasst.

Wenn der Empfänger des Inhalts die nächsten Schritte unternimmt, z. B. sich für ein Webinar anmeldet oder um ein Gespräch oder eine Beratung mit einem Vertriebsmitarbeiter anfragt, wird jede dieser Aktivitäten aufgezeichnet und dem Inhalt zugeordnet, von dem aus der Kunde den Kontakt aufgenommen hat. Das Marketing Automation System tauscht ständig Informationen mit dem CRM-System aus, so dass wir die Entwicklung

[21] Siehe hierzu die Beiträge von Klaus, Mrohs und Romero-Palma.

PHASE	AKTIVITÄTEN	EINGABE	AUSGANG	ZULIEFERER	EMPFÄNGER
Erfolgsmessung Content-Marketing-Dashboard	Inhaltsziele und KPIs definieren	Inhaltsziele und KPIs definiert in Inhaltsmatrix und jedem Inhalt zugeordnet	KPI Ziel vs. Ergebnismessung $Ergebnis = \left(\frac{Umsetung}{Planung}\right) * 100\%$	Inhalts-Manager BI-Experte Marketing Performance Experte	Inhalts-Manager Marketing Manager
	Inhalts-ROI berechnet als RoMI (Return on Marketing investment)	Kosten der Inhaltserstellung und -ausspielung Generierter Umsatz durch Inhalt in definiertem Zeitfenster	$ROMI = \left(\frac{SfC - CoC}{CoC}\right) * 100\%$ "SfC = Sales from Content" als Umsatz durch Inhalt "CoC = Cost of Content production" als Kosten des Inhalts	Inhalts-Manager BI-Experte Marketing Performance Experte MA Experte	Inhalts-Manager Marketing Manager Sales Manager
	Optimierungs-ansätze	Inhaltsziele und ROMI Analyse	Set an Handlungsempfehlungen mit dedizierten Verantwortlichen, Zeitrahmen und erwarteten Zielen	BI Experte MA Experte Marketing Analyst	Marketing-Manager Marketing-Direktor

Abb. 7 Messphase – Aufgabenbeschreibung

jedes Leads verfolgen können, der durch unsere Bemühungen um den Inhalt generiert wurde. Wenn das Ergebnis ein Verkauf ist, wird sein Wert mit den Produktionskosten und der Content-Werbung verglichen, und auf dieser Grundlage wird die Rendite der Content-Investition berechnet. Natürlich handelt es sich hierbei um ein vereinfachtes Schema, und in der Regel wird während der Lead-Generierung- und der Lead-Nurturing-Phase mehr als ein Inhaltsstück konsumiert, aber die Messmethode bleibt unverändert. Dies ist einer der vielen greifbaren Vorteile des Einsatzes von Marketing-Automatisierungssystemen.

5 Mit Struktur und Methode zum Erfolg

Wir sind am Ende des Kapitels angelangt, das sich auf den Content Marketing Management Prozess konzentriert. Vielleicht erscheint Ihnen der Arbeitsaufwand und Formalismus dieses Prozesses übertrieben und das kreative Element dadurch benachteiligt. Ich weiß jedoch aus Erfahrung, dass ein Team, das nach einheitlichen Regeln arbeitet, viel effektiver ist und unnötige Diskussionen über bereits abgeschlossene Themen vermeidet. Auch Content-Provider (Experten) schneiden besser ab, wenn sie an der Planung der Content Strategie beteiligt sind. Sie sollten von Anfang an verstehen, welche Rolle sie während des gesamten Prozesses spielen und mit welcher Hilfe sie rechnen können.

Die Gestaltung der Inhaltsstrategie-Matrix zahlt sich aus, wenn Sie sich um die Genehmigung durch den Vorstand und damit um die richtigen Ressourcen bemühen. Die Inhaltsstrategie-Matrix, die akzeptiert und in die Gesamtstrategie der Organisation integriert ist, schützt das Marketingteam auch vor zu häufigen Änderungen der „brillanten Ideen" von Managern, die hoffen, dass die Marketingleute sie in „freier Zeit" umsetzen. Natürlich ist die einfache Definition eines Strategie- und Inhaltskalenders nur der Anfang des Weges. Es ist entscheidend, Aufgaben, Prozesse und Gewohnheiten so umzugestalten, dass die Anzahl der Abweichungen von den festgelegten Regeln so gering wie möglich ist.

Nachdem ich mehrere Jahre lang Prozesse und Marketingteams in Aktion beobachtet habe, kann ich deutlich erkennen, dass gemeinsam entwickelte, akzeptierte und umgesetzte Arbeitsstandards nicht nur die Effizienz der Teams beeinflussen, sondern auch den Arbeitskomfort und die Atmosphäre der Zusammenarbeit in der Gruppe. Marketingverantwortliche, die diese Methoden anwenden, können die Effektivität ihrer Aktivitäten vergleichen und auf dieser Basis optimieren. Dadurch können sie ihre Fähigkeiten viel schneller entwickeln, und die Tatsache, dass die von ihnen ergriffenen Maßnahmen in den für jeden Manager verständlichen Prozess einbezogen werden, führt dazu, dass ihre Arbeit in der Organisation geschätzt wird.

Literatur

Christensen, C. (2016). *Competing Against Luck: The Story of Innovation and Customer Choice*. New York: Harper Business.

Kosuniak, L. (2018). *ABC Marketingu B2B*. Warschau: Grupa-Vermarkter Sp. z o.o.

Revella, A. (2015). *Käufer-Personen: Wie Sie einen Einblick in die Erwartungen Ihrer Kunden gewinnen, Ihre Marketingstrategien ausrichten und mehr Aufträge gewinnen John*. New York: Wiley.

Seebacher, U. G. (2020). *Template-based Management: Ein Leitfaden für eine effiziente und wirkungsvolle berufliche Praxis*. Graz: AQPS.

Seebacher, U. G., & Güpner, A. (2011). *Marketing Resource Management – So stürmen Marketers an die Spitze*. München: USP Publishing.

Sheridan, M. (2019). *Sie fragen, Sie antworten: A revolutionary approach to inbound sales, content marketing, and today's digital consumer*. New York: Wiley.

Łukasz Kosuniak ist CEO und Leiter der Beratung bei Grow Consulting – einem Unternehmen, das sich auf B2B-Marketing, Marketing-Automatisierung und Channel-Marketing spezialisiert hat. Das Unternehmen unterstützt B2B-Firmen und ihre Partner (Sodexo, Dell, Microsoft, VMware, Cisco, T-Mobile, Orange u. a.) bei der Steigerung ihrer Umsätze durch die Implementierung digitaler Marketingtools und -methoden. Zuvor war er Leiter des B2B-Marketings bei Samsung Electronics, bevor er verschiedene Positionen im Bereich Marketing und Kanalentwicklung bei Microsoft bekleidete. Er verfügt über mehr als 15 Jahre Erfahrung im Aufbau von Marketing- und Lead-Generierungsstrategien im B2B-Markt. Er war Leiter der B2B-Marketing-Automatisierungseinführung bei Samsung Polen (als erste Niederlassung in Europa, Gewinner des internationalen Effie-Preises, Mitarbeiter für Fachmedien (Harvard Business Review), Autor des Buches „ABC des B2B-Marketings" und mehrerer Online-Kurse, darunter „Social Selling Master" und „B2B Marketing Strategy". Er ist Berater für Digital- und B2B-Marketing, Trainer, Blogger-Keynote-Speaker und als Dozent tätig.

Contingency-Centric Content Management (CCCM) – Mit Smart Content die Kunden trotz Informationsflut erreichen

Olaf Mörk

Inhaltsverzeichnis

Zusammenfassung

Content ist elementar für jede Kommunikationsmaßnahme, wird täglich erweitert und unterliegt einem ständigen Wandel. Im Einleitungsteil stellt der Artikel dar, warum sich Content in den letzten Jahren stark gewandelt hat und heute oft gar nicht mehr wie gewohnt funktioniert. Heute können wir Content auf über 8000 (https://chiefmartec.com/2020/04/marketing-technology-landscape-2020-martech-5000/. Zugegriffen am

O. Mörk (✉)
Mörketing, Neumarkt, Deutschland
E-Mail: o.moerk@gmx.de

U. Seebacher (Hrsg.), *Praxishandbuch B2B-Marketing*,
https://doi.org/10.1007/978-3-658-31651-8_15

27.04.2020.) verschiedenen Marketingchannels-/technologien ausspielen bzw. platzieren. Hierzu kommen erschwerend Adblocker, Firewalls, die Explosion der Touchpointsm sowie knappe zeitliche Reserven bei der Zielgruppe.

Fraglich ist, welcher Content im heutigen Content Overload überhaupt noch eine Chance hat und wie dieser erfolgreich bei einer Zielgruppe und innerhalb der Suchmaschinen und den Kanälen platziert werden kann.

Als erfolgsversprechend gilt hier das CCCM (Contingency-Centric Content Management), das auch auf der Verhaltenspsychologie aufbaut und in die Kategorie des Soft-Sellings gehört. Dieser Content zeigt auf, dass psychosozialer Nutzen für Kunden häufig eine größere Relevanz haben kann, als sachlich-funktionaler Nutzen (Esch 2016a). Der Einsatz bedient sich verstärkt branchenrelevanter Infos aus dem rechtlich-politischen Umfeld, dem Trend zur Weiterbildung und dem sozialen Umfeld. Das Unternehmen positioniert sich als Wissensvorreiter und Unterstützer mit konkretem Nutzen für die Zielgruppe. Im Extremfall bewahrt das Unternehmen sogar die Zielgruppe vor rechtlichen Konsequenzen. Diese Maßnahmen schaffen ein hohes Vertrauen bei der Zielgruppe und sorgen letztendlich für einen höheren Absatz der Produkte-/Leistungen des Unternehmens. In diesem Artikel wird anschaulich dargestellt, wie dies in der Praxis bereits erfolgreich umgesetzt wurde und wie ein smartes Content Marketing gegen den Content Overload funktioniert.

1 Content Marketing im drastischen Wandel

„Nichts ist beständiger als der Wandel." Das Zitat von Heraklit von Ephesus (535-475 v. Chr.) ist im Zuge der Digitalisierung und Globalisierung selbst nach über 2500 Jahren immer noch aktuell.

Selbst Content, der über viele Jahre hinweg gut funktionierte, kommt immer weniger bei der Zielgruppe an. Das Produktmarketing mitsamt seinem USP, ziehen plötzlich nicht mehr wie gewohnt. Der müheselig erstellte Content scheint wie ein rostender Nagel, der immer stärker an Wert verliert, ja sogar letztendlich unbrauchbar wird. „Gerade das Content Marketing, wird sich in den nächsten 5 Jahren stärker wandeln, als in den letzten 20 Jahren zuvor."[1]

Die entscheidende Frage ist, warum funktioniert ein bisher erfolgreicher Content nicht mehr so wie gewohnt? Denn mit Beantwortung dieser Frage müsste ein erfolgreicher Content zu finden sein, der die Zielgruppe buchstäblich noch hinter dem Ofen hervorlockt. Quasi ein Content, der so relevant ist, dass dieser im Extremfall sogar finanziellen Schaden, bis hin zu einer Haftstrafe abwenden kann.

Bereits F. E. Fiedler (1967, 1974) weist in seiner Führungstheorie darauf hin, dass Kontingenzfaktoren (situative Einflüsse) wesentlich für den Erfolg bei der Zielerreichung

[1] https://open.spotify.com/episode/1xsM4yAAzRGj9P98TH83fE. Zugegriffen am 22.04.2020.

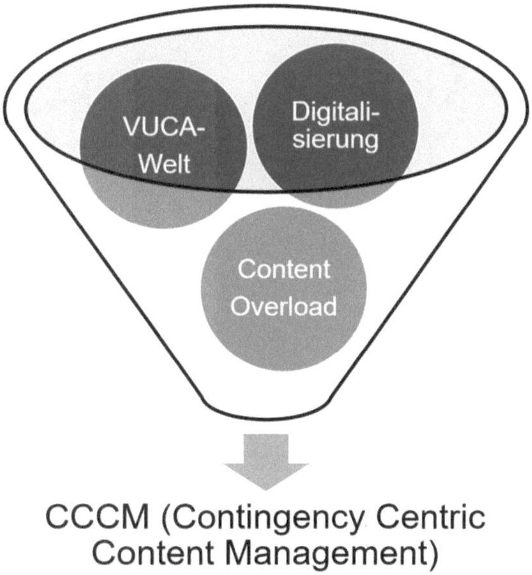

Abb. 1 Begünstigende Faktoren für CCCM

seien.[2] Genau diesen Umstand macht sich das CCCM (Contingency-Centric Content Management) wie in Abb. 1 dargestellt zu Nutze.

1.1 VUCA Welt als Katalysator für CCCM

In Abb. 1 wird aufgezeigt, welche Faktoren das CCCM begünstigen. Die Kontingenzfaktoren nehmen in einer VUCA Welt zu. VUCA ist ein Akronym, das sich auf Volatility, Uncertainty, Complexity, und Ambiguity bezieht. Damit werden Merkmale der modernen Welt beschrieben.[3] Gerade diese Welt ist durch eine ständig wachsende Wissensgesellschaft geprägt. Auf der einen Seite nimmt das Wissen der Menschheit rapide zu und führt zu einem Content Overload. Auf der anderen Seite veraltet das Wissen wiederum immer schneller, wobei hier die Digitalisierung wie ein Katalysator wirkt. Dieser Konflikt wird in Abb. 2 sinnbildhaft dargestellt. Liegt die Halbwertszeit für unser Schulwissen noch bei 20 Jahren, liegt dieses beim beruflichen Wissen bei 5 Jahren und bei IT-Fachwissen sogar nur noch bei einem Jahr (Nagel 1994). Das anwendbare Wissen des Einzelnen sinkt somit unterschiedlich schnell. Dies kann sogar buchstäblich über Nacht erfolgen. Grund können beispielsweise Gesetzesänderungen sein, die plötzlich ein völlig neues Wissen erfordern. Gerade hier liegt ein besonders hoher Hebel für das CCCM vor, wie in Beispiel 2 am Ende des Artikels aufgezeigt wird. Wir unterliegen einem Wandel von der Industie- zur Wissensge-

[2] https://wirtschaftslexikon.gabler.de/definition/kontingenztheorie-der-fuehrung-37489. Zugegriffen am 23.04.2020.

[3] https://wirtschaftslexikon.gabler.de/definition/vuca-119684. Zugegriffen am 23.04.2020.

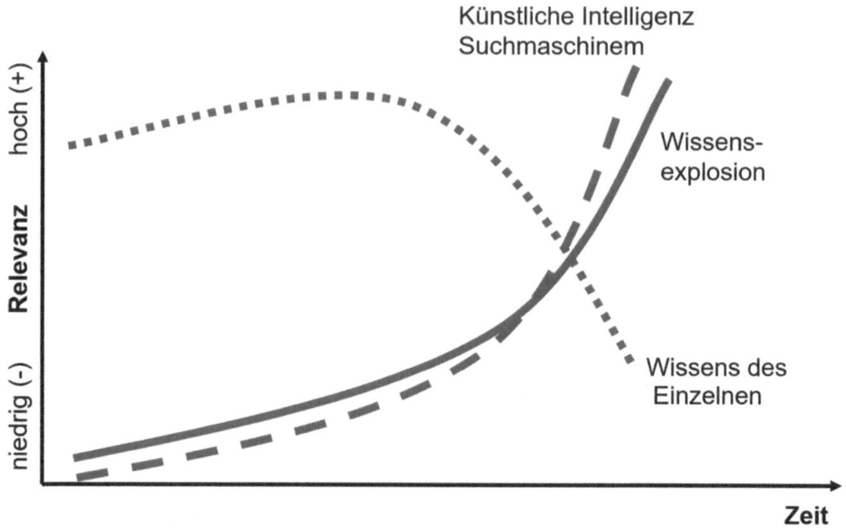

Abb. 2 Die Wissensexplosion schwächt die Relevanz des eigenen Wissens

sellschaft, der sich durch die Digitalisierung beschleunigt. Der Faktor Bildung wird dabei immer wichtiger und die klassische Ausbildung ist keine Ausbildung mehr, denn Bildung wird nie mehr „aus" sein.[4] Hier offenbart sich ebenfalls ein starker Hebel der Contingency.

Die Arbeitswelt ist gerade im Um- und Aufbruch und verlangt immer stärker nach einer stetigen Weiterbildung. Wissen ist buchstäblich Macht und wird mehr und mehr zu einem Wirtschaftsfaktor. Dies gilt sowohl für das Unternehmen als auch deren Mitarbeitern. Wer es als Unternehmen schafft, nicht nur seine eigenen Mitarbeiter, sondern auch die Stakeholder bei diesem Thema zu unterstützen, hat gute Chancen sich bei seinen Zielgruppen positiv zu verankern. Der Mensch vertraut demjenigen, von dem er etwas lernt. Wird ihm dabei geholfen, so ist eine starke und positiv gestimmte Kundenbindung möglich. Es verwundert so nicht, dass im Bereich des Content Marketings, laut der Statista Content Marketing Trendstudie 2020, die Stärkung der eigenen Marke und deren Image nach außen mit 89 % Zustimmung zur wichtigsten Strategie gehört.

1.2 Definition CCCM (Contingency-Centric Content Management)

Kontingenzfaktoren (situative Einflüsse) sind wesentlich für den Erfolg (F. E. Fiedler 1967, 1974). Beim CCCM kommen die Kontingenzfaktoren vorrangig aus dem Bereich Recht, Bildung und Soziales. Ziel ist es die Content Marketing Strategie in ihrem Kernbereich wie Stärkung der Marke und Image, Neukundengewinnung und Kundenbindung wirksam zu unterstützen. Aufgrund der hohen Content-Relevanz bei der Zielgruppe, setzt

[4] https://www.zukunftsinstitut.de/artikel/bildung-im-zeitalter-der-wissensexplosion/. Zugegriffen am 23.04.2020.

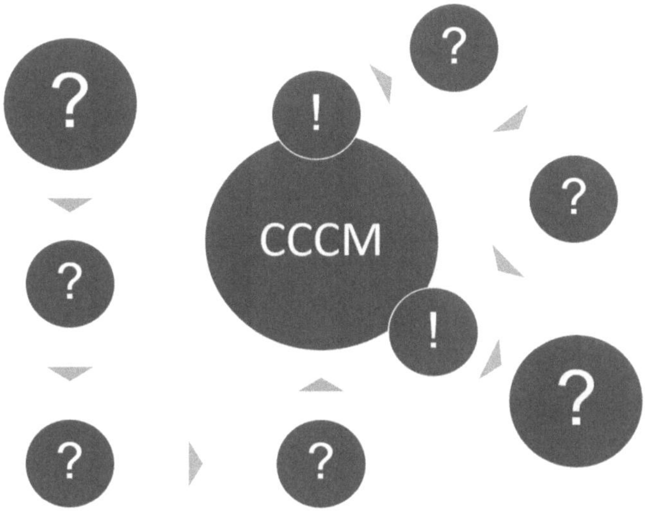

Abb. 3 „To be or not to be“: CCCM zieht die Zielgruppe wie ein Magnet an

sich CCCM wie in Abb. 3 dargestellt immer stärker durch. Die höhere Aufmerksamkeit wird nicht nur bei den Zielgruppen erzielt. Aufgrund dieser höchst nutzerrelevanten Content-Qualität bestehen zudem gute Chancen im Suchmaschinenranking weiter nach oben zu kommen. Durch diese Maßnahmen kann einiges bei den Werbeausgaben für Anzeigen in Suchmaschinen eingespart werden.

1.3 CCCM als SEO-Booster

In Abb. 2 wird auf ein verstärktes Wachstum der KI (Künstlichen Intelligenz) in Suchmaschinen hingewiesen. Auch Google als die wichtigste Suchmaschine investiert schon seit Jahren Millionen Dollar in die KI-Forschung. „Bereits 2012 heuerte der Suchmaschinenanbieter den Technikvisionär Raymond Kurzweil an. 2014 folgte die Übernahme des auf KI-Systeme spezialisierten Start-ups DeepMind für rund 500 Millionen Euro.“[5] RankBrain wird sich verstärkt in der Google Welt etablieren und somit wird KI weiter Einzug erhalten. Dies bedeutet, dass die Suchmaschinen immer treffsicherer relevanten Content für die Nutzer erkennen. Die Seiten mit dem besten und relevantesten Content haben gute Chancen in der Trefferliste nach oben zu rutschen. Schon lange sind die Zeiten vorbei, wo noch beliebte Suchbegriffe einfach mit weißer Schrift auf weißem Hintergrund geschrieben wurden, um den Suchmaschinen einen relevanten Content vorzugaukeln. Die Suchmaschinen bedienen sich immer raffinierterer Logarithmen und können auf immer höhere

[5] https://www.ionos.de/digitalguide/online-marketing/suchmaschinenmarketing/was-ist-rankbrain/. Zugegriffen am 25.04.2020.

Rechnerleistungen zurückgreifen. Der Vorteil bei CCCM liegt somit auf der Hand: Durch diese Art von Content, dem bisher vielleicht noch gar nicht so eine große Bedeutung zugeordnet wurde, können sich auch für das SEO sehr gute Optionen ergeben und teils drastisch Kosten im SEA Bereich eingespart werden. Denn „relevanter Content ist King" – mehr und mehr auch bei den Suchmaschinen. Steht das Unternehmen bei wichtigen Suchbegriffen ganz oben, ist weniger Budget für bezahlte Anzeigen erforderlich.

Exkurs
An dieser Stelle noch der kurze Hinweis, dass Suchanfragen über Sprache und Voice Assistence Systeme wie Alexa, Siri und Co., sich immer größerer Beliebtheit erfreuen. Im Statista (2020a) Trend Kompass von 2020 wird festgestellt, dass Voice Assistance in den USA bis 2023 um 320 Prozent zulegen wird. Bereits heute wurden über 35 Millionen Einheiten verkauft. Diese Smart Speaker werden aber noch zu viel mehr fähig sein. Anhand der Stimme kann mit einer sehr hohen Wahrscheinlichkeit nicht nur das Geschlecht des Anwenders analysiert werden, sondern ebenso sein ungefähres Lebensalter und sein emotionaler Zustand. Was bisher berühmten Körperspracheforschern wie Samy Molcho vorbehalten war, können Sprachsysteme ebenfalls mit der Zukunft immer treffsicherer identifizieren.

Dies kann für das Content-Marketing und somit CCCM in den nächsten Jahren noch eine wichtige Rolle spielen.

1.4 Content Marketing Strategy: CCCM stärkt die Marke und deren Image

Welche Strategie mittels Content Marketing verfolgt wird, ist in Abb. 4 dargestellt und wurde in der Statista (2020b) Content Marketing Trendstudie 2020 untersucht.

Als elementar wichtig, wird mit 89 % die Stärkung der Marke und deren Image nach außen angeführt. Die Neukundengewinnung findet zu 78 % Zustimmung und ähnlich wichtig wird die Stärkung der Kundenbindung mit 68 % angeführt. Ziel vom CCCM ist es, die Content Marketing-Strategie genau in diesen Bereichen wirksam zu unterstützen.

Der Markennutzen (was bietet die Marke?) und die Markenattribute (über welche Eigenschaften verfügt die Marke?) spielen hierbei eine wichtige Rolle. Beim Markennutzen kann vereinfacht zwischen sachlich-funktionalen Nutzen (z. B. hohe Lebensdauer eines Werkzeugbohrers) und psychosozialen Nutzen (z. B. tolles Weiterbildungsangebot eines Lieferanten) unterschieden werden (Esch 2016a).

Oftmals spielt der psychosoziale Nutzen eine höhere Relevanz beim Kunden, als der sachlich-funktionale Nutzen. Das im vorangegangenen Artikel von Alexandra Ender vorgestellte Design Thinking Modell eignet sich ebenso hervorragend, um Antworten für das CCCM-Wirkmodell von Abb. 5 zu finden.

Abb. 4 Wirkmodell des CCCM Rads auf die wichtigsten Bestandteile einer Content Marketing Strategie

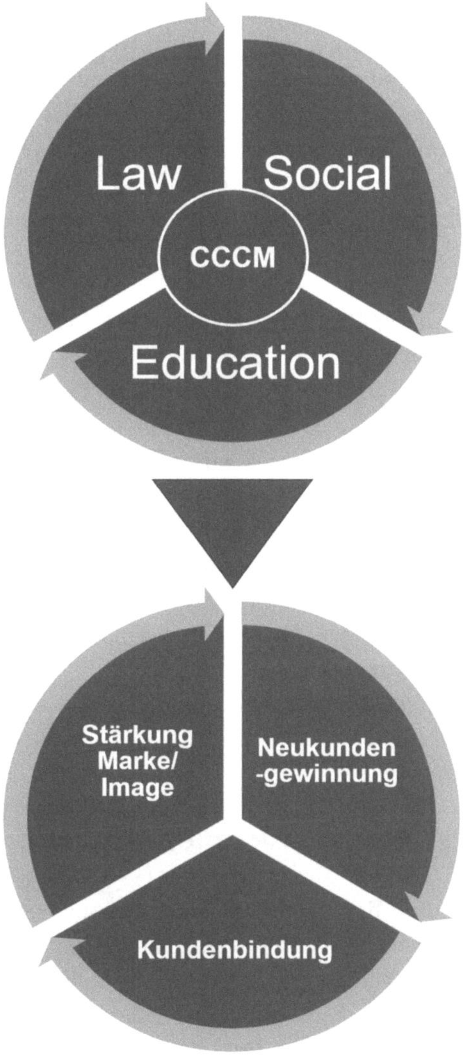

CCCM-Wirkmodell	Rechtlich	Sozial	Bildung
Stärkung Marke / Image			
Neukundengewinnung			
Kundenbindung			

Abb. 5 Wirksamkeitsbereiche des CCCM Kontingenz-Rads

Der Vorteil bei der CCCM Strategie ist, dass zunächst noch gar nicht auf das eigene Produkt, welches letztendlich verkauft werden soll, hingewiesen werden muss. Es kann sogar so weit gehen, dass ein Personenkreis für einen tätig wird, den das Unternehmen selbst gar nicht als Zielgruppe im Visier hat und dass dieser Kreis dennoch Umsatz generiert. Dies wird in Beispiel 1 am Ende des Artikels im Bereich CCCM-Social aufgezeigt.

Jeder einzelne Bereich des CCCM Kontingenz-Rads von Abb. 4 oben ist in der Lage die drei wichtigsten Bereiche der Content Marketing Strategie im unteren Bereich wirksam zu unterstützen.

Nutzung des Wirkmodells des CCCM Kontingenz-Rads
Nach Abb. 4 gibt es neun Wirksamkeitsbereiche im CCCM Kontingenz-Rad. Diese sind in Abb. 5 in einer Matrix dargestellt. Diese Tabelle dient als Marketinggrundlage, deren Anwendung in den beiden Beispielen am Ende des Kapitels ausführlich erläutert wird.

Angenommen es wird ein neues Gesetz verabschiedet, das die Zielgruppe des Unternehmens betrifft. Nach der Matrix wäre dies eindeutig im Kontingenzbereich Recht angesiedelt. Es kann aber durchaus sein, dass es ebenfalls die anderen Bereiche mit tangiert. Je mehr Kontingenzpunkte wir innerhalb des Wirkmodells schaffen können, desto mehr verstärkt es die gewünschten Effekte der Content Marketing Strategie: Stärkung von Marke/Image, Neukundengewinnung und Kundenbindung. Beispiel 2 am Ende des Artikels verdeutlicht den Kontingenzbereich Recht und Gesetzesänderungen, dieser ist mit am einfachsten umzusetzen und ebenfalls einer der größten Hebel für die Content Marketing Strategie.

2 Customer Journey – Explosion der Content Chancen

Durch die Explosion der Touchpoints, entlang der Customer Journey wird es immer schwieriger diese mit relevantem Content zu bespielen. Denn die Kapazitäten in den Marketingabteilungen sind begrenzt und werden oftmals nur zögerlich aufgestockt. An jedem einzelnen Touchpoint gilt: „Sein oder Nichtsein, das ist hier die Frage“ gemäß dem Zitat aus der Tragödie Hamlet, Prinz von Dänemark von William Shakespeare. Hier treffen Marke und Mensch zusammen. Die Marke versucht mit einem attraktiven Angebot zu beeindrucken und der Mensch fragt sich „What’s in it for me?“ (Esch 2016b).

Zu den Touchpoints klassischer Art, wie z. B. Messen, Events, Poster, Prospekte, Plakate gesellen sich mit enormer Geschwindigkeit immer mehr digitale Touchpoints hinzu. Vom einfachen Werbebanner angefangen, über die eigene Website bis hin zu Virtual Reality und Augmented Reality. „Zwischen 100 bis 500 Touchpoints besitzen Unternehmen in der Regel, und das pro Marke! Und ihre Zahl steigt: Seit etwa 2011 erhöhte sich ihre Anzahl um 30 Prozent, vor allem im digitalen Raum.“[6]

[6] https://www.brand-trust.de/de/artikel/2018/wie-manage-ich-touchpoints.php. Zugegriffen am 21.04.2020.

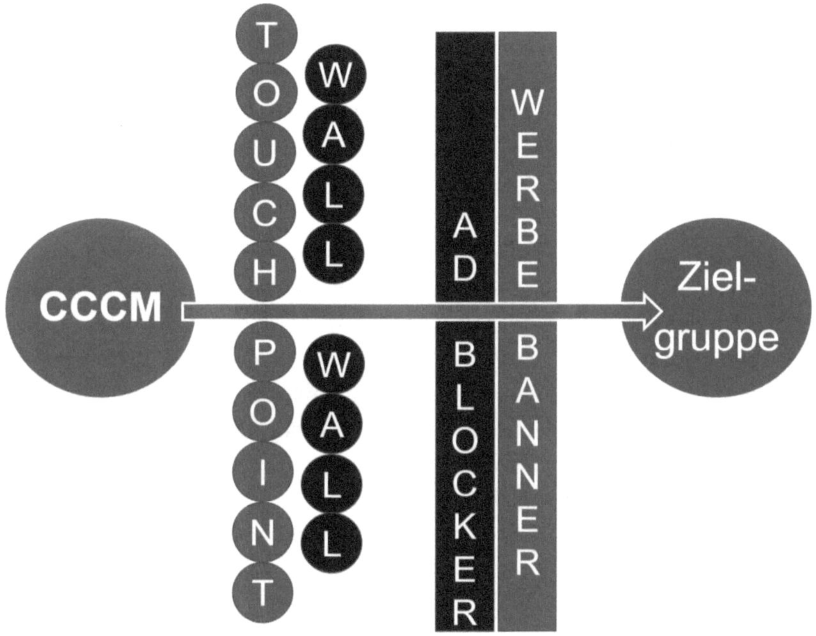

Abb. 6 CCCM im hart umkämpften Content Umfeld der B2B-Kommunikation

Jeder einzelne Touchpoint bietet eine Content-Chance, aber es scheint unmöglich jeden einzelnen zu bespielen. Mit CCCM wird die Zielgruppe wie mit einem starken Magnet, wie in Abb. 3 dargestellt, auf den Touchpoint mittels dieses hochrelevanten Contents angezogen und dann geschickt weiter durch die Customer Journey begleitet wie dies in Abb. 6 dargestellt ist. Es besteht eine wesentlich geringere Gefahr am Touchpoint Werbebanner zu scheitern, da die Zielgruppe ein hohes Interesse an dieser Art von Content aufweist, wenn CCCM angewendet wird.

Selbst die einzelnen Touchpoints verändern sich im Laufe der Zeit nahezu dramatisch. Ein besonders schönes Beispiel sind hier die Display Ads. Wäre Bannerwerbung noch so effektiv wie im Jahr 1994, wären an sich keine weiteren Aktivitäten mehr nötig. Die CTR (Click-Through-Rate) war im Jahr 1994 noch bei 78 % und liegt heute noch gerade bei 0,005 %. Inzwischen haben die Display Ads das Gegenteil dessen erreicht, wofür sie eigentlich bestimmt waren. Oftmals wurde das Kundenerlebnis unterbrochen, mit der Folge, dass Adblocker installiert wurden.

Inzwischen sind Adblocker, wie in Abb. 6 dargestellt, immer stärker auf Endgeräten wie Handy, Tablet, Laptop oder Rechner zu finden. Dies führt bei den Werbetreibenden zu einer sinkenden Rendite.

Bereits im Dezember 2016 ermittelte PageFair 236 Mio. Desktop Browser und 280 Mio. Mobile Browser die mit einer Adblock Software ausgestattet waren. Dies entspricht einem globalen Wachstum von 30 % in nur einem Jahr. Somit verfügten damals rund 11 % der Internetgemeinde über einen Adblocker.[7]

Der Anteil, der auf dem Desktop geblockten Online-Display-Werbung in Deutschland, liegt laut Online-Vermarkterkreis (OVK) im Bundesverband Digitale Wirtschaft (BVDW) im Jahr 2019 inzwischen stabil bei 23 bis 24 %.[8] Berechtigt stellt sich die Frage, ob es denn bei diesen Werten und innerhalb dieses Umfelds überhaupt noch Sinn macht Bannerwerbung zu schalten?

Kann CCCM hier überhaupt bessere Chancen bieten?

Wir leben derzeit in der größten Freizeitgesellschaft in der Geschichte der Menschheit und dennoch beklagen sich viele zu wenig Zeit zu haben. Zeit ist zu einem knappen Gut geworden. Das Motto *„Zeit ist Geld"* von Benjamin Franklin aus dem Jahre 1748 aus seinem Buch „Ratschläge für junge Kaufleute" gilt bis heute. Gerade aufgrund dieses verschärften Zeitbudgets will der Mensch möglichst nur noch mit relevanten Informationen versorgt werden. Informationen, die ihm helfen Zeit zu sparen, stehen somit hoch im Kurs. Dies erklärt auch die zunehmende Popularität der Adblocker. Erblickt man doch einen Werbebanner auf seinem Screen, ist man wenig geneigt dieses anzuklicken.

Wie es dennoch gelingen kann, wird im Kapitel „B2C Social Media Channels auf B2B und die zukünftige Relevanz" an Beispiel 1 aufgezeigt. Hier wird eine drohende Gesetzesänderung genutzt um mittels CCCM bei der Zielgruppe zu punkten.

3 CCCM – Nachhaltiger Kundenerfolg und mehr

Im House of CCCM in Abb. 7, wird die gesamte Bandbreite nochmals zusammengefasst. Beim CCCM steht nicht die Werbebotschaft im Vordergrund, sondern es geht darum, dem Informationsempfänger einen situativ höchst relevanten Inhalt anzubieten. Damit werden echte Probleme wie z. B. Wissenslücken bei der Zielgruppe geschlossen. Diese Inhalte basieren auf Kontingenzfaktoren (situativen Einflüssen) aus den Bereichen Recht, Soziales und Bildung. Das Produktmarketing steht hierbei weniger im Vordergrund. Der Trend geht somit hin zum relevanten Informationsmarketing. Dadurch glänzt das Unternehmen mit Know-how und schafft bei der Zielgruppe eine echte Vertrauensbasis. Das Ziel ist, den Kunden nachhaltig für das Unternehmen bzw. dessen Marke zu gewinnen.

Des Weiteren werden die wichtigsten Strategien innerhalb des Content Marketings unterstützt, wie in Abb. 4 und 7 dargestellt. Dies alles zahlt auf die Marke ein und schafft eine hohe und emotionale Zufriedenheit bei der Zielgruppe. Letztendlich wird ein Unternehmen/Marke dadurch auch agiler, da man schnell auf diese Umstände reagieren muss. Gesetzesänderungen sind beispielsweise manchmal nicht planbar und da gilt, wer zuerst

[7] https://www.ndss-symposium.org/wp-content/uploads/2018/03/NDSS2018_04A-2_Zhu_Slides.pdf. Zugegriffen am 26.04.2020.

[8] https://de.statista.com/infografik/8615/entwicklug-der-adblocker-nutzung-in-deutschland/. Zugegriffen am 26.04.2020.

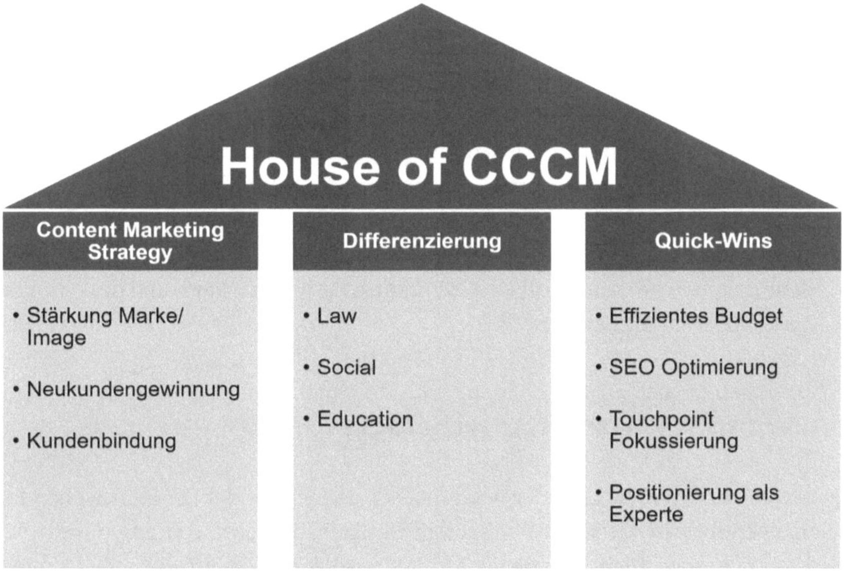

Abb. 7 House of CCCM

kommt mahlt zuerst. Geschwindigkeit wird mit Erfolg honoriert, wie später in Beispiel 2 am Ende des Artikels aufgezeigt wird.

Ende April 2020, während dieser Artikel entsteht, befindet sich die Welt mitten in der Corona Krise. Die Unternehmen halten oftmals ihr Marketingbudget schlagartig wie den Zeiger einer Uhr an. Selbst hoch digitale Unternehmen und Weltmarktführer sind davon betroffen. So halbierte selbst Google sein Marketing-Budget und verhängt einen Einstellungsstopp,[9] wie in dem Artikel der Internetworld nachzulesen ist.

Die gute Nachricht ist, dass CCCM gerade in Krisenzeiten sehr gut funktionieren kann. Es kommt hierbei nicht auf ein hohes Marketingbudget an. Vor allem die Idee, Agilität und der Umsetzungswille sind hier der Schlüssel zum Erfolg. Selbst mit geringem Budget kann hier viel bewegt werden. Krisen schaffen oftmals wichtige Kontingenzfaktoren. Im Fall wie des Coronavirus kann es sein, dass plötzlich neue Hygienevorschriften entstehen und neue Produkte, Abläufe und vieles mehr dringend benötigt werden. Denken wir z. B. an die Schutzmasken, diese Cent-Artikel, die sich plötzlich über Nacht extrem verteuerten und zeitweilig gar nicht mehr lieferbar waren: Eine Schlacht um das knappe Gut Schutzmaske begann weltweit. Die Polizei bewachte gelegentlich einen Geldtransporter. Aber das plötzlich Lkws die Schutzmasken als Ladung haben, von der Polizei eskortiert werden, war bis dato unvorstellbar. Pfiffige Unternehmen produzierten plötzlich Produkte rund um das Thema Coronavirus. Gerade hier kann CCCM sehr effizient eingesetzt wer-

[9] https://www.internetworld.de/online-marketing/google/google-halbiert-marketing-budget-verhaengt-einstellungsstopp-2530860.html. Zugegriffen am 27.04.2020.

den. Vorrangig ist die Content-Strategie, in die das Produkt geschickt integriert wird, damit Angebot und Nachfrage rasch zusammenfinden.

Beispiel 2 am Ende des Artikels zeigt auf, wie ein neues Produkt auf Basis bestehender Produkte durch eine Gesetzesänderung in sehr kurzer Zeit entwickelt wurde und somit eine völlig neue Branche mitsamt Zielgruppe erschlossen werden konnte. Im Kapitel „Social Media in B2B – Die neuen Kanäle erkennen und richtig einsetzen“ von Connor Moseler und Olaf Mörk wird in Beispiel 1 aufgezeigt wie CCCM und die richtige Kombination von Social Media einen deutlichen Hebeleffekt haben können. Anhand der Beispiele wird verdeutlicht, wie wirkungsvoll CCCM umgesetzt werden kann und dass es dazu kein großes Marketing-Budget benötigt.

4 Content trifft Wirtschaftspsychologie

Maslow (1908–1970) gilt als mit der wichtigste Gründervater der humanistischen Psychologie. Seine vereinfachende Darstellung einer Bedürfnishierarchie erlangte weitreichende Bekanntheit. Die erste Idee zu seinem Modell veröffentlichte Maslow 1943 unter dem Titel „A Theory of Human Motivation im Psychological Review“. Aus diesem Modell wurde seine berühmte Bedürfnispyramide wie in Abb. 8 dargestellt interpretiert. Besonders populär wurde das Modell in den Wirtschaftswissenschaften, vor allem an den Schnittstellen von Wirtschaft und Psychologie bzw. der Wirtschaftspsychologie. Bis heute wird hier die Verkaufspsychologie oder das Marketing das Kaufverhalten von Personen untersucht und stetig weiter entwickelt. Wie CCCM diesen Umstand sich zu Nutze macht, ist in Abb. 8 dargestellt.

In der Bedürfnispyramide von Maslow (Maslow 1943) sind die menschlichen Dringlichkeiten nach Bedürfnissen sortiert. Die höchste Dringlichkeit bilden die physiologischen Bedürfnisse, wie z. B. Hunger, Durst und Schlaf. Diese Stufe der Bedürfnispyra-

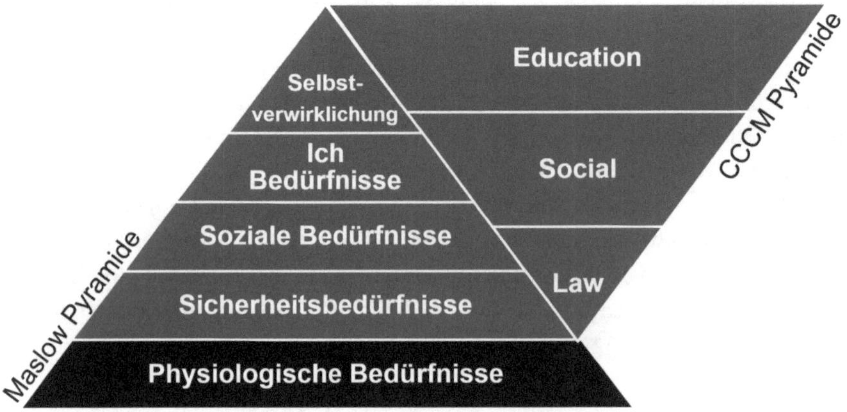

Abb. 8 Zusammenhang der Maslow Bedürfnispyramide und CCCM

mide wird durch CCCM nicht abgedeckt. Wohl aber kann Einfluss auf die nachfolgenden Stufen erfolgen. Sicherheitsbedürfnisse wie eine Wohnung, Arbeit und Einkommen spielen eine wichtige Rolle und sind durch die VUCA Welt gefährdet. Eine ständige Weiterbildung ist hier nötig, um immer up to date zu bleiben. Der Mensch strebt ebenfalls nach Anerkennung und Wertschätzung, hierzu ist ein exzellentes Fachwissen nötig. Wissen ist die neue Währung, die bis ganz nach oben in der Pyramide der Selbstverwirklichung hineinwirken kann. Wer hierbei seine Zielgruppe in Form eines Educational-Contents unterstützt, kann eine nachhaltige Vertrauensbasis aufbauen. Durch diesen hochwertigen B2B-Content positioniert sich das Unternehmen/Marke zudem als Wissensvorreiter und wird so positiv im Gedächtnis der Zielperson bleiben. Der Informationsbedarf des Kunden hat Vorrang vor der Werbebotschaft. Der Trend weg vom Produktmarketing, hin zum relevanten Informationsmarketing gewinnt immer mehr an Bedeutung.[10]

4.1 Neue Gesetze bieten große Chancen für CCCM Law

Sehr wirksam und elementar wichtig ist CCCM, wenn es um Gesetze geht. So können Gesetzesänderungen beispielsweise perfekt genutzt werden, um darüber durch Content Marketing aufzuklären und so neue Leads aus der Zielgruppe zu generieren. Vor Gericht gilt die eiserne Regel „Unwissenheit schützt vor Strafe nicht" (Strafgesetzbuch, § 17 StGB). Von der Verhaltenspsychologie wissen wir, dass der Mensch eine Strafe auf jeden Fall vermeiden möchte. Denn eine Strafe egal ob monetärer Art oder Freiheitsentzug bedeutet die gewohnte Komfortzone zu verlassen. Hier bewegen wir uns vor allem auf den unteren Stufen innerhalb der Maslow Pyramide. Das folgende Beispiel 2 greift diesen Sachverhalt auf.

Es gibt vielfältige Möglichkeiten das CCCM mit der Zielgruppe zu verzahnen. Im folgenden Beispiel 1 ist es eine App. Beispiel 2 am Ende des Artikels bedient sich hier einer Infoveranstaltung. CCCM- Kommunikationsmöglichkeiten können klassischer oder digitaler Natur sein und sehr oft werden beide Welten miteinander kombiniert.

Beispiele klassischer CCCM Kommunikationsmöglichkeiten

- Whitepaper/Anwenderbericht in Form einer Fallstudie
- Studien
- PR-Artikel
- Checkliste („to do" Liste zum Abhaken)
- Glossar (z. B. Lexikon, wie auch hier in diesem Buch mit den wichtigsten Begrifflichkeiten)
- Infografik
- Seminar

[10] Mörk O. (2019). marconomy. Keynote, Der Content ist tot – es lebe Content 4.U. München: Messe CMCX.

Beispiele digitaler CCCM Kommunikationsmöglichkeiten

- Blogartikel
- Podcast
- Video
- Webinar
- Online-Training
- Website
- Microsites

5 Fazit und Ausblick zum Content Marketing der Zukunft

Das Content Marketing wird sich in den nächsten 5 Jahren radikaler wandeln, als in den vergangenen 20 Jahren. Ursache dafür ist, dass immer schneller, immer mehr Wissen entsteht und zu einem „Content Overload“ führt. Somit veraltet unser eigenes Wissen auch immer schneller. Die Intelligenz der Suchmaschinen nimmt stetig zu. Nur noch ein smarter und hochrelevanter Content hat eine Chance, bei der Zielgruppe und somit bei den Suchmaschinen zu punkten. Innerhalb der Customer Journey ist eine Explosion der Touchpoints zu verzeichnen. Um diese zu bespielen stehen über 8000 Technologien bzw. Content-Channel derzeit zur Verfügung. Insgesamt führt diese Situation zu einer Überforderung und Unsicherheit. Die Lösung ist sich zu fokussieren und die Entwicklungen zu beobachten. Das veränderte Kunden und somit Content-Verhalten bietet gute Chancen für CCCM in Kombination mit dem Buyer-Centric Content Approach, der im vorigen Artikel von Alexandra Ender dargestellt wurde. In Abb. 9 wird dargestellt, wie diese Kräfte zusammenwirken und sich gegenseitig beschleunigen. Dadurch bietet sich eine einmalige Synergie, die den Kunden und letztendlich dem Unternehmen und der Marke nützt. Die nachfolgenden Beispiele zeigen auf, wie diese Strategie bereits erfolgreich in der Praxis umgesetzt wurde.

6 Beispiel 1: CCCM-Social: Eine App als Umweltschützer und Umsatzgenerator

Unternehmen:	Wanzl Metallwarenfabrik, Deutschland (Leipheim)
Business:	Weltweit größter Hersteller von Einkaufswagen und Gepäcktransportwagen.
Produkte:	Produkte und Systeme rund um Einkauf, Verkauf, Ladenbau und Transport
Sparten:	Retail Systems, Shop Solutions, Logistics + Industry, Airport, Security, Hotel
Branchen:	In über 30 Branchen tätig
Umsatz:	> 700 Mio. € pro Jahr in 2019
Mitarbeiter:	4500
tätig in:	50 Ländern

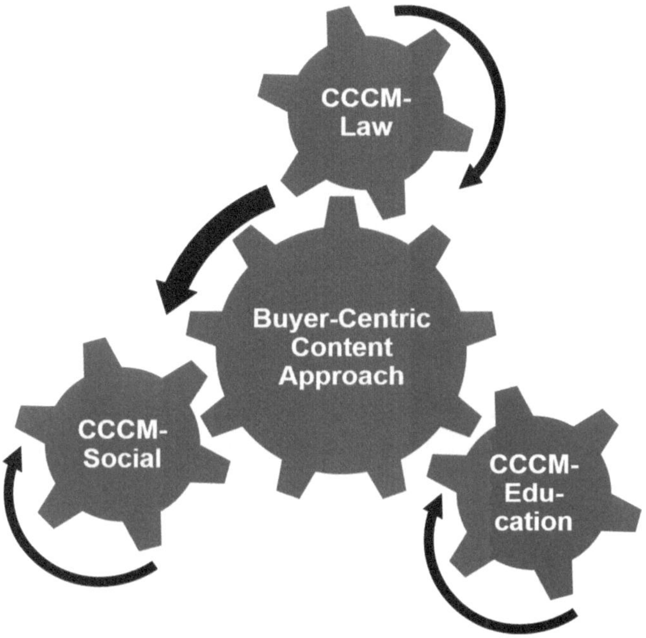

Abb. 9 Mehrere Content-Bereiche sorgen für Synergie und Beschleunigung

Ausgangssituation

Der Verlust von Einkaufswagen ist in Großbritannien ein großes Problem, das die Einzelhändler jährlich mehr als 35 Mio. GPD kostet. Es ist kaum vorstellbar, aber alleine im Jahr 2017 sammelte Wanzl in Großbritannien mehr als 520.000 verlassene Einkaufswagen wieder ein.[11] Die Einkaufswagen sind überall zu finden, in Gewässern, Unterführungen oder irgendwo in der schönen Landschaft. Dies stellt eine massive Umweltverschmutzung dar. Oft ist es zudem schwer, die exakte Position der verschollenen Einkaufswagen zu erfahren. Straßennamen fehlen vor Ort oftmals und so sind teils massive Suchzeiten nötig, um die Einkaufswagen aufzuspüren.

Lösungsbeschreibung

Der Boom der Smartphone-Nutzer hält in England an und wächst 2020 laut der Statista-Prognose auf über 56 Millionen.[12] Das sind gute Voraussetzungen für eine smarte App. Wanzl Großbritannien schlug neue Wege ein, um den Schwund an Einkaufswagen auf der Insel zu reduzieren: Seit Sommer 2013 ist die einzigartige Trolleywise App für Smartphones aktiv.

---

[11] https://www.wanzl.com/en_EN/service/trolleywise/press-releases/a-trolley-good-pr-win/. Zugegriffen am 09.05.2020.

[12] https://de.statista.com/statistik/daten/studie/374635/umfrage/prognose-zur-anzahl-der-smartphonenutzer-in-uk/. Zugegriffen am 09.05.2020.

Wanzl CCCM-Wirkmodell-Social	Rechtlich	Sozial	Bildung
Stärkung Marke / Image	o	++	o
Neukundengewinnung	o	+	o
Kundenbindung	o	++	o

Abb. 10 CCCM-Wirkmodell-Social, Beispiel 1 App als Umweltschützer und Umsatzgenerator. Legende: negativ (-), neutral (o), positiv (+), sehr positiv (++)

Die neue App stieß auf ein großes Echo in der britischen Öffentlichkeit, da jeder Bürger ab sofort verlassene Einkaufswagen per App melden und seitdem aktiv Umweltschutz per Knopfdruck betreiben kann.

Die Effekte im CCCM Bereiche rechtlich und Bildung aus Abb. 10 sind so minimal, dass diese im Praxisbeispiel als neutral eingestuft wurden. Dafür sind die Effekte im Bereich Sozial allgemein hoch (+) bis sehr hoch (++) ausgeprägt.

Tue Gutes und lasse darüber reden

In Abb. 10 wird deutlich, dass die App für die Stärkung der Marke und das Image des Unternehmens ein wichtiger Schritt in UK war und wurde als sehr gut (++) eingestuft.

Die Medien wurden über die App informiert und fanden sofort Gefallen daran. Landesweit berichteten britische Tageszeitungen über die neue und ungewöhnliche App. Das beliebte BBC TV-Magazin „The One Show", sowie zahlreiche lokale BBC-Nachrichtensender, befassten sich mit dem Thema. Umweltminister Lord de Mauley sagte: „Die innovative App gibt Kunden und Bürgern die Möglichkeit, schnell zu handeln und das Problem der Tausenden von Einkaufswagen aktiv anzugehen, die verstreut auf den Straßen zu finden sind oder achtlos in Flüsse und Kanäle geworfen wurden. Dieses Engagement macht unsere Umwelt lebenswerter." Genau hier liegt die Stärke des CCCM-Social Gedankens der App.

Ebenfalls konnten die Herzen der Marktbetreiber, denen die Einkaufswagen ja entwendet wurden erobert werden. Niemand, außer Wanzl, ist in der Lage diesen Service anzubieten und entwendete Einkaufswagen zurückzuführen. Dies ist ein wichtiges Kriterium zur Kundenbindung und wird ebenfalls mit sehr gut (++) nach Abb. 10 eingestuft. Neukunden konnten ebenfalls hinzugewonnen werden und das Unternehmen wächst beständig weiter. Eine Wanzl Umfrage liefert erstaunliche Ergebnisse: 46 % der Käufer sind der Meinung, dass die Einzelhändler für das Problem der verschwundenen Einkaufswagen verantwortlich sind und 30 % sind der Meinung, dass die Kommunen bei der Suche nach einer Lösung behilflich sein sollten.

CCCM-Social: Gemeinsam Gutes tun

Es gibt viel zu tun, denn schließlich werden jährlich über 11.000 t Material an Einkaufswagen weggerollt und gelten als vermisst. Der Einkaufswagen Suchtrupp mit über 60 Fahrzeugen hat sich dieser Herausforderung angenommen und bereits Millionen Einkaufswagen zurückgeführt. Diese werden anschließend zum Einkaufsmarkt zurückgebracht, fachgerecht recycelt oder wiederaufbereitet. Dank der App und der bereitwilligen Unterstützung aus der Bevölkerung ist hier eine wesentliche Erleichterung eingetreten.

Am Beispiel wird deutlich wie stark CCCM-Social wirken kann. Diese App wird weniger von den Einzelhändlern genutzt, aber bei deren Kunden ist sie beliebt. Seit dem Start im Juni 2013 verzeichnete die Trolleywise App weit über 10.000 Downloads durch Nutzer von iPhones und Android-Smartphones, die per GPS verschwundene Einkaufswagen in der Nähe von Märkten, in Parks, in Flüssen und Kanälen orten und melden. Unter Mitwirkung und durch Unterstützung der meisten großen britischen Einzelhändler profitieren vor allem Kommunen von diesem Service. Für jeden Einkaufswagen, den Trolleywise einsammelt, leistet Wanzl eine Spende an „Trees for Cities". Die Organisation plant mit den Spenden jährlich mindestens 2000 neue Bäume in britischen Städten zu pflanzen. Sharon Johnson, CEO von „Trees for Cities", bestätigt: „Im Rahmen unserer Pflanzaktionen in den Städten finden wir häufig verlassene Einkaufswagen. Es freut uns sehr, dass es jetzt die Trolleywise App gibt, mit der sich diese Wagen ganz einfach melden lassen. Und natürlich sind wir begeistert, dass Wanzl uns mit der Trolleywise App bei unserer landesweiten Baumpflanz-Aktion tatkräftig unterstützt." Die App mit CCCM – Social Elementen ist nahtlos in den Gesamtprozess wie in Abb. 11 dargestellt integriert.

Die Trolleywise App – Einfach in der Anwendung, stark im Erfolg

1. Kostenloser Download der App für Apple- und Android-Geräte. Diese App aus Abb. 12 funktioniert ausschließlich in UK.
2. Der Benutzer macht einfach ein Foto vom verlassenen Einkaufswagen wie in Abb. 12 in der Mitte dargestellt. Details können hinzugefügt werden.

Abb. 11 Die Trolleywise App für Umweltschutz, Umsatzsteigerung und Kundenbindung (Auszug aus der Wanzl Trolleywise Darstellung)

Abb. 12 App im Einsatz – mit exakter Position des gesuchten Einkaufswagens

3. Die App übermittelt die exakten GPS Daten, um das Auffinden des Wagens zu ermöglichen. Den Rest erledigt das Unternehmen Trolleywise.
4. Push-Benachrichtigungen halten den Benutzer ständig auf dem Laufenden. Beispielsweise wann der Wagen abgeholt wird und wieder zurückgeführt wurde.
5. Jeder Benutzer hat ein individuelles Profil in der App, das ihn darüber informiert, wie viele Wagen er gemeldet hat.
6. Social Media wie Twitter und Facebook sind weitere wichtige Ergänzungsmaßnahmen für die Motivation der Zielgruppe. Gerade die Pinnwand für Benutzer ist auf Facebook recht beliebt.

Insgesamt wird hier eine echte Win-Win Situation geschaffen: Die App hilft, die Kosten der Einzelhändler zu reduzieren und gleichzeitig die Umwelt zu schützen. Dieser Umweltschutz funktioniert durch eine sehr engagierte Zielgruppe, die sozusagen per Knopfdruck ein klein wenig die Welt retten kann. Beachtenswert ist hierbei, dass die Zielgruppe auf den ersten Blick keine Zielgruppe des Unternehmens Wanzl ist. Schließlich sind es keine Einzelhändler, sondern deren Kunden. CCCM greift hier sogar über die eigentliche Zielgruppe hinweg und funktioniert dennoch hervorragend wie in Abb. 11 dargestellt. Denn der Mensch möchte vom Grundsatz her Soziales tun, vor allem wenn es so bequem ist wie über diese App. Immerhin gaben 30 % der Käufer bei der Wanzl Umfrage zu, schon einmal selbst einen Wagen entwendet zu haben. Vielleicht greift hier das schlechte Gewissen und spielt hier der App in die Karten. 17 % der Käufer machen sich Sorgen über die Kosten der Einzelhändler. Die sind in der Tat gewaltig und belaufen sich auf 35 Mio. GPD jährlich.[13] Durch den CCCM-Social Einsatz wie in Abb. 13 dargestellt, können gleich mehrere wichtige Marketing- und Unternehmensziele abgedeckt werden.

[13] Quelle: Wanzl UK. Trolleywise Fact Sheet. https://www.wanzl.com/en_EN/service/trolleywise/press-releases/trolleywise-fact-sheet/. Zugegriffen am 09.05.2020.

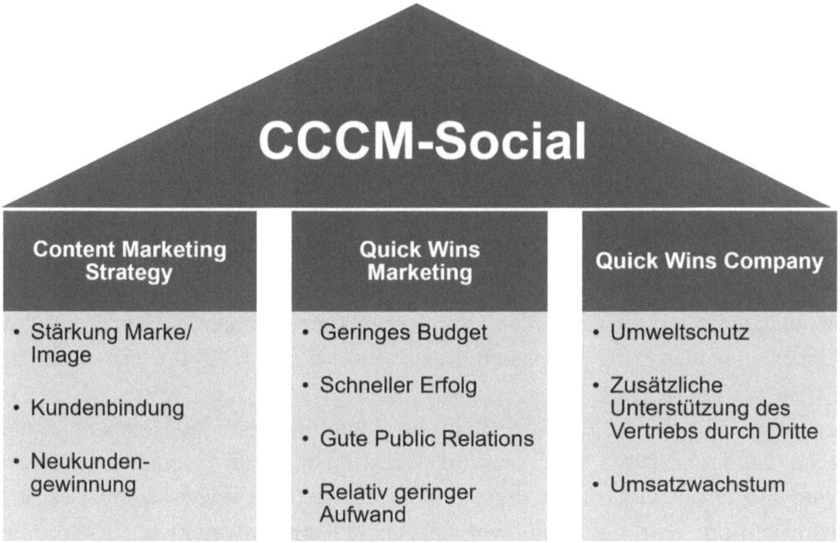

Abb. 13 Erreichte Ziele beim CCCM-Social Einsatz

Wichtigste Marketing Maßnahmen
Zielsetzung war es eine App zu entwickeln, um die entwendeten Einkaufswagen einfacher aufzufinden.

- Abklärung der Realisierbarkeit einer App und Festlegung der Rahmenbedingungen.
- Erstellung des CCCM-Wirkmodells siehe Abb. 10 und Ableitung von Maßnahmen.
- Entwicklung von Social Media Aktivitäten, Prospekten, Web-Sites, Presseartikel, Testimonials rund um die Thematik Einkaufswagen App.

Ergebnisse
- Zahlreiche Presseveröffentlichungen von der Tagespresse wie in diesem Beispiel von der dailymail: https://www.dailymail.co.uk/sciencetech/article-2335571/Fed-scourge-abandoned-supermarket-trolleys-New-app-lets-report-collected.html bis hin zu den BBC News. Somit Steigerung des Bekanntheitsgrades von Marke und Unternehmen. Beispielhaft ein TV Beitrag aus dem Jahre 2013, der in der beliebten „The One Show“ in UK ausgestrahlt wurde: https://www.youtube.com/watch?v=asypZ_1noFg .
- Über 10.000 Downloads der App und starke Beteiligung der britischen Bevölkerung zum Aufspüren der Wagen.
- Alleine im Jahr 2017 wurden über 520.000 Einkaufswagen eingesammelt.
- Die App sorgt für eine erhebliche Vereinfachung der logistischen Prozesse, beim Einsammeln der Wagen.
- Beitrag zum Umweltschutz und Pflanzung von mindestens 2000 Bäumen jährlich. Unterstützung der Aktion „Trees for Cities“ durch die meisten großen britischen Einzelhändler.

- Schaffung einer Win-Win Situation in mehrfacher Hinsicht. Umweltschutz Dank Rückführung der Einkaufswagen und Pflanzung von Bäumen. Der Bekanntheitsgrad und die Beliebtheit des Unternehmens und der Marke wurden aufgrund dieser Aktionen nachhaltig gesteigert. Ebenso verstärkte Kundenbindung, die sich bereitwillig bei dieser Aktion beteiligten und selbst positive Effekte für sich verbuchen konnten.

Lessons Learned
Schafft man es CCCM-Social mit einer Technologie zu kombinieren, die beispielsweise der Umwelt und somit der Gesellschaft nützt, ist der Erfolg fast vorprogrammiert. Hier werden die Kunden nicht nur begeistert, sondern es kann gelingen die Kunden und weitere Zielgruppen zu echten Fans zu machen. Dies zahlt ordentlich auf die Marke und den Bekanntheitsgrad ein.

In so einem Fall wird recht wenig PR-Budget benötigt, da dieses Thema für die Medien so relevant ist, dass darüber berichtet wird. Wichtig ist, hier ein Neuigkeitscharakter und wiederum eine rasche Umsetzung und der Wille zur stetigen Verbesserung. Positiv wurde der ungewöhnliche Weg, mit Hilfe einer App, diese Einkaufswagen aufzuspüren und einzusammeln gewürdigt. An gewöhnlichen Aktionen findet die Presse weniger gefallen.

Wichtig ist, vom Nutzen her zu denken und dann erst an die Technologie auzuwählen. Dies erklärt auch warum diese App nicht schon etliche Jahre vorher erschienen ist. Es gab zu wenig kritische Masse, sprich Handynutzer, die hier hätten mitmachen können. Apps waren oft noch nicht so ausgereift und zuverlässig wie heute. Enorm wichtig für den digitalen Erfolg ist zur richtigen Zeit mit der richtigen Technologie die Zielgruppe mit einem relevanten Content zu begeistern. Ungewöhnlich ist hier, dass eine breite Bevölkerungsschicht offenbar Spaß an der Aktion hatte und breitwillig sich dabei einbrachte. Dies war eine zusätzliche Unterstützung des Vertriebs durch Dritte wie in Abb. 11 und 13 dargestellt. Es zeigt auch: CCCM-Social liegt im Trend der Zeit und diese Themen werden noch viel Beachtung finden.

7 Beispiel 2: CCCM-Law – Eine neue Branche über Nacht

Unternehmen: Wanzl Metallwarenfabrik, Deutschland (Leipheim), vgl. Beispiel 1

Situation und rechtliche Ausgangslage
In diesem Praxisbeispiel geht es um ein Thema mit dem das Unternehmen Wanzl bisher noch nichts zu tun hatte. Es geht um das ernste Thema Spielsucht. Um dieser entgegenzuwirken, wurde 2014 in Deutschland für einige Bundesländer ein Gesetz erlassen. Seitdem kann sich ein Spieler freiwillig in der Datenbank OASIS gegen Spielsucht sperren lassen. Spielt dieser nun und verliert, so kann er seinen Verlust einklagen. Da kamen einige Spieler schnell auf ein lukratives Geschäftsmodell. Im Gewinnfall wurde der Gewinn eingestrichen, bei Verlust wurde der Spielstätten- Betreiber verklagt und das verspielte Geld

musste aufgrund der neuen Gesetzeslage an den Spieler zurückbezahlt werden. Letztendlich konnte der Spieler die Situation zu seinen Gunsten jeweils nutzen. Der Verlierer war letztendlich der Spielstätten- Betreiber.

Des Weiteren drohten auf Grund der neuen Gesetzeslage dem Betreiber bis zu 10.000 € Geldstrafe, wenn ein gesperrter Spieler die Spielstätte aufsuchte, um sein Glück zu versuchen.

Die gewerblichen Spielstätten-Betreiber standen vor einem fast unlösbaren Problem. Plötzlich waren sie für die Einhaltung des Spielerschutzes verantwortlich. Verluste konnten Spieler nun legal zurückverlangen und harte Konsequenzen drohten den Betreibern bei einem Verstoß gegen das neue Gesetz (Wanzl 2015). In Abb. 14 wird deutlich, dass sehr viele Marketingziele mit nur einer CCCM-Law Maßnahme erreichbar sind. Hier werden gleich viele Fliegen mit einer Klappe geschlagen.

Lösungsbeschreibung

Wanzl bietet viele Lösungen an, so auch im Bereich der Zutrittskontrollen. Bei Fitnessstudios, Retail und im Airport Bereich sind diese Anlagen beispielsweise nicht unbekannt. Eine zügige und manipulationssichere Sicherheitskontrolle der Passagiere an Airport-Gates ist heute selbstverständlich. Die Bordkarte wird auf ein Display am Gate aufgelegt, überprüft und ist alles in Ordnung, kann der Passagier das Gate passieren.

Somit war eine grundsätzliche Lösung für die Problematik der Spielstätten-Betreiber bereits gefunden. Ein sicherer Zutritt und die Erfüllung aller gesetzlichen Auflagen, musste in der Spielstätte ähnlich einem Flughafen erfüllt werden.

Abb. 14 Erreichte Ziele beim CCCM-Law Einsatz

Chance trifft Geschwindigkeit

Die Chance, die sich durch die Gesetzesänderung ergab wurde rasch erkannt. Mit Hochdruck wurde im Produkt-Management eine Lösung entwickelt, die überwiegend auf vorhandenen und bewährten Produkten basierte. Letztendlich wurde die Eingangsanlage mit einer Sicherheits-Software gekoppelt. Die Datenbank OASIS mit den gesperrten Spielern konnte sekundenschnell abgefragt werden. Dafür war lediglich ein Fingerscan, ähnlich wie heute bei vielen Smartphones, direkt an der Eingangsanlage für den Datentransfer nötig. Gesperrte Spieler erhielten keinen Zutritt. Neue Spieler konnten sich hingegen mittels Fingerscan schnell und einfach registrieren lassen.

Ein CCCM-Wirkmodell wie aus Abb. 5 kann kurzfristig durch das Marketing erstellt und befüllt werden. Es hilft dabei, einen raschen Überblick zu bekommen, damit die Situation schnell wie in Abb. 15 ersichtlich eingeschätzt werden kann. Wichtige strategische Ansatzpunkte werden hier sichtbar. Ziel ist die Gesetzesänderung für Spielstätten wirkungsvoll für seine Kommunikations- und Marketing- Maßnahmen zu nutzen.

Neukunden über Nacht

In Abb. 15 wird deutlich, dass hier die Chance besteht, an eine völlig neue Zielgruppe, in diesem Falle die Spielstätten-Betreiber, zu gelangen. Der Weg in die neue Branche der Spielstätten stand somit erstmals durch die Gesetzesänderung quasi über Nacht offen.

Branchenneuling wird schnell Experte

Bei der Zielgruppe war das Unternehmen Wanzl noch fast unbekannt. Berührungspunkte mit der Branche gab es bisher kaum. Das forcierte Produkt war hochpreisig, erklärungsbedürftig und sehr technisch. Es setzte die Zutrittskontrolle als modernste Hardware und Software für die Steuerung der Prozesse ein. Eigentlich sollte man davon ausgehen, dass eine Vermarktung in diesem Falle sehr teuer und nur mit einem hohen Marketingbudget zu bewerkstelligen war. Gerade in dieser Konstellation wird deutlich wie stark hier CCCM wirken kann und das es auf den relevanten Content und eben nicht auf ein hohes Budget ankommt.

Content schafft Vertrauen – die Basis für Erfolg

Nach Abb. 15 werden das Image und die Marke in diesem Fall gestärkt. Hierbei wurde geschickt mit dieser heiklen Thematik umgegangen. Dies geschah durch die kostenfreie

Wanzl CCCM-Wirkmodell-Law	Rechtlich	Sozial	Bildung
Stärkung Marke / Image	+	+	o
Neukundengewinnung	++	o	++
Kundenbindung	o	o	o

Abb. 15 CCCM-Wirkmodell für Beispiel 2, Gesetzesänderung für Spielstätten. Legende: negativ (-), neutral (o), positiv (+), sehr positiv (++)

Bereitstellung des wichtigen rechtlichen Contents und die Lösung der Problematik für die Zielgruppe. Als Unternehmen übernahm man hier die Vorreiterrolle und positionierte sich positiv als Experte. So konnte rasch Vertrauen aufgebaut werden, denn ohne dieses würde wohl kaum so ein komplexes Produkt verkauft werden können. Gerade um das Vertrauen aufzubauen, war es wichtig die Kunden vor Ort in das Wanzl Creative Center einzuladen. Auf drei Etagen präsentiert sich hier das komplette Produktprogramm aller Geschäftsbereiche von Wanzl. So wird schnell klar, dass zumindest ein Teil der Wanzl Produktwelt, wie beispielsweise der Einkaufswagen, wo Wanzl weltweiter Marktführer ist, schon selbst sehr oft benutzt wurde.

Ebenfalls hat der Retail Bereich, aus dem letztendlich das Produkt ursprünglich stammte, einen positiven Abstrahlungseffekt auf das neue Produkt für die Spielstätten-Betreiber, denn es ist bekannt wie hoch die Produktanforderungen in dieser Branche sind. Genau in diesem sehr aufwändigen Showroom wurde das neue Produkt präsentiert. Bei der Infoveranstaltung erfuhren die potentiellen Kunden Einzelheiten und eine Einschätzung der rechtlichen Lage im Anschluss. Als Lösungsmöglichkeit wurde die Wanzl Eingangsanlage vorgestellt und später konnte der Prototyp schon im Schulungscenter vorgeführt werden.

Wohl kaum einer der geladenen Gäste hatte damit gerechnet, dass bereits eine Lösung für dieses komplexe und neue Thema existiert.

Auf die Kundenbindung dürfte sich das neue Gesetz weniger auswirken und wird daher in Abb. 15 neutral eingestuft. Die Bestandskunden, welche keine Spielstätten betreiben interessiert das Thema nur am Rande. Negative Auswirkungen durch die geplanten Maßnahmen waren nicht ersichtlich und konnten vernachlässigt werden. Somit war es unkritisch dieses Thema in das Wanzl Kundenmagazin Worldwide mit aufzunehmen, das tausendfach als Printausgabe und als Download auf der ganzen Welt verteilt wurde. Die Thematik insgesamt untermauerte die Innovationsdynamik von Wanzl, sowie das hohe soziale Engagement des Unternehmens wie bereits im Beispiel 1 dargestellt.

Eine Weiterbildung erfuhren nur die Neukunden, da diese rein aufgrund der Tatsache der Gesetzesänderung für Spielstätten zu Infoveranstaltungen eingeladen wurden. Daher ist nach Abb. 15 hier die Relevanz als sehr hoch eingestuft. Für die Zielgruppe ist die Aufklärung über die neue Gesetzeslage elementar wichtig. Ohne Beachtung der neuen Gesetzeslage stünde schließlich die Existenz der Zielgruppe auf dem Spiel.

Wichtigste Marketing Maßnahmen

Zielsetzung war die Erschließung der neuen Zielgruppe, Verkauf des neuen Produkts und weiteren Dienstleistungen.

- Abklärung der Realisierbarkeit des potentiellen Produkts
- (mit Business Unit und Product Manager).
- Erstellung des CCCM-Wirkmodells siehe Abb. 15 und Ableitung von Maßnahmen. CCCM-Education spielte für den Bereich von Weiterbildungsmaßnahmen für die potentiellen Kunden ebenfalls eine wichtige Rolle.

- Recherche der Zielgruppe (Spielstätten-Betreiber).
- Einladung der Zielgruppe ins Unternehmen zur Info-Veranstaltung über das neue Gesetz zum Spielerschutz.
- Entwicklung von Whitepaper, Prospekten, Web-Sites, Presseartikel, Testimonial rund um die Thematik Spielerschutz.
- Veranstaltung mit der Zielgruppe vor Ort. Demonstrationsfähiger Prototyp im Showroom.
- Nachbearbeitung der Leads.

Ergebnisse

- Über 150 Anlagen für den Spielerschutz wurden in nur einem Bundesland in kürzester Zeit installiert.
- Neben dem Produkt wurden Servicedienstleistungen wie Installation und Inbetriebnahme der Anlage und Wartung überdurchschnittlich oft mitverkauft und sorgten für gutes Umsatzwachstum in diesen Bereichen.
- Positionierung als Experte und Innovationsführer innerhalb der Branche sorgt für raschen Vertrauensaufbau innerhalb der Zielgruppe.
- Für einen gewissen Zeitraum war man alleiniger Lösungsanbieter am Markt und quasi ohne Wettbewerb. Dem Gesetz folgten noch weitere Bundesländer. Später wurde hier sehr ähnlich vorgegangen. Es ist nicht auszuschließen, dass weitere Länder ähnliche Gesetze forcieren, was ein langfristiges Umsatzwachstum bedeutet.
- Der Response sämtlicher Marketing-Maßnahmen war überdurchschnittlich hoch. Die Inhouse-Veranstaltungen waren ausgebucht.
- Es wurde eine Win-Win Situation geschaffen, die sogar drei Fliegen mit einer Klappe erschlagen konnte. Aufgrund des freiwilligen Schutzes der Spieler konnten diese nicht mehr Ihr Geld verspielen und waren von dem Zutritt der Spielstätte ausgeschlossen. Der Spielstätten-Betreiber wurde entlastet, da durch den Einsatz der Wanzl Anlage gesetzeskonform gehandelt wurde und er problemlos den Spielerschutz einhalten konnte. Spieler, die das Gesetz legal ausnutzen wollten, um Verluste gegenüber den Spielstätten-Betreibern zurückzufordern, konnten nicht mehr davon profitieren.

Lessons Learned

Wer zuerst kommt, mahlt zuerst und das bietet vielfältige Chancen für das Marketing wie in Abb. 13 aufgezeigt wird. Relativ einfach können hier sehr wichtige Unternehmensziele erreicht werden. Es ist wichtig die Rahmenbedingungen rasch abzuklären und ob überhaupt reagiert werden kann. Hat man ein geeignetes Produkt zur Problemlösung für die Zielgruppe, bzw. wie schnell kann ein solches Produkt entwickelt werden? Sind die Kapazitäten bei z. B. Fertigung, Marketing und Vertrieb verfügbar oder müssen diese noch bereitgestellt werden?

Sehr schnell muss die Zielgruppe ausfindig gemacht werden, um ihr mit den entsprechenden Marketingaktivitäten zu begegnen. Hierbei hat sich das CCCM Wirkmodell aus Abb. 5 bewährt.

Vorrangig soll das Problembewusstsein innerhalb der Zielgruppe geschärft werden. Der Content geht hier bewusst weg vom reinen Produktmarketing hin zum relevanten Informations-Marketing. Hierzu ist eine enge Abstimmung des Marketings mit den Business Units, dem Produkt Management und dem Vertrieb notwendig.

Mit relativ geringem Marketingaufwand wurde in kürzester Zeit eine neue Branche mit nachhaltigem Umsatzwachstum erschlossen. Der geringe monetäre Einsatz ist eine der Stärken von CCCM. Anstatt hoher Kommunikationskosten wird auf einen höchst relevanten Content gesetzt, der sogar wie in diesem Beispiel zu einer völlig neuen Zielgruppe führen kann.

Literatur

Esch, F. R. (2016a). *Strategie und Technik der Markenführung*. München: Franz Vahlen.

Esch, F. R. (2016b). *Identität*. Frankfurt/New York: S Campus.

Fiedler, F. E. (1967). *A theory of effective leadership effectiveness*. New York: McGraw Hill.

Fiedler, F. E. (1974). The contingency model – New directions for leadership utilization. *Journal of Contemporary Business*, 3, 65–80.

Maslow, A. (1943). A theory of human motivation. *Psychological Review*, 50(4), 370–396.

Nagel, K. (1994). *Weiterbildung als strategischer Erfolgsfaktor*. Landsberg: Moderne Industrie.

Statista. (2020a). *TrendCompass 2020*. Age of Assistance.

Statista (2020b). Content Marketing Forum. Content-Marketing Conference & Expo. Die Content Marketing Trendstudie 2020.

Wanzl. (2015). WWW – Wanzl Worldwide (2014, 2015). Die Kundenzeitschrift der Wanzl Metallwarenfabrik GmbH, Ausgabe 15. Neues Gesetz zum Spielerschutz.

Olaf Mörk, Dipl. Betriebswirt (FH), ist seit über 25 Jahren als Director Marketing, Interim Manager und Berater im internationalen B2B-Marketing zu Hause. Im Mittelpunkt des digitalen Wandels steht für ihn die Marke und das Unternehmen, das gestärkt daraus hervorgehen muss. Die Marke dient ihm dabei als stabiler Anker, der im stürmischen digitalen Meer für Orientierung sorgt. Bereits 1995 spezialisierte er sich auf die Digitalisierung für Industrie, Handel, Hersteller, IT und Dienstleistung. Damals brachte er z. B. die Sparkasse als zweite deutsche Direktbank mit auf den Markt, entwickelte die ersten Online-Konfiguratoren und digitalisierte später ganze Geschäftsfelder. Ziel ist es, innovative und neue bezahlbare Lösungen für den Erfolg von morgen zu schaffen. Als Autor zahlreicher Marketing-Publikationen und Keynote-Speaker auf führenden Marketing-Kongressen wie CMCX, DMEXCO, Lead Management Summit und einer engen Kooperation mit marconomy berichtet er regelmäßig über Content-Strategien und digitales Marketing. Zuletzt initiierte er die Marke „Mörketing". Dabei stehen Marketinglösungen und Impulse für das Unternehmen und seine Marke im Mittelpunkt.

Käuferorientierter Content-Ansatz – Design Thinking für empathischeres Marketing in der B2B Welt

Alexandra Ender

Inhaltsverzeichnis

Zusammenfassung

Dieser Artikel erklärt, warum B2B-Marketingexperten sich nicht nur auf technologische Lösungen wie Marketingautomatisierung verlassen können, um effektiveres Marketing zu betreiben: Kunden sind mit einer wachsenden Informationsüberflutung konfrontiert. Dies führt zu einer immer stärkeren „Banner Blindheit", die nicht nur

A. Ender (✉)
Hilti Deutschland AG, München, Deutschland

U. Seebacher (Hrsg.), *Praxishandbuch B2B-Marketing*,
https://doi.org/10.1007/978-3-658-31651-8_16

Werbebanner, sondern alle Arten von Content (E-Mails usw.) betrifft. Dies stellt Marketingexperten vor die Herausforderung, potenzielle Kunden durch die Buyer Journey zu führen: Mehr als die Hälfte der Journey findet bereits ohne den Vertrieb statt. Um sich von der Informationsflut abzuheben, müssen Marketingexperten daher relevante Inhalte erstellen. B2C-Unternehmen verfügen häufig über ein großes Budget für die Marktforschung (Fokusgruppen, Umfragen usw.), während B2B-Unternehmen in der Regel ohne diese Möglichkeiten auskommen müssen. In diesem Artikel erfahren Sie mehr über Tools, die im Rahmen von Design Thinking verwendet werden, um diese Empathie aufzubauen, Ihre Kunden (oder potenziellen Kunden) besser zu verstehen, relevante Kommunikationsideen daraus abzuleiten und zu identifizieren, welche Inhalte relevant sind in welcher Phase der Buyer Journey.

1 Einleitung

Im Januar 1996 veröffentlichte Bill Gates einen Artikel auf der Microsoft-Website, der sich im Internet herumsprach. Heute kann man seinen Satz „Content is king" überall im Web lesen, wo es ein Zitat zum Thema Marketing gibt. Aber kaum jemand weiß, dass Bill den einprägsamen Satz aus der Medienindustrie übernommen hat. Dieses Zitat erschien bereits in einem Buch, das in den 1970er-Jahren das Argument unterstützte, dass „Form und technische Aspekte, so wichtig sie auch sind, den Inhalt nicht ersetzen können" (Click und Baird 1974). Bill stellte die Verbindung zum Internet her:[1]

> „Mit Inhalten wird ein Großteil des Geldes im Internet verdient werden, so wie es auch beim Fernsehen der Fall war."

Nach der Anfangsphase, als Internet-Kommunikation noch sehr wirksam war, nahm die Effizienz kontinuierlich ab. Trotz aller technischen Raffinesse sinken selbst bei Google, das im Jahr 2018 3200 Anpassungen zur Verbesserung seines Suchalgorithmus vornahm, die Klickraten kontinuierlich.[2]

Diese Technologie hat ihre Schwächen ebenso wie die Marketingautomatisierung, die es Vermarktern ermöglicht, ihre Marketingeffizienz durch immer präzisere Targeting-Optionen zu verbessern. Sie ist für jeden in der Marketingwelt zugänglich. Jeder kann seine Kunden mit Werbung bombardieren, die er für relevant hält (weil er etwas verkaufen will), während die Benutzer eine enorme Überlastung mit (weitgehend irrelevanten) Informationen erleben. Dies führt letztlich zu dem, was gemeinhin als „Banner-Blindheit" (Lada 2007) bezeichnet wird, wenn Internetnutzer ein Banner gar nicht mehr zur Kenntnis nehmen. „Banner-Blindheit" betrifft nicht nur Banner, wie der Name vermuten lässt, son-

[1] https://medium.com/@HeathEvans/content-is-king-essay-by-bill-gates-1996-df74552f80d9. Zugegriffen am 20.04.2020.

[2] https://www.advancedwebranking.com/ctrstudy/. Zugegriffen am 20.04.2020.

dern auch jede andere Kommunikation, zum Beispiel E-Mails. Zwar handelt es sich in diesem Fall nicht um „Blindheit", sondern eher um „Kommunikationsmissachtung", da der Kunde aktiv E-Mails löscht, ohne sie zu lesen, doch das Ergebnis ist das gleiche: der Inhalt wird von der Zielgruppe ignoriert.

Dies ist auf Entscheidungsmüdigkeit zurückzuführen (Buchanan und Kock 2001), die durch Informationsflut verursacht wird. Übersetzt für Marketingexperten bedeutet dies: Wenn Sie es nicht schaffen, aus der Informationsüberflutung herauszustechen, wird Ihre Marketingeffizienz extrem leiden, Sie werden viel Geld für wenig Erfolg Ihrer Kommunikation bezahlen. So können Sie sich die Informationsflut für Ihre Kunden vorstellen: Es ist wie viele Tischtennisbälle, die auf Sie zukommen. Sie müssen sich entscheiden, welchen Sie spielen wollen, und den Rest, wenn nicht sogar alle, fallen lassen. Dasselbe passiert unbewusst, wenn Sie mit zu vielen Informationen konfrontiert werden.

Gleichzeitig gibt es eine Verschiebung auf der Buyers Journey, die ein wirksameres Marketing erfordert: Im Durchschnitt haben die Käufer 57 % ihrer Journey hinter sich gebracht, wenn sie zum ersten Mal mit einem Verkäufer sprechen. Die Rolle des Marketings besteht darin, bereits in diesen frühen Momenten präsent zu sein, um die Kaufentscheidung dort zu beeinflussen, wo die Verkäufer nicht anwesend sind.

2 Die Journey Phase definiert nicht den Inhalt

Vielfach kann man Ratschläge lesen zu spezifischen Inhaltsformaten für jede Journey Phase. Die meisten beziehen sich auf den AIDA-Trichter.[3] Der Fehler dieses Ansatzes wird schnell deutlich, wenn man konkrete Beispiele betrachtet.

Stellen Sie sich ein Unternehmen vor, das Werkzeuge an Baufachleute verkauft. Wenn dieses Unternehmen ein Werkzeug verkaufen möchte, das in seiner Branche weit verbreitet ist, z. B. einen Abbruchhammer, würde das Unternehmen schlecht investieren, wenn es das Geld für ein Whitepaper über Abbruchhämmer einsetzen würde, um die Awareness-Phase zu begleiten. Wieso, wenn allgemeine Empfehlungen Whitepapers in der Awareness-Phase als großartigen Inhalt bezeichnen? In diesem Beispiel würde das Unternehmen nicht an die tatsächlichen Bedürfnisse seiner Kunden denken: Die Kunden kennen die Kategorie der Abbruchhämmer, sie wissen höchstwahrscheinlich genau, welches Produkt sie wollen, eventuell sogar die Funktionen, die sie benötigen, und wollen schnell zu einer Entscheidung kommen. Vielleicht haben sie sogar eine bevorzugte Marke im Sinn. In diesem Fall besteht die Aufgabe eines Marketingexperten nicht darin, die Kategorie bekannt zu machen, sondern dafür zu sorgen, dass die Kunden über Ihre Marke informiert werden

[3] Der AIDA-Trichter beschreibt ein Modell zur Erklärung der Wirkung von Marketing. Nach dem Modell durchläuft der Kunde vier Stufen (die auf englisch das Akronym bilden): Aufmerksamkeit, Interesse, Wunsch, Aktion.

und dass sie überzeugt werden, von ihrer bevorzugten Marke zu Ihrer zu wechseln. Diese Herausforderung in der Awareness-Phase ist ganz anders als die nächste.

Wie wäre es mit einem Produkt, das ein Thema anspricht, bei dem die Kunden ihren Cashflow erheblich verbessern könnten? Lassen Sie uns ein weiteres konkretes Beispiel nehmen: Dieses Mal verkauft das Unternehmen Software und damit verbundene Dienstleistungen für eine einfache Art und Weise, das Vermögen der Kunden zu verwalten. Was Sie am Ehesten tun würden, wäre die Erstellung eines Whitepapers über Möglichkeiten der Vermögensverwaltung. Was aber, wenn Ihr Kunde die Art und Weise, wie er sein Vermögen heute verwaltet, schätzt? Vielleicht weiß er nicht einmal, dass er das Potenzial hat, seinen Cashflow zu verbessern? Auch Ihr Whitepaper wird nicht ansprechend sein und bei Weitem nicht die Klicks und Leads generieren, die Sie sich erhofft haben. Niemand kauft eine Lösung für ein Problem, das er nicht sieht. In diesem Fall besteht Ihre Rolle als Marketingexperte darin, zunächst Problembewusstsein zu wecken, bevor Sie für eine bestimmte Lösung werben.

Beide Fälle decken zwar eine bestimmte Stufe des Problembewusstseins ab, aber die Kundenbedürfnisse sind sehr unterschiedlich. Ein weiterer Unterschied, der ins Spiel kommt, ist das Markenbewusstsein: Je geringer Ihr Markenbewusstsein für ein bestimmtes Angebot ist, desto geringer ist die Kaufabsicht Ihrer potenziellen Kunden (Chi et al. 2009; Yaseen et al. 2011), was bedeutet, dass Sie noch härter daran arbeiten müssen, Ihre potenziellen Kunden davon zu überzeugen, von ihrer bevorzugten Lösung zu Ihrem Angebot zu wechseln. Was können Sie also tun?

3 Kundenbedürfnisse verstehen

Die schlechten News zuerst: Es gibt keine Patentlösung für die perfekte Kommunikation, und Sie müssen Ihre Kunden kennen lernen, um zu verstehen, wie Sie durch Ihre Inhalte mit ihnen ins Gespräch kommen können. Denken Sie daran, dass Sie mit Menschen zu tun haben, nicht mit Unternehmen, auch wenn diese Personen eine Firma repräsentieren.

Die gute Nachricht: Sie müssen nicht Tausende von Euro für Marktforschung ausgeben, um Ihre Kunden kennenzulernen. Das Aufbauen von Empathie für den Kunden – das Verstehen der Kundenperspektive, wie er/sie sich fühlt und die Bedürfnisse (Goleman et al. 2017) – ist am einfachsten, wenn man in direktem Kontakt steht, wie es die Verkäufer tun. Nichtsdestotrotz brauchen und können Marketingexperten eine Art Massen-Empathie, d. h. das Verständnis eines Kunden-Clusters, aufbauen, um Inhalte zu erstellen, die ansprechen.

Dieser Artikel stellt eine bewährte Methode vor, um den B2B-Kunden besser zu verstehen und ein Konzept für kundenorientierte, effektivere Inhalte zu entwickeln. Er erklärt Schritt für Schritt, basierend auf der Methode des Design Thinking, 5 Phasen, wobei der Schwerpunkt auf dem Verstehen des Kunden liegt und wie Ideen für relevanten Content und dessen Bereitstellung entwickelt werden können.

Ein tieferes Verständnis von Inhalten rund um Kontingenzthemen wird dann im nächsten Artikel von Olaf Mörk erläutert. Es werden branchenrelevante Inhalte aus dem rechtlichen und politischen Umfeld, Insiderwissen und sozialen Umfeld (Contingency Content) eingehend behandelt. Diese helfen Unternehmen, zu einer führenden Informationsquelle für spezifische Themen zu werden. Sobald der Inhalt definiert ist, stellt sich die Frage, was danach passiert. Daher befasst sich der Artikel von Łukasz Kosuniak mit dem Management von Content: Wie man von der Planungsphase zur Produktion, Bewerbung und Messung des Contents übergeht, was alle Elemente in einen Prozess bringt, der sicherstellt, dass das Konzept zu einem Resultat führt.

4 Design Thinking für Kommunikation

In den meisten B2B-Organisationen wird der Input für die Kommunikation von der gleichen Person gegeben, die für die Entwicklung und Logistik eines Produkts verantwortlich ist: Der Produktmanager. Obwohl diese Person Fachexperte ist, entsteht dadurch ein Problem. Produktmanager sind Experten über die Technologie und die Eigenschaften ihrer Produkte, so dass es für sie schwer ist, zu verstehen oder sich auch nur vorzustellen, was ein Kunde über ihre Produkte denken würde.[4] Das hindert sie daran, effektiv darüber nachzudenken, wie gute Inhalte in den Augen ihrer Kunden aussehen könnten. Stattdessen denken Produktmanager häufiger so, dass sie bereits eine „coole" Idee im Kopf haben, die nur noch ausgeführt werden muss, um den „Buzz" zu erzeugen, zum Beispiel ein Facebook-Video. Das mag Spaß machen und kreativ sein, hat aber nichts mit Käuferorientierung zu tun, wenn es nicht den Kanal, das Format und den Inhalt anspricht, mit dem sich die wichtigsten Kunden beschäftigen.[5]

Das Gehirn des Produktmanagers ist ein Opfer dessen, was in der Sozialpsychologie „Effort Justification" genannt wird. Dieser Effekt hindert ihn/sie daran, den objektiven Wert seiner/ihrer Lösung zu erkennen: Der Effekt beschreibt die Tendenz, alles, wofür man hart gearbeitet hat, höher zu bewerten, als es jeder andere tun würde (Festinger 1957). Und selbst wenn der Produktmanager seine Hypothese testen wollte, könnte er in den „Confirmation Bias" fallen, d. h. er würde nur die Informationen sehen, die seine Hypothese bestätigen.[6] Dies ist auch der Grund, warum der Spruch „Verliebe dich nie in deine eigenen Ideen" unter Software-Entwicklern weit verbreitet ist, aber auch so oft und leicht ignoriert wird.

---

[4] Zur besseren Lesbarkeit steht das Wort Produkt nicht nur für Hardware-Produkte, sondern auch für Software und Dienstleistungen.

[5] Sogar Youtube selbst, Experte für Videoinhalte (und Videoinhalte sind heutzutage eines der beliebtesten Formate), musste diese Erfahrung machen: Ihre Rückschau 2019 war das am meisten negativ bewertete Video in diesem Jahr, siehe https://www.brandwatch.com/blog/youtube-stats/. Zugegriffen am 21.04.2020.

[6] https://www.wsj.com/articles/SB10001424052748703811604574533680037778184. Zugegriffen am 24.04.2020.

Um diese Vorurteile zu überwinden, ist der Design-Thinking-Prozess ein großartiges Werkzeug: Er erleichtert es, sich in die Lage seiner Kunden zu versetzen und den Denkprozess aus deren Perspektive statt aus der eigenen zu beginnen. Dies ist entscheidend, da es nur eine Chance für einen ersten Eindruck gibt. Und das sollte der Ihres Kunden sein.

Aber warum funktioniert das? Laut Jeanne Liedtka hat Design Thinking das Potenzial, „die vollen kreativen Energien von Menschen zu entfalten, ihr Engagement zu erlangen und Prozesse radikal zu verbessern".[7] Das heißt, der Prozess hilft, Befangenheit und gängige Argumente zu überwinden, ohne in Diskussionen zu verfallen (z. B. „das kann nicht funktionieren"), gibt ruhigeren Menschen einen Raum, um ihre Einsichten und Ideen einzubringen, hilft aber auch, politische Diskussionen zu überwinden und sich abzustimmen.

Die Idee des Design Thinking entstand in den 1950er-Jahren als ein Prozess zur Unterstützung der Entwicklung neuer Designs, z. B. Produkte oder Gebäude, während es heute für eine breite Palette „übler Probleme" verwendet wird: von der Produktentwicklung über Strategie, Finanzdienstleistungen, Bildung und sogar zur Selbstverbesserung.[8]

Design Thinking ist ein fünfstufiger Prozess, der die folgenden Phasen beinhaltet (Plattner et al. 2011):

- Definition des Problems: Verstehen des wirklichen Problems, das gelöst werden muss
- Bedarfsermittlung und Benchmarking: Ermittlung der tatsächlichen Nutzerbedürfnisse und wie Situationen heute gelöst werden
- Idee: Vorstellen möglicher Lösungen und deren Priorisierung
- Prototyping: Schnelle Muster erstellen, oft physisch
- Testen: Einholen von frühem Feedback mit diesen Mustern

Diese fünf Phasen sind weder unabhängig noch notwendigerweise voneinander getrennt, man könnte sie eher als sich von Zeit zu Zeit überlappend betrachten. Alle Phasen werden für die Erstellung eines Content Konzepts auf den kommenden Seiten behandelt. Aber lassen Sie uns zunächst einen kurzen Blick darauf werfen, wie der Prozess abläuft.

5 Design Thinking – wenn der Sprint keine Option ist

Während viele Design Thinking Workshops eine ganze Arbeitswoche dauern, können Sie die Zeit so anpassen, wie es Ihren Bedürfnissen am besten entspricht. Zeitlich gesehen kann es eine gute Idee sein, die Phasen aufzuteilen und nur einige wenige in einem Workshop abzudecken, während die anderen Phasen in Projektteams ausgearbeitet werden. Es könnte schwierig sein, ein ganzes Team für eine komplette Arbeitswoche

[7] https://hbr.org/2018/09/why-design-thinking-works. Zugegriffen am 21.04.2020.

[8] https://theaccidentaldesignthinker.com/2017/09/16/40-design-thinking-success-stories/. Zugegriffen am 21.04.2020.

freizustellen. Dies gilt vor allem dann, wenn Sie beschließen, Stakeholder in den Prozess einzubeziehen, da Manager oft nur wenig Zeit für die Teilnahme haben, Sie aber sicherstellen wollen, dass diese mit an Bord sind. Hier ist eine Empfehlung: Bereiten Sie Phase 1 mit dem Verantwortlichen vor, decken Sie die Phasen 2 und 3 in einem Workshop-Modus ab und gehen Sie dann in Sub-Teams für das Prototyping und Testen des Kommunikationsmaterials über.

Was die Teilnehmer betrifft, so sollten Sie sicherstellen, dass Sie einen neutralen Moderator zur Hand haben, der durch den Prozess und insbesondere die Workshopzeit führt. Neutral bedeutet, eine Person zu haben, die nicht am Resultat des Workshops beteiligt ist (wie der Produktmanager oder der Kommunikationsmanager für die Lösung, an der Sie arbeiten). Im Idealfall hat dieser Moderator gute Zuhör- und Moderationsfähigkeiten sowie einige Hilfsmittel zur Hand, um die Zeit und Energie der Gruppe zu managen.

Wenn Sie über den Aufbau der Gruppe nachdenken: Sollten Kunden teilnehmen? Wenn Sie dies möchten, müssen Sie darauf achten, dass Sie etwa 5 Kunden haben, und für Diversität unter diesen sorgen.[9] Warum 5? Wenn Sie nur einen Kunden hinzuziehen, wird alles, was diese Person sagt, für die „ultimative Wahrheit" gehalten, da es der Kunde ist, der dies sagt, aber er/sie spricht nur für sich selbst, und es könnte andere Ansichten geben, die Sie so leicht übersehen. Fünf Kunden als Teilnehmer zu haben, bringt Ihnen ein gutes Maß an Vielfalt, um einen Großteil der Kundenbedürfnisse abzudecken. Wenn Sie keine Kunden hinzuziehen wollen, müssen Sie sicherstellen, dass Sie kundenorientierte Mitarbeiter in den Prozess einbinden und dafür sorgen, dass im Vorfeld einige Daten oder Erkenntnisse gesammelt werden (z. B. durch Interviews, Kundenbesuche, bestehende Marktforschung oder einen einfachen Online-Fragebogen).

Abgesehen vom Moderator und der Kunden/keine Kunden Entscheidung, sollte auch das Workshop-Team ein hohes Maß an Diversität gewährleisten, um einschlägige Diskussionen zu vermeiden, z. B. Marketing-Slang, wenn nur Marketingleute im Raum sind. Achten Sie dabei immer auf kundenorientierte Mitarbeiter (Kundenservice-Mitarbeiter könnten eine gute Option sein, da diese weniger durch geschulte Verkaufsreden trainiert sind als der Außendienst).

Vielleicht möchten Sie auch Personen einbeziehen, die mit dem Ergebnis des Prozesses übereinstimmen sollten, z. B. globale Ansprechpartner, Manager usw. Den Prozess gemeinsam zu durchlaufen, ist eine gute Möglichkeit der Abstimmung. Achten Sie darauf, dass Sie nicht mehr als 7 Teilnehmer pro Moderator haben. Es ist schwierig, den Fokus einer großen Gruppe auf eine Person oder eine Aufgabe zu halten, und die Erfahrung hat gezeigt, dass die Teilnehmer anfangen kleine „Fokuspausen" zu nutzen, um ihr Telefon zu checken oder Nebengespräche zu beginnen. Dies senkt die Energie des gesamten Teams, selbst wenn die entsprechenden Teilnehmer zur Aufgabe zurückgeholt werden (Abb. 1).

---

[9] https://www.thesprintbook.com/how. Zugegriffen am 25.05.2020.

Abb. 1 Die 5 Phasen des Design Thinking für Marketing Kommunikation

Tipp: Falls Sie Unterstützung bei der Durchführung eines Workshops benötigen, sehen Sie sich diese kostenlosen Ressourcen an:

- Google's Design Sprint Kit[10]
- Jake Knapp's (Autor des Buchs „Sprint") Tips for Facilitators[11]
- Digital Telepathy's Design Sprint Playbook in einem Trello Board mit allen Sprintphasen[12]

5.1 Das Problem definieren: Das Business Briefing

„Ich brauche einen Facebook-Post für mein neues Produkt und ein Video, um dafür zu werben, und eine E-Mail", ist etwas, was Sie vielleicht regelmäßig von Produktmanagern hören. Und der Drang, schnell Lösungen zu finden, ist sehr geläufig, aber achten Sie darauf, nicht in die Falle des Aktionismus zu tappen. Oder wie Einstein sagte:

> „Wenn ich eine Stunde Zeit habe, um ein Problem zu lösen, würde ich 55 Minuten über das Problem und fünf Minuten über Lösungen nachdenken."

In dem Zitat steckt viel Wahrheit drin auch wenn es hier nicht 1:1 übersetzt wurde:[13] Verbringen Sie genügend Zeit damit, die Elemente zu verstehen, die das Problem beeinflussen, denn sonst könnten Ihre Lösungen zwar ausgefallen, kreativ und lustig sein, aber nicht dazu beitragen, Ihre Kunden mit Ihren Inhalten zu begeistern. Das Business-Briefing

[10] https://designsprintkit.withgoogle.com. Zugegriffen am 05.05.2020.

[11] https://sprintstories.com/23-facilitation-tips-for-design-sprints-34d876aa5317. Zugegriffen am 05.05.2020.

[12] https://trello.com/b/Tvntem8Z/digital-telepathy-design-sprints-playbook-public. Zugegriffen am 05.05.2020.

[13] https://quoteinvestigator.com/2014/05/22/solve/. Zugegriffen am 28.04.2020.

zielt darauf ab, die Abstimmung zwischen den relevanten Interessengruppen sicherzustellen, die Grenzen zu setzen und die Richtung vorzugeben. Um dieses Business-Briefing zu erstellen, sollten der Verantwortliche und der Moderator zusammenarbeiten und sich mit den Stakeholdern abstimmen. Geschieht dies nicht, laufen Sie Gefahr, die Arbeit der folgenden Schritte noch einmal wiederholen zu müssen.

Erstens: Verschaffen Sie sich zunächst Klarheit über das Kommunikationsziel: Warum wollen Sie kommunizieren? Vielleicht denken Sie: „Ganz einfach, es geht um den Verkauf". Aber warten Sie eine Sekunde: Dies könnte Ihr Ziel sein, aber wollen Sie dies auch mit der Kommunikation zum Kunden erreichen? In vielen Fällen gibt es bei B2B-Verkäufen einen mehrstufigen Verkaufsprozess, und der Geschäftsabschluss erfolgt erst, nachdem ein Lead erfasst wurde und der Verkauf das Marketing ablöst. In diesem Fall wäre Ihr Ziel das Sammeln qualifizierter Leads und nicht der Verkauf an sich. Natürlich sollte der Verantwortliche am Ende die Verbindung zum Vertrieb sicherstellen, aber für den Zweck der Erstellung der käuferzentrierten Kommunikation wäre Ihr Endziel ein Lead.

Es ist wichtig, sich darüber im Klaren zu sein, da Sie über den Deal, den Sie und der Kunde abschließen, und über das, was Sie liefern, nachdenken müssen. Wenn es sich um einen Verkauf handelt, ist das Geschäft einfach: Geld gegen die Lösung (sei es eine Software, ein Produkt usw.). Wenn es sich um ein Lead handelt, geschieht der Deal unbewusst auf Kundenseite: Bereitstellung von Daten, um was zu erhalten? Darauf müssen Sie antworten, da der Kunde immer unbewusst denkt: Lohnt sich das (klicken, Daten angeben, Zeit zum Lesen oder etwas anderes)? Wenn die Antwort nein lautet, haben Sie den Kunden verloren. Beobachten Sie zum Beispiel Ihr Online-Verhalten: Welche E-Mails öffnen und lesen Sie, welche löschen Sie, ohne sie überhaupt zu öffnen? Welche Ergebnisse klicken Sie bei der Suche in Google an und welche Ergebnisse ignorieren Sie? Sie werden herausfinden, dass Sie E-Mails oder Suchergebnisse ignorieren, die nicht zu versprechen scheinen, Ihnen zu geben, was Sie brauchen, so dass Sie nicht bereit sind, Zeit auf diesen Websites oder mit diesen E-Mails zu verbringen. Dasselbe gilt für Ihre Kunden.

Zweitens: Klären Sie, wer Ihr Zielkunde ist. Vermeiden Sie es, zu generisch zu sein („die Entscheidungsträger") und alle ansprechen zu wollen („Ingenieure von 35-60, die Designsoftware verwenden"). Spezifisch zu sein und sich zu konzentrieren ist hier der Schlüssel. Wenn Ihr ausgewählter Zielkunde zu generisch beschrieben ist, wird die Beschreibung dem Team nicht helfen, sich in die Kunden einzufühlen, sich in ihre Lage zu versetzen (siehe nächster Schritt), und die Lösungen, die das Team finden wird, werden dürftig sein. Personas[14] sind eine gute Möglichkeit, diese Falle zu vermeiden. Wenn Sie in Ihrem Unternehmen keine Personas haben, können Sie leicht einen Entwurf für eine Persona erstellen, der im nächsten Abschnitt behandelt wird. Es ist wichtig, sich so klar wie möglich darüber zu sein, wer Ihr Zielpublikum ist, bevor Sie in die Übungen der nächsten Phase starten. Was den Fokus auf eine Zielgruppe betrifft: Insbesondere im

---

[14] Eine Persona ist ein Kunden-Avatar, der die Zielkundenbeschreibung mit persönlichen Eigenschaften unterstützt, die helfen, sich auf den Kunden zu beziehen, während die Zielkundenbeschreibung eine Liste von Fakten ist.

B2B-Bereich haben Sie viele Personen, die eine Kaufentscheidung beeinflussen, dennoch können Sie nicht alle auf einmal ansprechen, so dass Sie entscheiden müssen, wer die eine Zielgruppe ist, für die Sie es richtig machen müssen. Es ist wie im Titel eines Buches: Sie haben so viele wichtige Dinge zu sagen, aber es passen nur ein paar Worte auf den Titel, also müssen Sie Ihre Kernidee wählen. Zurück zu unserem Fall: Sie denken vielleicht, dass es die beste Idee ist, die Botschaften für alle am Kaufprozess Beteiligten anzupassen, weil am Ende alle die richtige Botschaft für sie finden werden. Aber was Sie vergessen, ist, dass Ihre potenziellen Kunden anfangen, Ihren Inhalt (einen Titel, ein Bild) anzuschauen und sofort entscheiden, ob er für sie relevant ist. Falls dies nicht der Fall ist, werden Ihre Wunsch-Käufer nicht einmal zu der Botschaft gelangen, die für sie 2 Zeilen weiter unten steht. Daher ist es entscheidend, dass Sie sich auf einen Zielkunden konzentrieren.

Drittens geht es um Ihr Angebot (Produkt, Software, Dienstleistung usw.), das Sie verkaufen wollen. Bitten Sie den Produktmanager, alle Funktionen aufzulisten, und zwar nicht nur die technischen, sondern auch die „weichen" Funktionen wie Dienste usw., und sie zu gruppieren, um einen einfachen Überblick zu erhalten. Gehen Sie hier nicht auf die Interpretation eines potenziellen Wertversprechens ein, sondern vergewissern Sie sich, dass Sie verstehen, was das Produkt bewirkt und was es vom Wettbewerb unterscheidet. Führen Sie auch Alternativen auf, die der Kunde heute nutzt. Verwenden Sie ausdrücklich nicht das Wort „Konkurrenten", da dies die Liste der Lösungen, die Sie sich ansehen, einschränkt und Ihr Kunde möglicherweise etwas völlig anderes verwendet, vielleicht eine Alternativlösung, die es zu kennen wichtig wäre. Machen Sie sich auch mit dem Kontext vertraut: Warum müssen Sie jetzt kommunizieren? Warum ist dieses Produkt überhaupt erfunden worden? Wenn das Produkt schon eine Weile auf dem Markt ist, fragen Sie nach dem Kundenfeedback und wie der Verkauf läuft. All dies wird Ihnen Einblicke geben, die Sie unbedingt beachten sollten, wenn Sie den Design Thinking Prozess starten.

Viertens: Letztendlich müssen Sie – je nach Organisation – auch die Termine für die Kommunikation, die relevanten Stakeholder (zur Abstimmung des Briefings) und regionale Unterschiede kennen. Wenn es große Unterschiede gibt, müssen Sie eventuell entscheiden, ob Sie den Prozess individuell für jedes Land durchlaufen, z. B. wenn die Kunden in einem Land signifikant anders denken (mehr Bewusstsein für rechtliche Themen) als Kunden in einem anderen Land (die sich nicht um rechtliche Themen kümmern). Dies wird sehr produkt- und länderabhängig sein.

Sobald Sie das Geschäftsbriefing erhalten haben und es von den relevanten Stakeholdern (diejenigen, die den gesamten Prozess stoppen könnten) unterschrieben ist, sind Sie bereit, den Prozess zu starten.

5.2 Bedarfsermittlung und Benchmarking: Verstehen der Kunden

Ein typischer Ausgangspunkt für jedes Kommunikationskonzept ist es, tief in das Verständnis des zu bewerbenden Produkts einzutauchen. Dabei stößt man jedoch auf viele der zuvor beschriebenen Verhaltensparadigmen und kann eine Marketingkommunikation schaffen, die intern Beifall erntet, aber nicht zu der Wirkung führt, die man bei den Kunden erzielen möchte.

Deshalb schlage ich vor, dass Sie zunächst Ihr Angebot völlig vergessen und sich in die Lage Ihrer Kunden versetzen. Die Ansprache Ihres Schlüsselpublikums kann nur funktionieren, wenn Sie wissen, was diesen wichtig ist.

Die Kunden von heute sind ungeduldig, sie wollen nicht lange warten, um zu sehen, ob sie ihre Zeit wertvoll nutzen: Die Bounce Rates zum Beispiel steigen drastisch an, je länger das Laden der Seite dauert. Aber stellen Sie sich vor, die Zeit ist nicht die technische Ladezeit, sondern die Zeit, um zur relevanten Information zu gelangen – die Statistik wäre die gleiche, da auch die Aufmerksamkeitsspanne der heutigen Menschen sehr gering ist.[15]

Was bedeutet das also für Sie als Marketingexperte? Sie müssen Ihre Kommunikation für Ihre Kunden von Beginn an ansprechend gestalten, indem Sie super klar und relevant sind und mit Ihrer Botschaft innerhalb von Sekunden auf den Punkt kommen. Eine typische Gewohnheit vieler Nutzer ist es zum Beispiel, mehrere Tabs auf einmal zu öffnen und dann zu entscheiden, welches die relevanten Tabs sind, alle anderen werden schnell wieder geschlossen. Sie sollten also sicherstellen, dass Ihre Website zu denjenigen Tabs gehört, die offen bleiben. Dasselbe Prinzip gilt auch für jede nicht-digitale Kommunikation.

Aus diesem Grund haben die UX-Designer den „5-Sekunden"-Test entwickelt: Ein Benutzer bekommt Ihre Kommunikation für 5 Sekunden zu sehen und sagt Ihnen dann, woran er sich erinnert. Dadurch erhalten Sie einen guten Einblick in die Klarheit Ihrer Kommunikation. Für eine digitale Version eines solchen Tests sehen Sie sich zum Beispiel den „5-Sekunden-Test" an.[16]

Stellen Sie sich vor, Sie blättern durch eine Zeitungsseite: Sie werden nicht jeden einzelnen Artikel lesen, aber die Titel und eventuell die Teaser könnten Sie zum Klicken oder nicht zum Klicken veranlassen. Aber wenn Sie geklickt haben, lesen Sie eigentlich immer den ganzen Artikel durch?

Höchstwahrscheinlich nicht, weil Sie das Interesse verlieren könnten, da der Artikel nicht das beantwortet, was Sie erwartet haben, das Schreiben langweilig ist oder vielleicht einfach nur, weil eine Benachrichtigung über eine eingehende E-Mail Sie abgelenkt hat. Was auch immer der Grund sein mag, wenn Sie Ihr persönliches Verhalten zu Informationen beobachten, erhalten Sie ein gutes Verständnis dafür, wie Ihre Kunden mit Ihren Inhalten umgehen.

So einfach es auch klingen mag, klar, Kommunikation relevant und direkt auf den Punkt zu bringen, ist harte Arbeit. Und deshalb ist es entscheidend diese von der Kundenperspektive aus anzugehen statt von der Produktperspektive aus: So können Sie einen frischen Blick auf Ihre Produkte werfen und werden nicht von all der Zeit und Energie geblendet, die Sie in die Entwicklung oder Markteinführung investiert haben. Für Ihre Kunden ist es nur ein weiteres Produkt, das ein Unternehmen von ihm kaufen möchte.

---

[15] Microsoft Studie (2013): http://dl.motamem.org/microsoft-attention-spans-research-report.pdf. Zugegriffen am 17.05.2020.

[16] https://fivesecondtest.com. Zugegriffen am 05.05.2020.

Gerade im B2B-Marketing ist es leicht den Fokus auf alles Funktionale zu richten: das Bewerben von technischen Merkmalen, und zu glauben, dass Kunden immer eine sehr gut informierte Entscheidung treffen, entspräche dem Idealbild des „homo oeconomicus". Doch die Realität ist weit von dem entfernt. Auch wenn der B2B-Kaufprozess strukturierter sein mag, mit bestimmten Meilensteinen, die im Beschaffungsprozess zu dokumentieren und zu validieren sind, mit mehreren Einflussnehmern und regulatorischen Richtlinien, haben Sie es immer noch mit Menschen zu tun. Und wenn man diesen menschlichen Faktor nicht berücksichtigt, unterschätzt man, wie Entscheidungen tatsächlich getroffen werden, und verpasst große Chancen. 95 % des Entscheidungsprozesses geschieht im Unterbewusstsein.[17] Sie könnten nun argumentieren, dass Ihre Kunden anders sind: Sie haben sie gefragt, warum sie Ihr Produkt gekauft haben, und sie haben mit vielen funktionalen Gründen geantwortet. Oder lügen sie? Eigentlich keines von beidem. Ihre Kunden sind sich einfach nicht all der emotionalen und mentalen Prozesse bewusst, die ihre Entscheidungen beeinflussen, auch im Geschäftsleben. Studien bestätigen, dass B2B-Kunden wesentlich stärker emotional mit ihren Käufern und Dienstleistern verbunden sind als die Verbraucher.[18] Ein gut ausgebildetes Kundenverständnis sollte daher mehrere Aspekte berücksichtigen:

- das Wissen Ihres Kunden über die Kategorie Ihres Produkts: Ihre Kommunikation muss an einem anderen Punkt beginnen, abhängig davon, ob Ihr Produkt Ihren Kunden allgemein bekannt ist oder ob Sie eine völlig neue Produktkategorie einführen
- den Kontext, in dem Ihr Kunde das Produkt verwendet: handelt es sich um ein häufig verwendetes Produkt oder nutzt der Kunde es nur von Zeit zu Zeit?
- über die Fakten hinaus auch seine persönlichen Bedürfnisse: Auch wenn man glauben möchte, dass B2B-Kaufentscheidungen faktengetrieben sind, zeigen Studien, dass Emotionen eine noch größere Rolle spielen als bei B2C-Kaufentscheidungen: Während sich Lösungen bei führenden Marken selten signifikant von der Konkurrenz unterscheiden, treibt der persönliche Wert die Kaufabsicht um +50 % und senkt die Preissensibilität.[19] Kein Kunde wäre in der Lage, diesen Effekt zu beschreiben, da Kaufentscheidungen hauptsächlich durch unbewusste Prozesse getrieben werden. Daher würden die Kunden das Treffen von Entscheidungen durch Fakten erklären, obwohl dies nicht der Realität entspricht. (Dies ist auch als „cognitive bias" bekannt)

Wie können Sie also tatsächlich in den Kopf Ihres Kunden schauen, wenn diese Ihnen nicht einmal sagen können, was sie wollen oder wie sie ihre Entscheidungen treffen?

Der klassische Ansatz wäre, Marktforschung zu betreiben: Fokusgruppen, Interviews, Studien und so weiter. Dies ist zwar ein absolut gültiger Ansatz, und es wäre toll, all diese

---

[17] https://hbswk.hbs.edu/item/the-subconscious-mind-of-the-consumer-and-how-to-reach-it. Zugegriffen am 18.05.2020.

[18] https://www.thinkwithgoogle.com/marketing-resources/promotion-emotion-b2b/. Zugegriffen am 18.05.2020.

[19] https://www.thinkwithgoogle.com/marketing-resources/promotion-emotion-b2b/. Zugegriffen am 18.05.2020.

Daten zur Hand zu haben, aber in den meisten Fällen sind die Kosten zu hoch, um eine solch umfangreiche Marktforschung durchzuführen.[20]

Eine andere Möglichkeit ist die Arbeit mit Personas, wenn es sie im Unternehmen gibt. Wenn Sie keinen Zugang zu Personas haben und kein Geld für die Durchführung von Marktforschung haben, besteht die Backup-Lösung darin, einen internen Workshop durchzuführen, um Ihre Kunden besser zu verstehen. Hierfür gibt es zwei Möglichkeiten:

i. mit Kunden: Wenn Sie Kunden in einen Workshop einbeziehen möchten, müssen Sie sicherstellen, dass ausreichend Kunden teilnehmen (siehe oben)
ii. ohne Kunden: Falls Sie einen Workshop ohne Kunden veranstalten, stellen Sie sicher, dass Sie Kundeneinblicke zur Verfügung haben – durch Erfahrungen (z. B. Vertriebs- oder Kundendienstmitarbeiter), Kundenbesuche, die Sie selbst durchführen können, Branchenberichte oder anderes unterstützendes Material, das Sie nutzen können.

5.3 Kundenprofil erstellen

Ein gutes Modell für einen Workshop ist die rechte Seite der Value Proposition Canvas von Strategyzer (Osterwalder et al. 2014.): Es strukturiert Beobachtungen, Vermutungen, Studien und alle Daten, die Ihnen über Ihre Kunden zur Verfügung stehen, in drei Bereiche im Hinblick auf Ihr Angebot (Abb. 2):

Abb. 2 Modell, um schnell ein Kundenprofil mit den Kernelementen, die für Ihre Kommunikation relevant sind, anzulegen

[20] Eine pragmatische Lösung ist eine Umfrage per Mail an Ihre Kunden zu versenden.

- **Zu Tun (Jobs)**: Was braucht, will oder muss der Kunde leisten? Die ersten Dinge, die in den Sinn kommen, sind funktionale Aufgaben wie die Verwaltung von Finanzen, aber vergessen Sie nicht die emotionalen oder sozialen „Aufgaben" (z. B. als guter Chef wahrgenommen zu werden, die eigene Zeit im Job zu managen vs. das Familienleben) – alles im Kontext der Rolle und Ihres Angebots (z. B. die Definition der IT-Struktur)
- **Hindernisse (Pains)**: Was hält Ihren Kunden davon ab, das zu erreichen, was sie erreichen wollen, oder ärgert sie bei der Ausübung ihrer Arbeit? Das können Probleme oder Hindernisse sein, denen der Kunde bei seiner Arbeit begegnet (z. B. schlechtes Wetter bei der Arbeit im Freien), negative Emotionen (z. B. das Gefühl, von den sich ändernden Vorschriften überfordert zu sein) oder jegliches Risiko (z. B. Unfälle), aber seien Sie hier spezifisch (z. B. „fühlt sich von den sich ständig ändernden Vorschriften überwältigt" vs. nur „Vorschriften")
- **Träume (Gains)**: Was wünscht sich der Kunde als Ergebnis oder im Zusammenhang mit Ihrem Angebot? Vielleicht denken Sie auch über das hinaus, was Kunden Ihnen sagen würden, so wie Ford, der sagte: „Hätte ich meine Kunden gefragt, was sie sich wünschen, hätten sie schnellere Pferde gesagt". [21,22]

Nachdem Sie alle Ideen erfasst haben, priorisieren Sie diese nach bestem Wissen und Gewissen auf Grundlage des Ihnen zur Verfügung stehenden Inputs.[23] Diese Übung gibt Ihnen einen guten Einblick in Ihre Kunden und generiert viele neue Erkenntnisse, die für die Erstellung Ihrer Kommunikationsinhalte relevant sind. Allerdings fehlt noch ein weiterer Schritt, um Ihr Kundenverständnis zu komplettieren.

5.4 Die Buyer Journey nachvollziehen

Nun ist es Zeit sich die Journey anzuschauen, d. h. die Schritte, die der Kunde bis zu einer Entscheidung durchläuft. Wie auch immer die Reise aussieht, wenn Ihr Inhalt nicht auf die Bedürfnisse des Kunden in den verschiedenen Schritten eingeht, werden Sie Ihre Kunden verlieren. Stellen Sie sich vor, Sie erhalten eine E-Mail für ein hervorragendes Restaurant in Bangkok. Es wird nur wenige von Ihnen geben, die sich tatsächlich darum scheren, weil die meisten von Ihnen keine Pläne haben, nach Bangkok zu reisen und nicht „Feinschme-

[21] Dies ist ein Artikel, der aufzeigt, dass Henry Ford dies nie gesagt hat (https://hbr.org/2011/08/henry-ford-never-said-the-fast. Zugegriffen am 25.04.2020.), jedoch bleibt die Botschaft relevant: Kunden können häufig nicht ausdrücken, was sie tatsächlich brauchen.

[22] https://www.forbes.com/sites/forbesfinancecouncil/2017/10/19/on-building-a-faster-horse-design-thinking-for-disruption/#20c5d70e49f9//https://hbr.org/2011/08/henry-ford-never-said-the-fast. Zugegriffen am 26.04.2020.

[23] Tips, um den eigenen Bias zu umgehen: https://www.babson.edu/academics/executive-education/babson-insight/finance-and-accounting/auditors-pitfall-five-ways-to-overcome-confirmation-bias/#.

cker" genug sind, um sich für Restaurants zu interessieren, die sie nicht so bald besuchen können. Aber was wäre, wenn Sie eine E-Mail über die charmante Einzigartigkeit Thailands erhalten würden? Vielleicht möchten Sie einen Blick darauf werfen, und vielleicht inspiriert Sie diese Mail zu Ihrem nächsten Urlaub. Das ist natürlich eine lange Buyer Journey, aber das ist auch im B2B-Bereich oft der Fall. Und obwohl der Drang, sich direkt in den Verkaufsmodus zu stürzen völlig verständlich ist, sollten Sie sich zunächst die Journey Ihres Käufers ansehen und die relevanten Bedürfnisse ansprechen.

Klassischerweise nutzen viele Marketingexperten hierfür den AIDA-Trichter. Aber welcher Kunde würde schon sagen: „Oh, mein Bewusstsein steigt"? Das Problem mit dieser Namensgebung ist, obwohl ich dem Trichterkonzept nicht widerspreche,[24] dass es keinen Kundenfokus, sondern einen Marketing-Fokus hat: Die verschiedenen Phasen sind die Antwort auf das, was man im B2B Marketing erreichen will: Aufmerksamkeit, Interesse, Wunsch, Aktion.

Um kundenorientierter zu sein, versammeln Sie idealerweise ein paar Kollegen (z. B. in einem Workshop, wie bereits vorgeschlagen). Die meisten Kollegen haben ihr eigenes Bild von der Journey, und einige werden sogar einwerfen, dass jede Buyer Journey anders verläuft. Dies trifft zu, da jede Person, die Ihre Kommunikation sehen wird, anders ist. Dennoch sind Sie nicht in der Lage, sie 1:1 anzusprechen, wie es ein Verkäufer könnte, so dass Sie im Marketing den kleinsten gemeinsamen Nenner finden müssen, um mehrere potenzielle Kunden anzusprechen. Bitten Sie dazu jede Person, ein Bündel von Post it Notes zu nehmen und die Journey aus der Kundenperspektive und in der Kundensprache zu zeichnen oder aufzuschreiben, auch Schritte, in die Sie als Unternehmen nicht einbezogen werden würden. Ein Schritt pro Post-it, in völliger Stille. Beenden Sie jede Diskussion darüber, was die richtige Journey ist, denn das Ziel ist es, jeden Gedanken einzufangen, auch von den eher schweigsamen Menschen, und Diskussionen verhindern dies.

Es ist manchmal schwierig, alle für diesen Prozess zu begeistern, z. B. Ingenieuren. Eine Möglichkeit, dies zu erreichen, besteht darin, das Video von Tom Wujec's TED-Vortrag 2013 zum Thema „How to make toast" zu zeigen. Tom arbeitete bei Autodesk, einem Unternehmen für technische Software, weshalb auch kritischere Leute dieser Methode zu vertrauen scheinen. Er zeigt in dem Video, warum die Post-it-Methode auf brillante Weise funktioniert.[25]

Sobald jede Person ihre Version der Buyer Journey aufgezeichnet hat, präsentiert jeder Teilnehmer seine. Die anderen Teilnehmer dürfen zum besseren Verständnis Fragen stellen, aber achten Sie darauf, jede Diskussion darüber, was richtig oder falsch ist, abzubrechen. Sobald jeder Teilnehmer seine Journey aufgezeigt hat, lassen Sie die Teilnehmer alle Journeys zu einer einzigen zusammenfügen. Was sich zunächst als unmöglich anhören

---

[24] Das Trichtermodel list ein Konzept, um Inhalte entsprechend der Buyer Journey Schritte zu sortieren. Es ist keine Abbildung der Realität, denn in Wirklichkeit überspringen Kunden eine Phase schnell oder rutschen in eine vorige Phase zurück.

[25] Hier können Sie das Video anschauen: https://www.youtube.com/watch?v=_vS_b7cJn2A.

mag, ist eine überraschend gute Möglichkeit, die Menschen auf ein gemeinsames Verständnis und Ergebnis auszurichten. Selbst wenn Sie mehr Mitglieder in der Gruppe haben und sie in zwei oder sogar mehr aufteilen, kommen sie am Ende höchstwahrscheinlich zum gleichen Ergebnis.

Wenn die Journey erst einmal verstanden ist, bitten Sie die Gruppe zu entscheiden, wo Ihre größte Geschäftsmöglichkeit liegt, d. h. wo die meisten Kunden sind, aber Sie auch genug zu sagen hätten, um die Kunden auf der Joureny einen Schritt weiter zu bringen. Wenn z. B. die meisten Kunden sich in einer Phase befinden, in der sie die Finanzen ihres Unternehmens nicht verstehen, Sie aber keine Ressourcen für entsprechende Inhalte haben, sollten Sie es vermeiden, bei diesem Schritt zu starten (obwohl der Aufbau solcher Ressourcen sehr sinnvoll wäre, siehe hierzu auch den Artikel von Olaf Mörk).

Sie können Ihrer Käuferreise einige zusätzliche Ebenen hinzufügen, um das Verständnis des Kundenprozesses nach Ihren Bedürfnissen zu verbessern:

- **Beeinflusser:** B2B-Entscheidungen sind meist Prozesse mit vielen Beteiligten (offiziell oder inoffiziell), so dass diese Ebene zusätzlich wichtige Erkenntnisse liefern kann
- **Emotionen/Gedanken:** wie bereits erwähnt, sind B2B-Entscheidungen auch emotional getrieben, wenn Sie dies mehr ins Bewusstsein rücken wollen, kann ein kurzes Brainstorming über die inneren Dialoge des Kunden Spaß machen und sehr hilfreich sein
- **Berührungspunkte:** Wo informiert sich der Kunde in jeder Phase (die Berührungspunkte können unterschiedlich sein)? Wenn Sie keine Daten zur Verfügung haben, sehen Sie nach, ob Sie einen Branchenbericht finden können, der Ihre Hypothese untermauert (Abb. 3).

Nachdem nun ein gutes Kundenverständnis entwickelt wurde, können Sie nun endlich Ideen entwickeln, welche Kommunikation Ihre Kunden in der Customer Journey weiterbringen würden.

5.5 Ideen entwickeln: Den Customer Flow erstellen

Die meisten Marketingexperten fangen zu schnell an, Ideen für Kampagnen und Kommunikationskonzepte zu entwickeln. Während es das Klischee über Marketing ist, ausgefallene TV-Spots oder Social-Media-Inhalte für etwas Buzz zu kreieren, basiert die ein Großteil der Marketingarbeit stark auf Zahlen und dem Kundenverständnis. Ein berühmtes Marketing-Zitat sagt: „Die Hälfte des Geldes, das ich für Werbung ausgebe, ist verschwendet; das Problem ist, dass ich nicht weiß, welche Hälfte". Wenn Sie das Wissen, das Sie über Ihre Kunden haben, nutzen, können Sie Ihr Geld effektiver einsetzen, weil der Inhalt die Kunden anspricht und daher besser funktioniert. Es ist daher wichtig

Abb. 3 Die Wände im Büro sind ein idealer Platz, um Workshop Ergebnisse zu zeigen: das kann Neugierige anziehen und hilft die Kundenprobleme immer vor Augen zu haben (https://unsplash.com/photos/wxWulfjN-G0. Zugegriffen am 25.05.2020.)

genügend Zeit darauf zu verwenden, den Kunden zu verstehen, bevor man anfängt Ideen zu entwickeln.

Das Ergebnis dieses Schritts ähnelt einer Buyer Journey, aber es ist wichtig, beide zu trennen: Bei der Abbildung der Buyer Journey geht es darum, sich in die Lage des potenziellen Kunden zu versetzen, in die Schritte, Gedanken und Gefühle, die er durchläuft. Während Sie die vorhergehende Phase durchlaufen, sollten Sie nicht daran denken, was Sie als Marke dem Kunden erzählen möchten oder was Sie wollen, dass der Kunde macht. Aber jetzt, in der Ideenfindungsphase, dürfen Sie endlich all die Ideen vorbringen, die Sie bisher zurückhalten mussten. Die Aufgabe in dieser Phase besteht darin, Ideen zu generieren, die den Kunden auf der Customer Journey einen Schritt weiterbringen.

Für die Kommunikation sollten Sie bei jedem Schritt der Buyer Journey die folgenden Elemente berücksichtigen (Abb. 4):

- Kanäle
- Inhalt (z. B. als Informationsbedarf)
- Kommunikationsmaterial/Inhalt-Format-Ideen
- Etc.

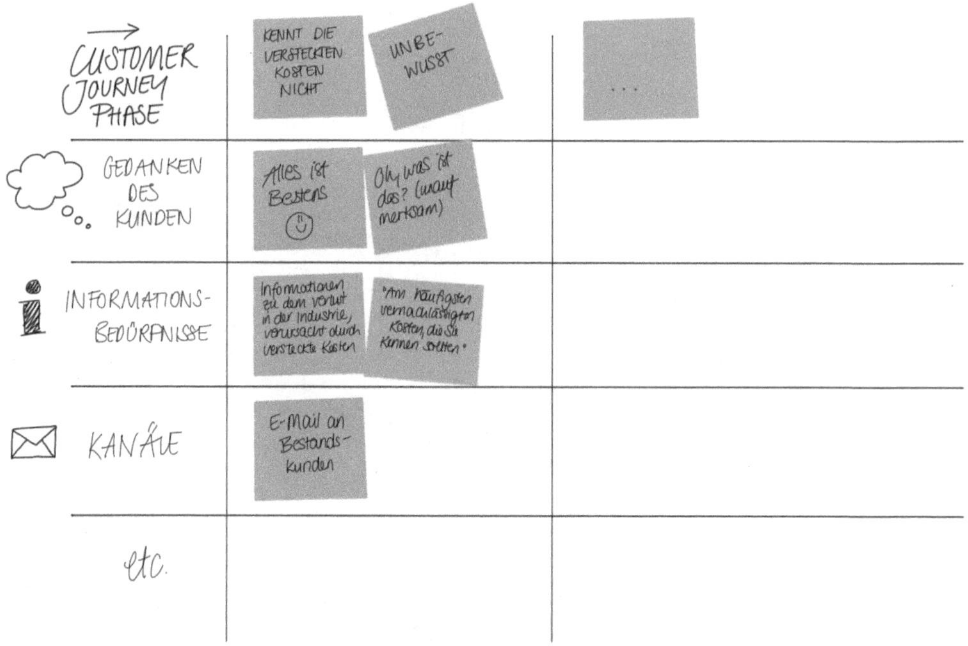

Abb. 4 Typisches Beispiel eines Boards für ein Customer Journey Mapping (in einem Workshop hingen hier deutlich mehr Post-its und zu Beginn würde es viel chaotischer aussehen)

Kanäle: Wie bereits einige Folien zuvor erwähnt, wissen die meisten Produktmanager (oder Führungskräfte oder jeder andere), was sie wo kommunizieren wollen. In den meisten dieser Fälle weiß die Person aber nicht, ob der Kanal für das Zielpublikum, das sie erreichen möchte, geeignet ist. Daher ist es hilfreich, vor einem Brainstorming, welche Kanäle in welcher Phase genutzt werden sollen, im Vorfeld einiges Wissen über den potenziellen Kunden zu sammeln: Ob über Personen, bei welchen Sie diese Daten anfragen können, Branchenberichte, eine interne Kundenbefragung oder einfache Online-Infografiken. Wenn Ihnen nichts hiervon zur Verfügung steht, ist es hilfreich, die Ergebnisse Ihrer bisherigen Kommunikation anzuschauen und daraus Insights abzuleiten. Und ein letzter Ausweg: Fragen Sie Ihre Kollegen, die direkt mit Kunden zu tun haben, oder rufen Sie selbst ein paar Kunden an. Diese Infos mögen zwar nicht für alle Kunden, aber sie geben Ihnen gute Hinweise, wo Sie anfangen können.

Ein Kanal ist auch nicht unbedingt relevant in jeder Phase der Journey: Studien zeigen, dass es 6 bis 8 Kontakte braucht, um einen relevanten Lead zu generieren, und selbst nach dem Kontakt mit einem Verkäufer setzt der Kunde höchstwahrscheinlich seine eigenen Nachforschungen fort.

Tipp
Vergessen Sie nicht die weniger offensichtlichen Kanäle wie Reviews und Peers, die für die Journey eines B2B-Käufers entscheidend sind. Vielleicht ist die eigentliche Person, die von Ihrer Lösung profitiert, nicht der Käufer, aber hat enorme Einflussmöglichkeiten. Die Ansprache dieser Beeinflusser könnte also ein zusätzlicher „Kanal" sein, um Ihren Zielkäufer zu beeinflussen. Die Wahl des richtigen Kanals für Ihre Kommunikation könnte zu einem viel größeren Ergebnis führen (im Traffic oder bei Leads oder Käufen).

Inhalt: Der Kanal ist zwar wichtig, aber vergessen Sie nicht die Botschaft, die Information, die Sie übermitteln, sonst ist auch jeder Kanal unnütz. Was würde Ihren Kunden in der Phase, in der er sich befindet, dazu bringen, sich für Ihre Inhalte zu interessieren, d. h. Ihre E-Mail anzuklicken oder Ihren Blog-Beitrag weiter zu lesen und schließlich einen Schritt weiter auf dem Weg zur Konversion zu gehen? Es geht nicht darum, „Slogans" zu kreieren, sondern darüber nachzudenken, mit welcher Art von Information Ihr Kunde sich tatsächlich beschäftigen würde.

Zum Beispiel: Stellen Sie sich vor, Sie entdeckten bei Ihrem Journey Mapping zu einer Software zur Dokumentation von Sicherheitsprüfungen, von der die meisten Ihrer Kunden wissen, dass sie diese dokumentieren sollten, aber viele von ihnen legen die Papiere nur irgendwo ab, und sobald ein Sachverständiger eine Kontrolle durchführt, hat Ihr Kunde große Schwierigkeiten, diese Dokumente wiederzufinden. Einfach nur zu sagen, wie großartig Ihre Lösung ist, würde Ihre Kunden nicht begeistern, obwohl es Sie sie von einem großen Pain Point befreien würde.

Tipp
Wenn Sie Informationen darüber erstellen, wie großartig Ihre Lösung ist, ist alles, was Sie interessiert Sie selbst, während das, was den Kunden interessiert, seine eigenen Bedürfnisse sind aber nicht Sie. Verwenden Sie dieses Wissen und stellen Sie Ihre Informationen aus der Sicht Ihres Kunden dar: Sie könnten zum Beispiel Inhalte verwenden, die mit einer Frage zu dem Ärger beginnen, in den der Kunde gerät, wenn ein Sachverständiger seine Arbeit überprüft. Erst dann gehen Sie dazu über, Ihre Lösung aufzuzeigen.

Kommunikationsmaterial: Jetzt, da Kanal und Inhalte klar sind, können Sie sich Gedanken über die Kommunikationsmaterialien machen, die die Inhalte transportieren. Vielleicht hatte der Produktmanager Recht, als er sagte, er brauche ein lustiges Video auf Facebook, aber vielleicht ist eine Infografik, die per Post an die Vertriebsmitarbeiter und direkt an die Kunden verschickt wird, die bessere Lösung für Ihr Ziel. Stellen Sie sich also vor, LinkedIn sei der wichtigste Kanal, und der Inhalt dreht sich um den Ärger mit einem Sachverständigen und wie man diesen Ärger vermeiden kann. Ihr Material könnte ein E-Mail-Text für InMails, ein LinkedIn-Artikel, ein kurzer Beitrag mit ein paar Tipps und einem Link zu Ihrer Website, eine Grafik mit den wichtigsten Tipps, ein Bild der Gefahrensituation und so weiter sein. Testen Sie diese Assets, was bei Ihrer Zielgruppe am besten funktioniert, und auf dieser Grundlage verbessern Sie die Kommunikationsmaterialien.

5.6 Tipps für mehr Kreativität

Wie kommt man in einen kreativen Flow, wenn man Ideen in einem Workshop entwickelt? Der Verstand jedes Menschen arbeitet anders. Vor allem in einem Workshop-Setup kommen verschiedene Charaktere zusammen, die alle abgeholt werden müssen. Wenn Sie eine Brainstorming-Sitzung organisieren und die Leute ihre Ideen herausschreien lassen, werden Sie erleben, dass manche Leute fast die ganze Zeit in Anspruch nehmen, während andere kaum etwas sagen. Es gibt einige Methoden, diese Art von Charakteren auszubalancieren, um die Ideen von allen, auch den ruhigsten, einzubeziehen.

Für eine erfolgreiche Kreativ-Session befolgen Sie diese Regeln:

- Stellen Sie zum Beispiel eine klare Frage, die beantwortet werden soll: Über welche Kanäle können wir unser Zielpublikum erreichen?
- Legen Sie ein Zeitlimit fest und kommunizieren Sie es
- Stellen Sie sicher, dass jeder verstanden hat, dass es nicht darum geht, Ideen zu beurteilen – weder verbal noch nonverbal, denn in der Phase geht es nur um Quantität

Ein paar hilfreiche Kreativtechniken, um Kommunikationsideen zu entwickeln:

Brainstorming ist mit Sicherheit die bekannteste Kreativtechnik, hat aber auch ihre Schwächen. Eine kleine Anpassung hilft, das Problem zu überwinden, das manche Teilnehmer dominanter als andere sind, und es zu einer wertvollen Technik in einer Workshop-Situation zu machen: Versorgen Sie die Teilnehmer mit Post-its und schwarzen Filzstiften. Geben Sie ihnen in völliger Stille bis zu 5 Minuten Zeit (stellen Sie einen Wecker), um ihre Ideen zu notieren (eine Idee = ein Post-it). Sobald die Zeit abgelaufen ist, bitten Sie die Teilnehmerinnen und Teilnehmer, ihre Ideen an die Tafel zu heften. Jede zusätzliche Idee, die beim Zuhören aufkommt, sollte auf einem Post-it notiert und ebenfalls an die Wand geheftet werden. Sie können die Ideen natürlich gleichzeitig bzw. wenn alle Post-its an der Wand hängen, gruppieren. Wenn Sie alleine daran arbeiten, können Sie diese Methode auch für Ihr individuelles Brainstorming nutzen.

Brainwriting geschieht in völliger Stille: Geben Sie den Teilnehmenden 3 bis 5 Minuten Zeit, um ihre Ideen auf Karten zu schreiben (eine Idee = eine Karte). Sobald die Zeit vorbei ist, geben sie die Karten an die nächste Person weiter, die 3 bis 5 Minuten lang auf den ersten Ideen aufbaut und dann zur nächsten Person wechselt. Machen Sie dies etwa 15 Minuten lang und lassen Sie dann die Teilnehmerinnen und Teilnehmer die Karten, die sie nun haben, vorstellen. Diese Methode eignet sich gut für das Brainstorming der Inhalte (der Informationen), die Sie erstellen möchten.

Brainwalking unterstützt die Gruppe mit so genannten „Ideenstationen": Bereiten Sie diese Stationen mit Erkenntnissen (z. B. aus Marktforschung) oder Ideen (z. B. aus anderen Industrien) vor. Alle TeilnehmerInnen haben Post-its und gehen in ihrem eigenen Tempo von Station zu Station, während sie Ideen notieren und an den verschiedenen Stationen anpinnen. Auch dies geschieht in völliger Stille. Dies kommt der Methode des „inspirierten Brainstormings" sehr nahe, bringt aber etwas Unterstützungsmaterial und den Vorteil, sich körperlich zu bewegen.

Worst Possible Idea (Allerschlimmste Idee): Diese Methode kann verwendet werden, wenn die Energie des Teams niedrig ist oder wenn man die Leute dazu bringen muss, über den Tellerrand hinauszuschauen, wenn sie es nicht wagen, sich etwas vorzustellen oder neue Ideen einzubringen. Bitten Sie die Teilnehmenden, sich die allerschlimmsten Ideen vorzustellen – illegale, dumme, extrem schlechte usw. Je schlimmer desto besser. Und dann nennen Sie die Eigenschaften, die diese Ideen so schlecht machen. Bitten Sie die Teilnehmer dann in einem zweiten Schritt, diese in gute Ideen zu verwandeln.

Sie können online viele weitere Kreativtechniken finden, dies sind vier, die sich gut für die vorgeschlagene Anwendung eignen.

Ideen priorisieren

Nach dem Entwickeln der Ideen haben Sie vermutlich mehr, als Sie umsetzen könnten. Daher müssen Sie eine Priorisierung vornehmen, um zu entscheiden, welche Sie umsetzen. Denn Design Thinking macht nur Sinn, wenn Sie die Ideen am Ende auch tatsächlich umsetzen. Die Priorisierung kann zu ausladenden Diskussionen führen. Hier sind 2 Wege, um dies zu vermeiden und dennoch Entscheidungen zu treffen.

i. Dot Voting (Punkte-Abstimmung): Geben Sie jedem Workshop-Teilnehmer eine Anzahl von Klebepunkten, die sie/er auf die Ideen klebt, die sie/er für die wertvollsten hält und die Sie verfolgen sollten. Achten Sie darauf, dass nur wenige Punkte für alle vorhanden sind. Die Entscheidung, wo sie platziert werden sollen, sollte nicht einfach sein, denn sonst wäre es keine Priorisierung.
ii. Modell Wirkung vs. Aufwand: Zeichnen Sie ein Diagramm, wobei die x-Achse die Wirkung (von niedrig bis hoch) und die y-Achse den Aufwand (von hoch bis niedrig) zeigt. Entscheiden Sie dann als Gruppe, wo die einzelnen Ideen auf dem Diagramm platziert werden sollen. Es geht nicht darum, sie genau richtig zu platzieren, sondern darum, einzuschätzen, wo sie ungefähr platziert werden sollten. Zeichnen Sie dann zwei gebogene diagonale Linien von einer Achse zur anderen, um die Ideen in drei Kategorien einzuteilen: „Just do it" (relativ hohe Wirkung vs. Aufwand), Planen (die Wirkung ist so hoch, dass die Idee interessant erscheint, aber auch so hoch, dass sie

nicht nur ausgeführt werden könnte) und die Ideen, die Sie verwerfen sollten (zu hoher Aufwand für zu geringe Wirkung) (Abb. 5).

Wenn Sie diese Ideen nun entwickelt haben, sollten Sie sie in einen logischen, kundenorientierten Ablauf, den Customer Flow, bringen. Dieser leitet Interessenten durch die Customer Journey bis zum Ziel (z. B. dem Kauf) (Abb. 6).

Es gibt viele Möglichkeiten diesen Customer Flow zu dokumentieren, am besten eignen sich hierfür Online Tools.

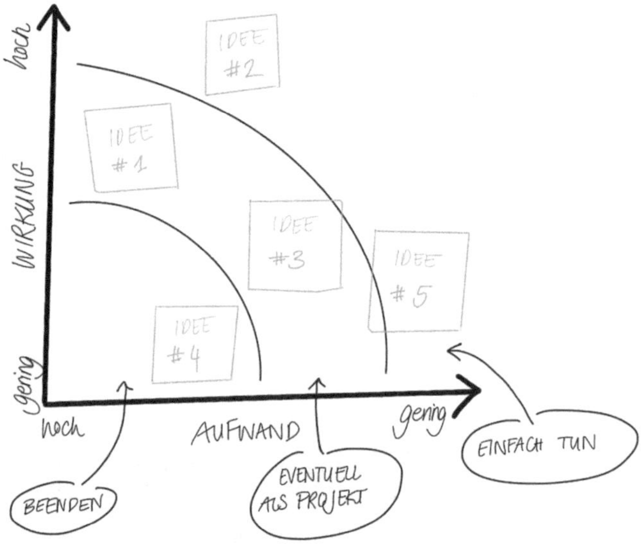

Abb. 5 Beispiel des Priorisierungsmodells

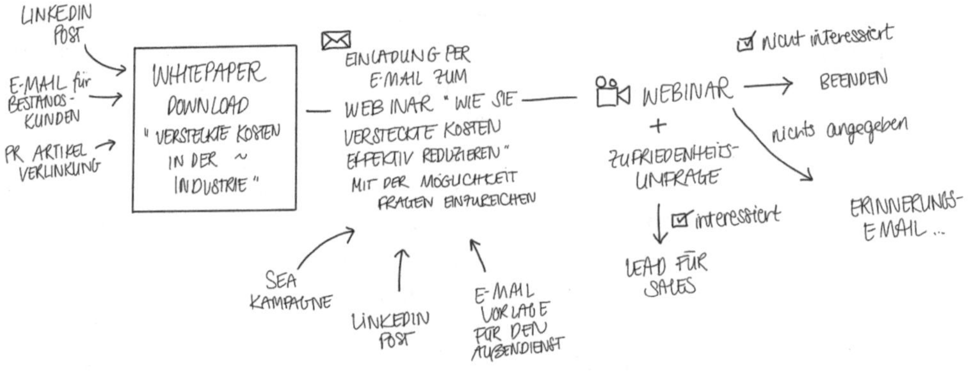

Abb. 6 Beispiel, wie eine ideale Buyers Journey bzw. ein Customer Flow aussehen könnte

5.7 Prototyping: Kommunikationsmaterial zum Testen entwickeln

Viele Marketingexperten verbringen viel Zeit mit der Erstellung von Inhalten und können dann nicht glauben, dass ihre Inhalte nicht den gewünschten Effekt erzielen. Dies führt uns zurück zur Aussage „Verlieben Sie sich nie in Ihre eigenen Ideen". Der beste Weg, dies zu vermeiden, ist klein anzufangen: Erstellen Sie kleine Kommunikationselemente, mit welchen Sie Ihre Hypothese testen können (siehe nächstes Kapitel). Bringen Sie diese Elemente dann live und beobachten Sie, wie die Kunden darauf reagieren. Mit den daraus gewonnenen Erkenntnissen werden Sie viel bessere Inhalte erstellen können, da Sie wissen werden, was genau Ihren Kunden anspricht. Doch bevor Sie nun Inhalte hierfür erstellen, müssen Sie sich darüber im Klaren sein, was Ihre Hypothesen sind. Da Sie vermutlich nicht alles testen können, ist eine Priorisierung der Hypothesen sinnvoll. Zeichnen Sie dazu eine X-Achse, die zeigt, wie sicher Sie sind. Die y-Achse zeigt, wie schwerwiegend die Folgen sind, wenn Sie sich irren. Starten Sie dann mit dem Testen der wichtigsten Hypothese (schwerwiegendste Folgen bei gleichzeitig hoher Unsicherheit).

Wollen Sie eine Bildidee, eine Schlagzeile, die Customer Journey Phase, in der sich die meisten Ihrer Kunden befinden, usw. validieren? Wenn Sie sich hierüber im Vorfeld klar sind, hilft Ihnen das, Ihre Inhalte auf die richtige Art und Weise zu erstellen und die richtigen Daten zur Interpretation zu betrachten. Sie könnten zum Beispiel eine Vorlage wie die Testkarten von Strategyzer verwenden, um Ihre Hypothese zu dokumentieren.[26] Vielleicht möchten Sie folgende Elemente testen:

- **Die beste Phase, um Ihren Customer Flow zu starten:** Beim Durchlaufen der Übungen, um Ihre potenziellen Käufer zu verstehen, bilden Sie die verschiedenen Phasen ab, die diese durchlaufen. Was Sie höchstwahrscheinlich nicht wissen, ist, in welcher Phase sich die meisten Käufer befinden. Natürlich ist jeder Kunde anders, aber mit Marketing können Sie nicht jeden Kunden immer individuell ansprechen. In vielen Fällen besteht das Ziel des Marketings darin, durch die Ansprache potenzieller Kunden ein Interesse am Angebot zu schaffen und die Kunden bis zum Kauf zu begleiten. Sie müssen also eine Hypothese aufstellen: In welcher Phase der Buyer Journey befinden sich gerade die meisten Ihrer potenziellen Kunden und können Sie es schaffen, die Kunden mit Kommunikation einen Schritt weiter auf dieser Journey zu bringen? Wenn Sie sich z. B. fragen, ob sich die Kunden ihres Problems nicht bewusst sind bzw. es ignorieren oder ob sie Lösungen suchen, können Sie einfach zwei Inhalte erstellen: einen, der das Problem hervorhebt, und einen, der Lösungen anbietet. Ein Beispiel: Sie bieten Schulungen an, wie die Sicherheit in Gebäuden gewährleistet werden kann. Aber Sie sind sich nicht sicher, ob Ihre potenziellen Kunden tatsächlich alle Vorschriften kennen und diese für relevant halten oder ob sie nach Lösungen suchen, wie sie mit

[26] https://assets.strategyzer.com/assets/resources/the-test-card.pdf. Zugegriffen am 25.05.2020.

diesen umgehen können. In diesem Fall könnten Sie einen Inhalt erstellen, der sich mit dem Problem der Unkenntnis der Vorschriften oder der am meisten missachteten Vorschriften und den möglichen Auswirkungen befasst. In einem zweiten Teil könnten Sie einen Inhalt mit Tipps zum Umgang mit den Vorschriften erstellen. Wenn Sie diese ausprobieren, werden Sie schnell sehen, welcher Inhalt besser funktioniert, was Ihnen einen Hinweis darauf gibt, in welcher Phase sich Ihre Kunden befinden (und möglicherweise die Hypothese bestätigt, die Sie beim Customer Journey Mapping aufgestellt haben).

- **Eng damit verbunden ist die positive oder negative Sicht der Dinge:** Viele Produktmanager verkaufen gerne all die guten Dinge, die ihre Produkte leisten können. Das Problem ist, dass die Menschen so nicht funktionieren. Sie sind in der Regel mehr auf negative Dinge konzentriert. Wenn Sie also entscheiden, ob Sie sich bei Ihren Inhalten darauf konzentrieren sollen, wie Sie positiven Nutzen schaffen oder wie Sie negative Ergebnisse vermeiden, machen Sie den Test: Erstellen Sie Inhalte für beides und testen Sie sie mit Ihren potenziellen Käufern. Wenn Sie z. B. eine Zahlungslösung anbieten, könnten Sie einen Inhalt erstellen, der die Geschäftschancen aufzeigt, die sich aus der Nutzung dieser Lösung ergeben, oder Sie könnten einen Inhalt darüber erstellen, welche Geschäftschancen aufgrund fehlender Zahlungslösung verloren gehen.
- **Ideen für Inhalte:** Vielleicht haben Sie auch viele Ideen für dieselbe Phase und möchten herausfinden, welche der Ideen die Beste ist. Sie könnten beispielszeise Teaser erstellen, um zu testen, welcher am besten funktioniert. Sie müssen nicht unbedingt sofort alle Inhalte in voller Ausführlichkeit erstellen. Ein prominentes Beispiel ist Dropbox: Vor der Entwicklung des Produkts erstellte einer der Gründer, Drew Houston, ein MVP,[27] um zu testen, ob die Idee es wert ist, Zeit darauf zu verwenden. Sein MVP war ein einfaches Demo-Video, das zeigt, wie Dropbox funktioniert und damit testete er, ob die Zuschauer überhaupt daran interessiert sind. Hierfür fügte er am Ende des Videos einen Call-to-Action („Dropbox testen") ein und warb darüber 75.000 interessierte Kunden an.[28,29] Das gleiche gilt auch für Ihre Kommunikation: Erstellen Sie kein Whitepaper, es sei denn, Sie haben das Interesse an diesem Thema getestet (Abb. 7).

---

[27] MVP = Minimum Viable Product, beschreibt ein Produkt, das gerade gut genug ist, um die wichtigsten Kundenbedürfnisse provisorisch zu befriedigen, ohne jedoch technisch komplett ausgestaltet zu sein.

[28] https://www.youtube.com/watch?v=7QmCUDHpNzE. Zugegriffen am 25.05.2020.

[29] https://techcrunch.com/2011/10/19/dropbox-minimal-viable-product/. Zugegriffen am 18.05.2020.

Abb. 7 Beispiel für Papier-Prototypen (sogenannte Wireframes) (https://unsplash.com/photos/pqz-RfBhd9r0. Zugegriffen am 25.05.2020.)

Wie oben erwähnt, erstellen Sie Prototypen oder MVPs Ihrer Inhalte. Prototypen können Skizzen, Wireframes oder Entwürfe von potenziellen Inhalten sein. MVPs sind E-Mails (Betreffzeilen oder der Inhalt selbst), Teaser für Ihre Homepage oder Anzeigen für Search oder Social Media. All dies sind relativ kurze Inhaltstypen, mit welchen Sie das Interesse Ihres Zielpublikums messen können. Aber wohin verlinken, wenn Sie keine Inhalte parat haben? Lassen Sie die potenziellen Kunden z. B. für eine zukünftige Veröffentlichung von Inhalten anmelden (wie im Beispiel von Dropbox). Oder lassen Sie sich von ihnen ihre dringendsten Fragen schicken, die Sie zu einem späteren Zeitpunkt beantworten werden (zum Beispiel in einem Webinar) – diese Fragen können zudem eine großartige Inspirationsquelle für käuferzentrierte Inhalte sein.

Und mit diesen Prototyp-Materialien können Sie nun testen, was bei Ihren Kunden ankommt und was nicht, bevor Sie zur Planung des kompletten Kommunikations-Portfolios übergehen.

5.8 Testen

Sobald Sie die ersten Phasen des Design Thinking Prozesses durchlaufen haben – Zielsetzung definieren, Kundenverständnis entwickeln, Ideen finden und Prototypen entwickeln – ist es an der Zeit das Feedback von Kunden einzusammeln.

Dieses Feedback kann quantitativ oder qualitativ sein. Beide Arten sind gleich wichtig und beantworten unterschiedliche Fragen. Daher müssen Sie vorab entscheiden, was genau Sie durch den Test herausfinden bzw. bestätigen möchten: Falls Sie verstehen wollen, ob Ihre Hypothesen zu Kunden Pain Points richtig sind, ist es am besten sich auf quantitative Ergebnisse zu verlassen. Ein A/B-Test, in welchem Sie unterschiedliche Pain Points testen, gibt deutlich Aufschluss hierzu, da er die tatsächliche Reaktion Ihrer Kunden misst. Falls Sie jedoch verstehen wollen, ob Sie tatsächlich auf Kundenfragen antworten, sollten Sie die Kunden um ihr Feedback bitten, z. B. durch ein Feedbackformular am Ende eines Internet-Artikels. In beiden Fällen, dem quantitativen und qualitativen Test, ist es wichtig, den Test korrekt aufzusetzen, um das richtige zu messen.

Beim quantitativen Test (z. B. durch A/B-Tests) sollten Sie darauf achten, dass Sie tatsächlich nur das testen, was Sie testen wollen. Leicht schleichen sich zusätzliche Variablen ein, die das Ergebnis beeinflussen können. Wenn sich Ihr Test zum Beispiel auf eine E-Mail-Betreffzeile bezieht, müssen die beiden Testgruppen ähnlich und groß genug sein, um signifikante Ergebnisse zu erhalten. Wenn Sie hingegen die Relevanz einer Betreffzeile für verschiedener Personen testen möchten, müssen Ihre Gruppen den unterschiedlichen Personas oder Zielgruppen entsprechen, aber die Betreffzeile muss die selbe sein.

Machen Sie nicht den Fehler, die Öffnungsraten mit etwas zu vergleichen, das Sie schon einmal gemacht haben, ohne sich mit der Zielgruppen-Definition zu befassen: Je stärker segmentiert eine E-Mail-Zielgruppe ist, desto besser sind die Öffnungsraten in der Regel. Aus diesem Grund sollten Sie für quantitative Tests immer Kontrollgruppen haben. Sie können auch mehrere Attribute gleichzeitig testen, aber je mehr Sie testen, desto komplexer wird die Analyse und umso grösser muss ihre Testgruppe insgesamt sein, um relevante Ergebnisse zu erzielen. Daher schlage ich vor, zu Beginn immer nur eine Sache auf einmal zu testen. Abgesehen von E-Mails können Sie quantitative Tests auch mit Werbung in sozialen Medien, mit Suchmaschinenwerbung oder Teasern auf Ihrer Homepage oder sogar auf Ihrer Website im Allgemeinen verwenden. Letztendlich ist es empfehlenswert dies in Ihren gängigen Arbeitsprozess zu integrieren, nicht nur während des Design Thinkings.

Qualitative Tests könnten Ihre Wahl sein, wenn Sie verstehen wollen, ob Kunden das verstehen, was Sie zu kommunizieren versuchen, zum Beispiel in einer Überschrift, einem Text, einer Landing Page usw. Eine Möglichkeit dazu ist der „5-Sekunden"-Test: Sie zeigen einem potentiellen Kunden 5 Sekunden lang Ihre Kommunikation und lassen ihn die Frage beantworten, was Sie testen wollen, z. B. „Was ist die Hauptaussage?", oder „Was glauben Sie, folgt als nächste Information?" Es gibt digitale Möglichkeiten, dies zu tun (die Suche bei Google liefert viele Ergebnisse), aber Sie können dies auch persönlich durchführen, zum Beispiel zum Einstieg mit einem Kollegen. Beachten Sie hierbei, dass Sie den Kollegen nicht beeinflussen durch Ihre Frage oder eine Erklärung, die ein Online-Nutzer nicht erhalten würde. Das bedeutet auch, dass Sie nichts sagen, bis die Test-Person etwas sagt, egal, wie unangenehm dies ist.

Eine andere Möglichkeit besteht darin, einfach um Feedback zu bitten, ohne die Grenze von 5 Sekunden zu setzen. In diesem Fall empfiehlt es sich, etwa fünf Rückmeldungen einzuholen, um genügend Vielfalt zu sammeln, aber auch nicht zu viel Zeit damit zu verbringen, noch mehr Feedback einzusammeln: Am Ende wird es nie ausreichen, um statistisch relevant zu sein (es sei denn, Sie betreiben Marktforschung), aber Sie werden auch keine zusätzlichen Erkenntnisse erhalten. Im Allgemeinen sind 5 Feedbacks eine gute Faustregel. Achten Sie auch hier darauf, keine Hinweise zu geben („mögen Sie xyz nicht?") und damit unbewusst das Ergebnis zu beeinflussen. Am besten wäre es, offene Fragen darüber zu stellen, was unklar ist, was den Kunden am besten gefällt, was ihnen nicht gefällt, welche Möglichkeiten sie zur Veränderung sehen und so weiter. Um die besten Antworten zu erhalten, ist es auch ratsam, sich für Proto-Typen zu entscheiden, die nicht perfekt sind, z. B. Wireframes, den Umriss eines Inhalts, eine grobe Skizze usw. Warum? Niemand gibt gerne ein negatives Feedback zu etwas, was eine andere Person mit viel Zeit und Mühe erstellt hat. Da Sie ehrliches Feedback erhalten möchten, beginnen Sie daher zunächst mit groben Ausarbeitungen und ersten Ideen. Das wird Ihnen bei der Erstellung effektiver Kommunikationsinhalte helfen, ohne zu sehr an Ihren ursprünglichen Ideen festzuhalten.

Nun haben Sie einen guten ersten Schritt gemacht, um Ihre Kunden besser zu verstehen und Erkenntnisse darüber zu sammeln, was Ihre Kommunikation effektiver machen könnte. Tipps für die nächsten Schritte, d. h. wie Sie diese Inhalte umsetzen können, finden Sie im Artikel zu Content Management.

6 Zusammenfassung

Dieses Kapitel zeigt auf, warum es für Marketingexperten schwierig ist, sich in den potenziellen Käufer hinein zu versetzen, dass dies aber essentiell für die Steigerung der Marketing-Effizienz ist. Es unterstützt Sie letztendlich darin Ihr Geld und die Zeit Ihrer Kunden sinnvoll einzusetzen. Kommunikationsinhalte entsprechend des Design Thinking Prozesses zu erstellen ist ein neuer Anwendungsfall für diesen strukturierten Ansatz, der bereits erfolgreich in Produktentwicklung etc. angewendet wird. Er lässt sich zwar am besten im Team durchführen, kann aber auch allein angewendet werden. In jedem Fall vermeidet Design Thinking die vorschnelle Entwicklung von Ideen bevor Sie den Kunden tatsächlich verstanden haben. Denn zunächst definieren Sie Ihr eigentliches Ziel (das nicht unbedingt der Verkauf ist) und verbringen dann einen Großteil der Zeit damit, sich in Ihren potenziellen Kunden hineinzuversetzen. Aus den gewonnenen Erkenntnissen leiten Sie effektivere Ideen ab, die Ihren Kunden auf dem Weg durch die Customer Journey begleiten.

Literatur

Buchanan, J. T., & Kock, N. (2001). Information Overload: A Decision Making Perspective. In M. Köksalan & S. Zionts (Hrsg.), *Multiple Criteria Decision Making in the New Millenium*. Berlin/Heidelberg: Springer.

Chi, H. K., Yeh, H., & Yang, Y. T. (2009). The Impact of Brand Awareness on Consumer Purchase Intention: The Mediating Effect of Perceived Quality and Brand Loyalty. *Journal of International Management Studies., 4*, 135–144.

Click, J. W., & Baird, R. N. (1974). *Magazine Editing and Production*. Dubuque: W.C. Brown Co.

Festinger, L. (1957). *Cognitive dissonance*. Stanford: Stanford University Press.

Goleman, D., McKee, A., & Waytz, A. (2017). *Empathy (HBR emotional intelligence series)*. Boston: Harvard Business Review Press.

Lada, C. (2007). *Using eye tracking to understand banner blindness and improve website design*. New York: Rochester Institute of Technology.

Osterwalder, A., Pigneur, Y., Berarda, G., Smith, A., & Papadakos, P. (2014). *Value proposition design*. Hoboken: John Wiley & Sons, Inc.

Plattner, H., Meinel, C., & Leifer, L. (2011). *Design thinking. Understand - improve - apply*. Berlin/Heidelberg: Springer.

Yaseen, N., Tahira, M., Gulzar, A., & Anwar, A. (2011). Impact of brand awareness, perceived quality and customer loyalty on brand profitability and purchase intention: A resellers' view. 3.

Alexandra Ender ist Customer Centricity Manager bei der Hilti Deutschland AG, einem weltweit führenden Anbieter von technologieführenden Produkten, Systemen und Dienstleistungen für die weltweite Bauindustrie. Alexandra treibt den Wandel in den Marketingteams in Mitteleuropa voran, um von einem Produkt-/Technologiefokus zu einer kundenorientierten Kultur überzugehen. Sie verfügt über mehr als 10 Jahre Erfahrung in Marketing und Business Development, unter anderem beim Aufbau des digitalen Geschäfts für Hilti in Westeuropa und des Aufbaus einer E-Commerce-Marke für Mars Incorporated in Europa.

Von Keywords zu kontextbezogenen Modellen – Wie Sie Next-Level-Content-Optimierung erfolgreich umsetzen

Jonathan Barrett und Mark Herten

Inhaltsverzeichnis

J. Barrett
Publitek Ltd., Luton, Großbritannien
E-Mail: jon.barrett@publitek.com

M. Herten (✉)
Publitek GmbH, Buchholz in der Nordheide, Deutschland
E-Mail: mark.herten@publitek.com

U. Seebacher (Hrsg.), *Praxishandbuch B2B-Marketing*,
https://doi.org/10.1007/978-3-658-31651-8_17

Zusammenfassung

SEO ist kein neues Konzept im B2B-Marketing, aber seine Techniken, Konzepte und Potenziale haben sich in den letzten Jahren dramatisch verändert. Durch die rasante Entwicklung von Analysetools und Google-Algorithmen ist SEO kontextbezogener und intelligenter geworden. Dies hat den B2B-Marketers ungeahnte Möglichkeiten eröffnet, nicht nur ihre Content-Strategie zu optimieren, sondern Online-Inhalte auf völlig neue Weise zu strukturieren. Dieser Artikel betrachtet SEO aus einem neuen Blickwinkel und erklärt, wie B2B-Marketers fortschrittliche Analysefunktionen nutzen können, um Frameworks und Netzwerk-Taxonomien zu erstellen. Indem sie Inhalte speziell auf die Persona und die Phase der Buyer Journey im Kontext der Suche des Nutzers zuschneiden, können Marketingverantwortliche die Effektivität und Sichtbarkeit ihrer Webinhalte erheblich verbessern. Darüber hinaus gibt dieser Artikel zwei praktische Beispiele dafür, wie diese Methode angewendet werden kann: Zum einen zur Schaffung neuer Informationsarchitekturen für Websites und Blogs und zum anderen zur Identifizierung relevanter Influencer für Nischenthemen. Der in diesem Artikel vorgestellte Ansatz zur Optimierung von Inhalten gibt nicht nur der Website-Performance einen enormen Schub, sondern hat auch das Potenzial, die Art und Weise, wie B2B-Marketing betrieben wird, grundlegend zu verändern, indem das Konzept „Content-as-a-Service“ eingeführt und das Content-Marketing auf eine neue Ebene der Kundenorientierung gehoben wird.

1 Kurzer Überblick über die neuesten Entwicklungen im B2B-SEO

Auch wenn dieser Artikel nicht als allgemeine Einführung in SEO gedacht ist, ist es sinnvoll, mit einigen Grundlagen zu den Funktionsweisen und den Feinheiten der Nutzung von SEO zur Bewerbung von Nischenthemen im B2B-Marketing zu beginnen. Diese Grundlagen werden helfen, die fortgeschritteneren Konzepte, die folgen werden, zu erklären.

1.1 Grundlegende Funktionsweisen von SEO

SEO (Search Engine Optimization) ist die Wissenschaft, Ihre Webinhalte so zu strukturieren und aufzubereiten, dass sie im Internet leicht gefunden werden können. Das Ziel ist es, Ihre Website so zu optimieren, dass sie auf der Ergebnisseite der Suchmaschine (SERP) – in der Regel bei Google – möglichst auf den vorderen Plätzen im Suchergebnis landet, wenn jemand nach Themen, Produkten oder Dienstleistungen sucht, die für das Angebot

Ihres Unternehmens relevant sind. Mike Khorev beschreibt dies gut in seinem Online-Leitfaden „The Ultimate Guide to B2B SEO" (Blog 2019):

> „SEO ist (…) eine Reihe von Optimierungen, damit Ihre Website – und Ihr Content – besser auf das Ziel von Google abgestimmt ist, was in deren eigenen Worten lautet: „Unsere Mission ist es, die Informationen der Welt zu organisieren und sie universell zugänglich und nützlich zu machen". Je nützlicher und zugänglicher Ihr Inhalt und Ihre Website für den Nutzer sind, desto höher werden Sie eingestuft".

SEO umfasst verschiedene On-Site- und Off-Site-Maßnahmen, um mehr Benutzerfreundlichkeit, Relevanz und Zugänglichkeit zu erreichen. Das letztendliche Ziel von SEO ist es, die Besucheranzahl Ihrer Website zu steigern.

Dieser Artikel wird sich hauptsächlich auf SEO konzentrieren, auch wenn die später vorgestellten Konzepte auch Auswirkungen auf SEA (Search Engine Advertising) und SEM (Search Engine Marketing) insgesamt haben. Während sowohl SEO als auch SEA viele Gemeinsamkeiten haben, wie z. B. die Verwendung von Themenfokus, qualitativ hochwertigem Inhalt, einer guten technischen Struktur und Nutzersignalen, um sicherzustellen, dass der Inhalt bei Google für die relevanten Suchbegriffe gut platziert ist, besteht der Hauptunterschied darin, dass SEO dies organisch tut, während Sie bei SEA für eine Platzierung an der Spitze der SERP für ein oder mehrere Suchbegriffe zahlen. Suchmaschinenmarketing ist der Oberbegriff, der beide genannten Taktiken unter sich vereint.

Es gibt viele Aspekte auf und außerhalb Ihrer Website, die die SEO-Wertung (oft als Ranking-Faktoren bezeichnet) beeinflussen. Es gibt zwar eine Unzahl von Ranking-Faktoren, die der Algorithmus von Google prüft, um Ihre Website in eine Rangfolge zu bringen, doch lassen sich diese in drei Hauptkategorien von Optimierungen einteilen, die ineinandergreifen müssen:

- **Optimierung der Inhalte**: Wie Inhalte geschrieben und strukturiert werden müssen, damit sie von den Besuchern und letztlich von den Suchmaschinen leicht gefunden und als relevant bewertet werden. Dabei geht es um Aspekte wie die optimierte Verwendung von Keywords, optimierte Überschriften, Nutzerrelevanz, benutzerfreundliches Website-Design und passende Meta-Beschreibungen.
- **Aufbau von Links**: Backlinks – Links, die auf Ihre Website verweisen – haben großen Einfluss auf die Bewertung, die der Google-Algorithmus Ihrer Website als relevante Inhaltsquelle für die verwendeten Suchbegriffe gibt. Diese Backlinks sollten auf vertrauenswürdigen und relevanten externen Websites mit hoher Autorität in Ihrer Nische, z. B. Fachzeitschriften, platziert werden. Durch die Generierung qualitativ hochwertiger Backlinks erhält Ihr Content die zusätzliche Glaubwürdigkeit, die für einen hohen organischen Page Rank erforderlich ist. In geringerem Maße ist auch die interne Verlinkungsstruktur innerhalb Ihrer eigenen Website von Vorteil für die SEO-Wertung.

- **Technische SEO**: Hier geht es darum, dass Ihre Website leicht von Google-Algorithmen gecrawlt werden kann. Dazu gehören Aspekte der User Experience, wie z. B. die Ladegeschwindigkeit von Seiten, die Optimierung für die responsive Darstellung auf mobilen Endgeräten und die Verwendung von AMP-Technologien (Accelerated Mobile Pages). Andere technische Aspekte umfassen die Verwendung von SSL-Zertifikaten zur Verschlüsselung des Datenaustauschs zwischen dem Browser des Besuchers und dem Webserver sowie die Verwendung von strukturierten Datenauszeichnungen, um dem Webseiteninhalt eine kontextbezogene Bedeutung zu geben.

Unabhängig davon, welche Produkte oder Dienstleistungen Sie anbieten oder ob Sie im B2C- oder B2B-Bereich tätig sind, die Hauptprinzipien einer effektiven SEO sind die gleichen: Zunächst müssen Sie die Bedürfnisse Ihrer Kunden verstehen und verstehen, nach welchen Informationen sie suchen, was in der Regel durch Keyword-Recherche geschieht. Diese Recherchephase könnte auch die Entwicklung von Personas beinhalten, um jede am Kaufprozess beteiligte Person typenhaft zu beschreiben und zu erfahren, wo sie nach Informationen sucht und in welchem Format sie Inhalte bevorzugt konsumiert. Dann gilt es, relevante Inhalte von hoher Qualität zu erstellen, die die Fragen und Bedürfnisse Ihrer Kunden beantworten bzw. befriedigen, indem Sie die oben genannten Keywords entsprechend der Nutzerabsicht des Suchenden gezielt einsetzen. Im Idealfall ist jeder Inhalt auf die Persona des Kunden und seine Position im Kaufzyklus zugeschnitten. Schließlich besteht das Ziel darin, dass Google Ihre Website als eine „Go-To"-Informationsquelle erkennt, auf der Interessenten leicht Antworten auf ihre Fragen und relevante Inhalte finden können, die ihnen bei der Lösung ihrer Probleme helfen. Dies bedeutet, die technischen Aspekte und die Inhaltsstruktur auf Ihrer Website so zu optimieren, dass eine optimale User Experience geschaffen wird und die Nutzer so lange wie möglich auf Ihrer Website bleiben (geringe Absprungrate, viele besuchte Seiten pro Sitzung, lange Sitzungsdauer).

1.2 Was ist das Besondere an B2B-SEO?

Auch wenn die Prinzipien der SEO und die technologischen Aspekte größtenteils die gleichen sind, gibt es einige signifikante Unterschiede, wenn man B2B-SEO im Vergleich zu seinem B2C-Pendant betrachtet. Eine gute Zusammenfassung findet sich in Jeffrey Kranz' „The Beginner's Guide to B2B SEO Strategy in 2020" (Blog 2020). Er identifizierte die größere Anzahl an involvierten Entscheidungsträgern, Keywords mit geringem Suchvolumen, geringe Kundenumwandungsrate und die Bedeutung der Markenbildung als wichtigste Unterscheidungsfaktoren im Vergleich zu B2C-SEO.

Das wohl wichtigste Unterscheidungsmerkmal von B2B-SEO ist, dass der Einkaufsprozess anders verläuft. Erstens dauert dieser in der Regel sehr viel länger und zweitens sind mehrere Entscheidungsträger am Kaufprozess beteiligt. Das liegt daran, dass die meisten Käufe im Bereich von Investitionsgütern langfristige Investitionen sind und nicht selten erhebliche Geldbeträge erfordern. Darüber hinaus sind neben den offensichtlichen und manchmal komplexen technologischen Aspekten auch unternehmensinterne Normen sowie externe gesetzliche Anforderungen zu berücksichtigen. Ein typisches B2B-Buying-Centerbesteht aus mehreren Entscheidungsträgern und Stakeholdern – im Durchschnitt 6,8 Personen (Levey 2018). Diese Stakeholder können alles sein, von Ingenieuren über Einkaufsabteilungen bis hin zu Vertretern des Managements, was es sehr viel schwieriger macht, bestimmte Entscheidungsträger anzusprechen und mit ihnen in Kontakt zu treten. Jedes Mitglied des Buying Centers hat besondere Bedürfnisse und Schmerzpunkte, die das ihm angebotene Produkt oder die angebotene Dienstleistung erfüllen bzw. lösen muss. Das bedeutet, dass jede Persona nach unterschiedlichen Dingen sucht und unterschiedliche Suchbegriffe verwendet.

Allerdings sind die Konversionsraten im B2B-Bereich deutlich niedriger als im B2C-Bereich, wo es mehr Suchvolumen und weniger Entscheidungsträger gibt. Aufgrund der höheren Preise und längeren Kaufzyklen im B2B würde fast niemand beispielsweise eine Kreiselpumpe kaufen, nur, weil er einen Blog-Beitrag auf einer Website gelesen hat. Technische Käufer suchen in der Regel nicht nach bestimmten Produkten, sondern nach Lösungen für Herausforderungen, mit denen sie bei ihrer täglichen Arbeit konfrontiert sind. Das bedeutet, dass B2B-Marketers hochrelevante Inhalte erstellen müssen, die diesen Anforderungen entsprechen, und zwar in einer Menge, die ausreicht, um den Interessenten durch die gesamte Buyer Journey zu führen, die Monate oder möglicherweise Jahre dauern kann. Dies ist für B2B-Marketers mit einer Menge Arbeit verbunden, da sie für jeden Kanal, jede Persona und jede Phase des Beschaffungsprozesses spezifische Inhalte erstellen müssen.

Der Zweck einer typischen B2B-Content-Journey besteht darin, bei potenziellen Kunden Vertrauen und Glaubwürdigkeit aufzubauen, indem Sie ihnen zeigen, dass Sie ihre Probleme lösen können. Dies ist ein langfristiger Ansatz mit dem gewünschten Ergebnis, dass Ihre Marke oder Ihr Unternehmen am Tag der Kaufentscheidung mit in Betracht gezogen wird. Damit dies geschehen kann, muss Ihre Website bei allen Suchanfragen, die mit den Bedürfnissen Ihrer Kunden zusammenhängen, auf den obersten Plätzen bei den Suchergebnissen landen, da diese mit der Zeit immer genauer wissen, was sie wollen, und ihre Bedürfnisse und Suchanfragen spezifischer werden. Darüber hinaus müssen Ihre Web-Inhalte und Ihre Marke an allen Berührungspunkten präsent sein, an denen Interessenten nach Informationen suchen, sei es durch PR, SEA, soziale Medien oder traditionelle Anzeigenwerbung.

Da viele B2B-Themen eher eine Nische bedienen, müssen SEO-Experten im Vergleich zu B2C in der Regel mit Keywords mit geringem Suchvolumen arbeiten. Da alle Unternehmen, die die gleiche Nische besetzen, dazu tendieren, die gleichen Keywords ins Visier zu nehmen, können diese durch PPC-Aktivitäten trotz eines geringen Suchaufkommens teuer werden – nicht selten weisen B2B-Keywords nicht mehr als 100-500 Suchanfragen pro Monat auf, oft sogar weniger. Selbst wenn Ihre Website also in den SERPs von Google auf Platz 1 rangiert und eine unglaublich hohe Klickrate erreicht, würde dies immer noch ein geringes Volumen an Web-Traffic erzeugen. Der Trick besteht darin, für Ihren Inhalt für alle themenbezogenen Suchanfragen ein gutes Ranking zu erarbeiten, indem Sie ganzheitlichen Inhalt erstellen, der die Schwerpunkt-Keywords, ihre Synonyme sowie andere verwandte Begriffe abdeckt, die für das Thema oder die Suchabsicht des Nutzers relevant sind. Long-Tail-Suchphrasen – die Kombination von 4 bis 5 Keywords, die einen Suchbegriff genauer definieren – sind in der Regel bei B2B-SEO recht erfolgreich, da es für diese weniger Konkurrenz gibt und B2B-Käufer dazu neigen, recht spezifische Suchbegriffe einzugeben.

1.3 Warum ist SEO im B2B-Marketing so wichtig?

Es gibt immer noch viele B2B-Unternehmen, die einen traditionellen Marketing- und Vertriebsansatz verfolgen. Das bedeutet, dass sie den größten Teil des Umsatzes über Vertriebspartnerschaften, Direktvertrieb in der Fläche, Mundpropaganda, Messen und Veranstaltungen sowie über Kaltakquise generieren. Obwohl SEO kein neues Konzept ist, besteht teilweise noch die Wahrnehmung, dass SEO in einer B2B-Umgebung weniger relevant ist, da die Produkte zu komplex sind, um online verkauft zu werden, und Geschäfte nur „von Mensch zu Mensch" abgewickelt werden können. Dies gilt insbesondere für die DACH-Region, die digitale Technologien im Allgemeinen vergleichsweise langsam einführt. Die Zahlen und Fakten beweisen jedoch, dass es sich hierbei um ein riesiges Missverständnis handelt. Und dies könnte den B2B-Markt auf Dauer in „Adopters" und „Non-Adopters" von SEO spalten, wobei die Non-Adopters mit der Zeit erhebliche Marktanteile verlieren werden.

Dafür gibt es mehrere Gründe: Suchmaschinen, vor allem Google, sind die Nummer eins unter den Recherchequellen für B2B-Käufer, da 70 % des B2B-Beschaffungsprozesses digital stattfindet. 90 % der B2B-Käufer und 61 % der B2B-Entscheidungsträger beginnen ihren Kaufprozess mit einer Websuche und führen im Durchschnitt 12 Suchen durch (Google 2018), bevor sie mit dem Vertrieb in Kontakt treten (Mehrguth 2017). Das bedeutet, dass Ihr Verkaufsteam möglicherweise nie kontaktiert wird, wenn Ihr Inhalt in der digitalen Recherchephase von den Interessenten nicht gesehen wird. Sie müssen mit Ihren Inhalten dort sein, wo Ihre Interessenten sind. Laut Google beginnen 71 % der B2B-Käufer ihre Suche mit einer generischen Suchanfrage, d. h. sie suchen zunächst nach möglichen Lösungen für ihr Problem und nicht nach dem Produktnamen oder dem Firmennamen (Google 2018).

Daher müssen B2B-Marketers für diese Suchbegriffe einen möglichst hohen Page-Rank erarbeiten, indem sie qualitativ hochwertige SEO-Inhalte produzieren, um in dieser frühen Phase des Kaufprozesses gefunden zu werden. Und dies ist von größter Bedeutung, da Forrester herausfand, dass 60 % der B2B-Entscheidungsträger es vorziehen, nicht mit einem Vertriebsmitarbeiter als primärer Informationsquelle zu interagieren; 68 % ziehen es vor, selbst online zu recherchieren; und 62 % sagen, dass sie Auswahlkriterien entwickeln oder eine Anbieterliste fertigstellen können ausschließlich auf der Grundlage digitaler Inhalte (McDaniel et al. 2016). Untersuchungen von Gartner ergaben, dass B2B-Käufer, wenn sie einen Kauf in Erwägung ziehen, nur 17 % dieser Zeit für Treffen mit potenziellen

Anbietern aufwenden (Adamson 2019). Wenn Käufer mehrere Anbieter vergleichen, kann sich die Zeit, die sie mit einem einzelnen Verkäufer verbringen, auf nur 5 % oder 6 % der Gesamtzeit reduzieren.

Es reicht nicht aus, nur für bestimmte Suchbegriffe hoch zu ranken, Ihre Website muss generell unter den ersten Plätzen der ersten Suchergebnisseite landen. Bei der Analyse der Daten von etwa 5 Millionen Suchergebnissen fand Backlinko heraus, dass Position Nr. 1 in Google mit 31,7 % die höchste Klickrate aufweist, und nur 0,78 % der Google-Sucher auf einen Link klicken, der nicht auf der ersten Seite der Suchergebnisse erscheint (Dean 2019). In der folgenden Grafik sehen Sie, dass die Position Nr. 1 unter den Suchergebnissen in Google eine 10x höhere Click-Through-Rate (CTR) hat als das das Ergebnis auf Position Nr. 10. Es gibt auch einen starken CTR-Anstieg ab Position Nr. 3, was möglicherweise darauf zurückzuführen ist, dass bei Ergebnissen ohne Anzeigen oder SERP-Features das Suchergebnis auf Position Nr. 3 oft der Punkt ist, an dem jemand anfangen muss zu scrollen, um mehr Ergebnisse zu sehen (insbesondere bei der Anzeige auf Mobiltelefonen). Tatsächlich zeigen die Untersuchungen von Backlinko, dass die Top 3 der Google-Suchergebnisse 75,1 % aller Klicks erhalten. Die Daten deuten darauf hin, dass „Ranking auf der ersten Seite" nicht ausreicht. Das SEO-Ziel sollte daher immer ein auf der Top-Position auf der ersten Seite der Suchergebnisse zu landen (oder zumindest unter den Top 3) (Abb. 1).

Dieser Artikel konzentriert sich nur auf Google SEO, obwohl es mehr Suchmaschinen gibt. Der Grund dafür ist, dass Google mit einem globalen Marktanteil von über 90 % (u. a. Serpstat 2019) die mit Abstand meistgenutzte Suchmaschine der Welt ist. Danach kommt

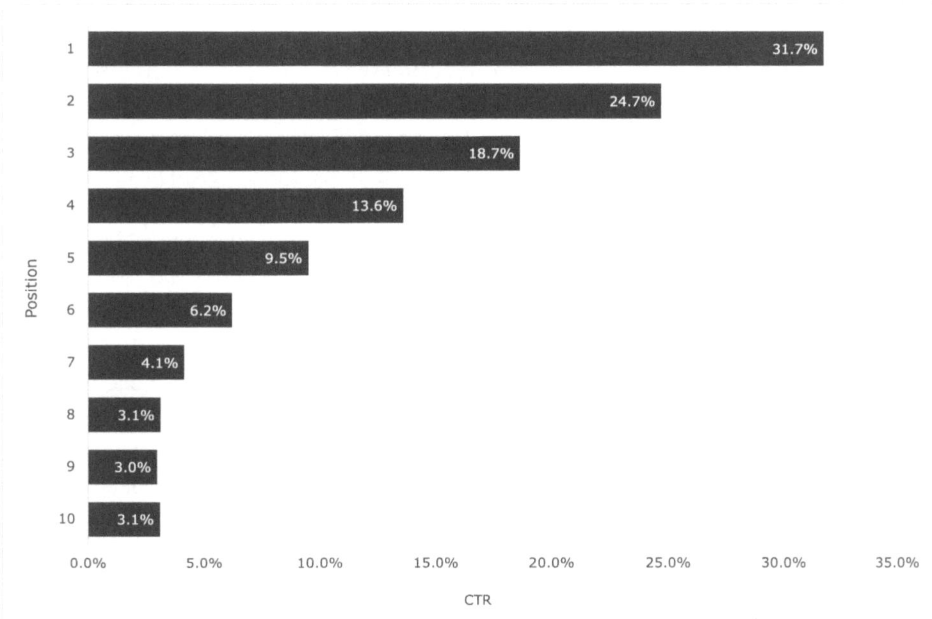

Abb. 1 Organische Klickrate von Google in der SERP nach Position

lange nichts. Die nächste Suchmaschine auf der Liste ist Bing von Microsoft mit einem globalen Marktanteil von nur 2,74 %, gefolgt von Yahoo (USA), Baidu (China) und Yandex (Russland). Die in diesem Artikel vorgestellte Taktik würde sich wahrscheinlich je nach Suchmaschinen unterscheiden, z. B. in China, wo Google nur einen Marktanteil von 1,99 % hat und Baidu mit über 70 % Marktanteil dominiert. Die allgemeine Strategie und Herangehensweise würden auch mit anderen Suchmaschinen funktionieren, aber die Tools könnten anders sein. Darüber hinaus gibt es „alternative Suchmaschinen" wie Amazon oder Alibaba, die kontinuierlich wachsende Suchvolumina verzeichnen. Es finden mehr Produktsuchen direkt bei Amazon als bei Google statt. Aber eine große Anzahl von Suchanfragen beginnt immer noch mit einer Google-Suche. Und wir sollten nicht vergessen, Social-Media-Plattformen zu erwähnen, die ebenfalls für die Suche genutzt werden können, auch wenn das Suchvolumen im Vergleich zu Google oder Amazon eher gering ist und sie in der Regel weniger als 5 % des Web-Traffics der meisten B2B-Websites ausmachen.

1.4 Neueste Google-Algorithmen und ihre Bedeutung für B2B-SEO

Während SEO in der Vergangenheit auf einem starren Rahmen von Keywords basierte, sind Suchmaschinen heute weitaus cleverer. Die Suchalgorithmen erkennen Keyword-Stuffing (übermäßige Verwendung von Keywords und Schlüssel-Phrasen), verstehen sowohl den Kontext als auch die natürliche Sprache, lehnen doppelten Inhalt ab und weisen Domains, Webseiten und Personen Autorität zu. Google reagiert schnell auf Online-Suchanfragen, sodass die Suchmaschine selbst bei falsch geschriebenen Wörtern, unvollständigen Phrasen oder schlecht formulierten Phrasen genaue Ergebnisse liefert. Suchmaschinen arbeiten auf diese Weise, um den Bedürfnissen der Nutzer – der Menschen, die nach Ihrer Seite suchen – am besten gerecht zu werden.

Suchmaschinen verdanken ihre Existenz der Fähigkeit, den Nutzern aussagekräftige Ergebnisse zu liefern und eine großartige User Experience zu bieten. Da die Google-Algorithmen immer ein Spiegel der aktuellen Kundenbedürfnisse und -präferenzen sind, entwickeln sie sich im Laufe der Zeit ständig weiter. Dies macht die Anpassung Ihrer SEO-Strategie an die neuesten Entwicklungen zu einer Herausforderung, da das, was gestern wahr war, morgen vielleicht nicht mehr funktioniert. Dies ist auf eine Vielzahl von Faktoren zurückzuführen, darunter Aktualisierungen des Algorithmus, sich änderndes Nutzerverhalten, die Einführung neuer Plattformen oder Funktionen, Branchenerkenntnisse und vieles mehr.

Web-Nutzer haben sich an eine schnelle, intuitive Suche gewöhnt, die relevante Ergebnisse liefert. Während in der Vergangenheit oft eine Diskrepanz zwischen dem, was jemand suchte, und den von Google angezeigten Ergebnissen bestand, änderte dies die semantische Suche, indem sie sich weniger auf die spezifischen Wörter oder Formulierungen als vielmehr auf die Absicht des Nutzers hinter der Suche (search intent) konzentrierte. Bei der semantischen SEO werden die Suchergebnisseiten mit qualitativ hochwertigem Inhalt gefüllt (oder zumindest sollte dies in der Regel der Fall sein), der die ursprüngliche

Anfrage präzise beantwortet. Mit weniger Betonung auf spezifische Keywords und formale Phrasenstruktur sollte die Erstellung hochrelevanter Inhalte auf Websites für jeden B2B-Marketer oberste Priorität haben. Seltsam platzierte Keywords oder umständliche Schlüsselwortphrasen oder Keyword-Stuffing werden Google oder Webnutzer nicht mehr zufrieden stellen. Um den jetzt erwarteten, qualitativ hochwertigen Inhalt zu produzieren, müssen die Verfasser von Inhalten gründlichere Recherche zu Themen und den jeweiligen Keywords – insbesondere Longtails – durchführen, um sich über die Bedürfnisse und Absichten der Kunden zu informieren. Schließlich muss der Inhalt so geschrieben sein, dass er leicht lesbar und aufmerksamkeitsstark ist und für den Benutzer in seinem spezifischen Suchkontext einen Mehrwert bietet. Dies bedeutet, dass maßgeschneiderte Inhalte für jede Persona des Zielpublikums im Kontext ihrer Etappe der Buyer Journey und des Kanals, auf dem sie die Inhalte konsumieren, erstellt werden müssen.

Nachdem die Grundlagen ausgeführt wurden, erklären wir nun, wie SEO-Taxonomien zur Optimierung und Kontextualisierung von Inhalten für ein technisches Nischenpublikum verwendet werden können. Es gibt drei Hauptschwerpunkte: Content-Optimierung, Link-Aufbau und technische Website-Optimierung (Abb. 2).

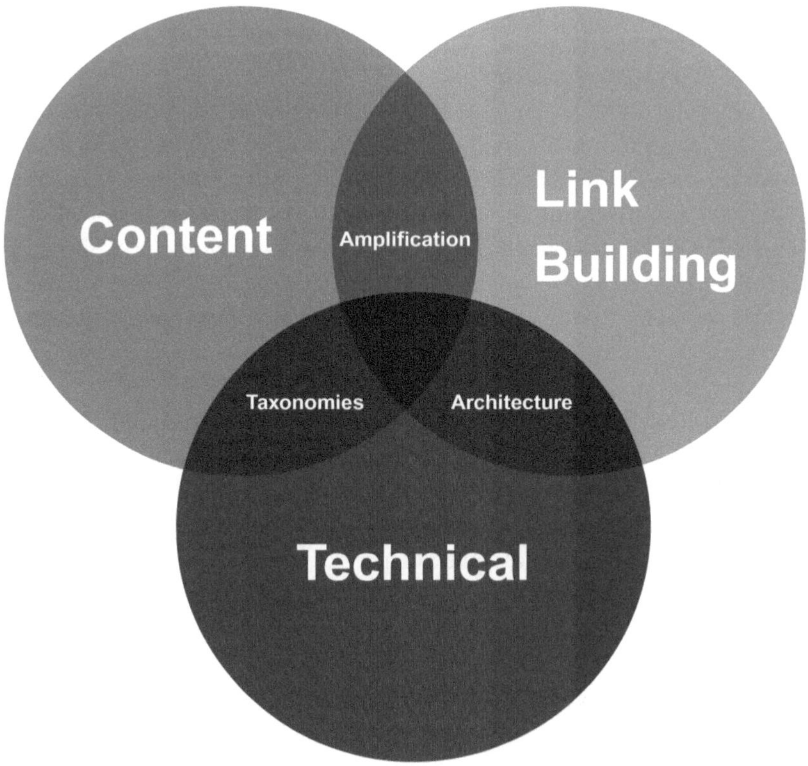

Abb. 2 Die drei Säulen der SEO

2 Kontextbezogene Frameworks – Next Practice SEO-Inhaltsoptimierung

2.1 Content-Optimierung und wie man über Keywords hinauskommt

Betrachten wir zunächst die Optimierung der Inhalte. Suchmaschinen sehnen sich nach originellen Inhalten. In der Vergangenheit basierte das Suchmaschinenmarketing hauptsächlich auf „Schlüsselbegriffen (Keywords)", d. h. der Ableitung, welche Anfragen in Suchmaschinen eingegeben werden, und deren Integration in den Inhalt. Es ist bewährte Praxis, Keywords von Anfang an zu definieren, und es gibt viele nützliche Software-Tools, um dies zu bewerkstelligen. Beispielsweise kann man mit Google Analytics, der Google Search Console und Adobe Analytics ein Benchmarking durchführen, um festzustellen, wie oft nach bestimmten Wörtern gesucht wird und welchen Traffic diese für Ihre Website erzeugen. Keyword-Vorschläge lassen sich mithilfe von Ahrefs oder dem Google AdWords-Keyword-Planer ermitteln, und letzterer führt auch eine Wettbewerbsanalyse durch, um zu erkennen, auf welche Keywords konkurrierende Marken abzielen. Um Suchvolumen, Schwierigkeitsgrad und Chancen für bestimmte Keywords zu ermitteln, empfiehlt sich das Keyword Research Tool von Moz, während die SEMrush Competitive Positioning Map zeigt, wie die Wettbewerber bei gängigen Keywords abschneiden und wo Lücken bestehen.

Lesbarkeit vs. Stichwort-Wiederholung

In der Vergangenheit forderte das digitale Marketing die wiederholte Verwendung von Keywords. Aber diese Sichtweise hat sich geändert, da die Suchmaschinen immer intelligenter geworden sind. Heute ist der Bösewicht das „Keyword-Stuffing" – eine übermäßige Verwendung von Schlüsselwörtern auf Kosten der redaktionellen Glaubwürdigkeit und Authentizität. SEO-Berater warnen davor, dass Suchmaschinen jede Website, die diese Taktik anwendet, als Anbieter minderwertiger Inhalte ansehen oder sie ganz von der Liste streichen. Und abgesehen davon, dass sie von den Suchmaschinen bestraft werden, werden die Webnutzer Websites meiden, die die Schlüsselwortdichte der Benutzerfreundlichkeit vorziehen (Abb. 3).

Der SEMrush-Bericht „SEMrush ranking factors 2.0" (SEMrush 2017) zeigt, dass die Bedeutung von Keywords abgenommen hat. Nichtsdestotrotz ist es nach wie vor wichtig, genügend Schlüsselwörter in den Inhalt einzuflechten, insbesondere Longtails – beschreibende Phrasen wie „Kleine, leistungsstarke Gartenbau-LED-Leuchte" statt einfach „LED". Oft fälschlicherweise nur als eine Suchanfrage mit mehr Wörtern definiert, stammt der Begriff „Long-Tail" in Wirklichkeit vom langen Schwanz einer Suchbedarfsgrafik (Abb. 4). Long-Tail-Abfragen sind auf das zugeschnitten, was die Benutzer zu finden versuchen, und das Suchvolumen und der Wettbewerb um sie ist in der Regel geringer.

Wir sind weit entfernt von den Tagen, als Google Webseiten auf der Grundlage der in Webseiten verwendeten Keywords und der Anzahl ihrer Wiederholungen in eine Rangfolge brachte. Wir sind weit über Synonyme und exakt passende Phrasen hinausgekommen. Die Updates der Rankbrain- und BERT-Algorithmen haben alles verändert. Natural

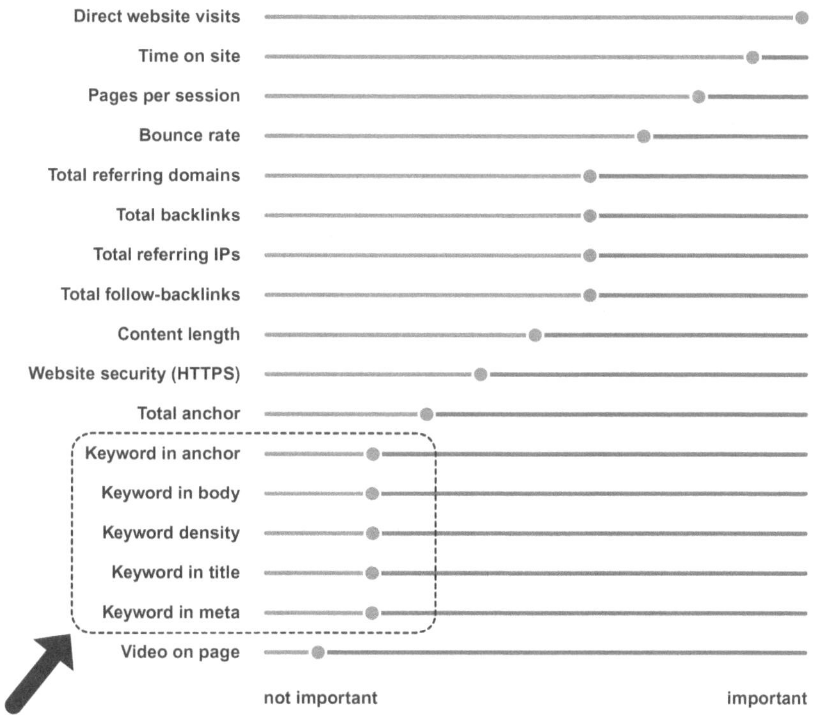

Abb. 3 Die wichtigsten Ranking-Faktoren

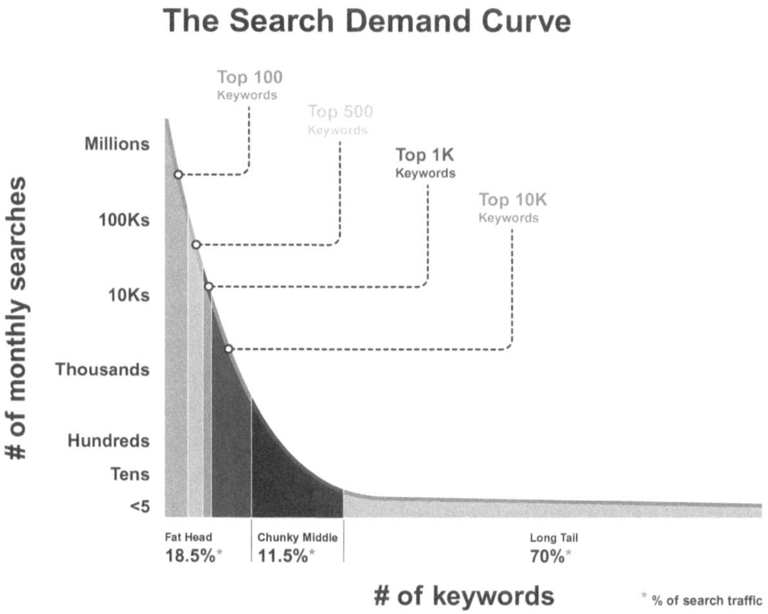

Abb. 4 Das Long-Tail-Konzept verspricht geringes Suchvolumen und niedrige Schlagwortkonkurrenz

Language Processing ist erwachsen geworden und überprüft große Textblöcke, um den wahren Kontext der Seite zu verstehen. Dies geht Hand in Hand mit der Analyse der anfänglichen Suche, die von jemandem bei Google durchgeführt wurde. Google ist nun in der Lage, die Suche zu dekonstruieren und die Bedeutung zu verstehen.

Auch wenn die Keywords nicht mehr so stark betont werden, ist die Keyword-Recherche immer noch wichtig, um die Popularität bestimmter Schlüsselwörter zu messen. Keywords helfen uns, uns auf bestimmte Themen und Diskussionen zu konzentrieren, um Inhalte zu schaffen, die sich auf die Absicht des Benutzers hinter diesen Schlüsselwörtern konzentrieren, also buchstäblich auf das, was der Benutzer tatsächlich will. Etwa 70 % der Online-Recherchen bestehen aus Long-Tail-Schlüsselwörtern, während die restlichen Begriffe, auf die die meisten Unternehmen fälschlicherweise ihre Aufmerksamkeit richten etwa 30 % ausmachen. Eine SEO-Strategie mit einem höheren ROI ist normalerweise eine Strategie, die sich auf Keywords im Long-Tail-Teil der Suchanfragekurve konzentriert. Um mit der Keyword-Recherche zu starten, beginnen Sie mit einer Auswahlliste von etwa 10 Begriffen. Überlegen Sie, wie Kunden nach dem Produkt suchen würden, wenn sie dessen Namen nicht kennen würden. Nennen Sie einige der Vorteile und Merkmale des Produkts oder einen kurzen Satz, der zum Kern des Problems vordringt.

Zum Beispiel, wenn wir nochmal die LED-Lampe für den Gartenbau hernehmen, könnte eine komplexe Suchanfrage so aussehen: Welches ist die beste kleine, leistungsstarke LED-Leuchte für den Tomatenanbau? Angenommen, es gibt ein passendes Produkt, dann wäre es ratsam, die eine optimierte Landingpage mit darauf aufbauendem Hero-Content zu entwickeln. Sie würden relevante Keywords in Unterüberschriften und Einleitungsabsätzen sowie Alt-Tags in Grafiken verwenden. Sie könnten sich dafür entscheiden, die Landingpage über eine SEO-optimierte Videodemonstration, einen E-Newsletter, einen gesponserten Beitrag oder einen zugangsbeschränkten E-Guide zu bewerben, der heruntergeladen werden kann, sobald ein Anmeldeformular ausgefüllt ist, usw.

In ähnlicher Weise könnten Sie die Inhalte für diejenigen optimieren, die bereit sind, einen Kauf zu tätigen, wenn eine Suche diese Absicht signalisiert: Wo kann ich eine kleine, hochleistungsfähige LED-Leuchte für den Tomatenanbau kaufen? AnswerThePublic bietet Einblicke in alle Arten von Fragen, die online gesucht werden, und ist ein nützliches Tool, das PR-Fachleuten hilft, komplexe Keyword-Phrasen herauszufinden und neue Content-Ideen zu entwickeln.

Ein weiteres Element zur Optimierung der Inhalte für die Suchmaschinen ist die Verwendung von „angereicherten Antworten", so genannten „rich answers". Laut der Definition auf SEO.com, werden diese Antworten auf Suchanfragen von Google gesammelt und auf den Suchergebnisseiten (SERPs) so angezeigt, dass der Webnutzer nicht auf die URL einer Website klicken muss, um den Inhalt zu sehen. Dem Nutzer werden kurze Ausschnitte des relevanten Inhalts einer Website vorab präsentiert. Während Schnipsel (Snippets) die am häufigsten angezeigte Form dieser „rich answers" sind, können auf SERPs auch Diagramme, Tabellen, Schieberegler, Karten und Formulare mit entsprechenden, relevanten Informationen angezeigt werden.

Optimierung von Inhalten für SEO:

- Keyword-Nähe
- Keyword-Häufigkeit
- Synonyme und Wortstämme verwenden (Vielfache, Adjektive usw.)
- Long-Tail-Varianten in Unterüberschriften einsetzen
- Bilder nicht vergessen – optimieren Sie den Dateinamen und das „alt-Attribut".
- Fett//Kursiv/Verstärkt/Hervorgehoben – Fügen Sie Links zu anderen Webseiten mit verwandten Inhalten ein, sowohl auf Ihrer eigenen Webseite als auch auf relevanten, vertrauenswürdigen Webseiten Dritter.
- Schließen Sie immer Mechanismen zum Teilen in den sozialen Netzwerken mit ein.

2.2 Der Content ist König, der Kontext krönt ihn!

Richtig spannend wird es, wenn man über SEO hinausgeht und in den Bereich der Informationsarchitektur (IA) einsteigt – die Wissenschaft der Verwendung von Kategorisierung zur Strukturierung von Websites. Bei der Entwicklung von Themen für die Inhaltserstellung sind themenspezifische Mind Maps (eine Art Spinnendiagramm) ein extrem leistungsfähiges Werkzeug. Diese sind aus mehreren Gründen nützlich. Erstens ermöglicht Ihnen eine einfache Mind Map, ein komplexes Thema, z. B. „IoT Security", zu verstehen und herauszufinden, wie es mit anderen Bereichen des Unternehmens zusammenhängt. In Verbindung mit einem Website-Content-Audit kann sie Inhaltslücken identifizieren, die durch Blogs, White Papers und andere Inhalte gefüllt werden können. Darüber hinaus können Abschnitte und Unterabschnitte einer Website identifiziert werden, in denen sich diese Inhalte befinden sollten. Und bei der Entwicklung zielgerichteter Keyword-Phrasen können gemappte Begriffe als Qualifizierungsmerkmale für den Ein- oder Ausschluss verwendet werden. Die beste Praxis bei der Entwicklung von Websites ist der Einsatz von „Netzwerk-Taxonomien", die das Auffinden von Inhalten erleichtern, indem sie diese sowohl in hierarchischen als auch in assoziativen Kategorien anordnen. Eine Sitemap für eine Website kann die Mind Map widerspiegeln und die Art und den Kontext des Inhalts einer Suchmaschine besser vermitteln.

Dies ist keine neue Methode. Seit mehreren Jahren unterstützt Google die Verwendung von „Rich Snippets" zur Verbesserung der Suchergebnisse. Rich Snippets (verfügbar über die Google-Suchkonsole) ermöglichen es Webmastern, einzelne Elemente innerhalb einer Webseite mit Tags zu versehen, um ihnen einen Kontext zuzuweisen (Tagging kann auch programmatisch durch entsprechend kodierte Webseitenvorlagen oder mit Hilfe von Plugins erreicht werden). Diese kontextbezogenen Tags werden von Schema.org vorab genehmigt. Schema.org wurde von Google, Microsoft, Yahoo und Yandex gegründet und bietet ein gemeinsames Vokabular für die Strukturierung von Daten im Web. Ohne strukturierte Daten sind Google und andere Suchmaschinen gezwungen, die Bedeutung des Inhalts von Webseiten zu erraten. Dies hat offensichtliche Nachteile, da der Kontext leicht falsch interpretiert werden kann und der Person, die die Suche durchführt, irreführende oder falsche Suchergebnisse angezeigt werden können.

Welche Inhalte können getaggt werden? Es könnte eine Produktseite sein, und wir weisen angereicherte Snippets zur Kennzeichnung zu:

- Name des Produkts
- Beschreibung
- SKU-Code
- Preis
- Verfügbarkeit
- Bewertungen
- Etc.

Oder wir könnten eine Veranstaltungsseite taggen, die mit Einzelheiten über den Veranstaltungsort, den Ort, die Daten, die Verfügbarkeit von Eintrittskarten usw. angereichert ist. Das untenstehende Beispiel von der Schema-Website illustriert eine Taxonomie für Finanzdienstleistungen (Abb. 5):

Sobald Google den Kontext Ihres Seiteninhalts versteht, können Sie eine zusätzliche Schema-Auszeichnung verwenden, um Ihren Sucheintrag zu verbessern, z. B. indem Sie zusätzliche Informationen über Ihre Marke bereitstellen und Antworten auf relevante Fragen bezüglich der Suche des Nutzers geben. Google übernimmt diese Verbesserungen und zeigt sie in den Suchergebnissen an. Soziale Medienkanäle haben ihre eigenen Versionen von „Rich Snippets". Facebook verwendet beispielsweise Open Graph und Twitter verwendet Twitter-Karten. Beide zielen darauf ab, die User Experience zu verbessern, wenn Webseiten über soziale Medien geteilt werden.

2.3 Wie fügt man seinen Inhalten Kontext hinzu?

Wir haben bereits erörtert, wie Google den Übergang von einer Suchmaschine zu einer Wissensmaschine und schließlich zu einer „Intent-Maschine" vollzogen hat, aber wie passen wir unsere Strategie an diesen neuen Ansatz an? Die Antwort besteht darin, Ihren Inhalten Kontext hinzuzufügen. Wie nehmen wir die Lehren von oben auf und setzen sie in die Praxis um? Der erste Schritt besteht darin, eine Taxonomie Ihres Unternehmens zu erstellen. Wenn Sie ein umfangreiches oder vielfältiges Produkt- oder Dienstleistungsangebot haben, kann es sinnvoll sein, sich zunächst auf ein Thema zu konzentrieren, und es kann hilfreich sein, den ersten Entwurf Ihrer Taxonomie auf der Grundlage Ihrer bestehenden Website-Struktur zu erstellen – ein automatisierter Crawler wie Screaming Frog SEO Spider oder Sitebulb kann für große Websites hilfreich sein. Beginnen Sie mit einem Schwerpunkt – ein Thema, das breit genug ist, um alles abzudecken, was Sie in Ihre Mind-Map aufnehmen möchten, und listen Sie dann eine kleine Anzahl von Unterkategorien auf. Die Anzahl, die Sie erstellen, bleibt Ihnen überlassen, aber unserer Erfahrung nach sind sechs oder weniger die optimale Anzahl. Diese Kategorien müssen eindeutig sein und dürfen sich nicht überschneiden. Wenn es Überschneidungen gibt, dann gibt es vielleicht

Abb. 5 Beispiel einer konzeptuellen Mind Map mit Themenhierarchie

einen breiteren Begriff, der die Kategorien umfasst, die stattdessen verwendet werden sollten.

Sobald Sie Ihre Kategorien der obersten Ebene zugewiesen haben, müssen Sie Unterkategorien zuweisen. Versuchen Sie noch einmal, sich an weniger als sechs zu halten, um den Prozess zu erleichtern. Dies kann jetzt ausreichen, um die Produkte/Dienstleistungen Ihres Unternehmens abzubilden – es hängt vom Unternehmen ab. Wenn Sie sich vorstellen, dass jeder „Knotenpunkt“ in der von Ihnen erstellten Keyword-Map eine Webseite ist, brauchen Sie nur so weit zusätzliche Unterkategorien zu erstellen, wie Sie zusätzliche Seiten für Ihre Webseite erstellen würden. Wenn Sie an einen Ort gelangen, an dem es Ihnen schwerfallen würde, eine Webseite mit interessanten und relevanten Inhalten für Ihre Besucher zu erstellen, dann sind Sie zu weit gegangen. Die nachstehende Taxonomie wurde für „IOT-Security“ erstellt, wobei die obersten Kategorien Hardware, Software, Frameworks und Bedrohungen sind. In diesem Fall waren wir sehr daran interessiert, die Kategorie „Hardware“ zu erforschen, und haben diese ausführlicher entwickelt als andere Kategorien (Abb. 6).

Wie soeben erwähnt, sollte jeder Knoten auf der Stichwortkarte als eine Webseite betrachtet werden. Wenn Sie bereits eine Website haben, ist jetzt ein guter Zeitpunkt, Ihre bestehenden Webseiten jedem Knoten zuzuordnen. Für jeden Knoten, an dem Sie keine bestehende Webseite haben, haben Sie eine Inhaltslücke identifiziert, und es muss eine neue Seite erstellt werden. Um diese Liste der Verknüpfungen zwischen Knoten und Webseiten zu erstellen, ist es vielleicht einfacher, Ihre Karte in eine Tabellenkalkulation zu übertragen, wobei die erste Spalte für die Kategorie der obersten Ebene steht, die nächste Spalte für die Unterkategorie der ersten Ebene und so weiter, bis Sie den letzten Knoten erreichen. Die letzte Spalte kann dann mit der URL Ihrer gemappten Seiten gefüllt werden. Dieses Arbeitsblatt kann dann noch weiterentwickelt werden, wie wir später sehen werden.

Der nächste Schritt ist die Identifizierung von Keywords für jeden Knoten/jede Webseite. Es gibt eine Fülle von Tools, die Ihnen bei der Identifizierung von Keywords helfen, zum Beispiel SEMRush oder das Google Ads Keyword-Tool. Eine weitere Technik ist die Verwendung der Google-Suchkonsole, um Suchbegriffe zu identifizieren, bei denen Ihre Webseiten in den Suchergebnissen erschienen sind, aber ein niedriges Ranking und/oder eine geringe Anzahl von Klicks aufweisen. Wie bei allen automatisierten Tools sollten diese Keywordvorschläge überprüft und so gefiltert werden, dass sie nur hochrelevante Begriffe enthalten. Diese Suchphrasen können dann in drei Bereiche gruppiert werden. Die Markensuche (manchmal auch als Navigationssuche bezeichnet) hilft Ihnen, den Anteil der Besucher zu verstehen, die nach Ihren Markennamen suchen. Dabei handelt es sich jedoch um Interessenten, die Ihr Unternehmen bereits kennen. Die nächsten beiden Arten der Suche können Ihnen helfen, Interessenten anzuziehen, die Ihre Marke nicht kennen oder keine Markenaffinität haben.

Bei Informationsrecherchen sucht der Suchende nach Lösungen für bestimmte Probleme oder Herausforderungen. Die Art des gesuchten Inhalts variiert, kann aber auch Anleitungen, technische Artikel, White Papers usw. umfassen. Um die Fragen zu ermit-

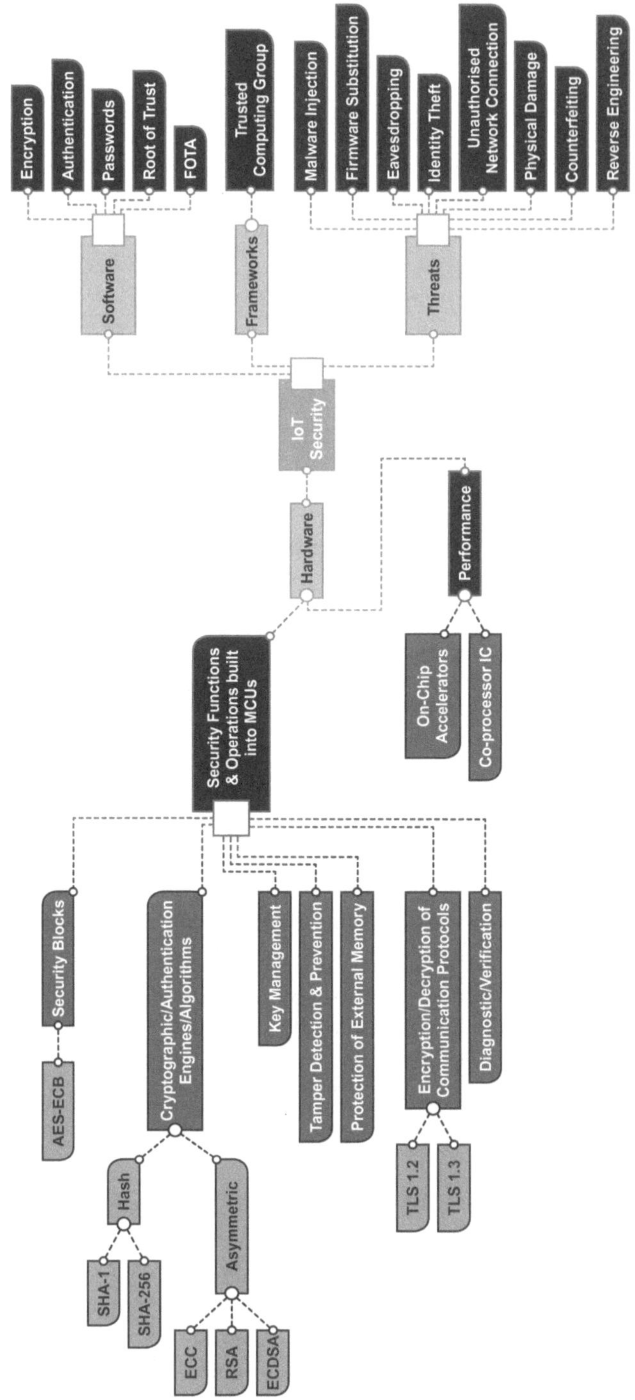

Abb. 6 Mind Map zur Darstellung von Themen im Zusammenhang mit IoT-Sicherheit

teln, die potenzielle Kunden möglicherweise stellen, können Sie Ihre validierte Stichwortliste nehmen und Websites wie AnswerThePublic.com verwenden, um Beispiele für Fragen zu bestimmten Themen zu finden. Damit wird auch ein weiteres Problem gelöst. Viele der Suchbegriffe der obersten Ebene, die in die Schlüsselwortlisten aufgenommen werden, sind zu allgemein – Sie müssen viel spezifischer sein, um Ihre Zielgruppe zu finden, und die Suchphrasen müssen spezifisch genug sein, um geringwertige Zielgruppen auszuschließen. Die letzte Art der Suche ist eine Produktsuche, d. h. wenn der Interessent bereits festgestellt hat, was er will, und nun nach einem Anbieter sucht.

Wenn die gesamte Keywordanalyse abgeschlossen ist und die Listen so gruppiert wurden, dass sie der Persona Ihrer Zielgruppe und der Etappe auf der Buyer Journey entsprechen, können die Keywords der Tabelle hinzugefügt und mit der URL der Seite verknüpft werden, auf der sie verwendet werden sollen (Abb. 7).

Jetzt, da wir unsere Keywords haben, können wir mit der Arbeit an unserer On-Page-Optimierung beginnen. Jeder Webseitentitel wird durch unsere Taxonomie konstruiert, jedoch in umgekehrter Reihenfolge, sodass der Name des Endknotens am Anfang des Seitentitels erscheint. Um auf unser IOT-Security-Beispiel zurückzukommen, hatten wir einen Taxonomiepfad von IoT-Sicherheit > Software > Kryptographie > asymmetrisch. Unser Seitentitel würde demnach in die Richtung „Asymmetrische Kryptographie für IoT-Sicherheit" gehen, aber dies muss ggf. noch verfeinert werden, je nachdem, wer die Zielpersona für diese spezielle Webseite ist und in welchem Stadium des Beschaffungsprozesses sie sich befindet.

Wir sind jetzt auf einem guten Weg, um unsere optimierte Webseite zu entwickeln. Die Liste der Keywords, die wir für jeden Knoten erstellt haben, sollte auf der gesamten Webseite einheitlich verwendet werden, und die Seite selbst sollte durch Longtail-Suchphrasen unterteilt werden. Die Verwendung von Longtail-Suchphrasen als Unterüberschriften dient zwei Zwecken: 1) Sie hilft bei der Erstellung von Unterthemen innerhalb einer Seite, die dann nützlich sind, wenn wir uns auf einen bestimmten Bereich konzentrieren wollen, aber die Erstellung einer eigenen-Seite für das Thema nicht rechtfertigen können; 2) sie interpunktiert den Textfluss auf der Seite und hilft so, die Geschichte zu definieren, die den Besuchern hilft, den Webseitentext zu durchblättern, um die gewünschten Informationen schnell zu finden. Links zu anderen Webseiten, die sich auf das Thema Ihrer Webseite beziehen, sind für SEO unerlässlich. Durch die Bereitstellung dieser Links senden Sie ein Signal an Google, dass Sie eine Autorität in diesem Thema sind. Diese Links sollten eine Mischung aus externen Links, aber auch internen Links sein, die von verwandten Knoten auf Ihrer Taxonomiekarte stammen.

Lassen Sie uns schließlich die URL-Struktur Ihrer Website betrachten. Diese wurde bereits in der Taxonomie in Form von yourwebsite.com/top-category/sub-category/node definiert. Die Gruppierung von Webseiten unter einem relevanten Kategorienamen in Ihrer URL-Struktur hilft Google zu verstehen, wie viel Content Sie unter einer bestimmten Kategorie haben. Diese Verwendung der URL-Struktur zusammen mit der Verwendung der „Breadcrumb"-Navigation gibt Google Signale darüber, welche Seite in Ihrer Kate-

Category	1st level subcategory	Keywords	Landing page URL
Power Conversion	Power conversion		http://www.dialog-semiconductor.com/AC-DC
	rapid charge / Quick charge	rapid charge IC	http://www.dialog-semiconductor.com/products/power-conversion/acdc-chargers-adapters/iw620
		rapid charge integrated circuit	http://www.dialog-semiconductor.com/media-centre/press-releases/press-releases-details/2014/01/20/dialog-semi
		rapid charge chip	http://www.dialog-semiconductor.com/products/power-conversion/acdc-rapid-charge-solutions
		rapid charge controller	http://www.dialog-semiconductor.com/content/rapid-charge-controller-supports-mediatek-fast-charge-protocol
	rapid charge solutions		
	SSL / solid state lighting	High efficiency SSL driver	http://www.dialog-semiconductor.com/media-centre/press-releases/press-releases-details/2015/02/05/dialog-semi
		AC-DC SSL driver	http://www.dialog-semiconductor.com/ssl
		Dimmable SSL controller	http://www.dialog-semiconductor.com/products/lighting/ssl/iw3605
		Dimmable SSL driver	http://www.dialog-semiconductor.com/ssl
	Retrofit bulb		
	AC/DC	AC-DC adapter	http://www.dialog-semiconductor.com/products/power-conversion/acdc-chargers-adapters
	LED Drivers	High efficiency LED driver	http://www.dialog-semiconductor.com/system-pmics
		DC-DC LED driver	http://www.dialog-semiconductor.com/products/lighting/ssl/iw6401
		AC-DC LED driver	http://www.dialog-semiconductor.com/ssl
		Dimmable LED controller	http://www.dialog-semiconductor.com/ssl
		Dimmable LED driver	http://www.dialog-semiconductor.com/ssl
	DC/DC	DC-DC LED backlight driver	http://www.dialog-semiconductor.com/backlighting
	Backlighting	Dimmable LED backlight driver	http://www.dialog-semiconductor.com/sites/default/files/all-products-selector-guide.pdf
	Power converters		http://www.dialog-semiconductor.com/acdc-embedded
	Smart meters		http://www.dialog-semiconductor.com/smart-meters
	Home appliances		http://www.dialog-semiconductor.com/home-appliances
	Networking		http://www.dialog-semiconductor.com/networking
	Power adapters		http://www.dialog-semiconductor.com/products/power-conversion/acdc-chargers-adapters
	Embedded		http://www.dialog-semiconductor.com/acdc-embedded
	Adapter		http://www.dialog-semiconductor.com/products/power-conversion/acdc-chargers-adapters
	Dynamic load response / DLR		
	Power supplies		http://www.dialog-semiconductor.com/power-management
	Power supply ICs		
	QC2.0		http://www.dialog-semiconductor.com/products/power-conversion/acdc-chargers-adapters/iw629
	Quick Charge 2.0	Quick Charge 2.0 IC	http://www.dialog-semiconductor.com/products/power-conversion/acdc-chargers-adapters/iw620
		Quick Charge 2.0 integrated circuit	http://www.dialog-semiconductor.com/products/power-conversion/acdc-chargers-adapters/iw620
		Quick Charge 2.0 chip	http://www.dialog-semiconductor.com/products/power-conversion/acdc-chargers-adapters/iw620
		Quick Charge 2.0 controller	http://www.dialog-semiconductor.com/products/power-conversion/acdc-chargers-adapters/iw620
	QC3.0		
	Quick Charge 3.0	Quick Charge 3.0 IC	http://www.dialog-semiconductor.com/products/power-conversion/acdc-rapid-charge-solutions
		Quick Charge 3.0 integrated circuit	

Abb. 7 Publitek SEO-Planer

gorie die oberste Ebene darstellt, und trägt dazu bei, das Ranking bei Short-Tail-Suchen zu verbessern.

Wenn es darum geht, die Leistung von SEO-Aktivitäten zu überwachen, können wir unseren Excel-Planer weiter nutzen, indem wir ihn zusammen mit der Google-Suchkonsole und Google Analytics als Basis für ein SEO-Dashboard verwenden. Jede Webseite wurde bereits nach URL aufgelistet und einer Unterkategorie zugeordnet, die Teil einer Top-Level-Kategorie ist. Jetzt ist es möglich, einen umfassenden Blick auf jede Kategorie und Unterkategorie der obersten Ebene zu werfen und die Google-Suchkonsole zu verwenden, um zu verstehen, wie sich unsere Änderungen auf die Sichtbarkeit unserer Website in den Google-Suchergebnissen ausgewirkt haben, welche Schlüsselwörter unsere Interessenten verwenden und wie viele Besuche wir erhalten. Anschließend können wir Google Analytics (oder eine andere Web-Metrik-Plattform) verwenden, um das Bild der User Journey zu vervollständigen, indem wir das Nutzerverhalten auf der Website, die generierten Leads usw. analysieren.

3 Link-Aufbau: Wie man qualitativ hochwertige Backlinks generiert

Um den Page-Rank einer Website zu erhöhen, sollten Marketers und PR-Fachleute Backlinks (eingehende Links von externen Websites) generieren, z. B. über Medien-Websites und Influencern im Netz. Google bewertet Websites mit qualitativ hochwertigen Backlinks unter anderem auf der Grundlage von redaktioneller Autorität, Relevanz, Nutzerinteraktion und qualitativ hochwertigem Traffic. PR-Arbeit kann Links von Medien-Websites sichern, die eine hohe „Domain-Autorität" haben, den Moz-Score, der angibt, wie gut Websites gerankt werden. Backlinks müssen keinen Anker-Text und keinen Hyperlink haben. Auch einfache Erwähnungen oder Zitate sind es wert, gesammelt zu werden, insbesondere von Top-Medien/Influencern. Die Erstellung guter Inhalte zahlt sich aus und wird den Traffic, die Leserbindung und die Backlinks verbessern. In der Tat stellt Google in seinem Verhaltenskodex fest: „Der beste Weg, andere Websites dazu zu bringen, qualitativ hochwertige, relevante Links zu Ihrer Website zu erstellen, ist die Erstellung einzigartiger, relevanter Inhalte."

Wenn wir ein Programm zum Aufbau von Links entwickeln, sollten wir dies mit unserem entwickelten Framework verknüpfen. Wir müssen den Linkaufbau themenbezogen oder sogar Seite für Seite angehen. Für jeden Knoten in unserer Taxonomie haben wir eine Liste von Keywords und Phrasen erstellt. Wir müssen für jedes Wort oder jede Phrase, die in den Google-Suchergebnissen an erster Stelle stehenden Websites ermitteln und dann feststellen, welche Websites auf diese an erster Stelle stehenden Websites verlinken. Damit ermitteln wir die Websites, die Google für jedes Thema am meisten schätzt. Jede dieser Websites muss nun bewertet werden, um zu verstehen, ob und wie wir einen eingehenden Link zu unseren eigenen Inhalten generieren können. Wenn es sich um einen

Blog-Beitrag handelt, könnte der Autor vielleicht überzeugt werden, den Beitrag zu aktualisieren, indem er ihnen mitteilt, wie unser Inhalt ihren eigenen ergänzt.

3.1 Wie man Backlinks generiert

Organische Link-Building-Techniken

Angenommen, Ihr Inhalt wurde gefunden (nicht notwendigerweise durch SEO, sondern durch andere Marketingaktivitäten), dann besteht die Chance, dass Ihr Inhalt organisch weitergegeben wird, entweder durch Social Sharing oder durch Verweise auf andere Webseiten.

Nicht alle Links sind gleich: Es ist wichtig, darauf hinzuweisen, dass das Teilen von Inhalten auf sozialen Netzwerken einen geringeren SEO-Wert für Links von Websites, Blogs und Foren hat, was auf den kurzlebigen Charakter sozialer Beiträge und die Art und Weise zurückzuführen ist, wie sich die Domain-Autorität über eine Website verbreitet. Die untenstehende Grafik der RLS-Gruppe erklärt das Konzept des „Link Juice", also wie sich die Autorität anhand von Links innerhalb einer Website verteilt, sehr einfach (Abb. 8).

Für die meisten Websites hat die Homepage die meiste Autorität, weil sie die meisten Links hat – von anderen Seiten auf der Website (z. B. in der Hauptnavigationsleiste) und von externen Websites. Dieser „Link-Saft" fließt durch die Website-Struktur, aufgeteilt auf die ersten Seiten, die verlinkt sind. Jede dieser Seiten verlinkt dann auf weitere Seiten und teilt den Link-Saft weiter auf. Dieses einfache Konzept erklärt, wie die interne Link-Struktur funktioniert und wie der Link-Saft auf bestimmte Seiten gelenkt werden kann, um ihre Autorität zu stärken. Zudem erklärt das Konzept auch, warum ein einzelner Tweet wahrscheinlich weniger SEO-Wert hat als eine Webseite, weil es nämlich so viele Tweets gibt, die versuchen, einen Anteil am Link-Strom zu bekommen.

Linkaufbau durch Social Media

Um das Teilen von Inhalten über soziale Netzwerke zu fördern, stellen Sie sicher, dass Sie ein Social-Sharing-Tool an prominenter Stelle auf den Webseiten platzieren – idealerweise am oberen und unteren Rand des Artikels oder in einer schwebenden Seitenleiste, die immer auf dem Bildschirm zu sehen ist. Dies macht es den Benutzern leicht, den Artikel zu teilen, sobald sie ihn gelesen haben, aber auch für diejenigen, die den Artikel speichern möchten, um ihn später zu lesen.

Wie man Links mittels PR aufbaut

Tools wie Backlinko und SEMRush ermöglichen die Bewertung von Möglichkeiten für externe Links, indem Analysen über direkte Wettbewerber durchgeführt werden, um die Schnittmengen der Backlinks zu identifizieren. Diese sich überschneidenden Websites können im Sinne der „Domain-Autorität" priorisiert werden (ebenso wie eine manuelle Überprüfung auf Relevanz). Die Platzierung von Inhalten (z. B. Gastbeitrag, egal ob Blog oder Artikel) kann auf die relevantesten und qualitativ hochwertigsten Publikationen aus-

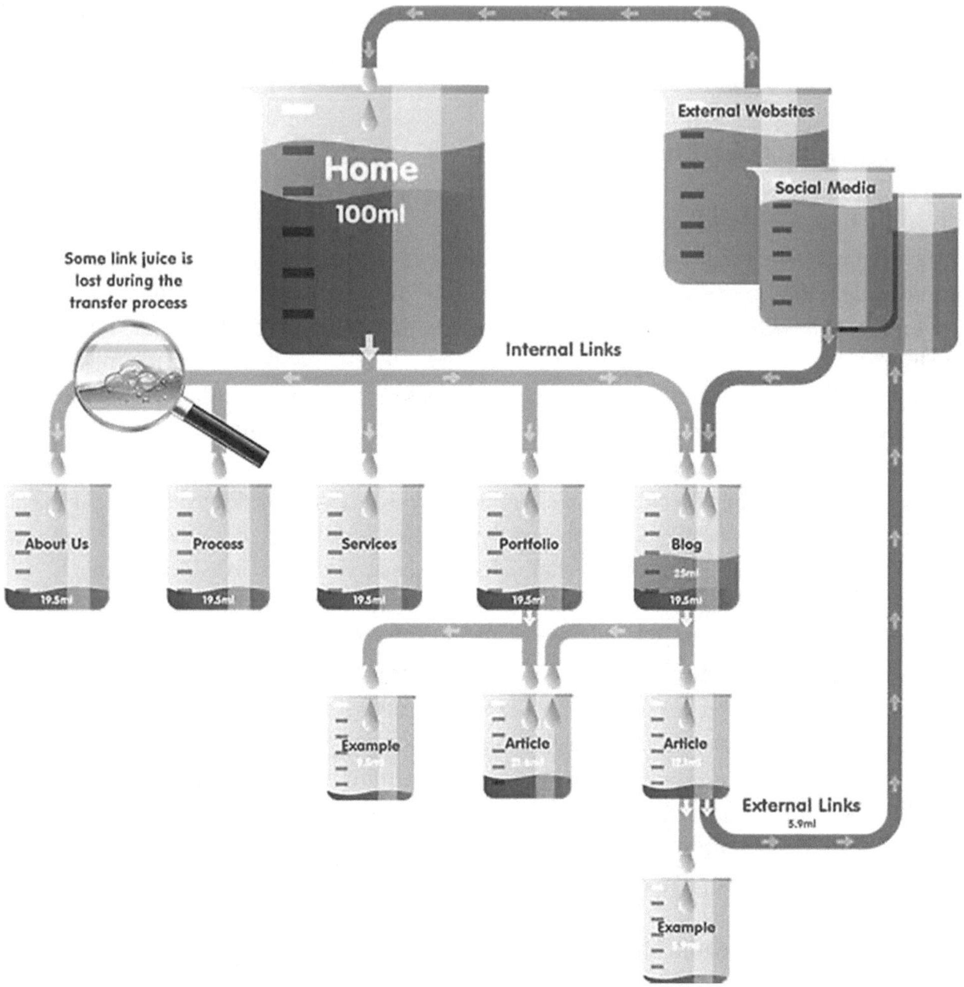

Abb. 8 Diagramm zur Erklärung der Relevanz- bzw. Autoritätsverteilung innerhalb einer Website

gerichtet werden, bei denen die Wahrscheinlichkeit am größten ist, dass Sie einen Backlink erhalten.

Die Verteilung von SEO-optimierten Pressemitteilungen kann nicht nur Berichterstattung, sondern auch eine breite Streuung von qualitativ hochwertigen Backlinks erzielen. Es ist wichtig anzumerken, dass Sie sich nicht nur auf maschinelle Verteilungsdienste verlassen können, da die Qualität, der durch diese Maßnahmen erzeugten Links, durch die Bestrafung von Google für doppelten Inhalt zunichte gemacht wird. Jede Pressemitteilung, die vollständig reproduziert wird, muss auf den Originalartikel verweisen (der normalerweise auf der eigenen Website des PR-Verteilungsdienstes gehostet wird), was den SEO-Wert aller anderen Orte, an denen die Pressemitteilung veröffentlicht wird, stark reduziert.

Linkaufbau durch Content-Syndication

Als Content-Syndication bezeichnet man die Veröffentlichung von webbasierten Inhalten durch eine Website Dritter. Nach der Definition auf Outbrain.com kann jede Art von digitalem Inhalt syndiziert werden, einschließlich Blog-Beiträge, Artikel, Infografiken, Videos und mehr. Betrachten Sie es als eine Art Tauschvereinbarung. Die Website eines Drittanbieters erhält kostenlose, relevante Inhalte. Der Ersteller des Inhalts erhält kostenlose Darstellung und Werbung und Backlinks zu seiner eigenen Website, was wiederum seinen organischen Traffic steigert.

Ein strukturiertes Content-Syndication-Programm kann Ihre SEO-Bemühungen auf zwei Arten unterstützen:

1. Suchmaschinen verfolgen Links im gesamten Web, um Inhalte zu klassifizieren und die Popularität von Webseiten zu bestimmen.
2. Der Inhalt von Seiten, die miteinander verlinken, wird berücksichtigt, wenn er in das Suchergebnis gezogen wird – es ist vorteilhaft, eingehende Links von Webseiten zu erhalten, die relevante Inhalte zu Ihren eigenen Themen anbieten.

Die Bedeutung des internen Linkaufbaus

Wir verwenden die interne Link-Struktur als ein Mittel, um den Fluss des SEO-Werts zu erhalten und zu lenken. Dazu gehört in der Regel die Identifizierung von Vernetzungsmöglichkeiten, die Umleitung bestehender Backlinks auf die Eckpfeilerseiten sowie die Entfernung von Fremdlinks.

4 Technische Website-Optimierung – So bringen Sie Ihre Inhalte zum Strahlen

Lassen Sie uns schließlich die technische Website-Optimierung untersuchen. Diese umfasst alle technischen Maßnahmen, die Sie ergreifen können, um Ihre Website in den Suchmaschinen bestmöglich zu platzieren. Dazu gehört auch, wie gut Ihre Website von den Algorithmen der Suchmaschinen gefunden werden kann. Technische SEO wird in der Regel von gut ausgebildeten Online-Marketing-Managern mit Schwerpunkt Suchmaschinenoptimierung, von der IT oder auch von den Entwicklern der Website durchgeführt. Für B2B-Marketers lohnt es sich jedoch, zumindest ein grundlegendes Verständnis dafür zu haben, was technische SEO bedeutet, um Inhaltsoptimierung, Linkaufbau und technische Leistung perfekt miteinander zu verbinden (siehe Abb. 9).

Es gibt viele Aspekte der technischen SEO. In diesem Beitrag konzentrieren wir uns nur auf die Aspekte der technischen SEO, die direkt mit der Content-Optimierung zusammenhängen und darauf, wie die Technik mit den Netzwerk-Taxonomien zusammenhängt. Wenn man gezwungen ist, nur eine Sache zu wählen, um die Sichtbarkeit einer Website zu verbessern, werden viele Experten betonen, wie wichtig es ist, dass eine Website für die Such-Bots 'crawlbar' ist. Selbst wenn eine Website Links und Keywords perfekt imple-

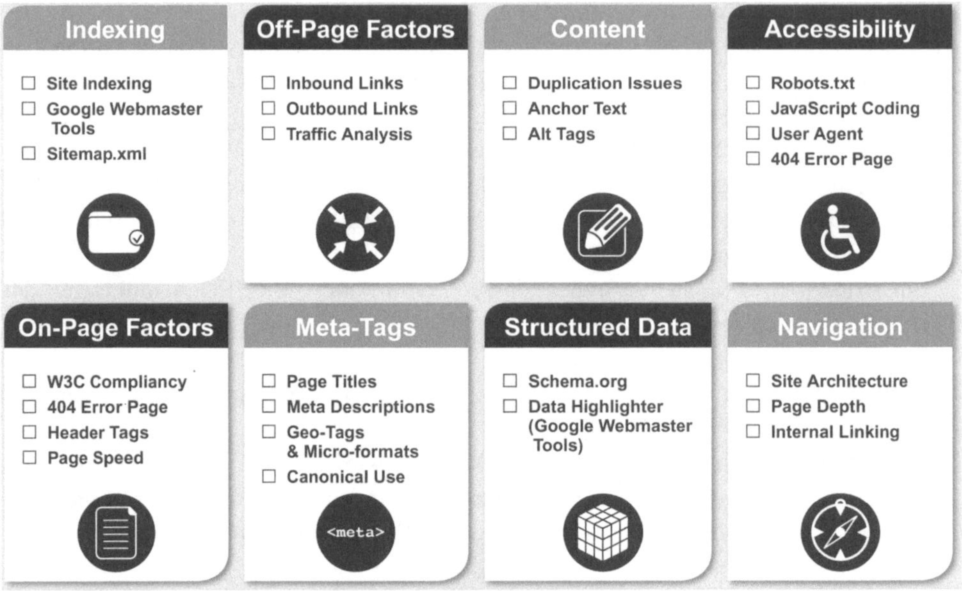

Abb. 9 Technische Aspekte von SEO

mentiert hat, wenn eine Suchmaschine sie nicht durchsuchen kann, bleibt der Inhalt verborgen. Sogenannter „immergrüner“ Inhalt (Evergreen Content, siehe Pillar Posts in Abschnitt 3 dieses Beitrags) behält auch lange nach seiner Veröffentlichung ein hohes Suchranking und eine vernünftige Klickrate bei.

Während der ursprüngliche SEO-Inhalt und die Backlinks nicht über Nacht signifikante Ergebnisse liefern, bleibt der überzeugende Inhalt über die Zeit erhalten. Die Kombination einer strategischen Umsetzung aller drei Säulen der SEO kann daher zu einem stetigen und dauerhaften Wachstum der Online-Reichweite führen. Dieser allgemeine Ansatz kann noch weiter verbessert werden, wenn das oben beschriebene Taxonomiekonzept angewandt wird, um die Inhalte auf benutzerfreundliche Weise um ihre häufigsten Suchabsichten herum zu strukturieren. Die Struktur der Inhalte sollte themenorientiert sein (da dies die hauptsächliche Art und Weise ist, wie Benutzer nach Dingen suchen), um es den Suchalgorithmen so einfach wie möglich zu machen, zu erfassen, worum es auf der Website geht, und diese mit den richtigen Suchabsichten für eine optimale User Experience abzugleichen.

Ein weiterer Aspekt, der für die Effektivität von Inhalten wichtig ist, ist die Optimierung der Website für mobile Endgeräte. Diese Disziplin wird immer wichtiger, da immer mehr Benutzer mit ihren Smartphones oder Tablets auf Web-Inhalte zugreifen. Und auch Google verfolgt die „Mobile First-Strategie“. Sie müssen dafür sorgen, dass die Präsentation Ihrer Website auch unterwegs reibungslos funktioniert und gut aussieht – und sie muss schnell geladen werden. Auch wenn Sie als B2B-Unternehmen vielleicht noch überwiegend Desktop-Traffic haben, schenkt Google der mobilen Optimierung höchste Aufmerksamkeit. Marketingexperten müssen bedenken, dass bei der wachsenden Anzahl bezahlter Ergebnisse, die auf einer SERP angezeigt werden, das Ziel sein sollte, unter den ersten 3 organischen Treffern zu landen. Die Ladegeschwindigkeit und die Fähigkeit, auf mobilen Geräten angezeigt zu werden, sind ein entscheidender Ranking-Faktor, um dieses Ziel zu erreichen.

Die dritte Säule inhaltsrelevanter technischer SEO besteht aus Linkstruktur und User Experience (UX). Die Linkstruktur sollte die Suchgewohnheiten und -absichten der Nutzer widerspiegeln sowie an die oben beschriebene kontextbezogene Content-Taxonomie anknüpfen. Dieser Bereich überschneidet sich teilweise mit der Content-Optimierung, da die Links auch von Personen gesetzt werden, die am Inhalt der Seite arbeiten.

Schließlich muss die technische Basis Ihrer Website, die im Hintergrund arbeitet, richtig eingerichtet werden. Dazu gehören Aspekte wie korrekte Servereinstellungen für eine verbesserte Ladegeschwindigkeit und Verschlüsselung. Sauberer Quellcode – dieser Bereich wird oft von Entwicklern und Programmierern gepflegt – ist für alle Bereiche der technischen SEO unerlässlich. B2B-Marketers müssen sicherstellen, dass diese Vorarbeit von den Experten ordnungsgemäß geleistet wird, da sonst alle Bemühungen auf der Inhaltsseite vergeblich sein könnten.

5 Praxisbeispiele: Angewandte Netzwerk-Taxonomien

5.1 Wie man einen Tech-Blog basierend auf SEO-Mind-Mapping erstellt

Google hat sich zu einer absichtsbasierten Suchmaschine entwickelt, die uns themenspezifische Ergebnisse anzeigt. Wenn jemand beispielsweise nach einer bestimmten Frage sucht, die sich auf das Thema KI bezieht, sieht er mit großer Wahrscheinlichkeit eher KI-bezogene Ergebnisse als Antworten aus irgendeiner Branche. Infolgedessen verliert die Stichwort-Recherche, die viele von uns bei der Generierung von Blog-Ideen pflichtgemäß durchführen, an Relevanz, und unsere SEO-Checkliste hat sich geändert. Dies sind die drei Schritte, die Sie unternehmen müssen, um Ihren Blog so zu strukturieren, dass er sowohl die Intent-basierten Algorithmen als auch die Bedürfnisse der Benutzer widerspiegelt, was letztendlich zu einem hohen SERP-Ranking führt.

Erstellen Sie ein Netzwerk von Blog-Posts mit Eckpfeiler-Posts als Zentrum der Struktur

Eckpfeiler-Beiträge sind lange Blog-Beiträge, die ein breites Thema abdecken. Vielleicht haben Sie schon von Eckpfeiler-Inhalten gehört, die manchmal auch als „Hero-Content" bezeichnet werden, was im Wesentlichen dasselbe ist. Um beim KI-Beispiel zu bleiben, könnten Sie einen Leitfaden für Anfänger schreiben, der einen Überblick über Dinge wie neuronale Netze und Deep Learning enthält. Dann würden Sie jedes Mal, wenn Sie einen Blog-Beitrag schreiben, der in irgendeiner Weise mit KI zu tun hat, einen Hyperlink zurück zu diesem Blog-Beitrag setzen und dabei jedes Mal den gleichen KI-Hyperlink-Text verwenden. Dadurch wird Ihr Inhalt strukturiert und ein Netzwerk von verwandten Beiträgen erstellt, das Google dabei hilft, die Themen zu identifizieren, unter denen Ihre Blog-Beiträge in den Ergebnissen aufgelistet werden sollen.

Um das Eck pfeilerthema zu entwickeln, müssen Sie wissen, was Ihre Zielgruppe sucht und wofür sie sich interessiert. Es macht also nur Sinn, dass Sie als erstes Ihr Zielpublikum genau identifizieren sollten. Wenn Sie das getan haben, beobachten Sie, worüber die Zielgruppe in den sozialen Medien spricht, und nutzen Sie Websites wie answerthepublic.com und die Chrome-Erweiterung Keywords Everywhere, um herauszufinden, wonach sie suchen. Sie könnten auch Ihre aktuellen Kunden – z. B. über Ihr Verkaufsteam oder eine Online-Umfrage – fragen, über welche technischen Themen sie derzeit ebenfalls mehr erfahren möchten. Nutzen Sie Ihre Erkenntnisse und Beobachtungen, um sich auf ein bestimmtes Thema festzulegen. Es gibt viele verschiedene Themen, über die Sie schreiben können, aber Sie müssen darauf achten, dass Sie eines auswählen, das genug Traffic und Interesse erzeugt, damit es sich lohnt, und das genügen Potenzial für künftige weitere Blog-Posts hat.

Aufbau eines Netzwerks mit verknüpften Inhalten

Die Eckpfeiler-Beiträge müssen durch Unterthemen ergänzt werden. Dabei handelt es sich um kleinere Themen innerhalb Ihres Eckpfeiler-Beitrags, wie neuronale Netze und Deep-Learning im KI-Beispiel. Listen Sie alle diese Themen, die Sie in Ihrem Säulenbeitrag erwähnen, in einem Arbeitsblatt auf und verwenden Sie sie zusammen mit ein paar Recherchen, um Ihnen bei der Generierung von Ideen für Blog-Posts zu helfen. Unter dem Unterthema „Neuronale Netze" könnten Sie zum Beispiel darüber schreiben, wie diese verwendet werden, welche spannenden Sachen man damit machen kann, welche Fortschritte mit ihnen in verschiedenen Branchen erzielt wurden und so weiter und so fort. Diese Unterthemen helfen Ihnen bei der Erstellung einer Vielzahl von Inhalten und geben Ihnen einen Ausgangspunkt, wenn Sie sich zum Brainstorming von Ideen hinsetzen.

Das Wichtigste, das Sie beim Schreiben Ihrer Blog-Einträge beachten sollten, ist das Hinzufügen interner Hyperlinks. Verlinken Sie jeden einzelnen zurück zu Ihrem Säulenbeitrag und verlinken Sie sie untereinander, wo immer Sie können. Wenn Sie kurz ein Thema berühren, das Sie in einem anderen Blog-Beitrag ausführlicher behandelt haben, fügen Sie auf jeden Fall einen Link zu diesem Beitrag hinzu, damit die Leser mehr darüber erfahren können. In Zukunft könnten Sie Säulenbeiträge für jedes Ihrer Unterthemen schreiben und alle zusammen mit Ihrem übergreifenden Säulenbeitrag verlinken. Je größer und strukturierter Ihr Netzwerk ist, desto besser.

Keyword-Recherche zur Definition von Subthemen

Keywords sind zwar weniger wichtig als in der Vergangenheit, aber immer noch relevant, wenn Sie möchten, dass Ihre Blog-Beiträge für bestimmte Suchbegriffen gerankt werden. Der beste Weg, Keywords zur Verbesserung Ihrer SEO zu nutzen, ist die Verwendung von Long-Tail-Keywords als Grundthema für Blog-Posts. Dies sind Phrasen aus drei oder mehr Wörtern, die viel spezifischer sind als nur ‚KI' oder ‚neuronale Netzwerke'. Ein Beispiel hierfür wäre ‚neuronale Netze Morpurgo-Bücher'. Wenn Sie einen Blog-Beitrag über ein neuronales Netzwerk schreiben würden, das verwendet wird, um den Stil der Bücher von Michael Morpurgo zu replizieren, würden Sie eine Liste für Suchen erstellen wollen, die sowohl KI-bezogen sind als auch für Personen, die speziell nach Informationen darüber suchen.

Diese Säulenbeitragsstruktur ermöglicht es Ihnen diese eher nischenorientierten Blog-Posts in Ihr übergreifendes KI-Blog-Netzwerk aufzunehmen und trotzdem für bestimmte Suchbegriffe zu schreiben. Wenn jemand unter dem ‚KI'-Themendach nach etwas sucht, das in einem losen Zusammenhang steht, könnte Ihr Beitrag aufgelistet werden. Außerdem wenn jemand nach Ihrem spezifischeren Thema sucht, würden Sie mit hoher Wahrscheinlichkeit ein gutes Ranking erzielen. Je mehr Sie schreiben erweitern Sie Ihr Netzwerk indem Sie auch für Ihre Unterthemen Eckpfeilerbeiträge erstellen (Abb. 10)

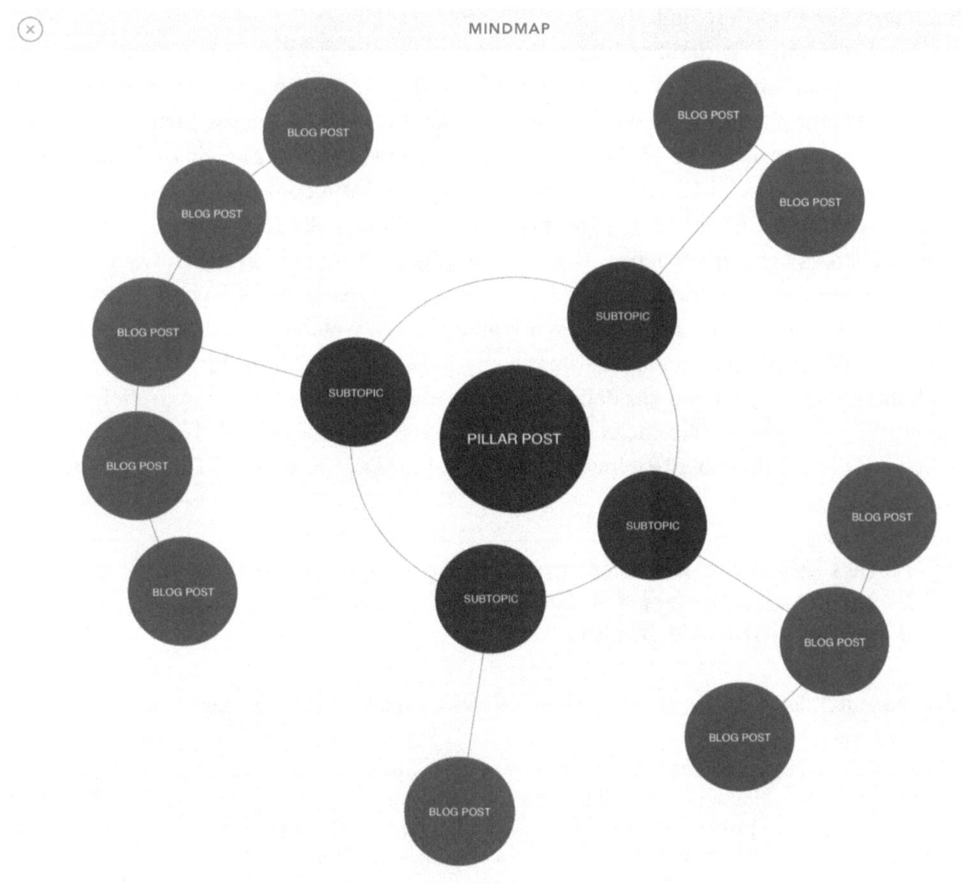

Abb. 10 Layout mit einem zentralen Eckpfeiler-Post, Unterthemen in der nächsten Ebene, Blog-Post-Ideen in der nächsten, und dann so viele Ebenen wie nötig

5.2 Verwendung einer Taxonomie zur Identifizierung von Influencern für Nischenthemen

Die Taxonomie, die wir für unser SEO-Framework verwenden, wird auch für andere Aktivitäten in der Marketingkommunikation verwendet. Wir haben bereits erörtert, wie SEO in PR und Content-Marketing integriert werden muss, aber das Mapping von Keywords mit Ziellandingpages lässt sich auch sehr effektiv für PPC-Aktivitäten, insbesondere Google Ads und ähnliche Keyword-Targeting-Plattformen, verwenden. Die Top-Level-Themen können außerdem für programmatische Werbung und für die Kategorisierung von Zielpublikationen in der PR genutzt werden. Integrierte Kampagnen können nun rund um strategische Themen für das Business strukturiert werden. Wählen Sie ein beliebiges Top-Level-Thema aus Ihrer Taxonomie aus, und Sie können dieses für Ihre PR verwenden. Wählen Sie hochgradig zielgerichtete Publikationen für die Einreichung von Artikeln und Gästeblogs aus und verwenden Sie dabei Inhalte, die von den darin enthaltenen Long-Tail-Suchbegriffen inspiriert sind.

Die Taxonomie ist darüber hinaus besonders nützlich, wenn man Social-Listening-Kampagnen durchführt, um Einblicke in Schlüsselthemen zu gewinnen und wichtige Influencer zu identifizieren. Wenn wir unsere Taxonomie in eine Boolesche Suche umwandeln (es kann einfacher sein, die SEO-Planungstabelle zu verwenden, die wir zuvor erstellt haben), können wir Social-Listening-Tools wie PulsarPlatform.com oder Meltwater.com verwenden, um Online-Gespräche zu Nischenthemen zu finden. Die Ergebnisse, die wir sehen, ermöglichen es uns, zu verstehen, wer über die Themen spricht, an denen wir interessiert sind, und wo sie diese Gespräche führen – sowohl geografisch als auch über Online-Kanäle (Blogs, Foren, soziale Medien usw.). Wir können sehen, welche Terminologie sie in Bezug auf diese Themen verwenden, was uns in die Lage versetzt, diese für die weitere SEO-Verfeinerung zu nutzen und uns dabei zu helfen, eine Resonanz bei unserem Zielpublikum aufzubauen, indem wir die gleiche Sprache wie sie verwenden. Wir können sehen, mit welchen Themen sich unser Zielpublikum beschäftigt und wo es diese Themen findet.

6 Neues Level der Kundenzentrierung – Wie das Verständnis der Benutzerabsicht bei der Online-Suche das B2B-Marketing verändert

Was bedeutet das alles für B2B-Marken? So erklärt es Google (Google Blog 2015):

> „Es bedeutet, dass Marketeers nicht länger mit einer linearen Buyer Journey planen können. Heutzutage beeinflusst das Verhalten der Verbraucher die Reichweite und Anzahl der Touchpoints stark. Sie entscheiden sich dafür, sich mit Marken zu beschäftigen, die relevant, hilfreich und persönlich sind. Die Menschen suchen nach Lösungen, und die Marken, die diese anbieten, sind die Marken, die gewinnen werden. Die Formel zur Generierung von Wachstum hat sich geändert. Und die Vorhersage der Nutzerabsicht ist jetzt ein entscheidender Teil der Gleichung“.

Mit anderen Worten, die Menschen folgen nicht mehr einem linearen Weg von Awareness über Consideration bis Purchasing. Sie verengen und erweitern ihre Überlegungen auf individuelle und unvorhersehbare Weise. Die Menschen wenden sich ihren (mobilen) Geräten zu, um sofortige Antworten zu erhalten. Und jedes Mal, wenn sie dies tun, bringen sie ihre Absicht zum Ausdruck und formen auf diesem Weg den traditionellen Marketing-Trichter neu. Da Google zu einer Intentionsmaschine geworden ist, besteht das Ziel darin, den größtmöglichen Wert für die Internetnutzer zu schaffen und auf ihre wirklichen Anliegen einzugehen. B2B-Marketers müssen jetzt mehr Zeit darauf verwenden, ihre Website-Inhalte so zu optimieren, dass sie für die Webnutzer wertvoll sind. Garrett Mehrguth von Directive Consulting hat dies sehr gut beschrieben (Blog 2017):

> „Bei B2B-SEO geht es heute nicht mehr so sehr darum, wie Ihre Website bei bestimmten Keywords eingestuft wird, sondern vielmehr darum, wie Sie die Inhalte Ihres Unternehmens optimieren können, damit diese von Ihrer Zielgruppe bei verschiedenen Suchanfragen und auf verschiedenen Websites in der gesamten Suchmaschine gefunden werden kann. (…) Es ist an der Zeit, dass wir B2B-SEO als die Kunst (und Wissenschaft) der Positionierung einer Marke in jeder Phase der Buyer Journey über die gesamten Ergebnisseiten einer Suchmaschine hinweg betrachten."

Einfach ausgedrückt: Marketingabteilungen sollten Inhalte erstellen, die Kunden im spezifischen Kontext ihrer Suche benötigen. Das bedeutet, dass der Inhalt mit der Suchabsicht, den Präferenzen in Bezug auf ihre Person und dem Wissensstand des Benutzers übereinstimmen muss. Die Erstellung dieses hochwertigen, relevanten Inhalts für alle Kanäle und externen Websites, auf denen die Kunden ihre Recherchen durchführen, sollte im Mittelpunkt jeder B2B-Marketingstrategie stehen. Ihre Taktik sollte darin bestehen, eine Landingpage für jede Grundabsicht Ihres Kunden sowie individuelle Seiten auf der Grundlage einer bestimmten Persona und einer bestimmten Phase der Buyer Journey zu erstellen. Diese Seiten können dann mit Tags versehen werden, und die daraus gewonnenen Informationen können zur weiteren Analyse und Inhaltsoptimierung verwendet werden. Schließlich haben B2B-Unternehmen die Aufgabe, traditionelle Silos aufzubrechen und integrierte Content-Temas zu bilden. Um den größtmöglichen Nutzen aus SEO und SEM zu ziehen, sollte diese Disziplin nämlich nicht isoliert von der Abteilung für digitales Marketing betrieben werden, da sie weitaus produktiver ist, wenn sie von allen, die an SEO, SEM, Social Media und PR arbeiten, gemeinsam vorangetrieben wird.

Es ist wichtig, darauf hinzuweisen, dass die Technologie niemals der ultimative Antrieb sein sollte, wohl aber die Marketingstrategie. Daher sollte Marketing nicht entwickelt werden, um Google-Algorithmen zu gefallen, sondern um diese zu nutzen, um die Bedürfnisse Ihrer Kunden am besten zu verstehen, um ein optimales Kundenerlebnis zu schaffen und die Kundenorientierung in den Mittelpunkt Ihrer Content-Strategie zu stellen. Auf diese Weise verwandeln sich B2B-Marketingabteilungen von vornehmlichen Dienstleistern für interne Interessengruppen und Geschäftseinheiten in Content-Fabriken für ihre Kunden, fast im Sinne eines „Marketing-as-a-Service". Durch den Einsatz der beschriebenen SEO-Techniken wird die Marketingabteilung auch zur ersten Adresse, wenn es um

Market Intelligence und Customer Experience Management geht. Um wirklich effektiv zu sein, sollten diese Aktivitäten natürlich in einer gemeinsamen Anstrengung mit der Vertriebsorganisation durchgeführt werden.

Literatur

Adamson, B. (2019). *Win more B2B sales deals – How sales delivers more value to today's buyers.* Stamford: Gartner.

D'Souza, N. (2019). How to use SEO and mind mapping to boost PR campaigns. https://www.publitek.com/news/how-to-use-seo-and-mind-mapping-to-boost-pr-campaigns/. Zugegriffen am 20.05.2020.

Dean, B. (2019). Wir analysierten 5 Millionen Google-Suchergebnisse – Hier ist, was wir über Organic Click Through Rate erfahren haben. https://backlinko.com/google-ctr-stats. Zugegriffen am 18.05.2020.

Google. (2018). How intent is redefinition the marketing funnel. https://www.thinkwithgoogle.com/feature/search-intent-marketing-funnel/#/. Zugegriffen am 19.05.2020.

Halchak, M. (2017). *Demand Gen report, 2017 B2B buyer's survey report.* New York: Smaragd.

Jones, B. (2018). How to structure your tech blog for search engines. https://www.publitek.com/de/news/how-to-structure-your-tech-blog-for-search-engines/. Zugegriffen auf 29.05.2020.

Khorev, M. (2019). The ultimate guide to B2B SEO. https://mikekhorev.com/ultimate-guide-b2b-seo. Zugegriffen auf 18.05.2020.

Kranz, J. (2020). The beginner's guide to B2B SEO strategy in 2020. https://overthinkgroup.com/b2b-seo/. Zugegriffen auf 18.05.2020.

Levey, S. (2018). Have you adjusted to these three changes in the B2B buying process? www.forbes.com/sites/forbesagencycouncil/2018/05/22/have-you-adjusted-to-these-three-changes-in-the-b2b-buying-process/#161e7410c445. Zugegriffen auf 18.05.2020.

McDaniel, T., Reitsma, R., & Hart, C. (2016). *Global priorities & journey survey.* Cambridge: Forrester Business Technographics.

Mehrguth, G. (2017). A fresh perspective on SEO for B2B companies, 19. Mai. https://searchengineland.com/fresh-perspective-seo-b2b-companies-275329. Zugegriffen am 19.05.2020.

Moz. Google algorithm update history, a history of major Google algorithm updates from 2000–Present. https://moz.com/google-algorithm-change. Zugegriffen auf 18.05.2020.

Search Engine Journal. History of Google algorithm updates. https://www.searchenginejournal.com/google-algorithm-history/. Zugegriffen am 18.05.2020.

SEMrush. (2017). *Ranking factors – SEMrush study 2.0.* Boston: SEMrush.

Serpstat. (2019). Which search engines are the most popular on the Internet: A comparison of regions. https://serpstat.com/blog/which-search-engines-are-the-most-popular-on-the-internet-a-comparison-of-regions/. Zugegriffen am 18.05.2020.

Snyder, K., & Hilal, P. (2015). The changing face of B2B marketing. https://www.thinkwithgoogle.com/consumer-insights/the-changing-face-b2b-marketing/. Zugegriffen am 18.05.2020.

Jonathan Barrett, Vice President, Digital Services, Publitek: Mit 20 Jahren Erfahrung im B2B-Bereich ist Jon ein CIM-qualifizierter strategischer Marketer mit ausgeprägten digitalen Kenntnissen. Seine Expertise umfasst digitale Strategie, SEO, PPC, Social Media, Marketing-Automatisierung und Datenanalyse.

Markm Herten, Geschäftsführer, Publitek Deutschland: Mark Herten verfügt über umfangreiche Erfahrungen im Bereich der technischen PR und des B2B-Marketings mit internationaler Ausrichtung und Schwerpunkt in den Bereichen Industrietechnik, Elektronik und Automobil. In seiner Rolle als Leiter des Deutschlandgeschäfts von Publitek hilft er globalen Technologieunternehmen beim Zugang zum deutschen Markt oder deutschen Global Playern und Hidden Champions bei der Globalisierung ihres Marketings.

Strategisches kundenorientiertes Marketing – Das ABM-Modell für den perfekten Start in ein Account Based Marketing

Andy Bacon

Inhaltsverzeichnis

A. Bacon (✉)
Bridge Associates, Thames Ditton, UK
E-Mail: andyb@brdg.co.uk

U. Seebacher (Hrsg.), *Praxishandbuch B2B-Marketing*,
https://doi.org/10.1007/978-3-658-31651-8_18

Zusammenfassung

In den letzten Jahren war Account Based Marketing (ABM) das heißeste Thema für viele Unternehmens-CMO's. 93 % sagten, dass es für zukünftige Marketingpläne entweder extrem oder sehr wichtig sei. Seit diesem Bericht von Sirius Decisions im Jahr 2017 hat ABM weiterhin die globale B2B-Marketingbranche dominiert, wobei es kaum Anzeichen für eine Verlangsamung gibt. Investitionen in ABM nehmen auch weiterhin einen immer größeren Anteil der Marketinginvestitionen ein. Es wird weithin angenommen, dass ABM zum Synonym für Best-Practice-B2B-Marketing geworden ist, im Sinne der richtigen Botschaft zur richtigen Zeit an die richtigen Personen auszuspielen. Und statt eines kleinen Budgetpostens bildet ABM nun die Dachmarke der Go-to-Market-Strategie.

Da alle Unternehmen bestrebt sind, die Rendite ihrer Marketing-Investitionen zu optimieren, macht der klare Nachweis, dass eine gut umgesetzte ABM-Strategie deutlich bessere Ergebnisse liefert als viele andere Aktivitäten, die Annahme zwangsläufig so überzeugend. In diesem Kapitel definieren wir ABM, warum es sich von der konventionellen Nachfrageerzeugung unterscheidet, erklären die drei Arten von ABM und stellen einen Best-Practice-Leitfaden für eine erfolgreiche Umsetzung zur Verfügung.

1 Definition von ABM (Account Based Marketing)

Fragen Sie jeden, der ABM eingeführt hat, nach einer Definition, und sie werden etwas anders antworten, weil keine zwei Organisationen es genau gleich anwenden. Als strategischer Ansatz ist er häufig auf die Art und Weise zugeschnitten, wie eine Organisation verkauft und deren Kunden kaufen; es gibt keine einheitliche Lösung für alle. Es gibt neben der im Eingangsteil dieses Buches von Seebacher verwendeten Definition zu ABM, noch folgende drei weitere verwendete Definitionen:

B2B-Marketing[1]

ABM ist ein strategischer Marketing-Ansatz, der gemeinsam von Vertrieb und Marketing umgesetzt wird und sich auf wichtige, zielgruppenorientierte Kunden konzentriert (unabhängig davon, ob es sich um bestehende Kunden handelt oder nicht). Es geht darum, herauszufinden, wer Ihre wichtigsten Kunden sind, so viele Erkenntnisse wie möglich über sie zu sammeln und diese Erkenntnisse dann zu nutzen, um Ihr Angebot auf die Herausforderung(en)

[1] www.b2bmarketing.net. Zugegriffen am 01.06.2020.

abzustimmen, mit denen Sie konfrontiert sind, und eine personalisierte Marketingkampagne zu entwickeln, um Geschäft zu schützen, zu vergrößern oder zu gewinnen.

ITMSA[2]

„Die Behandlung individueller Accounts als eigenständigen Markt". Ein strukturierter Ansatz für die Entwicklung und Umsetzung hochgradig maßgeschneiderter Programme für Kunden, Partner oder Interessenten. Dieser Ansatz sieht vor, dass Marketing und Vertrieb die wichtigsten Geschäftsprobleme, mit denen das Ziel konfrontiert ist, genau unter die Lupe nehmen, sie auf die einzelnen Personen abbilden und Kampagnen auf diese Probleme zuschneiden.

Sirius-Decisions[3]

ABM ist ein strategischer Ansatz, der Ressourcen an einer Reihe von definierten Accounts und Zielen in einer Weise ausrichtet, die für diese Accounts und für den Vertrieb relevant und wertvoll ist. Für welche Definition Sie sich auch entscheiden, die drei wichtigsten Komponenten, die Sie sich merken sollten, sind:

1. Obwohl ABM den Begriff „Marketing" im Titel trägt, handelt es sich im Gegensatz zu jeder anderen Strategie um einen integrierten Vertriebs- und Marketingansatz, bei dem die beiden Abteilungen harmonisch auf ein gemeinsames Ziel hinarbeiten. Aus diesem Grund gilt eine effektive Ausrichtung von Vertrieb und Marketing als Voraussetzung für jedes erfolgreiche ABM-Programm.
2. Es liegt auf der Hand, dass ABM die Ausarbeitung eines hochgradig maßgeschneiderten Angebots für jeden Kunden beinhaltet, das sensibel und direkt auf die eigenen Geschäftsbedürfnisse, Ziele und Herausforderungen des Kunden zugeschnitten ist. Dieser „Outside-in"-Ansatz ist ein absolut grundlegendes Merkmal von ABM.
3. Da es bei ABM nicht nur darum geht, neue Kunden zu gewinnen – auch wenn viele dies mit einer anderen Form der Nachfrageerzeugung verwechseln – ist es ebenso, wenn nicht sogar besser, für den Schutz und das Wachstum bestehender Kunden geeignet.

Wichtig

- ABM ist ein Vertriebs- und Marketingansatz. Die gemeinsame Ausrichtung ist entscheidend.
- Der Schwerpunkt liegt auf maßgeschneiderten Angeboten, die für den Kunden von hoher Relevanz sind.
- Es erfordert detailliertes Wissen über die Kunden, um diese Maßnahmen zu ermöglichen.
- Es kann sowohl für neue als auch für bestehende Kunden-Accounts eingesetzt werden.

[2] www.itsma.com. Zugegriffen am 01.06.2020.

[3] www.siriusdecisions.com. Zugegriffen am 01.06.2020.

1.1 Die Geschichte von ABM

Während sich die breite Einführung des ABM in den Jahren 2014 und 2015 vollzog und sich beschleunigte, existierte ABM schon lange vorher. Bev Burgess und David Mann (ITMSA) veröffentlichten 2003 „The Practitioner's Guide to ABM“[4] als den ersten und wichtigsten ABM-Referenzleitfaden für Marketingfachleute. Betrachtet man jedoch die Definition von Key Account Management (KAM) als den strategischen Vertriebsansatz, wie er von Professor Malcolm McDonald bereitgestellt wird, so lautet dieser:[5]

> „Ein Ansatz für strategische Kunden (deren Bedürfnisse Sie genau verstehen), der den Kunden einen Mehrwert bietet, der sie von ihren Konkurrenten unterscheidet“.

Betrachtet man die engen Gemeinsamkeiten, so kann man davon ausgehen, dass ABM aus KAM hervorgegangen ist, einem Vertriebsansatz für strategische Kunden-Accounts, der dem ABM um viele Jahre vorausging. Dies hilft zu erklären, warum die abgestimmte Ausrichtung von Vertrieb und Marketing so grundlegend ist. ABM und KAM sind eindeutig entgegengesetzte Seiten derselben Medaille. Wenn eine Organisation in der Lage ist, sich die Kraft beider zu Nutze zu machen, werden ihre Erfolgschancen zweifellos gesteigert.

2 Auslöser für die Adaption

Warum dauerte es also rund 10 Jahre, bis ABM in die Schlagzeilen geriet und zum meistdiskutierten Thema unter den B2B-Marketers wurde? Dafür gab es im Wesentlichen zwei Haupttreiber:

2.1 Das traditionelle Nachfrage-Gen ist gestorben

Die digitale Transformation des Marketings versprach enorme Vorteile. „Digitales Marketing“ als eigene Disziplin gibt es nicht mehr, denn praktisch die gesamte Marketingkommunikation ist heute digital. Die verlockenden Vorteile der Skalierung, der geringeren Kosten und der Geschwindigkeit hatten jedoch einen erheblichen Preis: Qualität. Natürlich ist nicht jedes moderne digitale Marketing von schlechter Qualität und ineffektiv, aber in dem Wunsch, so oft wie möglich mit so vielen Zielgruppen wie möglich zu kommunizieren, wurden wir selbstgefällig. Wir begnügten uns mit E-Mail-Öffnungs- und Klickra-

[4] https://www.amazon.co.uk/Practitioners-Guide-Account-Based-Marketing-Accelerating/dp/0749479892. Zugegriffen am 01.06.2020.

[5] http://www.malcolm-mcdonald.com/kam.php. Zugegriffen am 01.06.2020.

ten von nur wenigen Prozentpunkten. Verschwendung war nicht das Hauptproblem, vorausgesetzt, es wurde ein gewisses Maß an Engagement initiiert. Wir konnten interessierte Kontakte mit noch mehr Inhalten bombardieren, um sie zu einem Lead für die Verkaufspipeline zu „nähren“. Die Marketingabteilungen mussten sich zunehmend bewähren, und so konzentrierten sich viele von ihnen auf vierteljährliche Lead-Ziele und entwickelten immer ausgeklügeltere Methoden, um immer höhere Rücklaufquoten zu erzielen. In dem Maße, wie die Qualität der Leads abnahm, um die Volumenziele zu erreichen, sank auch das Vertrauen der Vertriebsabteilung in die Fähigkeit des Marketings, einen sinnvollen Mehrwert zu liefern.

Das Ergebnis war unvermeidlich. Das Zielpublikum wurde immer versierter und weitgehend immun. Sie schalteten ab, wählten aus und ignorierten das irrelevante Geräusch. Wir befanden uns in einem Wettlauf nach unten. Andrea Clatworthy, die hochangesehene ABM-Führungskraft von Fujitsu, wurde weithin mit den kühnen Worten zitiert:

> „Ich habe das Nachfrage- Gen abgeschaltet, und niemand hat es bemerkt“.

Sie erkannte klar, dass es Zeit für einen Wandel war. Und für viele stellt der Wechsel zu ABM eine bedeutende und sehr wichtige Veränderung im Marketing dar.

2.2 ABM MarTech

Wennn man Account Based Marketing in Google eingibt, so werden die Suchergebnisse von einer ständig wachsenden Liste gesponserter Anzeigen für die ABM-Technologie dominiert. Das Ökosystem ist ziemlich überwältigend. Für diejenigen, die versuchen, die Herausforderung zu lösen, ihr leistungsschwaches Demand-Gen-Programm zu reparieren, scheint ABM den Königsweg zu bieten. Es überrascht nicht, dass viele ihre ABM-Reise damit beginnen, sich beraten zu lassen, welche Technologie sie als „Schnelllösung“ kaufen sollten. Da sie digital bewandert sind, liegt dies als logische Lösung des Problems genau in ihrer Komfortzone.

Es ist diese Marketing-Investition der Venture-Capital-gestützten MarTech-Anbieter, die sowohl das Bewusstsein für ABM als auch das Missverständnis schürt, ABM sei nur eine intelligente Technologie. Viele, die neu bei ABM sind, begreifen nicht ganz, dass es sich eigentlich um einen strategischen Ansatz für Vertrieb und Marketing handelt. Die wirkliche Gefahr besteht darin, dass sie das Risiko eingehen, Demand Generation unter einem anderen Namen zu praktizieren und unweigerlich die wirklichen Vorteile nicht erkennen, die ABM bieten kann. Jene hingegen, die die beeindruckenden ROI-Statistiken ermöglichen und die in der gesamten Branche zitiert werden, haben den wahren Mehrwert und Hintergrund von ABM verstanden.

Aus diesem Grund müssen B2B Marketers, die sich mit ABM beschäftigen, verstehen, dass nicht alle ABM-Tools gleich sind. Auch wenn einige Investitionen in ABM MarTech notwendig sein mögen, ist dies nicht unbedingt der beste Ort, um damit zu beginnen.

Wichtig
- ABM ist ein gut etablierter, bewährter Ansatz zur Erzielung von Unternehmenswachstum.
- Zuerst war es eine Strategie, keine Technologie.
- Es handelt sich nicht um eine andere Form der konventionellen Nachfrageerzeugung.

3 Die Arten von ABM

3.1 Strategisches ABM (1:1)

Diese Art des ABM konzentriert sich auf Großkunden mit hohen wiederkehrenden Umsätzen, die das Potenzial für ein signifikantes Umsatzwachstum haben oder aber bei denen Sie das bestehende Geschäft schützen müssen. 1:1-Programme bedeuten über einen langen Zeitraum hinweg eine angemessen hohe Investition in Forschung und maßgeschnei-

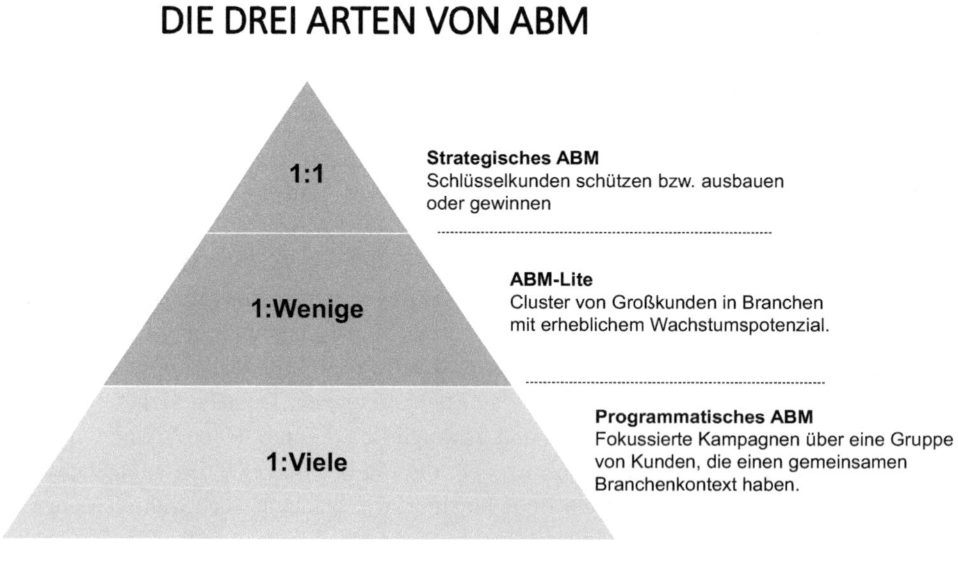

Abb. 1 Die drei Arten des Account Based Marketing werden in Abb. 1 dargestellt

derte Marketingkommunikation, sodass der Lebenszyklus bei der Kundenauswahl sorgfältig berücksichtigt werden muss.

Die Anzahl der 1:1-Konten in einem Programm wird weitgehend von den verfügbaren Ressourcen bestimmt, da der Aufwand sehr intensiv sein kann. Bei der erstmaligen Implementierung von ABM und der Einbettung von Best Practices würde die normale Anzahl zwischen 2-5 Kunden für ein Pilotprogramm liegen.

3.2 ABM Lite (1:Wenige)

Eine Gruppe von hochwertigen Kunden-Accounts, die mehr Gemeinsamkeiten als Unterschiede aufweisen. 1:Wenige bedeutet nicht, dass ein Programm auf eine Anzahl von 1:1-Konten angewendet werden kann. Oft, aber nicht immer, wird ein 1:Wenige-Ansatz auf ein vertikales Marktsegment angewandt. Es impliziert, dass Sektorforschung und -erkenntnisse auf die gesamte Gruppe von Kunden-Accounts anwendbar sind, so dass sie dieselben Herausforderungen und Chancen aufweisen, was bedeutet, dass die Wertversprechen und Inhalte sehr ähnlich sein können. Der Vorteil von 1:Wenige besteht darin, dass Investitionen auf mehrere Accounts verteilt werden können, um die Kosten pro Kunde und das Risiko zu mindern.

Auch hier wird die Anzahl der Accounts von den Ressourcen bestimmt, aber je größer die Gruppe, desto größer die potenziellen Unterschiede.

3.3 Programmatisches ABM (1:Viele)

Bei dieser dritten Art von ABM geht es um jenen Typus, in einer Größenordnung, die ähnlich wie bei der konventionellen Nachfragegenerierung auf viele Hunderte oder sogar Tausende von Kunden abzielen kann. Bei geringerer Abhängigkeit von individuellen Recherchen und Erkenntnissen über einzelne Kunden zielt 1:Viele ABM auf einzelne Rollentypen oder „Personas" innerhalb der Entscheidungseinheit[6] ab. Während Sie die Bedürfnisse mehrerer Publikumssegmente mit geeigneten Botschaften ansprechen, stützt sich die Programmatik zwangsläufig auf allgemeinere Inhalte im Vergleich zu strategischen 1:1 oder 1:Wenige.

Damit programmatisches ABM gut funktioniert, ist eine große Menge an Daten erforderlich. Programmatisches ABM stützt sich auf qualitativ hochwertige Erst- und Drittdaten, damit die richtige Botschaft zur richtigen Zeit an die richtigen Personen gerichtet werden kann.

Wenn eine Organisation keine hochwertigen, langfristigen strategischen Kunden bedient, sondern tendenziell im Bereich von kleinen Umsatzgrößen pro Geschäft bzw. es mit geringen Customer-Lifetime-Values von Kunden zu tun hat, was wiederum mit sich bringt,

---

[6] Decision Making Unit, DMU.

dass die Investitionen für Neukundenakquise gering sein müssen, so bietet das programmatische ABM die ideale Lösung.

Info
In diesem Kapitel werden die Grundsätze des strategischen ABM (1:1 und 1:Wenige) vorgestellt. Programmatisches ABM (1:Viele) ist keine „reine" Form von ABM, und obwohl es einige Ähnlichkeiten aufweist, handelt es sich um einen fortgeschrittenen Daten-, Technologie- und Digital-gestützten Lead-Generierungs-Ansatz. Es wird an dieser Stelle nicht vollinhaltlich und detailliert auf programmatisches ABM eingegangen, aber aus Gründen der Vollständigkeit darauf verwiesen.

3.4 Hybride Ansätze

Mit der entsprechenden Erfahrung entwickeln immer mehr B2B Marketers anspruchsvollere ABM-Programme, die mehr als eine der drei ABM-Arten in einem gemischten Ansatz erfolgreich verbinden. Dies wird in der Regel denjenigen, die zum ersten Mal mit ABM in Berührung kommen, nicht empfohlen, da der Versuch, alles auf einmal zu machen, in der Regel eine risikoreiche Strategie ist.

Ein hybrider Ansatz dreht die Pyramide um, sodass 1:Viele eine übergreifende Unterstützung in einer großen Verkaufsorganisation bietet. Wenn Gelegenheiten identifiziert werden, können geeignete Kunden entweder in ein 1:Wenige- oder 1:1-Programm aufgenommen werden, bei dem die Geschäftsgelegenheit ein höheres Investitionsniveau rechtfertigt.

4 Pilot-Programme

Der Einstieg in eine neue „Go-To-Market"-Strategie wird oft als hohes Risiko empfunden, und so werden viele einen „Proof of Concept" mit einem Pilotprogramm durchführen. Dies bietet den Vorteil, dass Zeit für die Einbettung neuer Arbeitspraktiken bleibt, sich Teams weiterentwickeln können und der Druck auf ein noch junges Programm nicht zu hoch ist. Im Bereich des B2B-Marketings entstand das ABM-Kompetenzmodell,[7] das die in fünf Reifestadien erforderlichen Fähigkeiten untergliedert. Viele davon können neu sein, so dass ein Pilotprojekt unerlässlich ist, um bewährte Praktiken erstmals anwenden und erlernen zu können, welche Herangehensweise für die Organisation am effektivsten funktioniert.

Wenn eine Organisation bei ABM angekommen ist, um Probleme mit ihrem bestehenden Programm zur Nachfragegenerierung zu lösen, ist die Versuchung oft groß, schnell

[7] https://www.b2bmarketing.net/en-gb/resources/articles/b2b-abm-competency-model-abm-competency-model. Zugegriffen am 06.06.2020.

1:Viele ABM Projekte und Kampagnen zu implementieren. Es wird sich wie ein einfacher, schrittweiser Prozess anfühlen, und viele der Prozesse werden einem digital fokussierten Marketingteam vertraut vorkommen. Wenn 1:Viele aufgrund des Kundennutzens der einzig gangbare Weg ist, dann wird dies die naheliegende Entscheidung sein.

Es besteht jedoch die Gefahr, mit 1:Viele zu beginnen. Da es weiterhin vom Marketing getrieben und gesteuert werden muss und dem „business as usual" sehr ähnlich ist, kann es sehr leicht sein, in alte Gewohnheiten zurückzufallen. Der Unterschied zwischen dem Alten und dem Neuen kann schwer zu bestimmen sein, und es kann sehr verlockend sein, wesentliche ABM-Prozesse abzukürzen. Das Ergebnis kann schnell zu einem Programm zur Nachfragegenerierung unter einem neuen Namen erodieren, das die von den strategischen (1:1 und 1:Wenige) Formen des ABM versprochene Chance nicht wahrnimmt.

Um sich dagegen abzusichern, kann die Auslagerung an eine erfahrene programmatische ABM-Agentur das Programm zwar auf Kurs halten, eine „hausgemachte" ABM-Strategie stellt jedoch sicher, dass das Thema ABM und die transformatorischen Vorteile in der gesamten Organisation vollständig und vor allem nachhaltig verankert werden können.

Wenn dagegen ein Pilotprogramm mit 1:1 oder 1:Wenige durchführbar ist, ist dies für das B2B Marketing umso besser. Diese Ansätze stellen sicher, dass es einen sehr klaren Übergang vom alten zum Neuen gibt. Die Vertriebs- und Marketingteams sind gezwungen, sich aufeinander abzustimmen und im Einklang zu arbeiten. Auf Basis einer solchen Vorgehensweise können die langfristigen Transformationsvorteile bestmöglich und voll ausgeschöpft werden.

Wichtig

- Es gibt drei verschiedene Arten von ABM.
- „1: Viele" ist kein „echtes" ABM, kann aber dennoch sehr wirksam sein.
- Beginnen Sie die Implementierung immer mit einem Pilotprogramm.
- Es ist nicht immer ideal, mit 1:Viele zu beginnen, es sei denn, es gibt keine Alternative.

5 Wie man ABM erfolgreich umsetzt

Sobald die Art des ABM-Ansatzes festgelegt ist, kann ein typisches Implementierungsprogramm in vier Schlüsselphasen (A-D) definiert und implementiert werden. Für jeden ABM-Typ gibt es Abweichungen, aber grundsätzlich läuft der Prozess immer wie gleich ab (Abb. 2).

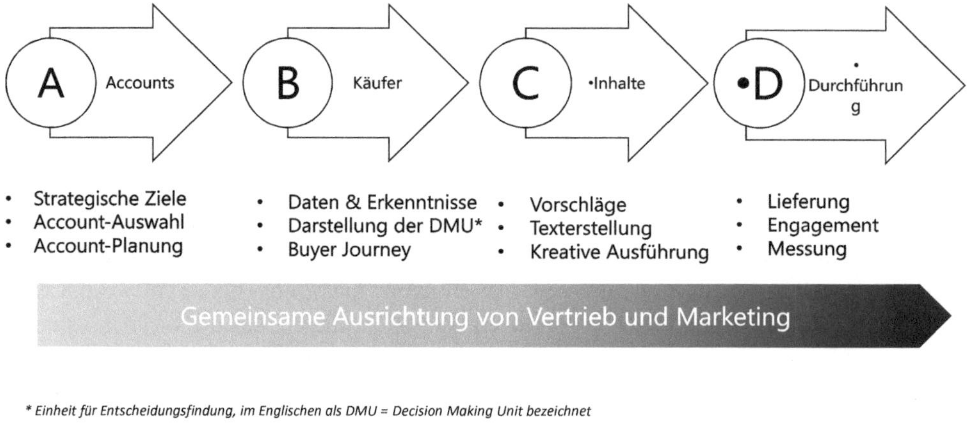

Abb. 2 Vereinfachter ABM-Prozess

5.1 Abstimmung von Vertrieb und Marketing

Im gesamten Kapitel wird häufig auf die Bedeutung der „Ausrichtung und der Abstimmung von Vertrieb und Marketing" innerhalb eines ABM-Programms hingewiesen. Es kommt sehr häufig vor, dass das anfängliche „Buy-in" mit der Ausrichtung verwechselt wird. Ein nachhaltig erfolgreiches ABM erfordert gegenseitiges Vertrauen, das tief in die Beziehung und Arbeitsweise zwischen Vertrieb und Marketing eingebettet sein muss. Gegenseitiges Vertrauen ist fragil und schwer zu messen; es braucht zudem Zeit, um sich zu etablieren und aufzubauen, kann aber schnell wieder verspielt werden.

Eine der wichtigsten Herausforderungen im Bereich der Aufsetzung von ABM ist also die Herstellung von Übereinstimmung zwischen Vertrieb und Marketing. Die Überwindung der „großen Kluft", die seit vielen Jahren zwischen diesen beiden Teams besteht, wird erfolgsentscheidend sein. Es gibt viele Beispiele, wo ABM am fehlendem Vertrauen und der fehlenden Abstimmung zwischen Vertrieb und Marketing gescheitert ist. Hilfreich in diesem Zusammenhang sind die allseits präsenten „Sales Enablement Tools", die das Marketing mit Stolz produzieren kann, um sein Verkaufsteam zu unterstützen. In sehr kurzer Zeit werden diese Powerpoint-Foliensammlungen in der Regel vom Vertrieb so modifiziert, dass sie „gebrauchstauglich" sind, wobei oft behauptet wird, dass das Marketing nicht versteht, „was die Kunden hören müssen". Dies impliziert, dass das anfängliche Wertversprechen, dass das Marketing entwickelt hat, von keinerlei Input aus dem Vertrieb profitiert hat. Dieser Mangel an Ausrichtung und Abstimmung untergräbt eindeutig das Ziel, während der gesamten Buyer Journey konsistente und starke, zielgruppen-spezifische Botschaften zu vermitteln.

5.2 Account-Auswahl

Die Auswahl der richtigen Accounts ist mit eine der schwierigsten Aufgaben. Die Auswahl der falschen Accounts führt dazu, dass wertvolle Zeit und Mühe verschwendet und das

Vertrauen der Stakeholder schnell untergraben wird. Es ist entscheidend, die richtigen Kunden aus den richtigen Gründen auszuwählen.

Tipp
Erlauben Sie dem Verkaufsteam nicht, Accounts alleine und unabhängig zu definieren. Dies mag logisch erscheinen, ist aber mit Gefahren verbunden. Das Marketing sollte diesen wesentlichen Schritt nicht an den Vertrieb delegieren, da seine Entscheidungen auf völlig falschen Kriterien beruhen werden oder könnten, unabhängig davon, welche Information oder Anleitung zu ABM gegeben wird. Vertriebsmitarbeiter sind sehr geschickt darin, einige „äußerst zwingende Gründe" zu nennen, warum ihre Kundenbeziehungen einbezogen werden sollten. Im „worst case" werden die schwierigsten Kunden benannt, die schon lange auf der Wunschliste der Verkäufer stehen, die sie aber bisher nicht erfolgreich knacken konnten. Der schwarze Peter wird dann an das Marketing weiter gegeben ...

Abhängig vom Grad des Vertrauens wird der Vertrieb wahrscheinlich sehr vorsichtig agieren, wenn er dem Marketing zunächst erlaubt, sich auf seine besten Kunden und Interessenten einzulassen. Häufig werden sie aufstrebende Kunden anbieten, die sie gewinnen wollen oder aber solche, bei denen sie schon seit einiger Zeit keine Fortschritte erzielen konnten. Bestehende Kunden werden diejenigen sein, die entweder vergrault wurden oder von denen sie vermuten, dass sie ohnedies bereits verloren wurden. Der schlaue Verkäufer wird also jede Hilfe annehmen, um sich selbst aus den Klauen der Niederlage zu reißen. In beiden Fällen sind sie zuversichtlich, dass das Marketing den wertvollen Kunden nicht zu viel Schaden zufügen kann und selbst dann bestätigend verkünden können, dass Marketing nichts zustande gebracht hat.

Die gemeinsame Wahl der Kunden-Accounts ist daher sehr wahrscheinlich die anspruchsvollste und anstrengendste Aufgabe. Viele Projekte haben gezeigt, dass oftmals vor dem Hintergrund des im Vertrieb bekannten Key Account Management Themas, noch nicht ausreichend Wissen in Bezug auf ABM und die damit verbundenen Chancen und Potential aufgebaut und vorhanden ist. Um mit ABM von Beginn erfolgreich sein zu können und auch von Beginn an Quick Wins zu generieren, sollten Sie als B2B Marketer versuchen mit den einfachsten Accounts zu beginnen. Nach kurzer Zeit werden Sie auf erste Erfolge verweisen können und das Vertrauen der verschiedenen internen Kunden und Interessengruppen aufbauen.

Die Auswahl sollte die gewählte ABM-Strategie widerspiegeln, unabhängig davon, ob es darum geht, neue Kunden zu gewinnen oder bestehende Kunden zu schützen und auszubauen. Normalerweise bieten bestehende Accounts für Organisationen, für die ABM neu ist und die ein neues Programm pilotieren, die beste Möglichkeit, zu lernen, Mehrwert zu schaffen und schnelle Ergebnisse zu erzielen. Denken Sie daran, dass es bei ABM nicht nur darum geht, neue Accounts zu gewinnen.

5.3 Auswahlprozess für bestehende Kunden

Die Auswahl von Kunden wird erheblich erleichtert, wenn es ein etabliertes Key Account Management (KAM)-Programm gibt, da es bereits einen Kandidatenpool von potentiellen ABM-Kunden geben wird. Es ist jedoch unwahrscheinlich, dass ein noch junges ABM-Programm in der Lage sein wird, diese gesamte Gruppe an potentiellen KAM-Unternehmen von Beginn an abzudecken bzw. sinnvoll zu bearbeiten, sodass eine sorgfältige Priorisierung erforderlich sein wird.

Ist kein KAM-Programm vorhanden, wird eine erste Bewertung mit der Vertriebsleitung erforderlich sein, um einen Pool an potenziellen Kandidaten zu schaffen. Normalerweise wird das Marketing eine erste Datenprüfung der bestehenden Kunden vornehmen, um ein erstes Profil zu erstellen. Bei der Profilierung bestehender Konten sollten Daten intern auf Basis von CRM-Daten oder aber auch mit Informationen aus dem Bereich der Central Business Intelligence[8] und ggf. ergänzt durch Daten externer Datenquellen verwendet werden, um eine breite Segmentierung zu ermöglichen:

- Umsatzgrößen, die weiter nach Jahresumsatz und durchschnittlichem Verkaufszyklus kategorisiert werden könnten.
- Unternehmensgröße, die nach Mitarbeiterzahl und Anzahl der Standorte aufgeschlüsselt werden könnte.
- Eigentumsverhältnisse, die nach öffentlich, privat, staatlich oder genossenschaftlich aufgeschlüsselt werden könnten.
- Trendaussagen zu Unternehmen segmentiert als wachsend, abnehmend oder stabil.

5.4 Ideales Kundenprofil (Ideal Customer Profile, ICP)

Die Identifizierung eines idealen Kundenprofils[9] als Benchmark-Account ist von wesentlicher Bedeutung, da es alle Attribute des „perfekten Kunden" aufweist. Wenn die Organisation in einer Reihe von vertikalen Märkten tätig ist, kann ein ICP für jeden einzelnen erforderlich sein, insbesondere bei einer ABM-Strategie von 1:Wenige. Ein „ICP-Workshop" zwischen Vertrieb und Marketing ist von unschätzbarem Wert, um ein gemeinsames Verständnis über das ICP zu erzielen und in ein echtes „Flaggschiff-Account" zu entwickeln, einschließlich der Geschichte, des Kaufverhaltens und der Art und Weise, wie die Beziehung zwischen den beiden Organisationen funktioniert. Ein großer Teil dieser Hintergrundinformationen ist im CRM in den meisten Fällen nicht vorhanden, kann aber

[8] Siehe hierzu Strohmeier zu „Central Business Intelligence" in dieser Publikation oder Seebacher, U. (2020): Template-based Management – „A Guide for an Efficient and Impactful Professional Practice". Heidelberg Springer.

[9] Ideal Customer Profile (ICP).

durch den nachhaltigen Aufbau einer eigenen Central Business Intelligence bzw. eines Predictive Intelligence nach Seebacher (2021) bereitgestellt werden.

Normalerweise hat das Marketing nur sehr wenig Erfahrung aus erster Hand im Umgang mit echten Kunden, daher sollte jede Gelegenheit genutzt werden, diese im Detail zu verstehen. Es ist wichtig, dass das Marketing durch die enge Zusammenarbeit mit dem Vertrieb beginnt, wie der Vertrieb zu denken und dessen Sprache zu sprechen.

5.5 Account-Chancen-Matrix (ACM)

Anhand der Ergebnisse der Datenprofilierung (einschließlich des ICP-Kontos) kann der Kandidatenpool auf einer „Account-Chancen-Matrix“ (Abb. 3) dargestellt werden, um die idealen Kandidaten für den gewählten ABM-Ansatz zu identifizieren. Die Aufgabe besteht darin, diejenigen Konten zu identifizieren, die das beste Wachstumspotenzial und die besten Chancen in Bezug auf den Marketing RoI (MROI)[10] bieten. Es sind jene Kunden, die die ICPs von morgen sind, da diese in Bezug auf den Prozentsatz am eigenen Unternehmensumsatz, deren Budgets und der Dauer der Kundenbeziehung entsprechend attraktiv sind.

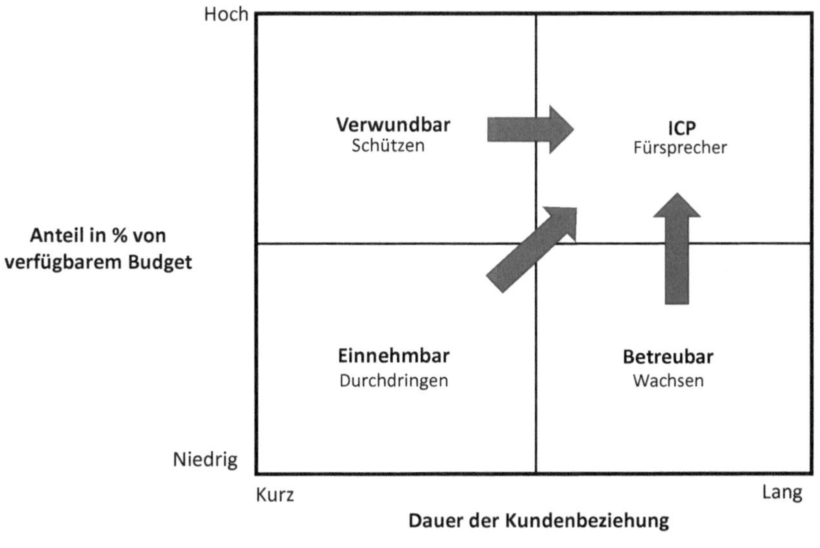

Abb. 3 Account Chancen Matrix (ACM)

[10] Seebacher, U. G., Guepner, A. (2011): Marketing Resource Management – So stürmen Marketeers an die Spitze. München, USP Publishing.

Fürsprecher

Obwohl das Wachstumspotenzial ohne Zweifel sehr wichtig ist, sollte der Wert von ABM zum Schutz und zur Schaffung langfristiger Fürsprecher[11] nie unterschätzt werden. Der bestehende Kundenstamm wird ständig ausgehöhlt, entweder durch direkte Aktivitäten von Wettbewerbern oder einfach durch die Vernachlässigung des eigenen Vertriebs, der die Veränderung bzw. Weiterentwicklung der Bedürfnisse der Kunden im Laufe der Zeit nicht bewusst wahrnimmt und in den Vertriebsmaßnahmen berücksichtigt. Ein Schutzprogramm ermöglicht eine Neuausrichtung der Beziehung, eröffnet neue Einnahmemöglichkeiten und führt zu einer langfristigen Interessenvertretung und Präsenz bei solchen Kunden.

Verwundbare Accounts

„Verwundbare" Accounts[12] sind Kunden mit hohem Umsatzvolumen in Bezug auf einen beträchtlichen Anteil am eigenen Unternehmensumsatz und einer vergleichsweise kurzen Kundenbeziehung. Entscheidend bei diesen Kunden ist es, diese einerseits zu schützen aber auch mit den richtigen Strategien wachsen zu lassen. Das Ziel muss sein, sich erfolgreich von einem normalen Lieferanten hin zu einem strategischen Lieferanten zu entwickeln. Wenn es sich um eine befristete Kundenbeziehung im Sinne eines befristeten Vertrags oder eines Abonnements handelt, muss im Rahmen des ABM definiert werden, wie der Umsatzwert erneut bestätigt werden soll und kann, um das ursprüngliche Umsatzvolumen zu bestätigen zu können und das Risiko einer Abwanderung zu verringern. Einkäufer sind verständlicherweise skeptisch, wenn der etablierte Lieferant nur an der Beziehung interessiert zu sein scheint, wenn eine Erneuerung bevorsteht. Kundenerfolgs- und Leistungsüberprüfung sollten während der gesamten Beziehung eine Rolle spielen.

Betreubare Accounts

Langfristige, loyale Kunden mit einem geringen Anteil am eigenen Unternehmensumsatz laufen oft Gefahr vernachlässigt zu werden. „Betreubare" Kunden[13] erscheinen zunächst perfekt geeignet, um durch Cross-Selling und Upselling zu wachsen. Eine gründliche Due-Diligence-Prüfung der Account-Historie ist jedoch entscheidend, um zu verstehen, wie sich die Beziehung entwickelt hat. Die folgenden Fragen müssen erörtert werden:

- Warum war es bisher nicht möglich, den Umsatz zu steigern?
- Ist ein Wachstum tatsächlich realisierbar?

[11] Leitet sich aus dem englischen Begriff „Advocates" im Sinne loyaler, langfristiger Kunden ab, die fast schon ähnlich eines Ambassadors und Markenbotschafters für das Lieferantenunternehmen agieren und Fürsprache leisten.

[12] Leitet sich aus dem englischen Begriff „Vulnerables" ab, im Sinne von Kunden, bei denen es aufgrund des Klumpenrisikos gefährlich ist, sie zu verlieren.

[13] Leitet sich vom englischen Begriff „due dilligence" im Sinne der Sorgfaltspflicht ab, da es bei solchen Kunden darum geht, mit ausreichender Sorgfalt diese zu hegen und zu pflegen, auch wenn sie auf den ersten Blick wegen des nur geringen Umsatzanteils nur wenig attraktiv erscheinen.

- Wenn die Ausgaben in der Vergangenheit höher waren, was hat dann zum Rückgang geführt und kann man das überhaupt wieder ausmerzen?
- Ist das Account teilweise erloschen; d. h. hat sich der Gesamtumfang einfach verringert und der Anteil am eigenen Unternehmensumsatz ist unverändert geblieben?

Diese Accounts stellen ein hohes Risiko für ABM dar, weshalb Sie als B2B Marketer sehr vorsichtig sein sollten.

Einnehmbare Accounts
Relativ neue Accounts mit einem geringen Anteil am eigenen Unternehmensumsatz dürften eine gute Gelegenheit für Wachstum durch Cross-Selling oder aber Upselling bieten. Es kommt häufig vor, dass Einkäufer bereits in einem frühen Stadium einer Geschäftsbeziehung Risiken mindern und sicherstellen, dass die Leistung des Lieferanten den Erwartungen entspricht, bevor sie sich darauf vorbereiten, höhere Ausgaben zu tätigen. Die Investition, den Kunden während der „Flitterwochenzeit" vollständig an Bord zu nehmen, kann sich schnell auszahlen.

5.6 Gemeinsame Account-Bewertung

Sobald der Kandidatenpool validiert wurde, sollte das Ergebnis eine überschaubare Gruppe von Accounts für das Scoring darstellen. Dieser Prozess wird eine Auswahlliste der endgültigen Kandidaten ergeben. Um das Risiko zu verringern, sollten die Accounts anhand gewichteter Kriterien bewertet werden, die sowohl vom Vertrieb als auch vom Marketing definiert und abgestimmt sind. Zur Unterstützung dieses Prozesses gibt es verschiedene Modelle, die die Größe der Chance, die Erreichbarkeit und den Nachweis sowohl der internen als auch der kundenseitigen Zusammenarbeit berücksichtigen.

Es ist nicht ungewöhnlich, dass Kundenkonten hohe Punktzahlen erzielen, wenn die verantwortlichen Vertriebsleute in den Bewertungsprozess eingebunden sind, sich gehört fühlen und dadurch Engagement zeigen und sich aktiv in die Zusammenarbeit einbringen. Das ist eine gute Ausgangsbasis zur Förderung einer engen, guten und vertrauensvollen Zusammenarbeit zwischen Vertrieb und Marketing.

Die Reihenfolge, der in die engere Wahl gezogenen Accounts, ergibt nach deren Bewertung eine endgültige Prioritätenliste, wobei diejenigen, die eine Mindestschwelle[14] nicht erfüllen, abgelehnt und nicht in das ABM Programm integriert werden sollten.

---

[14] Diese Mindestschwelle liegt im Normallfall bei 75 % der möglichen, zu erreichenden Punktezahl. Accounts, die unter diese Schwelle fallen, sollten initial nicht weiter über das ABM bespielt werde.

5.7 Absichtsdaten

Absichtsdaten[15] liefern wertvolle Erkenntnisse darüber, welche Organisationen zum aktuellen Zeitpunkt auf dem Markt sein könnten bzw. wonach diese jeweils gerade suchen. Das Suchverhalten liefert wiederum wertvolle Rückschlüsse auf bevorstehende Investitionen und Kaufentscheidungen. Die Datenanbieter bieten SaaS-Plattformen an, die Organisationen identifizieren, die in relevanten Themenbereichen einen starken Anstieg des Inhaltskonsums verzeichnen (Keyword-Cloud).

An dieser Stelle sei einmal mehr auf die bereits des Öfteren zitierte Studie von Forrester verwiesen, wonach „67 % der Buyer Journey ohne Involvierung des Verkäufers unternommen wird". Viele Käufer recherchieren online rund um die Problemerkennung, die Lösungsfindung und die Anbieterauswahl[16] und dieses Verhalten gibt ein klares Signal in Bezug auf ihren Status im Bereich der Customer Journey aber auch in Bezug auf den Verkaufstrichter bzw. ihre zukünftigen Einkaufspläne.

Die Intent-Daten bieten eine nützliche zusätzliche Ebene von Account-Erkenntnissen für alle Arten von ABM und sind besonders wertvoll für die Zielgruppenansprache bei 1:Vielen bzw. neue Account-Akquisitionsprogrammen, bei denen andere Erkenntnisse möglicherweise begrenzt sind.

Wichtig

- Die Account-Auswahl ist eine entscheidende Komponente eines strategischen ABM-Programms.
- Seien Sie gründlich.
- Gehen Sie vorsichtig und behutsam vor, denn der Vertrieb sollte dem Programm nicht einfach Accounts zuweisen.
- Während des gesamten Auswahlprozesses werden sowohl Erst- als auch Drittdaten genutzt.

---

[15] Absichtsdaten bezeichnen „intent data" und stellen auf Daten zu Aktivitäten von potentiellen Kunden im Bereich der Social Media ab. Diese werden durch externe Anbieter durch sogenannte Crawler und entsprechend Programme erhoben, getrackt und ausgewertet. In diesem Zusammenhang wird oft auch der Begriff „Social Bread Crumbs" im Sinne von Brotkrümmeln, die Suchende und Recherchierende in den Social Media hinterlassen und somit Aufschluss darüber geben, wonach sie suchen. Diese Informationen liefern wiederum Rückschlüsse auf anstehende Investitionen oder Kaufentscheidungen. Besser und nachhaltiger ist es, als Teil des Predictive Profit Marketings nach Seebacher, auch diesen Bereich der Account/Customer Intelligence durch die eigene Predictive Intelligence mit erheben und auswerten zu lassen.

[16] Top-of-Funnel (TOF, ganz oben), über die Mitte (Middle-of-Funnel, MOF) bis hinunter im Verkaufs-Trichter (Bottom-of-Funnel, BOF).

6 Accountplanung

Der Workshop zur Vertiefung und Planung von Accounts zwischen Vertrieb und Marketing bildet den Auftakt des Programms für jeden der ABM-Accounts. Für jedes einzelne Key-Account-Programm muss ein detaillierter Sales-Account-Plan die Grundlage für diesen Workshop bilden. Seitens Marketings sollten Sie darauf achten, dass Sales Account-Pläne zur Voraussetzung für die Aufnahme in das Programm gemacht werden.

- Vertriebs-Account-Plan (nach Account oder Sektor)
- Strategische Ziele und Herausforderungen
- Business-Bedürfnisse
- Acount-/Sektor-spezifische SWOT
- Beziehungs-Mapping
- Kaufverhalten/Prozess
- Aktuell bekannte Erkenntnisse
- Bekannte Wissenslücken

Das Hauptergebnis dieses Workshops wird ein klarer Auftrag für Central Business Intelligence sein, um weitere Einsichten und Erkenntnisse zu diesem Bericht zu sammeln. Dies ist ein Schlüsselbereich, in dem Marketing einen erheblichen Mehrwert schaffen kann, muss und wird. Es ist wichtig zu erkennen, dass „der Vertrieb nicht weiß, was er nicht weiß". Das darf diesem aber keinesfalls zum Vorwurf gemacht werden, sondern sollte im Gegenteil als Chance für Marketing genutzt werden, um durch das Bereitstellen von diesen Informationen weiter in eine vertrauensvolle Zusammenarbeit zwischen Vertrieb und Marketing zu investieren. Es ist nicht ungewöhnlich, dass die Kundenforschung bedeutende neue Geschäftspotenziale aufzeigt.

7 Account-Recherche und -Erkenntnisse

Wenn eine ABM-Strategie erfolgreich sein soll, dann hängt es entscheidend davon ab, dass sie genau auf die Bedürfnisse des Käufers eingeht. Ohne Investitionen in aktuelle Erkenntnisse wird die Entwicklung eines maßgeschneiderten Angebots praktisch unmöglich sein. Nur wenige Organisationen verfügen intern über die Fähigkeiten und Erfahrungen, um ABM-spezifische Recherche auf dem erforderlichen Niveau durchzuführen. Umso wichtiger ist es, seitens des B2B Marketings das Thema Central Business Intelligence bzw. Predictive Intelligence frühzeitige zu entwickeln. Ansonsten sind Sie auf externe, auf ABM-spezialisierte Agenturen angewiesen, deren Leistungen Sie unnötigerweise für teures Geld einkaufen müssen, anstatt dieses Geld in die eigene nachhaltige Account Intelligence zu investieren. Jedenfalls sollten solche Account-Intelligence-Reports (AIR) folgende Informationen beinhalten:

- Vollständiger Überblick über das Unternehmen
- Finanzieller Überblick

- Profil der wichtigsten Führungskräfte
- Strategische Geschäftsprioritäten
- SWOT-Analyse
- Überblick über die Industrie
- ICT-Landschaft (falls relevant)
- Zuordnung von Verkaufschancen

8 Der ABM Strategic Account Plan

In der zweiten Planungsphase wird versucht, den Vertriebs-Account-Plan mit den Ergebnissen der detaillierten Account-Recherche zu verifizieren bzw. zu ergänzen. Die Untersuchung kann auch Cross-Selling-Möglichkeiten in neuen Geschäftsbereichen aufzeigen, in denen die Entscheidungseinheit (DMU) völlig neu und unbekannt sein kann. Dies trifft insbesondere auf große Organisationen mit dezentralen DMUs zu. Hier kann das Marketing erneut einen signifikanten Mehrwert schaffen, indem es eine breitere Account-Map aufbaut, um den „Einflussbereich" mit neuen Kontakten zu „erweitern" und ein neues Organigramm der relevanten DMUs zu entwickeln. Am Ende dieser Phase wird eine gemeinsame ABM-Strategie definiert sein, die die Zusammenarbeit von Vertrieb und Marketing definiert. Entscheidend ist, dass dieser neue Markteinführungsplan gemeinsame Ziele vorsieht und die beide Teams zu einer abgestimmten Einheit zusammenführt.

Das integrierte ABM-Team sollte häufige Überprüfungsbesprechungen zu jedem Account durchführen, bei denen die Fortschritte aktualisiert und der Plan bei Bedarf angepasst wird.

Wichtig

- Die Account-Planung beginnt mit dem Vertiefen und Aufarbeiten des vorhandenen Wissens im Vertrieb (die bekannten Erkenntnisse).
- Investitionen in eine detaillierte Account-Recherche und das Generieren von neuen Erkenntnissen sind entscheidend.
- Ein gemeinsamer ABM-Account-Plan für Vertrieb und Marketing motiviert das Team zu gemeinsamen Zielen.

9 Inhalte und Bereitstellung

Ein Teil der Transformation von der konventionellen Nachfragegenerierung zu einer ABM-Strategie wird transparent, wenn konkrete Vorschläge entwickelt werden. Ein Audit der bestehenden Marketinginhalte vor dem ABM zeigt in der Regel einen Inside-Out-Ansatz, der sich auf das konzentriert, was der Anbieter kommunizieren möchte, im Gegensatz zu dem, was der Kunde hören muss. ABM verlangt einen Outside-In-Ansatz, der direkt auf die Bedürfnisse des Kunden eingeht.

„Am Anfang interessieren sich die Leute nicht für Sie, sondern für sich selbst; ihre Ziele, ihre Herausforderungen und ihre Ängste. Jeder Versuch, Engagement zu schaffen, indem über Ihre Organisation gesprochen wird, Ihr Produkt, Ihre Lösung wird auf taube Ohren stoßen".

Der Grund, warum ABM-Inhalte in der Lage sind, den Lärm zu durchbrechen und ein sinnvolles Engagement zu erzeugen, liegt darin, dass sie mit den Bedürfnissen der Empfänger kongruent sind. Die ABM-Messaging-Strategie umfasst Folgendes:

- Ein übergreifendes Wertversprechen, das das Angebot zusammenfasst und Aufmerksamkeit erregt.
- Dies wird in der Regel durch eine Reihe von Aspekten unterstützt, die das Angebot genauer beschreiben, um ein tieferes Verständnis zu ermöglichen. Diese Inhalte können spezifisch für einzelne Mitglieder der DMU sein, um spezifisches Interesse zu wecken.
- Eine solide Argumentationsbasis, welche das Angebot unterstützt und den Empfänger zu einer logischen Schlussfolgerung führt. Der Wunsch, sich zu engagieren, wird geweckt.
- Ein persönliches Angebot, das zum Handeln auffordert. Im strategischen ABM kann dies von erheblichem Wert sein – etwas, das darauf hindeutet, dass der Verkäufer erhebliche Anstrengungen unternommen hat und bereit ist, Zeit und Ressourcen zum Nutzen des Unternehmens des Empfängers zu investieren, etwa bei der Kommunikation mit der Vorstandsebene zum Beispiel hinsichtlich einer sehr persönlichen Einladung einer Führungskraft zu einem Vieraugengespräch.

Die Inhalte und Übertragungskanäle müssen ebenso in ähnlicher Weise hochwertig gestaltet sein. Normalerweise sollten Sie bei strategischen 1:1- und 1:Wenige-Programmen, die auf den Aufbau strategischer Beziehungen abzielen versuchen, Führungskräfte der Vorstands- oder Direktoren-Ebene einzubinden. Für diesen Top-Down-Ansatz ist es nicht empfehlenswert, eine E-Mail-Marketingkampagne zu verwenden. Zwar können elektronische Medien Teil der Kampagne an die DMU im weiteren Sinne sein, doch spielen sie häufig eher eine unterstützende Rolle für physische Kommunikationskanäle, z. B. bei der Zustellung physischer Pakete an Entscheidungsträger.

Aus diesem Grund benötigt das strategische ABM ausreichend finanzielle Mittel, um als Pool für hochwertige strategische Accounts zu fungieren.

Wichtig

- Angebote müssen auf aktuellen Erkenntnissen basieren und auf die spezifischen Geschäftsbedürfnisse des Empfängers eingehen.
- Werbetexter müssen ABM verstehen. Widerstehen Sie jeder Versuchung, über Sie, Ihre Produkte und Lösungen zu sprechen.
- Seien Sie bereit, in Inhalte mit hohen Kosten pro Kontakt zu investieren, um zu zeigen, dass Sie es ernst meinen. Digitales Marketing spielt eine unterstützende, keinesfalls jedoch eine führende Rolle.

10 Messung und KPIs

Die große Herausforderung für eine Organisation, die ABM einführt, besteht darin, ihr genügend Zeit zu geben, um Ergebnisse zu erzielen. ABM ist ein Marathon, kein Sprint. In der heutigen schnelllebigen, finanziell getriebenen Welt erwarten Organisationen, dass sie heute investieren, um morgen Erträge zu erzielen. Die meisten Vertriebs- und Marketingmaßnahmen werden vierteljährlich budgetiert und gemessen, was unweigerlich zu kurzfristigem taktischem Denken führt. Fragen Sie einen erfahrenen ABM-Praktiker, wie lange es dauern wird, bis die Erträge unter dem Strich zu sehen sind, und sie werden oft bis zu zwölf Monate sagen. Das gibt genügend Zeit, um die besten Praktiken für eine erfolgreiche Transformation hin zu wirklichem ABM vor dem Hintergrund der durchschnittlichen Verkaufszyklen zu verankern. Es besteht eindeutig eine erhebliche Diskrepanz zwischen ABM und der vorherrschenden Unternehmenskultur.

Aus diesem Grund müssen die Erwartungen der leitenden Angestellten sorgfältig gemanagt werden, damit sie sich aus den richtigen Gründen für diesen Ansatz entscheiden. Es liegt auf der Hand, dass in dieser 12-Monats-Periode viel passiert, und es ist wichtig, während des gesamten Transformationsprozesses stringent und konsequent daran zu arbeiten. Entscheidend ist, dass ABM nicht an herkömmlichen KPIs vom Typ Nachfragegenerator gemessen werden darf, die sich auf den ROI des Ergebnisses konzentrieren und dazu führen, dass die wesentlichen grundlegenden Ebenen als überflüssig betrachtet und ignoriert werden. Als Hilfestellung habe ich die ABM-Wertpyramide erstellt, die spezifische KPIs für jede der fünf grundlegenden Ebenen von ABM enthält. Diese KPIs reichen von weichen, in den frühen Entwicklungsphasen, bis hin zu harten in den späteren Phasen, in denen wir das Engagement und die Pipeline bis hin zur Umwandlung von Geschäftsmöglichkeiten messen können. Die Ebenen der Wertepyramide sind von unten nach oben wie folgt

- Teamarbeit (Ausrichtung von Vertrieb und Marketing)
- Den Kunden verstehen (DMUs/Daten und Erkenntnisse)
- Resonanz (Relevanz und Wert des Inhalts)
- Beziehungen (Engagement und Vertrauen)
- Einnahmen (Transaktionswerte, Gewinnraten, Transaktionsgeschwindigkeit)

Eine vollständige Einführung in die Wertepyramide mit Beispiel-KPI's wird in meinem LinkedIN-Artikel ‚Ihr wesentlicher Leitfaden zum Nachweis von Erfolg im Account Based Marketing' ausführlich behandelt.[17]

[17] https://www.linkedin.com/pulse/your-essential-guide-proving-success-account-based-andy-bacon-f-idm/. Zugegriffen am 01.06.2020.

Tab. 1 Die 10 größten ABM-Risiken

In der Anfangsphase	Mangel an Planung und interner Sorgfaltspflicht
Vision	Fehlen einer klar definierten Strategie
Überverkauf	Versäumnis, realistische Erwartungen der Stakeholder zu setzen
Vertrauen	Schlechte Ausrichtung von Vertrieb und Marketing auf gemeinsame Ziele
Prozess	Auswahl der falschen Accounts
Ehrgeiz	Auswahl von zu vielen Accounts
Recherche	Mangel an qualitativ hochwertigen Erkenntnissen
Inhalt	Rückgriff auf generische Aussagen und Inhalte
KPIs	Erwartungen werden nicht erfüllt. Verwendung konventioneller Metriken
Trägheit	Demotivierung und Erosion des Vertrauens

11 Die 10 größten ABM-Risiken

In meiner Rolle als Vollzeit-ABM-Berater betreue ich Verkaufs- und Marketing-Teams, um eine erfolgreiche Umsetzung des strategischen ABM zu erreichen. Die Hauptsäule dieser Arbeit besteht darin, meinen Kunden bei der Risikominderung zu helfen, indem ich ihnen helfe, die üblichen Fallstricke zu vermeiden. Aus meiner Erfahrung heraus habe ich die Top 10 Risiken des ABM[18] entwickelt, die bei einer B2B-Marketingkonferenz beim Fachpublikum auf große Resonanz stießen. Andrea Clatworthy, Leiterin von ABM Fujitsu, kommentierte dies folgendermaßen:

> „Wenn es Ihnen gelingt, die meisten dieser Fallstricke zu vermeiden, dann wird Ihr ABM-Programm auf dem besten Weg zum Erfolg sein".

Wenn Sie vorhaben, ABM zum ersten Mal einzuführen, ist es hilfreich, sich an die Top 10 Risiken zu erinnern (Tab. 1):

Denken Sie daran, dass diese nicht unabhängig voneinander zu sehen sind, da eines in der Regel zum nächsten führt.

Literatur

Burgess, B., & Mann, D. (2003). *Der Practitioner's Guide zum ABM*. London: Kogan Page.

[18] https://www.b2bmarketing.net/en-gb/resources/articles/10-account-based-marketing-risks-every-b2b-marketer-must-avoid. Zugegriffen am 01.06.2020.

Andy Bacon ist geschäftsführender Partner von Bridge Associates, einer strategischen Marketingberatung. Das Team, das sich auf ein breites Netzwerk von sehr erfahrenen Marketingexperten aus allen Disziplinen und zahlreichen Branchen stützt, berät häufig sowohl Leiter von Agenturen als auch CMOs von Unternehmenskunden in strategischen Fragen. Zuvor war Andy 25 Jahre lang Gründungsgeschäftsführer einer in London ansässigen B2B-Marketingagentur, die mit globalen IT-Marken in ganz EMEA arbeitete. Als eine der ersten britischen B2B-Agenturen, die ABM anbot, unterstützte Andy als erstes Projekt ein EMEA-weites ABM-Programm, das die Auszeichnung „The Sirius Decisions EMEA Programme of the Year" gewann.

Als leitender ABM-Berater für das Unternehmen „B2B-Marketing" in London ist Andy ein häufiger Redner auf der gleichnamigen B2B-Marketing-Konferenz und unterstützt mit dem ABM-Beratungsprogramm von B2B-Marketing Unternehmenskunden in den Bereichen IT, Professional Services sowie Bank- und Finanzwesen. Er lebt in Surrey in der Nähe von SW London.

Social Media in B2B – Die neuen Kanäle erkennen und richtig einsetzen

Connor Moseler und Olaf Mörk

Inhaltsverzeichnis

C. Moseler
DHBW Stuttgart, Daimler AG, Kraichtal, Deutschland
E-Mail: moseler.connor@gmail.com

O. Mörk (✉)
Mörketing, Neumarkt, Deutschland
E-Mail: o.moerk@gmx.de

U. Seebacher (Hrsg.), *Praxishandbuch B2B-Marketing*,
https://doi.org/10.1007/978-3-658-31651-8_19

Zusammenfassung

Social Media hat sich im Marketing-Alltag schon längst etabliert. Im Bereich des B2B Content Marketings werden Social Media Kanäle mit 95 % Zustimmung als fast so wichtig, wie die eigene Website mit 98 % Zustimmung laut der Statista Content Marketing Trendstudie 2020 eingestuft. Facebook, Instagram, Twitter, Snapchat, TikTok o. ä. gelten als die Social Media Klassiker bzw. Newcomer und werden aktuell wesentlich stärker im B2C- als im B2B-Umfeld eingesetzt.

Immer mehr Social Media Kanäle schießen buchstäblich wie Pilze aus dem Boden und es ist schwierig, dabei die Übersicht zu behalten. Einen beeindruckenden Überblick liefert Scott Brinker in seinem jährlichen Marketing Technology Landscape.[1] Im nachfolgenden Kapitel wird aufgezeigt, welcher Kanal überhaupt für B2B in Frage kommt, was hier von B2C übertragen werden kann, welche Targetingmöglichkeiten der jeweilige Kanal bietet und wohin der B2B Social Media Trend geht.

[1] https://chiefmartec.com/2020/04/marketing-technology-landscape-2020-martech-5000/. Zugegriffen am 27.04.2020.

Die Millennials sind im Business-Alltag angekommen und bilden eine wichtige Zielgruppe. In der Millennial Survey 2019 sind 40 % der Millennials besorgt, wenn sie länger als einen Tag nicht auf ihre Profile zugreifen können.[2] Für B2B bieten sich oftmals noch unentdeckte Chancen, Geschäftsbeziehungen für die Zukunft auf Grundlagen des B2C Social Media aufzubauen. Das Social Media Targeting gibt hierzu wichtige Hinweise, um daraus Möglichkeiten für B2B Social Media Marketing-Aktivitäten abzuleiten.

1 Die Relevanz von Social Media – Definition, Trends und Dynamik

Bei Social Media im Allgemeinen handelt es sich um sämtliche digitale Technologien und Medien, über die Nutzer sowohl Inhalte austauschen als auch miteinander kommunizieren können.[3] Die Relevanz von Social Media drückt bereits der Fakt aus, dass von der globalen Bevölkerung, rund 7,5 Milliarden Menschen, insgesamt 3,8 Milliarden aktiv Social Media nutzen.[4] Relativ ausgedrückt bedeutet dies, dass rund 48 % der Weltbevölkerung auf Social Media aktiv sind. Hierbei ist in den letzten Jahren ein stetiger Anstieg der Social Media Nutzer festzustellen. Während es im Jahre 2015 rund 2,08 Milliarden Menschen waren, so verzeichnet das Jahr 2020 die bereits erwähnten 3,8 Milliarden aktiven Social Media Nutzer.[5] Hierbei ist hervorzuheben, dass neben einem allgemeinen Anstieg der Nutzerzahlen von Social Media auch ein Anstieg der täglichen Verweildauer nachgewiesen ist. So stieg diese von 90 Minuten im Jahre 2012 auf 138 Minuten im Jahre 2018 an. Die Tendenz hierbei ist stets zunehmend.[6] Beeindruckend wird in Abb. 1 dargestellt, wie hoch die monatliche Reichweite an Usern bei den ausgewählten Kanälen ist.

All diese Fakten sind nicht nur im B2C von Bedeutung. Gerade im B2B-Bereich bedarf es einer höheren Aufmerksamkeit als jemals zuvor (Plangger 2015). Einer Studie zufolge sind im Jahre 2019 insgesamt 48 % der weltweiten B2B-Unternehmen auf Facebook aktiv. Auch Social Media Plattformen wie LinkedIn mit 30 % und Instagram mit 9 % gewinnen im B2B-Sektor an Aufmerksamkeit.[7] In Abb. 2 wird verdeutlicht, welche durchschnittlichen Altersstrukturen auf den einzelnen Channel vorherrschen.

Die Trends im Social Media sind schwer vorhersehbar und äußerst dynamisch. So schafft es beispielsweise das erst im Jahre 2016 gegründete TikTok bereits 2020 auf Platz

[2] https://www2.deloitte.com/de/de/pages/innovation/contents/millennial-survey-2019.html. Zugegriffen am 29.04.2020.

[3] https://www.duden.de/rechtschreibung/Social_Media. Zugegriffen am 30.04.2020.

[4] https://datareportal.com/reports/digital-2020-global-digital-yearbook?rq=digital%202020%20world. Zugegriffen am 22.04.2020.

[5] https://de.statista.com/statistik/daten/studie/739881/umfrage/monatlich-aktive-social-media-nutzer-weltweit/. Zugegriffen am 22.04.2020.

[6] https://de.statista.com/statistik/daten/studie/475072/umfrage/taegliche-nutzungdauer-vonsozialen-medien/. Zugegriffen am 22.04.2020.

[7] https://de.statista.com/statistik/daten/studie/186846/umfrage/nutzung-von-social-media-durch-b2b%2D%2Db2c-unternehmen/. Zugegriffen am 22.04.2020.

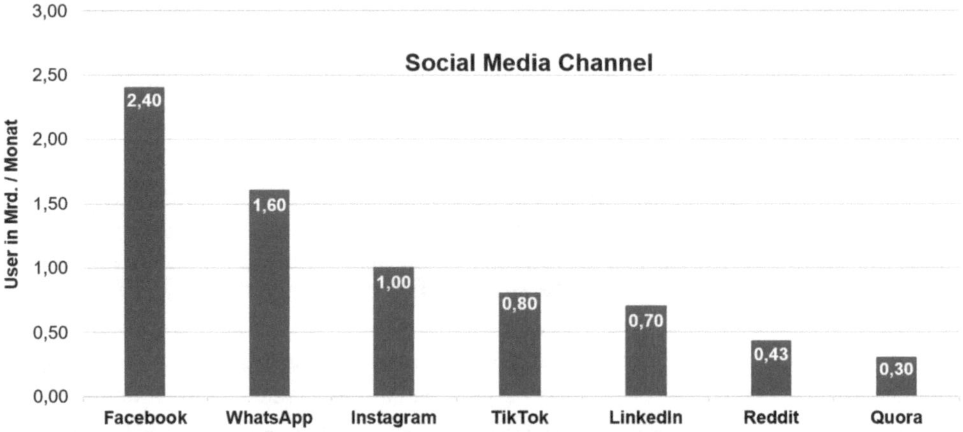

Abb. 1 Monatliche Reichweite ausgewählter Social Media Channels

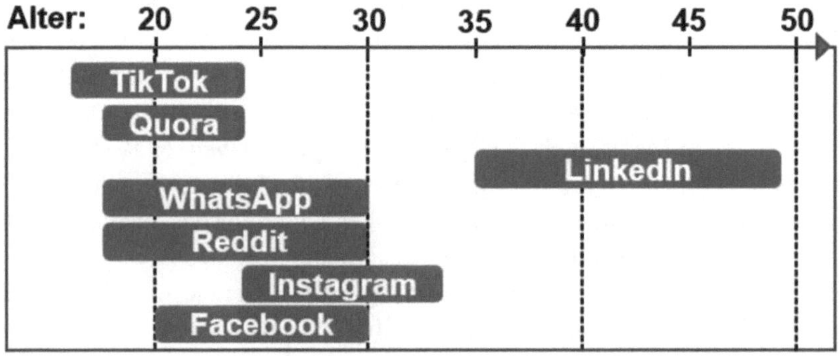

Abb. 2 Durchschnittliche Altersstrukturen ausgewählter Social Media Channel

sieben der beliebtesten Social Media weltweit.[8] Im Social Media Sektor ist es vergleichsweise einfach, als Newcomer globalen Erfolg zu genießen. Gerade ein solch dynamisches Umfeld bedarf gewissenhafter B2B-Marketingentscheidungen, sowie der korrekten Anwendung der einzelnen Social Media Kanäle.

Aufgrund der unabdingbaren Relevanz sozialer Medien im 21. Jahrhundert wird im Folgenden eine Analyse gestartet. Hier wird zunächst grundlegend für mehrere Social Media analysiert, welche Targeting-Optionen diesen jeweils zur Verfügung stehen. Abschließend zeigt die Analyse auf, auf welche Art und Weise bereits bewährte und vor allem neue Social Media Kanäle das Potenzial aufweisen, durch ihre Targeting-Optionen im B2B-Sektor mittels gezielter Maßnahmen hohen Marketingerfolg zu generieren.

[8] https://de.statista.com/statistik/daten/studie/181086/umfrage/die-weltweit-groessten-social-networks-nach-anzahl-der-user/. Zugegriffen am 30.04.2020.

2 Targetingmöglichkeiten verschiedener Social Media Channels

Aufgrund der Vielzahl an heutzutage verfügbarer Social Media, macht eine Eingrenzung Sinn. Traditionelle Plattformen wie z. B. Twitter und YouTube haben bereits oftmals einen festen Platz im B2B-Marketing und darauf wird nicht mehr speziell eingegangen. WeChat ist für B2B vor allem im asiatischen Raum wichtig und wird im Kap. „Digital Marketing in China – So steigen B2B Unternehmen erfolgreich in den chinesischen Markt ein" von Nils Horstmann ausführlich dargestellt. Das Targeting dient als Basis für wichtige Marketing-Strategien und kann in geografische Daten wie in Abb. 3, demografische Daten wie in Abb. 4 und weitere Daten wie in Abb. 5 dargestellt kategorisiert werden (Kreutzer et al. 2020). In den Abbildungen sind die jeweils wichtigsten Schwerpunkte die für einen Targeting Einsatz möglich sind und Sinn machen durch einen Punkt markiert.

Die geografischen Daten zeigen auf, auf welcher geografischen Ebene auf den jeweiligen Social Media Kanälen geworben werden kann.

Die demografischen Daten zeigen auf, welche nutzerspezifischen Daten beim jeweiligen Social Media mit Targeting gefiltert werden können. Je genauer die nutzerspezifischen Daten sind, desto hochwertiger ist das daraus resultierende Targeting Ergebnis.

Erläuterung einzelner Begrifflichkeiten:

- Gerätenutzer: Welches Endgerät nutzt der User? (z. B.: Handy, Laptop)
- Anzahl Aktivitäten: Wie häufig nutzt der User das Social Media?

Abb. 3 Geografische Targeting-Daten ausgewählter Social Media

Geografische Möglichkeiten

	Land	Bundesland	Region	Stadt	Gemeinde	Bezirk
Facebook	•	•	•	•	•	•
Instagram	•	•	•	•		
LinkedIn	•	•		•		
WhatsApp						
TikTok	•	•	•	•	•	•
Quora	•	•	•	•	•	•
Reddit	•	•		•		•

Abb. 4 Demografische Targeting-Daten ausgewählter Social Media

Demografische Möglichkeiten

	Alter	Geschlecht	Sprachen	Beruf	Bildungsabschluss	Gerätenutzer	Anzahl Aktivitäten	Beziehungsstatus
Facebook	•	•	•	•	•	•	•	•
Instagram	•	•	•					
LinkedIn	•	•	•	•	•			
WhatsApp								
TikTok	•	•	•					
Quora	•	•						
Reddit	•	•						

Weitere Möglichkeiten

	Verhalten	Interessen	Netzwerk	Identität	Erfahrung	Unternehmen	Ausbildung	Geräte	Kontext	Tageszeit
Facebook	•	•	•							
Instagram	•	•								
LinkedIn		•		•	•	•	•			
WhatsApp										
TikTok	•	•						•		
Quora	•	•	•						•	
Reddit		•						•		•

Abb. 5 Weitere Targeting-Daten ausgewählter Social Media

- Beziehungsstatus: Welchen Beziehungsstatus hat der Nutzer? (z. B.: Single, verheiratet)

Die weiteren Targeting-Daten legen dar, welche zusätzlichen Möglichkeiten das jeweilige Social Media zum Targeting anbietet. In Abb. 4 wird deutlich, wie unterschiedlich die demografischen Möglichkeiten für einen Werbeeinsatz bei den einzelnen Channel sind.

Bei WhatsApp als Messanger sind derzeit keine demografischen Möglichkeiten vorgesehen, wohingegen Facebook hier eine sehr große Bandbreite für den Werbeeinsatz bereitstellt.

Erläuterung der Begrifflichkeiten:

- Verhalten: Wie verhält sich der User?
- Interessen: Welche Interessen hat der User?
- Netzwerk: Wer ist im Netzwerk des Users?
- Identität: Welche reale Identität hat der User?
- Erfahrung: Welche Berufserfahrung hat der User?
- Unternehmen: Bei welchem Unternehmen arbeitet der User?
- Ausbildung: Wo hat der User welche Ausbildung erzielt?
- Geräte: Welche Eigenschaften hat das Endgerät? (z. B.: Preis, WLAN-Nutzung)
- Kontext: Welche Themenbereiche besucht der User häufig?
- Tageszeit: Zu welcher Tageszeit soll die Werbung geschaltet werden?

Der Fokus liegt zum einen auf den wichtigsten neuen Social Media Trends von B2C, die für B2B an Bedeutung gewinnen könnten, und zum anderen auf den drei wichtigsten klassischen Social Media Channels, wie Facebook, Instagram und LinkedIn.

Facebook aufgrund dessen, dass es das größte soziale Netzwerk weltweit ist und immer stärker bewusst B2B anspricht. Aktuell möchte Mark Zuckerberg dem Videokonferenzdienst Zoom Wettbewerb machen, der durch die Coronakrise inzwischen auf über 300 Millionen Nutzer angewachsen ist.[9] Instagram wurde ausgewählt, da es im B2B-Sektor stark an Bedeutung zunimmt. LinkedIn kommt als eine reine B2B-Plattform in Betracht, da diese beständig wächst und technisch viele Möglichkeiten bietet.

Als B2B Newcomer werden hier WhatsApp, TikTok, Reddit und Quora identifiziert. WhatsApp ist ein B2B-Neuling, da dieses Social Media derzeit nahezu ausschließlich im Privatbereich genutzt wird und weniger im B2B-Umfeld Verwendung findet. TikTok wird aufgrund des extremen Wachstums genauer analysiert. Reddit und Quora werden als vergleichsweise weniger bekannte Social Media erörtert.

3 Facebook – B2C Platzhirsch auch für B2B?

3.1 Allgemeines

Mit dem Social Media „Facebook" können sich Menschen weltweit vernetzen. Den Nutzern ist es möglich, einen Status, ihren Standort und Interessen mit der Öffentlichkeit oder

[9] https://www.handelsblatt.com/technik/it-internet/video-konferenzdienst-facebook-will-das-bessere-zoom-sein-das-koennte-klappen/25772800.html?share=linkedin. Zugegriffen: 04. Mai 2020.

mit Freunden zu teilen. Machbar ist dies mittels Textformat, Bildsprache oder Nutzung von Videomaterial.[10]

Mit mehr als 2,4 Milliarden aktiven monatlichen Nutzern führt Facebook das Ranking der größten sozialen Netzwerke auf Platz eins an.[11] Dennoch ist Vorsicht geboten: Bis ins Jahr 2023 werden Facebook nur noch rund zwei Milliarden aktive monatliche Nutzer prognostiziert.[12] Dies bedeutet, dass die Aktivität auf Facebook rückläufig sein wird. Bei Facebook handelt es sich um ein global verfügbares Social Media. Vor allem das junge Publikum wandert von Facebook stark ab. Während repräsentativ betrachtet in Deutschland 2014 noch 92 % der 16 bis 19 Jahre alten Personen Facebook nutzten, so sind es 2020 gerade einmal noch 36 %.[13] Nicht nur in Deutschland verliert Facebook so rapide die junge Nutzergruppe.[14] Die heute noch aktivste Zielgruppe sind die 20 bis 29-jährigen. Die Geschlechterverteilung der Nutzer ist ausgewogen.[15]

3.2 Facebook Targetingmöglichkeiten und B2B-Marketing

Bei Facebook gibt es drei unterschiedliche Tools, um eine erfolgreiche Zielgruppenansprache zu erzielen. Hierbei unterscheidet Facebook zwischen der Kernzielgruppe, Custom Audience und Lookalike Audience.

Bei der Kernzielgruppe geht es darum, eine allgemeine Zielgruppe anhand zuvor festgelegter Kriterien wie Alter oder Geschlecht anzusprechen.

Bei Custom Audience wird gezielt bei den B2B-Kunden Werbung geschaltet, die bereits in irgendeiner Form, online wie offline, Kontakt mit dem werbetreibenden Unternehmen hatten.

Lookalike Audience wirbt bei den Personen, welche Interessensübereinstimmung mit aktuellen Kunden aufweisen.[16]

B2B-Marketing ist auf Facebook von Bedeutung, da durch gezielte B2B-Werbekampagnen ein wichtiger Boost für die Lead-Gewinnung resultieren kann. Ferner muss sich immer vor Augen gehalten werden, dass auch vielbeschäftigte B2B-Entscheider privat auf Social Media aktiv und dadurch auch beeinflussbar sind. Bei B2B-Kampagnen ist es wichtig, immer daran zu denken, dass nicht mit Unternehmen, sondern mit Menschen kommu-

[10] https://praxistipps.chip.de/facebook-was-ist-das-einfach-erklaert_41486. Zugegriffen am 14.05.2020.

[11] https://de.statista.com/statistik/daten/studie/181086/umfrage/die-weltweit-groessten-social-networks-nach-anzahl-der-user/. Zugegriffen am 14.05.2020.

[12] https://de.statista.com/statistik/daten/studie/1031943/umfrage/anzahl-der-nutzer-von-ausgewaehlten-social-media-plattformen-weltweit/. Zugegriffen am 14.05.2020.

[13] https://www.wuv.de/tech/facebook_nutzerzahlen_im_freien_fall. Zugegriffen am 14.05.2020.

[14] https://blog.hubspot.de/marketing/facebook-nutzerzahlen. Zugegriffen am 14.05.2020.

[15] https://schluetersche.de/2018/12/18/social-media-plattform/. Zugegriffen am 14.052020.

[16] https://de-de.facebook.com/business/ads/ad-targeting. Zugegriffen am 14.05.2020.

niziert wird. Diese Menschen werden besonders gut durch das Facebook-Targeting selektiert, um so eine optimale Ansprache zu ermöglichen (Buchenau und Fürtbauer 2015).[17]

Das Facebook-Targeting umfasst geografische und demografische Informationen sowie Interessen, Verhalten und Verbindungen der Zielgruppe. Bei den geografischen Daten kann jede beliebige Einheit bis hin zu kleinen Gemeinden differenziert werden. So ist es also möglich, eine B2B-Werbekampagne entweder flächendeckend über Städte und Länder oder ganz spezifisch nur bei gezielten Gemeinden laufen zu lassen (Kelsey 2017).

Die demografischen Targeting-Möglichkeiten bei Facebook sind weitfassend. Es ist möglich, die Zielgruppe genauestens zu definieren. Eine Auswahl nach Alter, Geschlecht, Beruf und Bildungsabschluss ist ebenso möglich, wie die Ansprache basierend auf Beziehungsstatus, Gerätenutzung oder Häufigkeit von Aktivitäten.[18] Das Beispiel am Ende des Artikels zeigt auf, wie aufgrund des Berufs eine Social Media Kampagne initiiert wurde.

Wird Targeting nach Interessen durchgeführt, werden die Hobbys der Zielgruppe hinzugefügt. Dies kann neben klassischen Sportarten durchaus ein Filmgenre oder ähnliches umfassen. Beim Verhaltenstargeting wird anhand des User-Verhaltens Werbung geschaltet. Werden die Verbindungen beim Targeting genutzt, können gewisse Personengruppen zusätzlich als Werbeempfänger entweder eingeschlossen oder auch bewusst ausgeschlossen werden.[19]

3.3 Fazit Facebook

Facebook bietet von allen Social Media aktuell die mit Abstand umfangreichste Möglichkeit des Targetings. Hier ist es möglich, bis aufs kleinste Detail Anforderungen an die geplante Marketingkampagne im B2B-Umfeld umzusetzen. Trotz prognostizierter rückgängiger Nutzerzahl wird Facebook vorerst das stärkste Social Media weltweit bleiben. B2B-Marketingkampagnen sind auf diesem Social Media äußerst effizient. Welche potenziellen Marketingmaßnahmen möglich sind, wird im anschließenden Kapitel des Artikels behandelt. Interessant ist, dass die Klickpreise auf Facebook meist deutlich niedriger sind als beispielswiese auf LinkedIn und die Reichweite erfahrungsgemäß größer ist (Kreutzer 2019).

[17] https://blog.hubspot.de/marketing/facebook-b2b-marketing. Zugegriffen am 14.052020.

[18] https://de-de.facebook.com/business/help/528690393907960?id=2392789791004287&locale=de_DE. Zugegriffen am 14.05.2020.

[19] https://de-de.facebook.com/business/ads/ad-targeting. Zugegriffen am 14.05.2020.

4 Instagram – Mit Präzision zum Ziel

4.1 Allgemeines

Beim Social Media „Instagram" besteht die Möglichkeit, als registrierter User Bilder und Videos in Form von Beiträgen oder Stories hochzuladen und diese der gesamten Instagram-Community zur Verfügung zu stellen. Unter den Beiträgen besteht die Möglichkeit, eine schriftliche Ergänzung zu diesen beizufügen.[20]

Instagram erfreut sich einer Milliarde aktiver Nutzer jeden Monat und ist damit auf Platz sechs der meistgenutzten sozialen Netzwerke der Welt.[21] Instagram ist ein global vertretenes Social Media. Die größte Zielgruppe Instagrams bildet die 25 bis 34- jährige Bevölkerung mit rund 1666 Millionen männlichen und 1586 Millionen weiblichen Nutzern. Eine ebenfalls hervorstechende Zielgruppe sind die 18 bis 24- Jährigen, welche 1445 Millionen männliche und 1295 Millionen weibliche Nutzer verzeichnen. Über alle Altersgruppen hinweg ist das Geschlecht der User ausgeglichen.[22] Für Instagram wird bis in das Jahr 2022 stets ein jährlicher User-Zuwachs in vielfacher Millionenhöhe prognostiziert (Faßmann und Moos 2016).[23]

4.2 Instagram Targetingmöglichkeiten und B2B-Marketing

Auf Instagram besteht die Möglichkeit, Werbeanzeigen zu schalten. Instagram bietet hier die Option, mittels „Custom Audiences" eine Zielgruppe aus Bestandskunden zu erstellen. Die Alternative ist mittels „Lookalike Audiences" neue potenzielle Zielgruppen zu identifizieren und anzuwerben. Instagram Werbung findet im Bild- oder Videoformat statt.[24]

Beim Targeting bietet Instagram eine Zielgruppenbestimmung über geografische und demografische Daten sowie über Interessen und Verhaltensweisen. Mittels dieser Optionen können Werbeinhalte bei vorselektierten Personengruppen platziert werden.

Durch das erfolgreiche Betreiben eines Instagram Kanals als B2B-Unternehmen können diverse Ziele verfolgt werden. Zum einen ist es dem Unternehmen möglich, eine erfolgreiche Produktkommunikation durchzusetzen. Ferner sind eine Markenbildung und

---

[20] https://www.giga.de/apps/instagram-fuer-android/specials/was-ist-instagram-und-wie-funktioniert-es/. Zugegriffen am 02.05.2020.

[21] https://de.statista.com/statistik/daten/studie/181086/umfrage/die-weltweit-groessten-social-networks-nach-anzahl-der-user/. Zugegriffen am 02.052020.

[22] https://de.statista.com/statistik/daten/studie/809703/umfrage/instagram-nutzer-nach-alter-und-geschlecht-weltweit/. Zugegriffen am 02.05.2020.

[23] https://de.statista.com/statistik/daten/studie/795086/umfrage/anzahl-der-nutzer-von-instagram-weltweit/. Zugegriffen am 02.05.2020.

[24] https://business.instagram.com/blog/targeting-instagram-ads?locale=de_DE. Zugegriffen am 02.05.2020.

Awareness durch die Nutzung von Instagram realisierbar. Auch Employer Branding und Advocacy sowie Recruiting sind durch einen erfolgreichen B2B-Instagram-Kanal realistische Ziele.[25]

Die geografischen Targeting-Optionen von Instagram lassen sich auf Landesebene, Staatenebene, Regionalebene und Stadtebene unterscheiden. Je nach Bedarf kann somit eine B2B-Marketingkampagne auf unterschiedlichen geografischen Grundlagen geplant und umgesetzt werden. Die demografischen Daten definieren die Personenkriterien, welche die Werbung angezeigt bekommen sollen. Die im Targeting von Instagram enthaltenen Personendaten umfassen das Alter, Geschlecht und Sprachen der User. Hieraus lässt sich erkennen, dass im B2B-Marketing eine Einschränkung der Zielgruppe sich durchaus auch mit Social Media Werbung auf Instagram umsetzen lässt. Ferner ist es über Instagram Targeting möglich, Interessen der Zielgruppe im Voraus zu definieren und darauf basierend konkrete B2B-Werbung zu schalten. So ist es beispielsweise realisierbar, aufgrund genutzter Apps oder angeklickter Werbeanzeigen auf Interessen zurückzuschließen. Das gewonnene Wissen kann dann dazu eingesetzt werden, bei potenziell interessierten B2B-Kunden Werbung einzublenden. Zuletzt besteht bei Instagram die Möglichkeit, Targeting über Verhaltensweisen zu betreiben. Dies ist dann der Fall, wenn die Zielgruppe basierend auf ihren Aktivitäten auf Instagram oder Facebook, aber auch außerhalb dieser Social Media, analysiert und charakterisiert wird. All die Targeting-Optionen von Instagram sind miteinander individuell kombinierbar.[26]

4.3 Fazit Instagram

Aufgrund umfassender geografischer und demografischer Daten, sowie eines Interessens- und Verhaltensprofils kann Werbung per Instagram Targeting sehr präzise geschaltet werden. Dieses Targeting kann das B2B-Marketing ebenso nutzen, wie es bislang im B2C-Bereich schon länger umgesetzt wird.

5 LinkedIn – Born for B2B

5.1 Allgemeines

Das Social Media „LinkedIn" ist im Vergleich zu den anderen hier analysierten Social Media besonders. Als einziges hier analysiertes Social Media ist LinkedIn von vornherein auf Beruf und Karriere spezialisiert. Arbeitnehmer vernetzen sich hier mit anderen Arbeitnehmern, um ein breites Netzwerk aufzubauen. Auch bei LinkedIn ist es möglich, Beiträge als Textformat, Videobotschaft oder Bilddatei zu erstellen und der Community zu

[25] https://247grad.de/blog/social-media/instagram-im-b2b/. Zugegriffen am 02.05.2020.

[26] https://business.instagram.com/advertising/. Zugegriffen am 02.05.2020.

präsentieren. Bei LinkedIn handelt es sich somit von vornherein um ein B2B Social Media und nicht, wie bei den anderen, um eine ursprünglich vorwiegende B2C-Plattform.[27]

LinkedIn verfügt mittlerweile über mehr als 700 Millionen globaler Nutzer.[28] Für LinkedIn sind Zunahmen der User bis ins Jahr 2022 prognostiziert. Allein in den USA sollen sich zukünftig mehrere Millionen Nutzer pro Jahr registrieren.[29] Die stärkste Zielgruppe von LinkedIn ist in Deutschland zwischen 35 und 49 Jahren. Auf dem Social Media sind mehr Männer, als Frauen registriert.[30] Die deutschen Zahlen lassen sich als repräsentativ auch global verwenden.

Wir wandeln uns immer mehr zur Informationsgesellschaft und darauf hat LinkedIn ein umfangreiches Weiterbildungsangebot als Antwort. Diese Dienste sind meist kostenpflichtig. Auf LinkedIn entstehen mehr und mehr B2B-Tools. Diese reichen von komplexen Sales-Anwendungen bis hin zum Veranstalten von Webinaren (Janssen et al. 2015).

5.2 LinkedIn Targetingmöglichkeiten und B2B-Marketing

B2B-Targeting bietet sich besonders aus LinkedIn an, da es sich hier wie bereits erläutert um eine B2B-Plattform handelt (Kreutzer 2012). Das Targeting bei LinkedIn wird untergliedert in die Rubriken Erfahrung, Unternehmen, Ausbildung, Interessen und Identität. Die Nutzung von allgemeinen Standortverfahren ist hier ebenfalls möglich. Die Rubrik „Erfahrung“ filtert die Zielgruppe nach ihrem Tätigkeitsbereich beziehungsweise Jobtitel. Wird hiernach gefiltert, kann also eine bestimmte Stellenbezeichnung (z. B.: „Marketing Director“) als Jobtitel angewandt werden, um so nicht allgemein in der übergeordneten Rubrik (hier: Marketing) werben zu müssen. Dies sorgt dafür, dass Werbekampagnen nur für bestimmte vorher ausgewählte Jobtitelträger eingeblendet werden. In der Rubrik Unternehmen kann eine Werbeanzeige basierend darauf geschalten werden, in welchem Unternehmen jeweilige Personen arbeiten. Wird nach der Ausbildung gefiltert, so kann Werbung bei beispielsweise Absolventen einer bestimmten Universität eingeblendet werden. Das Interessenstargeting basiert auf den Angaben der LinkedIn-Nutzer. Diese sind befähigt, selbst ihre Interessen anzugeben. Eine Mischung dieser Angaben und dem Klick-Verhalten der User spezifiziert dann Zielgruppen im Interessen-Targeting. Zuletzt kann noch die Identität in das Targeting einfließen. Hier werden die Zielgruppen ganz klassisch nach Alter und Geschlecht kategorisiert.[31]

---

[27] https://www.heise.de/tipps-tricks/Was-ist-LinkedIn-4485390.html. Zugegriffen am 14.05.2020.

[28] https://de.statista.com/statistik/daten/studie/192879/umfrage/vergleich-der-besucherzahlen-von-linkendin-nach-weltregionen/. Zugegriffen: 14.05.2020.

[29] https://de.statista.com/statistik/daten/studie/1086189/umfrage/anzahl-der-linkedin-nutzer-in-den-usa/. Zugegriffen am 14.05.2020.

[30] https://blog.hubspot.de/marketing/social-media-in-deutschland. Zugegriffen am 14.052020.

[31] https://onlinemarketing.de/news/targeting-linkedin-neue-funktionen. Zugegriffen am 15.05.2020.

LinkedIn ist im B2B-Marketing eine enorm wichtige Social Media Plattform. Das Unternehmensprofil auf LinkedIn ist das Aushängeschild des B2B-Unternehmens und die User sind ausschließlich aus B2B-Zwecken registriert. Durch LinkedIn Werbekampagnen ist eine passgenaue B2B-Zielgruppenansprache möglich, die genau die Jobtitel oder die Unternehmensmitglieder anspricht, die die Werbekampagne erreichen soll. LinkedIn dient als Leadgenerierungsplattform und schafft zusätzliche Leads durch eine gute Präsentation des Unternehmens.[32]

5.3 Fazit LinkedIn

Das Targeting von LinkedIn unterscheidet sich von den anderen Targeting-Möglichkeiten. Auf dieser Plattform ist eine Ansprache basierend auf Berufserfahrung, Ausbildungsgrad oder Ähnliches zuverlässig möglich, da die meisten User diese Angaben aus Eigeninteresse korrekt angeben und pflegen. Deshalb ist es auf LinkedIn so gut wie auf keiner anderen Social Media Plattform möglich, basierend auf Jobtiteln oder bestimmten Berufsgruppen Werbekampagnen gezielt zu schalten. Facebook ist ebenfalls dazu in der Lage, jedoch sind solche Angaben – im Gegensatz zu LinkedIn – auf Facebook meist wenig gepflegt. Die Vorteile von B2B-Werbekampagnen auf LinkedIn wurden im Abschnitt „LinkedIn Targetingmöglichkeiten und B2B-Marketing" bereits erläutert.

6 WhatsApp – Mehr als „Message in a bottle"

6.1 Allgemeines

Nach Facebook und YouTube ist WhatsApp das drittgrößte Social Media der Welt mit 1,6 Milliarden monatlichen Usern.[33] In Deutschland nutzen stolze 97 % der 18 bis 29-jährigen WhatsApp.[34] Wohl keine andere Social Media Plattform verzeichnet eine solche Statistik. Bei WhatsApp handelt es sich um ein Social Media in Form eines Messenger-Dienstes, der seine Möglichkeiten immer stärker erweitert und weit mehr als „eine Message in a bottle" bietet. Ist den Usern eine Handynummer bekannt, so können sie untereinander Nachrichten, Bilder, Videos und Statusinformationen teilen. Mit Rekorduserzahlen in Deutschland sowie weiteren Ländern wird dem Messenger weiterhin ein Wachstum prognostiziert. WhatsApp wächst mittlerweile schon schneller, als Facebook.[35] Die Zielgruppe von 18 bis 29 Jahren ist nicht nur in Deutschland die am stärksten vertretene Zielgruppe, sondern auch in einigen anderen Ländern.

[32] https://www.onlinemarketing-blog.de/mehr-als-recruiting-warum-b2bs-auf-linkedin-und-xing-setzen-sollten/. Zugegriffen am 15.05.2020.

[33] https://de.statista.com/statistik/daten/studie/181086/umfrage/die-weltweit-groessten-social-networks-nach-anzahl-der-user/. Zugegriffen am 15.05.2020.

[34] https://de.statista.com/themen/1995/whatsapp/. Zugegriffen am 15.05.2020.

[35] https://meedia.de/2020/02/12/2-milliarden-nutzer-whatsapp-knackt-meilenstein/. Zugegriffen am 15.05.2020.

WhatsApp war ursprünglich eine reine private Plattform. Diese ist nun im Wandel, muss Geld verdienen und es gibt einige Gründe, ins B2B-Umfeld von WhatsApp einzutauchen.

6.2 WhatsApp Targetingmöglichkeiten und B2B-Marketing

Bei WhatsApp liegen aktuell keine Targeting-Möglichkeiten vor. Der Messenger ist bislang eine kostenfreie und werbefreie Plattform für den Nutzer. Für den Werbetreibenden gibt es eine kostenfreie Basisversion.

Dennoch ist es aus Sicht eines B2B-Marketing-Managers von Bedeutung, jetzt den Messenger als B2B-Marketingkanal zu nutzen, um keinen Trend zu verpassen.

Die Einstiegshürde für B2B bei WhatsApp ist sehr gering. Es gilt als B2B Unternehmen, dort wo der Kunde aktiv ist, präsent zu sein. Wer sich ein Geschäftsprofil bei dem Messenger einrichtet, kann Kunden und Partner positiv überraschen. Der Grund ist, dass viele den Kanal als privat einstufen, obwohl er unternehmerisch genutzt wird. Eine solche Überraschung wird sowohl auf Partnerebene als auch auf B2B-Kundenebene durchaus positiv auffallen.

Ferner sollten die Funktionen des Messengers nicht unterschätzt werden. Wer ein Geschäftskonto bei WhatsApp registriert, erhält die gleichen Funktionen wie private User. Textnachrichten, Sprachnachrichten, Bilder, Videos und der Versand von Dokumenten sind vollumfänglich möglich. Für B2B-Kunden bietet es den großen Vorteil, dass sie auf einer gewohnten Plattform mit dem Unternehmen kommunizieren können. Dies schafft Vertrauen und fördert einen schnellen und positiven Ablauf. Da E-Commerce der Absatzkanal der Zukunft ist, kann auch auf Messenger als Werbeplattform zurückgegriffen werden. Anstatt klassischer Online-Kataloge oder spezieller Tools, kann dem B2B-Kunden auf WhatsApp ohne weitere Umstände schnell und unkompliziert ein Angebot vorgelegt werden. Ein ebenfalls beachtlicher Punkt ist der Kostenfaktor. WhatsApp als Geschäftskunde bietet eine ebenso kostenfreie Version an, wie bei Privatkunden. Ein kostenpflichtiges Upgrade ist möglich.[36]

6.3 Fazit WhatsApp

Der Messenger WhatsApp als B2B Social Media ist von zukünftiger Relevanz. Bei Nutzung der Basisversion kann ohne jegliche Kosten und mit hohen Potenzialen jedes Unternehmen gleichzeitig seriös und dennoch vertraut sowie diskret mit Geschäftskunden in Kontakt zu treten. Die Nutzung des Messengers bietet vor allem den Vorteil, dass dieser mittlerweile auf fast jedem Handy installiert ist und auch aktiv genutzt wird. Da heutzutage häufig Geschäftliches und Privates verschmelzen, zögern die Geschäftsleute von heute nicht mehr, auch über ihr privates Smartphone geschäftliche Anliegen zu klären. Sehr gut

[36] https://www.marconomy.de/5-gute-gruende-fuer-whatsapp-im-b2b-marketing-a-917649/?cmp=-nl-407&uuid=0475F2B7-A2DB-4D19-9033-9885574E8D81. Zugegriffen am 15.05.2020.

hat es sich beispielsweise beim Messeeinsatz bewährt, wo dem Kunden wichtige Hinweise rund um das Geschehen, wie beispielsweise auf einer Messe, live eingespielt werden können.

7 TikTok – Wild Thing

7.1 Allgemeines

Die im September 2016 gegründete Social Media Plattform ermöglicht es Usern, selbstgedrehte kurze Videosequenzen aufzunehmen, welche mit bekannten Songs oder Filmszenen hinterlegt werden können. Vielen B2B-Marketers ist „TikTok" etwas zu wild und zu schwer einschätzbar. Jedoch wurde im ersten Quartal 2018 die App 45,8 Millionen Mal heruntergeladen und ist in dieser Zeitspanne die am meisten gedownloadete App weltweit.[37] Direkt hinter Instagram belegt die App TikTok Platz 7 der meisten monatlichen aktiven Nutzer von Social Media. Monatlich sind auf TikTok 800 Millionen User aktiv.[38]

Insgesamt sind 69 % der TikTok-User zwischen 16 und 24 Jahren. Die Plattform verzeichnet 60 % weibliche und 40 % männliche Nutzer.[39] TikTok wird weiterhin ein rasanter Wachstumsanstieg prognostiziert.[40]

7.2 TikTok Targetingmöglichkeiten und B2B-Marketing

Wer eine Targeting-Kampagne auf TikTok startet, erfreut sich dabei, auf anderen Apps ebenfalls zu werben. TikTok ermöglicht es nämlich, gleichzeitig und ohne weitere Probleme auf anderen Apps des Unternehmens zu werben. Dies geschieht auch ohne weitere Kosten und umfasst Applikationen wie beispielsweise Vigo Video, Helo, NewsRepublic und TopBuzz.[41]

Bei TikTok kann im Targeting zwischen Nutzerverhalten, Demographie und Geräten unterschieden werden. Beim Nutzerverhalten wird basierend auf App-Verhalten, Likes und Views ein Targeting-Profil erstellt. Außerdem wird hier in diverse Interessengruppen wie beispielsweise Sport, Essen, Reisen, Games oder Körperpflege eingeteilt. Es ist möglich, gewisse Typen von Nutzern bei der Marketingkampagne konkret aus- oder einzuschließen. Unter demografischen Daten versteht TikTok neben Kategorisierung von Alter, Geschlecht und Sprachen auch Standortdaten. Standorte können beginnend von Ländern

[37] https://www.techbook.de/apps/was-ist-tiktok. Zugegriffen am 18.05.2020.

[38] https://de.statista.com/statistik/daten/studie/181086/umfrage/die-weltweit-groessten-social-networks-nach-anzahl-der-user/. Zugegriffen am 18.05.2020.

[39] https://www.crowdmedia.de/tiktok-fuer-b2b-unternehmen/. Zugegriffen am 18.05.2020.

[40] https://www.wuv.de/tech/social_media_fuenf_grosse_trends_in_2020. Zugegriffen am 18.05.2020.

[41] https://ads.tiktok.com/help/article?aid=6667447877242978309. Zugegriffen am 18.05.2020.

bis hin zu Bezirken differenziert werden. Werden in die Targeting-Kampagne ebenfalls Geräteinformationen mit einbezogen, so kategorisiert TikTok zwischen der Art der Internetverbindung (z. B.: 3G-Netz oder WLAN), bestimmten Gerätemarken und auch Preis des jeweiligen Geräts sowie Betriebssystemen.[42]

Da ein durchschnittlicher TikTok-User die App am Tag acht Mal öffnet und insgesamt 39 Minuten nutzt, ist Werbung für B2B-Unternehmen durchaus interessant. TikTok ist jedoch nicht für jedes Unternehmen eine optimale B2B-Plattform. Stand heute sind auf TikTok wenige B2B-Unternehmen unterwegs. Umso einfacher ist es, durch gekonnte Marketingkampagnen ein B2B-Unternehmen auf der Social Media Plattform erfolgreich zu platzieren. Es ist davon auszugehen, dass wie bei Instagram, Facebook und Co. langfristig die B2B-Unternehmen auf die Plattform aufmerksam werden und wieder einmal eine reine B2C-Plattform als Vorreiter einer B2B-Plattform gilt.[43] Vor allem für das Recruiting von jüngeren Zielgruppen wird TikTok immer stärker an Bedeutung gewinnen (Hu 2020).

7.3 Fazit TikTok

TikTok ist ein rasant wachsendes Social Media und erfreut sich einer sehr jungen Zielgruppe. Aktuell sind noch wenige B2B-Unternehmen auf der Plattform vertreten. Es ist davon auszugehen, dass TikTok wie schon so oft ein B2C-Vorreiter ist, der langfristig für den B2B-Markt an Bedeutung gewinnt. Es ist empfehlenswert, mit etwas Content-Kreativität zu versuchen, auf TikTok als B2B-Unternehmen Werbung zu schalten. Aktuell sind so wenig B2B-Unternehmen auf der Plattform vertreten, dass es gut möglich ist, als Branchenvorreiter sich auf der Plattform als B2B-Spezialist einen Namen zu machen.

8 Quora – Good to know

8.1 Allgemeines

Das Social Media Quora ist eine Plattform, auf der User Fragen stellen können und dann von Personen mit Fachwissen eine Antwort erhalten. Bereits bei der Registrierung müssen Interessen und Fachwissen in verschiedenen Kategorien angegeben werden. Zusätzlich zu den Fragen auf der Plattform erhält ein User auch ein personalisiertes News-Feed, das auf den getätigten Angaben basiert.[44]

Quora verzeichnet monatlich mehr als 300 Millionen aktive User, wobei rund 57 % männlich sind. Besonders verbreitet ist das Social Media aktuell in Amerika, wo bereits 35 % der Bevölkerung die Plattform nutzen. Mehr als die Hälfte der Nutzer verzeichnen

[42] https://omr.com/de/tiktok-ads-self-service-tool/. Zugegriffen am 18.05.2020.

[43] https://www.crowdmedia.de/tiktok-fuer-b2b-unternehmen/. Zugegriffen am 18.05.2020.

[44] https://praxistipps.chip.de/was-ist-quora-einfach-erklaert_94418. Zugegriffen am 18.05.2020.

ein jährliches Haushaltseinkommen von mehr als 100.000 US$. Bereits heute sind schon 60 % der Werbeanzeigen von B2B-Unternehmen geschaltet. Quora richtet sich an die intelligente und qualifizierte Bevölkerungsgruppe, so haben 65 % der User einen hohen College-Abschluss und 37 % sind in Managementpositionen vertreten. Auf Quora verbringen die Nutzer doppelt so viel Zeit, wie auf dem Social Media LinkedIn. Die größte Zielgruppe bilden die 18 bis 24-Jährigen mit insgesamt 45,5 %.

Stand heute gibt es keine Prognosen darüber, wie sich das Wachstum des Frageportals in Zukunft entwickeln wird. Ob es rückläufig ist oder nicht, kann Stand Mai 2020 noch nicht ausreichend zuverlässig erörtert werden.

8.2 Quora Targetingmöglichkeiten und B2B-Marketing

Quora bietet eine Vielzahl an Targetingoptionen. Hierbei wird vor allem zwischen primären und sekundären Targetingoptionen unterschieden. Bei den primären Targetingoptionen gibt es kontextbasiertes, userbasiertes, verhaltensbasiertes und allgemeines Targeting. Beim kontextbasierten Targeting wird die Zielgruppe basierend auf Themenbereichen, Keywörtern oder Fragetypen kategorisiert. Ist ein Unternehmen beispielsweise in der Baubranche tätig, kann es somit basierend auf speziellen Fragen zu konkreten Themen B2B-Werbung schalten. Beim userbasierten Targeting wird basierend auf den Daten der Unternehmenswebseite ein Userprofil bei Quora erstellt. Außerdem besteht die Möglichkeit, basierend auf E-Mail-Daten konkretes User-Targeting zu betreiben. Zuletzt bietet Quora hier die Option, wie auch bei anderen Social Media Plattformen, basierend auf der aktuellen Zielgruppe neue Zielgruppen zu identifizieren. Beim verhaltensbasierten Targeting fließen Interessen und Keywort- sowie Fragehistorien mit ein. Das allgemeine Targeting platziert allgemein Werbung, um die Reichweite zu erhöhen.

Die sekundäre Targeting-Struktur umfasst die Kategorien Standort, Device und Browser, Geschlecht, Zielgruppenausschluss und E-Mail. Beim Standort kann von Land bis hin zu bestimmten Postleitzahlen kategorisiert werden. Bei Device und Browser kann die Zielgruppe basierend auf ihrem Gerät oder ihrem Browser definiert werden. Es besteht bei Gender die Möglichkeit, Geschlechter auszuwählen. Unter Exclusions können bestimmte Personengruppen explizit von der Kampagne ausgeschlossen werden. Bei E-Mail besteht die Möglichkeit, Nutzer in einem Quora-Newsletter konkret zu erreichen.[45]

Quora wird nachgesagt, dass es aktuell eine bessere Alternative zum B2B-Facebook-Marketing ist. Grund dafür ist, dass auf der Plattform reale User tatsächliche Probleme ansprechen und hieraus als B2B-Unternehmen die Möglichkeit besteht, Usern Lösungen aufzuzeigen und sie konkret aktiv anzuwerben. Da Quora extrem starken usergenerierten Inhalt hat, ist es als B2B-Unternehmen durchaus machbar, konkrete Lösungen proaktiv zu

[45] https://quoraadsupport.zendesk.com/hc/en-us/articles/115010467868-What-ad-targeting-options-are-available-. Zugegriffen am 18.05.2020.

entwickeln und daraus B2B-Kunden und B2B-Lieferanten zu generieren. Im Vergleich zu Facebook ist es ebenfalls wesentlich günstiger, B2B-Werbekampagnen anzusetzen. Ein weiterer Vorteil des B2B-Marketings auf Quora ist, dass das Unternehmen ohne Einschränkungen andere User kontaktieren kann.[46]

Aus B2B Sicht kann hier verstärkt an der Positionierung als Experte gearbeitet werden und somit einen wichtigen Beitrag innerhalb des Branding geleistet werden.

8.3 Fazit Quora

Quora erfreut sich aktuell im B2B-Marketing nicht umsonst einer großen Beliebtheit. Das Social Media ermöglicht es, die Zielgruppe sehr genau zu charakterisieren. Auf Quora besteht eine Vielzahl an Features, B2B-Werbung einzublenden und so Personengruppen aktiv zu bewerben. Ein Problem bei Quora ist jedoch, dass deren Wachstum ungewiss ist. Was aktuell noch ein ansteigender Trend ist, kann theoretisch schnell rückläufig werden und sich immer weniger an Beliebtheit erfreuen.

9 Reddit – New B2B-Rocket?

9.1 Allgemeines

Als letztes Social Media in diesem Artikel wird Reddit analysiert. Reddit befindet sich mit 430 Millionen monatlichen aktiven Nutzern auf Platz 11 der größten Social Media weltweit.[47] Bei Reddit handelt es sich um einen Social-News-Aggregator, welcher mit 38 % der User zum größten Teil in den USA vertreten ist. Es handelt sich hier um eine Mischung aus Diskussionsplattform und Link-Verteiler zu News. Einzelne Beiträge können hierbei geupvoted oder gedownvoted werden.[48] Reddit erfreut sich einer männlichen Nutzerquote von 67 % und einer größten Zielgruppe zwischen 18 und 29 Jahren mit 64 %. Reddit ist eine Plattform mit jungen, überwiegend männlichen Usern.[49] Reddit wird vor allem in den USA ein weiteres Wachstum prognostiziert. Jährlich soll allein dort die Nutzerzahl in Millionenhöhe ansteigen.[50]

---

[46] https://blog.markgrowth.com/why-quora-and-reddit-are-better-alternatives-to-b2b-facebook-marketing-80c0224fb200. Zugegriffen am 18.05.2020.

[47] https://de.statista.com/statistik/daten/studie/181086/umfrage/die-weltweit-groessten-social-networks-nach-anzahl-der-user/. Zugegriffen am 18.05.2020.

[48] https://www.ionos.de/digitalguide/online-marketing/social-media/was-ist-reddit-und-wie-funktioniert-es/. Zugegriffen am 18.05.2020.

[49] https://www.brandwatch.com/de/blog/was-ist-reddit/. Zugegriffen am 18.05.2020.

[50] https://de.statista.com/statistik/daten/studie/988130/umfrage/anzahl-der-eingeloggten-reddit-nutzer-in-den-usa/. Zugegriffen am 18.05.2020.

9.2 Reddit Targetingmöglichkeiten und B2B-Marketing

Auch Reddit unterscheidet die Targeting-Optionen in fünf wesentliche Kategorien. Die erste Kategorie ist „Targeting by Interest". Hier ist es möglich, basierend auf Oberkategorien spezielle Interessensgruppen für Zielgruppen auszuwerten. Oberkategorien können News, Unterhaltung, Gaming, Sport, Ernährung und vieles mehr sein. Am Beispiel Gaming wird dann weiter runtergebrochen auf beispielsweise eSports und Video Gaming. Das Interessenstargeting dient dazu, B2B-Unternehmen bei den Personen Werbung schalten zu lassen, welche auch die benötigten Interessen aufweisen.[51]

Eine weitere Möglichkeit bietet das „Targeting by Community". Hiermit wird eine ganz bestimmte Zielgruppe angesprochen. Die Informationen basieren auf den einzelnen Abonnements innerhalb von Reddit, dem Verlauf der User sowie Interaktionen dieser mit bestimmten Beiträgen. Zusätzlich können hier Standardinformationen wie Alter und Geschlecht ausgewählt werden.[52] Beim „Targeting by Device" wird die Zielgruppe anhand des Geräts, welche sie beim Reddit-Besuch nutzt, kategorisiert. So werden unterschiedliche Varianten (z. B.: Desktop und Mobil) auch unterschiedlichen Betriebssystemen zugeordnet.[53]

Als vorletzte Targetingmöglichkeit bietet Reddit „Targeting by Location" an. Hierbei kann die Zielgruppe von Landesebene bis hin zu Staatenebene, Stadtebene und Sendegebieten runtergebrochen werden.[54]

Zuletzt bietet Reddit „Targeting by Time of Day" an. Wie der Name schon vermuten lässt, wird hier die Möglichkeit angeboten, basierend auf Tageszeiten in unterschiedlichen Zeitzonen Werbung zu schalten. So können neben Wochentagen auch exakte Uhrzeiten bestimmter Zeitzonen ausgewählt werden.[55]

Neben Quora wird auch Reddit aus denselben Gründen zugetraut, dem B2B-Marketing von Facebook Konkurrenz zu machen.[56] Wer sich auf Reddit im B2B-Marketing platziert, erhält sehr einfach die Möglichkeit, eine Marke zu platzieren und daraus resultierend wichtige Geschäftskontakte zu knüpfen.[57]

---

[51] https://www.reddithelp.com/en/categories/advertising/targeting/targeting-interest. Zugegriffen am 18.05.2020.

[52] https://www.reddithelp.com/en/categories/advertising/targeting/targeting-community. Zugegriffen am 18.05.2020.

[53] https://www.reddithelp.com/en/categories/advertising/targeting/targeting-device. Zugegriffen am 18.05.2020.

[54] https://www.reddithelp.com/en/categories/advertising/targeting/targeting-location. Zugegriffen am 18.05.2020.

[55] https://www.reddithelp.com/en/categories/advertising/targeting/targeting-time-day. Zugegriffen am 18.05.2020.

[56] https://blog.markgrowth.com/why-quora-and-reddit-are-better-alternatives-to-b2b-facebook-marketing-80c0224fb200. Zugegriffen am 18.05.2020.

[57] https://blog.zoominfo.com/b2b-marketers-guide-to-reddit/. Zugegriffen am 18.05.2020.

9.3 Fazit Reddit

Reddit ist ein Social Media, welches vor allem in den USA große Popularität genießt. Sehr oft setzen sich diese Trends dann in Europa weiter durch. So war anfangs in Deutschland StudiVZ die erste Wahl und wurde komplett von Facebook verdrängt.

Wer sich hier als B2B-Unternehmen platziert, erfreut sich hochwertigen Targetingoptionen mit viel Potenzial. Auch wenn Reddit noch nicht jedem ein Begriff ist, hat der Platz 11 der meistgenutzten Social Media weltweit gute Chancen, langfristig einen deutlichen Zuwachs zu erhalten und zu einer Social Media Rakete zu werden. Wird dies der Fall sein, kann gerade auf einer News-Plattform wie Reddit eine B2B-Marketingkampagne einen großen Erfolg genießen.

10 B2B-Handlungsempfehlungen für den Social Media Dschungel

Fast kein Bereich innerhalb des Marketings wandelt sich so schnell wie in der Social Media Welt. Was heute noch hipp ist, kann morgen bereits weniger gefragt sein. Einst fast reine B2C-Kanäle wie Facebook, werden verstärkt B2B-lastiger und erweitern ständig ihre Funktionen.

Fast schon regelmäßig kann in den Schlagzeilen verfolgt werden, dass wieder ein Portal von einem anderen Portal aufgekauft wurde, um bald noch mächtiger zu werden. WhatsApp, das von Facebook erworben wurde, dringt allmählich in die B2B-Welt vor. Die Targeting- und Trendabbildungen wie in Abb. 3 bis Abb. 5, sowie die Content Matrix in Abb. 6 bieten einen Überblick und dienen als Entscheidungsgrundlage. In Abb. 6 ist dargestellt, welche Werbeform innerhalb des Social Media Channels möglich ist. So kann die Zielgruppe z. B. mit einem Text, Bild oder Video angesprochen werden. Gerade der Livestream erfreut sich steigender Popularität. In Zeiten wo die Reisefreiheit eingeschränkt ist oder Kosten eingespart werden müssen, bieten sich hier sehr gute Möglichkeiten mit den Kunden lebendig zu kommunizieren. Hier werden die technischen Möglichkeiten von den Channel-Anbietern ständig erweitert.

Dies ist vor allem für das Content-Marketing wichtig, damit sich nicht in der Optionsvielfalt verzettelt wird.

Wie bereits erwähnt, sind die zukünftigen Entwicklungen der einzelnen Social Media Channels wichtig. Diese werden in der nachfolgenden Abb. 7 dargestellt. Jeder der aufgeführten Kanäle wurde im Vorfeld ausführlicher dargestellt.

Nachfolgend generelle Tipps zur sofortigen Umsetzung von Social Media. Über jeden Social Media Channel könnte ein eigenes Buch veröffentlicht werden und eine zu tiefe Ausführung verwirrt mehr als sie hilft. Ebenso gilt im Social Media das Gesetz: Nichts ist älter als die Zeitung von gestern.

Abb. 6 Contentmatrix: Mögliche Werbeformen ausgewählter Social Media Channels

	Medium					
	Text	Bild	Voice	Video	Livestream	Hashtag
Facebook	●	●		●	●	●
Instagram		●		●	●	●
LinkedIn	●	●		●	●	●
WhatsApp	●	●	●	●		
TikTok		●		●	●	●
Quora	●	●		●		●
Reddit	●	●		●	●	●

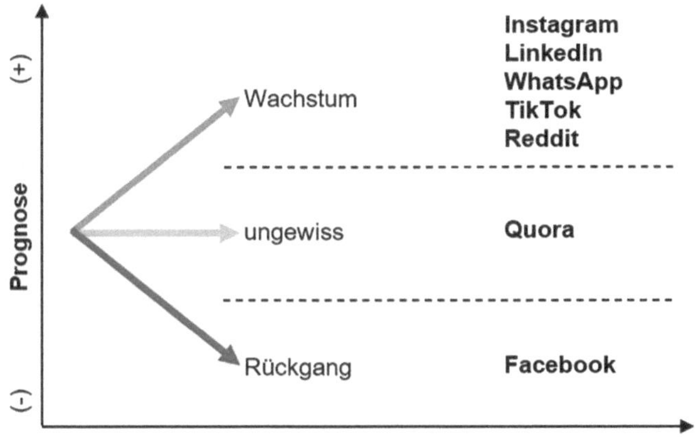

Abb. 7 Prognose Social Media in B2B – die neuen Kanäle im Dschungel

11 I don't like it …

Jeder kennt Ihn, den berühmten „Daumen hoch" von Facebook. Je mehr Daumen oben sind, desto beliebter ist der Beitrag. Je beliebter er ist, desto sichtbarer wird er bei der Zielgruppe und den Suchmaschinen. So sollte es zumindest von der Theorie her gedacht werden. Es fällt auf, das derzeit verstärkt Unternehmen Mitarbeiter zu einem gewissen „Zwangs-liken" anhalten. Es gibt oft mehr Likes aus den eigenen Reihen, als von Dritten. Suchmaschinen und die Algorithmen werden immer intelligenter und diese Strategie bringt immer weniger. Ein wirklich guter und relevanter Content hat ein echtes Like verdient, wird geteilt und erschleicht sich das Herz der Suchmaschinen. Mögliche Content-

Themen, die hohe Chancen auf Likes haben, sind im Kap. „Contingency-Centric Content Management (CCCM) – Mit Smart Content die Kunden trotz Informationsflut erreichen" von Olaf Mörk aufgeführt. Damit sind gerade nicht die Bilder vom eigenen Messestand mit Likes der eigenen Mitarbeiter gemeint. Natürlich sind diese Methoden im eigenen Social Media Channel ebenso legitim, aber sie sollten nicht die Mehrheit bilden, denn sonst ist die Zielgruppe der Kunden und Interessenten schnell gelangweilt und findet etwas Besseres im übergroßen Angebot. Wichtig ist vor allem die Story, die den relevanten Content lebendig und einzigartig verpackt und dem Nutzer einen echten Mehrwert bietet. Mainstream war gestern und wird von den Suchmaschinen gnadenlos aussortiert.

11.1 Gegenschreiben erzeugt meist das Gegenteil

Social Media ist für das Recruiting von HR ebenfalls nicht mehr wegzudenken und bietet hervorragende Möglichkeiten. In den Targeting- und Trendabbildungen von Abb. 3 bis 6 wird schnell ein Überblick gewonnen, welche Zielgruppe wo mit welcher Genauigkeit angesprochen werden kann. So ist z. B. ein Ausbildungstargeting in LinkedIn, wie in Abb. 5 dargestellt, gut möglich. Es gibt auch einige Bewertungsportale für (ehemalige) Mitarbeiter, wie glassdoor oder kununu, diese sind z. B. in Deutschland sehr beliebt. Immer wieder kann beobachtet werden, das auf kritische Kommentare bei einem Unternehmen plötzlich eine sehr positive Beurteilung folgt. Darauf folgt wieder ein kritischer Kommentar. Dieses buchstäbliche Spiel scheint nicht enden zu wollen. Dieses „Gegenschreiben" erzeugt meist genau das Gegenteil. Insgesamt macht dies keinen guten Eindruck für das Unternehmen, ob es gerechtfertigt ist oder nicht. Ziel sollte es sein, nur echte Kommentare auf diesen Seiten zu haben. Die Leser können recht gut beurteilen, ob da nur jemand seinen Frust gegenüber dem Unternehmen loswerden möchte, oder ob es ehrlich so gemeint ist. Bewährt hat sich, aktiv Bewerber, Mitarbeiter und ehemalige Mitarbeiter dazu einzuladen ihre ehrliche Meinung auf diesen Kanälen kundzutun.

11.2 Ohne Moos nichts los!

Zum Glück muss dies bei Social Media nicht der Fall sein, sondern ganz im Gegenteil. Die gute Nachricht: Sehr viel darf zunächst kostenlos in der Social Media Welt einfach getestet werden. Manchmal gibt es sogar ein kostenfreies Budget, um experimentieren zu können. Schließlich möchte der Social Media Betreiber von seinen Leistungen überzeugen. Dem geschenkten Gaul sollte grundsätzlich nicht ins Maul geschaut, sondern mit ihm sollten wertvolle Erfahrungen gesammelt werden.

Andere Portale wie z. B. LinkedIn bieten völlig kostenfreie Grundversionen, die schon einiges zu bieten haben. Möchte der User mehr, kann nahezu beliebig erweitert werden. Das geht bis hin zu B2B-Profilösungen mit sehr effizienten Möglichkeiten, den Vertrieb zu unterstützen. So ist es auch bei WhatsApp, welches noch relativ neu immer stärker und raffinierter in die B2B-Welt vordringt. Hier sind ebenfalls Schnupperangebote und kostenfreie abgespeckte Versionen für die B2B Welt möglich. Meistens ist ein 4-wöchiger Zugang zu den erweiterten Lösungen kostenfrei möglich. Die Kündigung darf nicht vergessen werden, da sich das Abo meist um ein Jahr gegen Gebühr verlängert. Die bezahlten Lösungen machen Sinn, sofern der Social Media Channel ernsthaft genutzt wird, da diese oftmals ein tolles Preis-/Leistungsverhältnis bieten.

Die Abbildungen im Kapitel geben eine Orientierung, wie spezifisch ein Targeting möglich ist. Je ungenauer gezielt wird, desto höher ist die Gefahr das Ziel zu verfehlen. Mit Sicherheit bedarf es einiger Übung ganz gezielt einen Volltreffer zu landen. Es ist wie im Schützenverein – Übung macht den Meister und Fokussierung ist sehr wichtig wie im Artikel „Ohne Strategie ist jeder im Social Media Dschungel verloren“ hier im Kapitel nachzulesen ist.

12 Vom B2B Social Media Nobody zu Everybody's Darling

Es kann sein, dass sich die Zielgruppe des Unternehmens auf einem Social Media Channel tummelt, der noch wenig bekannt ist. Die Schwierigkeit ist, diesen erst einmal aufzuspüren und dann entsprechend mit relevantem Content zu bespielen. Es kann aber ebenso sein, das plötzlich der Wettbewerber sich erfolgreich auf einem neuen Kanal positioniert, dem noch keine Beachtung geschenkt wurde. Warum ist auf TikTok, Quora oder Reddit noch so wenig B2B Präsenz? Manch einer scheut das Risiko, dass sich diese Kanäle für B2B nicht durchsetzen. 59 % der Marketing-Entscheider halten es für gefährlich, in der Distribution zu stark auf fremde Kanäle zu setzen und Owned Media zu vernachlässigen. Immer stärker rückt das Problem einer zu großen Abhängigkeit von Algorithmen und fehlender Daten-Hoheit in den Blick der Marketing-Verantwortlichen.[58]

Setzen sich neue Kanäle jedoch durch, dann sind oftmals nur noch zweitranige Positionierungen innerhalb der Kanäle möglich. Das ist wie bei den Domains – die besten Namen sind bereits weg. Ein vorfühlen in alternative Kanäle ist recht einfach und nicht zu aufwändig. Alle hier aufgeführten Social Media Kanäle sind bereits weltweit führend, haben sich bereits im B2B-Alltag durchgesetzt oder sind auf dem besten Weg dazu. Hier besteht der Erfolg aus drei Buchstaben: TUN.

13 Ohne Strategie ist jeder im Social Media Dschungel verloren

Bevor die Umsetzung von Social Media beginnt, muss die Strategie dazu stehen. Eine Strategie, die auf die Unternehmensziele einzahlt. Ansonsten besteht die Gefahr, wie in einem Segelboot ohne Kompass, zu versuchen den Atlantik zu überqueren. Es kann zwar

[58] https://www.horizont.net/agenturen/nachrichten/basisstudie-des-cmf-wie-ist-es-aktuell-um-content-marketing-bestellt-182829. Zugegriffen am 23.05.2020.

sein, dass Land in Sicht kommt, aber wohl eher vergleichbar wie damals bei Christopher Kolumbus. Er dachte in Indien zu sein – entdeckte jedoch Amerika. Ohne Strategie besteht die Gefahr, im Social Media Dschungel unterzugehen.

Kritisch ist zu hinterfragen, wie sich die Aktivitäten auf die Company Mission und Vision auswirken. Was ist das große Ganze für die Marke bzw. das Unternehmen und wie kann es mit Hilfe von Social Media unterstützt werden?

Beispiele wichtiger Ziele:

- Stärkung der Marke/Image
- Neukundengewinnung
- Kundenbindung

Durch einen strategischen Social Media Einsatz gelingt es diese o. g. Ziele nachhaltig und wirkungsvoll zu unterstützen. Bewährt hat sich zusätzlich Influencer bzw. Bestandkunden mit einzubinden. Dank deren Hilfe ist es möglich, über ihre Social Media Channels B2B Produkte oder Unternehmensneuigkeiten zu streuen.

Diesen Kreis vom eigenen Sales-Mitarbeiter bis hin zur Geschäftsführung zu erweitern macht Sinn. Dadurch entstehen weitere Möglichkeiten, die Inhalte des B2B Unternehmens zu liken, sharen und zu seeden. Das eigene Netzwerk gewinnt an Reichweite und hilft die Unternehmensziele zu festigen.

Gerade wenn Social Media mit CCCM (vgl. Kap. „Contingency Centric Content Management (CCCM) – Mit Smart Content die Kunden trotz Informationsflut erreichen“ von Olaf Mörk) kombiniert wird, entfaltet sich seine gesamte Synergie. Hier wirkt Social Media wie ein Katalysator, was das Praxisbeispiel am Ende des Kapitels aufzeigt.

13.1 Mit Menschen und nicht mit Unternehmen kommunizieren

Im B2B Bereich kommunizieren wir nicht mit Unternehmen sondern mit Menschen, die in Unternehmen arbeiten. Diese B2B-Entscheider sind ebenfalls Privatpersonen, die Social Media beruflich wie privat nutzen und diese Informationen im Business einsetzen. Die Relevanz für dieses Thema steigt, da die Millennials im Business Alltag angekommen sind und im B2B als Zielgruppe an Bedeutung gewinnen. Um diese zu erreichen eignet sich Social Media hervorragend. Gerade B2C Netzwerke und vor allem die Newcomer aus Abb. 7 bieten hier oft noch unentdecktes Potential. Diese Netzwerke verfügen meist über sehr gute Targeting-Optionen für B2B Unternehmen, wie in Abb. 3, 4 und 5 dargestellt ist. Durch diese interessenbezogenen Möglichkeiten ist es möglich, sehr gezielt die richtigen Nutzer zu erreichen. Der Einsatz von Cross-Plattform-Kampagnen wie im nachfolgenden Beispiel sorgt nicht nur für Leads, sondern ermöglicht auch einen effizienten Einsatz der Budgetmittel. Im Bereich Recruiting und Employer Branding gibt es vielfältige Möglichkeiten. LinkedIn und Xing sind eher für die Älteren und Snapchat und TikTok sind für jüngere Mitarbeiter sehr interessant. Social Media verfügt somit über eine enorme Bandbreite und gut ist beraten, wer weiß was er denn überhaupt dadurch erreichen möchte. Somit ist eine nachhaltige Strategie gefragt, bei der Aufbau von Awareness genauso wie die Gewinnung konkreter Abschlüsse im Vordergrund stehen kann.

14 Praxisbeispiel: B2C Social Media erfolgreich im B2B Einsatz

Ein Unternehmen aus dem produzierenden Gewerbe stellt Produkte im Bereich der Sicherheitstechnik her. Diese Produkte schützen Menschen, Maschinen und Gebäude vor den Auswirkungen von Naturgewalten.

Gerade im Energiesektor, der Prozessindustrie, Telekommunikation und dem Wohn- und Zweckbau sind diese Produkte gefragt, um Schäden in diesen Bereichen zu vermeiden. Das Unternehmen ist ein mittelständischer Hidden Champion mit einem jährlichen Umsatz von rund 400 Mio. €. Mit seinen rund 1500 Mitarbeitern ist das Unternehmen in über 50 Ländern tätig.

14.1 Situation und rechtliche Ausgangslage

Es tritt ein Gesetz in Kraft, was nach einer Übergangsfrist von der Zielgruppe umgesetzt werden muss. Es geht um sicherheitsrelevante Themen und hohe Haftungssummen, falls die Zielgruppe das Gesetz missachtet und dadurch ein Schaden entsteht. Zwei Wochen vor Inkrafttreten des neuen Gesetzes soll die Zielgruppe darauf aufmerksam gemacht werden, dass in Kürze dieses Gesetz in Kraft tritt. Die Produkte des Unternehmens erfüllen alle geforderten gesetzlichen Vorgaben. Die Zielgruppe wäre somit auf der sicheren Seite, die Produkte des Unternehmens einzusetzen, um die neuen Vorgaben zu erfüllen.

14.2 Lösungsbeschreibung

In diesem Beispiel besteht die große Chance eine spezielle Form von Content, nämlich CCCM-Law und CCCM-Education einzusetzen. Dieser Content ist auf der Verhaltenspsychologie aufgebaut und gehört in die Kategorie des Soft-Sellings. Er zeigt auf, dass psychosozialer Nutzen für Kunden häufig eine größere Relevanz haben kann, als sachlich-funktionaler Nutzen (Esch 2016). Diese Begrifflichkeiten sind ausführlich im Kapitel „Contingency-Centric Content Management (CCCM)" von Olaf Mörk erläutert.

Jedoch nützt der beste Content nichts, wenn er von der Zielgruppe nicht wahrgenommen wird. Dafür sollen verstärkt Social Media Maßnahmen zum Einsatz kommen. Die Kampagnen werden vorwiegend über Instagram und Facebook aufgebaut, um die Nutzer auf eigens dafür konzipierte Landingpages zu lotsen. Hier gibt es wichtige und unterschiedliche Infopakete für die Zielgruppe. Ziel ist es, mit diesen Maßnahmen den Wissenshunger der Zielgruppe zu stillen. Es soll über die rechtliche Lage genau aufgeklärt und ein kostenloses Weiterbildungsangebot bereitgestellt werden. Das Produkt wird bei den Infomaterialen als Lösungsmöglichkeit mit eingeflochten.

Durch sehr präzises Targeting werden nur solche Nutzer angesprochen, die akutes Interesse an der neuen gesetzlichen Situation haben. Somit gelangen nur relevante Interessenten auf die Zielseiten. Hier wird das Facebook Pixel eingesetzt. Dadurch besteht die Möglichkeit, über Retargeting den Nutzer erneut anzusprechen und über Lookalike Kampagnen zu adressieren. An dieser Stelle lässt sich das Budget optimieren, indem verstärkt auf dem Kanal angesprochen wird, wo die Klickpreise niedriger sind.

14.3 Wichtigste Marketing Maßnahmen

- Datenschutzerklärung erweitert und an die neuen rechtlichen Bedingungen (DSGVO) angepasst.
- Personendaten können ab sofort vielfältig für weitere Marketingmaßnahmen eingesetzt werden.
- Technische Änderungen auf der Website für umfangreiche Trackingmaßnahmen und zur Wiedererkennung der User eingeführt.
- Video- und Anzeigenmotive erarbeitet und in die nötigen Formate gebracht.
- Erstellung von Landing-Pages zur optimalen Content Darstellung und Lead Generierung.
- Schaffung von umfangreichem Informationsmöglichkeiten (Whitepaper, Webinar, Werbebroschüren, Werbeartikel).
- Nachbearbeitung der Leads.

14.4 Ergebnisse

- Hohe Click Through Rate (CTR) von > 3 % im Vergleich zu den üblichen 0005 %. Dies entspricht dem Faktor 600.
- Rund 500 Leads, mit zahlreichen Neukunden.
- Neu gewonnene Daten können für weitere Marketingaktionen wie z. B.
- E-Mail-Marketing verwendet werden.
- Weitere Einladung der potentiellen Kunden zu Schulungen und Messen.
- Ausbau des hausinternen Schulungswesens
- Positionierung des Unternehmens als Experte (bei Kunden und Interessenten).
- Stärkung der Brand.

14.5 Lessons Learned

Neue Technologien in Kombination mit Social Media aus dem B2C Umfeld und CCCM (Contingency-Centric Content Management) bieten große Chancen, um Erfahrungen zu sammeln und die Kundenherzen zu gewinnen.

Sehr genau konnte gemessen werden, welche Zielgruppe an welchem Tag, zu welcher Uhrzeit am empfänglichsten für die Informationen war. Gerade am Wochenende und um 07.00 Uhr am Morgen war eine sehr beliebte Zeit.

56 % der Infopakete erfolgten als Download. 44 % wollten auf das klassische Infopaket in Papierform nicht verzichten. Dies zeigt auch, wie Online- und Offline- Marketing immer stärker zusammenarbeiten und dem Nutzer ein „One-Channel" Erlebnis bieten müssen. Nur so kann sich eine maximale Synergie entfalten und den Kunden letztendlich wirklich in das Zentrum des Handelns rücken.

Ebenso konnte belegt werden, welches der fünf verschiedenen Werbemotive am erfolgreichsten war. Die Business Unit war für das Motiv, wo das Produkt im Vordergrund stand und das Marketing für ein emotionales Motiv, was sich später als eindeutiger Favorit herausstellte.

Dieses Motiv kann dann später wiederum für Offline-Werbekampagnen zum Einsatz kommen und dürfte ebenfalls positiv von der Zielgruppe wahrgenommen werden. Auf diese Weise kann das Mediabudget optimal ausgereizt werden. Insgesamt war es eine der effizientesten Kampagnen in der Firmengeschichte und diese Geschichte darf gerne wiederholt werden.

Literatur

Buchenau, P., & Fürtbauer, D. (2015). *Chefsache social media marketing*. Wiesbaden: Springer.

Esch, F. R. (2016). *Strategie und Technik der Markenführung*. München: Vahlen.

Faßmann, M., & Moos, C. (2016). *Instagram als Marketing-Kanal*. Wiesbaden: Springer.

Hu, L. (2020). *International digital marketing in China*. Cham: Springer.

Janssen, M., Mäntymäki, M., Hidders, J., Klienvink, B., Lamersdorf, W., van Loenen, B., & Zuiderwijk, A. (2015). *Open and big data management and innovation*. Heidelberg: Springer.

Kelsey, T. (2017). *Introduction to social media marketing*. New York: Springer Science+Business Media.

Kreutzer, R. T. (2012). *Praxisorientiertes Online-Marketing*. Wiesbaden: Springer.

Kreutzer, R. T. (2019). *Online-marketing*. Wiesbaden: Springer.

Kreutzer, R. T., Rumler, A., & Wille-Baumkauff, B. (2020). *B2B-Online-Marketing und Social Media*. Wiesbaden: Springer.

Plangger, K. (2015). *Thriving in a new world economy*. Heidelberg: Springer.

Statista. (2020). Content Marketing Forum. Content-Marketing Conference & Expo. Die Content Marketing Trendstudie 2020.

Connor Moseler, Ende der 90er-Jahre geboren, ist einer der Digital Natives. Als Student im ersten Jahr des neuen dualen Studiengangs „Betriebswirtschaftslehre/Digital Business Management“ verbindet er Betriebswirtschaft mit digitalen Themen. Seine praktischen Erfahrungen vertieft er bei einem der bekanntesten Automobilhersteller der Welt. Das Spektrum reicht dabei von der detaillierten digitalen Anlagenplanung bis hin zur Optimierung der Kundenansprache eines OEM. Zusätzlich zu seinem Studium gründete er ein auf Social Media Consulting spezialisiertes Unternehmen.

„Just for fun“ veröffentlichte er bereits 2015 eine Seite auf dem Social Media Kanal „Instagram“, der seither jede Woche ein Millionenpublikum unterhält.

Olaf Mörk, Dipl. Betriebswirt (FH), ist seit über 25 Jahren als Director Marketing, Interim Manager und Berater im internationalen B2B-Marketing zu Hause. Im Mittelpunkt des digitalen Wandels steht für ihn die Marke und das Unternehmen, das gestärkt daraus hervorgehen muss. Die Marke dient ihm dabei als stabiler Anker, der im stürmischen digitalen Meer für Orientierung sorgt. Bereits 1995 spezialisierte er sich auf die Digitalisierung für Industrie, Handel, Hersteller, IT und Dienstleistung. Damals brachte er z. B. die Sparkasse als zweite deutsche Direktbank mit auf den Markt, entwickelte die ersten Online-Konfiguratoren und digitalisierte später ganze Geschäftsfelder. Ziel ist es, innovative und neue bezahlbare Lösungen für den Erfolg von morgen zu schaffen. Als Autor zahlreicher Marketing-Publikationen und Keynote-Speaker auf führenden Marketing-Kongressen wie CMCX, DMEXCO, Lead Management Summit und einer engen Kooperation mit marconomy berichtet er regelmäßig über Content-Strategien und digitales Marketing. Zuletzt initiierte er die Marke „Mörketing“. Dabei stehen Marketinglösungen und Impulse für das Unternehmen und seine Marke im Mittelpunkt.

Social Selling in B2B – Wie der Vertrieb profitiert und der Verkaufsprozess floriert

Beatrice Ermer und Jens Kleine

Inhaltsverzeichnis

B. Ermer (✉) · J. Kleine
Internationales B2B Marketing, innogy SE, Essen, Deutschland
E-Mail: beatrice.ermer@hhl.de; jens.kleine@innogy.com

U. Seebacher (Hrsg.), *Praxishandbuch B2B-Marketing*,
https://doi.org/10.1007/978-3-658-31651-8_20

Zusammenfassung

Durch die zunehmende Digitalisierung hat sich im B2B-Bereich das Kaufverhalten in den letzten Jahren deutlich verändert (Ancillai et al. 2019). 90 Prozent aller Kaufentscheidungen beginnen heute online (Forrester Research 2011). Für ihre unternehmerischen Herausforderungen suchen Käufer nach Informationen und Lösungen im Internet und nutzen hierfür zunehmend die sozialen Medien. Sie informieren sich umfassend, um so eine gute Grundlage für Entscheidungen zu haben. Die sozialen Medien machen es ihnen leicht, Kontakt zu Peers aufzunehmen, sich zu vernetzen und über den direkten Austausch mehr über z. B. ähnliche unternehmerische Herausforderungen, erfolgreiche Lösungsansätze und geeignete Anbieter zu erfahren. Die Anbieter ihrerseits nutzen die sozialen Medien, um Beziehungen zu Interessenten und potenziellen Kunden aufzubauen, mehr über Bedürfnisse und Themen zu erfahren, die das Netzwerk beschäftigen, Hilfe anzubieten und um Geschäft anzubahnen, vielleicht sogar auch abzuschließen. Man spricht in diesem Zusammenhang auch von Social Selling. Ein strategischer Vertriebsansatz auf Ebene des einzelnen Vertriebsmitarbeiters, bei dem es nicht um das ausschließliche Bewerben von Produkt- und Serviceangeboten geht, sondern um das Erreichen von Vertriebszielen, Kundenbeziehungspflege und insgesamt eine Unterstützung im unternehmerischen Wachstumskurs. Vorteile des Ansatzes sind: frühzeitige Präsenz im Kaufprozess von Interessenten, Kontakt zu Entscheidern und in komplexe Buying Center hinein, höhere Markensichtbarkeit, besser qualifizierte Leads, bessere Verkaufsraten und Auftragsgrößen u.v.a.m. Der Beitrag beleuchtet theoretische und praktische Aspekte zu Social Selling, u. a. Voraussetzungen für den Start, Funktionsweise und was eine erfolgreiche Strategie kennzeichnet.

1 Zur Relevanz von Social Selling für das B2B Geschäft

„(…) no aspect of business is more social than selling." (Giamanco und Gregoire 2012). In Anbetracht dessen ist es interessant zu beobachten, wie sehr das Interesse an den soziale Medien (zentrales Merkmal Interaktivität)[1] im B2B-Vertrieb in den letzten Jahren gewachsen ist und unter geschäftlichen Gesichtspunkten zunehmend Aufmerksamkeit erfährt. Noch im Jahr 2012 kommt eine in der Zeitschrift *BtoB* veröffentlichte Umfrage zu folgendem Ergebnis: 5 Prozent der befragten B2B-Marketers sind der Meinung, Social Media

[1] https://onlinemarketing.de/lexikon/definition-social-media. Zugegriffen am 30.05.2020. https://wirtschaftslexikon.gabler.de/definition/soziale-medien-52673. Zugegriffen am 30.05.2020.

Marketing[2] sei ein relativ reifes und gut optimiertes Element in ihrem Marketing-Mix. 58 Prozent schätzen sich als „noch am Anfang“ stehend ein und 17 Prozent der Befragten nutzen soziale Medien überhaupt nicht.

In Vertriebstrainings dieser Zeit wird die Nutzung von sozialen Medien zu Vertriebszwecken nur am Rande thematisiert. Es gibt sogar Unternehmen, die ihren Angestellten die Nutzung sozialer Medien während der Arbeitszeit untersagen. Inzwischen hat sich vieles verändert, das Zusammenleben und -arbeiten der Menschen, ihr Kommunikationsverhalten wie auch das Informations- und Kaufverhalten. Kaufprozesse beginnen heute oft mit einer Suchanfrage im Internet. Gesucht wird nach Informationen, die die Entscheidungsfindung im Zusammenhang mit einem Kaufvorhaben unterstützen sollen. So ist der überwiegende Teil des Kaufprozesses längst (online) abgeschlossen, bevor der Kontakt zu einem Vertriebsmitarbeiter aufgenommen wird (Abb. 1) (Schaub 2014, S. 1).

Kunden sind dank oder wegen des Internets heute besser als jemals zuvor darüber informiert, was Unternehmen tun und anbieten als anders herum (Fidelman 2012; Giamanco und Gregoire 2012; Minsky und Quesenberry 2016). Für die Recherche von Informationen sowie die Suche nach Lösungen und Anbietern werden im geschäftlichen Umfeld in wachsendem Umfang soziale Medien genutzt.[3] Immer öfter verlassen sich Einkäufer auf digitale Quellen (Wiese 2017). 90 Prozent aller B2B-Entscheider ziehen das Internet dem persönlichen Kontakt mit dem Anbieter vor. Das verdeutlicht, dass Unternehmen zunehmend die Hoheit über die Customer Journey ihrer Kunden verlieren (Abb. 1).[4] Die Untersuchungen des internationalen Marktforschungs- und Beratungsunternehmens IDC (International Data Corporation) weisen seit vielen Jahren darauf hin, dass die sozialen Medien für die Mehrheit leitender B2B-Einkäufer eine wichtige Rolle im Vertriebsprozess spielen.

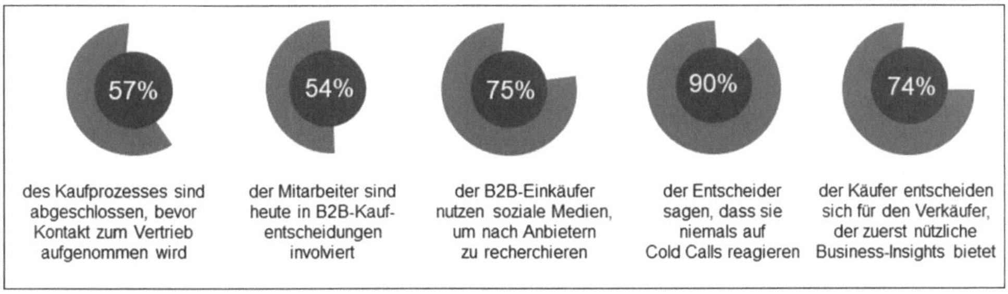

Abb. 1 Veränderungen im Kaufverhalten von B2B-Entscheidern. (Quelle: Lean Content Marketing in Anlehnung an Brian Lipp) (https://lean-content-marketing.com/social-selling-im-b2b-social-media-xing-linkedin-facebook-twitter/. Zugegriffen am 03.06.2020.)

[2] Zu Begriff siehe Abschnitt „Theoretische Grundlagen zu Social Selling“ in diesem Beitrag.

[3] Ebenda; https://everyonesocial.com/social-selling/. Zugegriffen am 14.06.2020.

[4] Quelle: https://lean-content-marketing.com/social-selling-im-b2b-social-media-xing-linkedin-facebook-twitter/. Zugegriffen am 29.05.2020.

Vor dem Hintergrund der beschriebenen Situation sollten Vertriebsmitarbeiter versuchen, so frühzeitig wie möglich in den Austausch mit (potenziellen) Kunden über deren Bedürfnisse zu kommen (Adamson et al. 2012; Terho et al. 2019) und im Kaufentscheidungsprozess präsent zu sein. Das veränderte Kaufverhalten bringt eine Reihe an neuen Herausforderungen für den Vertriebsmitarbeiter mit sich (marconomy 2018, S. 3), weshalb der Druck für ihn und insgesamt herkömmliche B2B-Vertriebsorganisationen steigt. Lange Zeit fand ein Großteil der Auftragsakquise vorrangig per (telefonische) Kaltakquise statt und war im Vergleich zu anderen Direktmarketingaktivitäten im Internet (E-Mail-Kommunikation, bezahlte Suche, Display Anzeigen) recht erfolgreich. Im traditionellen Verkauf kommunizierte der Vertriebsmitarbeiter nach Leitfaden und verließ sich auf Standardprozesse. Kontaktdaten und Leads wurden eingekauft und Daten in großen Mengen erhoben, jedoch wenig genutzt (Abb. 1).

Seit in Kraft treten der DSGVO[5] am 25. Mai 2018 ist die telefonische Kaltakquise in vielen Fällen nicht mehr die Kontaktmöglichkeit der Wahl. Einschneidend sind die Auswirkungen dieser Verordnung auf die klassische B2B-Vertriebsarbeit. Hinzu kommt, dass das Outbound-Geschäft insgesamt auch an Effektivität verliert. Laut einer Studie von Topo[6] braucht die Vernetzung mit einem potenziellen Kunden heute mindestens 18 Telefonanrufe, Rückrufquoten sind kleiner als 1 Prozent und die Öffnungsrate ausgehender Verkaufs-Emails liegt bei knapp 24 Prozent (Minsky und Quesenberry 2016). Der Vertrieb braucht demnach Technologien, die dabei helfen, Käufer zu finden sowie die Qualität und Quantität der Berührungspunkte mit ihnen zu verbessern. Im Gegensatz dazu beginnen 84 Prozent der B2B-Einkäufer ihren Einkaufsprozess mit einer Weiterempfehlung aus ihrem Netzwerk und mehr als 90 Prozent aller B2B-Kaufentscheidungen sind durch Empfehlungen von Peers beeinflusst (Minsky und Quesenberry 2016).

Sowohl der Aufbau von Geschäftsbeziehungen als auch Weiterempfehlungen verlagern sich zunehmend in die sozialen Medien (Schaub 2014). Das stellt, neben der Tatsache, dass insgesamt weniger Zeit für das persönliche Gespräch oder persönliche Treffen bleibt, den Vertriebsmitarbeiter vor neue Herausforderungen. Mit den Möglichkeiten Interessenten und Entscheider zu finden und diese einfach und direkt anzusprechen, vertrauensvolle Beziehungen aufzubauen und zu netzwerken, persönlich relevante Gespräche zu führen, gezielt Einblicke in Bedarf und Verhalten zu bekommen sowie das eigene Vorgehen auf den individuellen Kaufprozess zuschneiden zu können (Tab. 1), gehören die sozialen Medien heute zum Handwerkszeug des modernen Vertriebsmitarbeiters. Damit sind wir beim Social Selling. In Deutschland entdecken mehr und mehr B2B-Vertriebsmitarbeiter die sozialen Medien als einen weiteren „Verkaufskanal" bzw. einen Kanal zur Kundenakquise und -bindung für sich, denn die Interaktion mit dem Kunden wird hierüber einfacher. Somit eignen sich die sozialen Medien mit Blick auf das eingangs genannte Zitat sehr gut für

---

[5] https://dsgvo-gesetz.de/, https://www.datenschutz-grundverordnung.eu/. Zugegriffen am 30.05.2020.

[6] http://blog.topohq.com/sales-development-technology-the-stack-emerges/#sthash.X3pZq1o3.dpuf. Zugegriffen am 17.06.2020.

Tab. 1 Klassischer Verkauf versus Social Selling (Quelle: Lean Content Marketing in Anlehnung an Jay Palter (https://lean-content-marketing.com/social-selling-im-b2b-social-media-xing-linkedin-facebook-twitter/. Zugegriffen am 03.06.2020.))

Traditioneller Verkauf	Social Selling
▪ Kontaktdaten und Leads kaufen ▪ Persönliche Kontaktdaten pflegen ▪ Mit Gatekeepern verhandeln	▪ Interessenten in Sozialen Netzwerken und Businessplattformen aufspüren ▪ Unternehmenswissen über potenzielle Kunden nutzen ▪ Entscheider direkt ansprechen
▪ Generische Kontakte bearbeiten ▪ Mit klassischen Daten arbeiten ▪ Große Datenmengen erheben, die jedoch wenig genutzt werden	▪ Sich auf echte Menschen konzentrieren ▪ „Online-Intelligenz" entwickeln ▪ Gezielte Einblicke in Verhalten und Bedarf erhalten
▪ Sich auf Cold Calls verlassen ▪ Kommunikation nach Leitfaden ▪ Vorgehen nach Standardprozessen	▪ Empfehlungen von Dritten nutzen ▪ Individuell relevante Gespräche führen ▪ Vorgehen auf individuellen Kaufprozess zuschneiden

den Vertriebskontext. Sie sind der nächste logische Schritt in der Weiterentwicklung von Customer Relationship Management (Rapp und Panagopoulos 2012, S. 301).

2 Theoretische Grundlagen zu Social Selling

2.1 Einordnung von Social Selling und Erläuterung relevanter Begriffe

Der Name Social Selling lässt womöglich etwas anderes vermuten, als es ist. Es geht nicht in erster Linie um direktes Verkaufen in den sozialen Medien, sondern darum, mit echten Menschen in Kontakt zu kommen, ihnen in online geführten Diskussionen zuzuhören, Wünsche sowie Bedürfnisse zu erkennen und sie in ihrer Kaufentscheidung zu unterstützen. Soziale Medien bieten die Möglichkeit zum Austausch mit (potenziellen) Kunden und für die Interaktion miteinander. Im Fokus sollten dabei nicht ausschließlich Namen und Kontaktinformationen stehen („wer?"), sondern es sollte darum gehen, was die Menschen mögen, was nicht und was davon sie wie motiviert („was?"). Für einen kundenzentrierten Vertrieb, für das Verstehen von Buying Centern sowie für den Aufbau und die Pflege eines Netzwerks sind das hilfreiche und wertvolle Informationen.

Buying Center können als multipersonelle Käufer-Charaktere verstanden werden. Es handelt sich um Einkaufsgremien oder -gruppen, in denen alle am Kaufprozess beteiligten Personen in bestimmten Rollen zusammenkommen. Im B2B-Bereich treffen zumeist sie Kaufentscheidungen, weniger der Einzelne. Man findet in einem Buying Center ganz unterschiedliche Rollen (z. B. Einkauf, Finanzwesen, technische Leitung, Geschäftsführung, etc.), wobei die Zusammensetzung vom zu tätigenden Kauf abhängt (Gabler Wirtschaftslexikon o. J.). Von den Rollen der Mitglieder in Buying Centern ausgehend, ergeben sich unterschiedliche Ansprüche und Wünsche an ein Produkt, eine Dienstleistung und einen Anbieter. Dies muss in einem B2B-Kaufprozess Berücksichtigung finden. Laut dem B2B Buyers Survey Report 2018 sind die meisten B2B Buying Center eine Gruppe von zwei bis sechs Personen (Demandbase 2018, S. 4). Gegenstand von Kaufprozessen im B2B-Kontext sind meist komplexe, erklärungsbedürftige und häufig individualisierte Produkte bzw. Leistungen. Internet und digitale Medien ermöglichen es Interessenten und Kunden, Informationen über Produkte selbst einzuholen und zu vergleichen. Marketing und moderne Marketingformen gewinnen in diesem Bereich daher an Relevanz (Backhaus und Voeth 2015, S. 20–23; Kreutzer et al. 2015, S. 14–20.)

Werden Mitarbeiter des eigenen Unternehmens beruflich begründet in sozialen Medien aktiv, z. B. um konkrete Transaktionen früher oder später anzubahnen, können sie als Social Seller bezeichnet werden. Oftmals sind es Vertriebsmitarbeiter, die in ihrem sozialen Business-Netzwerk mit Hilfe ihres privaten Profils relevante Inhalte zu einem Thema, auf das sie sich spezialisiert haben, veröffentlichen. Social Seller begleiten und unterstützen den Verkaufsprozess über die bzw. in den sozialen Medien und wirken in unterschiedlichen Phasen. In den ersten Phasen liegt der Schwerpunkt auf der gezielten Suche nach Kontakten, die zum Zielgruppenprofil passen. Mit diesen wird sich über eine Kontaktanfrage vernetzt und so das Netzwerk aufgebaut. Um sich in das Relevant Set potenzieller Kunden vorzuarbeiten, liegt der Fokus in Folgephasen (Interest, Consideration) stärker auf dem Lead Management, d. h. dem Generieren von Leads und die Versorgung dieser Leads mit relevanten Inhalten im weiteren Verlauf des Kaufentscheidungsprozesse, sowie der Pflege der 1:1 Beziehungen (Abb. 2).

Man spricht in diesem Zusammenhang auch von Lead Nurturing. Zu späteren Zeitpunkten im Verkaufsprozess kann der Social Seller auf spezielle Angebote aufmerksam machen und/oder teilt beispielsweise Veranstaltungsinformationen. Schließlich geht es bei

Abb. 2 Unterstützende Aktivitäten des Social Sellers im Verkaufsprozess. (Quelle: i.A. an Weinländer 2020, angepasst für Social Selling)

allen Aktivitäten im Social Selling-Kontext darum, die meist digital gewonnen und gepflegten Kontakte zu wandeln, d. h. bei eindeutiger Kaufabsicht einen Auftragsabschluss herbeizuführen oder, je nachdem um welche Art von Produkt und Leistung es geht, einen persönlichen realen Kundentermin zu vereinbaren. Mit ihren Aktivitäten leisten Social Seller über alle Phasen hinweg einen wichtigen Beitrag zur Erhöhung der Sichtbarkeit des Unternehmens, der Wahrnehmung von Marke und Produktportfolio und damit zur Imagebildung in den Köpfen der Zielgruppen.

Im Gegensatz zum Corporate Influencer, der als Thought Leader ein gewisses Agenda Setting für sein Unternehmen betreibt und unterstützt,[7] liegt der Fokus des Social Sellers eher auf der vertrieblichen Unterstützung und Verkaufsanbahnung. Neben dem Teilen spezifischen Contents beinhaltet dies, dass Verkäufer Käufern für persönliche Gespräche zur Verfügung stehen, um Fragen zu beantworten oder um gemeinsam zu besprechen, welche Lösung sich für eine unternehmerische Herausforderung anbietet. Social Seller kann man sagen, sind somit eher spezifisch denn gesamtheitlich aktiv und weniger auf strategischer Ebene positioniert. Dort haben eher Corporate Influencer ihr Betätigungsfeld und können ihren Einfluss wirksam machen. Mit ihren Aktivitäten tragen sie zu einer persönlicheren authentischen Wahrnehmung des gesamten Unternehmens und der Marke bei. An der einen und anderen Stelle verschwimmen die Grenzen zwischen Corporate Influencing und Social Selling. Für beides gibt es keine eindeutige, allgemein gültige Definition. So sind beide in sozialen Medien aktiv, teilen Unternehmens- und Branchennews, sie netzwerken und pflegen ihr Netzwerk. Dabei sind Nachrichten (Posts) von Thought Leadern eher reputationsorientiert, jene von Social Sellern eher produktspezifisch und transaktionsorientiert.

2.2 Erkenntnisse aus der Forschung zu Social Selling

B2B-Märkte verändern sich durch die weiter voranschreitende Digitalisierung. Damit ergeben sich auch Veränderungen im Kaufverhalten der B2B-Entscheider. Forschung und Praxis gleichermaßen sehen in Social Selling einen neuen Ansatz mit den Veränderungen und den sich daraus ergebenden Chancen auf Ebene der Vertriebsmitarbeiter umzugehen. Social Selling ist bereits seit einigen Jahren Untersuchungsgegenstand der Forschung.

Nach Agnihotri et al. (2012, S. 341) beschreibt Social Selling einen professionellen Vertriebsansatz, der sich die Stärken der sozialen Medien zu Nutze macht und die Prinzipien des digitalen Marketings anwendet (Felix et al. 2017; Holliman und Rowley 2014; Wang et al. 2017). Dazu zählt Content Marketing und Social Media Marketing auf Ebene des einzelnen Vertriebsmitarbeiters. Auch die akademische Forschung ist der Ansicht, dass soziale Medien heute in den Werkzeugkoffer eines Vertriebsmitarbeiters gehören und für Research, Auftragsakquise, zum Netzwerken sowie für den Beziehungsaufbau eingesetzt

[7] Siehe den Beitrag von Weinländer zu Corporate Influencing in diesem Buch.

werden sollten (Minsky und Quesenberry 2016). Social Media und digitale Kanäle sind somit als Möglichkeit für den Vertrieb zu verstehen, effektive Dialoge mit Interessenten zu führen und das auch in Branchen, die im Allgemeinen nicht unbedingt als „sozial" gelten (Kovac 2016).

Social Selling kann andererseits auch als eine Management-Strategie verstanden werden (Schmäh und von Essen 2017, S. 51). In dem Fall geht es um die geplante, intelligente vertriebliche Nutzung der sozialen Medien für den Verkaufsprozess. Über die sozialen Medien können potenzielle Kunden identifiziert und kontaktiert werden und Beziehungen in Business-Netzwerken wie zum Beispiel LinkedIn und/oder Xing aufgebaut und gepflegt werden mit dem Ziel, über diesen Weg Leads zu generieren, Hilfestellung in der Kaufentscheidung zu bieten und schlussendlich den Absatz eines Produkts oder einer Dienstleistung zu erhöhen. Von einem effizienten und wertschöpfenden Engagement im Verkaufs- bzw. Kaufprozess profitieren dann sowohl Verkäufer als auch Käufer.

Eine Analyse diverser wissenschaftlicher Artikel, die zum Thema Social Selling veröffentlich wurden, kommt zu der Erkenntnis, dass sich die Forschung primär mit den unternehmerischen Aspekten dieses Vertriebsansatzes beschäftigt. Drei Richtungen haben sich in dieser Hinsicht herauskristallisiert:

1. *Wie Social Media Plattformen von Vertriebsmanagern genutzt werden.* Erkenntnis: Die Nutzung von Social Media im B2B Vertrieb ist inzwischen weit verbreitet. Der Fokus liegt auf professionellen Netzwerkplattformen und ihrer Anwendung für Echtzeitkommunikation.
2. Untersuchungen zum *Nutzungsgrad sozialer Medien im Vertrieb*. In diesen geht es entweder um die Intensität der Nutzung sozialer Medien im Vertrieb oder den Grad der Integration sozialer Medien in den Vertriebsprozess insgesamt. Diese Untersuchungen liefern jedoch nur begrenzt Einblick *wie* Vertriebsmitarbeiter soziale Medien in ihrer Arbeit einsetzen.
3. Analyse von *Social Selling Aktivitäten* mit dem Ziel, Einblick zu gewinnen, wie Vertriebsmitarbeiter Social Selling tatsächlich umsetzen. Einige dieser Untersuchungen verdeutlichen, dass soziale Medien genutzt werden, um an Informationen zu kommen, die ein besseres Kundenverständnis ermöglichen (Lacoste 2016), und um mit bestimmten Zielgruppen zu interagieren und zu netzwerken (Bocconcelli et al. 2017; Lacoste 2016). Andere Untersuchungen haben herausgefunden, dass Vertriebsmanager die soziale Medien zum Reputationsaufbau und für Personal Branding nutzen, indem sie sich Communities anschließen, Posts teilen oder bloggen (Lacoste 2016; Rollins et al. 2014) oder indem sie in online Communities sozialen Einfluss ausüben (Wang et al. 2016).

Die Quintessenz: Für Social Selling werden soziale Netzwerke genutzt, um potenzielle Kunden zu finden, Beziehungen zu diesen aufzubauen und so Vertriebsziele schneller und noch erfolgreicher zu erreichen, jedoch nicht, um direkt und alleinig Verkaufsangebote zu unterbreiten und auf Abschlüsse abzustellen.

2.3 Funktionsweise von Social Selling

Nach den theoretischen Betrachtungen von Social Selling und im Zusammenhang damit stehenden wichtigen Begriffen, wird im Folgenden erläutert, wie Social Selling praktisch funktioniert.

Ein wesentliches Element von Social Selling ist der gezielte Netzwerkaufbau durch entsprechendes Agieren (z. B. Teilen von Content, selbst erstellten Content an die Zielgruppe ausspielen) – ein erster Schritt in Richtung Vertriebsanbahnung.

Der Social Seller legt sich in für ihn relevanten sozialen Netzwerken (im geschäftlichen Kontext vor allem Xing und LinkedIn) zunächst ein professionelles Profil an (Abb. 3). Für den Netzwerkaufbau müssen Entscheider, Influencer, mögliche Geschäftspartner und Kundenkontakte der potenziellen Kunden identifiziert und deren Beziehungen zueinander analysiert werden. Hierzu kann der Social Seller in den Netzwerken, in denen er registriert ist, unter Berücksichtigung bestimmter Kriterien nach den Zielgruppenprofilen suchen und schließlich eine Kontaktanfrage senden. Nimmt die Zielperson die Kontaktanfrage an, wird sie dem Netzwerk des Social Sellers hinzugefügt. Als nächstes kann dann ein Gespräch, zunächst online, mit dem Kontakt begonnen werden. Peu à peu baut sich der Social Seller mit dem beschriebenen Vorgehen so sein Netzwerk auf.

Ist klar, wer die Entscheider in einem Unternehmen sind, werden deren Kontakte mit schon vorhandenen Kontakten abgeglichen. So lassen sich Buying Center-Strukturen mit den in sozialen Netzwerken gefundenen Informationen besser begreifen und neben den Entscheidern weitere einflussreiche Akteure inner- und außerhalb einer Organisation erkennen (Adamson et al. 2012; Üstüner und Godes 2006). Mit ihrem Wirken leisten Social Seller somit einen ersten Beitrag zu einer besseren Leadqualifizierung und steuern effektiver den Verkaufsprozess.

Als Experte für branchenspezifische Themen kann der Social Seller den Bedürfnissen der Zielgruppe(n) in seinem Netzwerk entsprechend Inhalte zur Verfügung stellen. Diese können selbst erstellt sein oder aus anderen Quellen stammen, beispielsweise können interessante Branchenreports von Dritten eingesetzt werden o. ä.. Erfolgreiches Social

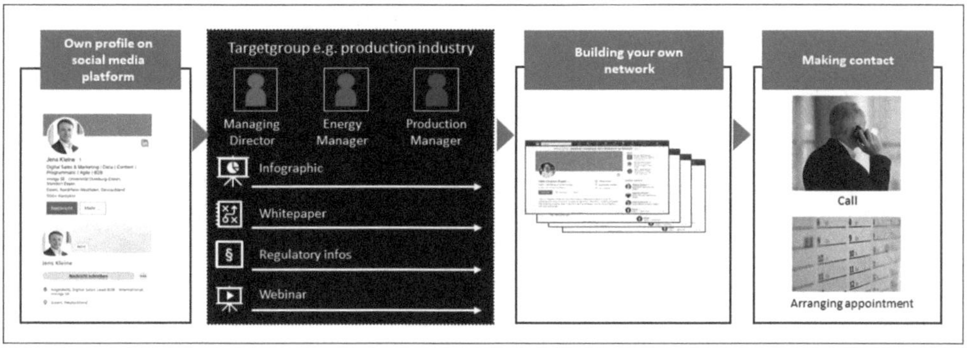

Abb. 3 Beispielhafte schematische Darstellung der Funktionsweise von Social Selling. (Quelle: Eigene)

Selling und effizient arbeitende Social Seller benötigen kontinuierlich Content mit dem es möglich ist, die Zielgruppe auf persönlicher Ebene abzuholen und auf Augenhöhe anzusprechen. Darüber hinaus geht es darum, möglichst früh im Kaufprozess sichtbar und involviert zu werden. Auf diese Weise ist es möglich, die Kriterien, die der Käufer für die Auswahl der „idealen Lösung" heranzieht mit zu beeinflussen und zu gestalten und so die Wahrscheinlichkeit zu erhöhen, bei der Kaufentscheidung zum Zuge zu kommen und ausgewählt zu werden.

Durch regelmäßige Interaktion mit der Zielgruppe erhöht sich die Chance für den Social Seller in das Relevant Set der Zielperson vorzudringen. Likes, Posts, Tweets des Leads zu lesen liefert Hinweise zu den Interessen und Bedürfnissen des Leads. Diese zu erkennen wird für eine effektive Kontaktaufnahme und Ansprache mit zielgerichteten Maßnahmen immer wichtiger (Agnihotri et al. 2012; Lacoste 2016).

Weitere Aktivitäten im Kontext von Social Selling umfassen das Posten und Teilen von relevantem, zielgruppenspezifischem Content, das Liken und Kommentieren von Beiträgen aus dem Netzwerk, Diskutieren in Gruppen und Veröffentlichung eigener Beiträge und Inhalte zu spezifischen Themen (übergeordnete branchenspezifische Themen, spezielle Produkte-/Lösungsangebote des Unternehmens, Studienergebnisse, erfolgreiche Kundenprojekte, um die Zusammenarbeit herauszustellen und den Beteiligten die Möglichkeit zu geben, sich als geeigneter Partner für ähnliche Projekte zu empfehlen, Einblicke von Gesprächen auf Messen, allerdings mit Bezug zur Branche des Social Sellers und seinem Vertriebsspezialgebiet).

Zusammenfassend, worauf kommt es an:

- Wahl des richtigen Netzwerks/der richtigen Netzwerke (das sind jene, in denen man seine Zielkunden und geeignete Geschäftspartner findet, eine Fokussierung ist ratsam)
- Aufbau von Beziehungen und Vergrößerung des eigenen Netzwerks,
- Eine eigene Marke aufzubauen (Personal Branding)
- Positionierung als Experte (hierfür braucht es unbedingt ein aussagekräftiges, à jour gehaltenes Profil),
- Beobachtung des Wettbewerbs
- Bereitschaft zu lernen und Freude daran haben.

3 Voraussetzungen für die Anwendung von Social Selling

Will man Social Selling im Unternehmen erfolgreich etablieren, muss dieser Ansatz verstanden sein und braucht es das Verständnis dazu auf Top Management Ebene. Klare Regeln hinsichtlich der Vorgehensweise und Umsetzung sind notwendig und gegebenenfalls neu zu erarbeiten. Rollen und Verantwortlichkeiten müssen konkret definiert sein z. B. auch für andere, vertriebsferne Abteilungen, die eingebunden werden. Zusätzlich braucht es ein klares Verständnis, wie mit den durch Social Selling gewonnenen Leads umgegangen wird, ob und wie die gewonnenen Kundendaten ins CRM gelangen, wie die Weiterverarbeitung von dort erfolgt, z. B. im Rahmen von Lead Nurturing-Kampagnen etc.

Der Organisation kommt für das breitere Ausrollen von Social Selling im Vertrieb eine wichtige Rolle zu (Agnihotri et al. 2012; Andzulis et al. 2012; Itani et al. 2017). So brauchen Vertriebsmanager die Information, wer die bevorzugten Zielgruppen/-kunden für das Unternehmen sind, welche Kanäle sich für die Ansprache dieser Zielgruppen/-kunden am besten eignen, was typische Bedürfnisse des eigenen Unternehmens sind, welche Stakeholder üblicherweise in Einkaufsentscheidungen eingebunden werden, welche Bedenken individuelle Käufer haben etc. Personas (detaillierte Profile der Ziel- bzw. Käufergruppen)[8] können bei der Qualifizierung von Leads und Aussteuerung der Social Selling-Aktivitäten hilfreich sein.

Für ein erfolgreiches Social Selling sollten Marketing und Vertrieb mit klarer Rollenverteilung zusammenarbeiten. Marketing kann dahingehend unterstützen, Geschichten zu finden, die es wert sind, erzählt zu werden, Inhalte so zu gestalten und zu „verpacken“, dass sie relevant für die Kunden sind, diesen einen Mehrwert liefern und diese auch Lust haben, die Inhalte weiter zu teilen. Das gilt auch für unternehmenseigene Mitarbeiter in vertriebsfernen Bereichen. Wenn diese motiviert sind, Inhalte in den sozialen Medien zu teilen bzw. die Inhalte von (Vertriebs-)Kollegen aus dem eigenen Haus in ihren Netzwerken weiterzutragen, zahlt sich das auf die Reichweite der Inhalte aus.

Den Umgang mit sozialen Medien und die Aktivität als Social Seller müssen Vertriebsmitarbeiter zum Teil erst erlernen. Unternehmen können dies mit entsprechenden Schulungen unterstützen. Denn nicht jeder Vertriebsmitarbeiter ist per se ein Digital Native,[9] versteht und nutzt die digitalen Kanäle ohne Weiteres und fühlt sich damit wohl, wenn Vertrieb bislang eher offline über andere Kanäle stattgefunden hat. Ein Schulungsangebot zu Social Selling sollte z. B. Hinweise beinhalten, wie ein professionelles Profil in den sozialen Medien erstellt wird, worauf dabei zu achten ist, welche Informationen benötigt und wie angegeben werden, welche Besonderheiten und Anforderungen unterschiedliche Netzwerke an die Profilerstellung haben etc.

Beispielsweise sind beim Anlegen eines professionellen Profils im Business-Netzwerk LinkedIn folgende Aspekte zu beachten:

- **Professionelles Foto** verwenden: die Person sollte hierauf kompetent und freundlich wirken
- **Personalisiertes Hintergrundbild** verwenden: die individuelle Anpassung ist möglich. Ein solches Bild kann sein, muss jedoch nicht. Dennoch erhält das eigene Profil dadurch eine persönliche Note und wirkt professioneller, beispielweise wenn ein Header des eigenen Unternehmens hinterlegt ist

[8] Zum Persona-Begriff und weitere Quellen siehe den Beitrag von Ermer et al. in diesem Buch.

[9] https://wirtschaftslexikon.gabler.de/definition/digital-native-54496. Zugegriffen am 03.06.2020.

- **Profil-Slogan** erstellen: oft ist hier die aktuelle Jobbezeichnung angegeben, besser geeignet sind Stichwörter, da diese auch in der Suche bei Suchmaschinen berücksichtig werden[10]
- **Info-Bereich** ausfüllen: eine prägnante Selbstbeschreibung mit relevanten Stichwörtern und z. B. der Angabe von Interessen unterstützt das Personal Branding
- **Medien** anhängen: z. B. Arbeitsproben in Form von Beiträgen, Artikeln, Mediadateien
- **Berufserfahrung** angeben
- **Kenntnisse und Fähigkeiten** angeben: in diesem Bereich des Profils die eigene Expertise mit branchenspezifischen Schlüsselwörtern verdeutlichen und sich diese von beispielsweise Kollegen bestätigen lassen

Schließlich kann Social Selling mit geeigneten Technologien unterstützt werden. Plattformspezifische Vertriebstools wie z. B. der Sales Navigator von LinkedIn oder Content Management Sharing-Plattformen wie z. B. Hootsuite,[11] LinkedIn Elevate[12] oder Sharebee[13] können einem Social Seller seine Arbeit erleichtern. Mit Hilfe der Tools kann einfach auf schon vorbereitete Inhalte zugegriffen werden, z. B. auf Posts, Artikel, und diese lassen sich mit nur wenigen Klicks von einer zentralen Stelle aus in das Netzwerk einbringen. Unternehmen sollen sorgfältig abwägen, welche Tools sie anschaffen und den Vertriebsmitarbeitern als Unterstützung zur Verfügung stellen. Hierbei können folgende Überlegungen zum Tragen kommen: wie einfach oder schwierig ist das Einstellen von Content, wie intuitiv ist die Bedienung, wie sieht die Kostenstruktur aus, wenn ein unternehmensweiter Rollout des Tools angedacht ist, welche Art von Wechselbarrieren oder Schnittstellenanforderungen gibt es, wenn es z. B. darum geht Content von einem Tool in ein anderes zu überführen, welche Möglichkeiten der Erfolgsmessung (Tracking) werden bereitgestellt usw.

4 Aufbau einer erfolgreichen Social Selling-Strategie

Um als Vertrieb von Social Selling bestmöglich zu profitieren, braucht es eine geplante Vorgehensweise. Eine erfolgversprechende Social Selling-Strategie berücksichtigt insbesondere folgende 7 Faktoren (Sinning und Falk 2019):

[10] https://onlinemarketing.de/news/seo-optimierung-auf-linkedin-die-wichtigsten-massnahmen; https://t3n.de/news/seo-fuer-linkedin-besser-1175948/. Zugegriffen am 15.06.2020.

[11] https://hootsuite.com/de/. Zugegriffen am 03.06.2020.

[12] https://www.linkedin.com/elevate/guest?referrerPath=%2Fleap%2Fcontracts%3Fredirect%3Dhttps%253A%252F%252Fwww.linkedin.com%252Fleap. Zugegriffen am 30.05.2020.

[13] https://www.sharebee.pl/. Zugegriffen am 30.05.2020.

4.1 Rahmenbedingungen schaffen

Damit die Vertriebsmitarbeiter soziale Medien insgesamt und insbesondere ihr persönliches Social-Media-Profil für die Zielerreichung des Arbeitgebers nutzen können und wollen und damit sich mit Social Selling bestmögliche Ergebnisse erzielen lassen, muss ein Unternehmen hierfür entsprechende Rahmenbedingungen schaffen. Dazu zählt beispielsweise das Bereitstellen von Social Media-Richtlinien, geeigneten Trainingsangeboten oder bei Bedarf auch die Kostenübernahme von Premium Accounts, wenn sich die jeweiligen Netzwerke hierdurch optimal(er) nutzen lassen. Unternehmen sollten zudem darauf achten, die richtigen Personen für die Steuerung der sozialen Medien einzusetzen.[14]

4.2 Integration in die Vertriebsstrategie

Social Selling-Aktivitäten werden am besten über eine Social Selling-Strategie als fester Bestandteil in die Vertriebsstrategie des Unternehmens integriert. Sie bildet die Grundlage für die „Verkaufspläne" über die sozialen Medien. Zusätzlich zu bedeutungsvollen Beziehungen bilden folgende fünf Elemente das Fundament der Strategie (Belew 2014):

1. Ziele bestimmen: Hinsichtlich des zu generierenden Umsatzes und der Meilensteine für die Aktivitäten in den sozialen Medien
2. Engagement-Regeln definieren: Dazu gehört die Entwicklung zu messen, zu entscheiden, wer in Social Selling-Teams was macht, und welche sozialen Medien verwendet werden sollen
3. Erforschen: Relevante Netzwerke in den sozialen Medien identifizieren, herausfinden, wer wichtige Meinungstreiber sind und Suchbegriffe wählen
4. Inhaltsbestände kennen: Bestimmte Content-Formate (Broschüren, White Paper, etc.) in online geführten Gesprächen nutzen. Eigene Online-Profile auf dem neuesten Stand halten.
5. Entwickeln eines eigenen Einsatzplans, der dabei hilft, die strategischen Ziele zu erreichen. Einen soliden Zeitplan für regelmäßiges Versenden von Postings erstellen.

Die Social Selling-Strategie beschreibt also u. a. spezifische Ziele der Social Selling-Aktivitäten, die Rolle der Aktivitäten im Sales Funnel, Messgrößen sowie die Social Media-Richtlinien des Unternehmens für den Vertrieb. Ein Konzept dazu, wie sich diese Aktivitäten in den operativen Vertriebsalltag integrieren lassen, ist hilfreich.

---

[14] Zu weiteren Rahmenbedingungen siehe das vorherige Kapitel zu Voraussetzungen für Social Selling.

4.3 Vertriebsmitarbeiter befähigen

Werden Vertriebsmitarbeiter mit Social Selling aktiv, ist Unterstützung in verschiedener Hinsicht hilfreich. Darunter fällt das Optimieren der persönlichen Präsenz in den sozialen Medien. Neben der Profilgestaltung geht es auch um das Auftreten. Social Seller sollten wissen und verstehen, was warum verkauft wird und insgesamt eine positive Einstellung zum Thema mitbringen. Zuhören, freundlich sein und auf scheinbar unrelevante Fragen höflich eingehen ist ebenso wichtig wie einen geeigneten Funnel zu erzeugen und für die Überleitung der Kontakte und Leads in die eigenen Systeme zu sorgen. Es ist ratsam eine Personal Brand zu entwickeln und diese einzusetzen, um Neuigkeiten, Geschichten und Insights mit dem eigenen Netzwerk zu teilen und um z. B. beim Einordnen und Verstehen von Trends Orientierung zu geben. Dabei darf auch einmal eine persönliche Note eingestreut und der Mensch hinter dem Geschäft sichtbar werden. Wichtig ist, wann immer möglich, zu personalisieren (in der Kontaktaufnahme, Ansprache, Teilen von Inhalten, etc.). Da Social Seller auf internationalen Plattformen aktiv werden, gehört es dazu, bei allem Agieren auf kulturelle Besonderheiten zu achten und diese zu respektieren. Bedarfsorientierte Trainings zu den genannten Aspekten anzubieten, ist gerade zu Beginn hilfreich.

4.4 Verzahnung mit der Marketingplanung

Social Selling-Aktivitäten werden am besten eng mit der Marketingplanung verknüpft. Dies gilt insbesondere für Kommunikationsaktivitäten wie auch das Content Marketing, in dem unter anderem Inhalte, Inhaltsformate oder auch ein Distributionsplan definiert werden.

4.5 Effektive Zielgruppenansprache

Ein gutes Verständnis der relevanten Entscheidergruppen (Buying Center) ist notwendig, um Inhalte passend zu den Informationsbedürfnissen der verschiedenen Ansprechpartner zu entwickeln.

Etwa die Hälfte der B2B-Entscheider gehört heute zur Generation der Millenials (marconomy 2018, S. 4). Sie sind mit dem Internet und den sozialen Medien bestens vertraut und mit diesen mehr oder weniger aufgewachsen. Sie haben daher einen intuitiven Umgang mit diesen Medien (GS Lexikon o. J.). Auf Anfragen schnell zu reagieren, sind sie gewohnt und erwarten dies von Unternehmen, egal über welchen Kanal. Und obwohl für Millenials die authentische Kommunikation von Mensch zu Mensch (Human-to-Human) und nicht die von Unternehmen zu Mensch (Business-to-Human) im Vordergrund steht (Josche 2017), nutzen 85 Prozent von ihnen soziale Plattformen für die Produktrecherche (Merit 2017, S. 12).

Ein Konzept, das erklärt, wie sich Mitglieder von Buying Centern über soziale Medien identifizieren und bestmöglich ansprechen lassen, ist für Social Seller hilfreich. Durch den Einsatz von geeigneten Tools wie zum Beispiel den LinkedIn Sales Navigator oder den Hootsuite Amplifyer kann die Kontaktaufnahme unterstützt und effektiver gestaltet werden.

4.6 Spielregeln festlegen

Wie mit Kontakten aus den sozialen Netzwerken aus Unternehmensperspektive umzugehen ist, muss in einem klaren Prozess geregelt sein. Zu klären sind Fragen wie: „Wann wird ein Kontakt als Lead im CRM-System angelegt?", „Wann und wie können diese Kontakte vom Unternehmen angesprochen werden?".

5 Erfolgsfaktoren für erfolgreiches B2B Social Selling

Social Selling-Aktivitäten sollten mit sinnvollen und messbaren Erfolgskennzahlen (KPIs) ausgewertet werden. Für beispielhafte Kennzahlen siehe den Abschnitt ‚Kennzahlen zur Erfolgsmessung von Social Selling' weiter hinten in diesem Beitrag.

5.1 Content Marketing: Kundenzentrierte relevante Inhalte erstellen

Untersuchungen zum Kaufentscheidungsprozess im B2B-Bereich haben gezeigt, dass sich B2B-Einkäufer mehrheitlich der sozialen Medien bedienen, um sich über Lösungsangebote zu ihren bestehenden Problemen zu informieren und mit den Informationen aus der Internetrecherche die Kaufentscheidung vorzubereiten (Schmid 2020). Hier kommt Content Marketing ins Spiel. In der Fachliteratur unterschiedlich definiert, verstehen die einen hierunter „hilfreiche Inhalte, also Content, der einen spezifischen Mehrwert bietet" (Steinbach et al. 2015, S. 9). Andere definieren es als „alle veröffentlichten Inhalte, die für die erfolgreiche Umsetzung der Marketingziele von Bedeutung sein könnten." (Fürtbauer und Buchenau 2015, S. 72). Lieb (2012, S. 1) definiert Content Marketing, bei dem der Inhalt der VIP ist und im Fokus steht so:

> „Using Content to sell isn't selling, or sales-ey. It isn't advertising. It isn't push marketing, in which messages are spryed out at groups of consumers. Rather it's a pull strategy – it's the marketing of attraction. It's being there when consumers need you and seek you out with relevant, educational, helpful, compelling, engaging and sometimes entertaining information."

Als Bestandteil einer Kommunikationsstrategie hat Content Marketing zum Ziel, auf eine bestimmte Zielgruppe ausgerichtete, mehrwertstiftende Inhalte zu kreieren, die anziehend und handlungsauslösend wirken.[15] Content Marketing kann in vielen Kanälen umgesetzt werden und sich verschiedener Inhaltsformate bedienen. Soziale Netzwerke, E-Mail, Blogs, Videoplattformen, Apps oder Online Communities können für die Verbreitung von Inhalten genutzt werden (Lieb 2012, S. 62–92). Im B2B-Bereich sind vor allem die unternehmenseigene Website und die sozialen Medien von Bedeutung. LinkedIn liegt mit Abstand noch vor Facebook und Xing (Statista 2020). Podcasts, Webinare, E-Books, White Paper, Artikel, Online-Trainings, Infografiken etc. (Lieb 2012, S. 78–95) sind geeignete Formate, um Inhalte zu transportieren. Hohe Wirkung entfaltet Content Marketing dann, wenn unterschiedliche Kanäle und Formate integriert und gut miteinander abgestimmt eingesetzt werden.

5.2 Plattformen für Social Selling

Im Zusammenhang mit Social Selling werden drei Plattformen, wovon zwei professionelle Berufsnetzwerke sind, regelmäßig genannt und primär genutzt.[16]

LinkedIn: Als Jobbörse gestartet, ist LinkedIn heute das führende Businessnetzwerk, in dem alle möglichen Inhalte mit Unternehmens-, Branchen- und Produktbezug geteilt werden. LinkedIn hat sich international sehr stark entwickelt und wächst weiter von Jahr zu Jahr (Tab. 2). Daher ist diese Plattform vor allem für global tätige Unternehmen und international tätige Vertriebsmitarbeiter interessant. Auch das Leistungsangebot der Plattform für die Nutzer wird stetig weiterentwickelt. Das Netzwerk bietet kostenfreie Verknüpfungslösungen und solche, die zu bezahlen sind. LinkedIn eignet sich, um die Sichtbarkeit für das Produktportfolio eines Unternehmens zu erhöhen und hilft dabei, potenzielle Kunden in „Evaluierungsphasen" des Kaufprozesses zu unterstützen.

Xing: Der Trend zur digitalen Visitenkarte beschert neben LinkedIn auch Xing Nutzerwachstum. Die Nutzerzahlen steigen seit Jahren kontinuierlich. Im Deutschsprachigen Raum (DACH-Region) ist Xing mit heute über 19 Millionen Nutzern (Stand Q1/2020) das führende Businessnetzwerk.[17] Ende Juni 2019 waren es noch 16,3 Millionen Mitglieder im deutschsprachigen Raum.[18] Analog LinkedIn konzentriert sich Xing auf professionelle Anwender. Deutschsprachige B2B-Entscheider können daher in diesem Netzwerk zielgerichtet angesprochen werden.

Twitter: Das Interesse an diesem „Mikroblogging"-Dienst für den geschäftlichen Bereich wächst und damit auch die Nutzerzahlen. Täglich sind mehr als 166 Millionen „mo-

---

[15] https://onlinemarketing.de/lexikon/definition-content-marketing. Zugegriffen am 30.05.2020.

[16] Zu weiteren Plattformen und einer kurzen Beschreibung siehe auch den Beitrag von Weinländer in diesem Buch.

[17] https://de.statista.com/statistik/daten/studie/481399/umfrage/anzahl-der-xing-nutzer-in-der-dach-region/#:~:text=Quartal%202020&text=Diese%20Statistik%20zeigt%20die%20Anzahl,Media%2DPlattform%20f%C3%BCr%20gesch%C3%A4ftliche%20Kontakte. Zugegriffen am 03.06.2020.

[18] https://www.wuv.de/karriere/xing_mehr_umsatz_mit_firmen_als_mit_mitgliedern. Zugegriffen am 30.02.2020.

Tab. 2 LinkedIn's weltweite Migliederzahlen (Februar 2020). Quelle: Eigene Darstellung auf Basis von LinkedIn-Informationen. (https://www.futurebiz.de/artikel/linkedin-statistiken/#:~:text=Menschen%20nutzen%20LinkedIn%20weltweit,aktive%20Nutzer. Zugegriffen am 15.06.2020.)

Land	**Mitgliederzahl (in Mio)**
Europa	211M+
USA	167M+
Indien	64M+
Chinesisches Festland	49M+
Brasilien	41M+
Kanada	16M+
DACH Region	15M
Indonesien	14M+
Mexiko	14M+
Australien	11M+
Insgesamt: 675 M Mitglieder in 200 Ländern und Regionen weltweit	

netizable" Nutzer weltweit aktiv, davon 33 Millionen in den USA. „Monetizable" heißt, dass diesen Nutzern Werbung ausgespielt werden kann.[19] Twitter gilt als News-App, die ihren Nutzern den globalen Austausch erlaubt und Marken einen Ort bietet, ihre Persönlichkeit darzustellen. Insgesamt ist Twitter ein „schnelles Medium", das heißt es in Echtzeit kommuniziert wird.[20] „Zwitschern" (Tweeten) ist eine effektive Möglichkeit, um sich einer großen Online Community vorzustellen. Man kann Fremde und Freunde über das Versenden eines „Favoriten" (ähnlich einem „Like" auf Facebook) auf deren Tweets oder durch das re-tweeten ihrer Nachrichten einbinden. Die Tweets sollten nicht zu kommerziell klingen. Auf einen „Verkaufs-Tweet" sollten mindestens fünf bis zehn unterhaltende oder Wissen vermittelnde Tweets kommen (Belew 2014). Für Social Seller kann dieser Kanal eine gute Ergänzung zu anderen Netzwerken sein, beispielsweise um in kurzen Tweets auf Inhalte zu verweisen, die auf anderen Plattformen eingestellt sind. Noch ist die Nutzung von Twitter für diesen Ansatz nicht weit verbreitet, da viele Personen zunächst mit dem Aufbau eines professionellen Profils beschäftigt sind und erst einmal Erfahrungen mit Social Selling sammeln.

[19] https://www.futurebiz.de/artikel/twitter-statistiken-nutzerzahlen/. Zugegriffen am 30.05.2020.

[20] https://business.twitter.com/de/blog/tips-for-using-twitter-in-2019.html. Zugegriffen am 30.05.2020.

5.3 Hilfreiche Werkzeuge

Zur Unterstützung von Social Selling-Aktivitäten gibt es eine Reihe an hilfreichen Werkzeugen. Nachfolgend sind beispielhaft einige gängige Tools kurz benannt.

Social (Media) Listening oder Monitoring: Um in Erfahrung zu bringen, welche Themen in den sozialen Medien gerade diskutiert werden und die Menschen beschäftigen, also um „zuzuhören", was über Unternehmen, Marken, Produkte gesprochen wird, um Impulse für Geschichten und Themen zu bekommen oder auch um ganz gezielt nach B2B-spezifischen Problemstellungen zu suchen, können sogenannte Social Media Listening oder auch Social Media Monitoring Tools eingesetzt werden. Hierzu zählen z. B. Talk Walker, Synthesio, Brandwatch, Mention u. a.[21] Auch kann man sich bei Google Alerts einstellen und wird per E-Mail benachrichtigt, wenn sich jemand online zu einer Information äußert, die man gern tracken möchte. Das muss vorher eingestellt werden. Wer beispielsweise Top Influencer sind, lässt sich mit Wefellow, Socialbro und Influence Rank (Teil von Trackur) herausfinden.

Erstellen von Content: Hierfür eignen sich Tools wie Visual.ly und Infogr.am (Vorlagen für Infografiken), Prezi (animierte Präsentationen), SlideShare (visuelle online Präsentationen) und Scripted für White Paper und Blog posts. Darüber hinaus gibt es noch viele weitere Tools, z. B. um Content zu kuratieren (BuzzSumo, Kurata, Papier.li, Scoop.it, Pocket u. a.). Außerdem gibt es für Content Marketing auch spezialisierte Agenturen, die man zu Rate ziehen kann.

Planen, Veröffentlichen, Kuratieren und Analysieren von Content: Tools wie beispielsweise LinkedIn Elevate, Hootsuite oder Sharebee sind Plattformen, die Unternehmen nutzen können, um themenspezifische Inhalte (Artikel, White Paper, Social Media Posts, Videos etc.) bzw. Posts geplant auf mehreren Kanälen zu veröffentlichen und zu analysieren. Die Vertriebsmitarbeiter tragen ihre Accounts, die sie in verschiedenen sozialen Medien haben, auf einer dieser Plattformen ein und verknüpfen diese mit ihr. Über ein Dashboard können dann die digitalen Kanäle gleichzeitig angesteuert werden. Sowohl textlich als auch zeitlich lassen sich Postings für die Veröffentlichung vorbereiten, Links, Bilder, Videos integrieren und sämtliche Posts in einer Tages-, Wochen- oder Monatsansicht anzeigen.[22] In integrierten Content Bibliotheken können Materialien für die Publikation in gängigen Medien hinterlegt werden und die Mitarbeiter hierauf direkt zugreifen. Fertige Postings können für die Zielgruppenansprache in den Social Seller-eigenen Netzwerken ausgewählt und geteilt und auf diese Weise der Expertenstatus ausgebaut werden. Es ist auch möglich Content vorzuschlagen, der, wenn er vom Moderator angenommen wurde, zu den übrigen Inhalten hinzugefügt wird.

---

[21] https://influencermarketinghub.com/social-media-listening-tools/. Zugegriffen am 30.05.2020. https://marketingland.com/6-of-the-best-social-listening-tools-for-2019-249953. Zugegriffen am 30.05.2020.

[22] https://wiki.induux.de/Hootsuite. Zugegriffen am 30.05.2020.

Einfluss in sozialen Medien messen: Ursprünglich ein kostenfrei nutzbares Tool, um den Einfluss von Social Media Profilen zu messen, ist der PeerIndex inzwischen vom Social Media Monitoring Anbieter brandwatch aufgekauft und komplett in die Lösung integriert worden.[23] Kred,[24] ein weiteres Tool, um den Social Media-Einfluss zu messen, erfasst die KPIs „Influence" und „Outreach".[25] Es kann in Verbindung mit Twitter oder Facebook gratis genutzt werden. Den eigenen LinkedIn Account und damit seinen Einfluss auf LinkedIn kann man mit dem Social Selling Index (SSI)[26] messen (Abb. 4). Die Kennzahl soll dem LinkedIn-Nutzer helfen, ein besseres Verständnis von der Effektivität der eigenen Marke, der Vernetzung mit den richtigen Personen und dem bisherigen Beziehungsaufbau zu erlangen und so eine Grundlage für die Optimierung der eigenen Aktivitäten zu haben. Eine professionelle, kostenpflichtige Lösung bietet Traackr.[27] Mit ihr kann man Social Media Accounts messen sowie Themen-Influencer und deren Netzwerke identifizieren.[28]

5.4 Kennzahlen zur Erfolgsmessung von Social Selling

Der Erfolg von Social Selling-Aktivitäten kann mit geeigneten Kennzahlen bewertet werden. Das können beispielsweise aktivitätsspezifische Kennzahlen für die Bewertung der individuellen Vertriebsperformance sein (z. B. Anzahl generierter Leads, geteilter Content, Anzahl persönlicher Treffen/Kundengespräche, Vor-Ort-Termine, oder mit Hilfe von Social Selling erzielte Produktdemonstrationen etc.). Genauso gut sind Kennzahlen denkbar, die im Online Marketing herangezogen werden, um die Performance in sozialen Medien zu messen. Das sind beispielsweise Views, Shares, Likes, Kommentare, Engagement, Reichweite, Aktivierung etc. pp. Diese Kennzahlen werden im Zusammenhang mit gepostetem Content betrachtet und geben Hinweise darüber, welche Inhalte bei der Zielgruppe wie ankommen und damit zu welchen Bedürfnissen in der Zielgruppe passen oder nicht. Interessant sind auch verschiedene Wandlungsraten (Konvertierung: von unqualified lead zu marketing qualified lead, von online zu offline und online zwischen den verschiedenen Kanälen, z. B. von LinkedIn zur Unternehmenswebsite). Die Messgrößen sollten quantitative und qualitative Aspekte der realisierten Aktivitäten erfassen.

[23] https://www.brandwatch.com/p/peerindex-and-brandwatch/. Zugegriffen am 03.06.2020.

[24] https://www.home.kred/. Zugegriffen am 03.06.2020.

[25] https://www.transformieren.com/der-klout-score-macht-dicht-und-jetzt-das-sind-die-alternativen/. Zugegriffen am 03.06.2020.

[26] Anmelden im eigenen Profil und dann aufrufen: https://www.linkedin.com/sales/ssi.

[27] https://www.traackr.com/. Zugegriffen am 03.06.2020.

[28] https://www.transformieren.com/der-klout-score-macht-dicht-und-jetzt-das-sind-die-alternativen/. Zugegriffen am 03.06.2020.

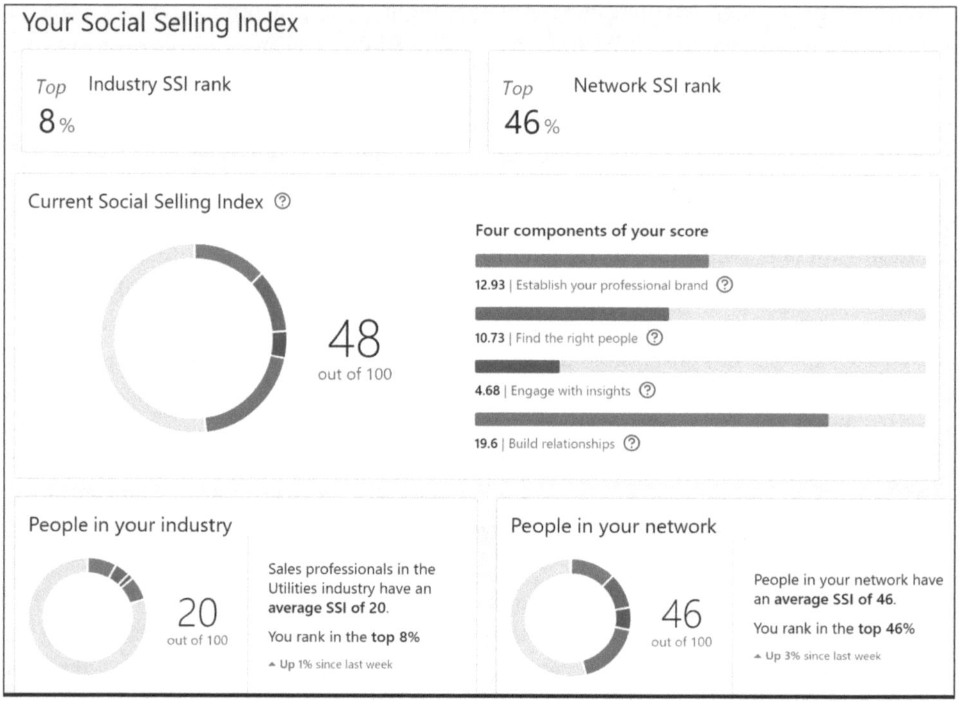

Abb. 4 Beispiel LinkedIn Social Selling Index (SSI). (Quelle: Eigene Darstellung i. A. an LinkedIn.)

6 Chancen und Risiken des Einsatzes sozialer Medien im B2B Vertrieb

6.1 Chancen

Laut Bitkom Verband (2018) sind in sozialen Netzwerken 92 % der 30- bis 49-jährigen und 80 % der 50- bis 64-jährigen vertreten. Bei den 14–29-jährigen sind es sogar 98 %. In den vergangenen sieben Jahren ist die tägliche Nutzungsdauer von sozialen Medien weltweit um 53 % gestiegen (GlobalWebIndex 2018). Soziale Medien sind demnach hilfreiche Kanäle, um schneller an die richtigen Kunden- und Käufergruppen zu kommen, die man in diesen Medien antrifft. Sie helfen, den Aufwand für den Abschluss eines Deals gering zu halten. Nach dem Kaufabschluss lassen sich mit Hilfe der sozialen Medien Kundenbeziehungen weiter pflegen und Kunden binden. Dabei ist Wissen über den Kunden wertvoll und hilfreich. Aus „Es ist wichtig, *wen* Du kennst“ ist „Wichtig ist, *was* Du über die weißt, die Du kennst.“ geworden. In sozialen Medien wird gegeben, ohne dass eine sofortige Rendite erwartet werden kann oder sollte. Vertriebsmitarbeiter, die nur danach streben, möglichst rasch ihre Deals abzuschließen, werden sich hiermit schwertun. Vielleicht fühlt es sich nicht intuitiv an, White Paper, Fallstudien etc. mit anderen Mitgliedern in den Netzwerken zu teilen, wenn es keine Garantie dafür gibt, dass diese Bemühungen in einem Verkaufsabschluss münden. Doch diese Änderung in der Einstellung und im Verhalten, diese andere Sicht auf Vertrieb brauchen Vertriebsmitarbeiter, wenn sie anstatt in rein transaktionsorientierten in wertorientierten Prozessen erfolgreich sein wollen (Giamanco und Gregoire 2012).

Ihr größtes Potenzial entfalten soziale Medien am Anfang eines Verkaufsprozesses, wenn es darum geht, Aufmerksamkeit zu wecken, Sichtbarkeit und Wahrnehmung zu erhöhen, Aufträge zu akquirieren, Leads zu qualifizieren, Kundenbeziehungen aufzubauen und zu pflegen und Vorverkaufsgespräche zu führen, die im Idealfall in einem persönlichen Gespräch münden, das offline stattfindet. Verkäufer können die sozialen Medien nutzen, um Informationen und Daten über ihre Kunden zu sammeln. So lässt sich beispielsweise mit ihrer Hilfe herausfinden, wer innerhalb der Organisation des Interessenten oder potenziellen Kunden der oder die richtige Ansprechpartner*in für ein Anliegen oder ein Thema ist und man sieht auch, mit wem eventuell schon ein Kontakt besteht. Dies sind hilfreiche Insights, um zu erkennen, welche Informationen für den oder die Kunden relevant und wertig sind und die verdeutlichen, welche Informationen für den Kaufentscheidungsprozess benötigt werden. Klappt das Bereitstellen benötigter Informationen gut, kann dies ein Differenzierungsmerkmal im Wettbewerb sein.

Das Internet ermöglicht es heute zu jeder beliebigen Zeit in Suchmaschinen und sozialen Medien zu Produkten, Dienstleistungen, Unternehmen etc. zu recherchieren und nachzulesen, ergo nach der Information zu suchen, die gerade benötigt wird. Mit einer Suchanfrage im Internet beginnt im B2B-Bereich heute oftmals der Einstieg in die Buyer Journey. Bei der erstmaligen Kontaktaufnahme mit einem Verkäufer oder einem Unternehmen ist der Kunde bestens informiert und hat, wenn es gut geht, auch schon konkrete Vorstellungen und Präferenzen. Unternehmen sind aus diesem Grund gut beraten, frühzeitig im Kaufentscheidungsprozess präsent zu sein, auch online. Soziale Netzwerke sind in diesem Zusammenhang wichtige Informationsquelle und zugleich wichtiger Kundenkontaktpunkt, über den relevante Inhalte geteilt werden. Dabei muss die Verbreitung mit einer gewissen Regelmäßigkeit erfolgen. Über das Teilen relevanter Inhalte im Netzwerk und in den Gruppen dieser Netzwerke wird in der/den Zielgruppe/n Reichweite aufgebaut und die Aufmerksamkeit für das Unternehmen, die Marke, das Produkt- und Leistungsangebot gefördert.

Mit systematisch durchgeführten Social Selling-Aktivitäten können Vertriebsmitarbeiter eine eigene starke Personal Brand aufbauen[29]. Die Personal Brand hilft, wenn ein Kunde eine Kaufentscheidung treffen muss und einen kompetenten Ratgeber braucht. Er erinnert sich, an wen er sich wenden kann. Person und Personal Brand sind im Relevant Set verankert.

Social Selling kann sich auch auf die Performance eines Vertrieblers auswirken. Leistungsdimensionen für eine Beurteilung sind z. B. Lead Performance, Effizienz im Ver-

[29] Siehe zum Thema den Beitrag von Weinländer in diesem Buch.

kaufsprozess und Umsatz. Social Selling hat insbesondere Einfluss auf die frühen Phasen im Verkaufsprozess.[30]

6.2 Risiken

Vertriebsmitarbeiter als Social Seller einzusetzen, kann für Unternehmen mit Risiken behaftet sein und zwar dann, wenn diese im Umgang mit den sozialen Medien kaum bzw. nicht versiert und entsprechend geschult sind. Das trifft beispielsweise zu, wenn es dem Social Seller an Feingefühl für angemessenes Verhalten in den sozialen Medien fehlt oder schlichtweg das Wissen über bestimmte Sachverhalte und/oder wenn seine Kommentare und Tweets in Diskussionen, in die er sich einbringt, nicht passen. Verantwortlich sind hierfür dann beide Seiten – der Vertriebsmitarbeiter selbst und auch das Management. Aus Managementperspektive hilft es nichts, wenn soziale Medien als Vertriebskanal weder anerkannt sind noch akzeptiert wird, dass Mitarbeiter diese Kanäle auch während der Arbeitszeit nutzen oder wenn es versäumt wird, Mitarbeiter für den Umgang mit den sozialen Medien zu schulen und sie auf angemessenes Agieren in den Netzwerken vorzubereiten. Helfen können geeignete interne oder von externen Anbietern eingekaufte Trainings sowie vom eigenen Unternehmen definierte Social Media Richtlinien. Hinzukommt, dass sich ein Vertriebsmitarbeiter, der in den sozialen Medien als Social Seller aktiv werden will, darüber im Klaren sein muss, dass er für den gesamten Markt transparent ist und in gewissem Maße in der Öffentlichkeit steht. Lob, Kritik, Beschwerden werden online schnell für alle sichtbar. Bei falscher und zögerlicher Reaktion darauf kann es passieren, dass Kontakte oder auch Leads des betroffenen Anbieters schnell auf Abstand gehen oder vom Wettbewerb, der es anders bzw. besser macht, abgeworben werden. Bewusst sein muss sich der Social Seller auch, dass sich Mitbewerber in die Kommunikation einschalten und mitmischen können. Das dürfen sie. Dadurch gelangen sie aber unter Umständen an für Leads gedachte Informationen und können hierauf reagieren.

Die Erwartungshaltung auf Kundenseite, zum Beispiel hinsichtlich der Reaktionszeiten oder Inhalte, ist ein weiteres Risiko. Agiert und reagiert der Social Seller sowohl zeitlich als auch inhaltlich dem Verständnis des Kunden nach nicht angemessen, kann dies zu Kritik oder Fragen in den sozialen Medien führen, die, wie zuvor schon angesprochen, für jedermann sichtbar sind.

Auch Fehlinformationen sind ein gewisses Risiko. Um die rasche Verbreitung einer Fehlinformation oder eine „Fehlleistung" aus Kundensicht und die Kommunikation darüber einzudämmen, empfiehlt es sich einerseits mit Social Media Listening und Monitoring Tools zu arbeiten, mit denen sich mögliche „Shitstorms" frühzeitig erkennen lassen können.[31] Andererseits kann es auch helfen, eine Person im Unternehmen zu haben, die in Krisenkommunikation geübt ist und 24 Stunden als Ansprechpartner zur Verfügung steht.

[30] Siehe hierzu Abschnitt Einordnung von Social Selling und Erläuterung relevanter Begriffe.

[31] Zu möglichen Tools siehe den Abschnitt ‚Hilfreiche Werkzeuge' in diesem Beitrag.

Mancher „Shitstorm“ lässt sich so, wird schnell genug reagiert, frühzeitig im Keim ersticken.

Da Social Seller von sich aus aktiv werden und sein sollen, ist ein hohes Maß an Kontrolle unangebracht und hindert im besten Fall die Motivation des Einzelnen. Nicht alles, was gepostet wird, kann in langen Schleifen vorher unternehmensintern abgestimmt und die Freigabe dafür eingeholt werden. Da braucht es Vertrauen und gewisse Leitplanken, innerhalb derer sich die Social Seller bewegen dürfen und können. Denn sie nutzen nach wie vor ihr privates Profil in den sozialen Medien und stellen es freiwillig zu einem gewissen Grad in den Dienst des Unternehmens. Social Selling geht insofern mit einem gewissen Kontrollverlust über die Kommunikation einher und es ist möglich, dass sich in diesem Zusammenhang hin und wieder auch juristische Sachverhalte ergeben.

Schließlich sind Social Seller durch ihre Aktivitäten auch für Mitbewerber und Headhunter sichtbar und attraktiv. Es besteht das Risiko, dass sie von Mitbewerbern abgeworben werden – denn auch das Recruiting findet heute über die sozialen Medien statt.

Zum Abschluss: Social Media können Vertriebsmitarbeiter im negativen Sinn überwältigen. Hervorgerufen werden kann das durch die Vielfalt der sozialen Medien, die zahlreichen Möglichkeiten, die sie inhaltlich und technisch bieten, die Erwartungshaltung an regelmäßiges Interagieren in kurzen Zeitfenstern etc. Und es kann schon mal passieren, dass der im Social Selling unbedingt erforderliche Kundenfokus verloren geht, z. B. weil man sich im Posten von Inhalten „verliert“ ohne die Bedürfnisse seiner Zielgruppen im Auge zu behalten, weil mit sehr hoher Frequenz gepostet wird oder weil ein zu dominantes vertriebliches Agieren die Oberhand gewinnt, getrieben von Verkaufs- und Erfolgsdruck. Unter Berücksichtigung dessen, was Social Selling ist und auszeichnet ist letzteres gleichwohl nicht zu empfehlen.[32]

7 Zusammenfassung und Ausblick

Soziale Medien sind heute zu wichtig, um sie zu ignorieren oder um sie nur dem Marketing bzw. der Nutzung durch das Marketing zu überlassen. Vertriebsfachkräfte, die wissen, wie sie die sozialen Medien im Vertriebsprozess für sich nutzen, erzielen höhere Erfolgsquoten als ihre Kollegen, die keine oder nur grundlegende Kenntnisse zu sozialen Medien haben. Es lohnt sich, Zeit aufzuwenden, um sich mit Social Selling zu beschäftigen. Mehr noch: es lohnt sich diesen Ansatz in die Vertriebsarbeit zu integrieren und potenzielle Kunden dort zu treffen, wo sie einen großen Teil ihrer Zeit verbringen – in den sozialen Medien. Soziale Medien sind einerseits für längerfristig orientierte Marketing- und Kommunikationsaktivitäten geeignet und in den Kommunikations-Mix zu integrieren. Andererseits bietet es sich an, sie auch für kurzfristiger orientierte vertriebliche Aktivitäten einzusetzen.

[32] https://www.springerprofessional.de/vertriebskanaele/kundenmanagement/firmen-haben-nachholbedarf-beim-social-selling-/7457144. Zugegriffen am 15.06.2020.

Social Selling steht nicht für Kommunikation, mit der ausschließlich Verkaufsabschlüsse erzielt werden sollen. Es geht vielmehr darum, die Informationsbedarfe des eigenen Netzwerkes zu kennen und entsprechend geeignete Inhalte bereitzustellen und zu teilen. Inhalte, die zu den Interessen, Herausforderungen und Zielen der Mitglieder im Netzwerk passen und ihnen einen Mehrwert stiften.

Social Selling bedient sich der sozialen Kanäle an relevanten Kontaktpunkten im Kaufprozess, um ein besseres Verständnis von Meinungsbildnern, potenziellen und bestehenden Geschäftskunden über die in der jeweiligen Phase des Prozesses benötigten Informationen zu erlangen. Diese Informationen wiederum sind hilfreich, um sich mit den genannten Personengruppen zu verbinden und letztendlich wertvolle Geschäftsbeziehungen aufzubauen. Neben einem stark ausgeprägten Kundenfokus verlangt dieser Ansatz ein gewisses zeitliches, personelles, finanzielles, technologisches und organisatorisches Engagement. Mit klaren Zielen gelingt es, dieses Engagement richtig zu steuern.

Wie wirkungsvoll Social Selling ist, wird auch dadurch beeinflusst, welche weiteren Vertriebsansätze (beratend, wertorientiert) ein Vertriebsmanager damit verknüpft. Richtig umgesetzt, kann Social Selling eine Win-Win Situation für den Vertrieb und das Marketing eines Unternehmens schaffen sowie für das das gesamte Business.

Literatur

Adamson, B., Dixon, M., & Toman, N. (2012). The end of solution sales. *Harvard Business Review, 90*(7), 61–68.

Agnihotri, R., Kothandaraman, P., Kashyap, R., & Singh, R. (2012). Bringing „social“ into sales: The impact of salespeople's social media use on service behaviors and value creation. *Journal of Personal Selling & Sales Management, 32*(3), 333–348.

Ancillai, C., Terho, H., Cardinali, S., & Pascucci, F. (2019). Advancing social media driven sales research: Establishing conceptual foundations for B-to-B social selling. *Journal of Industrial Marketing Management*, 82, 293–308.

Andzulis, J. M., Panagopoulos, N. G., & Rapp, A. (2012). A review of social media and implications for the sales process. *Journal of Personal Selling & Sales Management, 32*(3), 305–316.

Backhaus, K., & Voeth, M. (2015). Besonderheiten des Industriegüter-marketings. In K. Backhaus & M. Voeth (Hrsg.), *Handbuch Business-to-Business-Marketing* (2. Aufl., S. 17–29). Wiesbaden: Springer Gabler.

Belew, S. (2014). *The art of social selling: Finding and engaging customers on Twitter, Facebook, LinkedIn, and other social networks.* Saranac Lake: Amacom.

Bitkom e.V. (Hrsg.). (2018). Anteil der Nutzer von sozialen Netzwerken nach Altersgruppen in Deutschland im Jahr 2018, in Statista – Das Statistik-Portal, online: https://de.statista.com/statistik/daten/studie/153567/umfrage/nutzer-von-social-networks-undcommunities-nach-alter/. Zugegriffen am 03.06.2020.

Bocconcelli, R., Cioppi, M., & Pagano, A. (2017). Social media as a resource in SMEs' sales process. *Journal of Business & Industrial Marketing, 32*(5), 693–709.

Demandbase/DemandGen Report. (Hrsg.). (2018). 2018 B2B Buyers Survey Report, o. O. https://www.demandgenreport.com/resources/reports/2018-b2b-buyers-survey-report. Zugegriffen am 03.06.2020.

Felix, R., Rauschnabel, P. A., & Hinsch, C. (2017). Elements of strategic social media Marketing: A holistic framework. *Journal of Business Research, 70*, 118–126.

Fidelman, M. (16. Oktober 2012). The rise of social salespeople. *Forbes.com*. https://www.forbes.com/sites/markfidelman/2012/11/05/the-rise-of-social-salespeople/. Zugegriffen am 03.06.2020.

Fürtbauer, D., & Buchenau, P. (2015). *Chefsache Social Media Marketing. Wie erfolgreiche Unternehmen schon heute den Markt der Zukunft bestimmen*. Wiesbaden: Springer Gabler.

Gabler Wirtschaftslexikon. (o. J.). Buying Center, Springer Gabler. https://wirtschaftslexikon.gabler.de/definition/buying-center-29360. Zugegriffen am 03.06.2020.

Giamanco, B., & Gregoire, K. (2012). Tweet me, friend me, make me buy. *Harvard Business Review, 90*(7/8), 88–93.

GlobalWebIndex. (Hrsg.). (2018). Durchschnittliche tägliche Nutzungsdauer von sozialen Medien weltweit in den Jahren 2012 bis 2018 (in Minuten), in Statista – Das Statistik-Portal. https://de.statista.com/statistik/daten/studie/475072/umfrage/taeglichenutzungdauer-von-sozialen-medien/. Zugegriffen am 03.06.2020.

GS Lexikon. (o. J.). Generation Y. https://www.gruenderszene.de/lexikon/begriffe/generation-y?interstitial. Zugegriffen am 03.06.2020.

Holliman, G., & Rowley, J. (2014). Business to business digital content marketing: Marketers' perceptions of best practice. *Journal of Research in Interactive Marketing, 8*(4), 269–293.

Itani, O. S., Agnihotri, R., & Dingus, R. (2017). Social media use in B2b sales and its impact on competitive intelligence collection and adaptive selling: Examining the role of learning orientation as an enabler. *Industrial Marketing Management, 66*, 64–79.

Josche, T. (2017). Millennials als B2B-Entscheider: Was bedeutet das für Ihr Content Marketing? In Lean Content Marketing (Hrsg.). https://lean-content-marketing.com/millenials-als-b2b-entscheider-was-bedeutet-das-fuer-ihr-content-marketing/. Zugegriffen am 03.06.2020.

Kovac, M. (2016). Social media works for B2B sales (25. September 2016). *Harvard Business Review Digital Articles*, 2–4. https://hbr.org/2016/01/social-media-works-for-b2b-sales-too. Zugegriffen am 15.11.2020.

Kreutzer, R.T., Rumler, A., & Wille-Baumkauff, B. (2015). *B2B-Online- Marketing und Social Media. Ein Praxisleitfaden*. Springer Gabler, Wiesbaden.

Lacoste, S. (2016). Perspectives on social media ant its use by key account managers. *Industrial Marketing Management, 54*, 33–43.

Lieb, R. (2012). *Content marketing. Think like a publisher – How to use content to market online and in social media*. Indianapolis: Que Publishing.

Marconomy. (Hrsg.). (2018). B2B Marketing 2018. Visionen, Strategien, Trends, o. O. https://www.marconomy.de/b2b-marketing-2018-visionen-strategien-trends-a-671809/. Zugegriffen am 03.06.2020.

Merit. (2017): B2B Report Millennials, o. O. https://madewithmerit.com/millennials-make-73-percent-purchasing-decisions-b2b/. Zugegriffen am 30.05.2020.

Minsky, L., & Quesenberry, K. A. (2016). How B2B sales can benefit from social selling (8. November 2016). *Harvard Business Review Digital Articles*, 2–5. https://hbr.org/2016/11/84-of-b2b-sales-start-with-a-referralnot-a-salesperson.

Rapp, A., & Panagopoulos, N. G. (2012). Perspectives on personal selling and social media: Introduction to the special issue. *Journal of Personal Selling and Sales Management, 37*(4), 301–304.

Rollins, M., Nickell, D., & Wei, J. (2014). Understanding salespeople's learning experiences through blogging: A social learning approach. *Industrial Marketing Management, 43*(6), 1063–1069.

Schaub, K. (2014). *Social buying meets social selling: How trusted networks improve the purchachse experience*. White Paper. IDC.

Schmäh, M., & von Essen, T. (2017). Wie man Social Selling richtig macht. *marke, 41*(2), 50–55.

Sinning, M., & Falk, A. (2019). Social Selling: Ein entscheidender Vorteil im B2B Vertrieb. https://www.marconomy.de/ein-entscheidender-vorsprung-im-b2b-vertrieb-a-900423/. Zugegriffen am 30.05.2020.

Statista. (Hrsg.). (2020). Die Content Marketing Trendstudie 2020. https://de.statista.com/page/content-marketing-trendstudie-2020-de. Zugegriffen am 20.05.2020.

Steinbach, J., Krisch, M., & Harguth, H. (2015). *Helpvertising. Content-Marketing für Praktiker.* Wiesbaden: Springer Gabler.

Terho, H., Cardinali, S., Pascucci, F., & Viskovichm, J. (2019). Advancing social media driven sales research: Establishing conceptual foundations for B-to-B social selling. *Journal of Industrial Marketing Management.* https://doi.org/10.1016/j.indmarman.2019.01.002.

Üstüner, T., & Godes, D. (2006). Better sales networks. *Harvard Business Review, 84*(8), 102–112.

Wang, W. L., Malthouse, E. C., Calder, B., & Uzunoglu, E. (2017). B2B content marketing for professional services: In-person versus digital contacts. *Industrial Marketing Management, 81*, 160–168.

Wang, Y., Hsiao, S.-H., Yang, Z., & Hajli, N. (2016). The impact of sellers' social influence on the co-creation of innovation with customers and brand awareness in online communities. *Industrial Marketing Management, 54*(April), 56–70.

Weinländer, M. (2020). Corporate influencing und thought leadership in B2B. In U. Seebacher (Hrsg.), *B2B Marketing: A guidebook for the classroom to the boardroom.* Wiesbaden: Springer Gabler, im Druck.

Wiese, M. (November 28, 2017). Death of a salesman: The rise of social selling. Forbes.com. https://www.forbes.com/sites/forbesagencycouncil/2017/06/29/death-of-a-salesman-the-rise-of-social-selling/. Zugegriffen am 03.06.2020.

Dr. Beatrice Ermer, promovierte Diplomkauffrau mit deutsch-französischem Abschluss, verantwortet das internationale Kommentar ignorieren. B2B Marketing in der Vertriebssparte der innogy SE. Schwerpunkt ihrer Tätigkeit ist strategisches Marketing und digitales Vermarktung, die Vermarktung innovativer Energielösungen und den Vertrieb bei der Anwendung von Social Selling zu unterstützen. Sie ist seit 7 Jahren in unterschiedlichen Funktionen in der Energiewirtschaft tätig, meist mit Marketing- und Vertriebsschwerpunkt sowie einem internationalen Fokus. Dr. Ermer ist zudem Dozentin für verschiedene Marketingschwerpunkte in Bachelor- und Masterprogrammen an mehreren Hochschulen im deutschsprachigen Raum. Sie hat zu Live Communication, Markenmanagement und internationalem Marketing publiziert.

Jens Kleine, Dipl.-Kfm., ist derzeit als Digital Sales und Marketing Experte im Internationalen B2B Marketing in der Vertriebssparte der innogy SE tätig. Schwerpunkte seiner Tätigkeit sind die Vermarktung innovativer Energielösungen unter Anwendung von agilen Arbeitsmethoden zu unterstützen und digitale Marketingstrategien für B2B Zielgruppen zu entwickeln, die Account-Based-Marketingansätze und die Sozialen Medien als Verkaufskanal berücksichtigen. Eines seiner größeren Projekte in diesem Kontext ist die Einführung einer ganzheitlichen Social Selling Strategie für das B2B-Geschäft bei innogy und E.ON. Herr Kleine verfügt über umfassendes Knowhow mit digitalem Marketing, das er in über 10 Jahren seiner Berufstätigkeit bei internationalen Medien- und Digitalagenturen u. a. der Group M und bei Publicis erworben hat.

Corporate Influencing in B2B – Die eigenen Mitarbeiter als Markenbotschafter in sozialen Medien einsetzen

Markus Weinländer

Inhaltsverzeichnis

M. Weinländer (✉)
Siemens AG, Nürnberg, Deutschland
E-Mail: markus.weinlaender@siemens.com

U. Seebacher (Hrsg.), *Praxishandbuch B2B-Marketing*,
https://doi.org/10.1007/978-3-658-31651-8_21

Zusammenfassung

Wie können Unternehmen auch ohne große Budgets ihre Inhalte in der globalen Kommunikationslandschaft platzieren? Eine Methode ist der Einsatz von Corporate Influencern – eigene Mitarbeiter, die die Themen des Unternehmens auf Social-Media-Plattformen aufgreifen und mit einer authentischen, persönlichen Note transportieren. Die Vorteile für das Unternehmen: Eine größere Reichweite über die offiziellen Unternehmenskanäle hinaus, eine reichhaltigere Kommunikationsgestaltung durch die Fachexperten, sowie positive Auswirkungen auf Marke und Gesamtwahrnehmung.

1 Motivation für Corporate Influencing

„Ich weiß, die Hälfte meiner Werbeausgaben hinausgeworfenes Geld ist. Ich weiß nur nicht, welche Hälfte." – so lautet ein berühmtes Zitat, dass Henry Ford zugeschrieben wird.[1] Heute wären Unternehmen wohl froh, wenn es wenigstens 50 Prozent wären, die sinnvoll eingesetzt sind. Und gerade im Bereich von Social Media erscheint es immer schwieriger, Reichweite, Relevanz und Resonanz zu erreichen. Denn erstens wird es immer aufwändiger, sich in der unüberblickbaren Flut von Posts, Tweets, Bildern, Blogs, Videos oder Podcasts wahrnehmbar zu positionieren: Über 400 Stunden Videomaterial werden pro Minute auf YouTube geladen,[2] über 6000 Posts pro Sekunde auf Twitter abgesetzt.[3] Zweitens nimmt die Glaubwürdigkeit der „offiziellen" Unternehmenskommunikation immer mehr ab: Nach Clarissa Haller, Siemens, haben Anzeigen und Werbekampagnen eine Glaubwürdigkeit von nur 14 %. Persönliche Bekannte oder wenigstens persönliche Social-Media-Kontakte genießen hingegen eine Glaubwürdigkeit von 84 Prozent.[4]

Eine Chance die eigene Zielgruppe deutlich besser zu erreichen, liegt im Influencer Marketing. Influencer sind Meinungsführer auf den digitalen Plattformen, die Produkte oder Dienstleistungen testen und empfehlen. Konsumiert werden diese Botschaften von den Followern des Influencers (seiner Community), die teilweise in die Millionen gehen

[1] (2006) Werbeeffizienzanalyse. In: Marketing Performance. Gabler.

[2] https://www.brandwatch.com/de/blog/statistiken-youtube/. Zugegriffen am 27.05.2020.

[3] https://www.brandwatch.com/de/blog/twitter-statistiken/. Zugegriffen am 27.05.2020.

[4] https://www.linkedin.com/pulse/influencer-engagement-b2b-environment-clarissa-haller/. Zugegriffen am 26.05.2020.

können. Sogenannte Mikro-Influencer erreichen hingegen nur einige Tausend Follower, die aber sehr spezialisiert sein können.

Im B2B-Bereich scheint der Einsatz von Influencern nur begrenzt möglich zu sein. Auch B2B-Influencer müssen authentisch wirken, das heißt als tatsächliche Experten für bestimmte Technologien, Lösungen oder Architekturen wahrgenommen werden. In der Regel sind diese Experten jedoch bei Unternehmen angestellt, so dass sie kaum durch andere Firmen genutzt werden können. Zudem ist die Reichweite einzelner Influencer im B2B-Bereich oftmals begrenzt (analog zu den Mikro-Influencern), so dass eine singuläre Aktion mit einem einzelnen B2B-Influencer schnell verpuffen kann. Drittens wird der B2B-Influencer darauf bedacht sein, seine Neutralität zu wahren, um sich als Experte nicht zu beschädigen, und deshalb bei (werblich gefärbten) Unternehmensthemen eher zurückhaltend agieren.

In der Regel scheinen deshalb Corporate Influencer besser geeignet zu sein, um als Markenbotschafter in den sozialen Medien zu wirken. Corporate Influencer sind eigene Mitarbeiter, die regelmäßig und mit hoher Authentizität Posts ihres Unternehmens teilen oder selbst zu Themen und Angeboten des eigenen Unternehmens schreiben.

Corporate Influencer können dabei in unterschiedlichen Phasen des Sales Funnels wirken (Abb. 1). Als Thought Leader bewirken sie ein gewisses Agenda Setting in den ersten Phasen Awareness und Interest, und können das Unternehmen in das relevante Set eines potenzielles Kundens rücken. Als Fachexperte beantworten sie konkrete Fragestellungen bei der Feinauswahl (Consideration) oder auch nach dem Kauf in der Benutzung eines Produkts (Buy). Als Vertriebsmanager leiten sie den Kunden durch den Kaufprozess und machen auf spezielle Angebote oder Events aufmerksam. Und auf strategischer Ebene führen Corporate Influencer zu einer persönlicheren, authentischeren Wahrnehmung eines Unternehmens und einer Marke als Ganzes.

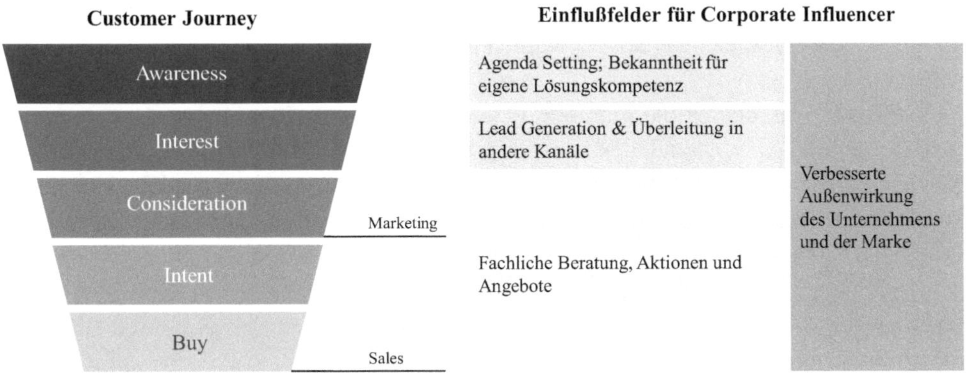

Abb. 1 Wirkung von Corporate Influencern im Sales Funnel

2 Plattformen

2.1 Überblick

Social Media-Plattformen werden immer vielfältiger, aber nicht alle Plattformen sind für B2B-Influencer gleichermaßen geeignet.

Facebook: Eine Unternehmenspräsenz, auf der wahrscheinlich bekanntesten Plattform mit 2,38 Milliarden aktiven Mitgliedern[5] ist im B2C-Bereich kaum mehr wegzudenken. Für B2B kann die Bewertung anders ausfallen. Einerseits sind zahlreiche B2B-Kunden auch auf Facebook mit einem persönlichen Profil vertreten; auf der anderen Seite ist die Plattform tendenziell eher von privaten Profilen und Vernetzungen geprägt. Damit bietet Facebook allerdings die Möglichkeit für reichweitenstarke Corporate Influencer, eine interessante, persönliche Note in die Posts einzubringen.

LinkedIn: Ursprünglich vor allem als Jobbörse gestartet, hat sich LinkedIn zur führenden Business-Plattform für Posts, Videos und Artikel entwickelt. Der Vorteil von LinkedIn ist der hohe Grad an Internationalität, was die Plattform vor allem für global operierende Konzerne interessant macht. Zudem erlaubt LinkedIn (wie auch Xing) den aktiven Aufbau eines Netzwerks. Somit lassen sich rasch erste Erfolge im Hinblick auf die Reichweitensteigerung erzielen.

Xing: Nach wie vor die führende deutschsprachige Business-Plattform ist Xing (gesprochen Crossing) mit über 16 Millionen aktiven Mitgliedern in Deutschland, Österreich und der Schweiz.[6] Da Xing (wie auch LinkedIn) auf professionelle Anwender fokussiert, kann hier eine deutschsprachige B2B-Klientel zielgerichtet angesprochen werden.

Twitter: Der Kurznachrichtendienst Twitter wird zunehmend auch im geschäftlichen Bereich relevant, da Unternehmenslenker wie Joe Kaeser (Siemens)[7] oder Elon Musk (Tesla)[8] hier regelmäßig aktiv sind. Allerdings ist das Medium sehr schnell und erlaubt kein aktives Aufbauen einer Community wie z. B. bei LinkedIn. Corporate Influencer können Twitter allerdings ergänzend nutzen, indem Posts von anderen Plattformen auf Twitter wiederverwendet werden (LinkedIn bietet dazu sogar eine entsprechende Funktionalität).

YouTube: YouTube ist die führende Video-Stream-Plattform weltweit. Ohne gezielte (und bezahlte) Werbemaßnahmen schwierig ist es jedoch schwierig, eine angemessene Reichweite zu erzielen. So bleibt mancher Unternehmensfilm (zum Beispiel Video-Casts von Industriemessen) unter der Schwelle von 1000 Ansichten (Views) – was angesichts des hohen Produktionsaufwands enttäuschen muss.[9] Gut funktionieren hingegen Videos,

---

[5] https://de.statista.com/statistik/daten/studie/37545/umfrage/anzahl-der-aktiven-nutzer-von-facebook/. Zugegriffen am 27.05.2020.

[6] https://de.statista.com/themen/746/xing/. Zugegriffen am 26.05.2020.

[7] https://twitter.com/JoeKaeser. Zugegriffen am 26.05.2020.

[8] https://twitter.com/elonmusk. Zugegriffen am 26.05.2020.

[9] Z. B. https://www.youtube.com/watch?v=xkhkCDGqFt4&t=11s. Zugegriffen am 27.05.2020.

die tatsächliches, relevantes Wissen transportieren – von der Inbetriebnahme eines technischen Geräts über spezifische Anwendungsszenarien bis zum Einbau von Ersatzteilen.[10] Diese Filme können auch von Corporate Influencern mit vergleichsweise geringem Aufwand produziert werden, weil hier der Content wichtiger ist als die ästhetische Qualität.

Corporate Blogs: Eine interessante Alternative für eigenen Content sind Corporate Blogs, auf den Mitarbeiter (ggfs. unter Anleitung) Texte zu aktuellen Unternehmensthemen publizieren. Sie stellen eine Mischform von Social Media Aktivitäten und „offiziellen" Websites dar: Etwas persönlicher und vielleicht pointierter, aber immer noch im Kontext eines Unternehmens. Typische Blogbeiträge sind deutlich länger als die üblichen Posts in anderen sozialen Medien, aber oft kürzer als Fachbeiträge in externen Print-Magazinen.

Internet-Foren: Auch die Teilnahme an einschlägigen Internet-Foren kann für Corporate Influencer lohnend sein, indem der Influencer z. B. Hilfestellungen zu Produkten gibt oder eine Navigation durch das Angebot eines Unternehmens unterstützt. Werbliche Aussagen und Posts sind hier allerdings verpönt.

2.2 Auswahl von Plattformen

Die Auswahl der richtigen Plattform ist nicht ganz einfach, weil die Entscheidung in hohem Maß von der Erreichbarkeit der Zielgruppe abhängt. Wer z. B. deutschsprachige Kunden erreichen möchte, ist auf Xing sicherlich gut aufgehoben – internationale Kundenbeziehungen lassen sich stattdessen besser über LinkedIn pflegen. Twitter mag geeignet sein, wenn jemand viele aktuell geprägte Themen bearbeiten kann (z. B. Kongresse usw.) und über eine große Follower-Zahl verfügt. YouTube ist wiederum zu empfehlen, wenn Fachexperten kleine „How to"-Videos produzieren möchten, z. B. zur Nutzung der eigenen Produkte. Corporate Blogs eignen sich für eher meinungsgefärbte und umfangreichere Beiträge, die sich untereinander ergänzen und damit dem Blog als solchem einen interessanten Mehrwert geben. Ist zudem das Unternehmen über seine Corporate Channels auf der gleichen Plattform aktiv, kann eine wirkungsverstärkende Verlinkung zwischen Beiträge erfolgen.

Bei den meisten Plattformen wird die Content-Distribution über Algorithmen gesteuert. Deren genaue Funktionsweise ist in der Regel Geschäftsgeheimnis der Anbieter, aber Ziel ist es immer, die Plattform möglichst attraktiv zu gestalten. So durchläuft ein Beitrag auf LinkedIn drei aufbauende Bewertungsstufen, wobei die höchste Stufe eine Sichtung durch menschliche Editoren bildet. Um jedoch „so weit" zu kommen, ist eine frühzeitige

---

[10] Z. B. https://www.youtube.com/watch?v=9ZDP-NffdXQ mit rund 17.000 Aufrufen oder https://www.youtube.com/watch?v=Gh2fBLEmxpQ mit über 140.000 Aufrufen, Zugegriffen am 26.05.2020.

Interaktion von Mitgliedern mit dem Post wichtig. Im Ergebnis können Posts deutlich weniger Ansichten erhalten als der Poster Follower hat – aber auch deutlich mehr.[11]

Für die Tätigkeit als (nebenberuflicher) Corporate Influencer ist eine Fokussierung sinnvoll: Lieber eine Plattform in der verfügbaren Zeit intensiv bearbeiten (d. h. mit eigenen Themen und Interaktionen mit fremden Posts), statt auf vielen Plattformen nur ab und an einen Post zu veröffentlichen.

3 Ausprägungen von Corporate Influencing

Corporate Influencing kann in unterschiedlichen Ausprägungen stattfinden, die auch einen Entwicklungspfad für Influencer darstellen können.

1. **Content Sharing:** Startpunkt ist der „Sharing Employee“: Mitarbeiter interagieren mit Corporate Content, zum Beispiel durch Re-Posts oder Likes. Wenn diese Mitarbeiter eine gute Vernetzung zu Kunden oder Partnern haben, können damit signifikante Reichweiten bzw. Resonanzsteigerungen erzielt werden. Ergänzend hilft der Einsatz von Publishing-Werkzeugen, schnell auch mit (scheinbar) eigenen Posts zu starten.
2. **Interagieren:** Auf der zweiten Stufe beginnt der Mitarbeiter, selbst zu kommentieren. Plattformen wie LinkedIn honorieren dieses Engagement höher als reine Likes, da hier der Content weiter angereichert wird. Allerdings müssen die Kommentare auch einen Mehrwert bieten, zum Beispiel indem sie einen kontroversen Standpunkt einbringen oder zusätzliche Informationen liefern.
3. **Posten:** Die dritte Stufe ist die Veröffentlichung eigener Beiträge, vom Schnappschuss auf einer Messe oder Kundenveranstaltung über Hinweise auf neue Unternehmens-Ressourcen (zum Beispiel ein Whitepaper) bis zu erfolgreichen Projektabschlüssen (unter Einhaltung rechtlicher und unternehmensinterner Regularien). Das „Mentioning“ von Unternehmenskanälen (@Name) und die Nutzung verabredeter Hashtags (#Stichwort) gibt den Posts zusätzliche Reichweite. Unerlässlich: Gutes Bildmaterial, das den Inhalt stützt.
4. **Thought Leadership:** Auf der vierten Stufe etabliert sich ein Mitarbeiter als Experte oder Vordenker zu unternehmensrelevanten Themen (Thought Leader). Top-Manager können hier das „Große Ganze“ darstellen, den Mehrwert bestimmter Themen für die Wirtschaft oder die Gesellschaft erläutern oder auf emotionaler Ebene dem Unternehmen ein Gesicht geben. „Topic Experts“ besetzen bestimmte Fachthemen aus Technik, Arbeitsmethoden, Führung, Marketing usw. und bringen die Unternehmensbotschaft in diesen Kontext ein. Vertriebsmitarbeiter und Techniker stellen spezielle Produkte oder Features vor und weisen auf neue Angebote (zum Beispiel Webinars) hin.

[11] https://www.linkedinsights.com/the-linkedin-algorithm-explained-in-25-frequently-asked-questions/. Zugegriffen am 26.05.2020.

5. **Social CEO:** Eine Spezialrolle nehmen die Top-Manager eines Unternehmens ein, die als „Social CEO“ auf den sozialen Medien aktiv werden. Solche Menschen erzielen große Reichweiten (z. B. hat Joe Kaeser, CEO bei Siemens, über 65.000 Follower auf LinkedIn und knapp 35.000 Follower auf Twitter) und können kraft ihrer Ämter auch starke Debatten-Impulse geben. Zu beachten ist jedoch die hohe Relevanz ihrer Äußerungen, z. B. im Hinblick auf die Börsenregelungen.
6. **Partner und Kunden:** Schließlich können auch Partner und Kunden als Corporate Influencer auftreten, wenn sie z. B. über ein gelungenes Projekt als Referenz berichten.

Corporate Influencer verändern dabei deutlich die Rolle der heutigen Kommunikationsabteilungen. Statt selbst Content zu erstellen und zu distribuieren, kommt es künftig eher auf die Bereitstellung von Knowhow zur Nutzung und von geeigneten Beiträgen sowie auf die Kuratierung der Beiträge von Top-Influencern an.

3.1 Zutaten für erfolgreiches Corporate Influencing

Eigentlich braucht es nur einen Account auf einer Social Media-Plattform, um als Corporate Influencer zu starten. Doch für eine nachhaltige, erfolgreiche Positionierung genügt dies nicht.

3.2 Commitment

Corporate Influencer sind in der Regel Angestellte eines Unternehmens. Um aber langfristig Erfolg zu haben, ist ein deutliches Commitment des Mitarbeiters zu seiner (zusätzlichen) Rolle erforderlich. Weder ist es ausreichend, ab und an einen Post zu sharen, noch kann dies aus einem offenbar eher privaten Profil heraus geschehen. Auch der Aufbau eines Netzwerks muss aus der Motivation des Corporate Influencers getragen sein: Nicht nur die eigenen Bekannten aus der „realen Welt“ sind hier willkommen, sondern genauso potenzielle Kunden, andere Influencer auf dem Themengebiet usw. Die Follower eines Corporate-Influencer-Channels sind somit weniger das persönliche Netzwerk sondern eher die Abonnenten eines Blogs.

3.3 Narrativ

Eine entscheidende Komponente für den Aufbau einer eigenen Community in den sozialen Medien ist die Entwicklung des eigenen Profils. Neben den handwerklichen Aspekten, die sich von Plattform zu Plattform unterscheiden (zum Beispiel Profilbild, Schmuckbild, beruflicher Werdegang usw.), kommt es vor allem auf die inhaltliche Positionierung an. Warum sollen andere Teilnehmer auf der Plattform einem Influencer folgen, und wer sind diese Teilnehmer (Zielgruppe)? Diese Frage muss im Profil überzeugend, authentisch und der Plattform angemessen beantwortet werden. Hinzu kommt, dass die Positionierung stimmig zur beruflichen Position und Erfahrung zu gestalten ist. Ein Fachexperte ist authentisch, wenn es um technologische Fragen geht, aber nicht unbedingt bei Fragen zur Unternehmensstrategie. Und ein erfahrener Manager sollte nicht nur die Produktneuheiten posten, da die Follower wohl mehr eine strategischer Einordnung erwarten als nur den Text der Pressemitteilung.

3.4 Profil

Das persönliche Profil auf einer Plattform ist so etwas wie Visitenkarte und Vorstellungsunterlagen zusammen. Hier müssen der eigene, professionelle Anspruch und der Nutzen für die Follower deutlich werden. Was macht einen Influencer zu einem Experten? Hinzu kommt, dass manche Plattformen die Posts von Mitgliedern mit vollständigem Profil höher bewerten (und damit mehr Reichweite erzeugen).

Die Profile müssen dabei möglichst komplett sein, um Besuchern einen guten Eindruck zu verschaffen, warum ein Influencer als Experte gelten kann. Dazu gehört auf LinkedIn z. B. auch ein guter Profil-Slogan, der bei jedem Post erscheint. Auch der Lebenslauf sollte auf die Zielgruppe ausgerichtet sein. Bei allen textlichen Informationen ist darauf zu achten, dass keinerlei interne Bezeichnungen oder Abkürzungen verwendet werden, die außerhalb der eigenen Firma nicht verständlich sind. Absolut unverzichtbar ist ein professionelles Profilbild, das auch in den kleinen Formaten auf den Social-Media-Websites visuell gut funktioniert. Bei manchen Plattformen kann zudem ein Schmuckbild eingebunden werden, was eine weitere gute Möglichkeit darstellt, die eigene Positionierung oder die Zugehörigkeit zum Unternehmen zu zeigen.

3.5 Bestandteile für Posts

Der Aufbau eines Posts unterscheidet sich ebenso wie die Regeln für das Profil zwischen den Plattformen, doch viele Mechanismen ähneln sich. Für LinkedIn sollte ein Post die folgenden Bestandteile enthalten (Abb. 2):

- Da LinkedIn zunächst nur drei Zeilen eines Posts anzeigt, muss der Einstieg prägnant und interessant gestaltet sein.
- Durch das Einbinden anderer Mitglieder über „Mentions" (@Name) wird die Vernetzung gesteigert; zudem können so reichweitenstarke Plattform-Mitglieder zur Interaktion eingeladen werden. Über die Mentions können sowohl der eigene Corporate Account als auch Co-Worker usw. eingebunden werden.
- Die Verwendung von Hashtags (#Stichwort) funktioniert wie eine Indizierung des Beitrags. Wenn Mitglieder nach solchen Hashtags suchen oder auf einen Hashtag klicken,

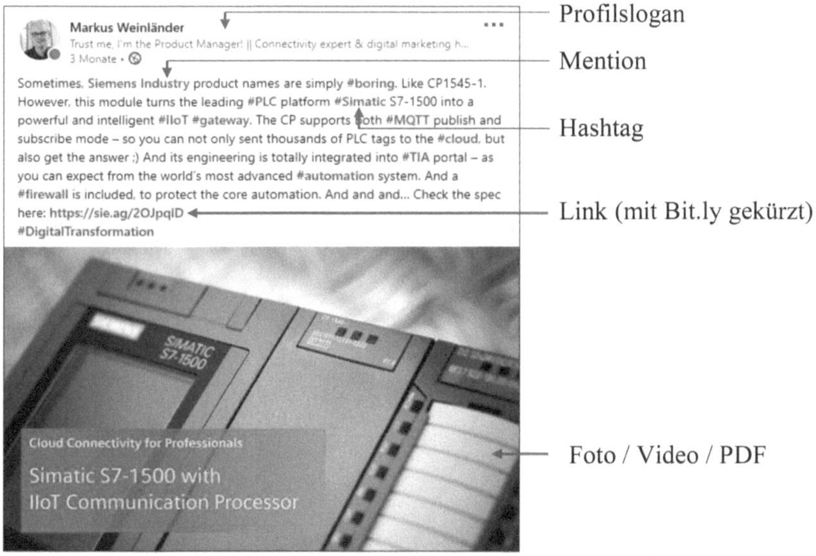

Abb. 2 Bestandteile eines LinkedIn-Posts

bekommen sie alle zugeordneten Posts angezeigt. Als Daumenregel werden maximal ca. 5 Hashtags empfohlen. Die Reichweite von Hashtags kann entweder über die LinkedIn-Suche oder über Tools wie ritetag.com oder hashtagify.com geprüft werden.

- Das Foto ist der „visuelle Aufmacher" – wie bei einer Zeitung steigen Leser über das Bild in das Thema ein
- Ein Link führt zu weiteren Informationen, z. B. zur Unternehmenswebsite.

Der Einsatz von Links ist allerdings zwiespältig. Einerseits sollen damit Leser auf die eigene Website geleitet werden, andererseits „bestrafen" manche Algorithmen den Influencer dafür, dass Leser von der Plattform „abgezogen" werden. Sinnvoll ist deshalb ein Mittelweg: Wo ein Link unablässig ist (z. B. zur Anmeldung bei einer Veranstaltung) wird dieser gesetzt. Kann hingegen der Content komplett auf der Plattform gezeigt werden (z. B. durch Hochladen eines PDF-Dokuments auf LinkedIn), ist die größere Reichweite vorzuziehen.

3.6 Texte

Gute Posts zeichnen sich durch eine angemessene und aktive Sprache, Prägnanz und Kürze aus – längere Beiträge sollten als Blog-Beiträge oder Artikel veröffentlicht werden. Generell gelten die Methoden des „Storytellings" auch für Corporate Influencer, z. B. dem bekannten Aufbau der „Heldenreise". Aber auch klassische journalistische Formen können

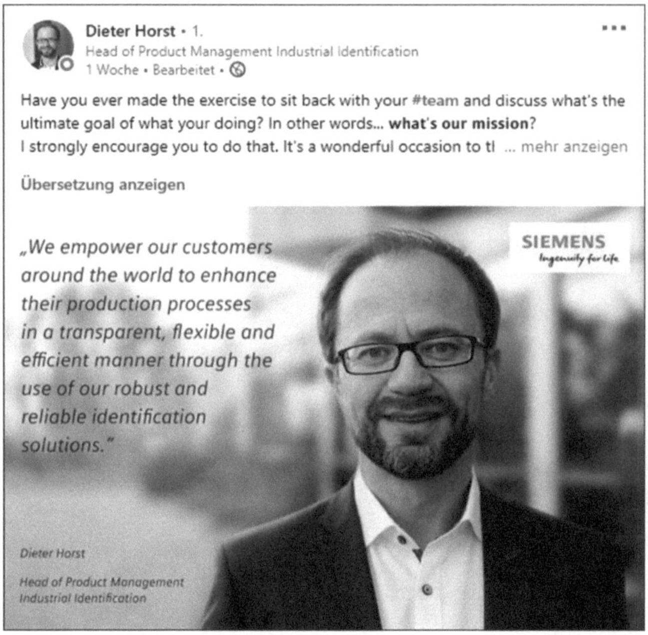

Abb. 3 Beispiel für eine Quote Card (https://www.linkedin.com/posts/dieter-horst_team-identification-rfid-activity-6666288299658756096-Z_GH. Zugegriffen am 27.05.2020.)

erfolgreich genutzt werden, von der Nachricht/Meldung über Feature oder Interview bis zum Kommentar.

3.7 Bilder

Kommunikation und Werbung sind heute stark visuell geprägt – auch auf den sozialen Medien ist geeignetes Bildmaterial unverzichtbar. Zum einen unterstützt es den Leser beim Erfassen des Inhalts, zum anderen dient es als Aufmacher für den Post. Leser scrollen oft durch ihren Stream oder Newsfeed, und bleiben dann wie bei einer Zeitung zunächst am Bild „hängen", bevor sie in den Text einsteigen. Doch die visuelle Konkurrenz ist hoch, so dass ein zumindest semiprofessionelles Niveau bei eigenen Bildern erforderlich ist. Als Quelle für Bildmaterial fungieren neben eigenen Fotos auch die Bilddatenbank eines Unternehmens (nach Klärung der rechtlichen Zulässigkeit) oder externe Bilddatenbanken.

Typische Bildarten sind:

- Fotos von Events, Messen, Kongressen
- Portraits, ggfs. als „Quote Card" mit einem Zitat der abgebildeten Person (Abb. 3)
- Maschinen, Anlagen, technisches Equipment

- Gruppenbilder, Besuchergruppen
- Info-Grafiken
- uvm.

Selbstportraits („Selfies") können auch im B2B-Kontext genutzt werden, sollten aber einen Mehrwert für die Leser transportieren – entweder mit einer klaren Botschaft (z. B. als Quote Card), oder als gelegentliche Auflockerung bei tatsächlich interessanten Events (z. B. Treffen mit dem CEO). Zu häufig eingesetzt, kann der Eindruck entstehen, es ginge weniger um echten Content als vielmehr um die eigene Selbstdarstellung.

3.8 Video

Seit vielen Jahren werden Videos als Content-Format immer beliebter, was sicherlich auch mit der verfügbaren Bandbreite zu tun hat. Auch im B2B-Bereich sind Videos ein beliebtes Medium, von Image-Filmen bis zu Anleitungen zur Bedienung von Produkten. Die meisten Plattformen erlauben inzwischen das native Hochladen von Videos – es muss also nicht nur YouTube sein.

Allerdings müssen Videos den spezifischen Anforderungen der gewählten Plattform gerecht werden. So müssen Inhalt und Plattform zueinander passen: Während sich YouTube vor allem als „visuelle Bibliothek" eignet und die Videos oft genug direkt aus Google heraus gefunden werden, ist LinkedIn eher ein Nachrichtenkanal der rasch eine große Zahl von Mitgliedern erreicht, ein Video aber nach ein paar Tagen auch in die Versenkung verschwindet (wie alle anderen Posts auch). Bewährt haben sich auf LinkedIn z. B. Reportagen von Messen und Kongressen, die Aufzeichnung von Vorträgen oder kurze Animationen.

Weitere Empfehlungen ergeben sich aus den technischen Möglichkeiten der Plattformen und dem Nutzungsverhalten. Für LinkedIn ist z. B. sinnvoll:[12]

- eher kurze Videos (kürzer als 2 min)
- da Videos in der Regel im „Silent Mode" gestartet werden, braucht es Untertitel
- ein interessantes Eröffnungsbild im Video, da LinkedIn als Vorschaubild immer der erste Frame des Videos gezeigt (anders als bei YouTube).

Wie bei Fotos auch ist auf eine ausreichend professionelle Qualität zu achten. Verwackelte Handy-Videos entsprechen wahrscheinlich nicht der gewünschten Selbstdarstellung, was aber zu aufwändigen Produktionen führt (Equipment, Aufteilung auf Szenen, zusätzliches Einspiel-Material und Animationen, Schnitt, Dekorationen wie Titeleinblendungen usw.). Ist ein Corporate Influencer für solche Aufgaben affin, geht es oft ohne Agentur – aber der Zeitaufwand ist deutlich höher als bei reinen Textposts. Da gleichzeitig

[12] https://blog.hootsuite.com/de/linkedin-video-2019/. Zugegriffen am 31.05.2020.

die Reichweite von Videos nicht automatisch höher bzw. in manchen Fällen ein Text-Post aufgrund der schnelleren Konsumierbarkeit sogar besser geeignet ist, sollte im konkreten Fall eine Abwägung nach Themen und Profil des Influencers sowie einige praktische Versuche erfolgen.

3.9 Frequenz

Wie häufig sollte ein Corporate Influencer seine Posts veröffentlichen? Dies hängt zum einen von der Plattform ab: Je schnelllebiger (wie z. B. Twitter) desto häufiger; auf LinkedIn gilt zweimal wöchentlich als gute Faustregel. Zum anderen ist der Aktualitätskontext zu beachten: Von großen Leitmessen (z. B. der Hannover-Messe Industrie) können durchaus täglich oder vielleicht noch häufiger Posts kommen, insbesondere wenn hier ein echter Mehrwert geboten wird (z. B. Produktvorstellungen, Hinweise auf Veranstaltungen, Zusatzangebote wie Präsentationsunterlagen zum Download). Allerdings muss die Häufigkeit immer gegen die Aufnahmefähigkeit der Follower abgewogen werden – wer will schon immer den gleichen Influencer an oberster Stelle seines Streams sehen? Manche Plattformen (z. B. LinkedIn) reduzieren deshalb die Wertigkeit von Posts im Algorithmus, wenn jemand zu häufig publiziert.

3.10 Themenfindung

Als Themen eignen sich fast alle Firmeninformationen, die für die Zielgruppe interessant sind. Für Corporate Influencer können dies u. a. sein:

- Produktneuheiten
- Technische Informationen („Did you know?")
- Besondere Angebote und Aktionen
- Ankündigung und Berichterstattung zu Veranstaltungen
- Whitepaper
- Veröffentlichungen von Fachartikeln, Büchern
- Referenzprojekte
- Kooperationen
- „Behind the scene" – wie wird bei einem Unternehmen gearbeitet?
- uvm.

Bei internen Anlässen muss vorab geregelt sein, ob eine Berichterstattung auf sozialen Medien zulässig ist. Zudem muss immer der Bezug zu den Followern hergestellt werden – warum ist zum Beispiel eine Vertriebstagung für die Kunden wichtig? Ein gelungenes Beispiel zeigt Abb. 4: Hier wurde die Produktschulung im Rahmen einer Tagung hervor-

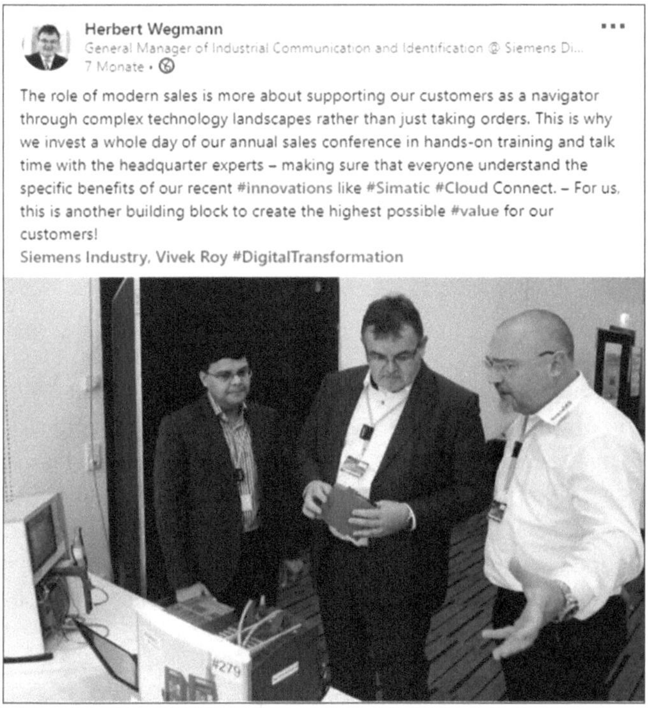

Abb. 4 Post eines General Managers über die Teilnahme an einer Vertriebstagung (https://www.linkedin.com/posts/herbert-wegmann_innovations-simatic-cloud-activity-6592436030618521600-YwnQ. Zugegriffen am 29.05.2020.)

gehoben, damit die Vertriebsmitarbeiter noch besser den Bedarf der Kunden erfüllen können.

Bei allen Ideen zu Themen muss immer das Narrativ des Influencers beachtet werden. Was beim General Manager funktioniert, ist nicht automatisch das richtige Thema für den Fachexperten – und anders herum.

3.11 Redaktionsplanung

Um aber genügend Material verfügbar zu haben, bzw. in hektischen Zeiten wie bei großen Fachmessen den Überblick zu behalten, empfiehlt sich das Aufstellen eines Redaktionsplans. Eine einfache Excel-Tabelle genügt, um Themen und per Farbcodierung deren Produktionsstatus zu verfolgen (Abb. 5). Hinzu kommt eine Liste mit vorbereiteten Themen, die zeitlich unabhängig platziert werden können. Der Vorteil: Materialien werden rechtzeitig organisiert (z. B. Fotos), und Lücken im Redaktionsplan können aus „dem Fundus“ bestückt werden.

	A	B	C	D	E	F	G	H	I	J	K
1	2019	Focus	MO	DI	MI	DO	FR	SA	SO		
2	14.10.2019			MBGipfel	Marconomy				CC7 Whitepaper		
3	21.10.2019			CITS	CITS	CITS					Colors:
4	28.10.2019	RIB		Vortrag KM/MM							Done
5	04.11.2019	SPS HeatUp			RTLS Teaser				Quality by Design		Ready
6	11.11.2019	SPS HeatUp		MFK Blog		MFK Blog	Metzler Video				Input needed
7	18.11.2019	SPS HeatUp		Blog Khe		Teaser Automation Forun	[A] Sinec NMS				Highlight
8	25.11.2019	SPS Fair	CP1545-1	RTU3041C	Vortrag Auernheimer	CC7					
9			Team Siemens - Vorträge	[A] OPC / Hoppe	Use Case PredQ	[A] Wireless O&G					
10	02.12.2019					RTLS	Buchverlosung				
11	09.12.2019		Vortrags-Video						RTLS-Video		
12	16.12.2019		Buch-Gewinner		Systemtest	Walk the Talk - Security					
13	23.12.2019			XMAS							

Abb. 5 Beispiel für einen Redaktionsplan

3.12 Kuratierung

Neben der Veröffentlichung eigenen Contents ist die Interaktion mit anderen Mitgliedern auf der Plattform notwendig. So müssen die eigenen Beiträge regelmäßig auf Kommentare geprüft werden, die eine Antwort erfordern – sei es, weil jemand nach weiteren Informationen fragt, sei es, weil es kritische Stimmen gibt. Dabei sollte die Meinungsfreiheit geachtet werden, d. h. solange ein Kommentar sachlich bleibt, sollten auch kritische Anmerkungen akzeptiert werden. Kommentar-Schlachten, bei denen es nur noch um Rechtfertigungen geht, sind zu vermeiden. Beleidigende Kommentare oder solche, mit denen Wettbewerber einen Post kapern um auf eigene Lösungen hinzuweisen, dürfen durchaus gelöscht werden.

Interaktion ist aber auch mit anderen Mitgliedern wichtig. Zum einen, weil manche Algorithmen das „soziale" vor die „Medien" stellen, das heißt eine gewisse Interaktion mit Mitgliedern mit höherer Sichtbarkeit belohnen. Zum anderen kann die eigene Reputation verbessert werden, wenn Posts von Branchen-Influencern klug oder wenigstens mit Mehrwert kommentiert werden.

3.13 Netzwerk entwickeln

Ein letzter, wichtiger Bestandteil der Corporate-Influencer-Tätigkeit ist die Entwicklung des eigenen Netzwerks. Dies geschieht in erster Linie durch das Posten interessanter Beiträge, kann aber durch ergänzende Maßnahmen gestützt werden. Hierzu zählt das aktive Einladen von Kunden, Kollegen, Studienfreunden usw., aber auch die Reaktion auf „Likes" und Kommentare zu eigenen Posts. Gerade die rasche Kontaktaufnahme nach einer Interaktion verspricht eine hohe Annahmequote, weil der potenzielle Kontakt ja gerade erst den Content positiv bewertet hat.

4 Das Corporate-Influencing-Programm im Unternehmen

Corporate Influencing kann nicht nur als Phänomen betrachtet werden, sondern auch aktiv als Programm durch ein Unternehmen entwickelt werden. Hierzu empfehlen sich die nachfolgend dargestellten sieben Bausteine.

4.1 Die Sieben Bausteine des Corporate Influencing

1. **Zielsetzung und grobe Regeln entwickeln:** Was will ein Unternehmen erreichen, und welche Spielregeln wird es geben? Die Ziele sollten realistisch gewählt werden – Corporate Influencing kann eine größere Reichweite bieten, aber sicherlich keinen 1:1-Einfluss auf Umsätze oder Auftragsabschlüsse liefern. Zudem ist die Einbettung der Zielsetzung in die allgemeinen Kommunikationszielen erforderlich. Bei den Spielregeln muss immer bedacht werden, dass Corporate Influencer in der Regel freiwillig tätig werden – ein Zuviel an Regeln wird zum Motivationskiller. Eine Abstimmungs- und Freigabekultur ist zudem zum Tempo auf den sozialen Medien nicht kompatibel. Zu klären ist auch, inwiefern die Influencer Materialien des Unternehmens nutzen dürfen (z. B. Fotos oder Videos).
2. **Einverständnis des Managements:** Die Arbeit von Corporate Influencern muss durch das Management gedeckt werden und sollte idealerweise auch in der Aufgabenbeschreibung der jeweiligen Mitarbeiter vermerkt werden.
3. **Gewinnung von Mitarbeitern:** Corporate Influencer sollten Experten auf ihren jeweiligen Themengebieten sein, und müssen Freude am Schreiben haben – nur so wird ein frischer und kontinuierlicher Auftritt in den sozialen Medien funktionieren. Da die Mitarbeiter auf ihren privaten Accounts tätig werden, ist zudem die Freiwilligkeit zu berücksichtigen. Gut geeignet für erste Versuche sind diejenigen Mitarbeiter, die immer wieder in Fachmedien publizieren oder regelmäßig Vorträge halten.
4. **Schulung:** Unverzichtbar ist eine Schulung, um die Lernkurve einzelner Mitarbeiter zu unterstützen. Inhalte für Schulungen sind deshalb sowohl die Mechaniken der gewählten Plattformen, Beispiele für Do's and Don'ts als auch die internen Regeln. Daneben sind die wesentlichen Bestandteile der Markenpersönlichkeit in der Schulung zu vermitteln, und wie ein Mitarbeiter als Botschafter dieser Marke auf ihre Weiterentwicklung beitragen kann.
5. **Begleitung:** Influencer werden im Laufe der Zeit eine Entwicklung durchlaufen, von den ersten Gehversuchen bis zum „alten Hasen". Hier kann die Kommunikationsabteilung eines Unternehmens unterstützen, z. B. durch ein Review der Posts und des Profils durch Kommunikationsexperten oder durch spezielle Trainings (z. B. Sprechen vor der Kamera). Auch die Bereitstellung von Posts oder Materialien gehört zur Begleitung. Allerdings darf diese Begleitung nicht in Kontrolle ausarten, da dies die Motivation und auch die Authentizität des Influencers beschädigen kann.
6. **Vernetzung:** Um die Entwicklung einzelner Influencer zu ermöglichen, ist eine Vernetzung untereinander sinnvoll, auch im Rahmen von Schulungen und Workshops. So gelingt der Aufbau einer Community, die Erfolgsrezepte austauscht, sich inhaltlich ergänzt oder sich auch beim „Anschieben" von Posts durch Kommentare und Likes hilft. Die Vernetzung betrifft aber auch die offiziellen Kommunikationsstellen im Unternehmen: Jeder Influencer sollte wissen, an welchen PR-Profi er/sie sich im Notfall (z. B. bei kritischen Kommentaren) wenden kann. Und auch die hauptberuflichen Kommunikatoren müssen „ihre" Influencer kennen, um sie bedarfsweise unterstützen zu können.

7. **Trouble Shooting:** Die Influencer dürfen in kritischen Situationen nicht allein gelassen werden, sondern brauchen ggfs. die Betreuung durch PR-Profis – auch wenn das Risiko für Shitstorms wohl häufig überschätzt wird.

Bei der Auswahl und Positionierung von Influencern ist es für Unternehmen sinnvoll, die verschiedenen Ebenen der Kommunikation gut abzudecken. So lassen sich z. B. technische oder prozessuale Fragen gut durch Fachexperten kommunizieren. In größeren Zusammenhängen können dann Mitglieder des mittleren Managements agieren, z. B. ein Leiter Produktmanagement. Schließlich adressiert das Top-Management die großen strategischen Fragestellungen, auch in Verbindung z. B. zu gesamtwirtschaftlichen oder gesellschaftlichen Trends. Eine solche Influencer-Struktur lässt sich durch ausgefeilte Typologien weiter verfeinern und steuern.[13]

4.2 Vernetzte Kampagnen

Gelegentlich kann die Vernetzung der Influencer auch erfolgreich für kombinierte Kampagnen genutzt werden. So hatte die Siemens AG für das Thema „Simatic Robot Integrator" 24 eigene Corporate Influencer aus dem Industriebereich mit einem durchgängigen Bildmotiv fotografiert und die Posts in wenigen Tagen konzertiert ausgespielt (Abb. 6). Im Ergebnis erreichten die 24 Corporate Influencer auf LinkedIn in Summe über 134.000 Views mit über 2700 Interaktionen – bei einigen Stunden Aufwand und Ausgaben von wenigen hundert Euro.

4.3 Wandel der Kommunikationsabteilungen

Im Rahmen eines Corporate Influencing-Programms wird auch die Kommunikationsabteilung ihre eigene Rolle überdenken müssen. War dort bislang die „Kommunikationshoheit" gebündelt, wird nun ein Teil dieser Rolle an die Influencer abgegeben. Clarissa Haller (Siemens) spricht vom „kontrollierten Kontrollverlust",[14] Philipp Schindera (Deutsche Telekom) prognostiziert das „Ende der Kommunikationspolizei".[15] Stattdessen entwickelt sich die Kommunikationsabteilung in eine Rolle als Begleiter, Mentor und Coach sowie als Unterstützung für Themenfindung und Content-Bausteine. Auch die Posts für das Top-Management entstehen oft aus der Kommunikationsabteilung, was in der Regel eine

[13] Z. B. bei der Deutschen Telekom: https://www.pressesprecher.com/nachrichten/wie-die-telekom-corporate-influencer-nutzt-162679779. Zugegriffen am 27.05.2020.

[14] https://www.pressesprecher.com/nachrichten/siemens-warum-haller-kontrolle-abgibt-719299336. Zugegriffen am 27.05.2020.

[15] https://www.youtube.com/watch?v=-r2sTlyF7Yw. Zugegriffen am 27.05.2020.

Abb. 6 Beispiel für eine koordinierte Influencer-Kampagne: „Simatic Robot Integrator" (https://www.linkedin.com/posts/claudia-hoeglmeier_robots-tiaportal-loveyourrobot-activity-6633268163872079872-AhKi/ und https://www.linkedin.com/posts/markus-weinlaender_simatic-robots-tiaportal-activity-6633266546909163520-HS11/. Zugegriffen am 27.05.2020.)

enge und vertrauensvolle Zusammenarbeit mit einem „persönlichen" Social-Media-Referenten verlangt.

4.4 Bewertung der Resultate

Was lässt sich durch Corporate Influencing konkret erreichen? Die Bewertung ist insofern schwierig, als dass Kennzahlen (Key Performance Indicators, KPI) für PR-Arbeit oft nur begrenzt aussagefähig sind. Am ehesten können sie aufzeigen, wie sich einzelne Maßnahmen über die Zeit entwickeln. Daneben gibt es aber qualitative Ergebnisse, die den Einsatz rechtfertigen können.

4.5 Nutzung von KPIs

Auch ohne zahlungspflichtige „Pro"-Accounts liefern die Plattformen selbst einige Indikatoren für den Erfolg von Posts. Daraus lassen sich weitere Indikatoren ableiten, die je nach Zielsetzung relevant sein können (vgl. Tab. 1).

Tab. 1. Indikatoren für die Erfolgsmessung auf sozialen Medien

Indikator	Erläuterung/Ermittlung
Follower	Anzahl der Follower eines Mitglieds.
Views	Wie oft wurde ein Post gesehen? Die genaue Definition ist je Plattform und teilweise sogar vom Posting-Typ abhängig. Beispiel: Für einen normalen Post auf LinkedIn zählt die reine Anzeige als „view" (auch wenn der Benutzer in Sekundenbruchteilen weiter gescrollt hat); bei LinkedIn-Videos muss der Filmbeitrag mindestens 3 Sekunden abgespielt worden sein.
Likes	Wie oft haben Benutzer auf „Like" geklickt.
Kommentare	Wieviele Kommentare wurden zu einem Post abgegeben. Diese Form von Interaktion wird auf manchen Plattformen besonders hoch bewertet.
Shares	Wie oft wurde ein Beitrag erneut geteilt.
Clicks	Wie oft wurde auf den Link in einem Beitrag geklickt (auf LinkedIn nicht verfügbar).
Interaktionen	Summe aller Likes, Kommentare, Shares und Clicks.
Engagement	Gibt an, wie stark mit einem Beitrag interagiert wurde (Interaktionen./.Views).
Reach	Gibt an, wie weit ein Beitrag über das eigene Netzwerk hinaus sichtbar war (Views./.Follower).
Activation	Gibt an, wie stark die Follower zu einer Interaktion aktiviert wurden (Follower./.Interaktionen).

Darüber hinaus bieten einige Plattformen noch spezielle KPIs an. So kann bei LinkedIn der „Social Selling Index" (SSI) durch ein Mitglied abgerufen werden,[16] der sowohl ein Ranking des Mitglieds im Vergleich zu anderen Mitgliedern im Netzwerk und in der Branche als auch eine Bewertung in vier definierten Kategorien angibt. Die Grundlagen solcher KPIs sind in der Regel nicht nachvollziehbar. Dennoch sind solche Informationen wertvoll, geben sie doch letztlich wieder, wie der Algorithmus ein Mitglied bewertet. Auch die Auswertung über eine gewisse Zeitspanne kann hilfreiche Informationen zur Performanz eines Influencers geben.

4.6 Qualitative Ergebnisse

Neben den KPIs gibt es eine Reihe von qualitativen Ergebnissen, die für den Einsatz von Corporate Influencern sprechen.

Durch ihre Tätigkeit und Sichtbarkeit gewinnen Corporate Influencer eine Reputation als Fachexperte, die auf das Unternehmen und die Marke einzahlt. Unternehmen können damit ihre Expertise, z. B. zu bestimmten Technologien oder Verfahren, deutlich machen. Die Marke bekommt zudem ein „Gesicht" – es sind greifbare Personen, die den Markenkern lebendig machen.

[16] https://www.linkedin.com/sales/ssi. Zugegriffen am 27.05.2020.

Zudem gelingt es über Corporate Influencer, auch Themen anzusprechen, die über „offizielle“ Kanäle nur schwer platzierbar sind. Gerade die Bewertung von Trends und aktuellen Entwicklungen, das „Herausarbeiten“ einzelner Produktfeatures, die persönliche Meinung zu Messe-Highlights oder auch ein interessanter „Blick hinter die Kulissen“ kann für Follower interessant sein, ohne dass diese Themen einen Platz in der offiziellen Unternehmenskommunikation finden. Gerade in Konzernen, wo unter Umständen auf eine quantitative Beschränkung von Meldungen und Publikationen aus Rücksicht auf die Aufnahmefähigkeit der Medien notwendig ist, kann dies zu einer wichtigen Bereicherung der Kommunikation führen.

Desweiteren kann es Corporate Influencern gelingen, ihre Kunden enger an das Unternehmen zu binden – zum einen über den persönlichen Austausch zu Posts, zum anderen über die Relevanz und Qualität der geposteten Inhalte.

Schließlich können aus Unternehmenssicht die Inhalte breiter in einer „digitalen Verwertungskette“ genutzt werden. Statt einer einzelnen Veröffentlichung z. B. eines Fachartikels kann der Inhalt auf verschiedene Posts und Tweets aufgeteilt und den Influencern zur Verfügung gestellt werden, in überarbeiteter oder fremdsprachiger Form auf dem Corporate Blog erscheinen oder als PDF-Download in einem LinkedIn-Post bereitgestellt werden. Im Ergebnis kann diese Verwertungskette zu einer deutlichen Steigerung der Reichweite für einzelne Assets führen.

5 Fazit und Ausblick

Corporate Influencer können einen signifikanten Beitrag zur Kommunikationswirkung eines Unternehmens leisten. Durch authentische und inhaltlich wertvolle Posts positionieren sie sich erfolgreich in den sozialen Medien, um ein Agenda Setting zu bewirken, das Angebot eines Unternehmens im Entscheidungsprozess bei Kunden zu verankern oder auch das Unternehmen für künftige Mitarbeiter attraktiv zu machen.

Doch die Landschaft der sozialen Medien wird sich auch künftig dynamisch weiterentwickeln. Was heute als Erfolgsrezept – auch beim Einsatz von Corporate Influencern – erscheint, mag morgen überholt und durch andere Methoden oder Konzepte abgelöst werden. Dies gilt in gewissem Maß auch für die Social-Media-Plattformen selbst.

Gleichwohl sind Corporate Influencer ein wichtiger Schritt zu mehr Authentizität und Kundennähe – Vorteile, die in Zukunft sicherlich noch an Bedeutung gewinnen werden.

Literatur

Hoffmann, K. (2020). *Markenbotschafter – Erfolg mit Corporate Influencern. Überblick, Strategie, Praxis, Tools*. Freiburg: Haufe Group.

Hollensen, S., Kotler, P., & Opresnik, M. (2017). *Social media marketing. A practitioner guide*. o. O.: Opresnik Management Consulting.

Kotler, P. (2017). *Marketing 4.0. Der Leitfaden für das Marketing der Zukunft*. Frankfurt/New York: Campus.

o.A. (2018). Corporate Influencer. Wie Mitarbeiter zu Botschaftern werden. In: PR-Werkstatt Ausgabe 04/2018. Salzburg: Oberauer.

Pahrmann, C., & Kupka, K. (2020). *Social Media Marketing. Praxishandbuch für Twitter, Facebook, Instagram & Co*. Heidelberg: dpunkt.

Rorig, D. (2019). *Texten können: Das neue Handbuch für Marketer, Online-Texter und Redakteure. Mit Checklisten und Schreibanleitungen für alle Web-Textarten*. Bonn: Rheinwerk.

Sturmer, M. (2020). *Corporate Influencer. Mitarbeiter als Markenbotschafter*. Wiesbaden: SpringerGabler.

Markus Weinländer ist Vice President Industrial Connectivity Products bei der Siemens AG, Digital Industries, nachdem er verschiedene Positionen in Entwicklung und Marketing bekleidet hatte. Darüber hinaus lehrt er „International Sales" im Masterstudiengang „Sales & Marketing" an der Hochschule Wismar. Herr Weinländer ist Associate Engineer in Computer Science und hat einen Master of Science in Wirtschaftswissenschaften. Als einflussreicher Autor schreibt er auf LinkedIn über die digitale Transformation und das industrielle Internet der Dinge (IIoT): https://www.linkedin.com/in/markus-weinlaender/

Digital Marketing in China – So steigen B2B Unternehmen erfolgreich in den chinesischen Markt ein

Nils Horstmann

Inhaltsverzeichnis

N. Horstmann (✉)
Geschäftsführung, eviom GmbH, München, Deutschland
E-Mail: nh@eviom.com

U. Seebacher (Hrsg.), *Praxishandbuch B2B-Marketing*,
https://doi.org/10.1007/978-3-658-31651-8_22

Zusammenfassung

Chinas Wirtschaft boomt und bietet große Chancen für ausländische B2B-Unternehmen. Dabei ist es wichtig, grundlegende kulturelle und technische Besonderheiten des chinesischen Marktes im Vorfeld zu analysieren und in einer lokal angepassten Marketing- und Vertriebsstrategie zu berücksichtigen. Gerade digitale Kanäle wie WeChat und Baidu spielen auch im B2B eine zentrale Rolle und sind wichtige Faktoren für einen nachhaltigen Unternehmenserfolg.

1 Einführung Digital Marketing in China

Wenn der Wind der Veränderung weht,
dann bauen die einen Mauern,
aber andere bauen Windmühlen.
(chinesisches Sprichwort)

Die Wirtschaft Chinas boomt – die wachsende Mittelschicht und die hohe Nachfrage nach „westlichen" Gütern bieten eine große Chance für ausländische Unternehmen. Während jedoch im B2C-Sektor Marken wie Volkswagen, Nike oder Chanel höchst erfolgreich sind, tun sich B2B-Unternehmen oftmals in der Lokalisierung ihrer Marketing-Strategien auf dem chinesischen Markt oftmals schwer.

Denn dieser „Bonus" als ausländische Brand reicht heutzutage für eine finale Kaufentscheidung nicht mehr aus. Wer erfolgreich in China agieren möchte, benötigt als zentrale Erfolgsfaktoren sowohl landesspezifische Marktkenntnisse und Fachkompetenzen als auch kulturelles Verständnis: beides ist oftmals in den globalen Marketing-Departments nicht oder nur unzureichend vorhanden. Auf dieser Basis müssen Marketers die für ihr Business richtige Strategie entwickeln und operativ im gesamten Marketingmix umsetzen. Bewährte Marketing Strategien können daher nicht 1:1 übertragen werden.

Ein besonderer Fokus liegt dabei auf dem digitalen Bereich, dessen Services und Tools sowohl den privaten als auch beruflichen Alltag in China beherrschen. Die chinesische digitale Landschaft ist für westliche Unternehmen jedoch eine große Herausforderung. Bekannte und beliebte Services von Google (inklusive YouTube und Google Analytics) sowie Facebook oder Instagram sind in China gesperrt.

Der Markt ist von Playern wie Alibaba und Tencent dominiert, die ihre eigenen Services und Tools anbieten. Diese ersetzen ihre westlichen Pendants nicht nur, sondern übertrumpfen sie oftmals sogar technisch. Sie sind für den chinesischen Markt einfach besser angepasst.

2 Kulturelle und technische Besonderheiten

China ist nicht einfach nur „ein weiteres Land" in der globalen Marketingstrategie, sondern kulturell und digital eine komplett andere Welt. B2B-Strategien und B2B-Erfolgsfaktoren sind zwar nicht grundlegend anders, müssen jedoch lokalisiert und angepasst werden. Auch wenn in vielen Regionen und Industrien das „klassische" Offline-Marketing mit Maßnahmen wie Messen oder Cold-Calls eine hohe Bedeutung hat, ist die Nutzung von Online-Medien auch im B2B-Bereich deutlich stärker als in der westlichen Welt. Praktisch jeder chinesische Business-Kontakt informiert sich vorab im Rahmen seiner „Buyers Journey" online über Unternehmen, Services und Produkte. Entsprechend muss im Marketing ein großer Fokus auf den Bereich Digital Marketing gelegt werden. Online und offline verschmelzen dabei – unter anderem auch durch die populären und intensiv genutzten QR-Codes – zu einer „One Channel"-Strategie. Die Frage ist also nicht, *ob* man Digital Marketing machen soll, sondern *wie*.

Die Digital-Landschaft in China unterscheidet sich dabei essentiell von der westlichen. Ein populäres Beispiel ist WeChat, das von über 90 % der Nutzer – auch in der Arbeitskommunikation – genutzt wird und damit die hierzulande noch so beliebten Emails stark verdrängt. In seinem großen Funktionsumfang und dem hohen Verbreitungsgrad hat WeChat daher gar kein westliches Gegenstück mehr und dient Mark Zuckerberg zu Recht als Vorbild für seine geplante „Super App".[1] An diesem Beispiel wird deutlich, dass Strategien nicht nur für China lokalisiert werden müssen, sondern dass umgedreht aus China heraus Impulse für globale Marketingstrategien kommen: Aus „global to local" wird „local to global".

Auch die kulturellen Unterschiede sind erheblich: so legt die chinesische Kultur u. a. einen starken Fokus auf das Beziehungsmanagement (das chinesische Zauberwort hierfür heißt „Guanxi"), welches von westlichen Unternehmen verstanden und adaptiert werden muss. Mit englischsprachigen Angeboten, wie zum Beispiel auf der Website, erreichen Sie einen Großteil der westlichen Welt, nicht aber Unternehmen in China. Auch wenn mehr und mehr junge Chinesen englisch verstehen, ist eine chinesische Version Ihrer Website Voraussetzung für Verständnis, Akzeptanz und Vertrauen.

2.1 Unterschiede in der Digital Landscape

Es gibt zwei grundsätzliche Unterschiede in der chinesischen Digitallandschaft: Die technischen Rahmenbedingungen sowie die Plattformen und deren Bedeutung im B2B-Marketing. China ist von einer „Great Firewall of China" umgeben, die die Datenströme von und nach China legislativ und technisch überwacht. Entsprechend werden im Ausland gehostete Inhalte deutlich langsamer aufgerufen und bei inhaltlichen und/oder technischen

[1] https://www.nytimes.com/2019/03/07/technology/facebook-zuckerberg-wechat.html. Zugegriffen am 15.05.2020.

Verstößen sogar geblockt. Dies betrifft nicht nur Websites, sondern z. B. auch auf YouTube gehostete Videos auf der Website, da YouTube als Unternehmen von Google selbst geblockt wird. In China ansässige Unternehmen oder Niederlassungen sollten daher unbedingt das Hosting auch vor Ort betreiben. Die bestmögliche Erreichbarkeit aus ganz China ist über einen CDN-Provider (Content-Delivery-Networks) möglich. Für ein Hosting in China selbst benötigt man zwingend eine ICP-Lizenz/-Filing vom chinesischen Staatsministerium, welche aber nur für chinesische Unternehmen erhältlich ist.

Viele der westlichen Plattformen und Services wie Google, Facebook oder WhatsApp sind blockiert und nur über VPN-Zugänge erreichbar. Für alle diese Dienste gibt es jedoch gleichwertige oder meist bessere chinesische Alternativen, die auch von der chinesischen B2B-Zielgruppe intensiv genutzt werden. Zentrale Kommunikationsplattform – auch im B2B – ist WeChat, die mit umfangreichen Funktionen einen eigenen Kosmos bildet und u. a. auch Payment-Funktionen abdeckt und die Email-Nutzung auf ein Drittel reduziert. WeChat ist seit Kurzem auch direkt von „Overseas"-Unternehmen außerhalb Chinas wie z. B. in Deutschland nutzbar. Social Media ist in China zentraler Bestandteil der Business-Kommunikation – Visitenkarten werden als Zeichen der Höflichkeit und des Respekts ausgetauscht, gleich danach scannt man aber gegenseitig die WeChat-QR-Codes für die weitere Kommunikation.

Hochwertiger Traffic kommt über Online-Recherchen und hier vor allem von Suchmaschinen wie dem Marktführer Baidu. Aber Baidu ist nicht Google: Als wichtigstes und performanteste Suchmaschine für chinesische Inhalte besitzt Baidu eigene Services („Properties") wie Baike (Wiki), Wenku (Content-Sharing), Tieba (Foren), Zhihu (Q&A) und natürlich den Baidu Ads (Werbeplattform ähnlich Google Ads), über die Sichtbarkeit und Vertrauen aufgebaut, Content geteilt und Traffic sowie Leads generiert werden können. Auch die Website nimmt eine wichtige Rolle als Informations-Hub im B2B-Marketing ein, sie sollte aber an die lokalen Gegebenheiten angepasst sein. Hierzu gehören – neben dem technischen Hosting in China z. B. über eine Mirror-Lösung – auch die Verfügbarkeit in chinesischer Sprache und die Anpassung der Bildmaterialien und die Einbindung von Videos, die über chinesische Video-Services wie z. B. Youku oder Tencent Video gehostet sind. Einige chinesische Unternehmen verzichten inzwischen sogar völlig auf eine Website und publizieren und kommunizieren ausschließlich über WeChat. Sofern Sie B2B-Commerce betreiben, sollten Sie ebenfalls nicht nur auf Ihre eigene Website setzen, sondern die Chancen und Möglichkeiten der chinesischen Plattformen wie Alibaba, JD oder auch WeChat selbst nutzen.

2.2 Nutzerverhalten und Erwartungen

Den chinesischen Konsumenten und Business-Partner treffen Sie zuerst online. Zu einer professionellen Darstellung gehören Präsenzen auf allen wichtigen Touchpoints. Dazu gehören eine Website auf hochchinesisch (Mandarin) – idealerweise mit einer .CN-Domain für China, alternativ auch eine .COM-Adresse, eine gute Sichtbarkeit in Suchmaschinen wie Baidu sowie offizielle Social Media Accounts. Ihre chinesischen Konsumenten erwarten außerdem hochwertige, umfangreiche und multimedial aufbereitete Inhalte. Ausführliche Produktbeschreibungen und Kundenbewertungen in chinesischer Sprache sind essentiell. In Kombination mit Offline-Stores können Sie einen echten Unterschied machen! Mithilfe von Videos und Live-Streamings, Blogs, der Nutzung von „Fürsprechern" und Empfehlungen sowie ausführlichen Unternehmensbeiträgen können Sie Glaubwürdigkeit und Vertrauen schaffen. Durch ausgezeichneten und schnellen Kundenservice über alle Touchpoints hinweg heben Sie sich vom Wettbewerb ab, denn Ihr chinesischer Kunde vergleicht nationalen und internationalen Service.

3 Die Customer Journey in China – Touchpoints und Channels

Der durchschnittliche Internetnutzer ist jünger, informierter und wohlhabender. Damit steigen die Ansprüche der chinesischen Konsumenten, die über alle Online- und Offline-Channels hinweg ein einheitliches Nutzererlebnis erwarten.

Praxisbeispiel: Messen
Internationale Messen wie z. B. die Hannover Industriemesse nehmen einen hohen Stellenwert im B2B-Business ein und haben regelmäßig auch viele Aussteller und Besucher aus China. Diese sollten bereits vorab in China über Digital Marketing Maßnahmen wie z. B. Advertising in Baidu angesprochen und informiert werden. Die Services können dabei bis hin zur Zusendung von Eintrittskarten und Online-Terminvereinbarungen gehen. Auf der Messe selbst können Informationen mittels QR-Code und Push-Notifications bereitgestellt und die Besucher eingeladen werden, dem Unternehmen über WeChat zu folgen. So erhalten Sie direkt wertvolle Kontakte in Ihrem CRM und können diese auch nach der Messe weiter pflegen – am besten ebenfalls über WeChat. So schaffen Sie ein einheitliches Erlebnis und setzen sich vom Wettbewerb ab.

Die Vielzahl an Online-Plattformen erschwert es internationalen Unternehmen in den chinesischen Markt einzusteigen. Oftmals reicht es nicht eine Webseite zu unterhalten: die Kombination von essentiellen Plattformen macht den wahren Unterschied. Auf dem chinesischen Markt gibt es eine Vielzahl an Online-Plattformen, die von den Konsumenten genutzt werden. In der Abb. 1 sehen Sie die wichtigsten chinesischen Plattformen nach Kategorien aufgeteilt.

Abb. 1 Übersicht wichtiger chinesischer Kanäle

4 Digitale Erfolgsfaktoren und wichtige Touchpoints

4.1 Domain und Hosting

Wie bereits in der Einführung erwähnt, existiert eine s. g. „Great Firewall of China" (GFW). Diese erschwert ausländischen Unternehmen ohne Sitz in China die Aussteuerung der Webseite über einen lokalen Hosting-Anbieter, um den chinesischen Nutzern eine schnelle und komfortable Nutzung der Website zu ermöglichen. Denn bevor man in China hosten kann, muss eine sogenannte „Internet Content Provider" (ICP) Filing für die Webseite bei dem chinesischen Ministerium für Industrie und Informationstechnologie (MIIT) beantragt werden. Alle Webseiten, die in China gehostet werden, besitzen eine solche ICP Filing und müssen dies auch im Footer unten auf der Webseite anzeigen.[2]

In der Abb. 2 ist ein Beispiel von der chinesischen Mercedes Benz-Domain www.mercedes-benz.com.cn zu sehen. Die ICP Filing wird durch den Registrierungsort (erstes

[2] https://medium.com/@Alibaba_Cloud/web-hosting-in-china-what-you-need-to-know-1b050374c61b. Zugegriffen am 27.05.2020.

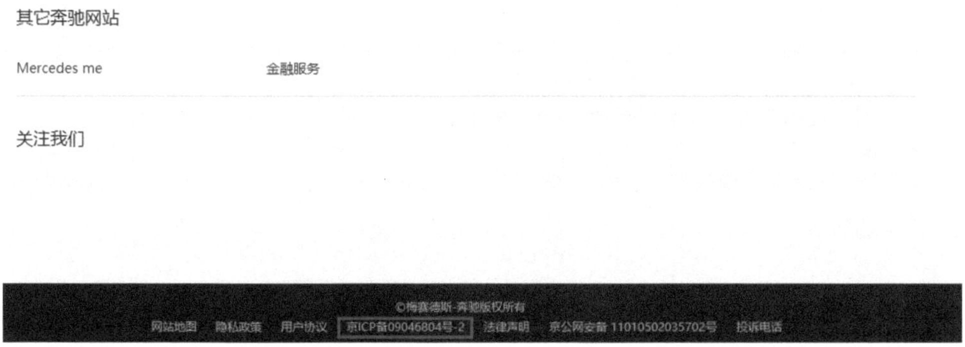

Abb. 2 Beispiel von der chinesischen Mercedes Benz-Domain

Schriftzeichen) und die nachfolgenden Buchstaben ICP gekennzeichnet. Webseiten, die eine solche ICP Filing besitzen werden auf einem Server oder einem s. g. Content Delivery Network (CDN) auf dem chinesischen Festland registriert.

Die ICP Filing wird auf chinesischer Sprache auch ‚Bei'An' genannt und ist für jede Webseite Grundvoraussetzung für ein optimiertes Hosting aus dem Mainland China. Diese Registrierung ermöglicht das reine Hosting für die Verbreitung von Informationen. Beispielsweise Universitäten oder rein informative Webseiten, welche Marketinginformationen bereitstellen, benötigen eine ICP Filing. Wohingegen Webseiten mit einer digitalen Bezahlungsanbindung eine sogenannte „kommerzielle" ICP Lizenz benötigen. Diese wird im chinesischen als „ICP Zheng" bezeichnet und erlaubt es Waren und Dienstleistungen direkt über die Webseite zu verkaufen.

Der Erwerb einer ICP-Lizenz und das Hosting auf dem chinesischen Festland garantieren, dass Ihre Website schneller geladen wird. Besonders informationsintensive oder ressourcenintensive Websites werden definitiv von einem Hosting in China profitieren. Gleichzeitig bringt Ihnen eine schnellere Ladegeschwindigkeit und eine stabile Webseite mehr Traffic und ein höheres Ranking in den Suchergebnisseiten von Suchmaschinen, wie Baidu, Sogou und 360. Hinzu kommt, dass einige Baidu Properties wie z. B. Baidu Wenku oder marktspezifische Vertriebsplattformen wie 1688 von Alibaba nach einer ICP-Lizenz verlangen.

In den vergangenen Jahren haben viele internationale Unternehmen versucht, das rechtliche Problem durch ein Hosting in Hong Kong zu umgehen. Hong Kong befindet sich zwar auch außerhalb der Firewall, ist jedoch die logistisch nächstmögliche Hosting-Möglichkeit ohne ICP Lizenz. Ein für westliche Unternehmen sehr einfaches Hosting in Hong Kong bietet damit eine alternative Lösung und die Erreichbarkeit der Daten dort ist für Nutzer aus dem chinesischen „Mainland" oftmals schneller und komfortabler als Inhalte als aus Europa oder den USA.

Viele Unternehmen, die bereits seit einigen Jahren im chinesischen Markt tätig sind, haben eine chinesisch-sprachige Internetseite aufgebaut, hosten jedoch nicht in China selbst. Das führt zu verzögerten Inhalten, langen Ladezeiten und teilweise sogar unerreichbaren Bild-, Video- oder Textinhalten. Wer also seine chinesische Zielgruppe mit vollständigen und landesspezifischen Inhalten versorgen möchte, muss zunächst mit dem Hosting in China eine Basis für die Website schaffen.[3]

Bezüglich der Wahl eines Domainamens bzw. einer Domainendung gilt es, die technische und die Nutzer-Perspektive zu unterscheiden. Hier gab es in den letzten Jahren einige Änderungen. Zum Verständnis: Suchmaschinen wie Baidu sind in Chinesisch mit rein chinesischen Interfaces, von Chinesen für Chinesen gemacht. Entsprechend werden Inhalte bevorzugt, die in Chinesisch sind und in China gehostet sind. Die betrifft aber nicht zwingend die eigentliche Domain-Endung (TLD = Top-Level-Domain). Die offizielle Länder-TLD für China ist .CN, wobei auch Baidu selbst unter einer .COM-Adresse betrieben wird. Eine .CN-Domain ist somit vor allem für die Nutzer ein Zeichen, dass diese Website für chinesische Nutzer optimiert ist. Vermeiden Sie allerdings sowohl aus Sicht der Nutzer und der Suchmaschinen-Optimierung (SEO), Inhalte für den chinesischen Markt unter anderen Länder-TLDs wie z. B. einer .DE- oder . FR-Domain zu hosten. Auch generische oder gesponsorte TLDs wie z. B. .INFO oder .WEB.

Praxisbeispiel: Internationale Domain-Strukturen
Viele Unternehmen nutzen international eine .COM-Domain und pflegen die übersetzten/lokalisierten Inhalte entweder als Sub-Domain (cn.name.com) oder als Ordner (name.com/cn) ein. Technisch ist eine Subdomain eine eigene Website, ein Ordner hingegen ein „Teil" einer gesamten Seite. Beide Lösungen sind für den Marktführer Baidu nicht ideal, hier ist Google technisch besser aufgestellt. So unterstützt Baidu z. B. auch nicht die übliche länderspezifische Auszeichnung der Inhalte („hreflang") und verliert beim Indexieren den Fokus auf die chinesischen Inhalte. Die beste Lösung ist daher ein separates Hosting und eine separate Domain für den chinesischen Markt.

4.2 Search Marketing und Baidu

Von den 800 Millionen chinesischen Internetnutzern[4] verwenden über 650 Millionen regelmäßig Suchmaschinen. In Europa ist es unvorstellbar, eine Search Marketing Strategie zu entwickeln und dabei Google ganz außen vor zu lassen. Doch im „Reich der Mitte" wird der Weltmarktführer der Suchmaschinen weitaus weniger genutzt als sein chinesisches Pendant Baidu, das sich auf die Indexierung chinesischer Inhalte spezialisiert. Baidu

[3] https://worldsites-schweiz.ch/blog/google-ads/baidu-marketing-china/hosting-in-china-mit-icp-lizenz.htm. Zugegriffen am 26.05.2020.

[4] https://www.statista.com. Zugegriffen am 17.05.2020.

gehört zu den größten Internetfirmen in China und gilt mit 74,63 % Marktanteil als wichtigste Suchmaschine im Land der Mitte, gefolgt von Shenma mit 13,52 % und Sogou mit nur mehr 4,78 %. Der Anteil von Google ist mit 2,03 % verschwindend gering.

Der geringe Anteil von Google als Suchmaschine ist allerdings nicht verwunderlich, denn viele Suchanfragen werden von vornherein blockiert und vermutlich liefert Baidu beim Indexieren chinesischer Inhalte ganz einfach auch bessere Ergebnisse. Versucht man beispielsweise einen Suchbegriff auf google.cn einzutippen, wird man direkt auf das Google Interface google.com.hk in Hong Kong weitergeleitet. Dennoch gibt es natürlich Wege, wie die „Great Firewall Of China" umgangen werden kann: mit einem virtuellen privaten Netzwerk (VPN) ist es relativ einfach, sich Zugriff auf Google und Co. zu verschaffen. Jedoch sollten sich Unternehmen, die in China tätig sind, auf die chinesische Suchmaschine Baidu und deren Properties konzentrieren.

Hier finden Sie einen Überblick der wichtigsten Fakten für ein erfolgreiches Suchmaschinen-Marketing in Baidu:

- **Angebot der Suchmaschine**
  Cloud Computing, Mobile Payment, Reiseportale, Maps, Musik- und Video-Suche, Online-Enzyklopädien und Advertising.
- **Spracheinstellungen**
  Baidu und seine Interfaces wie Ads sind ausschließlich in Hochchinesisch (oder auch: Mandarin) verfügbar, weswegen es sehr wichtig ist, das gesamte Marketing in Zusammenarbeit mit Native Speakern umzusetzen.
- **Baidu Properties**
  Baidu bietet „vertikale Suchmaschinen" analog etwa zu Google Maps oder Google Shopping. Zu den wichtigsten Baidu Properties gehören: Baidu Baike, Wenku und Zhidao. Baike entspricht dem deutschen Wikipedia und ist Chinas größte online Enzyklopädie. Wenku ist eine Dokumenten-Sharing-Plattform. Private Nutzer, als auch Unternehmen stellen hier detaillierte Informationen zu bestimmten Themengebieten online. Zhidao (wörtlich übersetzt „Wissen") bietet eine Plattform, um Fragen zu stellen und Antworten zu geben, ähnlich wie Quora.
- **Werbeanzeigen (Baidu Ads)**
  Anzeigen sind meist auf der rechten Seite platziert, können aber auch in zufälliger Reihenfolge in den SERPs erscheinen und sind generell deutlicher als Anzeige erkennbar. Außerdem hat man die Möglichkeit in der sogenannten „Brand Zone" Informationen über Marken zur Verfügung zu stellen. Die Einrichtung eines Baidu Kontos ist jedoch sehr komplex und zeitaufwendig und steht ebenfalls nur in Hochchinesisch zur Verfügung. Teilweise werden Anzeigen so prominent und umfassend in den Suchergebnissen ausgespielt, dass die eigentlichen, „natürlichen" und organischen Ergebnisse (via SEO) aus der Sichtbarkeit verdrängt werden. Die Nutzung von Baidu Ads ist daher noch wichtiger als die Nutzung von Google Ads, wenn man eine Sichtbarkeit in Baidu sicherstellen möchte.

- **Suchmaschinenoptimierung (SEO)**
  Baidu nutzt seinen eigenen Crawler Baiduspider. Bei der Sortierung der Websites in den SERPs spielen die Relevanz, der Content, die optische Gestaltung und Backlinks eine wichtige Rolle. Seiten, die außerhalb des Landes und der „Great Firewall" gehostet werden, haben oft sehr lange Ladezeiten, was einen hohen Einfluss auf die mobile Internetnutzung hat. Ein performantes Hosting ist daher in China ein absolutes Muss. Zunehmend wichtiger werden auch die indirekten Ranking-Signale wie z. B. eine hohe Bouncerate, d. h. wenn ein Nutzer Ihre Seite schnell wieder verlässt und zurück zu Baidu kommt, weil das Suchergebnis nicht auf seine (chinesischen) Bedürfnisse hin optimiert waren. Das Thema Offsite-SEO – vor allem durch starke und themenrelevante Backlinks – ist ebenfalls wichtig. Baidu ist hier technisch etwas zeitversetzt hinter Google, wodurch das Backlinking in China oftmals noch etwas „aggressiver" ist und bei Google nicht mehr funktionierende bzw. schädliche Techniken noch funktionieren. Für eine nachhaltig stabile Sichtbarkeit Ihrer Website sollten sie aber „offensive" Linkbuilding-Maßnahmen vermeiden und den natürlichen Linkaufbau unterstützen und optimieren.
- **Sogou, Shenma und co.**
  Sogou ist eine der wichtigsten Suchmaschinen auf dem chinesischen Markt. Doch unabhängig von der Ranking Position spielt Sogou eine Schlüsselrolle im Search Marketing in China. Entscheidend ist, dass Sogou von Tencent abstammt und deshalb entsprechend auf QQ und WeChat (!) als Standard-Suchmaschine eingesetzt wird. Trotzdem lässt sich pauschal nicht sagen, dass Sogou wichtiger ist als andere Suchmaschinen. Während der chinesische Suchmarkt eindeutig von Baidu dominiert wird wie der westliche Suchmarkt von Google, gibt es je nach Einsatz und Plattform mehrere Anwärter auf den zweiten Platz. Dazu gehören Shenma, eine „mobile-first"- Suchmaschine des E-Commerce Giganten Alibaba. Darüber hinaus, ist im B2B Kontext die Suchmaschine Haosou (früher bekannt als 360), besonders wichtig und widerspiegelt in etwa die Rolle von bing in Deutschland.

4.3 WeChat

Die Lifestyle App „WeChat" (chinesisch „Wēixìn") des Internet-Giganten Tencent hat bereits über 1 Milliarde tägliche Nutzer und ist für viele Chinesen *der* (digitale) Lebensmittelpunkt – gerade durch die starke mobile Internet-Nutzung. WeChat bietet verschiedene Account-Typen mit individuellen Menüs, Mini-Programm-Integration und Spielen, E-Commerce-Funktionen sowie Payment-Services und kombiniert damit viele Funktionen von westlichen Plattformen wie Facebook, Whatsapp, Paypal und Amazon in nur einer „all-in-one"-App.

Gerade diese Kombination eröffnet große Chancen für B2B- und B2C-Unternehmen, da die User WeChat gar nicht verlassen brauchen, um mit Marken in Kontakt zu treten und zu kommunizieren, Ihre Shops und Produkte zu finden und auch direkt bezahlen zu können – und zwar online *und* offline! Einfach zu nutzende Sharing-Funktionen sorgen für eine schnelle Verbreitung Ihrer Inhalte durch Ihre Follower z. B. in Ihren „Moments" und sorgen für Vertrauen gegenüber Dritten. Offizielle Accounts können sogar eigene Apps (Mini Program) integrieren. Ein WeChat-Profil hat daher für viele chinesische Unternehmen eine höhere Bedeutung als eine Webseite. Besonders beliebt ist der Einsatz von QR-Codes im Online- und auch Offline-Marketing wie z. B. auf Flyern: hierüber lassen sich einfach neue Konten/Unternehmen und Freunde hinzufügen, Kampagnen bewerben, das Taxi bezahlen oder sogar dem Straßenmusiker eine Spende zukommen lassen.

Durch umfangreiche Kontrollen bei der Account-Registrierung vermeidet WeChat Fake-Accounts wie z. B. bei Facebook und gewährleistet damit den professionellen Umgang mit der App. Nach der Registrierung stehen den Nutzern kostenlose Chatservices sowie Telefon- und Videocall-Funktionen zur Verfügung. Für den privaten und unternehmerischen Einsatz von WeChat gibt es unterschiedliche Account-Typen, die eigene Befugnisse und Marketing-Aktivitäten über API-Schnittstellen ermöglichen. Jedes Unternehmenskonto ist dabei ein „Official Account", diese unterteilen sich wiederum in verschiedene Plattform-Versionen (China oder International), Kontotypen (Subscription und Service) sowie Verification-Status (verified und unverified).

Für Unternehmen gibt es im Wesentlichen zwei Alternativen:

1. **Subscription Accounts:** Diese Accounts fokussieren sich auf Information und Brand-Kommunikation und werden wie ein täglicher News-Feed genutzt. Nur diese Accounts können auch von Individuen wie Bloggern und Prominenten genutzt werden. Sie eignen sich für Unternehmen, die täglich mit ihren Kunden kommunizieren und Content veröffentlichen möchten.[5]
2. **Service Accounts:** Service Accounts bieten viele Funktionalitäten wie API-Integrationen, E-Commerce und CRM-Features. Verifizierte Accounts können darüber hinaus auch WeChat Pay und WeChat Stores nutzen. Unternehmen können hier zwar nur 4x monatlich bis zu sechs Artikel posten, diese erscheinen – im Gegensatz zu Subscription Accounts – als „Push-Notification" in der Chat-Liste der Follower. Die Frequenz ist damit niedriger, aber die Sichtbarkeit deutlich höher!

Service Accounts sind damit die bevorzugte Wahl für die meisten Unternehmen mit größerer Audience oder Kunden-Datenbank und eignen sich hervorragend für den Kundenservice, da User direkt Nachrichten an den Account senden können. Darüber hinaus bieten sie im Backoffice wesentlich mehr Daten und Informationen für Unternehmen wie z. B. zur Nutzung der QR-Codes.

Weiterhin gibt es sogenannte „Enterprise Accounts". Diese können vor allem zur internen Kommunikation von Unternehmen genutzt werden, ähnlich wie z. B. Slack. Diese Accounts sind nicht öffentlich zugänglich. Sie können durch Third-Party APIs erweitert werden um Funktionen wie Videokonferenzen und Content-Sharing. In der Abb. 2 wird

---

[5] https://kf.qq.com/faq/120911VrYVrA130805byM32u.html. Zugegriffen am 29.05.2020.

verdeutlicht, welche Anforderungen bei einem Subscription und Service Account von WeChat von Bedeutung sind.[6]

Praxisbeispiel: WeChat-Accounts für „Oversea"-Unternehmen
WeChat gehört zu den populärsten Apps der Welt. Dennoch war die Nutzung von offiziellen Accounts jahrelang nur Unternehmen mit einer „Chinese business licence" möglich. Erst seit 2018 ist es auch sogenannten „Oversea Companies" möglich, als ausländisches Unternehmen einen offiziellen Account zu eröffnen. Hierüber sind zahlreiche Features nutzbar wie z. B. auch die Nutzung von WeChat Ads, Chatbots und Customer Services. Einige Kernfunktionen wie z. B. WeChat Pay oder WeChat Store sind (aktuell) aber weiterhin chinesischen Unternehmen vorbehalten.

Neben der Erstellung eines WeChat Accounts ist die Promotion des neu eröffneten Accounts enorm wichtig, um eine eigene Community in China aufzubauen. Mit regelmäßigen Beiträgen zu Ihrem Unternehmen sowie Produkten in chinesischer Sprache haben Sie zwar bereits den ersten Schritt in den Markt geschafft, doch was ist ein Account ohne eine Community?

Mit WeChat Targeting können Sie Ihre Zielgruppe in China erreichen. WeChat bietet drei verschiedene Arten von Werbung an:[7]

1. **Moments Werbung:** Dabei wird die Werbung in dem News-Feed von privaten Nutzern ausgestrahlt. Sowohl Video als auch Bild- oder Textformate sind hier möglich.
2. **Official Account Werbung (Bannerwerbung):** Dabei wird die Werbung in einem anderen offiziellen WeChat Account platziert. Man unterscheidet hier nochmal zwischen In-article-Ads und page bottom Ads. Sprich, die Werbung wird entweder in der Mitte des Artikels oder am Ende angezeigt.
3. **Mini Programm Werbung:** Dabei handelt es sich um Werbung, die innerhalb von Mini Programmes (Mini Games) in WeChat ausgestrahlt wird. Es können Bottom Banner Ads (Werbung am Seitenende des Mini Programms), Incentive Ads (Mini Game Videos) oder Pop-up Ads verwendet werden. Die Abb. 3 stellt dar, wie eine WeChat Landingpage am Beispiel von einem Coca-Cola Mini Programm in der mobilen Version aussehen kann.[8]

Bevor ein Firmenaccount über WeChat Anzeigen schalten kann, muss ein sogenannter WeChat Promotion Account beantragt werden. Das können Sie über das WeChat Interface vornehmen. Beachten Sie dabei unbedingt die Anforderungen von WeChat, denn be-

[6] https://kf.qq.com/faq/120911VrYVrA150918fMZ77R.html?scene_id=kf3386. Zugegriffen am 29.05.2020.

[7] https://kf.qq.com/faq/161221FJZZrA1612213AbqUj.html. Zugegriffen am 29.05.2020.

[8] https://ad.weixin.qq.com/guide/107. Zugegriffen am 29.05.2020.

Features & Anforderungen	Subscription Account	Service Account
Anzahl Nachrichten	1× Nachricht pro Tag	4× pro Monat mit je 1-6 Artikeln
Push Nachrichten	Nein	Ja
WeChat Menü	Ja	Ja
QR-Codes	Ja	Ja
WeChat Advertising	Ja	Ja
API/Pay/Store/E-Commerce	Nein	Ja

Abb. 3 Anforderungstabelle Subscription und Service Account WeChat

stimmte Branchen und Produkte dürfen nicht über WeChat vermarktet werden. Darunter fallen zum Beispiel Medien oder die chemische Industrie. Über die klassischen WeChat Werbemöglichkeiten hinaus, gibt es natürlich auch die Möglichkeit mit KOLs (Key Opinion Leaders) zusammenzuarbeiten.

5 Social Media Marketing

Auch in China ist Social Media als Marketing Plattform wichtiger denn je und fester Bestandteil des täglichen Lebens. Aufgrund der hohen Anzahl an Usern ist der chinesische Social Media Markt sehr attraktiv. Die Social Media Landschaft ist sehr vielfältig, komplex und ändert sich schnell. Chinesische Social Media Plattformen besitzen oft viel mehr Funktionen und werden aufgrund der höheren Mobil-Affinität intensiver genutzt.

Dennoch existieren auch Gemeinsamkeiten zu westlichen Social Media Netzwerken, wie zum Beispiel die Intention des Users sich mit anderen Nutzern und Unternehmen auszutauschen. Auch Influencer Marketing ist heutzutage für große Unternehmen ein wichtiger Bestandteil des Marketings. Die Branche ist milliardenschwer und wächst kontinuierlich weiter. Anders als hierzulande sind die Meinungsführer in China aber nicht als Influencer, sondern als KOLs – sogenannte Key Opinion Leader, bekannt. Diese haben einen noch höheren Einfluss auf das Kaufverhalten, als die uns bekannten Influencer.

Hier finden Sie einen Überblick der wichtigsten Social Media Kanäle in China:

5.1 WeChat

WeChat bietet alle Funktionen von WhatsApp, Facebook, Instagram und PayPal in einem Channel gebündelt an und verfügt über 10 Millionen Apps von Drittanbietern. Ähnlich wie bei Facebook können einzelne Personen und Unternehmen einen Account bei WeChat erstellen. Im B2B Bereich wird WeChat essentiell zum Aufbau und zur Stärkung von Beziehungen genutzt. Die Payment Funktion ist extrem populär und ersetzt Bargeld und Kreditkarten (weitere Details siehe Kap. 4.3. „WeChat"). In der Abb. 4 sehen Sie eine WeChat Landingpage des Coca-Cola Mini Programms.

5.2 Douyin (TikTok)

In Europa ist die Kurzvideo App unter dem Namen TikTok bekannt. Ursprünglich ist Douyin ein chinesisches Videoportal für die Lippensynchronisation von Musikvideos und anderen kurzen Videoclips, das zusätzlich Funktionen eines sozialen Netzwerks anbietet. Douyin Marketing ist besonders interessant für B2C Unternehmen mit günstigen Alltagsprodukten. TikTok gehört aktuell zu den am stärksten wachsenden Social Media Services und erobert zunehmend auch den westlichen Markt.

5.3 Kuaishou

Kuaishou ist eine chinesische Kurzvideo App, die ähnlich aufgebaut ist wie TikTok. Mit über 700 Mio. registrierten Nutzern ist Kuaishou damit die zweitgrößte Kurzvideo App und größte Konkurrenz für TikTok. Während auf TikTok vorwiegend Konsumgüter sowie Fashion Produkte promotet werden, ist Kuaishou besonders für die Vermarktung von Services und Gaming Apps bekannt.

5.4 Red

Red oder auch „little Red Book" genannt ist eine Lifestyle und Fashion App. Mit rund 85 Millionen monatlichen Nutzern besonders interessant für Unternehmen mit einer weiblichen Zielgruppe. Neben Livestream Funktionen, können Produkte auch direkt über einen integrierten Shop verkauft und vermarktet werden. Besonders KOL Marketing ist auf RED sehr effektiv und empfehlenswert. In der Abb. 5 sehen Sie die Startseite des Nivea Brand Accounts auf Red.

5.5 Weibo

Weibo ist eine Mikroblogging Plattform und eine Kombination aus Facebook und Twitter. Weibo wird genutzt, um Informationen zu erhalten, zu teilen und mit anderen Usern zu kommunizieren. Für Unternehmen ist Weibo eine besonders wichtige Plattform, um ihr öffentliches Image zu pflegen. Weibo ist außerdem die populärste Plattform für KOL Ads.

5.6 Video-Plattformen

Wer auf chinesischen Social Media aktiv ist oder sich schon einmal eine chinesische Webseite angesehen hat, der weiß, dass die Internetnutzer im „Reich der Mitte" optisch bewegende Inhalte gewohnt sind. Da YouTube ein Service von Google und somit geblockt ist, können Inhalte der beliebten Videoplattform aus den USA auf dem chinesischen Festland nicht angezeigt oder eingebunden werden. Das ist besonders für die Implementierung von

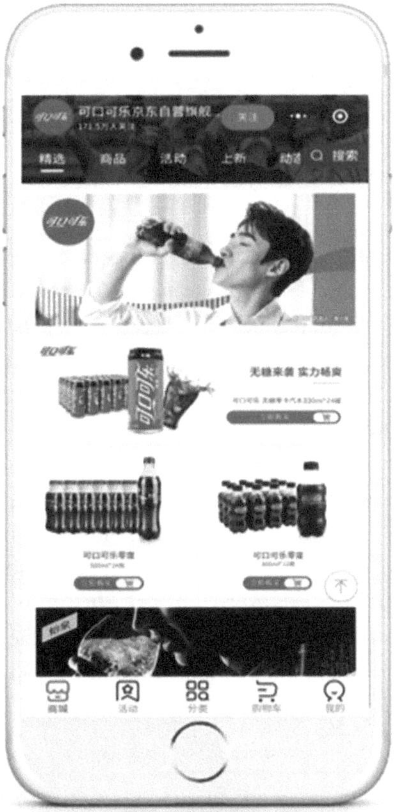

Abb. 4 Coca-Cola Mini Programm – WeChat Landingpage. (Official Coca Cola WeChat Account. Zugegriffen: 29. Mai, 2020)

Abb. 5 Startseite Nivea Brand Account auf Red

Firmenvideos auf der chinesischen Webseite ein Problem für viele internationale Unternehmen. Die Funktionen von YouTube übernehmen in China Plattformen wie Youku, iQiyi oder Tencent Videos. Die chinesischen Video Plattformen bieten ähnliche Services zu YouTube an. Firmenvideos können hochgeladen, eingebettet und über die eigene Internetseite hinaus verbreitet werden. Auf Youku und Co. können Sie auch einen Firmen Account einrichten, allerdings sind die Anforderungen an einen verifizierten Firmen Account komplex und restriktiv. Beispielsweise erlaubt Tencent Videos lediglich chinesischen Unternehmen, die Eröffnung eines Unternehmensprofils.

Eine weitere Besonderheit von chinesischen Video-Plattformen ist die deutlich erhöhte Verbreitung von Werbeanzeigen. Video Plattformen wie Youku spielen vor Beginn des Video-Clips Werbung ein, die themenfremd oder sogar von einem Wettbewerber sein kann. Doch es gibt einen Ausweg! Bezahlt man eine jährliche Gebühr, so wird keine Werbung bei den eigenen Videos in Youku angezeigt.[9] Möchte man jedoch keine Kosten dafür ausgeben, dann sollte Tencent Videos für das Bereitstellen von Videos verwendet werden.

[9] https://interculturecapital.de/online-marketing-china-firmenvideos-auf-chinesischen-webseiten-und-videoplattformen/. Zugegriffen am 26.05.2020.

Zwar wird auch dort Werbung ausgespielt, jedoch weitaus weniger als auf Youku. Außerdem bietet Tencent Videos den Vorteil, dass man die Videos auch in WeChat implementieren kann. Das ist für Videos auf Youku nicht möglich, da WeChat von Tencent bereitgestellt wird und nicht mit dem Konkurrenten Alibaba zusammenarbeitet.

Neben der reinen Bereitstellung von Video Inhalten auf Ihrer Webseite oder Social Media Kanälen, sollte auch die sprachliche Lokalisierung der Videos beachtet werden. Ein Großteil der chinesischen Bevölkerung hat zwar Englisch in der Schule gelernt, jedoch sind die Chinesen Fremdsprachen eher abgeneigt. Idealerweise sind Videos auf chinesischer Sprache für die Nutzer zugänglich. Bei vielen internationalen Unternehmen reicht es aber auch das Video mit chinesischen Untertiteln zu versetzen und ein englisches Voice-Over zu verwenden.

Die populärsten Video Plattformen in China im Überblick:

Youku

Youku ist in China als größte Video-Sharing Plattform das Pendant zu YouTube. Nutzer können Filme und Fernsehsendungen auf Youku streamen oder herunterladen. Besonders Unternehmen können über Youku mithilfe von Video Content, welcher immer beliebter bei Usern wird, oder Youku Ads ihre Zielgruppe ideal erreichen.

Tencent Video

Tencent Video ist eine der meistgenutzten Video Plattformen in China. Wie der Name schon richtig sagt, gehört Tencent Videos zu dem Internet Konglomerat Tencent. Im Gegensatz zu Youku werden auch Kurzfilme oder TV Ausschnitte ausgestrahlt. Darüber hinaus bietet Tencent gegenüber Youku viele weitere Vorteile. Beispielsweise können ausschließlich Tencent Videos in WeChat eingebunden werden, da beide Unternehmen zu Tencent gehören.

iQiyi

iQiyi, auch bekannt als Aiqiyi entspricht in vielen Funktionen dem amerikanischen Anbieter Netflix. Neben Spielfilmen und Serien gibt es Musikvideos und andere Kurzvideos, die von privaten Accounts hochgeladen werden.

Bilibili

Bilibili ist eine weitere Video-Sharing Plattform, die sich insbesondere mit Zeichentrickfilmen, Comics und online Spielen in China beschäftigt. Großer Vorteil der Plattform ist die Kommentar-Untertitel Funktion für Videos.

6 KOL – Key Opinion Leaders

Influencer Marketing hat sich in den letzten Jahren bei vielen westlichen Unternehmen als fester Bestandteil des Marketing Mix etabliert. Doch vielen ist nicht bewusst, dass der chinesische Influencer Markt deutlich größer und wichtiger für die Vermarktung von Produkten in China ist. Mit rund 650 Millionen Social Media Nutzern[10] ist das auch kein Wunder! Anders als hierzulande sind die Internetstars in China nicht als Influencer bekannt, sondern als KOLs – sogenannte Key Opinion Leaders. Sie haben noch größeren Einfluss auf ihre Social Media Follower als die Influencer, die wir kennen. Deshalb ist KOL-Marketing in China häufig die erste und auch effektivste Methode, um den Absatz von Produkten zu erhöhen oder das Markenbewusstsein zu steigern.[11]

Neben hohen Follower- und Klickzahlen ist vor allem das Vertrauen der Nutzer ein großer Bonus des KOL-Marketings. Statistiken belegen, dass 49 % der chinesischen Konsumenten aufgrund von KOL Empfehlungen eine Kaufentscheidung getroffen haben. Für jüngere Generationen ist der Prozentsatz sogar noch höher! In China unterscheidet man verschiedene Arten von KOLs. Denn anders als in Deutschland ist der Influencer Markt deutlich größer und auch entsprechend komplexer. Neben KOLs gibt es noch eine weitere Gruppe von Influencer, die KOCs – Key Opinion Consumers genannt werden. Der entscheidende Unterschied zwischen KOLs und KOCs ist, dass Key Opinion Consumers sich nicht als Influencer bekannt geben, sondern als „Privatperson" Produkte und Services testen und bewerten.

Die fortgeschrittene Integration von Social Media, E-Commerce und digitalen Payment Anbietern ermöglicht den Influencern in China eine Vielzahl an Möglichkeiten Produkte zu promoten, bewerten oder direkt zu verkaufen. Beispielsweise bietet WeChat die Anbindung von E-Shops an und E-Commerce Plattformen (z. B. Taobao) haben Social Media Funktionen, wie beispielsweise Live-Streaming integriert. Mit dem richtigen Know-how bietet die Verflechtung der verschiedenen Online-Kanäle und Funktionen enorme Potentiale für den Markteintritt ausländischer Unternehmen (Abb. 6).

---

[10] https://www.statista.com/statistics/277586/number-of-social-network-users-in-china/. Zugegriffen am 29.05.2020.

[11] https://www.eviom.com/china-marketing/influencer-marketing-china/. Zugegriffen am 28.05.2020.

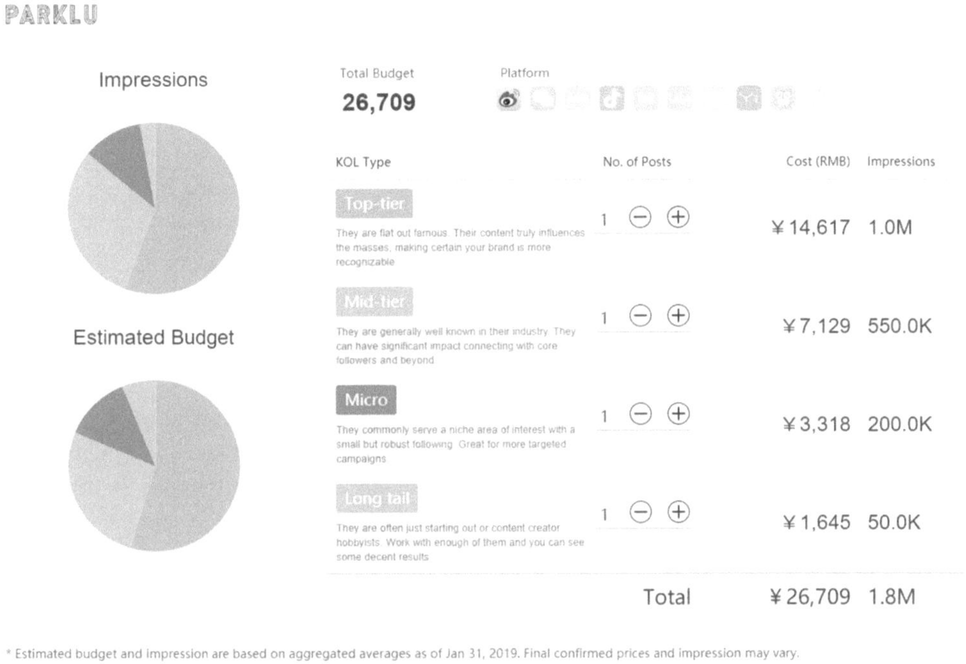

Abb. 6 Beispiel des chinesischen KOL-Netzwerkes „Parklu“. (http://app.parklu.com/calculator. Zugegriffen: 27. Mai 2020)

7 B2B Commerce

> „If you want 10,000 new customers you have to build a new warehouse and this and that. For me: two servers.“
>
> Jack Ma, Executive Chairman of Alibaba

Wie bereits aufgezeigt wurde, ist die digitale Landschaft in China deutlich vielfältiger und komplexer als in Europa. Das gilt auch für Online B2B Marktplätze. Anders als Shopping-Plattformen wie Amazon, auf der man schlichtweg einen Suchbegriff eingibt und innerhalb von kürzester Zeit einen Kauf abschließt, beansprucht die Research-Phase sowie auch die Kaufentscheidung im B2B deutlich mehr Zeit und vor allem individuelle Beratung. Aus diesem Grund ist es notwendig für jedes B2B Unternehmen eine individuelle Analyse der potenziell geeigneten Online Marktplätze in China vorzunehmen. Je nach Branche, Art der Produktion und/oder Verkaufs- und Preisstrategie müssen unterschiedliche Plattformen ausgewählt werden. Für einige westliche B2B Unternehmen können

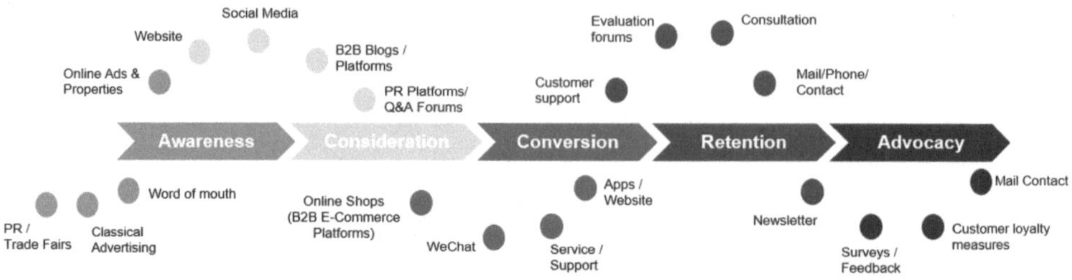

Abb. 7 Die B2B Customer Journey

besonders Nischenmarktplätze in China interessant sein, da diese ein individuelles Erlebnis sowie eine spitzere Zielgruppe bieten.[12]

Neben der zeitintensiven Analyse für spezialisierte B2B Marktplätze gibt es noch einige allgemeinere B2B Plattformen, wie z. B. Global Sources. Diese sind nicht ausschließlich für den Verkauf von Produkten geeignet sind, sondern helfen die Sichtbarkeit in beispielsweise Baidu zu erhöhen und mehr qualifizierten Traffic auf andere wichtige Touchpoints wie die Webseite zu lenken. Einige Marktplätze ermöglichen die Eröffnung eines s. g. Brand Stores, der Nutzern die Möglichkeit gibt mehr über das Unternehmen und die Produkte zu erfahren. Meist gibt es auch die Möglichkeit einen Ansprechpartner des Unternehmens direkt zu kontaktieren, um Fragen oder Details zu besprechen.[13] Diese Brand Stores und Werbeanzeigen auf B2B Plattformen in China sind eine der wichtigen Kanäle, um qualifizierte Leads zu generieren und sollten in jedem Fall in die Digital Marketing Strategie für China integriert werden (Abb. 7).

8 Wichtige B2B Commerce Plattformen in China (Auszug)

1688 Alibaba

1688 ist eine B2B spezifische Verkaufsplattform, die von Alibaba betrieben wird. Unternehmen können einen Shop eröffnen, um Produkte direkt zu verkaufen oder Werbung zu schalten. Neben herkömmlichen Werbemöglichkeiten, wie Banner oder Display Ads, bietet 1688 außerdem integrierte Payment Services (Alipay) und Unterstützung für Logistik Themen an.[14]

Global Sources

Global Sources ist eine B2B spezifische Plattform, die neben dem direkten Verkauf von Produkten auch eine Vielfalt an Werbemöglichkeiten anbietet. Die Besonderheit von Global Sources ist, dass die Plattform mit Offline-Magazinen und PR-Institutionen zusammenarbeitet. Außerdem ist es möglich eigene Produkte zu bewerben ohne einen eigenen

[12] https://www.sana-commerce.com/de/blog-de/top-b2b-e-commerce-trends/. Zugegriffen am 27.05.2020.

[13] https://www.1688.com/. Zugegriffen am 27.05.2020.

[14] https://www.1688.com/. Zugegriffen am 27.05.2020.

Online-Shop zu besitzen. Das eignet sich besonders für Unternehmen, die keine Standard Produkte haben und qualitative Leads für ihr Sales Team in China benötigen.[15]

Made-in-China
Made-in-China ist eine besonders bekannte Plattform für ausländische Unternehmen in China. Für das Verkaufen von Produkten muss eine Mitgliedschaft auf der Plattform abgeschlossen werden. Sobald man Teil der „Community" geworden ist, kann man auch direkt Werbung schalten. Neben den klassischen Anzeigenformaten bietet Made-in-China ebenfalls die Teilnahme an Offline-Messen für ihre Mitglieder an.[16]

9 Die Lokalisierung globaler Marketing-Strategien

Die Welt wächst zusammen, aber um international erfolgreich zu sein, benötigen Unternehmen auch weiterhin eine Marketingstrategie, die nicht nur übersetzt, sondern an die regionalen Anforderungen und Rahmenbedingungen des Marktes angepasst und lokalisiert werden muss. Dabei benötigt Lokalisierung Feingefühl: zum einen muss man sicherstellen, dass übergreifend wichtige Unternehmenswerte und Leitlinien wie z. B. die Corporate Identity global einheitlich gelebt werden und individuelle Sonderwege, die negativ auf die Marke zurückfallen können, vermieden werden. Zum anderen sollte man international aber so viele Freiheiten zulassen wie nötig, um lokale Gegebenheiten berücksichtigen und integrieren zu können.

Im Fokus stehen dabei immer die (potentiellen) Zielgruppen bzw. Kunden und ihre – je nach Persona – individuellen „Customer Journeys". Diese erstrecken sich von der auch im B2B immer wichtiger werdende Research-Phase über die Lead- und Kundengewinnung bis hin zur Weiterentwicklung der Kundenbeziehung und -bindung hin zum begeisterten „Advokaten". Wichtiger Erfolgsfaktor: (zentrales) Marketing und (lokaler) Vertrieb müssen von Anfang an zielgerichtet eng zusammenarbeiten und ein gemeinsames Kundenerlebnis schaffen.

Im Kontext China Marketing kommen hierbei beispielsweise folgende typische Themen und Fragen auf:

- Welche länderspezifischen Ressourcen sind im globalen und lokalen Marketing vorhanden, welches Know-how wird benötigt, kann dieses intern abgedeckt werden oder wird Support von externen Experten mit internationalen und chinesischen B2B-Kompetenzen benötigt?
- Wie müssen Farbschemata (schwarz-weiße Personenfotos sind z. B. negativ u. a. mit Tod besetzt), Bildmotive (z. B. chinesische Personen und nicht nur „westliche" Archetypen), kulturelle Bezüge, Bräuche und Tabus angepasst werden?

[15] https://www.globalsources.com/. Zugegriffen am 27.05.2020.
[16] https://www.made-in-china.com/. Zugegriffen am 27.05.2020.

- Welche Bedeutung haben wichtige „must-have“-Services wie WeChat in der Customer Journey und wie kann sich ein Unternehmen hier professionell präsentieren?
- Welche Systeme und Tools werden global und lokal im Marketing und Vertrieb genutzt, z. B. für CRM, Leadmanagement, Webcontrolling und Monitoring? Können bzw. sollen globale Lösungen genutzt werden? Welche KPIs und Metriken sind relevant und wie können diese international angeglichen werden?
- Sind alle wichtigen Daten und Unterlagen zur Zusammenarbeit verfügbar und technisch von überall erreichbar (z. B. ist der Zugriff auf Google-Services wie Google Analytics oder Google Drive aus China gesperrt)?
- Wie können länderspezifische Strategien auch international genutzt werden, z. B. um auf wichtigen B2B-Messen chinesische Kunden per QR-Codes und iBeacons-Technologien zu erreichen? Wie können Learnings und technische Innovationen aus China auf andere Länder übertragen werden (local to global)?

Praxisbeispiel: Teamarbeit in China
Wichtiger Erfolgsfaktor beim Einstieg in das Thema (Digital) Marketing in China ist die Zusammenarbeit zwischen dem oftmals westlich geprägten, globalen Marketing und den lokalen Vertriebseinheiten in China. Trotz des traditionellen Kollektivismus in China stößt man beim Thema Teamarbeit häufig auf Schwierigkeiten und ein anderes Verständnis bei der Zusammenarbeit. Hierzu gehören u. a. unklare Aufgabenverteilungen sowie Zurückhaltung und mangelhafter Austausch von Informationen. Die Hintergründe sind vielfältig, so fokussieren sich Chinesen häufig auf ihre eigenen Tätigkeitsbereiche, haben einen höheren Konkurrenzdruck und sind klare Hierarchien und Verantwortungen gewohnt. Unbedingt ist es auch zu vermeiden, das eigene Gesicht zu verlieren, z. B. durch Kritik vor Anderen im Team. Gleiches gilt natürlich für unsere Verhalten und Gewohnheiten, die für Chinesen unverständlich sind. Dies sind nur einige Beispiele für kulturelle Unterschiede, weshalb es sich im Sinne einer konstruktiven und zielgerichteten Zusammenarbeit unbedingt empfiehlt, vorab ein gewissen Grundverständnis füreinander zu schaffen und ggf. interne oder externe Partner als „Brückenbauer“ mit hinzuzunehmen.

10 Fazit

China ist ein riesiger Markt und bietet viele Chancen für B2B-Unternehmen. Ein erfolgreicher Markteinstieg benötigt aber auch eine lokalisierte Marketingstrategie, die die kulturellen und technischen Besonderheiten des chinesischen Markts berücksichtigt und zentrale, digitale Plattformen wie z. B. WeChat und Baidu frühzeitig mit einplant.

Nehmen Sie sich die Zeit und analysieren Sie vorab mithilfe von Experten ausführlich die Marktbedingungen, die Potentiale, den oftmals starken Wettbewerb und die spezifischen Herausforderungen für Ihr Business-Modell. Planen Sie langfristig und haben Sie Geduld, denn trotz der rasanten Entwicklungen ist China ist kein Markt für kurzfristiges

Geldverdienen. Die kulturell wichtige Beziehungskultur benötigt Vertrauen und Zeit, um sich nachhaltig entwickeln zu können. Wenn Sie diese Punkte berücksichtigen, können Sie unnötige Fallstricke vermeiden, Lernkurven überspringen und den Grundstein für ein nachhaltig erfolgreiches Business im „Reich der Mitte" legen.

11 Wichtige „Take Aways"

- **Der chinesische Konsument ist informiert und wohlhabend**
  Stellen Sie sicher, dass Sie eine individuelle Customer Journey für den chinesischen Markt erstellen und wichtige digitale Touchpoints bedienen.
- **Beachtung der kulturellen Regeln, Werte und Gepflogenheiten**
  Von der höflichen Verbeugung anstatt dem uns bekannten Händeschütteln bis hin zu geeigneten Small-Talk Themen und dem beliebten Geschäftsessen.
- **Hochchinesisch (Mandarin) als zentrale Sprache**
  Es sollten Native Speaker zur Content-Erstellung und zu allen Kommunikationsmaßnahmen auf der Website eingesetzt werden.
- **Die Online Channels greifen in China stark ineinander**
  So tauschen Nutzer Erfahrungen z. B. in WeChat, recherchieren in Baidu und kaufen anschließend bei Tmall oder JD.
- **98 % aller Internetnutzer in China nutzen das Smartphone**
  Da die Nutzung der Smartphones besonders hoch ist, ist eine optimierte mobile Version der Website und die Nutzung mobiler Services und ggf. Mobile-Payment besonders wichtig.
- **Tmall, WeChat & Baidu ersetzen Amazon, Facebook & Google**
  Online-Strategien müssen unbedingt an die jeweiligen Suchmaschinen und Plattformen angepasst werden, viele westliche Plattformen sind geblockt.
- **WeChat ist der digitale Lebensmittelpunkt**
  Kunden Kommunikation, Werbemöglichkeiten und E-Commerce sowie Payment Anbindungen in WeChat können Ihre Webseite in China ersetzen.

Nils Horstmann ist einer der Gründer und geschäftsführenden Gesellschafter von eviom, einer auf digitales Marketing spezialisierten Unternehmensberatung mit Sitz in Deutschland, der Schweiz und China/Hongkong und operativen Schwerpunkten in Bereichen wie Lead Management und Performance Marketing.

Als leidenschaftlicher „Onliner" mit über 20 Jahren Erfahrung erlebte der gelernte Bankkaufmann zu Beginn des neuen Jahrtausends die „Blase des Internets", bevor er 2004 bei der „pure-online"-Tochter von Lycos, united-domains, für das Online-Marketing verantwortlich wurde. Als Head of Online Marketing Strategy arbeitete der Diplom-Kaufmann drei Jahre lang an der strategischen Steuerung und Führung der Scout24-Gruppe, bis er sich 2010 mit eviom selbstständig machte.

Im Jahr 2018 gründete er eviom Ltd. in China und unterstützt seitdem mit seinem deutsch-chinesischen Team Unternehmen bei der Lokalisierung internationaler Vertriebs- und Marketingaktivitäten in China, indem er kulturelle und technische Brücken zwischen den verschiedenen Kulturen schlägt.

Teil III

Fallstudien

Der Marketing Pfadfinder – Die B2B-Marketing-Reise eines KMUs

Stefan Prath

Inhaltsverzeichnis

S. Prath (✉)
HAGE3D GmbH, Graz, Österreich
E-Mail: s.prath@hage3d.com

U. Seebacher (Hrsg.), *Praxishandbuch B2B-Marketing*,
https://doi.org/10.1007/978-3-658-31651-8_23

Zusammenfassung

Als mittelständisches österreichisches Unternehmen ohne einen Großinvestor im Hintergrund ist es eine besondere Herausforderung, in der aufstrebenden Branche 3D-Druck zu überleben und sich im immer härter werdenden Wettbewerb zu behaupten. Entscheidend dafür ist der richtige Marketing-Mix, bei dem sich der Schwerpunkt zunehmend in den Online-Bereich verlagert. Ich versuche zu erklären, warum Online-Marketing unverzichtbar ist, Messen dennoch eine gewisse Bedeutung haben und auch traditionelle Werbeformen ihre Berechtigung und ihren Platz im Marketing-Mix haben. Ich versuche auch aufzuzeigen, wie wir verschiedene Ansätze ausprobiert, unsere Stärken und Schwächen analysiert (S.W.O.T.) und unsere Buyer Personas entwickelt und damit den für uns passenden Marketing-Pfad gefunden haben. Ich möchte auch erklären, warum es notwendig ist, diesen Pfad immer wieder neu zu erschaffen und zu verändern, um weiterhin einer der europäischen Markt- und Technologieführer zu bleiben sowie unsere Absatzziele und gesundes Wachstum zu erreichen.

1 Eine Marketing-Reise?

Auf eine Reise zu gehen bedeutet für mich, neue Wege zu finden und diese teilweise auch neu schaffen. Es bedeutet auch, neue Dinge auszuprobieren, die Augen und Ohren immer offen zu halten. Deshalb finde ich den Vergleich unserer Marketing-Aktivitäten mit einer Reise auch sehr treffend. Im Marketing zu arbeiten, bedeutet für mich, sich stetig weiter zu entwickeln, neu zu erfinden und Neues auszuprobieren, neue Wege zu gehen. Das bedeutet nicht, dass wir in meinem Unternehmen unsere Pläne und Methoden regelmäßig über Bord werfen. Wir versuchen jedoch immer herauszufinden, welche Methoden und Kampagnen funktionieren und was wir verbessern können oder vielleicht aus unserem Marketingplan streichen müssen. Auf diese Weise sind wir in der Lage, schnell zu reagieren und mit Unternehmen mit viel höheren Budgets zu konkurrieren.

Als ich in das Unternehmen eintrat, waren wir nur eine Business Unit eines etablierten Sondermaschinenbau-Unternehmens. Nun, rund zwei Jahre später, sind wir eine eigenständige GmbH. Zu Beginn des zweiten Kapitels werde ich diesen gesamten Prozess beschreiben. Danach werde ich versuchen, die Schwierigkeiten, die wir innerhalb unseres Unternehmens und der Holding hatten und zum Teil noch immer haben, aber auch die Schwierigkeiten und Herausforderungen, die von außen kommen, zu erklären und aufzuzeigen.

Im dritten Kapitel werde ich beschreiben, was wir während meines ersten Jahres im Unternehmen gemacht haben und warum ich dieses Kapitel „Den Pfad finden“ benannt habe. Nach dem Findungsprozess folgt Kap. 4 „Den Pfad beschreiten“, in dem ich beschreiben werde, wie unsere Ziele, Ambitionen und unser Marketing-Mix im Jahr nach dem Findungsprozess aussehen.

Marketing ist faszinierend, sehr spannend aber auch herausfordernd. Beinahe täglich scheint etwas Neues zu passieren: neue Trends, Methoden und Strategien tauchen auf oder Google ändert plötzlich wieder seinen Such-Algorithmus. Aus diesem Grund verbringen wir viel Zeit damit, unsere Pläne, Kampagnen, Methoden und Ziele zu überprüfen, zu analysieren und anzupassen. Darum wird es in Kap. 5 „Destintaion Unknown – Der Pf ad unterliegt stetiger Veränderung" gehen.

In Kap. 6 „Schlussfolgerung" werde ich die vorhergehenden Kapitel sowie unsere Lehren aus diesen zwei Jahren zusammenfassen und versuchen, einen Ausblick darauf zu geben, was die Zukunft bringen könnte und wohin uns die Reise führen könnte.

1.1 3D-Druck und Additive Fertigung – Ein aufstrebender Markt

Was ist 3D-Druck? Zunächst muss gesagt werden, dass der Begriff 3D-Druck als so etwas wie ein Sammelbegriff für mehrere, verschiedene Technologien gesehen werden kann, in denen etwas (z. B. Prototypen) erstellt wird. Josef Prusa, der Gründer eines der erfolgreichsten Unternehmen auf dem B2C-Markt, beschreibt den 3D-Druck wie folgt:

> „Der 3D-Druck ist ein automatisierter additiver Fertigungsprozess, bei dem ein 3D-Drucker ein physisches Modell auf der Grundlage digitaler Daten (ein 3D-Objekt) erstellt. Es gibt eine Reihe verschiedener 3D-Drucktechnologien, aber die am häufigsten verwendete, FFF (Fused Filament Fabrication) genannte, ist einfach: Ein Objekt wird Schicht für Schicht durch das Schmelzen eines Kunststoffstrangs erzeugt. Stellen Sie sich vor, Sie würden ein 3D-Objekt nehmen und es in dünne Stücke schneiden – wie eine Kartoffel in Kartoffelchips. Dann würden Sie eine Klebepistole nehmen und jede Schicht mit Heissleim „zeichnen". So werden Objekte im Allgemeinen gedruckt – es ist eine additive Methode, weil wir Material hinzufügen. Es ist das direkte Gegenteil der subtraktiven Methode, die darin besteht, vorhandenes Material zu bearbeiten." (Stříteský 2019, S. 5)

Bereits in den 1980er-Jahren wurden erste Teile 3D-gedruckt. Im Laufe der Jahre wurden verschiedene Technologien entwickelt, die sich alle stetig weiterentwickelten, einfacher und billiger in der Anwendung und Produktion wurden. So verlagerten sich die Anwendungen im Laufe der Jahre, insbesondere in den letzten Jahren, vom Prototyping auf immer mehr Bereiche wie zum Beispiel der Produktion von Betriebsmitteln, Vorrichtungsbau und sogar (Klein-)Serienproduktion. 3D-Druck vollzog erfolgreich den Schritt von einer Art Hinterzimmer-Spielerei zur akzeptierten Fertigungstechnologie in verschiedenen Industriezweigen.

Die Firma, für die ich arbeite, stellt sehr große und für die industrielle Anwendung ausgerichtete 3D-Drucker für die Materialextrusion her, eine extrusionsbasierte Teildisziplin der additiven Fertigung. Durch die Materialextrusion können verschiedenste Formmassen verarbeitet werden, wie z. B. Granulate oder Filamente. Inzwischen sind unsere Maschinen in der Lage, viele Arten von Polymeren, aber auch Metalle und sogar Keramik und Beton (Keramik und Beton auf experimenteller Basis) zu verarbeiten.

In den letzten Jahren hat der 3D-Druckmarkt ein sehr starkes Wachstum verzeichnet. Und er wächst weiter. Viele neue Unternehmen tauchen auf, und immer mehr bereits etablierte Industrie-Unternehmen starten mit 3D-Druck oder erweitern ihre 3D-Druck-Abteilungen.

Die These vom Marktwachstum wird auch von einem der bekanntesten und anerkanntesten Marktberichte weltweit, dem „Wohlers Report", unterstrichen.

> „Der 369-seitige *Wohlers Report 2019* enthält weitreichende Daten zur Entwicklung und zum Verbrauch von AM-Materialien. Das gesamte Materialsegment der Branche verzeichnete 2018 ein Rekordwachstum. Die Einnahmen aus Metallen stiegen um geschätzte 41,9 % und setzten damit die fünfjährige Wachstumsserie von über 40 % pro Jahr fort. Diese starke Aktivität unter den Materiallieferanten und Kunden ist ein aussagekräftiger Indikator für den zunehmenden Einsatz von AM für Produktionsanwendungen.
>
> Der Bericht hebt bemerkenswerte AM-bezogene Aktivitäten in vielen Branchen, einschließlich der Luft- und Raumfahrt, hervor. Das Team sammelte Erkenntnisse von Unternehmen wie Airbus, Boeing, Honeywell Aerospace und United Technologies Corp., um eine Perspektive für die Verwendung von AM zur Herstellung von Endanwendungsteilen zu erhalten. Diese Unternehmen sowie BMW, die Deutsche Bahn, FIT, Jabil, Oerlikon, UPS, das U.S. Marine Corps und andere teilten aufkommende Trends aus ihrer Sicht. Zu den Trends gehören die Entwicklung von Wissen und Fähigkeiten, Cybersicherheit, Postprozessautomatisierung, Werkstoffentwicklung, Partnerschaften und Industriestandards.
>
> Wohlers Associates verfolgte das Wachstum und die Verkäufe von 177 Herstellern von industriellen AM-Systemen, deren Preise bei 5000 Dollar oder mehr liegen. Das ist fast ein Drittel mehr als die 135 Systemhersteller vor einem Jahr meldeten. Während die Hersteller von Industriesystemen deutlich wuchsen, verzeichneten Desktop-3D-Drucksysteme (die für weniger als 5000 $ verkauft werden) einen deutlichen Rückgang des jährlichen Wachstums. Der AM-Gesamtmarkt befindet sich weiterhin im Aufwärtstrend, mit vielen neuen Anbietern, Investitionen in Höhe von Hunderten von Millionen Dollar und innovativen neuen Produkten, die für AM entwickelt wurden und die sich vor Jahren nur wenige vorstellen konnten."[1]

Das Marktwachstum spiegelt sich auch an den Zahlen von Europas führender Messe für Additive Fertigung, der Formnext, wider: Die Formnext findet jedes Jahr im November in Frankfurt/Main statt. Im Jahr 2019 präsentierten 852 Aussteller 34.532 Besuchern auf einer Fläche von 53.039 Quadratmetern ihre Produkte rund um den 3D-Druck (Maschinen, Materialien, Dienstleistungen …).[2] Im Jahr 2018 passierten 26.919 Besucher die Tore, um die Produkte von 632 Ausstellern auf 37.231 Quadratmetern zu sehen.[3] Dieses stetige Wachstum ist einerseits natürlich sehr gut für unser Unternehmen, aber auch für den gesamten Markt. Es bringt aber auch einige Schwierigkeiten und neue Herausforderungen mit sich, wie z. B. viele neue Wettbewerber, viel mehr Investorengelder und damit

---

[1] https://wohlersassociates.com/press77.html. Zugegriffen am 06.05.2020.

[2] https://formnext.mesago.com/frankfurt/de/zahlen-fakten.html. Zugegriffen am 06.05.2020.

[3] https://plasticker.de/Kunststoff_News_33987_Special_fn18_Formnext_2018_26919_Besucher___632_Aussteller_aus_32_Nationen?special=fn18. Zugegriffen am 06.05.2020.

schnell wachsende Unternehmen und eine schnelle Entwicklung der Technologie und der Maschinen.

2 Organisatorische Analyse

2.1 Anfangsjahre und Entwicklung des Unternehmens

Bevor ich auf die Herausforderungen und Schwierigkeiten unseres Unternehmens eingehe, möchte ich den Gründungsprozess sowie den Entwicklungsprozess des Unternehmens, für das ich arbeite, beschreiben. Ich denke, so können die Schritte, die wir unternehmen und unternommen haben, besser verstanden werden und ein besserer Einblick in unsere Arbeitsweise gewährleistet werden.

Es war im Jahr 2013, als ein Ingenieur eines obersteirischen Sondermaschinenbau-Unternehmens mit dem Bau eines 3D-Druckers begann. Anhand seines funktionierenden Prototyps erkannte der Vorstand des Unternehmens das Potenzial dieser Art von Maschinen und des Marktes. Im Jahr 2014 wurden dann die ersten 3D-Drucker verkauft. Bald gründete das Unternehmen eine Business Unit, die diese 3D-Drucker weiterentwickelte und immer mehr und größere Maschinen herstellte. Darüber hinaus wurden Experten auf dem Gebiet der Kunststofftechnologie engagiert und eine enge Zusammenarbeit mit Universitäten geschlossen, um die Maschinen zu verbessern und das Angebot an druckbaren Werkstoffen zu erweitern.

Im Laufe der Jahre entwickelte sich die Business Unit zu einem der europäischen Technologieführer und konnte sogar einige technische Auszeichnungen gewinnen. Aufgrund des stetigen Marktwachstums und der stetigen technologischen Weiterentwicklungen, musste aber auch die Business Unit wachsen, um sich weiterhin im – mittlerweile stark mit Investorengeldern gefütterten – Markt (Hauptmarkt ist die DACH-Region) behaupten zu können.

So wurde ein Expansionskurs eingeschlagen und 2018 ein zweiter Standort in der steirischen Landeshauptstadt Graz eröffnet. Dieser Schritt war notwendig, um neben Ingenieuren auch Experten und Akademiker einzustellen, die meist nicht in die Obersteiermark übersiedeln oder dorthin pendeln wollten. Am ursprünglichen Standort in der Obersteiermark sind weiterhin die Konstruktion, Maschinenmontage, das Software-Engineering, die Buchhaltung und der Vorstand angesiedelt. In Graz befinden sich das 2018 installierte Werkstoff-, Prozess- und Applikationszentrum sowie die Abteilungen Support, Vertrieb und Marketing.

In einer weiteren Expansionsstufe hat der obersteirische Standort im Jahr 2019 mit dem Bau einer neuen Produktionshalle inklusive Büroräumlichkeiten begonnen. Außerdem beinhaltet diese neue Halle sogar ein Fitnessstudio, welches von allen Mitarbeitern kostenlos genutzt werden kann. Im selben Jahr standen auch die Expansionen nach China und Frankreich an, jeweils in Zusammenarbeit mit lokalen Vertriebspartnern. Ebenfalls 2019 wurde aus der Business Unit ein eigenständiges Unternehmen unter dem Dach einer neu gegründeten Holding. Für die nächsten drei Jahre ist die 18 Mitarbeiter starke GmbH – laut Holding-Vorstand – finanziell abgesichert. Bis dahin soll das Unternehmen spätestens die Gewinnschwelle erreichen. Finanziell abgesichert bedeutet in unserem Fall, dass das Unternehmen über Geld verfügt, um sich langsam und stetig zu entwickeln, z. B., um in dieser Zeit einige neue Mitarbeiter einzustellen, um Material für die Produktion kaufen zu können und so weiter. Wir verfügen jedoch nicht über nahezu unbegrenztes Geld, so wie viele von Investoren unterstützte Wettbewerber. Wir haben also nicht das Geld, um an jeder Messe teilzunehmen, Anzeigen in allen Online- und Offline-Medien zu schalten, Veranstaltungen zu sponsern oder 160 Ingenieure und Techniker einzustellen, wie einige andere Unternehmen.

2.2 Herausforderungen für ein KMU in einem globalen, von Investoren getriebenen Markt

Wie in so ziemlich jeder anderen Branche gibt es also auch im 3D-Druck eine große Konkurrenz, die fast täglich mehr und stärker wird. Zusätzlich zu externen Herausforderungen wie dem riesigen Wettbewerb gibt es auch natürlich auch interne Herausforderungen, denen wir uns stellen müssen.

Interne Herausforderungen
Die Firma, für die ich arbeite, wurde in den 1980er-Jahren von einer einzelnen Person in einem kleinen, garagenähnlichen Raum gegründet. Durch viel Fleiß, harte Arbeit und guten Geschäftssinn wuchs das Unternehmen kontinuierlich über die. Im Laufe der Zeit übernahmen die beiden Söhne des Gründers das Unternehmen und haben es bis heute auf über 120 Mitarbeiter ausgebaut, zuzüglich der 18 Personen meiner Firma, die ebenfalls unter dem Dach ihrer Holding stehen. Die gesamte Holding kann somit immer noch als Familienunternehmen bezeichnet werden. Das Unternehmen ist bemüht, stets auf dem neuesten Stand der Technik zu sein. Es macht Spaß, hier zu arbeiten. Als Angestellter erhält man viele Vorteile wie kostenlose Fitness-Einheiten, Grillabende im Sommer, viel Unterstützung bei der beruflichen Weiterbildung oder (nach einem erfolgreichen Geschäftsjahr) sogar einen zusätzlichen Bonus am Jahresende. Mir gefällt einerseits die familiäre Atmosphäre im Unternehmen, aber auch die flachen Hierarchien und Strukturen.

Außerdem ist es toll zu sehen, dass der Unternehmens-Vorstand, bestehend aus den beiden Söhne des Gründers und zwei „externen“ Geschäftsführern, nach wie vor von jeder neuen Maschine, Idee und Erfindung fasziniert sind und auch zahlreiche Ideen und Projekte unterstützen. Auf der anderen Seite verhält sich die Firma in manchen Fällen etwas konservativ, d. h., dass beispielsweise manche Dinge etwas länger dauern können, um genehmigt zu werden, da sehr genau und mit viel Bedacht auf die Kosten geblickt wird. Wenn es also darum geht, Geld auszugeben oder ein Budget zu erstellen, muss man wirklich gute Argumente haben und sehr überzeugend sein, um die Mittel auch genehmigt zu bekommen.

Die Buchhaltung würde ich als sehr strikt und genau bezeichnen. Das finde ich einerseits nicht schlecht, da – wie bereits erwähnt – nicht unendlich viel Investorengeld vorhanden ist und wir erstmals in die Gewinnzone kommen müssen. Andererseits kann dieses Verhalten den Arbeitsfortschritt dahingehend negativ beeinflussen, als dass Prozesse und Aktivitäten dadurch verlangsamt werden oder gar zu spät ermöglicht werden. In den meisten Fällen klappt jedoch alles zeitgerecht, hier und da kann es aber auch etwas länger dauern, so dass sich unsere Planungen verzögern können. Bis jetzt haben wir jedoch (fast) alles, was wir wollten, bekommen und konnten alles wie geplant durchführen.

Eine weitere interne Herausforderung ist die Tatsache, dass wir zwei Standorte haben. Die tägliche Arbeit wird dadurch nicht beeinträchtigt. Wenn es jedoch darum geht, Marketingaktivitäten über beide Standorte hinweg koordinieren zu müssen, wie z. B. bei der Erstellung eines Videos, werden die Dinge schwieriger und zeitaufwändiger. Als Hauptproblem erweisen sich die Kommunikation und Koordination sowie die unterschiedlichen Prioritäten der jeweiligen Standorte und Abteilungen. Zum Beispiel: Während es für Marketing und Vertrieb wichtig ist, gutes Filmmaterial von neuen Maschinen zu bekommen, liegt für die Produktion das Hauptaugenmerk auf Tests und pünktlichem Versand. Steht man unter Zeitdruck (Liefertermin, Medientermine), erschwert dies die Organisation und birgt Konfliktpotential.

Externe Herausforderungen

Wie ich bereits erwähnt habe, wächst der 3D-Druckmarkt schnell, und viele Unternehmen können dank Risikokapital schnell expandieren. Für ein Unternehmen wie uns ist dies eine große Herausforderung. Wie ich bereits erwähnt habe, haben wir die Zusage der Holding, für mindestens drei Jahre finanziell abgesichert zu sein. Während dieser Zeit sollten wir die Gewinnschwelle erreichen oder vielleicht sogar schon in die Gewinnzone eintreten. Wir sind jedoch meilenweit davon entfernt, so viele finanzielle Möglichkeiten zu haben wie viele von Investoren unterstützte Konkurrenz-Unternehmen. Ein Beispiel: Auf einer Messe kam ich mit einem Mitarbeiter eines amerikanischen Start-up-Unternehmens ins Gespräch, das mehr als 400 Millionen Dollar an Investorengeldern einsammeln konnte. Natürlich bedeutet mehr Geld nicht automatisch bessere Technologie oder besseres Marketing und mehr Umsatz. Der Weg dorthin wird durch diese finanziellen Mittel jedoch erheblich erleichtert und beschleunigt.

Ich sehe zwei große externe Herausforderungen, denen wir uns stellen müssen: Weniger Geld für Marketing als viele andere Wettbewerber einsetzen zu können und weniger Geld für Forschung und Entwicklung als viele andere Wettbewerber zur Verfügung zu haben. Das macht es für uns schwierig, sowohl den technologischen Vorsprung zu halten als auch diese Technologieführerschaft auf dem Markt zu verkaufen.

Da wir also nicht so viel Geld zur Verfügung haben wie die meisten unserer Konkurrenten, müssen wir klüger arbeiten und Schwerpunkte setzen, wie wir das Geld, möglichst optimal einsetzen. Auf diese Weise arbeiten wir meiner Meinung nach effektiver als andere, da wir analysieren müssen, welche Marketingaktivitäten erfolgreich sind und warum.

Neben diesen beiden großen externen Herausforderungen gibt es auch einige kleinere Herausforderungen, mit denen wir – wie auch viele andere Wettbewerber – konfrontiert sind. Eine davon ist die in Unternehmen weit verbreitete Meinung, dass 3D-Drucken eine Art Plug & Play-Technologie ist. Viele denken, sie schließen einfach die Maschine an, drücken auf Start und der 3D-Drucker fabriziert ein tolles Ergebnis. Tatsächlich braucht einiges an Wissen und Übung, um – gerade industrielle Maschinen – zu bedienen. Deshalb bieten wir zum Beispiel eine mindestens zweitägige Schulung mit einem unserer Experten und viel Support, vor allem in den ersten Monaten. Ein weiterer Punkt ist die Vorstellung vieler Endanwender, dass mit einem 3D-Drucker alles druckbar ist, egal welches Format, welche Geometrie und welcher Werkstoff. Darüber hinaus wird der 3D-Druck oft mit anderen Technologien wie dem Spritzgießen verglichen. Spritzgießen und 3D-Drucken sind aber beispielsweise zwei verschiedene Paar Schuhe und haben daher jeweils ihre Vor- und Nachteile. Was für die eine Anwendung geeignet ist, kann für eine andere Anwendung völlig unpassend sein.

3 Den Pfad finden

Als ich 2018 im Unternehmen anfing, waren wir noch eine Business Unit eines Sondermaschinenbau-Unternehmens. Die erste Budgetplanung, an der ich beteiligt war, fand im Frühjahr 2019 statt, da unser Geschäftsjahr vom 1. April bis zum 31. März läuft. Als ich in die Firma eintrat, war das Geschäftsjahr also bereits geplant und das Budget und die meisten Veranstaltungen, Messen und Aktionen standen bereits fest. Zu diesem Zeitpunkt hatten wir noch keine eigene Website. Die Erstellung einer solchen wurde meine erste große Aufgabe. Glücklicherweise hatte ich in der Vergangenheit schon einige (auch Business-) Websites erstellt und verfügte über Know-how in SEO und mit Content-Management-Systemen. Viel Geld hatte ich für die Erstellung der Website nicht zur Verfügung, da das Budget ja bereits im Frühjahr festgelegt wurde und keine bis nur geringe Adaptierungen zuließ. Dadurch wurde die Aufgabe nicht unbedingt leichter, führte aber zu einer wichtigen Erkenntnis: Wir verfügen vielleicht nicht über derartig große finanzielle Ressourcen wie andere Unternehmen, dafür aber über zwei sehr viel wichtigere Fähigkeiten: Sehr, sehr viel Expertise und Wissen sowie eine gehörige Portion Kreativität bei diversen Lösungsfindungen. Bei der Erstellung dieser Website haben wir entdeckt, dass wir in der Lage sind, auch mit einem kleinen Budget Großes zu (er-)schaffen.

Der Versuch, den richtigen Pfad zu finden und dabei konkurrenzfähig zu bleiben
Im Zeitraum Spätherbst 2018 bis Ende 2019, setzten wir uns das Ziel, Marketingaktivitäten und Veranstaltungen zu testen, um herauszufinden, welche sich lohnen und funktionieren und bei welchen wir die Ausgaben verringern oder gar streichen können. Insgesamt stellten im Jahr 2019 wir auf 13 Messen und Veranstaltungen aus, generierten etwa 25 Print-Anzeigen und Clippings und starteten unsere Online-Aktivitäten. Für dieses erste Jahr und diese Findungsphase mit „eigenem“ Marketingbudget wurden etwas mehr finan-

zielle Mittel als üblich genehmigt. In diesem Jahr wollten wir testen und herausfinden, welche Aktivitäten uns den größten Output und den besten ROI (Return-on-Invest) bringen und worauf wir in Zukunft verzichten könnten. Output bedeutet für mich Leads und in weiterer Folge verkaufte Maschinen.

Der erste Teil unseres Marketing-Mix und der größte Teil unseres Marketingbudgets 2019 waren Messen und Veranstaltungen. In diesem Jahr beliefen sich die Kosten für Messen und Veranstaltungen auf über 70.000 €. Für viele (große) Unternehmen entsprechen 70.000 € dem Budget für eine Messe. Wir haben es jedoch geschafft, mit diesem Betrag und einem Team von etwa fünf Personen 13 Messen und Veranstaltungen zu besuchen. Wie haben wir das geschafft? In einem ersten Schritt legten wir für jede Messe, an der wir teilnehmen wollten, sehr knapp bemessene Budgets fest, sodass wir alles optimieren mussten, um diese Budgets einzuhalten. Also haben wir gut mit den Messeveranstaltern verhandelt und dadurch, soweit ich mich erinnere, so gut wie nie den offiziellen Quadratmeterpreis für unseren Stand bezahlt, sondern die Standfläche zu einem reduzierten Preis gebucht. In einem zweiten Schritt haben wir darüber nachgedacht, wie und wo wir Geld sparen oder unser Geld intelligenter ausgeben könnten. Wir untersuchten alle Kostenfaktoren (Stand, Logistik usw.) sehr genau und überlegten uns, wie wir die Kosten (z. B. für unseren Stand oder den Transport) optimieren und Aufwand minimieren könnten. Ein weiteres Ergebnis der Analyse aller Kostenfaktoren war, dass uns einmal mehr klar wurde, dass Messen und Veranstaltungen viel Geld kosten. Deshalb hatten wir schon zu Beginn des Jahres einen etwas kritischeren Blick auf Messen und Veranstaltungen. Warum? Unserer Meinung nach geht die Kosten-Nutzen-Rechnung bei Messen nicht ganz auf, sondern befindet sich in einer Schieflage hinsichtlich der Kosten. Die Anzahl der generierten Leads rechtfertigt kaum noch die zahlreichen Ausgaben für z. B. Ausstellungsfläche, Logistik, Personal und Marketing. Natürlich dienen Messen immer auch der Brand Awareness, weshalb gewisse Messen und Veranstaltungen weiterhin nicht wegzudenken sind.

Beispiel
Im ersten Jahr haben wir mit Online-Marketing und Online-Werbung begonnen. Insgesamt betrugen unsere Ausgaben für Online-Werbung 10 % unserer Ausgaben für Messen und Veranstaltungen. Mit diesen 10 % generierten wir weit mehr als 100 Leads. Wir gaben also zehnmal weniger Geld für Online-Werbung aus und generierten halb so viele Leads wie bei Veranstaltungen. Darüber hinaus kosteten uns Veranstaltungen viel Zeit bei der Organisation und unseren Mitarbeitern viele Arbeitsstunden. Natürlich ist im Bereich der Online-Werbung nicht alles von Anfang an gut gelaufen, Fehler sind passiert und vieles musste optimiert und adaptiert werden. Solange man jedoch die richtigen Schlüsse zieht, können Fehler durchaus passieren.

Wir haben in diesem ersten Jahr also viele Messen und Veranstaltungen ausprobiert. Einige erwiesen sich als erfolgreich, andere als weniger erfolgreich. Gleichzeitig starteten wir – wie bereits erwähnt – zusätzliche Marketingaktivitäten. Wir führten ein neues Logo ein, überarbeiteten unser Corporate Design, überdachten unsere Buyer Personas, starteten unsere erste eigene Website und Online-Marketing Aktivitäten sowie Online-Werbung. Im Gegensatz zu den Vorjahren haben wir also viel Neues probiert und implementiert.

3.1 Fehler können passieren

Wer viel ausprobiert, dem passieren logischerweise auch Fehler. Wichtig ist, wie man mit diesen Fehlern umgeht. Für uns war es sehr wichtig, dass meinem Chef klar war, dass wir einige Fehler machen würden und dass nicht alles auf Anhieb so leicht oder so gut funktionieren würde, wie wir es uns vielleicht vorgestellt hatten. Meiner Meinung nach ist dies ein wichtiges Thema: Wenn man im Marketing arbeitet, wird man früher oder später einige Fehler machen. Vielleicht wird der Markt falsch eingeschätzt oder der Fokus falsch gelegt und auf einen falschen Marketing-Mix gesetzt. Ich betrachte Fehler, und sie passieren mindestens 99 % aller Menschen im Marketing zumindest einmal, als nicht so schlimm (außer man setzt bei Google Ads das Komma falsch und gibt 10.000 statt 1000 Euro aus und verliert damit viel Geld). Warum? Weil man durch die Analyse von Fehlern die Chance erhält, alles noch einmal zu überdenken und wenn man die richtigen Schlüsse zieht, bringen sie einen weiter. Wenn Fehler richtig analysiert werden, führt dies in der Regel auch zu neuen Ideen, Lösungen und neuen Wegen, Probleme zu lösen. Ich versuche, unseren Prozess der Fehleranalysen und Ideen-Implementierung in der folgenden Grafik darzustellen (vgl. Abb. 1):

3.2 Der Pfad wird klarer

In diesem ersten Jahr haben wir also versucht, den richtigen Pfad für unsere Marketing-Reise zu finden. Oder besser gesagt mussten wir diesen Pfad erst selbst schaffen. Wir haben viel versucht, und wir haben einige Fehler gemacht, aber am Ende konnten wir unsere Schlussfolgerungen ziehen, um den Pfad zu kreieren, den wir 2020 beschreiten wollten.

Wir haben herausgefunden, dass Messen und Veranstaltungen an Bedeutung verlieren, da viele Unternehmen und Entscheidungsträger alle angesehenen Informationen online finden und die Kontaktaufnahme immer häufiger via E-Mail oder Telefon passiert. In immer mehr Fällen wünschen sich Interessenten ein Test-Bauteil, anhand dessen sie die Maschinen verschiedener Firmen miteinander vergleichen können. Diese Entwicklung ist der fortschreitenden Digitalisierung geschuldet, die es immer leichter macht, online zu recherchieren und sich so bereits im Vorfeld Kenntnisse über die verschiedenen Technologien und Materialien aneignen zu können und sich einen Überblick über den Markt und die Anbieter diverser Lösungen zu verschaffen.

Dadurch wissen viele Interessenten bei der Kontaktaufnahme oft schon recht genau, was sie wollen und welche Qualität sie erwarten können. Laut Roger Voland von T-

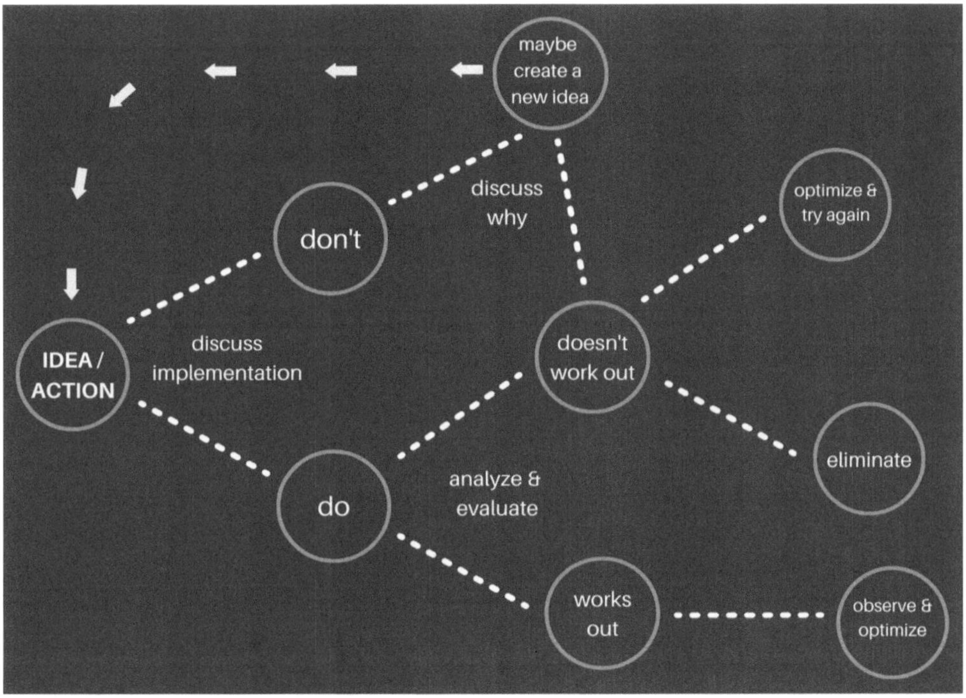

Abb. 1 Unsere Marketing-Reise

Systems haben Einkäufer bereits 57 % ihres Entscheidungsprozesses abgeschlossen, bevor sie zum ersten Mal mit einem Unternehmen in Kontakt treten (U. Hannig; 2018, S. 166). Um den Markt und dessen Player kennen zu lernen, müssen sie also nicht unbedingt Messen besuchen, sondern einfach das World Wide Web durchforsten. Daher verschieben sich Messen auf der Customer Journey teilweise an einen späteren Punkt, wenn es darum geht, einen persönlichen Kontakt herzustellen oder verschiedene Maschinen in Aktion zu sehen. Daher müssen Messen in die Chronologie der Customer Journey passen. Wenn eine Person oder ein Unternehmen beispielsweise im Juni eine Maschine kaufen und mit der Produktion beginnen möchte, wird sie nicht bis November warten, um eine Messe zu besuchen.

Daher legen wir unseren Fokus immer mehr auf das Online-Marketing, da wir im Online-Marketing einen viel höheren Marketing-Return-on-Invest (MRoI) erzielen als auf Messen (Seebacher und Güpner 2011). Natürlich streichen wir nicht alle Messen und Veranstaltungen aus unserem Marketing-Mix, da sie nach wie vor eine Rolle spielen und gut qualifizierte Leads generieren und zur Brand Awareness beitragen. Wir konzentrieren uns jedoch nur auf einige gut ausgewählte Messen und Veranstaltungen, die entweder gut geeignet sind, um Leads zu generieren oder auf Messen, auf denen wir vertreten sein müssen, da der gesamte Markt vorhanden ist. Ein gutes Beispiel hierfür ist die Formnext in Frankfurt/Main, Deutschland, wo fast die gesamte Branche anwesend ist.

Wie ich bereits erläutert habe, suchen Unternehmen und Entscheidungsträger immer häufiger im Internet nach der richtigen Maschine. Diese These verifizierte sich bereits in meinem ersten Jahr mit jedem Tag mehr und mehr. Aus diesem Grund haben wir auch relativ rasch mit Online-Marketing und Online-Werbung begonnen. Zusätzlich zum Going-Online unserer eigenen Website starteten wir unseren YouTube-Kanal und begannen mit Google Ads. Unsere Online-Aktivitäten entpuppten sich fast von Anfang an als eine Erfolgsgeschichte, da wir mit wenig Geld viele neue Leads generieren und unsere Brand Awareness steigern konnten. Natürlich war nicht alles auf Anhieb erfolgreich. Zum Beispiel haben wir ein Projekt mit dem Titel „Print der Woche“ gestartet. Ziel war es, jede Woche ein Video von gedruckten 3D-Anwendungen online zu stellen. Obwohl wir es schafften, jede Woche ein Video online zu stellen, war der „Print der Woche“ kein voller Erfolg.

Welche Probleme sind aufgetreten? Einerseits waren die Inhalte nicht gut genug. Es war sehr schwierig, in kurzer Zeit Teile zu produzieren, die unseren Kernbotschaften und USP(s) entsprechen (z. B. sehr große Bauteile, Vielzahl an verschiedenen Werkstoffen, …). Zusätzlich hatten immer auch wichtigere Projekte wie Test-Bauteile für potentielle Kunden und Interessenten sowie Forschungs- und Entwicklungs-Projekte Vorrang. Hinzu kam natürlich auch noch eine gewisse Zeitknappheit in nahezu allen Abteilungen. Im Kapitel „Interne Herausforderungen“ weiter oben gehe auf dieses Thema ausführlicher ein. Außerdem hatten wir auch nicht viele Kanäle, um diese Videos zu verbreiten und waren anfangs auch schlecht ausgerüstet und ohne viel Expertise in diesem Gebiet. Daher beschlossen wir nach dem ersten Jahr, das Projekt „Print der Woche“ zu beenden und fokussierten uns auf weniger, dafür qualitativ hochwertigere Videoinhalte. Eine wie sich herausstellte gute Entscheidung, denn bis dato konnten wir mit weniger aber dafür qualitativ weitaus hochwertigeren Videos bereits die Anzahl der Aufrufe und die Interaktionsrate erhöhen.

3.3 Unsere sieben Schlüsselbotschaften

Im ersten Jahr probierten wir also allerhand aus, wodurch wir zu einigen – für uns sehr wertvollen – Ergebnissen und Schlüssen kamen. Die wichtigsten Schlussfolgerungen versuche ich in sieben Punkten zusammenzufassen:

1. Engere Zusammenarbeit zwischen Marketing und Vertrieb: alle Aktivitäten und Aktionen müssen genau koordiniert werden, fast täglicher Austausch zwischen Marketing und Vertrieb.
2. Eine generell engere Zusammenarbeit zwischen allen relevanten Abteilungen zur besseren Koordination von Projekten (wie z. B. die Produktion von Produktvideos) für bessere Marketingunterlagen, bessere Inhalte und leichtere Verkaufsaktivitäten.
3. Verlagerung des Schwerpunktes unseres Marketingbudgets und unserer Aktivitäten weg von Messen hin zu mehr und mehr Online-Marketing.
4. Immer noch, aber weniger Print-Werbung.

5. Mehr Zeit zur Analyse und Anpassung diverser Kampagnen und Aktivitäten. Also mehr Besprechungen der Marketing- und Salesabteilung (auch zur Überprüfung; was wurde umgesetzt, wo stehen wir jetzt im Vergleich zu unseren Plänen und Zielen …)
6. Erstellung einer neuen Website sowie Optimierung des Inhalts und der Landing Pages, um noch besseren Mehrwert für (zukünftige) Kunden zu schaffen und die Customer Journey zu erleichtern.
7. Weitere Optimierung der Customer Journey. Zum Beispiel für After-Sales die Einrichtung eines Login-Bereichs für Kunden, in dem sie Handbücher herunterladen, Tipps und Tricks erhalten, Ersatzteile und Komponenten bestellen und mit einem unserer Experten in Kontakt treten können. Darüber hinaus bessere Kontrolle der Customer Journey durch eine neue CRM-Software.

4 Den Pfad beschreiten

2020 beschreiten wir den Marketing-Pfad, den wir 2019 (und Ende 2018) gefunden und geschaffen haben. Wie vor jeder Reise, muss man sich auch hierbei gut vorbereiten. Diese Vorbereitung sieht in unserem Fall Besprechungen, genaue Planung und Aufstellung eines Budgets vor.

4.1 Den Anfang macht eine Marketing-Besprechung

Wir haben also unsere Schlussfolgerungen aus dem ersten Jahr gezogen. In unseren Köpfen haben wir bereits während 2019 begonnen, Pläne für das Jahr 2020 zu schmieden. Deshalb wurden in den letzten Wochen des Jahres 2019 Ideen und Pläne für 2020 zwischen den Abteilungen Marketing und Sales/Vertrieb diskutiert und erste Pläne aufgestellt. Bei diesem ersten Treffen sprachen wir über alles Mögliche, und es war völlig in Ordnung, alle Ideen einzubringen, auch wenn sie noch so unrealistisch zu sein schienen.

Auf der Grundlage dieser Besprechung stellten wir einen Marketingplan sowie ein Budget auf. Auf diese Weise optimierten wir auch unsere Customer Journey und überarbeiteten unsere S.W.O.T.-Analyse. Außerdem stellten wir sicher, dass wir den Fokus aller Marketingaktivitäten sowie aller Inhalte sowie auch unserer Außendarstellung mit unseren USP's und Kernbotschaften im Einklang sind.

4.2 Marketing-Mix und Budgetaufteilung im Jahr 2020

Als Ergebnis dieser Besprechung und auf der Grundlage der Schlussfolgerungen von 2019 konnten wir einen – meiner Meinung nach – sehr guten Marketingplan sowie ein solides Budget für 2020 erstellen. Wie in der folgenden Grafik (vgl. Abb. 2) ersichtlich ist, liegen die Schwerpunkte unseres Budgets auf Messen und Veranstaltungen sowie Online-

Marketing. Unser CRM ist im Budget nicht angeführt, da wir eine sehr intelligente und große ERP-Software verwenden, in der CRM enthalten ist. Somit fallen keine Kosten ins Marketingbudget.

Kommen wir zu unserem Marketing-Mix: Die Grafik zur Budgetaufteilung verrät bereits, dass wir viel Geld für Messen und sogar noch etwas mehr Geld für Online-Marketing ausgeben. Entsprechend den aktuellen Entwicklungen im Jahr 2020 (Covid-19-Pandemie)

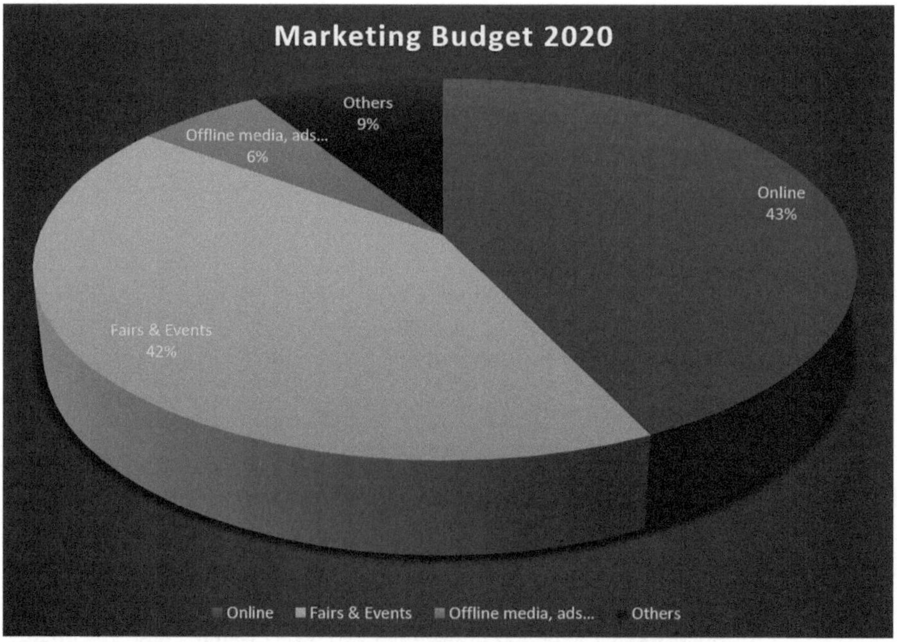

Abb. 2 Aufschlüsselung des Marketingbudgets 2020

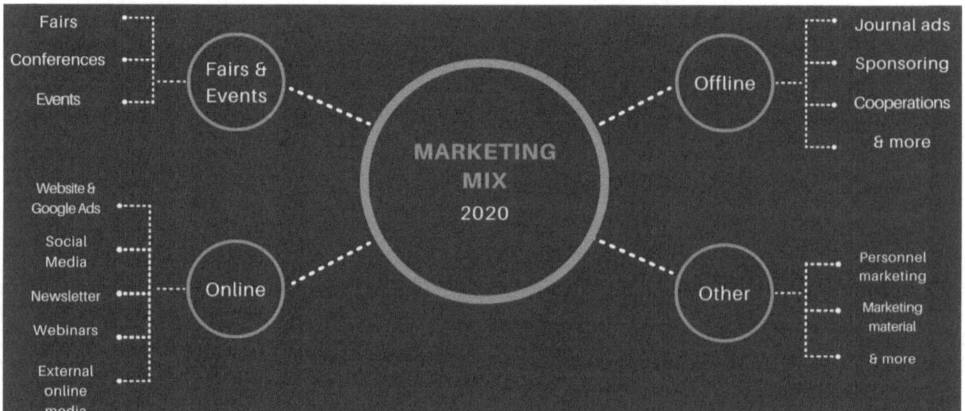

Abb. 3 Marketing-Mix im Detail

erfolgte eine Anpassung des Budgets, da viele Messen und Veranstaltungen abgesagt wurden. Entsprechend dieser Entwicklung wird die Verlagerung weg von Messen und Veranstaltungen hin zum Online-Marketing schneller als geplant erfolgen. In der folgenden Grafik sehen Sie unseren Marketing-Mix (vgl. Abb. 3). Zusätzlich zum Marketing-Mix habe ich einen Redaktionsplan erstellt, der auch alle Veranstaltungen sowie alle Online- und Offline-Marketingaktivitäten umfasst. So können wir leicht überprüfen, welche Aktivitäten geplant sind und welche bevorstehen. Außerdem kann so leicht überprüft werden, was wann umgesetzt werden muss und ob alles wie geplant umgesetzt wurde. Wie bereits erwähnt, haben wir auch eine S.W.O.T.-Analyse durchgeführt, unsere Kernbotschaften überdacht und unsere Buyer Personas neu erstellt. Alle unsere Marketingaktivitäten sind auf diese Schlüsselbotschaften und Buyer Personas abgestimmt.

4.3 Unser Marketing-Mix im Detail

Wie Sie sehen können, ist der Hauptteil unseres Marketingbudgets Online-Marketing. Wir haben herausgefunden, dass Online-Marketing uns mehr Leads und Markenbekanntheit bringt als Messen oder Artikel und Anzeigen in Zeitschriften.

Daher ist es nur logisch, dass wir den Schwerpunkt und das meiste Geld in Online-Aktivitäten stecken. Der Schwerpunkt unserer Online-Aktivitäten liegt auf Google Ads und damit verbunden, natürlich unserer Website. Aber auch Social Media wird in unserem Marketing-Mix immer wichtiger. Im Jahr 2020 haben wir mit LinkedIn und Facebook begonnen und insbesondere LinkedIn funktioniert sehr gut. Obwohl wir ein sehr gutes und stetiges organisches Wachstum verzeichnen können, haben wir auch mit gesponserten Inhalten auf LinkedIn begonnen. Auch unser YouTube-Kanal verzeichnet (leicht) steigende Wachstumszahlen hinsichtlich Ansichten und Abonnenten. Allerdings dient YouTube für uns in erster Linie dazu, Videos hochzuladen, die wir auf unsere Website einbetten, an externe Websites (z. B. Zeitschriften) weitergeben und (zukünftigen) Kunden zeigen können. Zusätzlich zu den genannten Kanälen und Tools versenden wir auch regelmäßig erfolgreich Newsletter. Warum erfolgreich? Weil wir eine durchschnittliche Öffnungsrate von über 30 % haben, was uns Anfragen (und in weiterer Folge auch Verkäufe) sowie viel positives Feedback beschert. Die Newsletter-Inhalte sind meist informativ oder hilfreich und bringen dem Empfänger Mehrwert. Wir vermeiden bewusst Werbebotschaften oder werbende Formulierungen und Inhalte. Im Jahr 2020 beginnen wir auch mit Webinaren. Im Gegensatz zu den Webinaren vieler (oder eigentlich den meisten) Unternehmen im Markt zielen unsere Webinare darauf ab, Tipps und Tricks und Wissen über Prozesseinstellungen und Werkstoffe zu vermitteln, anstatt als reine Werbe- und Selbstbeweihräucherungs-Webinar den Zusehern Zeit zu stehlen. Dass diese Herangehensweise wertgeschätzt wird, sahen wir anhand des durch die Bank positiven Feedbacks, das wir für unser erstes Webinar bekamen.

Der zweitgrößte Schwerpunkt liegt auf Messen und Veranstaltungen. Obwohl das Internet täglich an Bedeutung gewinnt, haben Messen immer noch hohe Relevanz und Bedeutung. Im Vergleich zum letzten Jahr nehmen wir allerdings nur an drei bis vier Messen teil. Da wir uns ein sehr kluges Standkonzept ausgedacht haben, können wir Kosten in der Logistik, einem der enormen Kostentreiber bei Messen, einiges einsparen. Darüber hinaus werden einige unserer Mitarbeiter immer wieder als Experten zu Konferenzen und Veranstaltungen eingeladen. Diese Diskussionen, Vorträge und Gespräche pushen unsere Markenbekanntheit sehr. Das Gute daran ist oft, dass unsere Experten zumeist nicht über unser Unternehmen oder die Maschinen sprechen, sondern über Technik und Möglichkeiten der Additiven Fertigung oder diverser Werkstoffe. Dadurch stellen die Zuhörer eine indirekte Verbindung zu unserem Unternehmen und unseren Maschinen her, ohne den Eindruck zu bekommen, sie sind auf einer Verkaufsveranstaltung.

Print ist tot! Print ist tot? Print ist nicht tot! Obwohl Printmedien in den letzten zehn Jahren an Bedeutung verloren haben, spielen Zeitschriften und Magazine immer noch eine Rolle in unserem Marketing-Mix. Wie im Budgetdiagramm ersichtlich, geben wir etwa 6 % unseres Marketingbudgets für Werbung in Zeitschriften und Magazinen aus. Das garantiert uns, das ganze Jahr über in den Printmedien präsent zu sein. Es gibt immer noch viele Manager, Ingenieure und Entscheidungsträger, die gerne gedruckte Zeitschriften lesen. Ich muss gestehen, dass auch ich lieber Gedrucktes wie Bücher, Zeitungen und Zeitschriften lese, als eBooks oder Artikel auf einem Bildschirm. Und die Zahlen zeigen uns, dass wir bei Zeitschriftenanzeigen einen ähnlichen ROI haben wie bei Messen.

Alle anderen Aktivitäten und Kostenfaktoren sind unter „Sonstiges" zusammengefasst. Dies können alle Druck- und Gestaltungskosten (z. B. Flyer) oder Personalmarketing sein.

5 Destination Unknown – Der Pfad unterliegt stetiger Veränderung

Während ich diese Zeilen schreibe, befinden wir uns am Ende eines fast vollständigen „Lockdowns" aufgrund einer Pandemie, die sich rasch auf der ganzen Welt ausbreitet(e). Viele Menschen arbeiten seit etwa einem Monat von zu Hause aus, viele haben ihren Arbeitsplatz verloren, und viele Unternehmen haben Schwierigkeiten, weil sie keine Einnahmen haben. Natürlich wirkt sich die gegenwärtige Situation auch auf das Marketing aus. Viele Messen und Veranstaltungen wurden abgesagt oder verschoben. Um in dieser schwierigen Zeit zu überleben, haben viele Unternehmen ihre Investitionsbudgets und ihre Budgets für Forschungs- und Entwicklungsabteilungen gekürzt. Einige haben sogar bereits erteilte Aufträge storniert oder verschoben.

5.1 Warum unser Marketing-Mix nicht in Stein gemeißelt ist

Diese Entwicklungen betreffen uns alle. Aufgrund dieser veränderten Situation müssen wir auch unsere Marketingaktivitäten überdenken und unser Budget überarbeiten. Aus diesem Grund hatten wir einige Online- und Telefon-Besprechungen, um nicht nur die negativen Auswirkungen, sondern auch die Chancen zu erörtern, die diese Situation bietet. Was unser Marketingbudget betrifft, so haben wir etwas Geld von Veranstaltungen (die nicht oder verändert stattfinden werden) in den Online-Bereich verschoben. So bieten wir beispielsweise Webinare an, haben einen Buchungskalender für digitale Expertengespräche und Verkaufsgespräche eingeführt und unsere Aktivitäten im Bereich Google Ads verstärkt. Aufgrund dieser Pandemie und den veränderten Rahmenbedingungen (bspw. Home-Office), entdeckten viele Unternehmen die digitale Welt und digitale Möglichkeiten. Ich glaube, dass für die Zukunft viele ihre Budgets und Aktivitäten überdenken werden und noch mehr in Richtung Digitalisierung gehen werden. Auch zahlreiche Marketingmanager und im Marketing tätige Personen, mit denen ich sprach, teilen diese Gedanken und Beobachtungen.

Abgesehen von dieser aktuellen Situation, die ohnehin eine gewisse Flexibilität erfordert, ist es immer unser Ziel, alles, was wir tun, zu überdenken und unsere Schritte und Aktivitäten zu analysieren. Meiner Meinung nach ist ein Marketingplan nie endgültig. Wenn einige Aktionen und Aktivitäten nicht wie geplant funktionieren oder durch äußere Einflüsse beeinflusst werden (wie zum Beispiel eine Pandemie), ist es notwendig, den Plan – und manchmal auch das Budget – anzupassen. Wie ich bereits erwähnt habe, können Fehler passieren, und manchmal ist es gut, dass man Fehler macht. Außerdem funktionieren Aktivitäten, die in der Vergangenheit vielleicht sehr gut funktioniert haben, morgen vielleicht schon nicht mehr.

5.2 Wie wir unseren Pfad immer wieder ändern

Ein bekanntes Sprichwort lautet: „Wer rastet, der rostet". Wer sich also nicht weiterbewegt, bleibt auf der Strecke und wird auf lange Sicht bewegungsunfähig oder rückständig. Für mich passt diese Redewendung perfekt zum Marketing. Man muss immer versuchen, seine Aktionen und Aktivitäten zu verbessern, um den Umsatz, die Markenbekanntheit oder was auch immer Ihre Ziele sind, zu steigern. Ich versuche, unsere Aktionen für eine stetige Verbesserung in fünf Punkten zusammenzufassen:

1. Regelmäßiges Analysieren, welche Aktionen funktionieren und welche nicht funktionieren. Wie können wir unsere Aktivitäten hinsichtlich Wirksamkeit und Kosten optimieren?
2. Meiner Meinung nach gibt es keine Lücke mehr zwischen Marketing und Vertrieb. Was ich sagen will, ist, dass es ein Fehler ist, Marketing und Vertrieb als zwei verschiedene Abteilungen zu sehen und zu behandeln. Daher streben wir eine sehr enge Zusammenarbeit zwischen Marketing und Vertrieb an, um Einblicke in die Gedanken der Kunden zu erhalten (die von der Vertriebsabteilung, also von außen/vom Kunden direkt kommen) und, um optimales Marketingmaterial und -inhalte zu erstellen, damit der Markt erreicht und der Umsatz gesteigert werden kann. Außerdem sind all diese Informationen auch für den After-Sales-Bereich von Bedeutung.

3. Neue Dinge ausprobieren.
4. Persönliche Weiterbildung: Teilnahme an Workshops, Kursen, Seminaren, Veranstaltungen.
5. Blick auf andere Unternehmen und andere Branchen. Was tun sie? Könnten einige ihrer Aktionen und Aktivitäten auch bei uns funktionieren?

6 Schlussfolgerung

Ich hoffe, ich konnte den kleinen Einblick in eine Art B2B-Marketing-Reise eines noch jungen Unternehmens in einem aufstrebenden Markt gut nachvollziehbar und verständlich darstellen. Mit der Metapher des Pfades versuchte ich zu erklären, wie wir unseren Marketingplan und unseren Marketing-Mix entwickelt haben. In einem ersten Schritt war es notwendig, alle Aktionen und Aktivitäten zu analysieren. Wohin fließt das Marketingbudget? Welche Aktivitäten und Aktionen funktionieren und welche zahlen sich nicht (mehr) aus? Wo und wie werden potenzielle Kunden abgeholt? Die Kommunikation und Vernetzung verschiedener Abteilungen im Unternehmen (Marketing, Vertrieb, F&E, …) gewinnt immer mehr an Bedeutung. Sind in der F&E-Abteilung neue Projekte geplant?

Kommen in diesem Jahr neue Produkte auf den Markt? Es ist wichtig, sich einen Überblick über das kommende Jahr oder die nächsten zwei Jahre zu verschaffen, um einen nachhaltigen Marketingplan zu erstellen. Dieser Marketingplan sollte während des Geschäftsjahres so etwas wie ein Leitfaden sein. Er sollte allerdings nicht als unveränderbar gelten und veränder- und adaptierbar sein.

Nachdem wir unseren Pfad gefunden haben, ist es jetzt an der Zeit, ihn zu beschreiten. Aufgrund unserer Analysen und Beobachtungen sind wir der Meinung, dass dieser Pfad der für uns optimalste ist. Natürlich können einige Steine auf unserem Weg liegen, die den Pfad beschwerlicher machen. Zum Beispiel die Covid-19 Pandemie, die fast die gesamte Wirtschaft in unserem Land niedergeschlagen hat. Auch wenn man auf solche Situationen vielleicht nie zu 100 % vorbereitet ist, muss man in der Lage sein, den Plan anzupassen und auf Veränderungen reagieren zu können.

Im letzten Kapitel unserer Reise ging es darum, den Pfad, den wir im ersten Jahr gefunden hatten, neu zu finden bzw. zu verändern. Warum? Weil auch der Markt einer stetigen Änderung und Weiterentwicklung unterliegt. Daher ist es notwendig, die Marketing- (und Vertriebs-) Ziele sowie den Marketingplan stets im Auge zu behalten, um ihn rechtzeitig ändern zu können. Die Verkaufszahlen im 3D-Druck (B2C und B2B) waren bereits im 4. Quartal 2019 rückläufig. Ok, im industriellen 3D-Druck waren sie zwar nicht rückläufig, aber sie stiegen im Vergleich zu 2018 nur um 1 %.[4] Im Jahr 2020 sind die Zahlen – natürlich bedingt durch die Covid-19-Pandemie – noch schlechter.[5] Im Gegensatz zu

[4] https://contextworld.com/web/guest/covid-19-concerns-make-2020-3d-printer-sales-outlook-challenging. Zugegriffen am 06.05.2020.

[5] https://www.mission-additive.de/markt-fuer-industrielle-3d-drucker-wird-von-der-krise-schwer-getroffen-a-928280/?cmp=nl-428uid=. Zugegriffen am 06.05.2020.

diesem Trend konnte unser Unternehmen den Umsatz in diesem Zeitraum steigern. Unter anderem auch, weil wir flexible auf sich ändernde Rahmenbedingungen reagieren können. Wohin uns unsere Reise führt, kann ich nicht sagen …

Was ich aber sagen kann, ist, dass wir uns mehr und mehr in Richtung Online-(-Marketing) sowie Digitalisierung im Allgemeinen bewegen. Messen und Veranstaltungen sowie Print werden jedoch nicht völlig aussterben. Was kommen kann und meiner Meinung nach auch kommen wird, ist eine Art Marktbereinigung. Aufgrund der Covid-19-Pandemie könnte diese Marktbereinigung sogar noch schneller kommen, als ich dachte und sie hat, meiner Ansicht nach bereits begonnen. Man weiß also nie, was die Zukunft bringen könnte und man kann auch in keine Glaskugel blicken. Man kann sich aber auf diverse Szenarien und Möglichkeiten vorbereiten und somit schneller und effizienter reagieren als die Konkurrenz

Also, packen Sie Ihre Sachen und machen Sie sich auf die Reise!

Literatur

Seebacher, U., & Güpner, A. (2011). *Marketing-Ressourcenmanagement*. München: USP.

Stříteský, O. (2019). *Grundlagen des 3D-Drucks mit Josef Prusa*. Prag: Prusa-Drucker.

Voland, R. (2018). Ran an den Kunden – So wird die Customer Journey zum Erfolgstrip. In U. Hannig (Hrsg.), *Marketing und Sales Automation*. Wiesbaden: Springer.

Stefan Prath studierte Europäische Ethnologie und Kulturanthropologie an der Universität Graz. Neben dem Studium hatte er erste Jobs in der Medienbranche für verschiedene Zeitschriften. Nach seinem Bachelor-Abschluss absolvierte er ein Praktikum in Marketing und Öffentlichkeitsarbeit bei einem international tätigen Unternehmen der Tourismus- und Freizeitbranche. Nach dem Praktikum arbeitete er in diesem Unternehmen etwa drei Jahre lang als PR-Manager. Darüber hinaus wurde er Leiter der Kommunikation eines weltweit operierenden Sportverbandes. Nach rund drei Jahren und einer sehr erfolgreichen Zeit war es Zeit für ein neues Kapitel. Seit 2018 arbeitet er im B2B-Marketing bei einem führenden Unternehmen im Bereich 3D-Druck.

Digitale Transformation in der Schifffahrt – Die Hapag-Lloyd Story

Jenny Gruner

Inhaltsverzeichnis

J. Gruner (✉)
Hapag-Lloyd AG, Hamburg, Deutschland
E-Mail: jenny.gruner@hlag.com

U. Seebacher (Hrsg.), *Praxishandbuch B2B-Marketing*,
https://doi.org/10.1007/978-3-658-31651-8_24

Zusammenfassung

Hapag-Lloyd ist eine der größten Container-Reedereien der Welt. Das Traditionsunternehmen existiert seit 173 Jahren und beschäftigt über 13.000 Mitarbeiter in 129 Ländern. Gekennzeichnet ist die Branche der Container-Schifffahrt von einem harten Konkurrenzkampf und einem Nachholbedarf im Bereich der digitalen Transformation. Vor diesem Hintergrund bedeutet Transformation die Digitalisierung der Wertschöpfungskette und damit die Entwicklung digitaler Produkte. Auf der anderen Seite geht es aber darum, die Organisation und die Menschen auf diese Reise der Veränderung mitzunehmen. Die Erfolgsrezeptur bei Hapag-Lloyd basiert vor allem auf Veränderungen in der Struktur, die den Kulturwandel dann tragen und mit vorantreiben. Im Rahmen der Transformation spielt das digitale Marketing eine wichtige Rolle. Die Case Study zeigt auf, wie innerhalb von zwei Jahren das digitale Marketing an Bord des Traditionsunternehmens kam, welche Hürden und Herausforderungen wir zu meistern hatten und haben, als auch, wie wir damit ein globales, skalierbares Vermarktungsmodell aufgebaut haben. Dabei liegt der Fokus immer auf dem Kunden und der fortwährenden Optimierung. Diese Case Study beschreibt eine doppelte Pionierarbeit. So haben wir dank des Customer-Centricity-Ansatzes mit dem Online-Quotation-Tool Quick Quotes ein sehr gutes Digitalprodukt für die Branche entwickelt. Zudem konzipierten und starteten wir erstmals für die Container-Branche Multichannel-Onlinemarketing-Kampagnen in 144 Ländern, um digitale Produkte zu verkaufen.

1 Wie man digitales Marketing an Bord eines Traditionsunternehmens bringt

Hapag-Lloyd ist eine der größten Container-Reedereien der Welt. Das Traditionsunternehmen existiert seit 173 Jahren und beschäftigt über 13.000 Mitarbeiter in 129 Ländern. Doch natürlich schützt eine solche Tradition nicht vor den Herausforderungen der Zukunft. Allerdings hat Hapag-Lloyd in all diesen Jahren immer wieder bewiesen, dass es sich den Stürmen der Veränderung stellen kann. Allein die letzten sechs Jahre waren durch zwei Merger und einen Börsengang geprägt.

Nun geht es in die nächste Phase des Wandels – die Digitalisierung. Die Kunst und die Herausforderung bestehen allerdings darin, einen solchen Großdampfer so zu digitalisieren, dass er sich in ein wendiges Business-Speedboot wandelt. Wie das gelingen kann, zeigt diese Case Study.

Digitale Transformation bedeutet auf der einen Seite die Digitalisierung der Wertschöpfungskette und damit einhergehend die Entwicklung digitaler Produkte. Auf der anderen Seite geht es aber auch darum, die Organisation und die Menschen auf diese Reise der Veränderung mitzunehmen. Die Erfolgsrezeptur bei Hapag-Lloyd basiert vor allem auf Veränderungen in der Struktur, die den Kulturwandel tragen und mit vorantreiben sollen.

Im Rahmen der Transformation spielt das digitale Marketing eine wichtige Rolle. Diese Case Study will anhand des Produktes Quick Quotes aufzeigen, wie wir innerhalb von zwei

Jahren das digitale Marketing zum festen Bestandteil der Crew des Traditionsunternehmens machten und welche Hürden sowie Herausforderungen es zu meistern gilt, wenn man das ehrgeizige Ziel verfolgt, ein globales und skalierbares Vermarktungsmodell aufzubauen.

Dazu führten wir agile Strukturen, OKRs und 90-Tage-Planungen ein und setzen auf eine konsequente Kundenzentrierung und eine fortwährende Optimierung aller Maßnahmen. Unser ehrgeiziges Ziel lautete, mithilfe des Online-Quotation-Tools Quick Quotes eine Million Container zu verschiffen.

2 Hapag-Lloyd: Die fünftgrößte Reederei der Welt

Die Anfänge von Hapag-Lloyd liegen bereits im Jahr 1847. Damals gründete sich die Hamburg-Amerikanische Packetfahrt-Actien-Gesellschaft. Diese verbündete sich 1970 mit der Norddeutscher Lloyd.

Hier einmal kurz die wichtigsten Fakten: Die Flotte von Hapag-Lloyd umfasst 248 Containerschiffe. Mit einer Gesamttransportkapazität von 1,7 Millionen TEU ist Hapag-Lloyd eine der weltweit führenden Linienreedereien, die Verbindungen zwischen mehr als 600 Häfen auf allen Kontinenten bietet. Der Containerbestand liegt bei rund 2,6 Millionen TEU. Vor allem in den Fahrtgebieten Transatlantik, Mittlerer Osten, Lateinamerika sowie Intra-Amerika gehört Hapag-Lloyd zu den führenden Anbietern.[1]

Der Konzernumsatz lag im ersten Quartal 2020 bei 3,68 Milliarden US-Dollar und das Ergebnis vor Zinsen und Steuern (EBIT) bei 176 Millionen US-Dollar.[2] Die Reederei ist also alles andere als ein Start-up oder eine Leichtwasser-Jolle. Dementsprechend ist das gesamte Unternehmen auch noch immer eher traditionell. Hapag-Lloyd ist eine Aktiengesellschaft mit Vorstand, Aufsichtsrat und allen regelmäßigen Rechenschaftspflichten. Der Transformationsprozess muss in solch einen Konzern ein anderer – vorsichtiger – sein als in einem jungen Unternehmen, dem Investoren zugestehen, die ersten Jahre hohe Verluste einzufahren.

2.1 Herausforderungen des Marktes und Unternehmens

Es gibt einen Grund, warum Medienberichte über globale Wirtschaftsthemen so gerne mit Fotos von Containerhäfen bebildert sind. Diese sind längst zu einem der wichtigsten Knotenpunkte der weltweiten Logistik geworden. Zentraler Baustein der globalen Lieferketten sind dabei die Container-Reedereien.

Seit seinen Anfängen in den 1950er-Jahren hat sich der Container zur dominierenden Technologie der Linienschifffahrt entwickelt.[3] Seit der Finanzkrise 2009 verlangsamt sich allerdings das Wachstum dieses Wirtschaftszweiges. Zudem wuchsen gleichzeitig die Kapazitäten der Containerschiffsflotten, indem immer größere Schiffe immer mehr Fracht

[1] https://www.hapag-lloyd.com/de/about-us.html. Zugegriffen am 28.05.2020.

[2] https://www.hapag-lloyd.com/de/ir.iry-2020.irid-1964253.html. Zugegriffen am 28.05.2020.

[3] https://www.forschungsinformationssystem.de/servlet/is/11171/. Zugegriffen am 28.05.2020.

transportieren können. Die Folge: eine höhere Produktivität, sinkende Preise. Dies befördert wiederum die Bildung von globalen Allianzen. So decken längst die 25 größten Reedereien rund 90 Prozent der gesamten Marktkapazität ab. Allein die Top 5 haben einen Marktanteil von rund 65 Prozent.[4]

Den derzeitigen Wandel der Branche beschreibt Hapag-Lloyd selbst wie folgt:

> „Unsere Branche hat sich in den letzten Jahren wesentlich verändert. Seit 2014 war sie geprägt von einer Konsolidierungswelle. Das Ergebnis: die heutige Landschaft mit weniger und dafür größeren Reedereien. Hapag-Lloyd hat diesen Prozess aktiv mitgestaltet und ist nach der erfolgreichen Integration von CSAV und UASC heute mehr als zwei Mal größer als vor vier Jahren. Wir blicken nun nach vorn und begeben uns auf die Reise der Umsetzung unserer ‚Strategy 2023', die wir fortan leben möchten. Einmal mehr setzen wir Kurs darauf, am Wandel unserer Branche aktiv mitzuwirken."[5]

Der nächste logische Schritt in dieser höchst kompetitiven Marktsituation ist die Digitalisierung. Sie wird für die nächsten Effizienz- und Konsolidierungsschritte sorgen.

In einer aktuellen Umfrage gehen acht von zehn Entscheidern davon aus, dass die Automatisierung bzw. Digitalisierung im Schiffsverkehr in den nächsten Jahren extrem zunehmen wird (eines der Stichwörter in diesem Zusammenhang lautet: digitalisierte Brücke).[6]

Trotz seiner über 170-jährigen Tradition gehört Hapag-Lloyd in der Digitalisierung wieder zu den First-Movern. Wie wir später noch sehen werden, hat uns dieser Startvorteil einigen Rückenwind im Vergleich zu den Konkurrenten verschafft.

In den vergangenen Jahren hat Hapag-Lloyd immer wieder gezeigt, dass man sich verändern, anpassen und transformieren muss. So verkraftete der Konzern allein in den vergangenen sechs Jahren zwei Merger und einen Börsengang – schon das zeugt von einer gewissen Beweglichkeit – und einem ziemlichen Erfolgswillen.

3 Was digitale Transformation bei Hapag-Lloyd bedeutet

Der digitale Wandel macht vor keinem Unternehmen halt. Auch nicht vor Reedereien mit solch einer Tradition wie Hapag-Lloyd. Selbst ein Container-Dickschiff wie dieses muss sich den modernen Gegebenheiten anpassen und diese annehmen – und das macht der Konzern auch längst.

Was heißt also digitale Transformation für uns bei Hapag Lloyd? Die einfache Antwort: Wir sehen das ganz pragmatisch. Alles, was digitalisiert werden kann, digitalisieren wir.

---

[4] https://de.statista.com/statistik/daten/studie/223205/umfrage/marktanteile-von-container-reedereien/. Zugegriffen am 28.05.2020.

[5] https://www.hapag-lloyd.com/de/about-us/our-strategy.html. Zugegriffen am 28.05.2020.

[6] https://www.pwc.de/de/transport-und-logistik/assets/pwc_studie-perpektiven-fuer-deutsche-reedereien.pdf. Zugegriffen am 28.05.2020.

Alles, was intelligent gemacht werden kann, wird intelligent gemacht. Jeden Mitarbeiter, jeden Tag ein bisschen besser machen.

Wenn wir von digitaler Transformation reden, dann sprechen wir grundsätzlich über zwei Dinge. Einmal die technische Seite. Sie ist für uns alle die offensichtlichste Facette dieses Prozesses. Dabei geht es darum, alles, was sich automatisieren und digitalisieren lässt, auch genau dahingehend zu optimieren. Algorithmen sollen uns soviel Arbeit wie nur möglich abnehmen, um Kunden besser zu gewinnen und zu binden, die Qualität zu steigern und das Business effizienter zu gestalten und damit erfolgreicher zu werden.

Zum anderen gibt es noch die kulturelle Seite, die von den Menschen innerhalb eines Unternehmens verlangt, den Wandel der Digitalisierung mitzugehen. Denn einer der ausschlaggebendsten Faktoren für die Transformation liegt in der Frage, wie ich es schaffe, auch die Menschen mitzunehmen. Algorithmen lassen sich programmieren, hier geht es um Investitionen und Ressourcen, damit sie einen vorgegebenen Job erledigen. Bei den Menschen funktioniert das Prinzip jedoch nicht. Sie lassen sich nicht programmieren. Wir müssen überzeugen, um eine echte Veränderung von Verhalten und Kultur zu erreichen. Das braucht Zeit und Struktur.

3.1 Customer Centricity, Collaboration & Co.: Klare Mission als Wegweiser und Leuchtturm auf dem Weg der Transformation

Wie sind wir also ganz praktisch vorgegangen? Wir haben Leuchttürme geschaffen. Sie sollen gut sichtbar allen Mitarbeitern den Weg weisen.

Einer dieser Leuchttürme ist unsere Vision. Wir verstehen sie als motivierende, positivformulierte Vorstellung des Zustandes, den wir mit unserem Unternehmen erreichen wollen. Unsere Vision soll die Richtung vorgeben. Sie lautet:

Neue Maßstäbe in der Containerschifffahrt setzen, Qualitätsstandards vorgeben und damit herausragende Zuverlässigkeit und Servicequalität gegenüber unseren Kunden demonstrieren.[7]

Die Vision ist Bestandteil unserer Strategy 2023, die unsere Reise für die kommenden Jahre bis 2023 bestimmt. Eines ihrer Hauptziele ist ein qualitativ hochwertiger Service für unsere Kunden. Denn dieser ebnet den Weg in die Zukunft, davon sind wir überzeugt. „Number one for quality“ ist unser Kundenversprechen und ein Merkmal, mit dem wir uns sichtbar von den Wettbewerbern abheben wollen.

Customer Centricity, und damit einhergehend die Konzentration auf die Wünsche und Bedürfnisse der Kunden, spielt auf dem Weg zur Qualitätsführerschaft eine Schlüsselrolle.

Neben der konzernweiten Vision haben wir auch eine Mission für unsere Digital-Business- und Transformations-Unit (DBT) festgelegt. Sie lautet:

---

[7] https://www.hapag-lloyd.com/de/about-us/our-strategy.html. Zugegriffen am 28.05.2020.

Indem wir die digitale Transformation voranbringen, stärken wir unsere Kunden mit Lösungen, die das Potential der Zukunft der Logistik ausschöpfen.
Wir wissen zwar noch nicht, wie die Zukunft der Logistik exakt aussehen wird, aber wir wollen dies aktiv mitgestalten, eine führende Rolle in der digitalen Transformation einnehmen und somit unsere Kunden „empowern", im Sinne von stärken.

Um diese Mission auch tatsächlich leben zu können, definierten wir im nächsten Schritt unsere Prinzipien. Sie basieren auf fünf Cs:

- **Customer Centricity:** Wir versetzen uns immer in die Lage des Kunden.
- **Curiosity:** Wir lieben es, Neues zu entdecken.
- **Collaboration:** Wir arbeiten als Team, wir sind als Team erfolgreich.
- **Confidence:** Wir lassen uns nicht von Unklarheiten abschrecken.
- **Courage:** Wir befähigen Menschen und gehen mit gutem Beispiel voran.

Die Veränderung entsteht nicht, wenn man Prinzipien definiert und aufschreibt. Sie entsteht, indem man diese ausprobiert, erlebt und vorlebt und sich selbst als Vorbild versteht, an dessen Beispiel andere lernen können. Dann können andere folgen und so aus ihrer Komfortzone kommen.

3.2 Struktur und Arbeitsweise: So beschleunigt die Spezialeinheit DBT die Transformation und das Onlinemarketing

Bei Hapag-Lloyd ist die DBT (Digital Business & Transformation Unit) für die digitale Transformation zuständig. Wir verantworten das Digital Business und die Transformation durch das Abbilden der digitalen Wertschöpfungskette und sind als „Embedded Team" eng in die Organisationsstruktur eingebettet. Um wirklich als Schnellboot innerhalb des Konzerndickschiffs agieren zu können, haben wir uns in vier wendigen Teams organisiert. Digital Products, Data and Insights, Digital Marketing und Customer Growth. Sie arbeiten jedoch nicht autark, sondern immer auch projektbezogen und agil zusammen und bilden so ein Team mit starkem Business Impact.

Genau mit dieser Struktur gelingt es uns, Silos aufzubrechen und ein erhebliches mehr an Transparenz zu erreichen. Die Folge: wir können Wissen schneller und barrierefreier teilen und trotzdem als vier eigenständige Einheiten fungieren.

Um ein solches bewegliches und auf Geschwindigkeit ausgelegtes Konstrukt trotzdem strukturiert steuern zu können, setzen wir konsequent auf agile Arbeitsmethoden wie Kanban, Scrum, einer 90-Tage-Planung und klaren Objectives & Key Results (OKRs) (vgl. Abb. 1).

Wir wollen stetig in kleinen Schritten als Team vorankommen und dabei zielorientiert vorgehen. Hierfür leiten wir aus den oben bereits beschriebenen Strategy 2023, Vision und Mission unser MOAL ab – das Midterm Goal für die nächsten zwölf Monate. Dieser Zeitraum wiederum wird in 90-Tage-Planungen unterteilt und mit verschiedenen Initiativen

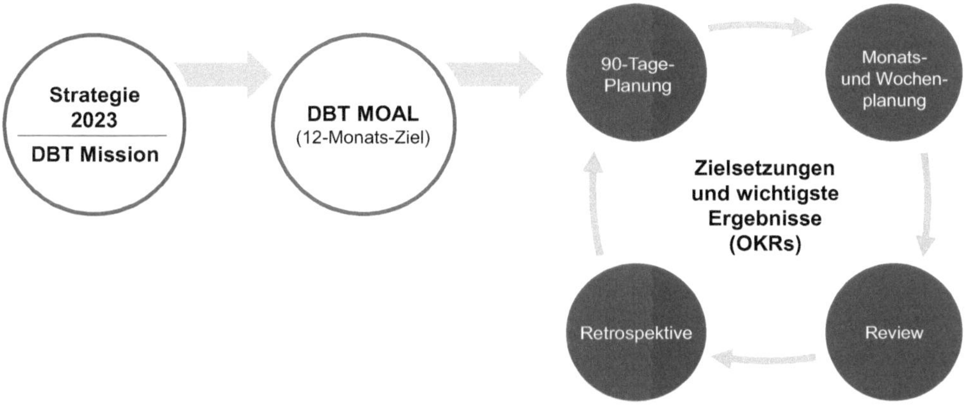

Abb. 1 Zusammenspiel aus Strategie und agiler Struktur als Fundament für die digitale Transformation. (Quelle: Hapag-Lloyd 2020)

versehen, um das MOAL zu erreichen. Mit standardisierten Monats- und Wochenplanungen definieren wir die einzelnen Steps zur Erzielung der Initiativen. In monatlichen Reviews prüfen wir standardisiert, ob wir noch auf dem richtigen Weg sind. Retrospektiven helfen uns dabei, kontinuierlich unser Vorgehen zu reflektieren und Gelerntes in weitere Schritte mit einzubeziehen. Erst diese Struktur hilft uns, unsere Ziele zu erreichen und unser Handeln nachhaltig zu optimieren.

Die DBT und ihr Mix aus Leuchtturm und agiler Struktur bildet das Fundament, auf dem wir digitale und skalierbare Produkte entwickeln können. So gelingt es uns, die digitale Transformation im Konzern voranzutreiben.

4 Die Rolle und Ziele des Digital Marketing bei Hapag Lloyd

Die Vision und unsere Mission bilden das Fundament unserer strategischen Arbeit. Die OKRs wiederum definieren daraus abgeleitet unsere Ziele, von denen wir wiederum konsequent zu unseren Marketingzielen kommen. Ganz grundsätzlich gesprochen haben wir uns vorgenommen, Hapag-Lloyd mit unserer Digitalmarketing-Expertise und dem richtigen Marketingmix auf dem Weg zu einem weltweit führenden digitalen Unternehmen in der Schifffahrtsbranche zu unterstützen.

Damit dies gelingen kann, definierten wir uns wiederum drei Wachstumsziele:

- Brand Awareness and Website Traffic erhöhen
- Neukunden-Akquise online ausbauen
- Digitale Produktaktivität erhöhen

Unsere Rolle dabei ist denkbar einfach zu beschreiben: Unser Job ist es, die digitalen Produkte im Online-Business-Bereich zu vermarkten, also mehr Kunden auf die

Web-Angebote zu lotsen und damit die digitale Transformation von Hapag-Lloyd voranzutreiben.

4.1 Überzeugungsarbeit und Sensibilisierung: Lösungen und Herausforderungen in der Aufbauphase

Ehrgeizige Ziele kann jeder haben. Die Herausforderung liegt vielmehr darin, diese auch zu erreichen. Gerade im Onlinemarketing gilt meistens: Der Weg ist das Ziel. Doch blicken wir erst einmal kurz zurück: Als wir 2018 mit Onlinemarketing und -advertising anfingen, fanden wir bei Hapag-Lloyd eine grüne Wiese vor. Es gab wenig Erfahrungen, Vorarbeiten oder bereits vorhandene Ressourcen, von denen wir profitieren konnten. Gleichzeitig eröffnete uns diese Situation die Chance, alles komplett neu aufzusetzen und zu strukturieren. Bei diesem Entwicklungsprozess konzentrieren wir uns auf die Punkte Tech Stack, Customer Experience und Unternehmenskultur. Bei allen drei Themen geht es stets um Sensibilisierung und darum, ein Bewusstsein zu schaffen, warum und wofür wir etwas brauchen. Welche Voraussetzungen müssen wir zum Beispiel erfüllen, damit wir die gesamte Customer Journey auch messen können? Warum müssen wir bestimmte Events auf der Website messen oder Kundenbefragungen durchführen?

Wir leisten Überzeugungsarbeit, unsere Website und Werbemittel so zu gestalten, dass die Benutzerfreundlichkeit erhöht wird, aber auch in der Frage, warum es für jeden Product Owner so wichtig ist, herauszufinden, wie die Kunden ticken und wie sie die Produkte nutzen. So können wir gemeinsam Produkte entwickeln, die den Kunden überzeugen. All diese Aktionen verlangen einen gewissen Kulturwandel. Diesen beschleunigen wir, indem wir aufzeigen, welche großen Potenziale ein echtes Growth Mindset erschließen kann. Eines unser Hauptanliegen dabei war, Strukturen und Frameworks zu entwickeln, die stark genug sind, eine Kulturveränderung zu tragen, damit wir den Kollegen glaubhaft vorleben und beibringen können, welche Erfolge ein kundenzentrierter Ansatz einbringen kann.

5 Quick Quotes: Das erste globale digitale Produkt von Hapag-Lloyd

Setup und Mindset sind jedoch immer nur so gut, wie die Produkte, die mit deren Hilfe entstehen. Dies wollen wir hier am Beispiel von Quick Quotes einmal genauer erläutern. Hinter dem Namen verbirgt sich ein Online-Quotierung-Tool auf unserer Webseite, mit dem man sich in Echtzeit innerhalb von 30 Sekunden ein Angebot für einen Containertransport einholen kann – und zwar weltweit, 24/7.

In Maßstäben von Consumer-Angeboten hört sich das erst einmal wenig spektakulär an. In der Container-Logistik ist Quick Quotes jedoch ein echter digitaler Innovationsschub. Ein solches Angebot gab es vorher noch nicht. Bei der Entwicklung von Quick

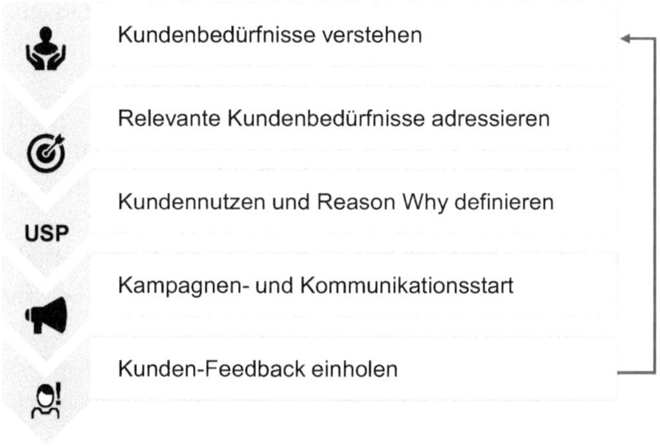

Abb. 2 Der Kunde im Zentrum von Produktentwicklung und -kommunikation in einem iterativen Kreislauf. (Quelle: Hapag-Lloyd 2020)

Quotes hielten wir uns streng an die oben bereits formulierten Prinzipien und schufen einen Feedback-Kreislauf, der es uns ermöglicht, mit jeder Runde das Produkt immer weiter zu verbessern (vgl. Abb. 2).

Der Startpunkt der Entwicklung war eine groß angelegte Kundenumfrage im Rahmen unserer Strategy 2023. Hier wurden Kunden befragt, was sie sich von einem Reeder wünschen und wo ihre Painpoints sind. Basierend auf den Needs der Kunden starteten wir mit der Konzeption und der Entwicklung von Quick Quotes. Die Bedürfnisse, die wir hier adressieren, sind Empowerment, Flexibilität, Geschwindigkeit, Einfachheit.

Im nächsten Schritt ging es an die Vorbereitung des Produktmarketings und der -kommunikation. Der Kundennutzen des Produktes sowie dessen USP und den Reason Why leiteten wir ebenso aus den Bedürfnissen des Kunden ab. So schafften wir eine Stringenz zwischen Kundenerwartung, Produktentwicklung und dem Marketing. Quick Quotes wurde dann als MVP (Minimum Viable Product) Land für Land ausgerollt. Dabei standen wir stets mit den Kollegen vor Ort und anderen Departments in einem engen Austausch, um eine möglichst große Transparenz zu schaffen und Feedback der Kunden und Kollegen einzuholen. Mithilfe dieses Feedbacks konnten wir das Produkt stetig verbessern.

5.1 Quick Quotes und das globale skalierbare Vermarktungsmodell

Wenden wir uns der Vermarktung von Quick Quotes zu. Der globale Roll-out fand im August 2018 statt. Dieser wurde von einer integrierten Marketingkampagne über eine Vielzahl von internen und externen Kanälen begleitet. Der Claim des Produktes „Simply Faster" transportierte dabei das Alleinstellungsmerkmal und die besondere Nutzerfreundlichkeit des Tools. Mit diesem Startschuss stellte sich auch die Frage, wie wir das Produkt skalieren können. Hierfür nutzen wir insbesondere Performance-Marketing mit dem Ziel, Neukunden zu gewinnen, die sich mittels Quick Quotes ein Angebot einholen und im Anschluss einen Container buchen.

Unsere erste Performance-Marketing-Aktivität nach dem globalen Roll-out war ein erster Flight auf LinkedIn – im wahrsten Sinne des Wortes ein Blind- aber auch Jungfernflug. Denn wir wussten nicht, ob wir über Advertising das Produkt skalieren können. Keine Plattform konnte uns Erfahrungswerte dazu liefern, da so etwas noch kein Reeder zuvor gemacht hatte. Aber wir haben die Entscheidung für LinkedIn sehr sorgfältig getroffen, weil wir für den Start das Potenzial des sehr genauen Targetings nutzen wollten.

Und entsprechend wussten wir auch nicht, ob die Zielgruppe das überhaupt annimmt und über diese Kanäle konsumiert. Wir sind hier lediglich davon ausgegangen, dass die Zielgruppe die Onlinereife besitzt und im privaten Umfeld ebenso das Internet nutzt und dieses Verhalten auf unsere Produkte übertragen kann. Denn auch wenn wir im B2B sind, am Ende adressieren wir unsere Botschaft an Menschen.

Unser Ziel war es, erstmal Awareness für das Produkt zu schaffen und die Zielgruppe aufzuklären, da es vorher kein solches Produkt gab. Für diesen edukativen Ansatz nutzten wir verschiedene Anzeigenformate. Jedes Format diente einem anderen Ziel. Wenn wir uns den klassischen Funnel vorstellen, dann schaffen Video-Ads Awareness, Carousel-Ads wecken Interesse und Image-Ads führen zur Conversion. Zusätzlich haben wir verschiedene Varianten von Videos und Bildern eingesetzt, um A/B-Tests durchzuführen.

Ähnlich wie bei der Produkteinführung sind wir auch bei der LinkedIn-Kampagne Land für Land vorgegangen. So konnten wir die Learnings der vorangegangenen Länder immer auf die nächsten übertragen. In der Folge waren wir so in der Lage, unsere Streuverluste immer stärker zu minimieren und das Targeting zu verbessern.

Nach gut acht Wochen hatten wir eine Vielzahl an Erkenntnissen gesammelt. Wir waren bereit für den nächsten Schritt: das globale Performance-Marketing. Wir wollten es von Beginn an so aufsetzen, dass wir in der Lage waren, es möglichst skalierbar zu machen.

Dieser Plan ging auf. Uns gelang es, innerhalb von drei Monaten in 144 Ländern mit unseren Marketingaktivitäten präsent zu sein. Bei diesem ehrgeizigen Vorhaben profitierten wir erheblich von der strukturierten Vorarbeit und den Erfahrungen, die wir bereits bei LinkedIn sammeln konnten. Denn auch diesmal gingen wir wieder Schritt für Schritt, Kanal für Kanal und Land für Land vor.

So setzten wir auf einen Dreiklang von Push-Aktivitäten via Display-Netzwerke und Social-Netzwerke wie LinkedIn und Facebook, um Awareness für die Message zu schaffen, und Search Engine Advertising bei Google und Bing, also Pull-Maßnahmen, wenn der User die Message explizit nachfragte.

Mittlerweile konzentrieren wir uns auf ein ausgewähltes Set an Fokusmärkten mit einem starken Channel-Mix und spezifischen Länderstrategien. In den übrigen Ländern läuft ein Grundrauschen. Im Laufe der Monate bauten wir die Kampagne immer weiter aus. So entwickelten wir beispielsweise auch eine Testimonial-Kampagne mit Zitaten von zufriedenen Kunden. So gelang es nochmal mehr, das Vertrauen in das Produkt zu stärken.

All diese Maßnahmen sind nur Stationen. Wie oben bereits erläutert, haben wir uns das Mindset antrainiert, stets nach dem Build-Measure-Learn-Prinzip vorzugehen. Heißt: Wir probieren jeden Tag Neues aus, sammeln täglich neue Erkenntnisse und lassen diese dann wieder in unsere Arbeit und Kampagnen einfließen.

5.2 Die drei Phasen zur Skalierung von Quick Quotes

Phase 1, die ersten sechs Monate, war die Pionierphase, in der es hauptsächlich ums Ausprobieren verschiedener Kanäle, Ad-Formate und Zielgruppen ging. Hier eruierten wir die ersten Kenntnisse zu den Ländern, um festzustellen, wie unterschiedlich sie funktionieren. Ebenso ging es darum, die Kinderkrankheiten im Tracking auszumerzen.

Der nächste Schritt war nun der Übergang in die Wachstumsphase, in der wir Ziel-KPIs für die Kampagnen definierten, die Datenmessbarkeit und -qualität verbesserten und weitere attraktive Ländermärkte erschlossen. Außerdem wollten wir effektive Länderstrategien entwickeln. Bereits in der Pionierphase hatten wir über mehrere Monate Daten gesammelt und dabei festgestellt, dass die Märkte unterschiedlich funktionieren. Die Daten haben wir geclustert und so drei Typen von Ländern ausgemacht, die wir mit entsprechenden Strategien bearbeiten:

- Growth Countries,
- Optimize Countries und
- Hold Countries.

Das Ergebnis dieser Strategien sind jeweils länderspezifische Multichannel-Mediapläne. Ein Beispiel dafür zeigt die Abb. 3 (vgl. Abb. 3). Anhand der Daten entwickeln wir alle Kampagnen und Zielgruppen Schritt für Schritt weiter, um noch effektiver genau die richtigen User zu erreichen.

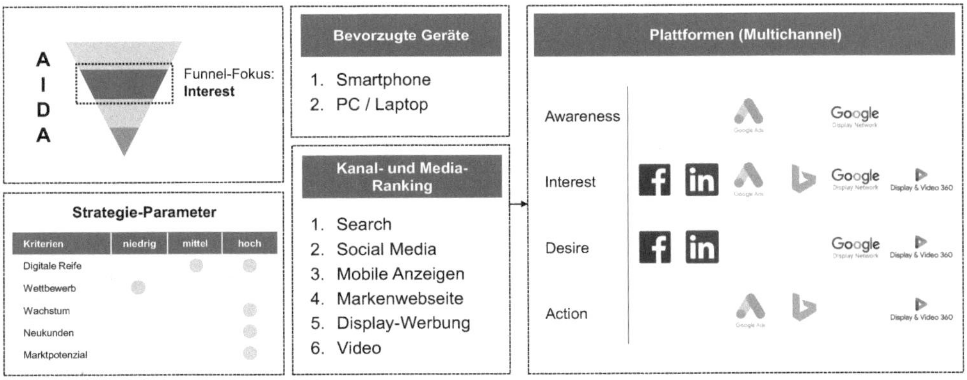

Abb. 3 Umsetzung einer lokal adaptierten Mediastrategie auf der Grundlage von Daten und Ländererkenntnissen. (Quelle: Hapag-Lloyd 2020)

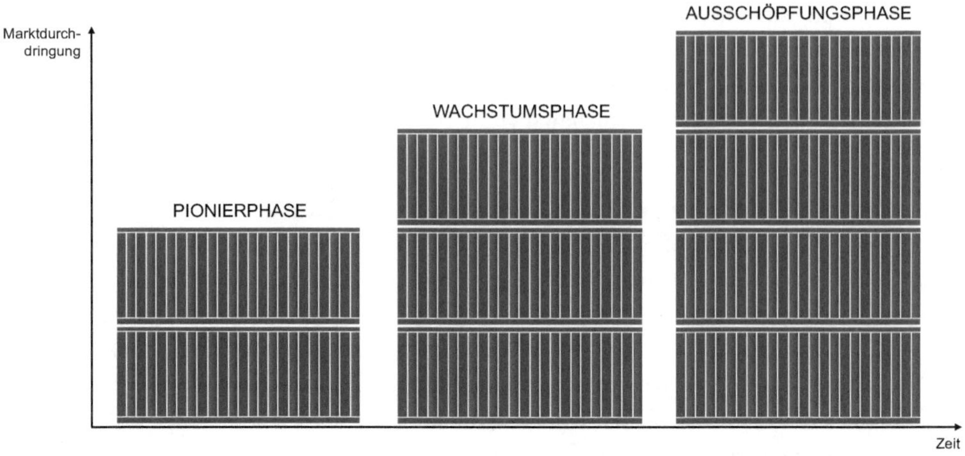

Abb. 4 Drei-Phasen-Vermarktungsmodell zur Skalierung von Quick Quotes. (Quelle: Hapag-Lloyd 2020)

Nach der Wachstumsphase folgt die Ausschöpfungshase. In ihr werden wir sowohl den Grad der Lokalisierung im Advertising, wie auch der Content-Dynamisierung verstärken und zudem weitere neue digitale Produkte vermarkten. In dieser Phase machen wir uns auch darauf gefasst, dass die Wettbewerbsaktivitäten ansteigen werden und entwickeln jetzt schon die eine oder andere Strategie dafür (vgl. Abb. 4).

6 Das interne Influencer-Programm: Die „Digital 100"

Performance-Marketing ist in der Onlinevermarktung von Quick Quotes ein wichtiger Skalierungshebel. Ein weiterer wichtiger Hebel sind unsere Digital100. Die Digital100 bei Hapag-Lloyd sind einhundert Digital Manager und Koordinatoren, die weltweit im Sales oder Customer Service arbeiten. Sie sind unsere Schnittstelle zur lokalen Sales-Organisation mit dem Fokus auf digitale Produkte, führen Produkttrainings für die Kollegen vor Ort durch und kurbeln so die Offlinevermarktung von Quick Quotes an. Da sie nah am Kunden sind, können sie uns so immer mit wertvollem Input, Anregungen und direktem Feedback versorgen. Wir sind geradezu auf ihre Rückmeldungen angewiesen, um unsere Marketingmaßnahmen stets den lokalen Gegebenheiten anpassen zu können. Zum anderen trainieren wir sie auf die neuen digitalen Produkte, um den Verkauf dieser an unsere Kunden zu erleichtern.

Gleichzeitig fungieren die Digital100 auch als die Botschafter der DBT und sind unsere Multiplikatoren. So gehört es ebenfalls zu ihren Aufgaben, intern unsere Mission und die 5C-Principles weiterzutragen, vorzuleben und so die digitale Transformation mitzugestalten.

Um den Kontakt mit unseren Botschaftern zu halten, gibt es regelmäßige Telefonkonferenzen und Onlinetrainings. Einmal im Jahr jedoch treffen sich alle Digital100 bei der

Digital Week, um gemeinsam zu lernen, Best Practices auszutauschen und Teambuilding zu betreiben. Warum betreiben wir den ganzen Aufwand? Weil wir davon überzeugt sind, dass es extrem wichtig ist, die Menschen mitzunehmen und an die Digitalisierung heranzuführen. Dazu müssen wir sie befähigen. Nur dann werden sie die digitale Transformation mittragen und nur so wachsen die Digital100 zu Digital1000.

7 Der Geschäftsbericht belegt: Unsere Onlinemarketingstrategie funktioniert

Unsere Strategie und unser Vorgehen funktionieren – das ist schon einmal die wichtigste Erkenntnis, wenn wir über Resultate sprechen. Unsere Arbeit als einer der First Player trägt Früchte. So heißt es nun im Geschäftsbericht 2019 von Hapag-Lloyd:

> „Mit der Einführung des Web Channels Ende 2018 konnte ein neuer Vertriebsweg erfolgreich etabliert werden, der Ende des abgelaufenen Jahres (Q4 2019) mittlerweile 9,4 % (im Vorjahresquartal 5,2 %) vom gesamten Transportvolumen ausmacht. Mit dem Web Channel bietet Hapag-Lloyd seinen Kunden eine unkomplizierte und schnellere Möglichkeit eine Quotierung zu erhalten und den Containertransport zu buchen. Das Service- und Produktangebot des Web Channels wird kontinuierlich erweitert. So ist mittlerweile unter anderem der unmittelbare Abschluss einer Versicherung für den Transport möglich.“[8]

Unser Kernprodukt Quick Quotes ist dabei eine echte Erfolgsgeschichte. So verrät der Investor-Relationsbericht, dass fast eine Million (genau 950.000) TEU (Container) über unser schnelles Online-Tool gebucht wurden. Das sind bereits 7,9 Prozent des gesamten Volumens.[9] Für eine so traditionelle Branche ein Top-Ergebnis. Dieser Erfolg wird auch durch das hervorragende Kundenfeedback widergespiegelt, das uns über unsere Digital100 erreicht. Zudem erheben wir regelmäßig den NPS (Net Promoter Score) für Quick Quotes, welcher konstant sehr positive Ergebnisse hervorbringt.

8 Nächste Schritte: Ausschöpfungsphase und Erhöhung der Skalierung

Die Basis ist gelegt. Nun gilt es, in die dritte Phase einzutreten: Die Ausschöpfungsphase. Auch für diesen Abschnitt unseres Weges haben wir uns klare Ziele gesetzt. So arbeiten wir derzeit hart daran, Hapag-Lloyd auch langfristig als die Nummer eins im digitalen Markt zu etablieren.

---

[8] https://www.hapag-lloyd.com/content/dam/website/downloads/ir/HLAG_FY_2019_DE.pdf. Zugegriffen am 28.05.2020.

[9] https://www.hapag-lloyd.com/content/dam/website/downloads/ir/HLAG_Investor_Presentation_FY_2019.pdf. Zugegriffen am 28.05.2020.

Um dies zu erreichen, wollen wir die Lokalisierung einzelner Produkte und vor allem der Marketingmaßnahmen noch erhöhen. Für das Performance-Marketing bedeutet das, dass wir weitere Datenquellen erschließen wollen und diese dann schlau mit unserem bisherigen Bestand verknüpfen. Auch für Onlinemarketing in der Containerschifffahrt gilt: Daten sind der wichtigste Treibstoff jeder erfolgreichen Kampagne.

Zudem nutzen wir unser bereits aufgebautes Know-how, um noch schneller noch mehr Produkte zu entwickeln. Sowohl bei der Entwicklung wie auch beim Onlinemarketing wollen wir die Skalierung erhöhen.

Ganz grundsätzlich wappnen wir uns bereits heute für einen sich erhöhenden Konkurrenzdruck. Es ist nur eine Frage der Zeit, bis andere Konzerne versuchen werden, den Onlinemarketingvorsprung von Hapag-Lloyd anzugreifen. Dies dürfte bereits sehr schnell die Werbepreise steigen lassen – aber auch darauf sind wir gut vorbereitet.

9 So kann die digitale Transformation gelingen

Ein erstes Learning, dass wir aus den vergangenen Jahren ziehen konnten, ist die Erkenntnis, dass die von uns entwickelten agilen Strukturen die Transformation tragen können. Die Entwicklung von Strategy2023, Vision und Mission sowie OKRs, 90-Tage-Planungen und agilen Vorgehensweisen bieten einen soliden Rahmen für die notwendigen Veränderungen – stets unter dem Vorbehalt, dass sie auch aktiv gelebt werden. Unser Rahmen bietet zudem Sicherheit für diejenigen, die Veränderungen skeptisch gegenüberstehen. Denn sie können sich – dank der kleinteiligen Methoden – in kurzen und überschaubaren Schritten der Transformation annähern.

Unser zweites Learning lautet: Konzentriert euch radikal auf den Kunden. Customer Centricity is King! Wir haben sowohl unser Produkt Quick Quotes wie dessen Kampagne konsequent an den Bedürfnissen der Kunden ausgerichtet. Bester Beleg dafür ist der Claim „Simply faster", der bereits den größten Benefit des Produktes in den Vordergrund stellt.

Heute wissen wir, auch sehr traditionell geprägte Branchen in einem klaren B2B-Umfeld folgen den gleichen Customer-Centricity-Logiken wie ein typisches Consumer-Produkt. Denn auch das lernten wir. Am anderen Ende sitzt ein Mensch, den wir ansprechen und er unterscheidet nicht zwischen B2B oder B2C – er wünscht sich einfache Lösungen. Unser Job ist es, seine Bedürfnisse zu verstehen und diese so einfach wie möglich zu stillen.

Zu guter Letzt, unser wichtigstes Learning: Transformation ist Teamwork. Nur wenn alle an einem Strang ziehen, kann man ein Konzern-Dickschiff in ein Business-Speedboot verwandeln. Dafür ist ein Growth Mindset elementar. Unseres besagt, dass wir die mutigen, neugierigen und selbstbewussten Teamplayer ausfindig machen, diese dann befähigen und bevollmächtigten, um ihrer Botschafterfunktion als Beschleuniger der Transformation gerecht zu werden. Ebenso ist es elementar, dass wir kleine Schritte machen, uns immer wieder hinterfragen und daraus gemeinsam lernen. Unser Mantra Build-Measure-Learn hat uns bei jedem Schritt, den wir zum ersten Mal gegangen sind, und wird uns bei allen weiteren ersten Schritten unterstützen, jeden Einzelnen, wie auch das ganze Unternehmen, kontinuierlich weiterzuentwickeln.

Unsere Erfolgsformel lautet somit: Agile Strukturen + Customer Centricity + Growth Mindset + Build-Measure-Learn = Digitaler Transformationserfolg!

Literatur

Doerr, J. (2018). *Measure what matters: OKRs: The simple idea that drives 10× growth.* London: Penguin Books Limited.

Drucker, P. F. (2001). *The essential drucker. The best of sixty years of Peter Drucker's essential writings on management.* New York: HarperCollins Publishers Inc.

Kelley, T. (2001). *Das IDEO Innovationshandbuch. Wie Unternehmen auf neue Ideen kommen.* München: Econ Ullstein List Verlag GmbH & Co. KG.

Laloux, F. (2014). *Reinventing organisations.* Brüssel: Nelson Parker.

Ries, E. (2011). *The lean startup. How today's entrepreneurs use continuous innovation to create radically successful businesses.* New York: Crown Business.

Tabrizi, B., et al. (2019). Digital transformation is not about technology. In: Harvard Business Review. Harvard: Harvard Business Review. https://hbr.org/2019/03/digital-transformation-is-not-about-technology. Zugegriffen am 27.05.2020.

Jenny Gruner ist Director Digital Marketing bei Hapag-Lloyd Aufgabe der Kapitänsenkeltochter ist es, die fünftgrößte Reederei der Welt mit Hauptsitz in Hamburg zu digitalisieren, das Onlinemarketing auf- und auszubauen sowie ein globales skalierbares Vermarktungsmodell in 144 Ländern für die digitalen Produkte einzuführen. Nach dem Studium der Biologie und Betriebswirtschaft verdiente sie sich ihre digitalen Sporen unter anderem in der Performance-Marketing-Agentur Eprofessional und baute erfolgreich das Online-Marketing beim Hidden Champion Pfannenberg, einem Industrieunternehmen für Klimatisierungslösungen, aufbevor sie ihre ersten Logistikschritte in der Hermes-Gruppe tat. In der Fachpresse und bei Fachveranstaltungen ist Jenny Gruner eine häufig gefragte Expertin.

Die Wahl der richtigen Marketing-Automatisierungsplattform

Mariana Romero Palma

Inhaltsverzeichnis

Zusammenfassung

Die Marketingautomatisierung kann als zentrale Docking-Station dienen, die andere wichtige Marketingtechnologien (MarTech) zusammenführt, die bis 2020 etwa 8000 Lösungen umfassen. Dies und die Tatsache, dass die Entscheidungsprozesse für Technologie-Investitionen innerhalb von B2B-Organisationen von funktionsübergreifenden Stakeholdern getrieben werden, macht die Wahl der richtigen Marketing-

M. R. Palma (✉)
Graz, Österreich
E-Mail: mariana.romeropalma@gmail.com

U. Seebacher (Hrsg.), *Praxishandbuch B2B-Marketing*,
https://doi.org/10.1007/978-3-658-31651-8_25

Automatisierungsplattform zu einem Unterfangen, das eine Menge Anpassungsbemühungen und wahrscheinlich eine Neudefinition der Rolle des Marketings innerhalb der Organisation erfordert. Diese Fallstudie zeigt, wie ein mittelgroßes Unternehmen diesen wesentlichen Prozess zum Aufbau der Grundlage für eine nachhaltige MarTech-Stack-Infrastruktur als Teil des Weges zum Predictive Profit Marketing erfolgreich eingesetzt hat.

1 Einführung

Der digitale Wandel unter den Marketingteams beeinflusst die Art und Weise, wie wir Marketing in der B2B-Welt betreiben, ständig. Dieser Wandel beginnt in der Regel mit dem Bedürfnis der Marketingteams, ihre verschiedenen Marketingkanäle effizienter zu betreiben und, was am wichtigsten ist, ihre positiven Auswirkungen auf den Verkauf zu messen. Wenn das Marketingteam das interne Buy-in der Organisation hat, um in Marketingtechnologien zu investieren, kann die Investition neben der Optimierung von Arbeitsprozessen potenziell weitere wichtige Vorteile mit sich bringen, wie z. B.: Verbesserung der Datenqualität, Verbesserung der Kommunikation sowie Anreicherung der Kundenintelligenz und des Kundenerlebnisses. Die Fülle der auf dem Markt vorhandenen Marketingtechnologien wächst jedoch weiter und wird zu einer immer komplexeren Landschaft, die die Investition manchmal zu einer schwierigen Entscheidung machen kann. In einem solchen Szenario, in dem ein Unternehmen beschlossen hat, im Rahmen seines digitalen Transformationsplans in eine Marketing-Automatisierungsplattform zu investieren, wie investiert es dann in diejenige, die für das Unternehmen die richtige ist?

Die Marketingautomatisierung (MA) ist potenziell das zentrale Element der Investitionen in MarTech (Marketingtechnologie). Sie orchestriert Marketingaktivitäten und dient auch als Andockstation für unterstützende Marketingtechnologien. Daher ist es von großer Bedeutung, einen umfassenden Entscheidungsprozess darüber durchzuführen, welche Lösung für Ihre Organisation ideal ist. Zu den Hauptmerkmalen, die von den meisten Anbietern von Marketingautomatisierung angeboten werden, gehören die folgenden:

- E-Mail-Marketing
- Landing Pages
- Kampagnen-Management
- Vorhersage/Scoring
- Führungsmanagement und -pflege
- CRM-Integration
- Soziales Marketing
- Marketing-Analytik
- Infrastruktur für eine zentrale Marketingdatenbank

Warum sollten diese Marketing-Automatisierungsfunktionen für B2B-Organisationen wichtig sein? Wie bereits erwähnt, besteht das Ziel bei der Implementierung von Marketing-Automatisierung in der Regel darin, die betriebliche Effizienz innerhalb der Marketing-Teams zu steigern und die Auswirkungen des Marketings auf die Einnahmen des Unternehmens zu messen. Eines der Hauptmerkmale innerhalb einer Marketing-Automatisierungsplattform (MAP) ist die Pflege von Leads, sich Nurturing. In der B2B-Branche könnten die Auswirkungen der Marketingautomatisierung von noch größerer Bedeutung sein, da der Mehrwert des Marketings im Vergleich zu anderen Funktionen (z. B. Produktentwicklung, Engineering und Vertrieb) innerhalb von Organisationen oft nicht umfassend verstanden wird. Dieser Mangel an Verständnis ist in der Regel der Grund für die Begrenzung der den Marketingteams zur Verfügung stehenden Ressourcen wie Budget, Mitarbeiter und Fachwissen. Wenn Sie ein Marketingteam oder Marketingaktivitäten innerhalb einer großen B2B-Organisation leiten, sind Ihnen diese Herausforderungen höchstwahrscheinlich vertraut.

Diese Fallstudie beschreibt den Entscheidungsfindungsprozess bis hin zum Kauf und dem ersten Kick-off einer Marketingautomatisierungslösung. Der Fall findet innerhalb einer B2B-Organisation statt, die hier als „Engineering Inc." bezeichnet wird. Dieses Unternehmen ist ein globaler Lieferant von Industrieausrüstungen, Systemen und Dienstleistungen für verschiedene Branchen. Diese Branchen bestimmen auch die Struktur der Organisation, die Produktionsstätten in mehr als 200 Ländern und weltweit mehr als 28.000 Mitarbeiter hat. Mit über 100 Jahren Erfahrung hat sich das Unternehmen als wichtiger Partner für kundenspezifische Lösungen vom Engineering bis zum Service positioniert. Vor diesem Hintergrund musste der Beschaffungsprozess einer neuen Marketingtechnologie die Vielfalt der Organisation unter Berücksichtigung der verschiedenen Geschäftsbereiche berücksichtigen, die jeweils einen unterschiedlichen Reifegrad in Bezug auf Marketing, Vertriebsprozesse und Arbeitsdynamik mit dem Vertrieb aufweisen.

2 Hintergrund und Herausforderungen

Dieser Fall erstreckt sich innerhalb eines Zeitraums von etwa einem Jahr und einer halben Zeitspanne, vom dritten Quartal 2018 bis zum ersten Quartal 2020. Das Weltwirtschaftswachstum wurde 2018 mit einer gemeldeten Wachstumsrate von 3,6 % als stabil angesehen. Allerdings litt die Weltwirtschaft bereits unter den Auswirkungen der Handelsspannungen zwischen den USA und China. Gleichzeitig erwartete die Europäische Union den künftigen Austritt Großbritanniens aus ihren Mitgliedsstaaten. Diese Bedingungen herrschten im Laufe des Jahres 2019 vor und markierten eine Verlangsamung der Weltwirtschaft mit einer gemeldeten Wachstumsrate von 2,9 %.

Viele B2B-Organisationen waren ebenfalls Zeuge der Verlangsamung, darunter Engineering Inc. Wie bereits erwähnt, verfügt diese Organisation über eine langjährige Präsenz und Führungsposition im Bereich des industriellen Engineerings und bedient Kunden in den Spezialindustrien, z. B. Zellstoff und Papier. Innerhalb des Zellstoff- und Papiergeschäfts zum Beispiel schwächte der wirtschaftliche Abschwung die Nachfrage nach Zellstoff. Indirekt schuf dies Möglichkeiten für Modernisierungsprojekte in Zellstoff- und Papierfabriken.

Das Fachwissen und die globalen Aktivitäten dieser Geschäftsbereiche positionierten Engineering Inc. als eine sehr vielfältige Organisation, was auch für die breite Palette seiner Kunden galt. Zu dieser Vielfalt kam hinzu, dass Engineering Inc. im Rahmen seiner Wachstumsstrategie aktiv an der Übernahme von Unternehmen beteiligt war, die komplementäre Produkte und Technologien anboten. Dies unterstützt das Ziel des Unternehmens, ein globaler Full-Service-Anbieter zu werden und seinen Kunden vom Engineering über die Konstruktion und Fertigung bis hin zum Servicepartner alles aus einer Hand zu bieten. Dies kann sicherlich in vielerlei Hinsicht eine Bereicherung und ein Innovationsmotor sein, stellt aber ebenso wichtige Herausforderungen in Bezug auf Synergien und Effizienzsteigerungen zwischen den Geschäftsbereichen und ihren Geschäftsprozessen dar, die so einzigartig sind. In diesem Fall, in dem es um den Erwerb einer Technologie zur Marketingautomatisierung ging, stellte die Vielfalt der Organisation folgende Herausforderungen dar:

- **Vielfältige Technologielandschaft:** Diese wurde stark durch die unterschiedlichen internen Prozesse der einzelnen Geschäftsbereiche und die Akquisition neuer Unternehmen zusammen mit ihren bestehenden Softwaresystemen beeinflusst. Dies gilt für die Anzahl der Lösungen, die die Organisation z. B. für interne Schulungen im Einsatz hatte, die sich zu einem Zeitpunkt auf bis zu sieben verschiedene Technologien summierten, die einen ähnlichen Service boten. Aber auch auf das bestehende Customer Relationship Management (CRM)-System und den Grad der Akzeptanz in den einzelnen Geschäftsbereichen. Dies stellte in diesem Fall eine kulturelle und auch eine technische Herausforderung dar, da es sich bei dem verwendeten CRM-System um ein maßgeschneidertes System handelte.
- **Reifegrad der Marketing-Teams über die Geschäftsbereiche hinweg:** Je nach Geschäftsbereich hatte jedes Marketing-Team einen unterschiedlichen Reifegrad beim Einsatz von Marketing-Technologien, der auch mit den spezifischen Bedürfnissen des jeweiligen Geschäftsbereichs und der Kommunikation mit Kunden sowie potenziellen Kunden zusammenhing. Während sich einige Marketingteams auf die Marketingkommunikation über moderne Online-Kanäle wie Google AdWords und Social Media konzentrierten, waren andere eher auf die Offline-Kommunikation, beispielsweise über Messen und traditionelle Post, ausgerichtet. Ebenso arbeiteten einige Teams mit externen Agenturen zusammen, um diese Kanäle zu verwalten, während andere es vorzogen, die Fähigkeiten stattdessen intern innerhalb ihrer Teams zu entwickeln.
- **Kundentypen und Vertriebsprozesse:** Jeder Geschäftsbereich bot eine einzigartige Art von Lösungen an, daher gab es auch einzigartige Kundentypen, Produktlebenszy-

klen und Vertriebsansätze, die in den Marketingstrategien der einzelnen Teams berücksichtigt wurden. Während beispielsweise einige Kunden den Erwerb spezifischer Produkte verlangen, benötigen andere ein ganzes System wie eine Zellstoff- und Papierfabrik, das viele Prozesse und Produkte enthält. Für diese beiden Arten von Kunden waren entweder produktbasiertes Marketing, lösungsbasierte Marketingstrategien oder vielleicht kontenbasiertes Marketing geeigneter. In anderen Geschäftsbereichen lag der Schwerpunkt auf komplexeren Projekten, an denen direkte und indirekte Kunden gleichzeitig beteiligt waren. Dies ist zum Beispiel in ausschreibungsorientierten Branchen wie der Wasserkraftindustrie der Fall, wo Regierungen oder Finanzinstitutionen Hersteller oder EPCs (Engineering-, Beschaffungs- und Bauunternehmen) auffordern, ein Angebot für ein Projekt abzugeben. In den meisten dieser Fälle wurde die Kaufentscheidung der Kunden von Engineering Inc. von einer Einkaufsgemeinschaft gelenkt, die funktionsübergreifende Bereiche von der Konstruktion über die Produktentwicklung, das Qualitätsmanagement, die Instandhaltung und die Beschaffung umfasste.

Obwohl die interne Organisation der Geschäftsbereiche, ihre Geschäftsprozesse, Angebote und Fachkenntnisse sehr unterschiedlich waren, sahen sich alle bis zu einem gewissen Grad mit einer Verlangsamung des Marktes und der Notwendigkeit konfrontiert, die Effizienz nicht nur im Marketing, sondern auch in anderen Funktionen wie Vertrieb und Service zu steigern. Vor diesem Hintergrund war eines der gemeinsamen Ziele der gesamten Organisation die ständige Verbesserung der Kommunikation mit bestehenden Kunden und das Potenzial des Cross-Selling. Dies stand im Einklang mit der Vision des Top-Managements, den Kunden einen umfassenden Service zu bieten, und dem Ziel, eine stärker kundenorientierte Organisation zu werden. Darüber hinaus gab es ein starkes Interesse an Strategien, die sich auf die Pflege und Bindung von Kunden konzentrierten. Untersuchungen zeigen, dass die Gewinnung eines neuen Kunden fünf bis 25 Mal mehr Kosten verursacht als die Bindung eines bestehenden Kunden. In diesem Zusammenhang sahen die Marketing-Teams die Möglichkeit, durch den Einsatz einer Marketing-Automatisierungsplattform einen Beitrag zu leisten.

3 Warum Marketing-Automatisierung und wie man damit beginnt?

Jetzt, da wir mehr über Engineering Inc. als Organisation und ihre Herausforderungen erfahren haben, können wir diesen Kontext nutzen, um zu verstehen, warum sie die Anschaffung einer Marketingautomatisierungslösung zum Zeitpunkt dieses Falles in Betracht ziehen würde. Inzwischen wissen wir, dass die Effizienzsteigerung im Marketing und die Unterstützung des Vertriebs ein gemeinsames Ziel war, das in gewissem Umfang auch für andere Geschäftsbereiche galt. In Anbetracht der in den meisten Marketing-Automatisierungslösungen angebotenen Funktionen ging man davon aus, dass dieses Tool das

Potenzial zur Unterstützung solcher Ziele hatte. Diese Annahmen und Überlegungen waren zunächst nur innerhalb einiger Marketingteams innerhalb der Organisation anzutreffen. Doch die Nachfrage nach einer solchen Lösung musste, wenn nicht von allen, so doch von den meisten Marketingteams innerhalb der Organisation geteilt werden, und der Kauf einer solchen Lösung musste von Management, Vertrieb und IT unterstützt werden. Die Marketingautomatisierung ist eine Software as a Service (SaaS), daher bezieht sich der hier verwendete Begriff „Kauf" auf den Erwerb einer Lizenz für eine solche Software.

3.1 Die organisatorische Komponente

Wie bei den meisten Käufen innerhalb von B2B-Organisationen war an der Kaufentscheidung eine größere interne Käufergemeinschaft beteiligt, die eine Angleichung erreichen musste. Auch wenn dies keine leichte Aufgabe sein würde, war es für den zukünftigen Erfolg der Implementierung einer solchen Technologie entscheidend, die verschiedenen Interessengruppen an Bord zu haben. Die Marketingautomatisierung wurde als ein funktionsübergreifendes Unterfangen betrachtet. Hier ist ein Überblick über die Hauptakteure, die in diesem Fall involviert waren:

- **Marketing:** Jeder Geschäftsbereich und die zugehörigen Abteilungen oder Unterbereiche verfügten über ein eigenes Marketingteam. Die Größe der Marketingteams und die Marketingbudgets waren natürlich in den Bereichen größer, in denen der Gesamtumsatz stärker vertreten war. Auch wenn in diesem Fall die Marketing-Direktoren die treibenden Kräfte waren, so hatte doch jeder von ihnen einen unterschiedlichen Grad an Einfluss auf die Kaufentscheidung und die unterschiedlichen Bedürfnisse für eine solche Technologie. Zum Beispiel machte der Geschäftsbereich Zellstoff und Papier 43 % des Umsatzes der gesamten Organisation aus, und so wurden die meisten der neuen Technologien, die in Engineering Inc. eingesetzt wurden, zuerst von diesem Bereich eingeführt. Dies galt unter anderem für die Technologien, die im Marketing eingesetzt werden. Die wichtigsten Kauffaktoren für das Marketing waren Softwarefunktionen zur Unterstützung ihrer Marketingstrategien, Benutzerfreundlichkeit, Verbesserung der Datenqualität der Kunden und Lizenzkosten. Diese Kosten wurden dem Budget jedes beteiligten Marketing-Teams zugewiesen.
- **IT:** Innerhalb der Organisation Engineering Inc. war die IT eine große Abteilung mit etwa 500 Mitarbeitern. Die Priorität der Abteilung bestand nicht nur darin, Innovationen durch Technologien innerhalb der Organisation voranzutreiben, sondern auch darin, die Sicherheit ihrer Daten- und Kommunikationssysteme intern und für Kunden zu gewährleisten. Diese Abteilung war für den Einkauf und die Verwaltung der gesamten implementierten Software zuständig und fungierte als zentrale und globale Funktion innerhalb der Organisation. Als Kostenstelle würden die Kosten für Softwarelizenzen und Wartung nicht der IT zugewiesen. Diese Abteilung müsste jedoch innerhalb ihres Teams Mitarbeiter für die Unterstützung der Implementierung neuer Technologien be-

reitstellen. Dies würde eine besondere Herausforderung für diese Abteilung darstellen. Wie bei der IT in den meisten großen B2B-Organisationen hätte diese Abteilung mehr als genug Projekte auf ihrem Schreibtisch und häufig auch zu wenig Ressourcen für die Umsetzung solcher Projekte. Die wichtigsten Kaufanreize für die IT waren die abgestimmte Nachfrage der Marketingteams, die Sicherheit und Zuverlässigkeit der Software und die Kompatibilität mit dem internen CRM-System und den vorhandenen Technologien.
- **Verkauf:** Die Verkaufsteams waren ebenso wie die Marketingteams in Größe und Ressourcen des von ihnen generierten Auftragseingangs ebenfalls repräsentativ. Die Zusammenarbeit zwischen den Marketing- und Verkaufsteams war in den einzelnen Geschäftsbereichen unterschiedlich. Einer der Faktoren, die diese Zusammenarbeit beeinflussten, war der Einsatz von CRM als Basis für die Verwaltung von Kundendaten und -informationen. Die Eingabe dieser Daten und die Aufrechterhaltung ihrer guten Qualität war hauptsächlich eine Aufgabe der Vertriebsteams, die schließlich innerhalb des Kundenlebenszyklus mit den Serviceteams geteilt wurde. Die Marketingteams wollten die Vertriebs- und Serviceteams bei dieser Aufgabe unterstützen, indem sie die Marketingautomatisierung als Maßnahme zur Erhaltung und Verbesserung der Datenqualität der Kunden einführten. Obwohl der Vertrieb nicht so sehr in den Kauf einer Marketinglösung investiert wurde, waren sie die internen Kunden des Marketings und schätzten vor allem die Integration dieses neuen Instruments mit CRM.
- **Management:** Bei Engineering Inc. hatte jeder Unternehmensbereich einen eigenen CEO, der dem Vorstand berichtete. Dies war auch bei anderen globalen Funktionen wie HR oder IT der Fall. Funktionen wie Verkauf und Marketing existierten innerhalb jedes Geschäftsbereichs und berichteten dem jeweiligen Top-Management. Kaufentscheidungen in Bezug auf Softwaretechnologien wurden dem Vorstand jedoch von der IT-Abteilung empfohlen, wobei die in jedem Geschäftsbereich erzeugte Nachfrage unterstützt wurde. Für das jeweilige Top-Management des Geschäftsbereichs war die wichtigste Entscheidungsgrundlage für den Erwerb einer neuen Technologie die Kapitalrendite und die potenzielle Abstimmung zwischen ihren Marketing- und Vertriebsteams.

In Anbetracht dieser internen Landschaft von Interessenvertretern und ihren Hauptantriebskräften in Bezug auf diesen Fall war das Marketing die am meisten investierte Maßnahme, um eine Angleichung zu erreichen und voranzukommen. Doch selbst die Marketingorganisation in den verschiedenen Geschäftsbereichen musste zunächst eine Abstimmung darüber erreichen, welche Art von Werkzeug die Ziele des Unternehmens und seiner Teams unterstützen würde. Der Marketing-Direktor einer der zum Geschäftsbereich Wasser gehörenden Divisionen ergriff die Initiative und testete eine Software zur Marketingautomatisierung auf einer Messe als Beweis für das Konzept. Dies würde dazu beitragen, interne Erfahrungen mit der Marketingautomatisierung in einem geschäftsbereichsübergreifenden Marketingkanal zu sammeln.

Traditionell wurden jedes Jahr 40 bis fast 60 % der Marketingbudgets in Messen investiert, wobei ein bestimmter Geschäftsbereich das ganze Jahr über mehr als eine Messe pro Woche besuchte. In den meisten Fällen war es für den Vertrieb ein wichtiger Kanal, um nicht nur potenzielle Kunden, sondern auch Kunden und Partner zu treffen. Die Herausforderung bestand darin, dass zu dieser Zeit die Daten dieser Besuche am Stand des Unternehmens auf gedruckten Papierformularen festgehalten wurden, was für die Verkaufsteams während und nach der Messe in der Regel auch eine manuelle und zeitaufwändige Aufgabe während und nach der Messe mit sich brachte. Der Einsatz von Marketing-Automatisierung könnte den Prozess für das Vertriebsteam erleichtern und auch einen effizienteren Follow-up-Prozess mit den Standbesuchern ermöglichen. Von der Marketingautomatisierung unterstützte Funktionen, die in diesem Fall zum Einsatz kamen, waren das Scannen von Visitenkarten über Smartphones, die vom Standpersonal benutzt wurden, E-Mail-Marketing, eine Landing Page mit einem Kontaktformular, um eine kurze Kundenreise einzurichten. Da Engineering Inc. einen laufenden Unternehmensvertrag mit Microsoft hatte, war die getestete Lösung das Marketingmodul von Dynamics 365, das über einige der Grundfunktionen von Marketingautomatisierungslösungen verfügte. Ziel eines solchen Tests war es, den Vertrieb bei der Verarbeitung von Besucherdaten auf der Messe Singapore International Water Week zu unterstützen und schnell festzustellen, welche Art von Folgemaßnahmen in jedem Fall erforderlich waren. Als Ergebnis dieser Veranstaltung ging eine Ausschreibung (d. h. die Bitte um einen Angebotsvorschlag) ein, die einen ersten Show Case zum Austausch mit internen Interessengruppen vorstellte.

3.2 Die instrumentelle Komponente

Interne Präsentationen fanden statt, um zunächst die internen Marketing-Akteure an Bord zu holen. Obwohl die Marketing-Direktoren in den verschiedenen Geschäftsbereichen davon überzeugt waren, dass eine Marketing-Automatisierung vorteilhaft sein könnte, gab es keine Einigung oder Verpflichtung bezüglich der Budgets und der Frage, welches Instrument dies sein sollte. Auf der anderen Seite war die IT-Abteilung zu sehr mit laufenden Projekten beschäftigt und stand erst im kommenden Jahr für die Evaluierung und Implementierung einer neuen Software zur Verfügung. Um dieses Problem zu lösen, führte das Team des Pilot-Geschäftsbereichs eine gründliche Evaluierung der Top-Anbieter von Marketingautomatisierung durch, wobei die Bedürfnisse aller Marketing-Teams berücksichtigt wurden. Diese Evaluierung bildete die Grundlage für das Erreichen einer Angleichung und umfasste die folgenden Aspekte

- **Evaluationsmatrix**, die unter anderem Merkmale, Benutzerfreundlichkeit sowie die Anpassung an die Organisation und die bestehende Infrastruktur berücksichtigt.
- **Dreijährige Budgetprognosen** einschließlich fixer und laufender Kosten.

- **Szenarien für Marketing-Return on Investment** (MRoI) (Seebacher und Güpner 2011) auf der Grundlage erhöhter Konversionsraten und Zeiteffizienz bei der Unterstützung von Vertriebsteams.
- **Produktdemos** von hochrangigen Anbietern von Marketingautomatisierung.
- **Erwägungen für eine benutzerdefinierte CRM-Integration.**
- **Architektonische Überprüfung** unter Berücksichtigung von Altsystemen und Sicherheitsstandards innerhalb der Organisation.
- **Definition von Erstanwendungsfällen** oder Kampagnen nach Geschäftsbereichen.
- **Implementierungsprojekt.**

4 Der Prozess der Evaluierung

Bei der Bewertung der Marketingautomatisierung wurden hauptsächlich die Top-Anbieter berücksichtigt, die im Gartner's Magic Quadrant (MQ) von 2018 für zwei als relevant bewertete Kategorien aufgeführt sind: CRM-Lead-Management und Multichannel-Marketing-Hubs. Der MQ ist eine Zusammenstellung von Marktforschungsberichten in Kombination mit qualitativen Datenanalysen, die alle ein oder zwei Jahre von Gartner (IT-Beratungsunternehmen) veröffentlicht werden. Zusätzlich wurden bei der Bewertung bestehende Unternehmensvereinbarungen berücksichtigt, die von der IT-Abteilung mit Anbietern verwaltet werden, die auch Lösungen zur Marketingautomatisierung anbieten.

4.1 Abstimmung als Herausforderung

Dies war wahrscheinlich ein herausfordernder Faktor innerhalb der Evaluierung, da er nicht von der Marketing-Automatisierungslösung selbst, sondern von ihrer Kompatibilität mit der bestehenden Technologielandschaft bei Engineering Inc. und den potenziellen Vorteilen, die dies mit sich bringen würde, bestimmt wurde.[1] Innerhalb dieser Kriterien wurden das Marketingmodul von Microsoft's Dynamics 365 und SAP Hybris berücksichtigt, da Engineering Inc. bestehende Unternehmensvereinbarungen für mehrere Microsoft- und SAP-Produkte hatte. Dies bedeutete auch, dass sich das IT-Team darauf konzentrierte, intern eine Wissensbasis zu diesen Technologien zu entwickeln, um in Zukunft Probleme besser unterstützen und lösen zu können. Microsoft Dynamics 365 wurde jedoch in einem frühen Stadium der Evaluierung aufgrund seiner begrenzten Funktionen zur Marketingautomatisierung verworfen.

Nach dem Prozess der Informationsbeschaffung und einer Reihe von Produktdemos erfolgte die Analyse und Abstimmung zwischen Marketing- und IT-Akteuren. Diese beiden Abteilungen mussten sich auf eine bevorzugte Lösung einigen, die dem Top-Manage-

[1] Vergleichen Sie dazu bitte den Artikel im ersten Abschnitt dieser Publikation über „MarTech 8000" von Seebacher und das von ihm beschriebene Verfahren zur Anbieterprüfung.

ment vorgelegt wurde. Während dieser Zeit war es ziemlich klar, dass von Seiten des Marketings eine Präferenz für erstklassige Lösungen wie Marketo und HubSpot bestand. Es gab jedoch einige kritische Punkte, bei denen sich die Abstimmung innerhalb des Marketings und mit der IT als besonders schwierig erwies:

- **Lizenzgebühren:** Die meisten Anbieter von Marketingautomation basierten ihre Preisstruktur auf der Anzahl der marktfähigen Kontakte, die in der Datenbank der Software gespeichert werden würden. Ein marktfähiger Kontakt wird in diesem Fall als eine Person mit einer gültigen und eindeutigen E-Mail-Adresse verstanden. Die Anbieter argumentieren, dass dies nicht der einzige Faktor ihrer Preismodelle sei und dass Zusatzfunktionen für das Verständnis der Preisstruktur ebenso wichtig seien. In dieser Frage gab es einen relativ großen Unterschied zwischen den vom Marketingteam berücksichtigten Spitzenreitern. Da die Lizenzgebühren auf der Grundlage der Nutzung der Lizenz auf die jeweiligen Geschäftsbereiche aufgeteilt werden sollten, zieht dieser Faktor natürlich eine Kluft zwischen den Marketingteams, die den Kosten Vorrang vor Funktionen oder anderen Kriterien einräumten.
- **Interne IT-Landschaft und Know-how:** Bei der Wahl einer Marketingautomatisierungslösung wird in der Regel berücksichtigt, welche Art von CRM-System in der Organisation vorhanden ist. Der Grund dafür ist, dass die meisten MA-Produkte Out-of-the-Box-Integrationen für die am häufigsten verwendeten CRM-Systeme bieten. Bei Engineering Inc. war dies kein kritischer Faktor, da dort ein kundenspezifisches CRM-System verwendet wurde, das in jedem Fall eine kundenspezifische Integration erforderte. Daher konzentrierte sich die Hauptüberlegung bezüglich der bestehenden IT-Landschaft hier auf den Standpunkt der Systemarchitektur. Mit anderen Worten, es wurde untersucht, mit welchen anderen Systemen diese neue Technologie verbunden wäre oder mit welchen sie kommunizieren würde (d. h. mit anderen Cloud-Diensten, Datenbanken und Middleware). Auch die bestehende IT-Landschaft, die stark von SAP- und Microsoft-Produkten angetrieben wurde.
- **Sicherheit:** Engineering Inc. war ein Vorreiter in Bezug auf das industrielle Internet der Dinge (Industrial Internet of Things, IIoT) und war sich der Vorteile von miteinander verbundenen Netzwerken als Wettbewerbsvorteil in der industriellen Fertigung sehr wohl bewusst. Teilweise davon beeinflusst, gab es auch innerhalb der IT-Abteilung einen hohen Fokus auf die Gewährleistung der Datensicherheit. Dies warf folgende Art von Fragen auf: Wo sollen die Daten gespeichert werden? Welche Sicherheitsmaßnahmen gewährleistet jeder Anbieter, um die Rechenzentren sicher zu halten? Welche Sicherheitszertifikate haben sie für gespeicherte und übertragene Daten? Wie lässt sich ein möglicher Missbrauch der Software vermeiden? Wie wird ein Single-Sign-On unterstützt? Zum Beispiel hatte die IT-Abteilung hinsichtlich des Standorts der Rechenzentren eine starke Präferenz für solche, die sich innerhalb der Europäischen Union befinden. Dies wurde seinerzeit von Marketo unterstützt, wobei sich das Rechenzentrum in London, Großbritannien, befand. Dieser Fall ereignete sich jedoch während des bevorstehenden Austritts Großbritanniens aus der EU und stellte ein potentielles Risiko

dar, falls Marketo gewählt würde. In einem sehr risikoscheuen Umfeld wäre das Marketingteam in der schwierigen Lage, sich auf die Anforderungen und Empfehlungen der IT-Abteilung zu diesem Schlüsselthema zu verlassen, das den Marktteilnehmern normalerweise recht fremd ist.

Die Angleichung erforderte eine gründliche Dokumentation der verschiedenen Optionen, die die in Demos, Marktberichten und mehreren Angleichungsgesprächen mit Anbietern gesammelten Informationen enthielt. Ein Bewertungsmodell wurde bereits intern vom Team des Geschäftsbereichs für ein CRM-Neueinführungsprojekt entwickelt und diente als Grundlage für die Bewertung der MA-Optionen. Es umfasste mehr als 30 Bewertungskriterien in den folgenden acht Kategorien: Ausrichtung auf die Organisation und die bestehende Infrastruktur, Funktionalitäten, Benutzerfreundlichkeit, Plattformanforderungen, Sicherheit, Compliance, Gesamtbetriebskosten und Fünfjahresausblick.

4.2 Die Auswahlkriterien

Abb. 1 fasst die wichtigsten Ergebnisse der Evaluierung zusammen, wobei die vom Marketingteam bevorzugte Lösung Marketo lautete (vgl. Abb. 1). Die aufgelisteten Anbieter wurden gemäß den von der IT-Abteilung festgelegten Anforderungen als gültige Lösungen akzeptiert, dennoch hatten die Marketing-Teams noch immer Meinungsverschiedenheiten bezüglich der Lizenzgebühren. Im Rahmen des Abstimmungsprozesses zu diesem Thema wurden die folgenden Punkte berücksichtigt und den Bewertungen hinzugefügt:

- *Dreijährige Budgetprognosen:* Diese Schätzungen waren während des Anpassungsprozesses zwischen den Marketingteams wichtig. Jedes dieser Teams würde sich verpflichten, einen wichtigen Teil seines Jahresbudgets zu investieren, basierend auf der Nutzung der Lizenz und der Größe seines Geschäftsbereichs innerhalb von Engineering Inc. Auch wenn dies ein Punkt kontinuierlicher Diskussionen war, so war es doch der Hauptpunkt für die Zusammenführung der Teams zu einer Vereinbarung. Die Faktoren, die im Rahmen der Prognose berücksichtigt wurden, waren: Fixkosten wie die Lizenzgebühr und laufende Kosten, die interne oder externe technische oder beratende Unterstützung sein würden, die hauptsächlich den Bedarf für eine kundenspezifische CRM-Integration abdecken würde, sowie Schulung für Schlüsselanwender und mögliche Zusatzfunktionen, die für die Funktion benötigt werden. Diese Kosten wurden unter den Marketing-Teams verteilt, basierend auf der Schätzung der Anzahl der jeweils benötigten marktfähigen Kontakte. Obwohl es sich hierbei um ein grundlegendes Kostenverteilungsmodell handelte, half dies, sich ein erstes Bild zu machen und wichtige Diskussionen zu beginnen.
- *Return on Marketing Investment (ROMI):* Eine Schätzung des Return-on-Investment wurde von der obersten Führungsebene als Teil des Evaluierungsprozesses angefordert.

	Hubspot	Marketo	SAP Hybris
Markteinschätzung (Gartner's Magic Quadrant, 2018)	Nischen-Spieler	Leiter	Nischen-Spieler
Marktsegment	B2C	B2B	B2B
Preis-Kategorie	Wirtschaft	Prämie	Wirtschaft
Kundenspezifische CRM-Integration	• Standard-REST-API • Manueller Import/Export von Flat Files unterstützt	• Standard-REST-API • Erforderliche Middleware wird unterstützt (z.B. Talend) • Unterstützte Dateiübertragungsprotokolle • Manueller Import/Export von Flat Files unterstützt	• Standard-REST-API • Unterstützte Dateiübertragungsprotokolle • Manueller Import/Export von Flat Files unterstützt
Sicherheit	• Erforderliche Rechenzentrumszertifizierungen • Erforderliche Verschlüsselungen für die Datenübertragung • Authentifizierungs-Signaturen	• Erforderliche Rechenzentrumszertifizierungen • Erforderliche Verschlüsselungen für die Datenübertragung • Authentifizierungs-Signaturen	• Erforderliche Rechenzentrumszertifizierungen • Erforderliche Verschlüsselungen für die Datenübertragung • Authentifizierungs-Signaturen • Standort des Rechenzentrums auf dem EU-Festland
Demo-Ranking	9/10	8/10	8/10
Hauptstärken	• Niedrigere Lizenzgebühren • Freundliche Benutzerschnittstelle • Unbegrenzte Anzahl von Benutzern pro Lizenz	• Erweiterte ABM-Funktionen • Mehrere Arbeitsumgebungen unter einer Lizenz • Deduplizierung und Bereinigung von Daten • Unterstützung von mehr als 365 Integrationen für zusätzliche MarTech	Einfachere Integration mit ERP- und CRM-Systemen. Internes IT-Wissen über SAP-Produkte. Mehrere Arbeitsumgebungen unter einer Lizenz
Kompromisse	Eingeschränkte ABM-Funktionen Funktionen zur Datendeduplizierung bei der Entwicklung Separate Lizenzen pro Geschäftsbereich potenziell erforderlich	• Hohe Lizenzgebühren • Datenzentrum in London, UK • Höheres Ausbildungsniveau erforderlich.	• Bedarf an Add-ons für Datenmanagement und Inhaltserstellung. • Kosten für zusätzliche Funktionen. • Höheres Ausbildungsniveau erforderlich.

Abb. 1 Zusammenfassung der evaluierten Marketing-Automatisierungslösungen

Einige wenige Quellen boten Modelle zur Berechnung einer solchen Rendite auf der Grundlage einer Verbesserung der Lead-Konversionsraten an. Es wurde ein Modell verwendet, das eine Steigerung der Conversion bei Lead-Generierungskampagnen um 20 % und eine Steigerung der Conversions von Verkaufschancen um 5 % berücksichtigt. In diesem Fall wurden vorsichtshalber und mit dem bloßen Ziel, das Modell als Übung zu verwenden, konservative Konversionsraten als Ausgangspunkt berücksichtigt. Diese Übung sollte erneut durchgeführt werden, sobald die Daten zu den Konversionsverbesserungen intern verfügbar sind und als Grundlage für weitere Diskussionen dienen. Darüber hinaus wurde eine Schätzung auf der Grundlage potenzieller Zeiteinsparungen der Vertriebsteams bei der Zählung mit Unterstützung der Marketingautomatisierung während und nach Messen vorgenommen. Die bisherigen Erfahrungen mit Messen zeigten, dass der Vertrieb durchschnittlich 45 Minuten investieren musste, um jedem Lead- oder Standbesucher nachzugehen. Bei durchschnittlich 30 Leads pro Messe bedeutete dies fast eine halbe Woche Zeit für die Bearbeitung von Leads nach der Veranstaltung. Auf der anderen Seite basierend auf den Erfahrungen mit der vom Team durchgeführten Marketingautomatisierung, schlug POC vor, dass dieser Prozess vom Marketingteam unterstützt werden könnte, um verkaufsfertige Leads zu identifizieren, die als etwa 15 % der Standbesucher angesehen wurden. Wenn nur diese Leads direkt nach der Veranstaltung vom Vertriebsteam verwaltet würden, während die übrigen Leads vom Marketing mit Pflegekampagnen angesprochen würden, würde sich die geschätzte Zeit für die Nachbereitung von einer halben Woche auf etwa 3,5 Stunden für das Vertriebsteam reduzieren. Auch wenn diese Schätzungen optimistisch und etwas allgemein gehalten waren, bildeten sie doch auch eine Grundlage für weitere Diskussionen und Überlegungen zum potenziellen Wert einer solchen Technologie und der Koordination innerhalb der Organisation.

Schließlich wurde nach Preisverhandlungsrunden mit Marketo eine Einigung erzielt, die vom Marketingteam ausgewählt und von der IT-Abteilung gebilligt wurde.

5 Die Implementierung

Während die Genehmigung durch die oberste Leitung und die Auftragsvergabe über das IT-Beschaffungsteam stattfand, wurden ein Lenkungsausschuss und ein Projektteam für die Implementierung eingesetzt. Wie in den meisten großen B2B-Organisationen war die Beteiligung eines Lenkungsausschusses erforderlich, um einen Konsens über Entscheidungen zu erzielen, die nicht innerhalb des Projektteams entschieden werden konnten, oder um Themen anzusprechen, die die Aufmerksamkeit des Top-Managements erforderten. Die Mitglieder repräsentierten die verschiedenen Geschäftsbereiche sowie Gruppenfunktionen, die einbezogen werden mussten, wie z. B. die Abteilungen für IT und Unternehmenskommunikation. Innerhalb dieser Gruppe war auch eine Einheit für alle IIoT-Lösungen beteiligt, die Kunden aus allen Geschäftsbereichen von Engineering Inc. Automatisierungsdienste und Steuerungssysteme anbot.

5.1 Die erforderlichen Rahmenbedingungen

Die Implementierung begann und berücksichtigte zusammen mit der Unterstützung des Lenkungsausschusses und des Projektteams die folgenden zusätzlichen Anforderungen:

- *Key-User-Netzwerk innerhalb der Marketingorganisation*: Jeder Geschäftsbereich nominierte 2 bis 3 Key-User, um ein Netzwerk von 15+ Nutzern aufzubauen. Dies würde dazu beitragen, eine interne Wissens- und Unterstützungsbasis für Marketing- und Verkaufsteams zu schaffen. Dieses Netzwerk wurde intern über Kollaborationswerkzeuge wie Microsoft Teams zum ständigen Erfahrungsaustausch verbunden.
- *Von Marketo zertifizierter Implementierungspartner:* Dies gewährleistete den Systemaufbau, die Durchführung von Marketo-Schulungen vor Ort für die wichtigsten Anwendungen und die Unterstützung durch technische Beratungserfahrung bei kundenspezifischen CRM-Integrationen mit Marketo.
- *Stufenweise CRM-Integration*: Da die Integration zwischen Marketo und CRM in diesem Fall eine kundenspezifische Integration war, konnte die Arbeit nur intern von der IT-Abteilung durchgeführt werden. Daher war es wichtig, die Integration aufgrund der begrenzten Zeitressourcen des IT-Teams in Phasen zu planen. Die Synchronisierung zwischen diesen beiden Systemen würde für einige Datenfelder bidirektional und für andere unidirektional erfolgen, was für den erstgenannten Fall wichtige Entscheidungen darüber voraussetzte, welches System bei Aktualisierungen der Datenbanken Vorrang hatte.
- *Regelmäßige Schulungen, Überwachung und Berichterstattung*: Regelmäßige interne Schulungen, die von den Hauptnutzern durchgeführt und durch den Aufbau von Fällen im Kompetenzzentrum des Marketo unterstützt werden. Hierbei handelt es sich um einen Arbeitsbereich innerhalb der Marketo-Software zum internen Austausch von Best Practices zwischen den Teams. Daneben war auch geplant, eine einheitliche Berichterstattungsmethode zu ermöglichen, um die Ergebnisse der Marketingaktivitäten mit dem Management zu teilen.
- *Marketo Premium-Support*: Marketo bietet ein Kundenportal für Support, das rund um die Uhr durch verschiedene Supportzentren in verschiedenen Zeitzonen arbeitet. Auch telefonischer Support war mit hohen Antwortzeiten für Fragen von höchster Priorität verfügbar.

5.2 Die vier Projektphasen

Das Projekt der Implementierung von Marketo wurde in vier Phasen in einer Zeitspanne von fast vier Monaten strukturiert. Die Beschreibung jeder Projektphase und ein allgemeiner Überblick über die relevanten Aufgaben oder Arbeitspakete für jede Phase lauteten wie folgt und sind in Abb. 2 zusammengefasst:

PHASE 1	PHASE 2	PHASE 3	PHASE 4	PHASE 5
SYSTEM-EINRICHTUNG	**BETRIEBSEINRICHTUNG**	**AUSBILDUNG**	**START VON KAMPAGNEN**	**INTEGRATION**
• Einrichtung der E-Mail-Zustellbarkeit • Einrichtung von CNAME für Landing Pages, E-Mails • Berechtigungskonzept definieren und erstellen (Benutzer & Rollen) • E-Mail-Vorlage für Marketo anpassen • Marketo-Formularstile an die Website anpassen • Landing-Page-Vorlage für Marketo anpassen • Munchkin-Verfolgungscode auf der Website einbetten	• Definieren Sie Namenskonvention und Ordnerstruktur • Double-Opt-In-Programm erstellen • Präferenzzentrum erstellen /Abonnement kündigen • Lead-Lebenszyklus definieren und erstellen inkl. Übergabe • Programm zur Datenverwaltung • Lead-Scoring definieren und erstellen	• Konzept für erste Kampagnen fertigstellen • Vorlage für Veranstaltungsprogramm in Marketo erstellen • Vorlage für ein Pflegeprogramm in Marketo erstellen • Inhalte für erste Programme vorbereiten • Einführung und Unterstützung erster Programme	• Vor-Ort-Schulung für Schlüsselanwender • Benutzerhandbuch für interne Schlüssel • Wöchentliche Anrufe zur Unterstützung • Laufende Überwachung	• Importieren & Exportieren von flachen Dateien (csv) • CRM-Synchronisierung definieren • CRM-Workshop • Stufenweise CRM-Integration
Beteiligte: Projektteam, internes IT-Team und Implementierungspartner.	Interessenvertreter: Projektteam und Implementierungspartner.	Beteiligte: Projektteam, Hauptnutzer und Implementierungspartner.	Beteiligte: Projektteam, Hauptnutzer und Implementierungspartner.	Beteiligte: Projektteam, internes IT-Team und Implementierungspartner.

Abb. 2 Überblick über die Phasen und Arbeitspakete des Implementierungsprojekts

1. **Systemeinrichtung:** In dieser Phase lag der Schwerpunkt auf der Anpassung der Marketo-Umgebung, von der Erstellung von Unternehmensvorlagen, im Sinne von Templates (Seebacher 2020) für E-Mails, Landing Pages und Formulare bis hin zur Definition und Erstellung der wichtigsten Benutzerrollen.
2. **Operativer Aufbau:** Dieser Aufbau fand fast parallel zu Phase 1 statt und konzentrierte sich auf die Schaffung von Arbeitsräumen, eine Namenskonvention für alle Kampagnen und Marketingmittel, ein Subskriptionszentrum, ein Double-Opt-In-Verfahren zur Verwaltung der Präferenzen marktfähiger Kontakte. Diese letzten beiden Dinge wären besonders wichtig, um die Einhaltung der 2018 in Kraft tretenden Allgemeinen Datenschutzbestimmungen (GDPR) der Europäischen Union zu gewährleisten.
3. **Schulung:** Es fand eine zweitägige Schulung vor Ort mit dem etablierten Key-User-Netzwerk statt, die vom zertifizierten Marketo-Implementierungspartner geleitet wurde. Die Schulung konzentrierte sich auf die Einführung von Schlüsselkonzepten von Marketo wie Programme, Anlagen und Abläufe. Der Wissensstand über die Marketingautomatisierung und ihr Potenzial war unter den Schlüsselanwendern etwas unterschiedlich, daher diente die Schulung auch als Nivellierungsgrundlage für das Verständnis des Tools und seiner Verwendung für das Unternehmen. Schließlich wurde das Wissen auf einen gemeinsamen Anwendungsfall oder eine Kampagne angewendet, die von allen Schlüsselanwendern durchgeführt wurde, nämlich ein Veranstaltungsprogramm für ein Webinar, das für ein Kundensegment innerhalb des EU-Marktes durchgeführt werden sollte.
4. **Start der ersten Kampagnen:** Jeder Geschäftsbereich hatte eine Reihe von Anwendungsfällen oder Kampagnen vordefiniert, die durch Marketingautomatisierung gesteuert wurden und die einfach genug sein konnten, um sie zu implementieren, zu messen, daraus zu lernen und zu skalieren oder auf verschiedene Produkte, Dienstleistungen oder Märkte anzuwenden. Diese würden die meisten der in Marketo vorgestellten Marketingmittel verwenden und grundlegende Programm- oder Kampagnentypen als Einrichtung verwenden. Beispiele hierfür sind Webinare, Newsletter oder Kampagnen zur Lead-Generierung über Gated Content.
5. **Integration:** Diese Phase konzentrierte sich hauptsächlich auf die kundenspezifische CRM-Integration. Vorgefertigte Integrationen, wie z. B. Adbridge oder GoToWebinar, wurden meist als Teil der betrieblichen Einrichtung durchgeführt. Zusammen mit dem Implementierungspartner, den Marketingdirektoren und internen CRM-Experten aus dem IT-Team wurde ein CRM-Workshop durchgeführt, um die verschiedenen Datenfelder auf beiden Systemen, CRM und Marketo, zu definieren, die für das Integrationsprojekt in Betracht gezogen werden sollten. Diese Überlegung erforderte zunächst ein vereinbartes Lead-Lebenszyklusmodell, das flexibel und dennoch detailliert genug war und das für die verschiedenen Geschäftsbereiche gleichermaßen funktionieren würde. Obwohl die Vorarbeiten und der Workshop in Phase 2 durchgeführt wurden, wurde die Integrationsarbeit aufgrund der begrenzten Verfügbarkeit des beteiligten internen IT-Teams später als letzte Phase geplant.

6 Schnelle Ergebnisse und viele glückliche interne Kunden

Die Hauptziele, die sich die Marketing-Teams setzten, waren der effizientere Betrieb der verschiedenen Marketingkanäle und vor allem die Messung ihrer positiven Auswirkungen auf den Verkauf. Diese Ziele wurden aus zwei Hauptgründen als mittel- bis langfristig realisierbar angesehen:

1. der Verkaufszyklus innerhalb der Engineering's Inc. B2B-Industrie reichte gewöhnlich von einem Jahr bis zu anderthalb Jahren.
2. Dieses Projekt beinhaltete internes Änderungsmanagement für Marketing- und Verkaufsteams.

Jeder Geschäftsbereich legte jedoch frühzeitig fest, welche Art von Anwendungsfällen oder Kampagnen umgesetzt werden konnten, um erste Fortschritte bei der Erreichung ihrer Ziele zu melden. Die Steigerung der operativen Effizienz der Marketingkanäle wurde anhand von Faktoren wie der Kapitalisierung vorhandener Marketinginhalte, der einfachen Replizierung von Vorlagen für Marketing-Assets und Kampagnen sowie der Qualifizierung von Marketing-Leads bewertet. Obwohl dieses Ziel noch einige Zeit in Anspruch nehmen würde, da der Grad der Marketingautomatisierung innerhalb der Marketingorganisation reifer wurde, handelte es sich dabei um schnelle Erfolge, die durch Marketo-Funktionen ermöglicht wurden. Die erstmalige Einrichtung von Kampagnen oder Programmen erforderte zunächst eine Lernkurve und mehr Zeit, aber einmal festgelegt, konnten sie innerhalb von fast drei bis vier Arbeitsstunden von einem Marketo-Schlüsselanwender wiederverwendet und angepasst werden. Früher dauerte dies fast ein paar Arbeitstage und erforderte die Unterstützung durch andere Mitglieder des Marketingteams, die sich speziell um einzelne Tools für E-Mail-Marketing oder Landing Pages auf der Unternehmenswebsite kümmerten. Durch die Zentralisierung dieser Aufgaben in einem einzigen Tool wie Marketo konnten Zeiteinsparungen erzielt und ebenso wichtiger Wissenstransfer sowie bewährte Verfahren effizienter zwischen den Geschäftsbereichen ausgetauscht werden. All dies bei gleichzeitiger Gewährleistung der Anpassung an die Richtlinien der Unternehmensmarke in verschiedenen Kanälen, was in großen B2B-Organisationen manchmal eine Herausforderung sein kann.

Auf der anderen Seite wurde das während des Implementierungsprojekts definierte Lead-Lebenszyklusmodell als Grundlage für die Messung des zweiten Ziels hinsichtlich der positiven Auswirkungen der Marketinganstrengungen auf den Verkauf betrachtet. Das Lead-Lebenszyklusmodell wird hier als der Prozess verstanden, den Personen bis zu dem Punkt durchlaufen, an dem sie zu Kunden und auch zu wiederkehrenden Kunden werden. Dies wurde zusammen mit einer Lead-Scoring-Logik implementiert, die Personen auf der Grundlage demographischer und verhaltensbezogener Daten bewertet. Das Lead-Lebenszyklusmodell wurde für die folgenden unterschiedlichen Lead- oder Personenstatus vereinbart:

- **Anonym:** eine Person, die dem Unternehmen noch nicht bekannt ist und die ein erstes Interesse an seinen Produkten und/oder Dienstleistungen gezeigt hat. Beispielsweise hat ein Website-Besucher, der die Cookie-Richtlinie der Website akzeptiert hat, noch keine persönlichen Daten wie Name, Nachname und E-Mail-Adresse angegeben.
- **Bekannt:** eine Person, die persönliche Daten an Engineering Inc. übermittelt hat. Dies könnte z. B. durch eine Interaktion auf einer Messe, auf der Website des Unternehmens oder in sozialen Medien geschehen sein.
- **Marketing Accepted Persons (MAP):** eine bekannte Person, die auf der Grundlage demografischer oder Unternehmensdaten mit den von den Marketing- und Vertriebsteams vereinbarten Zielkriterien übereinstimmt. Die Lead-Scoring-Logik würde in diesem Fall helfen, diese Personen leicht zu identifizieren. Ein Beispiel wäre eine Person, deren Berufsbezeichnung beratender Ingenieur innerhalb eines bestimmten Marktes und einer bestimmten Branche ist.
- **Marketing Engagierte Personen (MEP):** auf der Grundlage einer Reihe von Verhaltenskriterien eine Person, die engagiert ist und infolge von Marketingkampagnen Interesse gezeigt hat. Dies kann zum Beispiel eine Person sein, die an einem Webinar teilgenommen hat, das zusammen mit Vertriebs- oder Produktexperten durchgeführt wurde.
- **Marketing Qualified Persons (MQP):** Basierend auf den beiden vorhergehenden Status, eine Person, die aufgrund demographischer und verhaltensbezogener Daten insgesamt sehr gut bewertet wird. In diesem Fall geht das Marketingteam davon aus, dass diese Person bereit ist, mit dem Vertrieb zu sprechen.
- **Sales Accepted Lead (SAL):** ein MQP, der vom Vertriebsteam validiert wurde und eine potenzielle Geschäftsmöglichkeit darstellt.
- **Opportunity:** Der SAL wird in eine Geschäftsgelegenheit umgewandelt, die gewonnen oder verloren werden könnte.
- **Kunde:** eine Person und/oder Firma, die mit einer gewonnenen Gelegenheit verbunden ist und ein Produkt oder eine Dienstleistung gekauft hat.

Auch im Falle von Account Based Marketing-Initiativen oder für wiederkehrende Kunden war eine schnelle Abwicklung des Prozesses möglich. In der Regel wird dieser Rahmen in den ersten Monaten oder im ersten Jahr bei der Implementierung der Marketingautomatisierung überprüft und angepasst. Dies gewährleistet Anpassungen auf der Grundlage von mehr Erfahrung und Daten zur Validierung des Modells, insbesondere im Hinblick auf die Lead-Scoring-Logik. In diesem Fall trug dieser Rahmen dazu bei, mit der Messung der Ergebnisse über den Einfluss des Marketings auf den Verkauf zu beginnen. Nach dem ersten Betriebsmonat berichtete das Projektteam über Kampagnen, die auf mehr als 3000 vermarktbare Kontakte abzielten, wobei etwa 9,4 % als Marketing Engagierte Personen identifiziert wurden. Dies war erst der Anfang des Weges zur Messung des Beitrags des Marketings in späteren Phasen des oben beschriebenen Lead-Lebenszyklusmodells, der jedoch bereits als positiver Anfang betrachtet wird.

7 Was haben wir gelernt

Die Implementierung von Marketingautomatisierung kann ein großer Motor für die digitale Transformation von Marketingteams sein, mit dem Potenzial, die Struktur und die Rollen innerhalb einer Marketingorganisation und damit die Zusammenarbeit mit dem Vertrieb neu zu definieren. Der Prozess der Vorbereitung auf eine solche Implementierung kann nach der Evaluierung der verfügbaren Marketinglösungen und der Frage, wie diese die Ziele Ihres Unternehmens besser unterstützen können, beginnen. Wie in der B2B-Welt dauerte die Kaufreise einer solchen Technologie etwa 10 Monate, was Forschung, Bewertung und viel interne Abstimmung zwischen den Interessengruppen erforderte. Anbieter von Marketingautomatisierung unterschätzen manchmal wahrscheinlich den Zeitrahmen, der innerhalb großer Organisationen benötigt wird, oder sind oft besser mit B2C-Kunden vertraut. Gewöhnlich zielen die Anbieter auf Marketingabteilungen ab, die vor einer Einigung viel Abstimmung mit der IT, den Vertriebsteams und dem Management vornehmen müssen. Die Einführung der Marketingautomatisierung kann nur der Anfang eines großen Lernprozesses sein, der noch vor uns liegt. Die Reife ihrer Nutzung und ihre Integration in die Organisation wird sich höchstwahrscheinlich auch nach der Einführungsphase weiterentwickeln (Abb. 3: Marketingautomatisierung und ihre Reifephasen). Begrenzte KPI-Messung im Marketingteam und Silos zwischen Abteilungen sind manchmal charakteristisch für die meisten B2B-Organisationen. Dies ändert sich jedoch und geht hin zu einer optimierten und koordinierten Zusammenarbeit zwischen Marketing und Vertrieb.

In diesem Fall waren die Lernkurve und der Weg zur Reife zwischen den Teams möglicherweise weniger linear. Einige Marketing-Teams aus den verschiedenen Geschäftsbereichen innerhalb von Engineering Inc. waren eher an die Messung von KPIs gewöhnt als andere. Was auch in Bezug auf die Abstimmung mit den verschiedenen Vertriebsteams der Fall war. Die Einführung der Marketingautomatisierung trug jedoch zum Wissenstransfer und zur Abstimmung der besten Praktiken bei, was den beteiligten Teams zugutekam. Aus

1. TRADITIONELLES MARKETING	2. NACHFRAGE-ERZEUGUNG	3. INTEGRIERTE PIPELINE	4. ERTRAGSLEISTUNGS-MANAGEMENT
• Niedriges Targeting • Unreife Ausrichtung von Vertrieb und Marketing • Begrenzte Messung des Marketing-ROI	• Manuelle Kampagnen • Grundlegendes Lead-Management • Verkauf und Marketing bleiben in den Silos • Nur operative Marketing Kennzahlen	• Ausgefeiltere Segmentierung • Förderung und Bewertung von Führungskräften • Integrierte Marketing- und Vertriebsprozesse • ROI und Auswirkungen auf den Umsatz	• Koordinierte, optimierte, mehrkanalige Kampagnen • Einheitliches Ertragsteam (Marketing und Vertrieb) • Ausgeklügeltes Lead-Management über den gesamten Einnahmezyklus • Disziplinierte Multi-Touch-ROI-Messung

Abb. 3 Marketingautomatisierung und ihre Reifephasen. (Quelle: Der definitive Leitfaden zur Marketingautomatisierung, Marketo Inc 2020 (https://www.marketo.com/definitive-guides/marketing-automation/. Zugegriffen: 22. Mai 2020))

dem Einkaufsprozess bis zu den ersten Monaten nach der Einführung der Marketingautomatisierung wurden einige Lehren gezogen:

- **Fokus auf die Geschäftsziele**: Denken Sie daran, dass eine MarTech-Lösung ein identifiziertes Geschäftsproblem lösen oder das Unternehmen in die Lage versetzen sollte, seine Ziele zu erreichen. Kein Werkzeug zu haben, ist nicht das Problem an sich. Keinen Hammer zu haben, ist selten ein Problem, wenn das Schlagen von Nägeln nicht Teil Ihres Geschäfts ist. Dies mag einfältig klingen, doch oft kann eine großartige Technologie aufgrund mangelnder Konzentration verloren gehen, überflüssig werden oder innerhalb der täglichen Trägheit einer Organisation missbraucht werden.
- **B2B-Features sind wichtig:** Die Marketingautomatisierung ist bereits seit etwa 20 Jahren auf dem Markt, dennoch ist sie für einige B2B-Branchen noch eine relativ neue Technologie. Da der Markt von der schnelllebigen B2C-Welt angetrieben wurde, sind einige Marketing-Automatisierungswerkzeuge ebenfalls stärker auf B2C-Organisationen ausgerichtet. Einer der Faktoren, der damals die Entscheidung für Marketo beeinflusste, waren seine ABM-Features, zu denen Account Mapping, Scoring und Reporting gehören.
- **Frühzeitige Einbeziehung des IT-Teams**: Auch wenn die Marketingabteilung der Benutzer ist, hängt ein großer Teil des Kaufprozesses von einer engen Zusammenarbeit mit der IT ab. Dies galt insbesondere für Engineering Inc., wobei die IT ein großes Mitspracherecht bei der Beschaffung und Implementierung hatte. Gleichzeitig war es wichtig, dass sich das Marketing in technische Themen einbringt und ein besseres Verständnis für die Einkaufstreiber der IT hat. (d. h. Sicherheit, Kompatibilität und Skalierbarkeit des Systems)
- **Überlegungen, wenn Sie ein benutzerdefiniertes CRM haben**: Die meisten Marketinglösungen werden mit sofort einsatzbereiten Integrationen in die meisten gängigen CRM-Systeme geliefert. Einige ihrer Funktionen funktionieren möglicherweise auch am besten mit diesen vorgefertigten Integrationen. Es war wichtig zu überlegen, wie ein benutzerdefiniertes CRM-System den Ansatz der Integrationsarbeit mit der Marketingautomatisierung verändern würde und ob dadurch irgendwelche Funktionen beeinträchtigt würden.
- **Eine faire Kostenverteilung**: Um den Einkauf voranzubringen, spielte die Angleichung bei der Verteilung der Lizenzgebühren unter den Marketing-Teams eine wichtige Rolle. Kostenverteilungsmodelle sind ein Thema für eigene Fallstudien, doch ein anfänglich vereinbarter Rahmen war der Schlüssel zur Gewährleistung einer fairen Finanzierung und Nutzung der Lizenz.
- **Ausrichtung in der gesamten Marketingorganisation**: Innerhalb großer Organisationen mag es etwas verlockend sein, von einem Bereich oder einer Abteilung aus Einzelinitiativen zu starten, um schneller voranzukommen. Allein die Ausrichtung kann sich als zeitraubendes Unterfangen erweisen. Doch in diesem Fall ermöglichte es die gesamte Marketingorganisation an Bord zu haben, mehr Ressourcen und Einfluss innerhalb von Engineering Inc.
- **Aufbau eines Key-User-Netzwerks**: Auch wenn die Key-User vor dem Start der Implementierung nicht viel zu tun hatten, war es wichtig, dass jedes Marketing-Team

frühzeitig seine Key-User benannte. Dies trug dazu bei, den künftigen Bedarf der Benutzer zu ermitteln, die Schulungen und Zugang zur Marketingautomatisierung benötigten. Key-User spielen eine große Rolle, wenn es darum geht, die Implementierung eines solchen Tools zu einem nachhaltigen Erfolg zu machen. Daher war es wichtig, gleichzeitig Mittel für eine konstante Zusammenarbeit und ein ständiges Lernen zu schaffen, um eine Arbeitsumgebung zu schaffen, die von Neugier, Geduld, Vertrauen und Ausdauer geprägt ist.

Je nach Größe, Kultur und Branche, in der Ihre Organisation tätig ist, können diese Erkenntnisse auch einen Hinweis auf häufige Fallstricke geben, die normalerweise bei der Auswahl einer Marketingautomatisierungslösung und ihres Implementierungsprozesses auftreten:

- Es fehlt die Verbindung zwischen Geschäftszielen und dem Einsatz neuer Technologien.
- Kauf einer Marketing-Automatisierungslösung, die für B2C-Geschäfte konzipiert ist.
- Unter Missachtung der Bedeutung von technischen Fragen und der internen IT-Landschaft.
- Zu einem späteren Zeitpunkt werden die Vertriebs- oder alle Marketingteams einbezogen.
- Unklare Zuständigkeiten zwischen IT und Marketing in Bezug auf Systemverwaltung und -wartung.

8 Schlussfolgerungen

Die Wahl der richtigen Marketing-Automatisierungslösung oder einer anderen Technologie des MarTech-Stacks wird wahrscheinlich auch in Zukunft eine Herausforderung bleiben. Untersuchungen zeigen, dass der Markt in den letzten neun Jahren um mehr als 5000 % gewachsen ist und nun 8000 Marketingtechnologien zur Verfügung stehen (chiefmartec.com 2020).[2] Diese Vielfalt an Lösungen scheint sich zu einer tieferen Spezialisierung zu entwickeln, die die Bereiche Werbung, Inhalte, soziale Medien, E-Commerce sowie Daten- und Projektmanagement abdeckt. Vielleicht wird diese Spezialisierung in dem Maße, wie sie sich fortsetzt und sich auf weitere Bereiche ausweitet, die für Marketingoperationen von entscheidender Bedeutung sind, auch immer mehr die Gestaltung solcher Lösungen als Teil eines größeren Ökosystems erfordern.

Dies ist vielleicht der Grund, warum Lösungen zur Marketingautomatisierung ein wichtiger Teil des MarTech-Stacks sind, da sie das Potenzial bieten, als diese Andockstation für andere Marketingtechnologien zu dienen, mit dem Vorteil der Zentralisierung von Operationen und Datenmanagement. Dieser Ökosystem-Ansatz war in diesem Fall, neben

[2] https://chiefmartec.com/2020/04/marketing-technology-landscape-2020-martech-5000/. Zugegriffen am 22.05.2020.

B2B-Funktionen, eine der Beweggründe, Marketo als Marketing-Automatisierungslösung für Engineering Inc. zu wählen. Es wird angenommen, dass dies nach den wenigen Monaten der Implementierung die richtige Wahl war, wenn man die Ziele und Bedürfnisse des Unternehmens berücksichtigt. Dennoch ist gerade diese Art von MarTech-Investition eine Investition, die mit einer mittel- bis langfristigen Zeitspanne erfolgt und vielleicht jährlich oder alle zwei Jahre neu evaluiert werden muss. Darüber hinaus ist dies auch die Dauer der meisten Software-Lizenzverträge von Anbietern von Marketingautomatisierung. Der Aufbau einer Integration mit internen Datensystemen wie CRM ist keine leichte Aufgabe, was bei der Implementierung von Marketingautomatisierung wünschenswert ist. Eine solche Aufgabe ist innerhalb einer risikoaversen IT-Kultur, die in der B2B-Branche manchmal üblich ist, eine besondere Herausforderung. Die kommenden zwei bis drei Jahre werden dazu dienen, zu überprüfen, ob dies eine erfolgreiche Investition war.

Bislang war dieser Prozess ein Prozess der Anpassung, des Änderungsmanagements und der digitalen Transformation, den die Marketingorganisation aus erster Hand erlebt hat. Er diente dazu, die Geschäftsziele innerhalb der Teams und den Beitrag, den die Marketingabteilungen zur Erreichung dieser Ziele leisten können, wiederherzustellen. Neben der Infragestellung des Status quo wurde die Erfahrung als eine Gelegenheit zur Neubewertung der Rollen und Teamstrukturen gesehen, die für die Marketingoperationen verantwortlich sind. Dies kann ein Katalysator für Wachstum sein, der die Marketingabteilungen, ihre Teams und Einzelpersonen gleichermaßen durchdringt. Und möglicherweise auch andere Abteilungen und Funktionen, die eng mit dem Marketing zusammenarbeiten, wie z. B. Vertrieb und IT, positiv beeinflussen. Das Bestreben, vom Einkauf bis zur Implementierung, hat schließlich eine stärker koordinierte und kollaborative Arbeit über diese Abteilungen hinweg erforderlich gemacht.

Die Marketing-Teams haben gelernt, sich bei Besprechungen und Entscheidungen, z. B. in Bezug auf Datenmanagement und -sicherheit oder die Systemarchitektur, wohler zu fühlen. Ebenso sind die IT- oder Vertriebsabteilungen besser mit marketingbezogenen Begriffen wie Kundenreisen, Customer Intelligence, Customer Experience und Content Managementvertraut. Eine solche Zusammenarbeit kann in der Folge eine stärker kundenorientierte Kultur mit einem besseren Verständnis der Lebenszyklen von Kundenbeziehungen fördern und dazu dienen, die Organisation in die Kundenreise mit einzubeziehen. Die Marketingautomatisierung macht all dies messbarer, indem Daten aus verschiedenen Marketing- und Kommunikationskanälen in einer Marketingdatenbank zentralisiert werden. Dies wiederum soll eine Kultur fördern, die sich auf aussagekräftige Datenerkenntnisse stützt, um intelligentere und bessere Geschäftsentscheidungen zu treffen, die den Kunden besser verstehen und ihm besser dienen. Studien zeigen, dass kundenorientierte Unternehmen im Vergleich zu ihren Marktdurchschnitten ein höheres Umsatzwachstum verzeichnen. Durch globale wirtschaftliche Verlangsamungen oder wenn hoher Marktwettbewerb zum Tagesgeschäft gehört, könnte der Vorsprung kundenzentrierter Organisationen noch wichtiger werden.

Schließlich zeigte dieser Prozess, dass technologische Innovationen von verschiedenen Abteilungen oder Funktionen innerhalb der Organisation initiiert werden können. Bei Engineering Inc. wurde die Initiative vom Marketingteam ergriffen, das eine aktive Rolle beim

Kauf und bei der Umsetzung der Marketingautomatisierung spielte. Wenn ein solcher Ansatz in großen Organisationen gefördert wird, könnte dies vielleicht aktiver zur Vision der digitalen Transformation beitragen, die hauptsächlich von IT-Abteilungen geleitet wird. Die digitale Transformation könnte auch eine Menge an Transformation in Bezug auf Prozesse und Arbeitskultur bedeuten. Die Einbeziehung der Endbenutzer einer neuen Technologie in den frühen Phasen der Evaluierung kann dazu beitragen, eine erfolgreiche Einführung und Umsetzung dieser Technologie zu gewährleisten. Wie in diesem Fall hoffentlich zu sehen ist, sind Initiativen mit einem gewissen Grad an digitaler Transformation eine Teamarbeit, die zu einer besseren Implementierung und auch zum Wachstum beiträgt.

Literatur

Chiefmartec, Marketing Technology Supergraphic. (2020). https://chiefmartec.com/2020/04/marketing-technology-landscape-2020-martech-5000./ Zugegriffen am 22.05.2020.

Marketo Inc. (2020). The definitive guide to marketing automation. https://www.marketo.com/definitive-guides/marketing-automation/. Zugegriffen am 22.05.2020.

Seebacher, U. (2020). *Template-based management – A guide for an efficient and impactful professional practice*. Heidelberg: Springer.

Seebacher, U., & Güpner, A. (2011). *Marketing Resource Management – So stürmen Marketers an die Spitze*. München: USP Publishing.

Mariana Romero Palma Mit einem professionellen Hintergrund in Branding und Marketing sowie einem Master in Internationalem Management der weltweit führenden IE Business School konzentriert sich Mariana Romero Palma in erster Linie auf die Leitung von Projekten und Arbeitsumgebungen, die datengesteuert und multidisziplinär sind. Nachdem sie mehr als 15 Jahre lang häufig an der Schnittstelle zwischen Marketingmanagement und Technologie gearbeitet hat, befasst sie sich in jüngerer Zeit mit Marketingoperationen innerhalb des industriellen Fertigungssektors.

Strategisches Leadmanagement zur optimierten Vermarktung – Das Vorgehen von innogy bei innovativen Energielösungen

Beatrice Ermer, Sabrina Weiß und Markus Niehaus

Inhaltsverzeichnis

Zusammenfassung

Auch der B2B-Vertrieb hat digitale Fahrt aufgenommen. Buying Center erleben ihren „Zero Moment of Truth (ZMOT)“ mit neuen Produkten und Dienstleistungen heute, bevor sie mit dem Anbieter in Kontakt treten. Dieser Beitrag reflektiert den Lösungsweg, den das Energieunternehmen innogy genutzt hat, um die Zielgruppen seiner neuen

B. Ermer (✉)
Internationales B2B Marketing, innogy SE, Essen, Deutschland
E-Mail: beatrice.ermer@hhl.de

S. Weiß · M. Niehaus
B2B Solution Development Smart+, innogy SE, Essen, Deutschland

U. Seebacher (Hrsg.), *Praxishandbuch B2B-Marketing*,
https://doi.org/10.1007/978-3-658-31651-8_26

Produkte und Lösungen effektiver und effizienter als zuvor zu erreichen. Er zeigt weiterhin, wie das Energieunternehmen innogy die Energiewende aktiv mitgestaltet und sich als Lösungsanbieter sowohl neu erfindet als auch im Markt positioniert. Als Konsequenz dessen werden neuartige Produkte entwickelt und neue Märkte betreten. Für die erfolgreiche Kommerzialisierung und Skalierung eines seiner neuen Produkte, einer Energiemonitoring-Lösung, hat innogy die Pains & Gains seiner Buying Center identifiziert, seinen USPs geschärft und ein Konzept für den Markteintritt entwickelt, das den veränderten Rahmenbedingungen, bewirkt durch verschiedene Treiber, Rechnung trägt. Wesentlicher Bestandteil dieses Konzepts ist ein strategisches Lead Management, das End-to-End entwickelt und umgesetzt wurde und ein durch Marketing Automation Software gestütztes Lead Nurturing Programm beinhaltet.

1 Einleitung und Hintergrund zum Fall

Die Energiewirtschaft hat sich in der letzten Dekade stark verändert. Die von der Bundesregierung im Jahr 2011 eingeleitete Energiewende gilt als größte Zäsur in der Geschichte der deutschen Stromwirtschaft (Anhelm und Tuttlies 2020). Angestrebt ist bis zum Jahr 2022 schrittweise aus der Atomenergie auszusteigen. Zugleich erleben die erneuerbaren Energien ein starkes Anwachsen, während an den Börsen die Großhandelspreise für Strom verfallen. Mit dem Markteintritt neuer Wettbewerber schwindet die Marktmacht der etablierten Energieversorgungsunternehmen. In der Folge der Neugestaltung des Strommarktdesigns entwickeln sich neue Geschäftsmodelle. Sie beziehen sich beispielsweise auf Unterstützungsleistungen zum Erreichen von Effizienzzielen und den Ausbau erneuerbarer Energien. Die innogy SE baut intelligente Netze und bietet innovative Energiedienstleistungen, z. B. in den Bereichen Speichertechnologien, Elektromobilität und Energieeffizienz. Im Zentrum der Aktivitäten des Energieunternehmens stehen mehr als 20 Millionen Kunden, denen innovative und nachhaltige Produkte und Dienstleistungen angeboten werden, um z. B. Energie effizienter zu nutzen. Ein solches komplexes und erklärungsbedürftiges – ein sogenanntes non-commodity Produkt – ist die Energiemonitoring-Lösung bit.B. Diese zu vermarkten und zu vertreiben, auch international, ist eine herausfordernde Aufgabe, weil auch das Umfeld für den B2B Vertrieb immer komplexer wird (Koponen et al. 2019). Die zunehmende Digitalisierung und das veränderte Mediennutzungsverhalten wirken sich auch auf Einkaufsprozesse (Buyer Journeys) in Unternehmen aus. Unterschiedlichen Untersuchungen zufolge finden Transaktionen im B2B Bereich immer häufiger auf digitalen Plattformen statt und mehr als 50 % des Kaufprozesses sind schon vor dem Erstkontakt mit einem Vertriebsmitarbeiter abgeschlossen (Arli et al. 2018; Baumgartner et al. 2016; Roland Berger 2015; Accenture 2014). B2B Kunden müssen Entscheidungen über die Anschaffung zunehmend komplexer Leistungen und Lösungsangebote treffen. Hierfür sind vertrauensvolle und persönliche Käufer-Verkäuferbeziehungen erfolgsentscheidend (Viio und Grönroos 2014). Die Anpassung bzw. Neuausrichtung von Lead Managementprozessen und ihre effektive Gestaltung gewinnt insofern an Bedeutung.

Mit dieser Fallstudie aus der Energiewirtschaft erhält der Leser einen kurzen Überblick über Branchenentwicklungen, die Entstehung und Entwicklung des Unternehmens sowie die Marke innogy. Herausforderungen, denen sich das Unternehmen bei der Entwicklung sogenannter Energie+ bzw. non-commodity Lösungen und einer kundenzentriert(er)en Neuausrichtung stellen muss, werden skizziert. Konkret am Beispiel der Energiemonitoring-Lösung bit.B wird dargestellt, welche Herausforderungen das sind (z. B. die Vermarktung von Lösungen)[1] und es wird auf die Relevanz von Lead Management sowie Lead Nurturing in diesem Kontext eingegangen. Weiterhin wird die Rolle von Content Marketing und Content Formaten beleuchtet, der Aufbau eines Lead-Nurturing-Programms (inkl. Lead Scoring), die Intention hinter dem Einsatz eines solchen Programms und es wird aufgezeigt, weshalb ein enges Zusammenspiel von Marketing und Vertrieb erforderlich ist. Damit liefert die Fallstudie eine gute Ergänzung zu den in Teil 2 dieses Buches dargestellten praktischen Konzepten und Modellen. Der Leser erhält zudem Einblick in eine Branche, die sonst weniger stark im Fokus steht.

Das Energieunternehmen innogy

Seit dem 7. Oktober 2016 an der Börse im MDAX gelistet, ist innogy mit einem Umsatz von rund 37 Milliarden Euro (2018) ein führendes deutsches Energieunternehmen, das sich mit seinen mehr als 42.000 Mitarbeitern um rund 22 Millionen Kunden kümmert. Die Verteilnetze sind das Rückgrat der Energiewende. innogys Verteilnetz erstreckt sich über fünf Länder und zählt zu den leistungsfähigsten in Europa. innogy plant, errichtet und betreibt zudem Anlagen für die Stromerzeugung aus regenerativen Quellen. Ziel ist ein zügiger Ausbau der erneuerbaren Energien in Europa und anderen Teilen der Welt aus eigener Kraft und mit Partnern, um so die Energiewende zu stemmen.

innogy ist seit 1. April 2016 operativ tätig und aus einer Reorganisation des RWE-Konzerns hervorgegangen. Zur Reorganisation von RWE und der Gründung von innogy kam es, nachdem im japanischen Fukushima im Jahr 2011, ausgelöst durch einen Tsunami, die Kühlsysteme eines Atomkraftwerks kollabiert waren. Der Tsunami war die Auswirkung eines der stärksten, jemals gemessenen Erdbeben. Die Brennstäbe des Atomkraftwerks drohten zu überhitzen, es kam zu einer Kernschmelze mit unabsehbaren Folgen im dicht besiedelten Japan. Durch die Ereignisse in Fukushima rückte die Diskussion über die Zukunft der Atomenergie auch in Deutschland wieder stärker in den Fokus. Kurz nach den Ereignissen verkündete die deutsche Bundeskanzlerin, Dr. Angela Merkel Merkel, schließlich ein Moratorium für die wenige Monate zuvor beschlossene Verlängerung der Laufzeit deutscher Atomkraftwerke. Die von der Bundesregierung eingeleitete Ener-

[1] Während das Thema Lösungsverkauf in der Forschung derzeit viel Aufmerksamkeit erfährt (Ulaga und Kohli 2018; Ulaga und Loveland 2014), wird den erforderlichen Kommunikationskompetenzen eines im internationalen Lösungsverkauf beschäftigen Verkäufers bislang wenig Aufmerksamkeit zuteil (Koponen et al. 2019).

giewende wird als größte Zäsur in der Geschichte der deutschen Stromwirtschaft beschrieben (Anhelm und Tuttlies 2020). Zielsetzung ist, die deutsche Energieversorgung so umzubauen, dass sie energieeffizienter wird und der Anteil erneuerbarer Energien am Bruttostromverbrauch bis zum Jahr 2020 auf 35 % steigt. Im Zuge der Energiewende ist weiterhin angestrebt bis 2022 schrittweise aus der Atomenergie auszusteigen und den Primärenergieverbrauch im Vergleich zum Jahr 2008 um 50 Prozent zu senken (Anhelm und Tuttlies 2020). Zugleich ist die Energiepolitik bestrebt, eine sichere, umweltverträgliche und bezahlbare Energieversorgung sicherzustellen (BMWi 2014, S. 5). Der Veränderungsdruck, der sich durch diese Entwicklungen für das Energiesystem in Deutschland ergeben hat, ist massiv. Auch RWE, neben E.ON, Vattenfall und ENBW eines der großen vier („Big Four") Energieunternehmen (Anhelm und Tuttlies 2020) stand zum damaligen Zeitpunkt mit seinem Kerngeschäft vor einer großen Herausforderung und unabsehbaren Zukunft. Der Ausstieg aus der Kernenergie war einer der Treiber für die Entwicklungen rund um die Energiewende. Und die Transformation in ein nachhaltiges, dezentrales und demokratisiertes Energiesystem ist einer dieser Entwicklungen, zu der innogy seinen Beitrag leistet.

In seinen drei funktional voneinander getrennten Geschäftsfeldern (Netz & Infrastruktur, Vertrieb und Erneuerbare Energien) adressiert das Unternehmen die Anforderungen einer dezentralen, dekarbonisierten und digitalen Energiewelt und arbeitet täglich daran, für diese innovative, nachhaltige Produkte und Dienstleistungen anzubieten. Produkte und Dienstleistungen, mit denen sich Energie effizienter nutzen und die Lebensqualität ihrer Nutzer steigern lässt.

Der Vertrieb des Unternehmens steuert die verschiedenen Schnittstellen der unterschiedlichen Marktakteure. Kunden sollen die Möglichkeit haben, aktiv an der Energiewende teilzunehmen. Das Spektrum reicht dabei von grünen Energietarifen, über Photovoltaik-Anlagen, der Speicherung von regenerativer Energie und Ausspeisung dieser Energie in Ladesäulen für Elektrofahrzeuge bis hin zu Lösungen, die helfen, nicht notwendige Energieverbräuche und hohe Lasten zu vermeiden. Um diese Produkte und Dienstleistungen zu entwickeln, profitiert das Unternehmen vom breiten Know-how der im Unternehmen tätigen Energietechniker und Ingenieure sowie seiner digitalen Technologiepartner. Im Zeitraum von 2017 bis 2019 floss ein einstelliger Milliarden Euro-Betrag in den Ausbau des Energiemarkts der Zukunft und die Weiterentwicklung der Energiewende. innogy ist in 16 europäischen Ländern aktiv. Wichtige Märkte sind Deutschland, die Niederlande, Belgien sowie einige Länder in Mittelost- und Südeuropa, z. B. Polen und Ungarn.

Die Marke innogy

Was muss die Marke für innogy leisten, um das Unternehmen in die Zukunft zu führen? Das Credo war Neustart und dies ganz im Sinne von Hugo Stinnes, der um die Jahrhundertwende die Vision von flächendeckender Elektrizität hatte. Die Vision Stinnes' aufgreifend und beflügelt von dem Drang alles anders zu machen, möchte innogy Menschen

(Einzelpersonen, Unternehmen, Regionen) helfen: bei der intelligenten Nutzung von Energie, die, so der Glaube der Marke, jederzeit und überall verfügbar ist. innogys Vision ist es, Menschen zu inspirieren, Lösungen zu schaffen sowie Technologie, Fortschritt und Innovation zu nutzen, um damit und den im Unternehmen vorhandenen Kompetenzen und Erfahrungen die Zukunft zu gestalten.

Der Markenname innogy ist eine Symbiose aus den Begriffen Innovation, Energy und Technology. Die Marke selbst setzt sich, wie in Abb. 1 zusammenfassend dargestellt, aus drei Säulen zusammen: den 6 Motivatoren, die innogys Perspektive auf die Welt, in der das Unternehmen heute existiert, beschreiben; das dreiteilige Mission Statement, das die Rolle, die innogy für sich in der Welt sieht, definiert, und eine Markenüberzeugung, die die Vision der Marke verkörpert.

Die 6 Treiber sind Themen, die für die Marke von entscheidender Bedeutung sind und sie motivieren: Die *Dezentralisierung* beschreibt die Entwicklung, dass anstelle von Großkraftwerken immer mehr kleine Anlagen wie z. B. Blockheizkraftwerke, Bürgerwindparks oder Photovoltaikanlagen rücken. Sie versorgen die Menschen mit grünem Strom. Zudem werden immer mehr Kunden selbst zu Energieproduzenten. Der Anteil dieser Prosumer-Kunden, die Energie gleichzeitig konsumieren und produzieren – steigt weiter und sie werden ihre Ressourcen mit Familie, Freunden oder Nachbarn teilen. Um das so entstehende weit verzweigte Netz zu steuern, entwickeln sich Energieunternehmen zunehmend zu Energiemanagern und sind als solche gefragt. Insofern bewirkt diese Entwicklung, dass sich die Rolle von großen Energieunternehmen ändert. Auf dem Klimagip-

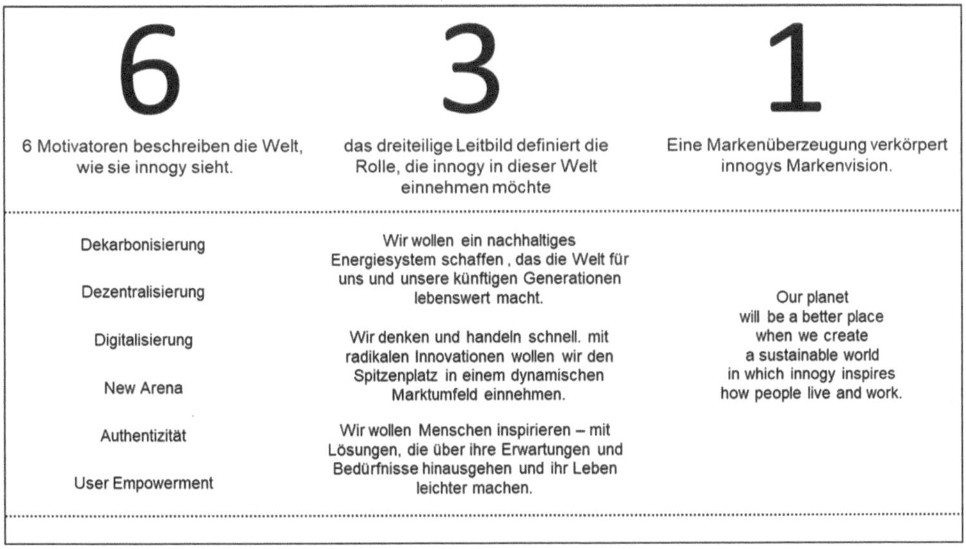

Abb. 1 innogy Markenkern

fel in Paris im Jahr 2015[2] wurde eine radikale Abkehr von der Nutzung fossiler Energieträger wie Öl und Kohle beschlossen und damit die *Dekarbonisierung* unterstützt. Die Zeiten, in denen Umwelt- und Energiebewusstsein kaum mehr als eine Randerscheinung einer kleinen Gruppe ökologischer Vordenker war, sind längst vorbei. innogy leistet, seinen Beitrag zur Erschaffung eines nachhaltigen Energiesystems, das die Welt für uns und zukünftige Generationen lebenswert macht. Auch die *Digitalisierung* spielt hierfür eine wichtige Rolle, denn das Energiesystem der Zukunft wird digital sein. Es verbindet viele kleine Teile zu einem großen Ganzen. Intelligente Netze werden eine sichere Stromversorgung ermöglichen. Der Alltag von Menschen wird durch smarte Produkte erleichtert werden. Die Welt entwickelt sich sprunghaft weiter und mit ihr Technologien, Märkte, Geschäftsfelder und -modelle. Sie wird immer komplexer und vernetzter und in einer solchen Welt wünscht sich jeder Versorgungssicherheit, Funktionalität und Effizienz, verbunden mit hohem Komfort. Der technologische Fortschritt – man kann ihn nutzen, um das Leben der Menschen besser, einfacher und nachhaltiger zu gestalten (*user empowerment*) und um ungeahnte neue Möglichkeiten zu erschließen. So entstehen viele zukünftige Geschäftsfelder gerade erst.

Neue Einsatzbereiche (*new arena*) entwickeln sich und sind auch für andere Marktteilnehmer attraktiv. Um mitzugestalten, anstatt nur mitzulaufen, sind Veränderungen gewollt. Chancen sind zu be- und ergreifen und mit Agilität, Entschlossenheit und Innovationsfreude umzusetzen. Vernetzung und Mitsprache-Anspruch sind in der ‚new arena' durch Internet und soziale Medien inzwischen Standard. Der ungehinderte Zugang zu Informationen und Communities bietet neue Möglichkeiten der Einflussnahme. innogy kommt dem Wunsch der Menschen gehört, gefragt und beteiligt zu werden nach. Kunden in Botschafter und Fans zu verwandeln gelingt durch Glaubwürdigkeit und *Authentizität*.

Mit dem Mission Statement wird die Marke auf gewisse Weise zum Leben erweckt. Darin beschrieben ist, was das Unternehmen tut, um erfolgreich zu sein. Bei innogy beginnt alles bei den Menschen. Mitarbeiter überlegen, wie sie anderen Menschen, (potenziellen) Kunden, bei dem was diese tun, helfen können, damit diese (noch) besser werden. Das Geschäft zieht dann entsprechend nach. Das Mission Statement regt weiterhin an zu überlegen, was noch nicht möglich ist und besser sein könnte und daran zu arbeiten. Im Hinblick auf die Produktentwicklung ist der Aufwand, der betrieben wird, um schlussendlich nützliche und leicht zu begreifende Produkte zu entwickeln, wertvoll und lohnenswert. Informationen, die vorhanden sind und hierfür genutzt werden können, sollen berücksichtigt werden, ebenso hilfreiches Know-how aus den eigenen Reihen und Daten aus der Marktforschung. Wenn neueste Technologie geeignet ist, überzeugende Kundenerlebnisse zu schaffen und den Menschen zu helfen, in ihrem Tun noch besser zu werden, sollte diese genutzt werden.

[2] https://www.bmu.de/themen/klima-energie/klimaschutz/internationale-klimapolitik/pariser-abkommen/; https://ec.europa.eu/clima/policies/international/negotiations/paris_de. Zugegriffen am 20.05.2020.

Testen, lernen und verbessern, mutig sein und etwas wagen – dieses Verhalten möchte innogy entfalten. Neben der Funktionalität ist ein Anliegen von innogy Freude bei den Kunden auszulösen, wenn diese ihre Produkte und Lösungen von innogy erhalten und nutzen. Die Produkte und Lösungen sollen inspirieren. Damit die Entwicklung solcher Produkte und Lösungen gelingt, ist es wichtig, den Menschen (potenziellen Kunden und bestehenden Kunden) zuzuhören und mit ihnen einen ehrlichen, effizienten und nutzenorientierten Dialog zu führen.

Die Vision der Marke kommt im ausschließlich auf Englisch formulierten Brand Belief zum Ausdruck.

2 Stringente Kundenzentrierung als Ausgangspunkt für bit.B

innogy entwickelt seit seiner Gründung Antworten auf Fragen und Probleme seiner Kunden und stellt diese in den Mittelpunkt. Aus der Kundenperspektive heraus wird versucht, die Herausforderungen zu verstehen und im Dialog mit dem Kunden Lösungen zu entwickeln. So ist zum Beispiel bit.B entstanden. Kunden berichteten, dass sie, um energieeffizienter wirtschaften zu können, zunächst erst einmal wissen müssten, wo im Betriebsablauf Energie ineffizient genutzt wird. Ihnen fehlte die Transparenz über ihre Energieverbräuche (Strom, Gas, Wasser) und Produktionsprozesse. Um diese Transparenz zu bekommen, suchten sie nach einer retrofit (nachträglich installierbar und jederzeit erweiterbar) Lösung, die sich leicht einbauen und in ihre Prozesse integrieren lässt und die an unterschiedlichen Stellen (Zähler für Hauptverbräuche, an Maschinen, in Lagerhallen, Verkaufsflächen, etc.) verschiedenartige Zustände und Flüsse messen kann. Die Messergebnisse sollten in Echtzeit und für jeden beteiligten Mitarbeiter verfügbar, transparent und leicht verständlich sein.

Mit der Energiemonitoring-Lösung bit.B, die diese Anforderungen und Wünsche von Kunden berücksichtigt, können alle relevanten Energieflüsse, Qualitäts- und Produktionsdaten eines Unternehmens erfasst und analysiert werden. Neben Lastgangdaten können über die Hardware der Lösung sowie über Handeingabe oder Schnittstellen zu Drittsystemen weitere Daten integriert und ausgewertet werden. Unternehmensverantwortliche haben mit bit.B die Möglichkeit, jederzeit und von überall die (Live-)Daten der Standorte aufzurufen und durch die Analyse dieser Daten Einsparpotenziale schnell zu erkennen. Die Darstellung aller Standortdaten in einer Übersicht ermöglicht Vergleiche. Insgesamt kann ein Unternehmen hinsichtlich seines Energieverbrauchs auf diese Weise besser gesteuert werden.

bit.B ist BAFA-gelistet und unterstützt bei der Zertifizierung nach den Richtlinien ISO 50001 und DIN EN 16247 und damit beim Sichern staatlicher Förderungen. Es kann auch eine Voraussetzung für Unternehmen des energieintensiven produzierenden Gewerbes sein, wenn es um Stromsteuererlass, -erstattung oder -vergütung geht.

Herausforderung Marktbearbeitung und Skalierung des Lösungsvertriebs

Als relativ junges Produkt ist bit.B wie auch das junge Energieunternehmen innogy noch nicht Bestandteil des Relevant Set[3] von Interessenten für Energiemonitoring-Lösungen, sprich Produkt und Marke sind noch nicht im Bewusstsein eines Konsumenten verankert. Hinzu kommt, dass Energiemanagement in der Wertschöpfungskette von Unternehmen keine primäre Funktion hat, die Aufmerksamkeit hierfür jedoch zunimmt. In einer von innogy beauftragten, von einem unabhängigen Marktforschungsinstitut in dessen europäischen Märkten durchgeführten, Marktpotenzialanalyse wurden Anwendungsfelder für Energiemonitoring in unterschiedlichen Branchen untersucht. Zielsetzung der Untersuchung war es, ein besseres Verständnis über Kundenbedürfnisse zu erlangen und beispielsweise herauszufinden, welche Verbrauchsparameter in welcher Branche welche Bedeutung haben und was die Gründe dafür sind, diese Parameter zu erfassen. Darüber hinaus ging es um Informationen zu den Zielgruppen, das heißt welche Art von Unternehmen hat das größte Interesse am Erwerb von Energiemonitoring-Lösungen. Außerdem: Gibt es Unterschiede zwischen den europäischen Ländermärkten und wenn ja, welche sind das und wie wird das Angebot u. a. hinsichtlich der Leistungsmerkmale (hilfreich, weniger hilfreich, Gründe) von den einzelnen Branchen bewertet?

Die Ergebnisse der Marktforschung zeigten unter anderem, dass die Nachfrage gewerblicher Kunden nach Partnerschaften, im Rahmen derer sich Energiekosten und Verbräuche reduzieren lassen, wächst. Der Markt für Systeme, die beim Energiemonitoring und -management unterstützen, ist sehr fragmentiert. Es gibt eine Vielzahl unterschiedlich großer Anbieter mit unterschiedlichen Schwerpunkten beim Produktangebot. Hard- und Software werden entweder direkt an den Endnutzer veräußert oder über Energieunternehmen bzw. sonstige Vermittler.

Eine weitere Erkenntnis, die aus der Untersuchung hervorgeht, ist, dass sich die Buying Center für Energiemonitoring-Lösungen differenzierter zusammensetzen als die Buying Center für Commodity Produkte (Strom, Gas). Beispielsweise sind technische Meinungsbildner und Entscheider zu berücksichtigen. Und Unternehmen setzen mehr und mehr auf zentrale Verantwortliche für Energiemanagementthemen. Sie nehmen im Kaufentscheidungsprozess, der sich oft über mehrere Monate bis zu einem Jahr erstrecken kann, eine wichtige Rolle ein. Informationen zu den angebotenen Lösungen beschaffen sich die Entscheidungsgremien auf verschiedenen Wegen – Internet, Produktdemonstrationen sowie per Weiterempfehlung anderer Unternehmen aus der gleichen Branche.

Neuausrichtung der Marktbearbeitung

Mit den Erkenntnissen aus der Marktpotenzialanalyse sowie dem Ziel, bit.B. erfolgreich zu skalieren, war es erforderlich, den Ansatz der Marktbearbeitung (go-to-market) neu zu gestalten. Der bisherige Ansatz war mit hohen Kosten und Aufwänden für den Vertrieb verbunden. So gab es nur wenige vertriebliche Möglichkeiten: der Sales Funnel ließ sich mit hohem internen Aufwand nur mäßig füllen und die Wandlungsrate (Conversion rate

[3] https://wirtschaftslexikon.gabler.de/definition/relevant-set-45378. Zugegriffen am 20.05.2020.

von ‚Erstkontakt zu Abschluss') war, gemessen an der Zielsetzung, deutlich zu niedrig. bit.B wurde den für Commodity-Erwerb zuständigen Buying Centern durch den Außendienst vorgestellt. Diese zogen oftmals technische Ansprechpartner und Entscheider und/oder Energiemanager hinzu. Auf die Produktvorstellung und Interessensbekundung der Verantwortlichen folgte die Erarbeitung einer technischen Lösung, die in einem neuen Termin vorgestellt wurde. Erst dann, nach Übereinkunft mit den verschiedenen Verantwortlichen des (potenziellen) Kunden, kam es zum Vertragsabschluss.

Für die Neugestaltung des go-to-market-Ansatzes wurden daher folgende Aspekte berücksichtigt:

- **Zielsegmente und Buying Center**: frühzeitig die richtigen identifizieren
- **Kaufentscheidungsprozess und Kommunikation**: so früh wie möglich die Phase erkennen, in welcher sich die Interessenten befinden und mit adäquater Kommunikation in den richtigen Kommunikationskanälen agieren
- **Leadqualifizierung**: mit gewonnenen Informationen Leads möglichst effizient anreichern
- **Vor-Ort-Termine**: so effizient vorbereiten, dass Kundeninteresse und -qualität sichergestellt sind, die richtigen Ansprechpartner am Tisch sitzen und sich ein Außendiensttermin auch lohnt
- **Vertriebliche Prozesseffizienz**: sicherstellen und manuelle Aufwände möglichst geringhalten

Mit einem strategischen Lead Management sollte sichergestellt sein, dass bit.Bs Zielsegmente mit einer für sie relevanten Kommunikation in den richtigen Kommunikationskanälen automatisiert angesprochen werden und ihr Interesse für das Lösungsangebot geweckt wird. Weiterhin sollte das Interesse der Zielkunden automatisiert bewertet werden und entsprechend der Erkenntnis aus dieser Bewertung mit Folgemaßnahmen eine Weiterqualifizierung erfolgen. Erst wenn ein Lead den Status „Sales ready" erreicht, soll bit.Bs Fachvertrieb aktiv werden und die Buying Center mit dem Ziel ansprechen, einen Vor-Ort-Termin zu vereinbaren. Für den Vor-Ort-Termin ist der Use Case des Kunden dann bereits verstanden und mit den Buying Centern der Kunden wird gemeinsam die technische Umsetzung erarbeitet, so dass im Anschluss an den Termin direkt ein konkretes Angebot unterbreitet werden kann.

3 Aufsetzen eines strategischen Lead Managements inklusive Lead Nurturing

Ein strategisches Lead Management aufzusetzen erfordert einige Vorarbeiten. Dazu zählt die Entwicklung einer klaren und aussagekräftigen Value Proposition, die Überprüfung und Schärfung der USPs, die Definition des Zielmarktes und der entsprechenden Buying Center sowie die Analyse des Wettbewerbs und der Buyer Journey. Mit diesen Erkenntnissen ist ein Kommunikationskonzept zu entwickeln und geeignete Vermarktungskanäle zu definieren. Auch muss sichergestellt sein, dass bit.B zuverlässig von potenziellen Kunden gefunden wird. Daher wurde eine neue Website entwickelt, Suchmaschinenoptimierung und -werbung (SEO, SEA) eingesetzt und Displaywerbung sowie Social Media Marketing durchgeführt. Die Umsetzung dieser Maßnahmen hatte zum Ziel, den Bekanntheitsgrad des Produktes zu steigern und Möglichkeiten zur Kommunikation mit Interessenten an verschiedenen Touchpoints zu schaffen. Berücksichtigt wurde hierbei, dass B2B-Einkäufer den viel zitierten ZMOT („Zero Moment of Truth, Google")[4] erleben, bevor sie überhaupt in direkten Kontakt („First Moment of Truth") mit möglichen Anbietern treten.[5]

Die Digitalisierung wirkt sich auf die klassische Vertriebsarbeit aus. Hatte sich über viele Jahre hinweg die traditionelle Push-Logik bewährt, bei der die Informationen aktiv durch den Vertrieb und in Form von Direktakquise, dem Versand von Marketingbroschüren oder Sales-Präsentationen den Empfänger bereitgestellt werden, gewinnt seit der Jahrtausendwende die Pull-Logik immer mehr an Bedeutung.[6] Demnach entscheidet der Kunde, wann er welche Informationen von wo bezieht und mit dem Unternehmen in Kontakt tritt. Ausgelöst durch eine Problem- oder Bedürfnislage, weniger durch ein konkretes Produkt oder eine Marke, beginnen mehr als 80 % aller Kaufentscheidungen heute mit einer Suchanfrage im Internet (Körner 2017). Deshalb ist es entscheidend, (möglichen) Interessenten schon zu Beginn ihres Kaufentscheidungsprozesses mit relevanten Informationen – auch online – zu begegnen. Ebenso wichtig ist es, online auffindbar zu sein und die Zielperson zu begleiten, wenn sie nach für sich relevanten Inhalten sucht. So gelingt es bereits in der Informationsphase in das Relevant Set[7] seiner Zielgruppe vorzudringen und die Vorzüge des Produktes nutzer- und nutzenspezifisch zu präsentieren.

4 Bedeutung und Aufbau eines strategischen Lead Nurturing

Durch die schon erwähnte Digitalisierung der Gesellschaft verändern sich auch Einkaufsprozesse (Buyer Journeys). Dies führt dazu, dass bisherige Lead-Management-Prozesse im Unternehmen überprüft und nicht selten neu ausgerichtet werden müssen. Im Rahmen eines ganzheitlichen Lead Managements ist ein strategisches Lead Nurturing ein effektiver und effizienter Ansatz zur Neukundengewinnung und zur schrittweisen Weiterentwicklung dieser bis zur Kaufreife.

Auch für bit.B wurde entschieden, im Rahmen der Neugestaltung des Lead Managements ein strategisches Lead Nurturing einzuführen. Seitdem erhalten Interessenten durch automatisierte E-Mails zu ihrer jeweiligen Kaufentscheidungsphase passende, relevante

[4] https://www.thinkwithgoogle.com/marketing-resources/micro-moments/zero-moment-truth/. Zugegriffen am 21.05.2020.

[5] https://www.rolandberger.com/publications/publication_pdf/die_digitale_zukunft_des_b2b_vertriebs.pdf. Zugegriffen am 21.05.2020.

[6] https://www.kopp-online-marketing.de/marketing-evolution-von-werbung-zu-content-von-push-zu-pull. Zugegriffen am 21.05.2020.

[7] https://wirtschaftslexikon.gabler.de/definition/relevant-set-45378. Zugegriffen am 20.05.2020.

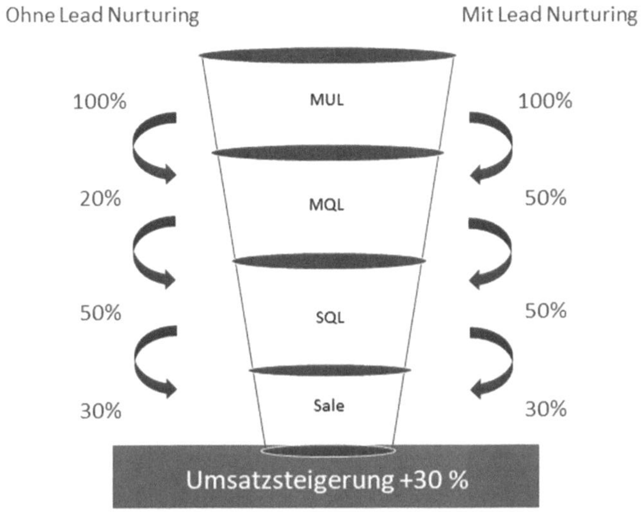

Abb. 2 Quantitative Auswirkungen von Lead Nurturing auf die Konvertierung im Sales Funnel

Inhalte. Ziel dieses Vorgehens ist es, die Anzahl qualifizierter Leads und die Wandlungsrate auf den einzelnen Stufen des Sales Funnel zu erhöhen. Wie in Abb. 2 skizziert, sollte für bit.B im ersten Schritt insbesondere die Wandlungsrate der Marketing Unqualified Leads (MUL) zu den Marketing Qualified Leads (MQL) erhöht werden, da auf dieser Stufe die Verluste am größten waren. Gelingt es die Wandlungsrate von 20 % auf 50 % zu erhöhen, wirkt sich dies quantitativ auch auf die weiteren Stufen im Sales Funnel und damit auf die Sales Qualified Leads (SQL) sowie die Verkäufe (Sale) aus.

5 Elemente eines Lead-Nurturing-Programms

Ein Lead-Nurturing-Programm besteht, unabhängig vom eingesetzten Marketing Automation Tool, aus den drei Elementen Content-Programm, Engagement-Programm und Lead-Scoring-Modell (LSM). *Content-Programme* beinhalten die für die unterschiedlichen Informationsbedürfnisse der Zielgruppen definierten Inhalte. Im *LSM* ist die Wertigkeit der einzelnen Inhalte abgebildet und im *Engagement-Programm* die Logik für das effiziente Ausspielen der Inhalte an die jeweiligen Zielgruppen eingestellt. Je nach Interaktion eines Leads mit den ausgespielten Inhalten verändert sich dessen Wertigkeit. Da jedes Produkt seine spezifische Buyer Journey hat und einen Vertriebsprozess, der sich an dieser ausrichtet, braucht es je Produkt ein konkretes Verständnis des Prozesses, damit Schwachstellen und Verbesserungspotenziale erkannt werden.

Für bit.B sah der Prozess anfangs so aus, dass neue Leads direkt an den Vertrieb übergeben wurden und dieser dann telefonisch versuchte, Kundentermine zu vereinbaren. Dieses Vorgehen war wenig erfolgreich. Setzt man direkt am Anfang der Buyer Journey ein

Lead-Nurturing-Programm ein, so die Überlegungen, sollte es möglich sein, neue Leads so qualifizieren zu können, dass der Vertrieb, wenn er diese Leads bekommt und mit Ihnen weiterarbeitet, höhere Erfolgsquoten bei der Terminvereinbarung erzielt.

5.1 Buyer Journey verstehen und visualisieren

Der erste Schritt, um das strategische Lead Management neu aufzusetzen, bestand deshalb darin, zunächst die Buyer Journey zu verstehen. Eine Buyer Journey beschreibt die drei Phasen, die ein Kunde auf dem Weg zur Kaufentscheidung durchläuft. In der ersten Phase (Awareness) wird er sich eines bestimmten Problems bewusst und sucht nach geeigneten Informationen, um das Problem einzugrenzen. In der zweiten Phase (Consideration) hat der Kunde sein Problem dann definiert und entscheidet sich, aktiv zu werden. Er betrachtet alle möglichen Lösungen bzw. verfügbaren Produkte und wägt diese dahingehend ab, welche am schnellsten bei der Zielerreichung helfen. In der dritten Phase (Decision) wird der ROI für den Lösungserwerb bewertet und schließlich die Entscheidung für eine Lösung getroffen. In dieser Phase geht es darum, Opportunitäten zu managen (Archer 2015). Auf inhaltlicher Ebene verdeutlicht die Buyer Journey, mit welchen Fragen sich die Buyer Persona wann beschäftigt und welche Inhalte ihr in diesem Zusammenhang einen Mehrwert stiften können. In prozessualer Hinsicht verdeutlicht die Buyer Journey, an welchen Touchpoints die Buyer Persona abgeholt bzw. angetroffen werden kann und in bzw. über welche Kanäle sie mit welchen Content-Formaten (Infografik, Checkliste, White Paper etc.) in welcher Phase erreichbar ist (Körner 2017, S. 124).

Für bit.B entwickelten Marketing und Vertrieb in einem gemeinsamen Workshop als erstes die Buyer Journey für die Buyer Persona „Energiemanager". Welche Motivationen und Handlungen für diese Zielgruppe typisch sind, ist in Abb. 3 zusammengestellt.

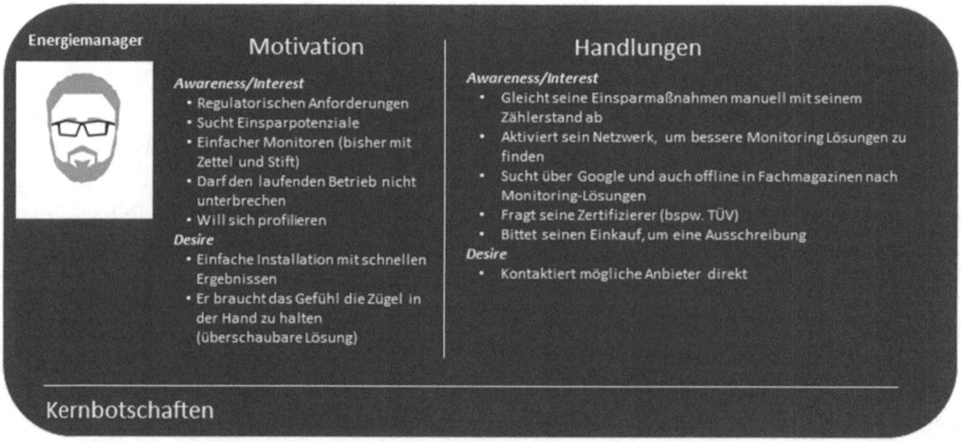

Abb. 3 Motivationen und Handlungen der Buyer Persona Energiemanager

5.2 Buyer Personas entwickeln

Das Konzept der Buyer Persona[8] ist ein weiterentwickeltes Zielgruppenmodell, bei dem es darum geht, jene Motive bzw. Bedürfnisse des Funktionsträgers zu ermitteln, die die Beschaffungsüberlegungen für ein Produkt auslösen (Körner 2017). Gute Buyer Personas bilden das Fundament für erfolgreiches, kundenorientiertes Content oder Inbound-Marketing.[9] Die Buyer Persona ist eine recherchebasierte, archetypische Repräsentation des Käufers/der Käufer. In dieser Repräsentation, im Beispiel hier der „Energiemanager", sind relevante und typische Merkmale wie beispielsweise die Ziele, die ein bestimmtes Handeln antreiben, wie die Persona denkt, wie sie kauft, wo sie dies tut und was die Gründe für ihre Kaufentscheidung sind, zusammengefasst. Solche Modelle zu erstellen ist für die Vermarktung von Produkten und Lösungen, denen eine mehr oder weniger ausgedehnte und bewusste Entscheidungsfindung vor dem Kauf vorausgeht, sinnvoll (Burkholz 2017, S. 49 f.).

Um die Bedürfnisse der Persona „Energiemanager" zu ermitteln, beantworteten die Workshopteilnehmer folgende Fragen aus Kundenperspektive:

- „Wie beschreiben Kunden ihr Problem?" (Phase 1),
- „Welche Lösungsansätze suchen sie?" (Phase 2),
- „Nach welchen Kriterien wägen Kunden die Angebote ab?" (Phase 3).

Mit den Ergebnissen war es dann möglich, für jede Phase des Kaufprozesses geeigneten Content zu definieren, diesen entwickeln zu lassen und ihn schließlich an die (potenziellen) Kunden auszuspielen, um so deren Entscheidungsfindung zum Vorteil von bit.B zu beeinflussen. Welche Contents mit welchen Schlüsselworten in welchen Kanälen in der jeweiligen Phase des Kaufprozesses ausgespielt wurden, zeigt Abb. 4.

Buying Center, ein alle am Kaufprozess beteiligten Personen umfassendes Einkaufsgremium, sind im B2B Geschäft komplex. Jedes Mitglied des Buying Centers hat unterschiedliche Ansprüche und Wünsche an ein Produkt oder eine Lösung, was im Kaufentscheidungsprozess berücksichtigt werden muss. Aus diesem Grund hat das bit.B-Team weitere Personas entwickelt und für diese die jeweilige Buyer Journey ermittelt. Als nächstes wurde eine Struktur für das Lead-Nurturing-Programm festgelegt, wie in Abb. 5 schematisch wiedergegeben. Sie basiert auf den Ergebnissen der Vertriebsprozessanalyse, z. B. hinsichtlich der Fragen, was die übergreifende Zielsetzung ist, welche Kernaufgaben das Programm hat, welche Wirkung am Ende der Buyer Journey erzielt werden soll, mit welcher Frequenz die Leads regelmäßig angesprochen werden und welchen Umfang die Content-Programme haben sollen.

---

[8] Zu Ansätzen für die Entwicklung von Buyer Personas siehe z. B. Burkholz 2017, S. 53 ff.

[9] https://www.marketinginstitut.biz/blog/inbound-marketing/. Zugegriffen am 21.05.2020.

Prozessstufen	Bewusstsein	Überlegung	Entscheidung
Nutzerverhalten	Ich brauche Transparenz über meinen Energieverbrauch.	Ich habe mich für Energiemonitoring entschieden.	Ich habe mich für bit.B als Monitoring-Lösung entschieden.
Recherche	Wie kann ich meinen Energieverbrauch effektiv reduzieren? / Wie kann ich die Digitalisierung sinnvoll in meinem Unternehmen umsetzen? Welche Nachweise zum Energieverbrauch muss ich erbringen?	Welchen Effekt hat Energie-monitoring auf meinen Energieverbrauch? / Wie kann ich Daten an verschiedenen Standorten erfassen und analysieren? / Wie kann ich Energiemonitoring in meinem Unternehmen implementieren?	Welche Erfahrungen und Referenzen haben verschiedene Anbieter? / Was kostet mich Energiemonitoring und welche Amortisation kann ich erwarten? / Wie schnell und einfach kann eine Lösung implementiert werden?
Kanäle	Google, IHK, Energieberater, Newsletter, Fachmagazine, Unternehmensverbände, Unternehmensberater	Google, IHK, Energieberater, Newsletter, Fachmagazine, Unternehmensverbände, Unternehmensberater	Energieberater, Unternehmensberater
Schlüsselbegriffe	„Aufwand für Monitoring senken“, Energiekosten weiterverrechnen“, „Zähler automatisch erfassen“, „Nachweis Energieaudit“	„Anbieter Messtechnik, Anbieter Energiemonitoring“, „Energiemanagement“, „Dienstleister Energie-management“	„Preisvergleich Energie-management-Lösungen“, „Implementierungsaufwand Energiemonitoring“
Content Angebote	Landingpage, Whitepaper, Webinar, etc.	bit.B Erklärvideo, Flyer, Website, etc.	Referenzen, bit.B Pakete, Preisübersicht, Demo-Zugang, USPs, etc.

Abb. 4 Die Buyer Journey des Energiemanagers

Übergreifende Ziele	MUL zu MQL entwickeln und Umwandlungsrate von MQL zu SQL erhöhen
Business Case	30% Umsatzsteigerung durch Erhöhungn der Umwandlungsrate MUL zu MQL um 30%
Kern-Aufgaben	Lead Profile anreichern & Moment der "Sales-Readiness" erkennen
Durchlaufzeit	20 Wochen
Frequenz	Zwei Stränge mit unterschiedlicher Mail-Frequenz (jede Woche/ alle drei Wochen)
Content Programme	16: Videos, Whitepaper, Demo-Zugang, Information zu Energiemonitoring, Funktionsweise, etc.

Abb. 5 Struktur und Umfang des Lead Nurturing Programms

5.3 Content-Programm und relevanten Content erstellen

Sind die Buyer Journeys verstanden und ist klar, welche Informationen Interessenten in den einzelnen Kaufprozessphasen suchen, geht es darum, relevanten Content und davon ausreichend zu erstellen, damit potenzielle Kunden, so erforderlich, über einen längeren Zeitraum hinweg begleitet werden können.

Für bit.B wurden geeignete Inhalte in vielen verschiedenen Formaten aufbereitet. Dazu gehören, wie Abb. 6 verdeutlicht, Produktvideos, White Paper, Webinare zu Energiemanagement-Themen und zur Funktionsweise der Lösung, Informationsgrafiken, Inhalte für die Website (Datenblätter, Kundenbeispiele, Artikel zu Energiemanagementthemen), Use-Cases etc.

Für die Zusammenstellung der Content-Programme sind zwei Aspekte zu beachten: (1) Darauf achten, au*sreichend* Content zu erstellen, um Leads über einen längeren Zeitraum zu begleiten. (2) *Passenden* Content parat haben, um Leads in der jeweiligen Phase des Entscheidungsprozesses entsprechend ihrer Informationsbedürfnisse abzuholen. Wichtig ist, dass der angebotene Content für die empfangende Person relevant ist und einen Mehrwert bietet.

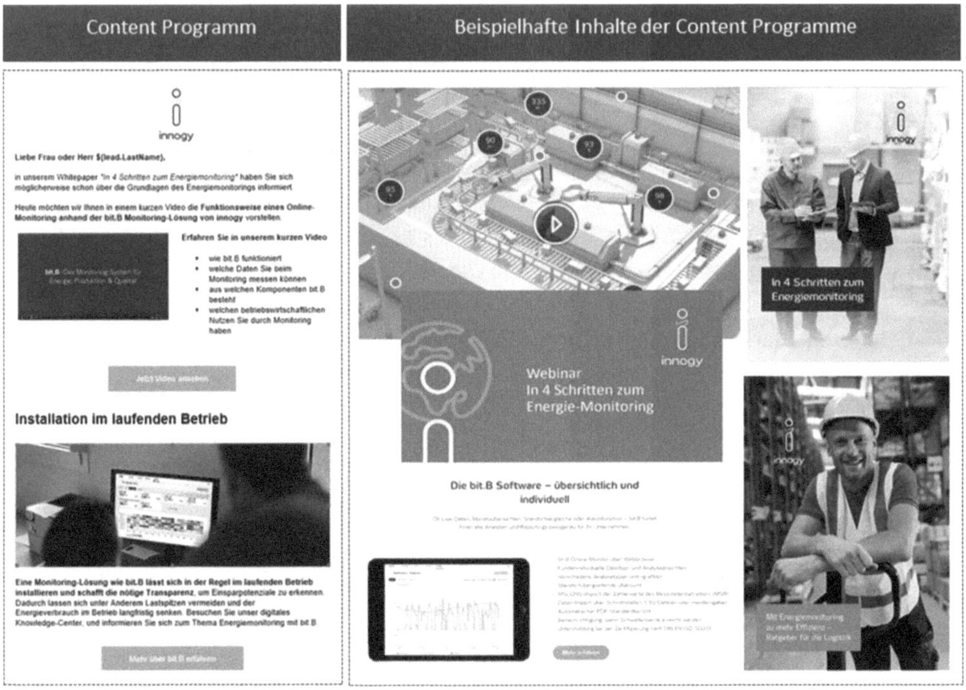

Abb. 6 Beispielhaftes Content Programm mit entsprechenden Inhalten

5.4 Entwicklung des Lead-Scoring-Modells

Als nächstes ist das Lead-Scoring-Modell zu entwickeln. Es hilft dabei, die Leads im Hinblick auf ihr Lead-Profil sowie hinsichtlich ihrer Reaktion auf die Kommunikation zu bewerten und definiert, wann ein Lead z. B. für ein bestimmtes Produktangebot ausreichend qualifiziert ist, um an den Vertrieb übergeben zu werden. Im LSM wird die Wertigkeit einzelner Inhalte (explizite Merkmale des Leadprofils sowie Interaktionen als da sind Websitebesuch, E-Mail öffnen etc.) abgebildet, d. h. jeder einzelne Inhalt wird mit einem Punktwert versehen und damit die Grundlage zur Bewertung des Engagements von Interessenten erstellt. Mit der Ergänzung weiterer Profilinformationen und entsprechend der Interaktion des Leads mit den ausgespielten Inhalten, verändert sich die Wertigkeit eines Leads.

Abb. 7 zeigt, welche demographischen (Lead-Profil) und verhaltensbedingten Aspekte (Reaktion) im Fall von bit.B unterschieden werden. Das Lead-Profil beinhaltet Informationen, die der Vertrieb für eine erfolgreiche Lead Bearbeitung benötigt. Demographische Aspekte sind Informationen über die Geschäftsfeldregion, Unternehmensbranche, Unternehmensgröße und die Jobbeschreibung.

Im Fall von bit.B, so hat es das Team definiert, erhalten Leads einen höheren „demografischen Score", wenn die Job-/Funktionsbeschreibung Energiemanager anstatt Produktmanager lautet. Verhaltensbedingte Aspekte sind z. B. welcher Content abgerufen wurde („Allgemeine Informationen" oder „Preismodelle") oder wurde ein Link in der E-Mail geklickt. Im Fall von bit.B wird ein höherer, verhaltensbedingter Score vergeben, wenn sich der Interessent ein Video angesehen hat anstatt eine E-Mail zu öffnen oder einen Artikel zum Thema Energiemanagement zu lesen, denn dem Videoformat wurde ein höherer Punktewert zugeschrieben (vgl. Abb. 8). Je nach Interaktion mit den ausgespielten Inhalten verändert sich somit die Wertigkeit eines Leads. Aus der Summe der für demografische Aspekte und für Interaktionen vergebenen Punktwerte ergibt sich schließlich ein Gesamtwert (Sales Readiness Score), der etwas über die „Kaufreife" aussagt. Im besten Fall definieren Marketing und Vertrieb diesen gemeinsam, beispielsweise indem sie abstimmen, wie viele E-Mails geöffnet und wie viele Inhalte konsumiert werden müssen,

Demographische Aspekte (Lead Profil)	Verhaltensbedingte Aspekte (Reaktion)
- Industrie	- Website-Inhalt lesen (allgemein)
- Region	- Website-Inhalt lesen (produktspezifisch)
- Funktion	- Produktvideo ansehen
- Abteilung	- Demo-Zugang beantragen
- Energieverbrauch	- Webinar-Registrierung
- Unternehmensgröße	- Flyer runterladen
- Anzahl Unternehmensstandorte	- Whitepaper runterladen

Abb. 7 Aspekte des Lead Scoring Modells für bit.B

Demografische Aspekte (Lead-Profile)	
Name	Wert
- Industrie (hoch)	+ 5
- Industrie (mittel)	+ 2
- Industrie (niedrig)	+ 0
- Funktion (hoch)	+ 5
- Funktion (mittel)	+ 2
- Funktion (niedrig)	+ 0
- Unternehmensgröße (hoch)	+ 5
- Unternehmensgröße (mittel)	+ 2
- Unternehmensgröße (niedrig)	+ 0

Verhaltensbedingte Aspekte (Reaktion)	
Name	Wert
- Website-Inhalt lesen (allgemein)	+ 1
- Website-Inhalt lesen (produktspezifisch)	+ 5
- Produktvideo ansehen	+ 10
- Demo-Zugang beantragen	+ 25
- Webinar-Registrierung	+ 10
- Flyer runterladen	+ 5
- Whitepaper runterladen	+ 10
- E-Mail Weiterleitung	+ 5

Abb. 8 Übersicht konkreter Scoring Werte für bestimmte Aspekte des Lead Profils

damit die Stufe der „Sales Readiness" erreicht ist. Der einen Lead als „kaufreif" qualifizierende Gesamtwert sorgt systemseitig in der Marketing Automation dafür, dass dieser Lead an den Vertrieb übergeben wird, der dann die Aufgabe hat, den Lead mit geeigneten Maßnahmen weiter zu bearbeiten.

5.5 Erstellen des Engagement-Programms

Sind Content-Programme und das LSM erstellt, wird im Marketing Automation Tool[10] das Engagement-Programm aufgesetzt. Für bit.B wurde entschieden, zwei Content-Stränge mit unterschiedlicher Frequenz aufzusetzen. Je nach Aktivität können die Leads systemseitig zwischen diesen Strängen wechseln. Hat beispielsweise ein Lead nach Durchlaufen von 4 Content-Programmen mit wöchentlicher Ausspielung einen bestimmten Wert erreicht, verbleibt er in diesem Strang und erhält weiterhin einmal pro Woche neuen Content. Dies wird solange fortgesetzt, bis der Wert für „Kaufreife" erreicht ist. Wird dieser definierte Wert nicht erreicht, rutscht der Lead in den zweiten Strang, in dem das Ausspielen der Inhalte im dreiwöchentlichen Rhythmus erfolgt. Steigert der Lead seine Aktivität, kann er jederzeit wieder in den ersten Strang zurückgeholt werden und erhält dann wieder häufiger relevante Inhalte ausgespielt. Interessierte Leads sollen so auch weiterhin in kurzen Frequenzen Content Programme erhalten, um sie schnell zur „Kaufreife" zu qualifizieren während die (noch) weniger Interesse zeigenden und damit inaktiveren Leads in längeren Frequenzen qualifiziert werden. Das Ausspielen mit einer wöchentlichen Frequenz könnte Störgefühlte beim Lead hervorrufen. Schlimmstenfalls meldet er sich vom E-Mail Erhalt ab. Für bit.B wurde hinsichtlich des Wochentags bzw. der Uhrzeit der Versand am Dienstagnachmittag um 16 Uhr gewählt. Nach Internetrecherche und dort

[10] Zu Marketing Automation siehe auch die Beiträge von Mrohs und Klaus in diesem Buch.

genannten Studien scheint dies ein günstiger Zeitpunkt zu sein. Den besten Versandzeitpunkt für das eigene Produkt findet man jedoch am besten über Tests heraus. Mittlerweile werden in weiteren Lead-Nurturing-Programmen auch andere Versandzeiten, wie z. B. Donnerstagnachmittag 15:00 Uhr, getestet. Sobald die „Kaufreife" erreicht ist, generiert das System automatisch eine E-Mail an den Vertrieb, dass der Lead nun telefonisch kontaktiert werden darf. Im Programm wird die Ausspielung von Inhalten an den Lead pausiert.

Es ist ratsam vor Kontaktaufnahme zu prüfen, welche demographischen und verhaltensbedingten Aspekte dazu geführt haben, dass die „Kaufreife" erreicht wurde. Hat sich der Lead z. B. das Produktvideo zu bit.B angesehen, kann während des Telefonats auf Inhalte daraus eingegangen und so das Gespräch besser auf den (potenziellen) Kunden ausgerichtet werden. Während des Telefonats wird dem Lead eine Produktvorstellung angeboten, die auch als Websession durchführbar ist, sofern dies gewünscht wird. Auf diese Weise können Vor-Ort-Termine reduziert werden. Besteht nach der Websession weiterhin hohes Interesse an bit.B, wird ein Vor-Ort-Termin abgestimmt, der auf Basis von vorausgegangenem Telefonat und Produktvorstellung optimal vorbereitet werden kann.

6 Was hat die Umgestaltung gebracht

Einige Erfolgsindikatoren, z. B. die Erfolgsquote bei der Terminvereinbarung für ein Telefonat oder die Effizienz in der Abstimmung von Vor-Ort-Terminen, haben sich frühzeitig nach Einführung des neuen Lead Managements verbessert. Zu anderen Indikatoren, wie die „Wandlung zum Kauf" oder die „Kosten je Verkauf" ist eine Aussage erst zu einem späteren Zeitpunkt möglich, da die Kaufentscheidungsprozesse langwierig sind und Messwerte derzeit erst erfasst werden.

Das bit.B Team ist mittlerweile auch in der Lage, relevante Inhalte kontinuierlich an deutlich mehr Leads auszuspielen. Die Kontaktquote mit den Interessenten (First Moment of Truth) ist seit Neuausrichtung des Lead Managements um das 10-fache gestiegen, was sich auf die automatisierte Kommunikation und sorgfältig gewählte Zeitpunkte der Ansprache zurückführen lässt. Das Produkt wird dann erstmals präsentiert und zwar in einer Websession, wenn das Kundeninteresse aufgrund des erreichten Wertes eindeutig ist. Signalisiert der Lead danach weiterhin eindeutig Interesse und ist seine konkrete Problemstellung erfasst, stimmt der Vertrieb einen Vor-Ort-Termin ab. So stellt er sicher, dass das gesamt Buying Center diesen Termin wahrnimmt und die Zeit des Verkäufers vor Ort bestmöglich genutzt wird.

Während es vor der Neuausrichtung des Lead-Management-Prozesses und der Einführung des Lead-Nurturing-Programms mehrere Besuche brauchte, um das Produkt vorzustellen, die Problemstellung des Kunden aufzunehmen und die Lösung zu präsentieren, werden heute Abschlüsse oft schon nach einem Kundenbesuch erzielt. Insgesamt kann durch die Neuausrichtung des Lead-Management-Prozesses eine Verbesserung in der Neukundenakquise, eine effizientere Bearbeitung der Kunden und eine höhere Wandlungsrate (Anruf zu

Vor-Ort-Termin) registriert werden, d. h. der Sales Funnel hat sich qualitativ verbessert. In diesem befinden sich überwiegend Interessenten der anvisierten Zielsegmente (Produktion, Logistik, Handel, Hotels und Systemgastronomie mit entsprechender Energieintensität je Standort) mit Problemstellungen, die bit.B mit seinem heutigen Set-Up meist lösen kann.

Die Zielgruppen für bit.B sind über die genutzten Kanäle und Kontaktpunkte (themenspezifische Landingpages, Social Media) wesentlich besser erreichbar. Geholfen hat hier, dass sich das Team Zeit genommen hat die Buyer Journey für die verschieden Buyer Personas im Team zu verstehen und transparent zu machen. Und es wird geschlussfolgert, dass sich mit einem durchdachten und gut ausgesteuerten Lead-Nurturing-Programm und dem Wissen um die für die Entscheidungsfindung kritischen „Moments of truth" Kommunikationsmittel und -maßnahmen so gestalten lassen, dass sie zielgruppenadäquat sind und auch so ausgespielt werden, was sich dann auf die Aufmerksamkeit auszahlt.

Hinsichtlich der internen Abläufe hat die Neustrukturierung des Lead-Management-Prozesses geholfen, dass das Team deutlich effizienter arbeitet – und das mit den gleichen, wenn nicht sogar weniger Ressourcen.

7 Zusammenfassung

Der vorliegende Beitrag hat gezeigt, wie sich bei einem Energieunternehmen die Kommerzialisierung und Skalierung eines komplexen Lösungsangebots mit Hilfe eines stark kundenorientierten Ansatzes für die Neuausrichtung der Lead-Management-Prozesse erreichen lässt und dass das Lead-Nurturing ein wichtiger Baustein in diesen Prozessen ist. Hierdurch können (potenzielle) Kunden in den verschiedenen Phasen ihres individuellen Kaufentscheidungsprozesses besser verstanden und begleitet werden, was sich letztendlich auf die Wandlungsrate auf den verschiedenen Stufen im Sales Funnel auswirkt und damit auf die Erfolgschancen für einen Vertragsabschluss.

Um den Informationsbedürfnissen der unterschiedlichen Mitglieder eines Buying Centers gerecht zu werden, kann auf die im Unternehmen oftmals schon vielfältig vorhandenen Inhalte zurückgegriffen werden. Herausforderung ist es, diese zu finden, zusammenzustellen, für die Zielgruppen in geeigneter Weise aufzubereiten und dann an den passenden Kontaktpunkten zur Verfügung zu stellen. Hierfür ist es erforderlich die Buying Center zu verstehen, die sich im Fall von Non-Commodity-Lösungen wie bit.B anders zusammensetzen können und müssen als im Fall von Commodities (Strom und Gas). Die heute angebotenen Produkte sind deutlich komplexer und erklärungsbedürftiger. Damit ist zum Teil anderes Know-how erforderlich. Buyer Personas können helfen dieses bessere Verständnis zu erlangen. Buyer Personas helfen auch Buying Center in ihrer Komplexität besser zu erfassen. Sie im Team transparent zu machen, ist für die Ausgestaltung von Lead-Nurturing-Prozessen hilfreich und unerlässlich, auch wenn diese Art von Modell auch kritisch betrachtet wird. Hinsichtlich hinsichtlich der Buyer Journeys gilt: Sich diese zu verdeutlichen, ist eine notwendige Vorarbeit, um jene Fragen zu verstehen, mit denen sich die Buyer Personas beschäftigen und um herauszufinden, über welche Kanäle sie sich informieren. Die Buyer Journey bildet damit die Grundlage für die im Lead Nurturing benötigte Content-Strategie.

Für die Markteinführung komplexer, und erklärungsbedürftiger Produkte wie die beschriebene Energiemonitoring-Lösung bit.B braucht es unbedingt eine eindeutige, verständliche und nachvollziehbare Value Proposition, die Antworten auf die Pains & Gains der Zielgruppen liefert. Der Ansatz für die Markteinführung (go-to-market) muss klar definiert sein. Dazu gehören z. B. ein eindeutiger Akquiseprozess und die Klärung der Rollen- und Aufgabenverteilung im Team.

Ergänzend sind kommunikative Guidelines, Vertriebsziele, und nicht zuletzt Durchhaltevermögen der Beteiligten für die Überarbeitung bzw. Neugestaltung eines Lead-Management-Prozesses erforderlich. Denn es gibt einige Lernkurven zu durchlaufen und ein solches Vorhaben bringt Veränderungen mit sich. Damit es bereits frühzeitig, d. h. schon in der Informationsphase, gelingt in das Relevant Set der Buying Center-Mitglieder zu gelangen, braucht es heute unbedingt eine optisch ansprechende und informative Website. Mit Suchmaschinenoptimierung und -werbung (SEO, SEA) sowie Social Media Marketing Aktivitäten wird dann daran gearbeitet, dass die Mitglieder von Buying Centern die Website auch finden. Das ist insofern wichtig, da Kaufentscheidungen im B2B-Bereich, wie zu Beginn des Beitrags erwähnt, heute nahezu immer im ersten Schritt im Internet beginnen.

Außerdem müssen Marketing und Vertrieb beide verstehen, wie mit dem Kunden und worüber in den Dialog zu treten ist. Darüber hinaus ist gemeinsam zu definieren, wann die zur Unterstützung des Lead Nurturing eingesetzte Marketing Automation Software welche Inhalte an welche Leads ausspielt und wann ein Lead einen Wert für „Kaufbereitschaft" (Sales Readiness Score) erreicht hat. Um die Elemente eines Lead-Nurturing-Programms zu definieren, braucht es Teamarbeit von beiden Bereichen. Nur gemeinsam können alle wichtigen Kriterien und Einstellungen identifiziert und definiert werden. Durchhaltevermögen im Team braucht es auch, da es einige Monate dauern kann, bis sich nach der Neuausrichtung erste Erfolge einstellen. Im Fall von bit.B waren interne Prozesse, Schnittstellen zu externen Partnern und inhaltliche Anpassungen Stellschrauben, die justiert werden mussten, um einen erfolgreichen Lead-Management-Prozess zu etablieren.

Für den Absatz von datenbasierten Produkten und Services ist es auch im B2B Bereich hilfreich, Marketing Automation Software für die intelligente Gestaltung und effiziente Aussteuerung von Kampagnen einzusetzen. Vor dem Einsatz einer solchen Software ist es jedoch ratsam, die Nurturing Prozesse manuell durchzuführen und zu steuern, um so möglichst viel über kritische Erfolgsparameter zu lernen. Sobald der Prozess klar ist, sollte dieser digital unterstützt werden, da sich so Effizienzen heben lassen.

Literatur

Accenture. (2014). 2014 State of B2B procurement study: Uncovering the shifting landscape in B2B commerce. https://www.accenture.com/t20150624t211502__w__/us-en/_acnmedia/accenture/conversion-assets/dotcom/documents/global/pdf/industries_15/accenture-b2b-procurement-study.pdf. Zugegriffen am 26.05.2020.

Anhelm, F. E., & Tuttlies, I. (2020). *Strukturwandel der Energiewende: Konversionsstrategien in der deutschen Energiewirtschaft* (Studie der Hans-Böckler-Stiftung, No. 434). Düsseldorf: Hans-Böckler-Stiftung.

Archer, I. (2015). The B2B buyer journey. https://www.primary-intel.com/15-for-15/15-powerful-customer-journey-maps/. Zugegriffen am 22.05.2020.

Arli, D., Bauer, C., & Palmatier, R. W. (2018). Relational selling: Past, present and future. *Industrial Marketing Management, 69*, 169–184.

Baumgartner, T., Hatami, H., & Valdivieso, M. (2016). Why salespeople need to develop "machine intelligence". *Harvard Business Review*. https://hbr.org/2016/06/why-salespeople-need-to-develop-machine-intelligence. Zugegriffen am 26.05.2020.

Bundesministerium für Wirtschaft und Energie (BMWi). (2014). Ein Strommarkt für die Energiewende. Diskussionspapier des Bundesministeriums für Wirtschaft und Energie (Grünbuch). https://www.bmwi.de/Redaktion/DE/Downloads/G/gruenbuch-gesamt.html. Zugegriffen am 26.05.2020.

Burkholz, R. (2017). Entwicklung einer Buyer Persona. In U. Hannig (Hrsg.), *Marketing und Sales Automation – Grundlagen-Tools-Umsetzung. Alles, was Sie wissen müssen* (S. 49–58). Wiesbaden: Springer.

Koponen, J., Julkuunen, S., & Asai, A. (2019). Sales communication competence in international B2B solution selling. *Industrial Marketing Management, 82*, 238–252.

Körner, A. (2017). Roadmap zur Marketing Automation. In U. Hannig (Hrsg.), *Marketing und Sales Automation – Grundlagen-Tools-Umsetzung. Alles, was Sie wissen müssen* (S. 117–135). Wiesbaden: Springer.

Roland Berger GmbH. (Hrsg.). (2015). *Die digitale Zukunft des B2B-Vertriebs. Warum Industriegüterunternehmen sich auf veränderte Anforderungen ihrer Kunden einstellen müssen*, München.

Ulaga, W., & Kohli, A. K. (2018). The role of a solution salesperson: Reducing uncertainty and fostering adaptiveness. *Industrial Marketing Management, 69*, 161–168.

Ulaga, W., & Loveland, J.-M. (2014). Transitioning from product to service-led growth in manufacturing firms: Emergent challenges in selecting and managing the industrial salés force. *Industrial Marketing Management, 43*(1), 113–125.

Viio, P., & Grönroos, C. (2014). Value-based sales process adaptation in business relationships. *Industrial Marketing Management, 43*(6), 1085–1095.

Dr. Beatrice Ermer, promovierte Diplomkauffrau mit deutsch-französischem Abschluss, verantwortet das internationale B2B Marketing in der Vertriebssparte der innogy SE. Schwerpunkt ihrer Tätigkeit ist strategisches und digitales Marketing die Vermarktung innovativer Energielösungen und den Vertrieb bei der Anwendung von Social Selling im Unternehmen zu unterstützen. Sie ist seit 7 Jahren in unterschiedlichen Funktionen in der Energiewirtschaft tätig, meist mit Marketing- und Vertriebsschwerpunkt sowie einem internationalen Fokus. Dr. Ermer ist zudem Dozentin für verschiedene Marketingschwerpunkte in Bachelor- und Masterprogrammen an mehreren Hochschulen im deutschsprachigen Raum. Sie hat zu Live Communication, Markenmanagement und internationalem Marketing publiziert.

Sabrina Weiß, Bachelor of Arts Business Administration, arbeitet bei innogy SE als Referentin im Bereich B2B Solution Development Smart+ an der Entwicklung von softwarebasierten und datengetriebenen Produkten und Services. Sie ist seit 15 Jahren in der Energiebranche tätig und hat ihren Fokus auf die agile und kundenfokussierte Entwicklung sowie Optimierung von digitalen Produkten gelegt. Sie ist Spezialistin für die Vermarktung digitaler Produkte sowie für die Einbindung von Kundeninteressen in die Neu- und Weiterentwicklung dieser.

Markus Niehaus, Dipl. Betriebswirt (FH) mit den Schwerpunkten Management und Marketing, verantwortet bei innogy SE als Head of B2B Product Development S+ die Entwicklung von softwarebasierten und datengetriebenen Produkten und Services. Als kommerzieller Stratege entwickelt und skaliert Herr Niehaus seit mehr als 13 Jahren erfolgreich Geschäftsmodelle und Omni-Channel Vertriebsstrategien für verschiedene internationale Unternehmen in der Energie- und Telekommunikationsbranche. Im Jahr 2019 wurde er mit seinem Team von innogy mit dem Retail Excellence Award für kundenzentrierte Produktentwicklung ausgezeichnet.

Marketing und Sales Excellence – Handlungsempfehlungen zur Bewältigung dieses Dauerbrenners

Stefan Schulz

Inhaltsverzeichnis

S. Schulz (✉)
Brady Europe, Middle-East & Africa, Egelsbach, Deutschland
E-Mail: stefan.schulz.mail@gmx.de

U. Seebacher (Hrsg.), *Praxishandbuch B2B-Marketing*,
https://doi.org/10.1007/978-3-658-31651-8_27

Zusammenfassung

In diesem Beitrag wird dargestellt, wie eine enge Partnerschaft zwischen Marketing und Vertrieb zu einem gelungenen und sich immer wieder neu anpassenden „Customer Journey Management“ führen wird. Es werden folgende Aspekte bearbeitet: verändertes Kundenverhalten, die Rolle und Motivationen von Marketing und Vertrieb in der Customer Journey und wie die Digitalisierung den Wandel vom Silo-Denken zur Team-Gedanken erzwingen wird. Der Beitrag beschreibt, welche Aufgaben Marketing und Vertrieb gemeinsam in einem abschlussorientierten Customer-Journey-Management meistern müssen und welche Rolle die Verhaltensforschung dabei spielt.

1 Marketing- und Sales-Excellence – Handlungsempfehlungen für Unternehmen

1.1 Warum Marketing- & Sales-Excellence so wichtig ist

Kundenorientierung (Customer Centricity) ist ein zentrales Element im Business-to-Business-Umfeld (B2B). Sobald der Kunde näher betrachtet wird, dreht sich das Thema um das veränderte Kundenverhalten und die daraus resultierenden Erwartungen. Fast immer werden in diesem Zusammenhang die Zahlen 67 % & 57 % zitiert und dass der B2B-Vertrieb nur „in die Röhre schauen“ kann, wenn sich 67 % seiner Kunden auf die digitale Reise begeben und bei 57 % die Kaufentscheidung schon gefallen ist, bevor sie selbst mit einbezogen werden (Google und Berger 2015).

Jedem B2B-Unternehmen ist klar, dass es sich an diese veränderten Kundenerwartungen anpassen muss, um weiter seine Umsatzziele zu erreichen. Dabei ist einer der größten Erfolgsfaktoren beim Erreichen von Umsatzzielen, eine effektive Marketing- & Vertriebspartnerschaft (Heinz Marketing 2017).

Marketing- & Sales-Excellence ist ein grundlegender Faktor, der in vielen Studien den Unterschied zwischen erfolgreichen und weniger erfolgreichen Unternehmen deutlich macht. B2B-Unternehmen mit einer engen und verzahnten Zusammenarbeit zwischen Marketing & Vertrieb haben nachweislich eine bessere Kundenbindung und bessere Umsatzergebnisse. Die Teams verfügen häufig über höheres Kundenwissen (Customer Insights) und haben auch die volle Unterstützung der Geschäftsleitung, im Gegensatz zu Teams, die nicht zusammenarbeiten. Wird die Zusammenarbeit vernachlässigt, sorgt das schnell für verpasste Geschäftsmöglichkeiten und doppelte Prozesse (LinkedIn 2016).

Natürlich ist der Fokus auf die Zusammenarbeit zwischen Marketing & Vertrieb nichts Neues, doch gerade in wirtschaftlich schwierigen Zeiten, wie aktuell im Frühjahr 2020, ein noch wichtigerer Faktor.

Zieht man Studien aus den Jahren der letzten großen Weltwirtschaftskrise heran, wird deutlich, dass gerade die Unternehmen besonders erfolgreich waren, die eben auf „Marketing- & Sales Alignment“ einen großen Wert gelegt haben. Die Unternehmen hatten durchschnittlich einen 20 % höheren Umsatzwachstum und 47 % der Sales-Pipeline wurde durch Marketing generiert. Im Vergleich zu den Nachzüglern waren es nur noch 5 % der Sales-Pipeline (Aberdeen Group 2010).

Schon damals hat der große Druck auf die globale Wirtschaft dafür gesorgt, dass Marketing & Vertrieb stärker zusammenarbeiten mussten und das wird jetzt nicht anders sein: Marketingprogramme müssen noch schneller, mit kleinerem Headcount und kleineren Budgets entwickelt werden.

Hinzu kommt, dass der Kaufentscheidungsprozess prinzipiell immer länger wird. Bei der deutlichen Mehrheit der B2B-Kunden liegt das an umfangreicheren ROI-Analysen sowie an mehr Quellen, die für die Suche herangezogen werden. Generell wird mehr Zeit für die Anbieterauswahl investiert (DemandGen 2017). Auch 2019 gaben viele B2B-Kunden an, dass die Länge des Kaufentscheidungsprozesses weiterwächst (LeadMD und Drift 2019).

1.2 Herausforderung „Omni-Channel-Kontext"

Im Grunde ist die Verschiebung der ersten Customer Journey Phasen in Richtung digitale Touchpoints eine gute Nachricht für alle Marketers, da sich Online-Interaktionen natürlich sehr gut tracken lassen. Aber der Vertriebler hat immer noch einen signifikanten Einfluss auf die Kaufentscheidung. Die Mehrheit der B2B-Einkäufer und die Mitglieder des Buying-Cycle gaben laut Studien an, innerhalb der ersten drei Monaten mit dem Vertrieb zu sprechen. Fast die Hälfte der Befragten nimmt sogar innerhalb des ersten Monats Kontakt zu dem Unternehmen auf (DemandGen 2019).

Entscheidend für den persönlichen Kontakt und somit die Wahl des Kanals ist, ob der Käufer einen Erstkauf tätigt oder nicht. Die Mehrheit der B2B-Käufer finden es hilfreich, mit einem Verkäufer zu sprechen, wenn sie nach einem neuen Produkt oder einer neuen Dienstleistung suchen. Bei Wiederholungskäufen von Produkten mit neuen oder anderen Spezifikationen sind es nur noch rund die Hälfte der Käufer, die den persönlichen Kontakt suchen. Bei Käufen des exakt gleichen Produkts möchte die Mehrheit schon gar keinen Vertriebler mehr mit einbeziehen, genau wie eine kleine Gruppe von Personen, die grundsätzlich darauf verzichten. Die größte Frustration der B2B-Käufer, sind langsame Antwortzeiten, wenn der persönliche Kontakt gesucht wird. Etwa 30 % der Käufer im Industriebereich gaben zum Beispiel an, dass sie es vorziehen, bei Händlern zu kaufen, weil die Vertriebsmitarbeiter der Hersteller zu lange für ihre Rückmeldung brauchen. Das soll nicht heißen, dass Händler generell bessere Reaktionszeiten als Hersteller haben, doch zeigt es aber wie wichtig Schnelligkeit ist. Denn gerade lange Antwortzeiten führen auch dazu, dass sich B2B-Käufer generell nach alternativen Anbietern umschauen (McKinsey 2016).

Sind jetzt die Herausforderung in der Zusammenarbeit Marketing & Vertrieb im eigenen Unternehmen schon groß, dann potenziert sich das, wenn noch indirekte Vertriebspartner hinzukommen. Dadurch ergeben sich noch viele weitere externe digitale und analoge Touchpoints, die sich noch schwerer orchestrieren lassen und effektive Software-Unterstützung voraussetzen.

Es existiert zwar in vielen Unternehmen der unbändige Wille digitalisieren zu wollen, dadurch ist aber ein großes Portfolio von Systemen, Datenbanken und Prozessen aufgebaut worden, die die Kundensicht am Ende vernachlässigt. Auch sind analoge Instrumente und der persönliche Kontakt doch noch stärker vertreten als erwartet (KPMG/Hochschule Esslingen 2017). Moderne, digitale Tools haben sich noch nicht überall durchgesetzt.

Der Kunde erwartet aber eine konsistente Customer Journey über alle Kanäle hinweg. Seine Erlebnisse haben einen großen Einfluss auf seine Kaufentscheidung, daher ist es wichtig, so viele Informationen wie möglich sichtbar zu haben und nahtlos zu integrieren. Einige Beispiele sind:

- Reaktionen in unterschiedlichen Kommunikationskanälen
- Reaktionen auf E-Mail und Content
- Kontakte mit Inside Sales und External Sales
- vergangene und laufende Projekte
- involvierte Vertriebspartner
- Angebote und Aufträge
- Online-Käufe

2 Spannungsfeld Marketing und Vertrieb

Traditionell ist der Vertrieb in B2B-Unternehmen sehr stark und einflussreich, bedingt durch häufig stark erklärungsbedürftige Lösungen und Produkte, die zu einer vertriebslastigen Ausrichtung führen. Die Marketing-Abteilung ist je nach Unternehmensgröße unterschiedlich aufgestellt – zentral, dezentral, mit Demand-Center, Business Development, etc.. Beide Abteilungen haben ganz vereinfacht ihre Kernfunktion entlang der Customer Journey: Verkaufen und Nachfrage erzeugen. Wobei anzumerken ist, dass natürlich auch der Vertrieb Nachfrage erzeugt und auch im E-Commerce oder durch Marketing-Kampagnen verkauft wird.

Der Einfluss des Marketings auf den Sales Funnel wird aber größer. In der Vergangenheit hat sich die Marketingfunktion auf die frühen Phasen der Lead-Generierung konzentriert und dann Leads schnell an den Vertrieb weitergegeben. Heute spielt das Marketing eine Hauptrolle bei der Gestaltung und Durchführung der Customer Journey und hat eine zentrale Rolle sicherzustellen, dass die Kunden auf ihrem Weg zum Kauf effektiv eingebunden und entwickelt werden (Boston Consulting Group 2018).

2.1 Das berüchtigte „Silo-Denken" und berühmte „Mini-Max-Prinzip"

Die extrem vereinfachte Betrachtung ist jedem von uns schon mal begegnet: Der Vertrieb macht den Abschluss und holt den Umsatz rein, was sich genau messen lässt und daher auch eine gewisse Abhängigkeit des Unternehmens am Vertrieb erzeugt. In der Marketing-Kommunikation (MarCom) wird dann ein Teil des Geldes für zukünftigen Umsatz wieder ausgegeben, der nicht sofort sichtbar ist.

Auch erinnern wir uns noch an die bekannte Strategie aus Schule und Studium: mit geringstem Aufwand die meisten Punkte zu erreichen. Würde es das „Mini-Max-Prinzip" tatsächlich geben, wäre die Zielsetzung folgende: Das Ziel des Vertriebs ist es, mit möglichst wenig Aufwand möglichst viel Umsatz zu machen. Das von Marketing mit möglichst wenig Aufwand möglichst viel Nachfrage und im Falle von MarCom möglichst viele Leads zu generieren und zu konvertieren.

Das Dilemma in der Marketing-Kommunikation ist nun, der Druck auf die Werbebudgets auf der einen, und der Druck mehr Leads zu generieren auf der anderen Seite – zusätzlich in einem Umfeld mit gesteigertem Werbedruck in allen digitalen Kanälen. Betrachtet man es von dieser Seite, hat Marketing eigentlich gar keine andere Wahl, als mit dem Vertrieb stark zusammenzuarbeiten: Zusammen mit dem Vertrieb die Zielgruppe durch kundennahe Inhalte besser in der Customer Journey abzuholen, um dadurch höhere Conversions zu erzielen.

Das gleiche gilt für den Vertrieb, der Druck auf die Zahlen ist hoch. Ein großes Industrieanlagen-Projekt lässt sich nicht einfach im nächsten Jahr wiederholen und die Budgets auf Kundenseite sind auch endlich. Ganz einfach mehr Leads zu erhalten, kann schnell nur mehr Arbeit ohne zählbare Resultate bedeuten. Also auch auf Vertriebsseite kann es eigentlich nur die Motivation geben, viel näher mit dem Marketing zusammenzuarbeiten, um die Lead-Qualität zu steigern und die wiederkehrenden „Nurturing"-Aufgaben zu automatisieren.

Würde es also das „Mini-Max-Prinzip" geben, wären Marketing & Vertrieb noch stärker daran interessiert zusammenzuarbeiten und die Silos aufzubrechen oder gar nicht erst entstehen zu lassen. Leider sieht die Realität anders aus und es bedeutet einen nicht zu unterschätzenden Aufwand beider Teams konsequent zusammenzuarbeiten. Beide Teams müssen sich immer anstrengen, um ihren jeweiligen Nutzen aus der Partnerschaft zu ziehen und im Sinne des Unternehmens erfolgreich zu sein.

Die höchste Priorität der Marketer in 2020 ist aber weiterhin, wie schon in den letzten Jahren, mehr Leads für die Vertriebsteams zu generieren (Hubspot 2019). Neben der Leadgenerierung liegt der Fokus darauf, diese Leads in Kunden umzuwandeln. Die Ausrichtung von Marketing & Vertrieb kommt dabei erst an dritter Stelle (Bizline und Marketo 2018).

Weiterhin hat es sich das Marketing zur Hauptaufgabe gemacht, die Kundenerfahrung entlang der Customer Journey zu optimieren. Dieses Projekt allerdings zusammen mit dem Vertrieb anzugehen, wird deutlich weniger genannt. (DMA 2018).

Allerdings sollte der Fokus immer auf der Zusammenarbeit zwischen Marketing & Vertrieb liegen. Mehr Leads müssen auch entsprechend qualifiziert und im nächsten Schritt auch vom Vertrieb bearbeitet werden. Ohne die effektive Zusammenarbeit können „mehr Leads" schnell verschwendetes Werbebudget bedeuten. Und je besser die Teams zusammenarbeiten, umso erfolgreicher wird auch die Konvertierung dieser Leads.

2.2 Wie gut aber ist die Zusammenarbeit wirklich?

In dem Zusammenhang hört man immer wieder „Marketing is the new Sales" (Google, 413.000 Ergebnisse),[1] während die Vertriebsseite natürlich von sich behauptet, den Kunden an Bord zu holen und die entscheidenden Treffer zu platzieren (Sybit 2018).

Hierzu passen diese 3 Thesen

- Marketing ist das neue Sales
- Sales platziert die entscheidenden Treffer
- Ohne Reibung geht es auch nicht

Die Zusammenarbeit zwischen Marketing und Vertrieb wird mittlerweile als Standard angesehen. Laut einer Salesforce Studie sind sogar 54 % aktiv dazu ermächtigt zusammenzuarbeiten (Salesforce 2018).

Trotz allem zeigen Studien, dass es immer noch unterschiedliche Auffassungen von Annahme und Realität gibt. Häufig bewertet die Geschäftsführung die Zusammenarbeit besser, als es in den gemeinsamen Zielen sichtbar ist (LeadMD und Drift 2019).

Gerade in den Fachabteilungen wird die Zusammenarbeit als deutlich weniger gut bewertet als von der Geschäftsführung. Es wurde angegeben, dass außer einer aufeinander abgestimmten Strategie nur wenig Kontakt zwischen den Abteilungen besteht. Je größer die Unternehmen sind desto weniger wird für eine optimale Zusammenarbeit auf interdisziplinäre Teams gesetzt. Die häufigste Art der Zusammenarbeit findet durch regelmäßige Meetings statt. Mehr als ein Drittel der Befragten gab an, dass zur Verbesserung der Zusammenarbeit schon einiges getan wurde, aber noch Nachholbedarf besteht. Unterschiedliche Zielsetzungen der Abteilungen sind dabei die größte Herausforderung (Microsoft und Techconsult GmbH 2015).

Die meisten Marketers sind mit ihrer Ausrichtung auf den Vertrieb eher zurückhaltend, aber die Ausrichtung tendiert zur „ausgerichteten" Seite (Bizline und Marketo 2018). Immerhin sind viele Teams der Meinung, dass eine Kultur der Zusammenarbeit existiert und sich die Zusammenarbeit verbessert. Ca. ⅔ der Teams sagen, dass sie das gleiche Verständnis der Customer Journey haben, wobei aber nur noch etwa die Hälfte der Meinung ist, dass Marketing & Vertrieb als gemeinsames Team mit einem „Wir"-Gefühl arbeiten. Viele vermissen klar definierte Prozesse für die Zusammenarbeit und dass die Teams nicht gemeinsam an jeder Phase der Customer Journey arbeiten (LinkedIn 2016).

Ein Problem in der Zusammenarbeit wird auch in der unterschiedlichen „Sprache" der Abteilungen gesehen (Microsoft und Techconsult GmbH 2015). Um dem Entgegenzuwirken ist es hilfreich, sich der Kommunikationswirkung immer bewusst zu sein. Das Sender-Empfänger-Modell von Stuart Hall liefert die Grundlage: Wichtig ist nicht was gesagt, sondern wie es verstanden wurde. Beide Parteien müssen zusammenarbeiten und über den gleichen „Code" verfügen. Unterschiedliche Einstellungen und Motive verfälschen das

[1] https://www.google.com/search?q="Marketing+is+the+new+Sales". Zugegriffen am 19.05.2020.

Verständnis – den Code – sehr leicht. Daher ist es in der Praxis elementar, dieses Verständnis gemeinsam zu erarbeiten und die Prozesse aus dem Blickwinkel des Anderen zu betrachten. Es ist nicht relevant, ob „Marketing das neue Sales" ist oder wer „den entscheidenden Treffer" erzielt. Die Untersuchungen zeigen, dass der Einfluss beider Abteilungen in der Customer Journey groß ist und B2B-Unternehmen erfolgreicher sind, je mehr beide Funktionen miteinander arbeiten. Marketing & Vertrieb können und dürfen sich auch „lieben", aber es muss auch noch eine gewisse Reibung geben. Denn in jeder guten Beziehung werden auch Punkte angesprochen, die „wehtun". Gezielte Reibung ist wichtig, mit dem Ziel die Erfahrungen der Kunden immer weiter zu verbessern, was letztlich positive Effekte auf die Unternehmensziele hat.

2.3 Digitale Disruption im Vertrieb

Die Digitalisierung in Kombination mit dem veränderten Kundenverhalten hat natürlich auch einen großen Einfluss auf den Vertrieb. Laut einer Forrester Studie im B2B Vertrieb ist gerade das Profil des „Order Takers" und des „Explainers" besonders gefährdet und wird um bis zu 56 % (1 Mio. Jobs!!!) in den USA wegfallen (Forrester Research 2015). Im Zuge der Digitalisierung ist das absolut nicht überraschend.

Hierzu passen diese 3 Thesen

- Wer nicht mit der Zeit geht, geht mit der Zeit
- Digitale Medien – kennt Anton nicht, braucht Anton nicht
- Marketing & Vertrieb müssen sich zusammen digitalisieren

Im B2B-Vertrieb wurden 5 Schlüsselelemente identifiziert, die bei der Digitalisierung besonders zum Tragen kommen. Bei bei der Optimierung der Vertriebsprozesse und der Einzelkanäle sowie der Cross Kanal Integration schnitten alle Unternehmen über Durchschnitt ab, wobei der Reifegrad bei den „Customer Journey Insight" am niedrigsten bewertet wurde, gefolgt von den „Sales enablers" (BCG/Universität Bochum 2016).

Generell gibt es im B2B-Vertrieb immer noch Potenzial im Feld der Digitalisierung. Die wenigsten schreiben digitalen Kontaktwerkzeugen und sozialen Medien eine große Bedeutung zu. Trotz der Tatsache, dass ein CRM mittlerweile zur „Grundausstattung" gehört, schätzen nur eine kleinere Gruppe der Vertriebler das Aktivitäten- und Opportunity-Management als besonders wichtig ein. Schlechte Datenqualität und mangelnde Unterstützung im Kontakt- und Lead-Management führen im Tagesgeschäft schnell zu Frustrationen. Übrigens bei Vertrieblern im Feld deutlich schneller als bei der Leitung, was natürlich auch an der Abhängigkeit der Prozesse und Daten im Tagesgeschäft liegt (IFSMA 2019).

Es wird jedenfalls deutlich, dass dem Vertrieb der Mehrwert immer wieder aufgezeigt werden muss. In jeder Organisation gibt es Kollegen, die schon exzellente Vorbilder sein können. Diese Erfolgsgeschichten gilt es zu nutzen und die Kollegen als „Enabler" für den gesamten Vertrieb einzusetzen. Das Marketing muss den Vertrieb bei der digitalen Transformation unterstützen. Und natürlich selbst am Puls der Zeit bleiben und die Kunden digital abholen. Denn für beide Funktionen gilt letztendlich das berühmte Zitat: „Wer nicht mit der Zeit geht, geht mit der Zeit".

3 Erfolgsfaktoren von Marketing- & Sales-Excellence

Untersuchungen und Befragungen vieler B2B-Unternehmen zeigen, dass gemeinsame Ziele und KPIs sowie der freie Zugang und Austausch von Kundendaten zwischen den Teams die Grundlage für eine erfolgreiche Zusammenarbeit sind (Heinz Marketing 2017) (Salesforce 2018). Je stärker beide Funktionen in Zielen und Aufgaben aufeinander abgestimmt sind, also zum Beispiel die enge Verzahnung der Marketing-Aktivitäten zu den Vertriebszielen, desto höher kann die die Marketing- & Sales-Excellence bewertet werden (Aberdeen Group 2010).

Die Anzahl der Opportunities wird zum Beispiel als wichtige Kennzahl angesehen, wenn der Erfolg der Aktionen von Marketing & Vertrieb bewertet wird – noch vor dem Umsatz und der Anzahl von „Sales Accepted Leads" (Heinz Marketing 2017).

Die Opportunities eignen sich auch als sehr guter KPI, da der Vertrieb hier schon eine realistische Geschäftsmöglichkeit sieht und sich valide Prognosen aufstellen lassen. „Sales Accepted Leads" sind wichtig für die Auslastung der Vertriebsteams und natürlich die Basis auf dem Weg zu der Opportunity, die beide eine effektive Zusammenarbeit voraussetzen. Letztendlich ist der Umsatz ausschlaggebend, aber es muss auch die Länge des Kaufentscheidungsprozesses berücksichtigt werden, was eine kurz- bis mittelfristige Bewertung schwierig macht.

Daten sind eine der wichtigsten Säulen einer erfolgreichen Zusammenarbeit, denn nur durch eine gesamte Sicht auf den Kunden können gute Entscheidungen auf Grundlage eben dieser Daten getroffen werden. Aber zugleich ist es eine der größten Herausforderungen, die Daten der verschiedenen Plattformen zu integrieren (DMA 2018). Immerhin werden im Schnitt bis zu 15 Datenquellen in Marketing-Organisationen genutzt (Salesforce 2018). Und somit ist es nicht verwunderlich, dass Daten und Analysen einen großen Teil der Marketers vor große Probleme stellt (Drift und Heinz 2020). Hinzu kommt, dass viele der Marketingexperten nicht von der Qualität ihrer Daten in CRM- und Marketing Automation-Systemen überzeugt sind (Bizline und Marketo 2018).

Nicht alle Daten können immer automatisiert erfasst werden. Arbeiten Marketing & Vertrieb aber gemeinsam an der Datenbasis, lassen sich gleich mehrere Ziele auf dem Weg zu besserer Zusammenarbeit erreichen. Wichtig ist es auf jeden Fall, dem Vertrieb wichtige Kampagnen und Kundenaktivitäten zur Verfügung zu stellen, die ihm seinen Arbeitsalltag effizienter gestalten lassen.

Eine klare Kommunikation und gemeinsame Prozesse, die eine regelmäßige beidseitig proaktive Abstimmung erfordern, ist nötig (Drift und Heinz 2020). Durch einen formalen Planungsprozess zwischen Marketing und Vertrieb und eine stärkere Involvierung des

Marketings in die Verkaufsaktivitäten können Aufgaben und Ziele deutlich einfacher verzahnt werden (Aberdeen Group 2010).

Marketing und Vertrieb arbeiten beide für das gleiche Ziel: Umsatz. Damit das Marketing auch als gleichwertiger Partner angesehen wird, muss es auch entsprechende Verantwortung übernehmen. „Nur“ mehr Leads zu generieren, reicht nicht aus: Leads müssen konvertieren und auch Umsatz bringen sowie Kampagnen den Kunden nachweislich auf seiner Customer Journey unterstützen. Häufig ist das mit Sicherheit auch der Fall, es muss aber auch sichtbar sein.

Schlussendlich brauchen beide Abteilungen unbedingt die Unterstützung der Geschäftsleitung. Die Zusammenarbeit muss nicht nur von Marketing & Vertrieb aktiv vorangetrieben werden (DMA 2018), sondern auch von der Leitung gefördert und gefordert werden (Salesforce 2018). Die Verantwortung liegt hierbei auch klar beim Marketing, nicht nur die Zusammenarbeit mit dem Vertrieb voranzutreiben, sondern auch in Richtung Geschäftsleitung den wichtigen Marketing-Beitrag immer deutlich aufzuzeigen.

4 Customer Journey Management

Customer Journey Management ist ein riesiger Bereich und betrifft das gesamte Unternehmen. Wie in Abb. 1 zu sehen ist, erstreckt sich die Customer Journey durch das gesamte Unternehmen, mit vielen unterschiedlichen Kontaktpunkten zum Kunden (vgl. Abb. 1). Das darf aber nicht davor abschrecken, klein zu starten und stetig mehr und mehr Touchpoints abzubilden, um die „Landkarte“ immer weiter zu präzisieren. Wirklich alle Interaktionen der Interessenten und Kunden durchgehend in seiner Customer Journey verfolgen zu können, ist auch ein sehr hochgestecktes Ziel, das die meisten so nicht erreichen – und auch gar nicht müssen. Wichtig ist es aber möglichst nah dran zu sein, die wichtigsten Schritte zu kennen und darauf reagieren zu können.

Um letztendlich die Customer Journey aus Sicht des Kunden darzustellen, haben sich 5 Phasen als wichtig herausgestellt. Am treffendsten ist ein Modell wie in Abb. 2 gezeigt, das die Phasen in einem unendlichen Kreislauf darstellt, aufgeteilt in Interessent und Kunde (vgl. Abb. 2). Denn am Ende des „Buying Cycles“ oder „Sales Funnels“ beginnt die Reise als Kunde, und der Kunde soll natürlich gehalten und immer wieder für neue Lösungen und Produkte gewonnen werden.

4.1 Lead Management – Prozesse mit dem Vertrieb definieren

Man kann festhalten, dass das Lead Management als wichtiger erster Teil der Customer Journey so etwas wie die Basis bildet. Ohne klar definierte Prozesse und Aufgabenverteilung im Lead Management kann eine Customer Journey aus Kundensicht nicht bearbeitet werden. Dazu gehört auch das gemeinsame Verständnis aller Prozessschritte (Lead, MQL, SAL, SQL/Opportunity) und Kennzahlen.

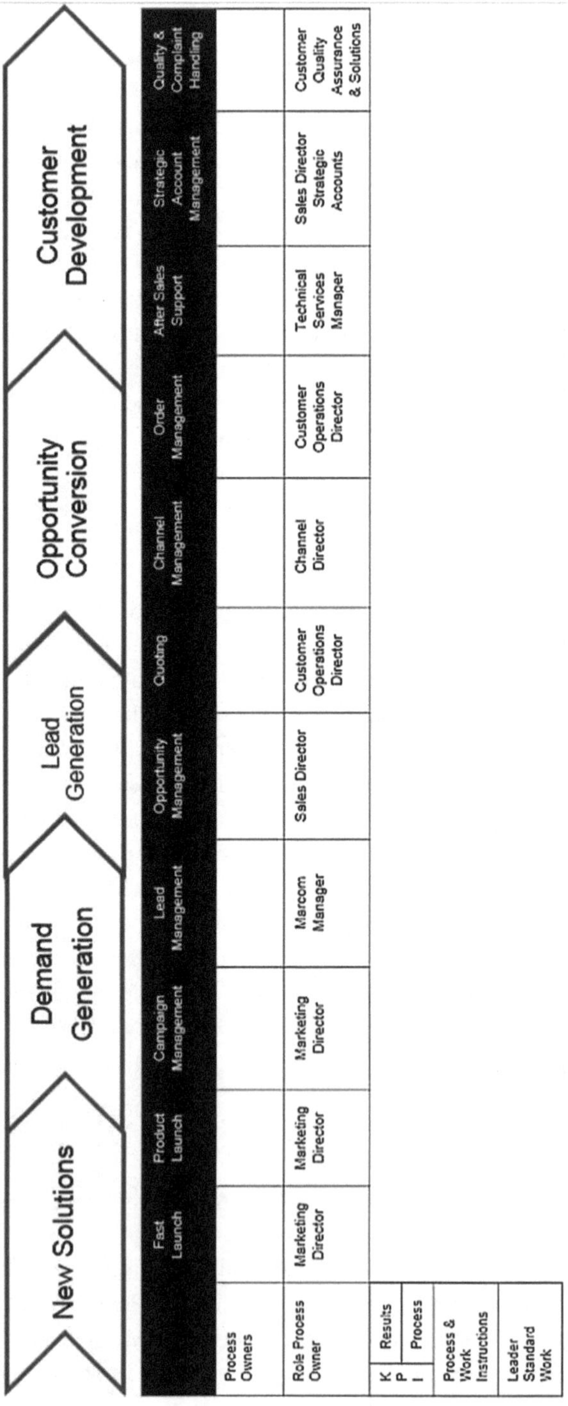

Abb. 1 Komplette Customer Journey aller Touchpoints und Zuständigkeiten. (Quelle: Eigene Darstellung)

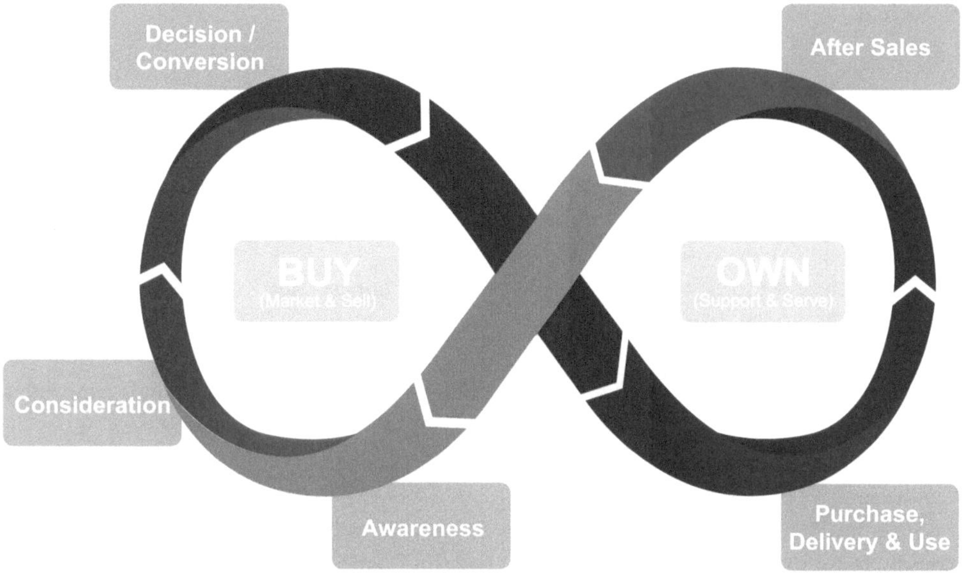

Abb. 2 Customer Journey mit den 5 Phasen aufgeteilt nach Interessent & Kunde. (Quelle: Eigene Darstellung anhand bestehender Modelle)

Als erster Schritt sollte gemeinsam der idealer Lead Management Prozess erstellt werden, wenn dieser noch nicht vorliegt. Dazu eignen sich klassische Projektmanagement-Tools, wie der PDCA-Zyklus (Plan-Do-Check-Act) aus dem LEAN-Management, um klare Problembeschreibungen zu erstellen und Optimierungspotenzial zu identifizieren.

- Review aller Prozesse
- Interviews aller Prozessteilnehmer
- Abteilungsübergreifende Workshops
- Einheitliche Definitionen aller wichtigen Begriffe
- Prozessschritte innerhalb des Sales-Funnels

Die Probleme oder aktuellen Schwierigkeiten im Prozess müssen genau geklärt werden und sollten weiter heruntergebrochen und aufgeschlüsselt werden. Häufig zeigen sich folgende Probleme:

- zu wenige qualifizierte Leads
- die Antwortzeit ist zu lang
- der aktuelle Status des Leads ist unklar
- viele Leads bleiben in einer Phase stecken
- viele Leads sind nicht verkaufsbereit
- Datensätze sind für eine optimale Bearbeitung nicht vollständig genug
- Leads werden zu schnell als unqualifiziert geschlossen

- viele nicht wertschöpfende Arbeitsschritte an neuen Leads
- die Nachverfolgung durch den Vertrieb ist sehr zeitaufwendig

Danach kann jeder der Punkte mit der „5 Why"-Fragemethode weiter analysiert werden: Warum werden die Leads als unqualifiziert geschlossen? Warum ist die Bearbeitung zeitaufwendig? Warum sind die Datensätze nicht vollständig? Warum ist es schwer die Ansprechpartner zu erreichen? Warum ist das Lead nicht verkaufsbereit? Warum wird das Lead nicht auf Wiedervorlage gelegt? Und so weiter…

Lösungen und Ideen werden im nächsten Schritt anhand der Kosten und des Kosten-Nutzen-Verhältnisses bewertet. Fokussieren sollte man sich als Erstes auf die Maßnahmen, die sich schnell umsetzen lassen. Wichtig ist die Unterstützung des Top Managements, denn nur dann erhält das Thema die richtige Aufmerksamkeit und behält diese auch.

In Zusammenarbeit mit Vertriebspartnern gibt es ebenso Lösungen, die sich in das eigene CRM integrieren lassen und mit deren Hilfe sich das Lead Management über die Kanäle hinweg effizient steuern lässt.

Sind die Prozesse zwischen Marketing & Vertrieb schon klar definiert und entsprechende SLAs (Service Level Agreements) erstellt, dann ist schon ein sehr großes Stück Arbeit erledigt. In diesem Fall können direkt Optimierungspotenziale identifiziert werden, zum Beispiel welche Schritte sich durch Marketing Automation-Systeme automatisieren lassen.

4.2 Die Umsetzung: Customer Journey Interaktionen tracken und automatisieren

Durch den Lead Management Prozess sollte schon dokumentiert sein auf welchen Kanälen Interessenten und Kunden ihre Anfragen stellen, ebenso wie die Anfragen erfasst werden. Für welche Art der Anfragen wird welcher Touchpoint genutzt und in welchem Fall wird der Customer Service kontaktiert oder der Außendienst bzw. der technische Service. Die Kanalnutzung und -präferenz kann auch sehr gut in Kundenzufriedenheitsanalysen oder ähnlichen Umfragen abgefragt werden.

Alle digitalen Touchpoints sind relativ einfach zu tracken, wenn Tracking-Codes konsequent und einheitlich verwendet werden und jeder Klick auf ein Werbemedium bis hin zum ausgefülltem Web-Formular registriert wird. Kampagnen-Codes, Quellen und Anfragearten, wie zum Beispiel Produktinformationen, Angebote, Muster, Vorführungen oder Broschüren/Kataloge sind wichtige Felder. Die Produktgruppen oder Lösungen, die angefragt werden, sollten auch exakt erfasst werden, um in weiteren Prozessen damit arbeiten zu können. Ist der Interessent oder Kunde bekannt, sollten als weitere Touchpoints der Customer Journey auch die Reaktionen auf E-Mails, Newsletter, Webseitenbesuche, etc. sichtbar gemacht werden.

Wichtig ist es, den Vertrieb „mitzunehmen" und aktiv zu involvieren. Nicht alle Interaktionen werden direkt digital erfasst und benötigen manuelle Eingriffe und Eintragungen.

Der Vertrieb akquiriert natürlich auch selbst oder wird direkt über die unterschiedlichsten Kanäle, wie z. B. Social Media, kontaktiert. Gerade diese Handlungen zu erfassen, benötigt weitaus mehr Disziplin aller Beteiligten. Das wird dauerhaft nur gelingen, wenn das Verständnis und das sogenannte Buy-in der Stakeholder vorhanden ist

Antoine de Saint-Exupéry hat sehr treffend gesagt, wenn man ein Schiff bauen will, trommle nicht Männer zusammen, um Holz zu holen, sondern lehre sie die Sehnsucht nach dem weiten, endlosen Meer. Und jeder Vertriebler, genauso wie jeder Marketer, hat auf jeden Fall eine große Sehnsucht nach vielen qualifizierten Leads und immer wiederkehrenden Kunden.

In gemeinsamen Workshops wird zusammen mit dem Vertrieb ermittelt, welche Verantwortlichkeiten und Aktionen sowie welche Hilfsmittel in jedem Schritt der Customer Journey wichtig sind und den Kunden in seiner Kaufentscheidung unterstützen bzw. beeinflussen können. Das Ergebnis kann eine Customer Journey wie in Abb. 3 gezeigt sein (vgl. Abb. 3).

Diese Abstimmung erfordert Zeit – viel mehr als man vielleicht Anfangs denkt – aber nur so kann sichergestellt werden, dass alle Beteiligten mit im Boot sind. Auch wenn „Online" einen sehr gewichtigen Teil der Customer Journey einnimmt, ist im B2B der Vertrieb immer noch die Funktion, die den Verkauf stark beeinflusst.

Im besten Falle kann das Marketing Automation-System neben den automatisierten Reaktionen auf digitale Touchpoints (Content-Nutzung, Interessen, Käufe, etc ...) auch auf Touchpoints wie Telefonanrufe, Meetings oder manuelle E-Mails „zugreifen". Wichtig für alle Beteiligten im Prozess ist, die Reaktionen auch an einem zentralen Ort zugänglich zu machen. In der Praxis ist dies oft das CRM-System, das eine 360°-Sicht auf den Kunden ermöglichen kann.

Damit das „Involvement" auch auf Dauer bestehen bleibt, müssen die Vorteile und der daraus resultierende Mehrwert immer aufgezeigt werden.

4.3 Sales Enablement

Es wurde aufgezeigt, dass gerade im B2B Vertriebler immer noch einen signifikanten Einfluss auf die Kaufentscheidung durch die ganze Customer Journey hinweg haben. Überzeugen können sie hauptsächlich durch die Kenntnis der Kundenbedürfnisse, schnelle und pünktliche Reaktionen sowie durch einfach zu „konsumierende" Inhalte mit hohem Informationsgehalt (DemandGen 2019).

B2B-Unternehmen müssen sicherstellen, dass sie Vertriebsmitarbeiter so positionieren, dass sie den Käufern die Informationen liefern, die sie benötigen, um ihren Weg zum Kauf fortzusetzen. Investitionen in digitale Assets (wie Marketing Automation, Sales Enablement Tools, etc.) werden dem Vertrieb indirekt helfen, diese Bedürfnisse zu erfüllen, und ihn von der Bearbeitung von Routineanfragen entlasten (wenn Interessenten sowieso nicht mit ihnen sprechen wollen). Stattdessen können sie Zeit dafür aufwenden, Interessenten mit komplexeren Anforderungen zu helfen oder sich um ihre Key-Accounts zu kümmern.

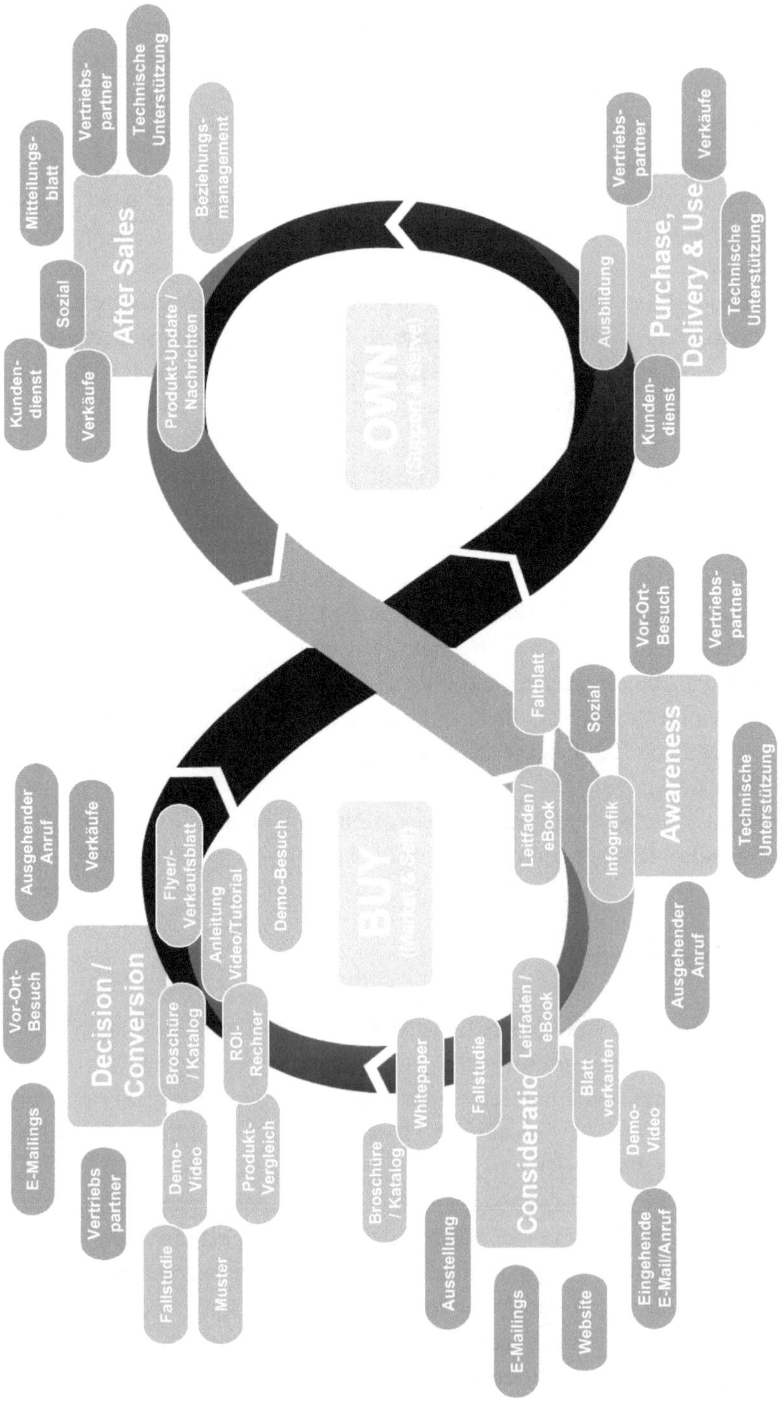

Abb. 3 Customer Journey mit Touchpoints und Content. (Quelle: Eigene Darstellung)

Der Vertrieb muss darauf vorbereitet sein, zusammen mit dem Marketing nützlichen Content wie ROI-Kalkulatoren oder Case Studies zu entwickeln, um das Buying Center immer mit nützlichen Inhalten zu versorgen, die die eigene Marke in dem immer längeren Kaufentscheidungsprozess im Top-of-Mind-Set hält.

Für Industrieunternehmen, die ebenso über den Handelskanal verkaufen, ist es wichtig, so gut wie möglich über die Endkunden-Nutzung informiert zu sein. Produktregistrierungen, Softwareaktivierungen, Service- oder Reparaturaufträge oder Dienstleistungen zu erfassen und zu analysieren, ist eine gute Möglichkeit.

Die Customer Journey sollte aber nicht nur in die Vergangenheit gerichtet sein, also welche Handlungen ausgeführt wurden, sondern auch, welche Handlungen in Zukunft noch ausgeführt werden. Stichwort Cross- und Upselling oder einfach auch der klassische Wiederkaufs-Zeitpunkt auf Basis der gekauften Produkte.

4.4 Kontakte bewerten: Lead-Scoring und Contact Engagement Funnel

Beim Lead-Scoring ist es wichtig, beide Ebenen zu betrachten – explizite und implizite Attribute. Beide sind für den Vertrieb gleich wichtig. Bei den expliziten Attributen ist es zum Beispiel wichtig zu wissen, ob der Kontakt bereits ein qualifizierter Account ist oder noch ein Lead. Bei einem Account, ist wichtig, ob es bereits Projekte gab und ob der Account ein Kunde ist. Auch entsprechende Industrien oder Funktionen bzw. Unternehmensgrößen können interessant sein. Für Leads sind die Vollständigkeit des Datensatzes noch hervorzuheben. Gerade eine Telefonnummer ist für den persönlichen Erstkontakt durch Inside-Sales eine deutliche Effizienzsteigerung.

Bei den impliziten Attributen sind es das Verhalten des Kontaktes, die den Ausschlag geben. Also welches Web-Formular wurde ausgefüllt: ein „Sales-Ready"-Kontaktformular oder „nur" ein Formular für einen Content-Download. Wenn zusätzlich auch das Kommentarfeld ausgefüllt wurde, erhöht dies den Wert weiter. Desweiteren natürlich, ob und wie häufig auf E-Mails oder Webseiten reagiert wurde.

Alle diese Ausprägungen entscheiden darüber, wann der Vertrieb über ein Lead informiert wird und müssen zusammen mit dem Vertriebsteam getestet und in der Praxis weiter verfeinert werden.

Gerade durch den regelmäßigen Austausch ergeben sich weitere wichtige Einblicke. Bestimmter Content kann zum Beispiel schon so stark auf ein Projektinteresse hindeuteten, dass andere Verhaltensattribute vernachlässigt werden können. Somit kann durch ein weiteres mögliches Element („High-Value-Content"), der Leadscore soweit erhöht werden, um das Lead deutlich schneller als „Sales-Ready" an den Vertrieb zu übergeben. Aber auch alle anderen Leads sollten nie außer Acht gelassen werden.

4.5 Contact Engagement Funnel

Es empfiehlt sich zwar die Auslastung des Inside-Sales in einer Kapazitätsplanung mit dem Kampagnen-Aktivitätenplan zu verknüpfen und daran auszurichten, aber in der Praxis ist es nicht immer planbar, stetig die benötigte Anzahl an „Sales-Ready" Leads zu generieren.

Da das CRM der Datenmaster sein sollte, sind alle Leads direkt im CRM vorhanden und die Marketing Automation-Software übergibt immer alle relevanten Daten und agiert als Gate sowie Trigger für das Lead Management.

Jetzt kann zusätzlich ein „Contact Engagement Funnel" aufgebaut werden. Eine Eingruppierung, welche Kontakte sich in welchem Stadium befinden:.

- Webseiten besuchen
- in E-Mail-Kampagnen sind
- E-Mails öffnen
- E-Mails klicken
- Content nutzen
- MQL
- SAL
- SQL/Opportunities
- Verlorene Opportunities
- Aktuelle Opportunities
- Gewonnene Opportunities
- Wiederkehrende Bestellungen
- After-Sales Service/Tech Support

Die Eingruppierung sollte eine gesamte Ansicht zeitlich unbegrenzt und eine dynamische Ansicht auf Basis der letzten Wochen/Monate aufzeigen. Das gibt wichtige Einblicke, welches Potenzial welche Gruppe weiter hat. Ein Ziel ist es, möglichst viele Kontakte des gesamten hinteren Funnels so zu „engagieren", dass sie sich immer wieder am Anfang des dynamischen Funnels bewegen.

Alle Leads sollten immer im CRM vorhanden sein, auch die nicht-vertriebsreifen Leads. Wenn der Vertrieb nach bestimmten Accounts sucht, wird er die entsprechenden Kontakte immer mit all ihren Aktivitäten (welcher Content, welche E-Mail, welches Verhalten, etc…) sehen. Wichtig ist hierbei auf jeden Fall die aktuellen Datenschutz- und E-Privacy-Verordnungen einzuhalten. Hat der Vertrieb Kapazitäten frei, kann er in diesem Lead Pool (Shark-Tank) nach potenziellen und interessanten Unternehmen suchen. Das ist im gesamten Lead Management Prozess der einzige Bereich, in dem „cherry-picking" erlaubt sein darf.

Der Vertrieb muss aber auch Leads an Marketing Automation zurückweisen können, die nicht reif sind. Sie als unqualifiziert zu setzen, ist in dem Fall keine korrekte Maßnahme. Es ist wichtig zu unterscheiden, ob das Lead generell Potenzial hat oder tatsächlich nicht qualifiziert werden kann.

All dies erfordert die Vereinbarung zwischen Marketing & Vertrieb, was ein qualitativ hochwertiges Lead ausmacht sowie regelmäßige Diskussionen und Rückmeldungen darüber, ob die Leads aus dem Marketing den Anforderungen entsprechen. Niemand gewinnt, wenn das Marketing seine Ziele für Marketing Qualified Leads (MQLs) erreicht, während der Vertrieb seine Umsatzziele verfehlt. Da zeigt sich, wie wichtig es ist, dass das Marketing auch für die Umsatzziele verantwortlich ist. Ein Schlüsselindikator für eine gute Ausrichtung von Marketing und Vertrieb ist die Umwandlung von MQLs in SAL – wenn dieses Verhältnis unter 50 % fällt, ist das ein Zeichen dafür, dass das Marketing nicht genügend Leads sendet, die der Vertrieb als wertvoll erachtet (Boston Consulting Group 2018). Auch wurde schon erwähnt, dass die Opportunity eine wichtige Kennzahl für beide Abteilungen ist.

5 Marketing- und Sales-Excellence in der Praxis

„Marketing & Sales Excellence“ basiert auf der erfolgreichen Zusammenarbeit zwischen Marketing und Vertrieb. Jetzt liegt die Schwierigkeit in der Praxis, eben in den unterschiedlichen Motiven der beiden Typen „Marketing & Vertrieb“, die trotz bester Absichten immer noch menschlich handeln.

Schon der Verhaltensforscher Konrad Lorenz hat in diesem Zitat genau die 6 Punkte aufgeführt, die bei der Zusammenarbeit in der Praxis immer für Schwierigkeiten sorgen:

Gedacht ist noch nicht gesagt,
gesagt ist noch nicht gehört,
gehört ist noch nicht verstanden,
verstanden ist noch nicht einverstanden,
einverstanden ist noch nicht angewendet,
angewendet ist noch nicht beibehalten.

Gedacht, gesagt, gehört und verstanden wird viel. Das ist aber immer der einfache Teil. Einverstanden, angewendet und vor allem beibehalten, sind die schwierigsten Punkte. Aber wenn man sich der 6 Phasen immer bewusst ist, kann man sie auf reines Projektmanagement herunterbrechen: Planung, Abstimmung, Prozesse und Nachverfolgung.

5.1 Planung

„Gedacht ist noch nicht gesagt“

Der Vertrieb muss von Anfang an mit in die Planung einbezogen werden und Kampagnen anhand der Customer Journey und des Sales Funnels geplant werden. Die Zielsetzung, die Segmente und die Personas werden zusammen definiert und ausgerichtet. Alle Inhalte und die wichtigsten Punkte sollten in einem zentralen Briefing-Dokument transparent festge-

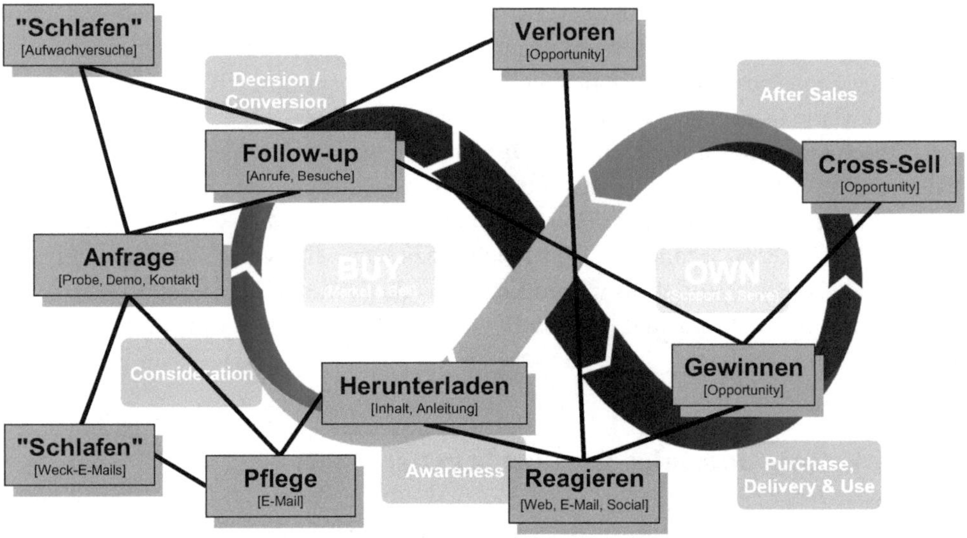

Abb. 4 Beispiel-Ansicht der Customer Journey mit Aktionspunkten. (Quelle: Eigene Darstellung)

halten werden. Jede Partei muss die Ziele und Arbeitsergebnisse verstehen und absegnen. In dem Briefing werden weiter die Zielmärkte und Personas bestimmt und der jeweilig benötigte Content anhand der Phasen der Customer Journey erarbeitet.

Das Ergebnis ist das Customer Journey Modell mit den jeweiligen Aktionspunkten (Abb. 4 und 5), die sich auf die beiden Abteilungen aufteilen (vgl. Abb. 4 und 5). Da häufig mehrere Kampagnen in ähnlichen Segmenten gleichzeitig laufen bzw. auch ähnliche Lösungen passend sein können, ist es notwendig, diese „Flows" zu verknüpfen.

Es muss für den Vertrieb klar sein, dass sich die Customer Journey der Kunden nicht kontrollieren lässt, aber dass sich viele Phasen digital unterstützen lassen.

Das erfordert allerdings deutlich mehr Arbeit in der Vorbereitung und viel gemeinsames Teamwork. Wie bei dem Beispiel von Antoine de Saint-Exupéry und dem Schiffsbau muss die Sehnsucht nach mehr qualifizierten Leads geweckt werden. Qualifizierte Leads, die sich einfacher in Opportunities konvertieren lassen, aber vor allem auf die Aussicht auf weniger eigene Arbeit mit (noch) nicht qualifizierten Leads. Das schafft Zeit für die eigenen Key Accounts, statt die Leads am Anfang der Customer Journey selbst zur Vertriebsreife zu entwickeln.

5.2 Abstimmung

„gesagt ist noch nicht gehört,"
gehört ist noch nicht verstanden,
„verstanden ist noch nicht einverstanden"

Awareness	Consideration	Decision / Conversion	Decision / Conversion	Purchase, Delivery & Use	After Sales
Lead Management	Lead Management	Lead Management	Opportunity / Quote Phase	Customer Service	Cross-/Up-Sell
Eloqua	Eloqua (Forms) SFDC (Leads, Tasks)	Eloqua (Forms) SFDC (Leads, Tasks)	Eloqua (Forms, Opps) SFDC (Opps, Tasks) SAP (Quotes)	Eloqua (Opps, SAP Orders, Web Orders) SFDC (Opps, Tasks) SAP (Order, Ship-to)	Eloqua (Opps, SAP Orders, Web Orders, Prod-Regs) SFDC (Opps, Assets, Cases, Tasks) SAP
Lead	MQL	SAL	SQL	Customer	Customer
	0% - Offen 0% - Pending	10% - Kontakt 25% - Bedürfnisanalyse Unqualifiziert Qualifiziert	30% - Lösungsentwicklung 40% - Lösungsvorschlag 50% - Angebot/Preisvorschlag 75% - Einwandbehandlung 90% - Mündliche Vereinbarung Abschluss oder Ablehnung Closed Lost Distributor On Hold By Brady On Hold By Customer	100% - Gewonnen und abgeschlossen	

Abb. 5 Stages und Sales Funnel mit Zuständigkeiten. (Quelle: Eigene Darstellung)

Nach der Planung ist es wichtig, in regelmäßigen Meetings den aktuellen Status zu besprechen und eventuelle Abstimmungsprobleme gar nicht erst entstehen zu lassen. Auch mögliche notwendige Anpassungen können so besser eingeplant werden. Wichtig ist, dass beide Parteien ihre jeweiligen Aufgaben kennen und auch wie geplant durchführen können.

Der Prozess sollte visuell mit dem jeweiligen Content aufgezeigt und dem Vertrieb alle nötigen Unterlagen zur Verfügung gestellt werden. Auch sollte er immer in der Lage sein, die aktuellsten Daten selbst abrufen zu können. Gerade im internationalen Umfeld mit Vertriebsmannschaften auf viele Ländern verteilt, ist das nicht immer einfach. Aber es gibt genügend Collaboration-Tools die eine einfache und effiziente Zusammenarbeit auf gleicher Datenbasis in Echtzeit ermöglichen.

Im Rahmen der verschiedenen Prozessschritte sollten auch die KPIs festgelegt werden und wer für welche Kennzahl in jeder Phase des Verkaufsprozesses verantwortlich ist.

5.3 Prozesse

„einverstanden ist noch nicht angewendet“

Damit Prozesse auch konsequent eingehalten werden, muss das Verständnis dafür geschaffen werden. Die Prozesse müssen einfach und effizient sein, vor allem aber muss eine genaue Dokumentation vorhanden sein.

Häufig fehlt dem Vertrieb das Hintergrundwissen, dass zukünftige Aktionen umso erfolgreicher werden, je genauer einzelne Touchpoint-Reaktionen eingetragen werden. Aber das Marketing macht es dem Vertrieb auch nicht immer leicht, da im CRM häufig viele Informationen abgefragt werden, die mit der Zeit immer weiter anwachsen, doch im Einzelnen immer weniger genutzt werden.

Exkurs: Einfache Prozessoptimierung in der Praxis

In der Regel bekommen Leads von Messen eine höhere Aufmerksamkeit als Leads über andere Kanäle. Selbst wenn die Prozesse zur Nachverfolgung klar definiert sind, ist es wichtig den Prozess zusammen mit dem Vertrieb im Laufe der Messe detailliert zu verfolgen. Wenn die Zeit knapp ist, wird dann aber doch wieder auf die E-Mail als erstes Kontaktmittel zurückgegriffen und leider nicht so personalisiert wie es sein könnte. Diese E-Mails sind ein perfektes Beispiel für automatisierte Nachbearbeitung im ersten Kontaktschritt. Es werden also im Vorfeld jeder Messe E-Mails mit den wichtigsten Unterlagen, Videos und Informationen vorbereitet und dann noch mit einem Team-Foto von dem Messestand personalisiert. Auf dem Stand wird das Messelead durch ein spezielles Messe-Lead-Formular über die Marketing Automation-Software direkt ins CRM übertragen. Jeder Standbesucher mit Leadformular bekommt also direkt alle Informationen, die er im ersten Schritt benötigt, personalisiert mit einem Bild des Messeteams und einer Umfrage über seine Erfahrung auf dem Stand per E-Mail in sein Postfach – noch während er auf der Messe oder der Rückreise ist.

Der Vertrieb kann also in der Nachbearbeitung neben den Besuchern, die schon konkrete Anfragen und Angebotswünsche formuliert haben, mit den Leads weiterarbeiten die neben dem größten Potenzial auch schon „Engagement“ mit den Inhalten gezeigt haben.

5.4 Nachverfolgung

„angewendet ist noch nicht beibehalten“

KPIs müssen über mehrere Kanäle abrufbar und immer leicht zugänglich sein. Per Dashboard und Report im CRM, aber ebenso zum Beispiel als individueller Report per E-Mail. Die jeweiligen Führungskräfte sind auch in der Verantwortung sicherzustellen, dass SLAs eingehalten werden und müssen eingreifen, wenn Prozesse nicht wie definiert eingehalten werden. Offene Anfragen oder Aufgaben müssen jedem Vertriebler klar sichtbar sein, ebenso welcher Kontakt sich aktuell in welcher Kampagne befindet. In regelmäßigen Meetings & Reports mit den Teams und der Leitung werden alle KPIs besprochen, wie z. B. Leads per Status, Opportunities mit den jeweiligen Reaktionszeiten und die jeweilige Auslastung.

Es ist immer schwierig, den Marketing-Kampagnen Umsatz direkt zuordnen, denn keine Kaufentscheidung fällt völlig isoliert. In der Regel ist wiederkehrender Umsatz auch nicht in der Projektpipeline sichtbar. Es kann aber relativ einfach aufgezeigt werden, welchen Anteil der Projektpipeline Kampagnen beeinflusst haben. Wie und in welchem Maße der Kontakt oder das Buying Center auf Kampagnen direkt reagiert hat (z. B. über ausgefüllte Formulare), Content konsumiert hat (z. B. Guides oder Kataloge) oder mit digitalen Medien interagiert hat (z. B E-Mail, Web, Social Media). Des Weiteren lässt sich auch über den gesamten Account der Umsatzverlauf mit den Kampagnenreaktionen verknüpfen. Der Anteil der Neukunden, die über Marketing-Kampagnen generiert wurde, ist auch eine wichtige Kennzahl, denn die ist je nach Kundenwert eine wichtige Basis für die Zukunft.

6 Wann aus der „Traumreise“ plötzlich ein „Horrortrip“ wird

Weniger als 8 % der Vertriebsleitung und nur 12 % der Vertriebsmitarbeiter sind davon überzeugt, dass ihre Marketingabteilung die Ertragskennzahlen effektiv nutzen (Heinz Marketing 2017).

In CRM- und Marketing-Automation-Systemen entstehen eine Vielzahl von Daten und Informationen und die Systeme haben die Angewohnheit, mit der Zeit zu „wachsen“. Durch neue organisatorische Entwicklungen oder Ausrichtungen werden in den Systemen andere Prioritäten gesetzt und zusätzliche Informationen abgefragt und gesammelt. Der Vertrieb versteht zwar die Bedeutung besserer Daten, aber er muss sich auch im Tagesgeschäft zurechtfinden können. Auch für Marketingabteilungen kann sich schnell die Komplexität erhöhen, je granularer die Daten werden. Es ist also wichtig, regelmäßig zu überprüfen, ob und in welcher Detailtiefe entsprechende Daten noch in der strategischen Ausrichtung benötigt werden. Falls Details nicht mehr benötigt werden, sollten sie zusammengefasst oder ganz ausgeblendet werden, um die Auswahlmöglichkeiten zu verringern, damit Daten schneller erfasst werden können.

Es werden sich aber auch immer wieder folgende Schwierigkeiten ergeben: der Vertrieb will selten an dem teilhaben, was das Marketing plant, die Kommunikation mit dem

Vertrieb über Ziele und Prioritäten ist unklar, die Meetings mit dem Vertrieb sind unproduktiv oder unregelmäßig, und es bilden sich dadurch wieder Silos (Drift und Heinz 2020).

Genau wie zu wenige qualifizierte Leads das Verhältnis zwischen Marketing & Vertrieb belasten, ist es bei zu vielen vertriebsreifen Leads ähnlich. Die Leads müssen zeitnah bearbeitet werden können, da es sonst einen negativen Einfluss auf die Conversion hat, wenn heiße Leads „erkalten“. In beiden Fällen sind eine gute und regelmäßige Abstimmung und Kontrolle zwingend erforderlich.

Neue oder andere Prioritäten ergeben sich schnell durch wirtschaftlichen Druck oder wenn sich Verantwortlichkeiten durch Führungswechsel verschieben. Fluktuation und neue Mitarbeiter dürfen auch nie unterschätzt werden. Neue Gegebenheiten verändern Einstellungen und Motive und können sich auf das gemeinsame Verständnis auswirken. Ist man sich der Kommunikationswirkung und des Sender-Empfänger-Modells immer bewusst, lässt sich einfacher gegensteuern und an dem gemeinsamen Verständnis arbeiten – denn darauf kommt es an.

Die Zusammenarbeit wird trotz gemeinsamer Ziele immer wieder auf die Probe gestellt. Es reicht nicht aus, den Prozess einmal zu definieren – er muss gelebt werden. Wichtig ist es, das Momentum zu halten. Wie bei jeder guten Reise, darf man nicht zu viel wollen, sonst artet die Reise in Stress aus und Stress sorgt wiederum schnell für Frustration.

Literatur

Aberdeen Group. (2010). Sales and marketing alignment report.

BCG/Universität Bochum. (2016). Analyse Digitalisierung im Vertrieb.

Bizline, & Marketo. (2018). State of pipeline marketing report.

Boston Consulting Group. (2018). Building an integrated marketing and sales engine for B2B.

Data and Marketing Association. (2018). *Statistical fact book: The ultimate source for data-driven marketing insight* (40. Aufl.). thedma.org.

DemandGen. (2017). B2B buyers survey report.

DemandGen. (2019). B2B buyers survey report.

Drift, & Heinz. (2020). Marketing's role in the boardroom.

Forrester Research. (2015). Death of A (B2B) salesman.

Google, & Berger. (2015). Think Act. Die digitale Zukunft des B2B-Vertriebs.

Heinz Marketing. (2017). Marketing performance management research.

HubSpot Research. (2019). Not another state of marketing report (2020).

IFSMA – Institut für Sales und Marketing Automation. (2019). Studie „Vertrieb im digitalen Zeitalter“.

KPMG/Hochschule Esslingen. (2017). Digitalisierungsindex in Marketing und Vertrieb.

LeadMD, & Drift. (2019). Sales & marketing alignment survey, benchmarking & insights report.

LinkedIn. (2016). The payoffs of improved sales and marketing alignment.

McKinsey. (2016). B2B customer decision survey.

Microsoft & Techconsult GmbH. (2015). Line of Business Paper: Zusammenarbeit von Marketing- und Vertriebsabteilungen.

Salesforce. (2018). Fifth edition state of marketing report.

Sybit. (2018). Vertriebsdigitalisierung im B2B.

Stefan Schulz hat einen BBA in Marketing und ist EMEA Marketing Communication & eCommerce Manager bei Brady, einem internationalen Hersteller von Kennzeichnungs- und Arbeitssicherheits-Lösungen. Er ist mit seinem Team verantwortlich für die Kommunikations-Strategie, -Planung und -Umsetzung in den EMEA-Regionen – online & offline. Seit fast 20 Jahren ist Lead-Generierung und Lead-Management im B2B-Umfeld, auch in Kooperation mit Vertriebspartnern, eines seiner Hauptthemen. Marketing Automation & Digitalisierung spielt hierbei in den letzten Jahren eine immer zentralere Rolle und die Einführung sowie Weiterentwicklung aller Marketing Automation Aspekte entlang der Customer Journey wurde eine Leidenschaft.

Mit Lead Management Kunden erfolgreich gewinnen und binden – Die Erfolgsgeschichte des Intralogistikanbieters STILL

Oliver Nolte und Sönke Caro

Inhaltsverzeichnis

O. Nolte (✉)
lead on GmbH, Potsdam, Deutschland
E-Mail: oliver.nolte@leadon.de

S. Caro
STILL GmbH, Hamburg, Deutschland
E-Mail: soenke.caro@still.de

U. Seebacher (Hrsg.), *Praxishandbuch B2B-Marketing*,
https://doi.org/10.1007/978-3-658-31651-8_28

Zusammenfassung

Im B2B-Marketing spielt die Generierung von hochwertigen Leads für den Vertrieb eine wichtige Rolle. Neben der Gewinnung von Leads auf Messen und über Onlinemedien (insbesondere Inbound) ist die telefonische Leadgenerierung spätestens nach Umsetzung der DSGVO wieder zentrales Thema im B2B-Marketingmix geworden. Dieser Beitrag beschreibt die Umsetzung eines professionellen Leadmanagements mit Hilfe eines externen Dienstleisters beim Intralogistikanbieter STILL. Es wird aufgezeigt, wie das Thema organisatorisch und prozesstechnisch umgesetzt wird und welche Faktoren einen nachhaltigen Erfolg für die Zielerreichung des Unternehmens bringen.

1 STILL – eine starke Marke

An sechs Standorten produziert STILL innovative Gegengewichtsgabelstapler und Lagertechnikgeräte, die an die Anforderungen seiner Kunden anpassbar sind. Heute mit über 9000 Mitarbeitern in 70 Niederlassungen verteilt auf 22 Landesgesellschaften und 245 Händlern in 73 Ländern unterwegs, wurde STILL 1920 in Hamburg gegründet und machte sich schnell einen Namen als Produzent innovativer Flurförderzeuge und als Pionier für Elektromobilität.

Elektroantrieb und Elektromobilität sind mit STILL untrennbar verbunden. Dabei sind die Einführung des ersten Elektrogabelstaplers 1949 oder der Einsatz von Brennstoffzellen und Lithium-Ionen-Technologie nur einige der Meilensteine, mit denen STILL sich als innovativer Partner für erfolgreiche Intralogistiklösungen etabliert hat. Immer wieder beweist STILL ein feines Gespür für die Bedürfnisse seiner Kunden und münzt dieses Wissen in neue Produkte um: Die Einführung des ersten Freisicht-Hubgerüsts in den siebziger Jahren erhöht beispielsweise signifikant die Sicherheit des Fahrers und des Umfeldes. Ein weiterer Meilenstein ist die Einführung des seitlichen Batteriewechsels bei Elektrogegengewichtsgabelstaplern. STILL verbessert damit maßgeblich die Effizienz der Stapler und setzt ein weiteres Mal neue Standards in der Branche.[1]

Qualität, Service und Kundenorientierung waren die Maximen des Unternehmensgründers und gehören bis heute zu den wichtigsten Säulen des Unternehmens. Mit mehr als 3500 hochqualifizierten Servicetechnikern garantiert STILL 24 Stunden am Tag und sieben Tage die Woche, dass die Fahrzeuge der Kunden immer einsatzbereit sind. Die Einführung digitaler Serviceportale, wie die des webbasierten Flottenmanagement-Tools STILLReport oder der Web-Applikation STILL neXXt fleet, sind nur zwei Beispiele für die Innovationskraft im Servicebereich.

[1] https://www.still.de/loesungskompetenz.html. Zugegriffen am 22.05.2020.

STILL gehört seit 2006 zur KION Group.[2] Die KION Group ist ein weltweit führender integrierter Supply-Chain-Lösungsanbieter. Ihr Leistungsspektrum umfasst Gabelstapler, Lagertechnik und Supply-Chain-Lösungen einschließlich der damit verbundenen Dienstleistungen. In mehr als 100 Ländern optimiert die KION Group mit ihren Logistiklösungen den Material- und Informationsfluss in Fabriken, Lagern und Verteilzentren. Der Konzern ist in Europa der größte Hersteller von Flurförderzeugen, weltweit die Nummer zwei und zudem am Umsatz gemessen führender Anbieter von Automatisierungstechnologie.

1.1 Was treibt diesen Markt an?

Das weltweite Logistikgeschäft wird von internationalen Konzernen dominiert (Pflaum et al. 2017).[3] Diese Kunden konzentrieren sich zunehmend auf ihr Kerngeschäft, zu dem der innerbetriebliche Materialfluss nicht gehört, allerdings eine unentbehrliche Voraussetzung für eine gut funktionierende Wertschöpfungskette darstellt. Im Zuge immer kleiner werdender Chargen wird *On Demand* zum entscheidenden Wettbewerbsvorteil. Zusätzlich ist das Thema Nachhaltigkeit in Bezug auf die Umwelt ebenfalls ein Rentabilitäts- und Imagetreiber. Diese zunehmende Dynamik und der damit einhergehende größere Wettbewerbsdruck stellen erhöhte Anforderungen an die Logistiker (Kersten et al. 2017).[4] Zudem nimmt unter den Wettbewerbern die Baugleichheit der Produkte immer stärker zu. Dies führt zu immer intensiveren Preiskämpfen unter den Anbietern und einer relativ hohen Austauschbarkeit der Produkte. In diesem Verdrängungswettbewerb ist es existenziell notwendig, immer neue Kunden zu generieren, um zu wachsen und abwandernde Kunden auf der anderen Seite auszugleichen. Dazu ist das Mittel der kontinuierlichen telefonischen Leadgenerierung eine wichtige und effiziente Methode. Entscheidende Voraussetzung für diese erfolgreiche Marketingaktivität ist, dass der Vertriebler diese für sich als Unterstützung und nicht als interne Konkurrenz sieht und klar seinen Nutzen erkennt.

1.2 Den Kunden im Fokus

Basis des Erfolges von STILL ist die regionale Stärke. Das bedeutet: Unabhängig vom Standort können sich Kunden und Partner immer auf die Verfügbarkeit von STILL Mitarbeitern verlassen. Das geschieht mit Hilfe des weltweiten Netzes mit eigenen Standorten und Partnern. Dadurch ist die partnerschaftliche Betreuung durch einen kompetenten

[2] https://www.kiongroup.com/de/%C3%9Cber-uns/KION-im-%C3%9Cberblick/. Zugegriffen am 22.05.2020.

[3] https://www.scs.fraunhofer.de/content/dam/scs/de/dokumente/studien/Transportlogistik.pdf. Zugegriffen am 22.05.2020.

[4] https://www.bvl.de/thema-tus2017. Zugegriffen am 22.05.2020.

Ansprechpartner vor Ort jederzeit gewährleistet. Erreichbarkeit, Zuverlässigkeit und Integrität sind globale Tugenden, auf die sich jeder Kunde von STILL verlassen kann.

STILL hat sich in den Kernmärkten für den Direktvertrieb entschieden und ist dort über ein eigenes Niederlassungsnetz und einen eigenen Außendienst aufgestellt. Ein weiterer Absatzkanal von Flurförderzeugen ist der Onlinehandel. Dieser ist jedoch im Neugeschäft auf vorkonfigurierte Geräte eingeschränkt, ebenso wie auf Miet- und Gebrauchtgeräte. Die Produkte und Dienstleistungen sind komplex und erfordern demnach eine persönliche Fachberatung. Nahezu jedes Flurförderzeug ist ein Unikat und wird für den Kunden speziell konfiguriert. Diese Verkaufsform ist für jedes Unternehmen sehr kostenintensiv, denn die teuerste Ressource ist und bleibt der Verkaufsberater. Somit ist klar, dass sich dieser möglichst nur auf seine Kernaufgabe, das Verkaufen, konzentrieren soll. Bei STILL gilt es über 800 Verkaufsberater im Außendienst zu steuern. Dabei hat STILL stets darauf geachtet, die Verkaufsberater im Beratungsprozess zu stärken und ihnen mehr verkaufsaktive Zeit zu ermöglichen.

Aus der Entscheidung, den Verkaufsberater im Beratungsprozess zu stärken, entstand beispielsweise die preisgekrönte STILL EASY APP.[5] Diese iPad App mit Gamification[6]-Ansatz, hochwertigem Design und intuitiver Bedienung unterstützt die Effektivität in der Beratung. Highlights sind die interaktiven 360°-Außenansichten und die gyrosensorgesteuerte Innenraumansicht der Produkte. Von allen Produktgeräten sind hochwertige Bilder und Videos hinterlegt – insgesamt mehr als 1400 Einzelansichten. In der App können die Verkaufsberater einfach und bequem die passenden Fahrzeuge zeigen und den Kunden vor Ort begeistern, anstatt Prospekte zu hinterlassen.

Ein weiterer Ansatz, um dem Verkaufsberater mehr Zeit zum aktiven Verkaufen zu geben, ist die Übernahme der zeitintensiven Prozesse durch Dritte. Der folgende Case beschäftigt sich mit der Einführung eines Leadmanagementprozesses, um den Verkaufsberater in der Vorakquisition zu entlasten. Im Fall von STILL blicken wir mittlerweile auf 20 Jahre Leadgenerierung mit dem Hauptfokus der Absatzsicherung zurück.

1.3 „Woher kommt das?"

Eine typische Frage eines Vertrieblers bei dem Blick auf seinen E-Mail-Account zu Beginn des Jahrtausendwechsels. Hintergrund war eine E-Mail, die er von einem Callcenter erhalten hatte und schlichtweg einfach nicht zuordnen konnte. Auf Nachfrage erinnerte er sich plötzlich, dass eine Telemarketingkampagne in seinem Gebiet lief und er davon gehört hatte. Weitere Fragen, die ihm spontan in den Kopf kamen, waren unter anderem: Wie machen die das? Wer ruft da meine Kunden an? Was erzählen die denen? Wie läuft das genau ab? Was ist jetzt meine Aufgabe?

[5] https://apps.apple.com/de/app/still-easy/id600835254. Zugegriffen am 22.05.2020.

[6] https://wirtschaftslexikon.gabler.de/definition/gamification-53874. Zugegriffen am 28.05.2020.

Auch auf Managementseite gibt es immer wiederkehrende Fragen, insbesondere mit Blick auf die doch relativ hohen Kosten im Vergleich zu anderen Kommunikationsmedien. Eng damit verbunden ist die Frage, verkaufen wir damit mehr? Diese Frage kommt in der Regel entweder schon vor der Kampagne oder kurz nach Beginn derselben. Denn das Management wird in der Regel an kurzfristigem Erfolg gemessen und ist deshalb auch an diesen Kennzahlen interessiert. Erfolge aus Leadkampagnen brauchen jedoch Zeit.

Es sind viele Eingangsvariablen, die über einen Erfolg oder Misserfolg entscheiden und genau damit beschäftigt sich dieser Beitrag. Zudem liefert diese Fallstudie Antworten und Implementierungshinweise für eine kontinuierliche, erfolgreiche, telefonische Leadgenerierung im B2B Bereich. Wenn man sich einmal genauer vor Augen führt, was diese gerade geschilderte Situation für das Unternehmen bedeutet, wird schnell klar, dass es hier um viele, nicht realisierte Umsätze gehen kann. Es stellt sich nun die Frage, wie das optimiert werden kann. Zunächst einmal sind die Einbindung des Vertriebes und die Aufklärung entscheidend. Es muss ein klarer Prozess mit detaillierter Aufgabenbeschreibung – ähnlich wie oder sogar als Teil der Marketing Process Library (MPL) nach Seebacher[7] – implementiert und nachgehalten und den Vertrieblern eindeutig ihr persönlicher Nutzen dargelegt werden. Um das Management zu überzeugen, bedarf es einer klaren und abgestimmten Auswertung, die bestenfalls intern bereits vom Controlling abgesegnet ist. Insgesamt sollten alle eingebundenen Personen ein einheitliches Verständnis und eine kongruente Erwartung in Bezug auf das Gesamtergebnis haben. Auch auf Seiten der Telefonagentur bedarf es einer intensiven Schulung hinsichtlich der Produkte und des Unternehmens, sowie ein klar abgestecktes Ziel für jedes einzelne Telefonat.

2 Die goldene Regel der Leadgenerierung

> „Wird auf einen Lead verkauft, lag es am Verkaufsberater.
> Wird auf einen Lead nicht verkauft, lag es am Lead“.

Wer sich dieser Tatsache nicht bewusst ist, hat schon verloren. Ein Lead ist ein Teilergebnis in einem langen und komplexen Verkaufsprozess. Daraus ergibt sich für den Leadverantwortlichen der Auftrag, die eigene Dienstleistung permanent zu bewerben und vor allem durchgehend transparent zu gestalten, um den Nutzen durch eine Zusammenarbeit nach dem Model „gemeinsam mehr erzielen“ dauerhaft aufzuzeigen. Dieser Punkt entscheidet langfristig über den Erfolg oder Misserfolg jeder Leadkampagne. Dieser Aspekt wird noch einmal ausführlicher unter dem Punkt *Leadakzeptanz* beschrieben.

Häufig wird der Teil der telefonischen Leadgenerierung durch externe Dienstleister übernommen. Für diese hat der Begriff „Kunde“ zweierlei Bedeutung. In diesem Artikel steht der Begriff „Kunde“ immer für die Chancen, die für den Auftraggeber ermittelt werden, um neue Geschäfte für dessen Produkte und Dienstleistungen zu generieren.

[7] Siehe hierzu der Artikel von Seebacher zum Thema „Marketing Reifegrad Modell“.

Hierbei kann es sich sowohl um die Leadgenerierung bei Bestands- als auch bei Neuadressen handeln. Die Bezeichnung Neuadressen führt zwischen Marketing und Vertrieb gern zu Diskussionen, folgende Definitionen haben sich dabei als sehr hilfreich erwiesen:

- **Bestandsadressen** sind alle Daten, die im Besitz des Unternehmens sind. Dies sind in der Regel Kunden und Bestandsinteressenten, bei denen in der Vergangenheit eine Interaktion zwischen Vertrieb oder Marketing mit der bekannten Adresse stattgefunden hat. Die Adresse befindet sich somit im Bestand des Unternehmens, woraus sich auch der Begriff ableitet.
- **Neuadressen** sind somit alle anderen Adressen, die nicht im Unternehmensbesitz, also in einem zentralen CRM, geführt werden. Diese können dem Vertrieb durchaus bekannt sein. Dadurch, dass diese Adressinformationen nicht zentral abgelegt wurden, bleiben sie per Definition Neuadressen.

2.1 Leadmanagement

Das Wort „Management" steht für eine dauerhafte Begleitung des Leadprozesses mit den dazugehörigen Zwischenergebnissen. Das Ziel dieser Begleitung ist es, grundsätzlich zu vermeiden, dass eine Aktion nur als kurzfristiger „Vertriebsaktionismus" verbrennt.

Hierbei wird bei vielen Unternehmen der Closed Loop Ansatz eingesetzt. „Closed Loop" (Kreutzer 2009) bezeichnet den geschlossenen Regelkreislauf aus analytischem (Leußer et al. 2011) und operativem[8] Customer-Relationship-Management (CRM) Die relevanten Bausteine auf analytischer Ebene sind Data Warehouse und Data Mining. Das Data Warehouse[9] beinhaltet das systematische Aufnehmen von Kundendaten und -interaktionen.

Hier setzt das Data Mining[10] an, indem es mithilfe statistischer Methoden Kausalitäten ermittelt, mit dem Ziel, dem Nutzer erfolgversprechende Muster von Kunden zu liefern, die dann auch auf andere Datenbanken angewendet werden können.

Beim operativen CRM wird dann das Augenmerk auf die Unterstützung der Interaktion zwischen Kunden, Unternehmen, sowie die dazu erforderlichen Geschäftsprozesse gelegt, mit dem Ziel, relevante Kundeninformationen zu gewinnen und systematisch zu pflegen.

Durch die Verknüpfung von Analyse und operativer Umsetzung ist eine gezielte Kundenadressierung über den bevorzugten Medienkanal möglich. Dieses Vorgehen ermöglicht es dem Unternehmen, den jeweiligen Kunden individuelle Informationspakete zur Verfügung zu stellen, die für jedes Produkt passgenau zusammengestellt sind.

---

[8] https://www.enzyklopaedie-der-wirtschaftsinformatik.de/lexikon/informationssysteme/crm-scm-und-electronic-business/Customer-Relationship-Management/Operatives-CRM/index.html. Zugegriffen am 21.05.2020.

[9] https://de.wikipedia.org/wiki/Data_Warehouse. Zugegriffen am 20.05.2020.

[10] https://wirtschaftslexikon.gabler.de/definition/data-mining-28709. Zugegriffen am 20.05.2020.

Der Closed Loop impliziert einen Prozess, der sich selbst kontinuierlich verbessert, der eine zunehmend zielgenauere Kundenansprache ermöglicht und damit die Erfolgsquoten deutlich erhöht. Entscheidend dabei ist die notwendige Vernetzung zwischen allen Beteiligten: Management, Vertrieb, Service, Innendienst, Marketing und die beteiligten externen Unternehmen müssen die jeweils erforderlichen Daten bekommen und dem „System" wieder zuführen.

2.2 Leaddefinition bei STILL

Bei STILL wird unter einem Sales Lead – oder Sales Qualified Lead – eine Adresse mit einem konkreten Bedarfsfall und Potenzial verstanden, das direkt an den zuständigen Vertriebsmitarbeiter übergeben werden kann. Darüber hinaus werden zusätzlich auch Marketing Leads ermittelt, hierunter fällt das Ermitteln von Firmen- und Ansprechpartnerdaten ohne sofortige konkrete Kaufsignale.

2.3 Das Leistungsspektrum des STILL Leadmanagements

Neben Analysetools zur Zielgruppensegmentierung ist hier insbesondere die transparente und sofortige Leadübermittlung in einem geeigneten Prozess entscheidend. Als einer der Pioniere in diesem Bereich hat STILL bereits vor über 15 Jahren ein simples und selbsterklärendes Onlinetool programmieren lassen und eingeführt, da das hauseigene CRM-Tool diese Prozesse nicht abbilden konnte (Abb. 1).

In diesem System erfolgt die sofortige Übermittlung des Leads vom Dienstleister zum Vertriebler anhand vorgegebener Fragestellungen. Diese enthalten u.a. die Überprüfung von Adressdaten, Daten des zuständigen Ansprechpartners, vorhandene Wettbewerbsinformationen bezüglich der Flurförderzeugflotte sowie Ergebnisse der Bedarfsanalyse nach bestimmten Kriterien. Damit werden dem zuständigen Vertriebsmitarbeiter bereits wertvolle Hinweise auf ein mögliches Produkt geliefert.

Relativ schnell wurden in diesem System nicht nur die Outbound- Aktivitäten übermittelt, sondern auch alle Anfragen aus Onlinemedien wie Webformulare, Anfragen an zentrale Mailadressen und telefonische Anfragen an der Servicehotline. Besuchsberichte von Messen, die online übermittelt werden, werden auf Richtigkeit und Vollständigkeit überprüft und entsprechend in das zentrale Leadmanagement System zur Verteilung übertragen.

Neben der Onlineverfügbarkeit und schneller Zugriffs- und Bearbeitungszeit ist hier ein wesentlicher Faktor die integrierte Monitoringfunktion für Vorgesetzte, die entsprechend die Bearbeitungsstati aller eingestellten Leads ihrer Mitarbeiter in einem One-Click-Control einsehen können (Abb. 2).

Durch die Einführung des Leadmanagement Systems wurde die Reaktionszeit bis zur Weiterbearbeitung enorm verbessert. Die Leadverlustquote konnte im Vergleich zu den Vorgängerprozessen auf 0 % gesenkt werden. Durch die Einbindung aller Agenturen über

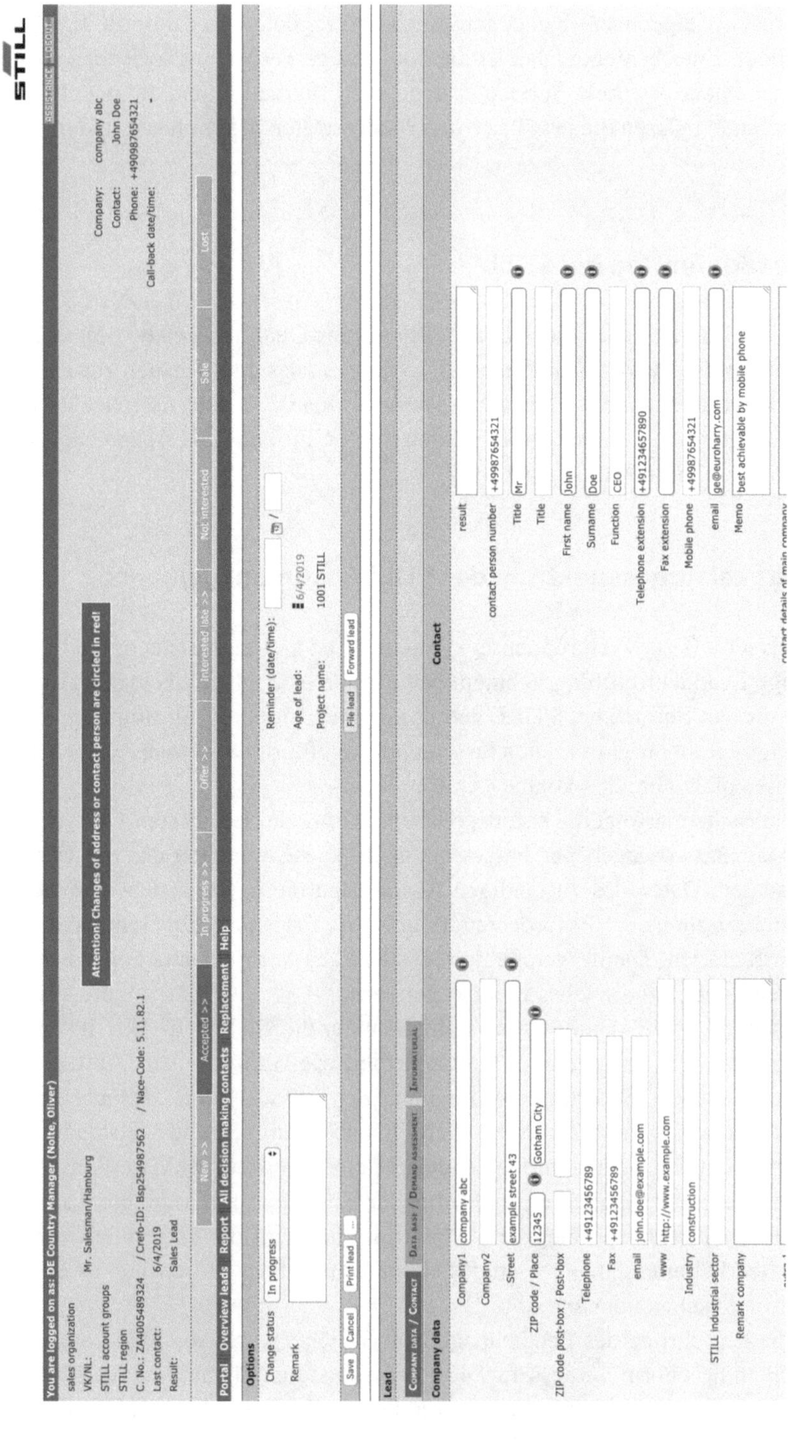

Abb. 1 Screenshot Detailansicht Lead, Lead Managemend System STILL, Musterdaten. (Quelle: direkt von Autor)

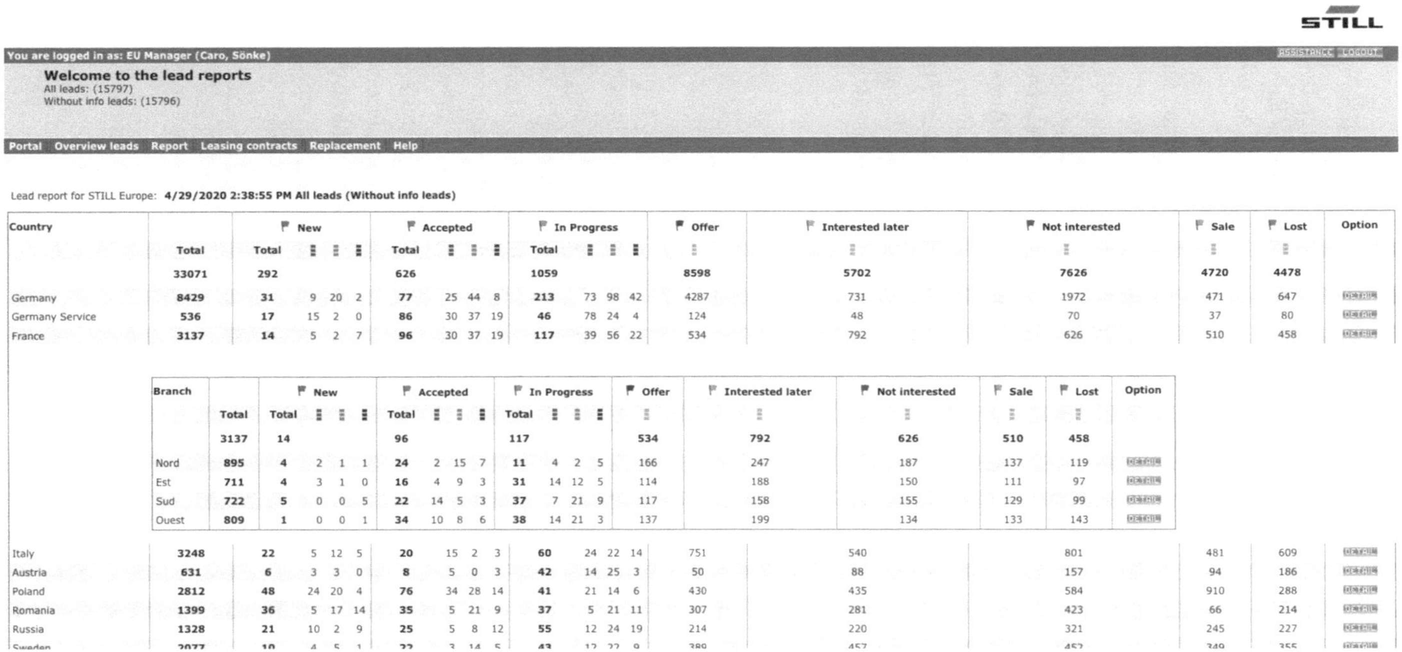

Country	Total	New Total				Accepted Total				In Progress Total				Offer	Interested later	Not interested	Sale	Lost	Option
	33071	292				626				1059				8598	5702	7626	4720	4478	
Germany	8429	31	9	20	2	77	25	44	8	213	73	98	42	4287	731	1972	471	647	DETAIL
Germany Service	536	17	15	2	0	86	30	37	19	46	78	24	4	124	48	70	37	80	DETAIL
France	3137	14	5	2	7	96	30	37	19	117	39	56	22	534	792	626	510	458	DETAIL

Branch	Total	New Total				Accepted Total				In Progress Total				Offer	Interested later	Not interested	Sale	Lost	Option
	3137	14				96				117				534	792	626	510	458	
Nord	895	4	2	1	1	24	2	15	7	11	4	2	5	166	247	187	137	119	DETAIL
Est	711	4	3	1	0	16	4	9	3	31	14	12	5	114	188	150	111	97	DETAIL
Sud	722	5	0	0	5	22	14	5	3	37	7	21	9	117	158	155	129	99	DETAIL
Ouest	809	1	0	0	1	34	10	8	6	38	14	21	3	137	199	134	133	143	DETAIL

Country	Total	New Total				Accepted Total				In Progress Total				Offer	Interested later	Not interested	Sale	Lost	Option
Italy	3248	22	5	12	5	20	15	2	3	60	24	22	14	751	540	801	481	609	DETAIL
Austria	631	6	3	3	0	8	5	0	3	42	14	25	3	50	88	157	94	186	DETAIL
Poland	2812	48	24	20	4	76	34	28	14	41	21	14	6	430	435	584	910	288	DETAIL
Romania	1399	36	5	17	14	35	5	21	9	37	5	21	11	307	281	423	66	214	DETAIL
Russia	1328	21	10	2	9	25	5	8	12	55	12	24	19	214	220	321	245	227	DETAIL
Sweden	2077	10	4	5	1	22	3	14	5	43	12	22	9	389	457	452	349	355	DETAIL

Abb. 2 Screenshot One–Click-Control, Lead Managemend System STILL, Musterdaten. (Quelle: direkt von Autor)

eine Unternehmensschnittstelle an dieses System hat STILL zudem eine einfache Möglichkeit zur Erfolgskontrolle aller Marketingkampagnen geschaffen.

Aktive Kundenansprache, Outbound, mit dem Ziel der Bedarfsermittlung und Leadgenerierung hat sich bewährt als reiner Anruf (Call) oder in mehreren Stufen mit Anschreiben (Mail) als Call-Mail-Call oder Mail-Call Aktion. Im Falle der Kundenzufriedenheitsumfrage erfolgt der Anruf aufgrund von Geschäftsereignissen, wie Servicedurchführungen, Verkäufen oder Auftragsverlusten.

Im Inbound werden reaktive Bearbeitung von Kundenansprachen direkt über das Telefon, das Internet, per E-Mail oder klassisch per Mailing oder Fax zusammengefasst. Durch die stärkere Vernetzung von Aktionen und Medien ist die Bedeutung des Hotline-Bereiches stark erhöht worden. Aus einer kostenintensiven Kundenservicedienstleistung wurde eine profitable organisatorische Einheit. Im ersten Schritt wurde die klare Ausrichtung auf Leads und den daraus resultierenden Verkaufserfolgen umgesetzt. Alle unternehmerischen Inbound Prozesse mit Potenzial (Hotlineanfragen, Internetanfragen, Antwortschreiben, Messeberichte etc.) wurden zentralisiert. Diese Initialbedarfe der Interessenten werden seitdem zentral und konsequent erfasst und über den erfolgreich etablierten Kanal der Leadgenerierung (dem Leadmanagement-System) STILLweit an den verantwortlichen Verkaufsberater, Miet- oder Serviceverantwortlichen zugeführt.

2.4 Definition der Leadarten bei STILL

Durch den kontinuierlichen Ausbau von Leadquellen, insbesondere im Onlinebereich, ergeben sich Leads in sehr unterschiedlichen Ausprägungsstufen. Eine Onlineanfrage unterscheidet sich in der Lead- bzw. Potenzialhärte (wie konkret ist der Bedarf tatsächlich) oftmals deutlich von einem vereinbarten Termin zur Angebotsabsprache vor Ort.

Wird beides als Lead mit der gleichen Bezeichnung „Lead" übermittelt, resultieren daraus mögliche Erwartungsenttäuschungen bei den Leadempfängern, den Vertrieblern, die sich wiederum negativ auf die Leadakzeptanz und Wandlung auswirken. Je höher die Leadakzeptanz durch den Vertriebler ist, desto höher ist eine Verkaufswahrscheinlichkeit.

Durch die Einführung einer Leaddefinition konnten die Verkaufsberater die Lead- bzw. Potenzialhärte deutlich besser erkennen und unterscheiden. Dies hatte eine höhere Akzeptanz zur Folge und führte so nachweislich zu steigenden Erfolgswerten.

Die Leads bei STILL sind wie folgt definiert (Abb. 3):

Late Lead	späteres Potenzial >12 Monate
Infolead	Potenzial mit dem Wunsch, konkretes Informationsmaterial zu erhalten
Eventlead	Zusage zu einer Veranstaltung
Callback Lead	Potenzialkontakt mit Rückrufwunsch des Verkaufsberaters
Angebotslead	konkrete Angebotsanfrage
Terminlead	Potenzialkontakt mit festem Termin
Hot Lead	Potenzialkontakt mit sofortigem Handlungs-bedarf

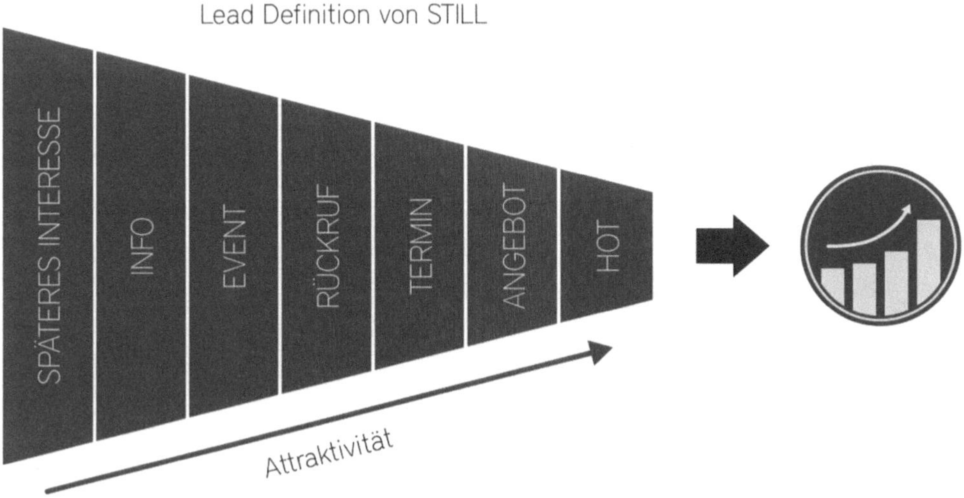

Abb. 3 Symbolische Darstellung der Leaddefinitionen bei STILL. (Quelle: direkt von Autor)

3 Die Phasen einer erfolgreichen Leadgenerierung bei STILL

Viele Unternehmen sehen die Leadgenerierung als isolierten Baustein und kaufen diesen auch isoliert ein. Das hat durchaus positive Auswirkungen auf den Einkaufspreis, jedoch gravierende, leider negative Auswirkungen auf den Gesamtertrag.

Unternehmen stellen den Agenturen ihren Namen und ihre Adressen zur Verfügung und das Ergebnis ist der Beginn einer Vertriebskommunikation zwischen dem Zielkunden und dem Verkaufsberater.

STILL hat dies von Anfang an erkannt und betrachtet die Leadgenerierung als einen vollintegrierten Baustein in der Vertriebsunterstützung und das zahlt sich an Ende aus.

Die Bausteine bauen aufeinander auf und je erfolgreicher sie vernetzt sind, umso erfolgreicher wird die gesamte Aktion werden. Der Vorteil der Phasenbetrachtung besteht in der Möglichkeit, eine klare Definition und Trennung eines an sich zusammenhängenden Prozesses zu erreichen. Durch diese Definition und Trennung ist es möglich, bei einem Projektstart realistische Teilschritte konkret anzugehen bzw. im laufenden Prozess immer wieder eine einzelne Phase zu optimieren. Diese Schritte helfen wiederum, den Closed-Loop kontinuierlich gezielt zu verbessern, ohne den sensiblem Gesamtprozess zu bremsen (Abb. 4).

3.1 Phase 1: Strategie

Grundsätzlich geht es in der ersten Phase darum, eine Strategie zu finden, die neben den formulierten Zielen auch Einflussgrößen wie interne oder externe Ressourcen berücksich-

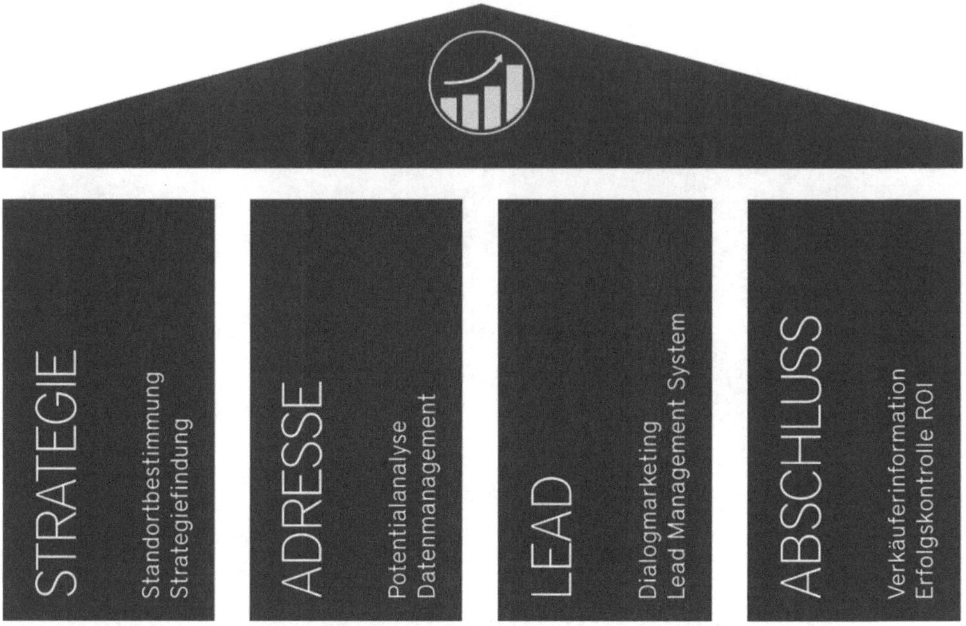

Abb. 4 Symbolische Darstellung der Phasen der Leadgenerierung. (Quelle: direkt von Autor)

tigt. Zudem ist es unerlässlich, eine Standortbestimmung zu ermitteln. Dies ist beispielsweise mit einer Umfeldanalyse nach Pestel (Johnson et al. 2011) möglich.

Bei einer Kampagne zur Einführung eines neuen Produktes kann auch der Abverkauf des Vorgängermodells eine Rolle spielen, beispielsweise bei Kapazitäten im Callcenter und im Vertrieb. Welche Kundensegmente will man mit dem Vorgänger und welche mit dem neuen Produkt adressieren. Wie groß ist der Markt für dieses Produkt in welcher Region? Welches sind die Hauptverkaufsargumente für dieses Produkt und wie ist der Wettbewerb hier aufgestellt? Es gilt, Mengen festzulegen, die sowohl Kapazität als auch Budget hergeben.

Entscheidend ist hierbei ebenfalls ein wirksames, gut abgestimmtes Timing wie z. B. wann startet die Produktion, wann sind gute Absatzphasen für das Produkt, wie sind saisonale Schwankungen und wie sind regional Ferien in Bezug auf Erreichbarkeit und personeller Ressourcen zu berücksichtigen. Aus all diesen Einflussfaktoren entsteht sowohl intern als auch extern eine Mengen- und Kapazitätsplanung.

3.2 Phase 2: Adressen

Die Analyse der Zielgruppe ist der nächste entscheidende Schritt. Wie und wo sind die Potenziale zu finden? Hier bedient sich STILL mehrerer Methoden. Zum einen gilt es,

Neuadressen herauszufiltern, aber auch im Bestand müssen die richtigen Adressen gefunden werden, um möglichst zielgerichtet und ohne Streuverluste zu agieren.

Die Effizienz von Leadgenerierungskampagnen im Neukundenbereich hängt wesentlich von den verfügbaren Adressdaten ab. Es gibt auf dem freien Markt keine verfügbaren Adressen, die entsprechend detaillierte Angaben zum Fuhrpark von Flurförderzeugen enthalten. Bei STILL wird an dieser Stelle mittels Data Mining (Wirtz 2003) die Auswahl stapler-affiner Adressen erzeugt, um die zielgenaue Generierung von Leads unterstützen zu können. Dadurch können Streuverluste in der Ansprache verringert, die Leadquote erhöht und die Kosten pro Lead reduziert werden. Die Basis hierfür ist das sogenannte Profiling.[11]

STILL prognostiziert die Nutzungswahrscheinlichkeit von Flurförderzeugen der einzelnen Unternehmen und gewinnt daraus Erkenntnisse über die Anzahl der Flurförderzeuge, die in den Produktgruppen bei den einzelnen Unternehmen statistisch vorhanden sein müssten.

Dazu werden Profile der Bestandskunden aus der eigenen Datenbank abgeleitet. Die ermittelten Kriterien werden nun an Referenzdatenbanken angelegt, um die Neuadressen mit hoher Affinität herauszufinden. Zusätzlich findet über eine Data Mining Agentur ein Webcrawling[12] statt. Das heißt es wird auf Webseiten nach Buzzwörtern gesucht, die auf einen Zusammenhang mit dem Nutzen von Flurförderzeugen hinweisen. Auch hier gelten die Bestandskunden als Lieferanten für die Buzzwörter. Die Schnittmenge dieser beiden Verfahren liefert eine hochzuverlässige Segmentierung. Im Fall von STILL werden jährlich mehrere zehntausend Adressen identifiziert, die nach den verschiedenen Produktgruppen zielgerichtet ermittelt werden können. Die so ermittelten Kundenprofile sind weitaus differenzierter als die herkömmliche Brancheneinteilung.

Neben der Leadgenerierung im Bereich der Neuadressen ist der zweite entscheidende Faktor bei der Optimierung des Vertriebsergebnisses eine bessere Ausschöpfung der Bestandsadressen. Customer Value Prognosen[13] zur zielgenauen Ansprache erhöhen Vertriebseffizienz. Die Segmentierung der Bestandsadressen hat den Vorteil, dass Adressen potenzialgerecht angesprochen werden können. Hohe Potenziale werden somit vorrangig kontaktiert, das führt zu einem höheren Return on Investment. Zu diesem Zweck werden zunächst die Bestandsadressen nach Umsatzpotenzial bewertet, für STILL segmentiert und das Potenzial nach Produkten bestimmt.

Folgenden Kriterien zur Bewertung der Kundenadressen werden herangezogen:

- Umsatzhistorie der letzten Jahre nach Produkten
- Fuhrparkdaten

[11] https://wirtschaftslexikon.gabler.de/definition/profiling-44749. Zugegriffen am 24.05.2020.

[12] https://de.wikipedia.org/wiki/Webcrawler. Zugegriffen am 24.05.2020.

[13] https://www.haufe.de/finance/finance-office-professional/customer-value-prediction-am-beispiel-des-intralogistik-5-welche-erfahrungen-hat-still-mit-der-customer-value-prognose-gemacht_idesk_PI11525_HI9485289.html. Zugegriffen am 24.05.2020.

- Branche
- Mitarbeiteranzahl
- Unternehmensgröße
- Kaufverhalten
- Leadquoten

Alle STILL-Kunden werden analysiert und für die Produktbereiche Elektrogabelstapler, verbrennungsmotorische Gabelstapler, handgeführte Lagertechnik, Lagertechnik Sitz/ Standgeräte, Gebrauchtgeräte, die Miete und den Service werden entsprechende Scoring Modelle (Hannig 2017, S. 437) entwickelt. Diese werden so angelegt, dass sie in der Vergangenheit beginnend Jahr für Jahr die Prognose ermitteln, diese mit dem Ist Stand abgleichen und weiter fortschreiben. Damit werden die Details der Adressen von Jahr zu Jahr präziser, nähern sich immer stärker dem tatsächlichen Verhalten an und versetzen das Unternehmen in die Lage, für das kommende Jahr eine verlässliche Prognose abzugeben. Darüber hinaus werden die Bestandsadressen hinsichtlich ihres Potenzials und ihrer Umsatzerwartung mit über 20 Prognoseformeln für die einzelnen Produktbereiche bewertet (Abb. 5).

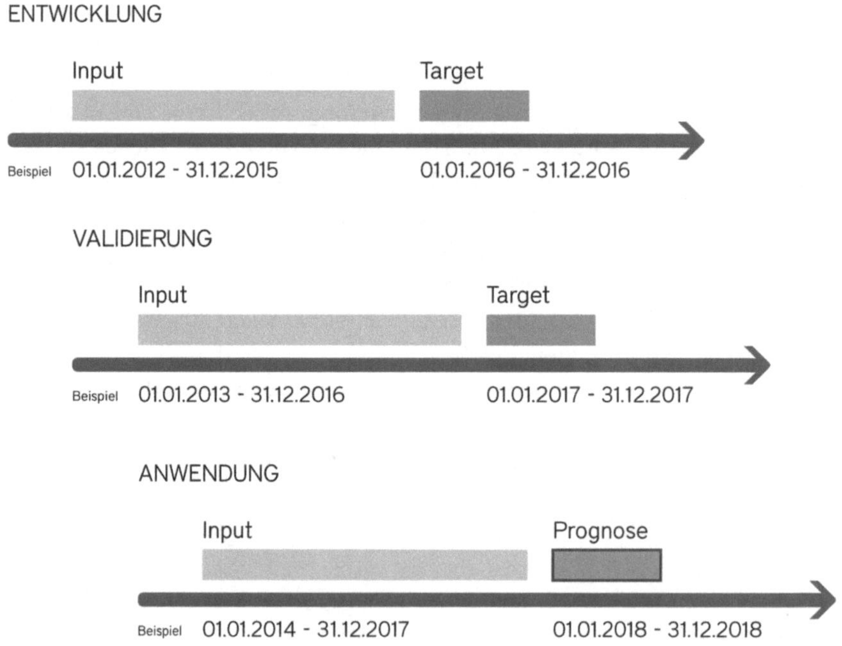

Abb. 5 Customer Value: rollierende Vorhersage, Lernen aus der Vergangenheit. (Quelle: direkt von Autor)

Vorteile der Analyse der Zielgruppen sind: Einerseits kann jeder Kunde ganzheitlich über alle Umsätze hinweg betrachtet, andererseits auch seine Affinität zu einzelnen Produktgruppen ermittelt werden.

Topkunden werden durch den Vertrieb direkt bearbeitet, mittlere Potenziale mit den Marketinginstrumenten Mailing, Telefonmarketing und Newsletter, geringe Potenziale werden nur noch mit Mailings und Newsletter angesprochen, sehr geringe gar nicht mehr. Dies führt zu einer zielgenaueren Steuerung von Vertrieb und Marketing und damit zu geringeren Streuverlusten. Der ermittelte Kundenwert ermöglicht zudem ein kurzfristiges Pushen bestimmter Produktgruppen einerseits durch Dialogmarketingmaßnahmen andererseits durch einen persönlichen Kontakt mit dem zuständigen Vertriebsmitarbeiter.

3.3 Phase 3: Dialogmarketing und Leadmanagement

Als nächstes stellt sich die Frage hinsichtlich der Erhöhung der Leadquote in der Produktionsphase. Dabei geht es um mehr als eine nutzenorientierte Einwand Behandlung, weshalb eine Anschaffung dieses Gerätes jetzt sinnvoll ist, sondern um den Aufbau einer kontinuierlichen partnerschaftlichen Kundenbeziehung. Erfolgreiche Methoden dafür sind Elemente aus der proaktiven Kommunikation und der zielgerichteten emotionalen Ansprache (Häusel 2009). Dabei geht es um das wirkliche Interesse an der anderen Person. Obwohl es das Ziel ist, ein Geschäft vorzubereiten, geht es inhaltlich erst einmal darum, den Ansprechpartner und seine Ausgangssituation in einen für beide Seiten angenehmen Dialog kennenzulernen. Auch wenn sich Formulierungen immer unterscheiden werden, Methoden sind immer klar erkennbar. Folgende Methoden mit beispielhaften Formulierungen haben sich als zielführend erwiesen:

- Methode des Interesses am Ansprechpartner. Dazu gehören Formulierungen wie „Haben Sie einen Moment Zeit?“ statt „Es dauert nicht lange.“
- Methode des Einsatzes von „Federn“ (Einwänden mit einer Zustimmung begegnen). Dazu gehören Formulierungen wie „Das kann ich gut verstehen. Sie wussten nicht, dass ich anrufe. Wann passt es besser?“ anstatt „Es dauert nicht lange.“
- Methode des Einsatzes von „Powerwörtern“. Dazu gehören Formulierungen wie „Ihr Vorteil bei dem Angebot ist unsere Best-Preis-Garantie.“ anstatt „Wir haben aber die Best-Preis-Garantie.“
- Methode des „Sag es positiv“ im Sinne des konsequenten Vermeidens von „negativen Reizwörtern“ (aber, warum, falsch, nein ...) und „Weichmachern“ (hätten, würden, könnten ...).

Ein weiterer Punkt ist die Vorbereitung für die erfolgreiche Weiterbearbeitung durch den Vertrieb. Bei STILL wird der Ansprechpartner bei einer Angebotsanfrage immer drauf vorbereitet, dass der Verkaufsberater sich ggf. für Rückfragen noch einmal telefonisch meldet. Entscheidet sich der Verkaufsberater für diesen Schritt, kann er sich direkt bei der Anwahl auf diese Vorbereitung beziehen. Er findet im Bemerkungsfeld des Leads alle Gesprächsinhalte, den Namen des verantwortlichen Mitarbeiters für dieses Lead und kann somit nahtlos an das vorhergegangene Gespräch anknüpfen.

3.4 Phase 4: Abschluss

Welches sind die ausschlaggebenden Punkte, die dazu führen, dass die Wandlungsquoten vom Lead zum Angebot und später zum Auftrag gesteigert werden? Zunächst einmal bedarf es einer realistischen Einschätzung eines Leads: Es ist eine Verkaufsmöglichkeit, die ein Verkaufsberater entsprechend würdigen und bearbeiten sollte. Er hat zudem die Möglichkeit, Feedback zu geben oder auch Rückfragen direkt an die Person im Callcenter zu stellen, die diesen Lead ermittelt hat. Es kommt zu einem regelmäßigen Austausch, der gegenseitiges Verständnis für die Herangehensweise, Einschätzung von ermittelten Informationen und Ziele gibt. Denn ermittelt der Agent im Callcenter einen gut qualifizierten Lead, hat es der Vertriebler umso einfacher, an dieses Telefonat anzuknüpfen. Selbst ein *Late Lead* wird in den Augen eines Vertrieblers dann anders wahrgenommen und bearbeitet. Vertriebler, die den Prozess und die geteilte Arbeitsweise verstanden haben, nehmen diese Unterstützung als verlängerte Werkbank in Bezug auf Kundenkontakte gern an und sind dadurch erfolgreicher in der Wandlung als andere.

Alle Phasen entscheiden über den Erfolg oder Misserfolg einer Kampagne, da Fehler in der Strategie-, Adress- oder Leadphase direkte Auswirkungen auf die Wandlung haben. Eine unklare Strategie führt zu einer unklaren Zielgruppenselektion und -ansprache. Die daraus resultierenden Ergebnisse – Leads und Leadwandlung – können also nur durchschnittlich sein. Der Verkaufsberater stellt allerdings die Schnittstelle mit der größten Wirkung dar. Steht dieser den Leads nicht positiv gegenüber, weil er nicht informiert oder eingebunden wurde, ist dies projektkritisch (Abb. 6).

Widmen Sie diesem Punkt doppelt so viel Aufmerksamkeit, wie jeder anderen Erfolgsmessung. Denn dort zählen Sie hinterher die Erfolge, die Sie vorher gestaltet oder nicht gestaltet haben.

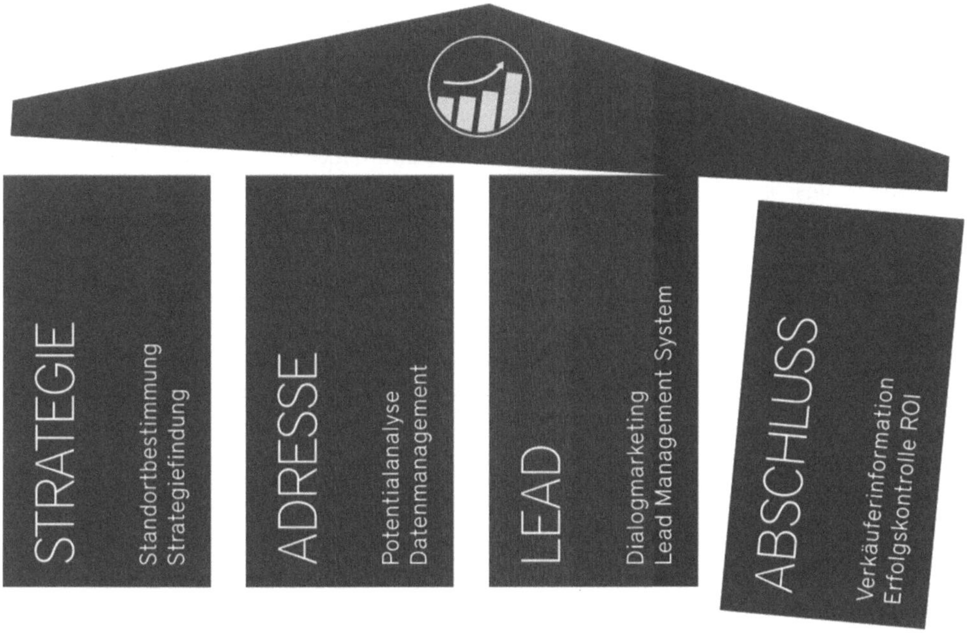

Abb. 6 Symbolische Darstellung der Phasen der Leadgenerierung mit einer gestörten Phase. (Quelle: direkt von Autor)

4 Maßgebliche Erfolgsfaktoren im Leadmanagement für STILL

Für eine erfolgreiche Wandlung von Leads sind mehrere Faktoren entscheidend. Diese sind als gleichgewichtet zu betrachten und sorgen in kompletter Entfaltung für den gewünschten Erfolg (Abb. 7).

Abb. 7 Schaubild der wichtigsten Erfolgsfaktoren im Leadmanagement. (Quelle: direkt von Autor)

4.1 Die Leadqualität

Bei der telefonischen Leadgenerierung handelt es sich um eine Dienstleistung, die durch Menschen erbracht wird. Jede Budgetkürzung wirkt sich zwangsläufig auf deren Handlungsspielraum aus. Oftmals wird dies noch verstärkt dadurch, dass der Mitarbeiter der Agentur erfolgsabhängig (Provision) für das Erzielen eines Leads entlohnt wird.

Der Lead ist ein Teilergebnis und ist keinesfalls neutral bewertbar wie ein getätigter Verkauf. Kämpft ein Mitarbeiter härter im Gespräch, um seine Provision zu erreichen, erhöht sich die Möglichkeit von Leadreue. Dies bedeutet, dass ein Kunde im Telefonat mit dem Agenten von diesem argumentativ überredet wurde und sich später von dieser Entscheidung dem Verkaufsberater gegenüber distanziert. Das führt wiederum zu einer Konfliktsituation zwischen der Agentur und den Verkaufsberatern. Daraus resultiert zwangsläufig eine sinkende Leadakzeptanz.

STILL hat die Entscheidung getroffen, nur mit Agenturen zusammenzuarbeiten, die ein Festgehalt ohne Erfolgsanteile zahlen und eine Abrechnung je Nettokontakt bzw. Entscheiderkontakt durchführen. So wird sichergestellt, dass jeder Kunde mit gleichbleibender Qualität angesprochen wird – unabhängig seines aktuellen Bedarfs.

Der Kunde, der aktuell keinen Bedarf hat, ist der Kunde von morgen und hier kann mit der Abrechnungsform je Nettokontakt bereits jetzt schon erfolgreich vorgearbeitet werden.

Folgende Abrechnungsformen haben sich am Markt etabliert. Doch worauf zahlen diese genau ein?

Preis je Nettokontakt (Entscheidergespräch): Bei einem Preis je Nettokontakt wurde mit dem Entscheider gesprochen und ein eindeutiges Ergebnis erzielt. Dies kann sowohl positiv als auch negativ sein.

Preis je Vertriebsstunde: Bei einem Preis je Vertriebsstunde (feste Pauschale je Arbeitsstunde) wird die Entlohnung bewusst von einzelnen Erfolgskriterien getrennt. Der Unterschied zwischen den ersten beiden Modellen liegt in der Anzahl der Kontakte (100 oder 100.000) bzw. in der Komplexität der Aufgabe.

Preis je Lead: Bei einer Abrechnung je Lead wird eine feste Pauschale je vereinbartem Lead ausgehandelt. Diese wird aus Sicht des Auftraggebers gern gewählt, um das eigene Risiko zu senken und eine feste Kalkulationsgrundlage zu haben. Oft geht dies leider einher mit dem Outsourcing des Vertriebsrisikos vom Auftraggeber auf die Agentur oder einer Führungsverantwortung für den Vertrieb (Agentur und Verkauf konkurrieren). So verständlich die Motivation ist, so klar ist das Ergebnis: durchschnittliche Erfolge bei hohem Konfliktpotenzial.

Sieht man das Budget als Kommunikationsenergie, das ein Unternehmen der Zielgruppe zukommen lassen möchte, entscheiden das Abrechnungsmodell und die Summe, wie viel Energie ankommt.

Bei einem geringen Preis je Lead kommt die Energie einzig und alleine bei den Leads an. Zielkunden mit späterem Interesse werden kaum oder gar nicht berücksichtigt. Bei einem guten Preis je Nettokontakt oder Vertriebsstunde kommt die Energie bei jedem Kontakt an, auch bei den Interessenten, die erst im nächsten Jahr Bedarf haben. Damit wird deutlich erkennbar, welche Entscheidung dauerhaft bzw. nachhaltiger erfolgreicher ist.

4.2 Die Leadakzeptanz

Ohne die Wandlung des Leads entsteht kein Erfolg im Sinne von Umsatz oder Auftragseingang. Die Wandlung eines Leads erfolgt immer durch den Verkaufsberater. Erkennt der Verkaufsberater den Vorteil nicht oder wird er durch die Leads sogar kontrolliert, sinkt wie vorher beschrieben die Leadakzeptanz und die „goldene Regel“ tritt in Kraft.

> „Wird auf einen Lead verkauft, lag es am Verkaufsberater.
> Wird auf einen Lead nicht verkauft, lag es am Lead“.

Zur Erhöhung der Leadakzeptanz wurden die STILL Verkaufsberater zum Besuch bei der Telefonagentur eingeladen. Diese – anfangs sehr skeptisch betrachtete – Aktion hat einen so enormen Erfolg auf die Leadakzeptanz gehabt, dass in den Niederlassungen, die die Agentur besucht haben, die Leadwandlung im Folgejahr nachhaltig stieg. Somit waren die Kosten für diesen Besuch eine lohnende Investition zur Ertragssteigerung.

Darüber hinaus erfolgt ein regelmäßiger Austausch zwischen STILL und der Agentur. Neue Mitarbeiter dieser Agentur nehmen bei STILL an Werksbesichtigungen teil. Regelmäßig finden Treffen auf Messen zum gegenseitigen Austausch statt. Viermal im Jahr werden die Mitarbeiter durch die hauseigenen Produkttrainer von STILL auf die Produkte und Dienstleistungen geschult.

4.3 Die Leadtransparenz

Leads sind wertvolle, vertriebsunterstützende Informationen von kurzer Lebenszeit. Warum ist das so? Das liegt in der Psychologie eines jeden Menschen, wenn man etwas möchte, dann solle dies auch möglichst schnell eintreten. Interessenten warten ungern. Leads sollten entsprechend ihres Wertes und ihrer Lebensdauer schnell bearbeitet werden. Genau wie die Erwartung an eine absolute Topqualität jeden Leads ist dafür auch eine konsequente Leadverfolgung notwendig. Bei STILL wurde dies bereits vor 15 Jahren durch den Einsatz des Leadmanagement Systems erfolgreich umgesetzt.

Zur kontinuierlichen Verbesserung der Leads verfügt das System über eine Feedbackschleife. Durch das persönliche Kennenlernen von Vertrieb und Dienstleister wurde die Feedbackschleife immer besser angenommen. Wichtig dabei sind eine schnelle Reaktionszeit und ehrliche Worte. Wenn ein Lead fehlerhaft oder unzureichend ermittelt ist, geht es um die Verarbeitung von Enttäuschung und die Klärung von Ursachen. Oft werden Leads mit geringeren oder späteren Potenzialen vom Vertrieb als „schlechte Leads" bewertet. Das ist oft schon mit Hinweisen auf die Zielgruppe (z. B. C-Kunden verbunden mit geringeren Potenzialen), aus der der Lead generiert wurde, zu erklären.

„Schlecht" ist ein Lead, wenn die Kriterien (Qualifizierung, Bestandsanalyse und Bedarfsermittlung) nicht erfüllt wurden oder der Inhalt nicht mit dem Gespräch übereinstimmt. Diese Quote darf 1 % der Leads nicht übersteigen und bedarf sofortiger Nachsteuerung. Weitere 2–4 % der Leads mit „schlechter" Bewertung fallen in die Bereiche Termin- oder Leadreue. Der Dienstleister erhält vom kontaktierten Kunden ein „Ja" und dem Vertrieb wird später gesagt es war ein „Nein".

Das ist eine Enttäuschung, jedoch keine „schlechte" Leadqualität und gehört zum Prozess. Schließlich finden diese Dialoge immer noch zwischen Menschen statt.

4.4 Die Leadwandlung

Durch das Ermitteln von Potenzialen wird keinerlei Beschleunigung des eigentlichen Kaufentscheidungsprozesses erzielt. Dieser bezeichnet die Zeit, in der ein Interessent den Bedarf für sich erkennt, äußert und eine Entscheidung zum Kauf getätigt hat. Mit Leads wird dauerhaft mehr verkauft, da mehr Bedarfsfälle aufgedeckt werden – allerdings niemals schneller, da der jeweilige Kaufentscheidungsprozess beim Kunden durchlaufen werden muss. Leads und Leadgenerierung brauchen Zeit. Sofern die drei genannten Faktoren eine hohe Qualität aufweisen, ist eine hohe Leadwandlung prognostizierbar.

Dieser Prozess kann durch ein neues Produkt oder durch andere Motivatoren, wie z. B. Rabatte oder persönliche Vorteile im Sinne von Prämien, beschleunigt werden. Wird dieser natürliche Kaufentscheidungsprozess beim Projektzeitraum nicht berücksichtigt, kann das Projekt scheitern, weil der Zeitraum bis zum Erfolg zu kurz gewählt wurde.

4.5 Der Erfolg – Umsatz und Rendite

Wie überzeugt man Manager und Controller von einem Marketingtool wie der telefonischen Leadgenerierung? Mit einer Marketingerfolgskontrolle die STILL entwickelt hat, um sich zum einen die Wandlungsquoten der einzelnen Phasen wie Leadquoten, Angebotsquoten und Auftragsgewinne anzusehen. Zum anderen wird der Erfolg der Gesamtkampagne betrachtet.

Für den Gesamtprozess sind die Wandlungen von der Adresse bis hin zum Kaufabschluss entscheidend. Als Erfolgsmaßstab hat sich bei STILL der Return on Investment (ROI) (Scott 2013) auf Basis des Deckungsbeitrags II[14] etabliert. Dazu werden die Deckungsbeiträge der generierten Verkäufe zu den Kosten der Kampagne in Relation gesetzt. Bei Flurförderzeugen liegt der Kaufentscheidungsprozess auf Kundenseite durchschnittlich bei drei bis neun Monaten. Gemessen wird ab dem Zeitpunkt der Leadübermittlung. Als Bemessungsgrundlage wurde deshalb ein Zeitraum von zwölf Monaten vom Zeitpunkt der Leadübergabe an den Vertrieb festgelegt.

Kauft ein Kunde in dieser Zeit, wird dieser Umsatz dem Lead zugeschrieben. Entscheidendes Argument ist, dass insbesondere im Outbound Adressen bearbeitet werden, die ein Vertriebler in der Regel nicht selbst aus Kapazitätsgründen kontaktiert. Er konzentriert sich auf die großen Potenziale in seinem geschützten Verkaufsgebiet, spart sich zeitaufwändige Kaltakquise und bekommt über Dialogmarketing (Krummenerl 2005) entsprechende aktuelle Leads zugeführt.

Ein ROI von über eins ist in der Regel schon lohnenswert. Bei Neuadressaktionen liegen diese im unteren einstelligen Bereich, bei Bestandskunden deutlich höher. Die Werte sehr spezieller, einzelner Aktionen können teilweise sogar in den zweistelligen Bereich gehen.

Allerdings ist die reine Höhe des ROI nicht das Wichtigste. Sie sollte natürlich über eins liegen, um dauerhaft mehr als das eingesetzte Kapital zurück zu erhalten. Eine zu hohe Konzentration auf die reine Höhe wird allerdings auch immer zu einer Auswahl von Zielgruppen führen, die eine noch höhere Wahrscheinlichkeit auf einen guten ROI haben. Das wiederum reduziert die Gesamtmenge an zur Verfügung stehenden möglichen Kontakten.

Theoretisch müsste man tatsächlich solange investieren, wie der ROI größer als der Wert eins ist. Allerdings fällt dieser auch wieder bei einer größeren Zielgruppe durch schlechtere Quoten. Das heißt, man könnte sich auch überlegen, welchen Deckungsbeitrag man erreichen möchte und danach berechnen, wie groß die Zielgruppe sein müsste, um dies zu erreichen. Im Umkehrschluss kann man sehr zuverlässig errechnen, mit welchem Budget man welche Umsätze und Deckungsbeiträge generieren kann. Dazu lässt sich folgendes vereinfachtes Zahlenbeispiel aufstellen:

- 100 T€ Investition mit einen ROI von 3 ergeben 300 T€ Deckungsbeitrag.
- 20 T€ Investition mit einen ROI von 5 ergeben 100 T€ Deckungsbeitrag (Abb. 8).

[14] https://www.erfolgskennzahlen.de/controlling/deckungsbeitraege-bedeutung-berechnung/. Zugegriffen am 28.05.2020.

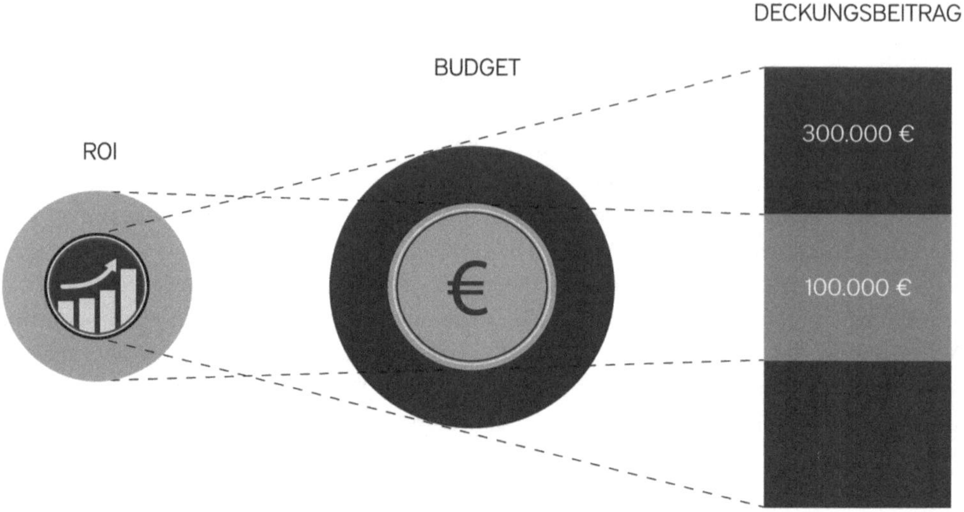

Abb. 8 Schaubild zur Verdeutlichung von Invest und Ertrag mit unterschiedlichen ROI's. (Quelle: direkt von Autor)

Obwohl der ROI fünf deutlich höher ist, werden in diesem Beispiel 200 T€ weniger Deckungsbeitrag erzielt. Es werden auch weniger Geräte verkauft, die wiederum weniger margenträchtige Serviceerträge nach sich ziehen. Die tatsächliche Wertigkeit hängt somit von der Höhe der Investition und dem ROI ab.

5 Ausblick und Fazit

In der Strategiephase wurde die Methode des Customer Value Management im Sinne der Kundenwertanalyse zur effizienten Ausschöpfung der Absatzpotenziale bereits erläutert, mit deren Hilfe Zielgruppenansprachen hinsichtlich der Verkaufserwartung permanent verbessert werden konnten.

Mit der Customer Value Prognose können allerdings nicht nur das Marketingbudget und die Vertriebsressourcen zielgerichteter eingesetzt, sondern auch eine Vertriebsprognose abgegeben werden. Mittlerweile können mit diesen Modellen die Verkaufsumsätze in verschiedenen Prognosehorizonten bestimmt werden.

Mit der Customer Value Methode ist nicht nur die Vorhersage des zukünftigen Umsatz-Cross- und Up-Selling-Potenzials je Adresse möglich. Es liefert auch aggregiert eine verlässliche Prognose für die Umsatzplanung.

Für jeden Vertriebler ist erkennbar, welchen Umsatz er mit jedem einzelnen Kunden generieren müsste, d. h. im Umkehrschluss auch, man kann mit einem Abgleich der Ist

und Soll-Werte sofort feststellen, welche Adressen noch nicht ausgeschöpft sind. Summiert man zudem die Kundenwerte aller einzelnen Kunden und Kundensegmente, erhält man eine Prognose für den Gesamtvertriebsumsatz. Dieser kann auf Produktgruppenbasis dann auch eine Planung für Absatzzahlen sein und somit einen relevanten Input für die Produktionsplanung ergeben.
Das Geheimnis guter Sales Qualified Leads ist ein guter Dialog. In diesem Dialog steht das Interesse für die andere Person über dem Interesse des direkten Absatzes an erster Stelle. Zeige ich wirkliches Interesse an meinem Gesprächspartner, wird sich jeder Dialog erfolgreich gestalten und werden daraus mehr und bessere Leads resultieren.

Leads sind wertvolle, vertriebsunterstützende Informationen von kurzer Lebensdauer. Mit Leads wird dauerhaft mehr verkauft – allerdings niemals schneller. „Wird auf ein Lead verkauft, lag es am Verkaufsberater. Wird auf ein Lead nicht verkauft, lag es am Lead“. Erfolgsfaktoren für Leads sind

- eine hohe Leadakzeptanz im Vertrieb,
- eine klare Leadtransparenz und
- eine hohe Leadqualität.

Sind diese drei Faktoren erfüllt, ist mit einer hohen Leadwandlung zu rechnen. Unternehmen stellen den Agenturen ihren Namen und ihre Adressen zur Verfügung und das Ergebnis ist der Beginn einer Vertriebskommunikation zwischen dem Zielkunden und dem Verkaufsberater.

Der Kunde, der aktuell keinen Bedarf hat, ist der Kunde von morgen. Sieht man Budget als Kommunikationsenergie, die ein Unternehmen in eine Zielgruppe investieren möchte, entscheidet sich damit auch, wie viel Energie ankommt.

Auch der richtige Partner spielt eine entscheidende Rolle. Wie arbeitet dieser Partner? Welches Entlohnungssystem wird verwendet? Wie eigenverantwortlich sind die Mitarbeiter? Wie identifizieren sich die Callcenter Agenten mit dem Auftraggeber?

Doch wie findet man den richtigen Partner? Das ist einfacher als gedacht. Überlegen Sie einmal kurz, in welcher Umgebung Sie erfolgreich sechs bis sieben Stunden telefonieren können. Nehmen Sie dazu noch die Faktoren Arbeitsklima und Bezahlung und Sie haben das Wichtigste zusammen.

Der nächste Schritt lautet: Hingehen und Zuhören, nicht dem Management, sondern den Mitarbeitern! Dürfen Sie das überhaupt, wenn ja agieren die Mitarbeiter selbstständig, wird gelacht, fühlen sich diese wohl oder wirken sie starr und kontrolliert?

In einem weiteren Schritt hören Sie in die Calls hinein. Sie werden schnell merken, ob die Mitarbeiter selbstbewusst, offen und neugierig oder nur stereotypisch trainiert sind und agieren, Einwände schlicht überhören und stur auf Quote telefonieren. Sie werden erstaunt sein, wie einfach Ihnen die Entscheidung für den richtigen Partner für Ihr erfolgreiches Leadmanagement fallen wird.

Eines sollten Sie immer im Kopf behalten: Bei der Zusammenarbeit mit einem Dienstleister übergeben Sie diesem Ihre zwei größten Unternehmensschätze: Ihren Firmennamen und Ihre Kunden.

Literatur

Hannig, U. (2017). *Marketing und Sales Automation Grundlagen – Tools – Umsetzung*. Berlin: Springer.

Häusel, H.-G. (2009). *Emotional Boosting – Die hohe Kunst der Kaufverführung*. Freiburg: Haufe.

Johnson, G., Scholes, K., & Whittington, R. (2011). *Strategisches Management – Einführung Analyse Entscheidung und Umfeld*. London: Pearson Studium.

Kersten, W., Seiter, M., von See, B., Hackius, N., & Maurer, T. (2017). *Trends und Strategien in Logistik und Supply Chain Management*. Hamburg: Chancen der digitalen Transformation/DVV Media Group GmbH.

Kreutzer, R. T. (2009). *Praxisorientiertes Marketing: Grundlagen – Instrumente – Fallbeispiele*. Wiesbaden: Gabler.

Krummenerl, M. (2005). *Erfolgsfaktoren im Dialogmarketing – Eine empirische Analyse unter Berücksichtigung von B-to-B und B-to-C Unternehmen*. Wiesbaden: Gabler.

Leußer, W., Hippner, H., & Wilde, K. D. (2011). *CRM – Grundlagen, Konzepte und Prozesse*. Wiesbaden: Gabler.

Pflaum, A., Gundelfinge, C., Naumann, V., & Schwemmer, M. (2017). *Transportlogistik 4.0*. Stuttgart: Fraunhofer.

Scott, D. T. (2013). *The new rules of lead generation – Proven strategies to maximize marketing ROI*. New York: AMACOM.

Wirtz, B. W. (2003). *Kundenbindung durch E-Customer Relationship Management*. Wiesbaden: Gabler.

Oliver Nolte Dienstleister aus Leidenschaft seit über 30 Jahren. Oliver Nolte ist Geschäftsführer der lead on GmbH mit Sitz in Potsdam. Gemeinsam mit einem Team von rund 70 hoch motivierten Kommunikations-Experten unterstützt er namhafte Unternehmen mit professionellem Dialogmarketing im B2B-Sektor, in über 20 Ländern mit native Speakern. Mit seinem Konzept und dem Firmencredo „Erfolgreicher kommunizieren & mehr verkaufen!“, hat er neue Maßstäbe in der telefonischen Leadgenerierung sowie im direkten Dialog mit Kunden gesetzt. Die Bandbreite der angebotenen Lead Services reicht mittlerweile von der vertriebsunterstützenden Leadgenerierung, über Kundenzufriedenheitsbefragungen, Kommunikationstrainings bis hin zu maßgeschneiderten Software Lösungen.

Sönke Caro Seit 2004, noch während seines Studiums zum Dipl.-Ing. oec., ist Sönke Caro in der Unternehmenszentrale des Intralogistikanbieters STILL in Hamburg tätig und verantwortet den Bereich Kundendirektkommunikation. Er ist europaweit verantwortlich für die Bereiche Direct Communications, Sales Incentives und Customer Satisfaction Surveys. Neben der Standardisierung und der Optimierung von Pro-zessen hat Herr Caro im Unternehmen Erfolgsbetrachtungen von Marketingmaßnahmen etabliert und verfügt über langjährige Erfahrung in der Entwicklung und Implementierung von Marketingtools zur effizienten Vertriebsunterstützung.

User Experience und Touchpoint-Management – Eine Fallstudie zur Inhouse-Umsetzung für den Mittelstand

Fabienne Halb und Uwe Seebacher

Inhaltsverzeichnis

F. Halb (✉)
Graz, Österreich
E-Mail: fabienne.halb@gmx.at

U. Seebacher
Graz, Österreich
E-Mail: http://www.uweseebacher.org

U. Seebacher (Hrsg.), *Praxishandbuch B2B-Marketing*,
https://doi.org/10.1007/978-3-658-31651-8_29

Zusammenfassung

Touchpoints sind die Momente der Wahrheit. An diesen Kontaktpunkten entscheidet sich, ob Kunden kaufen und einem Unternehmen loyal sein werden oder nicht. Um Kunden den Kauf zu erleichtern, müssen B2B-Marketeers nicht nur den Verlauf der Käuferreise, oder Customer Journey, verstehen, sondern auch die größten Herausforderungen für Entscheidungsträger an jedem Kontaktpunkt entlang ihres Weges zum Kaufabschluss kennen. Aus diesem Grund sollte es zu Beginn jeder User-Experience-Initiative das Ziel sein, die für potenzielle als auch aktuelle Kunden relevanten Berührungspunkte in den jeweiligen Phasen des Entscheidungs- und Kaufprozesses zu identifizieren und zu bewerten.

Der Einsatz eines B2B-Touchpoint-Evaluierungstools ermöglicht eine interaktive und mehrdimensionale Evaluierung einzelner Kontaktpunkte, nicht nur aus unternehmensinterner Sicht, sondern auch aus Käuferperspektive und hilft so, kundenorientierte Empfehlungen für das zukünftige Management der identifizierten Kontaktpunkte abzuleiten.

Darauf aufbauend hat eine internationale industrielle Technologiegruppe ein Forschungsprojekt zur Identifizierung und Bewertung von Berührungspunkten in ihrer Branche durchgeführt. Die Fallstudie gibt Aufschluss darüber, wie der Technologiekonzern Kunden in die Touchpoint-Analyse einbezogen hat, wie die Ergebnisse mit Hilfe eines B2B-Touchpoint-Evaluierungstools ausgewertet wurden, und zu welchen Erkenntnissen das Projekt geführt hat, welche die Entscheidungen über die Verteilung der Marketingressourcen pro Touchpoint beeinflussen.

Profil einer internationalen Gruppe für Industrietechnologie

Mit über hundert Jahren Erfahrung im Ingenieurwesen blickt der vorgestellte Technologiekonzern auf eine lange Tradition als Lieferant von Anlagen, Systemen und Dienstleistungen für eine Vielzahl unterschiedlicher Anwendungen und Branchen zurück.

Bei dem analysierten Markt, auf dem der Technologieanbieter tätig ist, handelt es sich um einen stark umkämpften, fragmentierten und reifen Markt, auf dem die führenden 20 % der Hersteller mehr als 80 % des Marktanteils halten. Die weltweite Nachfrage auf dem jeweiligen Markt steht in engem Zusammenhang mit dem Volumen der Anlageinvestitionen und den Wachstumsmustern in den Schlüsselindustrien. Auf der Grundlage eines breiten Wachstums in den Hauptindustrien wird jedoch davon ausgegangen, dass der Markt weiter expandieren wird. Darüber hinaus ergeben sich Geschäftschancen durch zunehmende Investitionen in Entwicklungsländern aufgrund der raschen Industrialisierung, Urbanisierung und Infrastrukturentwicklung.

Der Markt ist aufgrund des zunehmenden Wettbewerbs durch Hersteller von Billigprodukten sehr preissensibel. Es wird prognostiziert, dass die Preisvolatilität in naher Zukunft einer der größten hemmenden Faktoren auf dem Markt sein wird. Der zunehmende Druck auf die Gewinnmargen der Produkthersteller wird außerdem zu einem zunehmenden Grad der Konsolidierung im Markt führen. Es wird damit gerechnet, dass die Marktkonsolidierung durch Fusionen und Übernahmen das Wachstum und die Erhöhung des Marktanteils der Hauptakteure weiter vorantreiben wird. Zudem wird erwartet, dass das wachsende Bewusstsein über die Einhaltung regionaler Umweltvorschriften die Nachfrage begrenzen wird.

Lange Zeit war der Markt durch stetiges Wachstum und langsamen technologischen Wandel gekennzeichnet. Zu den wichtigsten globalen Wettbewerbsfaktoren innerhalb des Marktes gehörten der Preis, die Lieferzeit, die Reputation der Marke oder des Herstellers, und die Servicequalität. Das heutige Geschäftsumfeld ist jedoch dynamischer und komplexer denn je, da es sich ständig und mit zunehmender Geschwindigkeit verändert – sei es durch technologische Innovationen oder Änderungen im Kaufverhalten – was dazu führt, dass Unternehmen mit zunehmender Marktunsicherheit konfrontiert sind. Neue Technologien und Konzepte wie das Internet der Dinge, intelligente und internetfähige Geräte und Sensoren, Cloud Computing, 3D-Druck, vorausschauende Wartung oder Smart Service bestimmen derzeit die Branche und prägen die Art und Weise, wie Geschäfte gemacht werden.

Die Hauptakteure auf dem Markt konzentrieren sich auf die Erweiterung ihres Produktportfolios und technologische Innovation, um einen Wettbewerbsvorteil gegenüber der Konkurrenz zu erreichen. Der Markt wird weiterhin Zeuge technologischer Entwicklung sein, wie zum Beispiel 3D-Drucktechnologie kombiniert mit Computermodellierung für Ersatzteile. Da B2B-Kunden jedoch anfangen, ein besseres (Kauf-)Erlebnis zu verlangen, stellen führende Branchenakteure wie ihre B2C-Kollegen zunehmend einzigartige Erfahrungen in den Mittelpunkt ihrer Strategien. Um Entscheidungsträgern den Kauf zu erleichtern und solch einzigartige Erlebnisse zu schaffen, müssen Marketingexperten die Kundenreise verstehen und die wichtigsten Herausforderungen an jedem Berührungspunkt auf dem Weg zum Kauf identifizieren. Touchpoints sind die kritischen Momente, in denen (potenzielle) Kunden ihre Kaufentscheidung oder die Entscheidung über ihre zukünftige Beziehung zum Anbieter in Bezug auf Loyalität treffen. Aus diesem Grund zielt die Marketingabteilung des Technologiekonzerns darauf ab, die für Kunden relevanten Touchpoints zu definieren und zu bewerten, um die Zuweisung der Marketingressourcen pro Touchpoint zu optimieren und die Effektivität der Touchpoints zu verbessern, um letztendlich die Anzahl der Neukunden zu erhöhen.

1 Die Herausforderung: Welche Berührungspunkte sind am wirksamsten?

Die heutige Informationsmenge und -geschwindigkeit sowie die Vielfalt der Auswahlalternativen nimmt rapide zu, was dazu führt, dass B2B-Entscheidungsträger von der Informationsflut und den Wahlmöglichkeiten, mit denen sie konfrontiert sind, überfordert sind und daher Schwierigkeiten haben, die richtigen Kaufentscheidungen zu treffen. Um diese

Kunden zu gewinnen, müssen die Anbieter Strategien und Instrumente entwickeln, die den Kauf erleichtern und (potenziellen) Kunden in jeder Phase und an jedem Berührungspunkt des Kaufprozesses helfen (Toman et al. 2017, S. 120).

Anders als die Mehrheit der B2B-Unternehmen hat der Technologiekonzern bereits branchentypische Kaufentscheidungsprozesse und die jeweiligen Touchpoints aufgedeckt. Allerdings basieren die identifizierten Customer Journeys bisher ausschließlich auf internen Erkenntnissen, da (potenzielle) Kunden noch nicht in den Mapping-Prozess integriert wurden, was einige grundsätzliche Fragen aufwirft.

Gegenwärtig ist unklar, ob die identifizierten Customer Journey Maps, die Visualisierungen der Kundenreise, die Wahrnehmung der Kunden widerspiegeln, da nicht überprüft wurde, ob die Innenansicht des Unternehmens mit der Außenansicht von (potenziellen) Kunden übereinstimmt. An diesem Punkt stellt sich die Frage, welche Berührungspunkte die Kunden tatsächlich wahrnehmen und ob alle für die Kunden relevanten Berührungspunkte erkannt wurden, oder ob bei den abgebildeten Customer Journey Maps noch wichtige kundenbeeinflussende Berührungspunkte fehlen.

Darüber hinaus wurde nicht mit Kunden abgeglichen, wie relevant jeder einzelne der identifizierten Berührungspunkte für sie entlang des Kaufentscheidungsprozesses ist. Die Fragen, welchen Einfluss die einzelnen Berührungspunkte auf die Meinungsbildung und Entscheidungsfindung der Kunden haben und welche Berührungspunkte die effektivsten sind, wurden noch nicht geklärt.

In einem ersten Schritt beschließt die Technologiegruppe, sich auf die aktuell bestehenden Kunden der Organisation zu konzentrieren, um daraus Erkenntnisse für die Erfüllung der folgenden Ziele abzuleiten:

- Identifikation und Bewertung der für Kunden relevanten Berührungspunkte
- Optimierung des Marketingressourcen-Managements (Seebacher und Güpner 2011) und der Zuteilung pro Kontaktpunkt
- Verbesserung der Effektivität der Kontaktpunkte, um die Zahl der marketingqualifizierten Leads zu erhöhen
- Erhöhung der Zahl der Neukunden

2 Die Lösung: Projekt zur Touchpoint-Evaluierung

Um die umrissenen Ziele zu erreichen, beschließt die Technologiegruppe, ein Projekt zur Evaluierung von Touchpoints durchzuführen. Mit Hilfe des B2B-Touchpoint-Evaluierungstools, das im Artikel *User Experience und Touchpoint-Management – Ein Touchpoint Performance Management Toolkit* vorgestellt wird, soll eine Analyse durchgeführt werden, welche Touchpoints im Hinblick auf ihre Bekanntheit und Relevanz für die Kunden untersucht. Anschließend wird die Touchpoint-Qualität und deren Einfluss auf die Kaufentscheidung analysiert. Aus den Ergebnissen der Touchpoint-Evaluierung sollen Entscheidungen und Maßnahmen für das zukünftige Management der Touchpoints des Unternehmens abgeleitet werden. Nach der Analyse der Touchpoints aus Kundenperspektive kann die aktuell skizzierte Customer Journey auf Vollständigkeit überprüft, und die intern und extern ermittelten Kundenreisen verglichen und abgeglichen werden.

2.1 Forschungsdesign

Wie in den Zielsetzungen der Marketingabteilung des Technologiekonzerns erklärt, sollen die für Kunden relevanten Touchpoints identifiziert und bewertet werden, um daraus Marketingmaßnahmen zur Verbesserung der Touchpoint-Effektivität und zur Optimierung der Marketingressourcenallokation pro Touchpoint ableiten zu können. Die Kunden sollen daher gefragt werden, wie sie die Touchpoints erleben, auf die sie während ihres Kaufentscheidungsprozesses hinsichtlich des Technologieanbieters treffen. Um herauszufinden, welche Touchpoints im Fokus stehen sollen, soll das industrielle B2B-Touchpoint-Evaluierungstool als Grundlage für die Entwicklung des Forschungsinstruments sowie für die Bewertung der identifizierten und untersuchten Touchpoints hinsichtlich ihrer Wertigkeit aus Kundensicht dienen. Bevor Kunden in die Forschung einbezogen werden können, müssen die folgenden Fragen auf der Grundlage intern verfügbarer Informationen beantwortet werden:

- Welche Berührungspunkte sind bisher identifiziert worden?
- Welche Customer Journeys sind bisher identifiziert worden?

Sobald diese Fragen beantwortet sind, sollen vertiefte Einblicke in die tatsächliche Wahrnehmung und Sichtweise der Kunden auf die Berührungspunkte innerhalb der Branche gegeben werden, um das folgende Informationsdefizit zu schließen:

- Die Wahrnehmung der Berührungspunkte durch (potenzielle) Kunden während des gesamten industriellen Kaufentscheidungsprozesses
- Relevanz und Auswirkung von Berührungspunkten auf die Meinungsbildung und Entscheidungsfindung (potenzieller) Kunden während des gesamten industriellen Kaufentscheidungsprozesses

Um das definierte Informationsdefizit zu schließen, müssen die folgenden Fragen beantwortet werden:

- Welche Berührungspunkte werden von den Kunden tatsächlich wahrgenommen?
- Wie relevant sind die identifizierten Berührungspunkte für Kunden im Hinblick auf die Meinungsbildung und Entscheidungsfindung entlang ihrer ihres Kaufentscheidungsprozesses?

Da in diesem Fall das Informationsdefizit sehr spezifisch ist und sich auf eine bestimmte Zielgruppe beschränkt, die bisher in der Literatur unzureichend untersucht wurde, ist ein zweistufiges Forschungsdesign erforderlich. Zunächst muss eine Sekundärforschung in

Form einer internen Analyse durchgeführt werden, um darzulegen welche Berührungspunkte und Kundenreisen bisher unternehmensseitig identifiziert wurden. Der zweite Schritt ist eine Primärforschung, die erforderlich ist, um die jeweiligen Forschungsfragen aus Kundensicht beantworten zu können. Die interne Analyse basiert auf der Sammlung intern verfügbarer Informationen aus dem Marketing und internen Datenbanken.

Nach Abschluss der Sekundärforschung soll in einer externen Analyse die Kundenperspektive auf Touchpoints in Form einer Kundenbefragung und Interviews im Rahmen der Primärforschung erfasst werden. Da die Forschungsfragen und das Ziel dieser Forschung darauf ausgerichtet sind, einen vertieften Einblick in die Wahrnehmung, Sichtweise, Meinung, Gedanken und Gefühle der Kunden zu Touchpoints innerhalb der Branche zu gewinnen, ist ein explorativer Ansatz erforderlich, der zur Entscheidung für die qualitative Forschungsmethode der explorativen Kundenbefragung führt, die durch eine quantitative Online-Umfrage ergänzt wird. Dieser multimethodische Ansatz mag keine repräsentativen Ergebnisse liefern; das vorliegende Forschungsdesign soll jedoch in erster Linie erste wertvolle Einblicke in die Wahrnehmung und Sicht der Kunden auf ausgewählte Touchpoints liefern. Um die Ergebnisse der Interviews zu untermauern, bietet die Online-Umfrage jedoch die Möglichkeit, einige quantitative Daten zu erheben.

2.2 Sekundärforschung

Als Grundlage für die Primärforschung muss eine Sekundärforschung in Form einer internen Analyse durchgeführt werden, um bisher intern identifizierte Berührungspunkte und Kundenreisen zu erfassen. Zu diesem Zweck müssen alle intern verfügbaren Dokumente der bisherigen Arbeiten zu Fragen der Kundenerfahrung, der Kaufentscheidungsprozesse und der Kundenkontaktpunkte analysiert werden. Diese Dokumente stammen hauptsächlich aus der Marketingabteilung des Technologieanbieters, da das Marketing für die strategische Entwicklung in Bezug auf dieses Thema verantwortlich ist.

Zu den Informationsquellen und Materialien für die Sekundärforschung gehören einige wenige Customer Journey Maps und Personabeschreibungen, die im Rahmen eines derzeit laufenden Projekts zur Marketingautomatisierung entwickelt wurden. Zusammen mit dem für das Marketing-Automatisierungsprojekt verantwortlichen Datenstrategen kann eine Übersicht über alle derzeit identifizierten Touchpoints erstellt werden. Darüber hinaus enthalten die Materialien einige Quellen aus veröffentlichten Forschungsarbeiten zu Kundenkontaktpunkten, auf die die Marketingabteilung bisher zurückgriff, zum Beispiel bei der Frage, welche Kontaktpunkte für die Lead-Generierung am effektivsten sind.

2.3 Primärforschung

Die Analyse des Kundenerlebnisses auf dem Weg zum Kauf muss aus beiden Perspektiven erfolgen: Der Unternehmens- und der Kundensicht. Nur dieser zweiseitige Ansatz ermöglicht es einem Unternehmen, alle Berührungspunkte entlang der Customer Journey und deren Relevanz für Kunden und ihre Informations- und Kauferfahrung zu identifizieren (Keller 2017, S. 41). Um die Bedeutung und die Qualität der Touchpoints aus Kundensicht messen zu können, müssen daher Kunden im Rahmen einer Primärforschung befragt werden (Schüller 2016, S. 185).

2.4 Zielgruppen- und Stichprobenauswahl

Da die Forschung darauf abzielt, potenzielle Unterschiede im Touchpoint-Verhalten zwischen verschiedenen Kundensegmenten aufzudecken, müssen Kunden beider Produktkategorien, sowohl der *Standard- als auch* der *Engineered* Produkte, und unterschiedlicher Unternehmensgrößen befragt werden. Die Kunden können in industrielle und institutionelle Kunden kategorisiert werden. Zu den industriellen Kunden gehören Fertigungsunternehmen, Ingenieur-, Beschaffungs- und Bauunternehmen (EPC) sowie Agenten. Bei den institutionellen Kunden kann es sich um öffentliche Versorgungsbetriebe oder Regierungseinrichtungen handeln. Abb. 1 stellt die geplante Struktur der Forschungszielgruppe dar (vgl. Abb. 1).

Für eine Touchpoint-Umfrage reichen laut Schüller 50 bis 100 Personen für den Anfang aus (Schüller 2016, S. 185). Die Untersuchung zielt daher darauf ab, insgesamt mindestens 50 Kunden zu befragen. Diese Zahl teilt sich auf zwei verschiedene Befragungsansätze auf. Die Kundenkontakte für diese Forschung werden sowohl aus der internen Kundendatenbank als auch aus dem Außendienst bezogen.

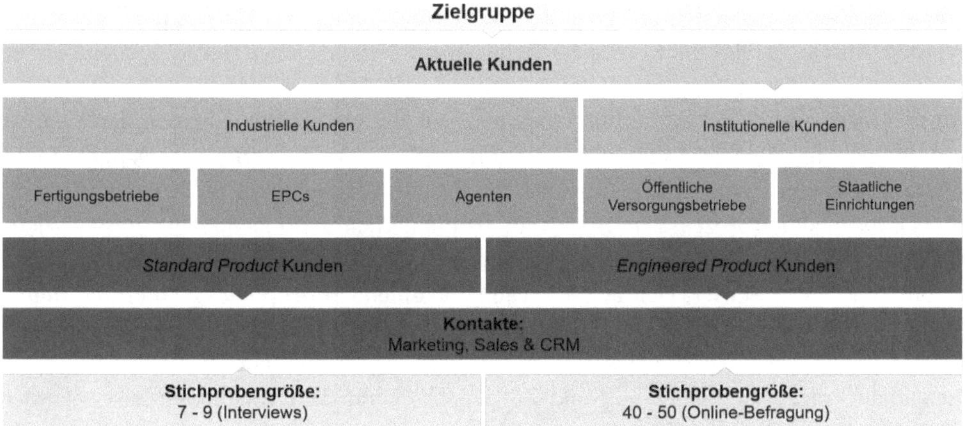

Abb. 1 Zielgruppe der Primärforschung (eigene Darstellung)

2.5 Forschungsinstrument und Feldforschung

Die Forschung basiert auf zwei verschiedenen Instrumenten. Ein standardisierter quantitativer Fragebogen ist so konzipiert, dass die Antworten auf recht schnelle und einfache Weise generiert werden können. Dies bedeutet jedoch nicht, dass der Fragebogen nur darauf ausgerichtet ist, einen allgemeinen Eindruck zu gewinnen. Deshalb enthält der Fragebogen auch offene Fragen, die den Teilnehmern die Möglichkeit geben, ihre Gedanken in eigenen Worten mitzuteilen. Der quantitative Fragebogen wird den Teilnehmern als Online-Umfrage zur Verfügung gestellt. Insgesamt sollen 40 bis 50 Fragebögen die Grundlage für die spätere Touchpoint-Auswertung bilden.

Qualitative Tiefeninterviews erfordern mehr Zeit, ermöglichen aber einen noch tieferen Einblick in die Motive und Ansichten der Kunden. Je nach Verfügbarkeit und geographischer Entfernung der Teilnehmer und des Interviewers können die Tiefeninterviews persönlich oder per Telefon oder Video-Chat durchgeführt werden. Unter der Leitung eines semi-standardisierten Interviewleitfadens werden insgesamt sieben bis neun Tiefeninterviews durchgeführt. Schließlich können die Ergebnisse der Sekundär- und Primärforschung, die interne Unternehmenssicht und die externe Sichtweise der Kunden, verglichen werden, um Antworten zu finden, welche das Informationsdefizit des Technologieanbieters ausgleichen können.

Auf der Grundlage der durch die Literaturrecherche und die interne Analyse gesammelten Informationen wird ein Interviewleitfaden für die semi-standardisierten qualitativen Kundeninterviews entwickelt, der in acht Abschnitte gegliedert ist. Nach der Einverständniserklärung der Befragten sowohl zur Aufzeichnung der Interviews als auch zur Speicherung und Verarbeitung der erhobenen Daten beginnt Abschn. 1 mit einigen einleitenden Fragen, um das Eis zu brechen, wobei gefragt wird, wie die Befragten auf den Technologieanbieter aufmerksam wurden, wann und wie ihre Kundenbeziehung mit dem Unternehmen begann. Abschn. 2 zielt darauf ab, etwas über die Informationsquellen zu erfahren, die Kunden üblicherweise bei der Suche nach bestimmten Technologien nutzen, sowie darüber, wie sie sich der aktuellen Berührungspunkte des Unternehmens bewusst wurden. Abschn. 3 fährt mit Fragen zur Relevanz der verschiedenen Berührungspunkte für die Kunden auf ihrem Weg zur Kaufentscheidung fort, bevor sich Abschn. 4 eingehender mit den Auswirkungen der Berührungspunkte auf die Kaufentscheidungen der Kunden befasst. Abschn. 5 bezieht sich wiederum auf die Bedeutung der Berührungspunkte und überprüft Abschn. 3, indem er erfragt, welche Berührungspunkte für die Kunden während ihres Entscheidungsprozesses in Bezug auf Technologieinvestitionen am wenigsten wichtig sind.

Abschn. 6 konzentriert sich auf die wahrgenommene Touchpoint-Qualität und untersucht die besten sowie die schlechtesten Erfahrungen der Kunden mit dem Unternehmen in der Vergangenheit. Abschn. 7 ist der letzte inhaltliche Abschnitt des Interviewleitfadens. Er enthält Fragen zur Bedeutung und Zufriedenheit mit dem Touchpoint-Mix, den der Technologiekonzern derzeit anbietet, und untersucht die Sicht der Kunden auf die Touchpoint-Vielfalt, die logische Verbindung der Touchpoints, den Informationsfluss und die einfache Navigation sowie das kohärente Design und Erscheinungsbild über die Touchpoints hinweg. Um sicherzustellen, dass die Befragten die Möglichkeit haben, alles auszudrücken, was sie sagen möchten, werden sie schließlich gefragt, ob sie zusätzlich etwas erwähnen oder auf etwas hinweisen wollen, was während des Interviews nicht besprochen wurde, bevor das Interview mit einigen Fragen zu Strukturdaten zur Identifizierung der zugrundeliegenden Personas beendet wird. Zu den Strukturdaten gehören der Standort des Unternehmens, die Branche, in der das Unternehmen tätig ist, die Größe des Unternehmens in Bezug auf Mitarbeiter und Umsatz, die Abteilung und die Position der Befragten sowie deren Beteiligung und Befugnisse bei Kaufentscheidungen. Schließlich werden einige Fragen zur Struktur des Buying Centers, des Einkaufsgremiums der jeweiligen Unternehmen einbezogen, wobei die Anzahl der beteiligten Entscheidungsträger und Abteilungen sowie die Zeit bis zu einer endgültigen Kaufentscheidung untersucht werden.

Um die Ergebnisse der beiden methodischen Ansätze vergleichen zu können, basiert der standardisierte Fragebogen für die Online-Befragung auf den gleichen Fragen wie der Interviewleitfaden, allerdings sind die Fragen des „zusätzlichen" Abschnitts im Leitfaden ausgenommen, um eine hohe Abbruchquote der Befragten aufgrund der Länge der Befragung zu vermeiden. Die Umfrage enthält jedoch nach wie vor offene Fragen, um im Rahmen einer eher quantitativen Erhebung dennoch möglichst viele qualitative Erkenntnisse zu gewinnen. Beide Instrumente werden einem internen Vortest unterzogen, um mögliche Quellen für Missverständnisse oder Fehler zu finden und die zu erwartende Dauer der Durchführung zu testen. Die Tabelle auf den folgenden Seiten fasst die Fragen beider Instrumente zusammen. Die Fragen in der linken Spalte der Tabelle sind die Standardfragen, die in beiden Instrumenten enthalten waren. Die Fragen in der rechten Spalte sind Zusatzfragen, die in den Interviews, aber nicht in der Online-Umfrage gestellt wurden, um zu verhindern, dass die Online-Umfrage zu lang ist, was einen negativen Einfluss auf die Abschlussquote haben könnte (Tab. 1 und 2).

2.6 Datenerhebung und -analyse

Da die Ziele dieser Studie darauf ausgerichtet sind, die Wahrnehmung und Erfahrung der Kunden mit den Touchpoints des Technologieanbieters zu untersuchen, wurden die Daten von aktuellen Kunden gewonnen. Für die Interviews wurden die Kunden zunächst von den verantwortlichen Vertriebsleitern kontaktiert. Für die Online-Umfrage wurde ein Link direkt von der Marketingabteilung, aber auch von den Vertriebsleitern per E-Mail verschickt, je nach aktuellen Projekten und der Beziehung zum Kunden. Die Online-Kundenbefragung wurde an insgesamt mehr als 150 Kunden verschickt, darunter Endkunden, Agenten und EPCs auf der ganzen Welt. Insgesamt wurden 66 Fragebögen begonnen, von denen 43 Fragebögen ausgefüllt wurden, was zu einer Rücklaufquote von 44 % und einer Erfüllungsquote von 65 % führte. Für die Kundeninterviews wurden insgesamt 31 Kunden kontaktiert, von denen acht bereit waren, im Zeitraum von April bis Juni 2019 teilzunehmen. Da alle Kunden, deren Kontaktdaten für die Zwecke dieser Untersuchung zur Verfügung

Tab. 1 Fragen Online-Umfrage und Interviewleitfaden (eigene Darstellung)

Nr.	Fragen
1 Eisbrecherfragen	
1.1	Sind Sie ein aktueller Kunde von <Firmenname> oder haben Sie in der Vergangenheit schon einmal Produkte oder Dienstleistungen von diesem Anbieter erworben? O Ja *(weiter mit Zusatzfrage)* O Nein *(weiter mit Frage 2.1)*
1.2	Wie sind Sie auf diesen Anbieter aufmerksam geworden?
2 Touchpoint-Bewusstsein	
2.1	Welche Informationsquellen würden Sie bei der Suche nach <Technologietyp> Technologien verwenden?
2.2	Welche Anlaufstellen bei <Firmenname> sind Ihnen bekannt? *Mehrfachnennungen möglich. Wenn das Unternehmen nicht bekannt ist, kreuzen Sie das Kästchen „keine" an und fahren Sie mit Frage 3.1 fort.* O Anzeigen in Printmagazinen* O Artikel in Printmagazinen* **Bitte geben Sie den Namen der Publikation(en) ein:* ____________________ O Agenten O Broschüren O Einkaufsführer/Lieferantenverzeichnisse O App des Anbieters O Newsletter des Anbieters O Firmenveranstaltungen O Berater O Unternehmenspräsentationen O Kontakt zu Vertriebsansprechpartnern O Website des Anbieters O Kundenmagazin O Postwurfsendungen O-E-Mails O Treffen mit Vertriebsansprechpartnern O Google Suche O Industrieblogs O Industrieforen O Einladung zu einer Firmenbesichtigung O Industriespezifische Websites O Newsletter von Fachzeitschriften* **Bitte geben Sie den Namen der Website / des Newsletter-Absenders an:* ____________________ O Telefonat mit Vertriebsansprechpartnern O Pressemitteilungen O Produktkatalog O Empfehlungen von Arbeitskollegen O Empfehlungen von Branchenkollegen O Empfehlungen von Familie und Freunden O Testberichte O Webinare O Whitepapers O Soziale Medien* **Bitte nennen Sie das/die relevante(n) soziale(n) Netzwerk(e):* ____________________ O Fachmessen, Ausstellungen und Konferenzen* **Bitte nennen Sie die entsprechende(n) Messe(n), Ausstellung(en) und Konferenz(en):* ____________________

Tab. 29.1 (Fortsetzung)

<table>
<tr><td></td><td colspan="3">O Sonstiges*
*Bitte nennen Sie sonstige relevante Kontaktpunkte: ________ ____________________ _
O Keine</td></tr>
<tr><td colspan="4">3 Touchpoint Relevanz</td></tr>
<tr><td rowspan="2">3.1</td><td colspan="3">Welche fünf Kontaktpunkte sind für Sie in der jeweiligen Phase Ihres Kaufentscheidungsprozesses hinsichtlich <Typ> Technologien am wichtigsten?
Wählen Sie für jede Phase die fünf wichtigsten Kontaktpunkte aus der Liste der Frage 2.2. Wird in der Online-Umfrage als Matrix angezeigt.</td></tr>
<tr><td>Vor dem Kauf
Informationssuche, Prüfung und Kontaktaufnahme zu potenziellen Lieferanten, Angebotseinholung, Vergleich und Bewertung der eingegangenen Angebote</td><td>Während des Kaufs
Auswahl eines Lieferanten, Verhandlung der Konditionen, Abschluss des Kaufvertrags</td><td>Nach dem Kauf
Inbetriebnahme der erworbenen Lösung, Inanspruchnahme von Serviceleistungen, Erfahrungen und Meinungsbildung zur erworbenen Lösung bzw. dem Anbieter</td></tr>
<tr><td colspan="4">4 Auswirkung des Touchpoints auf die Kaufentscheidung</td></tr>
<tr><td>4.1</td><td>Welche fünf Kontaktpunkte überzeugen Sie schließlich von <Firmenname> zu kaufen?
Wählen Sie fünf Kontaktstellen aus der Liste aus.</td><td colspan="2">Bezugnehmend auf die fünf ausgewählten Kontaktpunkte:

Warum sind <ausgewählte Kontaktpunkte> von so hoher Relevanz für Sie?

Was ist für Sie in Bezug auf diese Kontaktpunkte wichtig?

Welche Erwartungen haben Sie an diese für Sie besonders wichtigen Kontaktpunkte?</td></tr>
<tr><td colspan="4">5 Touchpoint Relevanz</td></tr>
<tr><td>5.1</td><td colspan="3">Welche fünf Kontaktpunkte sind generell am wenigsten wichtig für Sie in Ihrem Kaufentscheidungsprozess hinsichtlich <Typ> Technologien?
Wählen Sie fünf Kontaktstellen aus der Liste aus.</td></tr>
<tr><td colspan="4">6 Touchpoint Qualität</td></tr>
<tr><td>6.1</td><td>Mit welchen fünf Kontaktpunkten von <Firmenname> haben Sie bisher die besten Erfahrungen gemacht?
Wählen Sie fünf Kontaktstellen aus der Liste aus.</td><td colspan="2">Was hat Ihre Erfahrungen mit diesen Kontaktpunkten so besonders gemacht?

An welche positiven Momente erinnern Sie sich, als Sie mit <Firmenname> in Kontakt traten?</td></tr>
</table>

Tab. 29.1 (Fortsetzung)

6.2	Mit welchen fünf Kontaktstellen von <Firmenname> haben Sie bisher die schlechtesten Erfahrungen gemacht? *Wählen Sie fünf Kontaktstellen aus der Liste aus.*	Was hat Ihre Erfahrungen mit diesen Kontaktstellen unzufriedenstellend gemacht? An welche negativen Momente erinnern Sie sich, als Sie mit <Firmenname> in Kontakt traten? Was sind die Mindesterwartungen, die Sie haben, wenn Sie mit <Firmenname> in Kontakt treten?
7 Touchpoint-Mix		
7.1	Inwieweit ist eine Mischung von Kontaktpunkten für Sie wichtig? O Überhaupt nicht wichtig O Weniger wichtig O Neutral O Ziemlich wichtig O Sehr wichtig	
7.2	Wie zufrieden sind Sie mit dem Mix an Kontaktpunkten von <Firmenname>? *Markieren Sie den Grad der Zufriedenheit auf den Skalen.* Vielfalt von Kontaktstellen und Informationsquellen: [ ] Sehr schlecht [ ] Schlecht [ ] Neutral [ ] Gut [ ] Sehr gut Kohärenter und logischer Informationsfluss über verschiedene Kontaktpunkte hinweg: [ ] Sehr schlecht [ ] Schlecht [ ] Neutral [ ] Gut [ ] Sehr gut Kohärentes Design und Erscheinungsbild über verschiedene Kontaktpunkte hinweg: [ ] Sehr schlecht [ ] Schlecht [ ] Neutral [ ] Gut [ ] Sehr gut Logische Verbindung und einfache Navigation zwischen verschiedenen Kontaktpunkten: [ ] Sehr schlecht [ ] Schlecht [ ] Neutral [ ] Gut [ ] Sehr gut	
7.3	Haben Sie noch etwas hinzuzufügen oder möchten Sie etwas ansprechen, das wir im Rahmen dieses Interviews nicht besprochen haben? *Nur für Interviews*	

Tab. 2 Strukturdaten-Fragen Online-Umfrage und Interviewleitfaden (eigene Darstellung)

8 Strukturdaten (Personabeschreibung)	
8.1	Wo ist das Unternehmen, für das Sie arbeiten, ansässig? Land: ______________________
8.2	In welcher Branche ist das Unternehmen tätig? O Lebensmittel O Fertigungsindustrie O Bergbau O Energie O Papier und Zellstoff O Wasser und Abwasser O Sonstige: __________________
8.3	Wie viele Mitarbeiter zählt Ihr Unternehmen? O 1 – 99 O 100 – 499 O 500 – 2,499 O 2,500 – 4,999 O mehr als 5.000
8.4	Wie viel Umsatz hat Ihr Unternehmen im vergangenen Jahr erwirtschaftet? O bis zu 1 MEUR O bis zu 500 MEUR O bis zu 1.000 MEUR O mehr als 1.000 MEUR
8.5	In welcher Abteilung Ihres Unternehmens sind Sie tätig? O Beschwerdemanagement O Controlling O Konstruktion O Finanzen O Personalwesen O IT O Rechtsabteilung O Instandhaltung, Service O Marketing und Kommunikation. O Produktion O Prozesstechnik O Einkauf O Projektmanagement O Qualitätsmanagement O Verkauf O Logistik O Sonstige: ______________
8.6	Was ist Ihre derzeitige Position? O InhaberIn O PartnerIn O Top Management (C-Level) O DirektorIn O AbteilungsleiterIn O GruppenleiterIn O ManagerIn O Operative Ebene/ Angestellte/r O AssistentIn O Sonstige: _________________
8.7	Sind Sie in Ihrer derzeitigen Position an Kaufentscheidungen in Ihrem Unternehmen beteiligt? O Ja, ich bin an Kaufentscheidungen beteiligt O Nein, ich bin nicht an Kaufentscheidungen beteiligt
8.8	Haben Sie die Befugnis, Kaufentscheidungen zu treffen? O Ja, ich habe die volle alleinige Entscheidungsbefugnis (entscheidend) O Ich habe teilweise Entscheidungsbefugnis (mitentscheidend) O Ich habe eine beratende Funktion und Einfluss auf die Entscheidungsfindung O Nein, ich habe keine Entscheidungsbefugnis
8.9	Wie viele Kollegen sind in der Regel an Kaufentscheidungen in Ihrem Unternehmen beteiligt?
8.10	Wie viele Abteilungen sind in der Regel in Kaufentscheidungen in Ihrem Unternehmen involviert?
8.11	Wie lange dauert es in der Regel, bis in Ihrem Unternehmen eine Kaufentscheidung getroffen wird?
Vielen Dank für Ihre Teilnahme.	

standen und autorisiert waren, entweder für ein Interview oder für die Teilnahme an der Online-Umfrage kontaktiert wurden, um eine möglichst hohe Rücklaufquote zu erzielen, ist die Repräsentativität aufgrund der Notwendigkeit einer Zufallsstichprobe und der ungleichmäßigen demographischen Struktur der verfügbaren Kundendaten sowie der Abhängigkeit von den Rückläufen der Teilnehmer der Online-Umfrage nicht gegeben. Die demographische Verteilung der Antworten der Online-Umfrage kann daher nicht kontrolliert werden, und die Wahrscheinlichkeit, dass ein bestimmtes Element in die Stichprobe aufgenommen wird, kann nicht bestimmt werden. Die willkürliche Zufallsstichprobe eignet sich daher nicht zur Ableitung schlussfolgernder statistischer Aussagen. Im Hinblick auf die Repräsentativität ist es nicht möglich, die Grundgesamtheit anzugeben, auf die sich die Stichprobe bezieht.

Zum Zweck der Transkription wurden die Kundeninterviews in Form einer Audioaufzeichnung festgehalten. Die Interviewprotokolle wurden mit Hilfe eines Programms zur qualitativen Datenanalyse analysiert. Die quantitativen Ergebnisse der Online-Umfrage wurden mit einer statistischen Analysesoftware analysiert, der qualitative Inhalt der eingeschlossenen offenen Fragen wurde mit demselben qualitativen Datenanalyseprogramm analysiert, das auch für die Interviews verwendet wurde.

3 Ergebnisse

Bevor mit der Feldforschung begonnen wurde, wurden beide Instrumente, der Interviewleitfaden und der Fragebogen, einem internen Vortest innerhalb der Marketingabteilung unterzogen, der dazu beigetragen hat, die Dauer der Teilnahme abzuschätzen, was zu einigen Vereinfachungen der Fragen führte und auf Punkte hinwies, die nicht genügend umfassend oder nicht eindeutig waren. Darüber hinaus führte der Pre-Test zu Verbesserungen hinsichtlich der Benutzerfreundlichkeit.

Insgesamt wurden acht Kundeninterviews durchgeführt und 43 Online-Fragebögen ausgefüllt. 66 Online-Fragebögen wurden begonnen, aber nicht erfolgreich abgeschlossen. Die Ergebnisse geben einen Überblick darüber, welche Touchpoints für Kunden während ihres Kaufentscheidungsprozesses relevant sind und wie die Berührungspunkte des Unternehmens von den Kunden wahrgenommen werden.

3.1 Interne Analyse

Im Jahr 2018 hat der Technologieanbieter begonnen, sich stärker auf Customer Experience Management, Performance Marketing und Marketing-Automatisierung zu konzentrieren, um die Begeisterung der Kunden bei der Kontaktaufnahme zu erhöhen und gleichzeitig die Gemeinkosten im Marketing zu senken sowie die Vertriebsproduktivität zu verbessern. In diesem Rahmen hat das Unternehmen damit begonnen, Customer Journeys und Touchpoints zu analysieren, nachdem es eine Reihe von Berührungspunkten identifiziert hat, auf die Kunden bei der Suche nach dem richtigen Technologieanbieter zu stoßen scheinen. Bisher wurden jedoch noch keine Kunden direkt in den Prozess der Abbildung von Touchpoints und Customer Journeys einbezogen. Daher stellt sich die Frage, ob alle für Kunden relevanten Berührungspunkte erkannt wurden oder ob aus Kundensicht wichtige Kontaktpunkte übersehen wurden, die nun in den intern abgebildeten Customer Journey Maps fehlen. Darüber hinaus wurde nicht aus der Kundenperspektive bewertet, welche Berührungspunkte hinsichtlich ihrer Auswirkungen auf die Meinungsbildung und Entscheidungsfindung bei der Bewertung von Anbieteralternativen die wichtigsten und effektivsten sind. Diese Fragen sollen im Rahmen der Primärforschung untersucht werden.

Da der Technologieanbieter bestrebt ist, die Lead-Generierung zu verbessern, um den Auftragseingang zu erhöhen, wurden veröffentlichte Forschungsergebnisse über die leistungsfähigsten und effektivsten Kontaktpunkte und Kanäle zur Lead-Generierung im B2B-Bereich untersucht, wie in Abb. 2 dargestellt (vgl. Abb. 2).

Bis heute orientierte sich das Unternehmen an einer von externer Forschung vorgeschlagenen Rangliste der Berührungspunkte (siehe unten). Die Gültigkeit dieser Forschung wurde jedoch noch nicht getestet. Der Technologieanbieter nimmt bereits jetzt jährlich an mehr als 40 Messen weltweit teil und generiert pro Jahr etwa 1400 wertvolle Leads. Wenn diese Leads noch nicht verkaufsbereit sind, stellen sie eine große Chance für das so genannte Lead Nurturing, die Kontaktpflege durch wertschöpfende Marketingkampagnen dar, die entlang der Berührungspunkte während der gesamten Customer Journey orchestriert werden.

Auf der Grundlage einer Überprüfung intern verfügbarer Materialien und Dokumente zu Kundeninteraktionen und Kundenerfahrungsmanagement wurden die folgenden, in den Abb. 3 und 4 dargestellten Berührungspunkte identifiziert (vgl. Abb. 3 und 4).

Für die in der folgenden Abbildung dargestellten Berührungspunkte wurde von der Marketingabteilung des Technologieanbieters eine Einschätzung der Bedeutung der (aus Unternehmenssicht) wichtigsten Berührungspunkte für die Kunden in den verschiedenen Phasen ihres Kaufentscheidungsprozesses vorgenommen, wie in Abb. 5 dargestellt (vgl. Abb. 5).

Die Grafik gliedert die Customer Journey in sechs Phasen, beginnend mit der Bewusstseinsphase, die zur Kenntnis- und Sympathiephase führt, gefolgt vom Aufbau einer Präferenz, bevor ein Kunde überzeugt ist und die endgültige Kaufentscheidung trifft. Einige der für den Technologieanbieter derzeit wichtigsten Touchpoints in der aktuellen Marketingstrategie wurden dann hinsichtlich ihrer Auswirkungen auf die Meinungsbildung und Entscheidungsfindung in jeder Phase der Customer Journey analysiert. Die mit einem grünen Pfeil gekennzeichneten Berührungspunkte sind sehr wichtig. Gelb gekennzeichnete Berührungspunkte sind von mittlerer Bedeutung und die mit einem orangefarbenen Pfeil markierten Berührungspunkte sind in der jeweiligen Phase des Kaufentscheidungsprozesses von geringer Bedeutung.

Die Marketingabteilung hat bereits einige spezifische Customer Journeys für Messen abgebildet, da solche Veranstaltungen relativ hohe Marketing-Investitionen erfordern, aber auch zur Lead-Generierung über Drittkontakte, Lead-Mapping und -Pflege über LinkedIn oder EPCs und After-Sales-Cross-Selling, Service und technischer Unterstützung.

Abb. 2 Effektivste Kontaktpunkte zur Lead-Generierung (Wong 2015)

Darüber hinaus hat die Marketingabteilung einige Personabeschreibungen entwickelt. Zu den definierten Personas gehören der Angebots- und Prozessingenieur oder der Business Development Manager. Abb. 6 zeigt die Persona-Vorlage, mit der die Marketingabteilung derzeit arbeitet (vgl. Abb. 6).

Zusammenfassend lässt sich sagen, dass sich die Marketingabteilung bisher mehr auf die Abbildung von Prozessen aus der internen Sicht als auf die Identifizierung relevanter Berührungspunkte aus Kundensicht konzentriert hat. Aus diesem Grund wurden Instrumente sowohl für eine Kundenbefragung als auch für Kundeninterviews entwickelt, die

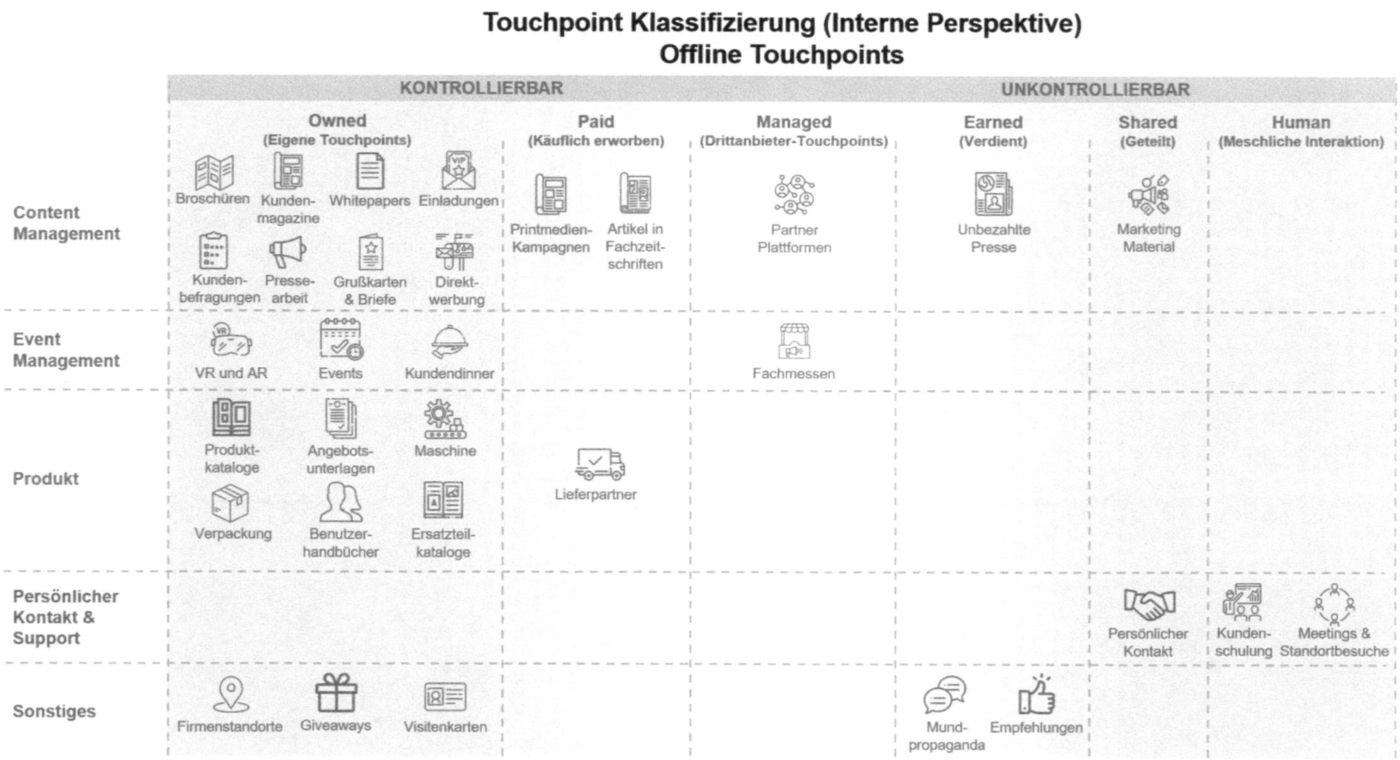

Abb. 3 Interne Offline-Touchpoint-Identifikationskarte (eigene Darstellung)

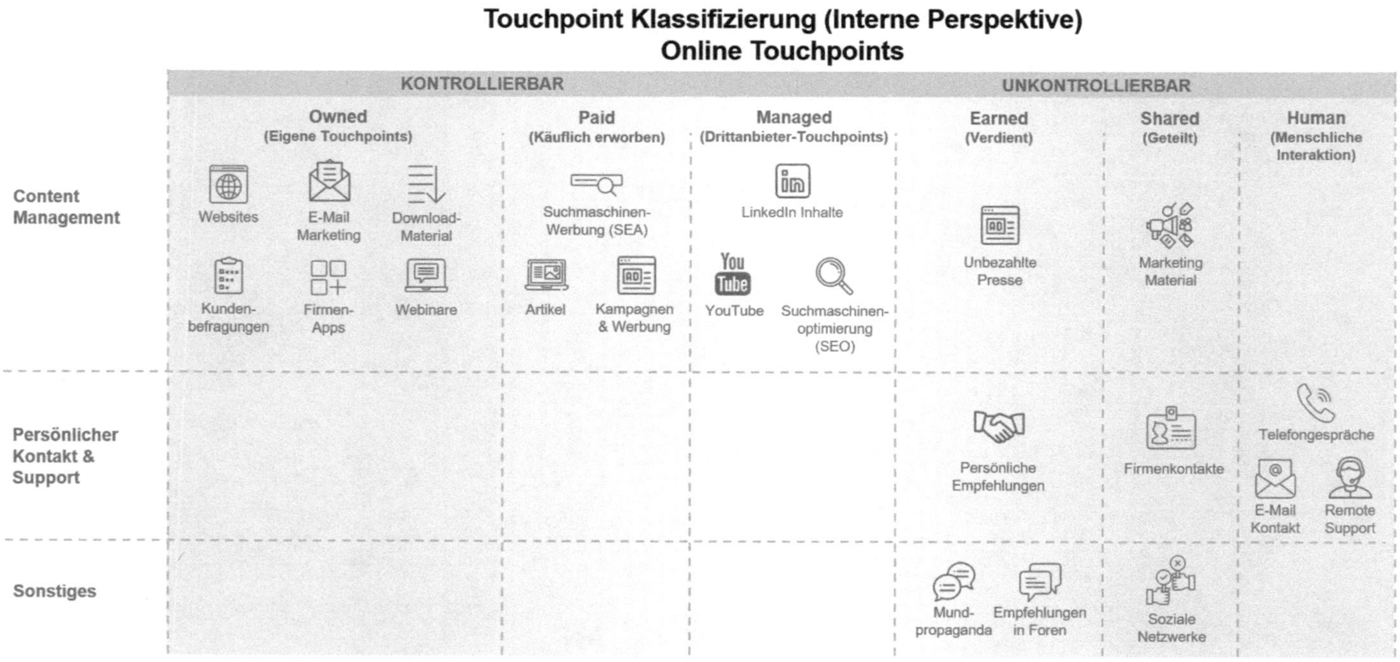

Abb. 4 Interne Online-Touchpoint-Identifikationskarte (eigene Darstellung)

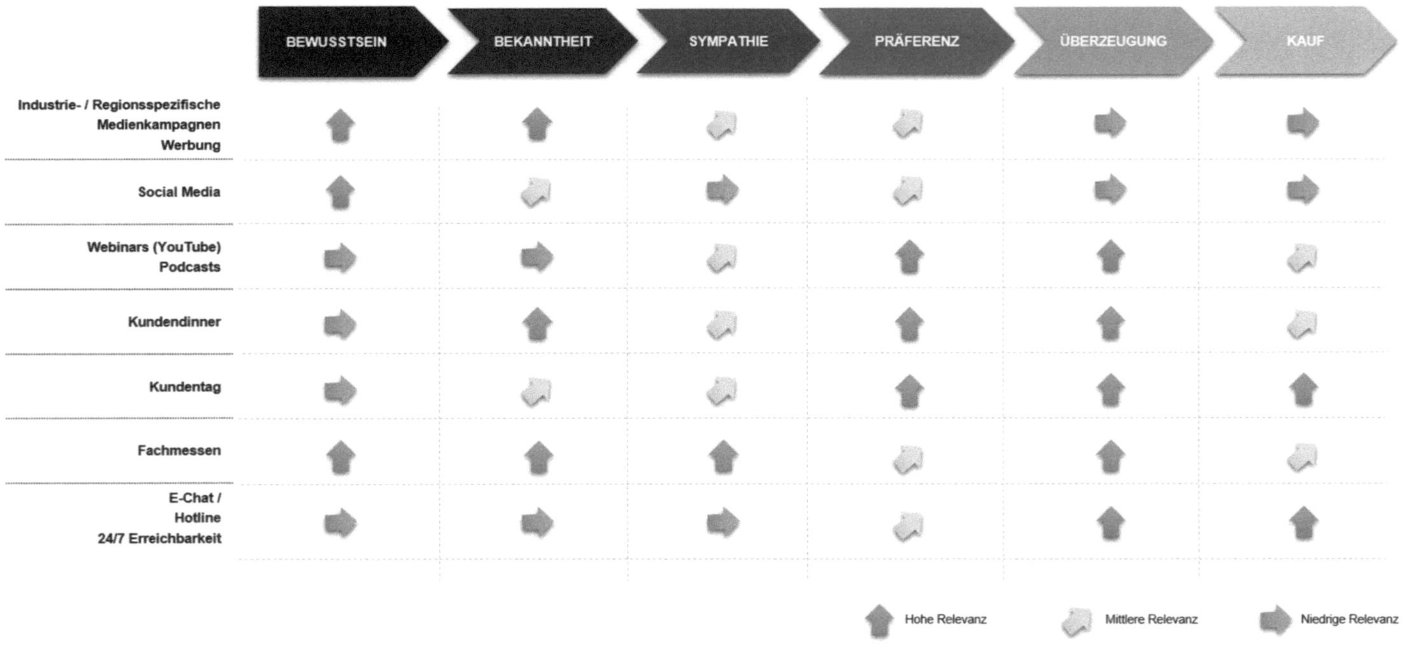

Abb. 5 Bedeutung der Touchpoints entlang der intern definierten Customer Journey (eigene Darstellung)

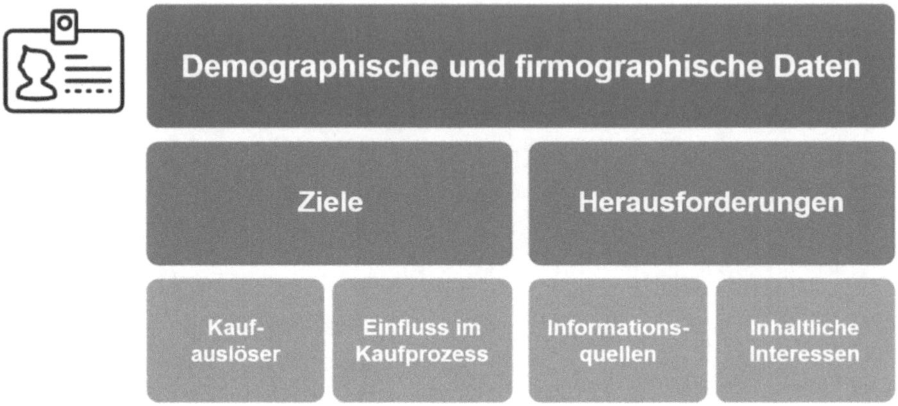

Abb. 6 Persona-Vorlage (eigene Darstellung)

der Marketingabteilung helfen sollen, auf ein kundenorientierteres und zielgerichteteres Touchpoint- und Customer Experience Management hinzuarbeiten.

3.2 Externe Analyse

Die externe Analyse bestand aus Kundeninterviews und einer Online-Umfrage. Auf der Grundlage des Interviewleitfadens wurden im Zeitraum von April bis Juni 2019 acht telefonische Kundeninterviews durchgeführt. Zu den Befragten gehörten Endkunden, EPCs und Agenten aus verschiedenen Ländern, darunter Österreich, Deutschland, Ägypten, Rumänien und Vietnam, sowie aus verschiedenen Industriezweigen, darunter Papier und Zellstoff, Wasser und Abwasser, Öl und Gas, Chemie, Pharmazie, Baugewerbe und verarbeitende Industrie. Die Befragten kommen aus Unternehmen unterschiedlicher Größe von 30 bis 26.000 Beschäftigten und einem Umsatz von 15 Millionen bis zu mehr als sieben Milliarden Euro. Die Befragten kommen aus den Bereichen Beschaffung und Materialwirtschaft, Instandhaltung, aus der technischen und kaufmännischen Abteilung, Vertrieb (im Falle eines Händlers oder Agenten) und Bauwesen und haben folgende Positionen inne: Einkäufer, Leiter der Produktionsplanung, Geschäftsführer des Regionalvertriebs, Ingenieur, Category Manager für Ersatz- und Verschleißteile und Projektleiter. Sieben der acht Befragten sind direkt an Kaufentscheidungen in ihren Unternehmen beteiligt. Zwei der Befragten haben dabei die volle alleinige Kaufentscheidungsbefugnis (entscheidend), drei der Befragten haben Teilentscheidungsbefugnis (mitentscheidend), und zwei Teilnehmer haben Einfluss auf die Entscheidungsfindung in ihrem Unternehmen (beratend). Unter Berücksichtigung der Rolle des Buying Centers gehörten zu den Befragten daher Beeinflusser, Entscheider, Käufer und Nutzer. In den Interviews wurden keine Initiatoren oder Gatekeeper identifiziert.

Die Ergebnisse der Kundenbefragungen zeigen, dass der direkte Kontakt zu den Vertriebsmitarbeitern nach wie vor der wichtigste Berührungspunkt in allen Phasen des Kaufentscheidungsprozesses in der analysierten Industrie ist. Auch das Internet und Empfehlungen von Arbeitskollegen, aber auch Branchenkollegen sowie die eigene Berufserfahrung und Branchenkenntnis spielen eine wichtige Rolle, wenn es darum geht, sich vor dem Kauf über potenzielle Anbieter, Produkte, Technologien und Lösungen zu informieren. Die Befragten kennen zwar verschiedene Berührungspunkte des Technologiekonzerns, haben aber bei allen Fragen, die ihnen gestellt wurden, immer wieder die Bedeutung des Kommunikationsverhaltens der Außendienstmitarbeiter und des persönlichen Kontakts hervorgehoben, wenn es darum geht sie zu überzeugen, verbunden mit dem Wunsch nach mehr detaillierten technischen Informationen zu einzelnen Projekten, Transparenz, Verantwortung, Legalität, Engagement und Vertrauensschaffung. Als schmerzliche Punkte wurden in den Interviews ein Mangel an Transparenz bezüglich der Verantwortlichkeiten der Ansprechpartner, eine langsame Reaktionszeit auf Anfragen, eine verwirrende technische Dokumentation und die Website genannt, die keine ausreichenden technischen Informationen enthält und in Bezug auf die Benutzerfreundlichkeit schwer zu navigieren sei. Die Befragten hatten unterschiedliche Ansichten über die Bedeutung des Touchpoint-Mix, da einige darauf abzielen, den Prozess so einfach und effizient wie möglich zu gestalten, während andere gerne die Wahl zwischen verschiedenen Touchpoints haben. Insgesamt waren die Befragten mit der angebotenen Vielfalt an Touchpoints und Informationsquellen sowie mit dem Informationsfluss und der Gestaltung der untersuchten Touchpoints recht zufrieden.

Neben den Interviews wurde im Zeitraum von Anfang Mai bis Anfang Juni eine Online-Umfrage durchgeführt. Insgesamt wurde der Umfragelink an mehr als 150 Kunden verschickt. 66 Teilnehmer starteten die Online-Umfrage, was zu einer Rücklaufquote von 44 % führte. Da die Umfrage von 43 Teilnehmern erfolgreich abgeschlossen wurde, wurde die definierte Stichprobe von mindestens 40 Teilnehmern und eine Rücklaufquote von 65 % erreicht. Das Ausfüllen der Umfrage dauerte etwa 15 bis 20 Minuten.

Unter den Befragten sind 93 % aktuelle Kunden des Technologieanbieters, 5 % sind Nicht-Kunden, die das Unternehmen kennen, und 2 % sind Nicht-Kunden, die das Unternehmen noch nicht kennen. Hinsichtlich ihrer derzeitigen beruflichen Position befanden sich unter den Teilnehmern Manager (47 %), Abteilungsleiter (21 %), Eigentümer (19 %) sowie Betreiber (5 %), C-Level-Führungskräfte (5 %), ein Partner (2 %) und ein Kläranlagenleiter (2 %), hauptsächlich aus den Bereichen Beschaffung und Lieferkettenmanagement (33 %), gefolgt von Projektmanagement (21 %), Vertrieb und Handel (16 %). Es wurde eine breite internationale Mischung erreicht, da die Unternehmen, für die die Befragten derzeit arbeiten, in 19 verschiedenen Ländern ansässig sind. Die Mehrheit der Teilnehmer kommt jedoch aus Deutschland, Indien, Italien und Österreich.

44 % der Befragten sind derzeit in der Wasser- und Abwasserindustrie tätig, gefolgt von der Papier- und Zellstoffindustrie (16 %), der Energiewirtschaft (14 %), dem verarbeitenden Gewerbe (14 %) und anderen Industriezweigen (14 %), darunter die Pharmaindustrie, die Öl- und Gasindustrie, die Elektrotechnik und Service. Jeweils 9 % kommen aus dem

Bergbau und der Lebensmittelindustrie. Die Befragten kommen aus Unternehmen unterschiedlicher Größe, wobei die Mehrheit aus kleinen und mittleren Unternehmen stammt. 44 % arbeiten in Unternehmen mit bis zu 99 Beschäftigten, 28 % in Unternehmen mit bis zu 499 Beschäftigten. Einige arbeiten auch in großen Unternehmen, wobei 19 % der Unternehmen bis zu 2499 Beschäftigte und jeweils 5 % bis zu 4999 bzw. mehr als 5000 Beschäftigte zählen. 44 % arbeiten in Unternehmen mit einem Umsatz von bis zu 500 Millionen Euro, 26 % mit bis zu einer Million Euro, 19 % mit bis zu 1000 Millionen Euro und 12 % mit mehr als 1000 Millionen Euro.

Fast alle Teilnehmer sind an Kaufentscheidungen beteiligt, da nur 2 % angaben, dies nicht zu tun. 26 % gaben an, die volle alleinige Entscheidungsbefugnis zu haben, 53 % der Befragten haben teilweise Entscheidungsbefugnis, 19 % haben eine beratende Funktion, während 2 % keinen Einfluss auf die Entscheidungsfindung haben. Die identifizierten Rollen des Buying Centers waren Einflussnehmer, Entscheider, Käufer und Nutzer. Auch hier wurden in den Umfrageantworten keine Initiatoren oder Gatekeeper identifiziert. Was die Größe des Buying Centers betrifft, sind im Durchschnitt fünf Kollegen und drei Abteilungen an Kaufentscheidungen beteiligt. Die Zeit bis zu einer Kaufentscheidung variiert, 23 % gaben an, dass sie in ihrem Unternehmen in der Regel bis zu 6 Monate dauert, 21 % gaben an, dass sie bis zu einem Monat dauert, und 16 % gaben jeweils an, dass sie weniger als eine Woche, bis zu drei Monate oder bis zu einem Jahr dauern kann.

Fasst man die Ergebnisse der Online-Umfrage zusammen, so spielen in der Phase vor dem Kauf Informationsquellen wie Unternehmenswebsites, Google-Suche, Broschüren und Produktkataloge eine wichtige Rolle. Diese sind nach Angaben der befragten Kunden auch während des Kaufs noch relevant, aber nicht mehr so stark wie vor dem Kauf. Stattdessen gewinnen Testberichte während des Kaufs an Relevanz, während Empfehlungen von Branchenkollegen während des Kaufs fast genauso wichtig bleiben wie vor dem Kauf. Anders als in den ersten beiden Phasen beginnen die Befragten nach dem Kauf Interesse an Firmen-Newslettern und Kundenzeitschriften zu zeigen. Im Vergleich zu der Phase während des Kaufs gewinnen Unternehmenswebsites nach dem Kauf wieder an Bedeutung, während Testberichte, Produktkataloge und Direktwerbung ähnlich wichtig bleiben wie während des Kaufs. Firmenveranstaltungen, Social Media und Branchen-Websites gewinnen in der Phase nach dem Kauf an Bedeutung. Den Umfrageergebnissen zufolge ist der Kontakt zu Vertriebsmitarbeitern jedoch wieder der wichtigste Kontaktpunkt für die Kunden, da er in allen drei Phasen der Kaufentscheidung an erster Stelle steht. Dementsprechend beziehen sich die drei wichtigsten Berührungspunkte hinsichtlich der besten Erfahrungen der Befragten auf die Vertriebsansprechpartner. Die meisten der Befragten haben keine schlechten Erfahrungen mit dem Technologieanbieter gemacht. Dennoch machten 13 % der Teilnehmer schlechte Erfahrungen mit E-Mails und 10 % mit dem Kontakt zu Vertriebsmitarbeitern. Während Empfehlungen von Industrie- und Arbeitskollegen einen Einfluss auf die Entscheidungsfindung der Befragten haben, haben Familie und Freunde keinen Einfluss. Andere Touchpoints, die hinsichtlich ihrer Bedeutung entlang der Kundenreise eher niedrig eingestuft werden, sind Veröffentlichungen in Printmagazinen, Branchenblogs und Foren, Firmen-Apps und Whitepapers. Hinsichtlich der Bedeutung einer Mischung verschiedener Touchpoints antworteten 74 % der Befragten mit „ziemlich wichtig“ oder „sehr wichtig“. Da keiner der Befragten irgendeine Dimension des Touchpoint-Mix als „sehr schlecht“ bewertete, war die Zufriedenheit über alle Dimensionen, einschließlich der Vielfalt der Touchpoints, des Informationsflusses, des Designs und der Navigation, eher hoch.

Vergleicht man die Ergebnisse der Interviews und der Online-Umfrage, lassen sich keine signifikanten Unterschiede feststellen, da beide Methoden zu dem Ergebnis führten, dass der persönliche Kontakt zu den Vertriebsmitarbeitern in allen Phasen der Customer Journey in der untersuchten Branche der wichtigste Berührungspunkt ist.

Was den Vergleich der internen und externen Perspektive betrifft, deckten die bei der internen Analyse identifizierten Berührungspunkte die von den Kunden wahrgenommenen Berührungspunkte weitgehend ab. Einige zusätzliche Berührungspunkte haben sich während der Primärforschung herauskristallisiert: Referenzen von anderen Kunden, Ausschreibungsunterlagen und Angebote, der Ersatzteilkatalog, das Service- und Wartungsteam und die Service-Hotline, Preis, Geschäftsbedingungen und das Produkt selbst. Bislang ging man davon aus, dass branchen- oder regionalspezifische Medienkampagnen, Anzeigen und Inserate, Social Media, Veranstaltungen, Konferenzen und Fachmessen, die Firmenwebsite, Suchmaschinenoptimierung, E-Mail-Marketing und Webinare die wichtigsten und effektivsten Touchpoints sind. Die Primärforschung zeigte jedoch unterschiedliche Ergebnisse.

4 Interpretation der Forschungsergebnisse – Touchpoint-Auswertung

Um herauszufinden, welche Touchpoints über alle Touchpoint-Leistungsdimensionen hinweg am besten bewertet wurden, wurden die Ergebnisse der Primärforschung in das entwickelte Touchpoint-Evaluierungsinstrument übertragen. Nachdem alle identifizierten Touchpoints aufgelistet waren, wurden die Touchpoints in jeder Touchpoint-Leistungskategorie bewertet, basierend auf den Ergebnissen der Primärforschung. Alle Touchpoints, die bei der Kundenbefragung in den verschiedenen Kategorien eine Bewertung von 67 % oder mehr erreichten, sind „Hochleistungs-Touchpoints“ und wurden daher im Instrument in der jeweiligen Kategorie mit drei Punkten bewertet. Alle Touchpoints, die eine Bewertung von 34 % bis 36 % erreichten, erhielten zwei Punkte. Alle Touchpoints, die eine Bewertung von weniger als 34 % erreichten, erhielten nur einen Punkt, da ihre Leistung eher gering war. Nachdem alle Bewertungen pro Berührungspunkt in jeder Kategorie vorgenommen worden waren, wurde die Summe der belohnten Punkte gebildet, aus der klar hervorgeht, welche Berührungspunkte in allen bei der Primärforschung untersuchten Kategorien am besten und welche am schlechtesten abschnitten.

Hinsichtlich der Forschungsfrage *„Welche Berührungspunkte nehmen Kunden tatsächlich wahr?“* ergab die Untersuchung, dass die derzeit bekanntesten Berührungspunkte des analysierten Technologieanbieters der Kontakt zu Vertriebsansprechpartnern und E-Mails,

Treffen mit Außendienstmitarbeitern, Broschüren und Telefonate mit Außendienstmitarbeitern sind. Darüber hinaus kennen viele der Befragten die Website des Unternehmens, wissen über die Präsenz des Unternehmens bei Google Bescheid, haben bereits einen Produktkatalog gesehen oder haben bereits eine Messe, Ausstellung oder Konferenz besucht, auf der der Technologiekonzern vertreten war. Die unbekanntesten Berührungspunkte sind Branchenforen, die Apps des Unternehmens, Newsletter von Fachzeitschriften, Testberichte und Berater. Keiner der Befragten hat den Technologieanbieter in Branchenblogs, Webinaren, Whitepapers oder den Newsletter des Unternehmens gesehen.

Mit Hilfe der Touchpoint-Evaluierung über alle drei Kaufphasen hinweg konnte auch die zweite Forschungsfrage beantwortet werden: *„Wie relevant sind die identifizierten Touchpoints für die Meinungsbildung und Entscheidungsfindung der Kunden entlang ihrer ihres Kaufentscheidungsprozesses?"* Mit insgesamt 17 Punkten ist der allgemeine Kontakt zu Außendienstmitarbeitern der wichtigste Berührungspunkt mit dem größten Einfluss auf Kaufentscheidungen in allen Phasen der identifizierten Customer Journey, was durch telefonischen Kontakt und persönliche Gespräche explizit unterstrichen wird. Weitere wichtige Berührungspunkte sind die Unternehmenswebsite, der E-Mail-Kontakt, Broschüren, Google, Branchenwebsites, Produktkataloge, Firmenpräsentationen, Messen und Veranstaltungen sowie Empfehlungen von Branchenkollegen.

Die Abb. 7 und 8 zeigen die erstmalige Anwendung des entwickelten Touchpoint-Evaluierungstools auf die für den Technologieanbieter identifizierten Touchpoints (vgl. Abb. 7 und 8). Darauf aufbauend gibt Abb. 9 einen Überblick über die relevantesten Berührungspunkte in jeder Phase des Kaufentscheidungsprozesses entlang der identifizierten Kundenreise (vgl. Abb. 9).

5 Gewonnene Erkenntnisse

Betrachtet man die Ergebnisse der Touchpoint-Evaluierung, so wird deutlich, dass in Zeiten der Digitalisierung und des Wandels die menschliche Verbindung und damit der persönliche Kontakt zwischen Kunde und Lieferant der wichtigste Touchpoint geblieben ist, um im B2B-Umfeld, insbesondere im industriellen Bereich, erfolgreich zu sein. Einige Touchpoints sind wichtiger, andere weniger wichtig hinsichtlich ihres Einflusses auf die Entscheidungsfindung der Kunden auf ihrem Weg zum Kauf. Basierend auf diesen Evaluierungsergebnissen können Entscheidungen über die Fokussierung auf ausgewählte Touchpoints und die entsprechende Zuteilung des Marketingbudgets abgeleitet werden. Die Ergebnisse zeigten aber auch, dass die Beibehaltung eines Mix aus verschiedenen Touchpoints unerlässlich ist, um individuellen Präferenzen gerecht zu werden und (potenziellen) Kunden verschiedene Möglichkeiten und Alternativen anzubieten, aus denen sie wählen können, wenn sie versuchen, mit einem potenziellen Anbieter in Kontakt zu treten. Letztendlich muss die oberste Marketing-Priorität, um in der analysierten Branche erfolgreich zu sein, die Schaffung eines einzigartigen, makellosen Erlebnisses über alle Berührungspunkte hinweg sein, die (potenzielle) Kunden entlang ihrer Customer Journey wahr-

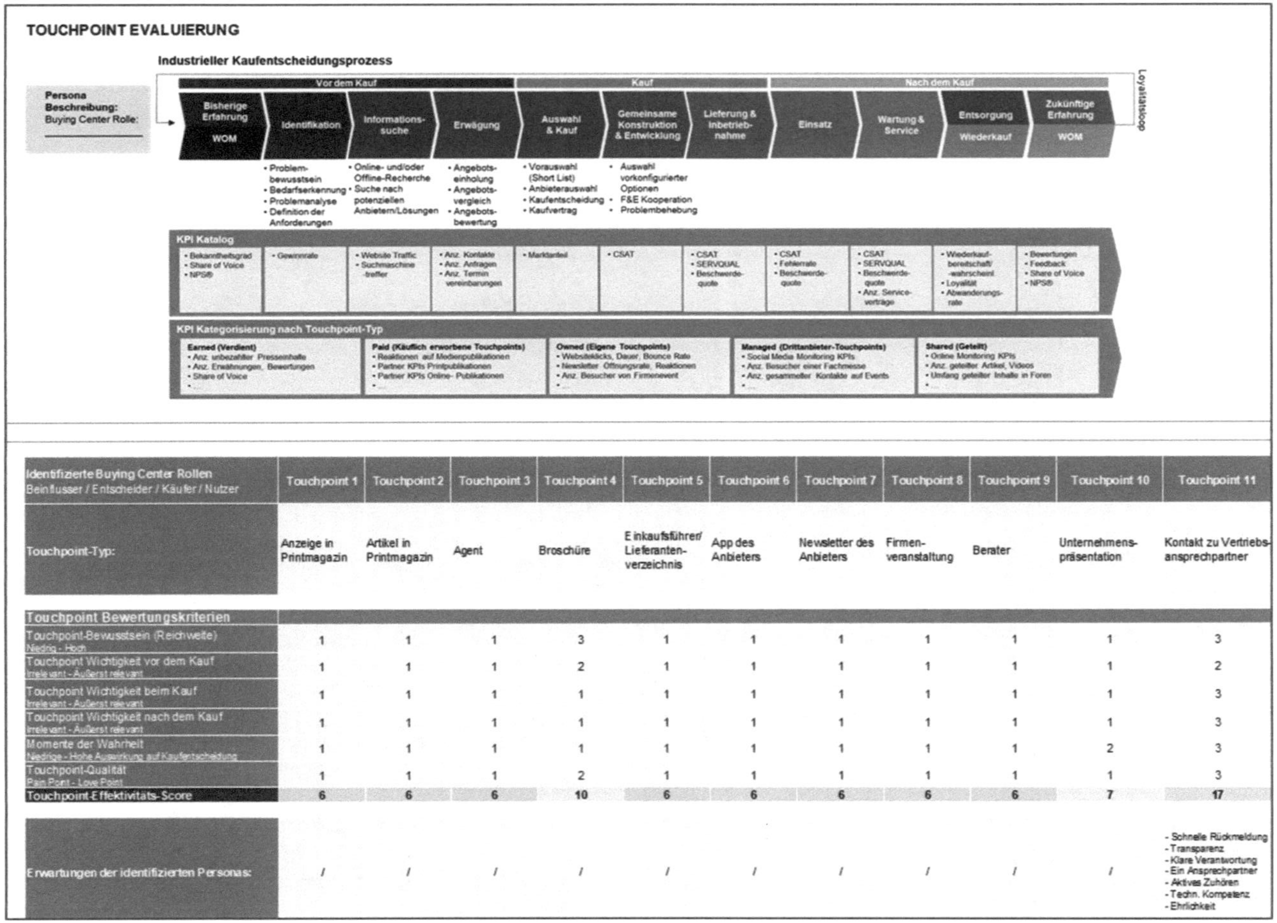

Abb. 7 Touchpoint-Auswertung 1–11 (eigene Darstellung)

Touchpoint 12	Touchpoint 13	Touchpoint 14	Touchpoint 15	Touchpoint 16	Touchpoint 17	Touchpoint 18	Touchpoint 19	Touchpoint 20	Touchpoint 21	Touchpoint 22	Touchpoint 23
Website des Anbieters	Kunden-magazin	Postwurf-sendung	E-Mail	Treffen mit Vertriebs-ansprechpartner	Google Suche	Industrieblog	Industrieforum	Einladung zur Firmen-besichtigung	Industrie-spezifische Website	Newsletter von Fachzeit-schrift	Telefonat mit Vertriebs-ansprechpartner
Touchpoint Score											
3	1	1	3	3	2	1	1	1	2	1	3
2	1	1	1	1	2	1	1	1	1	1	1
1	1	1	2	2	1	1	1	1	1	1	2
2	1	1	2	1	1	1	1	1	1	1	2
1	1	1	1	3	1	1	1	1	1	1	2
2	1	1	1	2	1	1	1	1	1	1	2
11	**6**	**6**	**10**	**12**	**8**	**6**	**6**	**6**	**7**	**6**	**12**
- Mehr techn. Details - Produktkonfigurator - Einfache Navigation - Übersicht zur Geschäftsstruktur	/	/	- Schnelle Rückmeldung	- Techn. Kompetenz	/	/	/	/	/	/	- Erreichbarkeit - 24/7 Service

Touchpoint 24	Touchpoint 25	Touchpoint 26	Touchpoint 27	Touchpoint 28	Touchpoint 28	Touchpoint 29	Touchpoint 30	Touchpoint 31	Touchpoint 32	Weitere identifizierte Touchpoints
Presse-mitteilung	Produktkatalog	Empfehlung von Arbeitskollegen	Empfehlung von Branchenkollegen	Empfehlung von Familie und Freunden	Soziale Medien	Testbericht	Fachmesse, Ausstellung, Konferenz	Webinar	Whitepaper	- Referenzen von anderen Kunden - Ausschreibungsunterlagen - Produkt/Maschine - Service- und Wartungsteam / Hotline - Ersatzteilkatalog - Preis - Geschäftsbedingungen
										Performance Index
1	2	1	1	1	1	1	2	1	1	Niedrig = 0% - 33% Mittel = 34% - 66% Hoch = 67% - 100%
1	1	1	1	1	1	1	1	1	1	
1	1	1	1	1	1	1	1	1	1	Niedrig = 1 Punkt Mittel = 2 Punkte Hoch = 3 Punkte
1	1	1	1	1	1	1	1	1	1	
1	1	1	2	1	1	1	1	1	1	
1	1	1	1	1	1	1	1	1	1	
6	**7**	**6**	**7**	**6**	**6**	**6**	**7**	**6**	**6**	
/	/	/	/	/	/	/	/	/	/	- Saubere Projektdokumentation - Dokumente in Landessprache - Qualität, Preis Lieferzeit - Technologischer Fit - Geschäftsbedingungen - Kundenreferenzen - Proaktive After-Sales Aktivitäten

Abb. 8 Touchpoint-Auswertung 12–32 (eigene Darstellung)

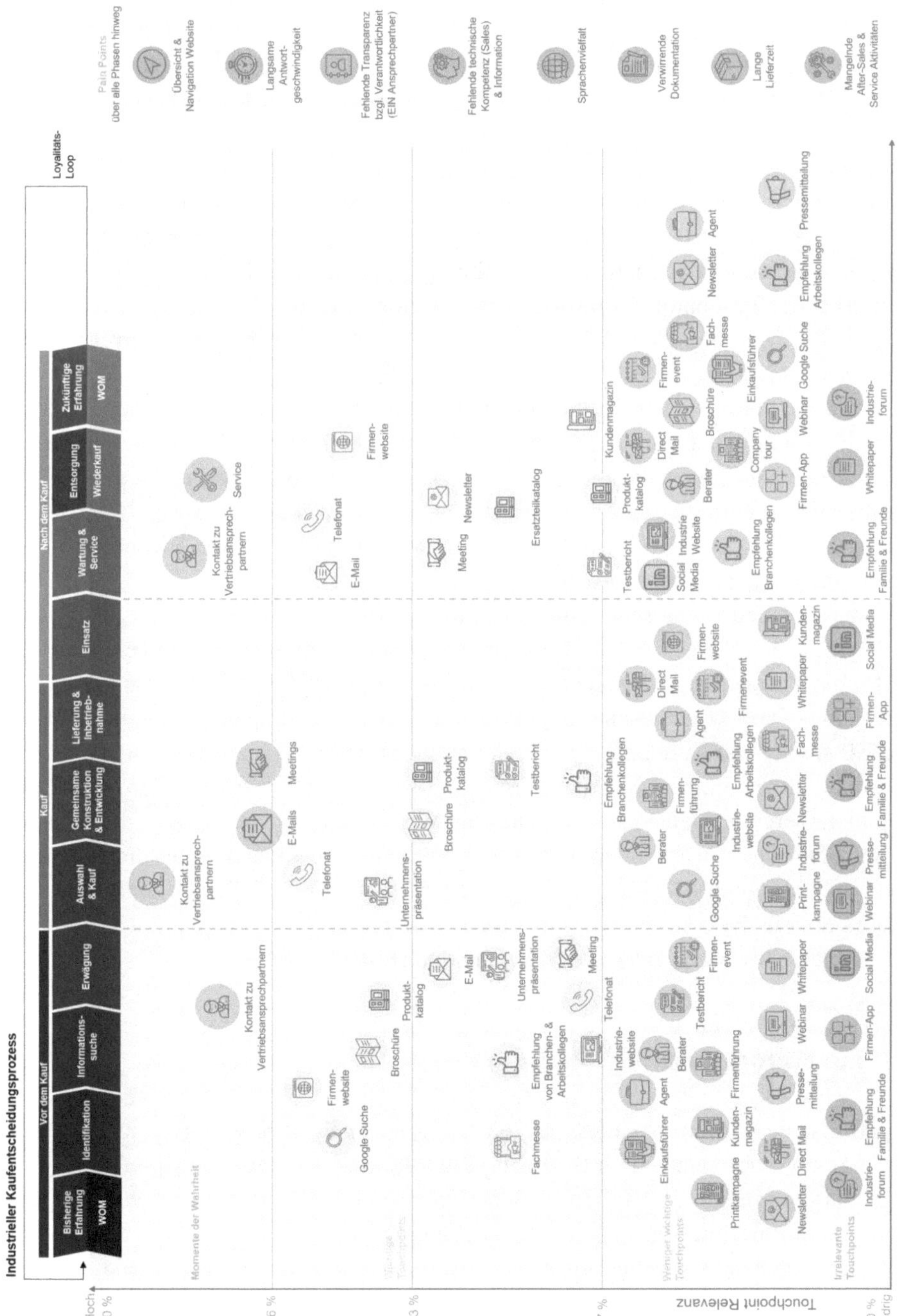

Abb. 9 Touchpoint-Relevanz entlang der Customer Journey (eigene Darstellung)

nehmen. Durch die Identifizierung von so genannten Love Points, Pain Points und kritischen Momenten der Wahrheit, die einen großen Einfluss auf die endgültige Kaufentscheidung haben, können Marketingexperten ihre Kommunikationskanäle und Aktivitäten so gestalten, dass sie die Aufmerksamkeit der Kunden auf sich ziehen und an jedem einzelnen Berührungspunkt auf dem gesamten Weg zum Kauf Begeisterung hervorrufen.

In einem ersten Schritt beschloss die Technologiegruppe, sich auf die aktuellen Kunden der Organisation zu konzentrieren. Um repräsentative Ergebnisse zu erzielen und verlässlicher ableiten zu können, auch im Hinblick auf die Untersuchung kultureller Unterschiede und Unterschiede zwischen verschiedenen Kundensegmenten, wird empfohlen, die Untersuchung auf eine breitere Stichprobe auszudehnen und auch Nicht-Kunden einzubeziehen. Der Schlüssel zur Touchpoint Transparenz ist die Kombination aller verfügbaren Datenquellen, um die Leistung der Berührungspunkte unter allen Aspekten zu überprüfen. Zu diesem Zweck kann entweder der im Touchpoint-Evaluierungsinstrument dargestellte KPI-Katalog des internen Kontrollblocks als Grundlage herangezogen werden, oder es stehen bereits einige Customer-Experience-Softwareprogramme zur Verfügung, die in der Lage sind, Daten aus verschiedenen Quellen in Dashboards zusammenzufassen.

Wie die Untersuchung gezeigt hat, ist der persönliche Kontakt mit Vertriebsansprechpartnern nach wie vor der wichtigste kritische Berührungspunkt bei B2B-Entscheidungen. Daher ist eine enge Zusammenarbeit zwischen Marketing und Vertrieb von größter Bedeutung, um auf dem Weg zum Kauf einzigartige Erlebnisse schaffen zu können. Das Marketing muss den Vertrieb in Kundenerlebnisanalysen integrieren, und umgekehrt sollte der Vertrieb auf strategische Einsichten hören, die das Marketing liefern kann. Während der Forschungsphase zeigten sich die typischen innerorganisatorischen Probleme, Barrieren und Fallstricke mangelnder Kooperation und mangelnden Vertrauens zwischen diesen beiden Abteilungen. Keine Kundenerfahrungsinitiative kann erfolgreich sein, wenn der Vertrieb nicht bereit ist, seine Kontakte und sein Wissen über Kunden zu teilen. Das Marketing muss die Tatsache akzeptieren, dass niemand näher am Kunden ist als die Vertriebsmitarbeiter. Nur wenn die Kräfte gebündelt werden, ist ein wirklich kundenzentrierter und erlebnisorientierter Fokus möglich, um valide Touchpoint-Auswertungen zu generieren und erfolgreich wirksame strategische Entscheidungen abzuleiten.

6 Zusammenfassung

Die Ergebnisse der internen Analyse deckten die von den Kunden wahrgenommenen Berührungspunkte weitgehend ab, in Bezug auf die Relevanz der Berührungspunkte zeigten die Ergebnisse der externen Umfrage jedoch Unterschiede. Nach den Forschungsergebnissen und dem anschließenden Touchpoint-Ranking als Ergebnis der Anwendung des entwickelten Touchpoint-Evaluierungsinstruments erwies sich der persönliche Kontakt mit den Vertriebsmitarbeitern, ein Touchpoint, der in den Customer Experience-Materialien der Marketingabteilung des Technologieanbieters noch nicht hervorgehoben wurde, in allen Touchpoint-Dimensionen, einschließlich der Touchpoint-Awareness, der Relevanz in den drei Hauptphasen des Kaufentscheidungsprozesses, der Auswirkung auf die Kaufentscheidung und der Touchpoint-Qualität, in allen Phasen des Kaufprozesses entlang der Customer Journey als der wichtigste Touchpoint für die Kunden. Die Annahme, dass Veranstaltungen, Konferenzen und Fachmessen, die Unternehmenswebsite, Suchmaschinenoptimierung, E-Mail-Marketing und Webinare relevante Touchpoints sind, ist jedoch nicht falsch. Weitere zu berücksichtigende Touchpoints, die im Rahmen der internen Analyse nicht identifiziert wurden, sind Referenzen anderer Kunden, Ausschreibungsunterlagen und Angebote, der Ersatzteilkatalog, das Service- und Wartungsteam und die Service-Hotline, Preis, Konditionen und das Produkt selbst.

Abschließend muss darauf hingewiesen werden, dass die vorgestellte Untersuchung nur ein Teil des gesamten Customer-Touchpoint-Management-Prozesses war. Die Forschungsergebnisse liefern den ersten Beitrag aus externer Sicht. Um jedoch zuverlässigere Ergebnisse zu erzielen, wird empfohlen, die Touchpoint-Forschungsaktivitäten auszuweiten, um ein zuverlässigeres Bild der Ist-Situation zu erhalten, bevor die nächsten Schritte des Touchpoint-Management-Prozesses verfolgt werden. Nachdem genügend Daten und Erkenntnisse über die aktuelle Situation gesammelt wurden, sollten spezifische Touchpoint-Ziele definiert werden, um entsprechende Marketingmaßnahmen planen zu können. Nach der Umsetzung der Maßnahmen kann deren Erfolg durch eine Touchpoint-Analyse, wie sie in dieser Arbeit vorgestellt wird, ergänzt durch einen Abgleich der verfügbaren analytischen Daten mit Hilfe der im Evaluationsinstrument dargestellten KPIs, erneut überprüft und weitere Maßnahmen zur kontinuierlichen Verbesserung der Touchpoints und der daraus resultierenden Verbesserung des Kundenerlebnisses abgeleitet werden. Sobald genügend Daten zur Touchpoint-Leistung zur Verfügung stehen, kann ein Echtzeit-Touchpoint-Dashboard, das das Kundenfeedback und intern gemessene KPIs, wie z. B. die Leistung von Websites oder Online-Werbung, kombiniert, für ein kontinuierliches Monitoring entworfen werden.

Literatur

Keller, B. (2017). Die Reise(n) durchs Touchpoint Mangement. Bestandteile und Fortschritte. In B. Keller & C. S. Ott (Hrsg.), *Touchpoint Management. Entlang der Customer Journey erfolgreich agieren* (S. 29–64). Freiburg: Haufe-Lexware.

Schüller, A. M. (2016). *Touch. Point. Sieg. Kommunikation in Zeiten der Digitalen Transformation.* Offenbach: GABAL.

Seebacher, U. G., & Güpner, A. (2011). *Marketing-Ressourcenmanagement.* München: USP.

Toman, N., Adamson, B., & Gomez, C. (2017). The new sales imperative. B2B purchasing has become too complicated. You need to make it easy for your customers to buy. *Harvard Business Review, 3*(4), 119–125. https://hbr.org/2017/03/the-new-sales-imperative. Zugegriffen am 24.09.2019.

Wong, D. (2015). 6 Top B2B Strategien zur Lead-Generierung. https://www.salesforce.com/products/marketing-cloud/best-practices/b2b-lead-generation-strategies/. Zugegriffen am 02.11.2019.

Fabienne Halb ist für das globale Customer Relationship Management der Marketing- und Kommunikationsabteilung eines Geschäftsbereichs eines internationalen Technologiekonzerns verantwortlich. Im Rahmen ihrer Masterarbeit zum Thema B2B Customer Experience beschäftigte sie sich mit Touchpoint-Management mit Schwerpunkt Touchpoint-Analyse und entwickelte in diesem Zusammenhang ein Touchpoint-Evaluierungstool speziell für industrielle B2B-Unternehmen. Neben ihrer Tätigkeit im B2B-Bereich verfügt die Absolventin des Studiengangs International Marketing & Sales Management an der Fachhochschule CAMPUS 02 in Graz, Österreich, auch über internationale Marketingqualifikationen im B2C-Umfeld und kann auf Erfahrungen im Online- und Social Media Marketing beim internationalen Modeunternehmen Marc O'Polo sowie auf Projekte im Luxusgüterbereich für Buben & Zörweg oder für die Wirtschaftskammer Österreich zurückblicken.

Uwe Seebacher, promovierter Volks- und Betriebswirt. Er verfügt über mehr als 25 Jahre Erfahrung in der Fertigungs-, Energie- und Dienstleistungsindustrie und kann auf eine internationale Erfolgsbilanz in den Bereichen strategisches und operatives Marketing und Kommunikation sowie Geschäfts- und Organisationsentwicklung verweisen. 20 Jahre Erfahrung als Unternehmer in einem Verlags- und Methodenberatungsunternehmen bereicherten seine C-Level-Erfahrung. Er ist Dozent an vielen anerkannten Business Schools und Universitäten und hat Artikel in vielen führenden Managementpublikationen und vielen Büchern wie „Template-driven Consulting" (Springer New York), „Strategic Workforce Management" (Harvard Business Manager) und „Cyber Commerce Reframing" (Springer Heidelberg) oder „The Handbook for Leadership Development" (USP Publishing) verfasst. Für seine innovativen Marketingkonzepte und -initiativen, u. a. mit der Allianz, der Europäischen Union, der Wirtschaftskammer Österreich, Bayer Leverkusen und BASF, erhielt er verschiedene Auszeichnungen, wie den Diskobolos Innovation Award der Europäischen Wirtschaftskammer und den Exportpreis 2016 der Wirtschaftskammer Österreich.

Ansprechpartner: https://www.linkedin.com/in/uweseebacher/

Sales Channel Excellence – Eine KMU-Erfolgsgeschichte aus dem Maschinenbau

Klara Gölles und Uwe Seebacher

Inhaltsverzeichnis

K. Gölles (✉)
Graz, Österreich
E-Mail: Klaragoelles@gmx.at

U. Seebacher
Graz, Österreich
E-Mail: http://www.uweseebacher.org

U. Seebacher (Hrsg.), *Praxishandbuch B2B-Marketing*,
https://doi.org/10.1007/978-3-658-31651-8_30

Zusammenfassung

Diese Fallstudie zeigt, wie das B2B-Marketing eine moderne MarTech-Infrastruktur für das Sales Channel Management in Abstimmung mit dem Vertrieb kurzfristig und umsatzstark nutzen kann. Dieser wichtige Vertriebskanal wird von den meisten B2B-Marketingabteilungen kaum oder gar nicht bearbeitet, obwohl gerade in diesem Bereich enorme Potenziale im Sinne von sogenannten „low hanging fruits" realisiert werden können. Das Projekt wird vorgestellt und inhaltlich beschrieben. Im Artikel werden sowohl Herausforderungen als auch Fallstricke und Problembereiche im Detail behandelt. Die Fallstudie ermöglicht es, einfach und effektiv ein modernes Sales Channel Management 4.0 aufzubauen.

1 Einführung

Märkte und Industrien entwickeln sich immer schneller weiter. Damit einhergehend ändern sich die Anforderungen der Kunden an die Unternehmen und deren Produkt- und Dienstleistungsportfolios ebenso schnell, manchmal sogar mehrmals während eines laufenden Projekts. Solche oder ähnliche Szenarien können in jedem Industriesektor auftreten. Die Eintrittswahrscheinlichkeit hängt davon ab, wie zeitaufwendig die Treffen und Absprachen der verschiedenen Kontaktpunkte zwischen Kunde und Unternehmen, wie z. B. Vertrieb, Produktmanagement, Angebots- oder Projektmanagement, im Vorfeld waren.

Je sorgfältiger die Konsultation und Koordination ex ante durchgeführt wird, desto unwahrscheinlicher werden kurzfristige Veränderungen. Je nach Unternehmenstyp, Produktpalette, Ertrag, Marktrelevanz kann diese Herausforderung unterschiedliche Dimensionen annehmen. Für große Unternehmen mit entsprechenden Kapazitäten in den jeweiligen Abteilungen, insbesondere im Außendienst, ist diese Herausforderung leichter zu bewältigen. Wie aber können kleinere Unternehmen und solche, die in ihrem Vertriebsnetz stärker auf externe Vertriebspartner oder Handelsvertreter (Weese 2015) setzen, die Wünsche und Bedürfnisse der Kunden besser antizipieren und bestmöglich erfüllen?

Dies war die Situation des Unternehmens, das Gegenstand dieser Fallstudie ist. Um vor dem Hintergrund des enormen Wettbewerbs- und Kostendrucks gegensteuern zu können, widmete sich das mittelständische Unternehmen nach einer gründlichen internen Analyse verstärkt der Implementierung und Durchführung von Channel Management (Gorchels et al. 2004). Channel Management[1] wird definiert als:

[1] https://economictimes.indiatimes.com/definition/channel-management. Zugegriffen am 20.05.2020.

> „Der Begriff Channel Management ist im Jargon des Vertriebsmarketings weit verbreitet. Es ist definiert als ein Prozess, bei dem das Unternehmen verschiedene Marketingtechniken sowie Verkaufsstrategien entwickelt, um eine möglichst breite Kundenbasis zu erreichen. Die Kanäle sind nichts anderes als Wege oder Absatzmärkte, um Produkte zu vermarkten und zu verkaufen. Das letztendliche Ziel jeder Organisation ist es, eine bessere Beziehung zwischen dem Kunden und dem Produkt zu entwickeln."

Ein Verkaufskanal kann direkt oder indirekt sein, wenn ein Vermittler, z. B. ein Händler, am Verkauf des Produkts an Kunden beteiligt ist.[2] Im folgenden Abschnitt werden wir uns nicht nur das Beispielunternehmen näher ansehen, sondern insbesondere auch sein Channel-Management-Projekt und die bisherigen Ergebnisse und Erkenntnisse.

2 Strukturelle Präsentation des Fallstudien-Unternehmens

Bei dem Beispielunternehmen handelt es sich um eine Abteilung innerhalb eines börsennotierten, weltweit tätigen Großunternehmens. Der Konzern liefert ein breites Portfolio an Technologien für den Maschinenbau, das von kompletten Anlagen bis hin zu einzelnen Ausrüstungsteilen reicht. Neben dem Hauptsitz in der DACH-Region verfügt der Konzern weltweit über weitere 300 Niederlassungen. Zusammen beschäftigen diese Standorte derzeit rund 30.000 Mitarbeiter.

Der Schwerpunkt liegt auf der Entwicklung, der Produktion, dem Verkauf und dem Service einer definierten Produktpalette. Der industrielle Schwerpunkt liegt auf den vier Bereichen Umwelt, Zellstoff und Papier, Bergbau und Prozessindustrie. Die Abdeckung der jeweiligen Wertschöpfungskette ist in den verschiedenen Branchen sehr unterschiedlich, was für den Vertrieb eine große Herausforderung darstellt. Vor diesem Hintergrund besteht die strategische Ausrichtung des Geschäftsbereichs darin, die Lücken in den verschiedenen Wertschöpfungsketten Schritt für Schritt durch Produktentwicklung, aber auch durch Firmenzukäufe zu schließen, um sich vom Produktlieferanten zum Systemanbieter zu entwickeln.

Mit ihren Produkten ist diese Abteilung in verschiedenen Ländern und unterschiedlichen Branchen bekannt und gehört zu den Marktführern in diesen speziellen Segmenten. Dies wird durch das Marktvolumen belegt, das in bestimmten Branchen zur Hälfte von diesem Unternehmen abgedeckt wird. Die Tatsache, dass diese Sparte eine der ältesten Sparten des heute börsennotierten Unternehmens ist und auf eine mehr als 165-jährige Erfahrung zurückblicken kann, unterstreicht die Bedeutung dieser an sich mittelständischen Sparte und ihre Bedeutung für das gesamte Unternehmen.

[2] http://www.businessdictionary.com/definition/sales-channel.html. Zugegriffen am 20.05.2020.

2.1 Das Produktportfolio

Das Produktportfolio reicht von Standardprodukten, die rund 80 Prozent des Projektvolumens ausmachen, aber nur eine relativ geringe Marge erwirtschaften, bis hin zu Sonderanfertigungen, die sich durch geringe Volumina, aber extrem hohe Investitionsvolumina und lange Vorlaufzeiten auszeichnen. Im Bereich der Standardprodukte reicht die Preisspanne für Ersatzteile von wenigen Euro bis zu hohen sechsstelligen Euro-Beträgen pro Stück. Erfolgsfaktoren in diesem Segment sind Qualität, Lieferzeiten und vor allem die Produktleistung.

Aber auch im Bereich des Großanlagenbaus kann der Geschäftsbereich dank seiner langen Tradition und Erfahrung, aber auch dank seiner hervorragenden technischen Kompetenz immer wieder punkten. Die ausgeprägte Ingenieurkompetenz kann sicherlich als einer der wichtigsten Erfolgsfaktoren des Geschäftsbereichs angesehen werden.

In allen Bereichen ist das Dienstleistungsgeschäft eine wichtige Umsatz- und Gewinnquelle mit hohen Margen und guter Planung, insbesondere vor dem Hintergrund von Big Data[3], Internet der Dinge oder Prädiktive Instandhaltung (Lughofer und Sayed-Mouchaweh 2019). Der Bereich der Standardprodukte zeichnet sich durch eine hohe Preissensibilität aus, die durch Billiganbieter aus dem asiatischen Raum noch verschärft wird. Um dem entgegenzuwirken, hat das Unternehmen vor rund zwanzig Jahren eine Niederlassung in China gegründet, die heute einen wesentlichen Teil der globalen Lieferkette darstellt.

2.2 Die Organisation

Die erwähnte Abteilung selbst hat mehr als 500 Mitarbeiter und Niederlassungen in fünf verschiedenen Ländern. Die Organisation verfolgt einen konservativen linearen Organisationsansatz mit den klassischen Managementfunktionen. Die Marketingabteilung besteht aus einem globalen Team im Hauptsitz des Konzerns und einzelnen lokalen Marketingmitarbeiter in den verschiedenen Niederlassungen. Das Verkaufsteam umfasst weltweit rund 70 Mitarbeiter. Im Bereich EMEA sind rund 40 Vertriebsexperten aktiv im Markt tätig, die durch rund 30 externe Vertriebspartner, so genannte Sales Agents, ergänzt und unterstützt werden.

Vor diesem Hintergrund entwickelte das Marketingteam im Rahmen eines Verkaufsstrategieprojekts eine neue Verkaufsstrategie. Die Geschäftsleitung legte die folgenden vier Ziele für das Projekt fest (vgl. Abb. 1).

Im Mittelpunkt dieses Projekts stand eine solide Strategie für kontinuierliches Wachstum. Es war die klare Aufgabe, latente und ungenutzte Potenziale im Markt – also „low hanging fruits" – durch exakte Analysen der Abteilung Market and Business Intelligence (MI/BI) schnellstmöglich zu realisieren[4]. Auf diese Weise sollten die Vorgaben der Inves-

[3] https://en.wikipedia.org/wiki/Big_data. Zugegriffen am 20.05.2020.

[4] Siehe Strohmeiers Beitrag zum Thema „Central Business Intelligence" im Hinblick auf die Struktur einer solchen Anwendung oder Abteilung in dieser Publikation.

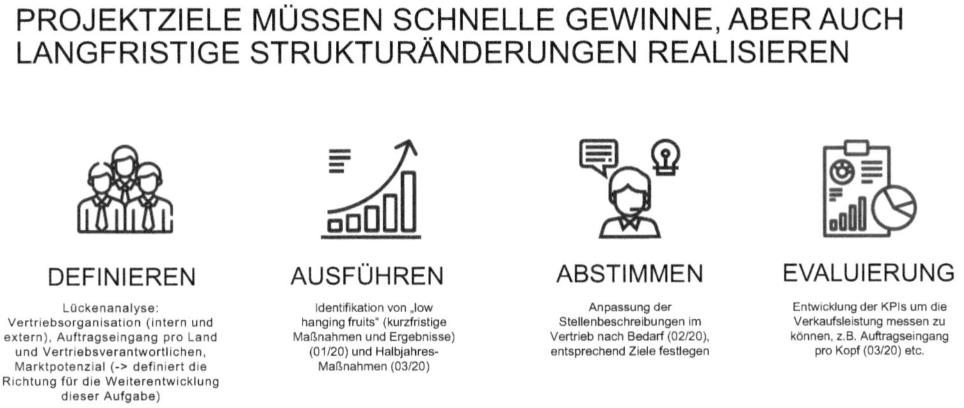

Abb. 1 Ziele für das Projekt Vertriebsstrategie

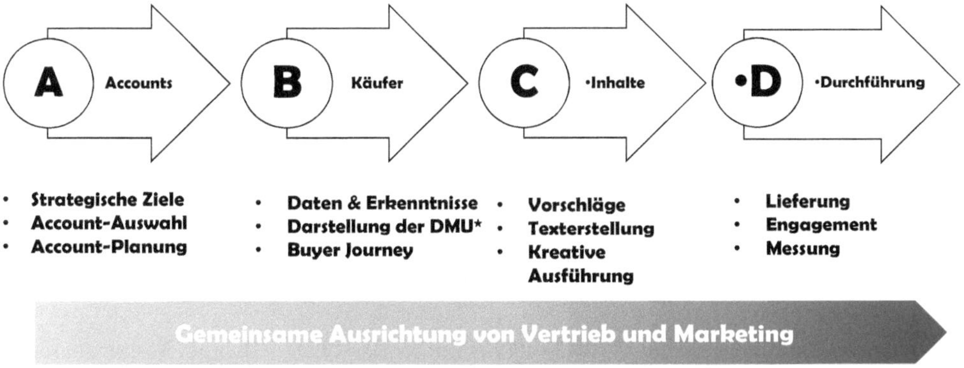

** Einheit für Entscheidungsfindung, im Englischen als DMU = Decision Making Unit bezeichnet*

Abb. 2 Inhalt des Positionspapiers

toren erfüllt und auf dieser Basis weitere Investitionen in die Personalentwicklung, insbesondere im Bereich des Vertriebs, genehmigt werden. Das Projektteam unter der Leitung des globalen Direktors für Marketing, Kommunikation, Strategie und Analytik erarbeitete in vier Wochen ein Positionspapier mit folgendem Inhalt (Abb. 2):

Es wurde eine umfassende Strukturanalyse des gesamten Vertriebsgebiets sowie eine Bewertung der externen Vertriebskanäle durchgeführt. In diesem Zusammenhang wurden Strukturen der Wettbewerber hinsichtlich Anzahl und Ausrichtung der Agenten und der von ihnen generierten Umsätze im Verhältnis zur eigenen Situation im Bereich der Vertriebskanäle realisiert. Darüber hinaus wurden Benchmarking-Analysen in Bezug auf die zuvor definierten Wettbewerber durchgeführt, sowohl qualitativ als auch quantitativ. Die Analysen zeigten, dass das Netz der Agenten und Distributoren durch die zuvor beschriebene Ausrichtung auf die eigene Organisation nicht aktiv genug bearbeitet und unterstützt wurde. Die Analysen zeigten folgendes Bild:

- Keine klare Verantwortung für die aktive Verwaltung und Unterstützung des Außendienstes
- Die Abteilung „Commercial“ war hauptsächlich für das Vertriebspartnermanagement zuständig, wobei der Schwerpunkt auf der Vertragsgestaltung, der Überwachung und dem Controlling lag, was mit den Aktivitäten der betreffenden Abteilung und ihrer Ausrichtung übereinstimmte
- Keine klaren jährlichen Ziele
- Viele „Exklusivverträge“ mit Agenten in den Regionen, aber die meisten von ihnen brachten nachweislich nur geringe Einnahmen

Eine Touchpoint-Analyse[5] lieferte zudem wertvolle Hinweise zur Benutzerfreundlichkeit der verschiedenen Kontaktpunkte mit der externen Salesforce, aber auch latente Defizite hinsichtlich der von den externen Vertriebspartnern geforderten entsprechenden Unterstützung der Vertriebsaktivitäten in den jeweiligen Regionen. So waren lange Antwortzeiten oder gar keine Aktualisierungen und Informationen aus dem Unternehmen die wichtigsten Erkenntnisse.

Die Analyse der Wettbewerber zeigte auch, dass sie alle über dem Markttrend in Bezug auf die durchschnittliche Wachstumsrate[6] (CAGR) lagen und eine deutlich höhere Dichte an externen Vertriebspartnern aufwiesen als das Fallstudienunternehmen. Alle Analysen, ihre Auswertung und Korrelation wurden von den Marketing-Mitarbeitern von MI/BI analysiert und interpretiert (vgl. Abb. 3).

Auf der Grundlage der vierwöchigen Analysephase wurde dem Top-Management ein Verkaufsstrategieprojekt mit vier relevanten Teilprojekten als Handlungsempfehlung vorgelegt (vgl. Abb. 4).

Bei genauerem Hinsehen war das Ergebnis immer dasselbe – Channel Management ist ein wichtiges Instrument, um die notwendigen Umsatzziele ohne zusätzliche Kosten zu erreichen. Mit der Unterstützung des gesamten Management-Teams wurde dem globalen Marketing-Team die Verantwortung für die Implementierung und Etablierung eines aktiven Channel Success Management übertragen. Eine Studie aus dem Jahr 2015 zeigt, dass B2B-Unternehmen im Bereich Channel Management in der Regel nicht glänzend abschneiden, wenn 65 Prozent der externen Vertriebspartner ihre Strategie nicht mit ihren Vertragspartnern abstimmen und damit völlig losgelöst im Markt eigenständig agieren. Ziel muss es daher laut PDA-Studie sein, eine intensive regelmäßige Kommunikation, einen intensiven Austausch von Informationen und Marketingmaterialien, aber auch einen jährlichen Zielvereinbarungs- und Agentenmanagementprozess zu etablieren und sicherzustellen (vgl. Abb. 5).

---

[5] Siehe den Artikel von Halb und Seebacher zum Thema Kundenerfahrung und Touchpoint-Management in dieser Publikation.

[6] https://www.investopedia.com/terms/c/cagr.asp. Zugegriffen am 22.05.2020.

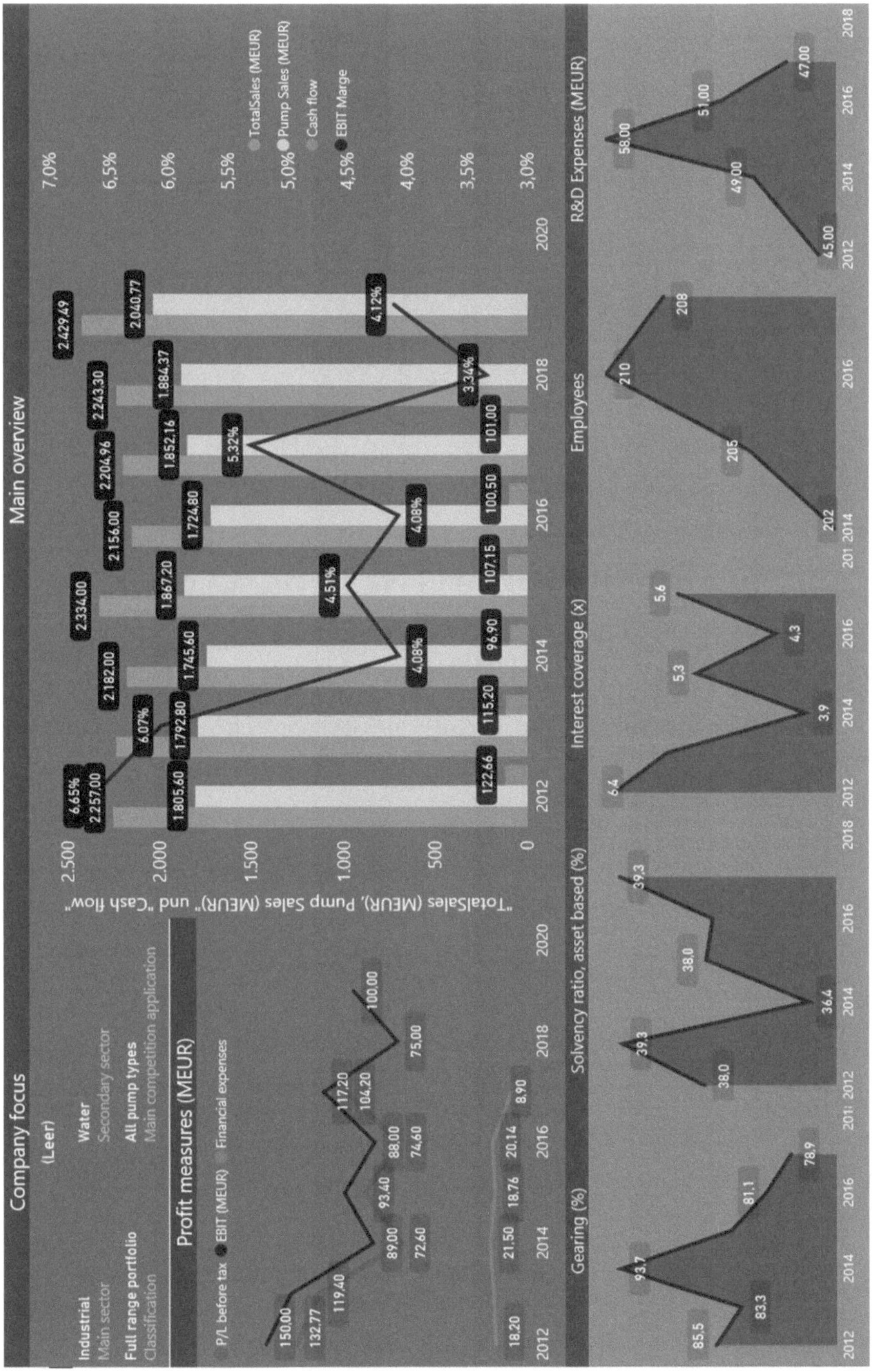

Abb. 3 Beispiel einer MI/BI-Auswertung eines Wettbewerbers aus dem Market Intelligence Cube (MIC) des Unternehmens

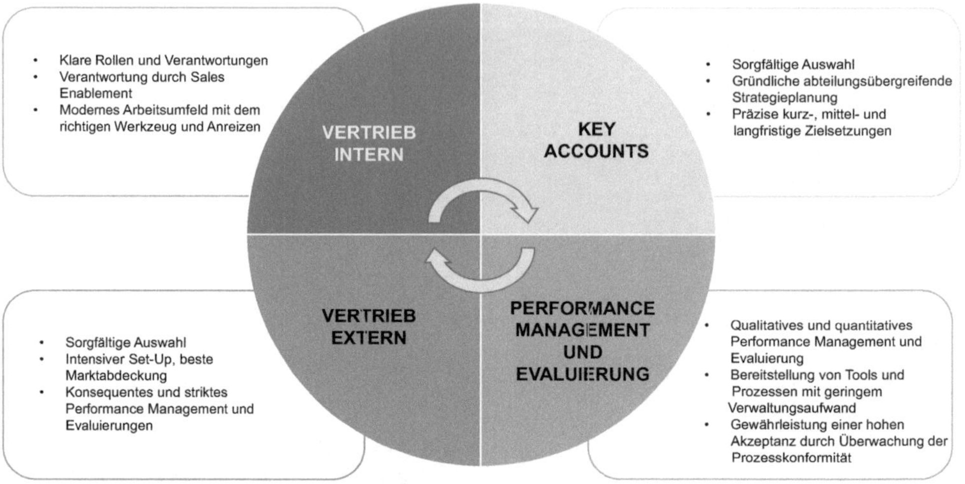

Abb. 4 Vier Quadranten Verkaufsstrategie Vorschlag

VERTRIEBSPARTNER SIND NICHT GUT STRUKTURIERT

PDA Gruppe Studie 2015

- **Ein aktives Management** des **Vertriebspartners** ist erforderlich, um sicherzustellen, dass sich dessen **Vertriebsleistung** positiv entwickelt:
  - 65% besprechen ihre Stratgie nicht mit dem Hersteller
  - 61% haben Probleme neue Kunden zu generieren
  - 60% analysieren die Besucherdaten ihrer Homepage nicht
  - 57% evaluieren Daten zur Zufriedenheit ihrer Kunden nicht systematisch
  - 46% sind nicht in der Lage, den Nutzen ihrer Lösungen anhand einer soliden messbaren Tatsache zu kommunizieren
  - 37% kommunizieren oder sprechen sich nicht ab mit der Marketingabteilung der Channel-Organisation.
  - 37% haben keine direkten Marketingmitarbeiter
  - 35% wissen nicht wie sie Kundenfeedback nutzen sollen um Verkaufsmöglichkeiten zu generieren
  - 31% evaluieren und adaptieren ihren Marktzugang nicht regelmäßig
  - 25% unzureichende Abschlusszahlen
- Schlüsselaktionen zur Behebung dieser Probleme
  - **Einrichtung** eines **regelmäßigen Kommunikationskanals** mit dem Vertriebspartner. Überwachung derer Probleme. Dieser Prozess kann teilweise automatisiert sein.
  - **Sicherstellung**, dass der Vertriebspartner ausreichend **Marketing Material** zur Verfügung hat.
  - **Implementation** eines jährlichen oder halbjährlichen **Verwaltungsprozesses** um die Sales Partner kontinuierlich zu unterstützen.

Abb. 5 PDA-Studie 2015 (https://www.pdagroup.net/wp-content/uploads/2017/10/Channel-Partner-Study_PDAgroup.pdf. Zugegriffen am 21.05.2020.)

Dieses Projekt begann mit einer Untersuchung der bestehenden Vertriebskanäle. Diese können unterschiedlicher Natur sein. Die Übersicht zeigt, welche Art von Vertriebspartnern oder welche Vertragsformen verwendet wurden (vgl. Abb. 6).

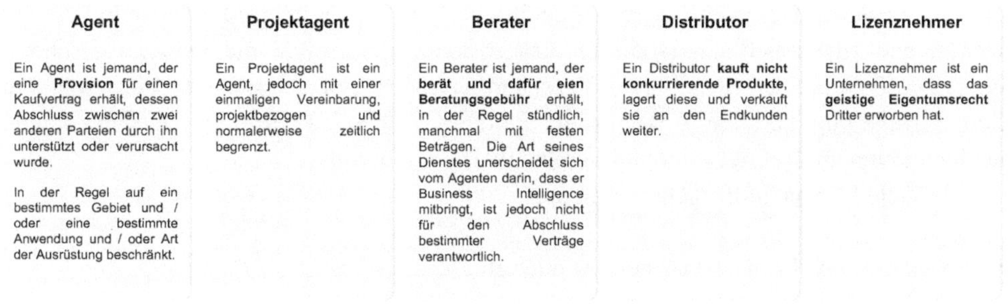

Abb. 6 Übersicht über die verwendeten Formen von Vertriebspartnern

Das Channel Management gilt als Kern einer komplexen Beziehung zwischen Lieferanten, Vertriebshändler und Kunde. Eine Beziehung, die eine immer schwierigere und verwirrendere Form annimmt (B2B-Marketing 2019). Um diese Beziehung im Allgemeinen, aber insbesondere für diesen speziellen Fall besser verstehen und nachvollziehen zu können, ist es unerlässlich, die Geschichte und Struktur eines Unternehmens näher zu betrachten. Im Rahmen des Projekts wurde für den Bereich des Channel Managements eine organisatorisch-ethymologische Analyse nach Seebacher durchgeführt, wie sie im Kapitel zum Marketingreifegradmodell für B2B-Marketing beschrieben ist.

Im Fall des Beispielunternehmens wurde gezeigt, dass Channel Management in seinen Grundzügen schon immer praktiziert wurde. Nun war es jedoch an der Zeit, die Aktivitäten und Abläufe in diesem Bereich genauer unter die Lupe zu nehmen und die folgenden Aspekte zu analysieren:

- Wie aktiv sind die Agenten?
- Wie zufrieden sind die Agenten?
- Können die Agenten ihr Potenzial mit der Hilfe des Unternehmens ausschöpfen?

Um diese Fragen umfassend beantworten zu können, wurde auf der Grundlage dieser Daten eine Touchpoint-Online-Umfrage bei den Agenten durchgeführt[7]. Zusätzlich zu dieser anonymen Umfrage wurde der Status quo intern überprüft, um ein bestmögliches Bild der aktuellen Situation zu erhalten. Zu diesem Zweck wurde untersucht, wie die Leistung der Agenten in den einzelnen Ländern ist und ob sie die Märkte entsprechend abdecken.

Dazu wurde ein Vergleich mit den Agentennetzwerken anderer, interner Abteilungen der Gruppe vorgenommen und ein externes Benchmarking durchgeführt. Dabei stellte sich heraus, dass die Zahl von ca. 30 Agenten weltweit wesentlich geringer ist als die anderer vergleichbarer Unternehmen. Es stellte sich zum Beispiel heraus, dass ein vergleichbar großer Marktteilnehmer allein in Europa mehr als 40 Agenten einsetzt. Darüber hinaus kam eine Branchenanalyse zu dem Schluss, dass die meisten Produkte in

[7] Siehe den Artikel von Halb und Seebacher über Touchpoint-Management und Kundenerfahrung in dieser Publikation.

diesem speziellen Geschäftsbereich ohnehin über Vertriebspartner oder Agenten verkauft werden und daher das Potenzial dieser Vertriebskanäle bei weitem nicht voll ausgeschöpft wird. Diese und andere Ergebnisse dieser umfassenden Situationsanalyse führten zu der Schlussfolgerung, dass das Vertriebsnetz weiterentwickelt, bewertet und ausgebaut, aber auch aktiv unterstützt, verwaltet und kontrolliert werden muss.

Die Ziele für das Teilprojekt waren daher:

- Verstehen, was Vertriebspartner tun müssen
- Entwicklung klarer Rollen und Verantwortlichkeiten für einen einheitlichen Vertriebspartner-Management-Prozess
- Definition klarer KPIs zur kontinuierlichen Überwachung und Bewertung der Leistung der Vertriebspartner
- Überprüfung und Bereinigung des derzeitigen Vertriebsnetzes, um unsere Ressourcen auf die Hauptakteure der OI zu konzentrieren.
- Vertiefung des Erfahrungsmanagements von Vertriebspartnern
- Nachhaltige Steigerung und Erhaltung des OI-Beitrags ganzer Vertriebskanäle

3 Problemdefinition und Lösungsansatz

Die MI/BI-Auswertungen zeigten, dass in den meisten Fällen nur ein Vertriebspartner pro Land vertraglich gebunden war. In anderen Regionen gab es überhaupt keine Vertriebspartner. Die Anzahl der Vertriebspartner war im Vergleich zu relevanten Wettbewerbern rein quantitativ zu gering und zudem qualitativ nicht ausreichend entwickelt. Hier wird das Problem immer transparenter, denn die Umsatzentwicklungen zeigten, dass die besten Vertriebspartner hohe siebenstellige Millionenbeträge pro Jahr erwirtschaften. Im Vergleich dazu erzielten die erfolglosen Agenten zusammen nur knapp einen mittleren fünfstelligen Umsatz, obwohl das relevante Marktvolumen aus der Marktbeobachtung deutlich höhere Werte im hohen siebenstelligen Bereich aufwies. Gerade wenn man den Gewinn wieder mit dem prozentualen Anteil der Auftragseingänge der Wettbewerber vergleicht, zeigen diese Zahlen und Kennzahlen mehr als deutlich die Bedeutung eines stringenten und konsequenten Channel Success Managements.

Die Analysen ergaben auch, dass die Unterstützung der Vertriebspartner durch das Unternehmen nicht konsequent und kongruent war. Die Analysen zeigten, dass die entsprechende Unterstützung eher zufällig durch das Unternehmen oder den jeweiligen Vertriebsmitarbeiter erfolgte. Dies bedeutete, dass diejenigen Vertreter, die lästig waren und Unterstützung verlangten, besser unterstützt wurden. Das Unternehmen ging nicht proaktiv auf die Agenten zu und unterstützte sie nicht, da dies nicht von der Geschäftsleitung gefordert wurde und nicht Teil der Zielvereinbarung des internen Vertriebsteams war.

3.1 Sales Partner Management ohne Plan

In gewisser Hinsicht spiegelt sich diese Problematik auch in der Kommunikation mit den Vertriebspartnern wider und wurde auch durch die Touchpoint-Analyse teilweise bestätigt. Eine weitere häufige Herausforderung ist die Transparenz der Außendienstmitarbeiter. Oft ist es so, dass eine Beurteilung der tatsächlichen Vertriebsaktivitäten nicht möglich ist (Krus 2017), weil sie von den Agenten weder regelmäßig abgefragt noch dokumentiert werden. Dies wird auch durch die Ergebnisse von Tiefeninterviews mit ausgewählten Agenten bestätigt: Am besten schnitt das Unternehmen bei der Vertriebsunterstützung, der Präsenz auf lokalen Messen und der Zufriedenheit sowohl der Agenten als auch der Endkunden mit den Produkten des Unternehmens ab. Die schlechteste Bewertung erhielt das Unternehmen für die angebotene Schulung und Ausbildung, die Verfügbarkeit von Produktinformationen und die Art und Weise, wie das Unternehmen für seine Produkte wirbt. Dennoch wurde das Unternehmen besser bewertet als seine Konkurrenten in der Branche. Dies wiederum bestätigt die bereits zitierte PDA-Studie aus dem Jahr 2015, dass B2B-Unternehmen im Sales Partner Management generell schlecht abschneiden.

Die allgemeinen Verbesserungsvorschläge der befragten Vertriebspartner zielten auf folgende Kernpunkte ab:

- Kommunikation in Bezug auf rechtzeitige Antworten, persönliche Besuche und Weitergabe von Information
- Regelmäßige Projekt-Updates
- Optimierung der Antwortzeit für Angebote
- Optimierung und Spezifikation von Lieferzeiten
- Verbesserung des Angebotsteams im Bereich der Standardprodukte
- Engagierte Kontaktpersonen

Ansprechpartner sind in den meisten Fällen die jeweils regional zuständigen Vertriebsleiter der B2B-Unternehmen. Sie sind jedoch nicht nur für den Direktvertrieb in den ihnen zugeordneten Märkten und Ländern zuständig, sondern sind auch Ansprechpartner für die Vertriebspartner und Agenten und damit für die Betreuung und Pflege der Beziehungen zu ihnen verantwortlich. Da jedoch in 90 der untersuchten Fälle diese indirekten Verkäufe nicht in den Jahreszielen der Vertriebsmitarbeiter im Innendienst berücksichtigt werden, wird dieser Tätigkeit eindeutig keine hohe Priorität eingeräumt. Dies war eine weitere wichtige Erkenntnis aus der Analysephase.

Auf der Grundlage der gewonnenen Erkenntnisse erarbeitete das Marketing-Team einen Projektplan für den Bereich Sales Partner Management, der von der obersten Leitung akzeptiert und genehmigt wurde. Die wesentlichen Elemente und Erfolgsfaktoren waren (vgl. auch Abb. 7):

1. Einrichtung eines eigenen Channel Support Managers im Bereich Marketing
2. Etablierung eines Channel-Excellence-Rahmens

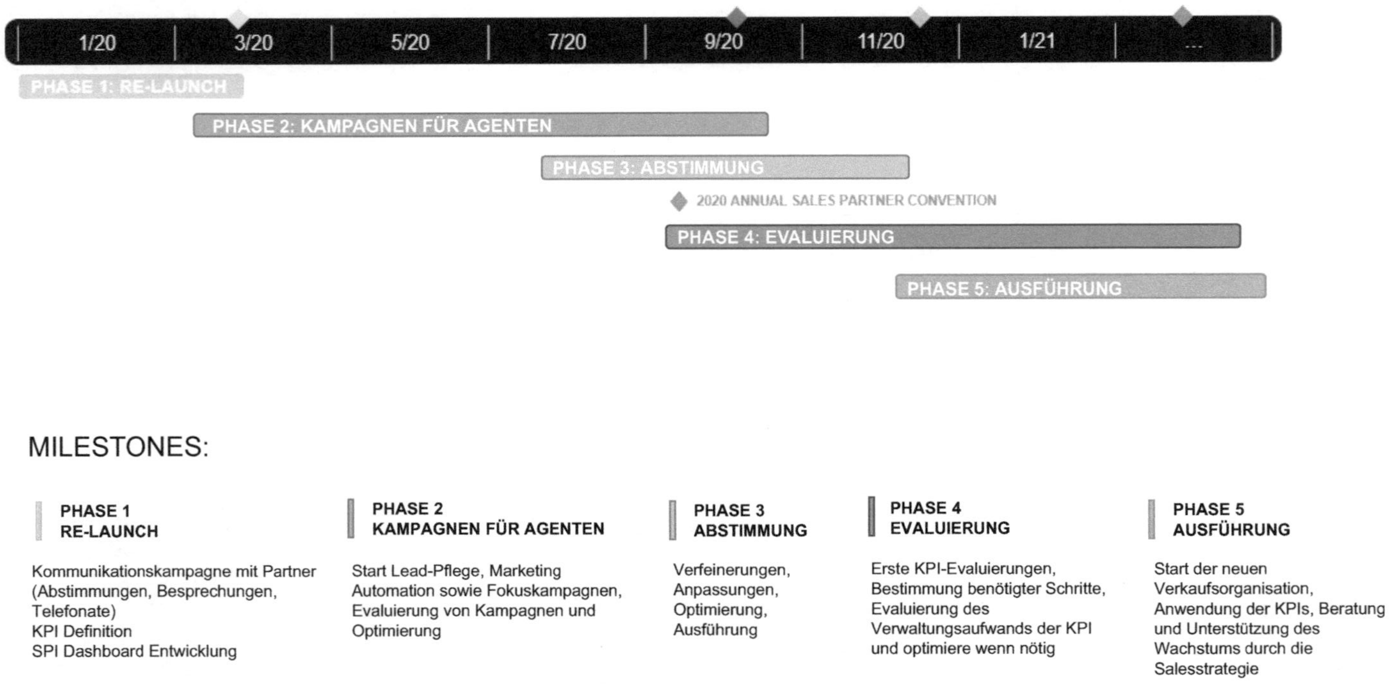

Abb. 7 Projektstrukturplan

3. Anpassung oder Erweiterung der Stellenbeschreibungen und Zielvereinbarungen der Vertriebsleiter des Unternehmens um den Aspekt des Sales Partner Managements
4. Etablierung einer jährlichen Zielvereinbarung und einer laufenden 24/7-Überwachung der Vertriebspartner mit klaren Richtlinien bezüglich der Maßnahmen, die zu ergreifen sind, wenn definierte Ziele nicht erreicht werden
5. Anpassung der Anreize des Vertriebspartners weg von einem rückwirkenden hin zu einem zukunftsorientierten und damit für das Unternehmen kostenoptimaleren, aber auch für die Partner selbst attraktiveren System

3.2 Der Channel Success Manager

Vor diesem Hintergrund wurde im Rahmen der Erneuerung der Vertriebsstrategie eine neue Position, der Channel Success Manager, eingeführt, um die Vertriebsleiter zu entlasten und besser zu unterstützen. Die Hauptaufgabe eines Channel Success Managers besteht darin, die Kommunikation mit den verschiedenen Vertriebspartnern zu unterstützen. Diese neue Funktion soll die Vertriebsleiter entlasten und die Zusammenarbeit mit den Vertriebspartnern optimieren und intensivieren. Zu den Aufgaben des Channel Success Managers gehören

- Bedürfnisse koordinieren: Gemeinsam mit internen Vertriebsleitern und externen Vertriebspartnern sollten ihre Bedürfnisse und Herausforderungen besprochen werden. Dabei ist es wichtig, die Individualität der einzelnen Vertriebspartner nicht aus den Augen zu verlieren und ihre Umstände getrennt zu betrachten. Nicht nur, weil sich Arbeitsweisen unterscheiden können, sondern auch, weil die wirtschaftliche Situation und der Bekanntheitsgrad des Produkts von Land zu Land unterschiedlich sein können. Die Aufgabe des Channel Success Manager ist es daher, diese Bedürfnisse zu erkennen und zu verstehen.
- Channel-Aktivitäten: Gemeinsam mit den internen Vertriebsleitern sowie den externen Vertriebspartnern sollten Aktivitäten diskutiert und umgesetzt werden. Diese Aktivitäten sollen den Vertriebspartnern helfen, die jeweiligen Produkte besser zu vermarkten. Diese Aktivitäten können sowohl die Teilnahme an Messen als auch Online-Marketing-Kampagnen umfassen, die zu konkreten Geschäftsmöglichkeiten führen können. Der Channel Success Manager ist in erster Linie für die Überwachung und Durchführung dieser Channel-Aktivitäten verantwortlich.
- Analyse der Aktivitäten: Um die Nützlichkeit der Aktivitäten überprüfen zu können, müssen regelmäßig Analysen durchgeführt und Berichte erstellt werden. Solche Analysen sind vor allem zu Beginn wichtig, um Erfahrungen zu sammeln und entsprechende Anpassungen vorzunehmen.

In Absprache mit dem Top-Management entwarf, vereinbarte und genehmigte der globale Marketing Direktor eine entsprechende Positionsbeschreibung für diese neue Funktion mit entsprechenden Jahreszielen. Um die internen Kosten zu minimieren, wurden einer bestehenden Marketingressource zunächst 50 Prozent ihrer Kapazität für diese Funktion zugewiesen. Die Marketingabteilung unterstützte diese Initiative, um den Vertrieb noch besser zu unterstützen und noch enger mit dem Vertrieb agieren zu können.

Erfolgreiche Großunternehmen setzen dedizierte Channel Success Manager ein, um eine gute Leistung ihrer Handelsvertreter, Vertriebshändler und Berater sicherzustellen. Ein Channel Success Manager muss die meisten Aufgaben erfüllen, die derzeit von den internen Handels-, Vertriebs- und Geschäftsentwicklungsmanagern wahrgenommen werden. Ein Channel Success Manager bietet klare Verantwortlichkeiten für die aktive Verwaltung und Entwicklung des Vertriebsnetzes sowie für die Leistungsanalyse und die daraus resultierende Ableitung von Maßnahmen zur Verbesserung der Partnerleistung. Ein Channel Success Manager sollte sich auf der gleichen Ebene wie ein Vertriebsleiter befinden und unter der Leitung eines VP für Marketing und Vertrieb arbeiten. Ein moderner Channel Success Manager muss ausgezeichnete Kommunikations- und Verkaufsfähigkeiten mit IT und Datenanalyse kombinieren.

3.3 Der Channel Excellence Framework

Der Channel Excellence Framework (CEF) wurde entworfen und kommuniziert, um einen klar definierten strukturellen Bezugsrahmen zu schaffen (vgl. Abb. 8). Der CEF beschreibt den strukturellen Prozess des neu eingerichteten Sales Partner Managements in Form einer Wertschöpfungskette, die auf den drei Phasen „Aufbau“, „Forschung und Entwicklung“ sowie „Implementierung und Qualifizierung“ basiert. Der CEF wird operativ durch präzise Prozessbeschreibungen untermauert, die in die Marketing Process Library (MPL) integriert wurden[8] und damit Teil der allgemein gültigen Marketing- und Kommunikationsprozesse des Unternehmens sind.

Der CEF zeigt, dass die Agenten in den Märkten im Rahmen des neuen Prozesses ihre eigenen Kampagnen definieren und durchführen, mit dem Ziel, Nachfragegenerierung, Leadpflege und Leadgenerierung sowie Account-basiertes Marketing und Customer Intelligence zu realisieren. Dies ist sicherlich einer der wichtigsten und innovativsten Aspekte des CEF, da die Generierung von Leads bisher dem internen Vertrieb vorbehalten war. Diese neue Ausrichtung hat jedoch eine sehr vertrauensbildende Wirkung auf die Beziehung zwischen dem Unternehmen und dem externen Vertrieb, da die Agenten direkt sehen können, dass das Unternehmen als Teil des externen Vertriebs in sie investiert. Dadurch kann sich das Unternehmen von seinen Konkurrenten differenzieren, was es für die Agenten noch attraktiver macht. Die Realisierung eines solchen CEF ist jedoch nur mit Hilfe

[8] Siehe den Artikel von Seebacher über das Marketing-Reifegradmodell am Anfang dieser Publikation und die Kommentare zur Marketingprozess-Bibliothek.

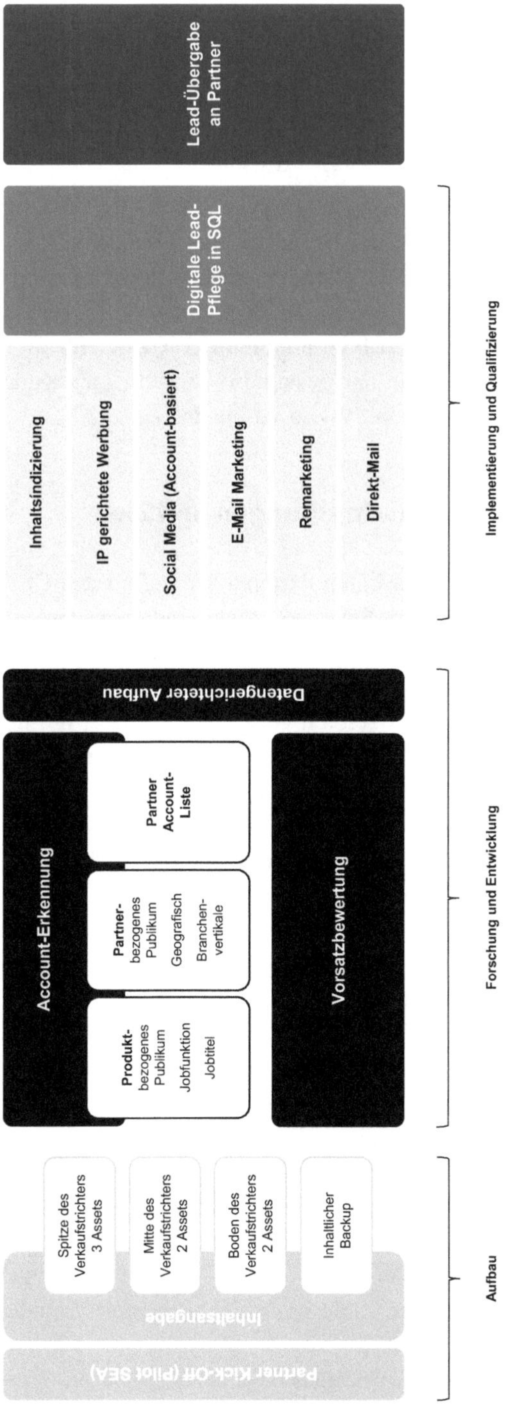

Abb. 8 Der Channel Excellence Framework

der Marketing Automation (MA)[9] möglich, da sowohl die Systemtechnik als auch ein solches MA-System[10] den Bearbeitungsaufwand im Marketing deutlich minimieren. Ohne eine solche automatisierte Verarbeitung wäre ein effektives und effizientes Sales Partner Management in dieser Fallstudie mit nur einem zu 50 Prozent engagierten Channel Success Manager nicht möglich.

Der Channel Excellence Framework ist der entscheidende Bezugsrahmen für ein modernes und nachhaltiges B2B Channel Success Management. Entscheidend ist die operative Gliederung des CEF in entsprechende Prozesse, an denen die gesamte Organisation stringent arbeiten muss. Die Implementierung eines Channel Success Management auf Basis eines CEF ist ein enormer Treiber für die Optimierung der Kosteneffizienz im Hinblick auf den gesamten Vertriebsprozess und ist nur möglich, wenn ein Marketing Automation System vorhanden ist.

3.4 Die neuen Stellenbeschreibungen und Ziele

Um sicherzustellen, dass alle beteiligten Parteien den definierten CEF aktiv umsetzen, ist es notwendig, die entsprechenden Strukturen aus der Perspektive des Personalmanagements zu installieren. Im Zuge der Analysen zu Beginn des Projektes wurden auch diese HR-Strukturen evaluiert und es stellte sich heraus, dass für den gesamten Vertriebsinnendienst weltweit Stellenbeschreibungen teilweise gar nicht oder nur unzureichend vorhanden waren. Infolgedessen arbeitete jede Region mit einem anderen Bezugsrahmen und führte auch eine sehr unterschiedliche Zielüberprüfung durch.

Vor diesem Hintergrund entwarf das Marketing aus den vorhandenen Dokumenten eine neue globale Stellenbeschreibung, die mit den regionalen Verkaufsdirektoren abgestimmt und genehmigt wurde. Für alle beteiligten Ebenen – Area Sales Manager, Regional Sales Manager bis hin zum VP Global Sales – wurden die Bereiche und Kompetenzen stringent strukturiert, definiert und um den Bereich des neu ausgerichteten Channel Success Managements ergänzt. Neben der Konzeption und Entwicklung dieser neuen Dokumente ist die proaktive und intensive Schulung und Kommunikation dieser neuen Inhalte ein entscheidender Faktor. Ein Channel Success Management wirkt sich auf die gesamte Vertriebsorganisation aus und muss daher in der gesamten betroffenen Struktur sehr detailliert kommuniziert werden. Die Ziele müssen konsequent in Form einer Zielpyramide – ähnlich einer Balanced Scorecard (BSC) (Kaplan und Norton 1996) – aufgestellt werden, so dass sie vertikal ineinandergreifen. Dies bedeutet, dass sich die Umsatzziele für eine bestimmte Region aus den Umsätzen der verschiedenen Vertriebsleiter der internen Bereiche und externen Partner zusammensetzen müssen. Für den einzelnen Gebietsverkaufsleiter bedeutet dies, dass sich seine Ziele aus seinen eigenen Zielen und denen der ihm

[9] Siehe das Kapitel von Mrohs in dieser Publikation.

[10] Siehe die Kapitel von Klaus und Romero-Palma in dieser Publikation.

zugeordneten Agenten und Distributoren zusammensetzen müssen. Auf der Marketingseite wurde ein innovatives und dynamisches Zielmessinstrument – Sales Partner Intelligence (SPI) – entwickelt, das zunächst auf Microsoft Excel basierte. Der SPI umfasst vier Bereiche:

- Regionale-Kohärenz-Punktzahl (RCS)
- Industrie-Kohärenz-Punktzahl (ICS)
- Unternehmensentwicklung-Punktzahl (BDS)
- Prozess-Einhaltung-Punktzahl (PCS)

Der SPI basiert auf einem völlig neuartigen Kohärenzmesssystem[11], das auf der Basis von Markt- und Kundeninformationen Entwicklungen für einzelne Regionen und relevante Branchen prognostiziert und in konkrete Ziele umsetzt. Das bedeutet zum Beispiel, dass ein bestimmter Gebietsverkaufsleiter 40 Prozent seines Jahresumsatzes in der Branche A, 30 Prozent in der Branche B und 30 Prozent in der Branche C erzielen muss. Am Ende des Jahres wird nicht nur die absolute Zielerreichung gemessen, sondern auch genau, wie prozentual die Zusammensetzung der verschiedenen Zieldimensionen übereinstimmt. Aus Marketinggesichtspunkten war die Integration von PCS ein großer Erfolg. Es geht um die Einhaltung der prozessbezogenen Vorgaben in Bezug auf CRM, aber auch um die Marketingautomatisierung, die Nachlaufzeiten von Marketing und Sales qualifizierten Leads. Die Erfahrung hat gezeigt, dass im Rahmen der Weiterentwicklung des B2B-Marketings die Zahl der durch das Marketing generierten Inbound-Leads oft im hohen dreistelligen (!) Prozentbereich zunimmt, diese aber vom Vertrieb nicht richtig bearbeitet werden.[12] In diesem Fall ist die Einführung eines solchen SPI in Verbindung mit einem Service Level Agreement zwischen Marketing und Vertrieb ein wichtiger Schritt bzw. Erfolgsfaktor.

4 Die Vertriebspartner-Überwachung

Im Hinblick auf die Analyse der Aktivitäten ist es wichtig, vor Beginn eines neuen Geschäftsjahres mit den Vertriebspartnern gemeinsame Key Performance Indicators (KPIs) zu definieren. Ein Key Performance Indicator (KPI) ist ein Maß für den Fortschritt oder die Erreichung wichtiger Ziele oder kritischer Erfolgsfaktoren innerhalb einer Organisation.[13] Nur wenn diese KPIs definiert und abgestimmt sind, können Channel-Aktivitäten diskutiert und ausgeführt werden. KPIs helfen daher bei der Definition der Ziele für jeden Vertriebspartner und eignen sich für eine bessere und kontinuierliche Bewertung der Zusammenarbeit mit dem Vertriebspartner selbst.

---

[11] Siehe Strohmeier zu „Central Business Intelligence“ in dieser Publikation.

[12] Siehe den Artikel von Negovan in dieser Publikation.

[13] https://de.m.wikipedia.org/wiki/Key_Performance_Indicator. Zugegriffen am 20.05.2020.

Bei der Definition der KPIs ist es wichtig, die Komplexität der Vertriebspartner im Auge zu behalten. Vertriebspartner können hinsichtlich ihrer Kapazitäten und Kompetenzen sehr unterschiedlich sein. Für ein erfolgreiches Channel Management ist es daher wichtig, zu bedenken, dass die Zusammenarbeit viele verschiedene Formen annehmen kann. Während größere Unternehmen über eigene Marketingabteilungen verfügen, sind kleinere Unternehmen oft ausschließlich vertriebsorientiert und haben wenig oder keine Ressourcen, um Marketingaktivitäten eigenständig umzusetzen. (Krus 2016)

Ausgehend von den Erfahrungen des Beispielunternehmens sollten daher nicht nur KPIs definiert werden, sondern auch deren Bedeutung. Im Detail bedeutet dies, dass jedem KPI ein Prozentsatz entsprechend seiner Wichtigkeit zugeordnet wird. Die Summe der Prozentsätze aller KPIs sollte 100 Prozent ergeben. So kann am Ende des Jahres überprüft werden, wie viele Prozent der KPIs erreicht wurden.

Beispiel

Zu Beginn des Geschäftsjahres wird mit dem Vertriebspartner XY ein Auftragseingang von 1 Million Euro vereinbart. Dieser KPI wird als äußerst wichtig eingestuft und dementsprechend mit 40 % bewertet. Am Ende des Jahres hat der Vertriebspartner XY nur 0,5 Millionen Euro beigetragen – also nur die Hälfte des vereinbarten Auftragseingangs. Daher erhält er am Ende des Jahres nur 20 % für diesen KPI. Ein weiterer KPI könnte z. B. die Generierung neuer Kunden sein. Es könnte vereinbart werden, dass im neuen Geschäftsjahr mindestens drei neue Kundenverträge abgeschlossen werden müssen. Dieser KPI erhält wiederum eine prozentuale Bewertung. Auf diese Weise können verschiedene Zielkategorien dynamisch priorisiert oder jedes Jahr höher oder niedriger gewichtet werden.

Die prozentuale Bewertung aller KPIs wird schließlich zusammengezählt. Dies könnte zum Beispiel aussehen, wie in Tab. 1 dargestellt.

Der prozentuale Anteil an der erzielten Leistung kann anschließend Aufschluss darüber geben, wie gut oder schlecht die Leistung eines Vertriebspartners war. Es ist eine gute Idee, diese Daten, Marktdaten und Unternehmensdaten in einem Dashboard zu erfassen. Auf diese Weise lassen sich auch während des Geschäftsjahres die Fortschritte überprüfen und gegebenenfalls schneller Maßnahmen ergreifen. Um die Prozentsätze richtig bewerten und die Vertriebspartner miteinander vergleichen zu können, empfiehlt es sich, vorab ein Wertesystem zu definieren. Für das Beispielunternehmen sieht es wie folgt aus (Tab. 2).

Dieses Wertesystem eignet sich nicht nur dazu, die Vertriebspartner miteinander zu vergleichen, sondern auch dazu, Schlussfolgerungen aus dem jeweiligen Geschäftsjahr zu ziehen, Schwächen und Stärken zu erkennen und diese im Folgejahr zu verbessern oder auszubauen. In der Praxis hat sich gezeigt, dass es im Zusammenhang mit der Zielsetzung von KPIs häufig an Klarheit mangelt (Neubach 2018). Ein Wertesystem kann hier Abhilfe

Tab. 1 Beispiel Übersicht Gewichtung der Ziele

	KPI	Zielsetzung	Gewichtung %	Erreichte Leistung	Erreichte Leistung in %
1	Auftragseingang	1 MEUR	40 %	0.5 MEUR	20 %
2	Kundengenerierung (Anzahl neuer Kundenverträge)	3	10 %	3	10 %
3	Unternehmensentwicklung (Anzahl neuer Produkte im Markt)	2	20 %	0	0 %
4	Channelaktivitäten (Anzahl der Aktivitäten)	4	20 %	4	20 %
5	Kommunikation / Kooperation		10 %		10 %
	TOTAL		**100 %**		**60 %**

Tab. 2 Übersicht Vergleichstabelle

Erbrachte Leistung	Kategorie	Beschreibung
> 90	A	Ausgezeichneter Sales Partner.
75–90	B	Guter Sales Partner.
60–75	**C**	Zufriedenstellender Sales Partner. Besprechung möglicher Schritte um die Leistung zu steigern.
< 60	**D**	Nicht zufriedenstellender Sales Partner. Eine Probezeit wird definiert. Wenn sich die Leistung in der Probezeit nicht verbessert, wird der Vertrag gekündigt.

schaffen, indem es sicherstellt, dass KPIs nicht willkürlich definiert werden, sondern letztlich gemeinsam zum Unternehmensziel beitragen müssen (Neubach 2018).

5 Sales Partner Incentive als Win-Win

Um von den Vertriebspartnern erwarten zu können, dass sie die definierten KPIs erreichen, muss das Fallstudienunternehmen eine optimale Unterstützung bieten. Auch in diesem Bereich hat das Unternehmen im Sinne einer Neuausrichtung entsprechende Anpassungen vorgenommen. Die Analysen zu Beginn des Projektes zeigten, dass das bestehende Vergütungssystem weder für die externen Vertriebseinheiten attraktiv war noch als vorteilhaft für das Unternehmen eingestuft werden konnte.

Einerseits bot das derzeitige Vergütungssystem dem Agenten nicht die Möglichkeit, im Falle der Zielerreichung eine Verbesserung seiner Position zu erfahren. Eine solche Verbesserung könnte z. B. in der Erhöhung eines Rabatts bestehen, der für den Kauf von Produkten gewährt wird. Dies wiederum würde den Agenten motivieren, entsprechend mehr Umsatz mit gesteigerten Gewinnen zu generieren. Zuvor hatte das Unternehmen dem Agenten jedoch ex post mit maximal rückwirkender Wirkung eine einmalige Erfolgsprämie gezahlt. Dies wirkte sich wiederum negativ auf den Cash-Flow des Unternehmens aus.

Auf der Grundlage der Marketinganalysen wurde daher ein zukunftsorientiertes Vergütungs- und Anreizsystem entworfen. Ziel war es, ein für beide Seiten vorteilhafteres Modell einzuführen. Das neue System sieht keine rückwirkend auszuzahlenden Einmalzahlungen vor, sondern gewährt dem jeweiligen Vertriebspartner für einen Zeitraum der Folgeperiode weitere Vorteile.

Beispiel
Ein Vertreter kauft die Produkte auf der Grundlage seines Vertrags mit dem Unternehmen zu einem um einen Prozentsatz X ermäßigten Preis. Wenn der Vertreter die festgelegten Ziele im laufenden Jahr erreicht, gewährt ihm das Unternehmen einen Rabatt X plus 5 % für den Kauf von Produkten für die nächsten 12 Monate. Das bedeutet, dass der Vertreter die Produkte im folgenden Jahr zu einem noch niedrigeren Preis einkaufen kann, wodurch sein Verdienst optimiert wird.

Dieses Modell hat für beide Seiten enorme Vorteile. Das Unternehmen muss keine rückwirkenden gewinnmindernden Zahlungen für frühere Perioden leisten, sondern kann im Gegenteil mit den erfolgsabhängigen, erhöhten Rabatten kalkulieren. Auf der anderen Seite ist der Vertreter noch stärker motiviert, in der Folgezeit mehr zu verkaufen, da er mehr als bisher profitiert. Im Rahmen der Zielvereinbarung für das Folgejahr erhöht das Unternehmen die Zielvorgabe für den Agenten und kann so proaktiv dazu beitragen, das eigene Umsatzwachstum über das Vertriebspartnernetz zu generieren und zu realisieren. Dieses neue Channel Success Management bedeutet eine Win-Win-Situation für alle beteiligten Parteien. Entscheidend ist, dass die Vertriebspartner als Kunden betrachtet werden, die dem Unternehmen und insbesondere dem Channel Success Manager durch die Sales Partner Journey in Bezug auf ihre Bedürfnisse und ihre Benutzererfahrung immer besser bekannt sind. Auf diese Weise können die Agenten befähigt werden, proaktiv und langfristig zum Erfolg des Unternehmens beizutragen, denn Vertrauen wird aufgebaut und das Wir-Gefühl manifestiert sich mit der Zeit. Zusammengefasst findet dies unter dem Begriff Sales Enablement statt[14]:

> „Sales Enablement ist eine strategische, funktionsübergreifende Disziplin, die darauf abzielt, die Verkaufsergebnisse und die Produktivität zu steigern, indem sie integrierte Inhalte, Schulungs- und Coaching-Dienste für Vertriebsmitarbeiter und Verkaufsmanager an der Verkaufsfront entlang der gesamten Kaufreise des Kunden anbietet, und zwar auf der Grundlage von Technologie.

[14] https://www.brainshark.com/ideas-blog/2013/July/what-is-sales-enablement-3-defintions. Zugegriffen am 21.05.2020.

Sales Enablement bedeutet daher, dass die Vertriebsmitarbeiter mit der Methodik und den Ressourcen ausgestattet werden, die für einen erfolgreichen Verkaufsprozess erforderlich sind. Mit anderen Worten, sowohl der Innen- als auch der Außendienst müssen über alle Informationen und Ressourcen verfügen, um den Käufer während des Kaufprozesses zu überzeugen (Albro 2019). Das heißt, es muss klar sein, welche Informationen der Käufer wünscht oder benötigt. Dies können neue Produkte, neue Technologien, neue Anwendungen oder innovative Themen sein.

5.1 Die Sales Partner Journey

Im Rahmen des Excellence Framework wurde auch der Prozess der Auswahl und Aufnahme neuer Vertriebspartner überarbeitet und optimiert. Der Prozess wurde bisher von der Abteilung „Commercial" geleitet, die jedoch in erster Linie über Controlling- und Vertragskompetenz, nicht aber über Prozess- oder Marketingkompetenz verfügte. Der Auswahlprozess läuft nun über den Channel Success Manager, der wiederum feste, in der Marketing Process Library definierte Prozesse verwendet. Da sich die Einhaltung der Prozesse wiederum in der Zielvereinbarung widerspiegelt, kann die Einhaltung dieser neuen Auswahlprozesse auch für neue Vertriebspartner genau verfolgt und bei Nichteinhaltung sanktioniert werden.

Auch die Vertriebspartnerstrategie wurde inhaltlich neu ausgerichtet. Die Analysen zu Beginn des Projekts hatten gezeigt, dass die Agenten in der Regel nur eine Branche in den Ländern oder Regionen erfolgreich bedienen können. Allerdings hatte das Unternehmen zuvor immer Agenten für Regionen oder Länder definiert, in denen der Agent dann alle relevanten Branchen bedienen sollte. Das unbefriedigende Ergebnis dieses alten regionalen Agentennetzes zeigte sich deutlich in dem entsprechend überschaubaren Umsatz. Vor diesem Hintergrund wurden im Rahmen der neuen Politik die folgenden drei verbindlichen Auswahlkriterien definiert und von der Unternehmensleitung genehmigt:

1) Die Agenten werden in einer definierten Region für maximal eine Branche unter Vertrag genommen.
2) Im Idealfall kann der betreffende Vertreter die gesamte Wertschöpfungskette der Kundenreise, einschließlich Kundendienst und Service, abdecken.
3) Die Agenten müssen in der Lage sein, eine angemessene Erfolgsbilanz, eine saubere, stabile finanzielle Basis und eine möglichst breite Präsenz in der Zielregion nachzuweisen.

Wenn die drei oben genannten Kriterien erfüllt waren, wurde der fragliche Agent in die engere Wahl gezogen (vgl. Abb. 9). Um den Anforderungen der obersten Führungsebene gerecht zu werden, wurde jedem Gebietsverkaufsleiter weltweit das Ziel vorgegeben, dass er pro Quartal mindestens einen neuen Agenten einstellen muss. Selbstverständlich wurden die Agenten vom Channel Success Manager aktiv unterstützt und begleitet.

Abb. 9 Schematische Darstellung der Auswahlkriterien für Vertriebspartner

6 „Mehr als wir uns je erträumt haben…!"

Im Zuge des Aufbaus des Channel Managements konnte das Beispielunternehmen bereits nach kurzer Zeit erste deutliche Erfolge verzeichnen. Vor allem die Position des Channel Success Managers hat sich von Anfang an bewährt. Die Vertriebsleiter wurden von ihren vielfältigen Aufgaben entlastet und die Kommunikation mit den neuen Vertriebspartnern intensiviert. Das detaillierte Monitoring über die Sales Partner Intelligence (SPI) liefert rund um die Uhr Informationen über die Channel-Performance im Hinblick auf die individuell definierten Ziele. Diese interaktive und dynamische SPI hilft, Abweichungen, Probleme, Schwächen oder Schwierigkeiten frühzeitig zu erkennen und wirksame Maßnahmen abzuleiten. Die Erreichung der KPIs wird nicht nur am Ende des Jahres, sondern mehrmals während des gesamten Geschäftsjahres überprüft, so dass rechtzeitig Anpassungen oder Korrekturmaßnahmen ergriffen werden können.

Auch das Feedback der bestehenden Vertriebspartner ist durchweg positiv. Durch das Sales Partner Management und die intensivere, regelmäßige Kommunikation und Zusammenarbeit haben die bestehenden Vertriebspartner neuen Elan und neue Motivation gewonnen. Neben diesen positiven Auswirkungen auf die bestehenden, langjährigen Vertriebspartner verzeichnet das Unternehmen mit neuen Vertriebspartnern ein deutlich höheres und schnelleres Umsatzwachstum im Vergleich zum Vorjahreszeitraum. Während die Benchmarks für die ersten substanziellen Umsätze für Zeiträume zwischen zwei und drei Jahren im sechsstelligen Bereich lagen, wurden solche Umsätze bereits im ersten Jahr verzeichnet. Der MRoI kann somit auf „sofort" gesetzt werden, da vom Unternehmen de facto keine Investitionen in Form von Zusatzkosten getätigt wurden.

Aufgrund des laufenden Feedbacks halten die Vertriebspartner vor allem den neuen, intensiven Onboarding-Prozess für entscheidend für einen raschen Markterfolg. Darüber hinaus schafft dieser professionelle Onboarding-Prozess offensichtlich ein Alleinstellungsmerkmal, weshalb neue Vertriebspartner bereits nach wenigen Monaten eine langfristige Zusammenarbeit mit dem Unternehmen sowie eine kontinuierliche Aufnahme der Produkte des Unternehmens in ihr Sortiment anstreben.

Das Channel Management hat jedoch nicht nur zu einer besseren Kommunikation mit den Vertriebspartnern geführt, sondern auch die interne Zusammenarbeit zwischen Marketing und Vertrieb gestärkt. Die Position des Channel Success Manager ist eine sehr entscheidende und neuartige Schnittstelle zwischen Vertrieb und Marketing, von der beide Seiten profitieren. Im Bereich der Marketing-Orchestrierung werden solche Positionen an der Schnittstelle zwischen Marketing und Vertrieb in Zukunft entscheidende Aspekte des langfristig zu etablierenden prädiktiven Profit-Marketings im B2B-Bereich sein.

Aus heutiger Sicht ist das Channel Management aus dem B2B-Marketing nicht mehr wegzudenken. Umso wichtiger ist es, etablierte Geschäftsbeziehungen nicht zu vernachlässigen, sondern proaktiv zu schätzen und zu fördern. Wir empfehlen Ihnen auch die Lektüre eines interessanten Online-Artikels zum Thema „The Essential Guide to Channel Partner Success". Dieser Artikel beschreibt die Bedeutung der Zusammenarbeit zwischen Herstellern, Partnern, aber auch mit dem Kunden. Jede der beteiligten Parteien möchte einen Vorteil aus Geschäftsbeziehungen ziehen, daher ist es aus Herstellersicht besonders wichtig, Wachstum für Vertriebspartner zu garantieren.[15] Die Arbeit im Channel Management hört nie auf, denn sie beginnt, wächst und führt zum gemeinsamen Erfolg.

Literatur

Albro, S. (2019). Sales enablement: The who, what, how, when, and why of sales enablement. TOPO. Blog.topohq.com. https://blog.topohq.com/sales-enablement-who-what-howwhen-why/. Zugegriffen am 19.05.2020.

B2B-Marketing. (2019). The tech marketer's guide to channel marketing. B2B-Marketing. b2bmarketing.net. https://www.b2bmarketing.net/en-gb/free-downloadableguides/tech-marketeres-guide-channel-marketing. Zugegriffen am 19.05.2020.

Gorchels, L., et al. (2004). *The manager's guide to distribution channels*. New York: McGraw Hill.

Kaplan, R. S., & Norton. D. P. (1996). *The balanced scorecard: Translating strategy into action* (1 Aufl., 2. August 1996). Massachusetts: Harvard Business Review Press.

Krus, K. (2016). Channel marketing. Leadtributor. Leadtributor.de. https://www.leadtributor.de/enzyklopaedie/channel-marketing/. Zugegriffen am 19.05.2020.

Krus, K. (2017). Vertriebscontrolling. Leadtributor.de. https://www.leadtributor.de/enzyklopaedie/vertriebscontrolling/. Zugegriffen am 19.05.2020.

Lughofer, E., & Sayed-Mouchaweh, M. (2019). *Predictive maintenance in dynamic systems: Advanced methods, decision support tools and real-world applications*. Heidelberg: Springer.

Neubach, R. (2018). KPIs und Metrics – Wie Sie aus Daten Wissen machen. Contentglory.com. www.contentglory.com/blog/kpis-und-metrics-wie-sie-aus-daten-wissen-machen/ Zugegriffen am 19.05.2020.

Weese, R. J. (2015). *How to find, recruit & manage independent sales agents: Part of the action plan for sales success series*. Ottawa: B2B Sales Connections.

[15] http://www.gainsight.com/guides/essential-guide-channel-partner-success/. Zugegriffen am 26.05.2020.

Klara Gölles erwarb einen Bachelor-Abschluss in Medien- und Kommunikationswissenschaften an der Alpen-Adria-Universität in Klagenfurt, Österreich. Während dieser drei Jahre verbrachte sie ein halbes Jahr mit einem Auslandsstudium an der Universität Halmstad, Schweden. Nach ihrem Bachelor-Abschluss setzte sie ihr Studium der Kommunikations- und Informationswissenschaften mit der Spezialisierung auf Wirtschaftskommunikation und digitale Medien an der Universität Tilburg, Niederlande, fort. Klara schloss ihr Studium 2014 mit einem Master-Abschluss ab. Nach ihrem Universitätsabschluss arbeitete sie drei Jahre im Ausland, wo sie mit Marketing in Berührung kam und seither in diesem Bereich tätig ist. Derzeit ist sie in einer globalen Marketingabteilung eines internationalen Technologieunternehmens in Österreich tätig. Dabei spezialisierte sie sich auf globales Eventmanagement, regionales Marketing und Channel Management.

Uwe Seebacher, ist promovierter Volks- und Betriebswirt. Er ist Executive Advisor und verfügt über mehr als 25 Jahre Top-Management-Erfahrung als Berater, Manager als auch Unternehmer. Er ist Dozent an vielen renommierten Business Schools und Universitäten und hat Artikel und Fachbücher in vielen führenden Managementpublikationen verfasst, wie unter anderem z. B. „Predictive Intelligence“ (Springer), „Strategic Workforce Management“ (Harvard Business Manager) und „Cyber Commerce Reframing“ (Harvard Business Manager) oder „Template-based Management“ (Springer). Für seine Arbeiten erhielt er zahlreiche internationale Auszeichnungen.

Central Business Intelligence – Ein Vorgehensmodell für KMUs

Lukas Strohmeier

Inhaltsverzeichnis

Zusammenfassung

Ziel dieser Fallstudie ist es, die möglichen Vorteile einer zentralisierten Business-Intelligence-Abteilung im industriellen b2b-Segment zu untersuchen. Der Schwerpunkt wird auf marktzentrierter Geschäftsintelligenz BI liegen, die daher als Market Ingtelligence bezeichnet wird. Ein großes Problem bei der strategischen Planung von

L. Strohmeier (✉)
Graz, Österreich
E-Mail: Lukas_strohmeier@icloud.com

U. Seebacher (Hrsg.), *Praxishandbuch B2B-Marketing*,
https://doi.org/10.1007/978-3-658-31651-8_31

Industrieunternehmen ist die Tatsache, dass sie oft nicht einmal die Größe der Märkte kennen, auf denen sie konkurrieren, was hauptsächlich auf einen Mangel an zuverlässigen Daten und Fähigkeiten im Umgang mit Daten zurückzuführen ist.

Leistungsfähige Software zur Datenvisualisierung, die in den 2010er-Jahren entstanden ist, wird als das entscheidende Element in der Entwicklung von Methoden zur Marktbeobachtung identifiziert. Diese Werkzeuge ermöglichen es auch kleineren Organisationen, das volle Potenzial der Daten auszuschöpfen und ermöglichen eine effiziente Wissensverteilung innerhalb der Organisation.

Die Fallstudie analysiert die Market Intelligence eines multinationalen Industrietechnikunternehmens vor und nach der Einführung einer zentralisierten Market Intelligence abteilung. Die Analyse kommt zu dem Schluss, dass sich das Unternehmen vor der Einrichtung seiner Business-Intelligence-Abteilung nicht über seine Market Intelligence kosten bewusst war und dass ein erhebliches Einsparungspotenzial entdeckt wurde. Darüber hinaus verbessert das neu eingerichtete Business Intelligence-Ökosystem die Glaubwürdigkeit und Zuverlässigkeit der Geschäftsplanungsaktivitäten erheblich.

1 Einführung und Hintergrund

Daten waren für die meisten Teile des vergangenen Jahrhunderts die Grundlage der Entscheidungsfindung von Unternehmen. Traditionell waren die verfügbaren Daten sehr stark auf interne Daten beschränkt. Umsatz- und Kostenzahlen sowie das Bauchgefühl und die Marktkenntnisse erfahrener Manager bilden das traditionelle Entscheidungsinstrumentarium von Industrieunternehmen. Externe Marktdaten waren in den vergangenen Jahrzehnten eine knappe Ressource. Dies war jedoch kein großes Problem, da die Weltwirtschaft nach dem Zweiten Weltkrieg ein enormes Wachstum erlebte. Heute sind viele Branchen gesättigt, und der Markt kann nur durch überlegene Marktkenntnisse und effiziente interne Abläufe übertroffen werden. In der modernen digitalisierten Welt können beide Bedingungen nur durch eine umfassende Sammlung, Analyse und Nutzung von Daten geschaffen werden. Die heutigen Industriegiganten ruhen auf einem Datenvorrat, der von den verschiedenen IT-Systemen generiert wird – aber nur wenige graben bereits nach dem Schatz, der in ihren Data Warehouses verborgen liegt. Die meisten Industriekonzerne verfügen derzeit nicht über eine übergreifende Datenstrategie, aber sie sind aufgefordert, darauf zu reagieren. Den Nachzüglern läuft die Zeit davon, und Unternehmen, die sich nicht an dem sich entwickelnden Wettlauf um effizientes Datenmanagement beteiligen, werden die nächsten 15 Jahre wahrscheinlich nicht überleben.

Diese gewagte These wird durch die Erkenntnisse von Medeiros et al. (2020) in einer neueren wissenschaftlichen Studie gestützt. Sie kamen zu dem Schluss, dass Unternehmen eine Datenstrategie entwickeln müssen, um den in ihren Daten verborgenen Wert zu ernten und zu nutzen.

Das wahre Problem ist, dass es eine Fülle von Daten, aber einen Mangel an Informationen gibt. Komplexe Unternehmensdaten müssen richtig verwaltet, analysiert und integriert werden, um für eine Geschäftsstrategie von Nutzen zu sein. Ladley und Redman identifizierten 6 Datenszenarien, die letztlich Wert für ein Unternehmen generieren:

1. Verbesserte Prozesse
2. Verbesserte Wettbewerbsposition
3. Neue und verbesserte Produkte, die auf bessere Kunden- und Marktdaten zurückzuführen sind
4. Informatisierung oder Einbau von Daten in Produkte und Dienstleistungen
5. Verbesserte menschliche Fähigkeiten
6. Verbessertes Risikomanagement

Sie kamen zu dem Schluss, dass eine Konzentration auf diese sechs Wertemodelle es Führungskräften ermöglicht, Datenkonzepte in das komplexe und dynamische Geschäft von heute einzupassen (Ladley und Redman 2020)

Für die folgende Fallstudie sind die ersten 3 Datenszenarien von Relevanz.

Während die Bestimmung der eigenen Position und des Marktanteils in einem Segment in einigen Branchen leicht sein kann, kann es in anderen Branchen ein echtes Problem darstellen. Einer der Bereiche, in denen Unternehmen oft Schwierigkeiten haben, ihre Marktposition zu bestimmen, ist das industrielle b2b-Segment.

Ein solides Wissen über die 3Cs im Strategischen Dreieck: Kunde, Unternehmen & Wettbewerber ist für eine erfolgreiche Geschäftsstrategie von Organisationen unerlässlich.

John Brock wies bereits 1984 in einem Artikel im Industrial Marketing Journal auf die Bedeutung eines umfassenden Marktanalyse-Ansatzes im Industriesektor hin:

> „Viele Unternehmen für Industrieprodukte sind in ausgereiften, rohstoffähnlichen Geschäften mit begrenzten Variationen der von den Wettbewerbern angebotenen Produkte tätig. Es gibt nur wenige Variationen des Leistungspakets, so dass die Nutzenseite der Verträge über das Nutzen-Preis-Verhältnis und die Wettbewerber sich in Märkten wiederfinden, in denen der Wert tendenziell in erster Linie über den Preis definiert wird. Wenn der Preis zum Kauffaktor Nummer eins wird, müssen die Kosten eine entscheidende Bedeutung erlangen. Selbst wenn der Preis nicht die Nummer eins ist, muss ein Unternehmen dennoch seine vergleichende Kostenposition verstehen, die weitgehend seine Rentabilität, sein vermögenswirksames Potenzial und seine Börsenattraktivität im Vergleich zu seinen Konkurrenten bestimmt." (Brock 1984, S. 226)

Während der Bedarf an relevanten Daten seit den 80er-Jahren nicht abgenommen hat, hat die Verfügbarkeit von Daten sicherlich abgenommen. Dies gilt sowohl für interne als auch für externe Datenquellen. Beide sind wichtig für den Erfolg eines Unternehmens, aber nur wenige Industrieunternehmen verfügen über eine kohärente Datenstrategie. Branchenübergreifende Studien haben gezeigt, dass in den meisten Unternehmen weniger als 50 % der verfügbaren strukturierten Daten aktiv für die Entscheidungsfindung genutzt werden. Eine offensive Datenstrategie könnte die Rentabilität und die Wettbewerbsposition aktiv verbessern (DalleMule und Davenport 2017). Die in diesem Artikel beschriebene Datenstrategie beschränkt sich auf marktrelevante Daten, die sich aus den folgenden Elementen zusammensetzen:

- Makroökonomische Daten (z. B. BIP-Wachstum & Wechselkurse)
- Wettbewerbsdaten (z. B. Verkaufsvolumen & Gewinnspannen)
- Daten zur Produktnachfrage (z. B. Verbrauch pro Produkt, Region & Industrie)
- CRM- & ERP-Daten (z. B. Umsatz pro Kunde)
- Projektdaten (z. B. strategische Projektlisten)

Auf den folgenden Seiten wird ein häufiges Datenproblem beleuchtet, das im Strategieprozess eines fiktiven industriellen Fertigungsunternehmens auftritt. Obwohl sich dieser Fall auf die strategischen Auswirkungen von Daten konzentriert, können dieselben Daten dazu verwendet werden, die operative Leistung eines Unternehmens erheblich zu verbessern.

2 Business Intelligence beim Industrieanlagenhersteller WATERCOM

Elene Farine hat vor kurzem die Position eines CEO bei WATERCOM übernommen. Zuvor war Elene Farine in einer leitenden Managementposition bei einem großen globalen Ölkonzern tätig. Obwohl sie noch nie zuvor in der Maschinenbauindustrie gearbeitet hat, half ihr ihre berufliche Laufbahn sowie ihre interdisziplinäre Ausbildung sowohl im Management als auch im Maschinenbau, den Vorzug gegenüber ihren Mitbewerbern zu bekommen. Bei denen handelte es sich überwiegend um erfahrene Vertriebsingenieure, die leitende Positionen bei anderen mittelständischen Maschinenbauunternehmen innehatten.

WATERCOM ist ein Industrieunternehmen, das eine breite Palette von industriellen Prozessausrüstungen herstellt und an der deutschen Börse notiert ist. Mit einem Umsatz von rund 800 Millionen USD und Standorten in 10 Ländern gehört das Unternehmen zu den größeren Akteuren in seinen Marktsegmenten. Die Öl- und Gasindustrie ist für WATERCOM nur von untergeordneter Bedeutung, da der größte Teil des Umsatzes mit der Wasser-, Lebensmittel- und chemischen Industrie erwirtschaftet wird.

WATERCOM hatte zuletzt schwierige Zeiten hinter sich und verlor in den letzten 5 Jahren seit dem Ölpreiscrash 2015 Marktanteile an Konkurrenten. Einer der Hauptgründe für die schlechte Performance ist das sehr große Produktportfolio, welches eines der größten auf dem Markt ist. Das Produktportfolio von WATERCOM ist im Vergleich zu seinen Mitbewerbern wesentlich vielfältiger und weniger fokussiert.

Mit Pumpen und Zentrifugen machen zwei Produkttypen etwa 50 % des Umsatzes von WATERCOM aus, aber im Vergleich zu den Marktführern in diesen Segmenten ist das Unternehmen nur ein kleiner Akteur. Die restlichen 50 % des Umsatzes werden mit

Dutzenden von Produkten erzielt, die oft nicht mehr als 5 Millionen USD Umsatz pro Jahr generieren.

WATERCOM hat in den vergangenen Jahren nicht nur Marktanteile verloren, auch seine Margen sind im Vergleich zu den besten Unternehmen der Branche geringer. Um den Turnaround einzuleiten, beschloss der Vorstand, das aktuelle Geschäft zu überprüfen und eine neue Geschäftsstrategie zu entwickeln. Ziel ist es, profitabler zu werden und sich auf die Segmente mit dem größten Markt- und Wachstumspotential zu konzentrieren. Der neue CEO wurde eingestellt, um die neue Strategie zu entwickeln und umzusetzen. WATERCOMs Wunsch ist es, das zu werden, was es einmal war: Ein Marktführer mit einer starken Marke.

2.1 Große Hürden tauchen auf

Elene initiiert das erste Management-Treffen und stellt bald fest, dass ihr Einfluss begrenzt sein könnte. Das Regionalmanagement hat viel Macht in der Organisation. Obwohl WATERCOM bei weitem kein Industriegigant ist, basierte das Wachstum des Unternehmens in den letzten zehn Jahren größtenteils auf Übernahmen.

Das vergangene Jahrzehnt war für Maschinenbauunternehmen sehr lukrativ, vor allem aufgrund des enormen Wachstums in China und anderen asiatischen Ländern. Aufgrund der starken Leistung in der Vergangenheit war die Integration für den Vorstand nie eine Priorität. Infolgedessen ist die WATERCOM von heute im Grunde eine Koalition von 5 kleinen und mittleren Unternehmen mit viel Macht für die Geschäftsführer der regionalen Niederlassungen. Die Profile der Regionalmanager sind den Lebensläufen der anderen Bewerber für Elenes CEO-Rolle sehr ähnlich: Absolventen des Maschinenbaus, manchmal sogar promoviert, die ihre Karriere hauptsächlich auf ihrem Verkaufstalent aufgebaut haben. Jahrzehntelange Erfahrung und eine starke Erfolgsbilanz bei der Verhandlung großer Projekte qualifizierten sie für die Positionen, die sie heute innehaben.

Elene möchte einem klassischen, von Robert Grant vorgeschlagenen Strategieprozess folgen. Nach diesem Modell hatte der Vorstand bereits die ersten drei Prozessschritte abgeschlossen:

1. Aktuelle Strategie identifizieren
2. Leistung einschätzen
3. Leistung diagnostizieren

Vier weitere Prozessschritte müssen noch abgeschlossen werden:

4. Analyse der Branche
5. Analyse der internen Ressourcen und Fähigkeiten

6. Formulierung der Strategie
7. Strategieumsetzung (Grant 2016)

Infolgedessen wurde Elene eingestellt, um ihre Fähigkeiten für die erfolgreiche Entwicklung und Umsetzung der neuen Strategie einzusetzen. Ihre erste Aufgabe besteht darin, den Markt, auf dem WATERCOM konkurriert, abzubilden und zu bestimmen. In einem zweiten Schritt plant sie, die internen Kapazitäten des Unternehmens zu analysieren.

Nachdem die für die Strategie erforderlichen Informationen angefordert wurden, tut sich eine große Wissenslücke auf. WATERCOMs regionale Manager und globale Vertriebsleiter sind nicht in der Lage, vertrauenswürdige Marktzahlen zu liefern, auf denen die Strategie aufbauen kann. Ein Schlüsselargument, das von den Regionalmanagern vorgebracht wird, ist, dass Marktstudien nicht vertrauenswürdig sind. Nach stundenlangen unproduktiven Diskussionen endet das Treffen ohne Ergebnis. Die Regionalmanager können sich nicht auf eine gemeinsame Markteinschätzung einigen. Das versammelte Top-Management von WATERCOM konnte dem neuen CEO nicht einmal die Marktanteilszahlen der von ihm hergestellten Produkte vorlegen. Große Teile des Managements scheinen dem von Elene vorgeschlagenen Ansatz sehr ablehnend gegenüberzustehen.

Auf dem Heimweg wird Elene klar, dass ihr Erfolg als CEO von Anfang an ernsthaft gefährdet ist. Ohne die Fähigkeit, die Marktposition und das Wettbewerbsumfeld zu analysieren, kann sie nicht mit der Aufgabe der Strategieformulierung fortfahren.

Der Datenengpass ist so massiv, dass das Unternehmen in den letzten Jahren im wahrsten Sinne des Wortes blindgeflogen ist. Die Markteinschätzung von WATERCOM basiert ausschließlich auf der Marktwahrnehmung seiner führenden Vertriebsmanager. Elene lernte, dass individuelle Wahrnehmungen sehr fehleranfällig sind, aber der Rest der Organisation ist sich dieser Tatsache noch nicht bewusst. Sie beschließt, keinen Streit mit dem Management anzufangen, indem sie den Mangel an Daten für den fehlenden Erfolg in der Vergangenheit verantwortlich macht. Ein feindseliges regionales Management würde ihre Karriere bei WATERCOM sehr bald beenden.

2.2 Einen Ausweg finden

Aufgrund des komplexen Produktportfolios und des breiten Spektrums der belieferten Branchen wird Elene viel Unterstützung von der Organisation benötigen, um den Turnaround erfolgreich zu bewältigen.

Sie spürt, dass sie keine eigene Strategieabteilung einrichten kann, da diese Stabsstelle keine Unterstützung durch die Regionalmanager erhalten würde. Aus politischen Gründen könnten auch Allianzen mit einigen wenigen Schlüsselmanagern nach hinten losgehen. Um einen Ausweg aus diesem Problem zu finden, wirft sie einen genaueren Blick auf die Organisation von WATERCOM. Zwei Optionen zur Schließung der Datenlücke zeichnen sich ab:

- Outsourcing im Sinne zu Zukauf
- Einrichtung einer eigenen Business-Intelligence-Einheit

Es geht also um „Make“ oder „Buy“. Zunächst erweist sich die Auslagerung und der Kauf einer strategischen Marktstudie als eine attraktive Option. Gespräche mit den Regionalmanagern ergaben, dass es einige sehr gute Boutique-Research-Firmen gäbe, die aber aufgrund der hohen Kosten für WATERCOM in der Regel keine Option sind. Elene braucht schnell Ergebnisse, und nach Rücksprache mit den beiden bevorzugten Anbietern wird ihr gesagt, dass Ergebnisse innerhalb von 8 Wochen zu erwarten seien.

Die zweite Option bestünde darin, eine der bestehenden Abteilungen zu nutzen und die Aufgaben der Abteilung um Business Intelligence und Strategie zu erweitern. Die meisten Geschäftsfunktionen werden auf regionaler Ebene verwaltet, nur die folgenden vier Funktionen sind global organisiert und direkt dem CEO unterstellt: Controlling, Marketing, IT und Geschäftsentwicklung. Die neue Funktion müsste in einer dieser Abteilungen angesiedelt sein. Schließlich kommt Elene zu einer Entscheidung: Sie beschließt, eine interne Business-Intelligence-Einheit aufzubauen. Der Hauptgrund dafür sind die strategischen Auswirkungen einer solchen Einheit. Das Fehlen einer Abteilung für Business Intelligence ist ein großer strategischer Nachteil von WATERCOM. Outsourcing würde nicht dazu beitragen, diese Lücke gegenüber den Marktführern zu schließen. Außerdem würde viel Geld ausgegeben werden, um ein statisches Bild des Unternehmens zu erhalten. Die gekaufte Marktstudie wird bald veraltet sein, und künftige Strategieanpassungen werden neue Geschäfte mit den externen Marktforschungsunternehmen erfordern.

Aber die Wahl der richtigen Abteilung innerhalb der bestehenden Organisation zur Einrichtung der BI-Einheit ist keine leichte Entscheidung, jede Abteilung hat ihre Vor- und Nachteile:

- Controlling
  - Pro: Hohe Glaubwürdigkeit in der Organisation, höchstes Wissen über interne Daten, Geschäfts-/Finanzhintergrund, hat vorher mit Visualisierungssoftware gearbeitet
  - Kontra: unterbesetzt, veraltete IT-Lösungen, keine Kenntnisse über den Markt
- IT
  - Pro: Beste IT-Fähigkeiten in der Organisation, arbeitete zuvor mit Visualisierungssoftware
  - Kontra: Keine Kenntnisse über den Markt und das Geschäft, keine Verbindung zum Verkauf
- Marketing
  - Pro: Enge Zusammenarbeit mit leistungsstarker Verkaufsorganisation, marktorientiert, jung und technikbegeistert, betriebswirtschaftlicher/volkswirtschaftlicher Hintergrund, arbeitete zuvor mit Visualisierungssoftware
  - Kontra: geringes Ansehen in der Organisation, begrenzte Erfahrung und Kenntnisse über den Markt

- Business Development
  - Pro: Höchste Marktkenntnis, Erfahrung, hohes Ansehen in der Organisation, technischer Hintergrund
  - Contra: Starke Bindungen zu bestimmten Regionalmanagern, die Geschäftsentwicklung hat oft eine Doppelrolle als Verkaufsleiter für eine regionale Tochtergesellschaft, oft chaotisch

Es muss auch berücksichtigt werden, dass es keine zusätzliche finanzielle Vergütung für die zusätzliche Aufgabe geben wird. Elene hat eine schwierige Entscheidung zu treffen. Zusammengefasst sind das die wichtigsten Voraussetzungen für eine erfolgreiche Business Intelligence-Einheit:

- relevante interne und externe Daten zu sammeln, zu analysieren, zu visualisieren und zu verteilen
- die Glaubwürdigkeit der Daten innerhalb der Organisation zu erreichen und damit eine hohe Anzahl verschiedener Interessengruppen mit unterschiedlichen Interessen zu befriedigen
- Einrichtung eines effizienten Prozesses und eines leistungsfähigen Datenverwaltungssystems zur langfristigen Kostensenkung
- die Kosten niedrig halten
- WATERCOM letztendlich in eine datengesteuerte Organisation umwandeln

In welcher Abteilung wird Elene die BI-Einheit einrichten? Wie wird sie die Einheit einrichten und wie werden die wichtigsten Anforderungen erfüllt?

Das folgende Kapitel wird Ihnen zeigen, was Elene getan hat und wie sie das Programm innerhalb kurzer Zeit zu einem Erfolg gemacht hat.

3 Die Projekteinrichtung

Elene entscheidet sich für die Einrichtung der BI-Einheit in der Marketingabteilung von WATERCOM. Einer der Hauptgründe dafür ist die Struktur und die Fähigkeiten des Marketing-Teams. Im krassen Gegensatz zu den anderen Abteilungen ist das Marketingteam bei WATERCOM sehr jung und noch immer motiviert, neue Aufgaben ohne zusätzliche Vergütung zu übernehmen. Zudem ist der Bildungshintergrund für die neuen Aufgaben passend. Einige Mitarbeiter haben einen Universitätsabschluss in Volkswirtschaft oder Betriebswirtschaft. Dieser Bildungshintergrund vermittelt den Absolventen in der Regel solide Grundlagen in Statistik, Bilanzanalyse und Unternehmensstrategie. Aufgrund des jungen Alters sind die Digital Natives mit Excel vertraut und können sich leicht an neue Software, wie z. B. Datenvisualisierungstools, anpassen.

Zu Beginn werden ein Vollzeitbeschäftigter und ein studentischer Mitarbeiter eingesetzt, um die Einheit WATERCOM BI zu bilden. Aufgrund des engen Finanzrahmens werden nur 100.000 EUR Budget für die BI-Einheit bereitgestellt. Dieses Geld wird für

Products	Water	Chemical	Food	Other industries	Total
Centrifuges	5%	5%	5%	5%	**20%**
Pumps	15%	5%	0%	10%	**30%**
Other p. 1	0%	0%	6%	0%	**6%**
Other p. 2	1%	2%	0%	1%	**4%**
....	4%	18%	14%	3,60%	**39,6%**
Other p. 50	0%	0%	0%	0,40%	**0,40%**
Total	**25%**	**30%**	**25%**	**20%**	
Focus year 1					

Abb. 1 Produkt-/Branchenmatrix von WATERCOM (eigene Darstellung)

die Beschaffung von Marktdaten, die Anschaffung von Analyse- und Visualisierungstools sowie für die Verteilung der Informationen an die wichtigsten Stakeholder innerhalb von WATERCOM verwendet.

3.1 Erste Aufgaben

Zuerst bittet Elene das Team, eine detaillierte Produkt-/Industriekartierung zu erstellen. Ziel ist es, die wichtigsten Produkte und Branchen für weitere detaillierte Analysen zu identifizieren. Aufgrund des Zeit- und Budgetrahmens können nicht alle Anwendungen abgedeckt werden.

Die Abb. 1 zeigt den prozentualen Anteil des Gesamtjahresumsatzes für die Produkte und Branchen von WATERCOM (vgl. Abb. 1). Beim Studium der Matrix beschließen Elene und das BI-Team, die Märkte für die 4 größten Produkte, die 60 % des Umsatzes ausmachen, sowie die 3 Hauptindustrien Wasser, Chemie und Lebensmittel, die 80 % des Auftragseingangs ausmachen, zu analysieren. Der große Zeit- und Budgetdruck erlaubt es ihnen nicht, das gesamte Geschäft von WATERCOM für die neuen Geschäftsstrategien zu analysieren. Neue Forschungsbereiche werden in Zukunft folgen

3.2 Entwurf der IT-Architektur

Gleichzeitig mit der ersten Aufgabe muss sich das Team Gedanken über die IT-Architektur für die Datenverwaltung machen. Die vier zu berücksichtigenden Aspekte sind Speicherung, Analyse, Visualisierung und Verteilung. Moderne Datenvisualisierungstools wie Microsoft PowerBI und Tableau können die Punkte Analyse, Visualisierung und Verteilung abdecken. Daher müssen nur 2 Entscheidungen getroffen werden: Wie die Daten gespeichert werden sollen und welches Visualisierungstool gewählt werden soll.

Visualisierungswerkzeuge können mit allen Arten von Datenspeichersystemen arbeiten. Die beiden häufigsten Eingabetypen in einer Unternehmensumgebung sind Excel- und relationale Datenbanken (z. B. MySQL oder Oracle Database). Das Team trifft die

Entscheidung, sich im ersten Jahr auf Excel-Tabellen zu verlassen und diese nach erfolgreicher Etablierung der Abteilung auf eine leistungsfähigere Datenbank zu aktualisieren. Die großen Vorteile von Excel in der Anfangsphase sind vor allem die niedrigen Kosten und die Erfahrung, die alle Teammitglieder mit dem Tool haben.

Für das Visualisierungstool entscheidet sich WATERCOM für PowerBI. Die Microsoft-Lösung teilt einige Funktionen, wie z. B. den PowerQuery-Editor mit Excel. Außerdem ist sie im Vergleich zu Tableau günstiger. In qualitativer Hinsicht gibt es keinen großen Unterschied zwischen diesen beiden Softwarepaketen. Sie ermöglichen dem Benutzer die einfache Visualisierung strukturierter Datensätze. Beide bieten ein breites Angebot an verschiedenen Diagramm- und Grafiktypen zur Auswahl. Darüber hinaus ermöglichen beide dem Benutzer die Erstellung eigener Diagramme und die Analyse von Daten unter Verwendung weit verbreiteter statistischer Programmiersprachen wie R. PowerBI ermöglicht eine einfache und intuitive Verbindung verschiedener Datenquellen über Nachschlagetabellen unter Verwendung eines ER (Entity-Relationship) Diagramms (vgl. Abb. 2).

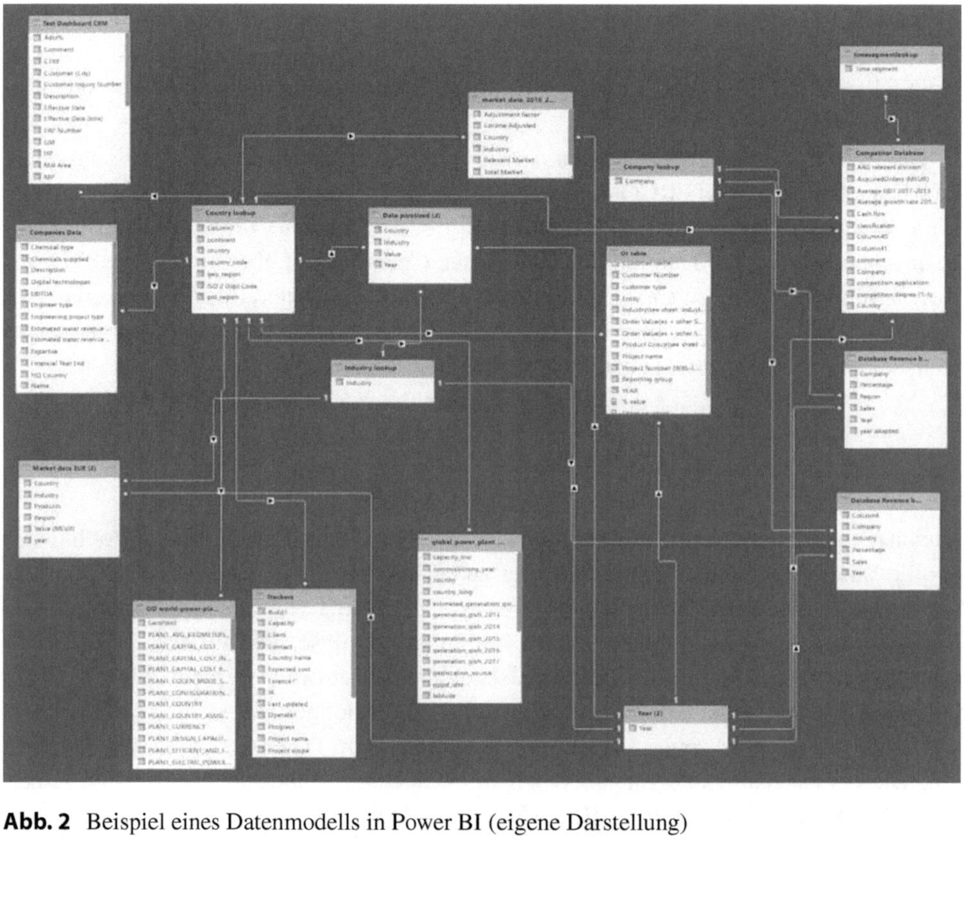

Abb. 2 Beispiel eines Datenmodells in Power BI (eigene Darstellung)

3.3 Erfassung externer Marktdaten

Marktdaten haben innerhalb von WATERCOM keinen guten Ruf. Das Unternehmen hat eine schlechte Erfolgsbilanz bei vielen Anbietern, insbesondere bei denen aus Südasien. Marktforschungsanbieter von geringer Qualität betreiben in der Regel aggressives E-Mail- und LinkedIn-Marketing. Daher werden viele Berichte von schlechter Qualität intern an Entscheidungsträger weitergeleitet. Manchmal werden diese Berichte von schlechter Qualität sogar gekauft. Es gibt durchaus sehr gute Marktforschungsunternehmen, sogar für kleine industrielle Nischen, aber sie sind oft schwer zu finden.

Der große Vorteil der BI-Einheit ist, dass sie den größten Teil ihrer Arbeitszeit der Forschung widmen können. Es ist viel Forschungsarbeit erforderlich, um die besten Marktforschungsagenturen zu ermitteln. Diese Zeit ist gut investiert, da sie die Fehlerquote beim Kauf von Marktinformationen erheblich reduziert. Darüber hinaus rät Elene dem Team, eine Datenbank zu erstellen, in der alle bekannten Anbieter beschrieben und in eine Rangfolge gebracht werden. Dadurch wird sichergestellt, dass das erworbene Wissen über die verschiedenen Marktforschungsunternehmen für die Zukunft erhalten bleibt.

Schließlich kann in der Verhandlungsphase viel Geld gespart werden. Typischerweise gibt es drei Arten von Angeboten im Bereich der Marktforschung:

1. Berichte von der Stange: Die Berichte sind nicht maßgeschneidert und auf die genauen Bedürfnisse des Kunden zugeschnitten, sondern bereits vorhandene Berichte.
2. Maßgeschneiderte Forschung: Der Umfang der Recherche wird gemeinsam mit dem Anbieter festgelegt. Die Recherche wird dann durchgeführt und in der Regel innerhalb eines Zeitraums von 2 bis 12 Wochen geliefert.
3. Datenbanken: Datenbanken, die hauptsächlich quantitative Daten über Märkte liefern, und in der Regel mindestens einmal pro Jahr aktualisiert werden.

Insbesondere für die Kategorien 1 und 3 kann in der Verhandlungsphase viel Geld gespart werden. Der Hauptgrund ist, dass der Anbieter keine Grenzkosten für den Verkauf dieser Produkte hat, da diese bereits existieren. Die Erfahrung hat gezeigt, dass regelmäßig bis zu 50 % eingespart werden können. Es wird dem Käufer dringend empfohlen, eine Stichprobe der Daten oder Marktforschung anzufordern. Diese Daten sollten mit Branchenexperten innerhalb des Unternehmens abgeglichen werden. Wenn die Daten und die Methodik eines Verkäufers zufriedenstellend zu sein scheinen, können der Vertrag und die Daten gekauft werden.

Elene entschied sich für den Kauf, einer Datenbank zur Wasser- und Abwasserwirtschafteiner Datenbank zur Wasser- und Abwasserwirtschaft der alle Gerätetypen und eine Menge zusätzlicher Informationen abdeckt, für 25.000 EUR. 60.000 EUR wurden ausgegeben, um an die relevanten Daten für die chemische und die Lebensmittelindustrie zu gelangen. Obwohl dies sehr teuer zu sein scheint, wird eine Integration dieser Daten in die Datenbank der Organisation die Notwendigkeit eines jährlichen Abonnements der Dienste überflüssig machen. Daher wird WATERCOM in der Lage sein, das Budget des nächsten

Jahres für verschiedene Forschungsarbeiten auszugeben. Es ist geplant, die Datensätze auf zweijährlicher Basis zu erwerben. Dies ist ein guter Kompromiss und verhindert, dass die Daten zu veraltet sind.

Der Rest des Budgets ist für Software und Schulung reserviert. Es ist wichtig, den Mitarbeitern eine erste Schulung zu bieten, da „Learning by doing“ in kurzer Zeit nicht erfolgreich sein wird. Das Schulungsbudget pro Mitarbeiter ist auf 5000 EUR festgelegt, was ausreichen sollte, um eine gute Power-BI-Schulung für beide Mitarbeiter zu erhalten. Die verbleibenden 5000 EUR werden ausreichen, um Power BI pro-Lizenzen für alle relevanten Interessengruppen zu erwerben, die Zugang zu den Daten innerhalb von WATERCOM haben sollten.

4 Vertrauen in die Organisation aufbauen

Einmal erfasst, müssen die Daten organisiert werden. Externe Marktdaten und interne Verkaufsdaten müssen harmonisiert werden. Die verschiedenen Datenquellen sind durch Nachschlagetabellen miteinander verbunden. Solche Nachschlagetabellen ermöglichen den Vergleich von Daten aus verschiedenen Quellen dank einiger gemeinsamer Variablen wie Produktname, Jahr oder Land. Das Datenmodell in Power BI besteht aus verschiedenen verbundenen Datenblättern (vgl. Abb. 3).

Sobald die Daten zur Verteilung und für einen Abgleich bereit sind, wartet die nächste Herausforderung auf Elene und ihr Team. Sie braucht das Vertrauen der Regionalmanager in die von ihr vorbereiteten Daten.

Elene's Weg nach vorn besteht darin, individuelle Treffen zwischen den wichtigsten Interessenvertretern, ihr und dem BI-Team einzurichten. Auf diese Weise können die Daten, die Quellen und die Methodik erklärt und Feedback gesammelt werden. Darüber hinaus hat Elene auch die Möglichkeit, diejenigen zu identifizieren, die bereit sind, mit den Daten zu arbeiten, sowie diejenigen Manager, die den Daten nur sehr widerwillig vertrauen. Auch riskiert sie keine schweren Angriffe auf das Datenprojekt vor den versammelten Führungskräften.

4.1 Den Widerstand auflösen

Die einzige Möglichkeit, die feindseligen Manager zu konvertieren, besteht darin, ihr Feedback sorgfältig auszuwerten, die Daten anzupassen und eine neue Feedbackschleife zu starten. Darüber hinaus fragt Elene die Gegner auch aktiv, ob sie Hilfe benötigen oder Daten, die noch nicht integriert sind. Überzeugung mag ein langer und hartnäckiger Weg sein, aber es gibt nicht wirklich viele andere Optionen.

Es erwies sich auch als eine gangbare Option, innerhalb der Teams der skeptischen Manager nach Aufgeschlossenheit zu suchen. Wichtige Teammitglieder vom Wert der Daten zu überzeugen, trägt letztlich dazu bei, die Meinung der Vorgesetzten zu ändern. Etwas, das Elene unbedingt vermeiden will, ist die aggressive Verleugnung der Meinungen des

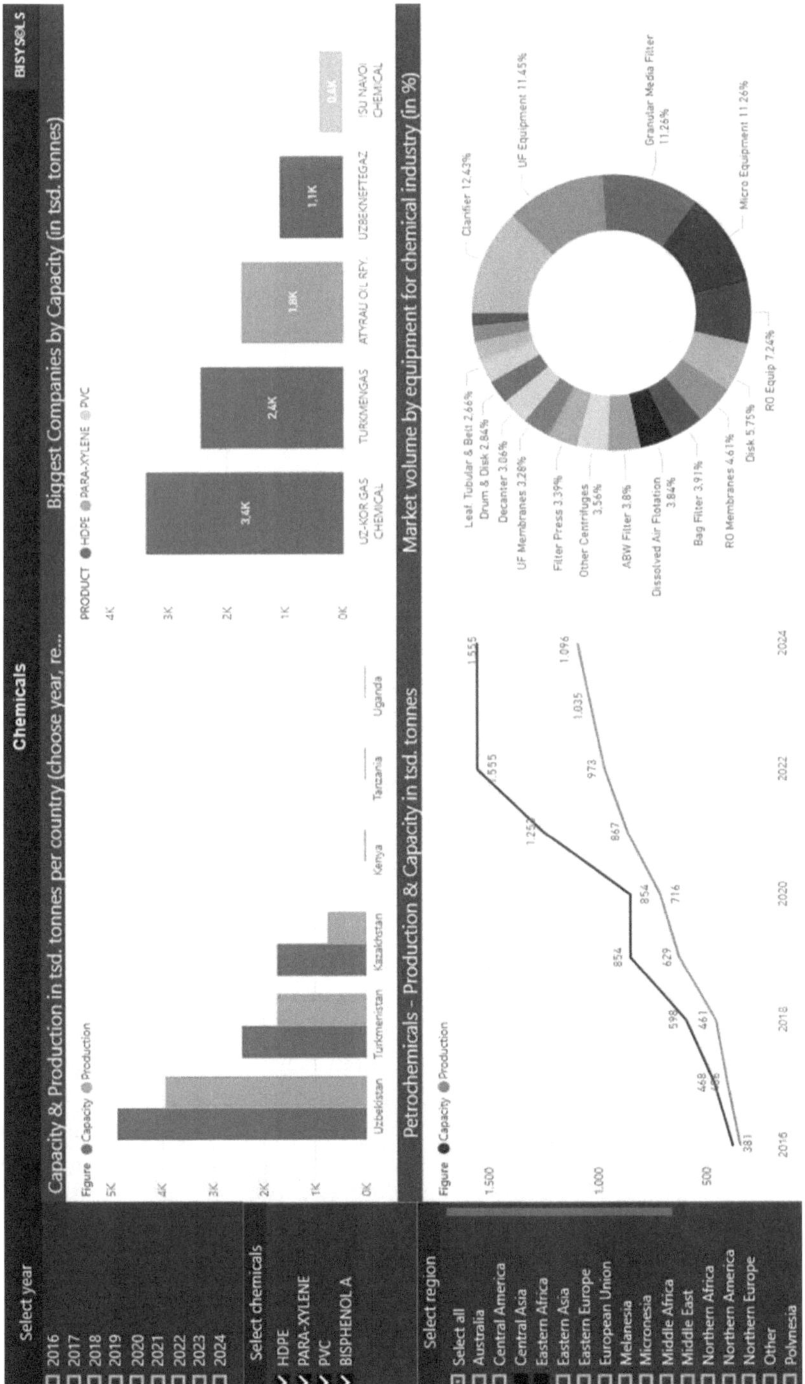

Abb. 3 Muster-Dashboard für die Chemische Industrie (eigene Darstellung)

Gegners. In den meisten Fällen wird dies nur zu einer noch stärkeren Leugnung führen, und diese Manager könnten sogar anfangen, Elenes Marktkenntnis und letztlich ihre Eignung für die Rolle als CEO von WATERCOM offen in Frage zu stellen.

Ein konservatives Unternehmen wirklich in ein datengesteuertes Unternehmen umzuwandeln, ist eine Aufgabe für ein umfassendes Change Management.

4.2 Erstellen einer datengestützten Strategie

Sobald Elene die meisten der erforderlichen Daten zur Hand hat, kann sie mit dem Aufbau einer neuen Strategie fortfahren. Die neue Strategie wird auf einer umfassenden Analyse des externen und internen Umfelds aufbauen. Es muss jedoch festgestellt werden, dass sie nicht beide Ziele auf einmal erreichen konnte, es braucht viel Zeit, um die internen Fähigkeiten und Fertigkeiten zu entwickeln, um wirklich eine BI-Einheit aufzubauen. Eine erste Aufgabe wurde unter einem engen Zeitrahmen erfolgreich bewältigt, aber jetzt wird die eigentliche Arbeit für die BI-Einheit erst beginnen.

Nichtsdestotrotz wurde die neue Geschäftsstrategie dem Vorstand vorgeschlagen und beinhaltete Vorschläge zur Veräußerung von 25 %, des Produktportfolios da die Margen und das Wachstumspotential nicht attraktiv sind. Außerdem ist ein neuer Ansatz für den Vertrieb von Pumpen und Zentrifugen in Übersee in der Entwicklung, da in anderen Teilen der Welt noch ein beträchtliches Marktpotenzial besteht. Letztendlich beinhaltet die neue Strategie auch die Schließung einer der am schlechtesten abschneidenden regionalen Tochtergesellschaften. Zufälligerweise war der Geschäftsführer dieser Standorte auch einer der stärksten Gegner eines datengestützten Managementansatzes. Oftmals ist die Verleugnung einfach eine Manifestation der Selbstverteidigung ....

4.3 Die Macht der Dashboards

Die wahre Stärke einer BI-Funktion liegt in der Möglichkeit, Daten in Echtzeit und für jeden innerhalb einer Organisation zugänglich zu machen. Während die Beschaffung von Marktinformationen in der Vergangenheit immer ein langer und schmerzhafter Prozess war, der viel Recherche erforderte, ist sie heute nur noch wenige Klicks entfernt. Die Erstellung eines Dashboards dauert nicht viel länger als die Erstellung eines Diagramms in einer Excel-Datei und dessen Integration in eine PowerPoint-Präsentation. Der große Vorteil des Dashboards besteht jedoch darin, dass nach dem Hinzufügen der Benutzer keine Datenverteilung per Email mehr stattfinden muss. Der Dashboard-Administrator muss lediglich die Daten im Dashboard aktualisieren, und alle Empfänger haben sofort Zugriff auf die neuesten Daten. Dieses Dashboard sammelt systematisch die Finanzdaten aller wichtigen Wettbewerber und stellt diese dem Managementteam in einem gemeinsamen Format zur Verfügung (vgl. Abb. 4).

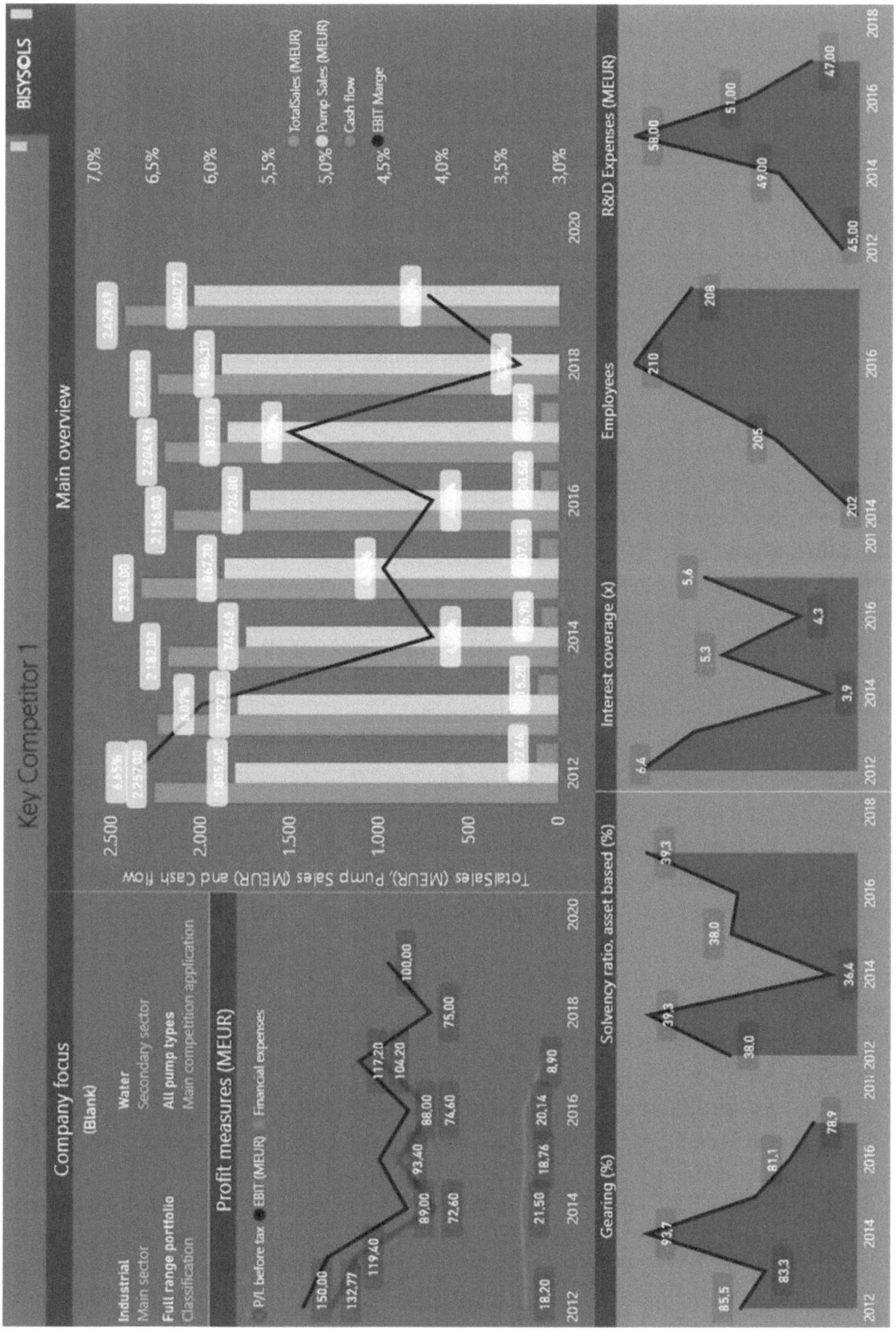

Abb. 4 Beispiel Dashboard zu Wettbewerb (eigene Darstellung)

5 Elene's Schlüsselergebnisse und ihre Vision für zentrale Business Intelligence

Elene hat eine starke Vision für die BI-Einheit. Sie stellt sich ein Unternehmen vor, in dem der gesamte Vertriebsansatz stark von Daten bestimmt wird. Externe Marktdaten, die die CRM- und Marketing-Automatisierungssysteme speisen und automatisierte Kundenlisten für die Vertriebsleiter generieren. Außerdem kann eine Echtzeitverfolgung der Verkaufsaktivitäten zu verbesserten Prognosemechanismen führen, die es WATERCOM ermöglichen, aktiv Maßnahmen zu setzen, falls die finanziellen Ziele gefährdet sind. Die von der BI-Einheit gesammelten und analysierten Daten werden auch eine Voraussetzung dafür sein, WATERCOMs Produktportfolio zu digitalisieren und es Käufern zu ermöglichen, die gewünschte Maschine online über einen digitalen Marktplatz zu bestellen.

Sie weiß, dass es ein langer Weg sein wird, bis diese Vision Wirklichkeit werden kann, aber es ist notwendig, ein klares strategisches Ziel vor Augen zu haben, um die BI-Einheit in einen Wettbewerbsvorteil von WATERCOM zu verwandeln. Ihre wichtigsten Erkenntnisse lassen sich als solche zusammenfassen:

- **Die Einrichtung einer BI-Funktion erfordert Zeit**
  Ein tiefes Verständnis des Geschäfts sowie profunde Kenntnisse in den Bereichen Datenbankverwaltung, Visualisierung und Statistik sind erforderlich. Selbst wenn ein erfahrener Spezialist eingestellt wird, ist die volle Funktionalität nicht in weniger als einem Jahr zu erwarten.
- **Die richtigen Mitarbeiter sind entscheidend**
  Ausgeprägte IT-Fähigkeiten sowie ein umfassendes Verständnis des Geschäfts und der Märkte sind erforderlich. Oftmals ist dies nicht in einer Person zu finden. Daher empfiehlt es sich, mindestens 2 Personen für die Bildung des BI-Teams einzusetzen.
- **Ein niedriges Budget ist kein Hindernis**
  Es gibt in jeder Organisation eine Menge ungenutzter Daten. Wenn das Budget nicht ausreicht, um teure Daten von Drittanbietern zu erwerben, nutzen Sie, was Sie kostenlos bekommen können.
- **Das Budget wird wachsen, wenn das BI-Team einen Mehrwert für die Organisation schafft**
  Am Anfang wird es sicherlich Widerstand geben, aber es ist die Aufgabe der BI-Einheit, einen Mehrwert für eine Organisation zu schaffen. In jeder Organisation besteht ein Bedarf an gut strukturierten Geschäftsinformationen. Wenn die Organisation keinen Wert in den BI-Angeboten sieht, hat das BI-Team wahrscheinlich die Bedürfnisse seines einzigen Kunden nicht verstanden: der Organisation.
- **Entwickeln Sie zu Beginn des Projekts eine Roadmap und eine Datenbankarchitektur**

Definierte Ziele und eine klare Struktur werden dazu beitragen, das Projekt auf Kurs zu halten. Dieser Fahrplan muss von der Leitung genehmigt werden. Ohne diesen Leitfaden besteht für das Team ein hohes Risiko, sich in Details und einer Flut von unterschiedlichen Datenanfragen der Organisation zu verlieren.

Literatur

Brock, J. J. (1984). Analyse der Konkurrenten: Einige praktische Ansätze. *Verwaltung des industriellen Marketings, 13*(4), 225–231. https://doi.org/10.1016/0019-8501(84)90017-8.

DalleMule, L., & Davenport, T. (2017). Wie sieht Ihre Datenstrategie aus? *Harvard Business Review, 2017*(Mai–Juni), 112–121.

Grant, M. R. (2016). *Contemporary Strategy Analysis: Text and Cases Edition* (9. Aufl.). Hoboken: Wiley.

Ladley, J., & Redman, T. (2020). Nutzen Sie Daten zur Beschleunigung Ihrer Geschäftsstrategie. Harvard Business Review. https://hbr.org/2020/03/use-data-to-accelerate-your-business-strategy. Zugegriffen am 25.03.2020.

Medeiros, M. M. de, Maçada, A. C. G., & Freitas Junior, J. C. da S. (2020). Die Wirkung der Datenstrategie auf den Wettbewerbsvorteil. Das Fazit, vor dem Druck (ahead-of-print(vor dem Druck).

Lukas Strohmeier schloss sein Studium der Betriebswirtschaftslehre mit Schwerpunkt Internationales Management an der Universität Graz, Österreich, mit einem BSc ab. Darüber hinaus absolvierte er an derselben Universität einen Master in Global Studies, in dem er sich auf internationale Beziehungen und Umwelttechnologien spezialisierte. Seine Ausbildung schloss er mit einem MSc in Biotechnologie, an der Universität Warwick, England, ab.

Während eines Praktikums bei der Österreichischen Wirtschaftskammer in New York City kam Lukas erstmals mit dem Thema Marktforschung in Berührung. Diese Fähigkeiten hat er während seiner mehr als vierjährigen Tätigkeit bei einem multinationalen Anlagenbauunternehmen vertieft. Dort bekleidete er Positionen im Bereich Marketing und Strategie und ist derzeit als Senior Manager Strategy and Analytics tätig.

From Zero to Hero – Eine Fallstudie von B2C Praktiken als Umsatzbringer im B2B

Mike Kleinemaß

Inhaltsverzeichnis

Zusammenfassung

Die B2B-Kommunikation befindet sich im digitalen Wandel. Doch wie gelingt es auch für hochpreisige Investitionsgüter über Webseiten Sichtbarkeit, Leads und Umsätze zu generieren? Dieser Case Study liefert ein Vorgehensmodell, um mit einem überschau-

M. Kleinemaß (✉)
thyssenkrupp Industrial Solutions AG, Essen, Deutschland
E-Mail: mike.kleinemass@thyssenkrupp.com

U. Seebacher (Hrsg.), *Praxishandbuch B2B-Marketing*,
https://doi.org/10.1007/978-3-658-31651-8_32

baren Investment den technischen Vertrieb durch digitales Marketing dabei zu unterstützen Umsatz zu generieren.

1 Einleitung

Das Unternehmen Uhde High Pressure Technologies GmbH wurde 1930, damals als „Hochdruck-Apparatebau GmbH“, vom deutschen Ingenieur und Unternehmer Friedrich Uhde gegründet. Friedrich Uhde brachte seine Erfahrungen aus dem Anlagenbau zur Ammoniaksynthese in das Unternehmen ein und baute es zu einem der weltweit führenden Unternehmen für industrielle Hochdruckanlagen und Equipments mit internationalem Kundenstamm aus.[1] Am Unternehmenssitz in Hagen (Westfalen) arbeiten bei dem Hochtechnologieunternehmen heute etwa 300 Mitarbeiter. Seit 1998 ist das Unternehmen ein Tochterunternehmen des über 200 Jahre alten Industriekonzerns „thyssenkrupp“. Durch die Zusammenführung aller thyssenkrupp Anlagenbau-Unternehmen in eine Sparte, gehörte die Firma ab 2014 zur thyssenkrupp Industrial Solutions AG (heute „Plant Technologies“). Im Geschäftsjahr 2017/2018 bestand der thyssenkrupp Konzern aus fünf Sparten: Components Technology (Automotive), Elevator Technology, Industrial Solutions, Materials Service und Steel Europe. Der Konzern mit Unternehmenssitz in Essen (Hauptverwaltung) und Duisburg bewegte einen Gruppenumsatz von knapp 42 Mrd. EUR und hatte etwa 160.000 Mitarbeiter.

Die Anlagenbau-Sparte „thyssenkrupp Industrial Solutions“ umfasste im Geschäftsjahr 2017/2018 insgesamt acht verschiedene „Business Units“, die von Produktionsanlagen für die Automobilindustrie über den Marineschiffsbau bis zum Zementanlagenbau diversifiziert war.

2 Die Herausforderung

Im Jahr 2017 wurde thyssenkrupp von der Zeitschrift „Absatzwirtschaft“ zum Sieger in der Kategorie „Bester Marken Relaunch“ gekürt. Mit einem für solche Projekte überschaubaren Budget von 2,3 Millionen Euro hatte der Konzern einen mehrjährigen, globalen Marken Relaunch Prozess erfolgreich abgeschlossen.[2]

In diesem Prozess wurde in den letzten Jahren viel an der Neupositionierung der Dachmarke thyssenkrupp samt neuem Unternehmenslogo gearbeitet. Zusammen mit dem

[1] https://de.wikipedia.org/wiki/Friedrich_Uhde. Zugegriffen am 04.05.2020.

[2] https://www.absatzwirtschaft.de/thyssenkrupp-ist-sieger-in-der-kategorie-besten-marken-relaunch-mitarbeiter-mitgenommen-99709/. Zugegriffen am 04.05.2020.

Sportartikelhersteller Adidas wurde sogar eine eigene Kollektion in den Unternehmensfarben entworfen mit der die Mitarbeiter global als Markenbotschafter involviert wurden.[3]

thyssenkrupp ist als Unternehmen und Marke auf der ganzen Welt bekannt, der Konzern wird auf Grund seiner unterschiedlichen Sparten, Produkte und Marktposition allerdings nahezu auf jedem Kontinent mit anderen Produkten in Verbindung gebracht. Beispielsweise ist man in den USA und Russland als die „Elevator Company" bekannt, in Australien als „Mining Company", und in Europa als „Stahlunternehmen".[4]

Das Anlagenbau-Unternehmen Uhde High Pressure Technologies gehörte bis Frühjahr 2020 der Unit „Chemie- und Prozesstechnologie" innerhalb der Business Area „thyssenkrupp Industrial Solutions" an. Die Hagener haben sich auf den Bau von Hochdruckpumpen für verschiedene B2B-Anwendungen spezialisiert. Die mit langer Tradition in Deutschland gefertigten Pumpen bilden beispielsweise das Kernelement einer Wasserstrahlschneideausrüstung und werden mit einem stufenlos regelbaren Betriebsdruck von bis zu 6000 bar in allen wichtigen Industriezweigen eingesetzt – von der Lebensmittelindustrie über die Glas- und Steinindustrie bis hin zur Raumfahrttechnik. Damit ist das Unternehmen im Prinzip eine kleine Manufaktur in einem großen Industriekonglomerat mit großer Dachmarke. Im Jahr 2018 herrschte in der Vertriebsabteilung der Hochdruckspezialisten Flaute. Zu oft war man bei potenziellen Kunden nur zweiter Sieger und bekam das Feedback:

> „Oh, we did not know that you are manufacturing high pressure pumps as well. Sounds interesting, maybe next time".

Die Sichtbarkeit im Markt war schlecht. Die Unternehmenskommunikation der Business Area war zu dieser Zeit mit gedruckten Broschüren, Anzeigen und PR noch stark printorientiert. Auf der großen Sparten-Webseite thyssenkrupp-industrial-soultions.com ging das Thema Hochdrucktechnologie im Großanlagenbau unter. Die Sichtbarkeit im Markt für unsere Pumpen zum Wasserstrahlschneiden war schlecht und auf digitalen Plattformen mit Google-Rankings ab der neunten Suchergebnisseite praktisch nicht vorhanden. Die im B2B bereits begonnene Verschiebung der Customer Journey von traditionell in Richtung Digital, die in Zeiten der Corona-Krise noch einmal rasant zugenommen hat, war bis dato unzureichend abgebildet (vgl. Abb. 1).

Eine aktuelle McKinsey-Umfrage belegt die Verschiebung im Zuge der Corona-Krise mit folgenden Zahlen. Wie zu erwarten war, setzen viel weniger B2B-Unternehmen persönliche oder Außendienst-Teams ein. Vor der Krise verkauften fast 6 von 10 (57 %) auf diese Weise. Seit dem Ausbruch von COVID-19 liegt diese Zahl jedoch nur noch bei 1 von 5 (20 %). Es gab auch einen Rückgang beim Einsatz von Innendienstverkäufen, was etwas überraschend ist, da es sich hierbei um Ferninteraktionen handelt. Die Hälfte der

---

[3] https://www.handelsblatt.com/unternehmen/it-medien/marken-award-ein-traditionskonzern-in-turnschuhen/19518390-2.html. Zugegriffen am 04.05.2020.

[4] Thyssenkrupp Market Research 2018.

Abb. 1 Digitalisierung der B2B Customer Journey

Unternehmen (50 %) nutzte diesen Kanal vor der Krise, aber jetzt geben nur noch 39 % an, dies zu tun. Stattdessen gab es einen Anstieg der Online- und Selbstbedienungsinteraktionen. Die Nutzung von Online-/Web-Support (z. B. Chatten mit Kunden über Video/Website/Mobilanwendungen) ist von 63 % auf 73 % gestiegen, während die Akzeptanz des B2B E-Commerce (Direktverkauf ohne Beteiligung eines Handelsvertreters) leicht um 47 % auf 50 % zugenommen hat.[5]

Das Managen von Kundenbeziehungen ist nach wie vor ein People Business. Allerdings hat sich das Marketing im B2B-Segment darauf einzustellen, dass potenzielle Kunden mit Hilfe der Digitalisierung wesentlich leichter an Informationen kommen und den Markt überblicken. Die große Frage lautet daher: Wie muss ich als B2B-Unternehmen darauf reagieren und wie kann ich die Touchpoints Internet, Video, Webinare bestmöglich nutzen, damit der Abschluss am Ende zu meinen Gunsten erfolgt?[6] Der B2B-Kunde ist in der Regel mehr als nur eine Person. Es kann der Techniker sein, der Einkäufer, der Entscheider oder der Auszubildende, der ein paar Informationen aus dem Internet recherchieren soll. Sie alle müssen ihren Digitalauftritt auf verschiedenen Onlineplattformen und Geräten ansprechend finden: Am Smartphone oder am PC, in Google oder auf LinkedIn, digital oder analog. Eine digitale Customer Journey Strategie zu haben, heißt nicht, dass

[5] https://www.marketingcharts.com/industries/business-to-business-112981. Zugegriffen am 27.05.2020.

[6] Keller und Ott (2017). Touchpoint Management: S. 26.

alles andere hinfällig ist. Die Sales Abteilung wird ihre Kunden weiterhin persönlich betreuen und ihnen ggf. auch mal eine Broschüre in die Hand drücken. Aber Sie ersetzen künftig den teuren Messestand häufiger durch eine digitale Variante oder die Virtual-Reality-Brille.[7]

Inhalt ist die neue Werbung. Gerade im Internet werden Produkte, Marken und Unternehmen nicht mehr nur einseitig beworben, sondern es werden Inhalte mit Nutzwert geschaffen und Geschichten erzählt. Es geht darum neutral, kundenrelevante Themen zu behandeln.[8] Dieses Content-Marketing ist im Prinzip der vertikale Eckpfeiler der sich durch alle Touchpoints der Customer Journey zieht. Stephan Heinrich beschreibt die Bedeutung von Content-Marketing wie folgt:

> „Wenn Sie Ihr Marketing ganz oder teilweise auf Content-Marketing umstellen, werden Sie einen steten Zustrom neuer potentieller Kunden erreichen. Allerdings ist es kein kurzfristiges Mittel."[9]

Der zukünftige Erfolg Ihres Unternehmens hängt davon, ob es Ihnen gelingt, für jeden Kunden bzw. Buyer Persona eine einzigartige Ansprache oder Erlebnis zu schaffen. Kunden sind heute einer Fülle von Informationen ausgesetzt. Dies führt dazu, dass sie sich allgemeineren „Gießkannen-Botschaften", die nicht ihre Bedürfnisse oder Zielsetzungen ansprechen, eher verweigern. Persönliche Ansprache ist das A und O.[10]

Da seit Anfang 2017 in der Business Area „Industrial Solutions" das Digital Marketing mittels Suchmaschinenoptimierung, Content Marketing und Social Media ausgebaut wurde und man nach Business Cases suchte, um mit einem digitalen Pilotprojet das Business zu unterstützen, ergab sich hier eine günstige Gelegenheit. Im Gegensatz zum den individuell geplanten Großanlagen mit langfristigen Entscheidungszyklen, sind die Hochdruckpumpen modular und klar beschreibbar. Da Uhde High Pressure Technologies zu der Zeit über kein Marketingbudget mehr verfügte, förderten wir diesen Case aus der Business Area, da wir hier im Erfolgsfall einen replizierbaren Case schaffen konnten.

3 Vorgehen: Analyse der Painpoints des Vertriebs

Um die vertrieblichen Herausforderungen genau zu verstehen und aus dem Marketing heraus den Vertrieb bestmöglich unterstützen zu können, entschieden wir uns zunächst für eine interne Analyse der Vertriebsprozesse nach dem Modell der Value Proposition Canvas von Strategyzer.[11] Mit der Canvas identifizieren Sie zuerst die wichtigsten zu erledigenden

[7] Spancken (2018). Digital denken statt Umsatz verschenken.

[8] Kotler (2017), Marketing 4.0.

[9] Heinrich (2017): Content-Marketing: So finden die besten Kunden zu Ihnen.

[10] Katzengruber und Pförtner (2017). Sales 4.0.

[11] https://www.strategyzer.com/canvas/value-proposition-canvas. Zugegriffen am 05.05.2020.

Aufgaben (Jobs) Ihres Kunden, die Schmerzen (Pains), mit denen er konfrontiert ist, wenn er versucht, seine zu erledigenden Aufgaben zu erfüllen, und die Gewinne (Gains), die er durch die Erledigung seiner Aufgaben wahrnimmt. Statt externe Kunden haben wir den Vertrieb als Kunden des Marketings betrachtet. Als wichtigste „Jobs“ wurden insbesondere die technische Evaluation und Beratung von Kundenanfragen, Angebotsgestaltung, weltweite Geschäftsreisen zur Evaluation, Planung und Umsetzung von Kundenprojekten genannt. Die Schmerzen (Pains) liegen dabei ganz klar in der Kundenakquise, um die Sales Pipeline zu füllen. Den gelernten Ingenieure liegen technische Herausforderungen „im Blut“, für die Outbound-Akquise oder die Beschäftigung mit Marketingtexten, fehlen Zeit und auch tiefere Fachkenntnisse. Das über die klassischen Inbound-Kanäle wie Telefon, Fax oder auch Messe jedoch immer weniger Anfragen eingehen, verstärkt den Pain. Wenn man nun die „Value Map“ auf der anderen Seite betrachtet, wird deutlich, dass ein „Pain Reliever“, also etwas ist, was die Vertriebstätigkeit der Ingenieure erleichtert, indem automatisch Leads generiert werden, um direkt in die technische Beratung einsteigen zu können. Was wir also brauchten war eine Art „digitaler Leadautomat“, der 24 Stunden, sieben Tage die Woche in der Lage ist relevante Kundenanfragen zu liefern. Die Antwort darauf war: Inbound Marketing.

Inbound Marketing ist eine Marketingstrategie bei der mittels mehrwertiger Inhalte die Aufmerksamkeit der Zielgruppe geweckt wird. Damit sollen die potenziellen Kunden von alleine einen ersten und nicht werblichen Kontakt mit einer Marke aufbauen. Ziel des Inbound Marketings ist die Lead Generierung, um einen potenziellen Kunden mit der Marke oder einem Produkt vertraut zu machen und ihn später als Kunden zu gewinnen. Wird dieser Prozess professionalisiert, spricht man von Lead Nurturing.[12]

3.1 Digitales Marketing als Schmerzmittel und Gewinnbringer

Zu diesem Zeitpunkt waren wir bereits dabei das Inbound Marketing mit unserer Business Area Website für den Bereich „Industrial Solutions“ mittels Content Marketing und Suchmaschinenoptimierung zu verbessern. Die Vielzahl der Themen und etwa 700 Produkte mündeten in einer Seitenarchitektur mit ca. 4600 Links und dementsprechend komplexer Nutzerführung bei dem der Bereich Wasserstrahlschneiden erst über die vierte Ebene erreichbar war (vgl. Abb. 2).

Wir waren uns daher bewusst, dass wir für unsere Hochdruckpumpen zum Wasserstrahlschneiden eine eigene Themenwelt-Microsite basierend auf den Bedürfnissen der Buyer Personas kreieren mussten, damit wir Sichtbarkeit und Lead Generierung verbessern.

Zu diesem Zeitpunkt lernten wir die mexikanische Digital Media Agentur „Garritz Online Media International“ kennen. Die Gründer geführte Agentur mit Standorten in Mexiko und den USA hatte gerade in Wiesbaden, Deutschland einen neuen Standort eröffnet. Die Mexikaner haben jahrelange Performance Marketing Erfahrung mit Kunden wie

[12] https://www.onlinemarketing-praxis.de/glossar/inbound-marketing. Zugegriffen am 26.05.2020.

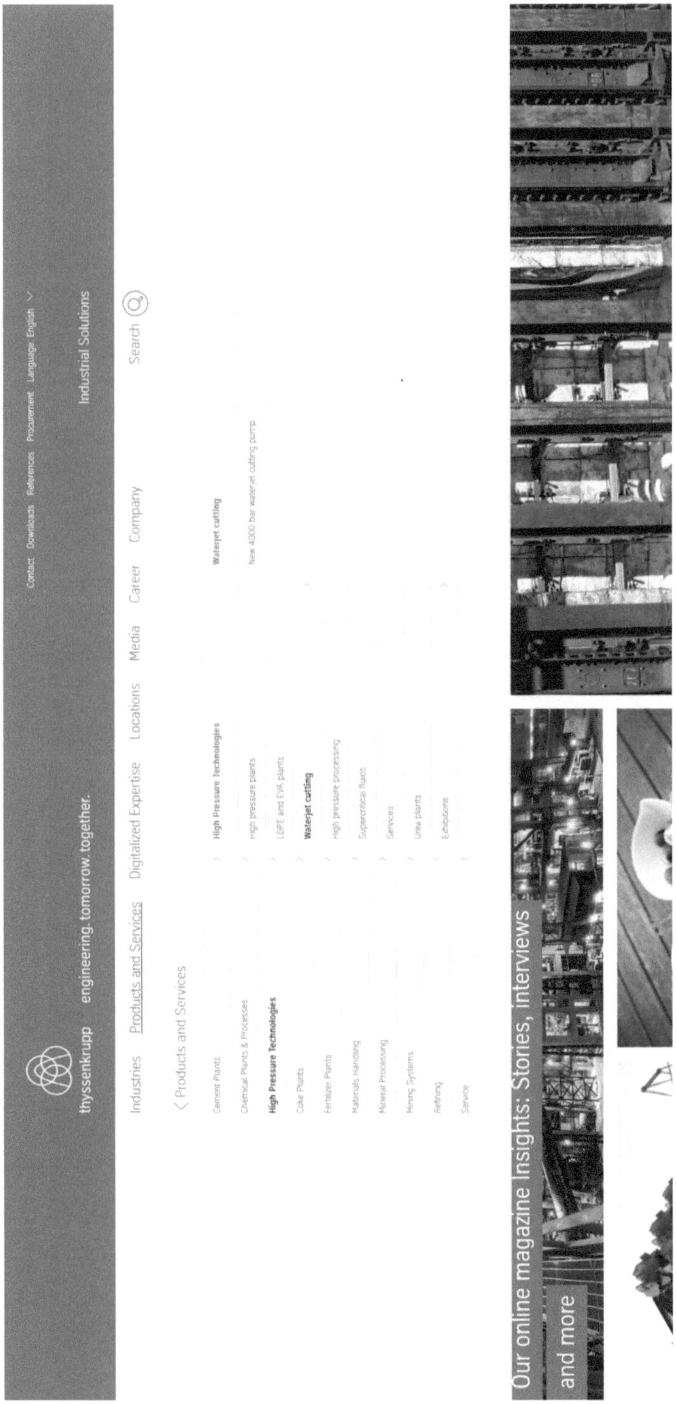

Abb. 2 Komplexe Navigationsstruktur

Universal Pictures gesammelt und verfügen über hinreichende Expertise in Data Driven Marketing, Programmatic Advertising und SEO. Wir einigten uns auf ein Pilotprojekt mit dem Ziel die Sichtbarkeit und Lead Generierung für den Bereich Wasserstrahlschneiden zu optimieren und hiermit einen „Proof Point" zu schaffen, dass digitales Marketing auch für hochpreisige Investitionsgüter funktioniert.

Gemeinsam wurde ein kundenzentrierter Ansatz entwickelt, den Julian Garritz, Gründer und Geschäftsführer der Agentur, folgendermaßen herleitet:

> „Der B2C-Ansatz ist immer verbraucherzentriert, der B2B-Ansatz war typischerweise produktzentriert. Das Hauptforum für B2B-Marketing und Werbung sind die Messen, Orte, an denen Investitionsgüter für den industriellen Einsatz demonstriert und bekannt werden. Aber diese Realität hat sich geändert: B2B-Einkäufer verlagern ihre Aktivitäten mehr und mehr ins Digitale. B2B-Unternehmen sind gefordert, ihren Marketing- und Kommunikationsansatz gegenüber dem Kunden und nicht nur in Bezug auf das Produkt zu ändern: Welche Herausforderung hat mein Kunde, womit beschäftigt er sich und vor allem: Wer ist mein Kunde genau?
>
> Diese Definition der Buyer Persona ist heute in jedem B2B-Unternehmen notwendig: Es ist nicht dasselbe, ein Produkt oder Service an einen CFO, einen Techniker oder einen Einkäufer zu kommunizieren."

Für die Wasserstrahlschneide-Microsite haben wir nach den fünf folgenden Schritten entwickelt (vgl. Abb. 3) und bis zu Launch geführt (vgl. Abb. 4).

Inbegriffen war dabei ein iteratives Follow-up mit Analysen zur Verbesserung des Contents und Planung weiterer Maßnahmen.

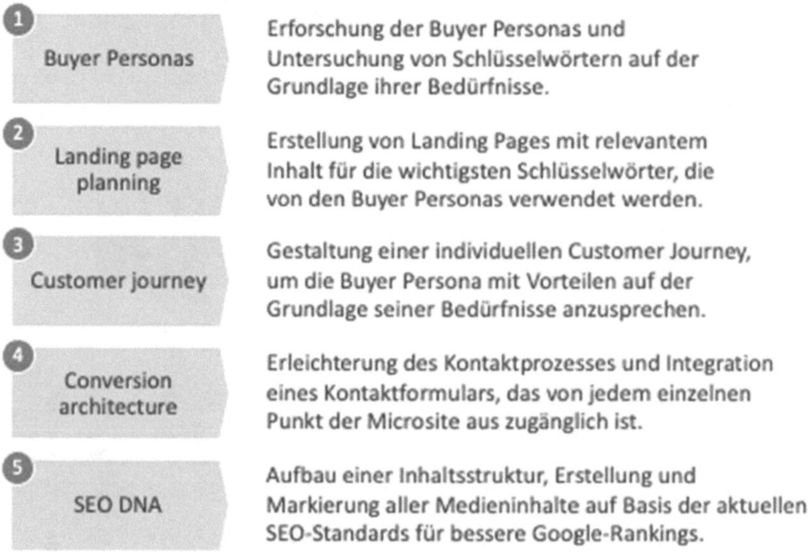

Abb. 3 5 Schritte zur Microsite

Abb. 4 Entwurf der Startseite zum Launch

3.2 Erstellung der Buyer Personas

Bei der Erstellung Buyer Personas, die die Basis für die Wasserstrahl-Microsite bilden, sind wir mit einem Fragenkatalog vor gegangen, um die Charakteristika der Zielgruppe herauszuarbeiten. Die folgenden 11 Fragen helfen bei der Definition. Mit den Antworten können Sie eine fiktive Person zeichnen, die Ihren typischen Kunden (intern wie extern) repräsentiert, die sogenannte „Buyer Persona“.[13]

1. In welcher Branche ist der Kunde tätig?
   Jede Branche prägt das Denken und die Sprache derjenigen, die in ihr tätig sind. Ein gutes Beispiel sind wir Marketingleute. Unser kundenorientiertes Denken und unsere

---

[13] https://blog.hubspot.de/marketing/buyer-persona-erstellen. Zugegriffen am 27.05.2020.

Fachsprache, derer wir uns tagtäglich bedienen, ist für Außenstehende oft Neuland und sollte daher bei einer Ansprache berücksichtigt werden. Selbiges gilt für Ingenieure.

2. Welche Position hat der Kunde in ihrem Unternehmen?
   Eine Führungsperson hat mehr Entscheidungsfreiheit als ein Angestellter. Wie viel der Wunschkunde selbst entscheidet und wem er Berichte abliefert, ist unter anderem für die Strategie bei späteren Verhandlungen interessant. Darüber hinaus verfolgen Abteilungsleiter andere berufliche Ziele und sehen sich anderen Herausforderungen gegenüber als einfache Angestellte. Das beeinflusst die Themenwahl Ihrer Kommunikation stark.
3. Wie ist die Eigentümerstruktur des Unternehmens?
   Familienunternehmen entscheiden anders als Aktiengesellschaften. Im B2B-Bereich ist diese Frage interessant, da aus der Struktur Herausforderungen und Probleme der Persona hervorgehen, die thematisiert werden können.
4. Welches Einkaufsverhalten zeigt der Kunde?
   Damit Sie die den Wunschkunden dort treffen, wo er sich informiert, müssen Sie sein Einkaufsverhalten in Erfahrung bringen. Vollziehen Sie die Buyer's Journey Ihrer Persona nach. In einer Bain & Company-Studie geben beispielsweise B2B-Einkäufer an, dass 70 % des Rechercheprozesses bereits online stattgefunden haben, bevor ein Verkaufsmitarbeiter kontaktiert wird. Bringen Sie in Erfahrung, ob Ihr Wunschkunde zu diesen Leuten gehört und wie oft sein Unternehmen online einkauft oder sich informiert.[14]
5. Wie entscheidet Ihr Wunschkunde?
   Je nach Produkt- oder Service gibt es unterschiedliche Entscheidungszyklen und externe Einflussfaktoren. Liefern Sie Ihren Kunden Entscheidungshilfen – zum Beispiel mit einer klaren Vorteilskommunikation. Gilt es bei Entscheidungen ein ganzes Konsortium bzw. „Buying Center" zu überzeugen, notieren Sie alle Einzelheiten der beteiligten Mitentscheider.
6. Welche Herausforderung muss Ihr Kunde dabei bewältigen?
   Sie erstellen Inhalte, um hilfreiche Tipps und Anregungen zu geben, die der Erreichung von Problemlösungen, Herausforderungen oder beruflichen Zielen zuspielen. Wie kann Ihr Content Ihren Lesern bei der Erreichung ihrer Ziele helfen?
7. Für welche Probleme sucht Ihr Kunde Lösungen?
   Die Voraussetzung für Content-Marketing ist, dass Sie wissen, welche Inhalte ihr Kunde sucht, um sich über die Herausforderungen zu informieren, zu denen ihre Produkte und Services die Lösung sind. Bringen Sie demnach in Erfahrung, welche Probleme Ihre Persona hat und welche entsprechenden Lösungen Sie ihr anbieten können. In digitalem Content Marketing spielen Keywords eine wichtige Rolle: Welche Keywords würde Ihre Persona googlen?

[14] Bain & Company, „Bought not sold: Marketing and selling to digitally empowered business customers" (2016).

8. Welche Bildung hat der Kunde?
   Vom Bildungsniveau ist es abhängig, mit welchem Content-Format, mit welcher Ansprache und wo die Buyer Persona erreicht wird.
9. Wie alt ist er?
   Jede Generation hat ihr eigenes Weltbild und Mediennutzungsverhalten. Unterschiedliche Weltanschauungen bedeuten auch ein unterschiedliches Problembewusstsein. Diese Grundhaltung gilt es adäquat in Ihrem Content zu adressieren.
10. Wo informiert sich Ihr Kunde?
    Es gibt durchaus regionale und generationsabhängige Unterschiede bei der Informations-beschaffung. Bringen Sie in Erfahrung, welche Kanäle Ihr idealer Kunde nutzt, damit Sie Ihren Content an der richtigen Stelle publizieren.
11. Wo lebt der Kunde?
    Der Wohnort spielt ebenfalls eine Rolle, da Verhaltensweisen und Interessensfelder regional unterschiedlich sind. Zudem gibt es regional unterschiedliche kulturelle oder auch technische Anknüpfungspunkte, die für den Einstieg in eine Kommunikation förderlich sein können.

3.3 Denken wie der Kunde

Die Keywords aus den drei Buyer Personas haben mit Hilfe des Tools „Keywordtool.io" auf Suchvolumen und kontextbezogene Keywords überprüft, um sicherzugehen, dass wir alle relevanten Suchbegriffe berücksichtigen. Von Bedeutung ist es, Begrifflichkeiten zu identifizieren, die nur intern genutzt werden und diese der tatsächlichen Marktnachfrage gegenüberzustellen. Gerade bei ingenieursgetriebenen Unternehmen, die zahlreiche Innovationen oder neue Features auf den Markt bringen, passiert es schnell, dass eine sprachliche Lücke zwischen der technischen Beschreibung des Produkts und der vom Kunden wahrgenommenen Lösung seines Problems entsteht.

Finden Sie daher die Antwort auf folgende Fragen:

1. Verwenden Ihre potenziellen Kunden genau dieselben Fachbegriffe wie Sie?
2. Welche kontextbezogenen Begrifflichkeiten beschäftigen die potenziellen Kunden noch?
3. Nach welchen Lösungen besteht in welchen Ländern eine quantifizierbare Nachfrage (Suchvolumen)?

3.4 Die Customer Journey gestalten

Mit Hilfe der vorliegenden Keyword-Sets (Hauptkeyword und Nebenkeywords) haben wir dann eine Seitenstruktur aufgebaut, deren Herzstück die für unsere Kunden relevanten Themen bildete. Die Seitenstruktur umfasste neben allgemeinen Begrifflichkeiten wie

„Hochdruckpumpe zum Wasserstrahlschneiden", „Hochdruckpulsationsdämpfer", „4000 bar" auch verschiedene Möglichkeiten wie „Reinwasser vs. Abrasivschneiden" oder unterschiedliche Anwendungen. Hiermit haben wir neben dem stark gefragten Hauptkeyword auch relevante Longtail Keywords abgedeckt. Im Gegensatz zu generischen Keywords beschreiben Longtail Keywords z. B. ein Produkt sehr genau mit Marken- oder Modellnamen. Daher werden sie eher selten vom User verwendet und treten eher am Ende der Conversion-Kette auf, nachdem der Nutzer bereits eine genaue Vorstellung davon hat, was er sucht.[15]

Ein besonderes Augenmerk haben wir auf die Customer Journey für die drei Personas gelegt. Basierend rund um ihre Bedürfnisse im Bereich „Skalierbarkeit", „Customization", „OEM-Partnerschaft" und „Service und Ersatzteile" haben wir unterschiedliche Bild-Slider samt Text-Teaser gestaltet. Mit dem Einstieg über den Slider beginnt dann die individuelle Journey. Die nachfolgende Landing Page holt den Kunden inhaltlich bei seinen Bedürfnissen und Prioritäten, z. B. Prozessorientiert vs. Praxisorientiert ab. Auch die Verlinkung zu weiterführenden Seiten und Themen ist auf die Personas abgestimmt. Wesentlich ist dabei, dass Kontaktmöglichkeiten stets sichtbar und ohne Umwege erreichbar sind (Abb. 5).

3.5 Konversionsfreundlichkeit und Nutzererlebnis

Da eine Microsite schnell sehr komplex werden kann, wenn man alle kontextbezogenen Themen und Herausforderungen mehrerer Buyer Personas behandeln möchte, ist es entscheidend eine entsprechend konversionsfreundliche Architektur aufzubauen. Hierbei sollten potenzielle Kunden immer nur einen Klick bis zur Kontaktaufnahme brauchen und durch Call-to-Action Elemente eine Orientierung erhalten. In diesem Case haben wir der Kontaktmöglichkeit eine hohe Priorität eingeräumt, in dem wir ein Kontaktformular „nativ" in jede Seite eingebaut haben (vgl. Abb. 7). Das Formular war somit Bestandteil jeder einzelnen Seite und konnte ohne Extra-Klick und ohne Laden eines Java Scripts genutzt werden. Da viele Websuchen insbesondere im B2B heutzutage spezifisch starten und durch die Verwendung von Nischenbegriffen (Longtail Suche) oft eine Unterseite der Websites im Google-Ergebnis angezeigt wird, steigt der User nicht über die Hauptseite ein. Je nach Architektur und CMS-System ist die Orientierung und Kontaktaufnahme dann einfach oder kompliziert. Durch unser Vorgehen, bei dem das Kontaktformular auf jeder Seite implementiert wurde, haben wir von vornherein sichergestellt, dass egal von wo der Kunde er einsteigt, er eine direkte Möglichkeit hat mit uns Kontakt aufzunehmen (Abb. 6).

[15] https://www.sem-deutschland.de/inbound-marketing-agentur/online-marketing-glossar/long-tail-keywords/. Zugegriffen am 25.05.2020.

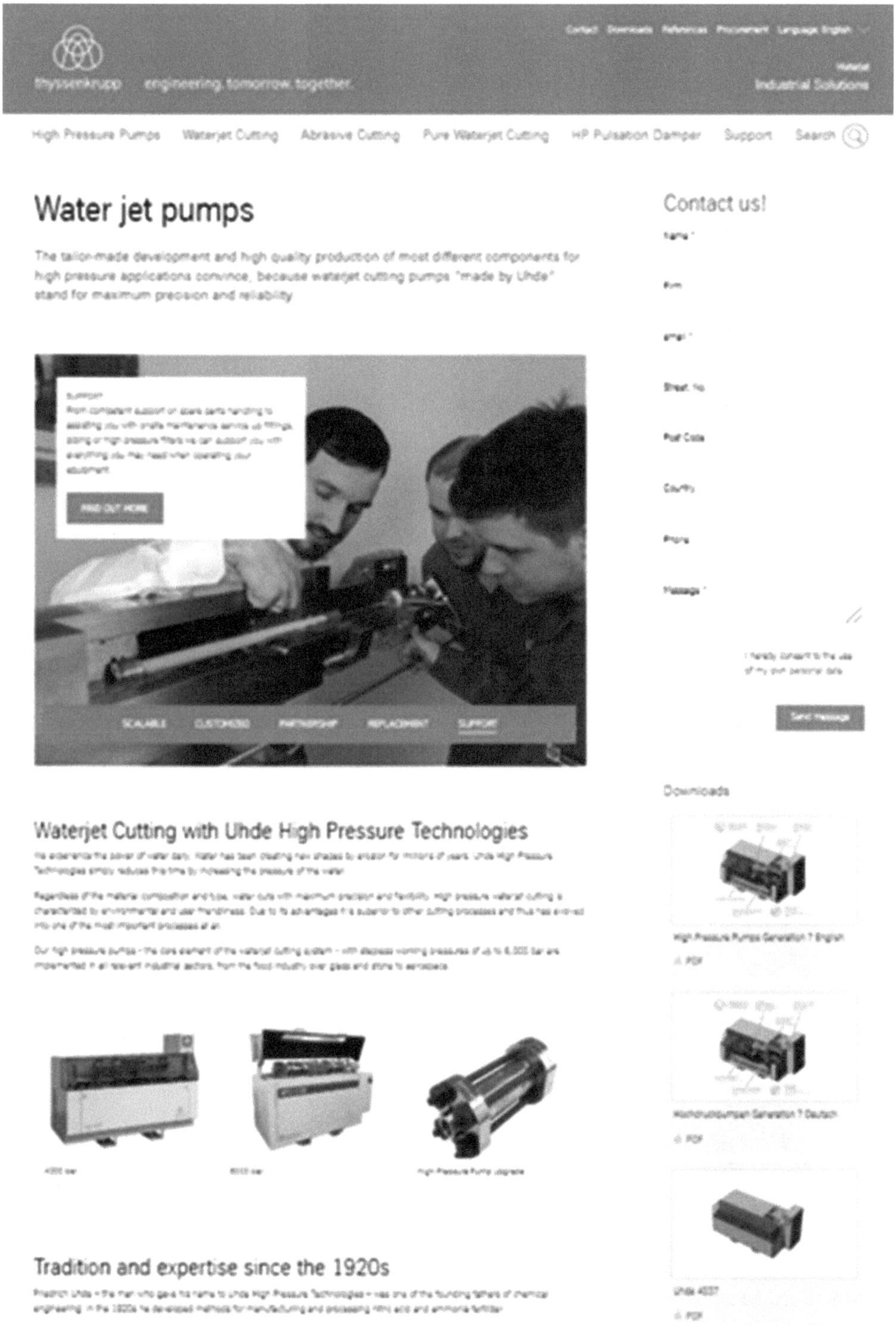

Abb. 5 Startseite nach Suchmaschinenoptimierung

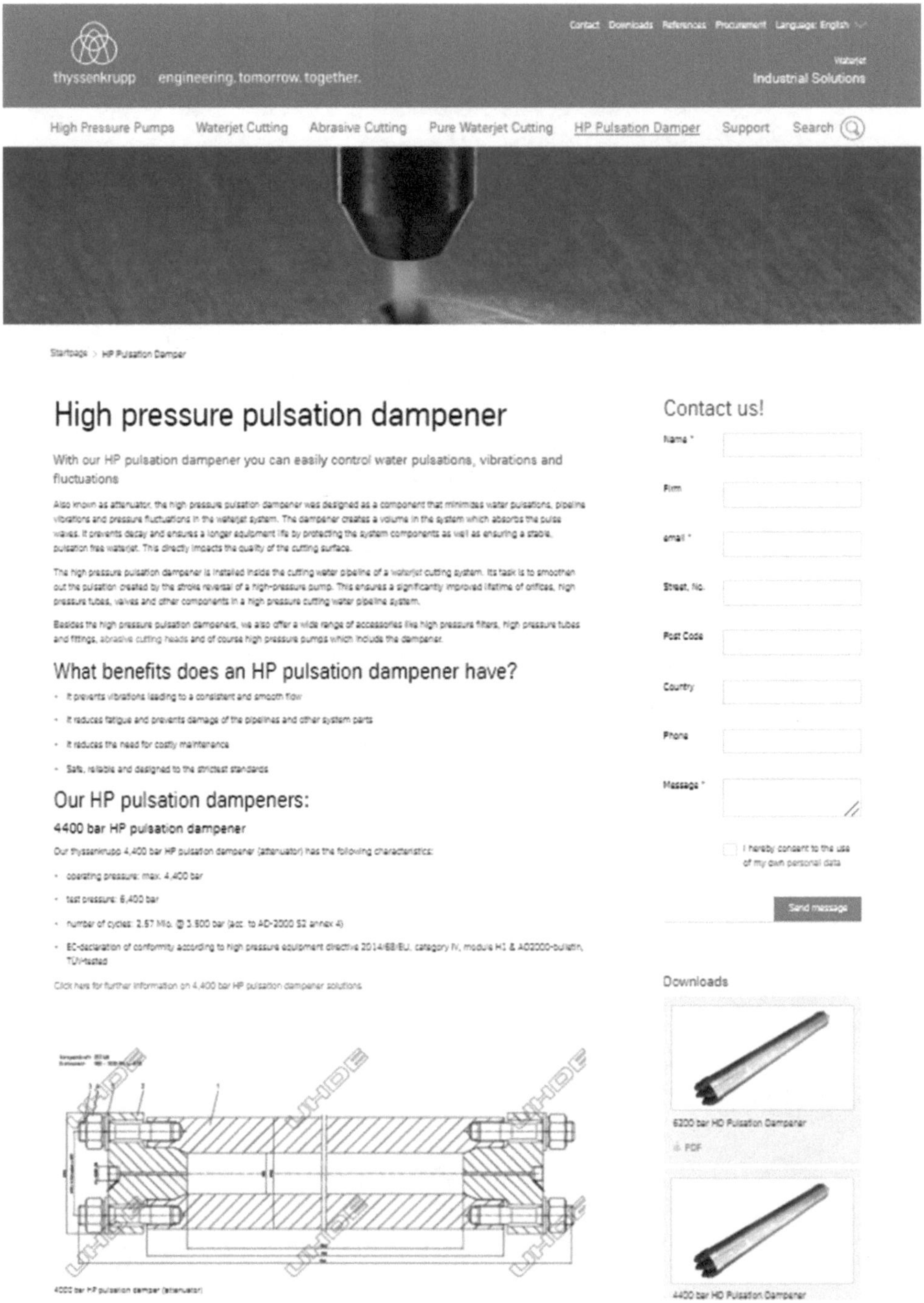

Abb. 6 Detailseite mit Kontaktformular

3.6 SEO-DNA

Nachdem die Struktur, Architektur und Inhalte vorhanden waren, wurden die Suchmaschinenoptimierung durchgeführt. Alle Inhalte und Verlinkungen wurden nach aktuellen SEO Standards optimiert und ausgezeichnet.

Im Kern sollten B2B-Unternehmen bei der Suchmaschinenoptimierung folgende Basics berücksichtigen:

1. Keyword-Set definieren
   Die Basis für das Keyword-Set bildet das Informationsbedürfnis der Buyer Personas. Pro Landing Page wurde nur ein thematisches Keyword-Set bestehend aus Fokus-Keyword, Neben-Keywords und Synonymen definiert und verwendet. Dabei ist die Überprüfung auf relevantes Suchvolumen entscheidend. Aus den Fokus-Keywords leitet sich die Seitenstruktur bzw. Sitemap ab.
2. Website-Struktur
   Für eine optimale Indexierung der Microsite ist es wichtig sprechende URLs ohne kryptische Zeichenfolgen zu verwenden, wie z. B. domain.com/keyword. Darüber hinaus sollte die Seite eine flache Hierarchie, sprich nicht zu viele Navigationsebenen enthalten und eine gute interne Verlinkungsstruktur aufweisen. Duplicate Content, also die Darstellung von gleichem Inhalt auf verschiedenen Seiten sollte vermieden werden, da sie zur Abstrafung durch Google führt.
3. „Onpage-Optimierung" der Inhalte
   Die Website Texte müssen leserfreundlich strukturiert sein. Hierzu gehören Überschriften, Formatierungen, Absätze, Bullet Points und die Auszeichnung von Bildern mit „ALT" Tags. Die Überschriften sind besonders wichtig und sollten mindestens von H1 bis H3 definiert werden. Dort sollten sich auch das Fokus-Keyword und die Neben-Keywords wiederfinden. Für den optimalen Aufschlag in den Suchergebenissen sollte dann noch das „Title tag" für jede URL individuell optimiert werden, das Fokus-Keyword nach vorne stellen und maximal 70 Zeichen betragen. Um in den Suchergebnislisten die Leute davon zu überzeugen auf die eigene Seite zu kommen, sollte man in der Meta Description noch einen Call to Action von 80–150 Zeichen einbauen.
4. Mobilfreundlichkeit
   Da seit einigen Jahren bei Google die „Mobile First"-Devise gilt, ist es entscheidend die Seiten für die Nutzung mobiler Endgeräte zu optimieren. Für eine optimale Mobile Experience sorgen „responsive" Seiten, die eine ausreichend große Schrift und bedienbare Elemente enthalten. Werbeelemente wie Pop-ups oder Interstitials sollten möglichst nicht genutzt werden. Der Grad der Mobiloptimierung ihrer Seite kann direkt bei Google unter folgender URL überprüft werden: https://search.google.com/test/mobile-friendly

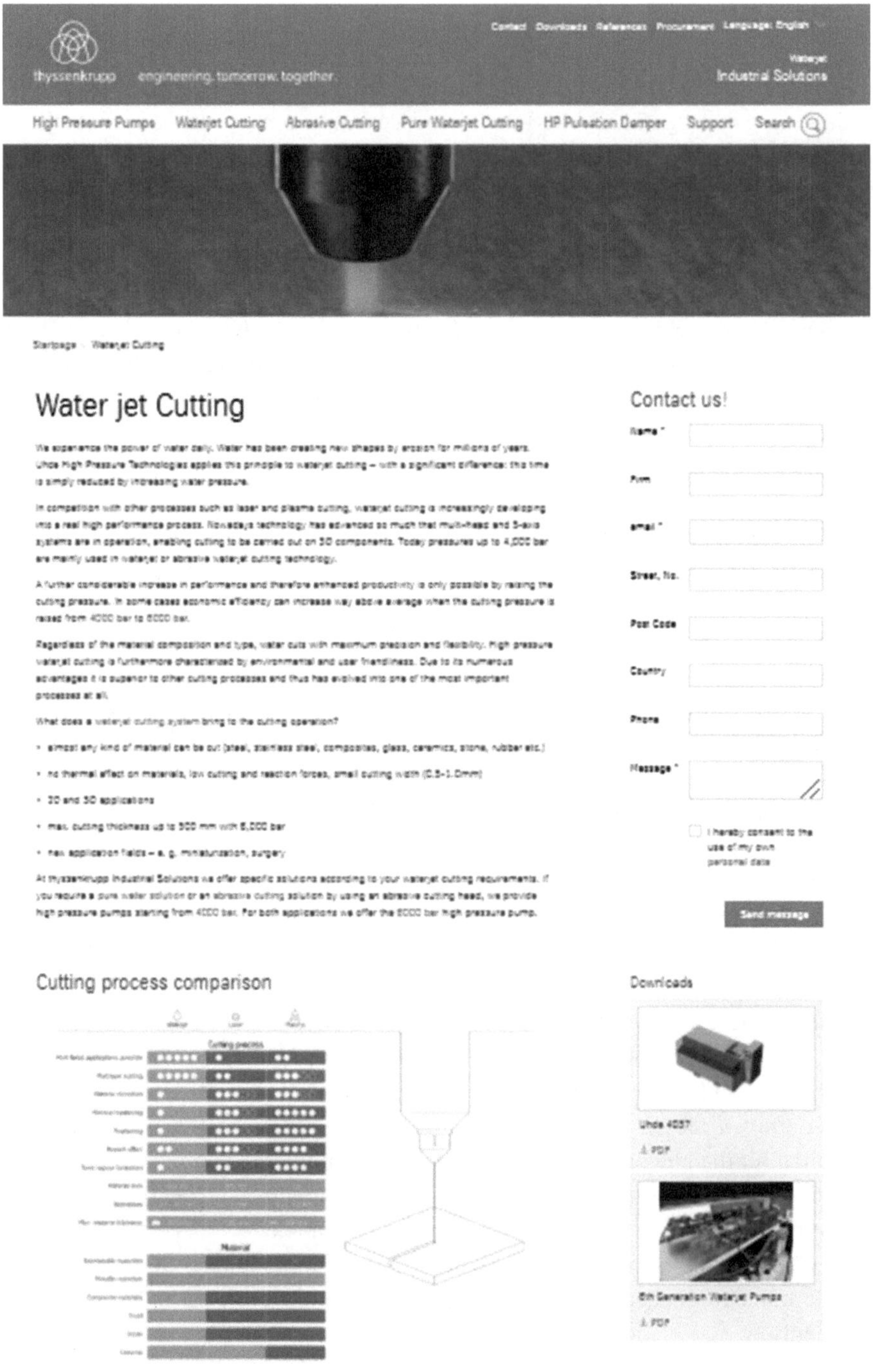

Abb. 7 Content-Seite mit Infografik zu verschiedenen Trennverfahren

5. Ladezeiten optimieren
   Die Ladezeit einer Webseite ist sehr wichtig für die Nutzererfahrung, ist sie zu lang, springen potenzielle Kunden sehr schnell ab. Daher sollten wichtige Elemente zuerst geladen und an den Anfang gestellt werden.

   Bilder müssen für eine optimale Ladezeit richtig dimensioniert und komprimiert werden. JavaScript sollte reduziert und CSS komprimiert werden. Die Ladezeit kann man ebenfalls mit einem Google-Tool überprüfen, das zusätzlich Verbesserungstipps gibt: https://developers.google.com/speed/pagespeed/insights/
6. Backlinks aufbauen
   Der Backlink-Aufbau wird von vielen Webseitenbetreibern stiefmütterlich behandelt, da aufwendig, er ist aber ein entscheidender Rankingfaktor. Als erstes sollten Webseiten von Mutter- und Tochtergesellschaften genutzt werden, um sich gegenseitig zu verlinken. Wenn Sie hochwertigen Content anbieten wie Checklisten, Whitepaper, Infographiken und Videos werden andere Webseitenbetreiber und Blogger sie irgendwann von alleine verlinken (Abb. 7). Besser ist es jedoch, die Webmaster thematisch passender Webseiten direkt zu kontaktieren und auf ihren Content hinzuweisen. Ganz wichtig ist es hierbei, auf eine „gute Nachbarschaft" zu achten und nur von hochwertigen und thematisch passende Seiten Links aufzubauen. Was Sie niemals tun sollten, ist Links zu kaufen, denn das wird von Google hart bestraft.

4 Die Ergebnisse

4.1 Die ersten drei Monate

Nach drei Monaten zeigten die Website-KPIs bereits eine positive Entwicklung (vgl. Abb. 8). Die Anzahl der Seitenbesuche pro Session erhöhte sich um 40 % und die Verweildauer hatte sich mit einem Anstieg von ebenfalls 40 % nahezu verdoppelt. Die Anzahl der wiederkehrenden Besucher steigerte sich nach 45 Tagen um 8 %, nach 75 Tagen um 17 % und nach 100 Tagen um 25 %.

Noch wichtiger war jedoch das Google Ranking. Aus dem Nirwana gelang es uns nach drei Monaten für zwei Suchbegriffe die erste Google-Suchergebnisseite zu erklimmen. Für die Begriffe „water jet pump" und „high pressure water jet" kamen wir jeweils auf der ersten Seite an Position 6, für „High pressure pump" auf die Seite 2 und „High pressure water pump" auf die Seite 3 (Abb. 8).

4.2 Sechs Monate nach dem Launch

Nach sechs Monaten war eine kontinuierliche Verbesserung der Google Rankings zu verzeichnen, die jedoch nicht steil nach oben ging, sondern auch immer wieder Schwankungen unterworfen waren. Unter dem Strich konnte die Vertriebsabteilung über die Entwicklung bereits spüren, denn der digitale Leadautomat (Fax 2.0) lieferte erste Leads. Über das

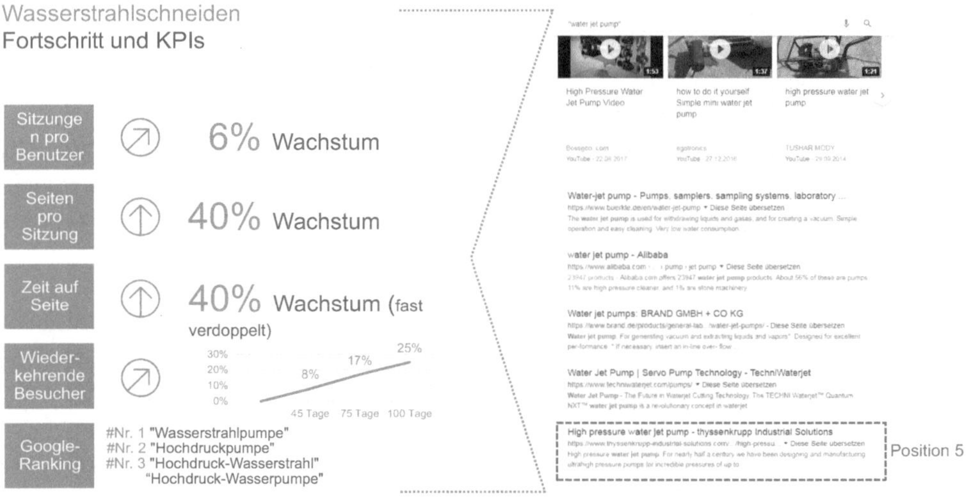

Abb. 8 Entwicklung der Webseiten KPIs nach 100 Tagen

Kontaktformular der neuen Microsite gingen 11 Anfragen aus Ländern und Märkten ein, mit denen man bis dato noch keinen Geschäftskontakt hatte. Dieser Zwischenerfolg veranlasste uns dazu, die Inhalte textlich noch einmal zu erweitern. Wir ergänzten weitere Bilder und arbeiteten weiter an der Suchmaschinenoptimierung. Das Rennen um die besten Plätze endet durch die ständigen Updates des Google-Algorithmus und den Wettbewerb der Webseitenbetreiber nie. Und das aus gutem Grund, denn alle Suchergebnisse, die nicht ohne Scrollen sichtbar sind, bekommen zusammengenommen weniger als 10 Prozent aller Nutzerklicks.[16]

4.3 Neun Monate bis zur Geburt des „ROMI"

Neun Monate nach dem Start der Microsite hat sich aus den eingegangenen Leads der erste Verkaufserfolg generiert. Eine Hochdruckpumpe zum Wasserstrahlschneiden konnte samt Servicevertrag verkauft werden. Darüber hinaus, lag noch ein weiterer aussichtsreicher Lead in der Pipeline. Wir hatten damit einen Return on Marketing Investment (ROMI) von 7,5 generiert, der sich durch die Erlöse aus dem Servicevertrag noch auf über 10 steigern wird. Noch viel wichtiger war jedoch der Proof Point: Wir hatten bewiesen, dass wir über digitales Marketing hochpreisige Investitionsgüter verkaufen und als Marketingabteilung einen direkten Sales Impact generieren können. Die Vertriebsabteilung war hochzufrieden: „Mit der erhöhten Sichtbarkeit bei Suchmaschinen haben wir fast unmittelbar zusätzliches Geschäft und deutlich mehr Leads für zukünftige Projekte generiert."

[16] Meffert et al. (2017). Eins oder Null: S. 178.

5 Zusammenfassung

Das veränderte B2B-Kundenverhalten im digitalen Zeitalter und insbesondere in der Post-COVID19-Ära ist eine erhebliche Herausforderung für die Verantwortlichen in Vertrieb und Marketing. Zugleich ist es aber auch eine riesige Chance und muss keine Frage des Budgets sein, wie das Beispiel Wasserstrahlschneiden von thyssenkrupp zeigt. Vielmehr geht es darum den Kunden genau zu analysieren und ihn mit wichtigen Informationen, in den richtigen digitalen Kanälen, in einer frühen Phase des Kaufprozesses zu unterstützen. Wer das am besten schafft, kann sich einen digitalen Lead-Automaten bauen und macht am Ende das Geschäft. Wie immer, muss man allerdings ständig messen, analysieren und optimieren, denn das digitale Rennen um die Gunst des Kunden endet nie.

Literatur

Heinrich, S. (2017). *Content-Marketing: So finden die besten Kunden zu Ihnen*. Trier: Springer Gabler.

Katzengruber, W., & Pförtner, A. (2017). *Sales 4.0*. Weinheim: Wiley-VCH.

Keller, B., & Ott, C. S. (2017). *Touchpoint Management: Entlang der Customer Journey erfolgreich agieren*. Freiburg: Haufe.

Kotler, P. (2017). *Marketing 4.0 – Der Leitfaden für das Marketing der Zukunft*. Frankfurt/New York: Campus Verlag GmbH.

Meffert, J., et al. (2017). *Eins oder Null: Wie Sie Ihr Unternehmen mit Digital@Scale in die digitale Zukunft führen*. Berlin: Econ.

Spancken, C. (2018). *Digital denken statt Umsatz verschenken*. Berlin: Ullstein Buchverlage GmbH.

Mike Kleinemaß, diplomierter internationaler Betriebswirt und BA (Hons), ist im Geschäftsbereich Plant Technologies des diversifizierten Industriekonzerns thyssenkrupp mit Sitz in Essen weltweit verantwortlich für digitales Marketing und Kommunikation. Mike Kleinemaß verfügt über mehr als 13 Jahre umfassendes Know-how in den Bereichen Marketingkommunikation, Business Development, Vertrieb, Produktmanagement und Digital Business aus der Software-, Medien- und Maschinenbauindustrie. Er hat auch mit Startups in der Event- und Modebranche gearbeitet. Er ist regelmäßiger Referent auf B2B-Marketing-Kongressen zu Themen des digitalen Marketings und wurde für den beschriebenen Fall mit dem thyssenkrupp COM Award 2019 ausgezeichnet.

365 Tage Turnaround im B2B Marketing – Ein fakten-basierter Erfolgs-Leitfaden für High-Speed-Optimierung

Miroslav Negovan und Uwe Seebacher

Inhaltsverzeichnis

Zusammenfassung

Diese Fallstudie zeigt auf, wie ein internationales Unternehmen im industriellen Maschinenbau in nur 365 Tagen einen erfolgreichen Turnaround der Marketingabteilung durchführte. Die wichtigsten und kritischsten Schritte dieses Prozesses werden einzeln dargelegt und die organisatorischen Herausforderungen und Stolpersteine detailliert beschrieben.

M. Negovan (✉)
Wien, Österreich
E-Mail: miroslav.negovan@icloud.com

U. Seebacher
Graz, Österreich
E-Mail: http://www.uweseebacher.org

U. Seebacher (Hrsg.), *Praxishandbuch B2B-Marketing*,
https://doi.org/10.1007/978-3-658-31651-8_33

1 Einführung

Die heutige globale, technologisch gesteuerte Geschäftswelt ist durch sich ständig ändernde Trends und Anforderungen gekennzeichnet, die so schnell eintreten, dass sie die meisten Unternehmen überraschen. Es ist in der Tat zu einer Binsenweisheit geworden, dass die einzige Konstante im Geschäftsleben „Wandel“ ist. Dennoch kämpfen viele Organisationen gegen interne Starrheit und schwer zu überwindende Wissenslücken (Dziubaniuk et al. 2020). Insbesondere B2B-Unternehmen befinden sich in einer abstrusen Lage. Sie stehen an der Spitze von Innovation und sind ein zentraler Bestandteil einer wachsenden Wirtschaft. Dennoch hinken sie, aufgrund ihrer sich nicht weiterentwickelnden Managementtaktiken, in anderen Aspekten oft hinterher. Diese Unternehmen kreieren, entwerfen, konstruieren und bauen, zögern aber dennoch, ihren Marketingansatz weiterzuentwickeln, geschweige denn ausreichende Ressourcen bereitzustellen. In der heutigen schnelllebigen Zeit, einer höheren Diversifizierung der Industriezweige und in Zeiten wirtschaftlicher Unsicherheit sind sie jedoch gezwungen, sich die daraus resultierende Frage zu stellen: *Wie können wir wachsen*?

Aktuelle Studien zeigen, dass der sich immer weiterentwickelnde Marketing-Lebenszyklus zahlreiche Unternehmen zwingt, die Rolle der herkömmlichen Marketingabteilung innerhalb der Struktur und im Rahmen eines modernen Unternehmens zu hinterfragen (Cortez und Johnston 2017). Der Zweck des Marketings als primärer kundenorientierter Prozess birgt wesentliche Implikationen für die Strukturierung und Positionierung des Marketings mit den Vorzügen einer Funktion, die zu einer wichtigen strategischen Frage wurde, die sich mit organisationsübergreifenden Beziehungen und dem Management kritischer globaler Schnittstellen befasst (Nguyen et al. 2019). Die unternehmerische und strategische Entwicklung des Marketings ergibt sich aus den zunehmend schnellen Veränderungen im Marketing-Ökosystem und der damit einhergehenden, besonders logischen Verschiebung der Rolle des Marketings (Purcarea 2019).

Diese Fallstudie soll den Leser in die Komplexität und die Herausforderungen eines Marketing-Turnarounds in einem Industrieunternehmen einführen. Diese Aspekte werden in einer detaillierten Studie aufgezeigt. Der Fall unterstreicht die Komplikationen, mit denen eine globale Marketingorganisation in einem Umfeld, gekennzeichnet durch eine hohe Marktdynamik und steigende interne Erwartungen, konfrontiert ist. Der Fall verdeutlicht die organisatorische Komplexität, mit der sich ein globales Unternehmen auseinandersetzt, welches sich in einem Zustand zunehmenden Wettbewerbs, wirtschaftlicher Unsicherheit und rückläufiger Umsätze befindet. Konfrontiert mit diesen Herausforderungen sieht das Unternehmen eine schnelle und radikale Umstellung seiner Marketingorganisation als einen Lösungsansatz, um diese fortschreitenden Bedrohungen zu entschärfen.

Dieses Kapitel beschäftigt sich daher mit zwei signifikanten Treibern dieses Wandels – Kundenerwartungen und digitale Transformation. Diese Begriffe können zahlreiche verschiedene Aspekte umfassen. Die Fallstudie macht insbesondere darauf aufmerksam, wie sich die digitale Transformation im Hinblick auf die zunehmende globale Interdependenz auf Marketingaktivitäten, Ressourcen und Organisation von Unternehmen auswirkt. Ein Teil der Komplexität hängt auch damit zusammen, dass Kunden ihre Anforderungen häufig anpassen und höhere Erwartungen in Bezug auf Personalisierung und einfache Kommunikation haben. Je höher die Zahl der internen und externen Akteure ist, desto größer ist der Druck, der auf die Art und Weise, wie das Unternehmen seinen Marketing-Turnaround-Prozess handhabt, ausgeübt wird.

Im Jahr 2018, treten wir in die Organisation des Fallunternehmens ein. Die Verkaufszahlen liegen seit mehreren Quartalen unter den Erwartungen und der Wettbewerb in wichtigen strategischen Regionen nimmt massiv zu und drückt die ohnehin schon niedrigen Margen weiter nach unten. Steigende wirtschaftliche Unsicherheiten verstärkten das Unbehagen in der gesamten Organisation. Brexit und seine potenziellen Folgen haben Europa in Atem gehalten, und der anhaltende Handelsdisput zwischen China und den USA dämpfte zusätzlich das Wirtschaftswachstum. Infolgedessen setzte die Geschäftsleitung der IHMB Engineering einen neuen Global Director of Marketing ein. Diese neue Position war mit hohen Erwartungen verbunden. Im Fokus stand die Konzeptionierung und Implementierung einer Strategie und eines Plans, um diesen Entwicklungen entgegen zu wirken, das Unternehmen wieder als Marktführer in seinen Marktsegmenten zu positionieren, neue Technologien zu implementieren und zu nutzen, um den Prozess der Lead-Generierung zu fördern und so das Unternehmen wieder auf den richtigen Weg zu führen.

Dies wird letztlich durch die Einleitung eines bedeutenden Marketing-Turnaround-Prozesses erreicht. Im Vordergrund dieses Prozesses stand die Zentralisierung der Marketingressourcen, um Synergien bestmöglich zu nutzen und den neuen organisatorischen Anforderungen gerecht zu werden. Diese Fallstudie zeigt weiter die Notwendigkeit auf, alle wesentlichen Aspekte, die zu den organisatorischen Belangen beitragen, zu spezifizieren und ihre Ursachen genau zu identifizieren.

Im nächsten Abschnitt wird das Fallunternehmen IHMB Engineering, eine Division der IHMB-Gruppe, vorgestellt, gefolgt von einem Überblick der globalen Marktsituation und einer kurzen Darstellung der internen Unternehmensstruktur, bevor der Schwerpunkt auf den Turnaround-Prozess mit einem detaillierten Leitfaden verlagert wird. Dieser Fall zeigt einen Marketing-Turnaround in einem globalen Industrieunternehmen und was in nur 365 Tagen erreicht werden kann.

2 IHMB Engineering, eine Division der IHMB-Gruppe

2.1 Das Unternehmen

Die Fallgesellschaft ist ein Geschäftsbereich innerhalb der IHMB-Gruppe, im Folgenden IHMB genannt. IHMB ist Technologie- und Weltmarktführer in Prozesstechnologien für eine Vielzahl von Branchen und der weltweit größte Hersteller von industriellem Prozess-Equipment. Das im Jahr 1879 in Belgien gegründete Unternehmen beschäftigt mehr als

18.000 Mitarbeiter mit mehr als 200 operativen Tochtergesellschaften weltweit. Durch seine externen Kommunikationsinitiativen legt IHMB großen Wert darauf, als innovatives Unternehmen wahrgenommen zu werden, das den Industriestandard setzt und einen großen Anteil an der Förderung von Innovationen in den Kernbereichen hat. Im Laufe seiner Geschichte durchlief IHMB bedeutende Umstrukturierungsinitiativen. Die jüngste konzentrierte sich auf die Spezialisierung des Unternehmens auf Sondermaschinen mit Schwerpunkt auf Verfahrenstechnik, Komponenten und Automatisierungsdienstleistungen. Darüber hinaus wurde eine unternehmensweite Initiative eingeführt, mit der eine neue integrierte Konzernstruktur mit fünf Hauptgeschäftsbereichen sowie eine einheitliche regionale Organisation eingeführt wurde.

IHMB Engineering ist einer der fünf Hauptgeschäftsbereiche und Gegenstand dieser Fallstudie. IHBM Engineering ist global aktiv mit über 20 Standorten und Produktionsstätten, die weltweit 3000 Mitarbeiter beschäftigen. Mit einem Umsatz von über 500 Millionen EUR hat sich der Geschäftsbereich als ein wichtiger Akteur in der Branche etabliert. Das Produktportfolio besteht aus High-Tech-Filtrationssystemen, und Automationslösungen und Dienstleistungen für die Umwelt- und Chemieindustrie. Durch eine hohe Anzahl von Akquisitionen wuchs IHMB Engineering in den letzten 20 Jahren in einem halsbrecherischen Tempo.

Das Hauptaugenmerk von IHMB Engineering lag bei Akquisitionen stets darauf, das Produktportfolio zu ergänzen, externes Wachstum zu ermöglichen und ein überlegenes Verständnis von Technologie und technischem Know-how zu sichern. Die zahlreichen Akquisitionen brachten jedoch eine verstreute Marke und einen sehr geringen Bekanntheitsgrad von IHMB Engineering per se mit sich. Durch eine fokussierte Markenstrategie hat sich die Wahrnehmung im Markt in den letzten Jahren deutlich verändert und IHMB Engineering als langjähriger Anbieter von anspruchsvollen und fortschrittlichen Prozessausrüstungen etabliert.

Nach anhaltendem Wachstum durch Übernahmen erreichte IHMB Engineering eine Phase stagnierender Umsätze in einer Zeit, in der Wettbewerber expandierten und zunehmend Aufträge gewannen. Nach einigen Perioden mit niedrigem Umsatzniveau und einigen weniger erfolgreichen Forschungs- und Entwicklungsprojekten musste die Abteilung umdenken. Diese Entwicklungen trübten die Sichtweise von IHMB Engineering, und verschiedene Entscheidungen wurden im Nachhinein auf mangelnde Kompetenz des Managements geschoben. Das Management von IHMB Engineering wurde in der Folge ersetzt, und externe Rekrutierungen wurden als notwendig erachtet, um neue Perspektiven einzubringen. Die daraus resultierende Wende im Management führte zu neuen Strategien und Ansätzen, um die Entwicklung der Division voranzutreiben, was die Notwendigkeit einer neuen Marketingorganisation mit sich brachte.

2.2 Der Markt von IHMB Engineering

Der Markt für Prozessequipment für IHMB Engineering wuchs während des Jahres 2018 und darüber hinaus wurde eine positive Wachstumsrate für die nächsten Jahre vorausgesagt. Dies wurde vor allem der Umweltindustrie zugeschrieben, für die bis 2024 ein Marktvolumen von 65,1 Milliarden USD prognostiziert wurde, was einem CAGR von 6,1 % entspricht. Regionale Unterschiede bestanden jedoch in Asien, Europa und Amerika.

Das gesamtwirtschaftliche Wachstum galt 2018 als stabil. In einer Aussendung des Weltwirtschaftsausblicks berichtete der Internationale Währungsfonds, dass die Weltwirtschaft voraussichtlich um 3,6 % wachsen wird. Für die fortgeschrittenen Volkswirtschaften wurde eine Verlangsamung des Wachstums von geschätzten 2,3 % auf 2,0 % prognostiziert. Es wurden jedoch bereits Warnungen vor einer insgesamt abgeschwächten wirtschaftlichen Expansion ausgesprochen. Entscheidende Faktoren dafür waren die eskalierenden Spannungen zwischen China und den Vereinigten Staaten und ein möglicher „No-deal"-Austritt Großbritanniens aus der EU (Brexit) zum damaligen Zeitpunkt. Diese Auslöser setzten sich 2019 durch und signalisierten eine Verlangsamung der Weltwirtschaft mit einer gemeldeten Wachstumsrate von 2,9 % (IWF 2019).

2.3 Der Wettbewerb

Die Hauptkonkurrenten, die auf dem Markt an Zugkraft gewonnen und der IHMB Engineering Marktanteile abgenommen hatten, waren kleinere und agilere Ingenieurbüros. Obwohl diese Unternehmen weder die Größe noch die globale Präsenz von IHMB Engineering hatten, gelang es ihnen dennoch, sehr erfolgreich die Kundenanforderungen zu erfüllen. Zahlreiche Kunden argumentierten, dass die Zusammenarbeit mit der Konkurrenz von IHMB Engineering häufig weniger kompliziert sei. Die Ergebnisse manifestierten sich in tieferen und vertrauensvolleren persönlichen Beziehungen und, was am wichtigsten ist, in einer schnelleren Reaktionsfähigkeit.

IHMB Engineering hatte zudem mit Lieferanten aus Asien zu kämpfen, die oft wesentlich billiger anbieten konnten, bedingt durch eine signifikant geringere Qualität. Diese Geräte mussten häufiger ausgetauscht werden, während die Anlagen und das Equipment von IHMB Engineering eine Lebensdauer von in der Regel mehr als 20 Jahren erreichten. Infolgedessen war das Servicegeschäft für IHMB Engineering von größerer Bedeutung, das von der Aufrüstung über Reparaturen, Kundenschulungen bis hin zum Kundendienst reichte.

2.4 Die Marketingorganisation von IHMB Engineering

IHMB Engineering hat weltweit 3000 Mitarbeiter und Niederlassungen in über 20 Ländern. Die Organisation verfügt über eine klassische funktionale Struktur, wobei jede

Abteilung einen Manager hat, der wiederum an die Führungsebene berichtet. Die Marketingabteilung besteht aus einem zentralen globalen Team, das in der Hauptgeschäftsstelle der Divisionen angesiedelt ist, während die lokalen Marketingmanager geografisch segmentiert sind und die wichtigsten Regionen weltweit und die Niederlassungen in Europa betreuen (vgl. Abb. 1).

Das globale Marketingteam wurde mit der Koordinierung des Gesamtbudgets, der Durchführung globaler Lead-Kampagnen, der internen Kommunikation sowie der Weiterentwicklung und Einhaltung der Corporate Identity beauftragt und sollte sicherstellen, dass diese Richtlinien in die Regionen übertragen werden. Außerdem lag die Betreuung aller Broschüren, Anzeigen und Messen in der Verantwortung dieser Funktion. Die Notwendigkeit eines agilen Marketingansatzes, um die Kunden bestmöglich zu erreichen, und die sich entwickelnde technologische Landschaft machten diese Struktur überflüssig.

Es gab eine starke Forderung nach Effizienz durch Zentralisierung, um diese Anforderungen zu erfüllen, Synergien zu nutzen und die Marketingabteilung in ein agiles und transparentes Leistungszentrum zu verwandeln. Darüber hinaus war es eine Notwendigkeit, alle Aktivitäten der IHMB Engineering in allen Märkten und Industriesegmenten kohärent zu gestalten. Neue Marketingtechnologien sollten diese Bestrebungen unterstützen.

Der Wiederaufbau der Marketingorganisation war eine der Prioritäten des neuen Managements, und so wurde ein neuer Global Marketing Director ernannt.

3 Der Marketing-Turnaround-Prozess bei IHMB Engineering

3.1 Rick: Der neue Global Marketing Director

Rick wurde im September 2018 zum neuen Global Marketing Director von IHMB Engineering ernannt. Er hat einen Doktortitel in Wirtschaftswissenschaften und Betriebswirtschaft und leitete erfolgreich die Marketingabteilungen zahlreicher internationaler Unternehmen. Er verfügt über mehr als 20 Jahre Erfahrung in der Fertigungs-, Engineering- und Dienstleistungsindustrie und hat sich darüber hinaus in strategischem und operativem Marketing und Kommunikation sowie in der Organisationsentwicklung bewährt.

Am wichtigsten war jedoch, dass Rick ein sehr innovatives Marketing-Verständnis vertrat, das sich durch einen stringenten Serviceansatz und eine kompromisslose, messbare Ergebnisorientierung definierte.

3.2 Die Reise beginnt

Nach seinen ersten Wochen als Global Marketing Director führte Rick bereits eine gründliche Analyse der Marketingstruktur, der bestehenden wahrgenommenen Rollen und Verantwortlichkeiten, der genauen Erwartungen des Managements sowie der Fähigkeiten der

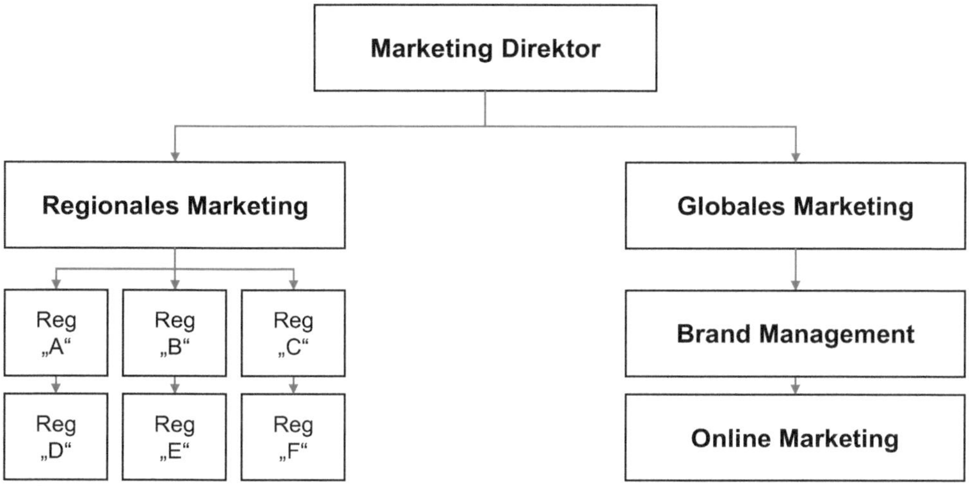

Abb. 1 IHMB Engineering marketing organization before restructuring

vorhandenen Belegschaft durch. Rick führte auch mehrere Benchmarking-Analysen in Bezug auf Marketingaktivitäten, Markenwahrnehmung und Markenbekanntheit der zuvor genannten Wettbewerber durch.

Rick fand schnell heraus, dass der Ruf des Marketings bei IHBM Engineering mangelhaft war. Marketing wurde als eine ausschließlich ausführende Funktion gesehen, die mit dem Druck von Broschüren und dem Organisieren von Messen beauftragt war. Zu seinem Erstaunen wurden keine klaren Rollen & Verantwortlichkeiten definiert. Die Kollegen des Marketing-Teams deckten alle unterschiedlichen Arten von Aufgaben innerhalb der Marketingorganisation ab, da sie sich nicht auf ihre jeweiligen Bereiche konzentrieren konnten. Anfragen wurden intern nicht an den oder die Verantwortliche und Zuständige weitergeleitet, sondern ungefiltert sofort bearbeitet, hin- und hergeschoben, dann teilweise vergessen und alle hatten wesentlich mehr Aufwand. Das Prinzip lautet: „Alle machen alles und keiner macht nichts!" Es fehlten sauber definierte Prozesse, die dokumentiert und mit der Organisation kommuniziert wurden. Bei der Überprüfung der eingesetzten Marketing-Technologien stellte er fest, dass die meisten davon veraltet und nicht in der Lage waren, den neuen Kundenanforderungen gerecht zu werden.

Rick begann daraufhin umgehend damit, die konventionelle Sichtweise der Marketingorganisation innerhalb von IHMB Engineering zu ändern, indem er bemerkenswerte Trends sowie ökologische und strategische Veränderungen von Marketing hervorhob. Seine Vision konzentrierte sich auf die folgenden Schlüsselaspekte.

- Hierarchien brechen: Organisationsebenen reduzieren, kleinere Teams bilden, jedes Teammitglied befähigen und damit Geschwindigkeit und Flexibilität erhöhen.

- Eigenständige Teams: Gruppen mit sich ergänzenden Fähigkeiten bilden und sie zu Hochleistungsteams entwickeln, um eine schnelle, präzise und flexible Ausführung von Arbeitspaketen zu erreichen.
- Umstrukturierung: kritische Prozesse gründlich umstrukturieren, Kosten senken und die Gesamtleistung der Organisation steigern.
- Globale Denkweise: die notwendigen Strukturen und neue Fähigkeiten aufbauen, um im globalen Wettbewerb bestehen zu können.
- Kontinuierliches Lernen: Förderung des kontinuierlichen Lernens und damit Verbesserung der Fähigkeiten innerhalb der Organisation durch Nutzung einer gemeinsamen Wissensbasis.
- Key Account Management einführen: Ein kundenorientiertes Unternehmen benötigt ein angemessenes Key Account Management, um eine bessere und nachhaltigere Beziehung zu seinen größten Kunden zu gewährleisten und langfristige Partnerschaften zu fördern.

Auf der Grundlage dieser Analysephase wurden vier relevante Arbeitsbereiche dem Top-Management als feste Handlungsempfehlung vorgelegt (vgl. Abb. 2).

- „Optimierung" fokussiert auf einen kontinuierlichen Prozess der Ausrichtung, Definition, Optimierung, Dokumentation und Überwachung von Marketingstrukturen, Prozessen, Rollen und Verantwortlichkeiten, Schnittstellen und Leistungsmessung, um definierte KPIs transparent darzustellen.
- „Schaffung" stellt darauf ab, dass die Wertschöpfung von außen (externe Partner, d. h. Agenturen) nach innen verlagert werden muss, da erforderliche Kapazitäten und Kompetenzen bereits in der Organisation vorhanden sind und zudem Redundanzen für Validierung, Gegenprüfung, Briefings und Abstimmungen minimiert werden müssen.
- „Automatisierung" hat das Ziel, die Leistung durch den Einsatz von internem Fachwissen und Ressourcen so zu steigern, dass sich jedes Mitglied auf sein Kerngeschäft und

Abb. 2 Definierte Arbeitsbereiche im Marketing

seinen Wissensbereich konzentrieren kann, was durch die Automatisierung von Arbeitsabläufen und Schnittstellen zu Skaleneffekten in den Prozessen führt.
- „Innovation" soll sicherstellen, immer auf dem neuesten Stand der Entwicklungen im B2B-Marketing zu bleiben, um den Wettbewerbsvorteil zu stärken und interne Kunden mit Tools, Prozessen und Know-how aus dem neusten Stand der Praxis bedienen zu können.

Mit der vollen Unterstützung des Managements war Rick nun für die Umsetzung und Realisierung der festgelegten Arbeitsbereiche voll verantwortlich.

Schritt 1: Implementierung der neuen Marketingstruktur

Rick glaubt an das Theorem, dass Strukturen der Strategie folgen, und erkannte die Wichtigkeit der Auswahl geeigneter Organisationsstrukturen, um eine übergreifende effiziente Marketingstrategie umzusetzen und die oben genannten Arbeitsbereiche zu realisieren.

Bis zu einem gewissen Grad musste jede Abteilung bei IHMB Engineering unterschiedliche Organisationskosten kontrollieren und nach Effizienz streben – Marketing war da keine Ausnahme. Die gestiegene Komplexität prominenterer globaler Unternehmen wird oft durch Versuche ausgeglichen, zentrale und spezialisierte Funktionen zu definieren. Rick musste die Implementierung einer vereinfachten Struktur sicherstellen, die es ihm ermöglichte, standardisierte Marketingpraktiken zu etablieren und so die Effizienz seiner Abteilung kontinuierlich zu steuern. Rick stellte sich vor, dass das Marketing in Prozesse eingebunden werden sollte, um dem Bedarf an interner und externer Effizienz, kontinuierlichen Anpassungen an veränderte organisatorische Anforderungen und langfristiger Innovation gerecht zu werden.

Die folgende Struktur erfüllte Ricks Anforderungen im Zusammenhang mit der Vereinfachung und der Fähigkeit, schnell auf verschiedene organisatorische Anforderungen zu reagieren. Darüber hinaus entsprach sie seiner Vorstellung von der Rolle des Marketings in der Organisation und spiegelte die etablierten Arbeitsbereiche perfekt wider (vgl. Abb. 3).

Jeder Bereich wurde so formuliert und strukturiert, dass eine höhere Effizienz und eine Konzentration auf die spezifischen Fähigkeiten innerhalb des Bereichs möglich waren.

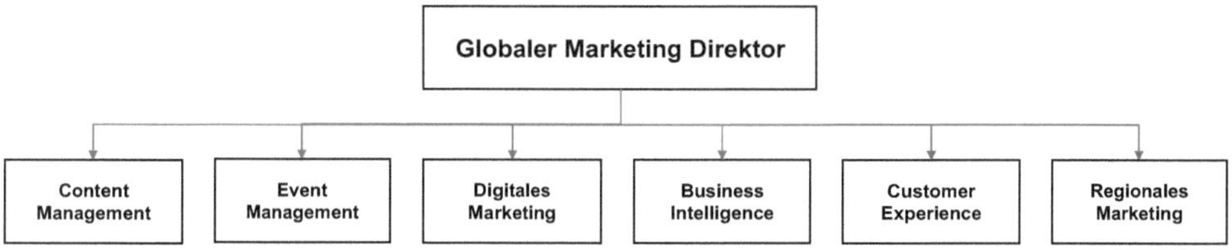

Abb. 3 Marketingorganisation der IHMB Engineering nach der Umstrukturierung

- Content Management: Durchführung der Kommunikation auf der Grundlage von Strategien, die von der Business-Intelligence-Abteilung in Abstimmung mit den Geschäftsentwicklungsfunktionen der Organisation vorbereitet werden.
- Event Management: Planung und Definition von globalen Veranstaltungen, Messen und Konferenzen.
- Digital Marketing: Verwaltung und Entwicklung digitaler Marketingaktivitäten bei gleichzeitiger Einführung neuer Technologien.
- Business Intelligence: Enge Abstimmung mit den Geschäftsentwicklungsfunktionen, um sicherzustellen, dass die richtigen Daten zur Verfügung stehen und eine ganzheitliche Strategie erarbeitet werden kann.
- Regional Marketing: Durchführung von Marketingaktivitäten in den jeweiligen Regionen mit hoher Abstimmung mit der regionalen Sales-Organisation zur Maximierung der Reichweite.
- Customer Experience: Kontinuierliche Messung der Kundenzufriedenheit, Durchführung von Touchpoint-Analysen und Umsetzung geeigneter Maßnahmen zur Verbesserung der Customer Journey.

Schritt 2: Klare Rollen und Verantwortlichkeiten

Nachdem die neue Marketingstruktur fest etabliert war, war es an der Zeit, klare Rollen und Verantwortlichkeiten innerhalb des Teams zu definieren. Im Verlauf von Ricks erster Analyse waren auch Stellenbeschreibungen ein grundlegender Aspekt, und es stellte sich heraus, dass ein großer Teil der Funktionen der Marketingabteilung, Stellenbeschreibungen nur selten oder nur unzureichend verfügbar waren. Infolgedessen arbeitete jedes Mitglied mit einem veralteten Referenzrahmen, der zufällig zugewiesene Aufgaben umfasste.

Für Rick war es von größter Bedeutung, denjenigen, die die Arbeit in ihren neu eingerichteten Bereichen ausführen, Klarheit, Ausrichtung und Erwartungen zu vermitteln. Vor diesem Hintergrund entwarf er eine Reihe neuer Job Descriptions aus den bestehenden Definitionen, wobei er sich eng an die Personalabteilung anlehnte und bei der Erfassung von Arbeitsverantwortung und Aufgaben so präzise wie möglich vorging. Im nächsten Schritt wurde jede neu erstellte Job Description mit jedem Teammitglied einzeln besprochen, wobei alle Bedenken oder Fragen angesprochen wurden. Zusätzlich zur Entwicklung dieses neuen Dokumentensatzes wurde ein strenges Follow-up der Mitarbeiterbeurteilungen festgelegt. Rick wollte sicherstellen, dass jedes Teammitglied die Möglichkeit hatte, anerkannt und belohnt zu werden. Darüber hinaus sollte eine Plattform geschaffen werden, auf der sie ihre Meinung äußern, wirklich gehört werden und sich für ihre Arbeit geschätzt fühlen können.

Leistungsbeurteilungen erfüllten im Allgemeinen drei wesentliche Funktionen bei IHMB Engineering:

- Jedem Teammitglied ein angemessenes Feedback zu seiner Leistung zu geben.
- Unterstützung jedes Teammitglieds bei der Modifizierung und Verbesserung des Verhaltens hin zu produktiveren Arbeitsgewohnheiten.

- Manager mit Daten zur Bewertung künftiger Arbeitsaufgaben auszustatten.
- Managern vereinbarte und überprüfte Ziele zur Verfügung zu stellen, um das Anreizsystem besser zu strukturieren.
- Im Verlauf der einzelnen Leistungsbeurteilungsgespräche wurden explizite Ziele vereinbart, deren Fortschritt laufend überwacht und kontinuierlich bewertet wurde.

Rick führte die Beurteilungsgespräche mit seinen direkten Vorgesetzten und bat sie wiederum, das Gleiche mit ihren Mitarbeitern zu tun. Dies entwickelte sich schnell zu einer intimen Coaching-Sitzung, da die meisten seiner direkten Vorgesetzten solche Gespräche zum ersten Mal führten. Es war klar, dass die Einführung dieser Form der offenen Kommunikation und der präzisen Zieldefinition Zeit brauchte, um umgesetzt zu werden. Nichtsdestotrotz häuften sich in diesen Gesprächen enorme Mengen an weiteren Erkenntnissen und trugen dazu bei, Rollen, Aufgaben, ja sogar Redundanzen besser zu verstehen und die für den nächsten Schritt entscheidenden Schnittstellen zu erkennen.

Schritt 3: Die Prozessbibliothek

Der nächste Schritt bestand darin, die Geschäftsprozesse genau zu dokumentieren, zu analysieren und zu bewerten. Der Schwerpunkt lag darauf, jeden Schritt gründlich zu verstehen und Möglichkeiten zur Rationalisierung der internen Prozesse zu ermitteln.

Diese Initiative wurde zunächst schnell als irrelevant abgetan. Jeder „weiß" bereits, was getan werden muss und wie es getan werden muss. Dabei wurde übersehen, wie wichtig es ist, sich auf Prozesse beziehen und eine Verfahrensdokumentation entwickeln zu können. Rick war der Ansicht, dass die Mitglieder, selbst wenn sie jetzt sowohl an der Konzeption als auch an der Prüfung aller internen Prozesse voll beteiligt sind, nicht unbedingt der primäre Nutzer sein werden. Natürlich erwartete er nicht, dass sie in ihrer täglichen Arbeit auf jeden Prozess Bezug nehmen, sondern konzentrierte sich stattdessen auf die Erstellung einer Richtlinie für den Rest der Organisation. Es war unerlässlich, einen Rahmen dafür zu schaffen, wie das Marketing seine Dienstleistungen anbietet.

Wer wird diese Bibliothek tatsächlich benutzen?

Rick widmete sich der Verbesserung des Ansehens des Marketings innerhalb der Organisation und musste daher in umfassender Weise aufzeigen, was vom Marketing gehandhabt werden kann, bis wann es gehandhabt werden kann und was wiederum von internen Kunden erwartet wird – sowohl hinsichtlich Form, Qualität als auch Zeit.

Die Prozessbibliothek wurde im Allgemeinen verwendet, um die folgenden Gruppen innerhalb der Organisation anzusprechen.

- Top-Management, um es für die Aufgaben des Marketings zu sensibilisieren
- Interne Kunden, um eine definierte Art und Weise der Bearbeitung von Anfragen (und Ad-hoc-Anfragen) zu gewährleisten auch und vor allem durch die Nutzung von vordefinierten und optimierten Templates (Seebacher 2021) auf Basis des Template-based Management Ansatzes

- Teammitglieder, um eine abgestimmte Arbeitsbasis aber auch eine Referenz zu haben für Prozesse, die sie nicht regelmäßig durchführen
- Neue Mitarbeiter, Praktikanten und Auszubildende

Dementsprechend hilft das Verständnis der Bedürfnisse dieser Gruppen bei der Gestaltung einer Prozessbibliothek, die einer Organisation viele Vorteile bringen kann.

Der Workshop zur Prozessabbildung

Um umfassend zu verstehen, wie die bestehenden Prozessabläufe – von Anfang bis Ende – aussahen, organisierte Rick einen Workshop mit dem gesamten Marketingteam. Ziel war es, ein präzises Bild der Prozesslandschaft zu zeichnen. Damit sollte das Marketing in die Lage versetzt werden, regelmäßig eingesetzte Prozesse zu dokumentieren, über Ihre Prozesse angesichts der neuen Struktur zu entscheiden und gleichzeitig Bereiche aufzudecken, in denen noch Anpassungsbedarf besteht (vgl. Abb. 4).

Die Prozessabbildung stellt in der Regel die aufeinander folgenden Aufgaben dar, die in einem einzigen Prozess ausgeführt werden. Rick entschied sich für die einfachste Methode, dies abzubilden. Das Marketingteam arbeitete gemeinsam an zwei großen Pinnwänden und verwendete Post-Its, um den Prozess und die Abhängigkeiten zwischen den Aufgaben abzubilden (vgl. Abb. 5).

Die Ergebnisse des Workshops wurden in ein Software-Tool übertragen, wodurch eine professionellere Prozesslandkarte erstellt wurde und so die Bibliothek der Marketingprozesse entstand.

Diese Bibliothek wurde dann auf allen firmeninternen Kanälen zugänglich gemacht, wodurch eine breite Verteilung innerhalb der Organisation sichergestellt wurde.

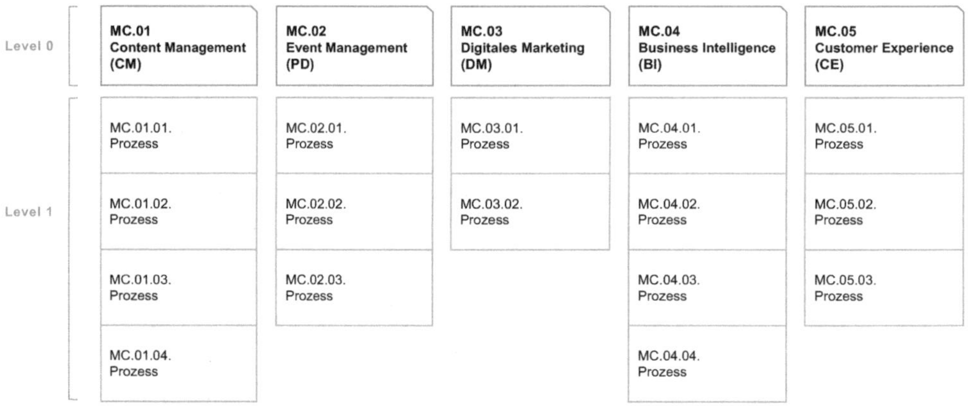

Abb. 4 Workshop zur Prozessabbildung

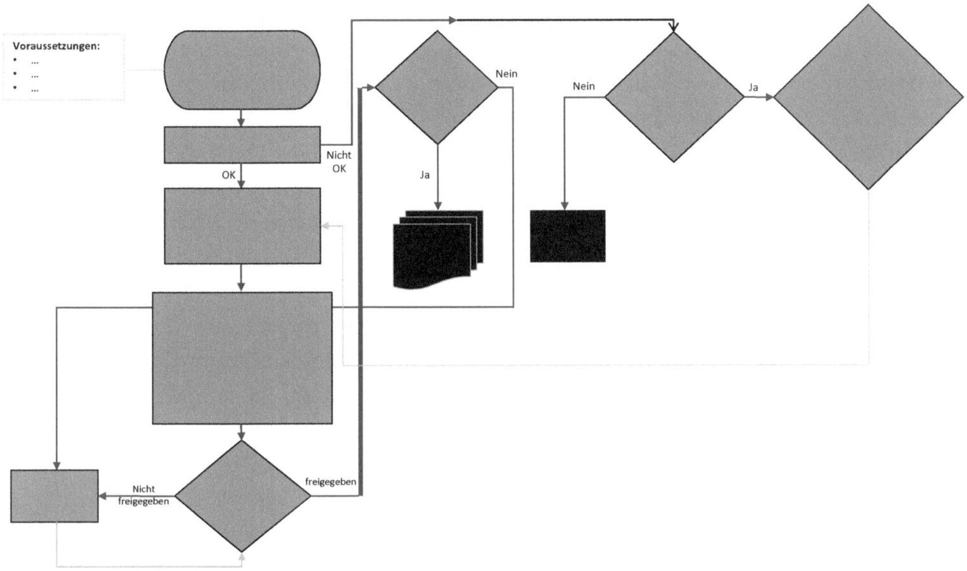

Abb. 5 Prozessablauf

Einige Rückmeldungen aus dem Team

Der regionale Marketingleiter war seit mehreren Jahren im Unternehmen tätig. Zunächst war er in einer Backoffice-Verkaufsposition tätig, bevor er die Marketingaktivitäten für seine Region übernahm. Er war für das gesamtheitliche Marketing in seiner Region zuständig. Dazu zählten die Bereitstellung von Broschüren, die Planung von Werbeinitiativen – sowohl on- als auch offline – sowie Veranstaltungen in seinen Regionen (Messen, Konferenzen, Ausstellungen). Nachdem die neue Struktur und die neuen Rollen und Verantwortlichkeiten kommuniziert worden waren, wandte er sich mit zwei Botschaften an Rick. Die eine war seine Wertschätzung für die zusätzliche Transparenz im Marketing. Er habe nun vollständig verstanden, was von ihm erwartet werde, und er habe volle Unterstützung bei der Erreichung seiner Ziele erhalten. Zweitens reflektierte er über die neue Energie innerhalb der Marketingorganisation. Er lobte die schnelle Art und Weise, in der die Dinge vorankamen, und die kleinen Verbesserungen, die durchweg zu schnellen „wins" beitrugen.

Schritt 4: Innovationsklima schaffen

Dieser Schritt war zweifellos einer der entscheidendsten, aber auch eine der größten Herausforderungen für Rick. Um eine Organisation aufzubauen, die über ein breites Spektrum an Fähigkeiten verfügt – zum Beispiel Business Intelligence, kontinuierliches Lernen der Organisation, Fähigkeiten zur Erstellung von detaillierten Marketingberichten, Wirtschaftlichkeitsbetrachtungen und vieles mehr – brauchte er eine geeignete IT-Infrastruktur.

Rick legte großen Wert darauf, eine Organisation zu etablieren, die zunehmend auf Wissen und Integration von Daten basiert. Auf diese Weise wollte er eine Marketingabteilung aufbauen, die hochflexibel ist und in der Lage ist, komplexe und dynamische Aufgabenstellungen zu bewältigen, um so nachhaltig und erfolgreich zum Erfolg von IHMB Engineering im Sinne eines Predictive Profit Marketings (PMM) beitragen zu können. Die Vorteile für IHMB Engineering als Ganzes waren die Verfügbarkeit eines robusten Satzes an modernen Tools, der Zugang zu standardisierten Dateneinsichten, die wichtige Entscheidungen mit zuverlässigen Daten untermauern, sowie die Möglichkeit, die eigene Marktposition und den eigenen Marktanteil zu bestimmen. Im Falle von IHMB Engineering, mit dezentralem Wissen und erhöhter Datenintensität, sollte das Marketing eine zentrale Rolle spielen.

So konzentrierte sich Rick auf zwei Hauptinnovationsprojekte: Zum einen die Unterstützung von Marketingaktivitäten durch Automatisierungstools und zum anderen die Unterstützung des Unternehmens mit höchst zuverlässiger Geschäftsintelligenz.

Der Weg zu Predictive Intelligence (PI)

Die Möglichkeiten, Wissen und Informationen zu Kunden, deren Verhalten, aber auch Ausschreibungen, Projekten, Industrien, Märkte, Länder und Regionen zu sammeln, analysieren und auszuwerten, nehmen rapide zu, und das schnellere Lernen aus solchen Informationen ist zum zentralen Antrieb für Organisationen geworden. Marktdaten und verschiedene Formen vertiefter Marktkenntnisse spielen heute eine zentrale Rolle bei der Organisation von Prozessen im Allgemeinen und bei der Organisation von Marketingprozessen im Besonderen. Business Intelligence[1] ist nicht länger eine Funktion, die eine Marketingeinheit in einer Organisation ausübt; sie ist jetzt eine grundlegende Triebkraft der Organisation im Allgemeinen.

Als überzeugter Anhänger von Daten als Grundlage für den Entscheidungsfindungsprozess in Unternehmen startete Rick ein Projekt zur Implementierung eines Marketing-Intelligence-Systems innerhalb der Marketingabteilung, bezeichnet als „Data Intelligence Aggregator" oder kurz „DIA". DIA wurde als ein interaktives Online-Datenverwaltungstool konzipiert, das eine schnelle Generierung von Marktdaten und Statistiken ermöglicht und gleichzeitig soziale und makroökonomische Daten aus verschiedenen hochrangigen Datenquellen enthält. DIA sollte durch allmähliche Entwicklung zu einem vorrausschauenden Intelligenz-Tool wachsen und ein präziseres operatives und strategisches Wachstum ermöglichen. Die folgende Tabelle zeigt die Möglichkeiten von DIA im Zusammenhang mit dem Gruppieren und Aggreggieren von Informationen aus verschiedenen Datenquellen (vgl. Tab. 1).

DIA wurde mit mehr und mehr Daten aus verschiedenen internen und externen Quellen gespeist, die von internen Experten sorgfältig ausgewertet und ausgewählt wurden. Dadurch konnte DIA mit dem „Marketing Intelligence"-Teil relativ schnell umgesetzt werden, so dass interne Entscheidungsträger Daten zu bestimmten Branchen, Märkten und Anwendungen überprüfen und so dieses System für ihre Planungszwecke nutzen konnten. Auf

[1] Siehe Artikel von L. Strohmeier zum Thema „Central Business Intelligence" in dieser Publikation für einen detaillierten Ansatz bei der Implementierung einer solchen Organisationseinheit.

Tab. 1 Data Intelligence Aggregator bei IHMB Engineering

Marketing-Intelligenz	Kunden-Intelligenz	Vorrausschauende Intelligenz
Marktdaten	Organisatorische Strukturen	Entwicklung des Marktes
Interne CRM-Daten	Kaufverhalten	Geschäftsplanung
Sozioökonomische Daten	Netzwerke	Optimierung der Verkaufsprozesse
Geschäftsdaten	Vereinigungen	Produktinnovation
Soziogeographische Daten	Projekte	Wettbewerbsorientiertes Verhalten
Daten der Wettbewerber		Zukünftige Projekte
Projektdaten		Zukünftige Ausschreibungen
Ereignisdaten		Preisspannen
Medien-Daten		Dynamische Preisgestaltung
Netzwerk der Einflussnehmer		Entscheidungsträger
		Einflussnehmer

diese Weise konnte die Zeit pro Auswertung oder Recherche bereits nach kurzer Zeit signifikant reduziert werden, ebenso wie natürlich die kalkulatorischen Kosten pro Anfrage.

Das System begann aktiv mit der Unterstützung der kurzfristigen Optimierung des Nettoumlaufvermögens – und mit der Weiterentwicklung des Systems – der mittelfristigen Geschäftsplanung und der langfristigen Strategieanpassung, -entwicklung und -überwachung.

Die Suche nach neuen Werkzeugen

Der zweite Innovationsteil auf Ricks Liste war die Integration zahlreicher Softwaresysteme und Lösungen zur Bewältigung strategischer Herausforderungen. Er sah die Notwendigkeit für das Marketing-Team, die Online-Kanäle effizienter zu betreiben, aber auch völlig transparent und streng in der Berichterstattung über die Auswirkungen auf den Verkauf Marketing Return-on-Investment (MROI) zu sein (Seebacher und Güpner 2011).

Um die explizite Customer Journey[2] für IHMB Engineering adäquat zu erfassen, gab Rick eine Kundenkontaktpunktanalyse in Auftrag. Ziel war es, die eigenen Kunden besser zu kennen und zu verstehen, ihnen bei der Lösung ihrer Probleme zu helfen und in der Lage zu sein, ihre Bedürfnisse zuverlässiger vorherzusagen und auf sie einzugehen. Diese Initiative diente auch dazu, alle damit verbundenen digitalen Berührungspunkte zu identifizieren und zu ermitteln, welche Technologie bei den einzelnen Schritten verwendet wurde (vgl. Tab. 2).

Rick musste sicherstellen, dass die Geschäftsziele mit den anderen Geschäftsbereichen abgestimmt wurden, da dies eine entscheidende Voraussetzung für die Implementierung eines globalen Instruments war. Während Rick groß dachte, fing er klein an. Während seiner Bewertung möglicher Marketing-Technologie-Stacks[3] konzentrierte er sich darauf,

[2] Siehe den Artikel von Halb & Seebacher zum Thema „Customer Experience“ in dieser Publikation.

[3] MarTech Stack. Siehe hierzu auch den Beitrag von Seebacher zu diesem Thema im Einleitungsteil dieser Publikation.

Tab. 2 Clusterung des Technologiebedarfs

Nach Marketingfunktion	Nach Status der Kundenreise
Lead-Verwaltung Verwaltung von Inhalten Kampagnen-Management PR Analytik	Bewusstsein schaffen Förderung, Pflege und die Verwaltung von Kundenkontakten Kauf-Phase

Schritte zu unternehmen, die sowohl für das Team als auch für die Organisation handhabbar sind.

Die Marketingautomatisierung[4] schien unsere Anforderungen an die Steigerung der betrieblichen Effizienz innerhalb des Marketingteams zu erfüllen und die Auswirkungen von Marketinginitiativen auf den Umsatz des Unternehmens zu messen. Rick erhielt von der Geschäftsleitung die Zusage und begann sofort mit dem Beschaffungsprozess. Das Marketingautomatisierungstool wurde seitdem erfolgreich bei IHMB Engineering eingesetzt.

Schritt 5: KPIs & Überwachung

Wie bereits erwähnt, muss eine Marketingstrategie natürlich durch relevante Daten und Metriken untermauert werden, um sicherzustellen, dass jede Werbeausgabe zum Gewinn des Unternehmens beiträgt. Daher richtete Rick ein transparentes Berichtssystem für die Marketingorganisation ein. Die Implementierung von Dashboards, ähnlich wie bei DIA, schuf die Grundlage für die erfolgreiche Erfassung und Verknüpfung relevanter interner und externer Analysedaten.

Es war unerlässlich, die Fähigkeit zu entwickeln, KPIs aus einer Reihe von Marketingaktivitäten schnell und effektiv zu bewerten und so den Wert von Marketinginitiativen für interne Interessengruppen jederzeit sicherzustellen. Diese Dashboards wurden mit allen Marketingbereichen abgeglichen und mit relevanten Umsatzgenerierungskennzahlen vernetzt. Darüber hinaus wurden alle KPIs und Metriken einfach und intuitiv visualisiert, wobei die Informationsströme in Echtzeit aktualisiert wurden.

Das neue Berichtssystem in der Marketingabteilung bot folgende Vorteile:

- Sofortige Sichtbarkeit: Die Dashboards ermöglichten die Visualisierung aller Daten, vom Web-Content und seiner Konversionsrate bis hin zu Statistiken zur Lead-Generierung.
- Zeitersparnis: Auf einen Blick wurden alle Aspekte der laufenden Aktivitäten in einer umfassenden Übersicht dargestellt.
- Einfache Berichterstattung: Es war der ideale Weg, alle wichtigen Informationen der Organisation in einem leicht verständlichen Format zu präsentieren.

---

[4] Siehe Artikel von Romero Palma zur Implementierung von Marketing-Automatisierungslösungen.

- Motivation der Mitarbeiter: Mit diesen abgestimmten und attraktiven Dashboards war es einfach, die Leistung der Mitarbeiter mit ihren Zielen zu vergleichen. Diese spezifischen Dashboards wurden nur dem jeweiligen Mitarbeiter zur Verfügung gestellt.
- Laufende Optimierung: Der Vergleich von Echtzeitergebnissen ermöglichte die Neuzuweisung von Ressourcen oder die situative Anpassung der Strategie je nach den sich ändernden Bedürfnissen.

Wichtige Leistungsindikatoren

Die Einrichtung wertvoller Key Performance Indicators (KPIs) war ebenfalls eine wesentliche Metrik, um sicherzustellen, dass die Marketingabteilung ihre definierten Ziele erreichen kann. Für Rick waren KPIs nicht nur bloße Zahlen, über die regelmäßig berichtet werden sollte – sie halfen, die Leistung der Marketingabteilung zu verfolgen, so dass kritische Anpassungen vorgenommen werden konnten, um strategische Ziele zu erreichen (vgl. Abb. 6).

Die KPIs wurden von jedem Marketingbereich definiert und in verschiedenen Datenformaten (vorwiegend MS Excel) nachverfolgt. Die Dateien wurden zentral gespeichert, um den Zugriff der relevanten Interessengruppen zu gewährleisten.

Datenverfolgung und -integration

Durch die Verwendung von Microsoft PowerBI als Visualisierungstool und die Verknüpfung aller relevanten Datenquellen konnte von einem zentralen Laufwerk aus auf das Dashboard zugegriffen werden und es wurde auf einfache und intuitive Weise angezeigt (vgl. Abb. 7).

Zusätzlich zu den relevanten Marktbereichen konnten den Geschäftsentwicklungs- und Vertriebsmanagern Zugriffsrechte erteilt werden, um Berichte direkt vom Dashboard-Tool aus einzusehen. Standardmäßig waren alle Datenressourcen so eingestellt, dass sie automatisch aktualisiert wurden, wodurch eine Datenvisualisierung in Echtzeit gewährleistet war. In zukünftigen Iterationen wurden externe Datenquellen über APIs direkt mit dem Dashboard-Tool verbunden.

Einige Rückmeldungen aus der Organisation

> „Ich bin von der Entwicklung der Marketingabteilung zutiefst beeindruckt. Die zusätzliche Transparenz über alle Aktivitäten ermöglicht uns jetzt genau zu sehen, wohin wir unseren Schwerpunkt verlagern müssen. Das setzt den Maßstab für die gesamte Gruppe. Vorher suchte ich nach etwas, das zumindest einer Strategie ähnelt, nur vergebens“ (Vertriebsleiter aus Deutschland auf der Jahrestagung in Berlin)

3.3 Steigerung des Ansehens des Marketings

Die Effizienz- und Leistungssteigerung im Marketing blieb nicht unbemerkt. Bald wurde das Marketing aufgefordert, immer mehr Geschäftsprojekte abzudecken und die Verwaltung der wichtigsten Interessengruppen, Ressourcen und Schnittstellen vollständig zu

BEREICH	KPI	DATENFELDER	QUELLE	KOMMENTARE
Performance	Web Sessions (Media Partner)	Number	Google Analytics	
	Bounce Rate (Media Partner)	Percentage	Google Analytics	
	Pages/Session (Media Partner)	Number	Google Analytics	
	Average Duration (Media Partner)	Time	Google Analytics	
	Median Cost per Website Conversion	Media Partners List	Media Partner, GA	
	Conversions by Media Partner	Media Partners List	Media Partner, GA	
	Conversion by Medium	Data Set: „ConMed“	Google Analytics	ConMed: Organic, Referral, Direct, Paid Search, Display, Email, Social, Other
	Conversions by Region	Data Set: „Regions"	Google Analytics	Regions: North America, South, America, Europe, ME, Africa, Asia, China, Global
	Conversion by Type	Data Set: „ConType"	Google Analytics	ConType: Contact Form, Sign-Up, Download
	Costs (Purchase Conditions)	Standard Costs	Media Partner	
		Discounted Costs		
Social	LinkedIn Follower	Data Set: „SocialF“	LinkedIn, GA	SocialF: Number, Top Functions, Top Locations, Top Industries, Top Seniorities
	LinkedIn Engagement	Data Set: „SocialE"	LinkedIn, GA	SocialE: Click-Rate, Engagement Rate
	LinkedIn Campaigns	Data Set: „SocialC"	LinkedIn, GA	SocialC: Region, Product Group, Clicks, Click-Rate, Cost-per-Click, **Leads**
Automation	Customer Journeys	Data Set: "Journey"	MA Software	Journey: Product group, Industry, Region, Journey type
	Leads	Data Set: „Leads“	MA Software	Leads: Qualification, Score
	Average Costs per Lead	Data Set: "AvgLead"	MA Software	AvgLead: Costs/EUR, Per: Product group, industry, region
Budget	Planned Budget	Total in EUR	DM Plan 2019	
	Billed Costs	Total in EUR	DM Plan 2019	
	Billable Costs	Total in EUR	DM Plan 2019	
Processes	Days per Work Process	Campaign Set-Up	Project Plan (WBS)	
		Goal/Persona Definition		
		Content creation/adjustment		
		Journey Set-Up		
		Monitoring, Optimization, Reporting		

Abb. 6 KPIs der Abteilung „Digitales Marketing“

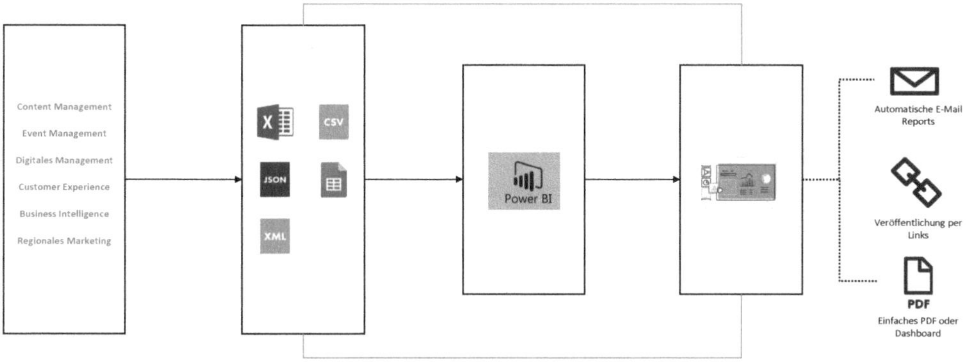

Abb. 7 Datenintegrationsfluss für die KPI-Berichterstattung

übernehmen. Das Marketing wurde zu einem Schlüsselfaktor für die Verfolgung strategischer Initiativen:

- Sales Partner Management:[5] Entwicklung und Aufbau eines professionellen Kommunikations- und Marketing-Unterstützungskanals für das umfangreiche Vertriebspartnernetz
- Key Account Management: Implementierung einer KAM-Strategie, um die Organisation in die Lage zu versetzen, Chancen bei Schlüsselkunden besser zu identifizieren, zu qualifizieren und zu nutzen und so das Geschäft zu sichern bzw. auszubauen.
- Lernende Organisation: Eine globale Kompetenzentwicklungsmaßnahme unter dem Titel „IHMB Academy" zur Unterstützung und Erleichterung des Wachstums der Organisation in Richtung ihrer aktuellen Ziele und darüber hinaus.
- Neue Formate: Entwicklung eines hochmodernen interaktiven Kunden-Showrooms, in dem das umfangreiche Produktportfolio des Unternehmens präsentiert wird.
- Neues Vertriebsmodell: Durchführung detaillierter Machbarkeitsstudien über neue Geschäftsmodelle, die die Organisation in Zukunft einsetzen könnte.

3.4 Mehr für weniger – Die beeindruckenden Ergebnisse

Es ist wichtig zu verstehen, dass die meisten der oben skizzierten Schritte parallel zueinander verliefen. Rick konzentrierte sich darauf, die Marketinglandschaft innerhalb von IHMB Engineering in kürzester Zeit signifikant zu verändern.

Die ersten Schritte dieses Turnaround-Prozesses umfassten mehrere Optionen. Eine davon war der Vorschlag, die Organisation einfach „schlanker zu machen" und relativ zu den vorherrschenden Mängeln nur geringfügige Korrekturen vorzunehmen. Die favorisierte und schließlich gewählte Option bestand darin, eine vollständige Umgestaltung vor-

[5] Siehe Artikel von Gölles & Seebacher zum Thema „Sales Partner Management".

zunehmen. Dies würde das beste Organisationsdesign schaffen, in Anlehnung an *Best Practice* vom Markt und den neusten Entwicklungen in der Informations- und Kommunikationstechnologie.

Die implementieren Änderungen waren in jeder Hinsicht radikal für IHMB Engineering. Es gab viele Aspekte zu berücksichtigen, vor allem die Notwendigkeit der Ressourcen und der vollsten Unterstützung des Top-Managements, um die IT-Architektur erfolgreich umzugestalten und die erforderlichen internen Fähigkeiten zu entwickeln. All diese umgesetzten Maßnahmen werden in den folgenden Ergebnissen zusammengefasst.

- Mehr als 34 % Personalabbau (gestraffte Strukturen)
- 55 % an durchschnittlichen Rabatten beim Medieneinkauf (Synergien, Kaufkraft)
- 39 % unter dem festgelegten Budget (interne Kompetenzen, statt externer Agenturen)
- 42 % Rückgang der Bounce-Rates (Überarbeitung der Analytik)
- 39 % Erhöhung der durchschnittlichen Sitzungsdauer (personalisierter Inhalt)
- 3500 % Steigerung der Online-Anfragen/Leads (Marketing-Automatisierung, Kampagnen)

Der Marketingabteilung der IHMB Engineering ist es gelungen, „mehr für weniger" zu schaffen, und dies auch eindeutig mit Zahlen und Fakten zu belegen. Vor allem aber resultierten diese Maßnahmen in ein Volumen von mehr als 30 Mio. Euro an Inbound Leads innerhalb von nur wenigen Monaten. Anhand dieser Zahl wird erkennbar, welches enorme Potential in einem modernen und professionell aufgesetzten aber auch entsprechend in der Organisation positionierten B2B Marketing steckt. Diese Fallstudie konzentrierte sich auf die wichtigsten Schritte dieses Turnaround-Prozesses und kann natürlich im Rahmen dieser Fallstudie nur skizzenhaft den enormen Managementerfolg von Rick und seinem Marketing Team beschreiben.

Die Geschäftsführung von IHMB Engineering war mit den Ergebnissen mehr als zufrieden und gab während der Turnaround-Phase durchwegs positives Feedback. Diese Veränderungen hatten auch tiefgreifende Auswirkungen auf die Marketingabteilung. Jedes Mitglied fühlte sich gestärkt, konnte sich auf seine jeweiligen Bereiche konzentrieren und fühlte sich wieder motiviert. Auch die Beziehungen zwischen den verschiedenen Abteilungen haben sich wesentlich verbessert, indem der Organisation wertschöpfende Lösungen angeboten werden konnten. Als Ergebnis des verstärkten Fokus auf digitale Aktivitäten, Marketing-Intelligenz, proaktive und moderne Kommunikation sowie der engen Zusammenarbeit mit dem Vertrieb konnte das Unternehmen im Vergleich zum Vorjahreszeitraum deutlich mehr qualifizierte Kundenkontakte generieren. Insbesondere die Marketing-Intelligenz wird nun als ein entscheidender Faktor für den anhaltenden Erfolg in allen bedienten Märkten angesehen, der eine schnellere und bessere Entscheidungsfindung ermöglicht.

Rick ist noch nicht fertig und verfolgt immer noch seine sich ständig weiterentwickelnde Vision für die Marketingabteilung und ihre zukünftige Rolle innerhalb der Organisation. Während dieses ganzen Prozesses musste er manchmal einen harten Kampf ausfechten, aber am Ende sprechen seine Ergebnisse für sich.

Literatur

Cortez, R. M., & Johnston, W. J. (2017). The future of B2B marketing theory: A historical and prospective analysis. *Industrial Marketing Management, 66*, 90–102.

Dziubaniuk, O., Barner-Rasmussen, W., Koporcic, N., Ivanova-Gongne, M., Mandják, T., & Markovic, S. (2020). Business-to-business marketing research: Assessing readability and discussing relevance to practitioners. *Industrial Marketing Management, 85*. https://doi.org/10.1016/j.indmarman.2020.01.012.

Nguyen, P., Karakas, F., & Tatoglu, E. (2019). Matching supply and demand: Challenges and opportunities in business-to-business (B2B) firms.

Purcarea, T. (2019). Aligning marketing and sales within the evolving CMO responsibilities: Ensuring greater CX, customer success, and value. *Holistic Marketing Management Journal, 9*(4), 28–38.

Seebacher, U. G. (2021). *Template-based Management – A guide for an efficient and impactful professional practice*. Heidelberg: Springer.

Seebacher, U. G., & Güpner, A. (2011). *Marketing Resource Management – So stürmen Marketers an die Spitze!* München: USP Publishing.

Online-Quellen

International Monetary Fund. (2019). https://www.imf.org/external/pubs/ft/weo/2020/01/weodata/index.aspx. Zugegriffen am 09.07.2020.

Miroslav Negovan Miro ist ein dynamischer Marketing-Allrounder mit 5+ Jahren progressiver Erfahrung in der B2B-Branche. Er hat einen Bachelor-Abschluss in International Business Administration mit einer Spezialisierung auf internationale Geschäftsbeziehungen und Marketing & Verkauf. Schon früh in seiner Karriere entwickelte er ein Interesse an neuen Marketingkanälen und an der Nutzung neuer Marketingtrends. Diese Begabung für Innovation wurde während seiner jahrelangen Tätigkeit im Marketingsektor eines internationalen Öl- und Gasunternehmens mit Sitz in Europa weiter verfeinert. Er hatte Positionen in den Bereichen Content-Marketing, digitales Marketing und Marketing-Automatisierung inne und ist derzeit als Senior Marketing Manager tätig.

Uwe Seebacher ist promovierter Volks- und Betriebswirt. Er ist Executive Advisor und verfügt über mehr als 25 Jahre Top-Management-Erfahrung als Berater, Manager als auch Unternehmer. Er ist Dozent an vielen renommierten Business Schools und Universitäten und hat Artikel und Fachbücher in vielen führenden Managementpublikationen verfasst, wie unter anderem z. B. „Predictive Intelligence“ (Springer), „Strategic Workforce Management“ (Harvard Business Manager) und „Cyber Commerce Reframing“ (Harvard Business Manager) oder „Template-based Management“ (Springer). Für seine Arbeiten erhielt er zahlreiche internationale Auszeichnungen.

Teil IV

Schlußwort

Zusammenfassung, Überblick und Ausblick

Uwe Seebacher

Inhaltsverzeichnis

Es war unser gemeinsames Ziel, den aktuellen Wissensstand im B2B Marketing aggregiert und sauber strukturiert im Rahmen dieser Publikation auf den Punkt zu bringen. Es war unsere Intention ein Sammelwerk für die Theorie und die Praxis zu realisieren, denn B2B Marketing ist Tag für Tag Knochenarbeit. Gerade in den aktuellen Zeiten des massiven Umbruchs nicht nur in der Wirtschaft, sondern und gerade im Bereich des Industriegüter Marketings bieten sich für B2B Marketers enorme Chancen aber auch Herausforderungen. Es geht vor allem auch um die Verantwortung der B2B Marketers in Bezug auf die Unternehmen, für die sie arbeiten. Denn es liegt ganz alleine in den Händen der B2B Marketers, auf die enormen Möglichkeiten eines modernen und sauber aufgesetzten Marketings im Bereich der Industrie aufmerksam zu machen. Als Experten in diesem Bereich kann es nur in der Verantwortung der B2B Marketers liegen, diese Informationen in die Organisationen hinein zu tragen. Dies wird und kann jedoch nachhaltig nur dann erfolgreich sein, wenn dieser Veränderungsprozess graduell, professionell, reflektiert, strukturiert und transparent umgesetzt wird.

U. Seebacher (✉)
Graz, Österreich
E-Mail: http://www.uweseebacher.org

U. Seebacher (Hrsg.), *Praxishandbuch B2B-Marketing*,
https://doi.org/10.1007/978-3-658-31651-8_34

Im Folgenden soll noch einmal der inhaltliche Bogen des Buches zusammenfassend dargestellt werden, um die wesentlichen Punkte aufzugreifen und mit einander in Beziehung zu setzen.

1 Das Buch im Überblick

Joel Harrison von B2B Marketing in London hat es wunderbar auf den Punkt gebracht:

> „B2B-Marketing, als Disziplin und Branche, ist erwachsen geworden.… Diese Lebendigkeit und Dynamik bedeuten, dass wir alle härter arbeiten müssen, um über die neuesten Entwicklungen informiert zu bleiben und darüber, wie die Best Practice aussieht – das ist der einzige Nachteil!"

Es liegt an jedem einzelnen B2B Marketer die Gunst der Stunde zu nutzen. Einmal mehr im Leben, ist jeder seines Glückes Schmied. In einer im B2B Marketing noch bisher nie dagewesenen gemeinsamen Initiative haben einige der besten und lang gedientesten Experten im Bereich des angewandten Industriegüter Marketings ihre Erfahrungen, ihre Erkenntnisse und ihre innovativen, bisher nie veröffentlichten Konzepte und Modelle auf Papier gebracht und in dieses Buch eingebracht, um auf diese Weise nachhaltig zur positiven und erfolgreichen Entwicklung beitragen zu können. Daraus ist ein einzigartiges Sammelwerk entstanden, das angewandte Grundlagen, Konzepte und Theorien ebenso beinhaltet wie vielfach erprobte und verfeinerte Instrumente und Methoden. Wir haben uns auch nicht gescheut, Fallstudien aus der Praxis in dieses Buch zu integrieren, um plastisch aufzuzeigen, wie modernes B2B Marketing in der täglichen Praxis umgesetzt werden kann und muss. Im Bewusstsein, dass keineswegs immer alles perfekt und problemlos abläuft, sollen diese Fallstudien Mut zum Selbermachen geben.

1.1 Teil 1: Angewandte Grundlagen

Die ersten vier Beiträge haben die aktuelle Situation mit Blick auf die strategischen, personaltechnischen, prozesstechnischen und informationstechnischen Aspekte einer Organisation diskutiert. Kleinemaß und Seebacher zeichnen ein Bild von einer sich völlig ändernden extern Umfeld Situation im Industriegüter Marketing. Diese wiederum wird nachhaltig erforderliche Anpassungen in den Unternehmen nach sich ziehen, um die ändernde Kontingenzsituation meistern zu können. Die Funktion Corporate Communication muss und wird sich signifikant ändern, nicht nur inhaltlich, sondern auch organisatorisch. Die Anforderungen haben sich einfach geändert. Die Netflix-Industrie stellt große und träge Unternehmen vor bisher nie dagewesene Herausforderungen, die mit Hilfe exzellenter B2B Marketers leichter und besser bewältigbar erscheinen.

Zudem liefert der erste Teil des Buches einen aktuellen Überblick zum begrifflichen Öko-System des modernen B2B Marketings. Alle aktuell wichtigen und gängigen Begriffe werden kurz beschrieben und zu einander in Beziehung gesetzt.

Das Buch soll ein Wegbegleiter sein für all jene, die die Gunst der Stunde für sich und deren Unternehmen nutzen möchten. Daher muss das Buch auch darauf abstellen, alle dort abzuholen, wo sie gerade in Bezug auf die Reife des B2B Marketings aber auch in Bezug auf das eigene Wissen und die eigene Erfahrung stehen. Vor diesem Hintergrund wurde vom Herausgeber ein völlig neuartiges Marketing Reifegrad Modell für das moderne Industriegüter Marketing entwickelt und in diesem Buch erstmals hergeleitet, beschrieben und dargestellt. Mit Hilfe dieses Modells können sich Top Manager und B2B Marketers ein Bild davon machen, wo sich das eigene B2B Marketing gerade befindet. Das gesamte Buch ist entlang dieser virtuellen Reise zur *B2B Marketing Excellence* strukturiert. Je weiter hinten jeweils in einem Abschnitt des Buches sich Inhalte, Konzepte und Modelle befinden, umso eher empfiehlt es sich, nicht mit diesen Themen zu starten, denn diese erfordern einen höheren Reifegrad und entsprechende Vorarbeiten.

Im letzten Kapitel des ersten Abschnittes wird das immer wichtiger werdende Thema der Marketing Technologie (MarTech) beleuchtet. Die aktuelle Situation wird kritisch diskutiert und Erkenntnisse für die betriebswirtschaftliche Forschung und Praxis werden abgeleitet. Auch in diesem Kapitel zum MarTech Stack wird den B2B Marketers ein bisher unveröffentlichtes Modell des Herausgebers zur Konzeption und Entwicklung einer nachhaltigen MarTech Infrastruktur an die Hand gegeben, um sich im Dschungel von immer mehr verfügbaren, vermeintlichen Wundermitteln im Bereich des MarTech Stacks nicht zu verirren. Die ersten vier Beiträge diskutieren somit die aktuelle Situation mit Blick auf die strategischen, personaltechnischen, prozesstechnischen und informationstechnischen Aspekte einer Organisation und liefern viele Hintergrundinformationen, die im Rahmen des Vorantreibens der Veränderungsprozesse in den Organisationen sehr hilfreich sein werden.

1.2 Teil 2: Best Practice Konzepte und Modelle

Der zweite Teil des Buches beinhaltet viele, bisher unveröffentlichte aber vielfach erprobte Modelle von renommierten und erfahrenen B2B Marketers aus Unternehmen verschiedenster Branchen, Größen und Regionen. Im Rahmen der Aufbereitung dieser Konzepte und Modelle wurde besonderes Gewicht auf die valide und wissenschaftlich saubere Herleitung der Ansätze gelegt. Daher werden diese neuen und innovativen Modelle nachvollziehbar erklärt und beschrieben, um deren Anwendung in der Praxis einfach und direkt zu ermöglichen.

Template-based Marketing – Von ABM bis hin zur UX

Template-based Management (TBM) hat sich seit dem Beginn dieses Jahrtausends seit dem Erscheinen des Buches „Template-driven Consulting" (Springer 2003) aus dem

Bereich der externen Beratung im modernen Management fest etabliert (Seebacher 2020).[1] So wurde aus Template-driven Consulting der Managementansatz des vorlagen-basierten Managements. TBM hat seitdem in alle Bereiche des unternehmerischen Agierens Einzug gehalten, wie auch anhand der vielen verschiedenen vorlagen-basierten Konzepte und Modelle im Bereich des B2B Marketings, die in diesem Buch vorgestellt werden, ersichtlich wird. Vorlagenbasiertes Agieren und Management schaffen nachhaltig enorme Wettbewerbsvorteile und Kosteneinsparungspotentiale (Abb. 1). Darüber hinaus erlaubt TBM auch, Projekte stringent, wesentlich rascher umsetzen zu können, wie dies unter anderem die TBM-basierten Fallstudien von Gölles/Seebacher oder Negovan/Seebacher oder aber auch Strohmeier in dieser Publikation belegen.

Das Vorlagen-basierte B2B Marketing Strategie Modell von Cairns ebenso wie das B2B Marketing Canvas von Trautmann stellen wichtige grundlegende Bausteine für die konzeptionelle Aufbereitung und Planung von B2B Marketing Organisationen dar. Der Marketing Canvas schafft Klarheit, wenn Sie am Anfang eines Projekts stehen und nicht wissen, wo Sie anfangen sollen. Sie lernen, das Know-how aller Experten in Ihrem Team auf einer einzigen Seite zusammenzufassen. Dabei erkennen Sie eventuelle Wissenslücken und können Schritt für Schritt fehlende Informationen sammeln. Wenn Sie fertig sind, haben Sie eine gute Grundlage für eine Go-to-Market-Strategie und können systematisch einen Aktionsplan entwickeln. Die klare Struktur der Marketing Canvas-Vorlage ermöglicht es Ihnen, das Gesamtbild zu sehen und zu verstehen. Sie ermöglicht es Ihnen aber auch, bessere Ideen zu entwickeln, denn wenn wir alle relevanten Schlüsselinformationen auf einen Blick vereinfacht sehen, können wir auf hoher Ebene Zusammenhänge zwischen Daten leichter erfassen, die uns verborgen geblieben wären.

Während des Marketing Canvas-Prozesses lernen Sie, über Ihren persönlichen Horizont hinauszublicken. Sie werden die individuellen Perspektiven Ihrer Teammitglieder besser verstehen – dies verbessert die interne Kommunikation und reduziert die „Informationsisolierung". Verkaufs-, Marketing- und Engineering-Teams arbeiten oft getrennt und sprechen nicht genug miteinander. Der Marketing Canvas bringt sie wieder zusammen.

Jedes B2B-Unternehmen hat aber auch einen Ruf, der von der Wahrnehmung seiner Kunden und der Wahrnehmung des Unternehmens durch andere geprägt ist. Auch dieser Aspekt muss sich in einem modernen und nachhaltig ausgerichteten B2B Marketing wiederfinden. In gewisser Weise kann dies auch eine Marke sein. Der Unterschied besteht darin, ob das Unternehmen Schritte unternimmt, um diesen Ruf aktiv zu verwalten, denn dann sprechen wir über B2B Branding. Eine professionell definierte und intelligent ausgeführte Marke kann als Bezugspunkt für alle externen und internen Aktionen und Aktivitäten in verschiedenen Abteilungen des Unternehmens fungieren. Das Dreieck des organisationalen Vertrauens (Abb. 2, Seebacher 2020) gilt auch für den Bereich des Brandings. Konsistenz in der Markenbildung zur Erzeugung von Vertrauen und Authentizität und die Etablierung als Branchenexperte bzw. als Vordenker kann die Reise und den Kaufprozess

[1] Seebacher, U. G. (2020): Template-based Management – A Guide for an Efficient and Impactful Professional Practice. Heidelberg: Springer.

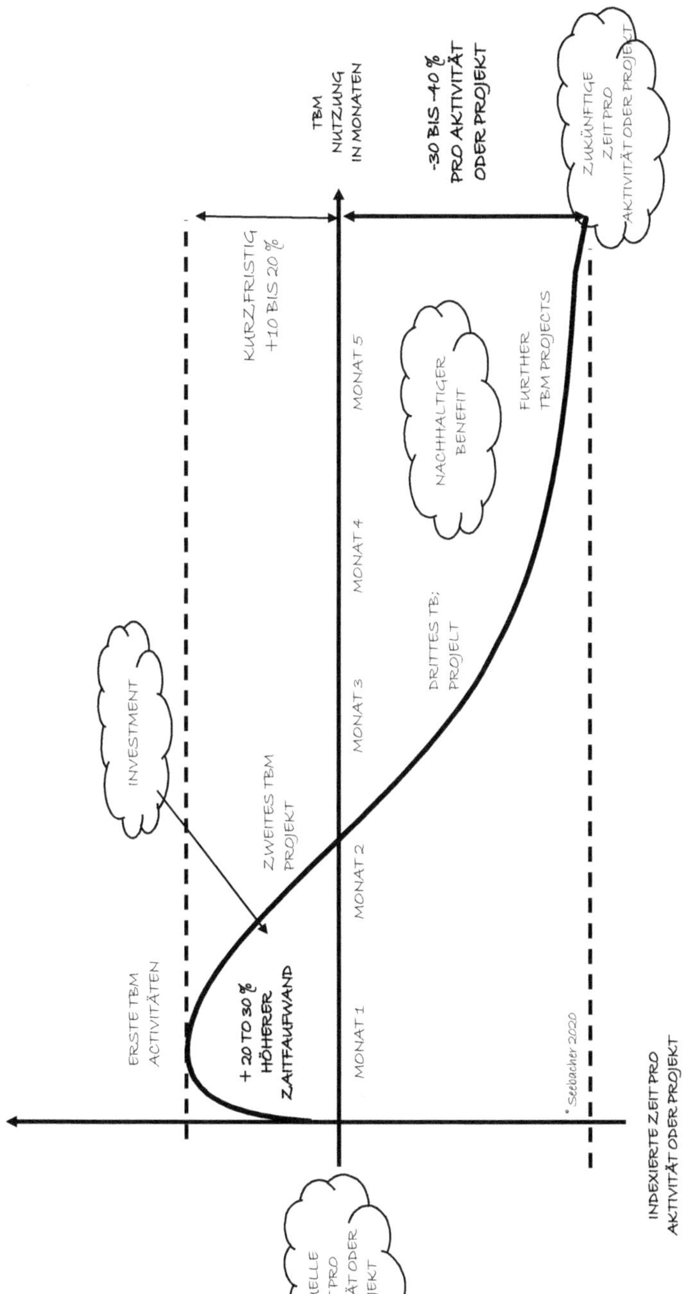

Abb. 1 Nutzen/Ertragskurve zu Template-based Management (Seebacher 2020)

Abb. 2 Dreieck des organisationalen Vertrauens

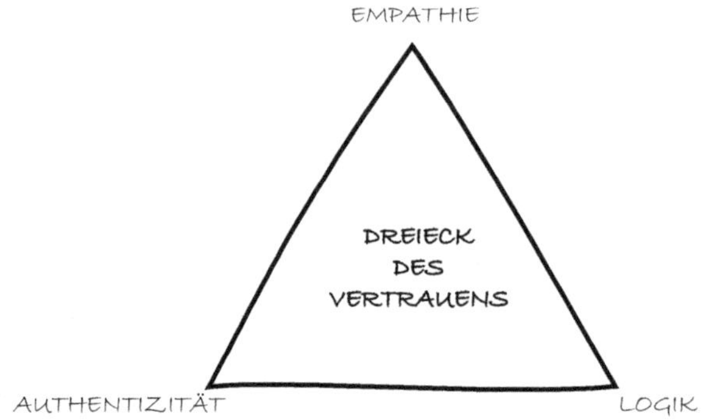

der B2B-Kunden positiv beeinflussen. Müllner und Ives beschreiben in ihrem Artikel erstmals Lean B2B Brand Management und liefern dafür eine perfekt ausformulierte und in der Praxis erprobte Vorlage.

Auch das so wichtige Thema der Marketing Automation ist maßgeblich von Templates geprägt. Mrohs beleuchtet in seinem Grundsatzartikel die entscheidenden organisationsrelevanten Aspekte von Marketing Automation. Er definiert MA als ein organisatorisches Framework und erachtet es vor diesem Hintergrund als Managementthema. Marketing Automation verändert die Kundeninteraktion entlang des gesamten Kundenlebenszyklus und sorgt für mehr Effizienz in der Kundenbearbeitung, bessere Zusammenarbeit von Marketing und Vertrieb und die weitere Professionalisierung des B2B Marketings. Wie das Thema MA auf Basis der konzeptionellen Überlegungen nach Mrohs erfolgreich umgesetzt werden kann, verarbeitet Lutz erstmals schriftlich in seinem Artikel, in dem er seinen vielfach angewandten und bewährten Prozess „6 Schritte in 6 Monaten“ beschreibt und auf alle relevanten Schritte für eine erfolgreiche Umsetzung eingeht. Seine Schlüsselerfahrungen aus der Praxis stellen sicher, dass Unternehmen von Anfang an alles richtig machen und in der Lage sind, laufende Systeme zu optimieren. Wenger und Ringwald erarbeiten darauf aufbauend, wie Lead Management erfolgreich und effektiv entlang aller Buyer Journeys und über alle Kanäle realisiert werden kann. Ringwald geht im Speziellen auf die perfekte Einstiegsthematik der digitalen Leaderfassung ein, die kostengünstig und rasch umgesetzt werden kann und dabei zugleich sehr schnell auch positive Ergebnisse realisiert.

Ringwald attestiert, dass die digitale Leaderfassung als Teil des Lead-Management-Prozesses verstanden werden und in diesen auch integriert werden muss. Die Einführung einer Leaderfassungslösung betrifft die Schnittstelle von Marketing und Vertrieb und stellt somit auch einen Change-Management-Prozess dar. Eine enge Zusammenarbeit und das gegenseitige Verständnis für die Prozesse des Anderen sind deshalb die Grundvoraussetzung für den Erfolg. Durch die digitale Leaderfassung können Prozesse automatisiert und somit erhebliche Zeit- und Kostenersparnisse realisiert werden. Um diese Kosteneinsparungen korrekt darzustellen, ist es wichtig den IST-Prozess komplett zu durchleuchten, da in der Praxis oftmals nur Teile betrachtet werden.

Halb und Seebacher greifen dieses Thema insofern auf, als dass die Autoren aktuelle Ergebnisse und Erkenntnisse zu Kundenkontaktpunkten diskutieren und im Sinne der angewandten Forschung ableiten. Halb und Seebacher präsentieren auch erstmals ein für B2B Marketers einfach umzusetzendes Touchpoint Management Instrument, dass ein kontinuierliches Messen der Performance aller möglichen und verfügbaren Kundenkontaktpunkte ermöglicht. Diese Performance hängt nicht nur von der Nutzerfreundlichkeit ab, sondern ganz entscheidend auch von verfügbarem Inhalt. Ein Experte in diesem Bereich ist Mörk, der erstmals seine Contingency Centric Content Management Ansatz publiziert. Smart Content Marketing hilft Unternehmen, um gegen Informationsüberfluss vorzugehen. Inhalt ist elementar für jede Kommunikationsmaßnahme, wird täglich erweitert und unterliegt einem ständigen Wandel. Es wird immer schwieriger bei dem heutigen Content Overload bis zur Zielgruppe durchzudringen. Selbst Content, der über viele Jahre hinweg gut funktionierte, kommt immer weniger bei der Zielgruppe an. Relevanter Content ist King und sorgt zudem in Suchmaschinen für top Rankings.

1. Als erfolgsversprechend gilt hier das CCCM (Contingency Centric Content Management), das auch auf der Verhaltenspsychologie aufbaut und in die Kategorie des Soft-Sellings gehört. Hier wird deutlich, dass psychosozialer Nutzen für Kunden häufig eine größere Relevanz haben kann, als sachlich-funktionaler Nutzen.
2. Beim CCCM finden die Kontingenzfaktoren ihren Ursprung vorrangig in den Bereichen Recht, Bildung und Soziales. So wird die Content Marketing Strategie in ihrem Kernbereich wie Stärkung der Marke und Image, Neukundengewinnung und Kundenbindung wirksam und nachhaltig unterstützt.

In diese Richtung gehen auch die Arbeiten von Ender. Inhalte müssen an das Produkt und seine Kunden gebunden sein, keine generische Empfehlung passt in jede Situation. B2B-Käufer sind weit weniger faktenorientiert, als man meinen könnte. Es sind keine Marktforschungsinvestitionen notwendig, um die Kunden besser zu verstehen, wenn B2B-Marketer immer von der Kundenperspektive ausgehen würden: Ender attestiert, dass eine solche Herangehensweise und die daraus entstehenden Ideen zur Inhaltserstellung den gesamten Content völlig verändern würden.

Inhalt spielt auch eine entscheidende Rolle, wenn es um definierte Schlüsselkunden geht. In diesem Kontext beschreibt einer der Gurus im Bereich Account-based Marketing (ABM) Andy Bacon seine umfangreichen Erfahrungen hinsichtlich des perfekten Aufsetzens eines ABM, indem er von Fallstricken bis hin zur Diskussion möglicher relevanter ABM-Kanäle alle relevanten Aspekte diskutiert. Vor diesem Hintergrund unternimmt Moseler den Versuch, das sich schnell verändernde Öko-System der sozialen Medien als wesentliche und immer wichtiger werdende Berührungspunkte aufzudecken. B2C- und B2B-Marketing verschmelzen mit der Zeit immer mehr. Sehr deutlich wird dies im Bereich der Social Media, wo B2B-Entscheider gleichzeitig auch Privatpersonen sind. Informationen aus privaten Social Media werden zunehmend für das eigene Geschäft genutzt. Aufgrund der großen Anzahl von Social Median Kanälen und der schnellen Trendänderungen innerhalb dieser Kanäle entstehen Unsicherheiten für B2B-Vermarkter. B2C-Kanäle werden daher im Social Media Dschungel oft gemieden und somit liegen wertvolle Potenziale brach. Durch geschicktes Targeting ist es jedoch möglich, B2B-Kunden in der gewohnten B2C-Umgebung über Social Media anzusprechen. Dabei ist es wichtig zu erkennen, welche B2C-Kanäle in Zukunft Relevanz für B2B entwickeln werden und welche Formen der Kundenansprache im B2B-Umfeld auf welchen B2C-Plattformen am sinnvollsten sind. Moseler zeichnet ein einzigartiges und kritisches Bild der aktuellen Social Media Landschaft und bewertet die Relevanz der verschiedenen Social Media für die zukünftige B2B-Nutzung. Diese Social Media Landschaft ist wiederum die Basis für ein erfolgreiches Social Selling, das von Ermer vor dem Hintergrund der wissenschaftlichen Arbeiten in diesem Kontext erörert wird. Ihr Artikelt stellt zum Einen darauf ab, wie der Vertrieb profitiert und zeigt zum Anderen auf, wie man ein Social Selling stringent aufsetzen kann.

Nolte und Caro setzen darauf aufbauend die Arbeiten zum Lead-Management fort und betrachten Leads als wertvolle, vertriebsunterstützende Informationen mit kurzer Lebensdauer. Mit Leads wird dauerhaft mehr verkauft – aber nie schneller.

> „Wenn ein Lead verkauft wurde, war es Sache des Verkäufers. Wenn Sie einen Lead nicht weiterverkaufen, liegt es am Lead."

Unternehmen stellen den Agenturen ihre Namen und Adressen zur Verfügung, und das Ergebnis ist der Beginn einer Verkaufskommunikation zwischen dem Zielkunden und dem Verkäufer. Der Kunde, der heute keinen Bedarf hat, ist der Kunde von morgen. Wenn das Budget als die Kommunikationsenergie betrachtet wird, die ein Unternehmen seiner Zielgruppe geben will, bestimmt es auch, wie viel „Energie" einer Zielgruppe zu Teil wird. Erfolgsfaktoren für das Leadmanagement sind hohe Lead-Akzeptanz im Vertrieb, klare Lead-Transparenz und hohe Lead-Qualität (Abb. 3). Wenn diese drei Faktoren erfüllt sind, ist eine hohe Lead-Konversion zu erwarten.

Abb. 3 Dreieck des erfolgreichen Lead Managements

Eine völlig neue Perspektive auf SEO wird von Herten und Barrett beschrieben, da sie ein Prozessmodell dafür liefern, wie man von Schlüsselwörtern zu kontextuellen Inhaltskonstrukten gelangen kann. Dies wird auch beim Einstieg in die Arbeit mit B2B Influencer Marketing helfen und es auf Unternehmensebene umsetzen. Weinländer teilt mit uns seine Erfahrungen von Siemens in Bezug auf Corporate Influencing, bei dem er Mitarbeiter als Markenbotschafter in Social Media einsetzt. Ein einzigartiger Artikel wird auch von Horstmann beigesteuert, der sehr genau beschreibt, was im Bereich des digitalen Marketings in China getan werden muss. Horstmann erklärt, wie B2B-Kampagnen erfolgreich auf den chinesischen Markt ausgeweitet werden können. Chinas Wirtschaft boomt und bietet enorme Chancen für westliche B2B-Unternehmen. Es ist wichtig, die grundlegenden kulturellen und technischen Besonderheiten des chinesischen Marktes im Vorfeld zu analysieren und in einer lokal angepassten Marketing- und Vertriebsstrategie zu berücksichtigen. Insbesondere digitale Kanäle wie WeChat und Baidu spielen auch im B2B-Bereich eine zentrale Rolle und sind wichtige Faktoren für einen nachhaltigen Geschäftserfolg.

Der zweite Teil dieses Buches behandelt und führt Sie durch alle relevanten Themen für die Entwicklung und den nachhaltigen Einsatz von Predictive Profit Marketing (PPM). Ich empfehle Ihnen, sich bei der Beurteilung, wo Sie auf Ihrem Weg zu B2B-Marketing-Exzellenz stehen, immer auf das Marketing-Reifegradmodell zu beziehen. Verwenden Sie das Marketing Readiness Assessment als Navigator, um zu wissen, welche Maßnahmen zu welchem Zeitpunkt sinnvoll sind.[2]

1.3 Teil 3: Erfolgsgeschichten und Showcases

Der letzte Teil des Buches enthält speziell ausgewählte Fallstudien aus der realen Welt. Damit diese direkt für die Lehre und die Ausbildung herangezogen und bestmöglich eingesetzt werden können, wurde der Versuch unternommen, die Fallstudien bestmöglich in Kongruenz mit dem Narrativ und der Struktur der Harvard Busines School Fallstudien zu verfassen. Besonders erwähnenswert ist der Beitrag von Prath, der uns einen Blick hinter die Kulissen eines Hardcore-KMU-B2B-Marketing-„Schnellstarts" ermöglicht. Prath fasst seine Erfahrungen in den folgenden drei Schlüsselbotschaften zusammen.

- **Überdenken Sie alles**. Was gestern noch funktioniert hat, wird vielleicht morgen nicht mehr funktionieren. Welche Aktionen bringen Ihnen den besten Marketing Return on Investment (MRoI)? Halten Sie Ausschau nach neuen Trends und Möglichkeiten, die Ihnen helfen könnten, Ihre Marketing- (& Verkaufs-) Ziele zu erreichen. Wie können Sie eine (fast) perfekte Kundenreise ermöglichen?
- **Bleiben Sie beweglich**. Ein Marketingplan sollte eher als Richtlinie denn als ein nicht anpassungsfähiger Plan angesehen werden. Wenn sich in Ihrem Wirtschaftsjahr neue Chancen oder Möglichkeiten ergeben, ergreifen Sie diese und passen Sie Ihren Plan an.

[2] Seebacher, U. (2020). B2B Marketing Essential. Heidelberg: Springer.

Man weiß nie, was die Zukunft für Sie und Ihr Unternehmen bereithält. Vielleicht taucht plötzlich ein neuer, von Investoren finanzierter Konkurrent auf, oder vielleicht bricht eine Pandemie aus und legt die Wirtschaft lahm. Was auch immer passieren mag, vielleicht sind Sie nicht darauf vorbereitet, aber mit der richtigen Denkweise und Agilität können Sie schnell und richtig reagieren.

- **Enge Zusammenarbeit mit der Verkaufsabteilung**. Wenn Sie bereits eng mit der Verkaufsabteilung zusammenarbeiten, arbeiten Sie noch enger zusammen. Es gibt keine wirkliche Lücke und keinen Konkurrenzkampf zwischen Marketing und Vertrieb mehr. Letztendlich sind Ihre Ziele die gleichen, und beide Abteilungen profitieren in hohem Maße vom Wissen des jeweils anderen. Nur Teamarbeit macht den Traum wahr.

Anschließend zeigt Gruner, wie ein globaler Big und „Heavy" Player das moderne B2B-Marketing interpretiert und was es braucht, um diesen immer wichtiger werdenden Kurswechsel in neue Gewässer zu realisieren. Romero-Palma beschreibt dann, wie die Marketing-Automatisierung in einem ähnlichen multinationalen Umfeld eingesetzt wurde. Ihrer Meinung nach kann die Marketingautomatisierung als Andockstation für andere Marketingtechnologien dienen und ist daher potenziell die Grundlage für den Aufbau eines effizienten und nachhaltigen MarTech-Stacks. Angesichts der immer komplexer werdenden MarTech-Landschaft, die heute aus fast 8000 Lösungen besteht, kann die Auswahl der richtigen Marketing-Automatisierungslösung und deren Implementierung in einer B2B-Organisation, in der funktionsübergreifende Interessengruppen beteiligt sind, eine Herausforderung darstellen. Die Investition und Implementierung von Marketing-Automatisierung kann ein Auslöser für die interne Ausrichtung, die digitale Transformation und die Neudefinition der Rolle des Marketings innerhalb der Organisation sein. In ihrem Artikel können Sie sie auf ihrem Weg zur Marketingautomatisierung begleiten.

Dieser Aspekt steht auch im Mittelpunkt der von Halb und Seebacher vorgestellten Fallstudie zu User Experience und Touchpoint-Management. Der persönliche Kontakt mit dem Außendienst ist nach wie vor der wichtigste Touchpoint für industrielle B2B-Einkäufer über alle Touchpoint-Dimensionen und alle Kaufphasen hinweg. Der Schlüssel zur Touchpoint-Transparenz ist die Kombination aller verfügbaren, internen und externen Datenquellen, um die Touchpoint-Leistung unter allen Aspekten zu überprüfen. Dies erfordertinterne Abstimmung und Zusammenarbeit. Eine enge Zusammenarbeit zwischen Marketing und Vertrieb ist von größter Bedeutung, um entlang des industriellen B2B-Weges bis zum Kauf ein einzigartiges Erlebnis schaffen zu können.

Dies deckt sich auch mit den in Ermers Innogy-Erfolgsgeschichte vorgestellten Ergebnissen. Ermers Arbeit zeigt, dass heute der Kunde entscheidet, wann er welche Informationen von wem erhält (Pull-Logik). Die Digitalisierung macht dies möglich und verändert auch das Kaufverhalten im B2B-Bereich der Energiewirtschaft. Mehr als 80 % aller Kaufentscheidungsprozesse beginnen heute mit einer Suchanfrage im Internet über die verschiedenen Touchpoints. Für die Vermarktung von innovativen und erklärungsbedürftigen Lösungen und damit für eine effiziente Lead-Bearbeitung hat sich ein strategisches Lead-Management inklusive Lead-Pflege als unverzichtbar erwiesen. Um frühzeitig die relevante Menge an potenziellen Kunden zu erreichen, ist es notwendig, Buying Center und Buyer Journeys zu analysieren. Auf diese Weise lassen sich vorhandene Informationsbedürfnisse auf Kundenseite identifizieren, die an den richtigen Touchpoints mit adäquaten, vom Marketing attraktiv aufbereiteten Inhalten adressiert werden können. Ein gut funktionierendes Lead-Nurturing-Programm muss von Marketing und Vertrieb *gemeinsam* und nicht allein entwickelt und aufgebaut werden.

Auch eine völlig neue Perspektive, wie B2B-Marketing Vertriebs- und Absatzkanäle ankurbeln kann, beschreiben Gölles und Seebacher in ihrem Artikel zum Vertriebskanalmanagement in einem mittelständischen Maschinenbauunternehmen. Sehr praxisnah wird diese erfolgreiche und verkaufsorientierte Marketing-Fallstudie in einer Weise beschrieben, die es B2B-Marketing-Managern ermöglicht, ein solches Projekt in ihrer eigenen Organisation leicht zu realisieren. B2B-Marketing bedeutet datengesteuertes Marketing. Strohmeier steuert daher Ergebnisse aus einem Projekt bei, das den Aufbau einer „Central Business Intelligence"-Einheit ohne externe Unterstützung zum Ziel hat. Sein Showcase bietet eine narrative Anleitung, wie dieses immer wichtiger werdende Thema mit maximaler interner Wertschöpfung und ohne große Investitionen angegangen werden kann auf Basis des Reifegrad Modells zu Predictice Intelligence nach Seebacher (2020)[3] (Abb. 4).

Kleinemaß und Negovan/Seebacher runden dieses Buch ab. Beide Fallstudien sind echte Erfolgsgeschichten und müssen als Referenzfälle für modernes, umsatzgetriebenes Industriegüter Marketing betrachtet werden. Kleinemaß zeigt mit vielen Abbildungen und greifbaren Ergebnissen, wie effektives B2B Marketing das eigene Unternehmen signifikant und messbar unterstützen kann. Das Buch beschließt ein im Harvard-Narrativ aufbereiteter Showcase mit allen erforderlichen Details zur Anwendung im Rahmen von MBA- und allen anderen Formen der hochkarätigen Managementausbildung. Negovan und Seebacher erzählen die spannende Geschichte von Rick und Morty, die innerhalb von 365 Tagen einen kompletten Turnaround für eine Marketingorganisation innerhalb eines globalen multinationalen Unternehmens realisierten. Die Fallstudie erzählt die Geschichte, wie Rick und Morty das Unmögliche schafften, indem sie das Image des B2B-Marketing-Teams von der „Malen-nach-Zahlen-Abteilung" zur Speerspitze der Organisation innerhalb nur eines Jahres meisterten. Diese Geschichte soll Mutmacher und ein Vorzeigebeispiel dafür sein, wie man effektiv vom B2B-Marketing-Reifegradmodell profitiert und wie man es am besten anwendet und einsetzt.

2 Der Ausblick

Die Zukunft liegt noch vor uns. Nichts ist älter als die Zeitung von gestern. Die Fertigstellung dieses Buches bedeutet, dass bei der vorherrschenden Dynamik einige Ansätze, Konzepte und Modelle zum Zeitpunkt, zudem Sie das Buch in Händen halten, bereits weiter-

[3] Seebacher, U. G.: Predictive Intelligence – Ein Leitfaden für die Unternehmenssteuerung. Heidelberg: Springer.

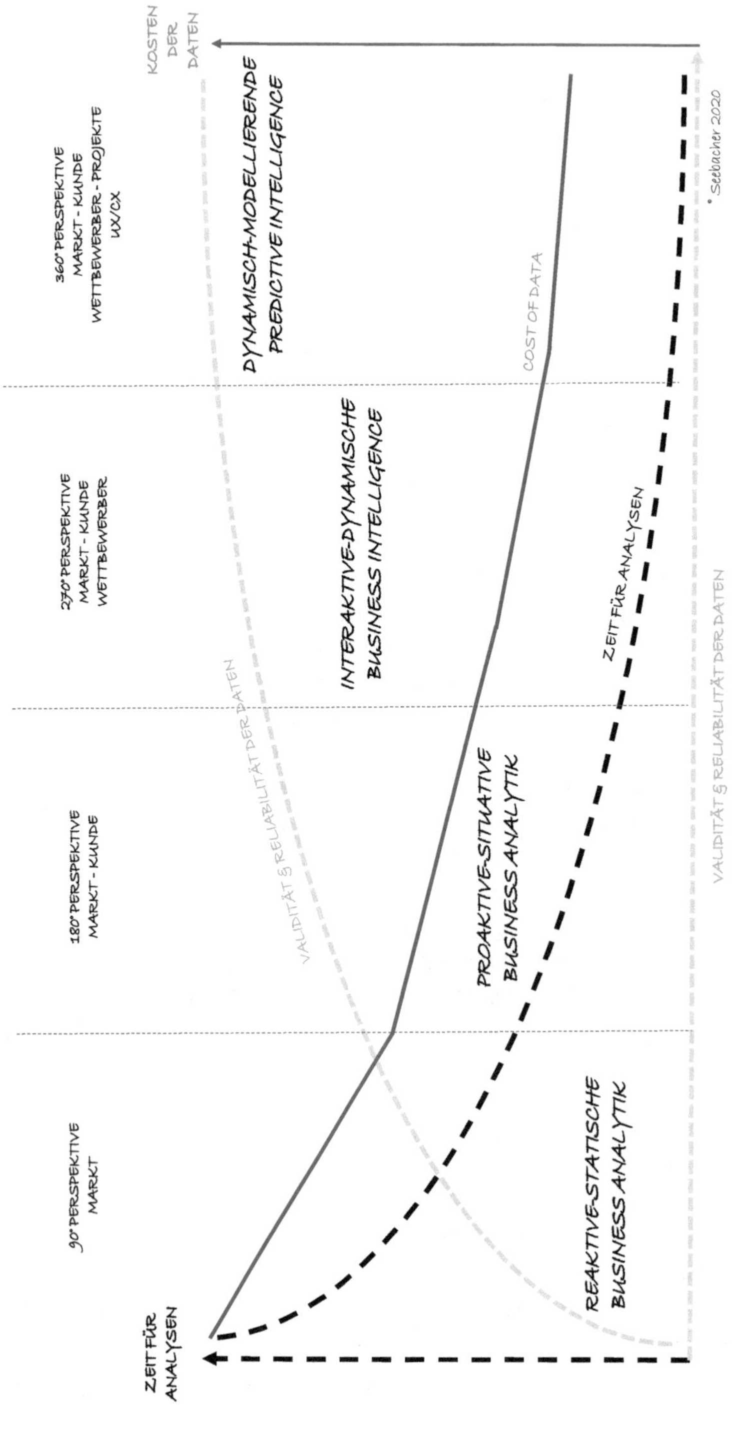

Abb. 4 Reifegrad zu Predictive Intelligence (Seebacher 2020)

entwickelt und weiteroptimiert sein werden. Veränderung ist die einzige Konstante in unserem Leben. Ziel dieses Buches war es, Ihnen als Manager und Marketingexperten im Business-to-Business Bereich aktuelles Wissen in gebündelter Form zur Verfügung zu stellen. Lernen ist wie Schwimmen gegen den Strom, denn wenn man aufhört zu lernen, treibt man ab.

Wir werden daher auch weiterhin aktuelle Themen aufgreifen, analysieren und kritisch hinterfragen, um Ihnen allen in einer Neuauflage dieses Buches möglichst bald noch mehr Konzepte und Modelle sowie neue zusätzliche Fallstudien zur Verfügung stellen zu können. Denn nichts ist heute wichtiger als angewandte Forschung und Wissenschaft, um Weiterentwicklung zu ermöglichen und zu sichern. Es muss unser Ziel sein, die großen Unterschiede in der B2B-Marketing-Welt zu beseitigen. Wir befinden uns in einer Phase des nachhaltigen Veränderungsprozesses von Organisationen, in denen im Sinne eines der großen Marketing-Vordenker Kotler, Vertrieb und Verkauf als Teil des Go-to-Marketings eine Funktion innerhalb des Marketings sein werden und müssen, um Unternehmen das Überleben sichern zu können. Oder aber sollte es in Zukunft den Begriff „Marketing" vielleicht im Bereich der Industrie gar nicht mehr geben, da dieser ohnehin es bisher nicht geschafft hat, mit dem erforderlichen Narrativ belegt zu werden, dass ihm eigentlich zustehen sollten? Wenn der technische Vertrieb, wie wir ihn heute kennen, ausstirbt, wie dies viele Studien und Experten prognostizieren, sollten wir uns als B2B Marketers dann damit anfreunden, uns als B2B Revenue oder B2B Success Manager zu positionieren? Sollte es dann eventuell anstelle von Chief Sales Officer (CSO) und Chief Marketing Officer (CMO) nicht besser Chief Revenue Officer (CRO), Chief Success Manager (CSM) oder aber Chief Profit Manager (CPM) geben, die nachhaltig alle verantworten, was ohnehin in ein Töpfchen gehört, nämlich Daten, Vermarktung und Vertrieb? Um aber in diesem Spiel mitspielen zu können, müssen sich die B2B Marketers neu aufstellen und neu positionieren. Das muss sich auch in der Aus- und Weiterbildung stringent widerspiegeln. Das, was heute vom Ausbildungssektor an Marketing-Berufseinsteigern geliefert wird, erfüllt nicht mehr die Anforderungen eines Industriegüter Marketings in Zeiten des „New Green Deals" und der „Remocal Economy". Das europäische B2B-Marketing muss aufholen, um die in Europa ansässigen Unternehmen zu schützen. Die Zeit zum Handeln ist gekommen.

Im Namen aller Autoren hoffe ich, dass wir Ihnen mit diesem Buch ein wertvolles, nachhaltiges Instrument an die Hand gegeben haben, das Ihnen hilft, Ihrer Verantwortung als B2B-Marketer gegenüber Ihren Unternehmen gerecht zu werden. In diesem Sinne möchte ich allen danken, die an der Entstehung dieses Buches mitgewirkt haben. Im Speziellen gilt mein Dank dem gesamten Team von Springer Publishing.

Sie können uns jederzeit unter b2bmarketingguidebook(a)gmail.com kontaktieren oder unseren B2B Marketing Guidebook-Podcast unter https://anchor.fm/b2bmarketingguidebook aufrufen. Ich möchte Ihnen, unseren Lesern, alles Gute wünschen, sowohl persönlich als auch beruflich. Bleiben Sie gesund und seien Sie dankbar!

Uwe Seebacher ist promovierter Volks- und Betriebswirt. Er ist Executive Advisor und verfügt über mehr als 25 Jahre Top-Management-Erfahrung als Berater, Manager als auch Unternehmer. Er ist Dozent an vielen renommierten Business Schools und Universitäten und hat Artikel und Fachbücher in vielen führenden Managementpublikationen verfasst, wie unter anderem z. B. „Predictive Intelligence" (Springer), „Strategic Workforce Management" (Harvard Business Manager) und „Cyber Commerce Reframing" (Harvard Business Manager) oder „Template-based Management" (Springer). Für seine Arbeiten erhielt er zahlreiche internationale Auszeichnungen.

Stichwortverzeichnis

U. Seebacher (Hrsg.), *Praxishandbuch B2B-Marketing*,
https://doi.org/10.1007/978-3-658-31651-8

D

P

Q

R

S